Moritz Epple

Die Entstehung
der Knotentheorie

Moritz Epple

Die Entstehung der Knotentheorie

Kontexte und Konstruktionen
einer modernen mathematischen Theorie

Dr. Moritz Epple
Fachbereich Mathematik
Johannes Gutenberg-Universität Mainz
D-55099 Mainz
e-mail: epple@mat.mathematik.uni-mainz.de

Der Verlag Vieweg ist ein Unternehmen der Bertelsmann Fachinformation GmbH.

http://www.vieweg.de

Konzeption und Layout des Umschlags: Ulrike Weigel, www.CorporateDesignGroup.de

Gedruckt auf säurefreiem Papier

ISBN-13: 978-3-322-80296-5   e-ISBN-13: 978-3-322-80295-8
DOI: 10.1007/978-3-322-80295-8

Pur ti miro,   Ich betrachte dich
Pur ti godo,   ich besitze dich
Pur ti stringo,   ich umfasse dich
Pur t'annodo,   ich umknote dich
Più non peno,   nie mehr Schmerz
Più non moro,   nie mehr Tod
O mia vita, o mio tesoro.   O mein Leben, o mein Schatz.

aus: Claudio Monteverdi, *L'incoronazione di Poppea*, 1643

(siehe § 16)

VORWORT

Dieses Buch verfolgt zwei Ziele. Zum einen wird eine detaillierte Geschichte der mathematischen Behandlung verknoteter und verschlungener Raumkurven von den Anfängen im späten 18. Jahrhundert bis zur Ausbildung einer eigenständigen mathematischen Knotentheorie in den dreißiger Jahren des 20. Jahrhunderts gegeben. Diese Geschichte ist sehr reichhaltig, obwohl oder vielleicht gerade weil es um die Mathematisierung eines Problembereiches geht, welcher der alltäglichen Anschauung nahe steht. Zum anderen wird die Entstehung der Knotentheorie im Hinblick auf die allgemeinere Frage betrachtet, wie in den letzten beiden Jahrhunderten mathematisches Wissen erworben und zu Theorien verdichtet wurde. Während Knoten und verschlungene Kurven im 19. Jahrhundert wiederholt und in verschiedenen Kontexten Gegenstand wissenschaftlichen Interesses und mathematischen Handelns waren, fällt doch die Ausbildung einer Knotentheorie im engeren Sinn in jene Epoche, die sinnvollerweise die *mathematische Moderne* genannt werden kann. Daher stellt diese Arbeit auch eine Fallstudie über die Entwicklung eines mathematischen Gebiets im Übergang von den Kontexten des 19. Jahrhunderts in die Epoche der Moderne vor.

Die beiden genannten Ziele stehen in einer gewissen Spannung zueinander. Das Ziel einer detaillierten Beschreibung der historischen Entwicklung bedingt, daß die Chronik der in dieser Studie behandelten Ereignisse weit gefaßt ist. Der für das zweite Ziel notwendige Aufwand an interpretierender Reflexion erweitert den Rahmen der Darstellung noch einmal. Daher kann ich bei weitem keine Vollständigkeit in dem Sinn beanspruchen, daß jedes historische Resultat über Knoten im folgenden behandelt würde. Die Frage des Verhältnisses zwischen der historischen Beschreibung mathematischer Resultate über Knoten und ihrer Interpretation vor dem allgemeineren Hintergrund der Veränderungen der mathematischen Kultur berührt dagegen ein zentrales Argument des Textes. Keine Studie einer mathematikhistorischen Entwicklung kann meines Erachtens den Anspruch auf eine gelungene Darstellung erheben, die nicht zumindest einige Fragen nach den Ursachen und Funktionen der betrachteten Ereignisse beantwortet, mit anderen Worten, die nicht zumindest einige Fäden des komplexen Geflechts historischer Kausalbeziehungen sichtbar macht. Damit wird aber die Grenze zwischen historischer Narration und interpretierender Reflexion soweit verschoben, daß sie sich praktisch auflöst. Außerdem wird so jeder Bericht über historische Entwicklungen unvermeidlich in die Diskussion allgemeinerer Fragen eingebettet, denn es ist eine fundamentale – und in der Geschichte der Knotentheorie allgegenwärtige – Eigenschaft historischer Kausalbeziehungen, daß sie ganz verschiedene Ereignisverläufe miteinander vernetzen. Die genaue Form dieser Vernetzungen ist selbst ein Gegenstand historischen Interesses, über den im Laufe dieser Studie manches zu sagen sein wird.

Neben den genannten Zielen hoffe ich auch einen Beitrag zu der Frage liefern zu können, warum und auf welche Weise die Topologie als eigenständiges Gebiet in die disziplinäre Hierarchie der Mathematik eingegangen ist. Die Entstehung der Topologie stellt noch immer ein wenig bearbeitetes Thema der Mathematikgeschichte dar, und die bislang vorgelegten Studien haben die mit der Knotentheorie verbundenen Fragestellungen weitgehend ausgeklammert.

Die Absichten dieser Studie werden ausgehend von der Überzeugung verfolgt, daß die Entwicklung der Mathematik Resultat eines bestimmten Bereiches menschlichen Handelns ist, des *mathematischen Handelns*. Das heißt: Es geht weder nur um eine Geschichte mathematischer Begriffe und Ideen noch um eine Sammlung soziobiographischer Fußnoten zur Reihe der mathematischen Resultate, die heute der Knotentheorie eingeordnet werden. Vielmehr soll – wenigstens an einigen wichtigen Episoden – deutlich gemacht werden, wie mathematisches Wissen in konkreten historischen Handlungsverläufen produziert und verwendet wurde.

Erschwert wird dies im vorliegenden Fall dadurch, daß die Knotentheorie die Werkstatt mathematischer Forschung noch kaum verlassen hat und normalerweise nicht zum Standard-Lehrplan eines Mathematikstudiums gehört. Aus diesem Grund werden nicht alle Leserinnen und Leser bereits mit der Mathematik der Knoten vertraut sein. Ich habe versucht, aus diesem Nachteil einen Vorteil zu machen. Jede an der Entwicklung des mathematischen Wissens interessierte historische Untersuchung erfordert ohnehin ein Eindringen in die Gegenstände und Techniken vergangener mathematischer Praktiken, und selbst *mit* der Kenntnis des heutigen Stands des betreffenden Wissensgebiets ist es oft mühsam, den Pfaden historischer Argumentationen nachzugehen, weil das historische Verstehen dann durch die Begriffe und Methoden der heutigen Mathematik voreingenommen ist. Ein Ausweg aus dieser Schwierigkeit könnte darin liegen, daß zusammen mit dem Bericht über historisches mathematisches Handeln auch eine Beschreibung jener mathematischen Techniken gegeben wird, die diesem Handeln in *seiner* Zeit zugrundelagen. Daher gibt dieses Buch auch eine Art mathematische Einführung in die verschiedenen historischen Varianten der Knotentheorie – freilich mit dem ausschließlichen Ziel, die historischen Ereignisse genauer zu verfolgen und nicht etwa mit der Absicht, eine genetische Propädeutik der Knotentheorie zu geben. Das Ziel, das ich mir in dieser Beziehung gesetzt habe, war, interessierten Leserinnen und Lesern zumindest für einige wichtige Episoden so viele mathematische Hinweise zu geben, daß sie *mit den Techniken der historischen Akteure* einige der von diesen behandelten Probleme selbst bearbeiten könnten. Zumindest sollten die spezifischen *Argumentationsweisen*, und nicht nur die in heutige Sprache übersetzbaren (oder gar übersetzten) *Resultate* der Akteure verständlich werden.

Ich habe dabei in der Regel nicht versucht, die in einer gegebenen historischen Situation verwendeten Begriffe und Techniken mit den Mitteln heutiger Mathematik streng abzusichern. Vielmehr habe ich die heutigen mathematischen Ansprüche an Systematik und Vollständigkeit den historiographischen Ansprüchen untergeordnet, Ereignisse und Sachverhalte im historischen Kontext deutlich zu machen. Soweit es ohne allzu große Umschweife möglich war, bin ich der Notation der Quellen gefolgt; bisweilen ergänzt durch Fußnoten, in denen eine modernere Formulierung der betreffenden Zusammenhänge gegeben wird. Außerdem habe ich die aus heutiger Sicht unpräzise Sprache der frühen Topologie meist nicht durch die scharfe Begrifflichkeit der heutigen Topologie ersetzt; wenn dies doch geschieht, wird ausdrücklich darauf hingewiesen. Die allmähliche Präzisierung der auf umgangssprachliche Wendungen und anschauliche Bilder gestützten topologischen Sprache des 19. Jahrhunderts ist selbst ein historisch bedeutsames Phänomen, das durch eine solche Ersetzung ungreifbar würde. Ich hoffe, daß meine Darstellung es Mathematikern trotzdem ermöglicht, den sachlichen Gehalt historischer Argumentationen mit den Begriffen und Sätzen der heutigen Knotentheorie zu vergleichen.

Leserinnen und Leser, die ein mathematisches Grundstudium absolviert haben und mit Grundbegriffen der algebraischen Topologie wie denen der Homologie und der Fundamentalgruppe vertraut sind, werden dem Text weitgehend folgen können. Um diesen Text aber auch einem breiteren, an der Geschichte der Mathematik interessierten Publikum zugänglich zu machen, werden im folgenden diejenigen Abschnitte, die (im Text selbst nicht erläuterte) Kenntnisse der höheren Mathematik voraussetzen, an Beginn und Ende durch das Symbol ♠ vom Text abgesetzt. Auch unter Auslassung solcher Abschnitte sollte es möglich sein, die historische Erzählung mit Gewinn zu verfolgen. Eine gewisse Bereitschaft zum *Eindenken in unvertraute mathematische Imaginationen* bleibt freilich auch dann vorausgesetzt – sie bildet gleichzeitig, auf anderer Stufe, eines der charakteristischen Elemente der mathematischen Moderne.

★

Viele Personen haben an der Entstehung dieses Buches in unterschiedlicher Weise mitgewirkt. An erster Stelle möchte ich jenen meinen Dank aussprechen, die mich zuerst auf einem DMV-Seminar der Mathematikgeschichte nahegebracht haben: David Rowe, Erhard Scholz und Skuli Sigurdsson. David Rowe war es, der mir die Arbeit an der vorliegenden Studie in Mainz ermöglicht und mich über die ganze Zeit hinweg in vielfacher Weise unterstützt hat. Aber auch Erhard Scholz hat mich mit seiner kritischen und freundschaftlichen Aufmerksamkeit die ganze Zeit über begleitet. Herbert Mehrtens, Jeremy Gray, Catherine Goldstein und Jesper Lützen danke ich für das Interesse, das sie mir bei vielen Gelegenheiten entgegengebracht haben und das meinen Blick auf die Mathematikgeschichte maßgeblich beeinflußt hat. Für hilfreiche kritische Bemerkungen zu Teilen dieser Arbeit danke ich neben den bereits Genannten auch John Stillwell sehr herzlich. Auf der mathematischen Seite gilt mein besonderer Dank der (früheren) Mainzer Arbeitsgruppe für Topologie, insbesondere Matthias Kreck, Wolfgang Lück, Anand Dessai, Rainer Jung und Stefan Klaus, deren Fachkenntnis und erfrischender Umgang mit der Mathematik mich sehr beeindruckt hat. Joan Birman half mir durch eine Einladung zu einer Knotentheorie-Tagung in Oberwolfach, einen Einblick in den aktuellen Stand des Gebietes zu gewinnen, und sie ermutigte mich mehrfach, das hier vorgelegte historische Projekt weiterzuverfolgen. Andrew und Ida Ranicki haben mir durch ihre Gastfreundschaft ein längeres Archivstudium in Edinburgh ermöglicht. Martin Kneser bin ich für die Erlaubnis dankbar, die topologische Themen betreffende Korrespondenz seines Vaters einzusehen. Einen weiteren Dank schulde ich meinen früheren akademischen Lehrern. Ohne Helmut Fahrenbach und die philosophischen Diskussionen im Kreis seiner Doktoranden hätte ich die handlungstheoretische Perspektive, die der folgenden historischen Darstellung zugrundeliegt, wohl kaum entwickelt. Und die unermüdliche Betreuung Burkhard Kümmerers erlaubte mir, im Rahmen meiner Tübinger Dissertation aktives mathematisches Handeln zu erleben. In einem gemeinsam mit ihm veranstalteten Seminar im Sommersemester 1991 unternahm ich außerdem den ersten Versuch, das mathematische Handeln der Moderne genauer in den Blick zu fassen.

Folgenden Institutionen gebührt Dank für die Möglichkeit, aus in ihrem Besitz befindlichen Archivalien zu zitieren: Der National Library of Scotland in Edinburgh, den Universitätsbibliotheken von Edinburgh, Glasgow und Cambridge, der Niedersächsischen Staats- und Universitätsbibliothek Göttingen, der Bibliothek der Philosophischen Fakultät Konstanz, und dem Mathematischen Seminar der Hamburger Universität.

Einen besonders herzlichen Dank für ihr Interesse an diesem Buch und ihre bewundernswerte Geduld während der Vorbereitung des Buchmanuskripts richte ich schließlich an Frau Ulrike Schmickler-Hirzebruch vom Vieweg-Verlag.

Keine wissenschaftliche Arbeit gelingt ohne die Anteilnahme von Freunden. Ihnen und meiner Familie verdanke ich, daß der Einsamkeit der akademischen Arbeit über die Jahre ein menschliches Gegengewicht gegenüberstand. Und schließlich habe ich durch Espen Schaanning in Oslo nicht nur die wunderbare Weite des norwegischen *fjellet* kennengelernt, sondern in jahrelangen Diskussionen auch viel darüber erfahren, wie Geschichte *nicht* geschrieben werden sollte. Ob der hiermit vorgelegte *vitenstrekk*[1] seiner Kritik standhält, muß sich freilich erst noch zeigen.

*

Es ist unmöglich, vollständig, ausgewogen und fehlerfrei Geschichte zu schreiben. Die historische Realität ist ein komplexes Geflecht von Ereignissen, und schon jedes einzelne Ereignis läßt einen großen Reichtum historischer Beschreibungen zu, welcher der historischen Darstellung einen weiten Spielraum öffnet. Mögen mir deshalb die Leserinnen und Leser dieses Buchs die Unvollständigkeiten und Unausgewogenheiten verzeihen, wenn es gelungen sein sollte, dennoch (oder gerade deswegen) ihr Interesse zu wecken. Selbstverständlich gibt es neben den Spielräumen des Autors aber auch Ansprüche des historischen Handwerks. Deshalb bedaure ich alle verbliebenen Unrichtigkeiten, und ich möchte bereits hier meinen Dank für jede Mitteilung eines Irrtums im nachfolgenden Text aussprechen.

Wuppertal, im Juli 1999
Moritz Epple

---

[1] Vgl. (Schaanning 1997, Kap. 1).

INHALT

1 EINLEITUNG

> Die Mathematik bildet ein Netz von Normen.
>
> *Ludwig Wittgenstein, 1944*

Auf den folgenden Seiten werden einige wichtige Themen und leitende Gesichtspunkte dieser Studie vorgestellt. Ich beginne mit vier kurzen historischen Episoden (1.1), die zur Erläuterung verschiedener Dimensionen der in den Kapiteln dieses Buches entfalteten historischen Interpretation dienen können (1.2). Anschließend charakterisiere ich die allgemeine mathematikhistorische Perspektive etwas näher, die meine Darstellung leitet (1.3). Es folgt ein Überblick über den Aufbau und die dokumentarische Basis des Buches (1.4).

1.1 Vier Episoden

§ 1. Ein Lexikonartikel und sein Leser

Kurz vor der Wende vom 18. zum 19. Jahrhundert erschien in London ein naturhistorisches und mathematisches Lexikon mit dem umständlichen, aber vielsagenden Titel:

A mathematical and philosophical dictionary,
containing an explanation of the terms, and an account
of the several subjects, comprised under the heads
Mathematics, Astronomy, and Philosophy,
both natural and experimental: with an historical account
of the rise, progress, and present state of these sciences:
also memoirs of the lives and writings of the
most eminent authors, both ancient and modern,
who by their discoveries or improvements have
contributed to the advancement of them.
By Charles Hutton, LL.D. F. R. S.
London, MDCCXCV

Der Herausgeber fand es angebracht, in sein Lexikon Artikel über so praktische Dinge wie Knoten aufzunehmen. Der betreffende Artikel beginnt mit den Worten:

> „KNOT, a tye, or complication of a rope, cord, or string, or of the ends of two together. There are divers sorts of knots used for different purposes, which may be explained by shewing the figures of them open, or undrawn, thus." (Hutton 1795, Art. „Knot".)

Es folgte eine Liste mit 13 Knoten, jeweils mit kurzen Beschreibungen ihres Aufbaus und ihrer möglichen Verwendung. Im Anhang des Lexikons finden sich Kupferstiche der Knoten (Fig. 1.1).[1]

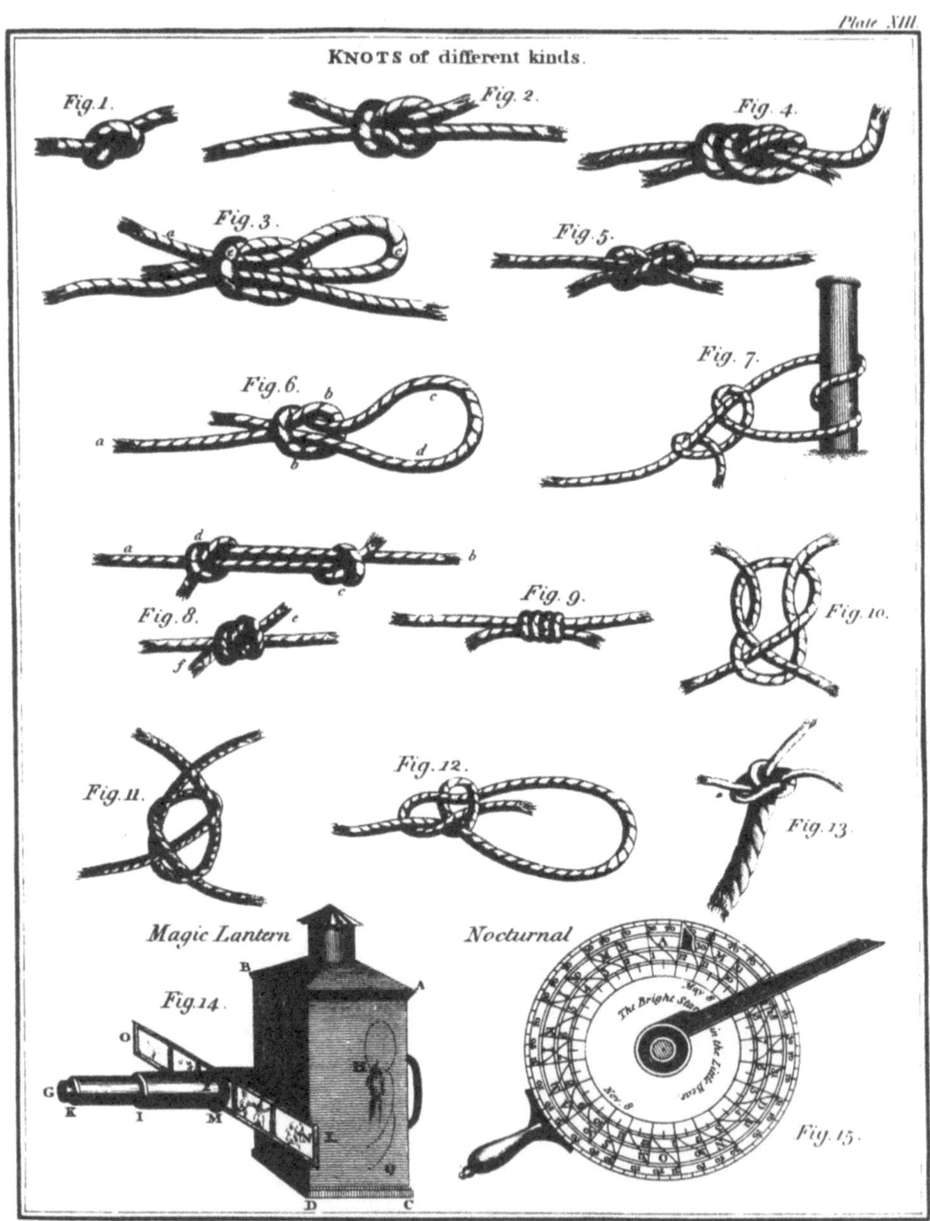

Fig. 1.1: Tafel XIII aus Huttons Lexikon

---

[1] Die Wiedergabe der Tafel erfolgt mit freundlicher Genehmigung der Houghton Library, Harvard University. – Fig. 14 und 15 gehören zu anderen Lexikoneinträgen.

Die Aufnahme dieses Artikels in Huttons Lexikon und die kurzen Beschreibungen der einzelnen Knoten zeigen, daß um die Wende zum 19. Jahrhundert Knoten Gegenstand eines bestimmten, im weitesten Sinn *wissenschaftlich orientierten Wissens* geworden waren. Unter den Lesern dieses Artikels – oder eines fast identischen aus einem früher erschienenen englischen Lexikon – befand sich auch ein junger Mann, der selbst auf dem besten Wege war, einer der angesehensten Wissenschaftler seiner Zeit zu werden: Der siebzehnjährige Carl Friedrich Gauß, damals noch Student am Collegium Carolingianum in Braunschweig. Auf einem Blatt, das Gauß aufbewahrte und das sich in seinem Nachlaß erhalten hat, notierte er sich die 13 auch bei Hutton beschriebenen Knoten mit ihren englischen Namen und kurzen, dem Lexikonartikel entnommenen Charakterisierungen (Fig. 1.2).[2]

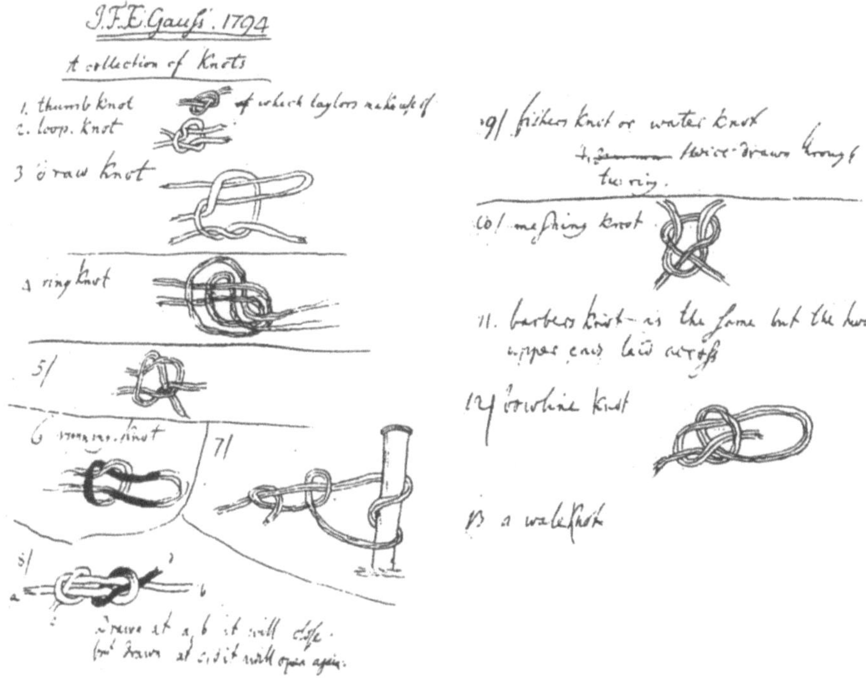

Fig. 1.2: Gauß' Knotenskizzen von 1794 (?)

Was Gauß in seinen jungen Jahren dazu bewegte, diese Knotenskizzen anzufertigen, muß offenbleiben. Auf indirekte, aber glaubwürdige Weise bezeugt ist dagegen, daß er in den letzten Jahren seines Lebens versucht hat, Knoten als Gegenstand *mathematischen Wissens* zu behandeln, genauer: als einen der Gegenstände jener neuen mathematischen Disziplin, die damals *Analysis situs* oder *Geometria situs* genannt wurde. Während einer seiner Italienreisen berichtete einer der wenigen, die direkten Kontakt zu Gauß gehabt hatten, nämlich Bernhard Riemann, seinem Gesprächspartner Enrico Betti von Gauß' Bemühungen um Knoten. Betti wiederum schrieb seinem Kollegen Placido Tardy von diesem Gespräch:

---

[2] NSUB Göttingen, Cod. MS Gauß, Math. 33, Blatt 3. Die Datierung des Blattes auf 1794 muß als unsicher betrachtet werden, da auf demselben Blatt auch später noch Eintragungen gemacht wurden. Es ist mir nicht gelungen, eine ältere Vorlage für Huttons Artikel ausfindig zu machen.

„In seinen [d.h. Gauß'] Schriften findet sich, daß die Analysis Situs wichtig ist, und in den letzten Jahren seines Lebens hat er sich viel mit einem Problem aus der Analysis Situs beschäftigt, nämlich: Gegeben sei ein Faden, der sich windet, und bekannt sei an jedem Kreuzungspunkt, welcher Teil oben bleibt und welcher darunter, zu bestimmen, ob er entwirrt werden kann ohne sich zu verknoten. Dieses Problem konnte er nicht lösen außer in Spezialfällen."[3]

§ 2. *Rauchringe und Knotentafeln*

Im Januar 1867 führte der Edinburgher Professor of Natural Philosophy, Peter Guthrie Tait, seinem Glasgower Kollegen William Thomson (dem späteren Lord Kelvin) vor, wie zwei aus mit Salmiak gefüllten Schachteln ausgestoßene Rauchringe heftig vibrierend miteinander kollidierten, ohne sich jedoch gegenseitig zu durchdringen oder aufzulösen.

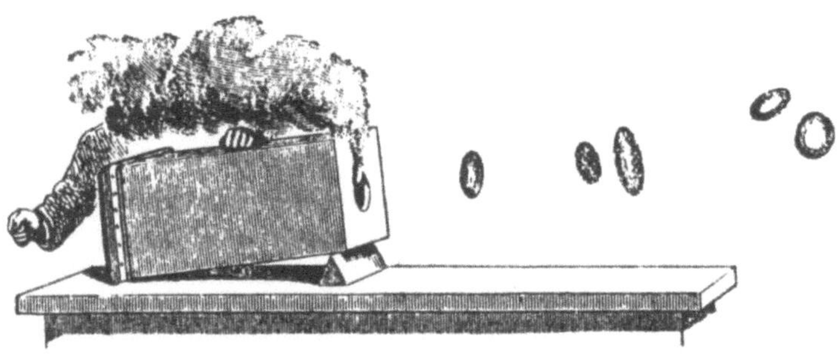

Fig. 1.3: Taits Rauchringexperiment (Tait 1876a, 292).

Thomson, der schon seit mehreren Jahren auf der Suche nach einer Erklärung für die atomare Struktur der Materie durch dynamisch stabile Konfigurationen eines universellen, flüssigkeitsähnlichen Mediums war, ließ sich dadurch zu einer weitreichenden Spekulation inspirieren. Die verschiedenen Atomsorten, so hoffte er, könnten sich als verschiedenartig verknotete und verkettete, dynamisch stabile Wirbelkonfigurationen des universellen Mediums herausstellen. Die gesamte Physik der Materie wäre dann als eine einheitliche, kontinuumsmechanische Theorie dieses Mediums aufzubauen. Neun Jahre später machte Tait sich daran, eine für Thomsons noch immer weder bestätigte noch widerlegte Spekulation grundlegende Frage zu klären: Welche topologisch verschiedenen Formen geschlossener, verknoteter Raumkurven gab es überhaupt? Und bis zu welchem Grad der „knottiness" mußten diese Formen berücksichtigt werden, um einen Vorrat an Formen zu erhalten, der zur Erklärung der Vielfalt der bekannten Atomsorten hinreichend war? Bis zum Jahr 1885 gelang es Tait, aufbauend auf der Arbeit zweier anderer Wissenschaftler, des Dubliner Pfarrers Thomas Penyngton Kirkman und des Ingenieurs

---

[3] Betti an Tardy, 6. Oktober 1863; zitiert nach (Weil 1979). Eine ausführliche Diskussion des Gaußschen Interesses an der Topologie findet sich in Kapitel 3.

Charles N. Little aus Nebraska, vollständige Tafeln aller alternierenden Knoten anzufertigen, deren reduzierte ebene Diagramme bis zu zehn Kreuzungen besaßen. (Diese Tafeln sind in Anhang A beigegeben.) Obwohl die Beteiligten, wie sie selbst wußten, nicht über mathematisch strenge Methoden verfügten, haben sich diese Tafeln doch als fehlerfrei erwiesen.[4]

§ 3. *Eine Matrix und ein Polynom*

Um die Mitte der zwanziger Jahre dieses Jahrhunderts hatten einige Mathematiker, die an der durch Henri Poincarés Aufsätze über *Analysis Situs* angeregten stürmischen Entwicklung des Gebietes der Topologie beteiligt waren, gelernt, bestimmte dreidimensionale Mannigfaltigkeiten zu konstruieren, welche mit einem Knoten verknüpft waren, sogenannte Überlagerungen des Knotenaußenraums. Diese Mannigfaltigkeiten wurden auf kombinatorischem Wege konstruiert, mit Methoden, aus denen später die sogenannte „stückweise lineare" Topologie entwickelt wurde. Insbesondere wurden Knoten als geschlossene, aus endlich vielen Strecken bestehende Polygonzüge im dreidimensionalen Euklidischen Raum betrachtet. Poincarés Arbeiten hatten verschiedene Wege gezeigt, so konstruierte Mannigfaltigkeiten zu untersuchen, unter anderem durch die Berechnung gewisser numerischer Invarianten, der sogenannten Torsionszahlen einer Mannigfaltigkeit. Um Taits Knotentafeln zu überprüfen, rechneten James W. Alexander, ein führender Topologe in Princeton, und sein Student G. B. Briggs systematisch die Torsionszahlen vieler Knotenüberlagerungen aus. Im Zuge dieser Rechnungen stieß Alexander auf eine ganz neue topologische Invariante von Knoten: ein Polynom, das bei stetigen Deformationen des Knotens im Raum unverändert blieb. Dieses konnte ganz einfach auf folgende Weise aus einem ebenen Diagramm eines Knotens bestimmt werden. (Fig. 1.4; die krummen Bögen sollten dabei genaugenommen als Polygonzüge gezeichnet werden.)

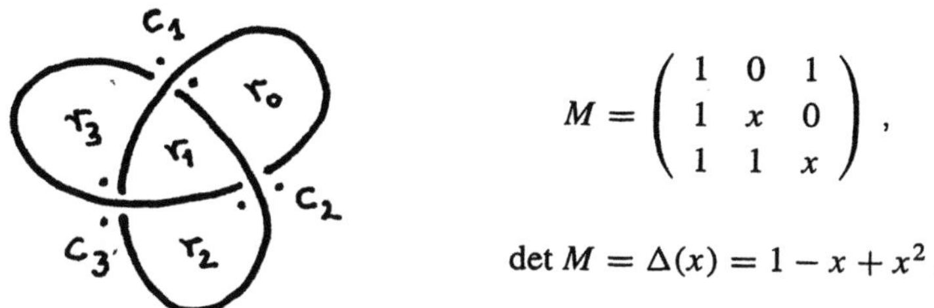

$$M = \begin{pmatrix} 1 & 0 & 1 \\ 1 & x & 0 \\ 1 & 1 & x \end{pmatrix},$$

$$\det M = \Delta(x) = 1 - x + x^2.$$

Fig. 1.4: Die Kleeblatt-Schlinge, ihre Alexander-Matrix
und ihr Alexander-Polynom

Die n Kreuzungen des Diagramms werden durch c_1, c_2, ..., c_n benannt, die $n+1$ endlichen Gebiete durch r_0, r_1, ..., r_n, dabei soll r_0 an das unendliche Gebiet angrenzen. Die Ecken der Gebiete werden nun nach Wahl eines Durchlaufungssinns des Knotens gemäß folgender Konvention markiert: Wann immer ein Bogen des Knotens einen anderen *unterkreuzt*, erhalten die Ecken der beiden links liegenden Gebiete je einen Punkt. Dann wird durch folgende Vorschrift eine $(n \times n)$-Matrix $M = (a_{ij})$ aufgestellt:

---

[4] Mehr zu Thomson und Tait in den Kapiteln 4 und 5.

$$a_{ij} := \begin{cases} 1 & \text{falls } r_j \text{ unmarkiert an } c_i \text{ grenzt;} \\ x & \text{falls } r_j \text{ markiert an } c_i \text{ grenzt;} \\ 0 & \text{sonst.} \end{cases}$$

Dabei durchlaufen i und j alle Werte von 1 bis n, das Gebiet r_0 bleibt unberücksichtigt. Die Determinante dieser Matrix ist ein Polynom in der Variablen x mit ganzzahligen Koeffizienten. Durch Multiplikation mit einem geeigneten Faktor $\pm x^m$ kann dieses Polynom stets in die Form $b_0 + b_1 x + b_2 x^2 + \dots$ mit $b_0 \in \mathbb{N}$ gebracht werden. Das so erhaltene, heute als *Alexander-Polynom* bezeichnete Polynom $\Delta(x)$ erwies sich als erstaunlich aussagekräftige Knoteninvariante. Bis auf wenige Paare besaßen alle Knoten der Taitschen Tafeln verschiedenes Alexander-Polynom. Damit konnte die Korrektheit dieser Tafeln zum ersten Mal in einem strengen Sinn geprüft werden.[5]

§ 4. *Eine überraschende Entdeckung*

Zu Beginn der 1980er Jahre versuchte Vaughan F. R. Jones in Berkeley, eine bestimmte Frage aus dem Gebiet der sogenannten von Neumann-Algebren zu lösen, welche John von Neumann in den dreißiger Jahren im Zusammenhang mit der mathematischen Grundlegung der Quantenmechanik eingeführt hatte. Jones stellte sich die Aufgabe, die Unterfaktoren (d.h. die Unteralgebren mit trivialem Zentrum) einer bestimmten von Neumann-Algebra, des sogenannten „hyperfiniten II_1-Faktors", zu klassifizieren. Bei der Arbeit an dieser Frage stieß er im Jahr 1984 auf eine algebraische Struktur, die einer seit den zwanziger Jahren allgemein bekannten, mit dem Knotenproblem verbundenen Serie von Gruppen sehr ähnlich war: den Zopfgruppen.[6] Es schien, daß die Ergebnisse von Jones auf dem Umweg über diese Gruppen die Konstruktion einer polynomialen Knoteninvariante ähnlich der Alexanders gestatteten. Jones setzte sich mit einer Expertin für die Theorie der Zopfgruppen, Joan S. Birman in New York, in Verbindung. Gemeinsam gingen sie Jones' Resultate durch und dieser stellte schließlich fest, daß sich in der Tat ein Polynom konstruieren ließ, das Knoten bzw. Verkettungen topologisch invariant zugeordnet war. Zu Jones' und Birmans Überraschung handelte es sich nicht um eine Wiederentdeckung des Alexanderschen Polynoms, sondern um eine neue und unabhängige Invariante. Auch diese konnte, wie die beiden fanden, mit rein kombinatorischen Methoden aus einem Knotendiagramm berechnet werden.

Jones' Entdeckung löste eine lange Serie von anschließenden Forschungen aus, sowohl auf dem Gebiet der Knotentheorie wie auch auf dem Gebiet der von Neumann-Algebren und ihrer Anwendungen in der mathematischen Physik. Im Jahr 1990 befand sich Jones unter den Preisträgern der höchsten Auszeichnung auf dem Gebiet der Mathematik, der Fields-Medaille.[7]

1.2 Themen einer Geschichte der Knotentheorie

Diese vier Episoden weisen auf einige Schlüsselereignisse der hier erzählten Geschichte hin. Zwar gestatten sie es nicht, einen angemessenen Eindruck der Geschichte der mathematischen

---

[5] Die Alexanderschen Arbeiten werden in Kapitel 11 ausführlich beschrieben.

[6] Näheres zur Einführung der Zopfgruppen in § 95.

[7] Eine genauere Diskussion dieser Episode findet sich in (Epple 1999a).

Behandlung verknoteter und verschlungener Raumkurven zu geben; einige der historisch bedeutsamsten Entwicklungen sind noch nicht einmal andeutungsweise erwähnt. Dennoch kann ausgehend von diesen kurzen Skizzen auf einige der leitenden Themen und Gesichtspunkte der folgenden Arbeit hingewiesen werden: auf die fortschreitende Mathematisierung eines zunächst anschaulich greifbaren, nichtmathematischen Problemgebiets; auf die Variationen der Kontexte, in welchen Knoten mathematisch studiert wurden; und auf die sich verändernden Konfigurationen der Gegenstände und Techniken der Knotentheorie sowie die damit verknüpfte Vielfalt möglicher Theoriekonstruktionen.

§ 5. *Mathematisierung*

Der Mathematikhistoriker Dirk J. Struik konnte noch in der 1987 erschienenen vierten Auflage seiner vielgelesenen *Concise History of Mathematics* zu Recht feststellen: „Some of the oldest geometrical forms known to mankind, such as knots and patterns, only received full scientific attention in recent years." (Struik 1987, 15.) Im Vergleich zu anderen Gebieten der Mathematik wie etwa der Geometrie oder der Algebra, deren erste Spuren sich vor etwa 4000 Jahren in den Kulturen des nahen Orients verlieren, ist die Knotentheorie – ebenso wie die Topologie, als deren Teilgebiet sie heute angesehen wird – eine sehr junge und in einem spezifischen Sinn der Epoche der *mathematischen Moderne* angehörige Theorie.[8] Trotz der von Struik hervorgehobenen Tatsache, daß Knoten und Knotenzeichnungen ebenso in frühen Kulturen verwendet wurden wie andere ornamentale Muster, finden sich Spuren einer mathematischen Behandlung von Knoten und verwandten geometrischen Formen erst kurz vor der ersten der oben erwähnten Episoden im 18. Jahrhundert; diese Episode selbst steht für den Beginn der bewußten mathematischen Behandlung des Knotenproblems.[9] Von der Ausbildung einer mathematischen Theorie der Knoten in einem strengen Sinn kann man sogar erst in den zwanziger Jahren unseres Jahrhunderts sprechen, ungefähr zu der Zeit, in der die dritte der obigen Episoden spielt.

Was heißt es, eine anschauliche Fragestellung mathematischer Behandlung zugänglich zu machen? Sind Weg und Resultat einer solchen Mathematisierung eindeutig? Wenn nicht, von welchen historischen Umständen hängt das Spektrum möglicher Mathematisierungen und der tatsächliche Verlauf eines Mathematisierungsprozesses ab? Die Geschichte der Knotentheorie bietet sich für das beispielhafte Studium eines Mathematisierungsprozesses, dessen Höhepunkt in die mathematische Moderne fällt, in besonderer Weise an. Wir haben es sowohl mit einem überschaubaren Zeitraum als auch mit einem genügend abgegrenzten Problembereich zu tun, um den Mathematisierungsprozeß in seinem Verlauf zu verfolgen. Dennoch ist der betrachtete Problembereich mathematisch anspruchsvoll und beziehungsreich genug, um mehr als oberflächliche Aufschlüsse erwarten zu lassen.[10] Ich werde deshalb im folgenden mehr Gewicht auf diejenigen Ereignisse legen, die als Beiträge zur Mathematisierung des Knotenphänomens

---

[8] Die Bezeichnung „mathematische Moderne" ist (Mehrtens 1990) zu verdanken; vgl. dazu auch (Epple 1996a). Vorläufig gebrauche ich diesen Ausdruck ausschließlich als Epochenbezeichnung für die Zeit nach den tiefgreifenden Umbrüchen in der Mathematik des 19. Jahrhunderts. Eine ausführlichere Diskussion dieses Themas folgt im 7. Kapitel.

[9] Siehe Kapitel 2 und 3. Auf die Frage nach den Umständen, die diesen späten Beginn der Mathematisierung bedingt haben, werden wir dort zurückkehren.

[10] Freilich keine allgemeine Theorie der Mathematisierung. Aus historischer Sicht ist ohnehin fraglich,

oder -problems gelten können, als auf das „normale Problemlösen" im Rahmen einer gegebenen mathematischen Form der Knotentheorie. Besondere Aufmerksamkeit gilt daher dem *Beginn* der Mathematisierung (Kapitel 2 und 3), den ersten umfangreichen Bemühungen um die Knotenklassifikation (Kapitel 5), und dem Beginn der modernen Knotentheorie in den ersten drei Jahrzehnten des 20. Jahrhunderts (Kapitel 8-12).

§ 6. *Die Variation der Kontexte*

Wie die vier Episoden erkennen lassen, war der allmähliche Prozeß der Mathematisierung mit einer Folge von *Variationen der kulturellen Kontexte* verknüpft, in denen das anschauliche und praktisch greifbare Problem thematisiert wurde, Knoten und verschlungene Linien durch charakteristische Eigenschaften voneinander zu unterscheiden. Ging es in der ersten Episode um die allerersten Schritte der Mathematisierung eines Problembereichs, der zuvor nur in nichtmathematischen, handwerklich-künstlerischen Zusammenhängen von Interesse gewesen war, so ist der entscheidende Kontext der zweiten Episode das Streben der beteiligten Physiker nach einer einheitlichen, dynamischen Erklärung aller Naturerscheinungen. Wiederum eine drastische Verschiebung des Kontexts läßt die dritte Episode erkennen: Hier ist es die neugebildete Disziplin der modernen Topologie, die Alexanders mathematische Arbeit motivierte und prägte. Die letzte Episode schließlich deutet eine überraschende Querverbindung innerhalb des Gebäudes mathematischer Teildisziplinen an, deren Entdeckung der Knotentheorie auch den weiteren Horizont der mathematischen Physik wieder eröffnete, der lange Zeit verschwunden schien.

Diese Variationen der Kontexte zu verfolgen und zu interpretieren, wird eine weitere wichtige Aufgabe dieser Studie sein. Dabei darf freilich nicht übersehen werden, daß erst der historische Bericht über einen ausgewählten Ereignisverlauf gewisse damit verbundene Ereigniskomplexe zu Kontexten des betrachteten *macht*. Ein anderer historischer Bericht könnte das, was im folgenden als ein Kontext der mathematischen Behandlung von Knoten erscheint, zum Hauptgegenstand und die Knotentheorie zu einem Kontext machen.[11] Trotz dieser Abhängigkeit der Kategorie des Kontexts von der historischen Narration stellt dieselbe, entsprechend verstanden, doch ein wichtiges Werkzeug dar, um Veränderungen der mathematischen und wissenschaftlichen Praxis kenntlich zu machen. Der aktuelle, am Fortschreiten der Forschung interessierte mathematische Blick auf die Geschichte neigt dazu, gerade das unsichtbar zu machen, was die historische Erzählung als Kontext oder Kontextveränderung einer bestimmten inhaltlichen Entwicklung beschreiben kann. Indem nämlich ein systematisch orientierter Blick auf die Geschichte die Resultate früherer Bemühungen in die Sprache und den Bedeutungshorizont der heutigen Mathematik überträgt, löst er diese Resultate aus jenem früheren Bedeutungs- und Verwendungszusammenhang, in welchem die historischen Akteure selbst ihre Bemühungen ansiedelten. Diese Übertragung mag ihren guten Sinn für die mathematische Forschung haben. Die Mathematikgeschichte kann jedoch gerade aus der Beschreibung historischer Bedeutungszusammenhänge und Verwendungsweisen, mithin aus der Untersuchung der Verschiebungen und Differenzierungen, der Eliminationen und Neueröffnungen von Kontexten, in welchen ein

---

ob eine solche Theorie sinnvoll ist. Weitere interessante Beispiele historischer Untersuchungen von Mathematisierungsprozessen im hier betrachteten Zeitraum geben (Dahan-Dalmedico 1993) und (Scholz 1989).

[11] Die aktive Konstruktion von Kontexten durch die historische Arbeit wird in (Goldstein 1995) an einem Beispiel aus der Geschichte der Zahlentheorie eindrucksvoll durchgespielt. Vgl. dazu auch Anm. 44.

bestimmtes Problem behandelt wurde, Aufschlüsse über die Entwicklung der mathematischen Praxis gewinnen.

Im folgenden werden vor allem zwei sich überlagernde Aspekte zur Sprache kommen, die sich in Bezug auf die Knotentheorie als Kontextvariationen beschreiben lassen: die allmähliche disziplinäre Trennung der Mathematik von den exakten Wissenschaften und die Entstehung der Topologie. In der Tat finden wir in dem hier betrachteten Mathematisierungsprozeß eine auffällige Verschiebung des Knotenproblems aus dem Bereich der Handwerke und Künste über jenen der exakten Wissenschaften in den Bereich der reinen Mathematik. Diese Verschiebung ist zeitgleich mit der fortschreitenden Trennung zwischen mathematischer und naturwissenschaftlicher Forschung, die sich im 19. Jahrhundert allmählich herausbildete, und die für die moderne disziplinäre Organisation von Mathematik und exakten Wissenschaften charakteristisch ist. Thomas Kuhn hat vor 25 Jahren nachdrücklich darauf hingewiesen, daß das Studium dieser disziplinären Neukonfiguration wegen ihrer tiefgreifenden Konsequenzen sowohl für die Mathematik als auch für die Naturwissenschaften zu den wichtigsten Aufgaben der Wissenschaftsgeschichte der letzten beiden Jahrhunderte gehört (Kuhn 1976/1978, 114). Diese Aufgabe muß noch immer als bestenfalls teilweise gelöst betrachtet werden.[12]

Im Fall der von Struik erwähnten ornamentalen Muster war es die Gruppentheorie, die schließlich eine mathematische Behandlung ermöglichte.[13] Im Fall der Knoten bot die sich ab der Wende zum 20. Jahrhundert allmählich zu einer mächtigen Theorie entwickelnde *Topologie*, bezeichnenderweise ebenfalls unter Heranziehung der Gruppentheorie, den Rahmen und das Instrumentarium für den Aufbau einer mathematischen Theorie der Knoten. Auch die Entwicklung topologischen Denkens im Verlauf des 19. Jahrhunderts und die Konstitution der Topologie als selbständiger (Teil-)Disziplin der Mathematik im 20. Jahrhundert stellt immer noch ein unzureichend erforschtes Gebiet der Mathematikgeschichte dar. Anders als etwa zur Entstehung der Algebra, der Infinitesimalrechnung, der Zahlentheorie oder der Wahrscheinlichkeitstheorie liegen bislang nur wenige Monographien über die Entstehung der Topologie vor.[14] Viele dieser Studien sind vorwiegend auf die Entstehung der Grundbegriffe der heutigen mengentheoretischen und algebraischen Topologie gerichtet und weniger auf die Untersuchung der tatsächlichen historischen Ereigniskomplexe in ihren jeweiligen Kontexten. So ist auch zu erklären, warum das Knotenproblem bislang historisch fast völlig unbeachtet geblieben ist. Jean-Claude Ponts Monographie *La topologie algébrique des origines à Poincaré* etwa, in mancher Hinsicht immer noch eine gute, quellenorientierte Darstellung der Entstehung der (geometrischen und algebraischen)

---

[12] Trotz einiger wichtiger Beiträge bilden die Geschichte der „angewandten Mathematik" und die Geschichte der „mathematischen Physik" immer noch wichtige Desiderate *zwischen* Wissenschafts- und Mathematikgeschichte. Auch diese blieben lange Zeit (und sind zum Teil noch heute) genau jener disziplinären Trennung verpflichtet, die eigentlich Gegenstand historischen Studiums sein sollte.

[13] Eine klassisch gewordene Behandlung der Ornamentgruppen gab (Speiser 1923), eine neuere Darstellung findet sich in (Grünbaum und Shephard 1989).

[14] Zu nennen sind vor allem (Pont 1974), (Scholz 1980) und (Dieudonné 1989). Vgl. auch die Übersichtsartikel (Hirsch 1978) und (Dieudonné 1994). Darüber hinaus liegen eine Reihe substantieller Studien zu Einzelaspekten vor, z.B. zum Dimensionsbegriff (Johnson 1979, 1981), zum Begriff der Homologie (Bollinger 1972), der Homotopie (vanden Eynde 1992), zur Frühgeschichte der Poincaré-Vermutung und zum Klassifikationsproblem dreidimensionaler Mannigfaltigkeiten (Volkert 1994) sowie die semiotisch argumentierende Studie zur Entwicklung der Homologietheorie (Herreman 1997).

Topologie, schließt auf Knoten bezügliche Probleme ausdrücklich aus ihrer Darstellung aus (Pont 1974, 2 f.).[15] Auch neuere Darstellungen haben knotentheoretischen Entwicklungen nur geringe Aufmerksamkeit geschenkt.[16] Indem sie diese Lücke schließt, sucht die vorliegende Arbeit auch einen Beitrag zur weiteren Erforschung der Entstehung der Topologie zu leisten.[17]

Die Trennung der Mathematik von den Naturwissenschaften und die fortschreitende innere Differenzierung der disziplinären Organisation der Mathematik, die unter anderem an der Ausbildung der Topologie sichtbar wird, sind Aspekte einer tiefgreifenden Entwicklung im Gefüge des modernen Wissens überhaupt. Die Geschichte der mathematischen Behandlung von Knoten kann daher auch im Licht der Frage betrachtet werden, wie bestimmte Wissensfragmente im Verlauf des *allgemeinen* Differenzierungsprozesses des modernen Wissens ihren Ort und ihre Kontexte gewechselt haben. Handelt es sich wirklich um einen geradlinigen, eindeutig gerichteten Prozeß, von den anschaulich-praktischen Kontexten hin zur „reinen Knotentheorie"? Oder zeigen vielleicht einzelne Episoden der Knotentheorie, daß Phasen fortschreitender Differenzierung auch durch Phasen der erneuter Integration verschiedener Wissensgebiete abgelöst wurden bzw. werden können? Auf solche Fragen komme ich in den Kapiteln 7 und 12 zurück.

§ 7. Was ist ein Knoten? Epistemische Gegenstände und Techniken

In den eingangs erzählten Episoden ging es jeweils um ein bestimmtes Wissen, ein Wissen, das wir „mathematisches Wissen" zu nennen geneigt sind. Doch was für ein Wissen ist das? Worauf bezieht es sich? Die nächstliegende Antwort – das Wissen bezieht sich auf Knoten und knotenähnliche Gebilde – reicht für ein Verständnis der historischen Entwicklung nicht aus. Handwerklich-praktisches, künstlerisches, physikalisches und mathematisches Wissen über Knoten beziehen sich strenggenommen nicht auf dieselben, kontextfrei faßbaren Gegenstände. Im Gegenteil werden in jedem Wissenskontext die Gegenstände des Wissens in gewissem Sinn

---

[15] Ponts Erläuterung dieser Einschränkung ist aufschlußreich, weil sie die typische und vielleicht unvermeidliche, *vor* dem Studium der relevanten Dokumente gebildete Erwartung eines Historikers explizit macht: „Au commencement de nos recherches, la matière qui constitue l'histoire de la topologie algébrique des origines aux travaux de Poincaré nous semblait assez restreinte pour se prêter à une étude quasiment exhaustive. Très vite toutefois, il est apparu que les documents étaient plus riches que prévu. Aussi avons-nous été contraints de sacrifier quelques sujets pourtant en rapport avec le développement de la topologie. C'est ansi que nous avons ignoré les problèmes qui concernent les nœuds, les graphes et le coloriage des cartes, à l'exception de la question des ponts de Königsberg et du travail de Kirchhoff sur les circuits électriques." Ponts weitere Begründung seines Vorgehens – „Nous avions auparavant acquis la conviction que ces matières n'eurent guère d'influence sur l'évolution de la topologie" – ist freilich nicht zu rechtfertigen, wie die vorliegende Studie deutlich macht. Zur Graphentheorie vgl. inzwischen auch die Monographie (Biggs, Lloyd und Wilson 1976).

[16] Jean Dieudonné handelt einige knotentheoretische Ergebnisse des 20. Jahrhunderts im Rahmen seiner Übersicht über die mathematischen Resultate der algebraischen Topologie zwischen 1900 und 1960 auf etwa zweieinhalb Seiten ab (Dieudonné 1989, 307 ff.). Darüber hinaus behandelt (Volkert 1994) einige Aspekte der Entstehung der Knotentheorie. Auch der Sammelband (Turner und van der Griend 1996), der einige interessante Beiträge über die Geschichte der praktischen Verwendung von Knoten enthält, widmet der Mathematikgeschichte nur einen knappen und recht oberflächlichen Essay.

[17] Folgende Vorarbeiten des Autors sind in diese Studie eingegangen: (Epple 1994, 1995, 1997, 1998a, b, 1999a).

neu konstruiert. Schon eine oberflächliche Betrachtung der in den obigen Episoden verwendeten „Definitionen" dessen, was ein Knoten „ist", zeigt diese Vieldeutigkeit.

In der ersten Episode finden wir eine Vorstellung von Knoten, die sich noch eng an der vormathematischen, graphischen Darstellung von Knoten orientiert, wie sie in Huttons Lexikon wiedergegeben ist. Bettis spätere Beschreibung – „gegeben sei ein Faden, der sich windet, und bekannt sei an jedem Kreuzungspunkt, welcher Teil oben bleibt und welcher darunter" – trifft den Kern der meisten Vorstellungen von Knoten bis in die Zeit der zweiten Episode. Knoten wurden hier als Abstraktionen von gezeichneten Kurven in der Ebene aufgefaßt, an deren Doppelpunkten Über- bzw. Unterkreuzungen geeignet markiert waren; die Zeichnungen selbst symbolisierten „wirkliche" Knoten der materiellen Welt. Trotz dieses anschaulichen Charakters hat schon eine Verschiebung gegenüber den handwerklich-praktischen Vorstellungen von Knoten stattgefunden. Der Knotenfaden wurde nun meist als stetige oder glatte geschlossene Linie ohne körperliche Ausdehnung, als beliebig krümm- und dehnbar usw. imaginiert. Zwei solche verschlungenen Linien, die ineinander ohne Selbstdurchkreuzungen stetig deformiert werden konnten, wurden als „dieselbe Knotenform" oder sogar als „derselbe Knoten" angesehen. Selbst das war jedoch nicht immer explizit festgelegt; insbesondere gaben viele Knotenzeichnungen des 19. Jahrhunderts körperlich ausgedehnte Fäden in einer räumlichen Lage mit niedriger Krümmung wieder. „Wilde" Knoten, d.h. nicht zu einer glatten Kurve äquivalente Knoten, wie sie seit dem frühen 20. Jahrhundert manchmal betrachtet werden, kamen noch nicht vor (Fig. 1.5; mehr dazu im achten Kapitel).

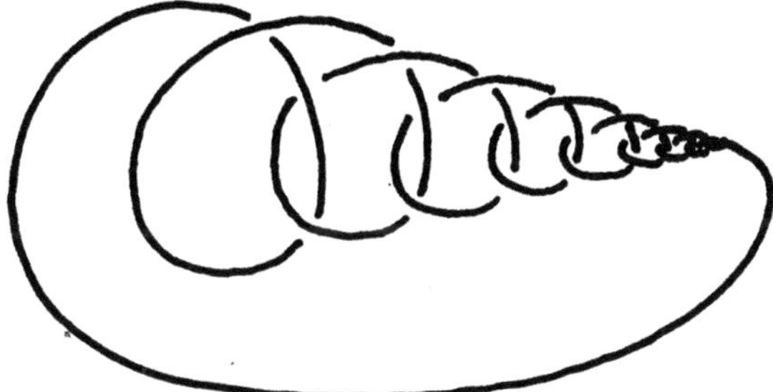

Fig. 1.5: Ein wilder Knoten

In Form einer expliziten, ausgefeilten Definition finden wir einen Begriff von Knoten in der Zeit der dritten Episode. In der ersten mathematischen Monographie über Knoten, Kurt Reidemeisters *Knotentheorie* von 1932, heißt es:

> „Um den Begriff des Knotens zu erklären, betrachten wir geschlossene doppelpunktfreie Polygone des euklidischen Raumes aus endlich vielen euklidischen Strecken und verstehen unter der Deformation eines Polygons die Erzeugung eines neuen Polygons aus einem vorgelegten durch einen der folgenden beiden Prozesse:
>
> Δ. *Sei $P_p P_1$ eine Strecke des Polygons mit den Endpunkten P_p und P_1, seien $P_p P_{p+1}$ und $P_{p+1} P_1$ zwei dem Polygon nicht angehörende Strecken mit den Endpunkten P_p, P_{p+1} bzw. P_{p+1}, P_1. Die Dreiecksfläche $P_p P_{p+1} P_1$ habe außer der Strecke $P_p P_1$ keinen Punkt mit dem Polygon gemeinsam. Alsdann werde $P_p P_1$ durch $P_p P_{p+1}$, $P_{p+1} P_1$ ersetzt.*
>
> Δ' sei der zu Δ inverse Prozeß [...]."

> Polygone, die durch eine Kette von Deformationen auseinander hervorgehen, mögen *isotop* und eine Klasse isotoper Polygone ein *Knoten* heißen. Wir nennen übrigens auch das Polygon selbst einen Knoten, obgleich wir es genauer als den Repräsentanten eines Knotens bezeichnen müßten." (Reidemeister 1932, § 1.)

Ganz offensichtlich ist dieser Begriff von Knoten ein *anderer* als der des 19. Jahrhunderts. Nicht mehr die graphische Darstellung, sondern der bereits mathematisch – nämlich in der axiomatischen Geometrie – festgelegte Begriff des Streckenzugs im euklidischen Raum wurde zum Ausgangspunkt der Festlegung des Begriffs gewählt. Wilde Knoten sind unmißverständlich ausgeschlossen. Außerdem thematisierte Reidemeister auch explizit die notwendige Abstraktion, den Übergang von einzelnen Polygonzügen zu Äquivalenzklassen von solchen.

Aber auch Reidemeisters vergleichsweise scharf gefaßter Begriff blieb nicht der letzte. In einer neueren Monographie (Rolfsen 1976) findet sich folgende Definition, diesmal sogar zusammen mit einem ausdrücklichen Hinweis auf die Vielfalt der Möglichkeiten, den Begriff des Knotens festzulegen:

> „A subset K of a [topological] space X is a *knot* if K is homeomorphic with a sphere S^p. More generally K is a *link* if K is homeomorphic with a disjoint union $S^{p_1} \cup ... \cup S^{p_r}$ of one or more spheres. Two knots or links K, K' are *equivalent* if there is a homeomorphism $h : X \to X$ such that $h(K) = K'$ [...].
>
> In reading the literature, you should be aware that these definitions are not universally accepted. Some authors consider knots as embeddings $K : S^p \to S^n$ rather than subsets. [...] There are also other (stronger) notions of equivalence which appear in the literature. [...] One may also require everything be piecewise-linear (PL) or C^∞." (Rolfsen 1976, 2.)

Wieder hat sich der Begriff geändert, sowohl hinsichtlich seines Umfangs – nicht nur Knoten im dreidimensionalen Raum, sondern auch höherdimensionale Gebilde sind nun erfaßt[18] –, als auch hinsichtlich seines Inhalts. Nicht die Sprache der axiomatischen Geometrie, sondern die der modernen Topologie wurde benutzt, und Rolfsen entschied sich anders als Reidemeister dafür, die Mengen K und nicht die Äquivalenzklassen solcher Mengen als Knoten zu bezeichnen.

Diese Beispiele verschiedener Festlegungen des Knotenbegriffs machen deutlich, und die nähere historische Untersuchung wird es bestätigen, daß es ein zeitloses, ein für allemal festgelegtes Erkenntnisobjekt „Knoten" nicht gab. Selbst innerhalb der Disziplin Mathematik blieb und bleibt stets ein Spielraum für das, was die *Konstruktion des mathematischen Gegenstands* genannt werden kann. Wir werden sehen, daß nicht nur die sprachliche Oberfläche die verschiedenen Varianten der Begriffskonstruktion unterscheidet, sondern daß dem Begriff des Knotens in den verschiedenen Kontexten jeweils verschiedene Extensionen (Begriffsumfänge) wie auch verschiedene Intensionen (Begriffsinhalte) gegeben wurden. Dazu kommt eine offensichtliche Abstufung in dem, was die „mathematische Strenge" einer Begriffserklärung genannt werden kann. Auf die näheren Umstände und Gründe dieser permanenten Neukonstruktion des Erkenntnisgegenstands „Knoten" werde ich wiederholt zurückkommen.[19]

---

[18] Von einigen Hinweisen auf die Anfänge der Theorie höherdimensionaler Knoten wird dieser Aspekt in der folgenden Studie weitgehend außer Betracht bleiben.

[19] Strenggenommen müßte im folgenden der Ausdruck „Knoten" entweder stets in Anführungszeichen

Hier stoßen wir an ein subtiles philosophisches Problem, das die Geschichte der Mathematik immer wieder neu beschäftigt. Gibt es so etwas wie abstrakte, unveränderliche mathematische Gegenstände – in unserem Fall eben „Knoten" –, die durch die zu verschiedenen Zeiten gebildeten Begriffe nur unvollkommen und deshalb auf unterschiedliche Weise beschrieben werden? Oder wurden durch die verschiedenen Festlegungen des Knotenbegriffs ebensoviele Varianten des Erkenntnisgegenstands „Knoten" selbst konstruiert, die auf eine komplexe Art miteinander zusammenhängen, ohne daß es jenseits des anschaulich greifbaren, nichtmathematischen Ausgangspunkts einen festen ontologischen Bezugspunkt gibt? Mit der ersten Möglichkeit ist jene mathematikphilosophische Position verbunden, die im 20. Jahrhundert in der Regel mathematischer Platonismus oder auch mathematischer Realismus genannt worden ist.[20] Ludwig Wittgenstein und Imre Lakatos haben zwei inzwischen bereits klassisch gewordene Verteidigungen der zweiten Auffassung gegeben. Der Ausgangspunkt Wittgensteins ist eine allgemeine begriffs- bzw. sprachtheoretische Überlegung, die auch auf die Mathematikgeschichte ein interessantes Licht wirft. Wittgenstein faßte diese Überlegung prägnant zusammen: „Die Bedeutung eines Wortes ist das, was die Erklärung der Bedeutung des Wortes erklärt. [...] Die Erklärung der Bedeutung erklärt den Gebrauch des Wortes. Der Gebrauch des Wortes in der Sprache ist seine Bedeutung." (Wittgenstein 1969/1984, Nr. 23.) Die Bedeutung eines mathematischen Begriffs wie dem des Knotens, heißt das, ergibt sich aus der spezifischen Art und Weise, wie dieser Begriff in jener mathematischen Praxis, in welcher und für welche er konstruiert wurde, tatsächlich *verwendet* wurde bzw. wird.[21] Lakatos hat diesen Zusammenhang zwischen der variierenden Bedeutung eines mathematischen Begriffs und seinem variierenden Gebrauch in einem permanenten Hin und Her von „Beweisen und Widerlegungen" in einer brillanten Fallstudie zur allmählichen Entwicklung des Eulerschen Polyedersatzes und des Begriffs „Polyeder" illustriert – ohne übrigens die offensichtliche Beziehung zu Wittgenstein hervorzuheben und mit einer anderen erkenntnistheoretischen Absicht.[22]

Diese zweite, in einem sehr weiten Sinn „konstruktivistische" Position läßt sich nicht so einfach benennen wie die erste, und sie spaltet sich zudem in eine Vielzahl von feiner bestimmten Positionen, je nachdem, *was genau* unter der Konstruktion eines mathematischen Gegenstands verstanden wird. Geht es um eine aus konkreter Erfahrung durch einen geistigen Akt der Abstraktion gewonnene Vorstellung? Geht es um abstrakte Strukturbegriffe, die, einmal konstruiert, einen ähnlichen Status erwerben wie platonische Ideen? Besteht das Konstruierte in konventionellen Regeln zur Verwendung von Zeichen? Oder in reinen Fiktionen, die dennoch von wissenschaftlichem Nutzen sind? Handelt es sich um geistige Konstruktionsakte einzelner Mathematiker? Oder

---

stehen oder auf andere Weise hervorgehoben werden, welche spezifische Konstruktion des Erkenntnisgegenstands jeweils gemeint ist. Da dies zu einem recht umständlichen Stil führen würde, lasse ich im folgenden meist die Anführungszeichen weg; aus dem Zusammenhang sollte jeweils klar sein, um welche Vorstellung bzw. um welchen Begriff von Knoten es sich handelt.

[20] Eine leicht zugängliche und in verschiedener Hinsicht revidierte neuere Darstellung des mathematischen Realismus gibt (Maddy 1990).

[21] Zu Wittgensteins Philosophie der Mathematik vgl. z.B. (Shanker 1987).

[22] (Lakatos 1976/1979). Während für Wittgenstein mathematisches Wissen genaugenommen nur in einem Netz von Regeln zum Gebrauch der mathematischen Begriffe besteht, sucht Lakatos nachzuweisen, daß der Erwerb mathematischen Wissens dem Erwerb empirischen Wissens bzw. der Prozeß mathematischer Forschung dem Vorgehen empirischer Wissenschaften gleicht.

konstruieren Kollektive komplexe Symbolsysteme von weitreichender kultureller Bedeutung?[23] Die Entscheidung zwischen diesen Alternativen kann der philosophischen Diskussion überlassen bleiben. Im Zusammenhang dieser Studie ist lediglich die grundsätzliche Beziehung zwischen der Konstruktion mathematischer Erkenntnisobjekte und dem konkreten mathematischen bzw. wissenschaftlichen Handeln entscheidend, die von den meisten Spielarten einer nichtplatonistischen Auffassung in verschiedener Weise betont wird. Aus dem Blickwinkel der Historiographie ist eine solche mathematikphilosophische Position attraktiver als eine platonistische, weil sie in viel größerem Maße gestattet, den mannigfachen Differenzen und Variationen im Gebrauch mathematischer Begriffe nachzugehen. Eine philosophisch motivierte Orientierung auf eine Welt abstrakter, zeitlos existierender mathematischer Gegenstände würde dagegen eine Einengung der historischen Aufmerksamkeit und einen Maßstab für die Bewertung mathematischen Handelns implizieren, der der historischen Beschreibung fremd ist. Die folgende Darstellung läßt sich deshalb nicht von der Vorstellung eines zeitlosen, allmählich enthüllten Gegenstands der Knotentheorie leiten. Vielmehr wird *ohne* diese platonistische Voraussetzung untersucht, wie die verschiedenen Begriffe von Knoten in ihrer Zeit jeweils konstruiert und gebraucht wurden, und was Mathematikerinnen und Mathematiker mit diesen Vorstellungen und Definitionen von Knoten jeweils *getan* haben.[24]

Zu diesem Zweck ist eine Unterscheidung hilfreich, die Hans-Jörg Rheinberger im Zusammenhang der Historiographie experimenteller Wissenschaften vorgeschlagen hat. Die Konstruktion wissenschaftlicher Erkenntnisgegenstände und der Aufbau wissenschaftlicher Theorien können, so Rheinberger, aus einem Ineinander der Produktion, Bearbeitung und Verwendung von „epistemischen Dingen" und „technologischen Dingen" verstanden werden (Rheinberger 1992, 67 ff.).[25] Ein „epistemisches Ding" oder „Wissenschaftsobjekt" ist eine intellektuelle Konstruktion, die im Verlauf der wissenschaftlichen Tätigkeit gebildet und erforscht wird, wie etwa eine noch nicht völlig geklärte molekulare Struktur (eines von Rheinbergers Beispielen ist die DNS in

---

[23] Folgende Autoren(gruppen) haben eine der sechs obigen Fragen in Bezug auf die Mathematik mit individuellen Nuancierungen bejaht, in der angegebenen Reihenfolge: (*i*) Edmund Husserl, Imre Lakatos, Philip Kitcher; (*ii*) Georg Cantor, Richard Dedekind, Paul Benacerraf; (*iii*) Ludwig Wittgenstein, Rudolf Carnap, Herbert Mehrtens; (*iv*) Hartry Field; (*v*) Luitzen Brouwer und spätere Intuitionisten; (*vi*) Hermann Weyl und Ernst Cassirer. Es ist notwendig, diese *mathematikphilosophische* Gruppe von Positionen von der *wissenschaftssoziologischen* Position des „sozialen Konstruktivismus" zu unterscheiden. Auf letztere komme ich unten in § 12 zurück.

[24] Obwohl mir fern liegt, meine antiplatonistischen Sympathien zu leugnen, möchte ich doch betonen, daß die obigen Bemerkungen kein *philosophisches Argument* gegen den Platonismus abgeben. Ein solches zu entwickeln kann nicht die Absicht einer historischen Arbeit sein. Worum es mir geht, ist der Verzicht der historischen Narration auf platonistische *Annahmen*, welche die historische Perspektive von vornherein bestimmen. Um diesen Verzicht auch sprachlich zum Ausdruck zu bringen, werden im folgenden auch mathematische Sachverhalte oft in der Vergangenheitsform beschrieben. Damit soll nicht vorentschieden werden, ob dem Bestehen mathematischer Sachverhalte „an sich" nicht doch sinnvoll eine zeitlose Verfassung zugeschrieben werden könnte. Diese stilistische Wahl soll lediglich in elliptischer Form daran erinnern, daß die betreffenden Sachverhalte in einem historischen Ereignisverlauf eben niemals „an sich" gegeben sind, sondern stets in je bestimmter Weise „für" gewisse Akteure in konkreten Situationen.

[25] Rheinbergers Diskussion knüpft an eine Bemerkung Bruno Latours in *Science in action* an, in der dieser die Erforschung der molekularen Struktur der DNS in einer ähnlichen Perspektive beschrieben hat; vgl. besonders (Latour 1987, 87 ff.). Rheinberger hat seinen Ansatz inzwischen in (Rheinberger 1997) weiter ausgearbeitet.

der Phase vor der Entdeckung ihrer Spiralstruktur) oder eben ein mathematischer Begriff, der Gegenstand aktiver mathematischer Forschung ist.[26] „Technologische Dinge" oder Objekte sind demgegenüber gut verstandene und zuverlässig funktionierende experimentelle Anordnungen wie z.B. ein Spektrograph oder ein Computer, mit deren Hilfe die epistemischen Objekte erst dargestellt und erfaßt werden können. In einer gegebenen Forschungssituation sind die epistemischen Objekte Gegenstand kreativer wissenschaftlicher Aktivität, sie erzeugen wissenschaftliche *Fragen* und tragen damit dazu bei, den Zukunftshorizont der Forschung offenzuhalten. Die in der Situation vorhandenen technologischen Objekte dagegen sind Bestandteil einer bereits in der Vergangenheit geschaffenen und fertig vorhandenen, für die kreative Forschung unverzichtbaren instrumentellen Apparatur. Sie liefern *Antworten* und stabilisieren im Verlauf der Forschung erreichtes Wissen.

Es ist klar, daß auch in der Mathematik sinnvoll von epistemischen Objekten gesprochen werden kann, nämlich in Bezug auf jene halb verstandenen, halb unverstandenen mathematischen Gegenstände, über die in einer konkreten Episode mathematischer Forschung neues Wissen gesucht wird. Auf den ersten Blick mag es dagegen scheinen, daß die zweite Art von Objekten, abgesehen vielleicht von materiellen Rechenhilfen, in der mathematischen Forschung keine Rolle spielt. Aber dieser Eindruck trügt. In der Tat kann Rheinbergers Unterscheidung auch in der Mathematikgeschichte fruchtbar eingesetzt werden, wenn ihr – wie Rheinberger ausdrücklich fordert – ein *funktionaler Sinn* gegeben wird und sie nicht einfach als eine Unterscheidung zwischen Theorie und experimenteller Praxis, zwischen Dingen des Wissens und materiellen Apparaten verstanden wird. Auch in der mathematischen Forschung gibt es nämlich in jeder konkreten Situation neben dem oder den Gegenständen kreativer Aktivität auch einen „technischen Apparat", ohne welchen die betreffenden Gegenstände gar nicht greifbar und erst recht nicht erforschbar wären. Wenn ein Begriff untersucht wird wie der des polygonalen Knotens, muß gleichzeitig ein Ensemble von gut funktionierenden mathematischen Techniken – in diesem Fall waren es vor allem gruppentheoretische Techniken – vorhanden sein oder zumindest mitkonstruiert werden, mit deren Hilfe der neue Gegenstand erfaßt und untersucht werden kann.[27] Um das genannte Mißverständnis auszuschließen, werde ich im folgenden abweichend von Rheinberger nicht zwischen epistemischen und technologischen Objekten unterscheiden, sondern stattdessen epistemische *Objekte* und epistemische *Techniken* einander gegenüberstellen.

Allerdings ist die eingeführte Unterscheidung im Fall der Mathematik ebenso fließend wie im Fall der experimentellen Wissenschaften und nur in mikrohistorisch genügend genau bestimmten Situationen klar zu treffen.[28] Epistemische Objekte und Techniken gehören zu jenen Aspekten der Forschung, die stets einen spezifischen *Ort* in Raum und Zeit besitzen; wechseln sie von einer Zeit zur nächsten oder von einem räumlichen Ort an einen anderen, so wird in der Regel ihre Gestalt modifiziert. In Forschungsprozessen findet außerdem eine permanente wechselseitige Modifikation der jeweils bearbeiteten epistemischen Dinge und der zur Verfügung stehenden Techniken

---

[26] Der Neologismus „epistemisch" sollte im folgenden durchgängig als abkürzender *Verweis auf die kognitive Ebene konkreter wissenschaftlicher Forschungsarbeit* verstanden werden. Mit den von Rheinberger beabsichtigten Assoziationen zur Terminologie mancher französischen Theoretiker können Leserinnen und Leser es halten, wie sie wollen.

[27] In eher philosophischer als historischer Perspektive hat (Marquis 1997) den Vorschlag gemacht, gewisse mathematische Techniken als das Äquivalent der „Maschinen" anderer Wissenschaften aufzufassen.

[28] Vgl. (Rheinberger 1992, 72).

statt, und oft verliert die Unterscheidung epistemischer Objekte und Techniken völlig ihren Sinn, wenn die beiden Seiten voneinander abgelöst werden. Ein gut verstandener mathematischer Gegenstand kann sich allmählich in ein Werkzeug der mathematischen Technik verwandeln, und mathematische Techniken werden in entsprechenden Umständen selbst Gegenstand kreativen Interesses. Es ist gerade die Möglichkeit einer Analyse dieser dynamischen Verflechtung von Objekten und Techniken, die Rheinbergers Unterscheidung interessant macht.

Damit ist klar, daß die kognitive Seite mathematischer Forschung nur dann erschlossen werden kann, wenn die Aufmerksamkeit nicht nur den sich wandelnden Gegenständen mathematischer Forschung gilt, den jeweils verwendeten Begriffen und den damit formulierten Sätzen, sondern auch den zugeordneten mathematischen Techniken, dem Handwerkszeug, mit dem diese Begriffe bearbeitet und zu Objekten mathematischer Theorien gemacht wurden. Ohne eine Beachtung dieser Komponente können wir weder die Konstruktion der Erkenntnisgegenstände noch das darüber gesammelte Wissen historisch angemessen verstehen. Das gilt insbesondere dann, wenn, wie am Beginn der mathematischen Moderne, völlig neuartige mathematische Gegenstände konstruiert wurden.[29]

Um eine bestimmte, zeitlich und räumlich meist eng begrenzte Episode des Ineinanders der Bearbeitung mathematischer Erkenntnisgegenstände und des Einsatzes mathematischer Techniken zu bezeichnen, innerhalb dessen beide Komponenten relativ stabil bleiben, werde ich im folgenden den Ausdruck *epistemische Konfiguration* verwenden. Rheinberger spricht im Zusammenhang der empirischen Wissenschaften von „Experimentalsystemen" als den kleinsten funktionalen Einheiten wissenschaftlicher Arbeit. Er denkt dabei an Wissenschaftler(gruppen), die an einem bestimmten Laboraufbau mit seinen Apparaten, Experimentier- und Interpretationstechniken, Wissensressourcen usw. eine bestimmte Art von Fragen erforschen.[30] Ganz entsprechend kann eine bestimmte epistemische Konfiguration mathematischen Handelns sozusagen als das „Labor" eines oder mehrerer Mathematiker verstanden werden, in dem bestimmte mathematische Gegenstände mit den jeweils zur Verfügung stehenden Techniken erforscht werden. Tait, Alexander und Jones arbeiteten in jeweils eigenen epistemischen Konfigurationen, die sich auf charakteristische Weise voneinander unterschieden. Auch an diesen Unterschieden können wichtige Veränderungen der mathematischen Praxis verfolgt werden. *Innerhalb* einer gegebenen epistemischen Konfiguration spielt sich die mathematische Praxis dagegen meist auf der Ebene normalwissenschaftlicher Problemerzeugung und Problemlösung ab (um diesen Ausdruck Kuhns zu verwenden). Das heißt nicht, daß solche Episoden historisch uninteressant wären. Im Gegenteil: Ein guter Teil der harten Arbeit im Aufbau mathematischer Theorien wird innerhalb relativ fester epistemischer Konfigurationen geleistet. Es kann geradezu als Kennzeichen einer erfolg-

---

[29] Die Orientierung auf die *Geschichte mathematischer Techniken* korrespondiert in gewisser Weise der Aufmerksamkeit für die Entwicklung der experimentellen Techniken der empirischen Wissenschaften, die in den letzten Jahren in der Wissenschaftsgeschichte deutlich gewachsen ist, vgl. z.B. die Sammelbände (Gooding et al. 1989), (Wise 1995) und (Buchwald 1995). Detaillierte Studien zeigen auch dort, daß die Konstruktion der epistemischen Objekte von der Dynamik der experimentellen Techniken abhängt, ja von ihr gar nicht zu trennen ist, wie Rheinberger nachdrücklich betont (Rheinberger 1992, 25 ff.).

[30] (Ebd., 22 f.). Die Rede von den „kleinsten funktionalen Einheiten" sollte nicht überbeansprucht werden. Es handelt sich dabei um eine Reduktion, die mikrohistorisch nicht in allen Fällen zu einem eindeutigen Ergebnis führt. Wichtig ist, daß *genügend kleine*, d.h. spezifische epistemische Konfigurationen betrachtet werden.

reichen Konfiguration gelten, daß sie diese Arbeit für eine längere Zeit ermöglicht. Im folgenden werden sich sowohl Beispiele für die mathematische Arbeit in relativ festen epistemischen Konfigurationen als auch für die Veränderung und Ablösung epistemischer Konfigurationen durch andere finden. Insbesondere wird deutlich werden, daß und wie sich die „Labors" der mathematischen Forschung am Beginn des 20. Jahrhunderts durch die Konstruktion neuer epistemischer Objekte und Techniken grundlegend gewandelt haben.[31]

§ 8. Die Vielfalt der Knotentheorien

Ebenso wie in den vier vorangestellten Episoden eine Reihe in unterschiedlicher Weise konstruierter Erkenntnisgegenstände mit verschiedenen Techniken bearbeitet wurden, handelt es sich bei dem Wissen, das die betreffenden Wissenschaftler in ihren jeweiligen epistemischen Konfigurationen sammelten, strenggenommen auch um eine Reihe verschiedener „Knotentheorien". Alle genannten Knotenbegriffe sowie die zugehörigen Fragmente mathematischen Wissens gehörten einem je spezifischen theoretischen Gebäude an, innerhalb dessen sie erst einen Sinn erhielten. Jedes dieser Gebäude stellt die akkumulierte Wissensproduktion eines zeitlich begrenzten Netzes von epistemischen Konfigurationen dar, deren epistemische Objekte und Techniken einander genügend ähnlich sind. Im Austausch der Resultate, die in diesen Konfigurationen produziert wurden, bildet sich eine Hierarchie von Begriffen zur Beschreibung der betreffenden Gegenstandsklasse, kristallisieren sich leitende Fragestellungen und ein Vorrat an Antworten auf Einzelfragen heraus, sammeln sich partiell bearbeitete epistemische Objekte und erprobte Techniken an. Hier muß freilich ein wichtiger Unterschied zwischen den mathematischen und den experimentellen Wissenschaften betont werden. Für diese ist zu Recht betont worden, daß es eine eigenständige historische Dimension des Experimentierens, eine Geschichte experimenteller Techniken gibt, die z. T. sogar von einer anderen Personengruppe getragen wurde als von den theorieorientierten Wissenschaftlern im klassischen Sinn.[32] Demgegenüber gehört in der Mathematik die Weitergabe erfolgreicher epistemischer Techniken selbst zur Theoriebildung. Es bedarf in der Regel keiner eigenen Gruppe von „mathematischen Ingenieuren"; mathematische Theorien können, sofern sie mit genügend genauen technischen Erläuterungen weitergegeben werden, selbst zum Aufbau neuer epistemischer Konfigurationen benützt werden.[33] Mathematische Theorien, könnten wir

---

[31] Die Beziehung zwischen epistemischem Gegenstand und mathematischer Technik macht übrigens auch klar, daß mit dem, was oben die Konstruktion eines mathematischen Gegenstands genannt wurde, keine willkürliche Erfindung gemeint ist. Das vorhandene oder selbst neuentwickelte technische Instrumentarium *bindet* die mathematische Kreativität, es zwingt Mathematiker, an jenen Stellen des mathematischen Theoriegebäudes weiterzuarbeiten, für welche dieses Instrumentarium praktisch einsetzbar ist. – Einen verwandten Vorschlag, in der mathematischen Tätigkeit kreative und bindende Elemente einander gegenüberzustellen, hat Andrew Pickering am Beispiel der Konstruktion der Hamiltonschen Quaternionen gemacht. Was Pickering in seinem Rahmen „disciplinary agency" nennt, entspricht ungefähr dem, was ich die Verwendung mathematischer Techniken nennen würde. Auch bei ihm tritt in der Mathematik diese Art von „agency" an die Stelle der „material agency" technologischer Objekte in den Experimentalwissenschaften; vgl. (Pickering 1995, Chapter 4).

[32] Besonders überzeugend zeigt dies z.B. (Sibum 1995); vgl. auch Anm. 29.

[33] Für die Zeitgeschichte mathematischer Forschung bedarf dies insofern der Revision, als auch hier die Kooperation von Spezialisten unterschiedlicher Kompetenzen immer mehr zur Regel wird: Topologen brauchen Zahlentheoretiker, algebraische Geometer brauchen Topologen, usw. In der Perspektive einer sol-

sagen, sind strenggenommen nie reine „Theorie", sondern geben stets auch Praxisanleitungen für die weitere Forschung. Dieser Sachverhalt ist charakteristisch für die Wissenschaft Mathematik, wie auch ein Blick auf ihre Rolle in anderen exakten Wissenschaften zeigt: Aus der Perspektive ihrer Anwender ist die Mathematik meist eine Lieferantin von Techniken. Eine Physikerin, die Differentialgleichungen löst, oder ein Ökonom, der statistische Methoden heranzieht, bedient sich der Mathematik als eines Werkzeugs; für beide übernehmen Mathematiker die Rolle von Ingenieuren, auch wenn sie nur mit Büchern, Papier und Bleistift arbeiten. Kein Wunder also, daß auch Mathematiker selbst sich ihrer Theorien als Erkenntnistechniken bedienen.[34]

In diesem Zusammenhang müssen außerdem entwickelte Theorien von rudimentären theoretischen Rahmen unterschieden werden. Ein theoretischer Rahmen läßt sich bereits an einer Reihe von aufeinander bezogenen Forschungsarbeiten bzw. aus den schriftlichen Spuren, die diese hinterlassen haben, d.h. aus Forschungsartikeln oder wissenschaftlicher Korrespondenz, erkennen. Zu einer entwickelten Theorie gehören dagegen entsprechende Formen der Wissensbündelung und -weitergabe, wie z.B. der Theorie gewidmete Seminare, Vorlesungen, Tagungen und dergleichen, sowie Publikationen, in welchen ein systematischer Aufbau der Theorie explizit niedergelegt wird. Die typischen Publikationsformen einer voll entwickelten Theorie sind Übersichtsartikel und Monographien. Wir werden sehen, daß im Rahmen der hier erzählten Geschichte erst für die Zeit des Erscheinens von Reidemeisters Monographie von einer voll entwickelten Knotentheorie gesprochen werden kann.

Zur Zeit der ersten beiden eingangs erzählten Episoden wurden die meisten Resultate im Rahmen eines vorwiegend anschaulich und kombinatorisch aufgebauten theoretischen Rahmens zusammengefaßt. Mit Hinsicht auf den damaligen Stand der Topologie müssen der rudimentäre theoretische Rahmen und die epistemischen Konfigurationen dieser Periode der mathematischen Behandlung von Knoten in der Terminologie Kuhns als *vordisziplinär* betrachtet werden. Sie waren noch nicht eingebettet in eine voll ausgebildete topologische Disziplin mit einem ihr eigenen Instrumentarium von Begriffen, Methoden und exemplarischen Problemlösungen. Der theoretische Rahmen der dritten Episode ist demgegenüber voll entwickelt, und, in der Terminologie Kuhns, *paradigmatisch*. Wie bereits der Titel von Reidemeisters Monographie zeigt, war es im Unterschied zu den früheren Episoden ein ausdrücklich formuliertes Ziel, die mathematischen Begriffe und Resultate über (die jetzt betrachtete Form von) Knoten in einer eigenständigen „Knotentheorie" zusammenzufassen. Reidemeister formulierte dementsprechend auch eine klare allgemeine Aufgabenstellung seiner Knotentheorie: „Eigenschaften eines Polygons, die bei Abänderungen Δ, Δ' erhalten bleiben, nennen wir Knoteneigenschaften des Polygons. Die Aufgabe der Knotentheorie ist es, einen Überblick über alle Eigenschaften eines Knotens zu gewinnen, d.h. alle Deformationsinvarianten eines geschlossenen doppelpunktfreien

---

chen Gruppe mögen die Experten der anderen Gruppen durchaus als „Techniker" wahrgenommen werden, deren Aufgabe die Klärung bestimmter Teilfragen ist, die für den theoretischen Aufbau des „eigentlich" interessanten Gebiets nur von untergeordneter Bedeutung sind.

[34] Wie spezifisch die handlungsorientierende Seite der Theoriebildung für die Mathematik ist, sei dahingestellt. Man kann mit guten Gründen die (pragmatistische) Position vertreten, daß *jede* wissenschaftliche Theorie nicht nur Wissen, sondern zugleich und vielleicht sogar *vor allem* Handlungsanleitungen liefert. Das Spezifikum der Mathematik, um das es hier geht, ist das weitgehende Zusammenfallen der Gruppe der für die epistemischen *Techniken* Zuständigen mit jener der Produzenten von *Theorie* (mit der in der vorigen Fußnote gemachten Einschränkung).

Polygons anzugeben." (Reidemeister 1932, § 1.) Nach dem zweiten Weltkrieg wandelte sich der
theoretische Rahmen der mathematischen Behandlung von Knoten erneut. Die Knotentheorie
wurde nun als ein spezielles Problemgebiet im Rahmen einer zunehmend kategoriell geklärten
Topologie betrachtet. Sie konnte sich auf ein umfangreiches Instrumentarium topologischer Begriffe und Methoden stützen, und wurde, um noch einmal Kuhns Ausdruck zu verwenden, als
normale Wissenschaft betrieben. Als schließlich, wie in der vierten Episode angedeutet, sach-
lich überraschende Querverbindungen zu anderen Gebieten der Mathematik auftauchten, änderte
sich die Gestalt der Knotentheorie noch einmal. Obwohl die theoretische Struktur der Mathematik als eines hierarchischen Geflechts von Teiltheorien auf solche Verbindungen vorbereitet
war, änderten die durch Jones' Entdeckung angeregten Forschungen die epistemischen Konfigurationen der Knotentheorie so stark, daß auch die darin erzielten Resultate auf andere Weise
zusammengefaßt wurden; eine Serie neu erschienener Monographien bestätigt dies.

Diese Andeutungen genügen, um auf die Vielfalt der möglichen Theoriekonstruktionen hinzuweisen, mit der eine Geschichte der mathematischen Behandlung von Knoten rechnen muß.
Aber handelt es sich nicht trotz der Verschiedenheit der theoretischen Zugänge um Stufen einer einzigen Entwicklung, einer einzigen Theorietradition? Hier berühren wir noch einmal ein
philosophisches Problem, das mit dem in § 7 beschriebenen eng verknüpft ist. Was ist eine mathematische Theorie überhaupt? Fassen mathematische Theorien das allmählich akkumulierte
Wissen über einen bestimmten Bereich der „mathematischen Realität" zusammen, die Kenntnisse über einen Teil jener Landschaft abstrakter mathematischer Gegenstände, von deren zeitloser
Existenz der mathematische Realismus überzeugt ist? Gleicht eine mathematische Theorie einer Landkarte, die zwar zunächst verschieden gezeichnet werden kann und wird, im Lauf der
Zeit aber doch immer detailgenauer jener Landschaft entspricht, welche sie abbilden soll? Oder
werden mathematische Theorien aus den jeweils verwendeten Begriffen und Techniken, aus den
bearbeiteten Problemen und erzielten Resultaten konstruiert, *ohne* daß ein für allemal ein fester
Konstruktionsplan vorliegt? Eine Metapher, die dies und die oben angesprochene Praxis einer
Theorie zum Ausdruck bringt, geht wiederum auf Wittgenstein zurück. Verschiedene Weisen
des Gebrauchs eines sprachlichen Ausdrucks, formulierte Wittgenstein, deuten auf verschiedene „Sprachspiele" hin, in denen er verwendet wird. Ganz entsprechend könnten wir sagen,
daß jeder theoretische Rahmen, in welchem Wissen über Knoten gesammelt wurde, zu einem
„mathematischen Spiel" gehörte, zu einem System von Regeln, das bestimmte, wie ausgehend
von der alltäglichen Vorstellung von Knoten und zugleich in Abgrenzung von ihr „Mathematik
gemacht" werden konnte.[35] Die Entstehung und Entwicklung der Knotentheorie wäre so zu verstehen als das allmähliche Aus- und Umbilden eines mathematischen Spiels, als das allmähliche
Einführen und Verändern seiner Regeln, das strenggenommen immer neue, einander nur teilweise
gleichende mathematische Spiele hervorbrachte.

---

[35] Diese Metapher ist auch deshalb mathematikhistorisch interessant, weil sie sich zum Teil einer Reflexion der modernen mathematischen Praxis verdankt, genauer: der allmählichen Klärung der frühen
formalistischen Position in den Grundlagendiskussionen der mathematischen Moderne; vgl. hierzu (Epple
1994). Wittgenstein selbst hat diesen Zusammenhang in einem der bekanntesten Abschnitte seiner *Philo-*
sophischen Untersuchungen angedeutet: „Und diese Mannigfaltigkeit [der Sprachverwendungen] ist nichts
Festes, ein für allemal Gegebenes, sondern neue Typen der Sprache, neue Sprachspiele, wie wir sagen
können, entstehen und andere veralten oder werden vergessen. (Ein *ungefähres Bild* davon können uns die
Wandlungen der Mathematik geben.)" (Wittgenstein 1953/1984, Teil I, Nr. 23.)

Auch hier fällt die Wahl zwischen den Alternativen aus historischer Perspektive leicht. Die zweite, wiederum in einem weiten Sinn „konstruktivistische" Alternative trägt der Verschiedenartigkeit der erhaltenen Spuren vergangener mathematischer Aktivität in weitaus höherem Maße Rechnung als die erste. Außerdem erlaubt sie es, die Frage der Kontinuität oder Diskontinuität im Verlauf eines Theoriebildungsprozesses als eine offene, erst durch die historische Untersuchung zu beantwortende Frage zu behandeln. Die platonistische Sichtweise legt demgegenüber eine Kontinuität der Theoriebildung nahe und neigt zur anachronistischen Homogenisierung verschiedener historischer Episoden einer Theorieentwicklung. Das heißt nicht, daß in der Geschichte der Umbildungen einer Theorie kein Wissen akkumuliert wurde. Aber diese Akkumulation von Wissen geschah in einem variablen Horizont von Begriffen und Mathematisierungen, und das Übernehmen eines schon vorhandenen, älteren Wissens in einen neuen Rahmen erforderte in aller Regel nicht unerhebliche Arbeit.[36]

1.3 Die Perspektive: Eine Geschichte des mathematischen Handelns

§ 9. Zum Begriff des mathematischen Handelns

Mathematisierung, Kontextvariationen, epistemische Gegenstände und Techniken, Theoriekonstruktionen – welchem Zweck dienen solche Begriffe? Sie beschreiben einen Bereich menschlichen Handelns, jenen Bereich, in welchem mathematisches Wissen produziert und verwendet wird. Diesen Bereich möchte ich den des *mathematischen Handelns* nennen. Eine solche Begriffsbildung beruht selbstverständlich auf einer vorherigen Erläuterung dessen, was als *mathematisches Wissen* gelten soll. Als Historiker stelle ich mich hier auf einen konsequent historischen Standpunkt: Als mathematisches Wissen soll alles Wissen gelten, das zu irgendeinem Zeitpunkt als mathematisches Wissen *angesehen* wurde. Damit wird sowohl eine schwierige philosophische Diskussion als auch die Gefahr der anachronistischen Fixierung auf das gegenwärtig als mathematisch angesehene Wissen vermieden. Außerdem leistet diese Erklärung für die Kennzeichnung des Handlungsfelds, um das es mir geht, genau das richtige. Der Begriff des mathematischen Handelns soll keine *reduktive* Kategorie liefern, etwa derart, daß gesagt würde „Mathematik ist X", und für X stünde irgendeine Kennzeichnung, die Gefahr liefe, bestimmte Aspekte der historisch mit der Mathematik verknüpften Ereignisse auszublenden oder auf eine „fundamentalere" Ebene zurückzuführen.[37] Stattdessen soll die Perspektive auf mathematisches Handeln dazu dienen, jene Ereignisse *aufzuschließen*, und zwar gerade in der Vielfalt ihrer Aspekte. Mathematische Ideen, mathematische Begriffe und Sätze, die mathematische Zeichensprache, mathematische Texte – sie alle waren und sind Elemente des mathematischen Handelns, Elemente, die darin eine bestimmte Rolle spielen. Dasselbe gilt für sozialhistorische Aspekte der Mathematik wie professionelle Karrieren, Kommunikationsmedien, die Mechanismen des Einsatzes mathematischen

---

[36] Ein gutes Beispiel für eine solche Übernahme und Neukonstruktion älteren Wissens, das in Kapitel 11 näher diskutiert wird, ist die mühsame Verifikation der Taitschen Knotentafeln anhand der in den 20er Jahren neugefundenen Knoteninvarianten, auf die in der dritten Episode hingewiesen wurde.

[37] X könnte etwa eine der früher genannten philosophischen Thesen enthalten.

Wissens in den verschiedensten Handlungsfeldern außerhalb der mathematischen Forschung usw. Erst in den zeitlich verfaßten Ereignisverläufen des mathematischen Handelns finden alle diese Elemente ihren „Sitz im Leben", und erst in diesem komplexen Zusammenhang können sie meines Erachtens realistisch verstanden werden. Dementsprechend sehe ich erst im Rahmen einer Geschichte des mathematischen Handelns die Möglichkeit, den Ort und die Funktion jener Formen der Mathematikgeschichte anzugeben, welche diese Komplexität reduzieren, sei es in der Art einer reinen Begriffs- oder Theoriegeschichte, sei es in der Art einer reinen Sozialgeschichte, einer biographischen Geschichte oder auch einer Geschichte der Texte.

§ 10. *Kausalität und Rationalität*

Die Orientierung auf mathematisches Handeln macht außerdem die Verwendung von Kategorien möglich, die auch in der allgemeinen Geschichte gute handlungsanalytische Dienste leisten. Die für die folgende Studie wichtigsten Kategorien dieser Art dienen zur Beschreibung *kausaler Beziehungen* zwischen einzelnen Handlungsereignissen; damit erlauben sie, diese Ereignisse als ein strukturiertes Handlungsgeflecht zu erkennen, in welchem die mathematische Behandlung der Knoten lediglich einen Teil ausmacht. Nun ist die Kategorie der Kausalität in der Geschichte heikel und umstritten; das gilt umsomehr für die Geschichte eines *Wissens*gebiets. Eine kurze Erläuterung der hier verwendeten Auffassung von Kausalität ist daher zur Vermeidung von Mißverständnissen notwendig.

Kausale Erklärungen historischer Ereignisse wurden und werden oft in Verbindung mit der Formulierung historischer Gesetze gebracht, unter welche einzelne Ereignisse fallen.[38] Die lange Debatte umgehend, die diese Position hervorgerufen hat, möchte ich betonen, daß mein Ausgangspunkt ein anderer ist. Ohne weitere Begründung werde ich ein an Max Webers soziologischen Ideen orientiertes Bild historischer Praxis zugrundelegen, in welchem diese Praxis als aus individuellen Handlungen zusammengesetzt erscheint.[39] Diese Handlungen ereignen sich in Situationen, welche sowohl durch materielle Randbedingungen als auch durch einen normativen und kognitiven Horizont strukturiert sind, welcher die handlungsleitenden Intentionen der Akteure bestimmt (aber nicht unbedingt festlegt). Die materiellen Bedingungen und der „Sinnhorizont" einzelner, hier insbesondere mathematischer Handlungen sind ihrerseits mindestens zum Teil Resultate vorangegangener wissenschaftlicher oder sozialer Praxis. In diesem Rahmen besteht historische Kausalität in einem komplexen Netz von Ermöglichungs- und Einschränkungsbeziehungen zwischen einzelnen Handlungsereignissen. Die konkreten Spielräume und Randbedingungen, die Motive und Absichten einzelner mathematischer Handlungen stehen stets in Beziehung zu früheren Ereignissen im Gewebe der historischen Praxis innerhalb und außerhalb der Disziplin Mathematik, sie sind dadurch hervorgebracht, bestimmt, angeregt oder eingeschränkt. Diese Beschreibung historischer Kausalität knüpft an eine Erklärung Max Webers an, nach welcher „eine richtige kausale Deutung eines konkreten Handelns bedeutet: daß der äußere Ablauf und das Motiv zutreffend und zugleich in ihrem Zusammenhang sinnhaft verständlich erkannt sind".[40]

---

[38] Am entschiedensten ist diese geschichtstheoretische Position wohl von Carl G. Hempel verteidigt worden, vgl. z.B. (Hempel 1942).

[39] Eine knappe Darstellung von Webers Grundbegriffen findet sich in (Weber 1921, Kap. 1).

[40] (Weber 1921, Kap. I.1, § 1.7). Es ist interessant, daß Weber gerade durch die Differenz zwischen der

In komplexeren Handlungsverläufen, wie in fast jeder Episode mathematischer Praxis, stehen stets mehrere Handlungsstränge miteinander in kausaler Beziehung, deren innere und gegenseitige Ordnung durch entsprechend komplexere Begriffe zu fassen ist. Auf dieser Ebene erweist sich im folgendenden eine Unterscheidung als sehr aufschlußreich, die Erhard Scholz in die Mathematikgeschichte gebracht hat, die Unterscheidung zwischen autonomen und heteronomen Entwicklungen mathematischer Praxis (Scholz 1989, Kap. III). Scholz' Unterscheidung bezieht sich auf die *Zwecke* eines konkreten Forschungshandelns. *Heteronom* ist ein konkreter mathematischer Handlungsverlauf dann, wenn Zwecke verfolgt werden, die aus einem anderen Bereich wissenschaftlichen oder sozialen Handelns stammen; *autonom* dagegen, wenn innerhalb eines einigermaßen stabilen sozialen und kommunikativen Rahmens Zwecke verfolgt werden, die im Verlauf des betreffenden mathematischen Handelns selbst gesetzt werden. Aus dieser Erklärung ist ersichtlich, daß die Autonomie oder Heteronomie einer Episode mathematischen Handelns etwas mit den relevanten Handlungskontexten zu tun hat; anhand dieser Unterscheidung kann die Beschreibung von Kontexten mathematischen Handelns mit ihrer kausalen Analyse verknüpft werden. Scholz hat diese Unterscheidung vor allem deshalb vorgeschlagen, weil damit die historisch oft wenig aussagekräftige Differenzierung zwischen „reiner" und „angewandter" Mathematik überwunden werden kann. Es wird sich im Verlauf dieser Studie zeigen, daß auch ein Mathematisierungsprozeß wie die Entstehung der Knotentheorie und das Thema der mathematischen Moderne mit Hilfe der Kategorien des autonomen und heteronomen mathematischen Handelns fruchtbar bearbeitet werden können.

Die meisten (wissenschaftlichen wie sozialen) konkreten Handlungen sind in einem bestimmten, elementaren Sinn *rational*: wenn sie nämlich die sie veranlassenden Intentionen in zweckmäßiger Weise verfolgen (welche Intentionen das sind und ob die Handlungsziele tatsächlich erreicht werden, bleibt dabei völlig außer Betracht).[41] Im Kontext dieser Studie bedeutet dieser Sachverhalt, daß für jede mathematische Behandlung von Knoten gefragt werden kann: Im Hinblick auf welche Motive und Zwecke war dieses Handeln angemessen? Die Frage nach der Rationalität bestimmter Episoden mathematischen Handelns verwandelt sich damit von einer geschichtstheoretischen These in einen heuristischen Schlüssel, der es gestattet, diese Episoden besser zu verstehen.

---

kausalen Analyse „individueller, kulturwichtiger Handlungen, Gebilde, Persönlichkeiten" und der Analyse *typischen* Handelns die Geschichtswissenschaft von der Soziologie abgrenzt. Wird diese Charakterisierung von dem bei Weber vorhandenen hagiographischen Unterton befreit, und wird berücksichtigt, daß ein Verständnis *einzelner* Handlungen auch das Verständnis gewisser sozialer *Regelmäßigkeiten* erfordert, und so trifft sie durchaus auch die hier vertretene Position. – Auf die philosophische Debatte, ob Handlungsintentionen in der Tat als Handlungsursachen aufgefaßt werden können, wie es von Aristoteles bis Weber immer wieder vertreten wurde, sei hier nur am Rand verwiesen. Meines Erachtens liegt die entscheidende Frage dieser Debatte darin, ob es gelingt, einen genügend schwachen Kausalitätsbegriff zu formulieren, der diese These rechtfertigt. Einen maßgeblichen Versuch in diese Richtung stellen Donald Davidsons Beiträge zur Debatte dar (Davidson 1980/1990).

[41] Dieser elementare Begriff der Handlungsrationalität ist wesentlich schwächer als jener, welcher der lange geführten wissenschaftstheoretischen Debatte um die Rationalität der Wissenschaftsentwicklung zugrundeliegt. In dieser Debatte ging und geht es nicht nur um Handlungsrationalität, sondern um „rationale wissenschaftliche Methoden"; hier sind bestimmte *Zwecke* des wissenschaftlichen Handelns schon vorausgesetzt. Wie der Begriff der Kausalität ist dagegen auch der Begriff der Handlungsrationalität ein *Relationsbegriff*, der ein bestimmtes Verhältnis zwischen Handlungen und Intentionen beschreibt.

Für die historische Analyse besonders wichtig und zugleich schwierig ist diese Fragestellung auf einer allgemeineren Ebene, nämlich dort, wo nicht die Rationalität *einzelner* mathematischer Handlungen beurteilt werden soll, sondern die normativen Muster, die regeln, welche *Art* von mathematischen Handlungen in einer bestimmten Episode mathematischer Praxis als vernünftig und sinnvoll galten. Galt etwa in der frühen Neuzeit die Entwicklung von Problemlöseverfahren (ungeachtet ihrer strengen Begründung) als rational, so bildete sich in der mathematischen Moderne mit dem axiomatischen Stil ein ganz anderes Bündel von Normen und Werten heraus, das den Spielraum sinnvollen „modernen" mathematischen Handelns bestimmte. Ein simples, in der Gegenwart nicht selten befolgtes normatives Muster ergibt sich wiederum aus dem übergeordneten Ziel, den professionellen Betrieb der Disziplin Mathematik erfolgsorientiert (und ansonsten beliebig) fortzusetzen. Solche normativen Muster, die das mathematische Handeln auf allen bisher genannten Ebenen (in seiner Wechselbeziehung mit anderen Handlungsfeldern, im Hinblick auf die Beurteilung epistemischer Konfigurationen, in der Auszeichnung von als sinnvoll betrachteten Theoriekonstruktionen) bestimmen, möchte ich *Rationalitätsmuster* des mathematischen Handelns nennen. Da diese historisch stark variierenden und in vielen Kontroversen umkämpften Muster selten explizit niedergelegt sind, stellt ihre Untersuchung eine der anspruchsvollsten Aufgaben der Mathematikgeschichte dar.[42]

§ 11. Chronik und Narration

Keine auch nur einigermaßen komplexe Episode mathematischen Handelns läßt nur eine einzige treffende Beschreibung zu. Jede historische Darstellung wählt die Ereignisse aus, über die sie berichtet, repräsentiert diese Ereignisse in einer gewissen Form und verknüpft sie durch eine in bestimmter Weise strukturierte Erzählung oder Analyse. Auch die Arbeit an der Geschichte ist ein Handeln, das eigenen normativen Mustern folgt und im Hinblick darauf *meta-historisch* analysiert werden kann. Der Historiker Hayden White, der diesen Ausdruck geprägt hat, unterscheidet fünf Schichten der historischen Darstellung: die der „Chronik" (d.h. der Liste der behandelten Ereignisse), der „Fabel" (d.h. der zu einem „plot" mit Anfang, Mitte und Schluß *geordneten* Ereignisse), der „narrativen Strukturierung" (wodurch Chronik bzw. Fabel zu einem zusammenhängenden Bericht umgeformt werden), der „formalen Argumentation" (in der mit theoretischen Argumenten bestimmte Thesen verteidigt werden), und der „ideologischen Implikation" (die darüber entscheidet, welchen *Zwecken* die jeweilige Geschichtsschreibung dient).[43] Diese fünf Schichten sollen nicht verschiedene *Textsorten* bezeichnen (wie etwa die traditionelle historiographische Unterscheidung von Chronik und Erzählung), sondern *alle* diese Schichten sind in *jeder* historischen Darstellung in irgendeiner Form vorhanden. Whites Anliegen ist eine

---

[42] Diese Art einer Rationalitätsgeschichte darf nicht mit dem Versuch einer „rationalen Rekonstruktion" im Sinn von (Lakatos 1976) verwechselt werden. Geht es in diesem und ähnlichen wissenschaftstheoretischen Versuchen stets darum, eine gültige Methodik wissenschaftlicher Forschung zu bestimmen, in bezug auf welche die Wissenschaftsentwicklung als möglichst rational erscheint, so ist die Absicht der obigen Fragestellung, die unterschiedlichen, historisch variablen Rationalitätsmuster sichtbar zu machen, die mathematische Handlungsverläufe wie etwa die Entstehung der Knotentheorie prägten – unabhängig davon, was heutige Wissenschaftstheoretiker zu diesen Rationalitätsmustern sagen würden.

[43] (White 1973/1994, 19). Vgl. zum Thema auch den Band (White 1987/1990) und die wichtige Sammlung (Rossi 1987).

Unterscheidung der Typen der Geschichtsschreibung je nachdem, *wie* mit den einzelnen Komponenten umgegangen wird.[44]

In diesem Rahmen kann auch die hier angestrebte Form der Mathematikgeschichte charakterisiert werden. Ein Ziel meiner Studie war es, der historischen Erzählung eine *reichhaltige* Chronik zugrundezulegen. Obwohl das, was man die *Basischronik* der folgenden Arbeit nennen könnte, jene Ereignisse umfaßt, die in einem genauen Sinn mathematisches Wissen über die epistemischen Objekte „Knoten" hervorbrachten, erfordert doch das „kausale Bedürfnis"[45] der historischen Untersuchung, die Chronik bedeutend zu erweitern, um eben jene *Handlungskontexte* des mathematischen Studiums von Knoten sichtbar zu machen, von denen bereits die Rede war. Die historische Narration selbst erhält dadurch in manchen Abschnitten den Charakter einer „dichten Erzählung", wie sie Clifford Geertz im Zusammenhang der Ethnologie in vielgelesenen Aufsätzen beschrieben und vorgeführt hat.[46] Aus systematisch-mathematischer Sicht mag es daher scheinen, daß der folgende Text etliche Abschweifungen enthält, die auf den ersten Blick wenig mit der Knotentheorie zu tun haben. Aus der hier eingenommenen historischen Perspektive sind solche Abschnitte jedoch keine Abschweifungen, sondern zum Verständnis des mathematischen Handelns der betreffenden Wissenschaftler hilfreiche Erkundungen des situativen Umfelds ihrer Arbeit am Thema der Knoten. Zugleich bilden sie eine Grundlage für die Beantwortung der allgemeineren historischen Fragen, die ich in dieser Studie untersuche, das heißt vor allem für die nähere Charakterisierung der Theoriebildung in der mathematischen Moderne.

Die „formale Argumentation" des folgenden Texts bezieht sich dabei vor allem auf drei Aspekte: die Variationen der Kontexte, die Analyse der epistemischen Konfigurationen, und den Versuch einer Bestimmung der Rationalitätsmuster in der mathematischen Behandlung der Knoten. Das schließlich, was mit White die „ideologische Implikation" meiner Studie zu nennen wäre, kann vielleicht so formuliert werden: Es geht (neben dem Bereitstellen von Informationen über das historische Studium von Knoten) darum, die *Kontingenz* des untersuchten mathematischen Handelns deutlich zu machen: seine Spielräume und Determinanten, seine Abhängigkeit von spezifischen Erkenntnisinteressen und geltenden Rationalitätsmustern ebenso wie seine Verflechtung mit anderen Bereichen wissenschaftlichen und sozialen Handelns. Solche für den Ablauf einer wissenschaftlichen Aktivität entscheidenden Berührungen mit anderen, durch die betreffende Aktivität selbst nicht determinierten Vorstellungen und Ereignissen sichtbar zu machen, heißt

---

[44] Ein aufschlußreiches Beispiel einer anders angelegten metahistorischen Studie gibt (Goldstein 1995). Goldstein greift dabei nicht auf die Kategorien Whites oder auf andere allgemeinhistorische Ansätze zurück, sondern entwickelt ein eigenes Konzept variierender „Lektüren" eines gegebenen Textkorpus, in diesem Fall von Texten Pierre de Fermats und Frenicle de Bessys. Sie zeigt detailliert, wie solche Lektüren durch mathematische bzw. historische Perspektiven konstituiert sind, die sich der Gegenwart der jeweiligen Leser verdanken, und wie dadurch umgekehrt Bilder der Beiträge Fermats bzw. de Bessys festgeschrieben wurden, die nur schwer wieder aufzubrechen sind.

[45] Ein Ausdruck Webers. Er wurde um dieselbe Zeit übrigens auch von Max Dehn, der eine wichtige Rolle in der hier erzählten Geschichte spielt, in mathematikhistorischem Zusammenhang verwendet; vgl. dazu § 89.

[46] (Geertz 1973/1987). Auch Geertz – der mit Blick auf die Ethnologie eher von „Beschreibungen" als von „Erzählungen" spricht – knüpft an die Soziologie Max Webers an; allerdings in einer etwas idealistischeren Nuancierung, in welcher eine Kultur nicht wie hier vor allem als *Handlungsgeflecht*, sondern als das Gewebe der in und mit diesem Handeln verbundenen *Bedeutungen* (in der Sprache Webers eher: Sinngebilden) aufgefaßt wird.

eben, ihre Kontingenz aufzuweisen. Zu allen genannten Aspekten konnten und können mathematisch Handelnde sowie alle, die am mathematischen Handeln *interessiert* sind (und sei es nur theoretisch), *Stellung beziehen.* Wenn die vorgelegte Studie durch den Spiegel der historischen Erzählung und am Beispiel der Knotentheorie zu dieser Reflexion *heute* etwas beitragen kann, ist ihr wichtigster Zweck erfüllt.

§ 12. *Mathematikgeschichte, allgemeine Geschichte und mathematische Forschung*

Aus der hier skizzierten Perspektive erscheint die Geschichte der Mathematik als Teil der allgemeinen Geschichte. Die Mathematikgeschichte beschäftigt sich nicht mit einer anderen Art von historischen Entitäten wie die allgemeine Geschichte. In beiden geht es um die Beschreibung des historischen Handelns von Individuen, und in beiden geht es selbstverständlich auch um Wissen. Der besondere Charakter der Mathematikgeschichte ergibt sich ebenso durch Spezialisierung – nämlich auf den Bereich des mathematischen Handelns – wie etwa jener der Wirtschaftsgeschichte, die sich mit den ökonomischen Handlungen historischer Akteure befaßt. Zwar erfordert jedes Handlungsfeld ihm angemessene historische Methoden, aber grundsätzlich ist der Rahmen, in welchem über diese Methoden entschieden wird, breiter. Eine Geschichte der Begriffe wird im Bereich der Mathematik auf ähnliche Probleme stoßen wie im Bereich anderer Wissenschaften; eine Geschichte des mit dem mathematischen Handeln verflochtenen sozialen Handelns wird dieselben methodischen Fragen beantworten müssen wie andere Bereiche der Sozialgeschichte auch. Eine Geschichte des mathematischen Handelns kann so eine Brücke bauen zwischen der lange Zeit fast ausschließlich studierten Geschichte mathematischer Ideen und einer breiteren, im Horizont der allgemeinen Geschichte angesiedelten Wissenschaftsgeschichte.

Sie kann auch Licht auf die in der Geschichte anderer Wissenschaften in verschiedenen Varianten viel diskutierte These der „sozialen Konstruktion" wissenschaftlichen Wissens werfen.[47] Klar ist, daß diese These in einem bestimmten Sinn trivialerweise richtig ist: Alles wissenschaftliche Wissen ist *de facto* Produkt sozialen Handelns. Die heftig umstrittene Frage ist freilich, bis zu welchem Grad der *Gehalt* dieses Wissens von den spezifischen sozialen Verhältnissen abhängt, in welchen es entstand.[48] Aus der hier umrissenen Sicht, und das scheint mir der entscheidende Punkt, ist diese Frage nicht abstrakt entscheidbar.[49] Vielmehr ist sie nur empirisch, in bezug auf konkrete Handlungsverläufe und einzelne Wissensfragmente zu beantworten. Es ist weder von vornherein zu erwarten, daß die Antwort auf die allgemeine Frage in allen Fällen gleich ausfällt, noch wäre es ein Widerspruch, wenn sich herausstellte, daß ein in seiner Entstehung und spezifischen Gestalt von sozialen Bedingungen abhängiges Wissen einen in gewissem Sinn objektiven Status erwerben könnte. Auch wenn im folgenden keine explizite Auseinandersetzung mit der

---

[47] Seit den klassischen Studien Karl Mannheims, Robert K. Mertons und marxistisch orientierter Historiker, etwa Boris Hessens, wurden ganz verschiedene Varianten dieser These diskutiert. Überblicke geben z.B. die Einleitung in (Pickering 1992) oder, mit einem kurzen Ausblick auf die Mathematik, (Heintz 1993).

[48] Eindrucksvolle Studien, welche die kulturelle und soziale Bedingtheit bestimmter Elemente mathematischen bzw. physikalischen Wissens zu belegen versuchen, sind (MacKenzie 1981) und (Forman 1971).

[49] Etwa in der „strukturalistischen" Weise, die David Bloor verteidigt, nämlich durch einen meines Erachtens völlig ungedeckten Schluß von homologen „Strukturen" in Wissensgebilden und sozialen Verhältnissen auf eine kausale Determination der ersteren durch die letzteren; vgl. am klarsten in (Bloor 1983, Ch. 7); siehe auch (Bloor 1991).

These der sozialen Konstruktion geführt wird, können einige Abschnitte der folgenden Arbeit doch auch als Versuch gedeutet werden, an einem substantiellen Stück der Geschichte der modernen Mathematik zu zeigen, in welcher Weise die Gestalt einer mathematischen Theorie von den intellektuellen und sozialen Kontexten, in welche mathematisches Handeln zwangsläufig eingebettet ist, abhängt.

Es bleibt ein Wort über die Beziehung von Mathematikgeschichte und mathematischer Forschung zu sagen. Die bisher gemachten Bemerkungen sollten erläutern, inwiefern der Gegenstand einer *historischen* Darstellung sich von dem oder den *mathematischen* Gegenständen der jeweils behandelten historischen Episode unterscheidet. Genaugenommen hat es die Mathematikgeschichte daher (wie jede Geschichte eines Wissensgebiets) stets mit einer *doppelten* Gegenständlichkeit zu tun, nämlich nicht nur mit der Reihe der Themen und Resultate mathematischer Forschung, sondern auch mit den Variationen ihrer Erkenntnisgegenstände und -techniken, mit ihren Handlungskontexten, leitenden Rationalitätsvorstellungen usw. Damit wird ein für viele lernende und forschende Mathematiker ungewohntes Feld betreten. Trotzdem richtet sich eine historische Studie wie die hier vorgelegte maßgeblich auch an dieses Publikum. Vorausgesetzt wird allerdings die Bereitschaft von Leserinnen und Lesern, eine *reflexive Einstellung* gegenüber der Mathematik einzunehmen. Aktive Knotentheoretiker werden im folgenden wohl kaum neue mathematische Kenntnisse erwerben; den Steinbruch der historischen Quellen für die heutige Forschung zu plündern, wie es etwa (Weil 1978) fordert, bleibe Mathematikern selbst überlassen, die dafür ohnehin die besseren Voraussetzungen mitbringen.

Auf der anderen Seite wird es ernsthaft interessierten Wissenschaftshistorikern nicht erspart bleiben, sich auf (aus ihrer Sicht) z.T. anspruchsvolle technische Details einzulassen. Hier ist es der *Gegenstand* der reflexiven Betrachtung, der diese Forderung bedingt: das *mathematische* Handeln.

1.4 Eine kurze Übersicht

§ 13. Aufbau

Die Geschichte der mathematischen Behandlung verknoteter Kurven kann in drei Hauptepochen eingeteilt werden. In die Zeit zwischen dem späten 18. Jahrhundert und etwa 1900 fallen eine Reihe verschiedener Behandlungen von Knoten, die jedoch alle noch nicht im Rahmen einer klar abgrenzbaren Knotentheorie standen. Diese Epoche, deren wichtigstes Resultat die Mathematisierung des Knotenproblems und die ersten Knotentafeln waren, bildet das Thema des ersten Teils dieser Arbeit (Kapitel 2 bis 6). Eine wichtige Aufgabe dieses Teils ist es, die vielfältigen Kontexte und Bedürfnisse sichtbar zu machen, welche zu dem in Rede stehenden Mathematisierungsprozeß geführt haben. Aus diesem Grund beschäftigen sich die Kapitel des ersten Teils (vor allem das zweite und vierte) auch ausführlich mit wissenschaftlichen Entwicklungen, die nur indirekt mit dem Knotenproblem zu tun haben.

Die zweite Epoche, zwischen etwa 1900 und 1940, brachte die Entstehung einer selbständigen Knotentheorie im Kontext der Geburt der Topologie als autonomer mathematischer Disziplin und der Kultur der mathematischen Moderne. Diese Entwicklung ist Gegenstand des zweiten Teils (Kapitel 7 bis 12). Das siebte Kapitel beginnt mit einem Exkurs zur disziplinären Schwelle der Topologie und zum Problem der mathematischen Moderne; die folgenden beiden Kapitel befassen sich dann mit den spezifischen Motiven, die Mathematiker des 20. Jahrhunderts zum Thema der Knoten geführt haben. Das zehnte und das elfte Kapitel beschreiben die Formierung der modernen Knotentheorie im eigentlichen Sinn. Das zwölfte und letzte Kapitel sucht, vor dem Hintergrund der allgemeinen Fragestellungen dieser Arbeit, eine Bilanz dieser Phase zu ziehen.

Die dritte Epoche der Knotentheorie begann nach dem zweiten Weltkrieg und geht nahtlos in die Zeitgeschichte über. Für mehrere Jahrzehnte entwickelte sich die Knotentheorie als „normale Wissenschaft" im Rahmen der niederdimensionalen Topologie, freilich nicht ohne daß einige sehr grundsätzliche Einsichten gewonnen wurden, die den Status der Knotentheorie noch einmal veränderten. In den 1980er-Jahren schließlich ereignete sich im Gefolge der überraschenden Entdeckung eines neuen Knotenpolynoms durch Jones noch einmal eine grundsätzliche Neuorientierung der Knotentheorie. Diese Phase bleibt in der vorliegenden Studie weitgehend außer Betracht.[50]

§ 14. Dokumentarische Basis

Der Korpus an Dokumenten, der dieser Arbeit zugrundeliegt, sind zunächst jene mir bekannt gewordenen, gedruckten mathematischen Texte des Zeitraums bis ungefähr 1940, in denen das Thema der Knoten ausdrücklich behandelt wird. Diese sind in Anhang B in einer eigenen Bibliographie angegeben. Durch das Verfolgen der in diesen Publikationen gegebenen Verweise auf andere Texte wurde der Korpus ergänzt; freilich selektiv mit Blick auf jene Quellen, die mir für eine Rekonstruktion des historischen Handlungsverlaufs wesentlich erschienen.

Unter demselben Gesichtspunkt wurden verschiedene Bestände nichtpublizierter Quellen herangezogen. Das waren vor allem Teile der Nachlässe von C. F. Gauß, W. Thomson, P. G. Tait und J. C. Maxwell, ferner Korrespondenzen zwischen W. Wirtinger und F. Klein, M. Dehn und D. Hilbert, M. Dehn und H. Kneser, sowie K. Reidemeister und H. Kneser.[51]

Generell habe ich *Texte* als *Handlungsspuren* betrachtet, und nicht als den eigentlichen Gegenstand der Geschichtsschreibung. Dies hat Folgen für die Lektüre der Quellen. Der wichtigste Punkt ist, daß die innere Anordnung der Texte nicht mit der zeitlichen Ordnung des mathematischen Handelns verwechselt werden darf. Z.B. muß der Gang eines gedruckten Beweises nicht mit dem zeitlichen Verlauf des Arguments, das zu diesem Beweis geführt hat, übereinstimmen. Verschiedene Textelemente fungieren jedoch als Indikatoren der zeitlichen Ordnung des mathematischen Handelns, etwa Varianten einer Begriffsbildung oder eines Beweises in aufeinanderfolgenden Publikationen, Hinweise auf die Rezeption anderer Ideen oder auf die (selbst zeitlich verfaßten) Kontexte eines Artikels. Entsprechendes Gewicht wurde solchen Elementen bei der Lektüre gegeben. Ein weiteres (und manchmal schwer zu befolgendes) Prinzip der Lektüre war natürlich auch die Prüfung, ob eine Episode mathematischen Handelns *in der Perspektive der Akteure* als eine Folge wohlmotivierter Schritte erscheinen konnte, wie es das oben zitierte Webersche Kriterium verlangt. Vor allem dieses Prinzip macht eine genaue Beschreibung der epistemischen Ressourcen der historischen Akteure unumgänglich.

---

[50] Eine knappe Darstellung einiger Aspekte dieser Epoche findet sich in (Epple 1999a).
[51] Die Fundorte dieser Quellen sind im Text und in Anhang B angegeben.

§ 15. *Weitere Literatur*

Es gibt zwei Sorten weiterer Literatur, die für die folgende Arbeit herangezogen wurden. Einerseits natürlich mathematik- und wissenschaftshistorische Arbeiten, die Entwicklungen im mathematischen und wissenschaftlichen Umfeld der Geschichte der Knotentheorie behandeln. Andererseits sind dies moderne mathematische Darstellungen der hier historisch behandelten Themen. Auch wenn zu den Zielen meiner Arbeit gehört, technische Aspekte unter weitestgehender Vermeidung von Anachronismen zu verfolgen, kann der Vergleich mit einer modernen Darstellung der historischen Arbeit helfen – sei es, um das eigene Verständnis des Stoffes, das sich immer erst in einem Hin und Her zwischen der vertrauten und der fremden Sprache bildet, zu unterstützen, sei es, um die Differenzen der historischen Argumente zu den heutigen klarer zu fassen. Leserinnen und Lesern, die sich für den technischen Gang der nachfolgenden Geschichte ernsthaft interessieren, obwohl sie noch nicht über nähere Kenntnisse der Knotentheorie verfügen, sei deshalb empfohlen, solche Texte begleitend heranzuziehen. Auf einer einführenden Ebene eignen sich dazu besonders die Bücher (Livingston 1993/1995) und (Adams 1994). Anspruchsvoller, aber immer noch gut zugänglich sind (Lickorish 1997) und, besonders für jene Themen im Umkreis der dreidimensionalen Topologie, die im zweiten Teil eine Rolle spielen, (Stillwell 1980). Eine Zwischenstellung zwischen aktuellen Darstellungen und historischen Dokumenten nehmen die beiden ersten knotentheoretischen Monographien (Reidemeister 1932) und (Crowell und Fox 1963) ein. Vor allem der kurze Text Reidemeisters ist ausgezeichnet lesbar und setzt, dem historischen Stand der Dinge entsprechend, keine knotentheoretischen Vorkenntnisse voraus. In Bezug auf alle genannten mathematischen Texte ist jedoch eine Warnung angebracht: Darin enthaltene historische Aussagen sind nicht immer historisch adäquat, ja nicht einmal immer zuverlässig. Das gilt leider sowohl für Daten als auch für die Zuschreibung mathematischer Begriffe und Techniken.

Was schließlich *wirkliche* Knoten betrifft, gibt es nur eine Wahl: (Ashley 1944/1982).

Erster Teil:

Mathematisierung

2 DER PRAKTISCHE UMGANG MIT KNOTEN UND DIE ANFÄNGE DER *ANALYSIS SITUS*

> L'ouvrier qui fait une *tresse*, un *réseau*, des *nœuds*,
> ne les conçoit pas par les rapports de grandeur, mais
> par ceux de situation: ce qu'il voit, c'est l'ordre dans
> lequel sont entrelacés les fils.
>
> *Alexandre Théophile Vandermonde, 1771*

In diesem Kapitel werden zwei wichtige Voraussetzungen der Mathematisierung des Knotenproblems beschrieben. Zunächst gehe ich auf verschiedene Formen des Wissens ein, das in menschlichen Kulturen über verschlungene Fäden und Linien gesammelt wurde, lange bevor irgend jemand an eine mathematische Behandlung solcher Dinge dachte (2.1). Anschließend stelle ich dar, wie im 18. Jahrhundert eine Reihe von Mathematikern damit begannen, dem Knotenproblem verwandte Probleme zu mathematisieren, und wie dadurch auch der Boden für eine mathematische Behandlung verschlungener Kurven im Raum bereitet wurde (2.2).

2.1 Vor der Mathematisierung

Knoten und verschlungene Fäden gehören zu jenen räumlichen Gebilden, mit denen Menschen in allen Kulturen schon seit sehr früher Zeit umgegangen sind. Ganz ähnlich wie Gruppen von Objekten durch das Zählen auf einer elementaren, aber für viele kulturelle Techniken fundamentalen Komplexitätsskala geordnet werden können, bilden auch die Formen von Knoten eine Hierarchie einer gewissen Art räumlicher Komplexität, deren einfachere Stufen Bestandteil einer Reihe von kulturellen Techniken sind. In diesem Abschnitt möchte ich einige Hinweise auf dieses Feld geben, ohne in irgend einer Weise Vollständigkeit zu beanspruchen. Es geht lediglich darum, auf die Existenz dieses kulturellen oder anthropologischen Feldes aufmerksam zu machen, das von der mathematischen Behandlung von Knoten ebensosehr vorausgesetzt wird wie diese sich von ihm abgrenzt. Das Hauptaugenmerk wird dabei der Frage gelten, wie im kulturellen Umgang mit verschlungenen Fäden und Knoten *Wissen* über verschiedene Formen und Funktionen dieser Gebilde entstand und tradiert wurde. Die Anfänge eines Mathematisierungsprozesses wie des hier betrachteten werden in der Tat erst vor dem Hintergrund jenes Wissens, das bereits *vor* der Mathematisierung gesammelt wurde, verständlich. Die Mathematisierung braucht sozusagen Ansatzpunkte, Elemente eines nichtmathematischen Wissens mit strukturellen Zügen, die eine mathematische Behandlung sowohl möglich als auch wünschenswert erscheinen lassen.

§ 16. *Knoten in menschlichen Kulturen*

Eine Kulturanthropologie der Knoten könnte in folgende drei Hauptkapitel eingeteilt werden:
(I) Verknüpfungstechniken, die auf einen handwerklich-technischen Nutzen in verschiedenen
Zusammenhängen zielen; (II) die Verwendung von Knoten in Schmuck, Ornamentik und Kunst;
(III) der magische und symbolische Gebrauch von Knoten. Mit diesen Aspekten, die drei grundlegenden Dimensionen menschlicher Aktivität überhaupt entsprechen – der technischen, der
ästhetischen und der symbolisch-normativen –, sind die Eckpunkte des Feldes bezeichnet, in
dem sich der Umgang mit Knoten seit sehr früher Zeit bewegt.

(I) Der Gebrauch elementarer Verknüpfungstechniken, welche auf dem Binden oder Nähen
mit Bändern und Fäden beruhen, die aus Tierhaut und aus verdrillten Pflanzenfasern hergestellt
wurden, sind von den Anthropologen für die Periode zwischen der Entstehung der Gattung
des *homo sapiens* und der Seßhaftwerdung (ca. 30 000 bis 8000 vor unserer Zeitrechnung)
belegt. Indirekte Hinweise auf verdrillte Fäden gibt es an etlichen mehr als 20 000 Jahre alte
Frauenfiguren. In den Höhlen von Lascaux in Frankreich wurde darüber hinaus eine komplexe,
aus Pflanzenfasern gedrehte Schnur gefunden, die von etwa 15 000 vor unserer Zeitrechnung
stammt. Freilich sind archäologische Befunde über Textilien wegen der Vergänglichkeit der in
Frage kommenden Materialien schwieriger zu erhalten als etwa über die Steinbearbeitung.[1]

Eine offensichtliche Voraussetzung für die Entwicklung komplexerer Techniken des Verknüp-
fens und Webens ist das Bestehen einer einigermaßen entwickelten agrarischen Kultur, wie sie
sich etwa 8000-5000 Jahre vor unserer Zeitrechnung in den Kulturen des nahen Ostens herausbildete. Seit dieser Zeit wurden Lederriemen, Fäden aus Flachs (Leinen), dann auch Wollfäden
in größerer Menge hergestellt. Begünstigt durch die seßhafte Besiedelung wurden sie in zunächst
von Frauen ausgeübten Handwerken wie Korbmacherei, Weberei oder Seilmacherei zu verschiedenen Produkten weiterverarbeitet, die ab dem 2. vorchristlichen Jahrtausend durch den Handel
über weite Gebiete verbreitet wurden.[2] Neben der textilen Verarbeitung dienten Fäden, Kor-
deln und Seile wohl schon früh auch zur Verbindung von Gegenständen (von Stäben oder von
Stab und Axt), zum Binden von Kleidung oder Zelten, schließlich auch in Landwirtschaft und
Kriegführung, insbesondere zum Anschirren von Zugtieren (Eseln, Pferden).

In den antiken Hochkulturen wurden diese Techniken wesentlich verfeinert und nun zum Teil
auch von Männern ausgeübt, da sie mit größerem Prestige verbunden waren. Sie wurden in neuen
Bereichen wie etwa der Medizin (zum Verbinden) systematisch angewandt und mit einer zunächst
vorwiegend *mündlichen* Überlieferung von Wissen über die verschiedenen Verknotungs- und
Webformen verknüpft. Eine solche mündliche Tradierung von Wissen war Voraussetzung für
das Entstehen einer *schriftlichen* Weitergabe von Wissen über die möglichen Formen von Verknotungen. Aus dem ersten Jahrhundert unserer Zeitrechnung sind Teile einer medizinischen
Abhandlung über verschiedene Arten von Schlingen und Binden überliefert; sie scheint die
früheste schriftliche Beschreibung einer Reihe verschiedener Knoten zu sein.[3] Diese Abhandlung wird einem ansonsten wohl weniger bedeutenden Arzt namens Heraklas zugeschrieben und
im 4. Jahrhundert von dem wichtigen medizinischen Anthologiker und Leibarzt des römischen

---

[1] Vgl. Art. „Textiles" in (Meyers et al. 1997, Bd. 5) sowie (Leroi-Gourhan 1964/1980, 172).

[2] Vgl. vorige Fußnote und (Leroi-Gourhan 1964/1980, 218 f.).

[3] Eine englische Übersetzung und eine Diskussion der beschriebenen Knoten gibt (Day 1967). Auf die
Überlieferung dieses Texts komme ich unten zurück.

Kaisers Julian, Oreibasios, in seine *Ärztlichen Sammlungen*, 'Ιατρικαὶ Συναγωγαί, aufgenommen. Diese Anthologie, heute eine Hauptquelle für das medizinische Wissen des Helle-
nismus, wurde von Oreibasios vermutlich während seines Studiums in Alexandria, wo sich zu
dieser Zeit bereits eine schriftliche Tradition medizinischer Überlieferung herausgebildet hatte,
aus älteren medizinischen Schriften kompiliert.[4] In den von Oreibasios überlieferten Teilen von
Heraklas' Abhandlung wird im einzelnen berichtet, wie 18 verschiedene Schlingen gebunden und
angewendet werden. Hier liegt bereits ein klares Interesse an der Unterscheidung verschiedener
Verknotungsformen vor, das freilich vor allem durch die verschiedenen Funktionen dieser Schlingen in der Heilkunst und wohl kaum durch ein tieferes Interesse an der qualitativen Geometrie
solcher Schlingen motiviert war.

Eine weitere praktische Verwendung von Knoten, die offensichtlich schon sehr alt (und
möglicherweise älter als die Entstehung der Schrift) ist, bestand im Binden von Knoten auf
Schnüren als Marken, um bestimmte Sachverhalte zu memorieren, Distanzen abzumessen, oder
zu rechnen. Auch diese Praxis scheint in etlichen frühen Kulturen verbreitet gewesen zu sein.[5]
Berühmt geworden ist die sehr elaborierte Technik, in der Knoten auf Schnüren (Quipus genannt)
in der Inka-Hochkultur (ab 1300 nach Chr.) als Rechenmittel verwendet wurden; diese Technik
bildete einen Ersatz für eine schriftliche Rechenkunst.[6]

(II) Die Verwendung von verknoteten Bändern und Schnüren als Schmuck scheint ebenfalls auf
die vorgeschichtliche Zeit zurückzugehen (Leroi-Gourhan 1964/1980, 172). Sie gehört seither
zu den festen Bestandteilen menschlicher Kulturen. Besonders symmetrische Knoten konnten
diese Aufgabe erfüllen; außer der ästhetischen spielte dabei oft auch die magische Komponente
von Knoten eine Rolle. Neben geknüpftem Schmuck, wie er beispielsweise an einer in der
altägyptischen Hochkultur weit verbreiteten Sorte von Knotenamuletten vorliegt, waren auch
gezeichnete Ornamente in Knoten- und Verkettungsform bereits früh verbreitet. Die frühesten von
ihnen wurden an der neolithischen Fundstelle Çatal Hüyük in der Türkei auf Wandzeichnungen
und Stempeln zur Herstellung von Siegeln aus dem 6. Jahrtausend vor unserer Zeit gefunden
(Fig. 2.1).[7]

Fig. 2.1: Muster auf einem Stempel aus gebranntem Ton, Çatal Hüyük
und mesopotamisches Rollsiegel, um 2300 v.u.Z. (Wilson 1994/1996, 181 f.)

---

[4] H. O. Schröder, Art. „Oreibasios", in: (Pauly-Wissowa, Supplementband VII, Spalten 797-812).
[5] Ausführlich zu entsprechenden Belegen in hebräischen Texten bei (Gandz 1931).
[6] Zu den Quipus vgl. (Day 1967) und ausführlicher (Asher und Asher 1981).
[7] Art. „Ornament and pattern" in (Turner et al. 1996, Bd. 23, 532) und Art. „Çatal Hüyük" in (Meyers
et al. 1997, Bd. 1).

Diese Ornamentform (von Kunsthistorikern entrelac- oder interlacing-Ornament genannt) wurde in vielen Kulturen weiterentwickelt und ist von der mesopotamischen Kultur des 3. Jahrtausends vor unserer Zeit über die frühe keltische und die klassisch römische bis in die Kunst des byzantinischen und westeuropäischen Mittelalters belegt.[8] Auch in den Kulturen des fernen Ostens und Afrikas finden sich bis heute viele Beispiele von Knotenkunst und entrelac-Ornamentik.[9] Ein noch weiteres Feld der Ornamentik wird erfaßt, wenn auch geschlossene ebene Kurven mit Doppelpunkten betrachtet werden, an denen Über- und Unterkreuzungen nicht markiert sind.[10]

Eine besondere Entwicklung hat die Knotenornamentik in der keltischen Kultur erfahren. Keltische entrelac-Ornamente – deren früheste Formen vermutlich schon wesentlich älter sind – breiteten sich ab ungefähr dem 5. Jahrhundert vor unserer Zeit aus dem Rheinland ostwärts in die heutigen Balkanländer, später auch nach Italien, Frankreich, Irland und schließlich ca. 250 v. Chr. nach Britannien aus.[11] In Irland verband sich diese Tradition später mit der christlichen Kunst des frühen Mittelalters und erreichte einen Höhepunkt im 7. bis 9. Jahrhundert mit handwerklich äußerst anspruchsvollen Steinkreuzen und Buchdekorationen (Fig. 2.2 kann davon nur einen vagen Eindruck vermitteln).[12] Abgeleitet von einem frühen Kontakt mit der keltischen Kultur (um 1000 v. Chr.) sind wahrscheinlich auch die skandinavischen *drakslingor*, Tierdarstellungen, in denen extrem verlängerte Gliedmaßen sich in komplizierter Form verknoten.

Fig. 2.2: Ein Ornament aus den *Lindisfarne Gospels* (Wilson 1994/1996, 188)

---

[8] Art. „Interlacing", in (Turner et al. 1996, Bd. 15).

[9] Vgl. (Wilson 1994/1996, Kap. 9) und (Racinet 1873/1978).

[10] Ein vielfältiges und kreatives Spiel mit solchen Linien findet sich z.B. in den *lusona*-Figuren des afrikanischen Volkes der Tschokwe in Kongo und Tschad, vgl. dazu (Asher 1988) und (Gerdes 1994).

[11] Art. „Celtic" in (Lewis und Darley 1986).

[12] Die bekanntesten Bücher sind das *Book of Durrow*, Dublin, Trinity College Library; die *Lindisfarne Gospels*, London, British Library (beide 2. Hälfte 7. Jahrhundert); und das *Book of Kells*, Dublin, Trinity College Library, um 800.

Neben der keltischen Knotenornamentik sollte auch auf die der islamischen Kultur des Mittelalters hingewiesen werden. Dort begünstigte das religiöse Bilderverbot viele Formen geometrischer Ornamentkunst. Insbesondere wurde in dieser Kunst das Wissen um die verschiedenen möglichen Symmetrietypen von ebenen Ornamenten mit der entrelac-Technik verbunden. Aus dem islamischen Raum wurden solche Ornamente dann wieder in die italienische Renaissance übernommen, z.B. in einer im Umkreis Leonardo da Vincis entstandenen Sammlung von Kupferstichen, die wohl als Vorlage für (Kunst-) Handwerker diente.[13]

In allen diesen Traditionen der Knotenornamentik wurden nicht nur praktische Erfahrungen im Umgang mit Knotenformen angesammelt, sondern auch ein theoretisches Wissen über die Herstellung von Ornamenten, das durchaus Elemente enthält, die später zu Ansatzpunkten der Mathematisierung werden konnten. Ich möchte auf zwei dieser Elemente besonders hinweisen: Zum einen finden wir einen systematischen Umgang mit *ebenen Bildern oder Diagrammen von Knoten*. Eine grundlegende Einsicht, die offensichtlich weit verbreitet war, ist, daß die Kreuzungen in solchen Bildern längs eines Fadens stets alternierend als Über- und Unterkreuzungen gewählt werden können. Wir werden sehen, daß diese Einsicht später eine wichtige Rolle in der Mathematisierung der Knoten spielte. Zum andern sammelte die Knotenornamentik ein Wissen von verschiedenen möglichen *Symmetrietypen* von Knotenmustern, das bei der praktischen Herstellung von Knotenornamenten eingesetzt wurde. Auch dieser Aspekt der möglichen Symmetrien von Knoten und Verkettungen sollte bei den ersten Mathematisierungsversuchen eine Rolle spielen; er führt übrigens bis heute in ein interessantes Gebiet ungelöster knotentheoretischer Fragen.[14]

(III) Knoten hatten von frühester Zeit an auch eine naheliegende symbolische Bedeutung: die der festen und gegebenenfalls unauflöslichen oder undurchschaubaren Bindung oder Verbindung von Dingen, Kräften, Sachverhalten oder Ideen. Dementsprechend stellte das Binden und Lösen von Knoten eine Handlung mit symbolischen und zum Teil magischen Konnotationen dar. Diesen Aspekten hat sich seit dem späten 19. Jahrhundert eine Reihe insbesondere religionswissenschaftlicher und medizinhistorischer Studien zugewandt; ich kann hier wiederum nur einige charakteristische Verwendungen zusammenfassen.

Aus altmesopotamischer Zeit ist ein Bittgesang überliefert, in dem Götter um die Durchschneidung des „Zauberknotens" einer Magierin gebeten werden.[15] Ebensogut konnten Knoten aber auch als *Gegenmittel* gegen Magie und Krankheit eingesetzt werden: sie hielten die Kräfte der kranken Person zusammen, verschlossen gegen ungünstige Einwirkungen von außen, und die Lösung der Knoten zeigte die Heilung an. An der Mumie eines um 1000 vor unserer Zeitrechnung gestorbenen ägyptischen Mädchens fanden sich zu solchen Zwecken Schnüre, auf welche eine gewisse Zahl von Knoten gebunden worden waren, die selbst eine magische Bedeutung hatte wie 7 oder 14.[16] Ähnlich wurden in Ägypten bei Schwangerschaften Knoten auf Schnüre geknüpft und mit dem Wunsch nach einer ungehinderten, „gelösten" Geburt verbunden; bei der Geburt

---

[13] *Academy of Leonardo da Vinci*, ca. 1495, London, British Museum, PD 1877.1-13.364. Eine Abbildung findet sich z.B. in (Wilson 1994/1996, 191). Zur islamischen Knotenornamentik vgl. (Wilson 1994/1996, 200 ff.) sowie die Art. „Interlacing" und „Islamic Art" in (Turner et al. 1996, Bd. 15).

[14] Eine Einführung in dieses Thema findet sich bei (Livingston 1993/1995).

[15] Zitiert bei (Thorndyke 1923, Bd. 1, 19).

[16] (Day 1967, 50); für die Verbindung von Zahlen- und Knotenmagie in der ägyptischen Kultur vgl. auch Art. „Knoten" in (Bonnet 1952).

selbst wurden die Knoten dann gelöst.[17] Es scheint, daß solche Gebräuche in allen Kulturen des Nahen Ostens verbreitet waren; und auch in einer Reihe schriftloser Kulturen finden sich bis heute ähnliche Formen der Knotenmagie.[18]

Die Aspekte der Magie und Heilung durch Knoten waren auch in der griechischen und römischen Antike geläufig, wie beispielsweise eine Bemerkung Platons über magische Knoten in den *Gesetzen* zeigt.[19] Später berichtete der römische Schriftsteller Plinius in seiner *Historia naturalis* (beendet um 77 n. Chr.) mehrfach von medizinischer Knotenmagie. So soll das Heilkraut „Heliotrop" nicht gepflückt, sondern in drei oder vier Knoten gebunden werden, mit einem Gebet, daß der Kranke gesunden und die Knoten wieder lösen möge, usw.[20] Auch das Binden einer magischen Zahl von Knoten auf eine Schnur sowie die Anwendung dieser Technik bei Schwangerschaften war Plinius und dreihundert Jahre später Marcellus „dem Empiriker", einem weiteren spätantiken medizinischen Anthologiker, bekannt.[21] Das islamische Mittelalter kannte ebenfalls die magisch-medizinische Verwendung von Knoten, wie medizinischen Schriften im Umkreis von Thabit ibn Qurra und der Sekte der sogenannten Sabier belegen.[22]

Neben der magisch-medizinischen Symbolik lag eine religiöse Funktion komplexerer Knoten und Verkettungen (insbesondere aus in sich geschlossenen Fäden) in der Symbolisierung des unauflöslichen Zusammenhangs aller Dinge, des ewigen Lebens usw. Diese Symbolik findet sich beispielsweise im tibetanischen Buddhismus[23], aber auch im *Alten Testament* wird mehrfach von einer Verkettung von sieben Ringen auf den Torpfeilern des von Salomo errichteten Jahwe-Tempels berichtet.[24]

Seit langem gebräuchlich sind Knoten auch als patriarchalisches Hochzeits- bzw. Liebessymbol. Zu Beginn dieses Jahrhunderts fanden Ethnologen in vielen Kulturen (in sogenannten „primitiven" Kulturen ebenso wie beispielsweise unter den indischen Brahmanen) Hochzeitszeremonien, in denen Knoten die Bindung der Braut an ihren Ehemann symbolisierten. Es wird angenommen, daß die Elemente solcher Zeremonien sehr alt sind.[25] Eine entsprechende Symbolik war auch in der klassischen römischen Kultur sehr populär, wie wiederum unter anderem von Plinius bezeugt wird.[26] In der mittelalterlichen keltischen Ornamentik galten entrelac-Ornamente mit parallel geführten Fäden als Liebessymbole, und im Italien des 16. Jahrhunderts wurden für Dekorationen von Gläsern als Hochzeitserinnerungen Knotenformen verwandt.[27] Aus der weitverbreiteten Tradition der Liebessymbolik stammt zweifellos auch die englische Bezeichnung „true lover's knot" für den in Fig. 2.3 gezeichneten Knoten.

---

[17] Art. „Knoten" in (Helck und Otte 1976-1992, Bd. 3).

[18] Vgl. W. Dilling, Art. „Knots" in (Hastings 1908-1927, Bd. VII).

[19] In einem Gesetzesvorschlag gegen Magie (*Nomoi*, XI, 933de).

[20] 22. Buch, Kap. 29; vgl. (Thorndyke 1923, Bd. 1, 65 f.).

[21] (Thorndyke 1923, Bd. 1, 69 und 71); (Thorndyke 1923, Bd. 1, 592) über Marcellus, *De medicamentis*, Kap. 32. Zur Unterstützung der Geburt durch das Lösen von Knoten vgl. auch W. Dilling, Art. „Knots" in (Hastings 1908-1927, Bd. VII).

[22] Vgl. (Thorndyke 1923, Bd. 1, 662).

[23] Der betreffende Knoten ist z.B. auf dem Umschlag von (Rolfsen 1976) gezeichnet.

[24] Die ausführlichste Beschreibung findet sich im 1. Buch der Könige 7, 41 ff.

[25] W. Dilling, Art. „Knots" in (Hastings 1908-1927, Bd. VII).

[26] *Historia naturalis*, 29. Buch, Kap. 9; vgl. wiederum W. Dilling, ebd.

[27] Zu letzterem vgl. Art. „Knots", in (Lewis und Darley 1986).

Fig. 2.3: True lover's knot

Die Liste ähnlicher Gebräuche ließe sich zweifellos bedeutend verlängern.[28] Vor dem Hintergrund all dieser symbolischen Traditionen, die in der frühen Neuzeit noch sehr lebendig waren, gewinnen auch Verwendungen einer Knoten-Metaphorik in Werken der Hochkultur ihre Bedeutung. Wenn etwa Shakespeare Kleopatra zu der Schlange, deren Biß ihr den ersehnten Tod bringen soll, sprechen läßt: „Come, thou mortal wretch / With thy sharp teeth this knot intrinsicate / Of life at once untie," so erkennen wir darin zugleich eine Aufnahme und Umkehrung eines magischen Motivs, des heilenden Lösens von Knoten.[29] Nicht ein böser Geist, sondern das Leben selbst erscheint als der undurchschaubare Knoten, der vom Tod durchschnitten wird. Ein besonders schöner, den Tod abwehrender Liebesknoten wurde dagegen um 1643 von Claudio Monteverdi im Schlußduett seiner Oper *L'incoronazione di Poppea* geknüpft.[30]

§ 17. Der Gordische Knoten

Wie beispielsweise die ägyptischen Knotenamulette zeigen, lassen sich die technisch-praktische, die ästhetische und die symbolische Dimension des Umgangs mit Knoten nicht immer klar voneinander trennen. Diese Verbindung kommt sehr deutlich in der berühmten Legende vom „gordischen Knoten" zum Ausdruck, die im folgendem etwas ausführlicher wiedergegeben sei. Selbstverständlich ist das legendäre Motiv der Durchschneidung als des kürzesten, wenn auch nicht des vorgesehenen und vielleicht weisesten Weges der Lösung eines komplexen Problems wesentlich älter, wie etwa der oben erwähnte mesopotamische Bittgesang zeigt. Aber an der von Flavius Arrianus um 150 n. Chr. erzählten Version der Legende wird dieser Aspekt in unübertroffener Weise deutlich.

---

[28] Etwa mit Blick auf den Gartenbau der Renaissance und des Barock. (Ashley 1944/1982, 217) erwähnt unter anderem eine Beschreibung gärtnerischer Liebesknoten in Stephen Blakes *The Compleat Gardener's Practice* (1664).

[29] *Antonius and Cleopatra*, Act V, Scene 2. Das Wort „intrinsicate" war ein Neologismus, der das gewöhnliche „intricate" noch ein wenig mehr verwickelte.

[30] Die am Beginn dieses Buches wiedergegebene Partiturseite stammt aus: Claudio Monteverdi, *L'incoronazione di Poppea*, MS Napoli, Biblioteca del Conservatorio di Musica „San Pietro a Maiella", Rari 6.4.1, S. 228; abgedruckt im Libretto zur Einspielung von John Eliot Gardiner u.a., Archiv Produktion 447 088-2.

Im dritten Kapitel des zweiten Buches der *Anabasis*, seiner Geschichte von den Feldzügen Alexanders des Großen, berichtet Arrianus, wie Alexander im Jahr 333 v. Chr. an der kleinasiatischen Stadt Gordion, dem Königssitz der Phrygier, vorbeizog. Der Gründungsmythos dieser Stadt handelte von Gordios, einem armen Bauern:

> „Gordios sei unter den alten Phrygern ein armer Mann mit wenig Land gewesen, das er mit Hilfe von zwei Ochsengespannen bebaute. Mit dem einen von beiden habe er gepflügt, mit dem anderen sei er gefahren. Einmal beim Pflügen aber sei auf das Joch seines Pfluges ein Adler geflogen und dort bis zum Abend sitzengeblieben. Über diese Erscheinung erschreckt, habe er sich aufgemacht, um das göttliche Zeichen den Sehern in Telnessos zu berichten, die von besonderer Weisheit in der Auslegung göttlicher Zeichen waren und ihre Seherkunst von Generation zu Generation auch an Weiber und Kinder weitergaben. Als er aber auf dem Wege an eine telnessische Ortschaft kam, begegnete er einer Jungfrau an einem Brunnen und erzählte dieser, wie sich die Sache mit dem Adler zugetragen hatte. Diese nun – auch sie stammte nämlich aus dem Sehergeschlecht – hieß ihn wieder genau an den Platz zurückkehren und dort Zeus Basileus zu opfern. Gordios nun bat sie, ihm zu folgen und ihm persönlich das Opfer zu deuten; er opferte, wie sie's ihm riet, heiratete die Jungfrau und zeugte mit ihr einen Sohn namens Midas. Als dieser Midas zu einem vornehmen schönen Jüngling herangewachsen war, setzten politische Unstimmigkeiten untereinander den Phrygern zu. Da wurde ihnen ein Spruch zuteil, ein Wagen werde ihnen einen König bringen, und dieser werde ihrer Zwietracht ein Ende bereiten. Während sie noch darüber berieten, kam Midas mit Vater und Mutter herbeigefahren und stand auf seinem Wagen vor der Versammlung. Man legte nun den Spruch dahingehend aus, daß man in ihm den König zu erkennen habe, von dem die Gottheit meine, er werde auf einem Wagen daherkommen. So machten sie Midas zum König, und dieser beendete in der Tat ihre Zwietracht. Den Wagen des Vaters aber weihte er auf der Burg als Dankgeschenk Zeus Basileus dafür, daß er durch den Adler ein Zeichen geschickt hatte. Dann erzählte man sich auch noch von dem Wagen, daß der, der den Knoten des Joches zu lösen vermöge, zum Herrscher über Asien bestimmt sei. Es war dieser Knoten aus dem Bast des Kornelkirschbaumes hergestellt und an ihm weder Anfang noch Ende der Verknüpfung zu sehen."[31]

Auch wenn die Einzelheiten der Erzählung dieselbe nicht unbedingt glaubhafter machen, weisen sie doch ohne Zweifel auf den tatsächlichen Gebrauch von Jochknoten an (Pflug-)Wagen dieser Zeit hin. Schon der Adler, der sich auf das Joch setzt, deutet dann die symbolische Kraft des Joches (und damit auch des Knotens, der es hält) an. Verstärkt durch die telnessische Seherin, wird diese Kraft von der Versammlung der zerstrittenen Phryger schließlich in den politisch-militärischen Bereich verschoben. Erst zum Schluß wird sie dann – in nochmaliger Steigerung, dann statt Phrygien ist nun ganz Asien ihr Einflußgebiet – der endlosen Verknüpfung des Jochknotens selbst zugeschrieben. Aber nun zu Alexanders Besuch in Gordion:

> „Als Alexander in Gordion eintraf, ergriff ihn der heftige Wunsch, den Berg zu besteigen, auf dem sich die Königsburg des Gordios und auch seines Sohnes

---

[31] Arrianus, *Anabasis*, II.3; zitiert nach der Übersetzung von G. Wirth, München: Artemis, 1985.

Midas befand, um den berühmten Wagen des Gordios sowie den Knoten zu sehen, der das Joch des Wagens mit der Deichsel verband. [...] Auch Alexander wußte nicht, wie er die Auflösung finden sollte; ungelöst jedoch wollte er den Knoten nicht beiseite lassen, damit nicht auch dies bei der Mehrzahl der Menschen falsche Gemütsbewegungen erwecke. So berichten denn die einen, er habe den Knoten mit dem Schwert durchhauen und dabei bemerkt, nun sei er gelöst; Aristobulos erzählt, er habe den Befestigungsnagel herausgezogen, einen Holzpflock, der durch die Deichsel ging, diese mit dem Wagen verband und zugleich auch den Knoten zusammenhielt. Auf diese Weise habe er das Joch von der Deichsel gezogen. Wie sich bei der Lösung dieses Knotens alles wirklich zutrug, kann ich nicht genau sagen, Alexander auf jeden Fall entfernte sich danach von dem Gefährt zusammen mit seiner Umgebung in der Ansicht, der Spruch bezüglich der Lösung des Knotens habe sich nunmehr erfüllt. Denn überdies geschahen in der folgenden Nacht am Himmel Zeichen durch Donner und Blitz. Alexander brachte daraufhin den Göttern für die deutliche Bekundung ihres Willens und die Lösung des Knotens Opfer dar." (Ebd.)

Soweit Arrians Bericht über Alexanders Eroberung von Gordion. In dem Gewebe von Geschichten, das Arrian dabei spinnt, mischen sich gleichzeitig Motive des Knotengebrauchs in der landwirtschaftlichen und militärischen Praxis mit Motiven der Knotenmagie und des Gefallens an komplexen, aus fester und vielleicht selbst kunstvoll geflochtener Schnur gebundenen Knoten. Wie wir sahen, sind alle diese Motive sehr alt. Arrians Sätze verdeutlichen, wie lebendig sie in der Zeit Alexanders waren, und die sprichwörtliche Bedeutung des gordischen Knotens zeigt, daß ihre Kraft selbst heute noch nicht erloschen ist. Die Legende macht darüber hinaus zumindest *einen* Aspekt von Knoten klar, ohne den ihnen weder magisch-symbolische Bedeutung zugeschrieben worden noch auch eine Knotentheorie entstanden wäre: Die Auflösung eines Knotens kann hochgradig nichttrivial sein. Auch dieses Wissen ist zweifellos ebenso alt wie das Binden von Knoten selbst.

§ 18. *Die schriftliche Tradierung von Wissen über Knoten*

Wissen über verschlungene Gebilde wurde ähnlich wie anderes künstlerisch-handwerkliches Wissen seit der Renaissance und frühen Neuzeit systematischer gesammelt. Die schriftliche Weitergabe dieses Wissens wurde durch den Buchdruck wesentlich erleichtert und in manchen Bereichen erst ermöglicht. Das spiegelt sich in der wachsenden Zahl von gedruckten Texten, die Knoten- und Webformen gewidmet wurden. Auf einige Gruppen solcher Texte möchte ich besonders hinweisen.

Zunächst sei kurz auf die Überlieferungsgeschichte der *Ärztlichen Sammlung* von Oreibasios eingegangen, die ganz ähnlich verlief wie die vieler antiker Werke in der Zeit der Renaissance.[32] Das älteste heute bekannte Manuskript dieser Sammlung stammt aus dem 10. Jahrhundert von dem byzantinischen Arzt Nicetas. Die Abhandlung des Heraklas ist dabei (im Unterschied zu anderen Teilen des Manuskripts) nicht durch Zeichnungen illustriert, was ein Verständnis des Textes erschwerte. Das Manuskript wurde im 15. Jahrhundert von Konstantinopel nach Italien

---

[32] Ich folge hier (Day 1967, 103-106).

gebracht und von einem bibliophilen Kardinal, Niccolo Ridolfi, erworben. Im frühen 16. Jahrhundert wurde es dann von dem Florentiner Arzt und späteren Professor am Collège de France, Vidus Vidius, ins Lateinische übersetzt. Der Maler, Bildhauer und Architekt Francesco Primaticcio stattete nun auch Heraklas' Passagen mit Zeichnungen aus, die den beschriebenen Schlingen allerdings in der Regel nur vage entsprachen. Vidius' Übersetzung wurde dann mit auf Primaticcios Zeichnungen beruhenden Holzschnitten im Jahr 1544 in Paris zum ersten Mal gedruckt. Dieser Druck lag einer Reihe weiterer Ausgaben im 16. und 17. Jahrhundert zugrunde.

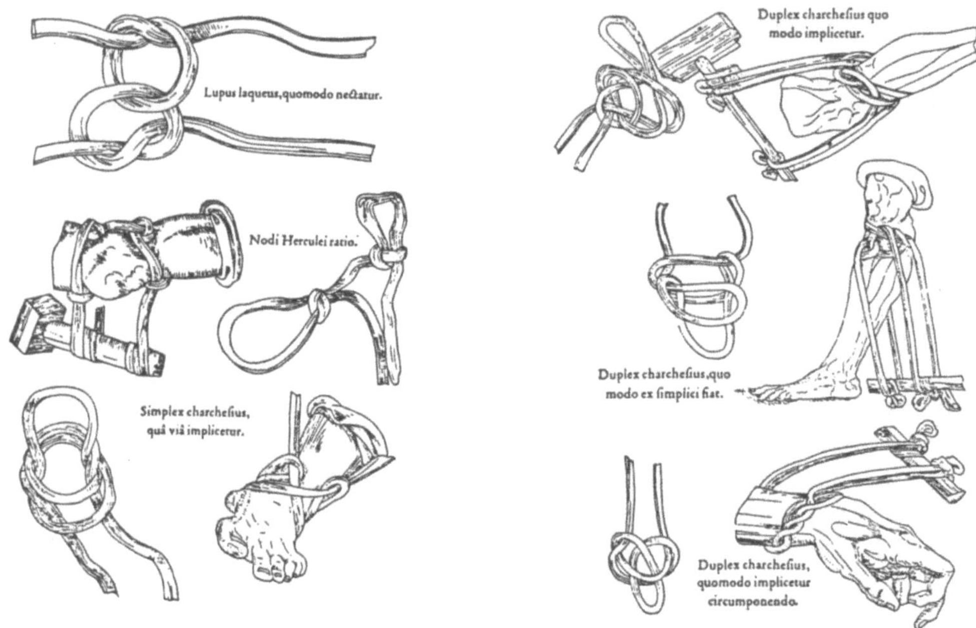

Fig. 2.4: Holzschnitte aus Vidus Vidius' *Chirurgia* von 1544

In der Renaissance finden wir auch erste gedruckte Abhandlungen über Web- und Stickmuster. Eine der frühesten stammt von Nicolo Zoppino, einem bedeutenden Venezianer Buchdrucker. Sie wurde 1530 in Venedig unter dem Titel *Essemplario di lavoro...* gedruckt und erlebte in den folgenden zehn Jahren sechs weitere Auflagen. Das Werk war seinerseits aus früheren (handschriftlichen) Texten kompiliert und enthielt u.a. elaborierte Darstellungen von gestickten Knotenornamenten.[33]

Praktische Anwendungen von Knoten und eine mündliche Tradierung von Wissen hat es zweifellos auch in der Seefahrt schon seit ihrem Beginn gegeben. Heraklas nannte beispielsweise einen der von ihm beschriebenen Knoten „nautische Schlinge". In der frühen Neuzeit sind spätestens seit dem frühen 17. Jahrhundert Bücher über Seefahrt erhalten, die Abschnitte über Knoten enthielten. In *Ashleys Buch der Knoten* sind beispielsweise eine *Sea Grammar* von 1627 aus der Hand eines Kapitäns John Smith (zeitweise Gouverneur von Virginia und Admiral von New England) und *The Sea-mans Dictionary* von Henry Manwayring (1644) erwähnt. Während

---

[33] Art. „Zoppino" in (Lewis and Darley 1986); vgl. auch das oben in Anm. 13 erwähnte Werk der Schule Leonardos, das möglicherweise zu den Vorlagen Zoppinos zählte.

Smith in seiner *Sea Grammar* noch bemerkte, daß für Seeleute im wesentlichen drei Knotenarten ausreichten, verlängerten spätere Werke diese Liste bedeutend.[34]

Während so in einzelnen Berufssparten (Weberei, Medizin, Seefahrt) Wissen schriftlich tradiert wurde, fand im Lauf des 18. Jahrhunderts dieses Wissen auch Eingang in allgemeine Enzyklopädien und Lexika. Die von Denis Diderot und Jean d'Alembert zwischen 1751 und 1780 herausgegebene *Encyclopédie, ou dictionnaire raisonné des sciences, des arts, et des métiers*, ein monumentales Kompendium des Wissens der Aufklärung, kann hier stellvertretend als Quelle dienen.[35] Im zweiten Verzeichnisband werden mehr als 30 Bedeutungen des Begriffs *nœud* aufgezählt. Davon betreffen etwa ein Drittel Knoten im eigentlichen Sinn, die in folgenden Gewerben eingesetzt wurden: Seefahrt, Seilmacherei, Artillerie (Wagenlenkerei), Chirurgie, verschiedene Textilhandwerke (Weberei, Bandwirkerei, Modehandel). Unter den Bedeutungen im übertragenen Sinn sind neben symbolischen Bedeutungen einzelner Knoten die wichtigsten: Knoten einer Pflanze (ihre Verzweigungsstellen); davon abgeleitet wahrscheinlich der Begriff der Knoten einer geometrischen Kurve (ihre mehrfachen Punkte); ähnlich der Ausdruck „Knoten" in der Astronomie für die Schnittpunkte einer Planetenbahn mit der Ekliptik sowie für rückläufige Bewegungen; Knoten in der epischen und dramatischen Poesie (das Schürzen und Lösen von Knoten als grundlegende epische bzw. dramatische Techniken); logische Knoten „verwickelter" Fragen. Dem hohen Anspruch der *Encyclopédie* entsprechend finden sich in dem den Textilhandwerken gewidmeten Tafelband eine Vielzahl von Zeichnungen von Webmustern und Knoten, wie sie tatsächlich in diesen in stürmischer Entwicklung befindlichen Gewerben verwendet wurden. Die Darstellungen sind äußerst systematisch und z.T mit genauen Erläuterungen verbunden, zu deren Hilfe einzelne Teile der Webmuster bzw. Knoten mit Ziffern und Buchstaben gekennzeichnet wurden (Fig. 2.5 auf der folgenden Seite gibt ein Beispiel). Etliche weitere Zeichnungen deuten die Anordnung der Fäden lediglich schematisch, aber zur Reproduktion der betreffenden Muster völlig ausreichend an.[36]

Damit kehre ich zu dem Eintrag in Huttons Lexikon zurück, den ich in der ersten Episode der Einleitung kurz beschrieben habe. Wie ähnliche Beiträge in den Lexika dieser Zeit dokumentiert dieser Text, der vermutlich dem jungen Gauß als Vorlage diente, das wachsende Bedürfnis, Wissen zu sammeln und dem breiteren gebildeten Publikum zugänglich zu machen. Sehen wir uns die drei ersten Einträge in Huttons Liste noch einmal an (vgl. dazu Fig. 1.1):

„*Thumb knot*. This is the simplest of all. It is used to tye at the end of a rope, to prevent its opening out: it is also used by taylors &c. at the end of their thread.

Loop knot. Used to join pieces of rope &c. together.

Draw knot, which is the same as the last; only one end or both return the same way back, as *a b c d*. By drawing at *a*, the part *b c d* comes through, and the knot is loosed." (Hutton 1795, Art. „Knot.")

---

[34] Vgl. (Ashley 1944/1982, 195, 217 und 307).

[35] Im folgenden wird dieses Werk kurz als *Encyclopédie* bezeichnet.

[36] Vgl. z.B. *Encyclopédie*, Tome XI (im Verzeichnisband fälschlich: IX) des planches: „Metier à faire du marli", pl. VIII; „Gazier", pl. IV; „Soierie", pl. XXVIII, XXXVIII-LIX, LXV, LXX-XC, CXVIII-CXXII, CXXV-CXXIX.

In einer solchen Liste sind bereits wichtige Elemente der Systematisierung von Wissen erkennbar. Hutton nennt *Komplexitätsstufen* von Knoten (er spricht von „the simplest" usw.), und er beschreibt (wie die französische *Encyclopédie*) Knoten unter Zuhilfenahme von Zeichen. Beide Elemente finden sich, wie wir bald sehen werden, in der Mathematisierung des Knotenproblems wieder.

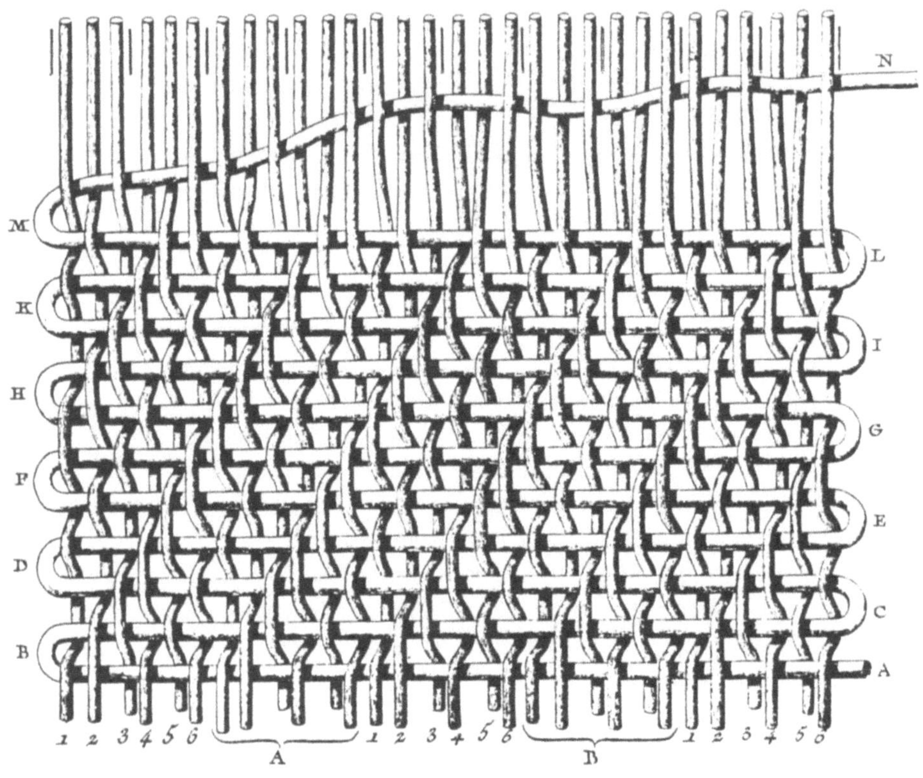

Fig. 2.5: *Encyclopédie*, Art. „Soierie", Tafel XLIII, „Serge à 6 Lisses"

An dieser Stelle könnte die Frage gestellt werden, warum – soweit uns bekannt ist – bis zur Mitte des 18. Jahrhunderts Knoten nie Gegenstand *mathematischer* Aufmerksamkeit geworden sind. Wie wir sahen, gab es vielfältiges Wissen von Knoten in den verschiedensten Bereichen, und es gab sogar bereits in der Antike erste Ansätze einer schriftlichen Überlieferung solchen Wissens. Dennoch finden sich keine Spuren eines mathematischen Interesses an solchen geometrischen Formen. Eine naheliegende Erklärung für diesen Sachverhalt wäre, daß die griechische, von Platon in scharfer Form zum Ausdruck gebrachte Auffassung der Mathematik als einer theoretischen Wissenschaft, die es ausschließlich mit den idealen Elementen zu tun hat, aus denen der Kosmos aufgebaut ist – Zahl und Figur –, den Blick auf die mathematischen Eigenschaften von Dingen, die in einem alltäglichen oder handwerklich-künstlerisch orientierten Bereich eine Rolle spielten, sicher nicht begünstigt hat. Obwohl diese Erklärung einen wichtigen Gesichtspunkt nennt, befriedigt sie doch nicht vollständig. Aristoteles' philosophische Konzeption der Mathematik, die möglicherweise griechischen Mathematikern wie Eudoxos und Euklid näherstand als die Platons, hätte zumindest auf der begrifflichen Ebene mehr Spielraum für eine Mathematik der Knoten geboten. Aristoteles beschrieb nämlich den „Mathematiker" als jemanden, der

> „seine Betrachtungen über das anstellt, was sich durch Wegnahme [ἀφαίρεσις] ergibt – indem er nämlich alles sinnlich erfaßbare, wie Schwere und Leichtigkeit, Härte und das Gegenteil davon, weiter Wärme und Kälte und die andern sinnlich erfaßbaren Gegensätze, wegnimmt, läßt er nur noch das Quantum und das Kontinuum übrig, das manchmal in einer Richtung, manchmal in zwei und manchmal in drei Richtungen zusammenhängt, [und] betrachtet die Affektion derselben, insofern sie Quanta sind und ein Kontinuum und nicht in einer davon verschiedenen Beziehung, und untersucht in manchen Fällen die gegenseitigen Lagen von Dingen und deren Eigenschaften, in weiteren Fällen ihre Meß- und Unmeßbarkeit, in anderen ihre Proportionen; dennoch nehmen wir an, daß es für all dies nur eine Wissenschaft, nämlich die Geometrie, gibt."[37]

Hier findet sich eine Beschreibung der verschiedenen Zweige der Geometrie (Planimetrie, Stereometrie) als Resultat einer *abstrahierenden Betrachtung* sinnlicher Dinge wie ebener Steinflächen, eiserner Ringe usw. Besonders muß auf das aufmerksam gemacht werden, was über das „Zusammenhängen" und die „Lage" gesagt wurde. Wir werden im nächsten Abschnitt sehen, daß mit just diesen Worten und einer weiteren Abstraktion, nämlich der von den Quanta, die neuzeitliche Suche nach einer mathematischen Disziplin eingeläutet wurde, die schließlich in die Herausbildung der Topologie mündete. Obwohl Aristoteles' philosophische Konzeption also durchaus eine begriffliche Möglichkeit geboten hätte, Knotenformen unter dem Aspekt ihres „Zusammenhängens" und ihrer „Lage" zu thematisieren, finden sich doch weder in seinem Werk noch in den Schriften der Mathematiker in topologischer Richtung mehr als rudimentäre Überlegungen zur Stetigkeit und zum Kontinuum; letztere ordnete Aristoteles außerdem nicht der Geometrie, sondern der Physik als einer Lehre der Bewegung und Veränderung zu.[38]

Dies läßt vermutlich auf einen anderen Sachverhalt schließen, der für die späten Anfänge einer mathematischen Behandlung von Knoten und ähnlichen Phänomenen ausschlaggebend war. Das theoretische und praktische Bedürfnis nach Wissen über jene Art von räumlichen Lageverhältnissen, wie sie bei Knoten vorkommen, blieb lange Zeit so begrenzt, daß die bisher beschriebenen Weisen der Wissenstradierung zu seiner Befriedigung ausreichten. Noch wurde nicht so viel Wissen benötigt und akkumuliert, daß eine mathematische Systematisierung und Erweiterung dieses Wissens hilfreich gewesen wäre. Jeder Mathematisierungsprozeß kann wahrscheinlich erst in dem Augenblick einsetzen, in dem ein bestimmter Wissensbereich soweit erschlossen ist, daß eine Mathematisierung einerseits erstrebenswert und andererseits möglich geworden ist. Im Verlauf des 18. Jahrhunderts erreichte das nichtmathematische Wissen über verschlungene räumliche Gebilde diese Stufe, während umgekehrt die Grenzen der mathematischen Analyse über immer weitere Bereiche ausgedehnt wurden. In der Tat finden sich im 18. Jahrhundert auch die ersten Spuren eines mathematischen Interesses an jenem allgemeineren Typ von Fragen, die wir heute topologische nennen. Es ist notwendig, auf diese Entwicklung näher einzugehen, weil sie die spezifische Form der ersten Mathematisierung verschlungener Kurven maßgeblich prägte.

---

[37] Aristoteles, *Metaphysik*, 1061 a 29 ff.; zitiert nach der Übersetzung von F. F. Schwartz, Stuttgart: Reclam, 1970.

[38] Aristoteles, *Physik*, bes. Buch VI.9 und VIII.8; dazu auch (Dehn 1936b).

2.2 Ein neuer Zweig am Baum der Mathematik:
Analysis situs im Kontext der Aufklärung

§ 19. Die Idee der Analysis situs

Zu den grundlegenden Befunden der Mathematikgeschichte gehört die tiefgreifende Umbildung des disziplinären Gefüges der mathematischen Wissenschaften zwischen dem späten 16. und frühen 18. Jahrhundert. In Auseinandersetzung mit und Abgrenzung zu der mathematischen Tradition der Antike entstand in den Händen von Cardano, Viète, Fermat, Descartes und anderen eine neue symbolische Algebra und eine neue geometrische Analysis (oder analytische Geometrie). Durch Newtons und Leibniz' Erfindung des Infinitesimalkalküls und der Arithmetik unendlicher Reihen wurde die Hierarchie der mathematischen Wissenschaften noch einmal entscheidend modifiziert. Die neuen Methoden und Kalküle wurden in der Mathematisierung einer ganzen Reihe von Problembereichen zum Ausgangspunkt neuer Zweige am Baum der mathematischen Erkenntnis[39], von welchen die Mechanik und die Wahrscheinlichkeitsrechnung zunächst wohl die bedeutendsten waren. Ein grundlegendes Element aller dieser Entwicklungen war die Entwicklung oder Weiterentwicklung *symbolischer Kalküle*.[40] Sowohl die analytische Geometrie wie auch die Infinitesimalrechnung beruhten wesentlich auf solchen Kalkülen. Die *Analysis* im modernen Sinne wurde daher meist als eine Problemlösekunst auf der Basis einer geschickten Verwendung von *Zeichen* verstanden, in der Regel von algebraischen Zeichen für endliche oder infinitesimale *Größen*. Die Analysis durch Zeichen war, wie es d'Alembert stellvertretend für viele Mathematiker der Aufklärungszeit in der französischen *Encyclopédie* ausdrückte, „le moyen général par lequel on a fait depuis près de deux siecles dans les Mathématiques de si belles découvertes".[41] Allerdings gab es auch kritische Stimmen. Schon im 17. Jahrhundert hatte sich Newton, dessen Hauptwerk *Principia mathematica philosophiae naturalis* auf den symbolischen Fluxionskalkül fast ganz verzichtete, sich in etlichen seiner (zumeist unveröffentlichten) geometrischen Studien zunehmend distanziert gegenüber der Überbewertung von Methoden der symbolischen Algebra geäußert, die nach seiner Auffassung eine tiefere Einsicht in geometrische Probleme nicht ersetzen und vielleicht sogar verhindern konnten.[42]

Leibniz war demgegenüber ein überzeugter Vertreter der Idee, daß sich exakte Erkenntnis auf dem Weg einer Konstruktion von Zeichenkalkülen gewinnen lasse. Er verstand Algebra und Infinitesimalkalkül als Teil einer *characteristica universalis*, einer universellen „Begriffs-Schrift", in welcher Zeichen direkt und eindeutig elementaren Ideen und Begriffen entsprachen; diese Charakteristik sah er ihrerseits wiederum als Instrument einer *ars inveniendi*, einer umfassenden Kunst des Erfindens und Entdeckens. Im Zuge der Entwicklung seiner Ideen erschien Leibniz

---

[39] Die Metapher der baumartigen Anordnung menschlicher Kenntnisse fand im 18. Jahrhundert breite Verwendung, wie z.B. die eindrucksvolle Zeichnung des Baums der Erkenntnisse belegt, welche dem ersten Verzeichnisband der *Encyclopédie* beigegeben ist.

[40] Hier und im folgenden hat der Ausdruck „symbolisch" nicht mehr den Sinn kultureller Symbolik wie in Abschnitt 2.1, sondern bezeichnet die systematische Verwendung von Zeichen.

[41] Art. „Analyse", in: *Encyclopédie*, Bd. 1, 400-401. Zum Verständnis der Mathematik in der Aufklärung als einer analytischen Kunst vgl. auch (Hankins 1985, 17-23).

[42] Erst Whitesides Edition der *Mathematical Papers* Newtons hat diese (oft gegen Descartes gerichteten) Passagen in vollem Umfang zugänglich gemacht.

allerdings die algebraische Behandlung der Geometrie nach der Weise von Fermat und Descartes zunehmend als ungenügend, da sie, wie er deutlich sah, mit der Einführung von Koordinaten einen epistemischen Umweg über die Algebra, d.h. den Kalkül der Größen, machte. In einem später berühmt gewordenen Brief an Christian Huyghens vom 8. September 1679 sprach Leibniz demgegenüber von einem weiteren, erst noch zu erfindenden symbolischen Kalkül für geometrische Zwecke:

> „Mais après tous les progrès que j'ai faits en ces matières, je ne suis pas encore content de l'algèbre, en ce qu'elle ne donne ni les plus courtes voies, ni les plus belles constructions de géométrie; c'est pourquoi, lorsqu'il s'agit de cela, je crois qu'il nous faut encore une autre analyse proprement géometrique ou linéaire, qui nous exprime directement *situm*, comme l'algèbre exprime *magnitudinem*. Et je crois d'en voir le moyen, et qu'on pourrait représenter des figures et même des machines et mouvements en caractères, comme l'algèbre représente les nombres ou grandeurs: et je vous envoie un essai qui me paraît considérable."[43]

Hier verband Leibniz die frühneuzeitliche Idee der Analysis – der Kunst des Problemlösens durch Zeichen – und den Begriff der „Lage" (*situs*) zum Programm eines neuen, vom Kalkül der Größen unabhängigen Kalküls zur Behandlung geometrischer Probleme. Abgesehen von der an Huyghens gesandten Skizze verfaßte Leibniz eine ganze Reihe von diesbezüglichen Manuskripten, die jedoch zunächst alle unveröffentlicht blieben.[44]

Der zentrale Begriff der Lage blieb freilich zu klären. Ohne Zweifel stammt er aus der aristotelischen Terminologie, die oben kurz erwähnt wurde. Wie Leibniz' Manuskripte zeigen, verstand er unter Lageverhältnissen solche nicht durch Größen ausgedrückten Beziehungen zwischen geometrischen Figuren, die bei *Kongruenzbewegungen* (nicht: stetigen Deformationen!) unverändert blieben, also etwa die, daß zwei Punkte eine gegebene Strecke oder Kurve beranden; allgemeiner: alle Inzidenzbeziehungen zwischen beliebigen geometrischen Figuren.[45] Figuren (d.h. Punkte, Strecken, Kurvensegmente, Flächenstücke usw.) und Lagebeziehungen suchte Leibniz nun in einer solchen Weise durch Symbole auszudrücken, daß mit Figuren und Lagebeziehungen ebenso „gerechnet" werden konnte wie mit Größen in der Algebra.

Da Leibniz seine Ideen nicht veröffentlichte, wußten lange Zeit nur wenige Mathematiker von ihnen, und auch sie kannten in der Regel nur die programmatischen Äußerungen gegenüber Huyghens. So kam es, daß die Leibnizsche Idee einer *Analysis situs* im Bewußtsein der Mathematiker des 18. Jahrhunderts allmählich einen anderen Sinn annehmen und zum Synonym für einen neu zu schaffenden Zweig der Mathematik werden konnte.[46]

---

[43] Leibniz an Huyghens, 8. September 1679, zit. nach (Pont 1974, 7).

[44] Ein Teil davon ist inzwischen in (Leibniz 1995) leicht zugänglich.

[45] Vgl. z.B. (Leibniz 1995, 206 f.). Die Relation der Kongruenz spielte auch eine elementare Rolle in Leibniz' entsprechenden Symbolisierungsversuchen.

[46] Nach der Veröffentlichung von Leibniz' Korrespondenz mit Huyghens (Uylenbroek 1833) kam es zu einer intensiven Diskussion über die Frage, was Leibniz selbst unter seiner *Analysis situs* verstand. Im Jahr 1846 zeigte Hermann Grassmann, daß Leibniz nicht an jenes Gebiet der Geometrie dachte, welches wir Topologie nennen; demgegenüber vertrat Grassmann die Auffassung, daß Leibniz einen koordinatenfreien geometrischen Kalkül im Stil der späteren Vektorrechnung und linearen Algebra intendierte (Grassmann 1846). Die Diskussion dauert bis in die Gegenwart an; vgl. z.B. (Crowe 1967/1985, Kap. 1), (Pont 1974,

Die entscheidende Verschiebung in der Konzeption der *Analysis situs* ergab sich aus der Notwendigkeit, unabhängig von den unbekannten Manuskripten Leibniz' eine eigenständige Deutung des Begriffs und der Probleme der „Lage" zu entwickeln. Verantwortlich für diese Neudeutung ist vor allem eine kleine Schrift Leonhard Eulers mit dem einschlägigen Titel „Solutio problematis ad geometriam situs pertinentis" (Euler 1736). In dieser Schrift behandelte Euler auf eine Anregung des Danziger Lehrers Heinrich Kühn und des Bürgermeisters ebendort, Carl Leonhard Ehler, das berühmt gewordene Problem der Königsberger Brücken: Kann auf dem folgenden schematischen Stadtplan von Königsberg ein Weg über alle sieben Brücken gefunden werden, der jede Brücke genau einmal überquert?

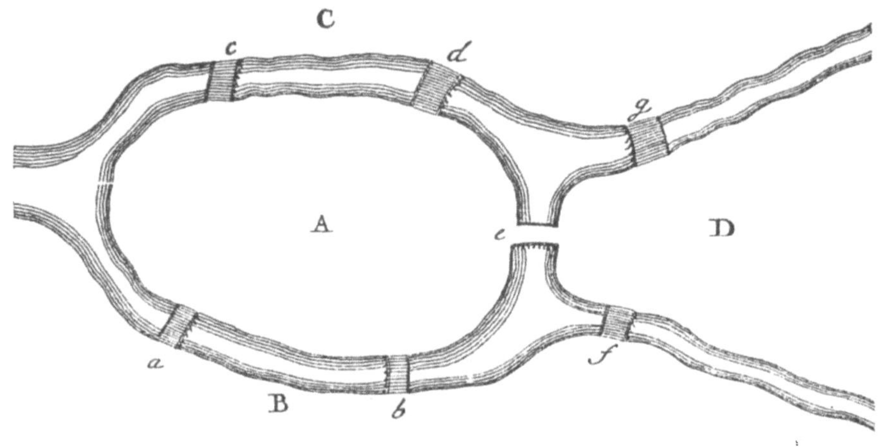

Fig. 2.6: Eulers erste Figur

Euler, ein wenig verwundert, daß seine gebildeten Freunde die Lösung dieses recht überschaubaren Problems nicht alleine gefunden hatten[47], entschloß sich, gleich eine Lösung des entsprechenden *allgemeinen* Problems zu geben, in welchem eine beliebige Verteilung von Inseln und Brücken angenommen wird. Was ihn dabei offensichtlich am meisten interessierte, war weniger die Lösung des Problem selbst als vielmehr dessen ungewöhnlicher Charakter und die Tatsache, daß die Lösung weder, wie er an den italienischen Mathematiker Giovanni Marinoni schrieb, der (traditionellen) Geometrie, noch der Algebra, noch auch der *ars combinatoria* angehörte (Sachs et al. 1988, 135 f.). Ehler hatte in seinem Schreiben an Euler dieses Problem in

7 f.), sowie Echeverrias Einleitung zu (Leibniz 1995) und die dort genannten Texte. In ihren Anfängen ging es nicht zuletzt auch um eine Berufung auf Leibniz' Autorität. So hat Grassmann mit seinem Beitrag Autorität für seine eigene *Ausdehnungslehre* beansprucht, während umgekehrt Johann Benedikt Listing, dessen *Vorstudien zur Topologie* von 1847 in Kapitel 3 behandelt werden, Leibniz noch einmal vorsichtig als Ahnvater der Topologie reklamierte. Wie obige Bemerkungen zeigen, sind jedoch *beide* Interpretationen anachronistisch. Worauf Leibniz hoffte, war genau das, was er an Huyghens schrieb: ein symbolischer Kalkül, der den gesamten Bereich der Geometrie umfassen und es erlauben sollte, deren Probleme auf direktere Weise als mit den Mitteln der Koordinatisierung zu lösen. Wenn Leibniz dabei von „linearer" Analysis und von „Maschinen" und „Bewegungen" sprach, so spielte er damit auf die u.a. von Pappos als lineare bzw. mechanische Probleme bezeichneten Themen der klassischen Geometrie an. Diese im antiken ebenso wie im frühneuzeitlichen Verständnis den im strengen Sinn „geometrischen" Problemen gegenübergestellten Themen waren im 17. Jahrhundert Gegenstand großer Aufmerksamkeit.

[47] Die betreffende Korrespondenz ist beschrieben in (Sachs et al. 1988).

offensichtlicher Anspielung auf Leibniz als ein dem „Kalkül der Lage" angehöriges bezeichnet. Euler antwortete darauf mit der Bemerkung, daß ihm unbekannt sei, welche Probleme „diese neue Disziplin" nach Leibniz' und Wolffs Meinung behandeln solle. Schließlich entschied er sich aber doch, Ehler zu folgen. In der Einleitung seiner Schrift rechtfertigte er diesen Schritt. Neben jenem Teil der Geometrie, der von den Größen handle und zu allen Zeiten am meisten studiert worden sei, schrieb er, gebe es einen anderen, unbekannteren Teil, den zuerst Leibniz erwähnt und *Geometria situs* genannt habe. In ihm drehe es sich um die Bestimmung der Lage und der Eigenschaften der Lage, wobei der Kalkül der Größen nicht verwendet werden dürfe. „Welche Art von Problemen aber zu dieser Geometrie der Lage gehören und was für Methoden bei ihrer Lösung nützlich sind," fuhr Euler fort, „ist nicht zufriedenstellend bestimmt."[48] Nachdem das ihm vorgeschlagene Problem nun aber Eigenschaften der Lage betreffe und ohne den Gebrauch des Kalküls der Größen zu lösen sei, könne es ohne Zweifel als ein Problem der *Geometria situs* angesehen werden. „Daher habe ich mich entschieden, die Methode, die ich erfunden habe, um Probleme dieser Art zu lösen, als ein Beispiel der *Geometria situs* darzustellen." (Ebd.)

Sehen wir uns Eulers Lösungsmethode näher an. Gegeben sei also eine Landkarte mit einer endlichen Zahl von aneinandergrenzenden Gebieten (Ländern); jede Grenzlinie stelle einen Fluß vor. Die Länder seien durch eine beliebige endliche Zahl von beliebig angeordneten Brücken verbunden. Ist es möglich, einen Weg auf der Landkarte zu finden, der jede Brücke genau einmal überschreitet?[49] Das entscheidende Hilfsmittel zur Lösung des Problems war nun eine Codierung der möglichen Wege auf der Landkarte mit Hilfe von Zeichen. Euler benannte die gegebenen Gebiete durch Großbuchstaben und studierte dann die offensichtlichen Eigenschaften der zu einem gegebenen Weg gehörenden Symbolfolge (die übrigens den Weg nicht immer eindeutig bestimmt). In § 14 beschrieb er dann anhand dieser symbolischen Codierung ein Verfahren, das Problem zu entscheiden:

> „Zuerst bezeichne ich die einzelnen vom Wasser getrennten Gebiete durch Buchstaben *A*, *B*, *C* usw. Zweitens vermehre ich die Gesamtzahl der Brücken um 1 und setze sie den nachfogenden Operationen voran. [Das Ergebnis ist die Länge der Symbolfolge eines Weges, der jede Brücke genau einmal überquert.] Drittens schreibe ich die Buchstaben *A*, *B*, *C* usw. untereinander und daneben jeweils die Anzahl der Brücken, die in das entsprechende Gebiet führen. Viertens bezeichne ich jene Buchstaben, bei welchen eine gerade Zahl steht, mit einem Stern. Fünftens schreibe ich neben jene Buchstaben mit einer geraden Zahl die Hälfte dieser Zahl; neben jene mit einer ungeraden die Hälfte der um 1 vermehrten Zahl. [Euler hatte bereits gezeigt, daß die so erhaltenen Zahlen angeben, wie oft das entsprechende Symbol im gesuchten Weg auftreten muß. Beginnt – und deshalb auch: endet – der Weg in einem mit Stern versehenen Gebiet, tritt der entsprechende Buchstabe noch einmal mehr auf.] Sechstens vereinige ich die zuletzt geschriebenen Zahlen in eine Summe; wenn diese Zahl der vorangesetzten gleich oder um 1 kleiner ist, schließe ich, daß der gewünschte Weg gefunden werden kann." (Euler 1736, § 14.)

---

[48] Der lateinische Text in (Euler 1736, § 1).

[49] Dieser Problemtyp wird heute der Graphentheorie eingeordnet. Diese Einordnung ist aber Resultat einer wesentlich später erfolgten Differenzierung der Teilgebiete der Topologie; vgl. dazu (Biggs et al. 1976). Wir werden diese Entwicklung noch mehrfach berühren.

Euler schloß weiter, daß die beiden kritischen Zahlen genau dann gleich sind, wenn es genau zwei Gebiete mit ungerader Brückenzahl gibt; in diesem Fall muß der Ausgangspunkt in einem dieser Gebiete gewählt werden (ungerade Gebiete treten immer paarweise auf, da die Zahl der „Brückenköpfe" gerade ist). Gibt es mehr als zwei ungerade Gebiete, so erhält man eine zu hohe Endzahl; gibt es kein ungerades Gebiet, erhält man eine um 1 zu niedrige Zahl und der Ausgangspunkt kann beliebig gewählt werden. Zur Verdeutlichung sei eines der Eulerschen Beispiele angeführt:

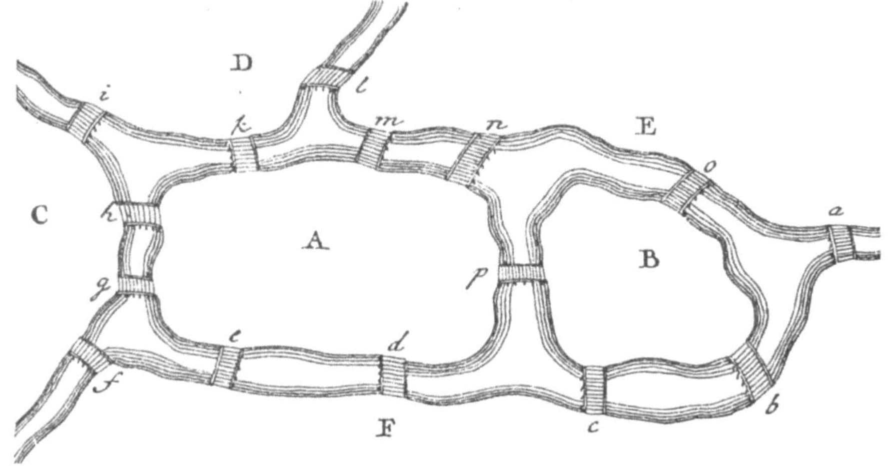

Fig. 2.7: Eulers dritte Figur

Das Entscheidungsverfahren lieferte in diesem Fall folgende Tafel:

$$
\begin{array}{rr|r}
 & & 16 \\
\hline
A*, & 8 & 4 \\
B*, & 4 & 2 \\
C*, & 4 & 2 \\
D\ , & 3 & 2 \\
E\ , & 5 & 3 \\
F*, & 6 & 3 \\
\hline
 & & 16
\end{array}
$$

Damit, so Euler, kann ein Weg gefunden werden.

Die Notwendigkeit der Eulerschen Bedingung ist klar. Dagegen bedurfte es im Grunde aber noch einer *Konstruktion* des gesuchten Weges – denn ist die Bedingung auch hinreichend? Hierzu machte Euler nur eine knappe Andeutung am Ende seines Aufsatzes. Man entferne, schrieb er, alle vorkommenden Brückenpaare, die zwei benachbarte Gebiete verbinden. Es reiche dann aus, einen Weg über die verbleibenden Brücken zu finden. Da sich damit die Zahl der Brücken schnell reduzieren lasse, sei es nicht schwierig, bei positivem Ergebnis des obigen Verfahrens auch tatsächlich einen Weg zu finden, und es lohne nicht die Mühe, weitere Einzelheiten über das Auffinden von Wegen mitzuteilen (Euler 1736, § 21).

Es muß zweifellos noch ein wenig gefeilt werden, um Eulers Verfahren hieb- und stichfest zu machen.[50] Unabhängig davon ist es wichtig, sich den Charakter des Verfahrens vor Augen zu führen: Eine räumlich anschauliche Situation wurde durch eine symbolische Codierung einer Art Kalkül unterworfen, *ohne* den Umweg über den Größenkalkül zu gehen; dieser Kalkül, ein algorithmisches Verfahren auf der Ebene der Zeichen, gestattete die Entscheidung des vorgelegten Problems.

Mit diesem kleinen Beispiel stellte Euler Elemente dessen zur Verfügung, was ich im ersten Kapitel eine *epistemische Technik* nannte. Es ist deutlich, daß der zentrale Aspekt dieser Technik, die Codierung der räumlichen Situation durch geeignete Zeichen, als eine systematische Variante jener Art der Verwendung von Zeichen angesehen werden kann, die wir in den Diagrammen der Lexika fanden (und umgekehrt die letzteren als eine etwas unsystematischere „analytische" Darstellungstechnik im zeitgenössischen Sinn dieses Begriffs). Mit Eulers Wahl des Brückenproblems wurde auch der Bereich der potentiellen *epistemischen Gegenstände* der *Analysis situs* (oder *Geometria situs*) gegenüber den Leibnizschen Ideen verschoben. Das behandelte Problem (und ebenso die entwickelte Methode) betraf die räumliche „Lage" von Figuren nicht mehr in einem kongruenzgeometrischen Sinn. Von der Größe der Inseln, der Länge der Wege usw. hing die Lösung nicht ab – von ihr konnte in einem präzisen Sinn *abstrahiert* werden. In dieser Hinsicht stellt Eulers Begriffsverschiebung eine Klärung auf der von Aristoteles vorgezeichneten Linie dar: Wenn der Kalkül der Größen in der *Analysis situs* außer Betracht bleiben sollte, *so mußte konsequenterweise auch von allen Eigenschaften der Größe abstrahiert werden.* Lageeigenschaften geometrischer Figuren gehören einer anderen, begrifflich abstrakteren Stufe an als Größeneigenschaften. Wir werden im nächsten Kapitel sehen, daß Gauß und andere diese Konsequenz im frühen 19. Jahrhundert zogen, und daß gleichzeitig die ersten mathematischen Behandlungen von Knoten sehr dicht an Eulers epistemischer Technik lagen.[51]

§ 20. *Analysis situs im Dienst der Textilmanufaktur: Alexandre Théophile Vandermonde*

Der nächste für unsere Geschichte wichtige Text, der den Faden der Bestimmung des neuen Zweigs der Mathematik wieder aufnahm, stammt von einem Intellektuellen der französischen Aufklärung, Alexandre Théophile Vandermonde, aus dem Jahr 1771. Bevor ich auf diesen Text eingehe, sei noch einmal an den breiteren gesellschaftlichen Horizont erinnert, in dem die frühen Bemühungen um die *Analysis situs* standen.

Wie kommt es, daß Gelehrte wie Leibniz und Euler plötzlich ein neues Gebiet der Mathematik am Horizont auftauchen sahen? Die allmähliche Neuordnung und Erweiterung des Spektrums der mathematischen Wissenschaften im 17. und 18. Jahrhundert muß auch als eine große Welle der Mathematisierung verstanden werden, deren Bedeutung weit über die Grenzen der mathematischen Wissenschaften hinaus reichte. Sie steht im Zusammenhang mit der allgemeinen Entfaltung der Wissenschaften in der frühen Neuzeit und der Epoche der Aufklärung, und

---

[50] Z.B. durch das Entfernen größerer Zyklen von Teilwegen. Auch dies ändert nicht die Parität der Gebiete und damit die Lösbarkeit des Problems. Näheres in (Biggs et al. 1976, 10 ff.).

[51] Am Rande sollte angemerkt werden, daß Euler das aus heutiger Sicht für die Systematik der Topologie wichtige Resultat über die alternierende Summe der Ecken, Kanten und Flächen eines Polyeders noch *nicht* zur *Geometria situs* gezählt hat.

das beschriebene Interesse an neuen Kalkülen speist sich zum Teil ganz ausdrücklich aus dem Wunsch, neue Bereiche der Naturerkenntnis, der Künste und des menschlichen Handelns im allgemeinen den mathematischen Wissenschaften zu unterwerfen. Ein Motiv, das sich durch viele Äußerungen der Beteiligten zog, war dabei, daß die Mathematisierung der Menschheit (oder mindestens einer gewissen Schicht ihres europäischen Teils) *nützlich* sein sollte. Mit dem Aufstieg des europäischen Bürgertums entfalteten die mathematischen Wissenschaften in der Tat zunehmend gesellschaftliche Wirksamkeit, in den technischen Anwendungen der Statik, Mechanik, Hydrodynamik und Optik ebenso wie im Einsatz der Geometrie in militärischer und ziviler Architektur oder in der Entwicklung der Wahrscheinlichkeitsrechnung zu Zwecken der Versicherung und Administration.[52] Die Expansion der Wissenschaften stärkte zugleich die Stellung des gebildeten Bürgertums als der sie tragenden sozialen Schicht. Entsprechend den vorindustriellen technischen Gegebenheiten waren für diese Entwicklung natürlich besonders jene Künste und Handwerke maßgeblich, die eine wichtige gesellschaftliche Rolle spielten (wie etwa eben die Baukunst, die optischen Gewerbe, usw.). Schon am Beginn des Aufschwungs der neuzeitlichen Wissenschaft hatten Handwerker- und Künstler-Ingenieure eine wichtige Rolle gespielt[53], und die Allianz zwischen den Handwerken, Künsten und Wissenschaften trug auch, wie sich bereits am Titel ablesen läßt, das Projekt der französischen *Encyclopédie*.

In dieser Konstellation war die Stellung der Mathematik allerdings nicht unumstritten. Sie wurde von machen als alt und „abstrakt", als von den handfesten praktischen Dingen weit entfernt angesehen, und der menschliche Nutzen der Kunst des Lösens von Gleichungen und Problemen der höheren Geometrie schien fragwürdig. Der Hauptherausgeber der *Encyclopédie*, Diderot, brachte diese Zweifel 1753 in seinem *Essai sur l'interpretation de la nature* zum Ausdruck. Über weite Strecken kann dieser Text als eine (im übrigen brillante) Polemik gegen den für die mathematischen Wissenschaften verantworlichen zweiten Herausgeber der *Encyclopédie*, d'Alembert, gelesen werden, der in den Spalten der *Encyclopédie* selbst auf Diderots Kritik antwortete.[54] Solche Debatten verstärkten die ohnehin vorhandene Tendenz, Mathematik nicht nur als Inbegriff exakten Wissens (dessen praktischen und insbesondere politischen, weil gegen die Macht der Kirche gerichteten Nutzen d'Alembert in seiner Antwort an Diderot betonte), sondern auch als eine in den Handwerken und Künsten nützliche *ars inveniendi* und Problemlösekunst zu betrachten, sozusagen als das *Handwerk der exakten Erkenntnis*.

Jedenfalls standen Mathematisierung und die Entwicklung neuer Kalküle in engster Verbindung.[55] Wenngleich sie zunächst nur einen sehr dünnen Strang dieser breiteren Entwicklung ausmachten, gehören doch auch die Ansätze zur Entwicklung der *Analysis situs* in diesen Zusammenhang. Zum Beleg kann ich noch einmal auf Euler verweisen. In einer weiteren kleinen Schrift, die zuerst 1749 im Anhang seiner *Commentationes arithmeticae* und dann noch einmal 1766 unter dem bezeichnenden Titel „Solution d'une question curieuse qui ne paroit soumise à aucune analyse" erschien, behandelte Euler das Problem der Rösselsprünge, d.h. die Aufga-

---

[52] Eulers brillante Karriere verdankt sich nicht zuletzt seinen Beiträgen zu *allen* diesen Gebieten. Vgl. allgemein zum Thema (Hankins 1985). Am besten studiert ist wohl das Gebiet der Wahrscheinlichkeitsrechnung; vgl. dazu (Daston 1988) sowie die beeindruckende Studie (Brian 1994).

[53] Vgl. Zilsels Arbeiten über die italienische Renaissance (Zilsel 1976) und Studien über das England des 17. Jahrhunderts wie (Shapin und Schaffer 1985).

[54] Vgl. insbesondere den Art. „Géomètre"; zur Debatte ferner (Hankins 1970).

[55] Vgl. hierzu auch (Krämer 1988).

be, auf einem Schachbrett eine Kette von Bewegungen des Springers so zu finden, daß alle 64 Felder genau einmal berührt werden. Die Verwandtschaft zum Königsberger Brückenproblem ist offensichtlich, und wieder war es Anwendung einer neuen Art der Analysis, die Euler mehr interessierte als die Aufgabe selbst. In Worten, die den Mathematisierungswillen der Zeit klar zum Ausdruck bringen, schrieb Euler:

> „On convient aisément de l'excellence de l'Analyse, mais on la croit communément bornée à de certaines recherches qu'on rapporte aux Mathématiques; et partant, il sera toujours fort important d'en faire usage dans des matières qui lui semblent refuser tout accès, puisqu'il est certain qu'elle renferme l'art de raisonner dans le plus haut dégré. On ne sauroit donc étendre les bornes de l'Analyse sans qu'on ait raison de s'en promettre de très grands avantages." (Euler 1759/1766, § 5.)

Auch die *Analysis situs* dehnte mithin die Schranken der Mathematik aus und versprach „sehr große Vorteile".

A. T. Vandermondes „Remarques sur les problèmes de situation" von 1771, zu denen ich nun übergehe, beschrieben den erhofften Nutzen des neuen Zweigs der Mathematik wesentlich konkreter. Ihr Autor wurde 1735 in Paris als Sohn eines Arztes geboren und für eine musikalische Karriere erzogen.[56] Dennoch begeisterte er sich in den Salons der Aufklärung für die Wissenschaften und wurde 1771 zum Mitglied der *Académie des sciences* gewählt. In den Jahren 1771 und 1772 veröffentlichte er vier mathematische Artikel in den Abhandlungen der Akademie, die seine gesamte mathematische Produktion ausmachen. Neben der *Analysis situs* behandelten diese Aufsätze die Determinanten- und Gleichungslehre, wo er als einer der ersten systematisch nach symmetrischen Funktionen der Wurzeln einer algebraischen Gleichung suchte. Im Jahr 1782 wurde er Direktor des Pariser *Musée des arts et des métiers*, 1786 veröffentlichte er zusammen mit dem späteren Begründer der Ecole Polytechnique, Gaspard Monge, und dem Chemiker Louis Berthollet einen Aufsatz über die militärisch wichtige Stahlherstellung, und ab 1789 engagierte er sich aktiv in den revolutionären Umwälzungen. Wie Monge wurde Vandermonde Mitglied des Jakobinerklubs und übernahm Ämter in den Institutionen des neuen Staates. Unter anderem erhielt er die erste Professur für politische Ökonomie an der neugegründeten Ecole Normale de l'An III.[57] Vandermonde konnte diese Ämter allerdings nur für kurze Zeit ausüben: er starb im Jahr 1796 in Paris.

Vandermondes Karriere ist die eines typischen Intellektuellen der französischen Aufklärung, und letztere spricht auch aus den Zeilen des Vandermondeschen Textes. Die Idee der *Analysis situs* wurde hier auf den festen Boden der Künste und Handwerke, genauer: der Textilmanufaktur, der Leitbranche der anbrechenden industriellen Revolution, gestellt. Vandermonde begann seine Bemerkungen mit den Worten:

> „Quelles que soient les circonvolutions d'un ou de plusieurs fils dans l'espace, on peut toujours en avoir une expression par le calcul des grandeurs; mais cette expression ne seroit d'aucun usage dans les Arts. L'ouvrier qui fait une *tresse*, un *réseau*, des *nœuds*, ne les conçoit pas par les rapports de grandeur, mais par ceux de

---

[56] Zu Vandermonde vgl. (Lebesgue 1955); Details über Vandermondes akademische und politische Laufbahn finden sich außerdem in (Dhombres und Dhombres 1989) und (Brian 1994).

[57] Vgl. hierzu (Sullivan 1997).

situation: ce qu'il voit, c'est l'ordre dans lequel sont entrelacés les fils. Il seroit donc utile d'avoir un système de calcul plus conforme à la marche de l'esprit de l'ouvrier, une notation qui ne représentât que l'idée qu'il se forme de son ouvrage, & qui pût suffire pour en refaire un semblable dans tous les temps. Mon objet ici n'est que de faire entrevoir la possibilité d'une pareille notation, & son usage dans les questions sur des tissus de fils. [...]

Léibnitz promit un *calcul des Situations*, & mourut sans rien publier. C'est un sujet où tout reste à faire, & qui mériteroit bien qu'on s'en occupât." (Vandermonde 1771 , 566 f.)

Diese Zeilen sind Wort für Wort aufschlußreich. Der Wunsch, die Mathematik durch ihre Nützlichkeit zu rechtfertigen, ist offenkundig. Dies soll erreicht werden, indem die Zeichen und Operationen des Kalküls der Lage dem Gang des Geistes der Textilarbeiter angepaßt wird: Das Absehen von der Größe, so Vandermonde, findet in deren Arbeit wirklich statt. In der Mathematisierung der textilen Muster, die Vandermonde vorschwebte, ging es zugleich um Rationalisierung durch Standardisierung – um die Möglichkeit, diese Muster so zu repräsentieren, daß sie stets aufs Neue in derselben topologischen Gestalt geknüpft werden können.

Eine solche Beschreibung der Rolle der Mathematik war revolutionär – bis in den Sprachgestus. Vandermonde selbst verglich sein Vorhaben mit der Einführung der Buchstabenalgebra durch Viète, eines Ereignisses, das „l'époque d'une révolution dans les Mathématiques" einläutete (ebd.). Kurz nach Vandermondes Aufsatz erreichte die Standardisierung im Textilhandwerk in der Tat eine revolutionäre Stufe, wenn auch nicht durch dessen Kalkül, sondern durch die mechanische Garnherstellung auf Maschinen wie der „Spinning Jenny". Die Idee der mechanischen Reproduktion von Webmustern fand dagegen erst nach der Wende zum 19. Jahrhundert eine handfestere Realisierung, etwa in Gestalt des von Joseph Marie Jacquard entwickelten mechanischen, durch gelochte Karten auf verschiedene Webmuster "programmierbaren" Webstuhls.[58]

Was Vandermonde allerdings leistete, war die Einbeziehung der Probleme verschlungener Fäden in das immer noch schwach umrissene Gebiet der *Analysis situs*. Damit stellen diese nach den Brücken- und Rösselsprungproblemen die dritte Sorte von Problemen dar, die in dieses Gebiet eingeordnet wurden – noch vor anderen, welche in der Systematik der heutigen Topologie als grundlegender betrachtet werden, wie beispielsweise das Problem der Flächenklassifikation.[59]

Was erreichte Vandérmonde nun wirklich in seinem Text? Wie bei Euler, und wie Vandermonde selbst angekündigt hatte, ging es vor allem um eine Notationsweise für verschlungene Fäden. Vandermonde stellte sich dazu drei Systeme von parallelen Ebenen vor, die den Raum in endliche Elemente, würfelförmige oder parallelepipedische Zellen, teilten, und bezeichnete den Verlauf eines Fadens durch die Folge von Zahltripeln c_a^b, die sich ergab, wenn nacheinander die ganzzahligen Koordinaten der Zellen angegeben wurden, durch welche der Faden verlief. Fig. 2.8 zeigt Beispiele von Vandermonde, die übrigens auch auf den Tafeln der *Encyclopédie* vorkommen. Die Gitterebenen wählte Vandermonde angepaßt an das jeweilige Geflecht, wie die gestrichelten Linien auf seiner Tafel andeuten. Zur oberen Figur gehörte dann das Zahlenschema:

$$\text{la tresse, fig. 3:} \quad 2_2^3,\ 1_3^2,\ 2_3^1,\ 1_1^1,\ 2_1^2,\ 1_2^3, \quad 2_4^3,\ 1_5^2,\ 2_5^1,\ 1_3^1,\ 2_3^2,\ 1_4^3 \ ...$$

---

[58] Vgl. z.B. (Hobsbawm 1969, Kap. 3).

[59] Vgl. dazu § 32.

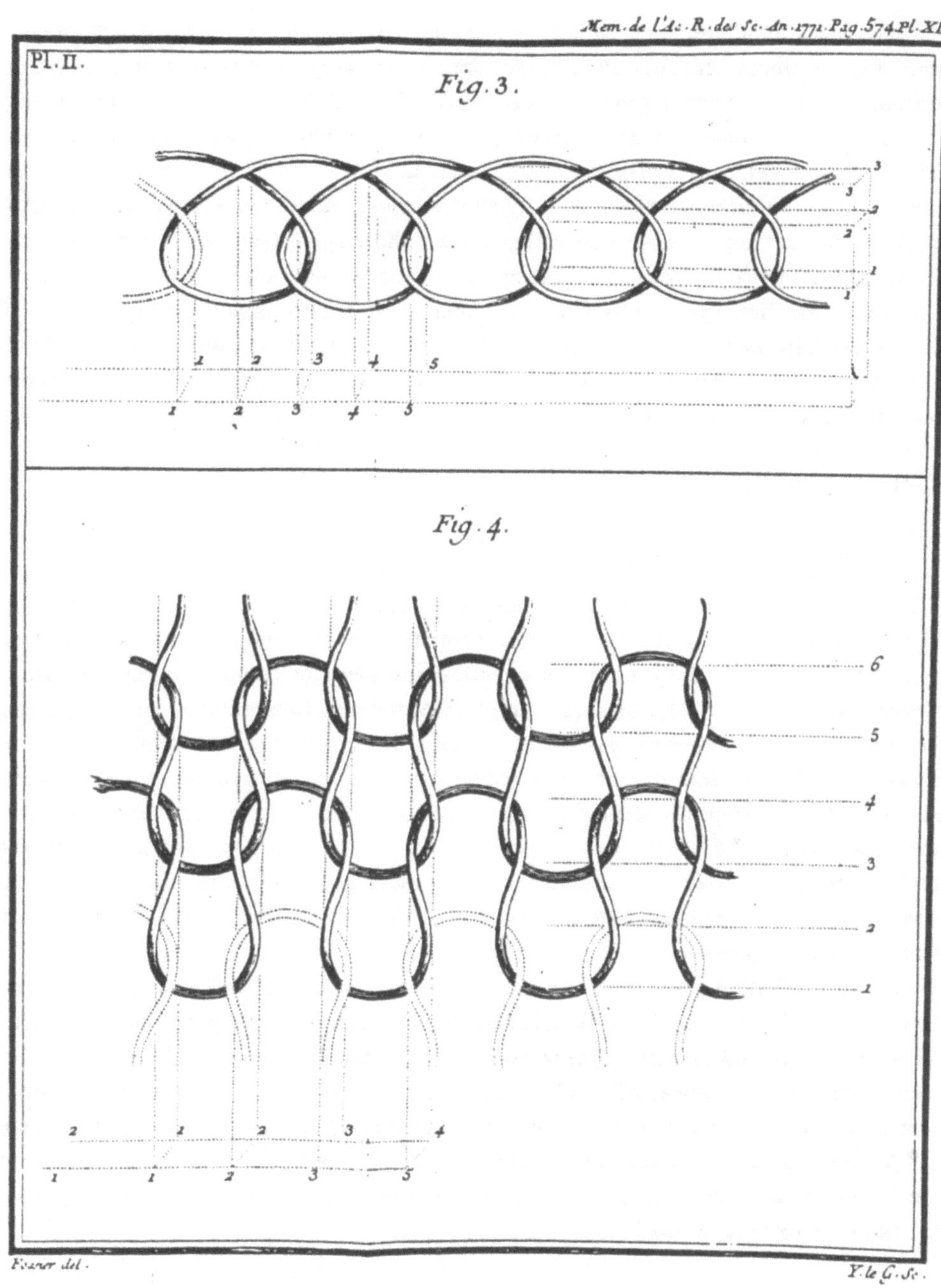

Fig. 2.8: Vandermondes Pl. II

Im Fall mehrerer Fäden (wie bei den in Vandermondes Fig. 4 gezeichneten „mailles de bas")
entstand ein Schema mit mehreren Zeilen.

Vandermonde suchte weiter zu zeigen, wie mittels eines „mechanischen Prozesses" auf der
Basis der Zahlschemata alle möglichen Arten des Gewebes repräsentiert und reproduziert werden

konnten, ohne dabei die endlosen Zahlschemata selbst hinschreiben zu müssen (Vandermonde 1771, 568). Die Grundidee war einfach: sie nützte die Symmetrie jedes tatsächlichen Webmusters aus. Im obigen Beispiel etwa bildet der zweite, abgesetze Sechserblock ein Translat des ersten, und die Fortsetzung der „tresse" geschieht einfach durch Aneinanderreihung solcher Sechserblöcke, wobei der untere Index jeweils um 2 erhöht werden muß. Generell konnte aus einem vorgegebenen Gewebsstück (d.h. einem endlichen Abschnitt eines Schemas der beschriebenen Art) ein größeres Gewebe aufgebaut werden, indem symmetrische Gewebsstücke verschoben oder gespiegelt passend angefügt wurden; dieses Anfügen kam in den Zahlschemata auf einfache arithmetische Weise zum Ausdruck. (Vandermonde führte dies zunächst an zwei- und dreidimensionalen Rösselsprungen vor, wobei er an Eulers Arbeit anknüpfte, in welcher diese Idee ebenfalls ausgenützt worden war.) Es blieb freilich unklar, inwiefern Vandermondes Zahlschemata anderen Repräsentationsmustern wie etwa den auf den Tafeln der *Encyclopédie* verwendeten graphischen Webschemata überlegen waren, und am Ende des Artikels gestand Vandermonde selbst ein, daß zur umfassenden Behandlung der angedeuteten Fragestellungen noch etliches zu tun wäre.

★

Auch Vandermondes Text stellt nicht wesentlich mehr als ein Mathematisierungs*programm* dar. Die vorgeschlagene Notation hat zudem begrifflich einen etwas unklaren Status, macht sie doch ebenfalls von *Koordinaten* (eines diskreten Gitters) Gebrauch und bezeichnet nicht, wie Leibniz intendiert und Euler für das Brückenproblem tatsächlich ausgeführt hatte, die Lageverhältnisse *direkt*.[60] Dennoch markieren Vandermondes Bemerkungen einen entscheidenden Übergangspunkt in unserer Geschichte. Fragen, die verschlungene Fäden betrafen, waren zum ersten Mal in den Bereich mathematischer Aufmerksamkeit gerückt. Zwei Bewegungen des neuzeitlichen Wissens flossen dabei zusammen: Jene, in welcher sich das praktische und künstlerische Wissen von Webmustern, Knotenformen und entrelac-Ornamenten mehr und mehr verdichtete und in den Bereich lexikalischer Systematisierung und Standardisierung gelangte, und jene, in der sich am Rande der allgemeinen Welle der Mathematisierung die Idee eines Kalküls der Lage präzisierte.

Die direkte Verbindung von *Analysis situs* und Manufaktur, die Vandermonde am Vorabend der französischen Revolution und der industriellen Revolution vor Augen hatte, blieb freilich die Hoffnung eines historischen Augenblicks. Die tatsächlich eingetretene Vertiefung der Idee der neuen Disziplin, und ebenso die explizite Mathematisierung des Knotenproblems, verdankte sich einerseits neuen Einsichten in die Rolle topologischer Argumente in den Kerndisziplinen der reinen Mathematik der Zeit, also analytischer Geometrie und Algebra, und andererseits einem weiteren Kontext der reinen Mathematik, der im 19. Jahrhundert enorme Bedeutung gewinnen sollte: den exakten Wissenschaften.

---

[60] Eine Gitternotation für Knoten und Verkettungen wird uns im 7. Kapitel wiederbegegnen, bezeichnenderweise noch einmal in einem Mathematisierungsschritt.

3 DER BEITRAG VON CARL FRIEDRICH GAUSS ZUR MATHEMATISIERUNG DER VERKETTUNGEN UND KNOTEN

Wie ich von W[ilhelm] Weber gehört habe, haben Sie schon vor einigen Jahren beabsichtigt, als Einleitung oder Vorbereitung der Theorie der elektrischen oder magnetischen Strömungen, eine Abhandlung über alle möglichen *Verschlingungen eines Fadens* zu schreiben. Steht wohl zu hoffen, daß diese Abhandlung bald erscheinen wird?

August Ferdinand Möbius an
Carl Friedrich Gauß, 1847

Es sollte nicht Ziel der Geschichtsschreibung sein, Heldenlegenden zu spinnen und in immer neuen Variationen weiterzugeben. Aber es gibt in der Geschichte der Mathematik Konstellationen, in welchen die Handlungen von Individuen die Handlungsmöglichkeiten späterer Generationen von Wissenschaftlern maßgeblich beeinflußten. Dieses historische Phänomen bedarf selbst der Aufklärung. In welchen Situationen und unter welchen Umständen können Handlungen einzelner Mathematiker diese Tragweite erlangen? Was sind die Mechanismen ihrer Wirkung? Für die Geschichte der Knotentheorie stellen sich solche Fragen in besonderem Maße für die Beiträge von Carl Friedrich Gauß, die nicht nur die Mathematisierung des Knotenproblems entscheidend beförderten, sondern auch die Gestalt der *Geometria situs* für lange Zeit maßgeblich prägten. In diesem Kapitel möchte ich zeigen, daß die von Gauß ausgehenden Impulse auf eine historische Konstellation antworteten, in welcher im Kontext verschiedener Wissenschaften nicht nur ein Interesse an topologischen Fragen, sondern geradezu ein *Bedürfnis* nach Begriffen, Argumenten und Erkenntnissen entstand, die dem neuen Gebiet zuzurechnen waren.

Ich beginne mit einem Überblick über topologische Überlegungen in Gauß' Werk, in dem zugleich die wichtigsten wissenschaftlichen Kontexte der Gaußschen Beiträge zur Mathematik verschlungener Kurven vorgestellt werden (3.1). Danach gehe ich auf die betreffenden mathematischen Fragmente selbst ein (3.2). Im dritten Abschnitt wende ich mich der unmittelbaren Rezeption dieser Beiträge unter Gauß' mathematischen Freunden und Schülern zu (3.3). Besondere Aufmerksamkeit verdient dabei Johann Benedikt Listings Plädoyer für das neue Gebiet in seinen *Vorstudien zur Topologie* von 1847, welche unter anderem das Knotenproblem dem mathematischen Publikum bekannt machten. Am Schluß des Kapitels folgen einige Bemerkungen über die weitere Entwicklung der Topologie im 19. Jahrhundert sowie eine kurze Auswertung.

3.1 Die *Geometria situs* in Gauß' wissenschaftlicher Laufbahn

Obwohl seine Biographen in der Regel nur spärliche Hinweise auf dieses Thema geben, ist
doch klar, daß Gauß sich über seine gesamte mathematische Laufbahn hinweg immer wieder
mit der *Geometria situs* und ihren Problemen beschäftigte.[1] Eine charakteristische Beschreibung
des Gaußschen Interesses an diesem neuen Gebiet der Mathematik, die zu einem Topos der
mathematikhistorischen Literatur geworden ist, findet sich in der Gedenkschrift des Geologen
und Freundes von Gauß, Sartorius v. Waltershausen:

> „Gauss blickte gern, wenn er dazu in Stimmung war, auf die Zukunft aller mensch-
> lichen Entwicklungen und besonders auf die seiner ihm nah befreundeten Wissen-
> schaften. Zunächst schien er von der fernern Ausbildung der Mathematik zumal von
> der Zahlentheorie sehr viel zu erwarten; eine ausserordentliche Hoffnung setzte er
> aber auf die Ausbildung der Geometria situs, in der weite gänzlich unangebaute
> Felder sich befänden, die durch unsern gegenwärtigen Calcul noch so gut wie gar
> nicht beherrscht werden könnten." (Waltershausen 1862, 88.)

Dieser Bericht wird durch eine Reihe von Gauß' eigenen Äußerungen bestätigt. Wie konnte es
aber zu einer solchen Einschätzung kommen? Liegt hier nur eine Variation der Leibnizschen Hoffnung auf einen neuen Kalkül der Lage vor? Hatte Gauß mehr Grund zu seiner Erwartung als Euler
oder Vandermonde? Wir werden im Verlauf dieses Kapitels sehen, daß Gauß doch wesentlich
mehr von den „gänzlich unangebauten Feldern" der neuen Disziplin sah als die Mathematiker
des 18. Jahrhunderts. Darüber hinaus wird sich zeigen, daß auch Waltershausens Einordnung
der Gaußschen Vision in eine Reflexion über die Enwicklung jener exakten Wissenschaften, mit
denen Gauß in seiner Laufbahn zu tun hatte – insbesondere Zahlentheorie und Analysis, Astronomie, Geodäsie und Differentialgeometrie, Erd- und Elektromagnetismus – durchaus angemessen
war.

§ 21. Algebra und Astronomie

Wie wir sahen, fertigte bereits der 17-jährige Gauß, zu dieser Zeit Schüler am Collegium Caroli-
num in Braunschweig, Zeichnungen von Knoten an (vgl. § 1). Über den unmittelbaren Anlaß und
Zusammenhang dieser Zeichnungen ist nichts bekannt, aber es ist davon auszugehen, daß diese
Objekte Gauß geläufig blieben, wenn er sich in späteren Jahren Gedanken über die *Geometria
situs* machte. Vielleicht schon zu dieser Zeit, auf jeden Fall aber wenige Jahre später, als Gauß
seine Dissertation mit dem ersten einigermaßen vollständigen Beweis des Fundamentalsatzes der
Algebra einreichte, war er mit der Idee dieser neuen mathematischen Disziplin vertraut. In seinem
Beweis bediente er sich einiger Argumente über die Zweige ebener, reell-algebraischer Kurven,
die er selbst als auf „Prinzipien der Geometrie der Lage" beruhend kennzeichnete (Gauß 1799,

---

[1] Unter den Biographien sei auf (Dunnington 1955), (Bühler 1981) und (Wussing 1989) hingewiesen.
Die beste Quelle für Gauß' Äußerungen zur *Geometria situs* ist immer noch (Stäckel 1918); vgl. auch (Pont
1974). Beide Darstellungen geben jedoch eher Chroniken als tiefergehende Interpretationen, zudem sind sie
lückenhaft im Hinblick auf topologische Argumente im Zusammenhang anderer mathematischer Arbeiten
von Gauß. Sowohl die topologischen Überlegungen in Gauß' Werk als auch ihre unmittelbare Rezeption
verdienen ein genaueres Studium.

§ 21, Anm.). Bei diesen Argumenten handelte sich um Folgerungen aus dem intuitiv gerechtfertigten Satz, daß eine einfache geschlossene Kurve die Ebene in zwei getrennte Gebiete zerlegt. Mit großer Wahrscheinlichkeit kannte Gauß zu dieser Zeit auch schon die oben besprochenen Texte Eulers und Vandermondes.

Zwei Jahre später, nach Abschluß der *Disquisitiones arithmeticae*, wandte sich Gauß' Hauptinteresse von der Zahlentheorie zur Astronomie. Der sizilianische Astronom Celestino Piazzi hatte um das Neujahr 1801 einen neuen Himmelskörper mit einer planetenähnlichen Bahn beobachtet und mit dem Namen Ceres getauft, der allerdings kurze Zeit später im Tageshimmel verschwand. Wie etliche andere Astronomen in Europa versuchte auch Gauß, aus Piazzis Beobachtungen die Bahn des neuen „kleinen Planeten" zu berechnen. Gestützt auf seine Methode der kleinsten Fehlerquadrate kam er zu einem Ergebnis, und pünktlich ein Jahr später beobachteten die einflußreichen Astronomen Franz Xaver v. Zach (in dessen *Monatlicher Correspondenz zur Beförderung der Erd- und Himmelskunde* Gauß von Piazzis Entdeckung gelesen hatte) und Heinrich Wilhelm Olbers die Ceres erneut sehr nahe der von Gauß angegebenen Stelle. Gauß' Beitrag zur Entdeckung dieses, wie sich wenig später herausstellte, ersten von mehreren Asteroiden, machte schnell die Runde in der gebildeten Welt Europas und trug mehr zur Beförderung seiner Karriere bei als seine zahlentheoretischen Resultate der vorigen Jahre. Die Zahlentheorie wurde von einem kleinen, freilich erlesenen Zirkel von Mathematikern geschätzt, die Astronomie dagegen erreichte ein wesentlich breiteres Publikum und muß in dieser Epoche in vieler Hinsicht als Leitdisziplin der exakten Wissenschaften angesehen werden.[2] Es nimmt nicht Wunder, daß Gauß die Gelegenheit ergriff, in eine Korrespondenz mit Olbers zu treten. Als Olbers 1802 den zweiten kleinen Planeten, die Pallas, entdeckte, berechnete Gauß wiederum ihre Bahn. Schon bald verband beide eine enge Freundschaft, die ein Leben lang andauern sollte. Olbers hatte auch seine Hände im Spiel, als Gauß 1807 die Leitung der Göttinger Sternwarte erhielt, eine Anstellung, die ihn bis zu seinem Tod ernährte.

Bereits im November 1802 erwähnte Gauß in einem Brief an Olbers auch die *Geometria situs*. Anläßlich einer Ankündigung des Buches *Géométrie de position* von Lazare Carnot (das allerdings ein Beitrag zur projektiven Geometrie und nicht zur *Geometria situs*, wie sie Gauß verstand, war) schrieb er: „Dieser bisher fast ganz brachliegende Gegenstand, über den wir nur einige Fragmente von Euler und einem von mir sehr hochgeschätzten Geometer Vandermonde haben, muß ein ganz neues Feld eröffnen und einen ganz eigenen, höchst interessanten Zweig der erhabenen Größenlehre bilden."[3] Wenig später sollte Gauß im Rahmen seiner astronomischen Untersuchungen über die (möglicherweise ineinander verschlungenen) Bahnen der neuen Himmelskörper selbst auf eines der ersten tieferen Resultate des neuen Zweiges der „erhabenen Größenlehre" stoßen (vgl. 3.1).

§ 22. Kurven in der komplexen Ebene

Nach dem Jahr 1809, in dem das astronomische Hauptwerk von Gauß, die *Theoria motus corporum coelestium*, erschien und in dem seine erste Frau, Johanna Osthof, starb, verbreitete sich das Spektrum seiner wissenschaftlichen Interessen. Die *Geometria situs* scheint Gauß in

---

[2] Zur Entdeckung der Ceres und weiterer Asteroiden vgl. (North 1994/1997, 283 ff.) und (Wussing 1989, 35 ff.).

[3] Gauß an Olbers, 21. November 1802, in (Schilling und Kramer 1900/1909, Bd. 1, 103).

dieser Zeit vor allem im Rahmen der komplexen Analysis und ihrer geometrischen Interpretation beschäftigt zu haben. In einem Brief an den Astronomen Friedrich Wilhelm Bessel teilte er seine Einsicht in die Wegabhängigkeit der komplexen Integration mit und formulierte eine Variante des „Cauchyschen Satzes", daß das Integral einer komplex analytischen Funktion über eine geschlossene Kurve verschwindet, wenn die Funktion im umschlossenen Gebiet keine Singularitäten besitzt. Umgekehrt beschrieb er das Verhalten des komplexen Logarithmus,

$$\log(z) = \int \frac{1}{z}\, dz \, ,$$

und anderer „vielförmiger" Funktionen. Insbesondere machte er Bessel darauf aufmerksam, daß die Werte des komplexen Logarithmus sich um ein ganzzahliges Vielfaches von $2\pi i$ unterscheiden – je nachdem, wie oft der gewählte Integrationsweg die singuläre Stelle 0 umläuft.[4] Mit anderen Worten: Wird das Integral

$$I = \frac{1}{2\pi i} \int \frac{1}{z}\, dz$$

entlang einer geschlossenen Kurve ausgewertet, die den Punkt 0 vermeidet, so ergibt sich eine ganze Zahl, die Umlaufzahl dieser Kurve um 0. Obwohl Gauß die *Geometria situs* in diesem Zusammenhang nicht erwähnte, können wir davon ausgehen, daß ihm die weitreichende Bedeutung dieser einfachen Beobachtung klar war: Die Wegabhängigkeit der komplexen Integration schuf eine grundlegende Beziehung zwischen Eigenschaften der Lage von Wegen in der komplexen Ebene und der Analysis der komplexen Größen. Eine sehr einfache dieser Eigenschaften konnte mit Hilfe der Logarithmusfunktion durch eine ganze Zahl ausgedrückt werden – wieviele weitere mochten sich ergeben, wenn das Gebiet der komplexen Analysis ausgedehnt würde? Wir werden im weiteren Verlauf dieses Kapitels sehen, daß die meisten der topologischen Einsichten von Gauß von ganz ähnlichem Charakter waren.

-Die Umlaufzahl von Kurven in der komplexen Ebene beschäftigte Gauß in der Zeit um und nach 1811 noch in mindestens zwei weiteren Zusammenhängen. Ein Fragment zur Theorie der biquadratischen Reste – nach der Veröffentlichung der *Disquisitiones arithmeticae* eines der für Gauß wichtigsten Gebiete in der Zahlentheorie – führte eine komplexere, die Lage eines Weges charakterisierende Zahl ein, nämlich die Summe der orientierten Umlaufzahlen einer geschlossenen Kurve um alle eingeschlossenen „Ganzepunkte" (so bezeichnete Gauß alle Punkte in der komplexen Ebene mit ganzzahligen Koordinaten, $\mathbb{Z}[i] := \{a+bi \,|\, a, b \in \mathbb{Z}\}$); lagen solche Punkte auf der betrachteten Kurve selbst, so mußte eine geeignete Konvention über ihren Beitrag getroffen werden.[5] In moderner Notation können wir auch diese Zahl leicht mittels des komplexen Logarithmus ausdrücken. Ist γ die betrachtete Kurve, so gibt

$$S(\gamma) := \sum_{x \in \mathbb{Z}[i]} \frac{1}{2\pi i} \int_{\gamma} \frac{1}{z - x}\, dz$$

die von Gauß definierte Zahl an. In seinem Fragment betrachtete Gauß diese Zahl nur für Polygonzüge, aber sein unveröffentlichter Nachlaß enthält auch Zeichnungen mit gekrümmten Kurven, z.T. mit Selbstdurchdringungen.[6] Eine von Gauß als „Lehrsatz" ausgesprochene Eigenschaft

---

[4] Gauß an Bessel, 18. Dezember 1811, in: *Werke*, Bd. 10/1, 365-371; hier S. 367.

[5] *Werke*, Bd. 2, 313-325; hier S. 314.

[6] NSUB Göttingen, Cod. MS Gauss, Math. 33.

der so definierten Zahl ist, daß sie sich bei der Aneinandersetzung von Wegen additiv verhält
– noch eine Brücke von der *Geometria situs* in die Größenlehre.[7] Mit Hilfe dieses Werkzeuges
behandelte Gauß dann die Theorie des biquadratischen Rests $1 + i$ nach einem Modul $a + bi$,
d.h. die Lösbarkeit der Gleichung

$$x^4 \equiv 1 + i \pmod{a + bi}$$

in den komplexen ganzen Zahlen. Das Fragment blieb jedoch unvollendet, und es ist unklar,
wieviel Gauß mit der eingeführten charakteristischen Zahl S später weitergearbeitet hat.

Schließlich scheint Gauß einen neuen (in der Tat seinen dritten) Beweis des Fundamentalsatzes
der Algebra auf die Idee der Umlaufzahl gegründet zu haben (*Werke*, Bd. 3, 57-64). Dabei liegt
der für seine Veröffentlichungen in diesem Bereich typische Fall vor, daß eine geometrische
Überlegung – sofern sie tatsächlich leitend war – im Gewand der reellen Analysis verborgen
wurde.[8] Die geometrische Idee ist einfach genug: Besitzt ein komplexes Polynom $p(z)$ keine
Nullstellen, so verschwindet aufgrund des im Brief an Bessel erwähnten („Cauchyschen") Satzes
die auf den Ursprung bezogene Umlaufzahl jeder Kurve γ_r, welche aus den Werten von $p(z)$
gebildet wird, wenn z einen Kreis um den Ursprung von gegebenem Radius r durchläuft.[9]
Für nichtkonstante p ergibt sich daraus aber ein Widerspruch, denn für große r dominiert der
führende Term in $p(z)$, d.h. die Umlaufzahl der Kurve γ_r müßte gleich dem Grad des Polynoms
sein. Es muß eine – freilich wahrscheinliche – historische Spekulation bleiben, daß Gauß den
1816 als Anhang zu seinem zweiten Beweis des Fundamentalsatzes veröffentlichten, von ihm
als „rein analytisch" bezeichneten dritten Beweis tatsächlich auf diesem Weg gefunden hat. In
dem kurzen Text betrachtete er nur Polynome mit *reellen* Koeffizienten und ein *reelles* Integral,
das dem Realteil des komplexen Integrals entspricht, welches die Umlaufzahl der beschrieben
Kurven angibt. Dieses reelle Integral wertete er dann auf zwei Weisen aus, die den beiden
genannten Argumenten entsprechen. Damit wurde schließlich die Annahme, das betrachtete
reelle Polynom besitze keinen linearen oder quadratischen Faktor, zum Widerspruch geführt.
Falls Gauß seinen Beweis auf dem beschriebenen Weg gefunden oder ihn wenigstens auch
in dieser Weise geometrisch interpretiert hat, so war dies für ihn zweifellos eine neuerliche
Bestätigung der weitreichenden Bedeutung der *Geometria situs*.

§ 23. Geodäsie und Differentialgeometrie

In den Jahren nach 1818 konzentrierten sich Gauß' Interessen erneut auf eine für die Kultur des
frühen 19. Jahrhunderts bedeutende exakte Wissenschaft, auf die Geodäsie. Landvermessung
und Kartographie spielten sowohl im militärischen wie im bürgerlichen Leben der Staaten dieser
Zeit eine wichtige Rolle, und die Anfänge der Differentialgeometrie von Flächen verdankten

---

[7] *Werke*, Bd. 2, 313-325; hier S. 315.

[8] Erst 1831 entschloß sich Gauß, öffentlich für die geometrische Interpretation der komplexen Zahlen
einzutreten; vgl. (Gauß 1831).

[9] Es könnte auch unabhängig von diesem Satz argumentiert werden: Die Umlaufzahl ändert sich bei
stetiger Deformation der Kurve nicht, solange die Kurve während der Deformation nicht den Ursprung
überstreicht. Bei Verkleinerung von r zieht sich γ_r aber stetig auf den konstanten Term von $p(z)$ zusammen,
und nach Voraussetzung trifft sie nie die Null. Also verschwindet die Umlaufzahl. In Gauß' Text finden
sich jedoch keine Spuren eines solchen „rein topologischen" Arguments.

geodätischen Unternehmungen entscheidende Impulse. Im Jahr 1818 erhielt Gauß, größtenteils auf eigenes Betreiben hin und mit Unterstützung seines Freundes Hans Christian Schumacher, Hofastronom in Kopenhagen, den ministeriellen Auftrag, eine Triangulierung des Königreichs Hannover zu organisieren, die an die von Schumacher in Dänemark bereits durchgeführte Vermessung anschloß. Für etwa 10 Jahre lieh Gauß diesem finanziell höchst einträglichen Unternehmen seine Arbeitskraft, im Gelände ebenso wie am Schreibtisch. Wie früher im Kontext der Astronomie, so nahm Gauß auch diesmal sein praktisches Engagement zum Anlaß, die mathematischen Methoden der betroffenen Disziplin auszubauen und zum Gegenstand einer Monographie zu machen, und wiederum stieß er dabei auf Fragen der *Geometria situs*. Der Hauptgegenstand der Geodäsie in mathematischer Sicht war das Vermessen und ebene Darstellen einer gekrümmten Fläche: der Erdoberfläche.[10] Dementsprechend bildete die Differentialgeometrie von Flächen und insbesondere deren Krümmungsverhalten das eigentliche Anliegen der Gaußschen Überlegungen. Aber es blieb nicht dabei. Im Oktober 1825 schrieb Gauß an Olbers, daß er damit begonnen habe, für ein „geplantes Werk über Höhere Geodäsie, einen (sehr) kleinen Teil dessen, was die krummen Flächen betrifft, in Gedanken zu ordnen," daß er sich aber gezwungen sehe, dabei „sehr weit auszuholen".[11] Einige Wochen später teilte Gauß in ganz ähnlichen Worten Schumacher mit:

> „Ich habe seit einiger Zeit angefangen, einen Theil der allgemeinen Untersuchungen über die krummen Flächen wieder vorzunehmen, die die Grundlage meines projectirten Werks über Höhere Geodäsie werden sollen. Es ist ein eben so reichhaltiger als schwieriger Gegenstand, vor dem ich jetzt zu andern Arbeiten gar nicht kommen kann. Ich finde leider, dass ich dabei *sehr weit* werde ausholen müssen, da auch das Bekannte in einer andern, den neuen Untersuchungen anpassenden Form entwickelt werden muss. Man muss den Baum zu allen seinen Wurzelfäden verfolgen, und manches davon kostet mir wochenlanges angestrengtes Nachdenken. Vieles davon gehört sogar in die Geometria situs, ein noch fast ganz unbearbeitetes Feld. Der Wunsch, den ich immer bei meinen Arbeiten gehabt habe, ihnen eine solche Vollendung zu geben, ut nihil amplius desiderari possit[12], erschwert sie mir freilich ausserordentlich, eben so wie die Notwendigkeit, heterogener Sachen wegen oft davon abspringen zu müssen."[13]

Da die hier angedeuteten Arbeiten, über die im nächsten Abschnitt ausführlicher berichtet wird, in einem sachlichen Zusammenhang mit der Mathematisierung des Knotenproblems standen, sei anhand der 1827 erschienenen *Disquisitiones generales circa superficies curvas* kurz skizziert, wie Gauß von der Geometrie gekrümmter Flächen auf topologische Fragen geführt wurde.

Ein Hauptanliegen der differentialgeometrischen Studien von Gauß war die Klärung des Begriffs der Krümmung einer in den gewöhnlichen Raum eingebetteten Fläche. Zu diesem Zweck betrachtete Gauß eine Abbildung, die heute seinen Namen trägt: Jedem Punkt einer glatten, orientierten Fläche ordnete er den durch die Richtung der Flächennormale in diesem Punkt (bei

---

[10] Die genaue Form des „Geoids" war im 18. Jahrhundert Gegenstand einflußreicher Kontroversen und Vermessungsexpeditionen gewesen und noch immer nur annähernd geklärt. Vgl. dazu (Greenberg 1995).

[11] Gauß an Olbers, 9. Oktober 1825, in *Werke*, Bd. 8, 397.

[12] ...daß nichts weiteres gewünscht werden könne...

[13] Gauß an Schumacher, 21. November 1825, in *Werke*, Bd. 8, 400 f.

gegebener Orientierung des umgebenden Raums) eindeutig bestimmten Punkt einer „Hilfsku-gel" vom Radius eins zu (Gauß 1827, § 4). Diese Abbildung charakterisierte die Krümmung der Fläche. Gauß interessierte sich für zwei Aspekte dieser Krümmung: Zum einen für die „Gesamtkrümmung" einer Figur auf der Fläche, definiert als der Flächeninhalt der Bildfigur auf der Hilfskugel, zum anderen für die lokale Krümmung der Fläche, die Gauß als Grenzwert des Verhältnisses zwischen Flächeninhalt und Gesamtkrümmung einer beliebig klein werdenden Umgebung eines Flächenpunktes definierte (ebd., § 6). Über beide Begriffe bewies er grundlegen-de Sätze: Die so definierte Krümmung in einem Punkt stimmte mit dem Kehrwert des Produkts der beiden Hauptkrümmungsradien überein, und sie blieb bei „Abwicklungen" der Fläche (in moderner Sprache: bei isometrischen Abbildungen) ungeändert (ebd., § 8, § 12). Die Gesamt-krümmung einer Figur spielte dagegen in einem folgenreichen Satz über geodätische Dreiecke die Hauptrolle. Der Überschuß der Winkelsumme in einem aus geodätischen Linien gebildeten Dreieck über zwei Rechte, so zeigte Gauß, ist gleich der Gesamtkrümmung des Dreiecks (ebd., § 20).

Allerdings war der geometrisch eingeführte Begriff der Gesamtkrümmung nicht ohne Tücken, wie Gauß bemerkte. Die (glatte) Randlinie eines kleinen Stückes der krummen Fläche wurde auf eine geschlossene Kurve der Hilfskugel abgebildet – diese konnte sich jedoch selbst schneiden oder sogar auf einen Punkt schrumpfen (etwa wenn die betrachtete Fläche eine Ebene war). Was aber sollte als *Inhalt* des von solch einer singulären Kurve berandeten Gebiets auf der Hilfskugel angesehen werden? Die Analysis gab den entscheidenden Hinweis: Die Gesamtkrümmung sollte das Integral der Krümmungen in den Punkten des gegebenen Flächenstücks sein. Bereits 1825 hatte Gauß in einem weiteren Brief an Olbers erläutert, wie ein geometrischer Inhaltsbegriff von Figuren mit sich selbst transversal kreuzenden Randlinien in der Ebene oder auf krummen Flächen entwickelt werden konnte, indem die Flächen der verschiedenen von der Linie abge-grenzten Teilgebiete passend mit ganzzahligen Koeffizienten gewichtet wurden, nämlich mit den *Umlaufzahlen* der gegebenen (orientierten) Randlinie um Punkte im Innern der verschie-denen Teilgebiete.[14] Zur Illustration zeichnete Gauß einige Figuren, von denen übrigens eine offensichtlich die Projektion des einfachsten echten Knotens darstellt:

Fig. 3.1: Gebiete mit singulären Rändern

---

[14] Gauß an Olbers, 30. Oktober 1825, in: *Werke*, Bd. 8, 398-400. Gauß merkte an, daß er dieses Konzept eines orientierten Flächeninhalts bereits „seit 30 oder mehrern Jahren", d.h. seit etwa 1795 besessen habe, daß er jedoch vor kurzem die Arbeit eines Mathematikers des 18. Jahrhunderts, A. F. Meister, kennengelernt habe, der ihm hierin bereits zuvorgekommen sei.

In der ersten Figur ist bei geeigneter Orientierung der Flächeninhalt $a - b$, in der zweiten $a + 2b$, und in der dritten $a - d$. In der gedruckten Abhandlung deutete Gauß lediglich kurz an, daß dieser geometrische Begriff eines orientierten Flächeninhalts den Forderungen der Analysis tatsächlich entsprach, doch er schrieb, daß er sich „die weitere Erörterung dieses Gegenstandes, der die allgemeinste Auffassung von Figuren betrifft," für eine andere Gelegenheit vorbehalten müsse (ebd., § 6). Ganz offensichtlich dachte er dabei an eine Abhandlung über zumindest teilweise der *Geometria situs* angehörige Fragen. Bereits einige Absätze zuvor hatte er angedeutet, daß die von ihm eingeführte Abbildung auch unter eben diesem Gesichtspunkt studiert werden könne: „Die Vergleichung zweier derart einander entsprechenden Figuren, deren eine gleichsam ein Bild der andern ist, kann aus einem doppelten Gesichtspunkte stattfinden; man kann nämlich einmal allein die Grösse ins Auge fassen, sodann aber kann man auch von allen Grössenbeziehungen abstrahiren und nur die Lage in Betracht ziehen." (Ebd.) Zu der ins Auge gefaßten „anderen Gelegenheit" für eine schriftliche Erörterung solcher Fragen kam es jedoch nicht. Auf einige weitere Überlegungen von Gauß im Zusammenhang der gekrümmten Flächen werde ich unten zurückkommen, aber die erhaltenen Dokumente zeigen, daß Gauß von einer abgerundeten Publikation weit entfernt blieb. Dafür begegnete ihm die *Geometria situs* einige Jahre später noch einmal in einem neuen wissenschaftlichen Kontext.

§ 24. *Elektromagnetismus*

Im Jahr 1831 wurde auf Betreiben von Gauß und durch die Vermittlung Alexander v. Humboldts der junge Physiker Wilhelm Weber nach Göttingen berufen. Zusammen mit Weber wandte sich Gauß in den folgenden Jahren intensiv dem Gebiet des Erd- und Elektromagnetismus zu, von welchen sich das letztere nach der Entdeckung der magnetischen Wirkung von Strömen durch Ørsted im Jahr 1820 und der Entdeckung der elektromagnetischen Induktion durch Faraday 1831 in stürmischer Entwicklung befand. In der für ihn typischen Verbindung von praktischer und mathematischer Tätigkeit arbeitete Gauß gleichzeitig an der Konstruktion magnetischer Meßgeräte und der Erstellung eines erdmagnetischen Atlas, dem Bau des ersten Telegraphen (er führte von Gauß' Sternwarte in Webers physikalisches Laboratorium und wurde nach einigen Widerständen in der Göttinger Bevölkerung im April 1833 fertiggestellt) und der Aufstellung der mathematischen Gesetze der elektrischen und magnetischen Kräfte.[15] Wie sich zeigte, führten diese Mathematisierungsbemühungen noch einmal auf das Problem verschlungener Kurven im Raum; ich werde daher auf die entsprechenden Beiträge unten genauer eingehen.

Politische Ereignisse beendeten die fruchtbare Zusammenarbeit mit Weber. Als der neue König von Hannover, Ernst August, im Jahr 1837 die vergleichsweise liberale Verfassung des Landes außer Kraft setzte, weigerte sich Weber zusammen mit sechs anderen Professoren der Göttinger Universität, seinen Eid auf die Verfassung öffentlich zu widerrufen. Die umgehende Entlassung der „Göttinger Sieben" war die Folge. Unterstützt von Freunden konnte Weber zwar noch weiter in Göttingen arbeiten, aber im Jahr 1843 nahm er schließlich eine Berufung an die sächsische Universität Leipzig an. Dort traf er einen weiteren Astronomen, Mathematiker und Korrespondenten von Gauß an, August Ferdinand Möbius. Wie ein Brief von Möbius an Gauß zeigt, brachte Weber unter anderem auch die Kunde von Gauß' Bemühungen um die *Geometria situs* nach Leipzig:

---

[15] Vgl. z.B. (Wussing 1989, 67 ff.).

„Wie ich von W. Weber gehört habe, haben Sie schon vor einigen Jahren beabsichtigt, als Einleitung oder Vorbereitung der Theorie der elektrischen oder magnetischen Strömungen, eine Abhandlung über alle möglichen *Verschlingungen eines Fadens* zu schreiben. Steht wohl zu hoffen, daß diese Abhandlung bald erscheinen wird? Die Erfüllung dieser Hoffnung würde mir und gewiß auch vielen Andern sehr erwünscht seyn."[16]

Dieses Dokument belegt gleich mehrere Dinge: Zum einen, daß Gauß wohl wirklich den Plan hatte, eine Schrift über topologische Fragen zu verfassen; zweitens, daß dabei auch die Verschlingungen von Kurven im Raum eine wichtige Rolle spielen sollten; drittens, daß eine hauptsächliche Motivation aus der Theorie des Elektromagnetismus stammte; und viertens, daß Gauß damit auf das Interesse mindestens einiger anderer Wissenschaftler gestoßen wäre. Aber der Brief ging, wie es scheint, ins Leere. Noch im selben Jahr erschienen die *Vorstudien zur Topologie* des Gauß-Schülers Listing und rückten die neue Disziplin in das Licht einer breiteren wissenschaftlichen Öffentlichkeit. Und obwohl auch Gauß in seinen späten Jahren immer wieder auf die *Geometria situs* (und insbesondere, wie Riemann später Betti berichten sollte, auf das Knotenproblem, vgl. § 1) zurückkam, wurde auch diesmal nichts aus seinen diesbezüglichen Publikationsplänen.

★

Der skizzierte Überblick läßt ein deutliches Muster erkennen. In praktisch allen exakten Wissenschaften, mit denen Gauß sich im Lauf seiner Karriere intensiv beschäftigt hat – reine Mathematik, Astronomie, Geodäsie und Elektromagnetismus – leistete Gauß epochemachende Beiträge, welche die Mathematisierung dieser Wissenschaften vorantrieben – seien es Methoden der Bahnberechnung von Himmelskörpern, differentialgeometrische Methoden für die Geodäsie oder potentialtheoretische Methoden für die Theorie der elektrischen und magnetischen Erscheinungen. Auch die reine Mathematik macht keine Ausnahme: Die Entwicklung der komplexen Analysis und die Theorie der ganzen komplexen Zahlen stellten ebenfalls Mathematisierungsschritte mit weitreichenden Konsequenzen dar. In allen diesen Bemühungen stieß Gauß auf eine Art von mathematischen Fragen, die er der *Geometria situs* einordnen zu müssen glaubte. Letztere verstand er dabei, wie zuvor bereits Euler, als eine Wissenschaft, die sich mit solchen geometrischen Lageverhältnissen beschäftigte, bei welchen von Eigenschaften und Beziehungen der Größe abstrahiert werden konnte. Paradigmatisches Beispiel und zugleich Hinweis auf die außerordentlich grundlegende Bedeutung solcher Fragen war die Umlaufzahl einer geschlossenen ebenen Kurve um einen Punkt, die in der komplexen Analysis ebenso auftrat wie als Element des Begriffs des für die Theorie gekrümmter Flächen notwendigen Begriffs des orientierten Flächeninhalts. Dabei ging es Gauß offensichtlich weniger um die Entwicklung eines neuen symbolischen Kalküls als um die Frage, welche Begriffe und Sachverhalte, in welchem mathematischen Gebiet auch immer, Informationen über Lagebeziehungen ausdrückten, und wie auf diese Informationen Argumente gegründet werden konnten. Diese erneute Verschiebung des Verständnisses der Aufgabe der *Geometria situs* wird uns noch weiter beschäftigen.

Für einen so reflektiert arbeitenden Wissenschaftler wie Gauß ließ das Auftreten dieses Fragentyps im Kontext der Mathematisierung der leitenden Disziplinen der Wissenschaftskultur seiner

---

[16] Möbius an Gauß, 2. Februar 1847, in (Stäckel 1918, 69). Hervorhebung von Möbius.

Zeit (von denen nicht zuletzt auch seine Karriere abhängig war) es zweifellos rational erscheinen, die *Geometria situs* auch in ihrem eigenen Recht auszubauen. Entsprechend wird sich auch in Gauß' Beiträgen zur Mathematik verschlungener Kurven beides wiederfinden: Die Motivation aus einem astronomischen oder elektromagnetischen Kontext und das autonome Interesse an dem neuen Gebiet.

3.2 Verschlungene Kurven, ein Zopf und das Traktproblem

§ 25. *Der Zodiacus von Himmelskörpern*

Einer der frühesten, expliziten Hinweise von Gauß auf die „Geometrie der Lage", wie Gauß in deutscher Sprache noch formulierte, findet sich in einer astronomischen Arbeit im Zusammenhang mit den neuentdeckten Asteroiden, die 1804 in Zachs *Monatlicher Correspondenz* erschien (Gauß 1804). Diese kleine Abhandlung ist ein Musterbeispiel für die außerordentliche Reichhaltigkeit und Dichtheit der Argumentation, die Gauß in einem einzigen Text zu erreichen imstande war. Fragen der praktischen und theoretischen Astronomie wurden ebenso abgehandelt wie Aspekte der räumlichen Geometrie und der Lösung von Differentialgleichungen.

Der eigentliche Gegenstand der Arbeit war die Bestimmung der „Grenzen der geocentrischen Örter der Planeten", wie es im Titel hieß. Darunter verstand Gauß folgendes Problem: Falls die Ebene der Bahn eines Planeten gegen jene der Erdbahn geneigt ist, so überstreichen die möglichen geozentrischen Positionen des Planeten eine Fläche auf der Himmelskugel, die Gauß den „Zodiacus" des Planeten nannte. Die Bestimmung dieses Gebiets war gerade für die neuen Planeten (noch immer waren nur die Ceres und die Pallas bekannt, und Gauß sprach konsequent von Planeten, nicht von Asteroiden) eine praktisch bedeutsame Aufgabe, wie Gauß erläuterte. „Man weiss," schrieb er am Beginn seines Aufsatzes, „dass zur Aufsuchung und Beobachtung dieser merkwürdigen Himmelskörper sehr genaue und detaillierte Sternkarten erfordert werden, und dass selbst die besten, welche wir bisher besitzen, dazu bei weitem noch nicht hinlänglich sind." Gelänge die Bestimmung des Zodiacus bzw. seiner Grenzen, so könne man sich bei der Erstellung solcher Sternkarten viel „zu diesem Zwecke unnöthige Mühe ersparen." Gauß teilte mit, daß der an einem privaten Observatorium in Lilienthal bei Bremen tätige Astronom Karl Friedrich Harding, der wenige Monate später den dritten kleinen Planeten, die Juno, entdecken sollte und kurz darauf nach Göttingen berufen wurde, gerade an entsprechenden Sternkarten arbeite.

Um sein Problem zu lösen, führte Gauß die Koordinaten der Position des Planeten und der Erde in Bezug auf ein in der Sonne zentriertes rechtwinkliges Koordinatensystem ein, bezeichnet durch x, y, z und x', y', z'. Diese Koordinaten, so führte er aus, konnten als Funktionen eines Parameters t (für den Planeten) bzw. t' (für die Erde) betrachtet werden. Mit der Gaußschen Bezeichnung Δ für den Abstand zwischen Planet und Erde ist dann der Zodiacus der Inbegriff aller Punkte auf der Himmelskugel mit den zu

$$\frac{x' - x}{\Delta}, \quad \frac{y' - y}{\Delta}, \quad \frac{z' - z}{\Delta},$$

gehörenden Kugelkoordinaten, wenn t und t' alle möglichen Kombinationen durchlaufen.[17] Gauß leitete nun eine Differentialgleichung ab, die eine notwendige Bedingung dafür angab, daß ein Punktepaar x, y, z und x', y', z' zu einem Randpunkt des Zodiacus gehörte. Bezeichnen dx, dx', ... die Koordinatenzuwächse entlang der Bahnen, so lautet die Bedingung:

$$(x' - x)(dy'dz - dydz') + (y' - y)(dz'dx - dzdx') + (z' - z)(dx'dy - dxdy') = 0.$$

(Da uns die Differentialform auf der linken Seite dieser Gleichung noch öfter begegnen wird, sei sie ab jetzt mit ω bezeichnet.) An dieser Stelle fügte Gauß eine typische Bemerkung ein: Durch Substitution der Funktionen von t und t', welche die Bahnkurven bestimmen, in obige Gleichung lasse sich eine entsprechende Bedingung für t und t' angeben, und außerdem lasse sich unschwer zeigen, daß obige Gleichung äquivalent zu der Bedingung sei, *„dass die Tangenten an den Örtern der Erde und des Planeten in Einer Ebene liegen"*[18], welche ebenfalls eine notwendige Bedingung am Rande des Zodiacus sei; „Kürze halber halten wir uns indessen hiebei nicht länger auf." (Ebd., 109.) In der Tat ist leicht einzusehen, daß die genannte geometrische Bedingung (bei Annahme glatter Bahnkurven) am Rand des Zodiacus notwendig und obiger Gleichung äquivalent ist, wenn ω als Determinante aufgefaßt wird:

$$\omega = \begin{vmatrix} x' - x & dx' & dx \\ y' - y & dy' & dy \\ z' - z & dz' & dz \end{vmatrix}.$$

Das Verschwinden dieser Determinante bedeutet, daß die Spalten linear abhängig sind – was gerade Gauß' geometrischer Bedingung entspricht.

Es zeigte sich, daß die Lösungen der Differentialgleichung $\omega = 0$ nicht immer Randlinien des Zodiacus darstellen mußten. Um dieses Phänomen zu erläutern, traf Gauß eine Unterscheidung: „In Ansehung der Lage der Planetenbahn gegen die Erdbahn sind drei Fälle zu unterscheiden. Entweder schliesst jene diese ein, oder diese jene, oder beide einander (gleich Kettenringen). [...] Von den bisher bekannten Planeten hat keiner eine solche Lage gegen die Erde oder gegen einen andern Planeten, wie der dritte Fall erfordert; Cometen der Art aber gibts in Menge."[19] Die genauere Betrachtung der Bestimmungsgleichung ergab, daß in den ersten beiden Fällen jeweils zwei geschlossene Linien, im dritten dagegen nur eine als Lösungen auftraten (ebd., 112 f.). Der dritte Fall hatte dabei besondere Bedeutung, denn, „wie sich schon aus Gründen der *Geometrie der Lage* darthun lässt", konnten die Lösungen von $\omega = 0$ „hier nicht die Grenze des Planeten-Zodiacus sein, da dieser den *ganzen* Himmel einnimmt." Also war in *allen* Fällen gesondert zu prüfen, ob die Lösungskurven tatsächlich Randlinien des Zodiacus waren, und, falls nicht, welche Bedeutung ihnen sonst zukam. Wieder deutete Gauß an, daß sich hierüber mehr sagen lasse: „Indessen ist hier nicht der Ort, diese Untersuchung vollständig auszuführen [...]. Hier können wir uns um so eher begnügen, die Freunde der Analyse auf diese paradox scheinenden

---

[17] (Ebd., 107 f.). In moderner Notation: Ist $X := \{\vec{x}(t) \in \mathbb{R}^3 \mid t \in \mathbb{R}\}$ der Ort der Planetenbahn, $X' := \{\vec{x}'(t) \in \mathbb{R}^3 \mid t \in \mathbb{R}\}$ der Ort der Erdbahn, und vertritt die Einheitskugel in $\mathbb{R}^3$ die Himmelskugel, so ist der Zodiacus die Menge $\{ (\vec{x} - \vec{x}')/\|\vec{x} - \vec{x}'\| \mid \vec{x} \in X, \vec{x}' \in X' \}$.

[18] Hervorhebung von Gauß.

[19] (Ebd., 111). Im Jahr 1847 zählte Listing 25 Paare von Asteroiden, deren Bahnen nach damaliger Kenntnis wechselseitig verkettet waren (Listing 1847, 64 f.).

Phänomene aufmerksam gemacht zu haben, da es sich leicht zeigen lässt, dass [für] alle bis jetzt bekannten Planeten, die hier zunächst unser Augenmerk sind [...] ihr Zodiacus wirkliche *Zonen*, und die beiden gefundenen Linien ihre Grenzen sein müssen." (Ebd.) Der Aufsatz schloß mit der expliziten Berechnung und Tabellierung der Zodiacen von Ceres und Pallas.

Durch diese Untersuchung spätestens wurde Gauß auf die mathematische Betrachtung verschlungener Kurven geführt. Kein spielerisches Interesse, wie vielleicht bei seinen früheren Knotenzeichnungen, war ausschlaggebend, sondern das ernsthafte Bedürfnis nach der Klärung von mathematischen Fragen, die sich aus aufsehenerregenden Entwicklungen der Astronomie ergeben hatten. Dementsprechend genau studierte er die Situation. In der Tat ist zu vermuten, daß Gauß sich weit mehr Gedanken über die Schüsselgleichung $\omega = 0$ bzw. die darin auftretende Differentialform ω gemacht hat, als er im Text andeutete. Denn wie läßt sich z.B. „aus Gründen der Geometrie der Lage darthun", daß der Zodiacus einer mit der Erdbahn verschlungenen Planetenbahn die gesamte Himmelskugel ist? Zwar kann dieser Sachverhalt leicht *anschaulich* eingesehen werden, aber Gauß' Formulierung deutet darauf hin, daß er an einen der *Geometria situs* angehörigen mathematischen Satz dachte, der besagt: Wenn zwei geschlossene Raumkurven miteinander verschlungen sind, so ist ihr „Zodiacus" die gesamte Kugeloberfläche.

Was heißt aber, daß zwei Raumkurven miteinander verschlungen sind? Die Mathematik seiner Zeit gab Gauß keine präzise Definition dieser Lagebeziehung. Auf der Basis der analytischen Hilfsmittel des Gaußschen Aufsatzes und des Begriffs des orientierten Flächeninhalts von Gebieten auf der Kugel[20] läßt sich jedoch ein Kriterium für die Verschlingung zweier Kurven aufstellen, das zugleich einen Satz der angedeuteten Art erlaubt. Um die eingeführte Sprechweise und Notation benützen zu können, stellen wir uns zwei irgendwie verschlungene, geschlossene Raumkurven weiterhin als „Erdbahn" und „Planetenbahn" vor. Wir betrachten zunächst das Bild der *gesamten* Planetenbahn, wie es auf der Himmelskugel der Erde erscheint, wenn diese an einem ihrer Bahnpunkte P festgehalten wird. Diese Kurve schließt (bei Wahl eines „äußeren" Gebietes und einer Orientierung; der Radius der Himmelskugel sei Eins gesetzt) ein Gebiet ein, dem ein orientierter Flächeninhalt $A(P)$ zugeschrieben werden kann. Gauß und andere nannten diesen Flächeninhalt den „Raumwinkel" des umschlossenen Gebietes.[21] Wie im Fall ebener Winkel ist $A(P)$ nur bis auf Vielfache des Inhalts der gesamten Kugeloberfläche, 4π, definiert.[22] Bewegt sich die Erde ein kleines Stück auf ihrer Bahn, sagen wir zum Punkt Q, so wird das Bild der Planetenbahn stetig in eine nahegelegene Kurve auf der Himmelskugel deformiert, wodurch sich auch die eingeschlossene Fläche um einen Wert δA ändert. Diese Flächenänderung kann aber analytisch berechnet werden; sie ist mit den eingeführten Bezeichnungen

$$\delta A = \int_P^Q \int \frac{\omega}{\Delta^3} \, ,$$

---

[20] Ich erinnere daran, daß Gauß in dem in Anm. 14 zitierten Brief an Olbers beanspruchte, diesen Begriff damals bereits gekannt zu haben.

[21] Vgl. z.B. (Gauß 1838, § 38), in: *Werke*, Bd. 5. Wann Gauß diesen Begriff zuerst verwendet hat, ist mir unklar.

[22] In moderner Sprache: Die Bildkurve ist ein 1-Zyklus auf der Sphäre und berandet also eine 2-Kette. Die Fläche $A(P)$ ist das Integral der kanonischen Inhaltsform über diese Kette. Da diese Kette jedoch nur bis auf einen 2-Zyklus, also ein Vielfaches der Kugeloberfläche, festgelegt ist, ist $A(P)$ nur bis auf ein Vielfaches von 4π bestimmt.

wobei die innere Integration sich über die gesamte Bahn des Planeten erstreckt und die äußere der Erdbahn von P nach Q folgt. Nach einem vollen Umlauf der Erde erscheint die Planetenbahn wieder an der ursprünglichen Stelle, also muß die gesamte Änderung der eingeschlossenen Fläche (obiges Integral über beide Bahnen ausgedehnt) ein ganzzahliges Vielfaches $m \cdot 4\pi$ der Kugeloberfläche 4π sein. Der Wert von m ist dabei eine für die *Lageverhältnisse* der beiden Kurven[23] charakteristische Zahl, denn sie ist von deren genauen Abmessungen ganz unabhängig. Werden diese stetig abgeändert, ohne sich gegenseitig zu durchdringen (dabei würde der Nenner des Integranden verschwinden), ändert sich auch der Wert des obigen Integrals stetig und bleibt folglich konstant. Insbesondere gilt: Ist m verschieden von Null, so ist der Betrag der gesamten Flächenänderung mindestens 4π, d.h. die scheinbare Bahn des Planeten muß die gesamte Himmelskugel überstrichen haben. Mit anderen Worten: Falls m als ein Maß der Verschlingung der beiden gegebenen Kurven angesehen werden kann, erhalten wir tatsächlich einen Satz der von Gauß angedeuteten Art. Und für zwei „gleich Kettenringen" ineinander verschungene elliptische Bahnen ist in der Tat $m = \pm 1$.

Es wird sich vermutlich nicht entscheiden lassen, wieviel von den eben angedeuteten Überlegungen Gauß bereits im Rahmen seiner Untersuchung der Gleichung des Zodiacus-Problems durchgeführt hat. Die Zahl m ist in der Tat ein genaues Analogon in drei Dimensionen zur Umlaufzahl ebener Kurven um einen Punkt, und Gauß sollte darauf fast dreißig Jahre später zurückkommen. Ganz unabhängig von dieser historischen Spekulation steht jedoch fest, daß Gauß – im gegebenen astronomischen Kontext mit guten Gründen – ein mathematisches Objekt, bzw. ein ganzes Bündel von mathematischen Objekten (die Abbildung der Paare von Bahnpunkten auf die Punkte einer Kugel, die Differentialform ω, die zugehörige Differentialgleichung) konstruierte, von denen er sah, daß sie mit der Verschlingung von Raumkurven zu tun hatten. Das war bedeutend mehr als lediglich eine neue symbolische Notation für verschlungene Kurven wie bei Vandermonde – es war ein erstes Anzeichen für die Möglichkeit einer echten *Theorie* der Verschlingungen.[24]

Gegen Ende seiner Karriere kehrte Gauß auch noch einmal zum Problem des Zodiacus selbst zurück. Am 23. November 1847, in einem Alter von 70 Jahren, sandte er eine kurze Note an die *Astronomischen Nachrichten*, in welcher er eines der 1804 offengelassenen mathematischen Probleme beantwortete.[25] Wiederum war ein neuer Asteroid, die Iris, beobachtet worden, und Gauß' Assistent an der Göttinger Sternwarte, Goldschmidt, hatte ihren Zodiacus berechnet. Als Gauß bei diesem Anlaß seinen früheren Aufsatz über die Grenzen des Zodiacus wieder in die Hände genommen habe, so schrieb er, habe er gesehen, daß dort schon die Ausnahmefälle beschrieben waren, „wo das Feld der geocentrischen Erscheinung eines die Sonne nach Keplerschen Gesetzen umkreisenden Himmelskörpers auf der Himmelskugel entweder gar keine oder nur Eine Limite hat, obgleich die Methode im erstern Falle eine in sich zurücklaufende Linie, im andern zwei solche ergibt." Auch sei die Frage aufgeworfen worden, was in diesem Fall eigentlich die Bedeu-

---

[23] Oder sogar für den topologischen Typ der *Abbildung* $X \times X' \to S^2$.

[24] In moderner Perspektive ist bemerkenswert, daß Gauß auf diese Zusammenhänge geführt wurde, als er eine *Abbildung* zwischen dem kartesischen Produkt der Bahnen und der Kugelfläche betrachtete; damit kann die Verschlingungszahl m auch als eine diese Abbildung im Sinne der *Geometria situs* charakterisierende Zahl angesehen werden. So betrachtet, erscheint die obige Überlegung als erster Schritt auf dem Weg zum modernen Begriff des Abbildungsgrades.

[25] Die Note erschien im Januar des folgenden Jahres (Gauß 1848).

tung der gefundenen Linien sei. Gauß fuhr fort: „Ich habe mich damals auf diese Andeutungen beschränkt, weil eine weitere Ausführung dort ein Horsd'œuvre gewesen wäre, und ich auch gern Andern das Vergnügen lassen wollte, sich mit einer meiner Meinung nach nicht uninteressanten mathematischen Aufgabe zu beschäftigen." Da jedoch niemand die Frage aufgegriffen habe, ergreife er die Gelegenheit, „um wenigstens den Hauptnerv des zur Beantwortung Nöthigen hier mitzutheilen" (Gauß 1848, 313 f.).

Wieder stand die Geometrie der Abbildung, welche einem Paar von Bahnpunkten der Erde und eines Himmelskörpers den geozentrischen Ort des letzteren auf der Himmelskugel zuordnete, im Zentrum von Gauß' Aufmerksamkeit. Für eine gegebene geozentrische Position konnte diese Abbildung mehr als ein Urbild besitzen, d.h. der Planet konnte in verschiedenen Konstellationen mit der Erde an derselben Stelle des Himmels erscheinen. Der Himmel wurde dadurch in verschiedene Gebiete eingeteilt, denen jeweils eine gewisse Anzahl von Urbildern entsprach. Die Lösungen der früher betrachteten Differentialgleichung, so führte Gauß aus, stellten die Grenzen zwischen diesen Gebieten dar; an ihnen änderte sich die Zahl der Urbilder um zwei, während auf ihnen gerade die dazwischenliegende Zahl von Urbildern vorhanden war. Je nach der Lage der Bahnkurven (z.B. ihrer möglichen Verschlingung) ergaben sich verschiedene Konfigurationen. Zum Beispiel war im Fall der verschlungenen Ellipsen ein Teil des Himmels einfach überdeckt, ein anderer dreifach, während entlang der einzigen in diesem Fall vorhandenen Lösungskurve jeder Punkt aus zwei Erd-Planeten-Konstellationen entstand (Gauß 1848, 314 f.). Auch diese Mitteilung legt nahe, daß Gauß die geometrische Bedeutung der von ihm im Zusammenhang des Zodiacus betrachteten Objekte bereits 1804 genau kannte; sie gibt daher der obigen Spekulation weitere Unterstützung.

§ 26. Ein Zopf

Das Thema verschlungener Raumkurven beschäftigte Gauß erneut im Zusammenhang seiner Studien im Vorfeld oder in der Folge seiner Abhandlung über die gekrümmten Flächen. Aus dieser Zeit, in der Gauß wie beschrieben ernsthaft über Themen der *Geometria situs* nachdachte, stammt eine undatierte Seite in einem seiner Handbücher, auf welcher Gauß erneut und vorläufig ein mathematisches Objekt konzipierte, das den von Vandermonde betrachteten Webmustern ähnlich ist und lange Zeit später fester Bestandteil der Theorie der Knoten und Verkettungen werden sollte: einen Zopf. Es lohnt sich, diese Seite genau zu studieren; wiederum erhalten wir Einblick in einen bemerkenswerten Mathematisierungsschritt (vgl. Fig. 3.2).[26]

Die Gaußsche Zeichnung zeigt, daß er sich den Zopf als aus sechs Segmenten aufgebaut vorstellte, die jeweils von einer Kreuzung zweier Fäden bis zur nächsten reichen. Die konkrete Zeichnung stand zweifellos stellvertretend für *alle* entsprechend aufgebauten Geflechte, d.h. für die aus einer endlichen Zahl von Fäden gebildeten Zöpfe im heutigen Sinn. Gauß bezeichnete die Fäden durch *a*, *b*, *c* und *d* und schrieb dann eine Tafel mit der Überschrift „Veränderung der Coordinirung" nieder, deren Reihen den Fäden und deren Spalten den numerierten Segmenten

---

[26] NSUB Göttingen, Cod. Ms. Gauß, Handbuch 7, Seite 283. Auf der folgenden Seite des offenbar mit großen Unterbrechungen benutzten Handbuchs befindet sich ohne weiteren Kommentar ein Muster aus verschlungenen Bändern. Auf vorangehenden Seiten finden sich undatierte geodätische Rechnungen; das letzte angegebene Datum ist 1815. Die unmittelbar folgenden Seiten enthalten geodätische Kalkulationen, die auf das Jahr 1830 datiert sind.

entsprachen. Offensichtlich versuchte Gauß zunächst ganz im Stil der *Geometria situs* des 18. Jahrhunderts, eine Notation für Zöpfe zu entwickeln, die einerseits die *Permutation* der Positionen der Fäden (das sind die Realteile der komplexen ganzen Zahlen, die Gauß niederschrieb) und andererseits (in den Imaginärteilen) die *Umdrehungen der Fäden* umeinander angeben sollte. Eine genauere Betrachtung der Tafel zeigt allerdings, daß die Zuweisung eines *i* keiner klaren Konvention folgt (vgl. bereits die ersten beiden Kreuzungen; die Schwierigkeit ergibt sich daraus, daß Gauß an dieser Stelle offenbar noch nicht zwischen den beiden möglichen Orientierungen einer Kreuzung unterschied.) Daß Gauß ganze komplexe Zahlen zur Codierung des Zopfes verwendete, läßt vermuten, daß er von vornherein an eine Beziehung seiner Überlegung zu den Umlaufzahlen von ebenen Kurven dachte.

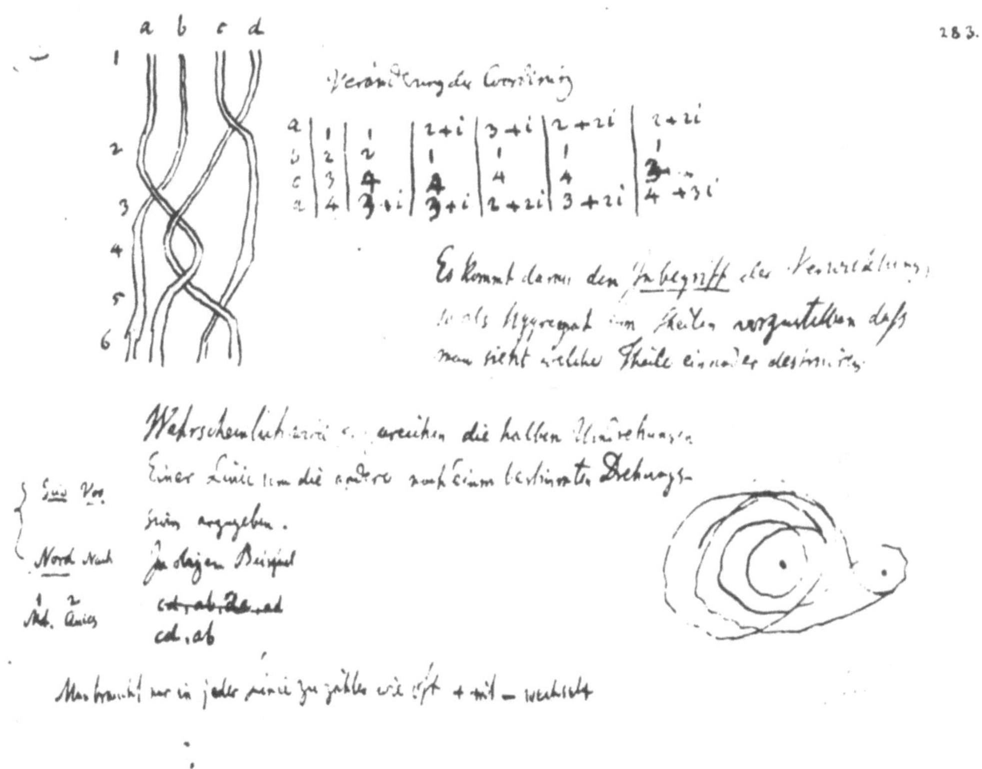

Fig. 3.2: Seite 283 aus Gauß' „Handbuch 7"

Gauß scheint mit seiner Tafel jedoch selbst unzufrieden gewesen zu sein, wie die unmittelbar folgende Bemerkung zeigt. Der „Inbegriff der Verwicklung" benennt das Objekt als Ganzes; in der Rede von „Theilen", die einander „destruieren" können, ist sowohl die Idee der Zusammensetzung der Objekte aus elementaren Bausteinen (mit nur einer Kreuzung) als auch die Idee der Äquivalenz verschiedener Zopfgebilde offensichtlich. Mit anderen Worten: Gauß suchte nach einer symbolischen Repräsentation von Zöpfen, die erkennen ließ, wann ein Zopf oder ein Teil des Zopfes in den trivialen Zopf mit parallelen Fäden deformierbar war. Zusammen mit der Einsicht, daß aus jedem Zopf durch Spiegelung an einer zur Zopfrichtung orthogonalen Ebene ein „inverser" Zopf entsteht, dessen Zusammensetzung mit dem gegebenen den trivialen Zopf ergibt, bedeutet das von Gauß genannte Ziel nichts anderes als eine vollständige Klassifikation der Zöpfe (zwei Zöpfe sind „gleich" genau dann, wenn die Komposition des einen mit dem Spiegelbild des anderen den trivialen Zopf ergibt).

Die anschließende Bemerkung formulierte eine Vermutung: „Wahrscheinlich wird es zureichen, die halben Umdrehungen Einer Linie um die andere nach einem bestimmten Drehungssinn anzugeben." Wir können diese Bemerkung in mindestens zwei Weisen lesen. Zunächst stellt sie einen neuerlichen Vorschlag zur Aufstellung einer Notation für Zöpfe dar. Tatsächlich schrieb Gauß für sein Beispiel die Folge der Fadenpaare auf, die sich nacheinander überkreuzen. Der erste Versuch, in dem Gauß stets zuerst den überkreuzenden Faden nannte, war offensichtlich unbefriedigend und wurde bei der vierten Kreuzung abgebrochen und gestrichen. Aber auch der zweite Versuch, auf dieselbe Weise beginnend, kam schon vor der dritten Kreuzung zum Stocken. Was war geschehen? An der dritten Kreuzung wechselt die Kreuzungsorientierung (von oben nach unten Drehung *im* oder *gegen* den Uhrzeigersinn) zum ersten Mal, und ganz offensichtlich ist Gauß schließlich die Notwendigkeit bewußt geworden, die beiden möglichen Kreuzungsorientierungen voneinander zu unterscheiden. Die Bemerkungen am linken Rand legen das ebenfalls nahe, und die Skizze am rechten Rand deutet noch einmal eine Beziehung zur Umlaufzahl ebener Kurven an: Sie stellt wahrscheinlich den Verlauf eines Zopffadens um zwei andere dar, wenn man diese *von oben* betrachtet.

Es folgt abschließend die Bemerkung: „Man braucht nur in jeder Linie zu zählen, wie oft + mit − wechselt." Offensichtlich war Gauß zu einem vorläufigen Ergebnis gekommen: Um die halben Umdrehungen einer Linie um die andere(n) zu zählen, genügt es, die Differenz zwischen den Anzahlen der Kreuzungen im positiven Sinn und jenen im negativen Sinn zu bilden, die dieser Faden durchläuft; es können wenig Zweifel daran bestehen, daß mit den Zeichen + und − in der Tat die beiden Kreuzungsorientierungen gemeint sind. Spätestens hiermit hat Gauß ein ganzzahliges Maß für die Verschlingungen zweier Fäden (in einem Zopf oder in Zopfform gelegt) angegeben. Die Zeichnung am rechten Rand legt nahe, daß ihm auch eine analytische Methode zur Berechnung dieser Zahl bewußt war: Man ziehe den einen Faden straff und projiziere die Bahn des anderen in eine dazu orthogonale Ebene; dann ist die gefundene Zahl das Doppelte der Umlaufzahl der Bildkurve um jenen Punkt, auf den der erste Faden projiziert wird. Sie kann damit durch den komplexen Logarithmus berechnet werden. Sind drei oder mehr Fäden beteiligt, so ergibt sich für einen Faden das Doppelte der algebraischen Summe der „Umlaufzahlen" um alle anderen Fäden.

Inwiefern war die Angabe dieses Maßes aber ein *Resultat*? Diese Frage führt zu einer zweiten, wesentlich stärkeren Lesart der oben zitierten Vermutung. Nach dieser Interpretation schlug Gauß nicht nur vor, eine Notation des Zopfes auf der Basis der (elementaren) „halben Umdrehungen" zu entwickeln (was offensichtlich möglich ist), sondern er vermutete sogar, daß die Angabe der Umlaufzahlen der Fäden umeinander ausreichen könnte, um das gestellte *Klassifikationsproblem* zu lösen (das würde auch die Einschränkung „wahrscheinlich..." erklären). Zusammen mit der Idee der anfänglich niedergeschriebenen Tafel kann dieser Vermutung ein präziser Sinn gegeben werden. Führen wir nämlich in dieser Tafel eine konsistente Konvention für die Verteilung einer imaginären Einheit *i* an den Kreuzungen etwa dadurch ein, daß bei jeder *positiv orientierten*

Kreuzung (z.B. der ersten) beide beteiligten Fäden ein i erhalten, während an *negativ orientierten* beide ein i verlieren, so erhalten wir eine verbesserte Tafel, die in Gauß Beispiel folgendermaßen aussieht:

a	1	1	$2+i$	3	$2-i$	$2-i$
b	2	2	$1+i$	$1+i$	$1+i$	$1+i$
c	3	$4+i$	$4+i$	$4+i$	$4+i$	$3+2i$
d	4	$3+i$	$3+i$	2	$3-i$	4

Die Realteile der letzten Spalte dieser Tafel geben die mit dem Zopf verbundene Permutation an, und die Imaginärteile werden durch die Differenz zwischen der Anzahl der positiven und der negativen Kreuzungen jedes Fadens gebildet (d.h. sie liefern das Doppelte der Summe der „Umlaufzahlen" eines Fadens um die anderen Zopffäden). Diese Spalte gibt daher in der Tat topologische Information über den Zopf. Gauß könnte also vermutet haben, daß diese Information den Zopf im Sinne der *Geometria situs vollständig* charakterisiert. Diese Vermutung ist zwar falsch, wie das in der nächsten Figur gezeichnete Beispiel zeigt, aber die letzte Spalte der Tafel nennt dennoch eine recht aussagekräftige notwendige Bedingung für die „Gleichheit" von zwei Zöpfen. Es handelt sich zudem um eine Bedingung, die in einer dem Eulerschen Verfahren für das Brückenproblem ganz ähnlichen Weise durch symbolische Codierung entsteht und wie diese äußerst einfach zu entscheiden ist.[27]

Fig. 3.3: Zwei Zöpfe mit trivialer „Gauß-Invariante"

Wie oben im Zusammenhang mit dem Zodiacus-Problem möchte ich auch bei dieser interpretatorischen Spekulation nicht darauf bestehen, daß sie die Gaußschen Überlegungen "korrekt" rekonstruiert (dies wäre ohnehin ein fragwürdiges Unterfangen). Worum es in beiden Fällen geht, ist vielmehr der Nachweis, daß die Gaußschen Mathematisierungsschritte Möglichkeiten mathematischen Handelns eröffneten, die selbst unter den Einschränkungen des damaligen Wissens beachtlich waren. Auch diesmal steht fest, daß Gauß einen neuen epistemischen Gegenstand konstruierte – die Klasse der Geflechte, die wir heute Zöpfe nennen – und daß er zumindest *ein* Werkzeug entwarf, das zu deren Studium dienen konnte: die Zahl der mit Vorzeichen gewichteten „halben Umdrehungen einer Kurve um die andere". Unabhängig davon, wie weit Gauß diese Möglichkeiten im Einzelnen ausgeschöpft hat, rechtfertigten seine Schritte auf jeden Fall

---

[27] In (Epple 1998a) habe ich ausgeführt, wie man diese und verwandte Zopfinvarianten auch leicht in moderner Sprache durch eine Operation der Zopfgruppe auf dem Gitter $\mathbb{Z}[i]$ der ganzen komplexen Zahlen beschreiben kann.

die Erwartung, daß über die entsprechenden Gegenstände weitreichende und in verschiedenen Zusammenhängen relevante Erkenntnisse gewonnen werden konnten.[28]

§ 27. Das Verschlingungsintegral

Die Thematik des Zodiacus-Problems und jene des Fragments über Zöpfe begegneten Gauß erneut im Zusammenhang seiner elektrodynamischen Arbeit mit Weber. Während der Arbeit am Telegraphen beschäftigte Gauß sich wiederholt mit den möglichen Formulierungen des mathematischen Gesetzes der Induktionswirkung eines elektrischen Stromes auf einen anderen bzw. der magnetischen Wirkung eines Stromes auf ein, wie es in der Sprache der damaligen Physik hieß, Element „positiven nördlichen magnetischen Fluidums". Beide waren von den Pariser Physikern Ampère, Biot und Savart bereits experimentell untersucht und beschrieben worden, aber Gauß formulierte sie in seiner eigenen Sprache noch einmal neu. Für die Kraft, die ein infinitesimales, in einem Raumpunkt R situiertes und nach einem benachbarten Punkt R' gerichtetes Stromelement der Stärke $\mu = RR'$ auf ein magnetisches Element im Punkt P ausübt, erhielt Gauß den Ausdruck

$$\frac{\mu \, \sin R'RP}{(RP)^2} \, ,$$

die Richtung der Kraft ist dabei orthogonal zu der durch P, R und R' bestimmten Ebene.[29] Die Geometrie dieser Kraft steht in einer offensichtlichen Beziehung zu jener der Ränder des Zodiacus: Fließt der Strom mit konstanter Stärke längs einer gegebenen Kurve und wird das magnetische Element längs einer zweiten Kurve so bewegt, daß an den Punkten R und P *die beiden Tangenten in derselben Ebene liegen*, so trägt das in R befindliche Stromelement zu der Arbeit, welche das magnetische Element in P längs seiner Bahn leisten muß, nichts bei. Der Zusammenhang ist sogar noch enger. Werden kartesische Koordinaten des Punktes R durch x, y, z gegeben, die der infinitesimalen Strecke RR' durch dx, dy, dz, sind ferner x', y', z' die Koordinaten von P und dx', dy', dz' die Zuwächse längs des Weges des magnetischen Elements, und bezeichnen schließlich ω und Δ die im Zusammenhang des Zodiacus-Problems aufgetretene Determinante und den Abstand zwischen P und R, so ergibt sich die Arbeit, die das magnetische Element auf seinem Weg durch das von einem Stromfaden erzeugte magnetische Feld leisten würde, als

$$C \iint \frac{\omega}{\Delta^3} \, ;$$

dabei erfolgt die erste Integration längs des Weges des magnetischen Elements und die zweite längs des Stromes, C ist eine nur von der Stärke des Stromes und des magnetischen Elements abhängige Konstante.

---

[28] Es ist eine interessante Frage, warum dieses Fragment nicht in Gauß' *Werke* aufgenommen wurde. Die Zeichen „St" über und unter dem Fragment zeigen, daß der Editor des Bandes, der die Fragmente zur *Geometria situs* enthielt, Paul Stäckel, es gesehen hat. Offensichtlich weil die Zöpfe zu dieser Zeit noch immer nicht allgemein bekannt waren – trotz der wichtigen Arbeit von (Hurwitz 1891), die im 6. Kapitel behandelt wird – entging Stäckel die Bedeutung des Fragmentes.

[29] Vgl. das undatierte Fragment Nr. 5 in *Werke*, Bd. 5, 605.

Wahrscheinlich war Gauß die geometrische Bedeutung dieses Integrals längst klar. Vielleicht bemerkte er aber auch erst jetzt, daß es, über zwei *geschlossene* Kurven erstreckt und für $C = 1$, stets ein ganzzahliges Vielfaches der Kugelfläche 4π ergab. Im Fall zweier zopfartig liegender Kurven, die sich auf beiden Seiten ins Unendliche erstreckten, lieferte es gerade die Zahl der *ganzen* Umläufe einer Kurve um die andere (d.h. die Hälfte der in dem Zopffragment betrachteten Zahl). Jedenfalls notierte Gauß am 22. Januar 1833, noch während der Arbeit am Telegraphen, in einem seiner Handbücher:

> „Von der *Geometria Situs*, die Leibniz ahnte und in die nur einem Paar Geometern (Euler und Vandermonde) einen schwachen Blick zu thun vergönnt war, wissen wir und haben wir nach anderthalbhundert Jahren noch nicht viel mehr wie nichts.
>
> Eine Hauptaufgabe aus dem *Grenzgebiet* der *Geometria Situs* und der *Geometria Magnitudinis* wird die sein, die Umschlingungen zweier geschlossener oder unendlicher Linien zu zählen.
>
> Es seien die Coordinaten eines unbestimmten Punkts der ersten Linie x, y, z; der zweiten x', y', z' und
>
> $$\iint \frac{(x-x')(dy'dz-dydz')+(y-y')(dz'dx-dxdy')+(z-z')(dx'dy-dxdy')}{((x-x')^2+(y-y')^2+(z-z')^2)^{3/2}} = V$$
>
> dann ist dieses Integral durch beide Linien ausgedehnt
>
> $$= 4m\pi$$
>
> und m die Anzahl der Umschlingungen. Der Wert ist gegenseitig, d.i. er bleibt derselbe, wenn beide Linien gegeneinander ausgetauscht werden." (*Werke*, Bd. 5, 605.)

Der knappe Text des Fragments macht genaugenommen nicht deutlich, ob die niedergeschriebene Formel eine *Definition* der Verschlingungszahl oder eine *Berechnung* derselben darstellt. Vor dem Hintergrund des Fragments über Zöpfe scheint mir jedoch kein Zweifel daran möglich, daß es sich um eine Berechnung handelt. Die Definition der Verschlingungszahl konnte z.B. durch die aus einem Diagramm der Kurven ablesbare Summe der Vorzeichen ihrer Kreuzungen gegeben werden.

Diese kurze Notiz kann in mancher Hinsicht als Gauß' Vermächtnis in Bezug auf die *Geometria situs* gelten. Niedergeschrieben in einer Zeit, in der Gauß nach dem durch Möbius überlieferten Zeugnis Wilhelm Webers offensichtlich noch einmal an eine Abhandlung über topologische Fragen dachte, verbindet sie eine lakonische Reflexion über den Status der neuen mathematischen Disziplin mit dem vielleicht bedeutendsten Resultat, das Gauß auf diesem Gebiet hinterlassen hat. In Gauß' Worten ist eine gewisse Resignation spürbar, zugleich aber auch eine Einsicht in den besonderen Charakter seines Resultats, das – noch einmal in genauer Analogie zum Zusammenhang zwischen der Umlaufzahl ebener Kurven und dem komplexem Logarithmus – eine *Brücke* schlug zwischen reinen Lagebeziehungen und analytischer Information über Raumkurven. Auch diese Brücke ging über die Ideen des 18. Jahrhunderts wesentlich hinaus.

Als der Göttinger Physiker Schering im Jahr 1867 die veröffentlichten und nachgelassenen Texte von Gauß zum Elektromagnetismus im fünften Band der Werke herausgab, entschied er sich, das obige Fragment mit aufzunehmen. Damit war es das erste der nachgelassenen Fragmente zur *Geometria situs*, das überhaupt veröffentlicht wurde, und zog entsprechende Aufmerksamkeit auf sich. Zugleich legte Scherings Veröffentlichung nahe, daß der Elektromagnetismus auch der *Entdeckungskontext* des Umschlingungsintegrals war. In seinem editorischen Nachwort deutete Schering an, wie sich die Ganzzahligkeit des Integrals auch aus physikalischen Überlegungen schließen ließ.[30] Im vierten Kapitel werden wir sehen, daß beispielsweise der schottische Physiker James Clerk Maxwell das Gaußsche Fragment in eben diesem Sinn interpretierte und mit großer Aufmerksamkeit in seinen eigenen elektrodynamischen Studien behandelte. Tatsächlich legen aber die Arbeit über den Zodiacus und das Zopffragment nahe, daß Gauß der *geometrische* Gehalt des Verschlingungsintegrals längst bekannt oder zumindest bei Niederschrift des Fragments klar war. Ein entsprechendes Motiv scheint nach der Veröffentlichung des Fragments auch Scherings Studenten Otto Böddicker bewogen zu haben, in seiner 1876 gedruckten Dissertation Scherings physikalischer Interpretation (welche dieser auch in seinen Vorlesungen vortrug) einen ausführlichen, auf den Begriff des Raumwinkels gestützten geometrischen Beweis des Gaußschen Satzes gegenüberzustellen.[31]

§ 28. Das Traktproblem

Wie wir sahen, stieß Gauß sowohl im Zusammenhang des Zodiacus-Problems wie auch im Kontext der gekrümmten Flächen auf eine Klasse von Kurven in der Ebene oder auf einer Kugelfläche, die eigene Aufmerksamkeit aus der Perspektive der *Geometria situs* verdienten: Geschlossene (glatte oder polygonale) Kurven mit einer endlichen Zahl von transversalen Selbstkreuzungen. Diese Kurven konnten, wie z.B. die Zeichnung im Brief an Olbers (Fig. 3.1) nahelegt, auch als Projektionen eines räumlichen Knotens aufgefaßt werden. Deshalb muß das mathematische Interesse, das Gauß solchen Kurven zukommen ließ, als ein weiterer Schritt auf dem Weg zur Mathematisierung verschlungener Raumkurven verstanden werden.

In dem Handbuch, in dem Gauß die Vorarbeiten zu seiner Abhandlung über die gekrümmten Flächen sammelte, finden sich auch einige Fragmente, die diesen besonderen Kurven gewidmet sind. Das erste von ihnen spricht einen Satz aus, der zwei ganze Zahlen, welche die Lage einer solchen Kurve beschreiben, miteinander in Verbindung bringt. Die eine dieser Zahlen ist die Anzahl der Selbstkreuzungen (von Gauß „Knoten" genannt; sie sei im folgenden durch k bezeichnet), die andere ist die Windungszahl n der Kurve, d.h. die Anzahl der vollständigen Umdrehungen

---

[30] Vgl. Scherings editorische Bemerkungen in: *Werke*, Bd. 5, 637-640. Die physikalische Idee geht auf Ampère zurück: Die magnetische Wirkung eines geschlossenen Stromfadens kann ersetzt werden durch die Wirkung einer „gleichförmig magnetisierten Fläche", deren Rand der gegebene Stromfaden ist (dies ist ein früher, magnetostatischer Spezialfall des sog. Stokesschen Satzes; er wurde auch von Gauß in seiner *Allgemeinen Theorie des Erdmagnetismus* behandelt). Die gesuchte Arbeit ist dann proportional zur Differenz zwischen der Anzahl der Durchstoßungen des Weges des magnetischen Teilchens durch diese Fläche von nördlicher zu südlicher Seite und der Anzahl der Durchstoßungen von südlicher zu nördlicher Seite. Insbesondere ist sie also ein ganzzahliges Vielfaches einer Konstante. Diese Überlegung deutet noch eine weitere Möglichkeit an, die Verschlingungszahl zweier Kurven zu definieren, nämlich als die genannte Differenz von „positiven" und „negativen" Durchstoßungen einer orientierten Kurve durch eine in die andere eingespannte orientierte Fläche.

[31] Vgl. (Böddicker 1876), insbesondere die einleitenden Bemerkungen. Böddicker, der später Professor der Physik in Göttingen wurde, arbeitete unter anderem die Analogie mit der Umlaufzahl ebener Kurven ins Detail aus. Ansonsten enthält seine Arbeit jedoch nicht viel Originelles.

ihrer Tangente bei Umlauf um die Kurve. Gauß nannte den von der Tangente überstrichenen (orientierten) Winkel die „Amplitudo" der Kurve und formulierte seine Aussage wie folgt:

> „Es sei die *Amplitudo* einer ganzen in sich selbst zurückkehrenden Kurve $= \pm n \cdot$ 360°. Sie hat wenigstens die Knoten
>
> $$\begin{array}{ccccccccc} & 1 & 0 & 1 & 2 & 3 & 4 & 5 & 6 \\ \text{für } n = & 0 & 1 & 2 & 3 & 4 & 5 & 6 & 7. \end{array}$$
>
> Der Beweis scheint nicht leicht zu sein." (Gauß 1825-1844, 271.)

Es ist unklar, was genau das Ziel von Gauß war, als er diesen Satz formulierte. Ohne Zweifel gehört er aber in jenes Feld der *Geometria situs* ebener Kurven, das Gauß im Vorfeld seiner differentialgeometrischen Studien abhandeln zu müssen glaubte. Die Notiz enthält außer der ausgesprochenen Vermutung noch einen ersten, unzureichenden Versuch, den Verlauf der Kurve durch ein symbolisches Schema zu charakterisieren.

Etwas später, im folgenden Fragment, notierte Gauß: „Der Beweis ist doch sehr leicht." (Gauß 1825-1844, 272.) Um den Verlauf der Kurve zu beschreiben, führte Gauß ein neues symbolisches Schema ein, das noch einmal der von Euler für das Brückenproblem verwandten Symbolisierungstechnik eng verwandt und folgendermaßen aufgebaut ist: Die k Kreuzungen werden, ausgehend von einer derselben, in der Reihenfolge numeriert, in der man beim Durchlaufen der Kurve in einem bestimmten Sinn auf sie trifft. Da jede Kreuzung zweimal überschritten wird, erhält man dabei eine Folge von $2k$ Zahlen, in der jede Zahl zwischen 1 und k zweimal vorkommt. Unter jede Zahl dieser Folge schrieb Gauß nun ein Vorzeichen „+", wenn man an der Kreuzung auf die (entsprechend der gewählten Orientierung) *rechte* Seite der Kurve stieß, hingegen ein „−", falls der gekreuzte Bogen von der linken Seite überschritten wurde. Außerdem zerlegte Gauß die Kurve in orientierte Zyklen ohne gegenseitige Kreuzungen, die er durch Buchstaben $a, b, \ldots$ bezeichnete; sie ergeben sich, wenn alle Kurvenabschnitte in der gewählten Orientierung durchlaufen werden, wobei an jeder Kreuzung der Orientierung entsprechend nach links oder rechts (statt geradeaus) fortgesetzt wird. Über jedem Paar von benachbarten Kreuzungen notierte er dann den Buchstaben des von ihm als „Tract" bezeichneten Zyklus, der den entsprechenden Kurventeil symbolisierte.[32] Ein Beispiel zur Illustration:

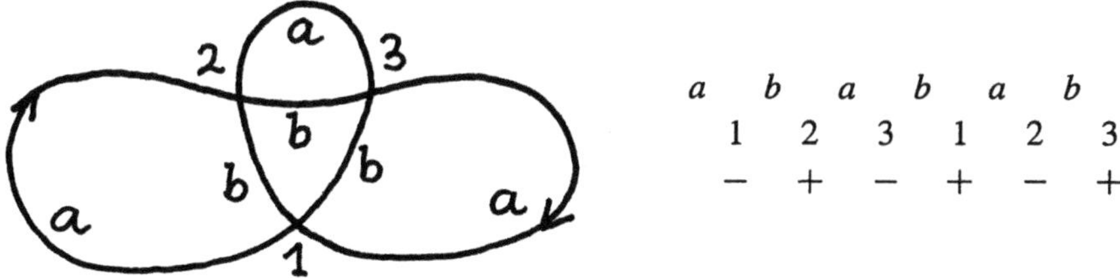

Fig. 3.4: Schema eines Kurvenzugs mit Zyklen a, b

Auf der Basis dieses Schemas suchte Gauß nun seine Behauptung zu beweisen. Dazu führte er die Umlaufzahlen γ und γ' der Kurve um die beiden Gebiete ein, an welche der Bogen kurz vor

---

[32] Heute werden Gauß' Tracte aus Gründen, die in § 109 besprochen werden, „Seifert-Kreise" genannt.

der ersten Kreuzung angrenzt, ferner die Anzahl α der $+$-Zeichen bei Kreuzungen, welche zum ersten Mal im Schema auftreten, entprechend β für die negativen Zeichen.[33] Dann, so behauptete Gauß, ist die *Amplitudo* der Kurve:

$$(\gamma + \gamma' + \alpha - \beta)\, 360° \, .$$

Im angegebenen Beispiel ist $\alpha = 1$, $\beta = 2$ und $\gamma + \gamma' = -1$, also gilt $\gamma + \gamma' + \alpha - \beta = -2$, und die Amplitudo ist $-720°$. Aus Gauß' Formel folgt aber in der Tat sein Satz: Wird die erste Kreuzung am Rand der Kurve gewählt, so ist $|\gamma + \gamma'|$ stets gleich 1, während $|\alpha - \beta|$ stets unterhalb der Kreuzungszahl k bleibt. Also ist $|n| \leq k + 1$. Die Formel selbst begründete Gauß nicht weiter. In den unmittelbar folgenden Fragmenten beschrieb Gauß noch ein zweites einfaches Argument für seinen Satz: Werden alle Kreuzungen aufgeschnitten und die Enden verträglich mit der Orientierung „umgeschaltet", so ergibt sich das System der bereits genannten Zyklen, insgesamt höchstens $k + 1$ *einfache*, d.h. kreuzungsfreie geschlossene Kurven (vgl. nochmals Fig. 3.4). Da die *Amplitudo* der ursprünglichen Kurve gleich der Summe der mit Vorzeichen gewichteten Amplituden der entstehenden Kurven ist, folgt wieder $|n| \leq k + 1$.[34] – Die anschließenden Fragmente aus der Zeit um 1825 beschreiben einen Kalkül, der aus dem „Schema" einer Kurve mit Selbstkreuzungen eine Größe bestimmt, die Gauß „Seitenabweichung" oder „Seitenbiegung" nannte.

Fast 20 Jahre später kehrte Gauß noch einmal zu den geschlossenen Kurven mit Doppelpunkten, den „Tractfiguren", zurück. In einer Anmerkung zu seiner Beschreibung des Schemas solcher Figuren notierte er: „1844 Dec. 30 fand ich, dass die Anordnung der Zahlen (mittelste Reihe) zureicht, um auch die zugehörigen Schnittcharaktere ($+$ und $-$ Zeichen in der untersten Reihe) und die Verknüpfung der Tracte (oberste Reihe) daraus abzuleiten, dass aber jene Anordnung selbst nicht willkürlich ist, sondern gewissen Bedingungen unterliegt, deren vollständige Ermittelung Gegenstand neuer Arbeiten sein wird." (Gauß 1825-1844, 272, Anm.) Wahrscheinlich muß diese Bemerkung als eine an Beispielen gewonnene Beobachtung verstanden werden.[35] Wir wissen aber heute auch, daß Gauß in folgendem Sinn recht hatte: Nennen wir eine auf eine Kugelfläche gelegte Traktfigur *prim*, falls es keine doppelpunktfreie geschlossene Kurve auf der Kugel gibt, die die Figur in genau zwei Punkten auf verschiedenen Teilbögen schneidet (Fig. 3.5), so charakterisiert die Gaußsche Zahlenreihe (die mittlere Reihe des Schemas) eine prime Traktfigur bis auf einen Homöomorphismus der Kugelfläche.[36] Umgekehrt läßt sich aus den Regeln zur Bildung des Schemas ableiten, welche verschiedenen Zahlenreihen dieselbe Traktfigur darstellen. Die Freiheit liegt in der Wahl von Anfangspunkt und Orientierung, und es ist leicht zu sehen, wie die entsprechenden Modifikationen der Zahlenreihe aussehen.

---

[33] Gauß gab in seinem Fragment keine genaue Definition der Zahlen γ und γ'. Offensichtlich aufgrund einer Unsicherheit über die richtige Konvention glaubte er 1844, daß seine Formel nicht immer gültig sei (Gauß 1825-1844, 272, Anm.). Mit obigen Konventionen ist Gauß' Aussage aber korrekt, wie (Whitney 1937) im Anschluß an eine Arbeit von (Hopf 1935) zeigte. Beide Arbeiten erwähnten die Fragmente von Gauß jedoch nicht. Vgl. hierzu auch (Chaves und Weber 1994, 53 f.).

[34] Auch dieses Argument wurde im 20. Jahrhundert technisch präzisiert; vgl. (Whitney 1937) und (tom Dieck 1991, 134-136).

[35] Vgl. die Zeichnungen für Traktfiguren mit 4 Kreuzungen (Gauß 1825-1844, 284).

[36] Für einen Beweis siehe (Chaves und Weber 1994).

Fig. 3.5: Prime und nicht-prime Traktfiguren

Was waren aber die angedeuteten Bedingungen, die das Schema einer Traktfigur erfüllen mußte? Ein weiteres Fragment, das offensichtlich im Zusammenhang mit der obigen Anmerkung niedergeschrieben wurde, geht auf diese Frage ein. Gauß verwandte nun statt einer Zahlenreihe eine Buchstabenfolge zur Angabe des Kreuzungsschemas (d.h. die Kreuzungen wurden nacheinander mit Buchstaben a, b, c, ... bezeichnet, und dann ihre Anordnung durch ein aus diesen Buchstaben gebildetes Wort der Länge $2k$ codiert). Bereits 1825 hatte Gauß bemerkt, daß jedes der k Symbole einmal an einer *geraden* und einmal an einer *ungeraden* Position des Wortes auftreten muß, da jede Kreuzung zwei geschlossene Teilzüge der Traktfigur begrenzt, und folglich zwischen den beiden Überquerungen der Kreuzung jeweils eine gerade Zahl von Kreuzungen überschritten werden muß. (Heute würde diese Aussage als eine Folgerung aus dem sog. Jordanschen Kurvensatz betrachtet, gemäß welchem jede stetige, geschlossene Kurve in der Ebene diese in zwei disjunkte, zusammenhängende Gebiete zerlegt. Gauß betrachtete diesen Sachverhalt hier und an anderen Stellen als eine Selbstverständlichkeit.) Ist diese notwendige Bedingung aber auch hinreichend? Um dies zu prüfen, stellte Gauß vollständige Listen aller Symbolfolgen der Länge 8 bzw. 10 aus 4 bzw. 5 Symbolen auf, in denen jedes Symbol zweimal auftrat (wobei das erste Symbol stets als a gewählt war, das als nächstes auftretende als b, usw.), und versuchte, die möglicherweise zugehörigen Traktfiguren zu zeichnen. Das Ergebnis war negativ: Während im Falle von 4 Kreuzungen jedes der Paritätsbedingung genügende Wort tatsächlich eine Traktfigur darstellte, traf dies für fünf Kreuzungen nicht mehr zu, wie Gauß durch das Beispiel *abcadcedbe* illustrierte (Gauß 1825-1844, 284; vgl. Fig. 3.6).

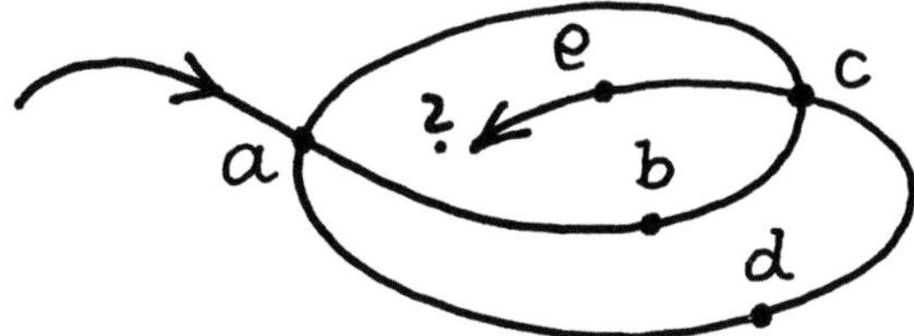

Fig. 3.6: Das Wort *abcadcedbe* kann nicht durch eine Traktfigur dargestellt werden.

Die Paritätsbedingung war also notwendig dafür, daß ein Wort eine Traktfigur darstellte, aber nicht hinreichend. Auch wenn Gauß die angekündigten „neuen Arbeiten" zur Angabe der notwendigen *und* hinreichenden Bedingungen dafür, daß eine Symbolfolge eine Traktfigur darstellt, nie durchführte, hatte er mit dieser Fragestellung doch einen Weg gezeigt, auf dem eine Lösung des Traktproblems, d.h. eine vollständige Klassifikation der Traktfiguren im Sinne der *Geometria situs* erreicht werden konnte. Nach Aufstellung der richtigen Bedingungen wäre zu entscheiden gewesen, wieviele verschiedene Formen von Traktfiguren (in moderner Sprache: Isotopieklassen geschlossener Kurven mit endlich vielen transversalen Doppelpunkten) zu einer den gefundenen Bedingungen genügenden Symbolfolge gehörten. Für prime Traktfiguren wissen wir heute, daß es nur *eine* solche Form gibt; für zusammengesetzte Traktfiguren hätte es weiterer Überlegungen bedurft. Es verdient noch einmal hervorgehoben zu werden, daß das von Gauß angedeutete Verfahren der Symbolisierung ganz ähnlich zu jenem ist, welches Euler den Problemen der *Geometria situs* zugeordnet hatte. Ich gehe davon aus, daß Gauß dieses Element einer epistemischen Technik aus Eulers kurzer Schrift entnommen hat.

Da die Listen der möglichen Traktfiguren, die Gauß niederschrieb, zugleich auch die möglichen Projektionen von geschlossenen Knoten im Raum auf eine Ebene oder Kugelfläche darstellten (wenn der Knoten so gelegt wurde, daß bei der Projektion nur endlich viele transversale Doppelpunkte auftraten), bedeutete auch das zuletzt besprochene Fragment einen Schritt in der Mathematisierung des Knotenproblems. Wahrscheinlich war sich Gauß dessen bewußt. Das einzige Dokument, das dies belegen kann, ist jedoch Bettis Bericht über Riemanns Hinweise auf Gauß' Beschäftigung mit dem Knotenproblem (vgl. § 1). Ich gehe davon aus, daß diese Hinweise sich auf Überlegungen im Zusammenhang des Traktproblems bezogen.

Wir werden im fünften Kapitel sehen, wie fast derselbe Mathematisierungsschritt um 1876 von dem schottischen Physiker Peter Guthrie Tait noch einmal vollzogen wurde – unabhängig von Gauß, dessen Fragment zu dieser Zeit noch nicht veröffentlicht war. Auch Tait gelang es nicht, den kombinatorischen Teil des Traktproblems vollständig zu lösen. Erst nachdem Gauß' Fragmente im Jahr 1900 publiziert wurden, wurde die Aufmerksamkeit der Mathematiker erneut auf das Problem gelenkt, und 1936 publizierte Max Dehn schließlich eine erste Lösung, die in § 111 beschrieben wird.

§ 29. *Zusammenfassung*

Die Untersuchungen von verschlungenen Raumkurven und Traktfiguren, deren Spuren wir in Gauß' Schriften und Handbüchern finden, eröffneten einen weiten Raum möglichen mathematischen Handelns. Angeregt durch konkrete Probleme, mit denen Gauß in seiner astronomischen, geodätischen und elektrodynamischen Arbeit konfrontiert war, schuf er gleich eine ganze Reihe epistemischer Gegenstände und Techniken, die eine Mathematisierung der Verschlingungen und Knoten erlaubten: Zodiacus-Abbildung, Traktfiguren und ihr orientierter Flächeninhalt, Zopffiguren und die Verschlingungszahl. Die besprochenen Fragmente machen zugleich deutlich, daß Gauß auch begann, diese Fragen in ihrem eigenen Recht zu verfolgen, als Grundfragen jener neuen Disziplin, von deren Zukunft er so viel erwartete. Es dürfte deutlich geworden sein, daß seine eigenen Begegnungen mit ihr ihm allen Grund zu dieser Erwartung gaben – nicht zuletzt auch deshalb, weil er überall schnell an Grenzen seiner eigenen, noch sehr beschränkten Möglichkeiten stieß.

Gibt es so etwas wie eine verbindende Leitidee in Gauß' Fragmenten zu verschlungenen Kurven? Ich denke ja. Zunächst ist festzuhalten, daß fast alle Gaußschen Beiträge zur Topologie sich mit dem Verhalten von Kurven in der Ebene, auf der Kugelfläche oder im Raum beschäftigten. In den besprochenen Fragmenten spielten verschiedenartige Flächen im Raum immer noch keine Rolle, und Gegenstand der *Geometria situs* waren in jedem Fall *Lageverhältnisse im gewöhnlichen dreidimensionalen Raum.*[37] In diesem Rahmen weisen die Gaußschen Überlegungen aber noch eine spezifischere gemeinsame Charakteristik auf. In allen Fragmenten hatten wir es mit bestimmten Abbildungen zu tun, die Punkten in geometrischen Figuren gewisse *Richtungen* zuordneten: Im Fall der ebenen Kurven die Richtung der Tangente, im Fall des Zodiacus die Richtung der Verbindungslinie, im Fall der gekrümmten Flächen die Richtung der Flächennormale. Solche Abbildungen konnten auf verschiedene Weise betrachtet werden: aus der Perspektive des Kalküls der Größen (d.h. im Rahmen der *Geometria magnitudinis*) oder aus der Perspektive der *Geometria situs*. Und in allen Fällen fanden wir ein ähnliches Argumentationsmuster: Gauß interessierte sich stets für gewisse charakteristische ganze Zahlen, die diese Abbildungen und damit auch die Ausgangsfiguren im Sinn der *Geometria situs* kennzeichneten (Umlaufzahl, Windungszahl, Kreuzungszahl, Verschlingungszahl, Zahl der Urbilder unter der Zodiacus- oder der Normalenabbildung), sowie für Beziehungen zwischen ihnen. Im Licht der heutigen Topologie verteilen sich diese charakteristischen Zahlen auf zwei Klassen: den Abbildungsgrad der betreffenden Abbildungen, und kombinatorische Invarianten der betrachteten Figuren wie die Selbstkreuzungszahl und die kombinatorisch definierten Umlauf- und Verschlingungszahlen. Das folgenreichste neue Element, das Gauß dabei ins Spiel brachte, war die *Brücke* zwischen analytischer und kombinatorischer Information, die durch den komplexen Logarithmus und die beim Zodiacus-Problem zuerst aufgetretene Differentialform ω gegeben wurde.

Zu diesen Innovationen kommt ein außerordentlich feines Gespür für die Architektur mathematischer Argumentationen. Während die Mathematiker des 18. Jahrhunderts, die Gauß hoch schätzte, an eine neue Art der Analysis geglaubt hatten, die auf einem eigenständigen und neuen symbolischen Kalkül aufbaute, erkannte und beschrieb Gauß in *allen* Zweigen der mathematischen Wissenschaften bestimmte Begriffe und Sachverhalte als der *Geometria situs* zugehörig, sofern diese sich nur auf das bezogen, was er mit Euler und Vandermonde als Lagebeziehungen verstand, bei welchen von Größeneigenschaften abstrahiert werden konnte. Auf diese Weise erschien die *Geometria situs* nicht nur als ein neuer und selbständiger Zweig der Mathematik, sondern auch als eine jener fundamentalen mathematischen Disziplinen, die für den gesamten Bereich der exakten Wissenschaften wichtig waren. Hierin schloß Gauß ebenso an Vandermondes aufklärerische Betonung der Nützlichkeit der Mathematik an wie er sich von ihm unterschied. Nicht mehr das Handwerk und die Manufaktur bildeten den Bezugspunkt der Zwecksetzung der neuen Disziplin, sondern die für die Kultur des 19. Jahrhunderts ungleich wichtigeren exakten Wissenschaften.

Trotz diesen tiefen Einsichten blieben Gauß' Ideen den meisten seiner Zeitgenossen zunächst verschlossen. Die wenigen gefundenen Resultate erfüllten nicht den hohen Anspruch, den Gauß an seine Publikationen stellte, und nur wenige seiner befreundeten Kollegen oder Schüler erfuhren von ihnen. Fast alle Mathematiker jedoch, mit denen Gauß über die *Geometria situs* sprach, lieferten schon wenig später selbst eigene Beiträge zu diesem Gebiet.

---

[37] Vgl. aber Gauß über Bänder, s.u., § 32. (Pont 1974, 35) macht ferner darauf aufmerksam, daß Gauß während seiner Arbeit an der Theorie der gekrümmten Flächen in einem Brief an Hansen auch den Vorschlag machte, konforme Abbildungen, wie sie in der Kartographie benützt wurden, als Spezialfälle einer allgemeineren Klasse von Abbildungen aufzufassen, nämlich der eineindeutigen und (in beiden Richtungen) stetigen Abbildungen zwischen Flächen. Damit bereitete Gauß den Boden für die Topologie der Flächen.

3.3 Intellektuelle Hegemonie: Die Rezeption der Ideen von Gauß zur *Geometria situs*

„Mit der Frage, welchen Einfluß Gauß auf die weitere Entwicklung der *Geometria situs* gehabt hat," schrieb der Herausgeber der Gaußschen Fragmente zur *Geometria situs*, Paul Stäckel, im Jahr 1918, „kommen wir auf ein schwieriges Gebiet, denn ein solcher Einfluß war im Wesentlichen nur möglich durch mündliche Äußerungen, von denen manche, wie es scheint, gar erst durch Mittelsleute an die Stelle gekommen sind, wo sie gewirkt haben; es waren Funken, die nur da zündeten, wo schlummernde Energien zu wecken waren, und es heißt daher nicht, hervorragende Männer wie Möbius, Listing, Riemann verkleinern, wenn man Gauß einen gewissen Anteil an ihren Entdeckungen zuschreiben zu müssen glaubt." (Stäckel 1918, 72.) Stäckels Bemerkung bewegt sich auf der Grenze zwischen hagiographischen Grabenkämpfen und der Benennung eines echten historischen Problems. Ohne Zweifel hat der Nachdruck, mit dem Gauß das Bild der *Geometria situs* zeichnete, die Vorstellungen der von Stäckel genannten Wissenschaftler über das neue Gebiet maßgeblich bestimmt. Dies ist nicht zuletzt auch dem Einfluß von Gauß auf die Karriere der drei Genannten zu verdanken. In seiner unangefochtenen Rolle als *princeps mathematicorum* im deutschsprachigen Raum gaben die Empfehlungen von Gauß nicht nur im Hinblick auf die Auszeichung vielversprechender Forschungsthemen und der Festlegung der begrifflichen Architektur der Mathematik den Ausschlag, sondern auch im Fall von Berufungen. Diese Art des einflußreichen Handelns einer Person oder einer Gruppe, die mindestens teilweise auf professionelle Machtstrukturen gegründet ist und sich gleichzeitig auf die Festlegung des intellektuellen Rahmens erstreckt, in dem die weitere Forschung sich bewegt, möchte ich im folgenden *intellektuelle Hegemonie* nennen. Wir werden ihr im Verlauf dieser Geschichte noch mehrfach begegnen. Zunächst soll gezeigt werden, daß die erste explizite und veröffentlichte mathematische Behandlung von Knoten durch Johann Benedikt Listing unter Gauß' intellektueller Hegemonie entstand.[38]

§ 30. *Johann Benedikt Listing*

Die Gruppe derjenigen, denen Gauß Näheres über seine Ideen zur *Geometria situs* mitteilte, läßt sich leicht überblicken. Zu ihr gehören Johann Benedikt Listing, Wilhelm Weber, August Ferdinand Möbius und Bernhard Riemann. Unter diesen spielt Listing eine Sonderrolle. Er machte sich 1847 mit einer längeren Abhandlung öffentlich zum Fürsprecher der neuen Wissenschaft, die er nun *Topologie* nannte, um eine Verwechslung mit der zunehmend an Bedeutung gewinnenden synthetisch-projektiven Geometrie auszuschließen, für die sich die Bezeichnung „Geometrie der Lage" einbürgerte.

---

[38] Fälle wie der vorliegende, in welchen Wissenschaftlerinnen oder Wissenschaftler in einem Geflecht sozialer Beziehungen die Konstruktion von epistemischen Dingen ebenso bestimmen wie die Muster rationalen wissenschaftlichen Handelns, müssen nicht an Paradigmen im Sinn Thomas Kuhns, d.h. an beispielgebende Werke oder Forschungsleistungen geknüpft sein, obwohl solche die intellektuelle Hegemonie ihrer Autoren durchaus begründen können. Die von mir verwendete Kategorie ist (in Übertragung einer analogen Kategorie Antonio Gramscis) soziologischer gedacht als diejenige Kuhns: Es geht um eine Form der Ausübung von intellektueller und professioneller Macht, die sich in konkreten Handlungen äußert und den Horizont des Handelns anderer bestimmt.

Listing wurde 1808 in Frankfurt als Sohn eines Bürstenbinders und einer Bauerntochter geboren.[39] Während seiner Schulzeit wurde seine naturwissenschaftliche Neigung bemerkt und gefördert, und 1830 erhielt er ein Stipendium des Städelschen Instituts in Frankfurt zum Studium in Göttingen. Listing studierte alles mögliche, bald auch bei Gauß, und lernte den Geologen Sartorius von Waltershausen kennen, mit dem zusammen er bald in den kleinen Zirkel junger Leute aufgenommen wurde, die Gauß' persönliche Gunst besaßen. Im Jahr 1834 promovierte Listing bei Gauß über die Formen der Flächen zweiten Grades. Danach begab er sich zusammen mit Waltershausen auf eine dreijährige Forschungsreise nach Italien und Sizilien, wo die beiden den Ätna studierten und Messungen für Gauß' erdmagnetischen Atlas durchführten. Auf dieser Reise hielt Listing auch zum erstenmal seine topologischen Ideen in einem Tagebuch fest. Im Herbst 1836 empfahl Gauß den noch immer abwesenden Listing für eine Stelle an der Höheren Gewerbeschule in Hannover, die dieser Ende 1837 erhielt und antrat. Er blieb dort aber nicht lang, denn Gauß hatte schon bald andere Pläne. Nachdem Wilhelm Weber im Jahr 1837 als einer der „Göttinger Sieben" seiner Professur enthoben wurde, mußte Gauß sich um einen Nachfolger kümmern, und schließlich erhielt Listing 1839 die Professur für Experimentalphysik in Göttingen.[40] Listing trat zwar nicht in eine ähnlich enge wissenschaftliche Zusammenarbeit mit Gauß wie Weber, aber er hielt das gute persönliche Verhältnis zu Gauß aufrecht. In den folgenden Jahren veröffentlichte er zwei seiner wichtigsten Schriften, die Monographie *Beitrag zur physiologischen Optik* (1845), und zwei Jahre später die *Vorstudien zur Topologie*. Nach Webers Rückkehr nach Göttingen im Jahr 1849 wurde dann die erste Doppelprofessur für mathematische und experimentelle Physik im deutschsprachigen Raum geschaffen, und Listing erhielt die (weniger bedeutende) für mathematische Physik. Als Gauß 1855 starb, befand Listing sich bei ihm in der Göttinger Sternwarte, und wenig später zog er selbst mit seiner Familie in Gauß' frühere Wohnung (ebenso übrigens wie etwas später Riemann). Ein drittes Mal widmete Listing sich intensiv topologischen Studien und verfaßte darüber eine weitere Schrift, den *Census der räumlichen Complexe* (Listing 1861), in der er eine Art von im gewöhnlichen Raum gelegenen Zellkomplexen einführte (der heutige Ausdruck ist von dem Listings abgeleitet) und Verallgemeinerungen des Eulerschen Polyedersatzes für diese Objekte angab. Listing starb 1882 in Göttingen.

Der mächtige Einfluß von Gauß auf Listings Laufbahn von dessen Studienzeit bis zu Gauß' Tod ist offensichtlich. Mehrere Male war Listings berufliches Weiterkommen von Gauß' direkten Interventionen abhängig, und auch das Spektrum der Listingschen Aktivitäten (von der geomagnetischen Exkursion über die physiologische Optik zur Topologie) zeigt deutlich den Stempel des Gaußschen Wissenschaftsverständnisses. Das gilt insbesondere auch für Listings Beschäftigung mit der Topologie. Bereits in einem ausführlichen Brief an seinen ehemaligen Mathematiklehrer in Frankfurt, Johann Heinrich Müller,[41] und dann auch in der Einleitung zu seinen *Vorstudien* betonte Listing, daß er „bei öftern Gelegenheiten durch den größten Geometer der Gegenwart auf die Wichtigkeit des Gegenstandes aufmerksam geworden" sei.[42] Wie

---

[39] Die folgenden biographischen Informationen stützen sich auf (Breitenberger 1993).

[40] Listing war Dritter des Gaußschen Vorschlags, nach Steinheil (München) und Gerling (Marburg), die aber beide ihre guten Positionen nicht verlassen wollten, was Gauß vermutlich klar war, vgl. (Breitenberger 1993, 14).

[41] Eine im Göttinger Nachlaß Listings enthaltene Niederschrift ist als Anhang zu (Breitenberger 1993) abgedruckt.

[42] (Listing 1847, 5); vgl. Listing an Müller, 1. April 1836 (Breitenberger 1993, 34).

Gauß faßte auch Listing den neuen Wissenszweig als „die Lehre von den qualitativen [im Unterschied zu den quantitativen] Gesetzen der Ortsverhältnisse", wie es im Brief an Müller heißt. In den *Vorstudien* erläuterte er diese Idee in einer leicht geänderten Terminologie folgendermaßen: „Unter der *Topologie* soll also die Lehre von den modalen [wiederum im Unterschied zu den quantitativen] Verhältnissen räumlicher Gebilde verstanden werden, oder von den Gesetzen des Zusammenhangs, der gegenseitigen Lage von Punkten, Linien, Flächen, Körpern und ihren Theilen oder ihren Aggregaten im Raume, abgesehen von den Maß- und Größenverhältnissen." (Listing 1847, 6.) Auch Listing wies auf die ersten Ansätze bei Leibniz und die Tatsache hin, daß in topologischen Dingen „so gut als gar nichts" geschehen sei: „Das Feld mochte zu weit, die Schwierigkeiten zu gross, die Sprache für die Begriffe zu mangelhaft scheinen", schrieb er lapidar an seinen Lehrer Müller.[43] Dementsprechend verstand Listing auch seine eigenen Beiträge (mit Ausnahme des *Census*) vor allem als Vorschläge zur Einführung einer geeigneten Terminologie, als Beschreibung der elementarsten Problemformen und der möglichen Anwendungen des neuen Wissenszweigs. Auf den letzten Punkt legte Listing dabei größtes Gewicht. In seinen (und vermutlich ebenso in Gauß') Augen war die Topologie dazu berufen, eine „exacte Wissenschaft" *neben* solchen wie der Geometrie oder der Mechanik zu werden, ja sogar neben der als Größenlehre verstandenen Mathematik überhaupt (Listing 1847, 3 und 6). Das Feld der möglichen Anwendungen der neuen Wissenschaften erstreckte sich nach Listings Überzeugung nicht bloß auf die Mathematik, sondern auch „auf andere Wissenschaften [und] auch auf die Technik, die Künste (zumal die gymnastischen: Tanzen, Reiten, Fechten, Turnen, Schwimmen), auf die Taktik &c. und auf das tägliche Leben überhaupt".[44] Mit solchen Hoffnungen verband Listing sozusagen die Ziele Vandermondes und Gauß', und es wird deutlich, daß auch sein Bemühen um die Topologie ganz im Zeichen der fortschreitenden Mathematisierung (oder müßten wir sagen: „Topologisierung"?) menschlichen Wissens und Handelns stand.

Ein Blick auf die Themen, die Listing der Topologie einzuordnen vorschlug, hilft vielleicht, das breite Spektrum der wissenschaftlichen und künstlerisch-technischen Kontexte besser zu verstehen, in denen die Topologie nach Listings Auffassung Bedeutung erlangen könnte. Zu den grundlegenden Phänomenen, welche die Topologie behandeln sollte, gehörten beispielsweise alle Beziehungen räumlicher Anordnung, insbesondere auch der Orientierung und Symmetrie. Wenn Listing schrieb: „die Lehre von der Symmetrie ist ein sehr weitläufiger Zweig der Topologie", und die Kristallographie als ein Gebiet bezeichnete, in dem die Topologie „einst von Bedeutung werden wird", erkennen wir, daß er auch an solche Probleme und Begriffe dachte, die später der Gruppentheorie zugeordnet wurden; ein langer Abschnitt der *Vorstudien* beschäftigte sich mit den Symmetrien eines Würfels bzw. eines rechtwinkligen Koordinatensystems. Und wenn Listing als Anwendungen der Topologie etwa die gymnastischen Künste nannte, wird er eher an die symmetrischen Bewegungsmuster von Tänzen gedacht haben als an Homöomorphieinvarianten solcher Bewegungen.[45]

---

[43] In den *Vorstudien* wies Listing etwas ausführlicher darauf hin, daß Leibniz' Ideen in eine etwas andere Richtung führten als diejenigen Eulers und Vandermondes; vgl. Kap. 2, Anm. 46.

[44] Listing an Müller, 1. April 1836 (Breitenberger 1993, 39).

[45] Zur Geometrisierung der europäischen Tanzkunst im 17. und 18. Jahrhundert vgl. z.B. (zur Lippe 1979). Es wäre eine reizvolle Aufgabe, der Frage nachzugehen, ob Listings Bemerkung im Kontext einer weitergehenden „Mathematisierung" der Gymnastik in Militär und Tanz steht.

Neben dem Hinweis auf solche Themen führte Listing die Ausdrücke „Linear-", „Flächen-" und „Raum-Complexionen" ein, um zunächst nicht weiter spezifizierte Aggregate von geraden oder krummen Linien-, Flächen- oder Raumstücken zu bezeichnen; Aufgabe der Topologie sollte es sein, die möglichen Gestalten solcher Aggregate zu studieren. Wie auch früher bei Gauß handelte es sich ausschließlich um das Studium der Lageeigenschaften solcher „Complexionen" im gewöhnlichen dreidimensionalen Raum, dessen wirkliche Existenz Listing stets voraussetzte. Zusätzlich, und offensichtlich durch Gauß' Untersuchungen der Traktfiguren beeinflußt, zählte Listing das Studium der „Linearcomplexionen [...] in Einer Fläche – Ebene oder Kugelfläche" zu den Aufgaben der Topologie; Liniensysteme auf *anderen* Flächen wie der Torusfläche usw. treten noch nicht auf.[46] Bemerkenswert ist allerdings, daß Gauß' tiefere Sätze über die für Lageverhältnisse „charakteristischen Zahlen" (wie Umlauf- und Verschlingungszahl) bei Listing *nicht* vorkommen – diese hat Gauß seinem Schützling wohl doch nicht mitgeteilt.

Alles in allem suchte Listing eher den Erkenntnisbereich der künftigen Wissenschaft abzustecken als zu eigenständigen, beweisbedürftigen Resultaten zu gelangen. Die abschließenden Sätze seiner Einleitung zu den *Vorstudien* blieben daher Programm: „Die Topologie wird, um den Rang einer exacten Wissenschaft zu erreichen, zu dem sie berufen scheint, die Thatsachen der räumlichen Anschauung auf möglichst einfache Begriffe zurückführen müssen, mit welchen sie unter Beihülfe geeigneter, den mathematischen analog gewählter Bezeichnungen und Symbole die vorkommenden Operationen nach einfachen Regeln, gleichsam rechnend, vollzieht." (Listing 1847, 6.)

§ 31. Knoten in den Vorstudien zur Topologie

Der allgemeine Charakter der Listingschen Schrift spiegelt sich auch in den recht ausführlichen Bemerkungen über Knoten, die als „Linearcomplexionen im Raum" der Systematik der Topologie eingeordnet wurden. Wieder ging es eher um die Beschreibung und Benennung neuer epistemischer *Gegenstände* als um die Bereitstellung wirkungsvoller epistemischer *Techniken* für die Lösung schwieriger Probleme.

Die Grundidee, mit der Listing seine Objekte konstruierte, war ein Erzeugungsprinzip für von ihm als „Helikoiden" bezeichnete Raumkurven (ebd., 30 ff.). Dazu betrachtete er Flächen, die durch die Bewegung einer ebenen, einfach geschlossenen Kurve (der „Ringlinie") entstanden, wenn (a) die Kurve eine stetige Deformation in der Ebene erfuhr (modern: eine Isotopie), und (b) gleichzeitig die Ebene im Raum so bewegt wurde, daß alle Punkte der Ringlinie eine transversale Bewegung relativ zur momentanen Ebenenposition durchführten. Die so entstehende Fläche, die topologisch einer Zylinderfläche entsprechen und einen eingebetteten Vollzylinder beranden sollte, nannte Listing den „Askoid" der zu erzeugenden Wendellinie oder Helikoide. Diese selbst wurde nun durch einen auf der sich verändernden Ringlinie beweglichen Punkt beschrieben, der sich in jedem Moment in derselben Richtung der Ringlinie weiterbewegen, d.h. sich spiralförmig um den Zylinder winden sollte. Weiterhin führte Listing eine Kurve ein, die er die „Conductrix"

---

[46] (Listing 1847, 59). Die Hauptaufgabe in bezug auf Liniensysteme in der Ebene, die Listing besprach, war eine Verallgemeinerung des Brückenproblems: Wieviele „Züge", d.h. zusammenhängende Ketten von Kanten, genügen, um einen ebenen Graphen vollständig zu durchlaufen (ebd., 60 f.)? Außerdem gab er einfache Regeln, um die Koeffizienten zur Bestimmung des orientierten Flächeninhalts von Traktfiguren anzugeben (ebd., 63).

der Wendellinie nannte: Dazu wurde ein Punkt im Innern der ebenen Ringlinie gewählt und während der Bewegung stetig mitbewegt (es handelt sich also um eine Seele des Vollzylinders im modernen Sinn[47]). Wand sich die konstruierte Wendellinie wie eine gewöhnliche rechtsdrehende Schraube um die Conductrix, nannte Listing die Linie „laeotrop"; im umgekehrten Fall „dexiotrop"; dieser Orientierungscharakter war der „Typus" der Wendellinie.[48]

Auf der Basis dieses Konstruktionsprinzips führte Listing nun eine ganze Reihe von Kurvenklassen ein. Lagen beispielsweise zwei oder mehr gleichsinnige Wendellinien ohne gegenseitige Schnitte auf demselben Askoid, so sprach Listing von einer n-fachen Wendellinie. War das Askoid geschlossen (also ein eingebetteter Torus), so ergab sich ein System aus einer oder mehreren einfach geschlossenen Raumkurven, welches wir heute als einen Torusknoten bzw. eine Torusverkettung bezeichnen. War das Askoid ein Zylinder mit Rändern, so stellte sich Listing die Verkettungen und Knoten vor, die entstanden, wenn die Endpunkte einer n-fachen Wendellinie auf dem oberen Rand durch geeignete Kurven außerhalb des Askoiden mit denen auf dem unteren Rand verbunden wurden. Und schließlich nannte er Helikoiden, deren Conductrix selbst als Helikoide gegeben war, „Helikoiden zweiter Ordnung", entsprechend sprach er von Helikoiden höherer Ordnungen. Listing illustrierte diesen Begriff an einem dem „gemeinen täglichen Leben" entnommenen Beispiel: „Stricke, Seile und Taue, die aus vielen einzelnen Fäden und Litzen durch successives Zusammendrehen gefertigt sind, geben ein bekanntes Beispiel von Helikoiden höherer Ordnung, wo (der technischen Regel nach) die Typen der aufeinanderfolgenden Ordnungen entgegengesetzt zu sein pflegen."[49] Für geschlossene Askoiden ergaben sich damit jene Kurvensysteme, die heute iterierte Torusknoten und -verkettungen genannt werden.

All diese Beschreibungen von Kurven und Kurvensystemen sollten „belangreiche Ausgangspunkte für die Untersuchungen in dem Abschnitte der Topologie [bilden], der von den Linearcomplexionen im Raume und insbesondere von der Verknotung, der Verkettung und dem Flechtwerk zu handeln hat" (ebd., 51). In den *Vorstudien* finden sich diese Untersuchungen nicht, und auch später machte Listing seine entsprechenden Ankündigungen nicht wahr. Allerdings stellte Listing doch noch einige Überlegungen zu einer *Technik*, wie mit Knoten und Verkettungen umzugehen sei, vor. Künftige Untersuchungen dieser Linearcomplexionen sollten sich, schrieb Listing, auf ihre Zentralprojektionen auf eine Ebene oder Kugelfläche stützen; dabei nahm er stillschweigend an, daß in der Projektion nur endlich viele transversale Doppelpunkte auftreten (solche Projektionen werden heute abkürzend *regulär* genannt). Die auf eine solche Kreuzung projizierten Bögen der Verkettung konnten über einer kleinen Umgebung der Kreuzung als eine zweifache Wendellinie aufgefaßt werden, und zwar je nach Blickwinkel als eine rechtsdrehende (bei Listing: λ für laeotrop) oder eine linksdrehende (bei Listing: δ für dexiotrop). Dies stellte Listing in einer Projektion graphisch wie in der folgenden Figur dar, wodurch sich eine Markierung der auftretenden Kreuzungen ergab.

---

[47] Vermutlich stellte sich Listing alle diese Bewegungen auch als *glatte* Bewegungen vor.

[48] Die im Verhältnis zum heutigen Sprachgebrauch genau umgekehrte Benennung durch die griechischen Wortbildungen für „laeotrop" (linksgerichtet) bzw. „dexiotrop" (rechtsgerichtet) nahm Listing zum Anlaß, einen langen Ausflug über rechts- und linkswindende Spiralen im Bereich der Botanik und Zoologie einzufügen (ebd., 35-42). Er rechtfertigte seine Wahl durch die botanische Literatur.

[49] Listing gestattete sich die ausführliche Beschreibung eines Schiffstaus und den abschließenden Hinweis: „Wird nun das Tau, wie auf Schiffen geschieht, in Wendellinienform aufgelagert, so steigt die Ordnung aller eben genannten Helikoiden um 1." (Ebd., 47.)

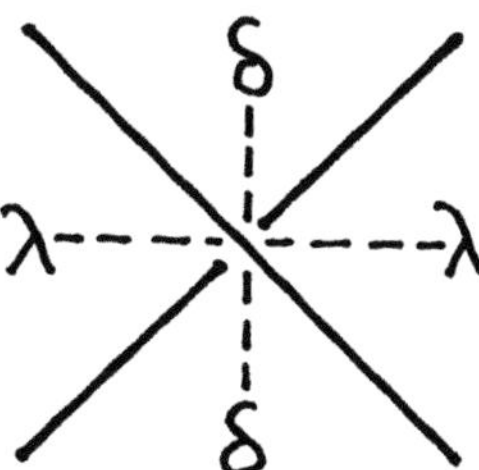

Fig. 3.7: Listings Markierung von Kreuzungen

Ich folge ab hier dem modernen Sprachgebrauch, reguläre Projektionen von Knoten oder Verkettungen, an welchen der über- bzw. unterkreuzende Bogen irgendwie markiert ist, als *Knoten-bzw. Verkettungsdiagramme* zu bezeichnen. Listing bemerkte, daß die verschiedenen Ecken eines Diagrammgebietes genau dann alle mit demselben Symbol markiert werden mußten, wenn Über- und Unterkreuzungen entlang der Bögen des Knotens oder der Verkettung ständig abwechselten (seit Tait heißen solche Diagramme *alternierend*). Alternierenden Diagrammen ordnete Listing nun in folgender Weise ein „Complexionssymbol" zu: Für jedes Gebiet einschließlich des äußeren, dessen k Ecken mit δ markiert sind, schrieb Listing einen Term δ^k auf; alle diese Terme wurden in ein Polynom in der Variablen δ mit ganzzahligen Koeffizienten zusammengefaßt. Genauso wurde mit λ verfahren. Das Complexionssymbol bestand dann aus den beiden resultierenden Polynomen, wie das Beispiel in der folgenden Figur zeigt.

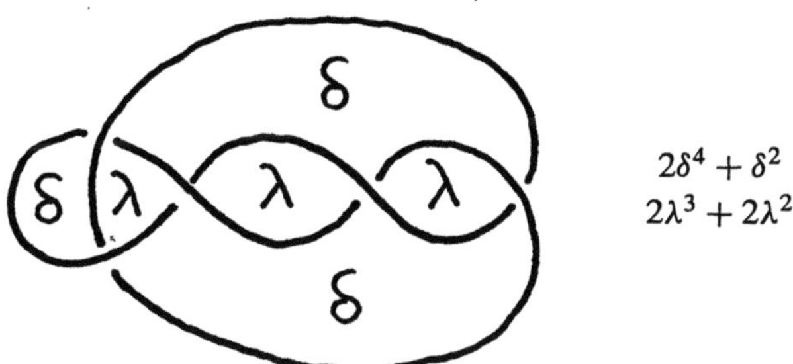

Fig. 3.8: Beispiel eines Complexionssymbols (rechts)

Offensichtlich kann ein entsprechendes Symbol auch für nicht-alternierende Diagramme hingeschrieben werden, in Form eines einzigen Polynoms in zwei Variablen,

$$\sum c_{kl}\, \delta^k \lambda^l \, ,$$

wobei c_{kl} die Anzahl der Gebiete mit genau k Ecken des Typs δ und l Ecken des Typs λ angibt. In einem Brief, den Listing 1877 an Tait schrieb, deutete er an, daß er selbst an diese Verallgemeinerung gedacht hatte. Listings Bemerkung, daß „solche Symbole [...] die topologischen Charaktere der sogenannten Verknotung" enthielten, muß wahrscheinlich als die Überzeugung verstanden werden, daß zwei Knotendiagramme mit demselben Symbol äquivalente, d.h. stetig ineinander deformierbare Knoten darstellen – eine Bemerkung, die Listing mit einigen Beispielen illustrierte, aber nicht zu beweisen suchte. In der Tat ist sie selbst bei Beschränkung auf alternierende Knotendiagramme falsch, wie Tait später zeigte (vgl. § 46). Eine andere Ambivalenz seines Symbols notierte Listing selbst. Es konnte sein, daß zwei algebraisch verschiedene Symbole äquivalente Knoten darstellten, wie er anhand des folgenden Beispiels illustrierte:

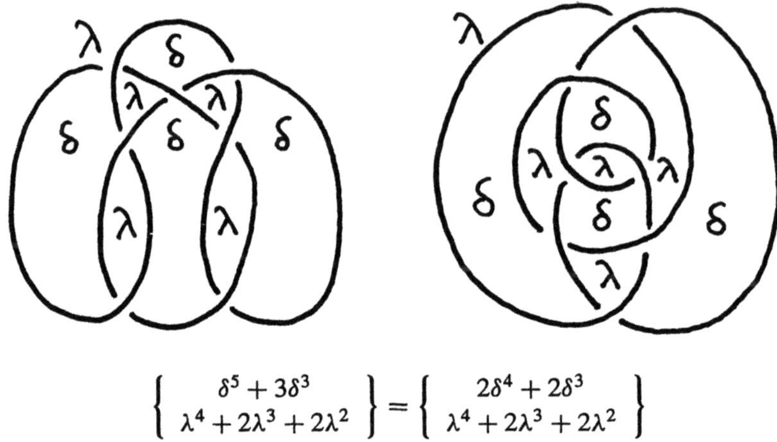

$$\left\{ \begin{array}{c} \delta^5 + 3\delta^3 \\ \lambda^4 + 2\lambda^3 + 2\lambda^2 \end{array} \right\} = \left\{ \begin{array}{c} 2\delta^4 + 2\delta^3 \\ \lambda^4 + 2\lambda^3 + 2\lambda^2 \end{array} \right\}$$

Fig. 3.9: Äquivalenz von Complexionssymbolen

Auch über dieses Phänomen ließ Listing sich nicht weiter aus. Er scheint aber an einen Kalkül gedacht zu haben, in dem zwei Polynome in den beiden Variablen δ und λ genau dann als gleich betrachtet werden, wenn sie äquivalenten Knoten entsprechen. Diese Idee ist nicht ganz abwegig: Gelänge es, die der Knotenäquivalenz entsprechende Äquivalenzrelation für Listings Complexionssymbole leicht zu entscheiden, so gäbe dies in der Tat eine berechenbare Knoteninvariante, allerdings, wie Taits spätere Beobachtung zeigte, keine vollständige.

Obwohl Listing in seinen *Vorstudien* kaum ernsthafte Ergebnisse präsentieren konnte, waren seine Beiträge zur Mathematisierung des Knotenproblems doch in anderer Hinsicht wichtig. Zum einen legten sie den Knotenbegriff auf *geschlossene (glatte) Raumkurven ohne Doppelpunkte* fest, eine Konvention, die von fast allen späteren Mathematikern übernommen wurde. Zum anderen wiesen die unzureichenden Versuche Listings, den „topologischen Charakter" von Knoten durch Symbole zu beschreiben, die aus ebenen oder sphärischen Diagrammen abgelesen wurden, überhaupt erst auf das grundlegende Problem der Mathematik der Knoten hin: Wie konnte, wenn zwei Knoten der längst geläufigen Praxis gemäß durch Zeichnungen vorgelegt wurden, entschieden werden, ob die beiden Knoten stetig ineinander deformiert werden konnten? Gab es so etwas wie eine Liste der möglichen Knotenformen und eine Reihe von einfach bestimmbaren Merkmalen, die es gestatteten, beliebige Knoten als äquivalent oder verschieden zu erkennen? Es muß freilich betont werden, daß Listing diese systematischen Fragen in seinen *Vorstudien* noch *nicht* explizit gestellt hat. Dies sollte einer Gruppe von Physikern vorbehalten bleiben, die aus ganz anderen Gründen ein starkes Interesse an topologischen Fragen hatten.

Wir können es als sicher ansehen, daß Gauß die *Vorstudien zur Topologie* gelesen hat, und ebenso, daß er die Mängel des Listingschen Herangehens an das Knotenproblem erkannt hat. Vielleicht sah er sich sogar herausgefordert, selbst an dem aufgeworfenen Problem weiterzuarbeiten. Dies gehört vermutlich zum Hintergrund für Riemanns Bericht, Gauß habe das Knotenproblem in seinen letzten Jahren studiert, es aber außer in den einfachsten Fällen nicht lösen können. Eher noch als Listing mag Gauß gespürt haben, daß die Legende vom Durchschneiden des Gordischen Knotens nicht umsonst besteht. Gemessen an den zur Verfügung stehenden Mitteln war das aufgeworfene Problem von beträchtlicher Schwierigkeit – deutlich schwieriger als das wenig später in den Blickpunkt der *Geometria situs* oder Topologie gerückte Problem der Flächenklassifikation, dessen erste Bearbeitungen ich nun kurz streifen muß, weil sie den Ausgangspunkt einer Kette von Ereignissen bildeten, in deren Verlauf das Knotenproblem an einen anderen Ort und in einen anderen Kontext weitergegeben wurde: nach Schottland, und in die mathematische Physik.

§ 32. *Ein neues Werkzeug: Riemanns Zusammenhangszahl*

Neben Wilhelm Weber, der die topologischen Ideen von Gauß zumindest aus der gemeinsamen Arbeit über den Elektromagnetismus kannte, gehören vor allem Möbius und Riemann zu den wenigen, denen Gauß mündliche Mitteilungen über die *Geometria situs* machte. Auch ihre Beiträge zu dem jungen Gebiet standen teilweise noch unter seinem hegemonialen Einfluß. Sowohl Möbius als auch Riemann verdankten mindestens den Beginn ihrer Karriere auch der Protektion des Göttinger Meisters. Möbius, 1790 geboren, studierte in Leipzig und Göttingen und erhielt 1816 auf Gauß' Empfehlung hin eine Anstellung als Professor und Observator an der Sternwarte von Leipzig. Ab 1820 war er dann deren Direktor und hatte somit eine ganz ähnliche professionelle Stellung wie Gauß selbst. Der direkte Einfluß von Gauß auf die mathematischen Anfänge des 1826 geborenen Riemann ist schwieriger zu beurteilen, aber Riemanns Assistentenstellung bei Wilhelm Weber von 1850 bis 1854 brachte ihn mindestens in indirekten Kontakt mit Gauß. Auch die oft erzählte Episode der Gaußschen Reaktion auf Riemanns Habilitationsvortrag über die Hypothesen der Geometrie weist zweifellos auf ein Schlüsselereignis in dessen Karriere hin.

Möbius hatte bereits vor dem früher zitierten Brief, in welchem er Gauß nach seinen topologischen Studien fragte, selbst an einem „Kalkül der Lage" gearbeitet, allerdings in der von Leibniz verfolgten Richtung und mit Bezug auf die projektive Geometrie. Zwei seiner Hauptwerke, das 1827 erschienene Werk *Der barycentrische Calcül* und das vielgelesene Lehrbuch *Die Elemente der Mechanik des Himmels* von 1843 beschäftigten sich mit Ideen zu einem geometrischen Kalkül auf der Basis gerichteter Strecken. Möbius war auch indirekt dafür verantwortlich, daß der in ähnlicher Richtung sehr viel weitergehende Graßmann sich mit den Leibnizschen Fragmenten zur geometrischen Charakteristik auseinandersetzte und dabei erstmals deutlich machte, daß Leibniz' Ideen sich nicht mit denen Eulers und Vandermondes deckten.[50] Mit der Topologie im Sinne der letzteren beschäftigte Möbius sich erst spät, einige Zeit nachdem Riemanns funktionentheoretische Arbeiten neue topologische Begriffe zur Verfügung gestellt hatten, aber möglicherweise ohne sie zu kennen.[51] Möbius' Untersuchungen zur Topologie der Polyeder und Flächen, angeregt durch eine Preisaufgabe der Pariser Akademie von 1858, wurden in zwei Arbeiten veröffentlicht: *Theorie der elementaren Verwandtschaft* (1863) und *Ueber die Bestimmung*

---

[50] Vgl. wiederum Kap. 2, Anm. 46. Möbius forderte Graßmann auf, sich an der Preisfrage der Fürstlich-Jablonowskischen Gesellschaft der Wissenschaften in Leipzig von 1844 zu beteiligen, in der auf der Basis der durch Uylenbroek zugänglich gemachten Leibnizschen Korrespondenz dessen geometrische Charakteristik „wiederhergestellt und weiter ausgebildet werden" sollte. Möbius war einer der beiden Preisrichter; Graßmann erhielt als einziger Bewerber den Preis. – Zu Möbius und Graßmann vgl. (Crowe 1967/1985, Kap. 3).

[51] Vgl. zur letzten Frage (Pont 1974, 97).

des Inhalts eines Polyeders (1865). Die erste Arbeit enthielt eine Erweiterung des Konzepts der „Verwandtschaft" (ein in der projektiven Geometrie für Abbildungen gebräuchlicher Ausdruck), die den Boden für den Begriff des Homöomorphismus, und damit überhaupt erst für eine präzise Formulierung topologischer Klassifikationsaufgaben bereitet hat.[52] Das Ziel, das sich Möbius in seiner Arbeit setzte, war insbesondere, die in den gewöhnlichen Raum eingebetteten, geschlossenen Flächen unter dem Gesichtspunkt ihrer „elementaren Verwandtschaft" zu klassifizieren. Er erreichte dies, indem er recht elegant zeigte, daß jede solche Fläche durch eine wohlbestimmte Zahl n einfach geschlossener Kurven in zwei Flächen zerschnitten werden konnte, die beide elementar verwandt mit dem von n Kreisen berandeten Teil einer Kugelfläche waren. Die Zahl n nannte Möbius die „Klasse" der Fläche; zwei eingebettete, geschlossene Flächen erwiesen sich als elementar verwandt genau dann, wenn sie von derselben Klasse waren.[53]

Möbius' zweite Arbeit behandelte das Thema des orientierten Flächeninhalts von Polygonen, das auch Gauß und Listing beschäftigt hatte, und führte es weiter in Richtung auf eine Definition des orientierten Rauminhalts eines Polyeders. Im Zusammenhang der Vorarbeiten zu diesem Text (wie die Tagebücher von Möbius zeigen, wurden sie übrigens früher als jene für die zuerst veröffentlichte Arbeit ausgeführt) stieß Möbius auch auf nichtorientierbare Flächen.[54] Diese Episode ist von allgemeinerem Interesse, weil Möbius hier Flächen durch Randverheftungen von Dreiecken konstruierte und durch die Verwendung dieser Technik nicht mehr unbedingt an die Einschränkung auf in den Raum eingebettete Flächen gebunden war. Damit stieß Möbius an jene Grenze in der Konstruktionsweise der Gegenstände der Topologie, die Listing nie übertrat, während Riemann sie wahrscheinlich zu dieser Zeit schon überschritten hatte. Möbius dehnte seine Bemühungen um die Klassifikation von Flächen jedoch nicht systematisch auf geschlossene oder berandete nichtorientierbare Flächen aus, und er stellte sich auch diese, falls sie nicht in den gewöhnlichen Raum einbettbar waren, stets als im Raum gelegene Flächen mit Selbstdurchdringungen vor.

Vor allem die zweite Arbeit scheint einiges direkten Mitteilungen von Gauß zu verdanken. So hatte dieser Möbius z.B. die Konstruktion einer orientierbaren Fläche mitgeteilt, die Möbius nur

---

[52] Möbius' Erklärung lautete: „Zwei geometrische Figuren sollen einander elementar verwandt heißen, wenn jedem nach allen Dimensionen unendlich kleinen Elemente der einen Figur ein dergleichen Element in der anderen dergestalt entspricht, dass von je zwei aneinander grenzenden Elementen der einen Figur die zwei ihnen entsprechenden Elemente der anderen ebenfalls zusammenstoßen; oder, was dasselbe ausdrückt: wenn je einem Puncte der einen Figur ein Punct der anderen also entspricht, dass von je zwei einander unendlich nahen Punkten der einen auch die ihnen entsprechenden der anderen einander unendlich nahe sind." (Möbius 1863, § 1.) Wie die Rede von den unendlich nahen Punkten und auch Möbius' weiteres Vorgehen zeigt, steht der moderne Begriff des *Diffeomorphismus* der Möbiusschen Erklärung wahrscheinlich näher als das Konzept des *Homöomorphismus*. Es handelt sich hier um eine Differenzierung, die von den Mathematikern dieser Zeit – vor der Arithmetisierung der Analysis – generell noch nicht gemacht wurde. Das gilt übrigens auch von den Physikern, von denen im nächsten Kapitel noch die Rede sein wird.

[53] Eine nähere Diskussion findet sich bei (Pont 1974, 90-99) und (Scholz 1980, 150-153). Das grundlegende Verfahren, das Möbius zu diesem Zweck entwickelte, bestand darin, eine eingebettete Fläche mit einer kontinuierlichen Familie von untereinander parallelen Ebenen zu schneiden und die sich dabei ergebende *endliche* Folge topologisch verschiedener, ebener Traktfiguren durch geeignete symbolische Schemata zu beschreiben. Möbius' Argument verwendete damit eine epistemische Technik, die der von Gauß noch sehr nahe stand.

[54] Vgl. (Pont 1974, 105-109) und (Scholz 1980, 145-147).

leicht abzuwandeln brauchte, um eine nichtorientierbare Fläche zu erhalten, aus welcher durch Vereinfachung das „Möbiusband" entsteht.[55] Beide Arbeiten bewegten sich außerdem weitgehend in jenem konzeptuellen Rahmen der Topologie, den Gauß und Listing umrissen hatten. Zwar setzte, wie Pont mit Recht betont, der grundlegende Begriff der elementaren Verwandtschaft von Flächen *nicht* mehr voraus, daß diese in den gewöhnlichen Raum eingebettet gedacht wurden; Möbius' Klassifikationstechnik tat dies aber dennoch.[56] Sein Beitrag kann sowohl hinsichtlich seines begrifflichen Rahmens wie auch seiner argumentativen Techniken geradezu als eine Ergänzung der Gaußschen und Listingschen Überlegungen in Richtung der „Flächen-Complexionen" verstanden werden. Damit war das zweite Problemgebiet der vordisziplinären Topologie umrissen, das in der zweiten Hälfte des 19. Jahrhunderts für die reine Mathematik eine immer zentralere Rolle spielen sollte.

Der wichtigste Grund für die wachsende Bedeutung der Flächentopologie findet sich in Bernhard Riemanns Beiträgen zur Theorie komplexer Funktionen. Die topologischen Ideen Riemanns überschritten schließlich sowohl in der Weise der Vorstellung von Flächen als auch im Hinblick auf ihre mathematische Verwendung den durch Gauß' intellektuelle Hegemonie abgesteckten Rahmen. Ähnlich wie bei Möbius gab ein Verfahren der Zerschneidung von Flächen durch Linien das entscheidende Werkzeug, und möglicherweise ging dieses Verfahren ebenfalls auf eine Mitteilung von Gauß zurück. In einem um 1840 niedergeschriebenen Fragment gab Gauß ein Argument dafür, daß ein durch n einfache geschlossene Kurven („Züge") in der komplexen Ebene berandetes Gebiet durch $n - 1$ die Ränder verbindende Kurvenstücke in ein Gebiet mit einer einzigen Randkurve zerlegt werden konnte (die zusätzlichen Kurvenstücke jeweils zweifach gezählt; vgl. die nächste Figur).[57]

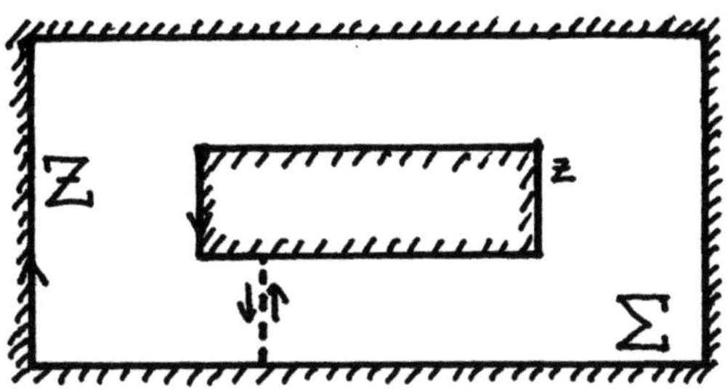

Fig. 3.10: Gauß' Zerlegung eines Gebietes

Ein ähnliches Verfahren führte Riemann in seiner Dissertation ein, um die von ihm beschriebenen Definitionsbereiche komplex analytischer Funktionen – die „Riemannschen Flächen" – topologisch zu charakterisieren.[58] Eine (berandete) Fläche, so legte er fest, sollte *einfach zusammenhängend* heißen, wenn sie durch jeden *Querschnitt* in zwei Stücke zerlegt wurde; Querschnitte

---

[55] Es handelte sich um ein kreuzförmiges Band, dessen gegenüberliegende Enden miteinander verheftet wurden; je nach der Art der Verheftung entstand eine orientierbare Fläche (wie bei Gauß) oder eine nichtorientierbare. Betrachtet man statt des Kreuzbands ein einfaches Band, ergibt sich das Möbiusband. Eine ganz ähnliche Konstruktion findet sich übrigens auch in Listings *Census*, und Pont vermutet, daß *beide* eine ähnliche Anregung von Gauß erhalten hatten (Pont 1974, 109 f.)

[56] Vgl. oben, Anm. 53.

[57] *Werke*, Bd. 8, 407-410; vgl. dazu (Pont 1974, 37 f.).

[58] Vgl. hierzu ausführlich (Scholz 1980, 55 ff.). Eine spätere Charakterisierung Riemannscher Flächen

waren dabei „Linien, welche von einem Begrenzungspunkte das Innere einfach – keinen Punkt mehrfach – bis zu einem Begrenzungspunkte durchschneiden" (Riemann 1851, § 6). Entsprechend schlug Riemann vor, „unter einer n-fach zusammenhängenden Fläche eine solche [zu] verstehen, die durch $n - 1$ [aber nicht weniger] Querschnitte in eine einfach zusammenhängende zerlegbar ist." (Ebd.) Der sachliche Zusammenhang zu Gauß' Überlegung ist offensichtlich, und Riemann selbst erklärte gegenüber Betti, eine Bemerkung von Gauß hätte ihn auf den Weg gebracht.[59] Wie dem auch sei – jedenfalls führte Riemann mit seiner Definition eine weitere, topologische Verhältnisse charakterisierende Zahl ein, die sich im Rahmen seiner funktionentheoretischen Arbeiten als ein Werkzeug von erstaunlicher Kraft erwies. Dabei knüpfte Riemann (vielleicht ohne es zu wissen) an ein auch für Gauß ausschlaggebendes methodisches Motiv an, nämlich diese charakteristischen Zahlen in Verbindung zu setzen mit analytischer Information (wie im einfachsten Fall der Umlaufzahl). Riemanns Arbeiten kulminierten schließlich in seiner *Theorie der Abelschen Functionen* von 1857. Darin wurden Flächen für ein ganz neuartiges Studium der algebraischen Funktionen einer komplexen Variabeln eingesetzt. Insbesondere arbeitete Riemann den Begriff des Zusammenhangs in eine Gruppe von Resultaten ein, in welchen die Topologie einer Riemannschen Fläche mit den auf ihr definierten analytischen Funktionenklassen verknüpft wurde. Das weitreichendste Resultat in dieser Gruppe wird heute (nach einer Ergänzung durch Riemanns Schüler Roch) als „Riemann-Rochscher Satz" bezeichnet.[60]

Zunächst weitgehend unbemerkt vollzog Riemanns Einführung der Flächentopologie in die Funktionentheorie einen Schritt, der die Struktur der topologischen Überlegungen der Zeit, ihre epistemischen Gegenstände und Techniken völlig zu verändern begann. Die Riemannschen Flächen waren strenggenommen nicht mehr Flächen *im Raum*, sie waren nach der Art ihrer Einführung nicht mehr konkret anschauliche, sondern *gedachte* Flächen, die ihre Existenzberechtigung aus ihrer funktionentheoretischen Bedeutung schöpften – auch wenn Riemann seine Flächen mehrfach in geometrisch-anschaulicher Sprache umschrieb und dadurch seinen Lesern Anlaß zu Mißverständnissen gab. Hier ist nicht der Ort, die Geschichte dieser neuartigen Konstruktion weiterzuverfolgen, die durch das gesamte 19. Jahrhundert einen unklaren Status behielt und erst im Rahmen der entstehenden modernen Topologie einen klar umrissenen Platz im epistemischen Gebäude der Mathematik fand.[61] Im Verlauf des 19. Jahrhunderts trennte sich an dieser Stelle der Weg des topologischen Studiums von Knoten von dem der Flächen bzw. Mannigfaltigkeiten. Wie wir sehen werden, blieben die Knoten und Verkettungen betreffenden Überlegungen fast durchgängig im Rahmen einer Topologie des gewöhnlichen, ja des „wirklichen" Raums. Mit Ausnahme einiger kurzen, aber signifikanten Episoden, über die im sechsten Kapitel berichtet wird.

---

von Adolf Hurwitz, welche die Vorstellungen der Mathematiker des späten 19. Jahrhunderts von diesen Objekten sehr genau wiedergibt und auch als anschauliche Erläuterung ihres Begriffs dienen kann, zitiere ich in § 62.

[59] „Die Vorstellung der Schnitte ist Riemann durch eine Definition in den Sinn gekommen," schrieb Betti an seinen Kollegen Tardy, „die Gauß ihm in einem privaten Gespräch über einen anderen Gegenstand gab." (Weil 1979, 92.)

[60] Näheres hierzu bei (Scholz 1980, 68 ff.).

[61] Die wichtigsten Informationen hierzu gibt (Scholz 1980).

§ 33. Der Stand der Mathematisierung des Knotenproblems in der Generation nach Gauß

Bevor ich den Faden der historischen Erzählung wieder aufnehme, möchte ich eine kurze Bilanz der Möglichkeiten der mathematischen Behandlung verschlungener Kurven ziehen, die durch die Beiträge von Gauß und Listing geschaffen wurden. Drei Sachverhalte sind klar. *Erstens* zeigten Gauß' fragmentarische Überlegungen, allerdings zunächst nur ihm selbst, daß schwierige und beziehungsreiche Fragen mit diesen erst provisorisch erfaßten epistemischen Gegenständen verknüpft waren. *Zweitens* rückten Listings *Vorstudien* die neuen Gegenstände und einige auf sie bezügliche Fragen ins Bewußtsein seiner (wahrscheinlich wenigen) Leser; gleichzeitig suchten sie eine Sprache und einen rudimentären symbolischen Kalkül zur Beschreibung der neuen Gegenstände zu entwickeln. *Drittens* gelang es jedoch beiden nur in isolierten Ansätzen, Techniken zur Verfügung zu stellen, auf die weitere Untersuchungen sich hätten stützen können. Die epistemische Konfiguration dieser Phase war daher noch unvollständig, nicht ausreichend für eine systematische und erfolgreiche Behandlung von Knoten.

Die entscheidenden, ersten Mathematisierungsschritte waren also gemacht, aber sowohl aufgrund der bestehenden kommunikativen Strukturen als auch aufgrund eines Mangels an mathematischen Techniken gab es zunächst nur wenige Anknüpfungspunkte für eine weitere Erforschung des neuen Problemgebiets. Das galt für das Knotenproblem eher noch mehr als für das durch Möbius und Riemann eröffnete Gebiet der Flächentopologie, für das Riemanns Querschnitte und Möbius' Invariante n (das später so genannte Geschlecht einer Fläche) erste effektive Techniken bereitstellten, während Riemanns aufsehenerregende funktionentheoretische Resultate und etwas später auch die Untersuchung algebraischer Flächen im reell-projektiven Raum starke Motive für seine weitere Bearbeitung lieferten.[62]

Außerdem war das Spektrum der Richtungen, in denen die mathematische Behandlung der Knoten und Verkettungen sich bewegen konnte, durch eine doppelte Ambivalenz geprägt: durch eine Ambivalenz zwischen jenen beiden Typen mathematischen Handelns, die ich im Anschluß an Scholz *heteronom* und *autonom* genannt habe, und eine Spannung zwischen zwei unterschiedlichen Auffassungen über die angemessene Methode der Topologie, die ich den *direkten* und den *indirekten Stil)(* der Topologie nennen möchte. Vandermondes Idee eines Kalküls für die Textilmanufaktur gibt ein paradigmatisches Beispiel eines heteronomen Mathematisierungsversuchs; Listing dagegen suchte im technischeren Teil seiner *Vorstudien* das Feld der Topologie als eine autonome, neue Wissenschaft darzustellen. Sieht man näher hin, sind fast alle Bemühungen um die *Geometria situs* dieser Zeit durch die Spannung zwischen autonomen und heteronomen Elementen charakterisiert. Gauß begegnete verschlungenen Kurven in der Astronomie und studierte zu diesem Zweck die Differentialform des Verschlingungsintegrals, und er begegnete ihnen wieder, als er mit Weber am Göttinger Telegraphen arbeitete. Auch Listing suchte seine neue Wissenschaft Kristallographen, Botanikern, Astronomen, ja sogar Soldaten und Tänzern schmackhaft zu machen. *Gleichzeitig* waren sich jedoch die Beteiligten von Euler bis Riemann klar darüber – hier war nicht zuletzt Gauß' wiederholte Intervention maßgeblich – daß topologische Fragen auf der Ebene der begrifflichen Architektur der Mathematik eine eigenständige, autonome Stufe der mathematischen Abstraktion erreichten, welche künftig ebenso selbständig erforscht zu werden verdiente wie – um einen drastischen Vergleich anzustellen – die Fragen der Zahlentheorie.

---

[62] Vgl. dazu wiederum (Scholz 1980).

Vorläufig zog diese Ambivalenz wohl die Frage nach sich, wieviel intellektuelle Energie auf die neue Wissenschaft der Topologie verwandt werden sollte. Dabei darf nicht vergessen werden, daß die bestehenden Strukturen wissenschaftlicher Praxis autonomes mathematisches Handeln nur in recht engen Grenzen erlaubten. Wesentlich bedeutsamer für Positionen, Gehälter und Reputation waren Beiträge zur weiteren Mathematisierung der exakten Wissenschaften; Gauß' eigene Karriere führte das in schlagender Weise vor. Listings Plädoyer für eine autonome Topologie blieb daher im Kontext des 19. Jahrhunderts eher marginal. Wir werden sehen, daß im Rahmen der Mathematik der Knoten die heteronomen Impulse bis zum Ende des Jahrhunderts stärker blieben als die autonomen. Die nächste Phase der Mathematisierung begann genau dann, als starke physikalische Gründe dafür sprachen.

Die zweite Ambivalenz betrifft das Erbe der Ideen des 18. Jahrhunderts über die *Analysis situs* und ihre Stellung zu dem, was Gauß die *Geometria magnitudinis* genannt hatte. Auf der ersten, im 18. Jahrhundert ausschließlich verfolgten Linie sollten die anschaulichen, geometrischen Lageverhältnisse durch einen eigenständigen, auf *direkter* Symbolisierung beruhenden Kalkül *neben* der Analysis der Größen mathematisiert werden. Auf dem zweiten Weg, den Gauß mehrfach ging und dem auch Riemanns topologisch-funktionentheoretische Beiträge folgten, ging es um einen von der analytischen Geometrie ausgehenden Abstraktionsschritt, der gleichwohl auf diese bezogen blieb. Es ging um topologische Fragen *in* der gewöhnlichen Mathematik, um das, was dort durch rein topologische Information bereits festgelegt war. Wieder war Listing derjenige, der einen direkten Stil befürwortete, während die Ambivalenz zwischen den beiden Herangehensweisen sich vielleicht am deutlichsten in Gauß' Beiträgen zeigte. Seine Behandlung des Traktproblems und auch das Fragment über den Zopf sind (nie publizierte) Beispiele direkter *Analysis situs*, während seine veröffentlichten Bemerkungen über den Zodiacus verschlungener Planetenbahnen dem zweiten, *indirekten* Zugang zur Topologie eingeordnet werden müssen, der die Werkzeuge der Analysis der Größen maßgeblich verwendet. Daß Gauß hier auf eine neue Schicht mathematischer Argumentationsformen in der gewöhnlichen Analysis und Geometrie gestoßen war, war ihm klar – aber wie sollte die weitere Suche nach topologischen Erkenntnissen vor sich gehen? Durch die energische Konstruktion einer eigenen Sprache und Symbolik, wie Listing vorschlug? Oder durch die Suche nach Sätzen und Gegenständen der Analysis, der Differentialgeometrie, oder der physikalischen Wissenschaften, welche die Formulierung topologischer Begriffe gestatteten und erforderten? In gewisser Weise ging es auch hier um eine Form der Autonomie, allerdings nicht um die Autonomie in der Zweckbestimmung der neuen Disziplin, sondern um jene ihrer Sprache und Gegenstandskonstruktion.

Beide Ambivalenzen zeigen eine Unsicherheit über die Orientierung der nächsten Schritte im Ausbau des neuen Erkenntnisgebiets an. Gleichzeitig schufen sie jedoch auch einen Handlungsspielraum für die künftige Entwicklung der Topologie. Die „topologischen Dinge", die Phänomene, die mathematisiert wurden, lagen nicht fest, und ebensowenig lag fest, *wie* ihre weitere Mathematisierung zu geschehen hatte. Vandermonde war ein Befürworter einer heteronom motivierten, aber direkten *Analysis situs*, Listing der Sprecher einer autonomen und direkten Topologie, Gauß hielt sich seine Optionen im Privaten offen, scheint jedoch in seinen schriftlichen und mündlichen Mitteilungen eine Präferenz für den indirekten Zugang zur Topologie gehabt zu haben. Im weiteren Verlauf unserer Geschichte werden wir sehen, wie verschiedene Wissenschaftler den eröffneten Handlungsspielraum in verschiedener Weise nutzen. Die Struktur dieses Spielraums änderte sich dabei lange Zeit nur wenig. Wir werden außerdem sehen, daß die

Ambivalenzen zwischen autonomer und heteronomer Mathematisierung sowie zwischen direkter und indirekter „Geometrie der Lage" in modifizierter Form auch noch die Bemühungen um die moderne Topologie und die Knotentheorie der ersten Jahrzehnte unseres Jahrhunderts prägten. Bereits in ihren ersten Mathematisierungsschritten, insbesondere aber in der Idee einer autonomen, direkt vorgehenden Topologie, kündigten sich damit auch erste Spuren der mathematischen Moderne und ihrer Konflikte an.

4 ÄTHERWIRBEL, KNOTEN UND ATOME

> The difficulties of this method are enormous, but the
> glory of surmounting them would be unique.
>
> *James Clerk Maxwell, 1875*

In diesem und dem folgenden Kapitel verfolge ich den Weg der Mathematisierung von Knoten und verschlungenen Kurven im Kontext der britischen mathematischen Physik der zweiten Hälfte des 19. Jahrhunderts. Für einen Zeitraum von ungefähr zwanzig Jahren, zwischen 1867 und etwa 1886, gelangten topologische Ideen und Knoten ins Zentrum einer physikalischen Spekulation über den mikroskopischen Aufbau der Materie. Diese Spekulation bildete den ausschlaggebenden Hintergrund für die ersten intensiven Bemühungen um eine Klassifikation der verschiedenen Knotenformen. Darüber wird im nächsten Kapitel berichtet. Zuvor muß jedoch erläutert werden, wie es überhaupt zu dieser Entwicklung kam. Dazu sind zunächst einige Worte über die dynamischen Theorien führender britischer Physiker dieser Zeit nötig. Danach gehe ich auf einen 1858 erschienenen Aufsatz von Hermann v. Helmholtz ein, in welchem (unter anderem) Riemanns topologische Ideen in die Hydrodynamik und damit in die fundamentale dynamische Theorie der Zeit eingebracht wurden (4.1). Die Rezeption dieses Aufsatzes durch Peter Guthrie Tait und William Thomson führte dann im Jahr 1867 zum Beginn der genannten atomtheoretischen Spekulation (4.2). Bei der Bearbeitung der dadurch aufgeworfenen mathematischen und insbesondere topologischen Fragen durch Thomson und James Clerk Maxwell kam es dann auch zur expliziten Formulierung des Problems der Knotenklassifikation (4.3). Ich schließe das Kapitel mit einer Zusammenfassung der weiteren Entwicklung der brillanten, letzten Endes aber erfolglosen Atomtheorie Thomsons.[1]

4.1 Wirbelbewegung und Zusammenhangszahlen

§ 34. *Dynamische Physik und die Herausforderung des Atomismus*

Um die Mitte des 19. Jahrhunderts bildete sich unter führenden britischen „Natural Philosophers", wie Physiker damals mit einem treffenden Ausdruck bezeichnet wurden[2], die Überzeugung heraus, daß die physikalischen Erscheinungen auf der Grundlage einer möglichst einheitlichen

---

[1] Eine genauer ausgeführte und belegte Darstellung der in diesem Kapitel behandelten Ereignisse findet sich in (Epple 1998b, Sect. II).

[2] Obwohl diese Benennung nicht mit der deutschen Bezeichnung der idealistischen „Naturphilosophen" verwechselt werden darf, werden wir noch sehen, daß die britischen Physiker des 19. Jahrhunderts für grundsätzliche, auch über den Bereich der empirisch abgesicherten Theorie hinausgehende Spekulationen über den Aufbau des Universums durchaus offen waren.

„dynamischen Theorie" erklärt werden sollten.[3] In der ersten Hälfte des 19. Jahrhunderts hatten zunächst französische und dann britische Physiker eine Reihe auffallender Analogien zwischen den mathematischen Beschreibungen verschiedener physikalischer Phänomenbereiche – der von S. D. Poisson und anderen studierten Elektro- und Magnetostatik, der von J. B. Fourier behandelten Wärmeleitung und der insbesondere von G. G. Stokes bearbeiteten Hydrodynamik – bemerkt. Ihr Kern bestand darin, daß ein bestimmtes statisches oder stationäres Phänomen durch eine Potentialfunktion φ beschrieben werden konnte, die in einem gewissen Raumgebiet einer (heute nach Laplace benannten) Differentialgleichung der Form

$$\frac{d^2\varphi}{dx^2} + \frac{d^2\varphi}{dy^2} + \frac{d^2\varphi}{dz^2} = 0$$

und gewissen Randbedingungen genügte.[4] Zur Interpretation solcher Analogien entwickelte sich um die Mitte des 19. Jahrhunderts unter dem maßgeblichen Einfluß des jungen schottischen Physikers William Thomson eine recht präzise Vorstellung von einer dynamischen Theorie, in deren Mittelpunkt die Idee stand, daß Gleichungen der obigen Form *generell* als Beschreibungen eines kontinuierlichen, stationär strömenden Mediums verstanden werden sollten.[5] Die Dynamik eines solchen Mediums konnte mit den Techniken der Lagrangeschen Mechanik beschrieben werden. Im einfachsten Fall handelte es sich um ein Medium, das als ideale, d.h. inkompressible und reibungsfrei strömende Flüssigkeit angesehen werden konnte. In diesem Fall ergaben die Grundgleichungen des Lagrangeschen Formalismus ein nach Euler benanntes System von Differentialgleichungen für die vom Ort (und im allgemeinen auch von der Zeit) abhängigen Komponenten u, v, w der Strömungsgeschwindigkeit in drei zueinander orthogonalen Koordinatenrichtungen:

$$X - \frac{1}{h}\frac{dp}{dx} = \frac{du}{dt} + u\frac{du}{dx} + v\frac{du}{dy} + w\frac{du}{dz}$$

$$Y - \frac{1}{h}\frac{dp}{dy} = \frac{dv}{dt} + u\frac{dv}{dx} + v\frac{dv}{dy} + w\frac{dv}{dz}$$

$$Z - \frac{1}{h}\frac{dp}{dz} = \frac{dw}{dt} + u\frac{dw}{dx} + v\frac{dw}{dy} + w\frac{dw}{dz}.$$

Hierbei sind x, y, z die Koordinaten eines Punktes, t die Zeit und X, Y, Z die Komponenten einer äußeren Kraft, während h die Dichte und p die (orts- und zeitabhängige) Druckfunktion des Mediums bezeichnen. Alle vorkommenden Funktionen wurden implizit als genügend glatt vorausgesetzt. Falls die Flüssigkeit in keinem Raumpunkt entstehen oder verschwinden konnte, kam eine weitere „Kontinuitätsgleichung" hinzu, welche die Erhaltung der Masse des Mediums beschrieb:

---

[3] Zu dieser Thematik existiert eine Fülle physikhistorischer Studien. Auf einige wird im folgenden besonders hingewiesen. Eine Reihe wichtiger Aufsätze sind in (Cantor und Hodge 1981) und (Harman 1985) gesammelt.

[4] Ich folge ab hier den Notationen von Helmholtz, dessen Beitrag im nächsten Paragraphen behandelt wird. Das Symbol ∂ für partielle Ableitungen war zu dieser Zeit noch nicht gebräuchlich.

[5] Für eine Diskussion physikalischer Analogien und ihrer Bedeutung für die Ausbildung dynamischer Theorien vgl. (Knudsen 1976), (Buchwald 1977), (Siegel 1981, 240 ff.), (Wise 1981), (Knudsen 1985) und (Smith und Wise 1989, Kap. 7). Der entscheidende Impuls kam von Thomsons Behandlung der Analogie zwischen stationärer Wärmeleitung und Elektrostatik (Thomson 1843).

$$\frac{du}{dx} + \frac{dv}{dy} + \frac{dw}{dz} = 0 \, .$$

Aus diesen (oder, für ein andersartiges Medium, entprechend komplexeren) Gleichungen waren jene physikalischen Größen zu bestimmen, die für das jeweils betrachtete Phänomen relevant waren. Der paradigmatische Spezialfall der physikalischen Analogien ergab sich, wenn die Strömung ein *Potential* zuließ, d.h. eine vom Ort und ggf. der Zeit abhängige Funktion φ, deren Richtungsableitungen in der Umgebung jedes Punktes den entsprechenden Geschwindigkeitskomponenten des strömenden Mediums proportional waren:

$$u = \frac{d\varphi}{dx} \, , \quad v = \frac{d\varphi}{dy} \, , \quad w = \frac{d\varphi}{dz} \, .$$

In diesem Fall ergab sich aus der Kontinuitätsgleichung die eingangs genannte Laplace-Gleichung, die im Zentrum der Analogien stand. Konnte sie gelöst werden, ließen sich auch die Eulerschen Gleichungen durch potentialtheoretische Methoden auf kanonische Weise integrieren.

Diese Möglichkeit einer einheitlichen Deutung verschiedener Phänomene legte es nahe, kontinuumsdynamische Theorien auch für andere Situationen zu konstruieren. Durch eine Variation der Eigenschaften des betrachteten Mediums erlaubte der Lagrangesche Formalismus die Herleitung einer Reihe ganz verschiedener Strömungsgleichungen. Ein aufsehenerregender Erfolg der kontinuumsdynamischen Theorien war die Erklärung der elektromagnetischen Phänomene, die nach Ørsteds und Faradays Experimenten ins Zentrum der wissenschaftlichen Aufmerksamkeit gerückt waren. Ihre Mathematisierung wurde Gegenstand einer triumphalen Entwicklung, als zunächst Thomson (für den statischen Fall) und etwas später James Clerk Maxwell (für den allgemeinen Fall) vorführten, wie die Entdeckungen Ørsteds und Faradays im Rahmen einer dynamischen Theorie interpretiert werden konnten. Maxwells Hauptwerk, der *Treatise on Electricity and Magnetism* von 1873, stellt den krönenden Abschluß dieser Bemühungen dar. Hand in Hand mit der Mathematisierung ging auch die praktische Nutzung der neuen Theorie: William Thomson etwa wurde ab der Mitte der 1850er Jahre zum führenden theoretischen Berater des aufwendigen Projekts eines transatlantischen telegraphischen Kabels. Nach einem gescheiterten ersten Versuch im Jahr 1858 gingen 1866 schließlich die ersten Telegramme zwischen Großbritannien und den Vereinigten Staaten hin und her. Ein Jahr später wurde Thomson geadelt.[6]

Thomson, von 1846 bis 1899 Professor für Natural Philosophy in Glasgow, wurde mehr und mehr zum führenden Vertreter der britischen dynamischen Physik. Zusammen mit Peter Guthrie Tait, der ab 1860 in Edinburgh die Professur für Natural Philosophy innehatte und ebenso wie Thomson und Maxwell ein brillanter Absolvent des Cambridger „Mathematical Tripos" war, verfaßte Thomson einen *Treatise on Natural Philosophy*, der 1867 erschien und die Grundlagen dynamischer Theorien mehr oder weniger kanonisierte. Schon bald wurde das Buch von Insidern liebevoll $T + T'$ genannt; Thomson (T) und Tait (T') redeten sich auch in ihrer Korrespondenz mit diesen Kürzeln an. Thomsons Hoffnungen gingen dabei noch einen Schritt weiter als zur dynamischen Erklärung der wichtigsten physikalischen Phänomene. Elektrizität, Magnetismus,

---

[6] Sir William erhielt allerdings erst 1892, nicht zuletzt aufgrund seines politischen Engagements für die Partei der schottischen Liberalen Unionisten, den Titel eines Baron Kelvin of Largs, vgl. (Smith und Wise 1989, Kap. 23).

Wärme, Licht, und Gravitation sollten, so hoffte er, durch die universelle Dynamik *eines einzigen* Mediums erklärt werden können. Auch wenn diese Hoffnung aus der Perspektive des 20. Jahrhunderts trügerisch erscheinen mag, stellte sie doch im Kontext der damaligen Zeit eine kühne und methodologisch anspruchsvolle Forderung nach einer einheitlichen mechanischen Beschreibung physikalischer Erscheinungen dar. Die Kontinuumsmechanik erlaubte zugleich die Deutung physikalischer Kräfte als Kontaktwirkungen und mithin eine Abkehr von dem Mysterium augenblicklich in die Ferne wirkender Kräfte. Zudem muß berücksichtigt werden, daß dem kontinuierlichen Medium, das in einer dynamischen Theorie der mathematischen Beschreibung zugrundegelegt wurde, nicht unbedingt auch reale Existenz (etwa im Sinne eines universellen Äthers) zugeschrieben werden mußte. Hier blieb für die Anhänger dynamischer Theorien ein attraktiver interpretatorischer Spielraum, der auch ganz verschieden genutzt wurde.

Freilich war auch den Zeitgenossen nicht klar, in welchem Maß Thomsons Hoffnung realisiert werden konnte. Insbesondere eine Schwierigkeit ließ sich nicht leicht aus der Welt räumen: die zur selben Zeit in Chemie und Physik immer wichtiger werdende Vorstellung, die Materie sei aus kleinsten, unzerstörbaren Teilchen aufgebaut. Diese Vorstellung hatte in den Forschungen der Chemiker der ersten Hälfte des 19. Jahrhunderts immer größere Bedeutung erlangt, zunächst als theoretische Hypothese ohne präzisen physikalischen Anspruch, bald aber auch unter Einbeziehung physikalischer Eigenschaften wie relativen Atommassen oder elektrischen Ladungen. Ein in den Augen vieler Zeitgenossen entscheidender Durchbruch für die Anerkennung der Atomvorstellung ergab sich aus den aufsehenerregenden Möglichkeiten der Spektroskopie, die nach den bahnbrechenden Versuchen von Kirchhoff, Bunsen, Ångstrøm und anderen ab etwa 1860 schnell zu einer der avanciertesten experimentellen Techniken der Zeit entwickelt wurde. Zum ersten Mal konnte beispielsweise schlüssig und im Detail nachgewiesen werden, daß die chemischen Bestandteile der Sonne mit irdischen Elementen identisch waren, und das Spektrum eines chemischen Elements wurde bald als Zeugnis fundamentaler Vibrationsmodi der betreffenden Atomsorte gedeutet.[7] Eine weitere indirekte Stützung atomistischer Vorstellungen ergab sich aus der kinetischen bzw. statistischen Gastheorie, die ebenfalls ab etwa 1860, und nicht zuletzt durch Beiträge Maxwells, soweit entwickelt war, daß nach quantitativen, mikroskopischen Begründungen thermodynamischer Gesetzmäßigkeiten gesucht werden konnte.[8]

Wie sollte jedoch die Vorstellung von kleinsten, unteilbaren Bestandteilen der Materie mit einer kontinuumsdynamischen Theorie in Einklang gebracht werden? Die rudimentären Konzepte der Zeit ließen kaum erkennen, in welcher Weise das möglich sein könnte. Entweder wurden Atome als stoßende, möglicherweise mit elektrischen Ladungen behaftete elastische Kugeln imaginiert, oder aber – in Anlehnung an Ideen, die der aus Ragusa (Dubrovnik) stammende und vor allem in Italien tätige Gelehrte R. J. Boscovič im 18. Jahrhundert geäußert hatte – als (materielle oder immaterielle) Zentren einer in die Ferne wirkenden Kraft, deren quantitatives Gesetz den jeweils zu erklärenden Phänomenen angepaßt werden mußte. Allen solchen Vorstellungen war gemeinsam, daß die spezifischen physikalischen Eigenschaften *ad hoc* den verschiedenen Atomsorten zugeschrieben werden mußten. Eine uniforme Reduktion dieser Eigenschaften auf eine fundamentalere dynamische Theorie, wie sie Thomson vorschwebte, stellte daher eine große theoretische Herausforderung dar.

---

[7] Zur Entwicklung der Spektroskopie vgl. (MacGucken 1969).
[8] Näheres hierzu in (Brush 1976), (Garber 1978), (Brush 1983).

Die jüngere physikhistorische Literatur hat gezeigt, daß Thomson spätestens seit der Mitte der 1850er-Jahre verschiedene Möglichkeiten einer Verbindung der Atomvorstellung mit einer dynamischen Theorie durchspielte.[9] Im Zentrum stand die Vermutung, daß der Raum zwischen den Atomen durch ein kontinuierliches Medium gefüllt war, das die Atome mit mikroskopischen Wirbeln umgab. Thomson war sich dabei zunächst unsicher, ob die Atome selbst als Teil des raumfüllenden Mediums oder als eine andere Art materieller Körper angesehen werden sollten. Thomsons Ideen gingen auf einen Vorschlag des Physikers, Ingenieurs und Mitarbeiters im Atlantikkabel-Projekt, W. J. M. Rankine, zurück, nach welchem Wärme durch kleine „molekulare Wirbel" um die materiellen Moleküle hervorgerufen wurde. Unter Rückgriff auf die Vorstellung mikroskopischer Wirbel gelang Thomson 1856 eine dynamische Deutung der Faradayschen Beobachtung, daß magnetische Kräfte eine Wirkung auf die Polarisation des Lichtes besitzen, und er war mehr und mehr davon überzeugt, daß mindestens für gewisse physikalische Erscheinungen, insbesondere für die magnetischen, solche mikroskopischen Rotationsbewegungen, „vortical or other", verantwortlich waren (Thomson 1856, 200). Auch Maxwell machte sich die Idee molekularer Wirbel für eine gewisse Zeit zu eigen.[10] Allerdings gab es nicht viele empirische Hinweise, wie diese Vorstellung quantitativ präzisiert werden konnte, und zudem fehlten genügend entwickelte mathematische Methoden zur Behandlung einer so komplizierten dynamischen Situation. Thomsons Versuche, seine Ideen zu einer soliden Theorie auszuarbeiten, blieben daher vorläufig ergebnislos.[11] Als Thomson seine Versuche, eine dynamische Theorie der Materie zu entwickeln, im Jahr 1867 wieder aufgriff und zu einem ehrgeizigen Forschungsprogramm ausbaute, war ein neues Element ins Spiel gekommen. Atome, so vermutete Thomson jetzt, waren nichts anderes als gewisse dynamisch stabile Konfigurationen im universellen Medium. Ihre Stabilität ergab sich daraus, daß gewisse *topologische Eigenschaften* der Wirbelbewegung in idealen Medien unzerstörbar waren.

§ 35. Wirbelbewegung

Den theoretischen Schlüssel zu Thomsons neuer Atomtheorie sollte ein Beitrag zur Hydrodynamik liefern, den der gerade von Bonn nach Heidelberg berufene Physiologe und Physiker Hermann v. Helmholtz im Jahr 1858 in Crelles Journal veröffentlichte. Darin schrieb Helmholtz *Ueber Integrale der hydrodynamischen Gleichungen, welche den Wirbelbewegungen entsprechen*, d.h. über solche Lösungen der Eulerschen Gleichungen für die Bewegung idealer Flüssigkeiten, die nicht notwendigerweise eine Potentialfunktion besaßen. Damit betrat Helmholtz theoretisches Neuland, in dem, wie er zeigte, topologische Überlegungen eine zentrale Rolle erhielten.[12]

---

[9] Vgl. (Siegel 1981), (Knudsen 1985), und (Smith und Wise 1989, Kap. 11 und 12).

[10] Vor allem in seiner wichtigen Artikelserie „On physical lines of force" von 1861-1862. Aber auch im *Treatise* taucht die Idee bei der Besprechung des Faradayschen Effekts wieder auf. Zur Bedeutung der Idee molekularer Wirbel in Maxwells Forschung vgl. (Siegel 1985).

[11] In Thomsons Korrespondenz mit Stokes in den späten 1850er-Jahren finden sich mehrere Versionen von Thomsons Wirbel-Spekulationen. Stokes nahm dabei wiederholt die Rolle eines Skeptikers ein, vgl. (Smith und Wise 1989, 408-412).

[12] Kurze Diskussionen des Helmholtzschen Beitrags finden sich in (Silliman 1963), (Siegel 1981), (Buchwald 1985, appendix 6) und (Archibald 1989). Allen Darstellungen bis auf die letzte ist gemeinsam, daß auf die topologischen Aspekte nur am Rande eingegangen wird.

Auch Helmholtz ging zunächst von dem Fall einer Potentialströmung aus, d.h. einer Strömung, deren Geschwindigkeitskomponenten (lokal) als Ableitungen einer die Laplace-Gleichung erfüllenden Funktion φ gegeben waren. Diesen Fall hatten vor ihm vor allem Euler und Lagrange theoretisch bearbeitet.[13] Helmholtz stellte seine Ausführungen außerdem unmittelbar in den Zusammenhang der physikalischen Analogien, indem er seine Leser daran erinnerte, „dass jede Function φ, welche die obige Differentialgleichung [d.h. die Laplace-Gleichung] innerhalb eines einfach zusammenhängenden Raumes erfüllt, als das Potential einer bestimmten Vertheilung magnetischer Massen an der Oberfläche des Raumes angesehen werden kann" (Helmholtz 1858, 105 f.). Diese Bemerkung verband nicht nur Hydrodynamik und Magnetismus – eine Analogie, die Helmholtz im Verlauf seines Artikels weiter ausbauen sollte –, sondern sie führte auch einen Begriff ein, der den meisten Lesern dieser Zeit wahrscheinlich unbekannt war, den des *einfachen Zusammenhangs*. Bereits in der Einleitung des Artikels erklärte Helmholtz den Sinn dieses Begriffs, wobei er Riemanns frühere Erklärung auf den Fall von drei Dimensionen übertrug:

> „Ich nehme diesen Ausdruck in demselben Sinne, in welchem Riemann (dieses Journal Bd. LIV, S. 108) von einfach und mehrfach zusammenhängenden Flächen spricht. Ein n fach zusammenhängender Raum ist danach ein solcher, durch den $n - 1$, aber nicht mehrere Schnittflächen gelegt werden können, ohne den Raum in zwei vollständig getrennte Theile zu trennen. Ein [Voll-]Ring ist also in diesem Sinne ein zweifach zusammenhängender Raum. Die Schnittflächen müssen ringsum durch die Linie, in der sie die Oberfläche des Raumes schneiden, vollständig begrenzt sein." (Helmholtz 1858, 103, Note 1.)

Außerdem fügte Helmholtz seiner zitierten Bemerkung über Potentiale in einfach zusammenhängenden Räumen eine Fußnote bei, die später erhebliche Bedeutung gewann. Er wies nämlich darauf hin, daß im Fall mehrfach zusammenhängender Raumgebiete eine zusätzliche mathematische Schwierigkeit entstand: In diesem Fall gibt es nämlich *mehrwertige* Funktionen, deren Zweige die Laplace-Gleichung, eine lokale Bedingung, erfüllen. Für solche Funktionen griffen jedoch die Greenschen Integralformeln nicht mehr, mit deren Hilfe üblicherweise die Eindeutigkeit von potentialtheoretischen Randwertaufgaben nachgewiesen wurde.

Wie Helmholtz vorführte, hatte diese Bemerkung über Potentialströmungen in topologisch nichttrivialen Gebieten mit seinem eigentlichen Thema, den Wirbelbewegungen, viel zu tun. Da *lokal* ein Potential einer Strömung u, v, w genau dann existierte, wenn die drei Größen

$$\frac{dv}{dz} - \frac{dw}{dy} =: \xi , \qquad \frac{dw}{dx} - \frac{du}{dz} =: \eta , \qquad \frac{du}{dy} - \frac{dv}{dx} =: \zeta ,$$

gemeinsam verschwanden, begann Helmholtz seine Untersuchung mit einer mechanischen Deutung der Größen ξ, η, ζ. Mit Hilfe der Eulerschen Gleichungen zeigte er, daß die momentane Bewegung eines infinitesimalen Teils der Flüssigkeit zerlegt werden konnte in eine *Translation*, eine *Expansion* oder *Kompression* entlang dreier orthogonaler Hauptachsen, und eine *Rotation*

---

[13] Euler hatte auch bereits auf Lösungen ohne ein Potential hingewiesen, wie Helmholtz anmerkte. (Helmholtz 1858, 103 f.).

um eine Achse, deren Richtung durch die Koordinaten ξ, η, ζ angegeben wurde, und deren Winkelgeschwindigkeit proportional zu $(\xi^2 + \eta^2 + \zeta^2)^{1/2}$ war.[14] *Wirbelbewegung* bedeutete also, daß mindestens in machen Teilen der Flüssigkeit eine infinitesimale Rotation der beschriebenen Art vorhanden war, d.h. mindestens eine der Größen ξ, η, ζ von Null verschieden war. Um diese Situation zu beschreiben, führte Helmholtz zwei neue Begriffe ein: *Wirbellinien* waren „Linien, welche durch die Flüssigkeitsmasse so gezogen sind, dass ihre Richtung überall mit der Richtung der augenblicklichen Rotationsaxe der in ihnen liegenden Wassertheilchen zusammentrifft" (in moderner Sprache: Integralkurven des Rotationsfelds der Strömung); *Wirbelfäden* waren Bündel von Wirbellinien, die aus einem infinitesimalen, transversal zu den Rotationsachsen liegenden Flächenelement hervorgingen. Helmholtz zeigte, daß unter der Voraussetzung, daß für die äußeren Kräfte ein Kräftepotential existiert, folgende drei fundamentale Sätze gelten (Helmholtz 1858, 102 f.): *Erstens*, daß „kein Wassertheilchen in Rotation kommt, welches nicht von Anfang an in Rotation begriffen ist." *Zweitens*, daß die Teilchen, die zu einem gegebenen Zeitpunkt eine Wirbellinie ausmachen, auch zu jedem anderen Zeitpunkt eine Wirbellinie bilden. Es war also sinnvoll, während der Bewegung von „derselben" Wirbellinie zu sprechen. *Drittens* war das Produkt aus der Fläche des infinitesimalen Querschnitts eines Wirbelfadens und der Winkelgeschwindigkeit der Rotation (später die *Wirbelstärke* des Fadens genannt) konstant längs des Fadens und in der Zeit. Aus diesem letzten Satz zog Helmholtz einen bedeutsamen Schluß: „Die Wirbelfäden müssen deshalb innerhalb der Flüssigkeit in sich selbst zurücklaufen, oder können nur an ihren Grenzen endigen."

Daß Helmholtz bereit war, diese letzte Folgerung zu ziehen, zeigt, daß er die topologischen Aspekte von Strömungen noch nicht sehr genau betrachtete. Aus heutiger Perspektive sind Helmholtz' drei Sätze sogar für endlich ausgedehnte Wirbelschläuche gültige Behauptungen, während die Aussage über die Gestalt der Wirbelfäden näherer Erläuterung bedarf, da im Prinzip Komplikationen wie verzweigte oder aperiodische Wirbellinien auftreten können. Diese Kritik scheint allerdings recht jung zu sein.[15] Die hydrodynamische Lehrbuchtradition des 19. Jahrhunderts betrachtete Helmholtz' Schlußfolgerung jedoch regelmäßig als einen bewiesenen Satz.[16] Unabhängig von diesen Schwierigkeiten zeigten die Helmholtzschen Sätze aber, daß eine einmal existierende, geschlossene Wirbellinie ohne kritische Punkte in einer idealen Flüssigkeit stets eine geschlossene Wirbellinie bleiben würde. Ihre Gestalt mochte sich stetig verändern, aber, so können wir heute sagen, der topologische Typ ihrer Lage in dem von der Flüssigkeit erfüllten Gebiet blieb unzerstörbar. Diese Idee sollte später zum Kern der Thomsonschen Atomtheorie werden.

Die obigen Sätze regten Helmholtz dazu an, das Problem der Wirbelbewegung in umgekehrter Form anzugehen. Angenommen, die Bewegung der Wirbellinien, d.h. die Größen ξ, η, ζ waren bekannt. War es dann möglich, die Bewegung der gesamten Flüssigkeit zu bestimmen? Die Antwort war ja, und eine einfache Anwendung potentialtheoretischer Sätze genügte, um die Eulerschen Gleichungen bei bestimmten Randbedingungen zu integrieren.[17] Die Pointe dieses

---

[14] Diese Überlegung muß als der Ursprung des Begriffs der Rotation eines Vektorfelds betrachtet werden; wie die Vektorsprechweise ins Spiel kam, wird im folgenden Paragraphen angedeutet.

[15] Vgl. z.B. (Chorin und Marsden 1992, 27).

[16] So z.B. in (Kirchhoff 1876), (Lamb 1879), (Love 1887).

[17] (Helmholtz 1858, § 3). In heutiger Sicht zerlegte Helmholtz zu diesem Zweck das Geschwindigkeitsfeld der Strömung in ein Gradientenfeld und ein Rotationsfeld, $\vec{v} = \nabla P + \mathrm{rot}\,\vec{A}$. Moderne Autoren nennen dies

Vorgehens war, daß es Helmholtz erlaubte, die Analogie zwischen Hydrodynamik und Magnetismus auf den Fall von stationären Strömungen ohne Potential zu erweitern: Das Geschwindigkeitsfeld einer solchen Strömung mit gegebenen Wirbellinien war mathematisch von genau derselben Form wie das magnetische Feld, das von einer der Verteilung der Wirbellinien exakt entsprechenden stationären Verteilung elektrischer Ströme induziert wurde.[18] Helmholtz arbeitete die Analogie aus, indem er das Gesetz für die Kraft, welche ein infinitesimales Stromelement auf ein „magnetisches Teilchen" ausübte, in hydrodynamischer Sprache ableitete.[19] Natürlich konnte die Analogie in beiden Richtungen eingesetzt werden: Sie half, Wirbelbewegungen in Flüssigkeiten zu verstehen, aber sie wies auch einen Weg, die elektromagnetische Induktion auf kontinuumsdynamische Weise zu veranschaulichen.

Wahrscheinlich war es auch die hydrodynamisch-elektromagnetische Analogie, die Helmholtz auf den Gedanken brachte, folgende Klasse spezieller Wirbelbewegungen zu studieren. Er nahm an, daß die Wirbellinien einer idealen Flüssigkeit sich auf eine endliche Zahl verschiedener Wirbelschläuche beschränkte (wie der Strom in einem System elektrischer Leiter). In diesem Fall war das Gebiet *außerhalb* der Wirbelschläuche mehrfach zusammenhängend, und da dort $\xi = \eta = \zeta = 0$ galt, existierte jedenfalls lokal ein Geschwindigkeitspotential (und daher global eine mehrwertige Potentialfunktion). Für eine große Zahl von Fällen war daher das Studium von Wirbelbewegungen mehr oder weniger äquivalent mit der Potentialtheorie mehrfach zusammenhängender Raumgebiete. Helmholtz war sich bewußt, daß an dieser Stelle topologische Fragen entscheidende Bedeutung bekamen. Eine weitere Geste seines Texts gegenüber Riemann macht dies deutlich. Integrale der hydrodynamischen Gleichungen, schrieb er, die Strömungen mit einer eindeutigen Potentialfunktion entsprachen, könnten „Integrale erster Klasse" genannt werden, während jene Lösungen der Eulerschen Gleichungen, die den gerade beschriebenen Fällen einer Potentialströmung in mehrfach zusammenhängenden Gebieten entsprachen, als „Integrale zweiter Klasse" betrachtet werden konnten (Helmholtz 1858, 120). Damit übertrug Helmholtz Riemanns frühere Unterscheidung verschiedener Gattungen abelscher Integrale auf den dreidimensionalen Fall von Potentialströmungen.

Helmholtz schloß seinen Artikel mit der Diskussion einiger Spezialfälle. Alle waren von der oben beschriebenen Form. Insbesondere behandelte er den Fall, in welchem die Wirbelbewegung eines unendlich ausgedehnten Mediums auf geradlinige, parallele Wirbelfäden von unendlich kleinem Querschnitt beschränkt war, sowie den Fall eines geschlossenen, ringförmigen Wirbelfadens von sehr kleinem oder infinitesimalem Querschnitt. Bei der Herleitung der konkreten Lösungen stützte sich Helmholtz auf eine weitere Idee, die eine große Rolle in seinem Denken spielte, die Erhaltung der „lebendigen Kraft" oder Energie. Für den kreisförmigen Wirbelring

---

manchmal die „Helmholtz-Zerlegung" eines Vektorfelds; sie bildet einen der Ausgangspunkte der Theorie harmonischer Formen, vgl. z.B. (Schwarz 1995, 1).

[18] Heute wird diese Analogie einfach durch die entsprechende Maxwellsche Gleichung rot $\vec{H} = \vec{j}$ ausgedrückt (für den stationären Fall, und unter Vernachlässigung von Konstanten). Dahinter verbirgt sich allerdings eine längere historische Entwicklung, die mit Helmholtz ihren Ausgang nahm und in welcher sich dynamisches Denken mit der Entwicklung der vektoriellen Schreibweise verband. Einige Hinweise dazu folgen in § 36; ausführlicher in (Epple 1998b, § 13).

[19] Vgl. (Helmholtz 1858, 118). Diesem Gesetz sind wir im Zusammenhang mit Gauß schon begegnet, vgl. § 27. Helmholtz schrieb das Gesetz keinem bestimmten Autor zu, so daß unklar bleibt, woher er es kannte.

zog er außerdem elliptische Integrale heran. In beiden Fällen zeigte die Lösung, daß die betrachteten Wirbelfäden nur zusammen mit einer gleichzeitigen Bewegung der entfernteren Teile der Flüssigkeit existieren konnten (die Stetigkeit und genügende Differenzierbarkeit der Strömung stets vorausgesetzt). Zum Beispiel würden zwei parallele, geradlinige Wirbelfäden sich mit einer bestimmten Geschwindigkeit um eine zu beiden Fäden parallele Achse drehen, ohne ihren Abstand zu verändern, und ein einzelner Wirbelring würde in großer Entfernung eine geradlinige Bewegung des Mediums parallel zu seiner Symmetrieachse hervorrufen. Diese Resultate konnten als eine mechanische Erklärung eines wie eine Fernwirkung erscheinenden Phänomens gedeutet werden, wie Helmholtz nahelegte, indem er von der „Wirkung" eines Wirbelfadens auf einen anderen oder von der „forttreibenden Kraft" eines Fadens sprach. Helmholtz fügte eine Beschreibung der Bewegung zweier sich hintereinander auf derselben Achse bewegenden Wirbelringe an:

> „Haben sie gleiche Rotationsgeschwindigkeiten, so schreiten sie beide in gleichem Sinne fort, und es wird der vorangehende sich erweitern, dann langsamer fortschreiten, der nachfolgende sich verengern und schneller fortschreiten, schliesslich bei nicht zu differenten Fortpflanzungsgeschwindigkeiten den anderen einholen, durch ihn hindurchgehen. Dann wird sich dasselbe Spiel mit dem anderen wiederholen, sodass die Ringe abwechselnd einer durch den anderen hindurchgehen." (Helmholtz 1858, 133.)

Im Fall der Rotation in entgegengesetzte Richtungen würden beide Ringe sich erweitern und verlangsamen. In dem vollständig symmetrischen Fall zweier gleicher und entgegengesetzt rotierender Ringe würde die Bewegung der Flüssigkeit senkrecht zur Symmetrieebene zwischen den Ringen Null sein, so daß man sich dort auch eine Wand vorstellen konnte. Helmholtz beschrieb, wie mit der halbkreisförmigen Spitze eines Löffels kleine halbkreisförmige Wirbel in einer Flüssigkeit – warum nicht in einer Kaffeetasse? – produziert werden konnten, aber er dachte offenbar nicht an ernsthaftere Experimente zur Bestätigung seiner Rechnungen. Dies blieb einem schottischer Physiker vorbehalten, mit erstaunlichen Folgen.

4.2 The Scottish Connection

§ 36. *Helmholtz findet einen Leser*

Helmholtz und Thomson waren sich im Jahr 1855 während eines Aufenthalts von Thomson und seiner Frau in dem rheinländischen Kurort Bad Kreuznach, den Helmholtz von Bonn aus mit Rheindampfer und Omnibus erreichte, zum ersten Mal persönlich begegnet.[20] Aufgrund ihrer gemeinsamen physikalischen Interessen – für den Energieerhaltungssatz, für eine einheitliche kontinuumsdynamische Physik – bildete sich schnell auch eine enge persönliche Beziehung. Thomson erhielt Helmholtz' Aufsatz Ende 1858 und beabsichtigte, seinen Inhalt mit Helmholtz persönlich zu besprechen, wie er diesem im Mai 1859 brieflich mitteilte.[21] Im selben Jahr

---

[20] Vgl. Helmholtz an Thomson, 3. August 1855; Kelvin Papers Glasgow, H 13; ferner (Thompson 1910, 308 ff.). Ein Jahr später trafen sie sich dort noch einmal (ebd., 320-324).

[21] Vgl. (Thompson 1910, 402). Aus dem geplanten Treffen wurde allerdings nichts.

erwähnte Helmholtz in seiner Korrespondenz mit Thomson seine hydrodynamischen Studien, nun auch von Flüssigkeiten mit Reibung.[22] Trotz seiner Vorliebe für „molekulare Wirbel" war es zunächst jedoch nicht Thomson, der auf Helmholtz' Untersuchung der Wirbelbewegung reagierte, sondern Peter Guthrie Tait, zu dieser Zeit noch Professor der Mathematik in Belfast.

Tait las den Helmholtzschen Artikel im Juli 1858 und fertigte unmittelbar eine englische Übersetzung zum persönlichen Gebrauch an. Dabei war es zunächst nicht das Thema der Wirbelringe, das seine Aufmerksamkeit erregte, sondern der Beginn des Textes, an dem Helmholtz die infinitesimale Bewegung einer idealen Flüssigkeit behandelte. Die Zerlegung dieser Bewegung in drei (infinitesimale) Anteile, eine Translation, eine Deformation, und eine Rotation, erinnerte ihn an einige Formeln, die er fünf Jahre zuvor in W. R. Hamiltons *Lectures on Quaternions* gelesen hatte: Helmholtz' Ausführungen erlaubten eine überraschende mechanische Interpretation der grundlegenden Formeln der von Hamilton erfundenen Quaternionenanalysis.

Der Schlüssel zu diesem Zusammenhang ist leicht beschrieben. Bezeichnen i, j, k die imaginären Einheiten der Quaternionen, so kann jedes Quaternion in der Form $q = w + xi + yj + zk$ mit vier reellen Koeffizienten w, x, y, z geschrieben werden. Es zerfällt in einen *Vektor* und einen *Skalar*, in damaliger Notation:

$$V.q := xi + yj + zk\,, \quad S.q = w\,.$$

Wenn nun die Geschwindigkeitskomponenten u, v, w einer Flüssigkeit zu einer „Vektorfunktion" zusammengefaßt wurden, wie Hamilton und Tait eine in einem Gebiet des gewöhnlichen Raums definierte, quaternionenwertige Funktion $\sigma = ui + vj + wk$ mit verschindendem Skalarteil nannten, so ergaben sich die lokalen Rotationen einfach aus der Vektorfunktion

$$V.\nabla\sigma = -(\frac{dv}{dz} - \frac{dw}{dy})i - (\frac{dw}{dx} - \frac{du}{dz})j - (\frac{du}{dy} - \frac{dv}{dx})k\,;$$

hier bezeichnet $\nabla = i\frac{d}{dx} + j\frac{d}{dy} + k\frac{d}{dz}$ den von Hamilton eingeführten Differentialoperator. In ähnlicher Weise beschrieb

$$S.\nabla\sigma = -(\frac{du}{dx} + \frac{dv}{dy} + \frac{dw}{dz})\,,$$

das, was Tait als die „kubische Kompression" während der infinitesimalen Bewegung der Flüssigkeit bezeichnete. Damit hatten die grundlegenden Differentialoperationen der Quaternionenanalysis eine kinematische Interpretation bekommen.

Bereits im August 1858 begann Tait eine ausführliche Korrespondenz mit Hamilton, die ihn zu einer intensiven Beschäftigung mit Quaternionen und ihrer Anwendung in der mathematischen Physik anspornte.[23] In den folgenden Monaten und Jahren arbeitete er seine Einsichten in einer Reihe von Noten aus, die nach seinem Wechsel nach Edinburgh meist in den Publikationen der *Royal Society of Edinburgh (R.S.E.)* erschienen, der schottischen Gesellschaft der Wissenschaften, deren Sitzungen zum Forum für viele der Beiträge wurden, über die im folgenden berichtet wird. Es würde im Rahmen dieser Geschichte zu weit führen, Taits energisches Engagement für die Sprache der Quaternionen im Detail nachzuzeichnen. Einige Hinweise genügen jedoch, um

---

[22] Kelvin Papers Cambridge, Add. 7342, H 65.

[23] Tait beschrieb seine Anregung durch Helmholtz' Aufsatz in einem Brief an Hamilton vom 7. Dezember 1858, der bei (Knott 1911, 127) zitiert ist.

deutlich zu machen, daß dieses Engagement der Helmholtzschen Arbeit mehr verdankte als nur einen äußeren Anlaß. So arbeitete Tait die hydrodynamisch-elektromagnetische Analogie aus, indem er das Biot-Savartsche Gesetz und einige seiner Konsequenzen in Quaternionensprache formulierte (Tait 1860). Im Jahr 1867, dem Erscheinungsjahr von $T + T'$ und dem Beginn von Thomsons neuerlicher atomtheoretischer Spekulation, erschien nicht nur Taits Übersetzung des Aufsatzes von Helmholtz, sondern auch Taits *Elementary Treatise on Quaternions*, ein weit lesbareres Handbuch als Hamiltons eigene, umständliche Kompendien. Drei Jahre später wandte sich Tait noch einmal der Hydrodynamik zu, indem er zeigte, wie sich die hydrodynamischen Grundgleichungen mit Hilfe von Quaternionen einfach ausdrücken ließen.[24] Im selben Jahr veröffentlichte er einen Aufsatz über die Greenschen Sätze der Potentialtheorie, in welchem er vorführte, wie die verschiedenen Sätze mit Hilfe der kinematischen Interpretation von Hamiltons Kalkül auf ein oder zwei grundlegende Quaternionenformeln reduziert werden konnten (Tait 1870b).

Vor dem Hintergrund der physikalischen Überzeugungen seiner Umgebung erschienen Tait die Quaternionen als ideales mathematisches Hilfsmittel zur Formulierung dynamischer Theorien, und er fühlte sich bald zu der Erwartung berechtigt, „that the next grand extensions of mathematical physics will, in all likelihood, be furnished by quaternions" (Tait 1863, 117). In der Tat fand Taits Einsatz für Hamiltons Kalkül bei einigen Kollegen große Anerkennung – insbesondere bei seinem Schul- und Studienfreund Maxwell, der nach längerer Korrespondenz mit Tait etliche quaternionische und vektorielle Notationen und Begriffe in seinen *Treatise on Electricity and Magnetism* aufnahm und damit einen entscheidenden Beitrag zu ihrer Verbreitung leistete.[25]

§ 37. *Experimentelle Illustrationen und der Beginn einer Spekulation*

Auch von Helmholtz' konkreten Aussagen über die Bewegungen von Wirbelringen muß Tait beeindruckt gewesen sein, denn nach einiger Zeit begann er, diese in seinen Edinburgher Kursvorlesungen über Natural Philosophy durch geschickt ausgedachte und durchgeführte Experimente

---

[24] In einer kurzen Notiz mit dem Titel *On the most general motion of an incompressible perfect fluid* (Tait 1870a), gab Tait die Eulerschen Gleichungen in der Form:

$$\nabla P - \tfrac{1}{r}\nabla p = D_\sigma \sigma$$
$$S\nabla\sigma = 0,$$

wo r die Dichte, P das Potential der äußeren Kräfte, und D_σ für einen gegebenen Vektor $\sigma = ui + vj + wk$ den Differentialoperator

$$D_\sigma = \frac{d}{dt} + u\frac{d}{dx} + v\frac{d}{dy} + w\frac{d}{dz}$$

bedeutete. Diese Umformulierung bedeutete einen wichtigen Schritt zur modernen, vektoriellen Schreibweise. Mit großer Leichtigkeit konnte Tait nun mehrere von Helmholtz' Aussagen aus allgemeinen Quaternionenformeln ableiten.

[25] Insbesondere schlug Maxwell vor, $V.\nabla\sigma$ als „curl" der Vektorfunktion σ zu bezeichnen; in der zweiten Auflage änderte er diese Benennung in „rotation." Für $S.\nabla\sigma$ zog Maxwell im Gegensatz zu Tait den Ausdruck „convergence" vor. In diesem Fall war Clifford für einen Zeichenwechsel und den modernen Ausdruck „divergence" verantwortlich. – Zu Taits, Maxwells und Cliffords Beschäftigung mit Hamiltons Quaternionen vgl. (Knott 1911, Kap. 4) und (Crowe 1967, Kap. 4). Weitere Information über die physikalischen Anwendungen von Quaternionen in Taits Arbeiten findet sich in (Ewertz 1995).

mit Rauchringen zu illustrieren.[26] Tait verwandte dazu zwei Kisten mit einem kreisförmigen
Loch auf einer Seite und einer Gummimembran auf der gegenüberliegenden Seite. In den Kisten
erzeugten Chemikalien dichten weißen Rauch (z.B. Salmiak). Bei einem Schlag auf die Membran
schoß dann ein kreisförmiger, gut sichtbarer Rauchring aus der Öffnung der Kiste (vgl. Fig. 1.3).
Die beiden Kisten konnten in verschiedene Positionen gebracht werden, sodaß zwei Rauchringe
miteinander interagierten; zum Beispiel konnten die von Helmholtz beschriebenen Situationen
von zwei auf derselben Achse rotierenden Wirbelringen präpariert werden.

Seit Thomsons und Taits eigenen Berichten gehört die Erzählung, daß eine der frühesten
Vorführungen von Taits Rauchringexperiment Thomson zu einer neuen Atomtheorie inspirierte,
zum festen Bestand der Physikgeschichte.[27] Der Anblick der einander zu Vibrationen bringenden
und doch für eine gewisse Zeit unzerreißbaren Rauchringe brachte Thomson auf eine Idee: Warum
sollten nicht *geschlossene Wirbel* jene besondere Form dynamisch stabiler Konfigurationen in
einem universellen Medium darstellen, welche die kleinsten Teile der Materie gemäß Thomsons
allgemeinen Überzeugungen sein mußten?

Angesichts von Thomsons früheren Überlegungen mag es überraschen, daß dieser nicht bereits
unmittelbar nach dem Erhalt der Helmholtzschen Arbeit diese Möglichkeit ins Auge faßte.[28]
Thomsons verspätete Reaktion mag damit zu tun haben, daß er in der Zeit nach 1858 mit anderen
Dingen, wie dem Atlantikkabel-Projekt oder der Arbeit am *Treatise on Natural Philosophy*,
abgelenkt war. Nachdem diese Projekte abgeschlossen bzw. dem Ende nahe waren, und angesichts
des durch das Aufblühen der Spektroskopie und der statistischen Thermodynamik in den 1860er-
Jahren gewachsenen Bedürfnisses nach einer Atomtheorie, wäre es nur natürlich gewesen, wenn
Thomson sich nach 1866 wieder in stärkerem Maß seinen atomtheoretischen Überlegungen
zugewandt hätte. Ironischerweise könnte ein weiterer Grund für die Verzögerung darin liegen, daß
Tait die Helmholtzschen Resultate zum Ausgangspunkt seines Engagements für die Quaternionen
gemacht hatte. Wie wir wissen, war Thomson alles andere als ein Freund dieser Neuerung
der mathematischen Sprache, und er rühmte sich noch viele Jahre später seines Erfolgs, Taits
Bemühungen um eine Aufnahme quaternionischer Argumente in das gemeinsame Werk $T + T'$
vereitelt zu haben.[29] Möglicherweise gab Taits auf die infinitesimalen Aspekte konzentrierte
Lektüre Thomson daher den Eindruck, daß es sich bei Helmholtz' Arbeit eher um Aussagen von
abstrakt mathematischer Bedeutung als um physikalisch verwertbare Sätze handelte. Gerade die

---

[26] Tait legte großen Wert auf experimentelle Illustrationen als ein Mittel des physikalischen Hochschul-
unterrichts, vgl. etwa (Tait 1878a) sowie sekundär (Wilson 1991).

[27] Vgl. (Thomson 1867), wo auch die experimentelle Anordnung beschrieben wird, (Tait 1876a, 290 ff.),
(Thompson 1910, 510 ff.), und (Knott 1911, 68 f.) für frühe Schilderungen der Episode. (Whittaker 1951),
(Silliman 1963), (Smith und Wise 1989, Kap. 12), sowie die konzise Studie (Siegel 1981) geben neuere
Darstellungen.

[28] Die diesbezüglichen Bemerkungen bei (Smith und Wise 1989, 417) sind m.E. irreführend. Einerseits
wissen wir durch Thomsons Brief an Helmholtz vom Mai 1859 (vgl. Anm. 21), daß Thomson Helmholtz'
Aufsatz erhalten hatte. Andererseits muß das Experiment mit einer rotierenden Scheibe, das Helmholtz bei
seinem Besuch in Glasgow im Januar 1863 den Hut kostete, und das Smith und Wise als Beleg für Thomsons
Kenntnis der Helmholtzschen Theorie der Wirbelbewegung anführen, nicht notwendigerweise in diesem
Zusammenhang gestanden haben. Alles spricht dafür, daß Thomson zwar seit 1858 von Helmholtz' Aufsatz
wußte, aber erst durch die experimentellen Illustrationen Taits im Jahr 1867 zu seiner Spekulation angeregt
wurde.

[29] Vgl. (Knott 1911, 185), zu Thomsons Kritik an den Quaternionen ferner (Crowe 1967, 119 f.).

globalen Aussagen, und vor allem jene über die Permanenz geschlossener Wirbellinien in idealen Flüssigkeiten, welche die Experimente mit den Rauchringen nun so nachdrücklich illustrierten, hatten auch Taits Interesse zunächst nicht geweckt.

Sobald Thomson diese Idee erfaßte und sah, daß Helmholtz' Sätze ihm erlaubten, eine Variante seiner früheren Ideen auszuarbeiten, begann er ernsthaft, eine Atomtheorie ins Auge zu fassen, in welcher topologische Überlegungen ins Zentrum rückten. Mit einem Schlag wurde so das Studium der Knoten und Verkettungen zu einem der für die Entwicklung der mathematischen Physik zentralen Themen. Diese Wendung wird bereits durch den ersten, enthusiastischen Brief dokumentiert, in dem Thomson seinem Freund Helmholtz die neuen Ideen mitteilte:

> „Just now, however, Wirbelbewegungen have displaced everything else, since a few days ago Tait showed me in Edinburgh a magnificient way of producing them. [...] We sometimes can make one ring shoot through another, illustrating perfectly your description; when one ring passes near another, each is much disturbed, and is seen to be in a state of violent vibration for a few seconds, till it settles again into its circular form. [...] The vibrations make a beautiful subject for mathematical work. The solution for the longitudinal vibration of a straight vortex column comes out easily enough. The absolute permanence of the rotation, and the unchangeable relation you have proved between it and the portion of the fluid once acquiring such motion in a perfect fluid, shows that if there is a perfect fluid all through space, constituting the substance of all matter, a vortex ring would be as permanent as the solid hard atoms assumed by Lucretius and his followers (and predecessors) to account for the permanent properties of bodies (as gold, lead, etc.) and the differences of their characters. Thus, if two vortex rings were once created in a perfect fluid, passing through one another like links of a chain, they never could come into collision, or break one another, they would form an indestructible atom; every variety of combinations might exist. Thus a long chain of vortex rings, or three rings, each running through each of the other, would give each very characteristic reactions upon other such kinetic atoms."[30]

In diesen Zeilen sprach Thomson den Kern seiner Spekulation deutlich aus. Geschlossene Wirbellinien oder -schläuche im universellen Medium boten die für Atome erforderliche Permanenz und Stabilität. Verschiedenartig verkettete oder verknotete Wirbel konnten eine Erklärung für die Vielfalt der chemischen Elemente liefern. Zudem deuteten die Rauchring-Experimente, die zeigten, daß Kollisionen zwischen Wirbelringen charakteristische Vibrationen hervorbrachten, eine mögliche Erklärung für die beobachteten Spektren der chemischen Elemente an. Wie Maxwell einige Jahre später in einem sehr anerkennenden Bericht über Thomsons Theorie in der *Encyclopedia Britannica* betonte, stellte diese Spekulation den ersten Vorschlag einer Atomtheorie dar, die nicht nur „die Erscheinungen rettete", sondern das auch dadurch zu erreichen suchte, daß die Eigenschaften der Atome (wie eben ihre Stabilität oder ihre Spektren) aus noch tieferliegenden, universellen Bewegungsgesetzen hergeleitet wurden (Maxwell 1875, 471). Insbesondere blieb die Einheit eines dynamischen Weltbilds, die Thomson und seiner Umgebung so wichtig war, gesichert. Tatsächlich sah Thomson noch eine weitere Empfehlung für seine Theorie: Sie ließ

---

[30] Thomson an Helmholtz, 22. Januar 1867; zitiert in (Thompson 1910, 513-516).

Raum für den Akt einer schöpferischen Macht, ein für alle Mal Wirbelbewegungen im universellen Medium hervorzurufen. Nicht nur die physikalischen Phänomene schienen also „gerettet", sondern auch das Wunder des Wirkens Gottes in der Natur.[31]

Thomsons gewagte Spekulation, die er auf der Sitzung der Royal Society of Edinburgh am 18. Februar 1867 öffentlich vorstellte, stellte eher ein enormes Forschungsprogramm dar als eine präzise und wohldurchdachte physikalische Vermutung. Dabei war klar, daß die Hauptarbeit im Ausbau des Programms in den Händen der „reinen mathematischen Analysis" liegen würde, wie es Maxwell später ausdrückte (Maxwell 1875, 472). Die mathematischen Fragen, die für eine Verknüpfung der neuen Hypothese mit der statistischen Thermodynamik und der Analyse optischer Spektren beantwortet werden mußten, warfen „intensely interesting problem[s] of pure mathematics" auf, so Thomson in der Zusammenfassung seines Vortrags (Thomson 1867, 2 und 4). Dabei mußten offensichtlich die erforderlichen mathematischen Methoden zum Teil völlig neu entwickelt werden. Dies galt insbesondere für die topologischen Fragen, die mit Thomsons Hypothese verknüpft waren, und auf die er in seinem Vortrag vor der R.S.E. ausführlich hinwies. In der Zusammenfassung schrieb er:

> „Diagrams and wire models were shown to the Society to illustrate knotted or knitted vortex atoms, the endless variety of which is infinitely more than sufficient to explain the varieties and allotropies of known simple bodies and their mutual affinities. It is to be remarked that two ring atoms linked together or one knotted in any manner with its ends meeting, constitute a system which, however it may be altered in shape, can never deviate from its own peculiarity of multiple continuity." (Thomson 1867, 3.)

Die letzten sechs Worte – „its own peculiarity of multiple continuity" – stellen Thomsons Versuch dar, den neuen epistemischen Gegenstand zu bezeichnen, der durch seine Spekulation ins Zentrum der Aufmerksamkeit rückte: Listing hätte ihn den topologischen Charakter einer bestimmten Art von „Linearcomplexion im Raum" genannt, wir nennen ihn heute den topologischen Typ eines Knotens oder einer Verkettung im gewöhnlichen Raum. Offensichtlich war es aus physikalischen Gründen sinnvoll, vor allem die Verschlingungen *geschlossener* Kurven zu betrachten. Aus den Veröffentlichungen Thomsons und seiner Kollegen ist außerdem klar, daß sie nicht zwischen dem topologischen Typ eines Knotens oder einer Verkettung und dem topologischen Typ *des sie umgebenden Raumgebiets* (modern: ihres Komplements) unterschieden: beide waren gewissermaßen Aspekte desselben epistemischen Gegenstands.[32]

Thomson deutete bereits in seinem Vortrag eine erste Unterscheidung an, die helfen konnte, den neuen epistemischen Gegenstand zu studieren: jene zwischen dem „degree" und der „quality" der „multiple continuity" einer Verkettung bzw. eines Verkettungskomplements. Der erste Ausdruck war eine Übersetzung des Riemannschen und Helmholtzschen Begriffs der Zusammenhangsordnung eines Raumgebiets, welche Tait kurz darauf in seiner Übersetzung von Helmholtz'

---

[31] Thomson betonte dies bereits in der ersten Veröffentlichung über Wirbelatome (Thomson 1867, 1). Mehr zu diesem Aspekt der Wirbelatomtheorie im nächsten und übernächsten Kapitel.

[32] Die Physiker des 19. Jahrhundert hatten noch nicht die Möglichkeit, sich vorzustellen, daß zwei Knoten- oder Verkettungskomplemente homöomorph, aber gleichzeitig die beiden Verkettungen nicht äquivalent sein könnten. Diese Differenz wurde erst auf der Basis der modernen Konstruktion topologischer Gegenstände und Begriffe sichtbar und zum Problem. Vgl. dazu insbesondere § 81 und § 110.

Wirbelbewegungs-Aufsatz in „degree of connectivity" abänderte, um eine Verwechslung mit der gewöhnlichen Idee der Stetigkeit auszuschließen.[33] Wir werden unten sehen, daß die schottischen Physiker sich bald Klarheit über diesen Aspekt von Verkettungen verschafften. Der zweite Ausdruck, die „quality of multiple continuity", sollte offensichtlich diejenigen topologischen Aspekte von Verkettungen bzw. ihren Komplementen erfassen, die durch die Zusammenhangsordnung allein noch nicht bestimmt waren. Thomson gab offen zu, daß er hier an eine Grenze seines Wissens stieß: „The author is not yet sufficiently acquainted with Riemann's remarkable researches on this branch of analytical geometry to know whether or not all the kinds of ‚multiple continuity' now suggested are included in his classification and nomenclature." (Thomson 1867, 10). Er lernte bald, daß „dieser Zweig der analytischen Geometrie" für den Fall von dreidimensionalen Raumgebieten noch nicht über Helmholtz' Adaptation des Riemannschen Begriffs der Zusammenhangsordnung hinaus gekommen war, und daß die Wirbelatomtheoretiker das Thema im für ihre Zwecke erforderlichen Ausmaß selbst würden bearbeiten müssen.

Fig. 4.1: Kandidaten für Atome? Knoten und Verkettungen aus (Thomson 1869)

Tait, dessen experimentelle Illustrationen das ganze Projekt angeregt hatten, reagierte anfänglich etwas zurückhaltend auf Thomsons Flug der Einbildungskraft. Noch bevor Thomson seinen ersten Vortrag vor der R.S.E. hielt, erinnerte Tait ihn an das, was bereits Helmholtz betont hatte: „Your atoms act on each other at a distance as *two small magnets*. The true application of Vortex atoms is to *electricity*."[34] Dennoch versprach Tait, der seit 1864 einer der ständigen Sekretäre der R.S.E. war, daß der Vortrag stattfinden würde, „amply illustrated by drawings and experiments – in both of which Crum Brown will assist." Auf diese Weise sahen sich auch Tait und der Edinburgher Professor für Chemie, Alexander Crum Brown, der mit einer Schwester von Taits Frau verheiratet war, zum ersten Mal mit topologischen Dingen konfrontiert. Die

---

[33] Vgl. Tait an Thomson, 18. Mai 1867; Kelvin Papers Glasgow, T 81. In diesem Brief berichtete Tait über seine Entscheidung, das deutsche „zusammenhängend" als „connected" und nicht als „continuous" zu übersetzen. Er wies auch darauf hin, daß er wegen der Übersetzung mit Helmholtz korrespondiert hatte.
[34] Tait an Thomson, 11. Februar 1867; Kelvin Papers Glasgow, T 74. Hervorhebung im Original.

(mit Thomsons zweitem Artikel über Wirbelatome gedruckten) Zeichnungen von Tait und Crum Brown wiesen eine Perfektion auf, die für Taits spätere Beiträge zu Knoten charakteristisch werden sollte (vgl. Fig. 4.1). Für die entscheidende Sitzung der R.S.E. perfektionierte Tait auch seine Rauchring-Experimente. Der Brief vom 11. Februar 1867 gibt treffend den Geist wieder, in dem Tait seine Illustrationen vorbereitete, schwankend zwischen Ernsthaftigkeit und Humor: „Have you ever tried plain air in *one* of your two boxes. The effect is very surprising. – But eschew NO_5 and Zn. *The true thing* is SO_3 + $NaCl$. Have the NH_3 rather in excess – and the fumes are very dense + not unpleasant. NO_5 is DANGEROUS. – Put your head into a ring and feel the draught."[35] Eine Woche später wurde die Sitzung erfolgreich abgehalten, und im April 1867 konnte das wissenschaftliche Publikum Thomsons gewagte Behauptungen in den *Proceedings* der R.S.E. nachlesen.

4.3 Das Knotenproblem und der Aufbau der Materie

§ 38. Maxwell formuliert das Klassifikationsproblem

Im Verlauf des Jahres 1867 begann Thomson damit, einige mathematische Teile seiner neuen Theorie auszuarbeiten. Ende April hielt er einen zweiten Vortrag vor der R.S.E., in welchem er unter anderem erste Berechnungen der Vibrationen von Wirbeln vorstellte. Allerdings stieß die weitere Ausarbeitung seiner Rechnungen auf Schwierigkeiten, und für mehr als ein Jahr kam Thomson nicht wesentlich voran. Im November 1867 ließ dann auch Maxwell sein Interesse an Thomsons Ideen erkennen. In einem Brief an Tait bat er um dessen Übersetzung der Helmholtzschen Arbeit und bemerkte:

> „Thomson has set himself to spin the chains of destiny out of a fluid plenum as M. Scott set an eminent person to spin ropes from the sea sand, and I saw you had put your calculus in it too. May you both prosper and disentangle your formulae in proportion as you entangle your worbles. But I fear that the simplest indivisible whirl is either two embracing worbles or a worble embracing itself. For a simple closed worble may be easily split and the parts separated

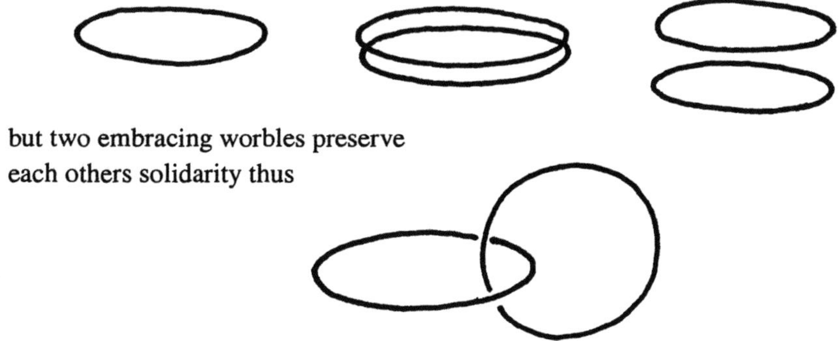

> but two embracing worbles preserve each others solidarity thus

---

[35] Das Spiel mit dem unsichtbaren Ring wurde dann auch von Thomson in seiner Zusammenfassung des Vortrags erwähnt (Thomson 1867, 12).

though each may split into many,
every one of the one set must
embrace every one of the other.
So does a knotted one."[36]

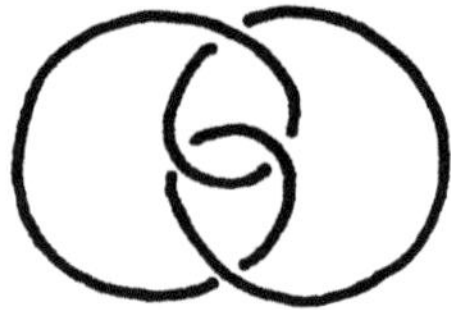

Bezeichnenderweise sah Maxwell sofort, daß gerade die topologischen Aspekte zu den kritischen und zugleich interessantesten Teilen von Thomsons Ideen gehörten – abgesehen von Helmholtz' hydrodynamischen Sätzen, die Maxwell vertraut waren, da die Analogie zwischen Hydrodynamik und Elektromagnetismus bereits seit mehreren Jahren eines seiner zentralen Forschungsthemen war.[37] In den folgenden Monaten verfolgte er daher Thomsons Fortschritte genau und beschäftigte sich selbst immer intensiver mit den zugehörigen topologischen Fragen, ja, er wurde im Freundeskreis der schottischen Physiker geradezu zum Experten für Fragen dieses noch kaum existierenden Zweigs der Mathematik. Angeregt durch Thomsons Ideen eignete er sich zügig das zugängliche Wissen über topologische Dinge an, das ihm wichtig erschien. Schon bald konnte er seinen Kollegen Literaturhinweise und eigene Ergebnisse weitergeben.[38]

Das erste Thema, dem Maxwell sich zuwandte, waren die durch Thomsons Spekulation zu potentiell bedeutenden Forschungsgegenständen gewordenen Knoten und Verkettungen. Drei Wochen nach dem gerade zitierten Brief wandte Maxwell sich erneut an Tait:[39]

„I have amused myself with knotted curves for a day or two. It follows from electromagnetism that if ds and $d\sigma$ are elements of two closed curves and r the distance between them and if $l\,m\,n$, $\lambda\,\mu\,\nu$, and $L\,M\,N$ are the direction cosines of $ds\,d\sigma\,\&\,r$ respectively then

$$\iint \frac{ds\,d\sigma}{r^2} \begin{vmatrix} L & M & N \\ l & m & n \\ \lambda & \mu & \nu \end{vmatrix} = [...] = 4\pi n$$

the integration being extended round both the curves and n being the algebraical number of times that one curve embraces the other in the same direction. If the curves are not linked together $n = 0$ but if $n = 0$ the curves are not necessarily independent. In [a] the two closed curves are inseparable but $n = 0$. In [b] the 3 closed curves are inseparable but $n = 0$ for every pair of them. [c] is the simplest single knot on a single curve. The simplest equation I can find for it is $r = b + a \cos \frac{3}{2}\theta$[,] $z = \sin \frac{3}{2}\theta$, when c is $-^{ve}$ as in the figure the knot is right handed, when c is $+^{ve}$ it is left handed. A right handed knot cannot be changed into a left handed one.

---

[36] Maxwell an Tait, 13. November 1867; zitiert in (Knott 1911, 106).

[37] In einer Anmerkung zu Teil II seiner Artikelserie „On physical lines of force" (Maxwell 1861-1862) hatte Maxwell die Helmholtzsche Arbeit erwähnt. Vgl. dazu außerdem (Siegel 1985, 191 f.) und Nr. 254 in (Maxwell 1995).

[38] Maxwells topologische Themen betreffende Korrespondenz mit Tait und Thomson sowie eine Reihe von Manuskripten topologischen Inhalts liegen erst seit kurzem im zweiten Band von Harmans Edition der Maxwellschen *Scientific Letters and Manuscripts* gedruckt vor (Maxwell 1995). Eine ausführlichere Darstellung dieser bislang wenig bekannten Texte habe ich in (Epple 1998b, Sect. II) gegeben.

[39] Maxwell an Tait, 4. Dezember 1867.

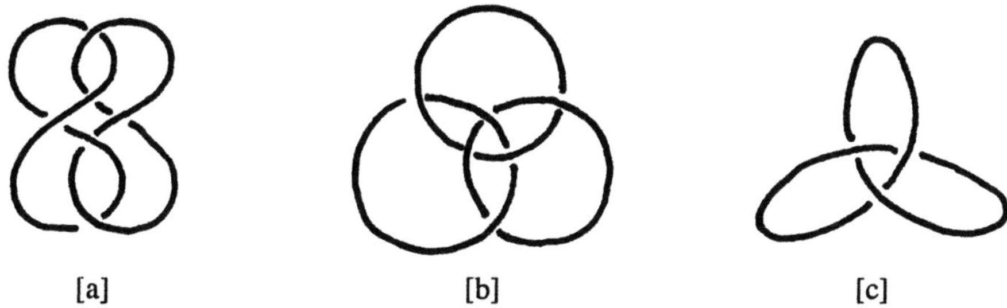

[a]   [b]   [c]

The curve $x = \sin 2\theta$, $y = \sin 3\theta$, $z = \sin(5\theta + \gamma)$ is knotted in different degrees according to the value of γ. When $\gamma = 0$ it is not knotted at all, when $\gamma = \frac{\pi}{3}$ it begins to be knotted and when $\gamma = \frac{7}{12}\pi$ it is knotted in a different way but to the same degree.

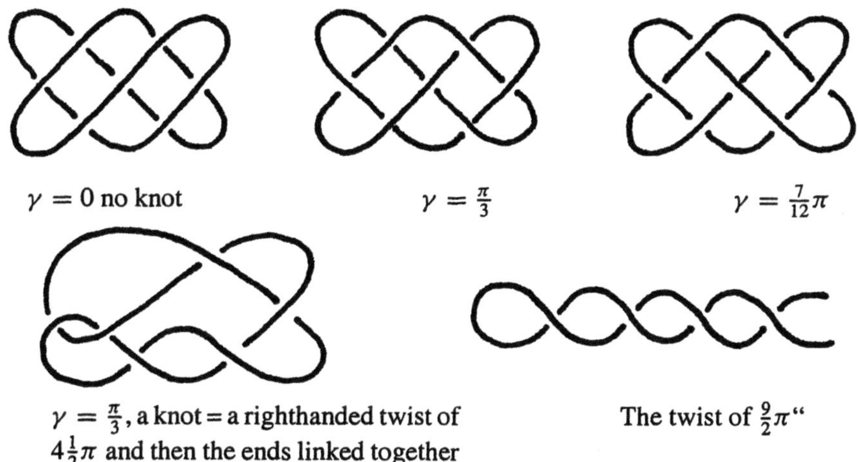

$\gamma = 0$ no knot $\gamma = \frac{\pi}{3}$ $\gamma = \frac{7}{12}\pi$

$\gamma = \frac{\pi}{3}$, a knot = a righthanded twist of   The twist of $\frac{9}{2}\pi$ "
$4\frac{1}{2}\pi$ and then the ends linked together

Dieser Brief ist in mehreren Hinsichten bemerkenswert. Zunächst läßt er erkennen, daß Maxwell auch im Rahmen der Elektrodynamik auf topologische Zusammenhänge achtete. Gleichzeitig gibt er das wichtigste Resultat wieder, das Gauß über verschlungene Raumkurven gefunden hatte: ein Integral, dessen Wert bis auf eine Konstante eine ganze Zahl war, die verschiedenartige Verkettungen zweier Kurven voneinander unterscheiden konnte. Wie im dritten Kapitel erwähnt, war dieses Fragment 1867 von Schering im fünften Band der Gaußschen *Werke* zusammen mit Nachlaßstücken, die sich auf den Elektromagnetismus bezogen, veröffentlicht worden. Maxwells Korrespondenz enthält allerdings keinen eindeutigen Beleg dafür, daß er Scherings Edition im Dezember 1867 bereits kannte.[40] Daher kann nicht endgültig entschieden werden, ob Maxwell lediglich das Gaußsche Verschlingungsintegrals aufgriff, oder ob er es vor dem Hintergrund seiner Kenntnis der elektromagnetischen Induktion selbst noch einmal fand.[41] In jedem

---

[40] Vgl. die Diskussion in (Epple 1998b, § 16).

[41] Was für keinen Kenner der Ampèreschen Untersuchungen über das von Strömen induzierte Magnetfeld schwierig gewesen wäre! – Tait, der das Gesetz der elektromagnetischen Induktion bereits in quaternionischer Notation behandelt hatte, betrachtete die entsprechende Formulierung des Gaußschen Verschlingungsintegrals später als eine paradigmatische Illustration der Nützlichkeit der Quaternionensprache vgl. z.B. (Tait 1890).

Fall ging Maxwell insofern über Gauß' Fragment hinaus, als er darauf aufmerksam machte, daß es unauflösbar miteinander verschlungene Kurven geben konnte, die dennoch verschwindende gegenseitige Verschlingungszahlen hatten. Schließlich bildete auch die Idee, Parametrisierungen für bestimmte Knoten oder Verkettungen zu suchen, ein neues Motiv. Wie ein späterer Hinweis Thomsons zeigt, war den Freunden Maxwells klar, daß Parametrisierungen wie die angegebenen mit Hilfe der de Moivreschen Formeln in algebraische Gleichungen zwischen den Kurvenkoordinaten umgeformt werden konnten (Thomson 1869, § 59 (x)). Damit lieferten Maxwells Parametrisierungen Beispiele für algebraische Raumkurven, eine Klasse von Kurven, die zuvor nicht oft studiert worden waren, und jedenfalls nicht unter topologischen Gesichtspunkten.

Tait war über Maxwells Interesse an Knoten sehr erfreut und forderte diesen auf, einen Beitrag über das Thema bei der R.S.E. einzureichen.[42] Maxwell tat Tait den Gefallen zwar nicht, aber im Herbst des folgenden Jahres verfaßte er mehrere Manuskripte, die einen systematischeren Zugang zur Topologie erkennen lassen.[43] Im wahrscheinlich ersten dieser Manuskripte erläuterte er zunächst den Begriff einer stetigen Funktion; dabei faßte er Stetigkeit so, daß (ggf. mit Ausnahme endlich vieler Punkte) Differenzierbarkeit impliziert war. Danach definierte er in diesem Sinn stetige Kurven und (orientierbare, eingebettete) Flächen im Raum. Für letztere führte er außerdem den Begriff des Zusammenhangs ein, in einer an Riemanns kurze Notiz *Lehrsätze aus der Analysis situs...* von 1857 anschließenden Terminologie.[44] Nach einer kurzen Bemerkung über berandete Raumgebiete formulierte Maxwell ein Problem, das er offensichtlich als grundlegend ansah. Er überschrieb es „To determine the colligation of systems of closed curves" und formulierte es wie folgt:

> „Let any system of closed curves in space be given and let them be supposed capable of having their forms changed in any continuous manner, provided that no two curves or branches of a curve ever pass through the same point of space, we propose to investigate the necessary relations between the positions of the curves and the degree of complication of the different curves of the system." (Maxwell 1995, 435.)

Mit Berücksichtigung der Grenzen der mathematischen Sprache, die Maxwell zur Verfügung stand, muß dies als die erste Formulierung des allgemeinen Problems der Klassifikation von Verkettungen im Hinblick auf stetige Deformationen ohne Selbstdurchdringung verstanden werden.

---

[42] Am 6. Dezember 1867 schrieb Tait an Maxwell: „Dear Maxwell, [...] Please to remember that you are a fellow of the R.S.E., and be good enough to send us a paper on Knots & their possible equations in 3 dimensions. We devised all your figures (and many more) long ago – (Crum Brown and I, working for Thomson) – but we never tried EQUATIONS. Give us a paper on them like a good fellow; whether for the *Trans.* or merely for the *Proc.*" In einem Postskriptum fügte Tait hinzu: „Ponder this proposition. A man of your *originality*, and *fertility*, and *leisure*, is undoubtedly bound to furnish to the chief Society of his native land, numerous papers, however short."

[43] Nr. 304, 305 und 317 in (Maxwell 1995). Außerdem liegt ein unveröffentlichtes Exzerpt aus Listings *Census räumlicher Complexe* und Band V der Gaußschen *Werke* vor, das vermutlich im Dezember 1868 entstand (Cambridge University Library, Add. 7655. Vc. 40). Vgl. unten.

[44] Die er allerdings zunächst noch fehlerhaft verwendete. Obwohl Riemann die Oberfläche eines Rings ausdrücklich als dreifach zusammenhängend bezeichnet hatte, und obwohl Maxwell Riemanns Konvention folgte, eine Fläche n-fach zusammenhängend zu nennen, wenn in ihr höchstens $n - 1$ nichtzerlegende geschlossene Kurven existierten, nannte Maxwell die Ringfläche „doubly connected"; vgl. (Maxwell 1995, 434 f.).

Anders als Listing, dessen Bemerkungen über Knoten in den *Vorstudien zur Topologie* Maxwell zu dieser Zeit offensichtlich noch unbekannt waren, forderte Maxwell eine systematische Untersuchung der Hierarchie verschieden komplexer Verkettungen.

Im Anschluß an die Formulierung des Problems beschrieb Maxwell einen möglichen Zugang zu seiner Lösung – Elemente einer epistemischen Technik, mit deren Hilfe Verkettungen studiert werden konnten. Wie Gauß und Listing vor ihm setzte er an einer symbolischen Codierung ebener Diagramme von Verkettungen an. Er bezeichnete jede der geschlossenen Kurven, aus denen die Verkettung aufgebaut war, durch ein Symbol $a, b, c, \ldots$ und bezeichnete die Punkte der Kurve a, an denen sie im Diagramm sich selbst oder andere Kurven der Verkettung kreuzte, mit A_p ($p = 1, \ldots, \alpha$). Entsprechend bezeichneten B_q ($q = 1, \ldots, \beta$) die Kreuzungspunkte der Komponente b usw. Maxwell beobachtete, daß die Gesamtzahlen $\alpha, \beta, \ldots$ dieser Punkte stets gerade waren, eine Beobachtung, die der von Gauß gefundenen notwendigen Bedingung an Traktworte entspricht, und die später auch Tait als Ausgangspunkt seines Studiums von Knoten dienen sollte. Jeder Diagrammkreuzung ordnete Maxwell nun ein Symbol $\frac{A_p}{B_q}$ zu, falls die Kurve a *über* der Kurve b verlief (relativ zu einer gewissen Orientierung des Raums), und das Symbol $\frac{B_q}{A_p}$ im umgekehrten Fall. Eine Selbstkreuzung von a wurde durch ein Symbol $\frac{A_p}{A_{p'}}$ bezeichnet (Fig. 4.2).

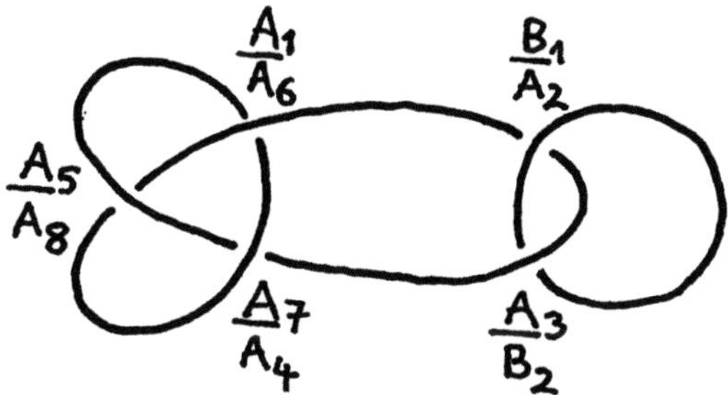

Fig. 4.2: Maxwells symbolische Codierung

Maxwell ging nicht auf die Frage ein, in welchem Grad seine Symbole eine Verkettung eindeutig festlegten, aber er diskutierte die einfachsten Deformationen von Verkettungen, die zu einer Veränderung der Symbole führten, d.h. er suchte einen Überblick zu erhalten, wieviele verschiedene Symbolsysteme zur „selben" Verkettung gehörten. Zu diesem Zweck zeigte er zuerst, daß jedes Diagramm notwendigerweise Gebiete besaß, die von weniger als vier Bögen (d.h. Kurvenabschnitten zwischen zwei aufeinanderfolgenden Punkten A_p, A_{p+1}) begrenzt wurden. Das war eine einfache Folgerung aus Eulers Polyederformel, angewandt auf den ebenen Graphen eines zusammenhängenden Diagramms.[45] Die Anzahl der Kanten dieses Graphen war gerade die Summe $l = \alpha + \beta + \gamma + \ldots$ der Anzahlen der Punkte A_p, B_q, $\ldots$, während die Anzahl der Ecken offensichtlich durch $s = \frac{l}{2}$ gegeben war. Eulers Formel implizierte dann, daß das Diagramm $s + 2$ Gebiete hatte (das unendliche Gebiet mitgerechnet). Wurde die Anzahl der das i-te Gebiet berandenden Bögen mit n_i bezeichnet, so ergab sich schließlich

$$n_1 + n_2 + \ldots + n_{s+2} = 2l = 4s \,,$$

[45] Eine entsprechende Formulierung des Eulerschen Satzes für krummlinige, ebene Figuren hatte Cayley einige Jahre vorher veröffentlicht (Cayley 1861). Maxwell bezog sich in späteren Veröffentlichungen wiederholt auf diesen Artikel.

so daß einige der $s + 2$ ganzen Zahlen n_i kleiner als 4 sein mußten. Für solche Gebiete gab es nur wenige Möglichkeiten, und Maxwell untersuchte als nächstes, welche lokalen Deformationen Verkettungen über solchen Gebieten zuließen.

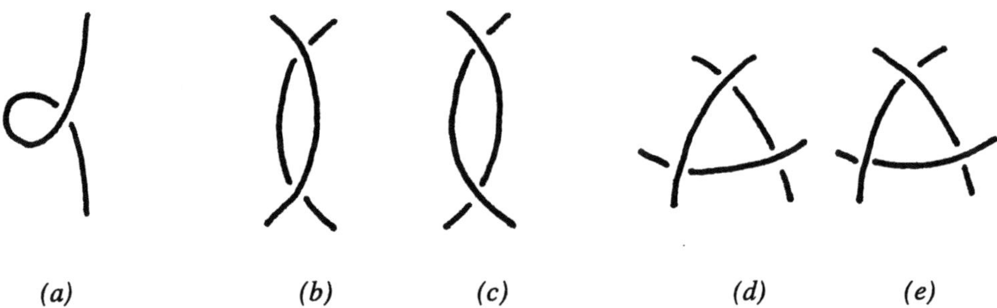

(a)   *(b)*   *(c)*   *(d)*   *(e)*

Fig. 4.3: Gebiete, die durch weniger als 4 Bögen begrenzt werden

Im Fall eines nur von *einem* Bogen berandeten Gebiets (Fig. 4.3 a) war das Kreuzungssymbol von der Form $\frac{A_p}{A_{p\pm1}}$, und das ganze Gebiet „may be made to disappear by uncoiling the curve", wie Maxwell formulierte. Für von *zwei* Bögen begrenzte Gebiete gab es zwei Möglichkeiten (illustriert in Fig. 4.3 b,c). Entweder waren die beiden Symbole von der Form $\frac{A_p}{B_q}$ und $\frac{A_{p\pm1}}{B_{q\pm1}}$, dann konnten die beiden Schleifen getrennt und die zugehörigen Symbole gestrichen werden, oder die Symbole waren von der Form $\frac{A_p}{B_q}$ und $\frac{B_{q\pm1}}{A_{p\pm1}}$, so daß „the curves are linked together and cannot be separated without moving other parts of the system." Falls schließlich ein Gebiet von drei Bögen begrenzt wurde, gab es wiederum zwei Möglichkeiten (Fig. 4.3 d,e). „In the first case," schrieb Maxwell, „any one curve can be moved past the intersection of the other two without disturbing them. In the second case this cannot be done and the intersection of two curves is a bar to the motion of the third in that direction." (Maxwell 1995, 437.) Maxwell fügte einige unschlüssige Bemerkungen über Gebiete mit mehr als drei Randbögen an und brach dann seine Überlegungen ab.

Maxwells Manuskript stellt ebenso wie die entsprechenden Passagen in Listings *Vorstudien* einen frühen und abgebrochenen Versuch dar, eine symbolische Technik zu entwickeln, die zu einer systematischen Theorie der Knoten und Verkettungen hätte führen können. Im Licht der späteren Entwicklungen war Maxwell sogar auf einem vielversprechenden Weg. Die elementaren Diagrammveränderungen, die er betrachtete, sind heute als „Reidemeister-Züge" bekannt, und die Einsicht, daß je zwei Diagramme genau dann stetig ineinander deformierbare Verkettungen darstellen, wenn sie sich durch eine endliche Kette der von Maxwell beschriebenen Modifikationen ineinander überführen lassen, bildet einen wichtigen Ausgangspunkt der modernen kombinatorischen Theorie der Knoten, die Reidemeister und andere in den 20er-Jahren dieses Jahrhunderts entwarfen. Freilich muß betont werden, daß Maxwell diese Einsicht *nicht* aussprach, auch wenn seine Diskussion die Absicht, komplexere Diagrammveränderungen aus einfacheren aufzubauen, klar erkennen läßt.[46] Trotz dieser Einschränkung unterscheidet sich Maxwells Mathematisierungsversuch von jenem Listings durch seine klarere Aufgabenstellung und, ganz entscheidend, durch den völlig anderen Kontext. In Listings Umgebung mochte das

---

[46] Zu Reidemeisters Diagramm-Modifikationen vgl. § 94.

Studium von Knoten als eine Kuriosität erschienen sein; in Maxwells und Thomsons wissenschaftlicher Umgebung dagegen war klar, daß es sich hier um eine Aufgabe handelte, die verfolgt werden *mußte*, wenn Thomsons Atomtheorie erfolgreich ausgebaut werden sollte.

Gegen Ende des Jahres 1868 nahm Maxwells Interesse an topologischen Fragen allerdings eine andere Wendung, als er Listings Behandlung von Verallgemeinerungen der Eulerschen Polyederformel im *Census der räumlichen Complexe* kennenlernte. Diese Arbeit, die er vermutlich im Dezember 1868 las und schon im Februar des folgenden Jahres zum Gegenstand eines Vortrags vor der London Mathematical Society machte, war Maxwell vor allem für seine Arbeit an der graphischen Statik nützlich.[47] Etwas später lernte Maxwell dann auch die *Vorstudien zur Topologie* kennen. Maxwell war so beeindruckt von Listings Arbeiten, daß er sie seinen Kollegen als die besten bislang zu diesen Fragen verfaßten Schriften empfahl und in der mathematischen Einleitung seines *Treatise* Listings topologische Terminologie übernahm.[48] Die weitere Behandlung des Knotenproblems blieb dagegen anderen überlassen.

§ 39. *Topologische Fragen der Hydrodynamik*

Natürlich traten auch in Thomsons Bemühungen, seiner Atomtheorie eine mathematische Basis zu geben, Fragen über Knoten auf. Während Maxwells Skizzen einen direkten, symbolisch-kombinatorischen Zugang zum Klassifikationsproblem für Verkettungen gesucht hatten, waren es in Thomsons Arbeit analytische Fragen, die noch einmal die bereits getroffene Unterscheidung zwischen „degree" und „quality" der „multiple continuity" eines Verkettungskomplements ins Zentrum rückten und schließlich zu einer wichtigen Einsicht in die analytische Bedeutung des Begriffs der Zusammenhangsordnung führten. Um sie zu erläutern, ist ein kurzer Blick auf die mathematische Strategie nötig, durch die Thomson seine Atomtheorie auszubauen hoffte.

Thomson setzte an der von Helmholtz betrachteten Klasse von Wirbelbewegungen an, d.h. solchen, bei denen nur in einem endlichen System von Wirbelschläuchen die lokale Rotation der Flüssigkeit von Null verschieden war. Dieses System konnte dann physikalisch als ein System von in einer rotationsfrei strömenden Flüssigkeit schwimmenden Körpern betrachtet werden, die zwar in ihren Maßen, nicht aber in ihrer topologischen Gestalt veränderlich waren. Thomsons Strategie bestand nun darin, zunächst die Strömung des Mediums in dem mehrfach zusammenhängenden Raumgebiet *außerhalb* der Wirbel zu untersuchen, um dann (vor allem durch energetische Überlegungen) Aussagen über die Interaktion dieser Strömung mit den als Körpern betrachteten Wirbeln zu gewinnen.[49] Das erste Problem, das gelöst werden mußte, war also gerade jenes, auf das Helmholtz 1858 in einer Fußnote aufmerksam gemacht hatte: Welche rotations- und divergenzfreien Strömungen gibt es in einem mehrfach zusammenhängenden Raumgebiet, das durch ein System von (im allgemeinen selbst mehrfach zusammenhängenden) Oberflächen gewisser Körper und einer äußeren Begrenzungsfläche berandet ist, bei gegebenen Randbedingungen, z.B. der, daß keine Flüssigkeit durch die Randflächen tritt? Welche Parameter legen

---

[47] Diese wird ausführlich behandelt in (Scholz 1989, 181 ff.). Zur Datierung von Maxwells Rezeption des Listingschen *Census* vgl. (Epple 1998b, § 26).

[48] Vgl. insbesondere (Maxwell 1873, §§ 16-26).

[49] Thomson erläuterte sein Vorgehen zuerst in einem ausführlichen Brief an Tait, den er am 5. Juli 1868 aus dem bayerischen Kurort Bad Kissingen schrieb; Kelvin Papers Glasgow, T 90. Ausführlicher hierzu (Epple 1998b, § 18).

eine solche Strömung eindeutig fest? Durch eine physikalische Überlegung gelangte Thomson
zu einer ersten Antwort:

> „Let one of the solids be a ring stopped by an extensible membrane. By proper
> determinate pressure on the membrane (which is simple uniform all over it) institute
> a motion as that the velocity of the fluid will be equal on the two sides of the
> membrane. Then dissolve the latter into perfect liquid. A cyclic irrotational motion
> is thus instituted, and continues for ever unless again a membrane closes the ring +
> this time stops instead of starts the motion. Move the ring about, bend it, draw it out
> (its volume of course remaining constant) the cyclic motion has a constant quality,
> viz. the difference of fluid-velocity-potential in going once round any closed curve
> through the ring, remains always the same. This wants a name (? cyclic constant?
> only temporary)."[50]

Strömungen um komplexere Anordnungen der berandenden Oberflächen betrachtete Thomson
als Superpositionen einer gewissen Zahl von unabhängigen „cyclic irrotational motions" – eine Überlegung, die durch die Linearität des betrachteten Randwertproblems gerechtfertigt war.
Folglich waren die möglichen Strömungen für jedes Raumgebiet der betrachteten Art bei festen
Randbedingungen durch eine gewisse endliche Zahl von (provisorisch „cyclic constants" genannten) Parametern festgelegt. Diese Zahl hing nur von der topologischen Natur des Gebiets,
nicht jedoch von der genauen Gestalt der Randflächen ab.

In der Folgezeit arbeitete Thomson diese Idee mathematisch genauer aus, indem er die eingeführten virtuellen Membranen als Schnittflächen im Sinne des Helmholtzschen (und Riemannschen) Zusammenhangsbegriffs für dreidimensionale Gebiete deutete und mit ihrer Hilfe
die bereits von Helmholtz angemahnte Modifikation der Greenschen Sätze für mehrwertige Potentiale in mehrfach zusammenhängenden Gebieten formulierte. In einem langen Artikel, der
nach etlichem Hin und Her[51] schließlich in den *Proceedings* der R.S.E. für das Jahr 1869 erschien, formulierte Thomson sein Resultat wie folgt: Ist V ein mehrfach zusammenhängendes

---

[50] Thomson an Tait, 5. Juli 1868; Kelvin Papers Glasgow, T 90.

[51] Noch während Thomson an seinen hydrodynamischen Überlegungen arbeitete, platzte im Juni 1868
eine herbe Kritik der Helmholtzschen Arbeit über die Wirbelbewegung durch den französischen Mathematiker Joseph Bertrand herein. Für kurze Zeit sah es so aus, als wäre Thomsons gesamte Theorie auf
Sand gebaut. Tait schrieb an seinen Kollegen, der sich gerade in Bad Kissingen aufhielt: „Do you see the
Comptes Rendus? In that for the 22nd June (I think) Bertrand states that there is a mistake in the beginning
of H^2's Vortex paper which renders ALL HIS RESULTS ERRONEOUS. So, of course, you may drop your
vortex-atom-paper, and come home to useful work. B. does not point out the mistake, nor have I been able
to find it – but H^2 will perhaps be able to tell you." (Tait an Thomson, 2. Juli 1868; Kelvin Papers Glasgow,
T 89; vgl. außerdem T 96; H^2 war Taits Kürzel für Helmholtz.) Thomsons Antwort war der lange Brief,
auf den oben hingewiesen wurde. Angesichts von Bertrands Kritik stellte Thomson seine Überlegungen
zunächst unter einen starken Vorbehalt. Sowohl Helmholtz als auch Maxwell konnten jedoch Thomson
und Tait versichern, daß Bertrands Kritik unberechtigt war. Maxwell hatte die Helmholtzschen Sätze sogar
schon einmal als Aufgabe im Cambridger Mathematical Tripos gestellt, vgl. (Maxwell 1995, 466). In einer
zweiten Runde seiner Kritik griff Bertrand die in der Helmholtzschen Theorie gemachte (und notwendige)
Voraussetzung der Stetigkeit (bzw. Glattheit) der Strömung einer idealen Flüssigkeit an, was Thomson,
Tait und Stokes zu einer längeren Diskussion über die physikalische Berechtigung dieser Voraussetzung
veranlaßte. Näheres zu den Irritationen durch Bertrands Kritik findet sich in (Epple 1998b, §§ 18-19).

Raumgebiet, das durch ein System S von Oberflächen berandet ist, und ist $\beta_1, ..., \beta_n$ ein System von Schnittflächen, das dieses Gebiet in ein einfach zusammenhängendes zerlegt, so gilt für zwei (im allgemeinen mehrdeutige) in V definierte Funktionen ϕ, ϕ':[52]

$$\iiint_V \left(\frac{d\phi}{dx}\frac{d\phi'}{dx} + \frac{d\phi}{dy}\frac{d\phi'}{dy} + \frac{d\phi}{dz}\frac{d\phi'}{dz} \right) dx\,dy\,dz \;=$$

$$= \iint_S d\sigma\,\phi\partial\phi' + \sum_{i=1}^{n} \kappa_i \iint_{\beta_i} d\sigma\,\partial\phi' - \iiint_V dx\,dy\,dz\,\phi\nabla^2\phi'$$

$$= \iint_S d\sigma\,\phi'\partial\phi + \sum_{i=1}^{n} \kappa_i' \iint_{\beta_i} d\sigma\,\partial\phi - \iiint_V dx\,dy\,dz\,\phi'\nabla^2\phi\,.$$

Dabei bedeutet $\iint d\sigma$ die skalare Integration über eine Fläche, ∂ steht für die Ableitung in Richtung der Normalen eines Flächenpunktes. Die Größen κ_i bzw. κ_i' sind nur von β_i und ϕ bzw. ϕ' abhängige Konstanten, die durch ein Integral $\kappa_i := \int \nabla\phi\,d\vec{s}$ entlang eines beliebigen geschlossenen Weges bestimmt sind, der β_i genau einmal schneidet und alle anderen Schnittflächen vermeidet (Thomson 1869, § 57). Diese Konstanten bezeichnete Thomson jetzt als die zu den Schnittflächen β_i gehörigen „circulations" der durch den Gradienten von ϕ bzw. ϕ' bestimmten Strömung, Wege der genannten Art nannte er „circuits". Aus dieser modifizierten Greenschen Formel ergab sich leicht das im oben zitierten Brief angedeutete, grundlegende Resultat, welches die rotations- und divergenzfreien Strömungen in einem mehrfach zusammenhängenden Raumgebiet charakterisierte:

> „(PROP.) The motion of a liquid moving irrotationally within an $(n + 1)$ply continuous space is determinate when the normal velocity at every point of the boundary, and the values of the circulations in the n circuits, are given." (Thomson 1869, § 63.)

Dieser Satz beantwortete eine auf den ersten Blick recht undurchsichtige physikalische Frage – wie viele linear unabhängige, rotations- und divergenzfreie Strömungen gibt es in einem gewissen Gebiet bei festgelegten Randbedingungen – auf erstaunlich einfache Weise durch ein rein topologisches Konzept, die Zusammenhangsordnung des betrachten Gebiets.[53] Angesichts der hydrodynamisch-elektromagnetischen Analogie konnte der Satz auch als eine Aussage über die Zahl der linear unabhängigen magnetischen Felder, die durch ein stationäres System von Strömen in den berandenden Flächen oder Körpern induziert wurden, verstanden werden.

Damit wurde noch einmal die Bedeutung topologischer Überlegungen für den Ausbau dynamischer Theorien unterstrichen, sei es der Elektrodynamik, sei es der Theorie der Wirbelatome. Hier gab es offensichtlich einen Anknüpfungspunkt für die Aufnahme und Weiterentwicklung von mathematischen Ideen, die der Physik bis dahin fremd geblieben waren. In moderner Perspektive erscheint Thomsons Satz (ebenso wie Helmholtz' Arbeit) als einer der ersten Schritte

---

[52] Das war kein präzise festgelegter Begriff. Intendiert war die Klasse der Wegintegrale $\phi(\vec{x}) = \int_{\vec{a}}^{\vec{x}} \vec{v}\,d\vec{s}$ mit festem Anfangspunkt $\vec{a}$ von stetigen Vektorfeldern $\vec{v}$ in mehrfach zusammenhängenden Gebieten. – Die Schreibweise der Thomsonschen Formel ist durch die Einführung der jeweiligen Integrationsgebiete leicht modernisiert.

[53] Thomson hob den überraschenden Charakter seines Ergebnisses ausdrücklich hervor: „hitherto we have seen no reason even to suspect the following proposition" (Thomson 1869, § 62).

auf dem Weg zu einem Verständnis des Zusammenhangs zwischen der Topologie und den harmonischen Funktionen bzw. Differentialformen auf einer Riemannschen Mannigfaltigkeit, die schließlich in den Sätzen von Hodge gipfelte. Aber schon aus zeitgenössischer Perspektive war klar, daß hier ein neues Stück mathematischer Theorie entstanden war. Ebenso wie Helmholtz sah Thomson seine Resultate über rotations- und divergenzfreie Strömungen als eine Übertragung der Riemannschen Sätze über (endliche) Integrale algebraischer Funktionen auf den Fall von drei Dimensionen an.[54]

Abgesehen von diesen allgemeineren Überlegungen warf Thomsons Einsicht jedoch auch ein sehr konkretes Problem auf: Wie konnte die Zusammenhangsordnung von gegebenen Raumgebieten bestimmt werden, z.B. jener Gebiete, welche die in Thomsons Artikel gezeichneten Knoten und Verkettungen umgaben? Hier konnte Maxwell Thomson weiterhelfen. Ende September 1868, als Thomson noch an seinem Artikel arbeitete und Maxwell gerade seine topologischen Manuskripte verfaßte, schrieb Maxwell an Thomson:

> „I have been making a statement about the continuity discontinuity periodicity and multiplicity of functions generally and of lines surfaces and solids. Here is the upshot in connected form.
>
> Take a solid without any hollows in it or holes through it. It is a simply connected space bounded by one simply connected closed surface. Now bore n holes right through the solid. It is now a space of n connections bounded by an n-ly connected closed surface.
>
> The infinite space outside is also n-ly connected. Now let there be m hollow spaces within the solid and let these be bounded by closed surfaces whose connections are $n_1 n_2 n_3 ... n_m$. Then the solid will be an $(m + 1)$-ly *bounded* space and its connexions will be $n + n_1 + \&c + n_m$."[55]

Maxwells Formulierungen zeigen, daß er den Zusammenhangsbegriff für *Flächen* noch nicht genau durchdacht hatte. Eine Woche später korrigierte er seine Aussage: „if n_1 belongs to the external surface it introduces n_1 connexions into the solid, but if n_2 belongs to an internal surface it introduces only $n_2 - 1$ *new* connexions. Hence the whole number of connexions is [...] $\sum(n) - m + 1$."[56] Auch diese Aussage muß mit Vorsicht gelesen werden. Offensichtlich bedeu-

---

[54] Vgl. nochmals Thomson an Tait, 5. Juli 1868; Kelvin Papers Glasgow, T 90. Es wäre eine interessante Aufgabe, die weiteren Schritte in diese Richtung genauer zu verfolgen. Thomsons Einsichten fanden zunächst ihren Weg in klassische Lehrbücher der dynamischen Physik wie Maxwells *Treatise*, Lambs Lehrbuch der Hydrodynamik (Lamb 1879) sowie in weitere hydrodynamische Arbeiten, etwa jene Enrico Bettis. Ein wichtiger Schritt war dann Felix Kleins kleine Monographie *Über Riemanns Theorie der algebraischen Funktionen und ihrer Integrale* von 1882, in der Klein Riemanns Sätze aus einer strömungstheoretischen Perspektive abhandelte. Obwohl Klein seine Leser glauben machen wollte, daß es sich hierbei um Riemanns ursprüngliche Auffassung handelte, schloß er doch vor allem an das dynamische Denken der britischen Physiker an, dem er selbst ebenfalls nahe stand; vgl. z.B. (Klein 1882, § 1, Anm.; § 10). An Klein schloß später áuch Hermann Weyls einflußreiche Monographie *Die Idee der Riemannschen Fläche* von 1913 an. Weyl, der Teile seines Buches mit Klein besprach, erkannte sowohl die heuristische Kraft als auch den britischen Ursprung der strömungstheoretischen Sichtweise an. Schließlich wäre der genaue Weg von Weyl zu den Forschungen von de Rham und Hodge nachzuzeichnen.

[55] Maxwell an Thomson, 28. September 1868 (Maxwell 1995, 443).

[56] Maxwell an Thomson, 7. Oktober 1868 (Maxwell 1995, 449).

teten die Zahlen $n_i - 1$, die Maxwell im Auge hatte, nicht die Maximalzahlen nichtzerlegender, geschlossener Kurven in einer Fläche (wie er selbst in seinen ersten Manuskripten forderte), sondern das, was heute das Geschlecht der Fläche genannt wird – die Anzahl der „Löcher" in dem Körper, der von einer im gewöhnlichen Raum eingebetteten, randlosen Fläche eingeschlossen wird. Maxwells Behauptung muß also in heutiger Sprache als die (korrekte) Aussage wiedergegeben werden, daß die Zusammenhangsordnung eines von einer endlichen Zahl von geschlossenen Flächen beranderten Raumgebiets um eins größer ist als die Summe der Geschlechter der Randflächen. Maxwell gab weder in seinem Brief noch in seinen Manuskripten einen strengen Beweis dieser Behauptung. Sie war offensichtlich an einer Situation wie der in Fig. 4.4 gezeichneten abgelesen, in der alle berandenden Flächen sich in einer einfachen Lage ohne Verknotungen und gegenseitige Verschlingungen befinden.

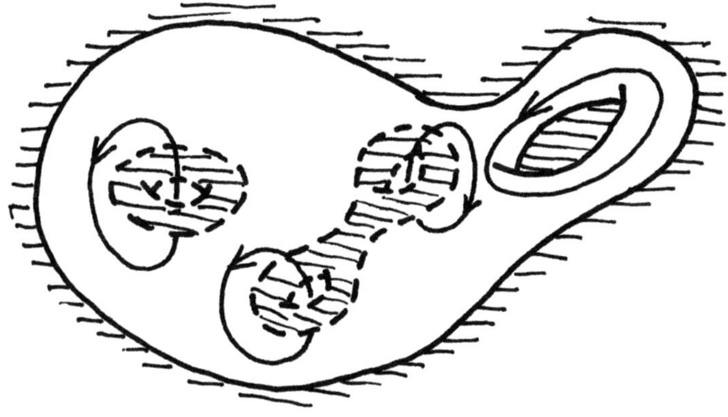

Fig. 4.4: Mehrfach zusammenhängendes Raumgebiet mit „cycles"

Dabei suchte Maxwell die Zusammenhangsordnung von Raumgebieten jedoch nicht durch die Maximalzahl von nichtzerlegenden Schnittflächen zu bestimmen, sondern durch die Maximalzahl unabhängiger geschlossener Integrationswege von vollständigen Differentialen; er nannte solche Kurven in seinen Manuskripten mit einem zunächst nicht genau definierten Ausdruck „cycles".[57] In einer Situation wie der gezeichneten konnten die „cycles" des betrachteten Gebiets einfach abgezählt werden: Je einer gehörte zu jedem „Loch" der berandenden Flächen; daraus ergab sich in der Situation des Bildes Maxwells Formel. Auf der Basis dieser Art der Bestimmung der Zusammenhangsordnung ergab sich jedoch eine Schwierigkeit: Wie konnte Maxwell sicher sein, daß nicht *mehr* als *m* unabhängige neue „cycles" durch das Entfernen eines „*m*-cyclic space" aus dem Innern eines Gebiets entstanden, wenn jener in einer komplizierteren Weise in diesem Gebiet gelegen war? Wie konnte Maxwell z.B. wissen, daß das einen verknoteten Kanal umgebende Gebiet (vgl. Fig. 4.5) nur *zweifach* zusammenhängend war?

---

[57] Vgl. vor allem (Maxwell 1995, 441 und 470). Die zweite Passage (aus Maxwells Vortrag über Listings *Census* vor der London Mathematical Society) enthält auch die Idee der Zusammensetzung beliebiger geschlossener Wege aus „cycles."

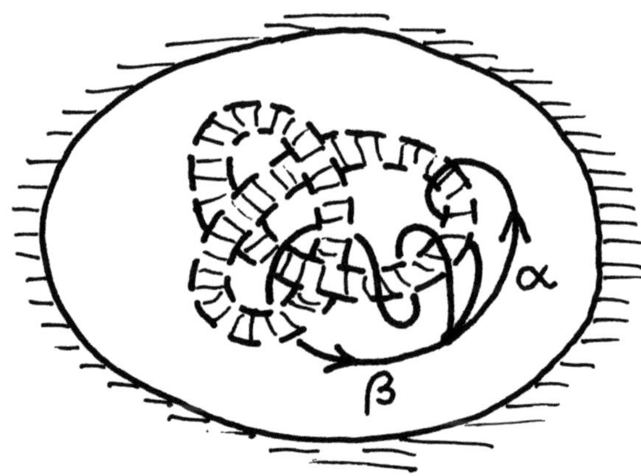

Fig. 4.5: Ein zweifach zusammenhängendes Gebiet?

Um sich dessen zu versichern, hätte Maxwell eine Technik benötigt, die ihm zu zeigen gestattet hätte, daß zwei Kurven wie α und β in der Figur als äquivalente „cycles" betrachtet werden konnten. Nichts in Maxwells Manuskripten weist auf eine entsprechende Überlegung hin.[58]

In seinem ein Jahr später veröffentlichten Artikel über die Wirbelbewegung ging William Thomson auf diese Schwierigkeit ausdrücklich ein, wobei er sie durch eine explizite Festlegung des zugrundeliegenden Begriffs, den er abweichend von Maxwell „circuit" nannte, noch vertiefte. „$(n+1)$ply continuous space," schrieb er, „is a space for which there are n, and only n, different circuits". Dabei sollte der Ausdruck „circuit" bedeuten: „any closed curve not continuously reducible to a point, in a multiply continuous space." Thomson fügte an: „I shall call *different circuits*, any two such closed curves if mutually irreconcilable, but different mutually reconcilable curves will not be called different circuits." (Thomson 1869, § 60 (t), (s).) Die Beziehung der „irreconcilability" hatte er zuvor wie folgt erklärt: „To prevent any misunderstanding, I add [...] that by irreconcilable paths between two points P and Q, I mean paths such, that a line drawn first along one of them cannot be gradually changed till it coincides with the other, being always kept passing through P and Q, and always wholly within the portion of space considered." (Thomson 1869, § 58.)

Auf der Basis dieser Konventionen wurde das in Fig. 4.5 angedeutete Problem fast unüberwindlich, denn die Anschauung legt nahe, daß zwei Kurven wie α und β *nicht* stetig ineinander deformiert werden können, ohne den verknoteten Kanal zu durchkreuzen. Überraschenderweise behauptete Thomson das Gegenteil. Gebiete, die durch das Ausbohren eines komplizierten Knotens aus einem einfach zusammenhängende Gebiet entstanden, wie z.B. die ersten drei in der von Crum Brown und Tait gezeichneten Fig. 4.1, ergaben zwar „varieties of multiple continuity curiously different from that illustrated by a single ordinary straight or bent tunnel" (Thomson 1869, § 58). Trotzdem galt, so Thomson: „no amount of knotting or knitting,

---

however complex, in the cord whose axis indicates the line of the tunnel, complicates in any way the continuity of the space considered" (l.c.). Mit anderen Worten: Während die „qualities" der betreffenden „varieties of multiple continuity" verschieden sein konnten, war ihr „degree" stets derselbe. Nach einer entsprechenden Präzisierung der Begriffe kann die zweite Aussage in einen korrekten Satz der heutigen Knotentheorie übersetzt werden: Die erste Betti-Zahl eines Knotenkomplements ist für alle Knoten gleich eins und für alle Verkettungskomplemente gleich der Anzahl ihrer Komponenten. Thomson begab sich jedoch auf sehr glattes Eis, als er schrieb, diese Aussage sei leichter in der Perspektive der „reconcilable curves" einzusehen als in jener der Schnittflächen, die er aufgrund ihrer physikalischen Interpretation als virtuelle Membranen „stopping barriers" nannte:

> „It is not easy to conceive the stopping barrier of any of the first three diagrams of [Fig. 4.1], or to understand its singleness; but it is easy to see that in each of these three cases, any two closed curves drawn round the solid wire represented in the diagrams are reconcilable, according to the definition of this term given in § 58, and therefore, that the presence of any such solids adds only one to the degree of continuity of the space in which it is placed." (Thomson 1869, § 60 (t).)

Zusammengenommen verweisen diese Passagen auf eine merkwürdige Situation. Wenn Thomson wirklich darauf bestand, die „reconcilability" von Wegen als stetige Deformierbarkeit ineinander zu verstehen, dann war es nicht nur nicht leicht zu sehen, daß zwei Wege wie α und β in Fig. 4.5 „reconcilable" waren, es war unmöglich. Thomson selbst spürte, daß mit seinen Erklärungen etwas nicht in Ordnung war, und daß er in seinen technischen Argumenten nicht diesen, sondern den auf das Konzept der Schnittflächen gegründeten Definitionen von Helmholtz folgte, die zudem den Vorteil hatten, mit der physikalischen Idee der „stopping barriers" kompatibel zu sein.[59] Nur so ist zu verstehen, daß Thomson trotz seiner mangelhaften Terminologie zu korrekten Resultaten gelangte.

Hier stießen die schottischen Physiker an eine Grenze der ihnen zur Verfügung stehenden mathematischen Werkzeuge. Ebenso wie den meisten Mathematikern dieser Zeit fehlte ihnen eine klare Unterscheidung zwischen jenen beiden Aspekten eines topologischen Problems, die heute mit den Begriffen der Homologie und der Homotopie beschrieben werden. Sehr oft wurden insbesondere die relevanten Variationen eindimensionaler Integrationsbereiche anschaulich als stetige Deformationen von Wegen, d.h. in heutiger Perspektive als *Homotopien*, verstanden.[60] Thomsons „Definitionen" machten dieses Verständnis lediglich explizit. Damit erreichte er freilich einen Punkt, an dem eine begriffliche Klärung fast unvermeidlich wurde. Hätte er seine eigenen Worte genauer bedacht und, statt sich mit einem „it is easy to see" zu begnügen, eine

---

[59] Vor der oben zitierten Passage bemerkte Thomson: „I have deviated somewhat from the form of definition originally given by Helmholtz, involving, as it does, the difficult conception of a stopping barrier, and substituted for it the definition be reconcilable and irreconcilable paths." In einer Fußnote zum Begriff der „stopping barriers" fügte er an: „But without this conception we can make no use of the theory of multiple continuity in hydrokinetics [...], and Helmholtz's definition is, therefore, perhaps preferable after all to that which I have substituted for it." (Thomson 1869, § 60 (t)).

[60] Vgl. (vanden Eynde 1992) für einen Überblick über zeitgenössische Auffassungen von Deformationen von Wegen. Selbst in Poincarés ersten Arbeiten zur *Analysis situs* war die Unterscheidung noch nicht völlig geklärt; vgl. (vanden Eynde 1992, 159 ff.) und Kapitel 7.

Erläuterung seiner Behauptung gegeben, daß zwei „circuits" um einen Knoten wie z.B. α und β in Fig. 4.5 stets „reconcilable" seien, so hätte er dies unweigerlich selbst bemerkt. Er hätte *entweder* festgestellt, daß seine Definition der „reconcilability" einer anderen Fassung bedurfte, *oder* er hätte erkannt, daß die von ihm betrachteten Raumgebiete sich in Bezug auf stetige Deformationen und Zusammensetzungen geschlossener Wege wesentlich komplexer verhielten, als er dachte. Im ersten Fall hätte er den Weg zu einer präziseren Begründung seiner Behauptung über die Zusammenhangsordnung von Verkettungskomplementen eingeschlagen, ein Weg, der auf der Grundlage von Riemanns Texten auch zu gewissen Ergebnissen hätte führen können. Z.B. existiert eine nur von den beiden Kurven α und β berandete und den verknoteten Kanal meidende Fläche (die sogar singularitätenfrei gewählt werden kann); die Existenz einer solchen Fläche hätte als Kriterium der Äquivalenz zweier *Integrationswege* ihren Zweck durchaus erfüllt. Im zweiten Fall wäre Thomson in die Nähe eines der Grundbegriffe der Knotentheorie des frühen 20. Jahrhunderts geführt worden: des Begriffs der Fundamentalgruppe eines Verkettungskomplements.

Wie dem auch sei, Thomsons hydrodynamische Diskussion hatte jedenfalls noch einmal das Problem der Knoten und Verkettungen aufgeworfen und auch zu einem konkreten Resultat über die Zusammenhangsordnung ihrer Komplemente geführt. Zu einem besseren Verständnis ihrer „quality", d.h. der die verschiedenen Knotenformen *unterscheidenden* topologischen Eigenschaften war es jedoch noch nicht gekommen.

§ 40. *Das Schicksal der Wirbelatomtheorie*

Thomsons Untersuchungen erweiterten zwar das hydrodynamische Wissen der Zeit in beeindruckendem Maß, aber sie schufen keine ausreichende mathematische Basis für die physikalische Spekulation, durch die sie motiviert waren. Dafür griffen Thomsons Resultate in mehr als einer Hinsicht zu kurz. Zum einen war das Problem der dynamischen Stabilität geschlossener Wirbelschläuche in einem über Helmholtz' Nachweis der topologischen Invarianz hinausgehenden Sinn noch unerledigt. Während Thomson anfänglich hoffte, daß Energiebetrachtungen zu dem gewünschten Ergebnis führen würden, mußte er 1875 zugeben, daß noch nicht einmal der einfachste Fall eines kreisförmigen Wirbelrings gelöst war.[61] Eine weitere wichtige Lücke in Thomsons Ergebnissen betraf die Vibrationen von Wirbeln, die zur Erklärung der beobachteten Spektren der chemischen Elemente dienen sollten. In einer Reihe kleinerer Aufsätze behandelte Thomson einige Spezialfälle wie z.B. die kleinen Schwingungen eines unendlich dünnen geradlinigen Wirbels oder eines unendlich dünnen Wirbelrings.[62] Diese Berechnungen führten stets zu von der kinetischen Energie der Wirbel abhängenden Schwingungsfrequenzen und damit zu einem den spektroskopischen Beobachtungen widersprechenden Resultat. Neben diesen mathematischen Schwierigkeiten blieben aber auch grundlegende physikalische Fragen offen. Wie konnten z.B. die Phänomene der Gravitation, des Elektromagnetismus und des Lichts auf der Basis einer Wirbelatomtheorie erklärt werden? In Bezug auf diese Fragen wurde Thomson zu immer komplizierteren Hypothesen über den Aufbau des universellen Mediums geführt. Die

---

[61] (Thomson 1875, §§ 19-20). Vgl. dazu auch (Smith und Wise 1989, 431 ff.)

[62] Vgl. etwa (Thomson 1880). Nicht alle dieser Beiträge wurden veröffentlicht, so z.B. ein Vortrag vor der R.S.E. am 15. April 1878, vgl. die Chronik im Anhang zu (Epple 1998b).

Gravitation und die Ausbreitung elektromagnetischer Kräfte und Wellen sollten durch eine komplexe Anordnung und Dynamik von noch viel kleineren Wirbeln, als sie die Atome darstellten, erklärt werden.[63]

Für eine gewisse Zeit führten diese Schwierigkeiten nicht dazu, daß Thomson und seine Kollegen die Wirbelatomhypothese fallen ließen. Maxwells positive Stellungnahme in seinem Artikel „Atom" für die *Encyclopedia Britannica* wurde bereits erwähnt. Nachdem er die mathematischen und physikalischen Grundlagen von Thomsons Theorie ebenso wie ihre Schwierigkeiten ausführlich beschrieben hatte, urteilte er zusammenfassend mit den Worten, die als Motto dieses Kapitels dienten: „the difficulties of this method are enormous, but the glory of surmounting them would be unique" (Maxwell 1875, 472). Am Beginn der 1880er-Jahre schien die Theorie sogar institutioneller Förderung würdig. So lautete etwa die Aufgabe des Cambridger Adams-Preises für 1882: „A general investigation of the action upon each other of two closed vortices in a perfect incompressible fluid." Der Preis wurde dem jungen J. J. Thomson verliehen, dessen Essay nicht nur die Fragen der Stabilität und Vibrationen von Wirbeln behandelte, sondern auch den Ansatz einer kinetischen Gastheorie für Wirbelatome beschrieb und eine Erklärung der chemischen Valenz durch die Wechselwirkungen von Gruppen von (möglicherweise verketteten) Wirbelringen zu geben versuchte.[64] Selbst außerhalb Großbritanniens wurden Thomsons Untersuchungen rezipiert, wenn auch nicht intensiv verfolgt.[65] Gegen Ende der 80er-Jahre erschienen die physikalischen Schwierigkeiten der Theorie allerdings immer unüberwindlicher, und auch auf der mathematischen Seite gab es keine durchschlagend neuen Ergebnisse mehr. Im Jahr 1887 deutete Thomson seinen Rückzug mit den Worten an: „the most favourable verdict I can ask [...] is the Scottish verdict of *not proven*" (Thomson 1887, 320), und in den folgenden Jahren entfernte er sich mehr und mehr von seiner brillanten Spekulation.[66]

Auch wenn die Theorie der Wirbelatome sich für die Physik als eine Sackgasse erwies[67], so gilt nicht dasselbe für die mit ihr verbundenen mathematischen Ideen. Seit dem 19. Jahrhundert wurde anerkannt, daß die hydrodynamischen Einsichten, die Thomson im Lauf seiner Spekulationen gewann, bedeutende Innovationen darstellten. Dieses Kapitel sollte deutlich machen, daß ähnliches auch für die topologischen Ideen gilt, die auf dem Weg von Helmholtz' Analyse der Wirbelbewegungen idealer Flüssigkeiten zu Thomsons Atomtheorie immer wichtiger wurden. Die schottischen Physiker waren sich bewußt, daß hier eine neue Art mathematischer Fragen auf nichttriviale Weise in eine fundamentale physikalische Theorie einging. Eines der zentralen Probleme des „neuen Zweigs der analytischen Geometrie", wie Thomson die *Analysis situs* oder Topologie umschrieb, war das der Klassifikation der Knoten und Verkettungen bzw. der

---

[63] Näheres z.B. in (Silliman 1963), (Siegel 1981, 256 ff.), (Smith und Wise 1989, 425 ff., 438 ff.).

[64] (J. J. Thomson 1883); dazu auch (Silliman 1963).

[65] Vgl. z.B. den für die *Mathematischen Annalen* verfaßten Überblicksartikel über die Theorie der Wirbelbewegung (Love 1887) und die dort gegebenen Verweise.

[66] Details seines Rückzugs werden in der in Anm. 27 angeführten Literatur geschildert.

[67] Selbst das ist eine Aussage, die näherer Qualifikation bedarf. Viele der britischen Physiker, die gegen Ende des 19. Jahrhunderts halfen, den Übergang von der Thomsonschen und Maxwellschen dynamischen Physik zur modernen Mikrophysik der Materie voranzutreiben, wie z.B. der oben erwähnte J. J. Thomson, dessen Experimente viel zur Etablierung der Elektronenvorstellung beitrugen, waren anfangs geprägt von wirbeltheoretischen Denkweisen. Das zeigt vor allem Buchwalds ausführliche Studie dieses Übergangs (Buchwald 1985).

sie umgebenden Raumgebiete. Thomsons Spekulation verlieh diesem Problem physikalisches Gewicht, und Maxwell versuchte mindestens einmal, sich ihm zu nähern, ohne jedoch zu tieferen Ergebnissen zu gelangen. In seiner Besprechung der Thomsonschen Theorie in der *Encyclopedia Britannica* wies Maxwell noch einmal mit einem Satz auf das Problem hin: „the number of essentially different implications of vortex rings may be very great without supposing the degree of implication of any of them very high." (Maxwell 1875, 471.) Kurz danach machte sich Maxwells Schulfreund und Thomsons Mitarbeiter Peter Guthrie Tait daran, die Triftigkeit dieses Hinweises näher zu untersuchen. Damit sollte er zum ersten Mal eine epistemische Konfiguration schaffen, in der erfolgreich mathematisches Wissen über Knoten produziert werden konnte.

5 EIN PERIODISCHES SYSTEM DER KNOTEN? PETER GUTHRIE TAIT UND DIE ERSTEN KNOTENTAFELN

> The development of this subject promises absolutely endless work – but work of a very interesting and useful kind – because it is intimately connected with the theory of knots, which (especially as applied in Sir W. Thomson's Theory of *Vortex Atoms*) is likely soon to become an important branch of mathematics.
>
> *Peter Guthrie Tait, 1876*

Im Herbst des Jahres 1876 begann Tait ernsthaft damit, sich dem Problem der Knotenklassifikation zuzuwenden. Seine Bemühungen stehen im Zentrum dieses Kapitels. Zunächst wird kurz Taits Engagement für Thomsons Wirbelatomtheorie beschrieben, um deutlich zu machen, daß er sich Knoten vor allem aufgrund ihrer erhofften Bedeutung für die Natural Philosophy zuwandte (5.1). Es folgt eine detaillierte Analyse jener Serie von Beiträgen zu den Sitzungen der Royal Society of Edinburgh, in welchen Tait sich zum Ziel setzte, eine veritable Theorie der Knoten zu begründen. Diese Arbeiten entwickelten zwar Techniken, mit denen die Klassifikation der Knotenformen angegangen werden konnte, brachten die Klassifikation aber noch nicht soweit, daß eine Überprüfung ihrer Tauglichkeit für die Zwecke der Physik und Chemie möglich gewesen wäre (5.2). Erst durch die Mitarbeit des an kombinatorischen Problemen interessierten Pfarrers Thomas P. Kirkman und des Professors für Civil Engineering in Nebraska, Charles N. Little, entstanden Tafeln, die einen ausreichenden Vorrat verschiedener Knotenformen für eine mögliche Zuordnung zu den bekannten chemischen Elementen boten. Obwohl die Tafeln ihren ursprünglich intendierten Zweck nie erfüllten, bildete sich doch eine bescheidene Tradition der Knotentabulation aus, die bis ins frühe 20. Jahrhundert reichte. Noch im Jahr 1917 schrieb Mary G. Haseman am Bryn Mawr College eine Dissertation über Knoten, die sich der von Tait, Kirkman und Little entwickelten Techniken bediente (5.3).

5.1 Taits Popularisierungen der Wirbelatomtheorie

§ 41. *Rauchringe in Physikvorlesungen*

Neun Jahre vergingen zwischen Taits Rauchring-Experimenten, die Thomson zu seiner Atomtheorie anregten, und seinen ersten mathematischen Arbeiten über Knoten. Wir haben gesehen, daß Tait der Idee der Wirbelatome anfänglich eher skeptisch gegenüberstand, aber spätestens zu Beginn der 1870er-Jahre nahm er Thomsons Theorie in das Repertoire seiner regelmäßigen Grundvorlesungen über Natural Philosophy auf. Außerdem behandelte er das Thema vielfach in populären Vorträgen, so daß er mehr und mehr zu einem wichtigen Vermittler von Thomsons Ideen wurde.

Eine typische Darstellung der Theorie der Wirbelatome in seinen Universitätsvorlesungen erfolgte gleich zu Beginn des mehrsemestrigen Kurses im Rahmen einer Übersicht über die verschiedenen im Lauf der Zeit gebildeten Vorstellungen über die Konstitution der Materie. Meist begann Tait mit einer Beschreibung des antiken Atomismus, wobei er die Lukrezschen Atome als kleine elastische Bälle beschrieb, um auf die später in den Vorlesungen behandelte kinetische Gastheorie vorzubereiten. Dann folgte in der Regel eine Diskussion der Idee atomarer Kraftzentren von Boscovič[1], und schließlich wurden zur Vorbereitung der Thomsonschen Ideen die Sätze von Helmholtz über die Wirbelbewegung qualitativ beschrieben. Tait ließ sich die Gelegenheit nicht entgehen, ein Experiment mit Rauchringen vorzuführen, und wies seine Zuhörer darauf hin, daß sie hier eine Illustration der fortgeschrittensten Theorie über den Aufbau der Materie vor sich sahen. Einer seiner Studenten im Kurs von 1871-72 notierte:

> „Example of Vortex ring, formed by the smoke, arising from the ignited gunpowder,
> as it curls up on the air, and spreads along the ceiling. One of the most plausible
> hypotheses yet made in regard to matter is, that matter is nothing but energy."[2]

Tait setzte dann in der Regel mit einer näheren Erläuterung der Wirbelatomtheorie fort, wobei er seine eigene Meinung klar kundtat: „This theory explains nearly all the properties of matter we know of, and no theory explains all." (Ebd., S. 16.) Tait vergaß aber auch nicht, auf die Schwierigkeit einer quantitativen Ausarbeitung der Theorie hinzuweisen. So überstieg bereits die Beschreibung eines Wirbels in Form der Kleeblattschlinge den Rahmen der mathematischen Kenntnisse der Zeit: „How now will it attract? Will its revolving parts get thicker? or thinner? or dissipated? These are questions to be solved at the outset, + even these tax the powers of our known Mathematics." (Ebd., S. 54.) Tait vermittelte seinen Hörerinnen und Hörern so das Bild einer plausiblen und vielversprechenden Hypothese, die freilich zur endgültigen Bestätigung noch intensiver Forschung bedurfte. In späteren Vorlesungen des Kurses verwies Tait ab und zu auf die Thomsonsche Theorie, wenn dies half, einen bestimmten Sachverhalt zu illustrieren.[3]

Da die gesamte Darstellung dem allgemeinen Stil seiner Grundvorlesungen entsprechend weitgehend frei von mathematischen Ausführungen war[4], konnte Tait sie ohne Weiteres auch in seine populären Vorträge übernehmen. Solche Vorträge waren ihm ein wichtiges Anliegen, nicht zuletzt auch deshalb, weil er mit ihrer Hilfe die gebildete Öffentlichkeit Edinburghs und Großbritanniens von der Überlegenheit der britischen Naturwissenschaft – und insbesondere

---

[1] Vgl. § 34.

[2] Tait, *Lectures on natural philosophy*, Edinburgh University 1871-1872. Notes taken by I. Gray, Edinburgh University Library, Gen 1408, Bd. 1, S. 12.

[3] Neben der Mitschrift von I. Gray (aus dem akademischen Jahr 1871-1872) zeigen Vorlesungsausarbeitungen der Kurse 1880-1881 von G. M. Barrie (National Library of Scotland, MS 6654), 1881-1882 von Andrew D. Sloan (University Library Edinburgh, Dc.5.98-99), sowie 1885-1886 von P. P. Easterbrook (University Library Edinburgh, Gen. 1821), daß Tait wiederholt einem ähnlichen Muster bei der Darstellung von Thomsons Theorie folgte.

[4] Vgl. dazu auch (Wilson 1991).

der dynamischen Theorien seiner wissenschaftlichen Freunde – über ihre kontinentale Konkurrenz zu überzeugen hoffte.[5] Am bekanntesten wurden Taits *Lectures on Some Recent Advances in Physical Science*, die er im Frühjahr 1874 hielt und die 1876 als Buch gedruckt wurden. Dort beschrieb er nicht nur ausführlich nach obigem Muster die Thomsonsche Wirbelatomtheorie, sondern erzählte auch die Episode von Thomsons Inspiration während seiner Rauchring-Experimente.[6] Auch in mehreren „Lectures for Ladies", die Tait ab den späteren 1860ern im Auftrag der Edinburgh Ladies Education Association hielt, führte er seine Experimente vor und warb für Thomsons Theorie.[7]

§ 42. *Ein metaphysisches Manifest: „The Unseen Universe"*

Taits Popularisierungen verfolgten mehr als einen Zweck. Es ging ihm nicht nur darum, die Ansichten seiner wissenschaftlichen Freunde zu verbreiten und dabei die britischen Leistungen ins rechte Licht zu rücken, sondern er verteidigte auch ein konservatives Wissenschaftsideal, das Tendenzen zu einer materialistischen Naturerklärung abwehren und für religiöse Überzeugungen Raum schaffen sollte. Im vorigen Kapitel wurde bereits erwähnt, daß Thomson es als ein Verdienst der Wirbelatomtheorie ansah, daß in einem idealen Äthermedium nur eine schöpferische Kraft geschlossene Wirbelfäden hervorbringen konnte. Eine leichte Variation dieser Idee diente Tait und seinem früheren Mitarbeiter Balfour Stewart als Leitmotiv eines provokativen Buches, das 1875 anonym erschien (vgl. Fig. 5.1). Mit diesem Werk suchten Stewart und Tait ihre Zeitgenossen davon zu überzeugen, daß die neuesten naturwissenschaftlichen Entwicklungen – insbesondere die dynamischen Theorien der Wärme und der Materie sowie die Theorie der biologischen Evolution – nicht nur keinen Widerspruch mit religiösen Überzeugungen bildeten, sondern sich sogar nahtlos an die Glaubenssätze von der Existenz Gottes und der Unsterblichkeit der Seele anschließen ließen. Das Buch, das übrigens recht klar erkennen ließ, wer seine Autoren waren, hatte einen enormen Erfolg. Innerhalb eines Jahres wurden nicht weniger als 5 Auflagen gedruckt, und noch 1890 erschien eine letzte, dreizehnte Auflage. Ab der vierten Auflage erschienen auch die Namen der Autoren auf dem Titelblatt.[8]

Die Grundfigur, mit der Stewart und Tait die „horrors and blasphemies of Materialism" zurückzuweisen hofften, bestand in der Verknüpfung einer leicht modifizierten Wirbelatom-

---

[5] Taits imperiales Engagement konnte weder seinen Zeitgenossen noch seinen Biographen und Historikern entgehen; er war während seiner Karriere mehrfach in diesbezügliche Kontroversen verwickelt. Am bekanntesten sind seine Polemiken um die Entwicklung der Thermodynamik, vgl. z.B. (Tait 1868/1877), und sein Kampf um die reine quaternionische Lehre in den 1890er-Jahren, dazu (Crowe 1985, Kap. 6). Seine pro-britische Rhetorik ist auch in einer vielgelesenen Adresse vor der British Association for the Advanvement of Science (BAAS) im Jahr 1871 sehr deutlich (Tait 1871).

[6] (Tait 1876a, 292 ff.). Neben der Wirbelatomtheorie waren vor allem die Lehre von der Energie bzw. die Thermodynamik und die Spektroskopie Gegenstand der Taitschen Vorlesungen. Ein Verzeichnis der Hörer dieser Vorlesung findet sich in einem Zettelbuch Taits, das in Mikrofilmkopie an der Edinburgh University Library, Microfilm M 24, zugänglich ist.

[7] Vgl. z.B. die Mitschrift des Zyklus von 1875-1876 von Elisabeth Haldane, National Library of Scotland, MS 20200. Die Zuhörerinnen waren meist Töchter oder Gattinen von Universitätsangehörigen oder doch akademisch gebildeten Bürgern. Auch Taits Tochter war für den Zyklus 1877-1878 eingeschrieben. Hörerinnenverzeichnisse finden sich in Taits Zettelbuch, Edinburgh University Library, Microfilm M 24.

[8] Die im folgenden zitierten Textpassagen stammen aus der 6. Auflage des *Unseen Universe* von 1876.

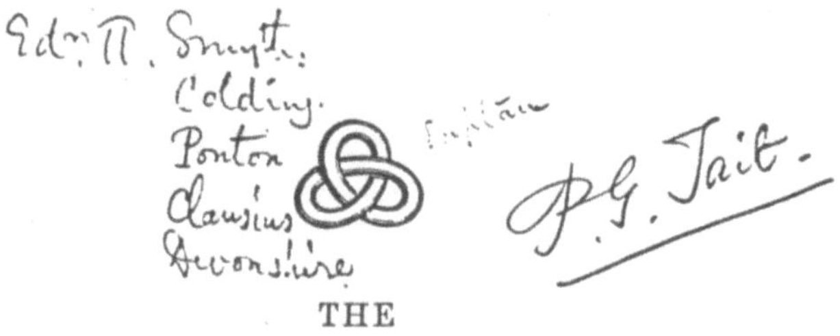

Fig. 5.1: Titelblatt der Erstauflage von *The Unseen Universe* (mit Anmerkungen Taits)

theorie mit der Thomsonschen Variante des zweiten Hauptsatzes der Thermodynamik, d.h. der These, daß in natürlichen Prozessen stets eine Dissipation von Energie stattfinde.[9] Stewart und

---

[9] Einen kurzen Überblick über Inhalt und Bedeutung des Werks gibt (Heimann 1972). (Myers 1985) verfolgt die charakteristische Verwendung sozialer Metaphern für natürliche Phänomene und naturwissenschaftlicher Metaphern für soziale Entwicklungen in *The Unseen Universe* und ähnlichen populären Schriften. Die politische Haltung der Autoren zeigt sich in der Tat deutlich an der Übernahme jener rhetorischen Figur, nach welcher nicht nur im natürlichen, sondern auch im moralischen Leben die Dissipation der Energie ein Faktum sei, nämlich als allgemeiner Verfall der Sitten. Besondere Schärfe ließen die Physiker Stewart und Tait erkennen, indem sie als Gegenmittel den strafenden Gebrauch der Elektrizität imaginierten: „For it can easily be applied so as to produce for the requisite time, and for that only, and under the direction

Tait malten sich aus, daß die physische Welt aus einer komplizierten Konfiguration von Wirbeln bestehe, wobei der Äther, dessen Rotationen das sichtbare Universum bildeten, allerdings keine völlig reibungsfreie Flüssigkeit sei. Daher führe die allgemeine Dissipation der Energie dazu, daß die materiellen Atome – deren Gleichartigkeit und endliche Vielfalt Zeichen ihrer göttlichen Schöpfung sei – sich nach langer Zeit wieder in das Äthermedium auflösten, um dort als andersartige energetische Konfigurationen fortzuexistieren. Aber auch der Äther, so spekulierten die Autoren, gebe seinerseits minimale Mengen von Energie ab – an ein weiteres, unsichtbares Medium, dessen Wirbelbewegungen ein zweites Universum bildeten. In diesem „ungesehenen Universum" hinterließe mithin das Geschehen der sichtbaren Welt energetische Spuren, und wegen der insgesamt geltenden Erhaltung der Energie ginge nichts, was aus dem ersten Universum verschwinde, ganz verloren. So mochten sich jene Wirbelkonfigurationen, die den Geist eines menschlichen Individuums ausmachten, bei dessen Tod im Äther verlieren – im „Unseen Universe" jedoch, dessen Wirbel jedes Bewußtsein begleiteten, könnte die betreffende Seele ewig weiterleben. Tait und Stewart zogen diese Variante der Rettung des Übersinnlichen dem Thomsonschen Hinweis auf kreative Eingriffe Gottes in die Dynamik eines *perfekten* Äthermediums vor, um ein „Prinzip der Kontinuität" alles physischen Geschehens verteidigen zu können. Dieses schien ihnen wichtig, um das sichtbare Universum als eine Welt des Werdens beschreiben zu können, in welcher die Darwinschen Gesetze der Evolution galten; dadurch gewannen die Spekulationen des Buches Anschluß an ein weiteres wichtiges Thema der populären Wissenschaft der Zeit.

The Unseen Universe regte eine breite Diskussion in den religiösen und wissenschaftlichen Kreisen Großbritanniens an, wobei die Meinungen, wie nicht anders zu erwarten, geteilt waren.[10] Manchen religiös denkenden Kommentatoren gingen die Zugeständnisse an die Naturwissenschaft zu weit, während andere Freunde der Kirche Stewarts und Taits „wissenschaftliche" Begründung religiöser Überzeugungen begeistert aufgriffen. Auch die britischen Wissenschaftler reagierten je nach ihren Überzeugungen unterschiedlich. Tait nahestehende Kollegen wie z.B. Maxwell nahmen das Werk mit Anerkennung und Humor auf.[11] Aber es gab auch eine Reihe von Stimmen, die Stewarts und Taits Zurückweisung einer materialistischen Naturauffassung nicht überzeugend fanden. So gipfelte eine zuerst 1875 erschienene kritische Rezension von W. K. Clifford, die zugleich eine prägnante Zusammenfassung der nichtmetaphysischen Aspekte von Thomsons Wirbelatomtheorie gab, in der folgenden ironischen Zusammenfassung des Anliegens von Stewart und Tait: „Only for another half-century let us keep our hells and heavens and gods." (Clifford 1875, 299).

Ich habe dieses erfolgreiche metaphysische Manifest hier beschrieben, um deutlich zu machen, daß Taits Bemühungen um eine Theorie der Knoten auch in dieser Hinsicht mit einem zentralen Motiv seiner Auffassung von den Aufgaben der Natural Philosophy vernetzt waren. In der Tat brachte Tait das Thema der Knoten und ihrer mathematischen Behandlung in *The Unseen Universe* zur Sprache. Wie das Titelblatt zeigt, diente ein kleeblattförmiger, verknoteter Wirbelring als Symbol der Verknüpfung der sichtbaren und der unsichtbaren Welt – ein schwaches modernes

---

of skilled physicists and physiologists, absolutely indescribable torture" (Stewart und Tait 1875, § 138). Die Folterer des 20. Jahrhunderts haben diese viktorianische Phantasie Wort für Wort wahrgemacht.

[10] Das Vorwort zur zweiten Auflage (1875) schildert das Spektrum der verschiedenen Kritiken. Eine Auswahl von Reaktionen ist in Taits Zettelbuch (Edinburgh University Library, Microfilm M 24) gesammelt.

[11] Auf Maxwells Reaktion komme ich im nächsten Kapitel noch einmal zurück.

Echo der magisch-symbolischen Funktion von Knoten, auf die im zweiten Kapitel hingewiesen wurde. Stewart und Tait gingen im Text des *Unseen Universe* auch auf die wissenschaftliche Bedeutung der Knoten ein. Ganz ähnlich wie in Taits regulären Physikvorlesungen schloß an die Beschreibung der Helmholtzschen Sätze über die Wirbelbewegung eine Passage an, in der betont wurde, wie klein die mathematischen Fortschritte waren, die seit Helmholtz im Hinblick auf die Dynamik von Wirbeln erzielt worden waren. Thomson Wirbelatomtheorie würde daher, so Stewart und Tait, zumindest die Erweiterung und Verbesserung mathematischer Methoden anregen: „for in the treatment of its very elements it requires the application of the most powerful of hitherto invented processes, and even with their aid, the mutual action of two ring-vortices (the simplest possible space-form [lies: die einfachste Verkettung]) has not yet been investigated except in the special cases of symmetrical disposition about an axis." (Stewart und Tait 1875, § 134.) Am Rand seines privaten Exemplars der ersten Auflage des *The Unseen Universe* fügte Tait hinzu: „Nay more; even the undisturbed form of the simplest knotted vortex (that which is drawn on our title page) has not yet been investigated. If any competent mathematician were to devote *his whole life* to this study of this one form."[12] Kurze Zeit später machte Tait selbst sich daran, die verschiedenen Formen von Knoten näher zu studieren.

5.2 „On Knots"

§ 43. *Erste Vermutungen*

Das erste Zeugnis von Taits neuerlicher Beschäftigung mit Knoten war ein kurzer Beitrag, den er im Sommer 1876 in der mathematischen Sektion der jährlichen Tagung der British Association for the Advancement of Science (BAAS) machte. Wie Tait später schrieb, enthielt dieser Beitrag eine Beobachtung, die er bei Gelegenheit seiner Zeichnungen von verknoteten Wirbelatomen für Thomson gemacht hatte: Zwei geschlossene ebene Kurven, die sich selbst und einander höchstens in einer endlichen Zahl von gewöhnlichen Doppelpunkten schneiden, treffen einander stets in einer geraden Anzahl von Punkten.[13] Natürlich hatte auch Tait noch nicht die Mittel, diesen vor ihm bereits von Gauß und Maxwell ohne nähere Begründung verwendeten Satz streng zu beweisen.[14] Tait machte dagegen auf zwei unmittelbare Folgerungen seiner Beobachtung aufmerksam. Erstens konnte jede geschlossene ebene Kurve mit endlich vielen Doppelpunkten als Projektion eines Knotens angesehen werden, in welcher die Doppelpunkte der Kurve abwechselnd Über- und Unterkreuzungen der Bögen des Knotens repräsentierten. Taits späterem Sprachgebrauch folgend werde ich solche Projektionen *alternierende Knotendiagramme!alternierende* und Knoten, die solche Diagramme besitzen, *alternierende* Knoten nennen. Taits zweite Folgerung war die Aussage, daß die Gebiete, in welche ein Knotendiagramm die Ebene einteilte, in schachbrettartiger Weise schwarz und weiß gefärbt werden konnten, so daß also an jedem Doppelpunkt zwei schwarze und zwei weiße Gebiete über Eck aufeinanderstießen (vgl. Fig. 5.2). Dieser Sachverhalt sollte später noch eine technische Rolle spielen. Tait schloß seinen Beitrag mit den vielsagenden Worten, die als Motto dieses Kapitels wiedergegeben sind (Tait 1876b, 272).

---

[12] Edinburgh University Library, Df. 3. 87, Anmerkung zu § 134, Hervorhebung von Tait.

[13] Vgl. (Tait 1876b); die historische Bemerkung findet sich in (Tait 1877b, 309 f.).

[14] Vgl. § 28 und § 38.

Fig. 5.2: Schachbrettfärbung einer Knotenprojektion

Ab Herbst des Jahres 1876 machte Tait dann das Studium der Knoten zu seiner Hauptbeschäftigung. Am 16. Oktober hinterlegte er einen versiegelten Umschlag bei der R.S.E., der einige Stichworte enthielt, die Tait offenbar als einen Durchbruch auf dem Weg zur Klassifikation der Knoten ansah. Der Text des 1987 zum erstenmal geöffneten Umschlags lautet:

„The theory of knots. By Prof. Tait.
Royal Society Oct. 16th. 1876.

Substance for a clear coil.

$$A\,B\,C \quad .... \quad B \quad ... \quad A \quad ... \quad C \quad ....$$
$$\pm\,\mp\,\pm \qquad\qquad \pm \qquad \mp \qquad \mp$$

5 laws for simplification[.] If reducible to

$$+ + +...... - - - -....$$

openable.

If the simplest is $+ - + - +-$ then irreducible."[15]

In diesen Zeilen ist der Ansatz Taits knapp bezeichnet. Auch Tait legte seinen Bemühungen offenbar eine symbolische Codierung von Knotendiagrammen zugrunde; wir werden sehen, daß sie eine Variante der früher von Gauß gefundenen ist. Die Buchstaben symbolisierten Kreuzungspunkte eines Diagramms, die Vorzeichen standen für Überkreuzungen bzw. Unterkreuzungen des betreffenden Bogens. Was Tait mit „clear coils" und den „laws of simplification" meinte, wird weiter unten näher erläutert.[16] Die letzten Zeilen seiner Notiz sind dagegen leichter zu verstehen. Zum einen bemerkte Tait, daß ein Diagramm, das so in ein anderes umgeformt werden kann, daß nach der Umformung zuerst alle Kreuzungen auf den obenliegenden Bögen überschritten werden und dann noch einmal auf den untenliegenden, stets den trivialen Knoten darstellt, d.h. einen Knoten, der in einen Kreis deformiert werden kann (Fig. 5.3 gibt ein Beispiel).

---

[15] National Library of Scotland, Acc 1000, No. 376.
[16] Vgl. § 44.

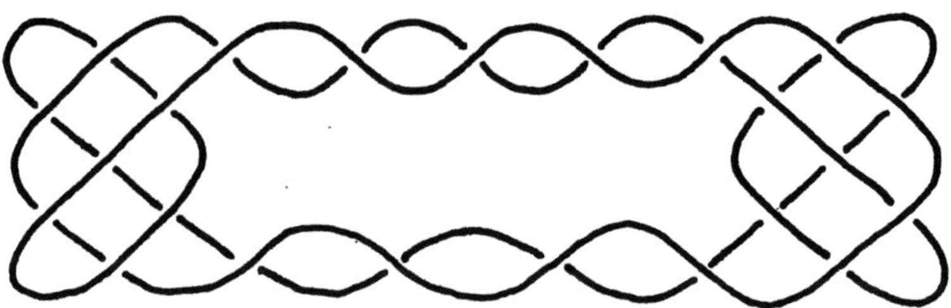

Fig. 5.3: Diagramm eines trivialen Knotens

Zum anderen formulierte Tait in der letzten Zeile eine etwas anspruchsvollere Behauptung: Wenn ein „einfachstes" Diagramm alternierend ist, so ist der Knoten „irreduzibel". Diese Aussage bedarf der Interpretation. Da an ihr der technische Schlüssel zum Erfolg der Taitschen Arbeiten und zugleich ein wichtiger Aspekt ihrer historischen Besonderheit deutlich gemacht werden kann, füge ich die notwendige Diskussion dem zeitlichen Verlauf vorgreifend hier ein.

Daß ein Diagramm „das einfachste" war, hieß wahrscheinlich, daß es keine offensichtlich überflüssigen Kreuzungen („essentially nugatory crossings") enthielt. Tait betrachtete eine Kreuzung dann als offensichtlich überflüssig, wenn sie zwei Teile des Diagramms voneinander trennte, die nur an dieser Kreuzung zusammenhingen. In diesem Fall kann das Diagramm offenbar durch Drehen des einen Teils um 180 Grad vereinfacht werden, d.h. derselbe Knoten wird auch durch ein Diagramm mit einer Kreuzung weniger dargestellt (Fig. 5.4; in den schraffierten Gebieten darf das Diagramm beliebig verlaufen).

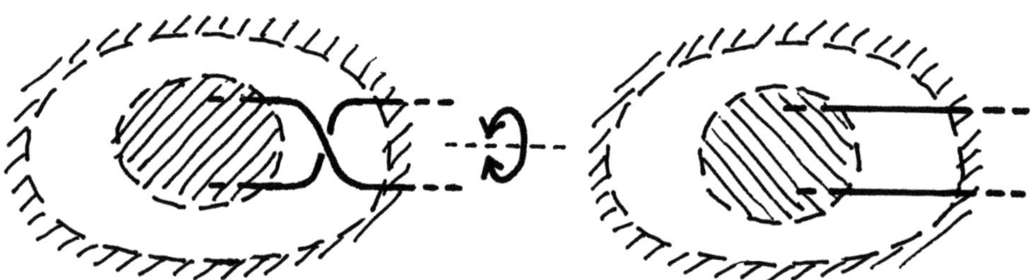

Fig. 5.4: Überflüssige Kreuzung und ihre Entfernung

Die Aussage „If the simplest is $+ - + - +-$ then irreducible" sollte wahrscheinlich heißen, daß ein Knoten, der durch ein alternierendes Diagramm ohne solche überflüssigen Kreuzungen dargestellt wird (und folglich das Diagramm mindestens drei Kreuzungen aufweist), „irreduzibel" ist, d.h. durch kein anderes (alternierendes oder nichtalternierendes) Diagramm mit einer geringeren Zahl von Kreuzungen dargestellt werden kann. Heute werden Diagramme ohne offensichtlich überflüssige Kreuzungen in der Regel als „reduzierte Diagramme" bezeichnet, und Taits Aussage bedeutet dann, *daß jedes reduzierte alternierende Diagramm eines gegebenen alternierenden Knotentyps die niedrigstmögliche Zahl von Kreuzungen aufweist.* Diese Aussage ist heute als „Taits erste Vermutung" bekannt, eine offensichtlich auch in einem chronologischen

Sinn berechtigte Benennung.[17] Freilich fragt sich, welches Argument Tait für diese Behauptung
hatte. Selbst die ausführlichste Passage Taits qualifizierte seine Vermutung als „obvious" (Tait
1877g, § 4). Immerhin gab er an dieser Stelle trotzdem eine anschauliche Begründung:

> „For the only way of getting rid of such alternations of + and − along the same cord
> is by *untwisting*; and this process, except in the essentially nugatory cases, gets rid
> of a crossing at one place only by introducing it at another." (Ebd.)

Die Interpretation dieses Arguments erfordert einige Vorsicht, da sie davon abhängt, welcher
technische Sinn dem Schlüsselbegriff „untwisting" gegeben wird. Wie wir noch sehen werden,
bezog Tait sich hier auf eine Idee, die er erst anläßlich seiner Lektüre von Listings *Vorstudien zur
Topologie* im Frühjahr 1877 bildete. Einige Zeichnungen Listings regten Tait dazu an, Operationen an Knotendiagrammen zu betrachten, die einen Teil des Diagramms, der durch vier Bögen
und eine Kreuzung mit dem Rest verbunden ist, um 180 Grad drehen. Solche Operationen nannte
Tait „twists" (Fig. 5.5; schraffierte Gebiete enthalten wiederum beliebige Diagrammteile).[18]

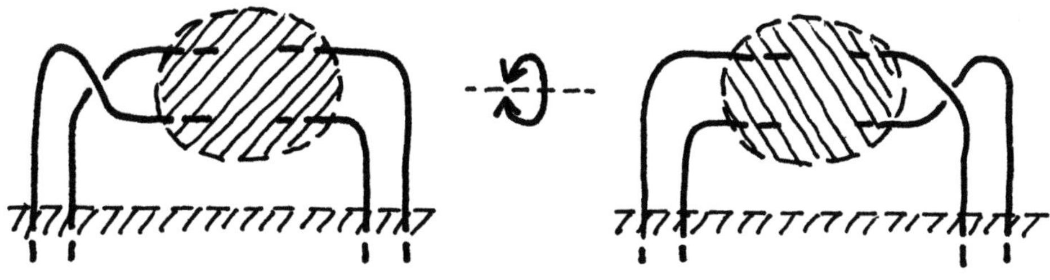

Fig. 5.5: Ein Twist

Eine plausible Lesart von Taits Argument ist, daß eine nicht offensichtlich überflüssige Kreuzung nur durch einen Twist und damit um den Preis des Einführens einer neuen Kreuzung
entfernt werden kann. In dieser Form ist das Argument aber nicht schlüssig, denn es wird nicht
die Möglichkeit ausgeschlossen, daß die Zahl der Kreuzungen durch eine Reihe von Diagrammdeformationen reduziert werden kann, die in den ersten Schritten die Kreuzungszahl *erhöhen*
(z.B. durch die zweite der von Maxwell betrachteten Deformationen, Fig. 4.3 b). Daher scheint
eine *stärkere* Lesart des Taitschen Arguments nahezuliegen, nach der *je zwei reduzierte alternierende Diagramme desselben Knotentyps durch eine Folge von Twists ineinander übergeführt
werden können.* In der Einschränkung auf *prime* Knoten, d.h. auf Knoten, die nicht aus zwei oder
mehr nacheinander auf denselben Faden geknüpften Knoten bestehen, wurde diese Aussage als
„Taits zweite Vermutung" bekannt.[19] Auch hieraus folgt Taits erste Vermutung nur dann, wenn
sicher ist, daß die nichtalternierenden Diagramme eines gegebenen alternierenden Knotentyps
stets mindestens so viele Kreuzungen aufweisen wie ein reduziertes alternierendes Diagramm.

---

[17] Vgl. z.B. (de la Harpe, Kervaire und Weber 1986, § 9). Von Tait wurde sie zuerst in (Tait 1876c, 239)
öffentlich formuliert und dann in (Tait 1877g, § 4) wiederholt.

[18] Seit (Conway 1970) werden Taits Twists oft „flypes" genannt. Diesen Ausdruck benützte Tait jedoch
für eine andere Operation an Knotendiagrammen, die im folgenden Paragraphen erläutert wird.

[19] Vgl. nochmals (de la Harpe, Kervaire und Weber 1986, § 9).

Wie sich in der Folge wiederholt zeigen wird, liefern diese beiden „Taitschen Vermutungen" nicht nur eine mathematische Begründung für Taits erste Vermutung, sondern auch für eine ganze Reihe seiner weiteren Aussagen und letzten Endes auch für die Korrektheit seiner Knotentafeln. Heute ist die erste Vermutung eine Folgerung aus den Eigenschaften des Jonesschen Knotenpolynoms (Murasugi 1987), während „Taits zweite Vermutung" ein mit anspruchsvollen, ebenfalls auf Jones' Knotenpolynom beruhenden Methoden bewiesener Satz ist, der das Problem der Klassifikation der *alternierenden* Knoten im wesentlichen erledigt (Menasco und Thistlethwaite 1993). Denn für jede gegebene Kreuzungszahl wird es durch diesen Satz auf die Aufzählung aller alternierenden Knotendiagramme und die anschließende Prüfung aller möglichen Twists reduziert; beides sind aber in endlich vielen Schritten lösbare Probleme.

Dennoch muß betont werden, daß Tait selbst sich die zweite Vermutung nie ausdrücklich zu eigen gemacht hat. In der Tat wird sie nirgends in seinen Publikationen formuliert und einige seiner Bemerkungen machen im Gegenteil wahrscheinlich, daß er *nicht* glaubte, alle alternierenden Diagramme eines alternierenden Knotens ließen sich durch Twists ineinander überführen. Diese Operationen stellten für ihn mit großer Wahrscheinlichkeit nur *eine* von mehreren Arten der Diagrammveränderung dar, die bei der Suche nach verschiedenen Diagrammen desselben Knotentyps berücksichtigt werden mußten.[20] Erst Little benutzte im Rahmen seiner Weiterführung der Taitschen Tafeln ausdrücklich, aber ohne nähere Begründung, den später von Menasco und Thistlethwaite bewiesenen Satz über die Twists. Damit ist aus heutiger Perspektive zwar verständlich, warum Taits mathematisches Handeln erfolgreich war und seine Knotentafeln sich letzten Endes als korrekt erwiesen, aber dieses Handeln ging in seiner eigenen Zeit nach anderen Prinzipien vor und war, wie Tait übrigens selbst wußte, auch unvollständig begründet.

Nach Hinterlegung des Umschlags bei der R.S.E. machte sich Tait an die Ausarbeitung seiner Ideen. Auf einer Sitzung der R.S.E im Dezember 1876 lieferte er einen Beitrag mit dem Titel „Applications of the theorem that two closed plane curves intersect an even number of times", den ersten einer Serie von sieben Beiträgen über Knoten und Verkettungen, die in den folgenden Monaten in den *Proceedings* der R.S.E. erschienen. Im Mai 1877 arbeitete Tait die Resultate seiner Untersuchungen dann einem umfangreichen Artikel „On knots" ein (Tait 1877g). Diese sieben Beiträge und der abschließende Artikel erlauben eine recht genauen Einblick in den zeitlichen Verlauf der Taitschen Bemühungen. Ich werde im folgenden die verschiedenen Themen, die Tait behandelte, in der Reihenfolge diskutieren, in der sie in diesen Publikationen auftraten. Da über Taits Ergebnisse in der neueren mathematischen Literatur bisweilen irreführende Angaben gemacht worden sind, werde ich seine Ideen außerdem mit späteren Resultaten zu denselben Themen vergleichen und insbesondere deutlich machen, welche davon (im Nachhinein!) durch den Satz von Menasco und Thistlethwaite mathematisch zu rechtfertigen sind.

§ 44. *Eine Strategie*

Wie Gauß (dessen erst im Jahr 1900 publizierte Fragmente Tait nicht kannte), Listing (dessen *Vorstudien* er erst später kennenlernte) und Maxwell (dessen Ansatz zur Behandlung des Klassifikationsproblems der Knoten und Verkettungen Tait vielleicht kannte[21]) entwickelte Tait als

---

[20] Genaueres hierzu unten, § 44 und § 48.

[21] Dies läßt sich allerdings nicht dokumentieren.

erstes ein Verfahren zur symbolischen Beschreibung von Knotendiagrammen, um daran eine kombinatorische Behandlung der verschiedenen Knotenformen anzuschließen. Taits Verfahren ist eine leicht verbesserte Form des von Gauß benutzten. Einer regulären Knotenprojektion mit n Doppelpunkten verlieh Tait eine Orientierung und einen beliebigen Anfangspunkt (Fig. 5.6), um dann den ersten, dritten, fünften usw. Doppelpunkt durch Buchstaben A, B, C, ... zu markieren. Aufgrund der Paritätsbedingung wurden so alle Doppelpunkte eindeutig markiert. Die Reihe der $2n$ Buchstaben, die sich dann beim Durchlaufen der Projektion *einschließlich* der geraden Stellen ergab, nannte Tait das „Schema" des Knotens (genauer: seiner Projektion bzw. seines Diagramms).[22]

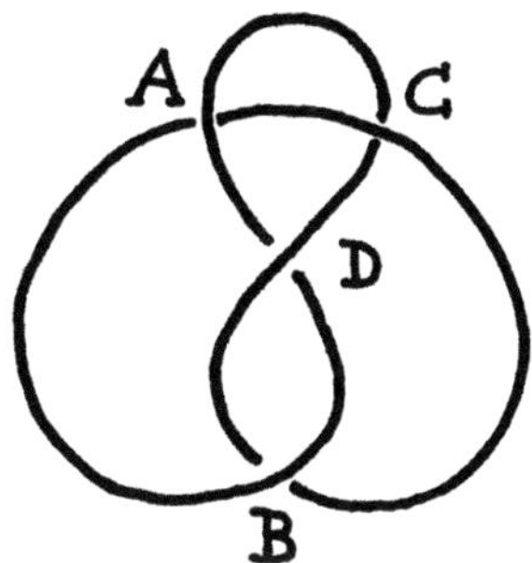

Fig. 5.6: Ein Knotendiagramm mit Schema $ACBDCADB$

Offensichtlich war ein Schema bereits durch die Folge der n Buchstaben an den geraden Stellen festgelegt (im Beispiel: $CDAB$); wir können dies das „abgekürzte Schema" nennen. Das Schema eines Diagramms hing offenbar von der Wahl des Anfangspunkts und der Orientierung bei der Markierung der Kreuzungen ab. Es fiel Tait nicht schwer, die entsprechenden Abänderungen des Schemas in eine rein kombinatorisch beschriebene Äquivalenzrelation zwischen Schemata zu übersetzen, so daß diese Abhängigkeit kein ernsthaftes Problem für das Verfahren darstellte.[23]

Auch Tait bemerkte schnell, daß nicht alle Folgen von n Buchstaben als abgekürztes Schema eines Knotens auftreten konnten. Um die ungeeigneten Folgen auszuscheiden, bediente sich Tait einer einfachen Idee, die im Grunde ebenfalls auf Eulers Behandlung des Brückenproblems zurückgeht, nämlich die Entfernung von geschlossenen Zykeln aus dem Diagramm. So gab er als eine offensichtlich notwendige Bedingung für die Realisierbarkeit eines (vollständigen) Schemas durch einen Knoten an, daß nach Streichung einer Sequenz $A.....A$ und Entfernen aller darin auftretenden Symbole aus dem Rest des Schemas wieder ein realisierbares Schema übrigbleibt. So ist das Schema

$$ADBACEDCEB$$

ungeeignet, denn nach Streichen von $ADBA$ und Entfernen von B und D aus dem Rest bleibt $CECE$ übrig, was wegen des Paritätskriteriums kein Schema einer Knotenprojektion sein kann. Auch die offensichtliche Verallgemeinerung auf die Entfernung von komplizierteren, aus mehreren Abschnitten $A.....B$, $B.....C$, ... , $Y.....Z$, $Z.....A$ zusammengesetzten Zykeln gab Tait an

---

[22] Siehe (Tait 1876c, 238) und (Tait 1877g, § 5).

[23] Die Äquivalenz umfaßt einerseits zyklische Vertauschungen der Symbole, andererseits das Lesen des Schemas ab einem beliebigen Symbol in beliebige Richtung (zyklisch fortgesetzt). Tait diskutierte dies am ausführlichsten in seinem zusammenfassenden Artikel (Tait 1877g, § 5).

(Tait 1876c, 239). Für nicht zu lange Symbolfolgen erwiesen sich diese Tests als hinreichend für die Bestimmung der durch Knoten realisierbaren Schemata.

Andererseits gehörten manche realisierbaren Symbolfolgen zu reduzierbaren Diagrammen. Falls z.B. der Buchstabe A an der ersten oder letzten Stelle des abgekürzten Schemas stand, sah das Diagramm in der Umgebung von der durch A bezeichneten Kreuzung wie in Fig. 5.7 (links) aus, so daß diese Kreuzung durch Aufdrillen der kleinen Schleife entfernt werden konnte. Ebenso war ein Diagramm offensichtlich reduzierbar, wenn ein Symbol A das (nicht abgekürzte) Schema so zerlegte, daß alle in dem Abschnitt $A.....A$ vorkommenden Symbole dort zweimal auftraten wie in Fig. 5.7 (rechts). Wurde zusätzlich zu der *Symbolfolge* auch die *Vorzeichenfolge* betrachtet, welche die Art der Kreuzung spezifizierte, so gab es für nichtalternierende Diagramme eine Reihe weiterer offensichtlicher Reduktionsregeln, die Tait in (Tait 1877g, §§ 28-34) ausführlich beschrieb. Z.B. ließ sich die Enthäkelung (Fig. 4.3 b) leicht kombinatorisch beschreiben. Die in Taits versiegelten Umschlag erwähnten fünf „laws of simplification" bezogen sich offenbar auf solche und ähnliche einfache Situationen.

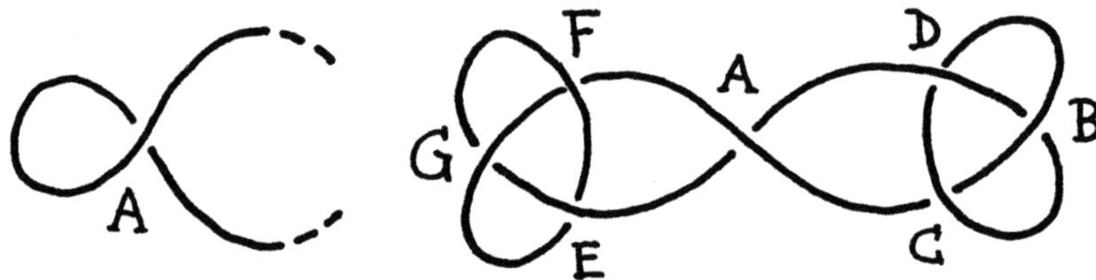

Fig. 5.7: Diagramme mit Schema $AA...$ und $ACBDCBDAEGFEGF$

Eine weitere Beobachtung Taits war, daß ein und dasselbe Schema zu verschiedenen Formen von Diagrammen desselben Knotens gehörte, die auseinander durch das hervorgingen, was er (im Unterschied zu heutigen Knotentheoretikern) „flypes" nannte. Diese „Umstülpungen" beschrieb er durch die Projektion eines Knotens auf eine Kugelfläche, wobei ein Zyklus (entsprechend einem Abschnitt $A.....A$ des Schemas) ungefähr auf einen Großkreis gelegt werden sollte. Eine Spiegelung an der durch diesen Großkreis bestimmten Ebene bewirkte dann einen „flype" der sphärischen Projektion. (Es handelt sich hier also um spezielle Homöomorphismen der Kugelfläche.) In einer *ebenen* Projektion konnte ein „flype" durch die Inversion an einem ungefähr in Gestalt eines Kreises gelegten Zyklus $A.....A$ beschrieben werden (Fig. 5.8).

Fig. 5.8: Zwei durch einen „flype" verbundene Projektionen

Vermutlich aufgrund der Beobachtung, daß zwei durch „flypes" verbundene Diagramme dasselbe Schema besaßen, war Tait davon überzeugt, daß das Schema einer (auf die Sphäre projizierten) Knotenprojektion die beiden zugehörigen alternierenden Knoten eindeutig bestimmte: „The scheme is a complete and definite statement of the nature of the knot." (Tait 1876c, 240.) Genaugenommen konnte das Schema natürlich nur die ebene oder sphärische *Projektion* eines Knotens bis auf Homöomorphismen der Ebene bzw. Kugelfläche festlegen.[24] Die Frage, ob die beiden denkbaren alternierenden sowie die weiteren, nichtalternierenden Wahlen von Über- bzw. Unterkreuzungen denselben Knotentyp darstellten, mußte, wie Tait natürlich klar war, gesondert behandelt werden.

Auf der Basis des Schemas und der darüber angestellten Überlegungen entwickelte Tait eine Strategie zur Klassifikation der Knoten. Sie umfaßte zwei Stufen. Zunächst mußten alle „wesentlich verschiedenen Formen" von Knotendiagrammen einer gegebenen Kreuzungszahl gefunden werden; danach mußte geprüft werden, welche dieser Diagramme wesentlich verschiedene Formen von Knoten darstellten. Genauer lassen sich in Taits Methode folgende fünf Schritte unterscheiden: (*i*) Finde alle nicht offensichtlich reduzierbaren kondensierten Schemata, d.h. alle Permutationen von n verschiedenen Symbolen $A, B, C, ...$, so daß A nicht an erster oder letzter Stelle, B nicht an erster oder zweiter, C nicht an zweiter oder dritter Stelle ist, usw. (*ii*) Finde unter den so gefundenen Schemata alle kombinatorisch äquivalenten (s.o.) und behalte aus jeder Klasse nur ein Schema übrig. (*iii*) Bestimme mit Hilfe der oben beschriebenen Tests durch Elimination von Teilzykeln und schließlich durch konkrete Zeichnung, welche Schemata Knotenprojektionen repräsentieren und welche nicht. (*iv*) Betrachte alle möglichen Kreuzungsbelegungen der im dritten Schritt gefundenen Projektionen und scheide diejenigen aus, die zu einem Diagramm mit weniger Kreuzungen äquivalent sind. (*v*) Bestimme, welche der im vierten Schritt übriggebliebenen Diagramme denselben Knotentyp darstellen.

Die wirklich schwierigen Schritte waren die der zweiten Stufe, d.h. der vierte und fünfte. Für fast die gesamte Dauer seiner Beschäftigung mit der Klassifikation der Knoten vereinfachte Tait sich diese Schritte durch die Beschränkung auf alternierende Knoten. Schritt (*iv*) wurde dann durch die „erste Taitsche Vermutung" zu einem bereits am Schema kombinatorisch entscheidbaren Problem, während der Satz von Menasco und Thistlethwaite (die sogenannte „zweite Taitsche Vermutung") *heute* zeigt, daß Schritt (*v*) durch die Betrachtung aller möglichen Twists erledigt werden konnte (ganz unabhängig davon, ob Tait diese Vermutung aufstellte oder nicht).

In der veröffentlichten Zusammenfassung von Taits erstem Beitrag über Knoten war das obige Verfahren erst vage angedeutet, und insbesondere die letzten Schritte wurden nicht genau diskutiert. Erst die entsprechenden Abschnitte des längeren Artikels (Tait 1877g) führten diese näher aus. Dennoch *befolgte* Tait die beschriebene Strategie schon in seiner Diskussion der einfachsten Knoten. Zur Illustration führe ich Taits Argument für den Fall von fünf Kreuzungen vor.[25]

Schritt (*i*) bedeutete hier, daß nur die folgenden 13 abgekürzten Schemata möglich waren:

$$(1)\ CDEAB \qquad (2)\ CEABD \qquad (3)\ CEBAD$$
$$(4)\ CAEBD \qquad (5)\ DEABC \qquad (6)\ DEBAC$$
$$(7)\ DEACB \qquad (8)\ DAEBC \qquad (9)\ DAECB$$

---

[24] Wir wissen heute, daß diese vermutlich auch schon von Gauß geteilte Überzeugung für reduzierte, prime Knotenprojektionen korrekt ist; vgl. § 28 sowie (Chaves und Weber 1994).

[25] Ich folge auch hier (Tait 1877g, § 7). Das Ergebnis findet sich aber bereits in (Tait 1876c, 241 f.)

$$(10) \quad EDABC \qquad (11) \quad EDACB \qquad (12) \quad EDBAC$$
$$(13) \quad EABCD$$

Dabei waren die abgekürzten Schemata (2), (6), (7), (8) und (10) zueinander kombinatorisch äquivalent; ebenso (3), (4), (9), (11) und (12). Nach dem zweiten Schritt blieben daher noch die fünf Schemata

$$CDEAB, CEABD, CEBAD, DEABC, EABCD$$

übrig. Von diesen schieden im dritten Schritt das erste, dritte und fünfte aus, so daß nur zwei Schemata übrigblieben, die in der Tat den folgenden beiden Knotendiagrammen zugeordnet werden konnten (das zweite bezeichnete Tait als „Salomonssiegel"):

Fig. 5.9: Die beiden irreduziblen Diagramme mit 5 Kreuzungen

Tait sah es vermutlich als offensichtlich an, daß die im Prinzip erforderliche Prüfung des fünften Schritts die Verschiedenheit der beiden Knoten zum Ergebnis hatte.

Mit diesem Verfahren schuf Tait zum erstenmal eine effektive epistemische Konfiguration für das Studium von Knoten, in der und an der weitergearbeitet werden konnte. Die Gegenstände waren klar umrissen: Ebene Diagramme von Knoten, die Tait – wie fast alle anderen Wissenschaftler des 19. Jahrhunderts, die sich mit Knoten beschäftigten – als Bilder von physischen Knoten auffaßte, von Knoten „constructed in cord", wie er mehrmals schrieb. Die dazu passenden Bearbeitungstechniken fügten sich jener Tradition der Topologie ein, die ich am Ende des dritten Kapitels die *direkte* Methode genannt habe. Im Zentrum standen symbolische Codierungen und kombinatorische Verfahren zur Analyse der erhaltenen Symbolsysteme. Diese epistemischen Techniken genügen zwar nicht modernen Ansprüchen an mathematische Strenge; sie waren jedoch für ein effektives mathematisches Handeln ausreichend, wenn sie umsichtig eingesetzt wurden. Ihr halb empirischer Charakter war zugleich ein Ansporn für Tait und seine Nachfolger, die Techniken selbst zu mathematisch besser abgesicherten Verfahren zu entwickeln; ein typisches Beispiel dafür, wie Mathematiker (oder mathematisch arbeitende Physiker) auch die Rolle von Ingenieuren ihrer eigenen epistemischen Techniken übernehmen.

Wie notwendig ein Ausbau der eingesetzten Techniken war, zeigte sich auch schnell bei Taits Versuchen, komplexere Knoten zu klassifizieren. Es gelang Tait Anfang 1877, das Interesse der Mathematiker Thomas Muir und Arthur Cayley für den rein kombinatorischen Schritt (*i*) zu wecken. Mit Determinantenmethoden gab Muir eine Rekursionsformel für die Anzahlen u_n der Schemata, die sich für n Kreuzungen im ersten Schritt ergeben (Muir 1877). Für drei bis acht Kreuzungen fand Muir:

$$u_3 = 1, \ u_4 = 2, \ u_5 = 13, \ u_6 = 80, \ u_7 = 579, \ u_8 = 4738,$$

was zeigte, daß die Anzahl der in Taits Verfahren zu untersuchenden Schemata mit wachsender Kreuzungszahl rapide anwuchs.[26] Eine Verbesserung und Vereinfachung des Verfahrens erwies sich daher praktisch als zwingend. Wir werden sehen, daß Tait und seinen Nachfolgern einige Verbesserungen der ersten Stufe des Verfahrens gelangen, aber auch sie fanden keinen effektiven Algorithmus zur Aufzählung aller durch Knotenprojektionen realisierbaren Schemata.

Neben der Andeutung des beschriebenen Weges zur Knotenklassifikation enthielt Taits erster Beitrag einige von ihm später nicht weiterverfolgte Ideen. Darunter war vor allem ein Ansatz für eine alternative symbolische Notation für Knoten, welche als „clear coils" gegeben waren. Das waren solche Knoten, die durch die Schließung von Zöpfen entstanden, d.h. aus einer Anzahl von annähernd parallel verlaufenden und sich (in einer ebenen Projektion) gegenseitig kreuzenden Fäden wie jene, die Gauß betrachtet hatte (§ 26). Tait symbolisierte die Fäden der Reihe nach durch griechische Buchstaben α, β, γ, ... und bezeichnete Kreuzungen durch Symbole wie das folgende:

$$\begin{array}{c} + \\ \alpha \\ \beta \end{array} \quad ,$$

dies sollte bedeuten, daß der Faden α den Faden β von links nach rechts (dafür stand das $+$) überkreuzte. Tait stellte sich die entstehenden Gebilde in der Weise geschlossen vor, daß der Faden α mit dem Faden β verbunden wurde, und entsprechend weiter in zyklischer Ordnung. (Daß diese Vorschrift nicht eindeutig ist, da beim Schließen im allgemeinen neue Kreuzungen unvermeidlich sind, scheint Tait allerdings entgangen zu sein.) Tait bemerkte, daß jeder solche (ungeschlossene) Zopf durch eine Kette der von ihm eingeführten Symbole beschrieben werden konnte, und er notierte eine Variante einer offensichtlichen Reduktionsmöglichkeit von Abschnitten in „clear coils":[27]

$$\begin{array}{cccccccc} + & - & - & - & & - & - \\ \alpha & \gamma & \gamma & \alpha & = & \gamma & \gamma \\ \beta & \alpha & \beta & \beta & & \beta & \alpha \end{array} \quad ,$$

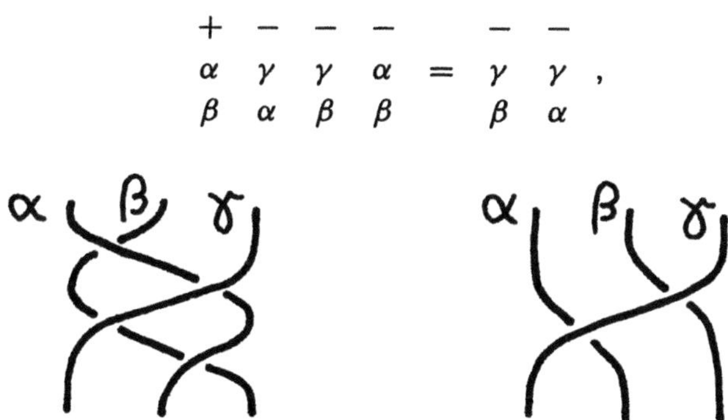

Fig. 5.10: Taits Relation zwischen „clear coils"

Diese Relation entspricht den in Fig. 5.10 gezeichneten Zöpfen. Aus heutiger Sicht läßt sie sich in eine Variante der fundamentalen Relation zwischen den Erzeugenden der Zopfgruppe übersetzen[28]; im Kontext von Taits damaligen Untersuchungen handelte es sich jedoch um ein

---

[26] Cayley vereinfachte Muirs Resultate durch das Studium der erzeugenden Funktion des Problems, $u_3 + u_4 x + u_5 x^2 + ...$, vgl. (Cayley 1877a).

[27] (Tait 1876c, 242 f.); vgl. die fast wörtliche Wiederholung in (Tait 1877g, §§ 25 f.).

[28] Vgl. dazu § 95.

gleichsam ortloses Wissensfragment. Tait entwickelte seinen rudimentären Ansatz eines symbolischen Zopfkalküls nicht weiter, und er prüfte auch nicht, ob *beliebige* Knoten als „clear coils" dargestellt werden konnten. Immerhin sah er, daß *manche* Knoten wie z.B. der Knoten mit vier Kreuzungen sich sowohl als „clear coils" wie auch in anderer Form zeichnen ließen (ebd., 241).

§ 45. *Die Komplexität von Knoten*

Von Anfang an war Tait auch daran interessiert, numerische Invarianten zu finden, die als Maß der Komplexität eines Knotens dienen konnten. Sowohl Thomson als auch Maxwell hatten über ein Maß nachgedacht, das für Knoten etwas ähnliches leistete wie Riemanns Zusammenhangszahl für Raumgebiete. Die erste solche Zahl, die Tait ins Auge faßte, war die minimale Anzahl der Kreuzungen, welche ein Diagramm eines gegebenen Knotens aufweisen mußte. Angesichts der Tatsache, daß Tait Knoten durch ihre Diagramme zu bestimmen suchte, ist die Wahl eines solchen Definitionsverfahrens – minimiere eine Funktion, die Diagrammen ganze Zahlen zuordnet, über alle Diagramme eines gegebenen Knotens – nicht überraschend. Sie hatte allerdings einen gravierenden Nachteil: Sie war schwierig zu berechnen. Aus diesem Grund ist verständlich, warum Tait seiner Behauptung, daß alle reduzierten alternierenden Diagramme alternierender Knoten minimale Kreuzungszahl aufwiesen, großes Gewicht beimaß. Denn dadurch wurde es möglich, zumindest für diese Klasse von Knoten die Kreuzungszahl einfach zu bestimmen.[29] Die Kreuzungszahl gab Tait (unter dem Namen „order" oder „knottiness" eines Knotens) das grundlegende Einteilungsprinzip seiner Tafeln und seines Klassifikationsverfahrens.

Offenbar hoffte Tait zunächst aber auch, daß ein weiteres natürliches Maß der Komplexität eines Knotens einfach berechnet werden könnte, das er die „beknottedness" eines Knotens nannte. Dieses Maß war Thema seines zweiten Beitrags vor der R.S.E. Ein erster Definitionsversuch war auf die Unterscheidung zwischen den beiden möglichen Orientierungen einer Diagrammkreuzung gegründet. Ohne Listings diesbezügliche Bemerkungen zu kennen, führte Tait diese Unterscheidung folgendermaßen ein: Er stellte sich vor, der Kurve des Diagramms zu folgen und an jeder Kreuzung eine Silber- und eine Kupfermünze in die Ecken der beiden neu erreichten, angrenzenden Gebiete zu werfen, gemäß folgender Regel: „silver to the right when crossing over, to the left when crossing under"; die jeweils andere Ecke erhielt eine Kupfermünze. Diese Verfahren führte unabhängig vom gewählten Durchlaufsinn dazu, daß an manchen Kreuzungen zwei Silbermünzen und án anderen zwei Kupfermünzen zusammen in eine Ecke geworfen wurden und damit zu einer Unterscheidung zwischen „silbernen" und „kupfernen" Kreuzungen (Tait 1877a, 290).

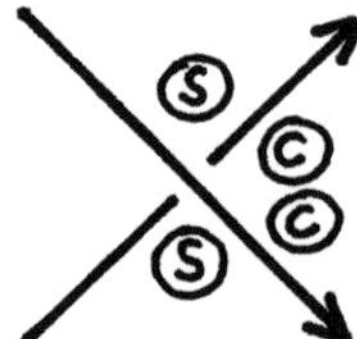

Fig. 5.11: Silberne Kreuzung (links) und kupferne Kreuzung (rechts)

---

[29] Bis heute ist kein effektives Verfahren bekannt, die Kreuzungszahl nichtalternierender Knoten zu bestimmen (Adams 1994, 69).

„The excess of the silver over the copper crossings" schien Tait die neue, einfach zu berechnende Invariante zu liefern, nach welcher er suchte. Wie jedoch die Möglichkeit, einen Diagramm-bogen in eine kleine Schleife zu verdrillen, zeigt, konnte auch diese Zahl nur aus *reduzierten* Diagrammen sinnvoll berechnet werden. Tait und seine Nachfolger glaubten irrtümlicherweise, daß die so berechnete Zahl (von Little „twist number", Twistzahl, eines Diagramms genannt[30]) eine echte Knoteninvariante sei (Little würde dies sogar als „Theorem" formulieren und „beweisen", vgl. § 51). Noch einmal war in der Welt der *alternierenden* Knoten die Sache einfacher, wie wir heute wissen: Der Satz von Menasco und Thistlethwaite impliziert, daß nicht nur die Kreu-zungszahl, sondern auch die Twistzahl eines reduzierten alternierenden Diagramms tatsächlich eine Invariante alternierender Knoten ist.

Bei der Betrachtung von zweikomponentigen *Verkettungen* anstelle von Knoten und Abänder-ung obiger Definition in dem Sinn, daß lediglich jene Kreuzungen berücksichtigt werden, an welchen sich beide Komponenten kreuzen, fand Tait eine ähnliche Zahl, die er aus seiner früheren Korrespondenz mit Maxwell und aus dessen *Treatise* kannte, nämlich die Gaußsche Verschlin-gungszahl. Möglicherweise wurde er auch durch diese auf die Definition der Twistzahl geführt. Auf jeden Fall ließ er sich durch Maxwells Überlegungen dazu anregen, auch für der Twistzahl eines Knotens nach einer elektromagnetische Interpretation zu suchen, nämlich als die Arbeit, die ein magnetisches Teilchen (ein „pole") verrichtet, das in kleinem Abstand entlang eines ver-knoteten Stromkreises transportiert wird. Er bemerkte jedoch schnell, daß diese Interpretation uneindeutig war, da eine Konvention getroffen werden mußte, die den genauen Weg des Teilchens festlegte. Einige naheliegende, auf der geometrischen Gestalt der Kurve beruhende Konventionen führten jedoch zu Zahlen, die sich von der Twistzahl eines Diagramms des Knotens um gewisse von der speziellen Lage des Knotens abhängige Beträge unterschieden, so daß Tait hier nicht zu einem befriedigenden Ergebnis kam.[31]

Eine etwas andere Richtung bekamen Taits Überlegungen, als er bemerkte, daß das Verändern einer Überkreuzung in eine Unterkreuzung die Twistzahl eines Diagramms um zwei Einheiten veränderte. Da sich auf diese Weise jedes Diagramm in das eines trivialen Knotens verwandeln ließ, stellte sich Tait die Frage, ob nicht vielleicht die Twistzahl mit der Anzahl der Kreuzun-gen zusammenhing, die mindestens verändert werden mußten, um einen durch ein Diagramm gegebenen Knoten in den trivialen Knoten zu verwandeln. Diese letzte Zahl bildete ebenfalls ein naheliegendes Komplexitätsmaß für Knoten: „It is probable after all that the true measure of beknottedness is the smallest number of signs in a scheme which must be altered in order that the wire may cease to be knotted" (Tait 1877a, 294). Die Idee, die leicht berechenbare Twistzahl mit dieser neuen Invariante, der Entknotungszahl[32], in Verbindung zu bringen, war jedoch voreilig, wie Tait selbst sah. So hatte zum Beispiel das in Fig. 5.6 gezeichnete Diagramm des einzigen Knotens mit vier Kreuzungen die Twistzahl Null, obwohl mindestens eine Kreu-zung verändert werden mußte, um den Knoten in einen Kreis zu überführen. Dies wiederum veranlaßte Tait zu der Frage, unter welchen Bedingungen ein Knoten gleichviele silberne und

---

[30] In machen heutigen Texten findet sich auch „writhe."

[31] (Tait 1877a, 290 f.). Im 20. Jahrhundert sind mehrere Versuche gemacht worden, eine angemessene „Selbstverschlingungszahl" von Knoten zu definieren. Dabei wurden auch Taits Beobachtungen präzisiert; vgl. z.B. (Pohl 1968), (Fuller 1971, 1978).

[32] So übersetze ich Taits „beknottedness" und das heute im Englischen übliche „unknotting number". Ein anderer Vorschlag ist „Gordische Zahl" (Wendt 1937).

kupferne Kreuzungen, d.h. verschwindende Twistzahl hatte. Taits eigener Darstellung zufolge brachte ihn diese Überlegung zu der Einsicht, daß „there is a class of knots which are *capable of being changed from right-handed to left-handed, without change of form*, by the ordinary processes of deformation" (Tait 1877a, 295). Solche Knoten nannte Tait *amphichirale Knoten*. Wie man sich leicht überzeugt, ist z.B. der Achterknoten (Fig. 5.6) ein amphichiraler Knoten. Falls die Twistzahl wirklich eine Invariante war, wie Tait annahm, mußten alle solche Knoten verschwindende Twistzahl besitzen, da eine Änderung *aller* Kreuzungen eines Diagramms natürlich gerade das Vorzeichen der Twistzahl änderte. Noch einmal sehen wir, daß Taits Intuition für den Bereich der alternierenden Knoten korrekt war: Alternierende, amphichirale Knoten haben stets verschwindende Twistzahl.

Die offensichtlichen Schwierigkeiten, die Twistzahl mit der Entknotungszahl in Verbindung zu bringen, führten Tait dazu, *ad hoc* eine Reihe von Verfahren zu entwerfen, die Twistzahl zu „korrigieren", um daraus die Entknotungszahl zu gewinnen. Keines dieser Verfahren führte jedoch zu einem befriedigenden Resultat. Einige Monate später mußte Tait zugeben: „There must be some very simple method of determining the amount of beknottedness for any given knot; but I have not hit upon it."[33] Während Tait sich mit diesen Überlegungen herumschlug, fand er auch, daß sich die Entknotungszahl ganz anders als die Kreuzungszahl verhielt: Manchmal konnten Diagramme mit einer geringeren Zahl von Kreuzungen als andere eine größere Zahl von Kreuzungsänderungen zur Auflösung erfordern. Dies führte ihn zu der terminologischen Unterscheidung zwischen „knottiness" und „beknottedness" (Tait 1877a, 296 Anm.).

§ 46. Listings „Vorstudien" und die Twists

Als Taits zweite, die Überlegungen zur Entknotungszahl enthaltende Mitteilung an die R.S.E. gedruckt wurde, fügte er dem Text folgende Bemerkung hinzu:

> „Professor Clerk-Maxwell, to whom I sent some of the above results (and to whom, as well as to Sir W. Thomson, I am indebted for various hints, usually in the especially valuable form of criticisms and reasons for doubt), has lately called my attention to a paper by Listing, of date 1847, part of which is devoted to the subject of knots. I have this morning obtained it from the Cambridge University Library, but have not yet thoroughly read it. [... The author] virtually shows, by giving a particular case, that the method of deformation which I employ does not always give all possible forms of a completely knotted wire. [...] I propose to give the Society an account of Listing's method and results on the earliest opportunity." (Tait 1877a, 297 f.).

Diese Bemerkung war auf den 27. Januar 1877 datiert. Nur wenige Tage zuvor hatte Maxwell Tait den erwähnten Hinweis gegeben.[34] Taits nächster Beitrag für die Sitzung der R.S.E. am 5. Februar hielt das gegebene Versprechen. Insbesondere erläuterte Tait die in § 31 beschriebene Methode Listings, einen Knoten durch ein „Complexionssymbol" (von Tait „type symbol" genannt) darzustellen und verglich sie mit seinen Schemata. Zwei Tage nach der Sitzung fand er, daß das Listingsche Symbol den Nachteil hatte, eine Knotenprojektion nicht (bis

---

[33] (Tait 1877g, § 42). Bis heute ist das auch sonst niemand gelungen.
[34] Vgl. Maxwell an Tait, 22. und 24. Januar 1877.

auf Homöomorphismen der Ebene bzw. Sphäre) eindeutig festzulegen.[35] Außerdem beschrieb Tait das Listingsche Beispiel zweier Diagramme äquivalenter Knoten (Fig. 3.9), für die es ihm nicht gelang, die Äquivalenz aufgrund der von ihm bisher betrachteten Deformationsmethoden nachzuweisen. Er erläuterte ausführlich, daß ein spezieller Fall der oben beschriebenen Twist-Operation für diese Äquivalenz verantwortlich war und beschrieb dann weitere Beispiele dieser neuartigen Deformationen. Wie seine abschließenden Bemerkungen zeigen, war Tait durch diesen Aspekt von Knoten eher irritiert als erfreut. Die Twists brachten noch mehr kombinatorische Probleme ins Spiel, als Tait ohnehin erwartet hatte, und Tait überlegte, ob er das Thema nicht fallen lassen sollte – immerhin hatte er den ungefähren Weg gewiesen, auf welchem eine für die Wirbelatomtheorie ausreichende Knotenklassifikation erreicht werden konnte:

> „In conclusion, it appears that the problem of finding all the absolutely distinct forms of knots, with a given number of intersections, is a much more difficult one than I at first thought; and it is so because the number of really distinct species of each order is very much *less* than I was prepared to find it. The question now belongs more to quantitative than to qualitative relations. It resembles, in fact, the species of problem originally suggested by Crum Brown, and resolved by Sylvester and Cayley, of determining the number of conceivable Hydrocarbons under given conditions of limitation. And here I am glad to leave it, for at this stage it is entirely out of my usual sphere of work, and it has already occupied too much of my time." (Tait 1877b, 315 f.)

Dem gedruckten Text fügte Tait außerdem einen Auszug aus einem Brief Listings bei, welchem er Fahnen seines Artikels geschickt hatte. Listing zeigte allerdings kein Interesse, sich noch einmal genauer mit den Inhalten von Taits Beiträgen auseinanderzusetzen. Er wies lediglich darauf hin, daß der auf Knoten bezügliche Abschnitt seiner *Vorstudien* nur als ein allererster Anfang gemeint war, und daß er sich dessen bewußt war, daß die dort getroffene Beschränkung auf alternierende Diagramme für ein genaueres Studium von Knoten unangemessen war.[36]

---

[35] (Tait 1877b, 310 Anm.) Sein erstes Beispiel gab ein „type symbol", das sowohl eine Knotenprojektion als auch die Projektion einer zweikomponentigen Verkettung beschrieb. Später fand er auch Beispiele unterschiedlicher Knoten mit identischem „type symbol", z.B. die folgenden beiden Knoten (Tait 1877b, 325):

Beide Diagramme besitzen das „type symbol" $l^5 + l^4 + l^3 + 2l^2 / r^5 + r^4 + r^3 + 2r^2$, aber ihre (für reduzierte alternierende Diagramme invariante!) Twistzahl ist verschieden.

[36] (Tait 1877b, 316 f.). Listing bemerkte auch, daß sein Symbol im Fall nichtalternierender Diagramme eine andere Gestalt annehme; er meinte damit vermutlich die in § 31 angegebene Form eines Polynoms mit *zwei* Variabeln.

§ 47. Graphische Formeln für Moleküle und Knoten

Offenbar hoffte Tait, daß Wissenschaftler, die sich für die Kombinatorik von Graphen zur Darstellung chemischer Verbindungen interessierten, das Problem aufgreifen würden. Tatsächlich hatte es im vorangegangenen Jahrzehnt eine zunehmende Aktivität in diesem Bereich gegeben. Einerseits setzten Entwicklungen in der organischen Chemie (wie Kekulés Diskussion der Struktur von Benzol und Arbeiten über die Isomerie von Kohlenwasserstoffen) das Thema der Struktur von Molekülen auf die Agenda der Chemiker, und andererseits gab die auf Crum Brown zurückgehende graphische Notation der chemischen Struktur zumindest Ansätze für eine genauere Klassifikation der verschiedenen Formen chemischer Verbindungen. Diese Valenzstrich-Notation entspricht im wesentlichen der heute gebräuchlichen (abgesehen von kleinen Kreisen, die Crum Brown um die Symbole für die Atome zog, und die heute weggelassen werden). Crum Browns Notation war 1864 in den *Transactions* der R.S.E vorgestellt worden und verbreitete sich dann vor allem durch ein Lehrbuch von Edward Frankland (Frankland 1866) zumindest in Großbritannien recht schnell. Einer der Hauptgründe für ihre günstige Rezeption war die Erklärung der Isomerie, die sie anbot: Verschiedene graphische Anordnungen derselben Elementkombinationen konnten isomere Molküle repräsentieren.[37] Auf derselben Sitzung der R.S.E. im Februar 1867, auf der Thomson zum ersten Mal seine Wirbelatomtheorie vorstellte, präsentierte Crum Brown dann die Skizze eines mathematischen Kalküls, in dem die graphische Notation dazu benutzt wurde, Serien organischer Moleküle mit ähnlichen Atomgruppen, wie etwa die Kohlenwasserstoffe oder die Alkohole, zu beschreiben. Grob gesprochen verstand Brown dabei chemische Moleküle als „Operanden" und mögliche Substitutionen von chemischen Radikalen als „Operatoren" seines Kalküls; die graphischen Formeln codierten daher die verschiedenen Weisen, in welchen Operatoren auf Operanden wirken konnten. Einige Jahre danach schrieb der Cambridger Mathematiker Arthur Cayley, der sich schon früher mit Graphen beschäftigt hatte, eine Serie von Artikeln, in welchen alle Graphen aufgezählt wurden, die isomere Formen verschiedener Serien von Kohlenwasserstoffen darstellten. Etwas später veröffentlichten auch William Kingdon Clifford und James Joseph Sylvester Beiträge zu diesem Problem, die sich auf invariantentheoretische Methoden stützten (auf diese Weise gingen Verfahren graphischer Notation übrigens auch in die Invariantentheorie ein).[38]

---

[37] Zur historischen Einordnung von Crum Browns Notation vgl. (Russell 1971).

[38] Folgende Beiträge sind hier einschlägig: (Cayley 1874, 1875, 1877b), (Sylvester 1878a,b) und (Clifford 1878). Eine Beschreibung dieser Arbeiten findet sich in (Biggs, Lloyd und Wilson 1976, 60 ff.). – Eine wichtige Frage der graphischen Notation war natürlich, wie Crum Brown es später in einer Vorlesung ausdrückte, ob „the form of the formulae in any way resembles the form of the molecules these formulae represent." (Mitschrift einer Vorlesung Crum Browns über *Advanced Chemistry*, Sommer 1884, von James Walker; Edinburgh University Library, Gen. 47 D, p. 8.). Aus Browns Vorlesung geht klar hervor, daß er von der räumlichen Signifikanz seiner Formeln überzeugt war. Freilich konnte eine ebene Formel kein *metrisch* korrektes Bild einer räumlichen Anordnung liefern. Es war Tait, der 1883 in einem Vortrag über „Listing's Topologie", auf den ich in § 49 zurückkomme, das entscheidende Stichwort gab: „Crum Brown's chemical *Graphic Formulae* [...], of course, do not pretend to represent the actual positions of the constituents of a compound molecule, but merely their relative connection" – im Sinn der neuen Wissenschaft der Topologie (Tait 1884a, 85). Die so geknüpfte Verbindung zwischen Crum Browns Formeln und der Topologie scheint diesen dazu bewegt zu haben, sich selbst für kurze Zeit näher mit diesem Gebiet auseinanderzusetzen; vgl. dazu Anm. 54 sowie (Epple 1998b, § 44).

Angesichts dieser Entwicklung war Taits vorsichtige Andeutung, einer der Experten in diesem Bereich möge sich der Knotenklassifikation widmen, zweifellos vernünftig. Dies galt nicht nur im Hinblick auf die Art des gestellten Problems, sondern auch in Bezug auf dessen disziplinäre Einordnung. Die erhoffte Funktion der Klassifikation der Knoten und Verkettungen für die Wirbelatomtheorie war die einer Erklärung des Systems der chemischen Elemente, und vielleicht konnte sie (auf dem Umweg über eine anschließende Untersuchung der Dynamik von Gruppen entsprechender Wirbelatome, wie sie später J. J. Thomson versuchte, vgl. § 40) sogar einen Beitrag zum Verständnis der Struktur von Molekülen liefern.

Allerdings reagierte zunächst niemand auf Taits Bemerkung, und bereits zwei Wochen, nachdem er seine Enttäuschung über die Schwierigkeit des Problems geäußert hatte, war er von neuem an der Arbeit. Der Verweis auf die Chemie und die graphische Notation von Crum Brown – ein regelmäßiger Gast bei den Taits – hatte nicht andere, sondern Tait selbst auf einen neuen Gedanken gebracht. Tait fand, daß die Uneindeutigkeit des Listingschen Symbols, das zwar die Anzahlen der Gebiete eines alternierenden Diagramms mit einer gegebenen Zahl von Ecken, aber nicht ihre Anordnung wiedergab, beseitigt werden konnte, wenn statt einem Polynom eine „graphical formula" aufgestellt wurde:

> „There is no connection between the type-symbol, as Listing gives it, and the singleness or complexity of the curve represented, but it is possible to make analogous symbols capable of expressing everything of this kind. Only we must now adopt something very much resembling Crum Brown's Graphical Formulae for chemical composition." (Tait 1877c, 326.)

Die neue Notation bezog sich auf alternierende Knoten- oder Verkettungsdiagramme, bzw. auf Projektionen, in welchen Über- und Unterkreuzungen nicht unterschieden wurden. Wie bereits in § 31 beschrieben, waren in solchen alternierenden Diagrammen die Listingschen Eckensymbole λ und δ (die Tait in r und l umbenannte) für alle Ecken eines Gebiets gleich, und führten so auf eine schachbrettartige Einteilung aller Gebiete in „rechtshändige" (r) und „linkshändige" (l) Gebiete. Nach Einschränkung auf eine der beiden Sorten (z.B. die rechtshändigen) bezeichnete Tait jedes Gebiet mit i Kreuzungen durch ein Symbol r^i (in späteren Texten nur noch durch die Zahl i), während jede Kreuzung, die zwei rechtshändige Gebiete r^i und r^j verband, durch einen Strich zwischen den entsprechenden Symbolen wiedergegeben wurde (Fig. 5.12).[39] Die Zahl i repräsentierte sozusagen die „Valenz" eines Gebiets, die Striche seine „Bindungen".

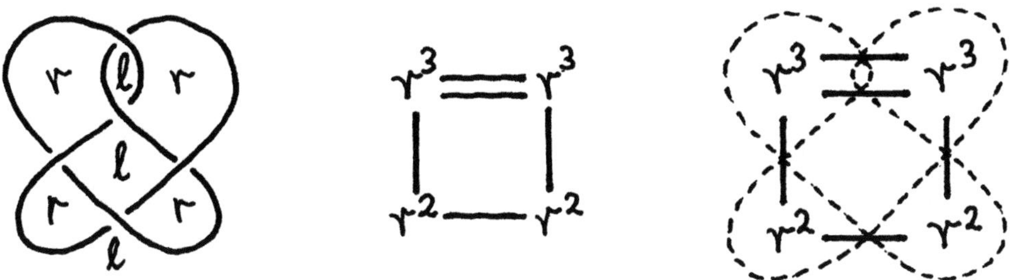

Fig. 5.12: Ein Knoten, seine graphische Formel, und die Rekonstruktion des Knotens

---

[39] Der durch die Ersetzung der Symbole durch Ecken aus Taits graphischer Formel erhaltene Graph heißt heute der Graph eines Verkettungsdiagramms.

Ein erster Vorteil der neuen graphischen Formel war, daß das Diagramm selbst leicht aus ihr zurückgewonnen werden konnte, indem die Mittelpunkte der Kanten in Kreuzungen zurückverwandelt und in der naheliegenden Weise miteinander verbunden wurden (Fig. 5.12, rechts). Außerdem ergab die „duale" graphische Formel die Anordnung der linkshändigen Diagrammgebiete.[40] Diese Eigenschaften der neuen Formeln legten Tait nahe, eine Variante der ersten Stufe seiner Klassifikationsstrategie zu entwerfen, in der statt der Schemata graphische Formeln zur Aufzählung der Knoten- und Verkettungsdiagramme benutzt wurden. Die einzigen Einschränkungen an die Valenzen i waren, daß ihre Summe gerade, ferner jeder Summand mindestens gleich 2 und höchstens gleich der Summe aller anderen sein mußte. Damit ergab sich folgendes alternatives Verfahren zur Auflistung von Diagrammen einer gegebenen Kreuzungszahl n: (*i*) Finde alle Zerlegungen einer geraden Zahl $2n$ in eine Summe, so daß die obigen Bedingungen erfüllt sind; (*ii*) bestimme, ob die resultierenden Gruppen von Summanden als Valenzen einer graphischen Formel realisiert werden können, und zeichne die zugehörigen Diagramme.[41] Natürlich blieb die zweite Stufe der Knotenklassifikation – die Prüfung, welche Diagramme äquivalente Knoten darstellten – dadurch unberührt. Immerhin fand Tait die neue epistemische Technik so vielversprechend, daß er bemerkte: „I propose, when I have sufficient leisure, to reinvestigate the whole subject from this point of view." (Tait 1877c, 330.) Von diesem Zeitpunkt an sind seine Artikel über Knoten jedenfalls fast ebenso reich mit graphischen Formeln dekoriert wie die zeitgenössichen Aufsätze über organische Chemie mit Strukturformeln von Molekülen.

Tait beendete seinen Beitrag mit der Beschreibung der Knoten mit „sixfold knottiness". Dabei stützte er sich jedoch noch nicht auf die neue Technik der graphischen Formeln, sondern noch einmal auf die Untersuchung der 80 in Frage kommenden Schemata von sechs Buchstaben gemäß der früheren Strategie. Es zeigte sich, daß nur *vier* verschiedene alternierende Knotentypen mit sechs Kreuzungen auftraten, von denen einer der aus zwei Kleeblattschlingen zusammengesetzte Knoten war (vgl. Taits Tafeln in Anhang A; bei seiner Zählung und in den Tafeln berücksichtigte Tait stets nur *einen* der beiden durch Spiegelung auseinander hervorgehenden Knoten, wobei er allerdings die Amphichiralität der Knoten prüfte, soweit ihm dies möglich war).

Bis zu diesem Punkt erwiesen sich die Resultate der Taitschen Klassifikationsbemühungen noch als recht unzufriedenstellend, was ihre Verwendung im Rahmen der Wirbelatomtheorie betraf: es hatten sich zu wenige unterschiedliche Knotenformen ergeben. Daher machte sich Tait an das Studium der nächsthöheren Kreuzungszahl. In seinem nächsten Beitrag, über „Sevenfold knottiness", sprach er Thomsons Theorie bereits in den ersten Zeilen an, wobei er das merkwürdige Argument vorbrachte, daß die überraschend niedrige Zahl von Knoten mit wenigen Kreuzungen sogar wünschenswert für die erhoffte Anwendung war:

> „From the point of view of the Hypothesis of Vortex Atoms, it becomes a question of great importance to find how many distinct forms there are of knots with a given amount of knottiness. The enormous numbers of lines in the spectra of certain elementary substances show that the form of the corresponding Vortex Atoms cannot be regarded as very simple. But this is no objection against, it is rather an argument in

---

[40] (Tait 1877c, 327). Tait benützte hier allerdings nicht den Ausdruck „dual", obwohl er ihn aus einem Beitrag Maxwells über graphische Statik, der 1870 in den *Transactions* der R.S.E. erschienen war, hätte kennen können.

[41] Diese Methode ist explizit zuerst in (Tait 1877g, § 21) angegeben.

favour of the truth of, the Hypothesis. For not only are the great majority of possible knots not stable forms for vortices; but altogether independently of the question of kinetic stability, the number of distinct forms with each degree of knottiness is exceedingly small." (Tait 1877d, 363 f.)

Mit anderen Worten: Die niedrige Zahl einfacherer Knotentypen korrespondierte in Taits Augen mit der spektroskopischen Beobachtung, daß Atome eine recht komplexe innere Struktur haben mußten. Umso wichtiger wurde es, die Knotenklassifikation weiter voranzutreiben. Mit Hilfe einer Kombination seiner beiden Verfahren fand Tait, daß es (bis auf Spiegelung) sieben prime alternierende Knotentypen mit sieben Kreuzungen und einen zusammengesetzten gab, und er listete sie diesmal in der neuen graphischen Notation auf (Fig. 5.13). Die Möglichkeit nichtalternierender Formen blieb auch diesmal außer Betracht.

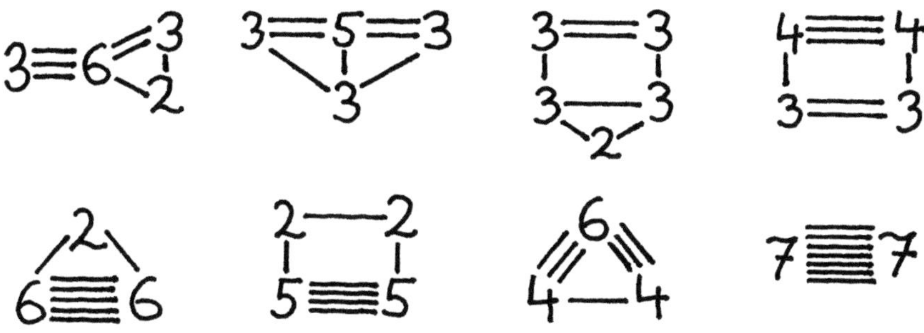

Fig. 5.13: Formeln alternierender Knoten mit sieben Kreuzungen

Damit blieb die Zahl der gefundenen Knotentypen noch immer zu klein für die Zwecke einer Wirbelatom-Chemie. Tait hatte nun endgültig den Eindruck, daß die für eine Weiterführung der Klassifikation notwendige Arbeit zu groß für ihn wäre: „Eight and higher numbers [of knottiness] are not likely to be attacked by a rigorous process until the methods are immensely simplified." (Tait 1877d, 364.)

Fig. 5.14: Muster zur Konstruktion amphichiraler Knoten mit $4n$ Kreuzungen

Taits kurzer sechster Beitrag für die R.S.E. beschränkte sich dann auch auf einige Bemerkungen zu der speziellen Frage der amphichiralen Knoten. Er gab Regeln zur Konstruktion von Beispielen solcher Knoten für alle geraden Kreuzungszahlen an, indem er eine Reihe von symmetrischen, beliebig fortsetzbaren Mustern beschrieb (Tait 1877e). Ein Beispiel, das bei Schließung im einfachsten Fall den Achterknoten ergibt, ist in Fig. 5.14 gezeichnet. Wird das Diagramm um 180° gedreht, so ergibt sich offenbar das gespiegelte Muster, d.h. alle in dieser Weise entstehenden Knoten sind amphichiral.

Etwas später erhielt Tait von Felix Klein einen Brief, in dem Klein erläuterte, daß eine geschlossene Kurve im vierdimensionalen Raum stets ohne Selbstdurchdringung in einen Kreis deformiert werden konnte. Dieses Resultat wird im nächsten Kapitel noch eine wichtige Rolle spielen. Tait wurde dadurch kurzfristig auf den Gedanken gebracht, Knoten durch periodische Funktionen eines reellen Arguments mit Werten in den imaginären Quaternionen zu beschreiben, ein Gedanke, den er aber nicht weiterverfolgt zu haben scheint (Tait 1877f).

§ 48. Ein unvollendetes Projekt

Im Mai 1877 faßte Tait seine Resultate in einem längeren Aufsatz für die *Transactions* der R.S.E. zusammen. Abgesehen von den bereits beschriebenen Themen, die zum Teil genauer ausgearbeitet waren, enthielt der Aufsatz eine große Zahl weiterer Ideen und Andeutungen, z.B. über nichtalternierende Knoten, wie sie ab 8 Kreuzungen auch unter den primen Formen auftraten (Tait 1877g, § 13), über amphichirale Knoten (hier behauptete Tait ohne Beweis, daß es amphichirale Knoten mit ungerader Kreuzungszahl nicht gebe, was für alternierende Knoten heute aus dem Satz von Menasco und Thistlethwaite folgt und für nichtalternierende Knoten noch immer eine offene Frage ist[42]), usw. Manche dieser Bemerkungen erscheinen aus heutiger Sicht einsichtsvoll, andere irreführend, wenn nicht geradezu falsch.[43] Die vielleicht wichtigste Gruppe von Bemerkungen bezog sich auf die verschiedenen von Tait verwendeten, für die zweite Stufe der Knotenklassifikation nötigen Verfahren zur Deformation von Knoten (Tait 1877g, §§ 14, 15, 28-34). Tait gab freilich offen zu, daß er nicht in der Lage gewesen war, eine allgemeine Methode zur Bestimmung aller möglichen Diagramme eines gegebenen Knotentyps zu finden (Tait 1877g, § 28). Angesichts der weitgehenden Beschränkung auf alternierende Knoten ist dies ein klarer Hinweis darauf, daß Tait nicht an die sogenannte „zweite Taitsche Vermutung" glaubte.

Taits ausführliche Zusammenfassung in den *Transactions* der R.S.E. markiert das Ende der ersten Phase seiner intensiven Beschäftigung mit Knoten. In den folgenden Monaten wandte sich seine Aufmerksamkeit wieder anderen physikalischen Themen zu.[44] Die Bedeutung von Taits Untersuchungen für sein eigentliches Anliegen, die Thomsonsche Wirbelatomtheorie in Richtung auf eine Tafel chemischer Elemente weiterzuentwickeln, blieb daher unklar. Während

---

[42] (Ebd.). Vgl. außerdem (Adams 1994, 178), der allerdings eine willkürliche Jahresangabe für Taits Aussage macht.

[43] Tait bat Maxwell um die Korrektur seines Aufsatzes, aber aus ihrer Korrespondenz geht nicht hervor, ob Maxwell Tait den Gefallen tat. Vgl. Tait an Maxwell, 13. und 30. Juni 1877; Maxwell an Tait, 13. Juli 1877.

[44] Tait blieb allerdings an graphentheoretischen Fragen weiter interessiert. Als Alfred Bray Kempe im Jahr 1879 einen (später als lückenhaft erkannten) Beweis des Vierfarbensatzes veröffentlichte, nahm auch Tait das Thema auf und erhob Anspruch auf einen alternativen Beweis, der sich auf die Möglichkeit gründete, die Kanten jedes dreivalenten ebenen Graphen so zu färben, daß an jeder Ecke alle drei Farben aneinanderstießen (Tait 1880). Während der Vierfarbensatz in der Tat zu dieser Aussage äquivalent ist, waren Taits induktive Argumente für die Existenz einer solchen Färbung fehlerhaft; vgl. dazu (Biggs, Lloyd und Wilson 1976, 94 ff.). Tait verknüpfte die Idee der Färbung eines ebenen Graphen allerdings nicht mit dem Knotenproblem, auch wenn dies aus heutiger Sicht naheliegend erscheint; vgl. z.B. (Livingston 1993/1995).

Tait in der Einleitung zu seiner Zusammenfassung diese Motivation noch einmal betonte, boten seine Arbeiten in dieser Hinsicht keine zufriedenstellenden Resultate. Zwar beschrieben sie eine einigermaßen effektive Technik zur Knotenklassifikation, aber bevor sinnvoll über ihren Wert für diese Art der Atomphysik geurteilt werden konnte, mußte sie zu deutlich komplexeren Knotenformen weitergeführt werden. Dies schien Tait jedoch jenseits dessen, was er zu leisten vermochte. Die notwendige Arbeit, so empfand er, „rises at a fearful rate." Seine einzige Hoffnung war die Möglichkeit, diese Arbeit auf eine passende Maschinerie übertragen zu können: „In fact it is probable that the solution of these and similar problems would be much easier to effect by means of special (not very complex) machinery than by direct analysis. This view of the case deserves careful attention." (Tait 1877g, § 12.) Diese Babbagianische Utopie wurde jedoch im 19. Jahrhundert noch nicht zur Wirklichkeit, und das Projekt der Knotenklassifikation erreichte für etliche Jahre einen fast vollständigen Stillstand.

5.3 Die Tradition der Knotentabulation

§ 49. *Werbung für eine neue Disziplin*

Taits Beschäftigung mit Knoten und die topologischen Probleme, welchen Thomson und Maxwell im Zusammenhang ihrer dynamischen Theorien begegnet waren, machten den schottischen Physikern zumindest eines klar: die Topologie stand im Begriff, sich zu einem neuen und bedeutenden Zweig der exakten Wissenschaften zu entwickeln. Maxwells Einsatz für die Verbreitung der Listingschen Ideen in seiner Korrespondenz und in seinem Vortrag vor der London Mathematical Society sowie seine Übernahme der Listingschen Terminologie im Einleitungskapitel seines *Treatise* legten davon Zeugnis ab (vgl. § 38). Listings *Vorstudien zur Topologie* und sein *Census räumlicher Complexe* wurden zu Standardreferenzen, wann immer die Natural Philosophers auf topologische Probleme zu sprechen kamen.[45] Zumindest anfänglich faßten Maxwell, Tait und ihre Kollegen dabei die Topologie nicht unbedingt als einen Zweig der reinen Mathematik auf – ganz im Gegenteil beschrieb etwa Maxwell die begriffliche Herkunft der Topologie in einem seiner Manuskripte mit folgenden Worten: „Most important applications of the idea of *physical continuity* to geometry have been made by Riemann (Crelle). The ideas of Riemann have been employed by Helmholtz Betti Thomson &c in *physical researches.*"[46]

Auch Tait machte sich die Beförderung der Topologie zum Anliegen. Schon bald nach seiner ersten Kontaktaufnahme mit Listing sorgte er dafür, daß dieser zum Honorary Fellow der R.S.E. ernannt wurde.[47] Nach Listings Tod im Jahr 1882 verfaßte Tait einen sehr anerkennenden Nachruf

---

[45] Am deutlichsten sprach dies Maxwell in seinem *Treatise* aus: „We are here led to considerations belonging to the Geometry of Position, a subject which, though its importance was pointed out by Leibnitz and illustrated by Gauss, has been little studied. The most complete treatment of this subject has been given by J. B. Listing." (Maxwell 1873, § 18.) – Eine ausführlichere Diskussion der britischen Rezeption Listings habe ich in (Epple 1998b, §§ 45 u. 46) gegeben.

[46] (Maxwell 1995, 439); meine Hervorhebungen. – Dieser Text wurde im Herbst 1868 niedergeschrieben, als Maxwell Listings Texte vermutlich noch nicht kennengelernt hatte.

[47] Taits Vorschlag wurde auf der Sitzung vom 3. Februar 1879 gemacht, und Listings Wahl fand am 3. März 1879 statt (Minutes of the R.S.E., National Library of Scotland, Acc. 10000, no. 7.)

für die Zeitschrift *Nature* (Tait 1883). In dessen erstem Satz bezeichnete Tait treffend die Rolle, die Listing für die schottischen Physiker gespielt hatte: „One of the few remaining links that still continued to connect our time with that in which Gauss had made Göttingen one of the chief intellectual centres of the civilised world has just been broken by the death of Listing." (Tait 1883, 81.) Nur eine kurze Passage des Nachrufs beschäftigte sich mit Listing, dem physiologischen Optiker. Der weitaus größere Teil beschrieb Listing als Pionier der Topologie.

Im November 1883 hielt Tait dann einen Vortrag über „Listing's Topologie" vor der erst kurze Zeit bestehenden Edinburgh Mathematical Society, in welchem er nicht nur Listings Verdienste für den neuen Wissenschaftszweig hervorhob, sondern auch sein Projekt der Knotenklassifikation noch einmal erläuterte und anderen nahezubringen suchte. Zu Beginn seines Vortrags beschrieb Tait das Problemgebiet der Topologie durch die auch von Listing behandelten Beispiele des Eulerschen Polyedersatzes und des Knotenproblems, sowie – bezeichnenderweise – durch „Crum Brown's chemical *Graphic Formulae*".[48] Dann führte er aus, warum er sich Listings Benennung anschloß:

> „For this branch of science, there is at present no definitely recognized title except that suggested by Listing, which I have therefore been obliged to adopt. [...] The subject is one of very great importance, and has been recognized as such by many of the greatest investigators, including Gauss and others; but each, before and after Listing's time, has made his separate contributions to it without any attempt at establishing a connected account of it as an independent branch of science. It is time that a distinctive and unobjectionable name were found for it; and once that is secured, there will soon be a crop of *Treatises*." (Tait 1884a, 85 f.)

Wie Maxwell stellte auch Tait klar, daß er sich nicht als *Mathematiker*, sondern als *Physiker* für den neuen Wissenszweig interessierte. Konkretisieren konnte er dieses Interesse natürlich anhand jenes Themas, das ihm am meisten am Herzen lag:

> „As I have already said, the subject of knots affords one of the most typical applications of our science. I had been working at it for some time, in consequence of Thomson's admirable idea of Vortex-atoms, before Clerk-Maxwell referred me to Listing's Essay [...]. My first object was to *classify* the simpler forms of knots, so as to find to what degree of complexity of knotting we should have to go to obtain a special form of knotted vortex for each of the known elements." (Tait 1884a, 95 ff.)

Tait hob hervor, wie mühsam er diese Aufgabe gefunden hatte, nachdem es ihm gelungen war, eine Technik zu ihrer Behandlung zu entwickeln:

> „We find that it becomes a mere question of skilled labour to draw all the possible knots having any assigned number of crossings. The requisite labour increases with extreme rapidity as the number of crossings is increased. [...] I have not been able to find time to carry out this process further than the knots with *seven* crossings." (Ebd., 97.)

Diesmal erneuerte er allerdings nicht seine Andeutung, Maschinen könnten bei der Lösung dieser Aufgabe behilflich sein. Stattdessen wandte er sich wieder an die menschliche Arbeitskraft:

---

[48] (Tait 1884a, 85). Vgl. Anm. 38.

„It is greatly to be desired that some one, with the requisite leisure, should try to
extend this list, if possible up to 11, as the next prime number. The labour, great as it
would be, would not bear comparison with that of the calculation of π to 600 places,
and it would certainly be much more useful. Besides, it is probable that modern
methods of analysis may enable us (by a single ‚happy thought‘ as it were) to avoid
the larger part of the labour. It is in matters like this that we have the true ‚raison
d'être‘ of mathematicians." (Ebd.)

Wie sich bald zeigen sollte, fiel Taits Aufforderung auf fruchtbaren Boden – auch wenn sie
vorerst nicht zu dem erhofften „single happy thought" führte. Taits Vortrag erreichte ein breites
Publikum, als er 1884 in der Januarausgabe des *Philosophical Magazine* abgedruckt wurde.
Mindestens ein Leser entschloß sich zu antworten.

§ 50. Die Aufzählung von Knotenprojektionen: Thomas P. Kirkman

Reverend Thomas Penyngton Kirkman, Rector of Croft, Lancashire, war bereits wohlvertraut
mit kombinatorischen und graphentheoretischen Problemen, als er 1884 nach seiner Lektüre des
Taitschen Vortrags über „Listing's Topologie" begann, sich mit dem Problem der Knotenklassifikation auseinanderzusetzen.[49] In den 1850er-Jahren hatte Kirkman Zykeln in polyhedralen
Graphen studiert, beispielsweise jene entlang den Kanten des Dodekaeders, die W. R. Hamilton
durch sein „Icosian Game" populär gemacht hatte.[50] Ganz entsprechend betrachtete Kirkman
auch Knoten- und Verkettungsdiagramme stets als „polyedrische Graphen", d.h. er interessierte
sich lediglich für Knoten und Verkettungs*projektionen* auf der Sphäre und entschied sich ausdrücklich, die Frage der Äquivalenz von (durch verschiedene solche Projektionen dargestellten)
Knoten nicht zu behandeln. Kirkman lieferte sich über diesen Punkt sogar eine kurze Auseinandersetzung mit Tait, in der er diesen (ohne Erfolg) davon zu überzeugen suchte, daß es physikalisch
unvernünftig wäre, Deformationen von Knoten zu betrachten, die einen Teil derselben in sich
selbst verdrillten.[51]
Die entscheidende Idee, die es Kirkman ermöglichte, im Lauf der folgenden Jahre alle Projektionen primer Knoten bis mit bis zu elf Kreuzungen aufzuzählen, war, die Aufzählung in einem
ersten Schritt auf jene vier-valenten ebenen Graphen zu beschränken, welche das darstellten, was
er einen „solid knot" nannte.[52] Dieser aus der Interpretation einer Knoten- oder Verkettungspro-
jektion als Kantennetz eines räumlichen Polyeders abgelesene Ausdruck sollte bedeuten, daß in
der Projektionsebene keine von lediglich zwei Bögen begrenzten Gebiete (sogenannte „flaps")

---

[49] Letzteres behauptete jedenfalls (Tait 1885, 346).

[50] Vgl. (Biggs, Lloyd und Wilson 1976, 28 ff.) für weitere Informationen und einen Abdruck der relevanten
Quellen; zu Hamilton außerdem (Hankins 1980).

[51] Vgl. (Kirkman 1884, §§ 5, 6). Kirkman liebte Kontroversen: „Whatever be the decision of the reader,
I am highly delighted, while attempting to write on a theme so dry and tiresome, that we have, at the
outset, such a pretty little quarrel as it stands wherewith to allure his attention." Taits Antwort findet sich
in (Tait 1884c, § 3). Insbesondere behandelte Kirkman zunächst nichts, was in die Richtung der Twisting-
Vermutung geführt hätte. Erst in seinem zweiten Beitrag gab er zu, daß es sinnvoll sein mochte, die „curious
transformations and reductions by twisting of Listing and Tait" zu betrachten (Kirkman 1885a).

[52] Wie sich gleich zeigen wird, umfaßte der Begriff „knot" hier auch Verkettungen. Vgl. für das folgende
(Thistlethwaite 1985, 15 f.).

existierten; Kirkman schied ferner nichtreduzierte Diagramme sowie Diagramme zusammengesetzter Knoten aus. Jede reduzierte Projektion eines primen Knotens konnte also durch das Entfernen von sogenannten „flaps" in die Form eines „solid knot" gebracht werden (Fig. 5.15); umgekehrt konnten aus letzteren durch Einsetzen von „flaps" alle anderen erzeugt werden.

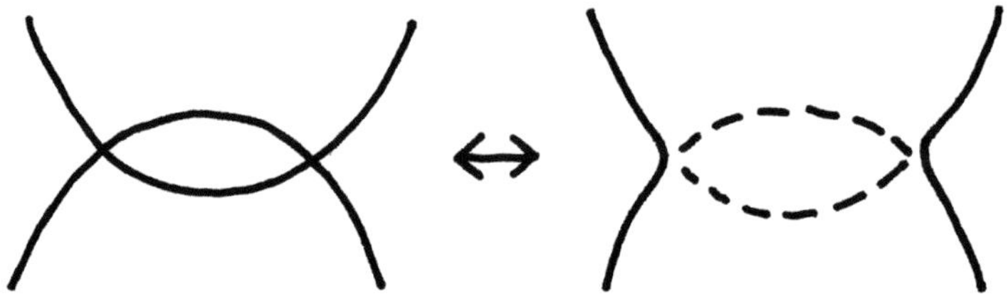

Fig. 5.15: Entfernen bzw. Einsetzen eines „flaps"

Da das Entfernen von Flaps aus einer Knotenprojektion zu Verkettungsprojektionen führen konnte, mußte Kirkman zur Auflistung aller „unifilaren" Knotenprojektionen mit n Kreuzungen auch die „plurifilaren" vier-valenten Graphen mit bis zu $n - 2$ Kreuzungen mit aufzählen. Die Basis seiner Aufzählung war daher eine Liste aller „solid plurifilars". Gestützt auf eine eigene symbolische Notation, eine ziemlich eigenwillige Terminologie und eine Partitionsmethode, die jener von Taits graphischen Formeln verwandt war, gelang Kirkman zunächst die Erledigung dieser Aufgabe bis zur Ordnung sieben und damit eine Aufzählung aller (primen) Knotenprojektionen bis zur Kreuzungszahl neun. Im Mai 1884 sandte er seine ersten Resultate an Tait (Kirkman 1884). Es blieb diesem überlassen, herauszufinden, welche dieser Projektionen äquivalente Knoten lieferten. Unter Einschränkung auf alternierende Kreuzungsbelegungen erledigte Tait diese Aufgabe in wenigen Wochen nach dem Erhalt des Kirkmanschen Aufsatzes. Wie Tait selbst hervorhob, war dabei die systematische Prüfung der möglichen Twists die entscheidende Hilfe (Tait 1884c, § 3). Dennoch formulierte Tait noch immer nicht ausdrücklich die entscheidende Vermutung über die Bedeutung dieser Deformationen. Während der Arbeit korrigierte Tait außerdem einige wenige Fehler in Kirkmans Liste, und die resultierenden Tafeln sowohl von Kirkmans „polyedrischen Graphen" als auch der alternierenden Knoten der Kreuzungszahlen drei bis neun wurden der R.S.E. vorgelegt (vgl. die erste der Taitschen Knotentafeln in Anhang A).

Damit war Tait erstmals zufrieden, was die Zahl der als verschieden nachgewiesenen Knoten anging. „Reverting to the main object of my former paper," schrieb er, „we now see that the distinctive forms of less than 10-fold knottiness are together more than sufficient (with their perversions[53], &c.) for the known elements, as on the Vortex Atom Theory." (Ebd., § 5.) Klarer konnte Tait sein eigentliches Interesse an der Knotenklassifikation kaum ausdrücken. Trotz allem war sich Tait aber bewußt, daß seine Tafel aus mathematischer Sicht nicht völlig zufriedenstellend begründet war. Sowohl Kirkmans Aufzählungsmethode als auch seine Prüfverfahren hatten

> „the disadvantage of being to a greater or less extent tentative. Not that the rules laid down, either in Kirkman's method or in my partition method, leave any room for mere guessing, but they are too complex to be always completely kept in view. Thus we cannot be absolutely certain that by means of such processes we have obtained all

---

[53] Das war der von Listing übernommene Ausdruck für einen gespiegelten Knoten.

the essentially different forms which the definition we employ comprehends." (Tait 1884c, § 1.)

Abgesehen von der Knotentafel enthielt Taits neuer Beitrag noch einige neue Bemerkungen über die Entknotungszahl. Angeregt durch das Beispiel der Borromäischen Ringe führte Tait eine Unterscheidung zwischen dem „linking" und „locking" mehrerer verschlungener Kurven ein. Besaßen mehrere Komponenten einer Verkettung jeweils paarweise verschwindende Verschlingungszahl, obwohl die gesamte Anordnung topologisch unauflösbar war, so sprach Tait von einem „locking" der verschiedenen Komponenten (Tait 1884c, § 7 ff.). In analoger Weise glaubte Tait, daß das Phänomen des „locking" zwischen verschiedenen Teilen eines Knotens die eigentliche Schwierigkeit bei der Bestimmung der Entknotungszahl eines Knotens (bzw. ihrer Beziehung zur Twistzahl eines Diagramms) war. Diese Idee hatte Tait schon im Sommer 1877 während eines kurzen brieflichen Austauschs mit Maxwell ins Auge gefaßt, als dieser ihm vorführte, wie die Borromäischen Ringe zu einer unendlichen Konfiguration von paarweise unverketteten Ringen ausgedehnt werden konnte (Fig. 5.16).[54]

Fig. 5.16: Maxwells unendliche Konfiguration „verschlossener" Ringe

Es gelang Tait freilich nicht, diese Idee in dem Sinn zu präzisieren, daß er klar angab, was er unter „verschiedenen Teilen" eines Knotens verstand. Bis heute scheint übrigens die für Tait oft leitende Vorstellung[55], daß ein komplexer (primer) Knoten doch in gewisser Weise aus mehreren einfacheren, ineinander verschlungenen Knoten aufgebaut ist, keine endgültige Klärung erfahren zu haben.

Im Januar 1885 sandte Kirkman Tait seine nächste Liste von „polyhedral data". Dieses Mal schlossen sie alle Knotenprojektionen mit zehn Kreuzungen ein. Wie zuvor machte Tait sich daran, Kirkmans Liste zu reduzieren, indem er nach äquivalenten alternierenden Diagrammen suchte. Noch stärker als bei der ersten Tafel empfand er eine Unsicherheit über die Vollständigkeit

---

[54] Tait an Maxwell, 30. Juni 1877; Maxwell an Tait, 13. Juli 1877. – Der Chemiker Crum Brown hielt im Dezember 1885 einen kurzen Vortrag vor der R.S.E., in welchem er die Beobachtung diskutierte, daß die in Fig. 5.16 gezeichnete Konfiguration als System der Randkurven dreier in den Raum eingebetteter, sich gegenseitig nicht schneidender Flächen aufgefaßt werden kann (Brown 1885).

[55] Vgl. z.B. (Tait 1877g, § 35), (Tait 1884c, § 6).

und Korrektheit seiner Klassifikation. Trotzdem legte er Kirkmans neue Arbeit und die Ergebnisse seiner eigenen Untersuchung der R.S.E. im Juni und Juli 1885 vor, zusammen mit einigen weiteren, auf das Schema gegründeten Bemerkungen über die Konstruktion amphichiraler Knoten und einer Bestimmung der insgesamt vierzehn amphichiralen Knoten mit zehn Kreuzungen (Tait 1885).[56] Kurz vor dem Druck der der alternierenden „tenfolds" erhielt Tait jedoch zu seiner Überraschung durch einen Kollegen eine zweite Tabulation aller alternierenden Knoten von bis zu zehn Kreuzungen, die ein Tait völlig unbekannter amerikanischer Autor angefertigt hatte: Charles N. Little. Wie zu erwarten war, befanden sich die beiden Tabulationen nicht in völliger Übereinstimmung. Bei einer hastigen Prüfung der Abweichungen fand und korrigierte Tait seinen in der Tat einzigen Fehler, bevor seine Tafeln schließlich im September 1885 gedruckt wurden.

Bereits Ende Juli erhielt Tait außerdem eine Liste von 1581 Knotenprojektionen mit elf Kreuzungen von dem unermüdlichen Kirkman. Die letzten von Tait über Knoten veröffentlichten Worte kündigten angesichts dieser enormen Datenmenge seinen endgültigen Rückzug an: „The number of forms is so great, and the time I can spare for the work so limited, that I cannot promise [to undertake a census of 11-folds] at an early date." (Tait 1885, 347.) Es war Little, dem Tait im April 1889 vorschlug, die Arbeit weiterzuführen.

§ 51. *Twists und 2-Übergänge: Charles N. Little*

Little war ein Mathematiker und Professor für Civil Engineering an der Nebraska State University. Abgesehen davon, daß er (wie für junge Mathematiker aus den Vereinigten Staaten in dieser Zeit üblich) um 1885 einige Zeit in Göttingen studierte, ist über ihn nicht viel bekannt.[57] Es könnte sein, daß er während seines Aufenthalts in Göttingen dazu angeregt wurde, sich mit Knoten zu beschäftigen. Jedenfalls waren es Taits frühere Veröffentlichungen, denen er seine Kenntnis des Problems und der hilfreichen Techniken verdankte. Sein erster Beitrag, der die Klassifikation der alternierenden Knoten bis zur Kreuzungszahl zehn enthielt (Little 1885), bediente sich einer modifizierten Version der zweiten Taitschen Aufzählungsmethode, basierend auf den graphischen Formeln.

Nach dem Erhalt von Littles Aufsatz eröffnete Tait eine Korrespondenz, die Little dazu führte, sich noch intensiver mit Knotentafeln zu befassen. Im Verlauf der folgenden 15 Jahre lieferte Little noch drei weitere substanzreiche Beiträge an Tait, die alle in den Publikationen der R.S.E. gedruckt wurden. Im Juli 1889 legte Tait Littles zweiten Beitrag der R.S.E. vor, in welchem zum ersten Mal im Rahmen des Tabulationsprojekts die Klassifikation der *nichtalternierenden* Knoten (also der Knoten, die kein alternierendes Diagramm besitzen) angegangen wurde. Obwohl Tait die Existenz solcher Knoten bekannt war, hatte er sie stets von seinen Klassifikationsbemühungen ausgeschlossen[58], und wir haben gesehen, daß von Anfang an die meisten seiner Überlegungen am alternierenden Fall orientiert waren. Aus verschiedenen Gründen waren nichtalternierende

---

[56] Es handelt sich um die Nummern 1, 9, 13, 14, 15, 22, 26, 27, 28, 29, 31, 35, 37 und 38 der im Anhang abgedruckten Tafeln.

[57] Ein knapper Eintrag über Littles Karriere findet sich in *Who was who in America*, 3rd printing, Chicago: The A.N. Marquis Company, 1943, vol. 1: 1897-1942. Zu den Göttinger Studienaufenthalten amerikanischer Mathematiker vgl. (Parshall und Rowe 1994, Kap. 5).

[58] Vgl. insbesondere (Tait 1877g, § 4, § 13)

Knoten schwieriger zu klassifizieren als alternierende. Zwar konnte man für eine gegebene Kreuzungszahl n wieder an der Liste der Knotenprojektionen ansetzen. Aber nun gab es für jede solche Projektion nicht nur zwei, sondern im Prinzip 2^n verschiedene Diagramme, die geprüft werden mußten. Und obwohl in manchen Fällen mit bloßem Auge erkennbar war, daß die so erhaltenen Diagramme vereinfacht werden konnten, hatte doch keiner der früheren Autoren Methoden beschrieben, mit denen die Äquivalenz nichtalternierender Diagramme gleicher und unterschiedlicher Kreuzungszahl ähnlich systematisch untersucht werden konnte wie im alternierenden Fall mit Hilfe der Twists. Schließlich gab es auch keine effektiv berechenbaren numerischen Invarianten nichtalternierender Knoten, die bei der Unterscheidung der Knotentypen geholfen hätten. Bei der Anfertigung seiner Tafel verschiedener Diagramme der 11 primen, nichtalternierenden Knoten von bis zu neun Kreuzungen, die das Kernstück des nun eingereichten Beitrags ausmachte, mußte sich Little daher auf ein ausgedehntes Herumprobieren verlassen. So ist verständlich, daß auch er zurückhaltend über die Korrektheit seiner Ergebnisse urteilte: „In deriving the knots from the knot forms [d.h. Knotenprojektionen] the conditions to be observed are so many that a single worker cannot be *absolutely* certain that all the groups of forms obtained are really distinct knots." (Little 1889, § 7.)

Solche Einschränkungen hielten Little jedoch nicht davon ab, seine Arbeit fortzusetzen. Wie oben bereits erwähnt, schlug Tait Little im Frühjahr 1889 vor, Kirkmans Liste der Projektionen von Knoten der Kreuzungszahl 11 zur Basis einer Tabulation der alternierenden Knoten dieser Ordnung zu machen. Etwa ein Jahr später hatte Little die Aufgabe mit Taits Methoden gelöst. Nach einer Reihe von Korrekturen an Kirkmans Liste produzierte er eine Tafel mit 357 primen, alternierenden Knoten der Kreuzungszahl 11, zusammen mit 1595 zugeordneten reduzierten Diagrammen (Little 1890).[59] In den folgenden Jahren arbeitete Little an der Erweiterung seiner Tafeln der nichtalternierenden Knoten. Bis zu neun Kreuzungen waren das nicht besonders viele gewesen, aber nun wurde auch hier die Untersuchung aufwendiger. Im Herbst 1893 glaubte Little immerhin eine vollständige Liste nichtalternierender und nicht offensichtlich reduzierbarer Diagramme primer Knoten mit 10 Kreuzungen zu besitzen, ohne jedoch schon die Frage ihrer Äquivalenz untersucht zu haben. Seinen eigenen Worten zufolge legte er das Thema dann beiseite und griff es im Frühling 1899 erneut auf, um diesen letzten Schritt zu tun.[60] Im Juli 1899 teilte er dann seine Ergebnisse Tait mit, der sie wiederum der R.S.E. vorlegte. Die Hauptsache war eine Tafel mit 43 angeblich verschiedenen nichtalternierenden primen Knoten der Ordnung zehn und mehr als 500 Diagrammen dieser Knoten.

Auf der technischen Ebene war Littles neue Arbeit auf die Überzeugung gegründet, daß er nun doch systematische Verfahren zur Prüfung der Äquivalenz reduzierter nichtalternierender Knotendiagramme besäße. Außerdem glaubte er, daß eine aus Taits Arbeiten wohlbekannte numerische Invariante auch im Fall nichtalternierender Knoten verwendet werden könnte: die Twistzahl. Ja, er glaubte für die Existenz dieser Invariante sogar einen äußerst einfachen Beweis angeben zu können. Es lohnt sich, dieses Argument zu zitieren, da es die von Little verwendeten Verfahren klar erkennen läßt.

---

[59] Diese Tafel wurde zum erstenmal von J. H. Conway im Jahr 1967 überprüft. Er fand eine Dublette und 11 Auslassungen (Conway 1970, 329).

[60] (Little 1900, § 1.) In heutigen Darstellungen findet sich häufig die recht irreführende Behauptung, Little habe sechs Jahre gebraucht, um seine Tafeln zu vollenden; vgl. (Conway 1970, 329), auf den diese Bemerkung wohl zurückgeht.

„Theorem. – The total twist of a reduced knot is constant for all forms in which the knot can be projected.

The proof is very simple. The twist of the crossings is not altered by any of the transformations permissible to alternate forms, since these consist of rotations of a portion of the knot through an angle of π about an axis in the plane of the knot projection. [...] In the changes peculiar to non-alternate forms the thread is shifted from one portion of the knot to another, so as to alter the position of two consecutive overs (or unders)." (Little 1900, § 8.)

Die erste Hälfte des Arguments scheint die erste explizite Formulierung der sogenannten „zweiten Taitschen Vermutung" zu sein. Die zusätzlichen Operationen für nichtalternierende Diagramme, die Little beschrieb, lassen sich wie folgt illustrieren (wie früher dürfen die Diagramme in den schraffierten Gebieten beliebig ergänzt werden):

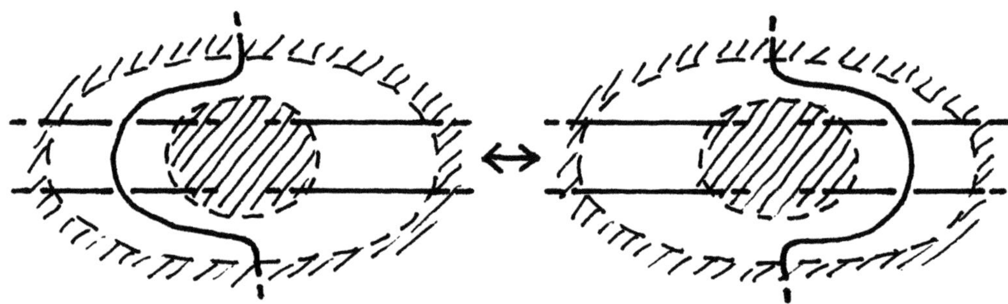

Fig. 5.17: Littles 2-Übergänge

Offensichtlich ändern solche Deformationen, die ich in Anlehnung an den heute üblichen englischen Ausdruck 2-Übergänge nennen möchte, die Twistzahl nicht, was auch immer die Orientierung der beteiligten Bögen sein mag.[61] Littles Argument macht klar, daß seine von Kirkmans bzw. Taits früheren Listen von Projektionen ausgehende Tabulation auf einem systematischen Test von Twists und 2-Übergängen beruhte, unterstützt von der Berechnung der Twistzahl der betrachteten Diagramme.

Unglücklicherweise erwies sich die Behauptung, daß die beiden Arten der von Little betrachteten Diagrammdeformationen ausreichen, um alle reduzierten Diagramme eines gegebenen nichtalternierenden Knotentyps aufzufinden, als falsch. Im Fall von zehn Kreuzungen gab es genau ein Paar äquivalenter Knotendiagramme, das *nicht* durch eine Folge von Twists und 2-Übergängen ineinander überführt werden konnte – ja, diese Diagramme besaßen sogar unterschiedliche Twistzahl und falsifizierten damit auch Littles „Theorem". Der Irrtum wurde allerdings erst 1974 von K. A. Perko entdeckt. Perko fand, daß die beiden in Fig. 5.18 abgebildeten Knotendiagramme denselben Knotentyp darstellten – wodurch sich die Zahl der nichtalternierenden Knoten mit zehn Kreuzungen von 43 auf 42 erniedrigte (Perko 1974).

Little führte seine Tabulationen nicht weiter. Bei höheren Kreuzungszahlen befinden sich nichtalternierende Knoten bei weitem in der Überzahl, und es ist nicht verwunderlich, daß Little sich außerstande sah, ihre Vielfalt zu bändigen.

---

[61] Für den englischen Ausdruck „two-passes" vgl. z.B. (Thistlethwaite 1985, 21).

Fig. 5.18: Perkos Paar nichtalternierender Knoten

§ 52. *Amphichirale Knoten: Mary G. Haseman*

Wie wir im zweiten Teil dieses Buches noch genauer sehen werden, wurden um die Jahrhundertwende nach und nach die Techniken der modernen Topologie entwickelt, die auch das Studium der Knoten auf einer anderen Basis weiterzuführen erlaubten. Trotzdem überlebte die Tradition der Tabulierung von Knoten im Stil Taits, Kirkmans und Littles bis ins frühe zwanzigste Jahrhundert. Im Jahr 1917 beendete Mary Gertrude Haseman ihren Ph.D. am Frauencollege von Bryn Mawr in der Nähe von Philadelphia mit einer Dissertation *On Knots: With a Census of the Amphicheirals With Twelve Crossings*. Die Arbeit fand Aufmerksamkeit am naheliegenden Ort: Taits früherer Assistent und Biograph C. G. Knott legte sie im Juni 1917 der R.S.E. vor, und sie wurde anschließend in deren *Transactions* gedruckt (Haseman 1918). Über den Hintergrund ihrer Arbeit ließ sich nicht viel in Erfahrung bringen, aber das kurze ihrer Dissertation beigefügte *Curriculum Vitae* zeigt, daß Haseman mit einem Mathematiker und einer Mathematikerin in Kontakt gekommen war, die beide in den späten 1880er-Jahren die Früchte ihrer mathematischen Ausbildung aus Cambridge, England, in die Vereinigten Staaten gebracht hatten. Es handelt sich um Frank Morley an der Johns Hopkins Universität in Baltimore, und um Charlotte Angas Scott, Hasemans hauptsächliche Betreuerin am College von Bryn Mawr.[62] Es ist naheliegend, daß einer der beiden das Thema noch aus der Zeit in England kannte und es später Haseman vorschlug.

Hasemans Dissertation beruhte auf den von Tait angegebenen Regeln zur Konstruktion amphichiraler Knoten, die dieser mehr als dreißig Jahre früher angegeben hatte, am ausführlichsten in (Tait 1885, §§ 1-16). Mary Haseman wandte diese Regeln an, um alternierende amphichirale Knoten mit zwölf Kreuzungen zu bestimmen. Obwohl sie die entscheidende Vermutung über die Twists kannte und benutzte – unter anderem bestimmte sie die durch einen Twist hervorgerufene Modifikation des Schemas eines alternierenden Knotens[63] – prüfte sie ihre Liste amphichiraler Knoten nicht systematisch auf Duplikate. Ebensowenig ging sie auf die Frage ein, ob Taits

---

[62] Zur Rolle Scotts and Morleys im mathematischen Leben der Vereinigten Staaten vgl. (Parshall und Rowe 1994, 241 ff. und 432 ff.).

[63] (Haseman 1918, § 2.) Haseman bezeichnete Twists mit einem anderen auch von Tait benutzten Ausdruck „distortions". Außerdem führte sie die Bezeichnung „tangle" für den mit vier offenen Enden versehenen Teil eines Knotendiagramms ein, der in einem Twist verändert wurde.

Konstruktionsregeln *alle* amphichiralen Knoten einer gegebenen geraden Kreuzungszahl erfaßten.[64] Wie Tait gab auch sie nur ein unzureichendes Argument für die Nichtexistenz von
amphichiralen Knoten mit ungerader Kreuzungszahl. Hasemans Betreuerinnen und Betreuer taten offenbar nichts, um ihr zu helfen, die neuen Methoden der Topologie kennenzulernen, und
ihre Arbeit enthält keinen einzigen Hinweis auf moderne Texte zur Topologie. Mindestens einer
davon hätte für sie interessant sein können: eine Arbeit Max Dehns über die beiden Kleeblattschlingen (Dehn 1914). Dort wurde zum erstenmal in moderner Strenge gezeigt, daß gewisse
Knoten *nicht* amphichiral waren.[65]

§ 53. *Das Vermächtnis der Tabulatoren*

Die Knotentafeln, die Tait und seine Nachfolger erstellten, sind Zeugnis einer in vieler Hinsicht
bemerkenswerten mathematischen Aktivität. Sie entstanden außerhalb des disziplinären Rahmens der reinen Mathematik der Zeit, und sie waren, wie die Beteiligten selbst wußten, mit
Techniken angefertigt, welche den in ihrer Zeit geltenden Standards strenger mathematischer
Argumentation nicht vollständig genügten. Trotzdem führte das kooperative Unternehmen zu
einem beachtlichen und ungewöhnlichen Fragment mathematischen Wissens, das im wissenschaftlichen Kontext seiner Entstehung alles andere als eine Marginalie darstellte. Im Rückblick
ist klar, daß Tait derjenige war, dessen Initiative und dessen Entwürfe von geeigneten Techniken
das Projekt der Tabulation inspirierten und über weite Strecken anleiteten. Kirkman leistete die
harte, aber klar vorgezeichnete kombinatorische Arbeit der Aufstellung von Tafeln primer Knotenprojektionen von bis zu elf Kreuzungen. Tait bestimmte dann die auftretenden Äquivalenzen
alternierender Formen von bis zu zehn Kreuzungen, Little leistete dasselbe für den umfangreichen Fall von elf Kreuzungen. Darüber hinaus vervollständigte Little die Tabulation durch die
Untersuchung der nichtalternierenden Formen bis zur Kreuzungszahl zehn, gestützt auf sein (allerdings fehlerhaftes) „Theorem". Indem sie ihre Arbeiten wechselseitig überprüften, soweit sie
sich überlappten, erreichten die Tabulatoren ein beachtliches Maß an Vollständigkeit und Korrektheit. Die zentrale Rolle, die Tait in dem gesamten Unternehmen spielte, wird noch einmal
unterstrichen durch die Tatsache, daß mit der einzigen Ausnahme von Littles erstem Beitrag *alle*
der Tabulation gewidmeten Arbeiten in den Zeitschriften der R.S.E. gedruckt wurden.

Dies führt auf die Frage, welches kausale Gewicht Taits ursprünglicher Motivation für das
gesamte Unternehmen zukommt – also dem Wunsch, eine Grundlage für die Atomistik und
Chemie der Wirbelatome zu entwerfen. Für Kirkman und Little könnte die rein kombinatorische
oder auch anschauliche Faszination des Themas durchaus der ausschlaggebende Grund gewesen
sein, Taits Projekt weiterzuführen. Aber auch sie waren sich der potentiellen physikalischen (oder
chemischen) Anwendungen ihrer Arbeit zumindest bewußt. Little dokumentierte dies etwa in
den einleitenden Passagen seines letzten Beitrags, wo er als wichtigste „physical approximation"
mathematischer Knoten die Wirbelatome nannte (Little 1900, § 3). Kirkman dagegen verwies
lediglich auf Elektrizität und Magnetismus als Gebiete möglicher physikalischer Anwendungen
der Knotentabulation. Sein erster Beitrag endete mit den Worten: „This may suffice on solid
knots until their value in electricity and magnetism is so enhanced as to call for a formal treatise

---

[64] Auch das scheint bis heute eine offene Frage geblieben zu sein. (Perko 1974) zeigte, daß Taits Methoden
jedenfalls bis zur Ordnung zehn ausreichen.

[65] Auf diesen Beitrag komme ich im neunten Kapitel zurück.

on the whole subject." (Kirkman 1884, Postscript, 1. September 1884.) Sein Schweigen über die Theorie der Wirbelatome kommt einer impliziten Kritik nahe, die durch seine dezidiert antimaterialistischen Überzeugungen und seine Sympathie für Boscovičs atomare Kraftzentren erklärbar wäre.[66]

Im Fall Taits war die physikalische Motivation dagegen klar dominierend. Wir haben gesehen, daß Tait mehrmals kurz davor stand, das arbeitsreiche mathematische Projekt aufzugeben, und er tat es schließlich genau in dem Augenblick, in welchem er fand, daß die Tafeln einen ausreichenden Umfang erreicht hatten, um als ein Universum möglicher Formen „der bekannten Elemente" zu dienen (s.o., § 50). Damit schien ihm die wichtigste Aufgabe der Knotentabulation erfüllt. Dazu kam, daß um dieselbe Zeit auch Thomson sich langsam von seiner Theorie zu entfernen begann. Beides zusammen macht verständlich, warum Tait die weitere Arbeit an den Tafeln Little überließ.[67]

Ebenso wie es seine physikalische Orientierung war, die Tait die Arbeit an der Knotentabulation sinnvoll erscheinen ließ, waren auch sein Argumentationsstil und die von ihm entwickelten epistemischen Techniken die eines Natural Philosophers. Die gezeichneten Figuren, die Tait seiner Untersuchung zugrundelegte und die schließlich auch im Zentrum von deren Endprodukt, den Tafeln, standen, standen für physische Knoten, vorgestellt als „constructed in cord" oder eben als Ätherwirbel. Auf dieser Ebene evidente „Tatsachen der Anschauung" wurden unbedenklich zu Elementen der technischen Argumentation gemacht. Dies gilt schon für die für alles weitere grundlegende Tatsache, daß der einfachste Knoten, die Kleeblattschlinge, sich nicht stetig in einen Kreis deformieren läßt. Für den Natural Philosopher Tait war es nicht sinnvoll, solche Aussagen kritisch zu analysieren; aus seiner Perspektive hätte ein Zweifel daran nur unnütze mathematische Haarspalterei bedeutet.[68] Daß Tait und seine Kollegen sich dabei außerhalb des etablierten disziplinären Rahmens der reinen Mathematik bewegten, war ihnen klar, wie z.B. Maxwells und Taits oben (in § 49) wiedergegebene Bemerkungen über die im Entstehen begriffene Topologie belegen: Dieser neue Wissenschaftszweig behandelte in ihren Augen ohnehin

---

[66] Diese Haltung äußerte Kirkman beispielsweise in einem Brief an Maxwell vom 8. November 1878, in welchem er den in Thomsons und Taits *Treatise on Natural Philosophy* beschriebenen Begriff der Masse heftig angriff (der Brief findet sich in der Cambridge University Library, Maxwell Papers, Add 7655/II, Nr. 167).

[67] Während seiner Arbeit am Thema der Knoten versuchte Tait übrigens auch, Thomson auf dem Laufenden zu halten, auch wenn dieser selbst nie ein tieferes Interesse an Taits Projekt entwickelte. Beispielsweise schrieb Tait kurz nach der Absendung seines Beitrags über „Listing's Topologie" an das *Philosophical Magazine* an Thomson: „I am going to *smash* Vortex-atoms at R.S.E. (Jany 7) so I bid you to hearken." (Tait an Thomson, 20. Dezember 1883; Kelvin Papers Cambridge, T 33.) Dabei handelte es sich nicht um die endgültige Widerlegung der Thomsonschen Theorie, sondern um eine technische Idee über Knoten, die das Aufschneiden von Kreuzungen betraf (Tait hoffte vergeblich, so ein Berechnungsverfahren für die Entknotungszahl zu finden). Im November 1884 gab es ein kleines Hin und Her zwischen Tait und Thomson, der zunächst nicht sah, daß bei Knotenprojektionen mit sechs oder mehr Kreuzungen auch nichtalternierende Kreuzungsbelegungen betrachtet werden mußten (Tait an Thomson, 1. und 4, November 1884; Kelvin Papers Cambridge, T 36 und T 37).

[68] Übrigens sollte noch einmal daran erinnert werden, daß auch die Argumentationsstandards der reinen Mathematiker dieser Zeit sich nicht wesentlich von denen der Physiker unterschieden, wenn es um *topologische* Argumente ging. Auch Riemann, Betti oder Klein mußten sich beim Nachweis eines topologischen Sachverhalts ganz entscheidend auf anschauliche und hochgradig informelle Argumente verlassen.

die Eigenschaften der *physischen Kontinuität* von Gebilden des *wirklichen Raums* und nicht irgendwelche Eigenschaften abstrakter mathematischer Objekte.[69]

All dies hielt Tait und seine Nachfolger nicht davon ab, ihr Projekt zu verfolgen. Wichtiger als mathematische Strenge und klare disziplinäre Zuordnung waren ihnen effektive Techniken, die das eigentliche Ziel, die Aufstellung der Tafeln, zu erreichen versprachen. Die investierte Arbeit war nicht umsonst. Auch wenn die Tafeln Taits, Kirkmans und Littles ihren eigentlichen Zweck im Rahmen der Theorie der Wirbelatome nie erfüllen sollten, zeigten sie doch ganz unabhängig davon, daß das Problem der Klassifikation von Knoten alles andere als eine triviale Sache war. Für die folgenden Jahre bildeten die Tafeln ein sperriges Wissensfragment im Raum zwischen Mathematik und Physik. Für Mathematiker war es ohne Zweifel nicht leicht, sich dieses Wissensfragment anzueignen.[70] Die halbempirische Konstruktion der Tafeln hätte genaugenommen ihre weitgehende *Neu*konstruktion anhand eigens entwickelter Techniken erfordert. Zudem war vor dem Erreichen der disziplinären Schwelle der Topologie nicht klar, in welchem mathematischen Rahmen das epistemische Objekt „Knoten" seinen legitimen Platz hätte finden können. Der Verweis auf den Platz der Knoten in Listings Entwurf einer weitgehend autonomen Topologie führt hier nicht weiter, da dieser Entwurf selbst einen unklaren Status hatte. Etwas anderes wäre es gewesen, wenn Knoten für einen der zentralen Forschungsgegenstände der reinen Mathematik des 19. Jahrhunderts von Bedeutung gewesen wären. Eben dies schien den Mathematikern des 19. Jahrhunderts zunächst aber nicht der Fall zu sein. Erst nach dem Überschreiten der disziplinären Schwelle der Topologie rückten Knoten in recht komplexen Ereignisverläufen wieder in den Blickpunkt intensiver mathematischer Bemühungen, und zwar genau in dem Augenblick, als sich zeigte, daß diese Objekte im Zusammenhang eines hochbewerteten Zweigs der rein mathematischen Forschung eine Rolle spielten.[71] Der ernsthafte Versuch, die Resultate der Tabulatoren des 19. Jahrhunderts mit neuen Techniken durchzuarbeiten und so das durch Taits Initiative entstandene Wissensfragment der modernen Knotentheorie einzuverleiben, begann sogar noch später – als die neuen Bemühungen um Knoten bereits zu einem eigenen und neuartigen theoretischen Rahmen geführt hatten.[72]

---

[69] In dieser Hinsicht bin ich versucht, den schottischen Physikern eine *Aristotelische* Konzeption der Topologie zuzuschreiben, vgl. § 18.

[70] Ich schließe dies nicht zuletzt aus der Tatsache, daß praktisch kein Mathematiker von einigem Format sich durch Taits Arbeiten zu weitergehenden Untersuchungen über Knoten anregen ließ; vgl. hierzu das nächste Kapitel.

[71] Diese Entwicklung ist Gegenstand des achten Kapitels.

[72] Näheres hierzu in Abschnitt 11.2.

6 SACKGASSEN UND NEUE WEGE: KNOTEN UND ZÖPFE IN DER MATHEMATIK DES AUSGEHENDEN 19. JAHRHUNDERTS

> Bekanntlich hat Herr Zöllner seit Jahren stark in der „vierten Dimension" des Raumes gearbeitet und entdeckt, daß viele Dinge, die in einem Raum von drei Dimensionen unmöglich sind, sich in einem Raum von vier Dimensionen ganz von selbst verstehn. So kann man in diesem letzteren Raum eine geschlossene Metallkugel umkehren wie einen Handschuh, ohne ein Loch darin zu machen, desgleichen einen Knoten schlingen in einen beiderseits endlosen oder an beiden Enden befestigten Faden, auch zwei getrennte geschlossene Ringe ineineinander verschlingen, ohne einen von ihnen zu öffnen, und was dergleichen Kunststücke mehr sind.
>
> *Friedrich Engels, 1878*

In diesem Kapitel wird über einige weitere Entwicklungen gegen Ende des 19. Jahrhunderts berichtet, in denen die Mathematik der Knoten und ähnlicher geometrischer Gebilde zum Thema wurde. Zum einen handelt es sich dabei um Versuche, bereits bekannte mathematische Techniken auf die durch Thomsons Wirbelatomtheorie und Taits erste Schritte zur Knotenklassifikation zu einem potentiellen Forschungsobjekt gewordenen Knoten anzuwenden. Keiner dieser Versuche führte jedoch zu einer dem Tabulationsprojekt vergleichbaren Serie von mathematischen Arbeiten. Zum anderen wurde bemerkt, daß gewisse Fragen über Knoten und knotenähnliche Gebilde auch im Rahmen einer analytischen Geometrie höherer Dimensionen gestellt werden konnten. Damit kündigte sich eine Abkehr von jener epistemischen Konfiguration an, in welcher Thomson, Maxwell, Tait und seine Nachfolger das Knotenproblem bearbeiteten: Solche neuen Fragen hatten in einer Geometrie oder Topologie des „wirklichen" Raumes keinen Platz mehr. Einige Wissenschaftler reagierten sehr scharf auf diese zunächst nur angedeutete Verschiebung der Perspektive. Dadurch wurde das Thema der Knoten und Verkettungen auch in jene Debatten verwickelt, die in den Jahren nach 1870 durch eine radikale, modernisierungskritische Wissenschaftskritik entfacht wurden, Debatten, welche weit über die unmittelbar betroffenen Wissenschaftlerkreise hinausreichten.

Ich beginne mit der Beschreibung einiger Bemerkungen Felix Kleins, die eine Relativierung des Knotenproblems in Bezug auf den umgebenden Raum bedeuteten. Kleins Andeutung, daß es in einem vierdimensionalen Raum keine verknoteten Kurven gebe, verbreitete sich schnell und gab den Anstoß für die eben erwähnten Debatten. In ihrem Mittelpunkt stand der Leipziger Astrophysiker Friedrich Zöllner, dessen Intervention als nächstes beschrieben wird (6.1). Im zweiten Abschnitt berichte ich kurz über einige geometrische Ideen, die im letzten Drittel des 19. Jahrhunderts auf Knoten angewandt wurden, ohne jedoch unmittelbar zu produktiven Episoden knotentheoretischer Forschung zu führen. Eine besondere Rolle spielten darunter eine Serie von Arbeiten des Wiener Forstmathematikers Oskar Simony und einer kleinen Gruppe von dessen Schülern, die noch einmal in den Rahmen der Wissenschaftskritik des *fin de siècle* gehören (6.2). Der dritte Abschnitt diskutiert eine ganz andere, zukunftsöffnende Verknüpfung topologischer Fragen mit einem der führenden Gebiete der reinen Mathematik des späten 19. Jahrhunderts, die vor allem dem Königsberger Mathematiker Adolf Hurwitz zuzuschreiben ist. Es handelt sich dabei um das Monodromieverhalten algebraischer Funktionen und um dessen Beziehung zu zopfartigen Bewegungen von Punktkonfigurationen in der komplexen Zahlenebene. Auch Hurwitz' Arbeit bewegte sich deutlich außerhalb des epistemischen Rahmens der Beiträge Listings oder Taits, und sie wurde zunächst auch nicht auf diese bezogen (6.3). Eine Zusammenfassung und Auswertung des ersten Teils schließt das Kapitel ab (6.4).

6.1 Die relative Natur des Knotenproblems: Felix Klein und Friedrich Zöllner

§ 54. *Topologie als Invariantentheorie*

Dem jungen Felix Klein verdankt das mathematische Studium der Knoten eine Modifikation seiner grundlegenden Fragestellung, die langfristig weitreichende Folgen hatte. Bereits die als „Erlanger Programm" bekanntgewordene Programmschrift des 23-jährigen, eben nach Erlangen berufenen Professors suchte nicht nur die verschiedenen Zweige der neueren analytischen Geometrie in einer einheitlichen Perspektive zu beschreiben, sondern auch die Andeutungen von Gauß, Riemann, Möbius und anderen zur *Analysis situs* in diese Perspektive einzubeziehen.[1] Der Gesichtspunkt, unter welchem Klein diese Vereinheitlichung möglich erschien, war bekanntlich die Betrachtung solcher Eigenschaften von geometrischen Objekten in einer „Mannigfaltigkeit", die unter einer „Gruppe" von Transformationen dieser Mannigfaltigkeit in sich invariant blieben:

> „Es ist eine Mannigfaltigkeit und in derselben eine Transformationsgruppe gegeben; man soll die der Mannigfaltigkeit angehörigen Gebilde hinsichtlich solcher Eigenschaften untersuchen, die durch die Transformationen der Gruppe nicht geändert werden." (Klein 1872, § 1.)

Weder der Begriff der Mannigfaltigkeit noch der der Transformationsgruppe waren dabei präzise festgelegt.[2] Vielmehr suchte Klein durch Diskussion einer Reihe von Beispielen, die sich in der analytischen Geometrie der vorhergehenden Zeit – etwa in Arbeiten von Möbius,

---

[1] (Klein 1872). Zum sogenannten „Erlanger Programm" vgl. (Rowe 1983), (Hawkins 1984) und (Rowe 1992).

[2] Vgl. Scholz' mathematische Rekonstruktion der Kleinschen Begriffe (Scholz 1980, 131-137).

Plücker, Lie und Klein selbst – ergeben hatten, zu erläutern, was er im Sinn hatte.[3] Der in obigem Zitat genannte leitende Gesichtspunkt fungierte daher weniger als fester technischer Rahmen, sondern eher als eine „metamathematische", *verschiedene* technische Präzisierungen integrierende Heuristik. Ganz entscheidend war dabei die *Relativierung* der Idee der Geometrie: Statt von „einer" Geometrie konnte jetzt von Geometrien im *Plural* gesprochen werden, je nachdem, welche Mannigfaltigkeiten und Gruppen betrachtet wurden. Ein wesentliches Motiv dieser Relativierung war natürlich die Untersuchung der nichteuklidischen Geometrie, die nur wenige Jahre vorher (nachdem im Jahr 1868 Riemanns Habilitationsvortrag und die ebenfalls breit rezipierten Aufsätze (Beltrami 1868) und (Helmholtz 1868) publiziert wurden) begonnen hatte, die Aufmerksamkeit breiter wissenschaftlicher Kreise auf sich zu ziehen. Freilich war Kleins relativierende Neudefinition der Aufgabe der Geometrie gleichzeitig auch ein Versuch, die *Einheit* der verschiedenen geometrischen Forschungen festzuhalten; das zeigt nicht zuletzt seine deutlich erkennbare Absicht, die verschiedenen Geometri*en* als eine Hierarchie von abgestuften Spezialisierungen innerhalb des Rahmens der projektiven Geometrie darzustellen.

Möbius' Idee der „Elementarverwandtschaft" bzw. ganz ähnliche Überlegungen Camille Jordans[4] gaben Klein die Handhabe, auch die *Analysis situs* bzw. *Geometria situs* als Invariantentheorie einer Mannigfaltigkeit aufzufassen – freilich einer Invariantentheorie, die *noch* allgemeiner war als der eben genannte Rahmen der projektiven Geometrie:

> „In der sogenannten Analysis situs sucht man das Bleibende gegenüber solchen Umformungen, die aus unendlich kleinen Verzerrungen durch Zusammensetzung entstehen. Auch hier muß man, wie bereits gesagt, unterscheiden, ob das ganze Gebiet, also etwa der Raum, als Objekt der Transformationen gedacht werden soll, oder nur eine aus ihm ausgesonderte Mannigfaltigkeit, eine Fläche. Die Transformationen der ersten Art sind es, die man einer Raumgeometrie würde zugrundelegen können. Ihre Gruppe wäre wesentlich anders konstituiert, als die bisher betrachteten es waren. Indem sie alle Transformationen umfaßt, die sich aus reell gedachten unendlich kleinen Punkttransformationen zusammensetzen, trägt sie die prinzipielle Beschränkung auf reelle Raumelemente in sich, und bewegt sich auf dem Gebiete der willkürlichen Funktion." (Klein 1872, § 8, Nr. 2.)

Auch diese Bemerkung bleibt technisch unscharf. Vermutlich muß die „Raumgeometrie" als die Theorie der Invarianten aller geometrischen Figuren im dreidimensionalen Euklidischen Raum in Bezug auf beidseitig stetige oder sogar differenzierbare Bijektionen verstanden werden.[5] Das Knotenproblem (von Klein im Erlanger Programm nicht erwähnt) läßt sich leicht in eine solche „Raumgeometrie" einordnen, nämlich als das Studium jener Eigenschaften geschlossener, doppelpunktfreier Kurven, die bei stetigen bzw. differenzierbaren Deformationen des *gesamten* gewöhnlichen Raumes ungeändert bleiben. Schon diese systematische Einordnung wäre mehr

---

[3] Zum Hintergrund des Erlanger Programms in Kleins und Lies vorangegangenen geometrischen Arbeiten vgl. (Rowe 1989b).

[4] Vgl. § 32 zu Möbius sowie (Scholz 1980, 154 ff.) zu Jordan.

[5] Klein ergänzte die obige Bemerkung außerdem durch den Vorschlag, auch Punkttransformationen des reell *projektiven* Raumes zu betrachten, wobei er jedoch zögerte, alle Homöomorphismen direkt ins Auge zu fassen; die unendlich ferne Ebene behielt einen Sonderstatus. Vgl. dazu (Scholz 1980, 135 f.).

gewesen, als die Fragestellungen Listings und der schottischen Physiker explizit angegeben hatten.

In obiger Beschreibung der „Raumgeometrie" behielt „der Raum" jedoch noch immer einen ausgezeichneten, nicht relativen Status. Höchstens die Analysis situs von *Flächen* erschien jetzt als eine Vielfalt relativer „Theorien" – eine für jede Fläche und die Gruppe ihrer stetigen Deformationen in sich. Kurze Zeit später relativierte Klein jedoch auch den Begriff des Raumes selbst. Dabei deutete er ebenfalls an, was diese Relativierung für das Problem der Knotenklassifikation bedeutete.

§ 55. *Absolute und relative topologische Eigenschaften*

Unmittelbarer Anlaß für die nochmalige Bestimmung der Aufgaben der *Analysis situs* im Rahmen der analytischen Geometrie war eine Diskussion, die Klein in der Mitte der 1870er-Jahre mit dem Schweizer Mathematiker Ludwig Schläfli über die richtige Weise der Bestimmung der Zusammenhangszahlen algebraischer Flächen führte.[6] Das für unsere Geschichte wichtigste Resultat dieser Diskussion war die folgende, 1876 publizierte Unterscheidung zweier Arten topologischer Aufgaben:

> „Die Eigenschaften, die einem geometrischen Gebilde oder überhaupt einer Mannigfaltigkeit bei beliebigen Verzerrungen erhalten bleiben, kann man in *absolute* und *relative* sondern. *Absolut* nenne ich diejenigen Eigenschaften, welche der betr. Mannigfaltigkeit unabhängig von dem umfassenden Raume zukommen, in welchem gelegen man sie voraussetzen mag. *Relative* Eigenschaften hängen von dem umgebenden Raume ab; sie sind invariant bei Verzerrungen der Mannigfaltigkeit, die innerhalb des betr. Raumes stattfinden, nicht aber bei beliebigen Verzerrungen." (Klein 1876, 478.)

Diese Unterscheidung[7] setzt voraus, und Kleins Wortwahl zeigt, daß diesmal nicht nur die betrachteten „Mannigfaltigkeiten" variiert werden konnten, sondern auch die „Räume", in welchen sie möglicherweise lagen. Was auch immer eine Mannigfaltigkeit sein mochte, sie mußte jedenfalls unabhängig von einem bestimmten umgebenden Raum faßbar sein oder wenigstens imaginiert werden können; andererseits mußten verschiedene „Räume" als Behältnisse dieser Objekte vorstellbar sein. Im Zusammenhang der Diskussionen mit Schläfli waren es vor allem drei Arten von Räumen, an die Klein dachte: der gewöhnliche Raum $\mathbb{R}^3$, der durch einen Punkt im Unendlichen geschlossene Raum (heute als dreidimensionale Sphäre S^3 bezeichnet), und der dreidimensionale, reell projektive Raum. Letzterer konnte auch komplex betrachtet werden – also als reell sechsdimensionaler Raum. Und natürlich waren durch den Übergang zu beliebiger Dimensionszahl bereits *unendlich* viele „Räume" mögliche Kandidaten für eine Untersuchung *relativer* topologischer Fragen. Auch wenn Klein den Gedanken an diese letzte Vielfalt in seinem kurzen Text nicht explizit machte, lag er doch seinen Überlegungen zugrunde, wie wir gleich sehen werden.

---

[6] Zum Hin und Her zwischen Schläfli und Klein vgl. (Scholz 1980, 164-174).

[7] Die offensichtlich der ganz analogen Unterscheidung absoluter und relativer *metrischer* Eigenschaften von gekrümmten Flächen im dreidimensionalen Raum nachgebildet ist, welche Gauß in seinen *Disquisitiones generales circa superficies curvas* vorgeschlagen hatte (Gauß 1827, § 13).

Zur Illustration seiner Unterscheidung nannte Klein einige Beispiele. Das erste verwies auf die vor allem von Cayley behandelten Graphen (bzw. die entsprechende Eigenschaft von Kurvensystemen): „Eine absolute Eigenschaft einer Curve ist z.B. durch ihre Verästelung gegeben." (Ebd.) Demgegenüber standen auf der relativen Seite die Gesamtkrümmung einer ebenen, geschlossenen Kurve und für geschlossene Kurven im „dreifach ausgedehnten Raume [...] *die Zahl der Windungen der Curve um sich selbst (Knotenzahl).*" (Ebd.; Hervorhebung im Original.) Diese letzte, in der Tat obskure Bemerkung bedarf der Interpretation. Eine „Knotenzahl", wie sie Klein erwähnte, existierte im mathematischen Wissen der Zeit nämlich nicht. Wir haben im letzten Kapitel (§ 45) gesehen, daß Tait daran scheiterte, eine der Gaußschen Verschlingungszahl zweier geschlossener Raumkurven analoge, numerische Invariante für *Knoten* zu definieren. Natürlich konnte Klein auch nicht die erst später eingeführten Invarianten Taits meinen, d.h. die Kreuzungszahl oder die „beknottedness" (Entknotungszahl) eines Knotens. Was hatte Klein also im Sinn? Die in § 47 bereits erwähnte Mitteilung Kleins an Tait, die diesen kurz vor der Fertigstellung seines ersten zusammenfassenden Artikels „On knots" im Frühling 1877 erreichte und dort wiedergegeben wurde, zeigt die eigentlich zugrundeliegende Aussage: „Klein himself has made the very singular discovery that *in space of four dimensions there cannot be knots.*"[8] Als Beleg gab Tait (zweifellos aufgrund Kleins eigenem Hinweis) just die oben zitierte Passage aus Kleins Note von 1876 an.

Es ging mithin weniger um eine numerische Knoteninvariante[9] als um den Nachweis der relativen Natur des Knotenproblems durch den Vergleich der Deformationen geschlossener Kurven in $\mathbb{R}^4$ und in $\mathbb{R}^3$. Den entsprechenden konzeptuellen Rahmen der analytischen Geometrie vorausgesetzt, ist Kleins „Entdeckung" eine nahezu triviale Überlegung: Ebenso wie ein Punkt, der in einer Ebene auf einer Seite einer Geraden liegt, durch den Raum auf die andere Seite der Geraden wandern kann, ohne die Gerade zu kreuzen, so kann in $\mathbb{R}^4$ jede „Unterkreuzung" eines in einem dreidimensionalen Teilraum gelegenen Knotens in eine „Überkreuzung" verwandelt werden, ohne daß es zu Selbstdurchdringungen der „Knotenlinie" (einer geschlossenen Kurve, die sich in den Zwischenstadien der Deformation durch den $\mathbb{R}^4$ bewegt) kommt.[10]

So harmlos einem heute ausgebildeten Mathematiker diese Überlegung vorkommen mag und so natürlich aus dieser Sicht die Beschreibung des Knotenproblems als eines relativen Problems erscheint, so unnatürlich und merkwürdig erschien sie jenen Zeitgenossen Kleins, für welche die Geometrie noch immer eine Wissenschaft von den Eigenschaften der Figuren in dem einen und einzigen Raum der sinnlichen Anschauung und Erfahrung war. Das Argument, das Klein offensichtlich mündlich verbreitete und das bald auch durch einige Autoren anhand einiger Beispiele in analytisch durchgeführter Form wiederholt wurde, war in der Tat in diesem traditionellen Rahmen nicht mehr zu fassen.[11] Eine geschlossene Kurve im vierdimensionalen Raum – selbst eine rein analytische Konstruktion ohne unmittelbare physikalische Bedeutung und anschauliche Interpretation – war ein völlig andersartiges epistemisches Objekt als jene anschaulich vorgestellten und

---

[8] (Tait 1877g, § 48); Hervorhebung im Original.

[9] Auf diesen Gedanken ging Tait in seinem Verweis auf Klein übrigens wohlweislich nicht ein.

[10] In der Edition seiner *Gesammelten Abhandlungen* hat Klein seine Aussage über die „Knotenzahl" dann selbst entsprechend präzisiert: „Hierin soll liegen, daß es für geschlossene Kurven im Raum von mehr als drei Dimensionen keine Knoten mehr gibt." (Klein 1921-1923, Bd. 2, 67, Anm. 10).

[11] Zu den Beiträgen, die Kleins Argument präzisierten, gehörten (Hoppe 1879), (Durège 1880), (Hoppe 1880) und (Schlegel 1883).

durch ebene Zeichnungen repräsentierten Knoten, welche etwa die schottischen Physiker zum Gegenstand ihrer Überlegungen machten, sei es in der Wirbelatomtheorie oder in der Knotentabulation. Von konkreten, d.h. auf Einzelfälle bezogenen analytischen Beschreibungen abgesehen gab es noch keine Techniken, mit solchen Objekten Topologie zu treiben.

Kleins kurze Bemerkung über die undefinierte Knotenzahl markiert damit einen Riß in der epistemischen Konfiguration, in welcher Knoten bisher betrachtet worden waren und von den Knotentabulatoren um Tait auch weiterhin betrachtet wurden. Und nicht nur das. Sie deutet für die Behandlung des Knotenproblems auch eine Kontextverschiebung an, die von ganz anderen Absichten getragen wurde als das mathematische Handeln der schottischen Physiker. Das Problem der Klassifikation der Knoten war, so implizierte Klein, ein Problem, das einen Ort in der Problemhierarchie der reinen Mathematik hatte, und ein Problem, das zu einer ganzen *Problemklasse* gehörte (nämlich den relativen topologischen Problemen), die im Rahmen einer weit verstandenen analytischen Geometrie immer wieder auftraten und den durch unmittelbare sinnliche Anschauung abgesteckten Bereich weit überschritten. Der epistemische Riß, den Kleins Relativierung des Knotenproblems eröffnete, blieb zunächst jedoch nur klein; die Möglichkeiten mathematischen Handelns, welche *jenseits* desselben eröffnet wurden, ergriffen weder Klein selbst noch seine Zeitgenossen. Trotzdem wurde der Riß wahrgenommen – und zwar von jenen, die ihn wieder zu schließen trachteten oder doch wenigstens auch den *vierdimensionalen Raum* als eine, wenn auch durch unsere fünf Sinne nicht wahrnehmbare, *Wirklichkeit* zu imaginieren suchten.

§ 56. Knotenspiritismus

Schon die Betonung, die Tait der „very singular discovery" Kleins gab, deutet dies an. Aus Mitschriften der Taitschen Vorlesungen läßt sich erkennen, daß dieser die im britischen Kontext vor allem von W. K. Clifford avancierten Spekulationen über einen konstant oder variabel gekrümmten *physikalischen* Raum so verstand, daß der sinnlich wahrgenommene, dreidimensionale Raum sich in einem vierdimensionalen Kontinuum krümmte:[12]

> „There is a curious speculation at present, which would attempt to make space of more than 3 dimensions, it would add a fourth dimension. [...] At some time or other it may happen thát we [i.e., the earth] shall come into space, where there shall be a crumpling or bending of space."[13]

Ganz offensichtlich deutete Tait hier den vierdimensionalen Raum nicht als analytisches Konstrukt eines Mathematikers, sondern – sollte die wiedergegebene Spekulation zutreffen – als eine physikalische Realität, die allerdings sinnlich nicht unmittelbar wahrnehmbar war. Daß Tait diese Spekulation in seinen Grundvorlesungen über Natural Philosophy wiedergab, heißt nicht, daß er

---

[12] Diese Interpretation, die aus der Schwierigkeit entstand, Riemanns *intrinsischen* Krümmungsbegriff zu verstehen, könnte einer Lektüre von Helmholtz' einflußreichen, aber in diesem Punkt irreführenden Beiträgen (Helmholtz 1868, 1870) entnommen worden sein. Clifford selbst verstand Riemanns Ideen dagegen besser. Vgl. zum ganzen Themenkomplex (Richards 1988) und (Epple 1999b).

[13] Tait, *Lectures on natural philosophy*, Edinburgh University 1871-1872. Notes taken by I. Gray, Edinburgh University Library, Gen 1408, Bd. I, S. 44. In der ausgelassenen Passage wird die Helmholtzsche Imagination zweidimensionaler, in einer Kugelfläche lebender Wesen beschrieben.

sie teilte – als Möglichkeit jedoch war sie zugelassen und einem Anhänger des *Unseen Universe* vielleicht nicht einmal unsympathisch.[14] In *diesem* Rahmen erhielte auch Kleins „very singular discovery" einen physikalisch relevanten Gehalt.

Eine ganz ähnliche Überlegung stand am Beginn einer der merkwürdigsten Episoden der in diesem Buch erzählten Geschichte, einer Folge von Ereignissen, die in handfesten, die Grenzen akademischer Zirkel weit überschreitenden Skandalen endete. Ihr Hauptakteur war der 1834 geborene Friedrich Zöllner, ein seit 1862 in Leipzig tätiger Astrophysiker, der seine Karriere dem Entwurf und Einsatz astrophysikalischer Instrumente, z.B. eines astronomischen Photometers und eines spektrographischen Teleskops, verdankte.[15] Zöllner zeigte sich dabei als ein früher, empirisch orientierter Kosmologe, der, wie Meinel treffend bemerkt, „die Astrophysik gleichberechtigt neben die Positionsastronomie zu stellen" suchte (Meinel 1991, 13). Gleichzeitig suchte Zöllner auch eine universelle, deterministische Erklärung des kosmischen Geschehens im Stil der Newtonschen Gravitationstheorie. Seine diesbezüglichen Spekulationen konzentrierten sich auf das von Wilhelm Weber aufgestellte Gesetz für die Kräfte zwischen bewegten elektrischen Ladungen. Bereits in einem 1864 verfaßten Lebenslauf suchte er Webers Gesetz zu einem universellen, auch die Gravitation umfassenden physikalischen Prinzip zu erklären.[16] Einige Probleme, die dieses Kraftgesetz aufwarf – insbesondere die Verletzung der Energieerhaltung – hoffte Zöllner dadurch zu vermeiden, daß er annahm, das Universum sei nicht ein Euklidischer, sondern ein in geringem Maß positiv gekrümmter Raum. Durch diese Aufnahme der nichteuklidischen Geometrie glaubte er gleichzeitig gewisse astronomische Schwierigkeiten zu vermeiden, etwa die einer unendlichen Gesamtmasse der im Universum verteilten Materie oder das sogenannte Olberssche Strahlungsparadoxon (ebd.). Für uns entscheidend dabei ist, daß Zöllner diese Idee nicht im Sinn Riemanns verstand, sondern während seiner ganzen Karriere an dem Glauben festhielt, *ein positiv gekrümmter Kosmos setze die reale Existenz einer sinnlich nicht wahrnehmbaren, vierten Raumdimension voraus.*[17] Er war also ein Vertreter genau jener Spekulation, die Tait in seinen Vorlesungen beschrieb.

---

[14] Tait wiederholte sie jedenfalls in späteren Vorlesungen und in seinen populären Büchern. Vgl. Abschnitt 5.1.

[15] Zu Zöllners Karriere vgl. (Herrmann 1982), (Leihkauf 1982), (Meinel 1991) und (Staubermann 1999). Während Herrmann und Leihkauf die Bedeutung der astrophysikalischen Forschungen Zöllners hervorheben, sucht Meinel Zöllners Aktivitäten vor allem in den breiteren Kontext der „Genese konservativer Zivilisationskritik" einzuordnen. Der folgende Bericht stützt sich neben den Originalquellen vor allem auf diese Studie. Im Brennpunkt von Klaus Staubermanns Dissertation steht eine Replikation von Zöllners Photometer.

[16] Vgl. (Leihkauf 1983, 29 f., Anm. 4).

[17] Diesen wichtigen technischen Punkt übersehen alle oben genannten Autoren. Er stützt Meinels Thesen und zeigt die Naivität von Leihkaufs Versuch, Zöllners Ideen als eine Vorwegnahme der allgemeinen Relativitätstheorie hinzustellen. Überhaupt arbeitete Zöllner seine Spekulation nie mathematisch aus. (Das unterscheidet ihn etwa von dem amerikanischen Astronomen Simon Newcomb, der in den 1870er-Jahren ebenfalls einen positiv gekrümmten Kosmos befürwortete.) Vielmehr glaubte Zöllner, sich mit dem Hinweis auf Carl Neumanns Versuche begnügen zu können, das Webersche Gesetz durch die Einführung weiterer Kräfte auf der molekularen Ebene zu retten. Kleine Korrekturen der physikalischen Gesetze wie die in Neumanns Untersuchungen angenommenen könnten, so meinte Zöllner, eben durch eine geringe positive Krümmung des Raumes hervorgerufen werden. Soweit ich sehe, gingen Zöllners Ausführungen über solche vagen Vermutungen nicht hinaus.

Freilich wurde Tait zusammen mit seinen britischen Kollegen William Thomson, John Tyndall und ihrem deutschen Kollegen Hermann v. Helmholtz bald zur Zielscheibe beißender Kritik von seiten Zöllners. Im Jahr 1872 veröffentlichte Zöllner ein Buch *Über die Natur der Cometen*, in welchem eine heftige Zurückweisung der massiven physikalischen Einwände der Genannten gegen Webers Gesetz mit langen und erbitterten Polemiken gegen die etablierten Wissenschaftler in Berlin und Großbritannien, den „Verfall Deutscher Sitte in Deutscher Wissenschaft" und die Schädlichkeit und Kulturlosigkeit der auf den Einfluß Großbritanniens zurückgeführten Industrialisierung verbunden wurden. Es ist schwer, die verschiedenen, sich in diesen Polemiken kreuzenden Motive Zöllners zu sortieren. Sie reichen ohne Zweifel von den eigenen Erfahrungen im fortschreitend modernisierten Wissenschaftsbetrieb über allgemein zivilisationskritische Motive bis hin zu psychologischen Faktoren.[18] Ein spezielles Motiv war offensichtlich auch Zöllners beginnende Neigung zum Spiritismus, die sich z. B. an einer in den *Cometen* enthaltenen Polemik gegen eine kritische Stellungnahme Tyndalls zu dieser in Großbritannien mehr und mehr Anhänger findenden Bewegung ablesen läßt.[19]

Die Reaktion der etablierten Wissenschaftler konnte nicht ausbleiben. Helmholtz selbst antwortete Zöllner in zwei 1874 gedruckten Texten, die weite Verbreitung fanden: in seiner Vorrede zum zweiten Teil der deutschen Übersetzung von Thomsons und Taits *Treatise on Natural Philosophy* und in einer „Kritischen Beilage" zu einer Sammlung deutscher Übersetzungen von Aufsätzen Tyndalls.[20] Während die Tagespresse Zöllners Angriffe gerne aufnahm, blieben Fachzeitschriften äußerst zurückhaltend (Meinel 1991, 35). Mit der wachsenden Isolation in wissenschaftlichen Kreisen verstärkten sich Zöllners zivilisationskritische Impulse, und die Neigung zum Spiritismus sowie der Glaube an eine vierte Raumdimension wurden mehr und mehr zu seinem Schicksal. Im Jahr 1875 brachte eine Reise nach London Zöllner in direkten Kontakt mit den Spiritisten im Umkreis der sog. *Dialectical Society* (ebd., 36). Im selben Jahr berichtete Zöllners Leipziger Freund, der sich als „Psychophysiker" bezeichnende Gustav Theodor Fechner, von Unterhaltungen mit Zöllner, in welchen letzterer ankündigte, daß „ein empirischer Beweis für das Dasein einer vierten Dimension" durch die tatsächliche Durchführung gewisser im dreidimensionalen Raum unmöglicher „Wunder" geführt werden könne.[21] Spätere Berichte Zöllners und Kleins zeigen, daß Zöllner an eben jene Überlegung dachte, die Klein in seiner Note von 1876 andeutete, nämlich die Auflösbarkeit dreidimensionaler Knoten bei Deformationen des „Knotenfadens" durch einen vierdimensionalen Raum. Zöllner erfuhr von dieser Überlegung jedenfalls durch ein Gespräch mit Klein.[22]

Zwei Jahre später bot sich Zöllner die Möglichkeit, die angekündigten „Experimente" tatsächlich durchzuführen. Im Herbst 1877 reiste ein amerikanisches Medium, Henry Slade, durch Deutschland. Slade war zuvor in London nur knapp einer Verurteilung wegen Betrugs entkommen, erregte nun aber gewaltiges Aufsehen, zunächst in Berlin und dann bei Zöllner in Leipzig

---

[18] Über den ersten, eher zufälligen Anlaß zu Zöllners wissenschaftskritischer Wende vgl. (Meinel 1991, 17 ff.); dort findet sich auch eine nähere Analyse der zivilisationskritischen Figuren in Zöllners Texten.

[19] Zum britischen Spiritismus vgl. etwa (Oppenheim 1988).

[20] Vgl. (Thomson und Tait 1874) und (Tyndall 1874); dazu sehr knapp (Meinel 1991, 34 f.).

[21] Vgl. Fechners *Kleine Schriften*, Leipzig: Breitkopf u. Härtel, 1875; hier S. 276. Zu Fechners Karriere und seinem Leipziger Umfeld vgl. (Heidelberger 1993).

[22] Vgl. (Zöllner 1878a, 276) und (Klein 1926, 169 f.). Beide Berichte bleiben chronologisch recht vage, so daß offenbleibt, ob Fechners Bemerkung *vor* oder *nach* dem Kontakt zwischen Klein und Zöllner liegt.

(Meinel 1991, 39). Die Leipziger Experimente begannen am 18. November und erreichten am 17. Dezember einen Höhepunkt. Das Ereignis wurde von Zöllner und den Anhängern des Spiritismus ausführlich dokumentiert. Hier sei der Bericht eines der Organisatoren von Slades Deutschlandtournee zitiert, der am 15. Februar 1878 in der britischen Spiritistenzeitschrift *The Spiritualist* erschien:

A new manifestation with Dr. Slade at Leipzig University
By the Hon. A. Aksakof, Russian Imperial Councillor

The scientific investigation of the phenomena produced in the presence of Dr. Slade, which was undertaken by several professors of the Leipzig University in the months of November and December last, has been attended with the best results; indeed, I may say with results as splendid as they were expected.

[... In (Zöllner 1878a),] Mr. Zöllner shows that, in the course of speculations on the fourth dimension of space, he came to the conclusion of the possibility of certain medial phenomena, viz., that beings existent in the fourth dimension of space (*vierdimensionale Wesen*) could produce knots on a continuous thread by a simple process of manipulation of matter – a process impossible and incomprehensible to us. (Three-dimensional beings.)

At a *Séance* with Slade on the 17th December, experience confirmed the reality of the fact, the possibility of which had been admitted *a priori*. On a string, the two ends of which were sealed and held by Mr. Zöllner, while the remaining portion rested on his knees, four knots appeared in the space of a few minutes.

This phenomenon belongs, as you will see, to the category of what we know as the passage of matter through matter.

We have here the first attempt at a scientific hypothesis in explanation of medial phenomena; and more than that, a hypothesis which renders necessary the acceptance of the cardinal dogma of Spiritualism. The record of numerous other experiments will, I hope, appear in Mr. Zöllner's second volume [(Zöllner 1878b,c)], which is in the press.

Thus Slade, who was attacked in the name of Science, receives his justification in the most striking manner at the hands of science. These exceptional considerations have induced me to continue my German journal (*Psychic Studies*), at all events for a time.

St. Petersburg, February 8th, 1878.

Ähnliche Berichte erschienen über ganz Europa hinweg. Die bemerkenswerte Rhetorik eines extrem faktengläubigen Positivismus und strengster Wissenschaftlichkeit (die freilich über Brüche nicht hinwegtäuschen kann, wie z.B. den Schluß von einer „scientific hypothesis" auf ein „cardinal dogma") findet sich auch in Zöllners Darstellungen, zuerst in (Zöllner 1878a). Eine wichtige Rolle spielte stets die Zeugenschaft wissenschaftlicher Autoritäten wie Wilhelm Weber, Gustav Theodor Fechner und Wilhelm Wundt.[23] Dabei darf freilich nicht übersehen werden, daß

---

[23] Weitere Professoren, die einige der Zöllner-Sladeschen Experimente verfolgten, waren der Himmelsmechaniker Wilhelm Scheibner, der Physiologe Carl Ludwig, der Chirurg Carl Thiersch und Dekan der Medizinischen Fakultät, Braune. Vgl. die in (Zöllner 1878a-c) verstreuten Berichte über die Experimente.

z.B. Fechner und Weber den Höhepunkt ihrer wissenschaftlichen Karriere bereits überschritten hatten (Fechner war 79, Weber 76 Jahre alt). Außerdem wandten sich etliche der Zeugen zu Zöllners Zorn schließlich von dessen Sache ab. Dabei spielten zwei Ereignisse eine besondere Rolle. Zum einen kamen im März 1878 zwei Assistenten des Berliner Instituts für Physiologie, Christiani und Hugo Kronecker, nach Leipzig und kündigten an, daß sie Slades Experimente wiederholen und die verwendeten Tricks erklären würden. Zöllner weigerte sich, die beiden zu treffen (Zöllner 1878c, 1091 ff.). Kurze Zeit später erschien außerdem eine anonym gedruckte satirische Broschüre *Der Spiritismus in Leipzig*, die von dem Ranke-Schüler Alfred Dove verfaßt war.[24] Zöllner reagierte auf die Abwendung von Wundt und anderen Zeugen mit wütenden Anriffen.[25] Trotzdem wurde im Mai 1878 eine weitere Serie von Experimenten mit Slade durchgeführt. Slade, der sich Zöllners Sichtweise der vierten Dimension und ihrer Wunder mittlerweile zu eigen gemacht hatte, reiste weiter nach Wien, wo seine Vorführungen ebenfalls ein breites Publikum faszinierten. Andere Spiritisten kopierten Slades „Versuche" in weiteren Städten; Leipzig blieb jedoch bis auf weiteres die Hochburg spiritistischer Aktivität. Zöllner selbst steigerte sich in eine immer monomanischere Publikationstätigkeit, konzentriert auf die Affären um Slade und seine früheren Fehden mit Helmholtz, den britischen Physikern, und anderen. Die Qualität seiner Texte ließ schnell nach, zusammengewürfelte Zitate aus Briefen und der Presse, oft auch von gegnerischen Stellungnahmen, die er „Zur Abwehr" zitierte, wechselten sich mit Verteidigungen der Ehre Slades und der Spiritisten und Wiederholungen der immer gleichen Polemiken ab. Aus nationalistischen Ausfällen gegen den „Verfall Deutscher Sitte in Deutscher Wissenschaft" wurden antisemitische der übelsten Sorte.[26] Hier stimmte Zöllner in einen Chor ein, dem auch andere konservative Wissenschaftskritiker der Gründerjahre angehörten wie z.B. Eugen Dühring. Mitten in diesen Kämpfen ereilte Zöllner am 25. April 1882 nach einem Herzinfarkt der Tod.

Die Sensation um Zöllner war perfekt. Eine umfassende Studie des publizistischen Echos der Leipziger Manifestationen in Europa – sowohl in esoterischen wie in skeptischen Kreisen – würde großen Aufwand erfordern.[27] Im Rahmen unserer Geschichte zeigt das große Echo auf Zöllners und Slades Manifestationen, daß der epistemische Riß, den Kleins Relativierung des Knotenproblems und seine Einsicht in die Auflösbarkeit von „Knoten" im vierdimensionalen Raum verursacht hatte, alles andere als ein harmloser Schritt in der Entwicklung mathematischer Ideen war. Die entscheidende Verschiebung in der Auffassung mathematischer Gegenstände, die durch einen Übergang von der Geometrie des gewöhnlichen Raumes in die analytische Geometrie höherer Dimensionen notwendig wurde, mochte für einen Riemann, Clifford oder Klein eine einfache Sache sein; für Physiker wie Tait und Zöllner und erst recht für ein breiteres Publikum war sie es nicht.[28] In den Augen der letzteren erforderte die mathematische Imagination eines vierdimensionalen Raumes (ja, genaugenommen schon die eines gekrümmten dreidimensionalen) dessen faktische Realität. Der mittels unserer fünf Sinne wahrgenommene

---

[24] Zur Autorschaft vgl. (Meinel 1991, 41.)

[25] Zuerst in (Zöllner 1878c, 1087 ff.), dann auch in den späteren Schriften.

[26] Vgl. etwa die erst posthum in einem Esoterikverlag erschienene, mehrere hundert Seiten umfassende Schrift (Zöllner 1894). Der Antisemitismus durchzieht aber alle späten Schriften Zöllners.

[27] Sie würde sich allerdings in *kulturgeschichtlicher* Hinsicht lohnen, wenn sie auf die breite Faszination des *fin de siècle* an einer „vierten Dimension" erweitert würde. Darauf weist auch (Meinel 1991, 53) hin. Zur künstlerischen Rezeption der „vierten Dimension" nach der Jahrhundertwende vgl. (Henderson 1983).

[28] Selbst Klein vollzog diese Verschiebung nur zögernd und ein Stück weit, s.o.

Raum bildete darin eine dreidimensionale Schicht, *kausal* jedoch blieb der Raum der Erfahrung mit jenem höherdimensionalen unmittelbar verknüpft. Friedrich Engels, der 1878 aus Anlaß der Zöllnerschen Knotenexperimente seinen erst zwanzig Jahre später gedruckten Aufsatz „Die Naturforschung in der Geisterwelt" verfaßte, goß zurecht seinen Spott über die „allerplatteste, alle Theorie verachtende, gegen alles Denken mißtrauische Empirie" dieser Unternehmung aus. Der Liebhaber einer idealistischen Naturdialektik war an diesem Punkt deutlich sensibler für den im Gang befindlichen Wandel in der Konstruktionsweise der epistemischen Gegenstände der Mathematiker als der „transzendente Physiker" Zöllner. „Die Geringschätzung der Theorie", so schrieb Engels, „ist selbstredend der sicherste Weg, naturalistisch und damit falsch zu denken. [...] Hat man sich aber erst daran gewöhnt, der $\sqrt{-1}$ oder der vierten Dimension irgendwelche Realität außerhalb unseres Kopfes zuzuschreiben, so kommt es nicht darauf an, ob man noch einen Schritt weiter geht und auch die Geisterwelt der Medien akzeptiert." (Engels 1898/1973, 49 f.)[29]

Warum erregten gerade die spiritistischen Séancen mit *Knoten* solches Aufsehen? Der Hinweis auf Kleins Argument, die „vierte Dimension" und die Beteiligung eines zuvor angesehenen Wissenschaftlers liefern darauf nur eine partielle Antwort. Für Slade und die vierdimensionalen Wesen, die er kommandierte, mag es einfacher gewesen sein, Knoten auf einen Faden zu binden als etwa eine Metallkugel zu invertieren. Aber es gab noch einen weiteren Grund der Wahl von Knoten, der wiederum Zöllner zuzuschreiben ist: die Denunziation der Wirbelatomtheorie. Konnten Knoten auf dem Umweg über die vierte Dimension aufgelöst werden, so gab es keine unzerstörbaren Wirbelatome. Folglich glaubte Zöllner, sich lang und breit über diesen Nonsens britischer Pfeifenraucher lustig machen zu sollen. Thomsons Theorie, deren mathematischer Ausgangspunkt zu Zöllners Freude ja eine Arbeit von Helmholtz war, lieferte ihm das Paradigma einer Pseudophysik im allgemeinen Verfall der wissenschaftlichen Kultur (Zöllner 1878a, 91 ff.).[30]

Vor diesem Hintergrund ist es kein Wunder, daß auch die britischen Physiker die Skandale um Zöllner und Slade genau verfolgten. Am nötigsten und zugleich am heikelsten war die Abgrenzung wohl für Tait, der in seinem *Unseen Universe* ja ebenfalls eine deutliche Neigung zum Übersinnlichen hatte erkennen lassen, freilich eine, die nicht die Kardinaldogmen des Spiritismus, sondern jene der christlichen Religion zu rechtfertigen suchte. Tait legte eine umfangreiche Sammlung von Presseberichten über die Leipziger Ereignisse an und begann bald, auch publizistisch zu reagieren.[31] Als Form seiner Reaktion wählte Tait – hierin wesentlich geschickter als Zöllner – die Ironie. Neben einer satirischen Rezension des ersten Bandes von Zöllners *Wissenschaftlichen Abhandlungen* in der Zeitschrift *Nature* und verstreuten Bemerkungen in weiteren

---

[29] Ich kann hier weder Herrmann noch Meinel folgen, wenn sie davon sprechen, daß Engels Zöllner mißverstanden hätte. Meines Erachtens trifft Engels' Spott den epistemologisch zentralen Punkt. Soweit man beim späten Zöllner überhaupt von theoretischem Denken sprechen kann, war es kaum weniger platt als die Empirie der Sladeschen Demonstrationen. Daß Engels auf die zivilisationskritischen Motive Zöllners nicht weiter eingeht, ist eine andere, erst retrospektiv auffällige Sache.

[30] Die Nähe mancher moderner Einschätzungen der Thomsonschen Theorie zu Zöllners karikierender Polemik zeigt drastisch die Gefahren anachronistischer Sichtweisen. Was immer aus der Perspektive späterer Atomtheorien kritisch über die Wirbelatomtheorie gesagt werden kann, so muß doch ihre kausale Rolle in der Entwicklung der Physik anerkannt werden.

[31] Taits Sammlung findet sich in seinem „Scrapbook" (Edinburgh University Library, Microfilm M 24).

Publikationen[32] reagierte er am umfassendsten in seiner als Fortsetzung des *Unseen Universe* deklarierten, 1878 erschienenen *Paradoxical Philosophy*. Dieses anonym gedruckte Werk, in dem Zöllners Name nirgends fällt, beschreibt eine fiktive Diskussion zwischen den englischen und schottischen Mitgliedern einer sogenannten *Paradoxical Society* und dem deutschen Pantheisten Dr. Hermann Stoffkraft, einer Figur, welcher zunächst deutliche Züge von Helmholtz verliehen werden.[33] Stoffkraft soll von den Ideen des *Unseen Universe* überzeugt werden; die Erzählung bricht den ernsthaften Ton des früheren Buches jedoch durch eine über weite Strecken ironische Darstellung. Wahrscheinlich kommt darin auch eine gewisse Distanzierung von den konkreten Spekulationen des früheren Textes zum Ausdruck. Stoffkraft bleibt jedoch hartnäckig. Statt sich überzeugen zu lassen, verliebt er sich in Julia, die Tochter des Gastgebers, und reist mit ihr auf das Landgut eines schottischen Nationalisten mit einem Hang zum Übernatürlichen. Dort erkennt er Julias mediale Begabungen und wird zum tischerückenden und poltergeistbeschwörenden Spiritisten. Schließlich heiratet er Julia und begibt sich zurück nach Deutschland. Einige Zeit später schreibt Julia an ihren Vater, daß Stoffkraft sich anscheinend von seinen spiritistischen Eskapaden ab- und den „old mathematical and physical studies" wieder zugewendet habe:

> „Hermann has just made himself a great name; he is universally spoken about [... as] the most distinguished physicist of the age. He has recently worked up his almost forgotten mathematical MSS., and published three memoirs which are everywhere discussed in scientific circles. One of these is ‚A Complete Theory of Canonizants,‘ another on ‚The Physical Determination of Beknottedness,‘ and the third ‚Ueber Mannigfaltigkeiten in vier Dimensionen,‘ whose title I cannot express in English. Unfortunately I am totally unable to understand any of them, but no doubt they must be of great scientific importance." (Tait 1878b, 228 f.)

Julias Vater kommentiert jedoch:

> „Who knows or cares about Canonizants? I must confess I don't. Beknottedness seems but one step from Besottedness, and must mean some species of tangled intellectual trifling, if it has any meaning at all. In his third paper, I am told, the Doctor seriously and at great length discusses the possibility of performing certain unthinkable operations under given inconceivable conditions. And for *this* he is famous!" (Ebd., 230.)

Hier brachte Tait die Figuren von Helmholtz und Zöllner in einer einzigen zur Deckung, und selbst die eigenen Knotenforschungen werden zum Bestandteil der Satire. Durch diese Verschmelzung Zöllners mit seinen Gegnern sollte dessen Angriffen der Zahn gezogen werden. Außerdem bekam auch Helmholtz, der Deutsche, dem der Schotte Tait durchaus nicht ungebrochen vertrauensvoll gegenüberstand, sein Fett ab – die pantheistische, gar materialistische Kritik an den theologisch-metaphysischen Überzeugungen der schottischen Natural Philosophers und

---

[32] Die Rezension wurde in *Nature*, 28. März 1878, S. 420-422, gedruckt. Vgl. außerdem den Nachruf auf Listing (Tait 1883).

[33] Z.B. wurde der bereits in Kap. 4, Anm. 28 erwähnte Vorfall in die Erzählung eingearbeitet, bei welchem eine ihrer Verankerung entglittene, schnell rotierende Scheibe Helmholtz fast den Kopf gekostet hätte, als dieser im Januar 1863 einer experimentellen Demonstration Thomsons in Glasgow beiwohnte.

die spiritistisch motivierten Angriffe Zöllners sollten gemeinsam der Lächerlichkeit preisgegeben werden.

Tait hatte in diesem publizistischen Schachzug mindestens einen Kollegen zum Verbündeten: James Clerk Maxwell. Maxwell korrigierte minutiös und mit seiner charakteristischen Stilsicherheit die Druckfahnen der *Paradoxical Philosophy*.[34] Und kurz nach dem Erscheinen des Werks sandte er eine Herrmann Stoffkraft, Ph. D., gewidmete *Paradoxical Ode* („After Shelley") an Tait, deren erste Strophe noch einmal auf engstem Raum jenes „intellectual tangle" ironisierte, das aus der Wirbelatomtheorie, dem *Unseen Universe*, Kleins vierdimensionalen Knoten und ihrer spiritistischen Realisierung geworden war:

> My soul's an amphicheiral knot
> Upon a liquid vortex wrought
> By Intellect in the Unseen residing,
> While thou dost like a convict sit
> With marlinspike untwisting it
> Only to find my knottiness abiding,
> Since all the tools for my untying
> In four-dimensioned space are lying,
> Where playful fancy intersperses
> Whole avenues of universes,
> Where Klein and Clifford fill the void
> With one unbounded homoloid,
> Whereby the infinite is hopelessly destroyed.[35]

---

[34] Das vollständige Exemplar mit Maxwells Anmerkungen findet sich in der National Library of Scotland, Edinburgh, Acc. 10000, Nr. 399.

[35] Zitiert nach (Knott 1911, 242 f.). Die zweite und dritte Strophe der erst nach Maxwells Tod (1879) in (Campbell und Garnett 1882) gedruckten Ode ranken sich um die darwinistischen und thermodynamischen Spekulationen des *Unseen Universe*. – Zahlreiche Nachwirkungen der in diesem Abschnitt beschriebenen Affäre lassen sich finden. Eine von ihnen wird unten in § 59 kurz angedeutet. Aber auch in *Ashleys Buch der Knoten* findet sich eine entsprechend angepaßte Variante: „Für mich ist der Vorgang des Bindens eines Knotens eine Abenteuerreise in grenzenlose Räume. Ein Stückchen Schnur gewährt ein Ausmaß an Freiheit, das einmalig ist. Denn ein einfacher Strang ist ein tastbares Objekt, das, für alle praktischen Zwecke, eine einzige Dimension besitzt. Wenn wir einen einzelnen Strang in einer Ebene bewegen, ihn nach Belieben verflechten, können reale Dinge entstehen, schöne und nützliche, in praktisch zwei Dimensionen. Und wenn wir unseren Strang aus dieser einen Ebene hinauslenken, ist eine weitere Dimension hinzugekommen. Sie verschafft uns die Gelegenheit zu einer Exkursion, die nur begrenzt ist durch die Reichweite unserer eigenen Vorstellungswelt und der Seillänge auf der Rolle des Seilmachers. Was kann wundervoller sein als das? – Aber immer wieder weiß jemand etwas besser. Da hat doch ein Mr. Klein behauptet, er habe festgestellt (in den *Mathematischen Annalen*), es könne keine Knoten im vierdimensionalen Raum geben. Das ist an sich schlecht genug. Aber wenn nun jemand kommen würde und naseweis nachweisen würde, daß der Himmel nicht einmal dreidimensional ist? Was für eine Zukunft verbleibt dann dem unverbesserlichen Knotenbinder?" (Ashley 1944/1982, 18.)

6.2 Sackgassen?

Nachdem Taits erste große Arbeit über Knoten und Kleins Bemerkungen über Knoten im vierdimensionalen Raum in Verbindung mit den anschließenden Skandalen um Zöllners empirische „Verifikation" dieser Bemerkungen das Thema der Knoten gegen Ende der 1870er-Jahre ins Bewußtsein der Mathematiker gerückt hatten, wandten sich einige von ihnen diesem Gegenstand für kürzere oder längere Zeit zu. Das Spektrum solcher Versuche reichte von Bemühungen, die topologischen Ideen Taits in Bereichen der reinen Mathematik einzusetzen, in welchen topologische Aspekte erwartet wurden (insbesondere im Zusammenhang des Studiums reeller algebraischer Kurven in der Ebene oder im Raum) über Verknüpfungen von Knoten mit den damals verbreiteten, anschaulichen Vorstellungen von Riemannschen Flächen bis hin zu dem explizit formulierten Programm einer „empirischen" Topologie. Keiner dieser Versuche führte jedoch weiter als zu einigen isolierten Resultaten. Dieser Abschnitt gibt einen im wesentlichen chronologisch geordneten, kursorischen Überblick über die Perspektiven dieser Versuche, die gestellten Fragen und die erreichten Ergebnisse.

§ 57. *Knoten auf „Riemannschen Flächen"*

Zunächst muß kurz über eine an der Universität Zürich angefertigte Dissertation von Heinrich Weith berichtet werden, die dieser im Jahr 1876 einreichte, also noch *vor* dem Erscheinen der Taitschen Aufsätze und dem Skandal um Zöllner.[36] Weiths Arbeit beruht einerseits auf den Listingschen Schriften, andererseits auf einer anschaulichen Deutung Riemannscher Flächen als *verzweigter und sich selbst durchdringender Flächen im gewöhnlichen Raum.* Eine solche Beschreibung Riemannscher Flächen war vor allem durch Carl Neumanns Werk über *Riemann's Theorie der Abel'schen Integrale* von 1865 verbreitet worden, allerdings mit ausführlichen Hinweisen darauf, daß für die Funktionentheorie die spezielle Lage einer Riemannschen Fläche *im Raum* nicht maßgeblich war. Weiths leitende Vorstellung hing demgegenüber von dieser Auffassung entscheidend ab. Er suchte Knoten als Kurven auf (im gewöhnlichen Raum liegenden) Riemannschen Flächen zu beschreiben und zu untersuchen. Der epistemische Rahmen seiner Dissertation ist daher noch ganz vom traditionellen Verständnis der Topologie als einer Lehre von den anschaulich faßbaren Lageeigenschaften geometrischer Gebilde im gewöhnlichen Raum bestimmt.[37]

Weith begann mit einigen Bemerkungen über Listings Complexionssymbol. Er bemerkte, daß es nichtalternierende Knoten gab und glaubte irrtümlicherweise, Listing habe diese übersehen.[38] Dann unterschied er „Reductionen erster Art" eines Knotendiagramms von solchen „zweiter Art";

---

[36] Weiths Dissertation erreichte Tait im Jahr 1877, wie eine kurze (und kritische) Erwähnung am Schluß von (Tait 1877g) zeigt.

[37] Weith brachte dies selbst klar zum Ausdruck: „In dem Wesen der Topologie liegt es begründet, dass das Vorgehen in ihr wesentlich intuitiv sein muss. In der That ist nirgends so sehr die anschauliche Vorstellung beweisend, erläuternd. Häufiger wie irgendwo tönt hier der Ruf des Brahmanen: Siehe!" (Weith 1876, 11.)

[38] (Weith 1876, 15). Weith beschrieb ausführlich ein Beispiel eines nichtalternierenden Knotens mit 8 Kreuzungen (ebd., 18 und Fig. 5).

dabei entsprachen die der ersten Art dem Entfernen offensichtlich überflüssiger Diagrammkreuzungen[39], alle anderen wurden zur zweiten Art gerechnet. Als nächstes sprach Weith ohne weitere Begründung die folgende Behauptung aus:

> „Sind bei einer beliebigen Kurve die Reductionen der ersten Art ausgeführt und ist dieselbe alsdann nur mit abwechselnden Knotenpunkten behaftet, so sind keine Reductionen der zweiten Art an derselben mehr möglich." (Weith 1876, 20).

Die „erste Taitsche Vermutung" war also genauso und praktisch gleichzeitig eine „Weithsche Vermutung". Weith leitete daraus ab, daß es unendlich viele topologisch verschiedene Knoten gab (ebd.), ein Argument, über dessen Trivialität sich Tait etwas später mokierte (Tait 1877g, § 48).

Um nun zu seinem eigentlichen Thema, den Knoten auf „Riemannschen Flächen", zu kommen, stützte Weith sich auf eine bereits in der Einleitung der Arbeit erläuterte Beobachtung: Jeder Knoten gestattete eine reguläre ebene Projektion *ohne Wendepunkte*, ja sogar eine solche, in der ein bestimmter Punkt der Projektionsebene von der Knotenprojektion stets im selben Sinn umlaufen wurde. Dieses Lemma, das in moderner Sprache besagt, daß jeder Knoten sich als geschlossener Zopf darstellen läßt, hätte Tait aufgreifen können, um seinen am Ende von § 44 beschriebenen, alternativen Symbolisierungsversuch weiterzuverfolgen; im 20. Jahrhundert sollte diese Überlegung noch eine wichtige Rolle spielen (vgl. § 95 und § 100). Deshalb sei Weiths Argument hier wiedergegeben:

> „[Um das Lemma zu zeigen,] denke man zunächst die Kurve [des Knotens im Raum] um einen Stab [senkrecht zur Projektionsebene] gelegt. Würde alsdann eine Wendung der Kurve verlangt, welche dem obigen Verhalten nicht gemäss wäre, so denke man sich den betreffenden Theil der Kurve hinreichend verlängert und dann passend umgeklappt auf den Stab gebracht und diese Operation immer wiederholt, sobald eine Abweichung von dem ursprünglichen Umlaufsinn um den Stab erfolgt." (Ebd., 7.)

Aus diesem Lemma folgerte Weith sein Hauptergebnis, „dass jede Verschlingung [einer Kurve, d.h. jeder Knoten] dargestellt werden kann auf einer Windungsfläche mit *einem* Windungspunkt" (ebd., 28). Wie Weith im Anschluß an Neumann erläuterte, verstand er unter den genannten Windungsflächen in den dreidimensionalen Raum gelegte „Riemannsche Flächen" mit einem einzigen Verzweigungspunkt. Das Argument war einfach genug: Man verbinde einen Punkt auf dem erwähnten „Stab" durch eine Halbgerade mit einem Punkt auf dem in Form eines geschlossenen Zopfes gelegten Knoten und lasse diese Halbgerade dann den Knoten entlang wandern. Offensichtlich überstrich die Halbgerade dann eine Fläche der genannten Art. Weith gelang es allerdings nicht, aus dieser Darstellung von Knoten irgendwelche interessanten Schlüsse über Knoten zu ziehen. Die Möglichkeit des Aneinandersetzens von Zöpfen, die Gauß und Tait früher bemerkt hatten, findet sich nur vage angedeutet, und die von Gauß und Tait ebenfalls bemerkte, viel weiterführende Möglichkeit des gegenseitigen „Destruierens" solcher Objekte fehlte ganz.[40] So blieb Weiths Dissertation ein Augenblickswerkchen, das bald wieder vergessen wurde.

---

[39] Vgl. § 43.

[40] Vgl. § 26 und § 44.

§ 58. *Knoten als reelle algebraische Kurven*

Im Jahr 1879 erschien eine von Felix Klein angeregte Münchener Dissertation von Franz Meyer mit dem Titel *Anwendungen der Topologie auf die Gestalten der algebraischen Curven, speciell der rationalen Curven vierter und fuenfter Ordnung.* Die der Dissertation beigefügten, stark von Kleins Ideen geprägten „Thesen" belegen, daß Meyer, der sein Studium in Leipzig begonnen und dort unter anderem Vorlesungen bei Zöllner gehört hatte, auch den vielschichtigen Hintergrund der Topologie der Knoten kannte. So formulierte Meyer unter anderem:

> „3) Die Topologie wird erst dann volle Bedeutung gewinnen, wenn analytische Operationen auf sie angewandt werden.
>
> 4) Es ist nicht zu billigen, dass geometrische Untersuchungen auf die Geometrie der Dimension, welcher ein der Betrachtung zugrundegelegtes Problem angehört, beschränkt werden.
>
> [...]
>
> 9) Die mathematische Physik hat bisher keine allgemein giltige Definition der Constitution der Materie gegeben." (Meyer 1879, 16.)

In seiner kurzen Arbeit ging Meyer jedoch auf diese allgemeinen Themen nicht weiter ein. Stattdessen suchte er das von Tait eingeführte „Schema" einer Knotenprojektion auf die Gestalten ebener, reell algebraischer Kurven anzuwenden, wobei er für Vielfachpunkte höherer Multiplizität und das Verhalten der Kurvenzweige im Unendlichen gewisse Modifikationen von Taits Symbolisierung vorschlug. Für die im Titel genannte Kurvenklasse suchte er „mehr auf *empirischem* Wege", wie er später unterstrich, alle möglichen topologischen Gestalten mit einfachen Doppelpunkten aufzustellen (ebd., Kap. 2).

Damit stellt Meyers Dissertation einen bewußten, von Klein angeregten Versuch dar, Taits Methoden im Rahmen der algebraischen Geometrie nutzbar zu machen. Daß Meyer in diesem schwierigen Gebiet – später Thema des sechzehnten der 23 Hilbertschen Probleme – nicht sehr weit vordrang, kann ihm nicht zum Vorwurf gemacht werden. Die Ernsthaftigkeit seines Versuchs, die Theorie der Knotenprojektionen (nicht der Knoten*diagramme*) für die Kurventheorie nutzbar zu machen und mit den knotentheoretischen Bemühungen im Umkreis Taits zu vernetzen, unterstrich Meyer, indem er sechs Jahre später eine weitere Arbeit „Über algebraische Knoten" veröffentlichte, die seine früheren Ergebnisse ergänzte und genauer begründete. Diesmal erschien sein reichhaltig illustrierter Beitrag am passenden Ort: in den *Proceedings* der R.S.E.

Wie in § 38 erwähnt, hatten Maxwell und Thomson bei ihren ersten Begegnungen mit der Mathematik der Knoten auch daran gedacht, gewisse Knotenlinien im Raum durch geeignete Parametrisierungen bzw. als algebraische Raumkurven darzustellen. Obwohl Tait Maxwell um einen entsprechenden Artikel für die R.S.E. gebeten hatte, hatten die schottischen Physiker diesen Aspekt nicht weiterverfolgt. Im Jahr 1881 griff der algebraische Geometer Alexander v. Brill – zwischen 1875 und 1880, also während der Affären um Zöllner, ein Kollege Felix Kleins an der Münchener Technischen Hochschule – dieses Thema auf. In einer kurzen Notiz „Ueber algebraische Raumcurven, welche die Gestalt einer Schlinge haben" gab er Kurven 5. und 6. Ordnung an, welche reelle Züge mit der topologischen Gestalt (und evtl. der Drehsymmetrie) der Kleeblattschlinge besaßen. Ferner beschrieb Brill eine Kurve zehnter Ordnung, die den aus zwei Kleeblattschlingen zusammengesetzten Weberknoten darstellte.

Auch wenn Brill diese Gedanken nicht systematisch einordnete oder später weiterverfolgte, konnten seine Beispiele doch so verstanden werden, daß sie zum einen die Frage aufwarfen, welche Knoten sich überhaupt als algebraische Raumkurven darstellen ließen, zum andern das Problem stellten, welches in diesem Fall die minimale Ordnung einer solchen Kurve (mit oder ohne bestmögliche Symmetrieeigenschaften) war. Auch diese Arbeit bedeutete also einen ersten, im Umkreis Kleins angeregten, aber vorläufig folgenlosen Schritt in neue Bereiche möglichen mathematischen Handelns.

§ 59. *Experimentelle Topologie*

Ganz im Gegensatz zu Meyers und Brills Versuchen, Ideen über Knoten mit der algebraischen Geometrie, einer anspruchsvollen Theorie im Zentrum der Aufmerksamkeit der reinen Mathematiker, zu verbinden, stand eine Serie von Texten, welche Oskar Simony, ein 1852 geborener, an der Wiener „Hochschule für Bodenkultur" (einer land- und forstwirtschaftlichen Hochschule) tätiger Mathematiker, in den Jahren nach 1880 publizierte.[41] Hier war es noch einmal die „concrete Geometrie" physischer Gebilde im wirklichen Raum, die im Mittelpunkt eines recht eigenartigen Programms stand.

Wahrscheinlich wurde Simony durch die aufsehenerregenden Manifestationen des Henry Slade in Wien zum Thema der Knoten geführt. Der Text, der den Beginn seines Engagements markierte, war eine kleine Monographie mit dem Titel *Gemeinfassliche, leicht kontrollierbare Lösung der Aufgabe: ,In ein ringförmig geschlossenes Band einen Knoten zu machen' und verwandter merkwürdiger Probleme*. Darin diskutierte Simony die seit Möbius und Listing bekannten Resultate des Zerschneidens eines geschlossenen, verdrillten Bandes längs seiner Mittellinie, in der erklärten Absicht, Phänomene wie die von Slade vorgeführten, angeblich unfaßbaren und für uns dreidimensionale Wesen unkontrollierbaren Knotenschürzungen „ohne Wunder" zu erklären. Die Broschüre wurde innerhalb eines Jahres dreimal aufgelegt und jedesmal erweitert; anscheinend stieß sie auf breites Interesse. In den folgenden Jahren veröffentlichte Simony, dessen Hauptbeschäftigung darin bestand, Forstwissenschaftlern die elementaren Techniken der praktischen Mathematik beizubringen, eine lange Serie umfangreicher Beiträge in den *Sitzungsberichten* der Wiener Akademie der Wissenschaften, in welchen das Thema der Zerschneidung von Bändern und dann auch Schläuchen immer weiter variiert wurde.[42] Schon an den Titeln seiner Aufsätze konnte man sein Programm ablesen: „Ueber eine Reihe neuer mathematischer Erfahrungssätze" waren allein drei davon überschrieben. In allen beschrieb Simony die Resultate von „Experimenten", die er mit Bändern und Gummischläuchen durchführte. Stets zerschnitt er diese längs in sich zurückkehrender Kurven (vgl. Fig. 6.1), um anschließend die resultierenden Bänder in eine möglichst übersichtliche Form zu legen. An dieser wurden dann die entstandenen Verdrillungen der einzelnen Bänder gezählt und ihre Verknotung und Verkettung in einer sehr eigenwilligen symbolischen Notation festgehalten. Auf induktivem Weg suchte Simony dann Gesetzmäßigkeiten in seinen experimentellen Resultaten zu finden.

---

[41] Zu Simony vgl. (Peppenauer 1953, 255-260) und (Müller 1951). Für einige Hinweise danke ich ferner Daniel Kemter, vgl. Anm. 45.

[42] Vgl. die Liste von Simonys Beiträgen in der chronologischen Bibliographie in Anhang B.

Fig. 6.1: Ein von Simony zerschnittener Schlauch (Simony 1884, Tafel I)

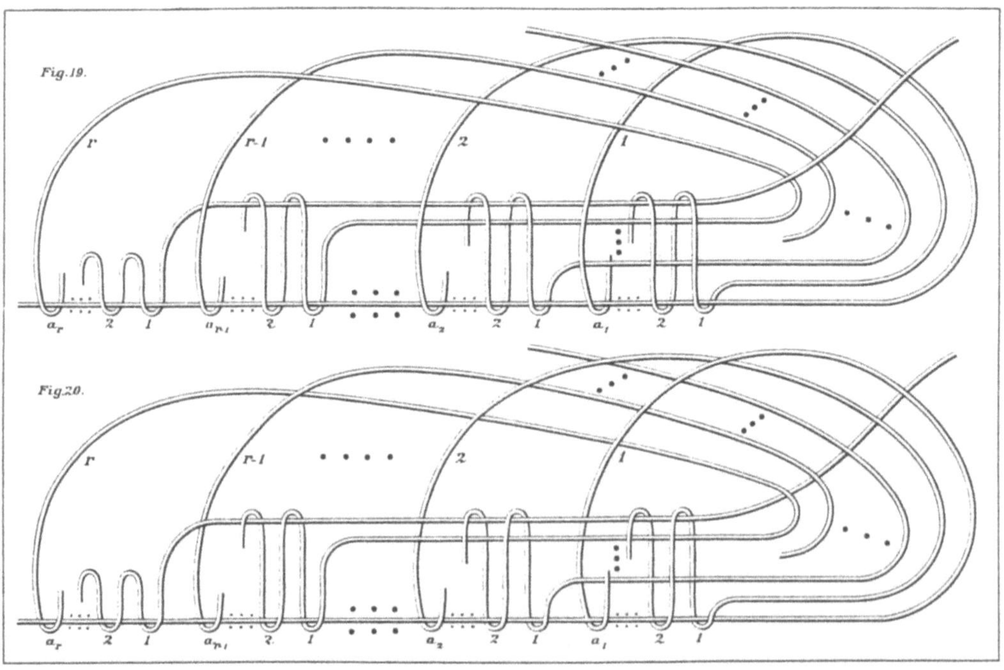

Fig. 6.2: Simonys Normalform für Knotenlinien auf einem Gummischlauch (Torusknoten)
(Simony 1884, Tafel V)

Simony gelang es immerhin, zwei zusammenfassende Darstellungen seiner Experimente in den *Mathematischen Annalen* zu veröffentlichen (Simony 1882c, 1884). In der ersten bemerkte er, daß die Zählung der Verdrillungen eines geschlossenen Bandes eine heikle Sache war, die von der gewählten Lage des Bandes im Raum abhing, eine Beobachtung, die vor ihm auch Tait gemacht hatte.[43] Simony ging dem Zusammenhang jedoch nicht weiter nach. Im zweiten Aufsatz studierte Simony mit Hilfe eines eigens zu diesem Zweck gebauten Instrumentes die Rückkehrschnitte eines ringförmig im Raum liegenden Schlauches, d.h. die heute als Torusknoten bezeichneten Raumkurven.[44] „Durch Ausführung von 43 Experimenten", so Simony, fand er, daß jeder solche Knoten in eine Art Normalform der in Fig. 6.2 gezeichneten Art gelegt werden konnte.[45]

Der Aufsatz von 1884 enthält am Ende eine überraschende Rechtfertigung der Tatsache, daß Simony die früheren Überlegungen von Gauß, Listing und Tait nicht aufgriff und auf seine eigenen bezog (Simony 1884, 278 ff.).[46] Darin kommt der eigenwillige Charakter der Simony-schen Ideen klar zum Ausdruck. Ihm ging es wirklich um eine experimentelle Topologie, um das Sammeln von Erfahrungen mit der Manipulation physischer Objekte und um darauf gestützte induktive Verallgemeinerungen. Theoretische Begriffe, die aus anderen Quellen stammten und keine *offensichtliche* Beziehung zu seinen „Experimenten" hatten, waren für ihn nicht von Interesse. Simonys Umgang mit Knoten kann damit als eine Art dreidimensionales Gegenstück zu den vierdimensionalen Spekulationen Zöllners betrachtet werden. Wie Zöllner glaubte auch Simony an die Kraft der unmittelbaren Anschauung und der „topologischen Experimente", anders als jener zog er es jedoch vor, dabei den Bereich des „Gemeinfaßlichen" nicht zu überschreiten. Für die tiefergehenden Überlegungen der mathematischen Physiker oder gar eine veränderte, auf die höhere analytische Geometrie gerichtete Auffassung der epistemischen Gegenstände und Methoden der Topologie hatten beide kein Verständnis. Die Tatsache, daß Simonys Arbeiten in den *Mathematischen Annalen* erschienen, zeigt, daß für eine Konzeption der Topologie wie seine zu dieser Zeit noch Raum war. Hierbei darf natürlich nicht vergessen werden, daß auch die Arbeiten der Tabuliertradition oder Versuche wie der Franz Meyers, die Methoden dieser Tradition für die algebraische Geometrie nutzbar zu machen, nicht frei von empirischen Elementen waren. Noch immer gab es keine *Disziplin*, an die sich die frühen „Topologen" gebunden fühlten – in den verschiedenen Bedeutungen dieses Ausdrucks.

Ab Mitte der 1880er-Jahre sammelte Simony in Wien etliche Anhänger für sein Programm einer Topologie als Erfahrungswissenschaft. Im Jahr 1884 trug Ludwig Koller zu den Sitzungen der Wiener Akademie, dem Forum Simonys und seiner Freunde, „einige allgemeine auf Knotenverbindungen bezügliche Gesetze" bei, im Jahr 1888 trug J. L. Schuster „Ueber jene Gebilde, welche geschlossenen, aus drei tordierten Streifen hergestellten Flächen durch gewisse Schnitte entspringen" vor, und 1890 lieferte Friedrich Dingeldey einen Beitrag „Ueber einen neuen topologischen Prozess, die Entstehungsbedingungen einfacher Verbindungen und Knoten in gewissen geschlossenen Flächen betreffend". Im selben Jahr ließ Dingeldey, als Privatdozent an der Tech-

---

[43] Vgl. § 45.

[44] Zu den Anfängen der modernen Diskussion dieser Klasse von Knoten vgl. § 92.

[45] Daniel Kemter hat in seiner Staatsexamensarbeit (Kemter 1992) einen modernen, auf die Zopfgruppe gestützen Nachweis der Existenz dieser „Simonyschen Normalform" eines Torusknotens gegeben.

[46] Diese Passage macht den Eindruck einer Reaktion auf entsprechende Aufforderungen der Herausgeber der *Mathematischen Annalen*. Durch den in (Klein und Mayer 1990) veröffentlichten Teil der Korrespondenz der beiden Herausgeber Felix Klein und Adolf Mayer ist diese Vermutung jedoch nicht zu belegen.

nischen Hochschule Darmstadt, eine neue Broschüre mit dem Titel *Topologische Studien über die aus ringförmig geschlossenen Bändern durch gewisse Schnitte erzeugbaren Gebilde* drucken, in welcher die diesbezüglichen Einsichten der „Simony-Schule" gesammelt der Öffentlichkeit präsentiert wurden. Am Umfang der Texte gemessen war diese Linie der Knotenforschung damit zweifellos zu der neben Taits, Kirkmans und Littles Bemühungen produktivsten geworden.

Simonys eigene Forschungen nahmen eine neue Richtung, als er begann, sich für Primzahlen zu interessieren. Diese spielten in den Schlauchzerschneidungen schon eine Rolle, denn natürlich war für einen nichtzerlegenden Rückkehrschnitt auf der Schlauchfläche notwendig, daß die Anzahlen der longitudinalen und transversalen Windungen der Schnittkurve um den Schlauch prim zueinander waren. Auch die auftretenden (geeignet bestimmten) Verdrillungszahlen waren deshalb oft Primzahlen. Mehr und mehr ließ sich Simony von der Hoffnung leiten, durch seine topologischen Experimente oder schließlich auch durch direkte Arithmetik eine Gesetzmäßigkeit in der Folge der Primzahlen zu finden. Dieses Interesse ist zuerst in dem fast hundertseitigen Aufsatz (Simony 1887) formuliert. Im Archiv der Wiener Akademie der Wissenschaften finden sich außerdem 45 handgeschriebene Bände mit „Primzahlrechnungen für das Successionsgesetz der reellen Primzahlen", entstanden zwischen 1885 und 1910. Topologische Betrachtungen spielten in diesen Rechnungen keine Rolle mehr.[47]

Ein merkwürdiges Nachleben der Simonyschen Ideen in der Anthroposophie ist zu konstatieren, das eine eigene kulturhistorische Studie verdienen würde. Dafür verantwortlich war vor allem Ernst Müller, der Simony in jungen Jahren noch persönlich kennenlernte und später einige Ideen Simonys im Wiener Umkreis Kurt Reidemeisters[48] weiterzuführen suchte, bevor er sich der Anthroposophie Rudolf Steiners zuwandte.[49] Im Rückblick verklärten sich für Müller Simonys Forschungen zu einem tragischen Kontakt mit einer verborgenen Welt der tiefsten Geheimnisse: „Nun ist ja wirklich im tiefsten das Problem der Knoten als das eigentlichste Problem der Dreidimensionalität mit der Natur der Ganzzahligkeit verknüpft. Diese gerade für unsere physische Welt grundlegende Tatsache bildet wohl den verborgenen Kern der ganzen Simonyschen Gedankenwelt, wurde aber zugleich zu seiner erkenntnismässigen und persönlichen Lebenstragik dadurch, dass vor die Schwelle zu den tiefsten Geheimnissen der Zahlenwelt sich die im Wesen alogische Natur der Primzahlen hinstellt." Zwar nicht mit Hilfe der vierdimensionalen Wesen Zöllners, aber doch im Kontakt mit tiefsten Geheimnissen hinter einer von den alogischen Primzahlen gehüteten Schwelle – so fanden Simonys Knotenexperimente Eingang in eine Sprachwelt, in welcher übrigens auch die „vierte Dimension" zum obsessiv gebrauchten Symbol höherer Geistigkeit wurde.[50]

§ 60. Geometrische Beobachtungen

Gegen Ende des vorigen Jahrhunderts wandte sich noch ein weiterer Münchener Mathematiker den Verschlingungen und Knoten zu, der 1862 geborene Geometer Hermann Brunn.[51] Brunn, in seiner Gymnasialzeit beeindruckt von der synthetisch-anschaulichen Geometrie Jakob Steiners,

---

[47] Freundliche Mitteilung von Daniel Kemter.

[48] Darüber mehr im zehnten Kapitel.

[49] Vgl. Müllers Erinnerungen (Müller 1951).

[50] Über einen weiteren, in ganz anderer Weise merkwürdigen Rückgriff auf Simony vgl. § 113.

[51] Zu Brunn vgl. den Nachruf (Blaschke 1940).

studierte Mitte der achtziger Jahre in München und Berlin. Ab 1887 war Brunn Privatdozent an der Münchener Universität und kam in Kontakt mit dem an der Technischen Hochschule lehrenden Klein-Schüler Walter v. Dyck.[52] Dyck hatte sich selbst um diese Zeit der Topologie zugewandt, insbesondere dem Problem der topologischen Klassifikation von Flächen und – in allerersten Ansätzen – der Konstruktion und Klassifikation dreidimensionaler Mannigfaltigkeiten.[53] Ein Brief an Klein zeigt, daß Dyck dabei auch die topologische Verschiedenheit der einen Kreisring bzw. einen verknoteten Vollring umgebenden Räume bemerkte, ohne jedoch ein strenges Argument dafür zu kennen.[54] Die Schwierigkeiten der dreidimensionalen Topologie brachten Dyck jedoch um 1890 dazu, sich wieder von der Topologie abzuwenden, und auch auf das Knotenproblem kam er nicht näher zurück. Dafür machte er aber Brunn auf diese Thematik aufmerksam. Zwischen 1892 und 1897 veröffentlichte dieser vier topologische Noten, die sich alle um einfache geometrische Eigenschaften von Knoten und Verkettungen im gewöhnlichen Raum drehten.

Die erste Arbeit, im Juli 1891 verfaßt, kritisierte die Behandlung der Verdrillungen von verknoteten Bändern, die Simony und Dingeldey gegeben hatten.[55] Während diese Autoren keine eindeutige Konvention zur Bestimmung der „Torsionszahl" solcher Bänder beschrieben hatten, schlug Brunn nun vor, das zu tun, was Simony ausdrücklich zurückgewiesen hatte: die Gaußsche Verschlingungszahl einer Definition der Torsionszahl geschlossener Bänder zugrundezulegen. In einer Fußnote bemerkte Brunn, daß „die Wichtigkeit des Gauss'schen Begriffes der Verschlingung" ihm gegenüber „gesprächsweise von Herrn Prof. W. Dyck betont" wurde (Brunn 1892a, 111, Anm.). Handelte es sich um ein zweiseitiges Band, so konnte einfach die Verschlingungszahl der beiden Randkurven als Maß der Verdrillung betrachtet werden. Brunn führte vor, wie diese als Hälfte der Differenz zwischen den Anzahlen positiv und negativ orientierter Kreuzungen der beiden Randkurven in einem ebenen Diagramm des Bandes bestimmt werden konnte. Für „einseitige" Bänder mit nur einer Randkurve (deren einfachstes das Möbiusband war) schlug Brunn vor, das Band an einer beliebigen Stelle durch einen Querschnitt zu öffnen, um $+180°$ zu drehen und dann wie im Fall zweiseitiger Bänder zu verfahren. Auch Brunn ging über diese Definitionen nicht hinaus.

1892 erschien eine weitere Arbeit „Ueber Verkettung", in welcher Brunn eine naheliegende Ausdehnung der Gaußschen Verschlingungszahl vorschlug. In einem System mehrerer untereinander verketteter, geschlossener (bei Brunn als unverknotet vorgestellten) Kurven konnte jedem Paar von Komponenten eine Verschlingungszahl zugeordnet werden; das System aller dieser Zahlen war dann als ganzes eine Invariante der Verkettung. Außerdem konnte eine Liste aller nichttrivial miteinander verketteten Paare aufgestellt werden, ebenso eine Liste aller miteinander verketteten Komponten-Tripel, -Quadrupel, usw. Die auf diese Weise zusammengestellte Information nannte Brunn das „Verkettungsschema" des vorliegenden Kurvensystems. Er stellte sich dann die Frage nach der Entknotungszahl einer solchen Verkettung, d.h. nach der Minimalzahl der Schnitte, die ausreichen, um alle Kurven voneinander zu trennen. Dabei bemerkte er, daß es für jede beliebige Anzahl von Komponenten Anordnungen gibt, bei welchen die Auftrennung

---

[52] Zu Dyck und seinem Münchner Umfeld vgl. demnächst eine umfangreiche Studie von Ulf Hashagen.

[53] Zu Dycks topologischen Studien vgl. (Pont 1974, 131-153) und (Volkert 1994, Kap. 2.3).

[54] Dyck an Klein, 27. Februar 1884, zitiert in (Pont 1974, 134).

[55] Vgl. den vorigen Paragraphen.

einer einzigen Komponente den Zerfall des ganzen Systems bewirkt.[56] Den einfachsten Fall liefert die als „Borromäische Ringe" bekannte Verkettung; ein Muster für die Konstruktion mehrkomponentiger Fälle gibt Fig. 6.3; die offenen Komponenten sind dabei kreisförmig zu schließen.[57]

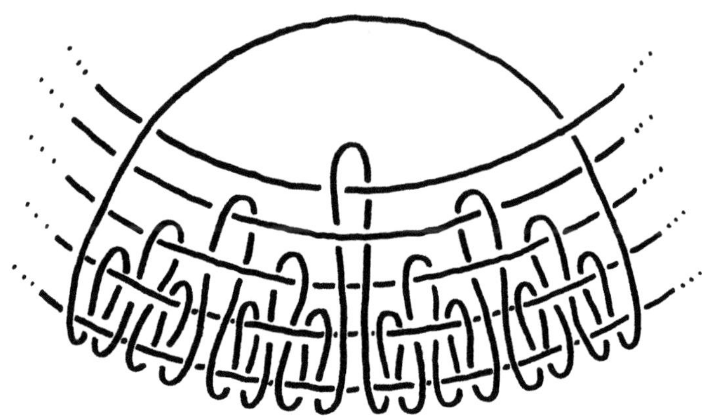

Fig. 6.3: Eine Brunnsche Verkettung

Ein Jahr später erschien eine kurze Note Brunns, in der Brunn die Anzahl der von einem beweglichen „Augenpunkt" a aus sichtbaren Doppelpunkte eines Knotens C – eine von der Lage von a abhängige Zahl, deren Minimum die Kreuzungszahl des Knotens ist[58] – näher zu beschreiben suchte. Brunn stellte folgenden (ohne Beweis mitgeteilten und vermutlich mit synthetischen Methoden gefundenen) Satz auf: „Die algebraische [d.h. mit Vorzeichen gewichtete] Summe der scheinbaren Doppelpunkte, die an C von [a] aus erscheinen, plus der algebraischen Summe der Schnittpunkte einer Linie, welche a und einen festen Punkt a' verbindet, mit der zu C gehörigen developpablen Fläche [d.h. der von den Tangenten an C überstrichenen Fläche], ist eine constante Zahl." (Brunn 1893, 85.) Wie Max Dehn und Poul Heegaard später hervorhoben, blieb freilich unklar, was der „topologische Kern" dieser in der vorliegenden Form von der Lage von C und a' abhängigen Aussage ist (Dehn und Heegaard 1907, 213, Anm. 132).

Eine letzte Mitteilung topologischen Inhalts machte Brunn auf dem ersten Internationalen Mathematiker-Kongress in Zürich von 1897. Dort schlug er vor, statt regulären Knotenprojektionen solche Projektionen zu betrachten, die lediglich einen einzigen Mehrfachpunkt aufwiesen. Aus der Anordnung der Knotenbögen um den zugehörigen Projektionsstrahl und jener der Schnitte des Knotens mit diesem Strahl leitete er ein symbolisches Schema ab, das einen Knoten vollständig beschrieb. Wieder blieb es bei einem Vorschlag; weitergehende Sätze wurden nicht bewiesen. Immerhin konnte aus Brunns Projektion durch eine kleine Deformation noch einmal das Weithsche Lemma gewonnen werden, daß sich jeder Knoten durch ein wendepunktfreies reguläres Diagramm (durch einen geschlossenen Zopf) darstellen läßt (§ 57).

---

[56] Manche Knotentheoretiker nennen solche Verkettungen heute „Brunnsche Verkettungen".

[57] Vgl. Fig. 9 in (Brunn 1892b), die jedoch einen Fehler enthält. Fig. 6.3 ist aus (Rolfsen 1976, 67) entnommen.

[58] Wenn Lagen ausgeschlossen werden, in welchen Mehrfachpunkte auftreten.

6.3 Zopfbewegungen und das Monodromieverhalten algebraischer Funktionen

Systeme verschlungener Kurven kamen noch auf einem weiteren Weg in den Blick der Mathematik des späten 19. Jahrhunderts. Dabei handelte es sich genaugenommen nicht um Knoten oder Verkettungen im gewöhnlichen Raum, wie in fast allen anderen mathematischen Arbeiten, über die bisher berichtet wurde, sondern um *simultane Bewegungen einer endlichen Zahl von Punkten in der komplexen Zahlenebene*. Solche Bewegungen lassen sich als Kurvensysteme im dreidimensionalen Raum deuten, wenn der die Bewegung beschreibende Parameter (die „Zeit") als dritte Dimension gedeutet wird. Unter der Voraussetzung, daß sich die bewegenden Punkte zu keinem Zeitpunkt treffen und daß die Lage des Punktsystems am Ende wieder mit der Ausgangslage übereinstimmt (wobei die Punkte in anderer Reihenfolge liegen dürfen), ergibt sich so ein Objekt wie jenes, das bereits Gauß kurz ins Auge gefaßt hatte (§ 26) oder wie die von Tait gestreiften „clear coils" (§ 44): ein System von n disjunkten (glatten) Kurven im Euklidischen Raum mit der Eigenschaft, daß jedes Mitglied einer stetigen Familie paralleler Ebenen jede Kurve des Systems in genau einem Punkt schneidet; anschaulich gesprochen: ein Zopf mit ebensovielen Strängen wie sich Punkte bewegen (Fig. 6.4). Aus diesem Grund werde ich solche Bewegungen von Punkten in der komplexen Zahlenebene als *Zopfbewegungen* bezeichnen. Wegen des Übereinstimmens der Anfangs- und Endlage des Punktesystems ist klar, daß zwei nacheinander ausgeführte Zopfbewegungen wieder eine Zopfbewegung liefern.

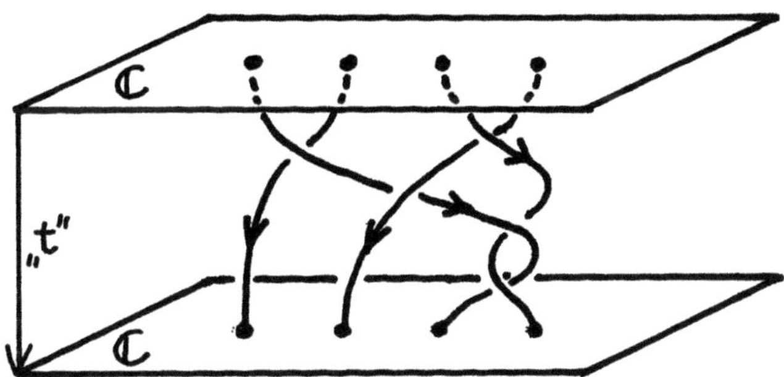

Fig. 6.4: Eine Zopfbewegung

Während des Zeitraums, der in diesem und dem folgenden Paragraphen behandelt wird, wurden solche Bewegungen allerdings *nicht* als Kurvensysteme im dreidimensionalen Raum gedeutet, wie es später üblich werden sollte.[59] Trotzdem bildet ihre Untersuchung einen Angelpunkt unserer Geschichte. Denn hier wurde in einem der Kerngebiete der reinen Mathematik Wissen produziert, welches entscheidende Bausteine für das Entstehen der modernen Knotentheorie wenige Jahre später bereitstellte. Genauer: es wurde eine bestimmte epistemische Perspektive auf eine Klasse mathematischer Objekte, nämlich die Riemannschen Flächen, entworfen, deren Übertragung auf eine höherdimensionale Situation einen der wichtigsten Anlässe für das moderne Studium von Knoten lieferte. Der Sinn dieser Bemerkungen wird im achten und zehnten Kapitel deutlich

---

[59] Darauf komme ich in § 95 zurück.

werden. Vorläufig geht es um ein weiteres – allerdings, im Gegensatz zu anderen Themen dieses Kapitels, von den Zeitgenossen hoch bewertetes – Stück der vordisziplinären Topologie, das in die Tradition der an Riemanns Ideen orientierten Funktionentheorie gehört.

§ 61. Die Monodromie algebraischer Funktionen

Zunächst muß kurz an den ursprünglichen Zweck der Riemannschen Flächen erinnert werden: das Studium der algebraischen Funktionen einer komplexen Variabeln z, definiert durch eine polynomiale Gleichung $f(u, z) = 0$. Kurz vor Riemanns ersten funktionentheoretischen Arbeiten hatte der Schüler Cauchys, Victor Puiseux, das Verhalten der Werte u einer solchen Funktion anhand folgender Überlegung näher beschrieben (Puiseux 1850): Was geschieht mit den Werten $u_1(z), ..., u_n(z)$ einer durch ein irreduzibles Polynom f vom Grad n mit komplexen Koeffizienten beschriebenen algebraischen Funktion, wenn sich das Argument z stetig längs eines geschlossenen Weges bewegt, welcher in einem festen Punkt $c \in \mathbb{C}$ beginnt und endet, und der dazwischen alle diejenigen (endlich vielen, nämlich $m \leq n(n-1)$) Punkte z vermeidet, an welchen zwei oder mehr der n Lösungen von $f(u, z) = 0$ zusammenfallen. (Solche Punkte wurden von Riemann „Verzweigungspunkte" genannt.) Puiseux beschrieb, wie ein Weg der genannten Art eine *Vertauschung* zwischen den Werten $u_1(c), ..., u_n(c)$ induzierte, während dazwischen eben jene simultane, stetige Bewegung der Werte $u_1(z), ..., u_n(z)$ stattfand, welche ich eine Zopfbewegung genannt habe. Puiseux untersuchte die entstehenden Vertauschungen genauer und zeigte insbesondere, daß ein geschlossener Weg, der auf den Punkt c zusammengezogen werden konnte, ohne dabei die Verzweigungspunkte zu überschreiten, stets die identische Permutation hervorrief (ebd., § 11). Außerdem gehörte offensichtlich zu der Hintereinandersetzung zweier geschlossener Wege die Komposition der zugeordneten Permutationen; genauer: alle solchen Permutationen konnten durch Komposition aus den endlich vielen Permutationen $S_1, ..., S_m$ erhalten werden, die zu „elementaren Wegen" gehörten, d.h. solchen, die von c direkt zu einem der m Verzweigungspunkte liefen, diesen einmal in kleinem Abstand umkreisten, und dann wieder zu c zurückkehrten (ebd., § 31).

Wie Charles Hermite, einer der führenden französischen Mathematiker seiner Generation, ein Jahr später deutlich machte, war dadurch jeder algebraischen Funktion eine *Gruppe* – in dem Sinn, den Galois diesem Ausdruck gegeben hatte[60] – zugeordnet, welche die Permutationen der Werte der Funktion bei stetiger Fortsetzung längs geschlossener Wege in der komplexen Zahlenebene beschrieb.[61] Camille Jordan führte schließlich in seinem breit rezipierten *Traité des substitutions et des équations algébriques* für diese Gruppe den Ausdruck „groupe de monodromie" ein (Jordan 1870, 277-279).

Für jede algebraische Funktion der betrachteten Art waren durch diese Arbeiten mithin drei Objekte zueinander in Beziehung gesetzt: das System der geschlossenen Wege im Komplement der Verzweigungspunkte von f in $\mathbb{C}$ mit festem Anfangs- und Endpunkt c, die diesen Wegen entsprechenden Zopfbewegungen der Werte $u_1(z), ..., u_n(z)$, und die „Monodromiegruppe" der

---

[60] Galois' Schriften waren erst 1846 von Liouville ediert worden.

[61] ♠ (Hermite 1851). Hermite zeigte außerdem, daß es sich dabei gerade um die Galoissche Gruppe der definierenden Gleichung $f(u, z) = 0$ handelte, wenn diese als eine Gleichung in der Variablen u über dem Körper der rationalen Funktionen in z mit komplexen Koeffizienten aufgefaßt wurde. ♠

durch dieselben hervorgerufenen Permutationen der n Werte am Punkt c.[62] Dieser Zusammenhang konnte unmittelbar in die Sprache der Riemannschen Flächen übertragen werden. In der Tat stellten Riemann und seine unmittelbaren Nachfolger sich diese ja so vor, daß jedem Argument-Wertpaar (u, z) einer algebraischen Funktion ein Punkt der ihr zugeordneten Riemannschen Fläche entsprach, einer Fläche also, die in genau derselben Weise verzweigt über der komplexen Zahlenebene bzw. über der Riemannschen Zahlenkugel „ausgebreitet" war wie die Werte der gegebenen Funktion. Die „Monodromieverhältnisse" der Funktion, d.h. die Blätterzahl, die Lage der Verzweigungspunkte und die den Puiseuxschen Elementarwegen zugeordneten „Blattpermutationen" an diesen Punkten bestimmten mithin die Gestalt der Fläche im Sinn eines verzweigten Gebildes über der komplexen Zahlenebene bzw. -kugel.[63]

§ 62.   *Zöpfe und die Deformation Riemannscher Flächen*

Untersuchungen der Monodromie von algebraischen Funktionen bzw. der zugeordneten Riemannschen Flächen oder anderer verknüpfter Objekte wurden schnell zu einem wichtigen Thema der reinen Mathematik.[64] Dabei trat unter anderem die Frage in den Vordergrund, ob und wie ein Überblick über alle möglichen Riemannschen Flächen erhalten werden konnte. Diese Frage konnte natürlich in verschiedener Hinsicht gestellt werden – im Sinn einer Aufzählung aller orientierbaren, geschlossenen oder auch berandeten Flächen, oder auch in dem spezifischeren Sinn, welche n-blättrig über die komplexe Zahlenebene oder -kugel ausgebreiteten Flächen etwa bei w gegebenen Verzweigungspunkten möglich waren. Dadurch waren nicht nur die *topologischen*, sondern auch in der von Riemann vorgeschlagenen Weise die *funktionentheoretischen* Eigenschaften der Fläche[65] bestimmt, nämlich durch Übertragung („Hochheben") der komplexen Variabeln der Zahlenkugel; an den Verzweigungspunkten verhielt sich die Fläche entsprechend den Zykeln der zugeordneten Blattpermutation wie ein System von Wurzelfunktionen. In dieser

---

[62] ♠ Sobald der begriffliche Apparat der Fundamentalgruppe und der Zopfgruppe zur Verfügung stand, konnte dieser Zusammenhang umgedeutet werden in eine Komposition von Homomorphismen

$$\pi_1(X, c) \longrightarrow B_n \longrightarrow \Sigma_n \; ;$$

dabei ist $X \subseteq \mathbb{C}$ das Komplement der Verzweigungspunkte, B_n die Zopfgruppe in n Strängen, und Σ_n die symmetrische Gruppe auf n Elementen. Das Bild der zusammengesetzten Abbildung ist die Monodromiegruppe. Tatsächlich gab gerade die weitere Untersuchung des von Puiseux zuerst berührten Themas der Monodromie einen, wenn nicht den wichtigsten Anlaß zur Einführung der Fundamentalgruppe von Mannigfaltigkeiten (§ 70), und, wie unten deutlich wird, auch der Zopfgruppe. ♠

[63] Es sollte betont werden, daß der Versuch von Weith, sich eine dreidimensionale Veranschaulichung Riemannscher Flächen zunutze zu machen, um „Knoten auf Riemannschen Flächen" zu studieren (§ 57), etwas ganz anderes war als das Studium der „Zopfbewegungen". In Weiths Bild von Riemannschen Flächen wurde eine der zwei reellen Dimensionen des *Wertebereichs* einer die Fläche definierenden algebraischen Funktion ignoriert, während für Zopfbewegungen wesentlich ist, daß der Wertebereich als Ganzes betrachtet wird und dagegen die Bewegung des *Arguments* auf einen eindimensionalen Vorgang reduziert wird. In Weiths Bild würde eine Zopfbewegung daher nicht als eine Verkettung, sondern als ein über einer geschlossenen Kurve der Projektionsebene liegendes Kurvensystem *mit Selbstschnitten* erscheinen; eine Zopfbewegung kann so natürlich nicht topologisch korrekt wiedergegeben werden.

[64] Für eine detaillierte Beschreibung eines wichtigen Teils dieser Untersuchungen vgl. (Gray 1986).

[65] In moderner Sprache: eine komplex-analytische Struktur.

Perspektive entstand die weitere Frage, wie sich die Fläche als Ganzes bei einer Veränderung der Lage ihrer Verzweigungspunkte änderte. Dadurch kam noch einmal das Thema der Zopfbewegungen, wenngleich in anderer Form, ins Spiel.

Nachdem mehrere Mathematiker Teile dieser Fragen behandelt hatten, unternahm 1891 Adolf Hurwitz in Königsberg einen systematischen Versuch zu ihrer Erledigung.[66] Zu diesem Zweck erklärte Hurwitz zunächst genau, wie er sich Riemannsche Flächen gegeben dachte. Da fast alle Elemente dieser Erklärung später in anderem Kontext noch eine Rolle spielten, zitiere ich sie vollständig:

> „Man ziehe in der Ebene E von irgend einem Punkte O aus nach den Punkten $a_1, a_2, ..., a_w$ die Linien $l_1, l_2, ..., l_w$, welche weder sich selber noch einander (ausser im Punkte O) treffen. Längs dieser Linien schlitze man die Ebene E auf, wodurch die Ebene E in die Ebene E^* übergehen möge. Die Ebene E^* wird von den $2w$ Ufern der ausgeführten Schnitte begrenzt. Die Aufeinanderfolge der Linien $l_1, l_2, ..., l_w$ sei derart gewählt, dass man bei einem negativen Umlauf um den Punkt O die Ufer in der Reihenfolge
>
> $$l_1^+ l_1^- l_2^+ l_2^- \quad ... \quad l_w^+ l_w^-$$
>
> überschreitet.
>
> Man lege nun n Exemplare der Ebene E^* auf einander und bezeichne dieselben in irgendeiner Reihenfolge als 1stes, 2tes, ..., n^{tes} Blatt. Die Riemann'sche Fläche entsteht jetzt, indem man die n Blätter längs der Schnitte $l_1, l_2, ..., l_w$ in folgender Weise mit einander verbindet. Jeder der Linien $l_1, l_2, ..., l_w$ ordne man eine mit n Elementen gebildete Substitution [Permutation] $S_1, S_2, ..., S_w$ zu. Ist nun z.B.
>
> $$S_k = \begin{pmatrix} 1, & 2, & ..., & n \\ \alpha_1, & \alpha_2, & ..., & \alpha_n \end{pmatrix},$$
>
> so verbinde man längs des Schnittes l_k die positiven Ufer der Blätter $1, 2, ..., n$ bezüglich mit den Ufern der Blätter $\alpha_1, \alpha_2, ...\alpha_n$, so dass man bei einem positiven Umlauf um den Punkt a_k allgemein aus dem Blatte i in das Blatt α_i gelangt." (Hurwitz 1891, I., § 1.)

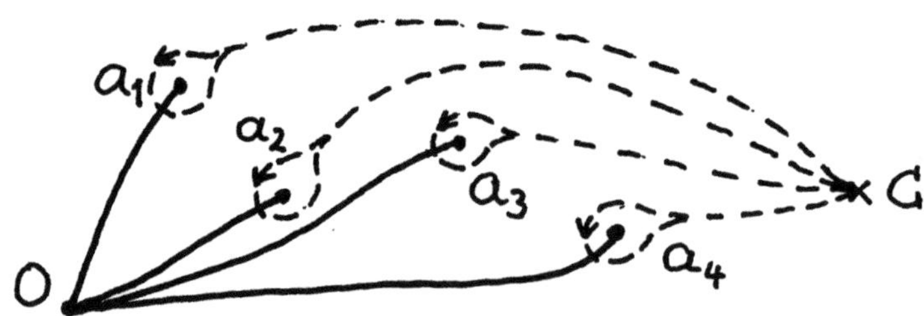

Fig. 6.5: Schnittlinien einer Riemannschen Fläche mit vier Verzweigungspunkten

---

[66] (Hurwitz 1891). In seiner Einleitung nannte Hurwitz frühere Arbeiten von Thomae, Kasten, Klein, Dyck, Lüroth, Clebsch, A. Kneser, Hilbert und Schlesinger, die das verfolgte Thema berührt hatten.

Zur Illustration ist in Fig. 6.5 eine typische Situation in der Ebene E gezeichnet. Die in der Figur gestrichelten Wege, die von einem beliebigen Basispunkt C aus[67] die Verzweigungspunkte so umlaufen, daß jeweils genau eine Schnittlinie überschritten wird, entsprechen den schon von Puiseux betrachteten elementaren Umläufen um die Verzweigungspunkte.

Damit die entstehende Fläche *zusammenhängend* war, forderte Hurwitz ferner, daß die von den Blattpermutationen $S_1, ..., S_w$ erzeugte Gruppe (die Monodromiegruppe der Fläche) transitiv auf den Blättern operierte. Außerdem durfte ein kleiner Umlauf um den Punkt O zu keiner Vertauschung der Blätter führen, folglich mußte weiter gefordert werden, daß das Produkt aller Blattpermutationen die Identität war:

$$S_1 S_2 ... S_w = 1 \; .$$

Durch diese Definition war, so Hurwitz, eine Riemannsche Fläche „als rein topologisch erklärtes Gebilde" festgelegt, d.h. ohne Verwendung funktionentheoretischer Begriffe.[68]

Um nun die Frage zu beantworten, wie viele verschiedene Riemannsche Flächen mit gegebener Blattzahl n und Verzweigungspunkten $a_1, ..., a_w$ es gibt, klärte Hurwitz als erstes die wechselseitige Abhängigkeit der Bestandsstücke seiner Definition. Dazu erklärte er zwei Flächen, die in Blattzahl und Verzeigungspunkten übereinstimmten, genau dann für *gleich*, wenn die durch die Definition gegebene Zuordnung von geschlossenen Wegen in $E - \{a_1, ..., a_w\}$ mit Basispunkt C zu Blattpermutationen[69] nach einer eventuellen Umnumerierung der Blätter dieselbe war. Damit ließ ein und dieselbe Fläche einerseits mehrere Beschreibungen der obigen Art zu, wenn gleichzeitig das System der Schnittlinien und der zugeordneten Blattpermutationen abgeändert wurde. Andererseits konnten alle Riemannschen Flächen mit gegebener Blattzahl und gegebenen Verzweigungspunkten schon bei festgehaltenem Schnittliniensystem $l_1, l_2, ..., l_w$ durch alle Systeme von Permutationen $S_1, ..., S_n$ charakterisiert werden, die den beiden genannten Bedingungen genügten. Hurwitz schlug dementsprechend vor, die betrachteten Flächen durch das System ihrer Blattpermutationen zu symbolisieren:

$$F = (S_1, S_2, ..., S_w) \; .$$

Bei festem Schnittliniensystem beschrieben dann zwei Systeme $S_1, ..., S_n$ und $S_1', ..., S_n'$ genau dann dieselbe Fläche, wenn sie durch eine Umnumerierung der Blätter auseinander erhalten werden konnten, d.h. wenn für eine weitere Permutation T die Beziehungen $S_1 = T S_1' T^{-1}, ..., S_n = T S_n' T^{-1}$ galten.

Die gestellte Anzahlfrage war damit auf ein rein gruppentheoretisches Problem reduziert, das Hurwitz zunächst allerdings nur zum Teil lösen konnte. Immerhin gelang es ihm, für $n \leq 6$ explizite Formeln für die Anzahl der Riemannschen Flächen mit w *einfachen* Verzweigungspunkten (für welche die S_i lediglich Transpositionen sind) anzugeben.[70]

---

[67] Bei Hurwitz mit der auch in anderem Sinn verwendeten Bezeichnung A.

[68] ♠ Das darf natürlich nicht in dem Sinn mißverstanden werden, daß Hurwitz' Definition nur den topologischen Typ festlegt. Tatsächlich liefert sein Bild ja eine kanonische komplexe Struktur mit, von der aber abgesehen wird. ♠

[69] ♠ Modern: die Monodromieabbildung $\varphi : \pi_1(E - \{a_1, ..., a_w\}, C) \to \Sigma_n$. ♠

[70] (Ebd., I., § 5). In (Hurwitz 1902) vervollständigte Hurwitz diese Ergebnisse.

Durch diese Resultate wurde die Menge aller Riemannschen Flächen mit gegebener Blätterzahl und gegebenen Verzweigungspunkten selbst zu einem interessanten Objekt, und Hurwitz machte zu dessen Studium einen weiteren, wesentlichen Schritt.[71] Er begann mit einer Aufforderung zur Imagination:

> „Wir wollen uns vorstellen, dass sich die Punkte a_1, a_2, ..., a_w in der complexen Zahlenebene E simultan in die neuen Lagen a_1', a_2', ..., a_w' übergehen. Dabei soll jedoch das Punktsystem $(a_1, a_2, ..., a_w)$ in jedem Stadium der Bewegung aus w *getrennt* liegenden Punkten bestehen. Betrachten wir nun eine n-blättrige Riemann'sche Fläche F, welche an den Punkten a_1, a_2, ..., a_w verzweigt ist, so wird dieselbe sich stetig mit dem Punktsystem $(a_1, a_2, ..., a_w)$ ändern und in eine bestimmte Fläche F' übergegangen sein, wenn das Punktsystem die Endlage a_1', a_2', ..., a_w' erreicht hat." (Ebd., II., § 1.)

Falls die Endlage der Verzweigungspunkte a_1', a_2', ..., a_w' in beliebiger Reihenfolge mit der Anfangslage a_1, a_2, ..., a_w übereinstimmte, bewirkte also eine Zopfbewegung (von Hurwitz „geschlossene Bahn" genannt) eine bijektive Selbstabbildung $\mathfrak{S}$ der Menge *aller* Riemannschen Flächen mit gegebener Blätterzahl und gegebenen Verzweigungspunkten a_1, a_2, ..., a_w. Hurwitz betonte, daß die *allen* Zopfbewegungen entsprechenden Abbildungen $\mathfrak{S}$ zusammengenommen eine Gruppe bildeten, welche er als „Monodromiegruppe A" bezeichnete. Eine invariante Untergruppe (ein Normalteiler) dieser Gruppe war offenbar die von Hurwitz als „Monodromiegruppe B" bezeichnete Gruppe, bei welcher jeder Verzweigungspunkt selbst in einer „vollständig geschlossenen Bahn" an seinen ursprünglichen Platz zurückkehrte.

Diese Bezeichnungen werden verständlich, wenn seine „Erläuterung" des Raumes aller Riemannschen Flächen mit n Blättern und w Verzweigungspunkten berücksichtigt wird. Diesen stellte er sich nämlich seinerseits als eine Art Riemannsche Hyperfläche, bzw., wie Hurwitz formulierte, als einen „Riemannschen Raum" der reellen Dimension $2w$ vor. In der Tat hatte er ja bereits gezeigt, daß zu jeder Lage a_1, a_2, ..., a_w der Verzweigungspunkte endlich viele, etwa N verschiedene n-blättrige Riemannsche Flächen existierten. Deren Gesamtheit bildete also einen N-fach über dem Raum der möglichen Lagen der Verzweigungspunkte, d.h. über

$$X_w := \mathbb{C}^w - \{(a_1, ..., a_w) \in \mathbb{C}^w \mid \prod_{i,k=1}^{w} (a_i - a_k) = 0\},$$

ausgebreiteten Raum.[72] Die eingeführte Gruppe B war in der Tat nichts anderes als die „Monodromiegruppe" dieses über X_w liegenden Raumes aller Riemannschen Flächen. Wurden in X_w alle

---

[71] Hurwitz' Aufsatz behandelte darüber hinaus noch zwei weitere Fragen: Welche auf die beschriebene Weise gegebenen Riemannschen Flächen waren *symmetrisch* in Bezug auf die reelle Achse? Und: Durch welche konkreten algebraischen Funktionen ließen sich Riemannsche Flächen mit gegebener Blätterzahl, Verzweigungspunkten und Blattpermutationen realisieren? Diese Fragen und Hurwitz partielle Antworten zeigen noch einmal, wie eng seine Untersuchung mit aktuellen Themen der damaligen Theorie algebraischer Funktionen verknüpft war. Für unsere Geschichte ist es jedoch nicht notwendig, diese Aspekte genauer zu verfolgen.

[72] Hurwitz benützte reelle Koordinaten, also den $\mathbb{R}^{2w}$; außerdem schrieb er die das singuläre Gebilde definierende Gleichung (wohl irrtümlich) mit einem Summenzeichen; schließlich verzichtete er auf die symbolische Benennung von dessen Komplement (ebd., II., § 2).

Punktkonfigurationen miteinander identifiziert, die durch eine Permutation ineinander überführt werden konnten, so ergab sich die Gruppe A ganz entsprechend als die Monodromiegruppe des diesen neuen Raum überlagernden Raumes aller Riemannschen Flächen.[73]

Diese „Iteration" der Idee der Riemannschen Fläche zeigt deutlich, wie sich die Imaginationstätigkeit der Mathematiker gegen Ende des vorigen Jahrhunderts zu wandeln begann. In Hurwitz' Überlegung ging es nicht nur um einen Schritt von drei in vier Dimensionenen, wie ihn Klein für die Knoten getan hatte.[74] Vielmehr wurde plötzlich ein (fast beliebig) hochdimensionales Objekt (der $2w$-dimensionale „Riemannsche Raum" der Riemannschen Flächen) einer niederdimensionalen Situation zugeordnet, und darüber wiederum algebraische Objekte (die „Monodromiegruppen A und B") eingeführt, die Werkzeuge zur Charakterisierung der eigentlich betrachteten Situation lieferten. Hatte Kleins Bemerkung erst einen kleinen Riß in jener epistemischen Konfiguration geöffnet, in welcher Knoten von Listing bis Tait betrachtet wurden, so ging Hurwitz bereits große Schritte in dem epistemischen Raum *jenseits* des Risses.[75] In den folgenden Kapiteln wird noch ausführlich von ähnlichen Zeugnissen einer Freisetzung der produktiven Einbildungskraft zu sprechen sein. Die *moderne* Knotentheorie entstand genau in dem Moment, in dem Knoten nicht mehr ausschließlich als anschauliche Objekte im gewöhnlichen Raum angesehen wurden, sondern stattdessen zu Elementen wesentlich komplexerer epistemischer Objekte wurden, deren Bearbeitung ganz neue und entsprechend komplexe Techniken erforderten.

In Hurwitz' Arbeit bildeten die *Zopfbewegungen* (die „geschlossenen Bahnen") ein solches Element, das von Hurwitz jedoch nicht um seiner selbst willen genauer ins Auge gefaßt wurde. Stattdessen untersuchte er den Aufbau der Gruppen A und B genauer; dies führte aber immer wieder auf die Untersuchung der Bewegungen der Verzweigungspunkte zurück. Sein konkretes Ziel war es, ganz entsprechend zu dem seit Puiseux wohlbekannten Verfahren, auch die Deformationen der Riemannschen Flächen auf die Komposition gewisser elementarer Deformationen zurückzuführen. Und ebenso wie Puiseux und die ihm folgenden Autoren elementare Wege betrachtet hatten, so studierte jetzt Hurwitz das, was wir „elementare Zopfbewegungen" nennen können. Er führte dies einmal für die „vollständig geschlossenen Bahnen" durch, die zur Gruppe B gehörten, und einmal für die Bahnen der Gruppe A. Ich beschränke mich darauf, letztere Überlegung hier vorzuführen (ebd., II., § 6).

---

[73] ♠ Es ist verlockend, diese Überlegungen geradewegs in moderne Sprache zu übersetzen: Hurwitz beschrieb den unsymmetrischen und den symmetrisierten Konfigurationsraum von w Punkten in der komplexen Ebene; diese Räume werden überlagert durch den Raum der w-fach verzweigten Überlagerungen über $\mathbb{C}$; die beschriebenen Monodromiegruppen sind Bilder der Fundamentalgruppen der Konfigurationsräume, also der Zopfgruppen, usw. Es ist bezeichnend und entspricht genau der damaligen Sicht auf Riemannsche Flächen, daß Hurwitz nur die *Monodromiegruppen* dieser Überlagerungen und nicht die *Fundamentalgruppen* der Konfigurationsräume betrachtete. Angesichts der Variationsmöglichkeiten der überlagernden Räume trennt nur ein winziger Schritt die beiden Perspektiven, wie im folgenden noch deutlicher wird. Trotzdem widerstehe ich der Versuchung dieser anachronistischen Beschreibung. ♠

[74] Vgl. § 55.

[75] Freilich, wie gesagt, nicht explizit im Bereich der Knoten, sondern in dem durch Riemann schon früher von der gewöhnlichen Anschauung emanzipierten Gebiet der Riemannschen Flächen bzw. Mannigfaltigkeiten. Trotzdem scheint es mir aufschlußreich, Hurwitz' Beschreibung der Zopfbewegungen etwa mit Gauß', Taits oder Weiths Umgang mit zopfartigen Gebilden zu vergleichen.

Ausgangssituation war also eine feste Lage der Verzweigungspunkte $a_1, ..., a_w$. Hurwitz verband diese Punkte durch einen geschlossenen Kurvenzug L ohne Doppelpunkte, wodurch die komplexe Zahlenebenen E in ein äußeres Gebiet G und ein inneres Gebiet G' zerlegt wurde (Fig. 6.6). Alle Schnittlinien der zu deformierenden Riemannschen Fläche sollten ferner doppelpunktfrei in G verlaufen, während der Basispunkt C der Elementarwege in G' gewählt wurde.

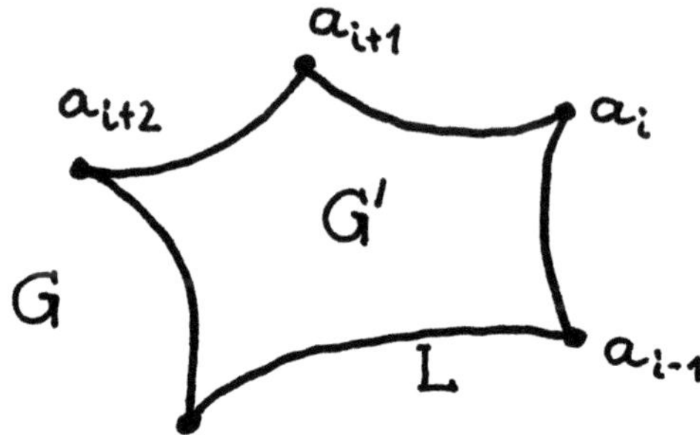

Fig. 6.6: Ausgangskonfiguration für die Deformation einer Riemannschen Fläche

In dieser Situation konnten zunächst folgende Zopfbewegungen $W_1, ..., W_{w-1}$ betrachtet werden: Jedes W_i vertauschte die Punkte a_i und a_{i+1} so, daß sich der Punkt „a_i durch das Innere von G' nach a_{i+1} und gleichzeitig a_{i+1} ausserhalb des Gebietes G' nach a_i" bewegte, während alle weiteren Verzweigungspunkte fest blieben. Hurwitz' anschließende Überlegungen machen klar, daß er sich solche Bewegungen stets als stetige Deformationen *der ganzen Ebene* (heute würde man sagen: als Isotopien von E) vorstellte. Außerdem betrachtete er zwei Bewegungen, die obiger Beschreibung genügten, als nicht wesentlich verschieden, auch wenn sie im Detail voneinander abweichen mochten; entsprechendes galt von allen Zopfbewegungen. Dann war klar: *Alle* Bahnen des Punktesystems $a_1, ..., a_w$ konnten im wesentlichen durch Komposition der Bahnen $W_1, ..., W_{w-1}$ und ihrer Inversen (d.h. derselben Bahnen, umgekehrt durchlaufen) erhalten werden.

Diese Betrachtung genügte, um die zugehörigen Deformationen Riemannscher Flächen zu charakterisieren. Da eine solche Fläche (bei festgehaltenem Schnittgebilde) durch ihr Substitutionensystem $F = (S_1, S_2, ..., S_w)$ bestimmt war, genügte eine Bestimmung der zur deformierten Fläche gehörenden Blattpermutationen, um die Wirkung einer Zopfbewegung zu kennzeichnen. In der nächsten Figur ist die Wirkung einer Bahn W_i auf die Linie L und das Schnittsystem $l_1, ..., l_w$ gezeichnet (Ausgangslage gestrichelt). Durch Betrachtung kleiner Umläufe um die Punkte a_i *nach* der Zopfbewegung konnte Hurwitz erkennen, welche Blattpermutationen die deformierte Fläche besaß.[76] „Man liest aus der Figur nun sofort ab," schrieb Hurwitz, „dass die Vertauschung $\mathfrak{S}_i$ der Riemann'schen Flächen, welche der Bahn W_i entspricht, sich dahin bestimmt, dass an Stelle der Fläche

$$(S_1, S_2, ..., S_i, S_{i+1}, ..., S_w)$$

---

[76] Hurwitz nahm dabei ohne ausdrückliche Erwähnung an, das der Basispunkt C der elementaren Umläufe in dem von der Deformation nicht betroffenen Teil des Innern G' der Figur lag. Hurwitz zeichnete ferner nur die Linie L (ebd., § 6, Fig. 6).

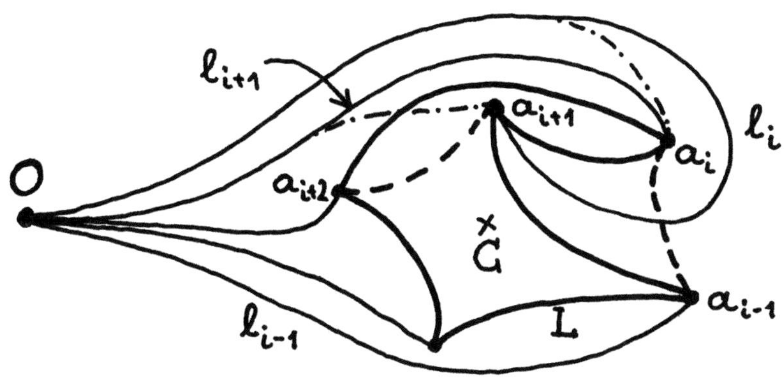

Fig. 6.7: Wirkung von W_i auf das Schnittgebilde einer Riemannschen Fläche

die Fläche

$$(S_1,\, S_2,\, ...,\, S_i S_{i+1} S_i^{-1},\, S_i,\, ...,\, S_w)$$

tritt." Mit anderen Worten: Die Monodromiegruppe A bestand „aus allen Combinationen der $w - 1$ Substitutionen $\mathfrak{S}_1, \mathfrak{S}_2, ...\mathfrak{S}_{w-1}$."[77]

Zweierlei ist an dieser Überlegung bemerkenswert. Zum einen ließ Hurwitz völlig offen, was die Blattpermutationen S_i wirklich waren. Nicht einmal die Blätterzahl der betrachteten Riemannschen Fläche war ja festgelegt, und lediglich die Wirkung der Zopfbewegungen auf die kleinen Umläufe um die a_i spielte argumentativ eine Rolle. Daher konnte seine Beschreibung der Gruppe A wenig später als Definition einer Gruppe von Selbstabbildungen der Menge aller geschlossenen Wege in der w-fach punktierten Ebene mit Anfangs- und Endpunkt C (genauer: aller Äquivalenzklassen solcher Wege bis auf stetige Deformation) gedeutet werden.[78] Außerdem gab seine Überlegung auch ein Erzeugendensystem der (bis auf „unwesentliche Unterschiede" betrachteten) Zopfbewegungen von w gegebenen Punkten. Sobald diese *ihrerseits* als eine Gruppe gedeutet wurden, erschien Hurwitz' Überlegung als die Beschreibung einer *Darstellung* dieser Gruppe durch Permutationen Riemannscher Flächen bzw. durch Selbstabbildungen der Wegeklassen der w-fach punktierten Ebene.[79]

---

[77] (Ebd.) ♠ Ganz entsprechend gaben Hurwitz' Überlegungen für die Monodromiegruppe B das Erzeugendensystem

$$\mathfrak{S}_{i,k} := \mathfrak{S}_i \mathfrak{S}_{i+1} ... \mathfrak{S}_{k-2} \mathfrak{S}_{k-1} \mathfrak{S}_{k-1} \mathfrak{S}_{k-2} ... \mathfrak{S}_{i+1} \mathfrak{S}_i$$

für $i = 1, ..., w - 2$ und $k > i$. Dieses gehörte zu (Äquivalenzklassen von) vollständig geschlossenen Bahnen $B_{i,k}$, von welchen jede einen „Punkt a_i zunächst durch das Innere von G' an das Stück $a_k a_{k+1}$ von L und sodann ausserhalb von G' in die Ausgangslage zurückführt". ♠

[78] ♠ In der Sprache der kombinatorischen Gruppentheorie folglich als eine Gruppe von Automorphismen der von w abstrakten Symbolen S_i erzeugten freien Gruppe. Entsprechendes gilt natürlich auch für die Gruppe B. ♠

[79] ♠ Die von Hurwitz erhaltene gruppentheoretische Struktur tauchte mit einer anderen Interpretation noch einmal in etwas anderem Kontext in der Funktionentheorie des späten 19. Jahrhunderts auf, nämlich in Bezug auf Selbstabbildungen Riemannscher Flächen mit gegebenen Verzweigungspunkten (Fricke und Klein 1897, 299 ff.). In diesem Werk war die Idee der Zopfbewegungen weniger deutlich sichtbar als bei

Bei der Untersuchung von Hurwitz über die Riemannschen Flächen liegt also der merkwürdige Fall vor, daß komplexe epistemische Werkzeuge entwickelt wurden, mit welchen sich die anschaulichen Objekte der *Zopfbewegungen* (und damit, wie zu Beginn dieses Abschnitts erläutert, auch zopfartig verschlungene Raumkurven) studieren ließen, ohne daß diese Möglichkeit jedoch bewußt ergriffen worden wäre. Ein fiktiver, entsprechend vorgebildeter Leser Taits *und* Hurwitz' hätte ohne weiteres aus den Ideen der beiden Autoren eine Theorie der Zöpfe entwickeln können. Daß dies nicht geschah, zeigt zum einen, daß die Leser Taits und Hurwitz' in der Regel verschiedenen Gruppen angehörten, und zum andern, daß die epistemischen Konfigurationen, in welchen beide arbeiteten, weit auseinanderlagen. Es sollte noch über dreißig Jahre dauern, bis diese Fäden verknüpft wurden, obwohl der dazu erforderliche Perspektivenwechsel sich bereits wenige Jahre später ankündigte.

6.4 Zusammenfassung des ersten Teils

§ 63. Kontexte der Mathematisierung

In den vorangehenden Kapiteln wurde beschrieben, wie verschlungene Raumkurven, Zöpfe und Knoten zu Gegenständen mathematischen und wissenschaftlichen Interesses wurden. Spätestens seit der griechischen Antike trat zu den praktischen, ästhetischen und magisch-symbolischen Kontexten, in welchen echte, gezeichnete und imaginierte Knoten und Gewebe seit Beginn der menschlichen Zivilisation verwendet wurden (§ 16), eine schriftliche Tradition der Akkumulation von Wissen über Knotenformen (§ 18). Diese Tradition verband sich in der Zeit der Aufklärung mit dem Wunsch, einen Kalkül zu entwickeln, der die Lage- und Anordnungseigenschaften solcher Figuren auf direkte Weise beschreiben konnte (§ 19). Zwei Motive für diesen Wunsch wurden genannt: das allgemeine Interesse an der Mathematisierung menschlicher Wissens- und Handlungsbereiche, und die (freilich singulär gebliebene) Hoffnung Vandermondes, durch einen solchen Kalkül zur Rationalisierung und Standardisierung der Textilhandwerke beizutragen (§ 20).

Allerdings waren nicht diese Kontexte der unmittelbare Hintergrund für die ersten ernsthaften Schritte zur mathematischen Behandlung verschlungener Raumkurven. Erst als Gauß in seinen astronomischen Arbeiten über die Bahnen der „kleinen Planeten" – eines der aufsehenerregendsten wissenschaftlichen Themen der Zeit – auf ein Problem stieß, in welchem die topologischen Verhältnisse ineinander verschlungener Bahnen eine Rolle spielten, entstand das erste stabile epistemische Objekt der Theorie der Knoten und Verkettungen – eine Differentialform, deren Integral eine Verschlingungszahl zweier Raumkurven maß (§ 25). Auch die weiteren, verwandten mathematischen Gegenstände, die Gauß ins Auge faßte – die „Tractfiguren" (§ 28), ein Zopf (§ 26) – standen in seinem Handeln stets in einer engen Verbindung mit den großen wissenschaftlichen Themen seiner Zeit: Geodäsie und Geometrie gekrümmter Flächen, Telegraphie und elektromagnetische Induktion. Selbst der Wunsch von Gauß' *protégé* Listing, die Topologie (und

---

Hurwitz, aber kurz nach der expliziten Einführung der Zopfgruppe durch Emil Artin (§ 95) zeigte Wilhelm Magnus, daß einige der Ideen von Fricke und Klein in eine Verbindung zwischen der Abbildungsklassengruppe der *n*-fach punktierten Ebene (oder Sphäre) und die Zopfgruppe übersetzt werden konnten (Magnus 1934). ♠

mit ihr die Untersuchung der Knoten und Verkettungen) zu einer eigenständigen Wissenschaft zu befördern, beruhte noch auf der Vorstellung von Diensten, welche eine solche Wissenschaft der Lage für die Künste, Handwerke und exakten Wissenschaften leisten könnte (§ 30).

Die ersten Anfänge der mathematischen Behandlung der Knoten stellen mithin keine motivlose mathematische Kopfgeburt dar. Es handelt sich vielmehr um eines der vielen Ergebnisse jener großen Welle der Mathematisierung, durch welche die Kultur der europäischen Aufklärung und der beginnenden Industrialisierung gekennzeichnet ist. Ganz entsprechendes gilt von der durch William Thomsons Atomtheorie angestoßenen Tradition der Knotentabulation. Auch diese darf nicht als isolierte Entwicklung oder gar als mathematische Spielerei betrachtet werden – auch wenn sich die aufwendige Arbeit an den Knotentafeln aus der individuellen Perspektive Kirkmans oder Littles schließlich so darstellen mochte. Statt dessen war das Unternehmen Taits und seiner Mitarbeiter tief in dem Bestreben einiger der führenden britischen Natural Philosophers der Zeit verankert, eine dynamische Theorie der Materie zu entwickeln (Kap. 4 und 5). Diese Theorie, in welcher Knoten und Verkettungen zu einem wichtigen und zugleich völlig neuartigen mathematisch-physikalischen Forschungsgegenstand wurden, entstand ihrerseits aus dem Bedürfnis, den durch die Erfolge der Chemie und der vielleicht bedeutendsten experimentellen Technologie der Zeit, der Spektroskopie, gestützten Atomismus physikalisch zu rechtfertigen (§ 34).

Erst in den vereinzelten Versuchen des späten 19. Jahrhunderts, die so erfolgreiche Theorie der algebraischen Funktionen bzw. der algebraischen Kurven mit Knoten (und Zopfbewegungen) in Verbindung zu bringen (Kap. 6), stellte die reine Mathematik selbst den maßgeblichen Kontext des mathematischen Handelns dar. Die Klärung der relativen Natur des Knotenproblems durch Klein sowie die Beiträge von Meyer, Brill, Brunn und Hurwitz – so folgenlos einige von ihnen zunächst auch blieben – markieren damit einen beginnenden Wandel in der Struktur der Kontexte für das mathematische Studium von Knoten. Im Rahmen der hier erzählten Geschichte sind sie die ersten deutlichen Zeichen des Anbruchs der mathematischen Moderne.

§ 64.   *Die epistemischen Konfigurationen des 19. Jahrhunderts*

Ein ähnliches Bild entsteht, wenn der Charakter der epistemischen Objekte und Techniken genauer in den Blick gefaßt wird, die in den verschiedenen Mathematisierungsschritten eine Rolle spielten. Von Vandermonde über Gauß und Listing bis hin zu Maxwell und Tait zeigt sich zunächst eine ganz auffällige Kontinuität jenes Zugangs zum Studium topologischer Fragen, den ich in § 33 den direkten Ansatz der *Geometria situs* genannt habe.

Die epistemischen Objekte nahezu aller Autoren von Vandermonde bis Tait waren Vorstellungen physischer Gebilde: symmetrische Webmuster, Asteroidenbahnen, Stromkreise, verknotete Wirbel und Fäden. Faßbar gemacht wurden sie meist mit Hilfe ebener Zeichnungen, die dadurch ebenfalls zum (bisweilen sogar primären) Gegenstand der Untersuchung wurden. Das zentrale Element der für den mathematischen Umgang mit diesen Zeichnungen wichtigsten epistemischen Technik kann bis in die Zeit kurz vor der ersten Mathematisierung zurückverfolgt werden: die symbolische Benennung einzelner Bögen bzw. Kreuzungen eines Knotendiagramms bzw. einer ebenen „Tractfigur", um noch einmal diesen Gaußschen Ausdruck zu verwenden. Eulers Lösung des Brückenproblems (§ 19) wurde zu einem bis zu Taits Tabulationsprojekt gültigen Paradigma eines auf solche symbolische Codierungen gestützten Vorgehens. Die weitgehend unabhängig voneinander entworfenen, sich aber technisch sehr ähnelnden Methoden von Gauß (in der Behandlung des Traktproblems, § 28), Listing (§ 31), Maxwell (§ 38) und Tait (Kap. 5) belegen dies. Stets wurde versucht, kombinatorische Eigenschaften der ein Diagramm beschreibenden Zeichenschemata festzustellen, um so Werkzeuge für die Klassifikation der Knoten (bzw. der Knotenprojektionen) zu gewinnen. Die Zeichenkombinatorik, die sich dabei ergab, blieb freilich stets auf die Zeichnungen und damit indirekt auf die physisch vorgestellten Objekte bezogen.

Erst durch Tait wurden solche Techniken zum festen Bestandteil einer *effektiven* epistemischen Konfiguration. Der technische Grund für Taits Erfolg ist dabei einfach zu benennen: Erst er machte sich die Mühe, die Kombinatorik der Knotendiagramme soweit zu studieren, daß er dem Problem *angepaßte* kombinatorische Werkzeuge fand, wie die Twists (§ 43, § 46) oder die von der Chemie suggerierten graphischen Formeln (§ 47), die es gestatteten, über die einfachsten Eigenschaften von Knotendiagrammen hinauszugehen. Warum machte Tait sich diese Mühe im Gegensatz zu Gauß oder Listing, und warum fand er schließlich sogar Mitarbeiter an seinem Projekt? Die Antwort liegt auf der Hand: Weil in seinem Handlungsumfeld das Problem der Knotenklassifikation einen höheren Status erworben hatte als jemals zuvor.

Soweit es um Knoten und Verkettungen ging, blieb dagegen der zweite, analytische Zugang zur Topologie lange marginal. Die analytisch-topologischen Andeutungen in Gauß' astronomischer Arbeit über den Zodiacus fanden, so scheint es, keine direkte Resonanz. Seine analytischen Einsichten über verschlungene Kurven erreichten die Öffentlichkeit deshalb erst spät, und auch dann nur in einem kleinen Fragment. Danach allerdings wurde Gauß' Idee von den britischen Physikern rezipiert, und auch Thomsons halb anschaulich-physikalische, halb analytische Verknüpfung der Zusammenhangsordnung von Verkettungskomplementen mit den darin möglichen, quell- und wirbelfreien Strömungen brachte die analytische Perspektive zum Tragen (§ 39). Auch hier blieben die epistemischen Objekte jedoch durchweg Imaginationen physikalischer Situationen, „solids with holes", Behältnisse für Strömungen oder magnetische Felder. Dabei stießen Maxwell und Thomson, die in dieser Richtung am weitesten gingen, schnell an die Grenzen der ihnen zur Verfügung stehenden Werkzeuge. Die „quality" (im Gegensatz zum „degree") des Zusammenhangs eines Knotenkomplements ließ sich mit den vorhandenen analytischen Techniken nicht mehr bearbeiten. Sobald es also an die topologische Klassifikation solcher Räume (bzw. der davon eigentlich noch gar nicht unterschiedenen Knoten) ging, blieb der direkte, symbolisch-kombinatorische Ansatz vorläufig der einzig gangbare Weg mathematischen Handelns.

Alle bis dahin entstandenen epistemischen Konfigurationen waren die Labors nicht von reinen Mathematikern, sondern von exakten Wissenschaftlern, deren Forschungsgegenstände und -werkzeuge in einem komplexen disziplinären Rahmen konstruiert wurden. Kleins Beobachtung der Nichtexistenz von „Knoten" im $\mathbb{R}^4$ (§ 55) bildete vor diesem Hintergrund eine Kuriosität, ebenso wie Riemanns oder Cliffords Spekulationen über einen gekrümmten Raum. Zöllners Reaktion auf Kleins Bemerkung zeigt den seinerseits kuriosen Versuch, diesen Schritt in eine neuartige epistemische Konfiguration mit der hergebrachten Semantik „wirklicher" Objekte – nun in einem „vierdimensionalen Raum" gelegen – zu verbinden und so diese Semantik zugleich gegen jenen Schritt zu verteidigen (§ 56). Erst in den Ansätzen, knoten- oder zopfartige Gebilde im Rahmen der algebraischen Geometrie bzw. Funktionentheorie zu studieren, rückten Objekte in den Blick, die der reinen Mathematik entstammten und in ihr ihren primären Sinn erhielten. In *diesem* epistemischen Rahmen stellte Kleins Relativierung des Knotenproblems keinen Riß mehr dar – im Gegenteil zeigt Hurwitz' virtuose Beschreibung der Zopfbewegungen als Wege in einem hochdimensionalen Konfigurationsraum (§ 62), daß Mathematiker, die sich topologischen Objekten aus der Perspektive der Theorie algebraischer Funktionen näherten, bereit waren, die Spielräume des mathematischen Handelns zu nutzen, die jenseits einer Geometrie bzw. Topologie des wirklichen Raums eröffnet worden waren.

§ 65. Die Rationalität der Mathematisierung

Warum erschien es Vandermonde, Gauß, Listing, Maxwell, Tait, Klein, Brunn und anderen *vernünftig*, sich mit Knoten und verschlungenen Kurven zu beschäftigen? Und welche Vorstellungen sinnvollen wissenschaftlichen bzw. mathematischen Handelns leiteten diese Akteure in ihren je spezifischen Schritten der Mathematisierung dieser geometrischen Phänomene? Auch mit Blick auf diese Frage nach den *Rationalitätsmustern* der mathematischen Behandlung von Knoten findet sich jene Kontinuität, die ich mit Blick auf deren Kontexte und epistemische Konfigurationen festgestellt habe, sowie, am Ende, die Andeutung einer folgenreichen Verschiebung.

Hier bedarf es jedoch zunächst einer Hervorhebung der Sonderstellung des ersten Impulses zur Mathematisierung, desjenigen Vandermondes. Wenn die einleitenden Bemerkungen seines Textes von 1771 ernstgenommen werden – und ich habe zu zeigen versucht, daß dies getan werden sollte –, so zeigen sie ein Rationalitätsmuster, das der unmittelbar *praktischen* Nützlichkeit der Mathematik, ihres Beitrags zu einer Standardisierung und Mechanisierung der manufakturiellen Techniken der Güterproduktion und sogar der „Konformität" des mathematischen Kalküls „mit dem Gang des Geistes eines Arbeiters" maßgeblich verpflichtet war.

Das Rationalitätsmuster, das Gauß' Behandlung verschlungener Kurven leitete und von Gauß an Listing weitergegeben wurde, wies mit solchen Werten durchaus noch Berührungen auf, wie die Situierung der Gaußschen Bemühungen in den ebenfalls praktisch hochbewerteten Handlungsfeldern der Landvermessung oder des Telegraphenbaus zeigt. Trotzdem hatten sich die leitenden Wertvorstellungen verschoben – hin zu einer Konstellation, in deren Zentrum die Beförderung der „erhabenen Größenlehre" im Dienst und zugleich als Krönung einer Hierarchie exakter Wissenschaften stand. Mit dieser hierarchischen Bewertung wissenschaftlicher und mathematischer Fragen – in deren Skala die kaum erforschten Fragen der *Geometria situs* sehr hoch standen – war für Gauß offensichtlich auch ein hierarchisches Wertmuster wissenschaftlicher Kommunikation verknüpft. Nur wenige ausgewählte Personen erhielten die Gunst seiner Mitteilungen über topologische Dinge, und selbst diese, wie Listing, mußten sich mit dem zufriedengeben, was der *princeps* ihnen weiterzugeben bereit war. Das fragmentarische Wissen, das Gauß über Knoten bzw. verschlungene Kurven sammelte, gehörte daher zu seinen privatesten und gleichzeitig zu den ihm „nahestehendsten" mathematischen Ideen. Die Enttäuschung, daß es ihm nicht gelungen war, dieses Wissen weiter auszubauen, ist in manchen seiner Äußerungen deutlich zu spüren und hallt noch in Bettis späterer Mitteilung an Tardy nach (§ 1).

Im Übergang von jener Hierarchie wissenschaftlicher Wertvorstellungen, die Gauß' hegemonialen Bereich kennzeichnete, zu der, die das Handeln von Helmholtz, Thomson, Maxwell und Tait leitete, wechselte die Mathematik ihren Platz von der intellektuellen Krone der Wissenschaften zum hervorragendsten Instrument exakter Naturerkenntnis.[80] Knoten zu studieren war

---

[80] Ganz ähnlich beschreibt (Scholz 1980, 94 -99) auch Riemanns leitende Vorstellung vom Wert mathematischen Handelns.

für diese Natural Philosophers vernünftig, weil eine Spekulation über die Konstitution der Materie das mathematische Studium der Knoten erforderte; jene Werte, die es rational erscheinen ließen, dynamische Theorien zu konstruieren, leiteten indirekt auch das als Teil eines umfassenden Programms mathematischer Naturerkenntnis verstandene und bewertete Projekt der Knotentabulation. Daß dabei nicht nur die technischen Fragen der physikalischen Theorie, sondern darüber hinaus auch weitergehende metaphysische und religiöse Überzeugungen der Wirbelatomtheorie und mithin der Knotenklassifikation Wert verliehen, ist hoffentlich deutlich geworden (§ 37, § 42, § 56).

Alle diese Rationalitätsmuster, und darin liegt ihre Kontinuität und zugleich ihre besondere kausale Funktion, hatten in Bezug auf die mathematische Behandlung verschlungener Raumkurven einen *integrativen* Charakter: der *Sinn* der einzelnen Mathematisierungsschritte erschloß sich für die maßgeblichen Akteure erst in einem umfassenderen Horizont von Normen vernünftigen wissenschaftlichen Handelns, der weit über die Disziplin Mathematik hinaus und in den Bereich der Naturerkenntnis hineinreichte. Die Struktur der Kontextbeziehungen, der Charakter der epistemischen Konfigurationen und die leitenden Rationalitätsmuster der Mathematisierung der Knoten bildeten damit eine kohärente Konstellation. Jede der in den vorigen Kapiteln beschriebenen Episoden war maßgeblich durch das jeweils leitende Interesse an Knoten bestimmt – das Interesse, einen Kalkül für die Textilhandwerke zu liefern; das Interesse, die Lagebeziehungen verschlungener Planetenbahnen oder der von Stromkreisen induzierten magnetischen Kräfte zu verstehen; das Interesse, dynamisch stabile Konfigurationen in einem universellen Medium zu finden. Jedes dieser Interessen hatte einen wohlbestimmten Platz in der jeweiligen Hierarchie der die wissenschaftliche Praxis bestimmenden Werte und verknüpfte das Studium der Knoten mit gewissen anderen Bereichen wissenschaftlichen Handelns. Allen diesen Bereichen war gemeinsam, daß Knoten und Verschlingungen nur mit Bezug auf die anschauliche Geometrie des „wirklichen“ Raums sinnvoll zu epistemischen Objekten gemacht werden konnten.

Damit zeigt sich, daß die Mathematisierung verschlungener Raumkurven vor 1900 stets in ganz spezifischen, aber breiten wissenschaftlichen Zusammenhängen und nicht in einer davon unabhängigen, kontinuierlichen Tradition des Studiums von kontextunabhängig ins Auge gefaßten „mathematischen Knoten“ geschah. In manchen Fällen wußten die betreffenden Wissenschaftler noch nicht einmal davon, daß sich andere früher und in anderen Zusammenhängen mit der Mathematik der Knoten beschäftigt hatten. Das heißt nicht, daß es kein Geflecht kausaler Beziehungen zwischen den einzelnen Episoden gegeben hätte – ganz im Gegenteil habe ich zu zeigen versucht, daß solche Beziehungen durchaus in allen Fällen bestanden. Aber sie fanden sich eben nicht auf einer fiktiven Ebene der „Knoten selbst“, ja nicht einmal innerhalb der disziplinären Grenzen der Mathematik, sondern in viel breiteren Verflechtungen wissenschaftlicher Handlungszusammenhänge, in welchen die Ideen der allmählich entstehenden Topologie weitergegeben und aus unterschiedlichen Gründen ausgearbeitet wurden.

Ferner ist deutlich, daß die Mathematisierung der Knoten im 19. Jahrhundert viel stärker von solchen Impulsen geprägt war, die Erhard Scholz *heteronom* genannt hat, als von *autonomen*.[81] Dem widerspricht nicht, daß jedesmal, wenn das Bewußtsein der allmählichen Genese der neuen Disziplin der Topologie aufflackerte (bei Gauß und Listing, bei Tait, bei Klein), auch den Knoten ein – oft sogar paradigmatischer – Ort in der Hierarchie topologischer Probleme zugeordnet

---

[81] Vgl. § 10.

wurde. Zum einen blieb die Konzeption der Topologie meist als Ganzes der Vorstellung ihrer Dienstleistung für die exakten „Realwissenschaften" verpflichtet. Und zum andern zeigt eben die Tatsache, daß solche relativ autonomen Motivierungen des Knotenproblems – etwa jene in Listings *Vorstudien* – keine längeren Episoden produktiven mathematischen Handelns nach sich zogen, daß die vordisziplinäre Topologie *allein* in der wissenschaftlichen Kultur des 19. Jahrhunderts dem Studium der Knoten noch keine ausreichende Legitimität verschaffen konnte. Das wird noch durch die Biographien jener bestätigt, welche Knoten wahrscheinlich um ihrer selbst willen studierten: Personen wie Little, Simony oder Brunn standen deutlich am Rand des wissenschaftlichen Betriebs.

Das Gewicht des im wissenschaftlichen Horizont des 19. Jahrhunderts akkumulierten Wissens über Knoten sollte nicht unterschätzt werden, weil es aus moderner mathematischer Perspektive „intuitiv" und fehlerbehaftet erscheint oder weil weder die grundlegenden Begriffe der heutigen Knotentheorie noch „strenge" und effektive Methoden zur Unterscheidung von Knoten gefunden wurden. Gegen Ende des Jahrhunderts war allen Mathematikern, welche die Bemühungen Taits und seiner Nachfolger wahrgenommen hatten, zweifellos klar, daß hier ein Feld *schwieriger* mathematischer Probleme lag, *gerade weil* es keine einfachen Methoden zur Klassifikation der Knoten zu geben schien. Die Anregungen, einzelne Aspekte von Knoten aus rein mathematischer Perspektive näher zu betrachten, die Felix Klein offenbar in seinem Umfeld ausstreute (Abschn. 6.1, 6.2), legen hiervon Zeugnis ab. Zu einer in den Spielräumen autonomen mathematischen Handelns angesiedelten Knotentheorie kam es freilich trotz Meyers, Brills, Dycks oder Brunns Aufgreifen dieser Anregungen vor der Jahrhundertwende noch nicht.

★

Damit schließt der erste Teil dieser Studie. In den folgenden Kapiteln wird beschrieben, wie sich ab der Wende zum 20. Jahrhundert die motivierenden Kontexte, die epistemischen Konfigurationen und die leitenden Rationalitätsmuster der mathematischen Behandlung von Knoten grundlegend veränderten und schließlich das entstand, was in einem historisch spezifischen Sinn die *moderne* mathematische Theorie der Knoten genannt werden kann.

Zweiter Teil:
Knotentheorie in der mathematischen
Moderne

7 DER ANBRUCH DER MATHEMATISCHEN MODERNE UND DIE DISZIPLINÄRE SCHWELLE DER TOPOLOGIE

> Je ne crois donc pas avoir fait une œuvre inutile en écrivant le présent Mémoire; je regrette seulement qu'il soit trop long; mais, quand j'ai voulu me restreindre, je suis tombé dans l'obscurité; j'ai préferé passer pour un peu bavard.
>
> *Henri Poincaré, 1895*

Vandermonde verdiente sich seinen Lebensunterhalt zeitweise als Direktor des Pariser *Musée des arts et des métiers*, Gauß als Direktor der Göttinger Sternwarte. Thomson, Maxwell und Tait arbeiteten als Experimentalphysiker in Labors und als mathematische Physiker an ihrem Schreibtisch. Die Mathematik, die im folgenden betrachtet wird, stammt in aller Regel aus den Händen von Universitätsprofessoren der Mathematik, die in einem wohlorganisierten System wissenschaftlicher Arbeitsteilung ihr Geld verdienten. Von Vandermonde bis Tait stand fest, daß die Mathematik der Verkettungen und Knoten es mit Gebilden des Raumes der alltäglichen Erfahrung zu tun hatte; von der Jahrhundertwende an wurden Knoten mehr und mehr Objekte in mathematischen Räumen, deren Beziehung zum „wirklichen" Raum der Erfahrung nur indirekt hergestellt werden konnte, selbst wenn es sich um den „gewöhnlichen" $\mathbb{R}^3$ handelte. „Knoten" in höherdimensionalen Mannigfaltigkeiten tauchten als neue epistemische Objekte auf, und Techniken zu ihrer Behandlung wurden entwickelt, die für die Wissenschaftler des 19. Jahrhunderts kaum verständlich gewesen wären. Demgegenüber finden heutige Leserinnen und Leser in den knotentheoretischen Texten des frühen 20. Jahrhunderts zum ersten Mal eine mehr oder weniger vertraute Sprache, nachvollziehbare Begriffsbildungen und überzeugende Beweise.

Diese Phänomene sind Spuren des Eintritts in die mathematische Moderne.[1] In den letzten Jahrzehnten des neunzehnten und den ersten Jahrzehnten des zwanzigsten Jahrhunderts vollzog sich zunächst eher unbemerkt und schließlich mit großer Vehemenz ein Umbruch der mathematischen Kultur, der in allen Bereichen und auf allen Ebenen mathematischen Handelns tiefgreifende Veränderungen mit sich brachte. In sozialer Hinsicht bildete sich zusammen mit einer zunehmenden Differenzierung des Gefüges der Wissenschaften eine neue Balance zwischen den autonomen und heteronomen Elementen des mathematischen Handelns heraus. Auf der kognitiven Ebene wurden die Gegenstände mathematischen Wissens von Grund auf neubestimmt sowie die Definitions- und Argumentationsmethoden einer kritischen Reflexion

---

[1] Obwohl bereits zeitgenössische Beobachter die genannten Umbrüche als eine Epochenschwelle beschrieben, hat erst (Mehrtens 1990) das Stichwort und Problem der „mathematischen Moderne" mit Nachdruck in die historische Diskussion gebracht.

unterzogen, deren prägnantestes Ergebnis die Ausbildung der mengentheoretischen Denkweise und des modernen axiomatischen Stils war. Neue Formen intellektueller Hegemonie prägten die mathematische Forschung und Kommunikation, nicht ohne tiefe Konflikte um die Gestalt der neuen Formation mathematischer Kultur hervorzurufen. Wir werden sehen, daß alle diese Aspekte auch die Entstehung der modernen Knotentheorie kennzeichneten. Daher folgen in diesem Kapitel zunächst einige allgemeine Bemerkungen zur mathematischen Moderne (7.1). Diese Bemerkungen knüpfen einerseits an Thesen von Herbert Mehrtens an, andererseits skizzieren sie meine eigene Nuancierung des Themas und geben damit einen Hintergrund für die historische Erzählung der folgenden Kapitel. Im zweiten Abschnitt dieses Kapitels (7.2) gehe ich auf Poincarés Arbeiten zur *Analysis situs* ein, die den entscheidenden Anstoß zur Etablierung der Topologie als einer voll entwickelten Teildisziplin der modernen Mathematik gaben – Modernität durchaus verstanden im Sinne der Diskussion des vorigen Abschnitts. Schließlich wird beschrieben, wie Max Dehn und Poul Heegard in einem Artikel für die *Enzyklopädie der mathematischen Wissenschaften* das topologische Wissen des 19. Jahrhunderts im Rahmen eines in spezifischem Sinn modernen Paradigmas neu zu ordnen suchten und dabei insbesondere auch dem Knotenproblem seinen modernen Ort zuwiesen (7.3).

7.1　Das Problem der mathematischen Moderne

§ 66.　*Differenzierung, Autonomie, Heteronomie*

Soziologen in der Nachfolge Max Webers haben die Formierung der modernen Kultur als einen Prozeß der fortschreitendenden Differenzierung verschiedener „kultureller Wertsphären" beschrieben, deren wichtigste die Wissenschaft, die Ethik und die Religion sowie die Künste sind. Diese „Wertsphären" sind gekennzeichnet durch jeweils eigene Formen handlungsleitender Rationalität, und sie sind mit verschiedenen Bereichen und Institutionen gesellschaftlichen Handelns verknüpft, in welchen die betreffende Rationalitätsform bestimmend ist. Wirtschaftliches Handeln, industrielle Produktion und Technologie orientieren sich an wissenschaftlichen und zweckrationalen Diskursen, Recht und Erziehung an moralischen, und alle Formen von Kunstbetrieb und ästhetischem Gewerbe an den schwer faßbaren Gestalten ästhetischer Rationalität.[2] Der Differenzierungsprozeß der modernen Kultur und Gesellschaft neigt dazu, die Autonomie dieser Handlungsbereiche ständig zu vergrößern, auch wenn er keineswegs geradlinig verläuft und von der Entstehung neuer heteronomer Bindungen nicht frei ist – vor allem jener Bindung, die aus der ökonomischen Regulierung aller menschlichen Handlungsbereiche entsteht, welche unsere Gesellschaft kennzeichnet.

Ein ähnlicher und mit dem beschriebenen eng verknüpfter Differenzierungsprozeß spielt sich im Bereich modernen wissenschaftlichen Handelns, ja innerhalb der einzelnen Wissenschaften wie der Mathematik selber ab.[3] Für die hier erzählte Geschichte ist zunächst die Trennung der

---

[2] Für Weber war die Geschichte der Moderne im wesentlichen eine Geschichte der Entwicklung dieser Rationalitätsformen; vgl. z.B. die *Zwischenbetrachtung* in (Weber 1920-1921, Bd. 1). Eine einflußreiche Rekonstruktion dieser Position findet sich in (Habermas 1981, Bd. 1, Kap. 2).

[3] In systemtheoretischer Perspektive und mit Blick auf die Physik in Deutschland beschreibt diesen Prozeß (Stichweh 1984).

Mathematik von den exakten Naturwissenschaften der wichtigste Aspekt dieses Differenzierungsprozesses. Diese langwierige Entwicklung, die sich über das ganze 19. Jahrhundert hinzog, betraf den professionellen Status von Mathematikern ebenso wie die Art ihrer Biographien, den institutionellen Rahmen, in dem sie sich bewegten und die Strukturen ihrer wissenschaftlichen Kommunikation. Vorwiegend oder ausschließlich der Mathematik gewidmete Professuren, Seminare und Institute wurden eingerichtet, eine Vielzahl speziell mathematischer Zeitschriften gegründet, professionelle Organisationen der Mathematiker bildeten sich neben den älteren wissenschaftlichen Gesellschaften und Vereinigungen, und nicht zuletzt entstand (zunächst an höheren Schulen, dann auch außerhalb der Bildungsinstitutionen) ein neues nichtuniversitäres Berufsbild des Mathematikers.[4]

Gleichzeitig vollzog sich auch ein tiefgreifender Wandel in den Themen und Methoden der mathematischen Forschung. Statt Problemen, die durch Fragestellungen verschiedener exakter Wissenschaften motiviert waren, traten durch die mathematische Forschung selbst aufgeworfene Probleme in den Brennpunkt der wissenschaftlichen Interessen der „reinen" Mathematiker. Eine Beobachtung Thomas Kuhns trifft den Kern dieser Entwicklung:

> „Bis etwa zur Mitte des [19.] Jahrhunderts gehörten Gegenstände wie die Himmels-
> mechanik, die Hydrodynamik, die Elastizitätslehre und die Lehre von den Schwin-
> gungen der Kontinua und Diskontinua in den Mittelpunkt der mathematischen For-
> schung. 75 Jahre später waren sie zur ‚angewandten Mathematik‘ geworden, die
> andere Ziele verfolgte und gewöhnlich ein geringeres Ansehen genoß als die ‚reine
> Mathematik‘ mit ihren abstrakteren Problemen, die jetzt im Mittelpunkt des ganzen
> Faches standen." (Kuhn 1976/1978, S. 114.)

Die am höchsten bewerteten Themen der Mathematik des ausgehenden 19. Jahrhunderts – zu welchen jedenfalls Zahlentheorie, Theorie algebraischer Funktionen und algebraische Geometrie gerechnet werden müssen – waren weit entfernt von jenen exakten Wissenschaften, die in der Zeit von Gauß als Leitdisziplinen gelten konnten; und die von der reinen Mathematik studierten Gegenstände mochten für die Naturwissenschaften keine erkennbare direkte Bedeutung mehr haben.

Es ist durchaus sinnvoll, auch diese Trennung als die Ausbildung einer selbständigen „kulturellen Wertsphäre" der Mathematik zu beschreiben, wenn dies in einem genügend spezifischen Sinn geschieht. Die in ihrem eigenen professionellen Gefüge autonom gewordene mathematische Praxis orientierte sich ebenfalls an neuen Formen handlungsleitender Rationalität. Diese wurden in langwierigen Auseinandersetzungen um die Legitimität und die Regeln mathematischer Begriffsbildung, um mathematische Strenge, um die kulturelle Aufgabe und die Bedeutung der Mathematik ausgehandelt, wie jede Form handlungsleitender Rationalität jedoch selten explizit kodifiziert.[5] Zu ihren wichtigsten Elementen gehören der moderne axiomatische Stil, auf

---

[4] Da eine monographische Zusammenfassung dieser sozialhistorischen Entwicklungen bislang nicht greifbar ist, müssen die einschlägigen Informationen derzeit noch aus einer Vielzahl von Einzelstudien zusammengetragen werden, von denen hier stellvertretend (Schubring 1983a,b), (Pyenson 1983), (Hensel u.a. 1989), (Gispert 1991), (Rowe 1989a, 1997) und (Parshall und Rowe 1994) genannt seien. Eine wichtige Quelle (und selbst ein historisches Dokument) ist ferner (Lorey 1916); einen knappen Überblick für den deutschsprachigen Raum gibt auch (Mehrtens 1990, Kap. 5).

[5] Hilberts Äußerungen in seinem Vortrag über „Mathematische Probleme" von 1900 oder die Einleitung

den ich noch zu sprechen komme; außerdem ein Glaube an eine innere, systematische Hierarchie mathematischer Strukturen und Probleme, welcher die mathematische Forschung folgen sollte; und schließlich die Überzeugung, daß die autonom betriebene mathematische Forschung gleichwohl Beiträge zu anderen Wissenschaften liefern würde – der Glaube an die „unreasonable effectiveness of mathematics", wie der Physiker Eugene Wigner es angesichts der Erfolge gruppentheoretischer Methoden in der Quantenmechanik formulierte, oder, mit Hilberts Leibnizianischer Wendung, der Glaube an eine „prästabilierte Harmonie" von Mathematik und Naturwissenschaften.[6]

Die letzte Bemerkung deutet bereits an, daß auch im Bereich der Wissenschaften der größeren Autonomie einzelner Disziplinen neue Mechanismen der Heteronomie, der Abstimmung ihrer wissenschaftlichen und sozialen Zwecke gegenüberstanden. Die wachsende Bedeutung der angewandten Mathematik, die Notwendigkeit, den Arbeitsmarkt der Mathematiker zu verteidigen und auszubauen, und nicht zuletzt die ständig wachsende staatliche und industrielle Unterstützung der mathematischen Forschung zeigen solche Mechanismen an. Von besonderer Bedeutung erwies sich in diesem Zusammenhang auch die theoretische Revolution der Physik, die durch Relativitätstheorie und Quantenmechanik angestoßen wurde. Hier bot sich eine weitreichende Möglichkeit der Vernetzung von bestimmten Gebieten der modernen Mathematik wie Differentialgeometrie, Variationsrechnung und Operatorentheorie mit den Forschungen der Physiker.[7] Es sei angemerkt, daß insbesondere der 2. Weltkrieg die heteronomen Einflüsse auf die Mathematik der Moderne in ungeahntem Maß verstärkt hat; ein deutlicher Anstieg „angewandter" mathematischer Forschung und militärisch-staatlicher Forschungsfinanzierung war die Folge.[8]

Für die nächstfeinere Stufe des Differenzierungsprozesses der mathematischen Moderne muß der Blick auf die innere disziplinäre Organisation der Mathematik gerichtet werden. Eine ganze Reihe von Problembündeln, die zunächst Teil eines breiteren Gebietes normaler mathematischer Forschung waren, wurden aus diesem abgelöst und in eigenen epistemischen Konfigurationen von immer weiter spezialisierten Mathematikern studiert. Auch auf diesem Niveau kann die Dialektik zwischen autonomen und heteronomen Faktoren des mathematischen Handelns und die moderne Tendenz zur Vergrößerung seiner Autonomie verfolgt werden. War beispielsweise die Untersuchung reeller Punktmengen durch Cantor und andere zunächst noch durch die Bedürfnisse der reellen Analysis geprägt, so trat schon bald ein Ausbau der Mengenlehre in ihrem eigenen Recht und durch eine eigene Gruppe von Spezialisten in den Vordergrund.[9] Ähnliches gilt z.B. für die Ausbildung der Gruppentheorie: Während Gruppen in den 1870er und 1880-er Jahren noch ihre Bedeutung aus den jeweiligen Kontexten erhielten, in welchen sie studiert wurden – als geo-

---

zu Bourbakis *Elements des mathématiques* können als Versuche einer solchen Kodifizierung gelesen werden; vgl. dazu (Mehrtens 1990, Kap. 2.1 und 4.4), (Rowe 1998), (Corry 1996). Tatsächlich repräsentierten solche Texte jedoch viel eher partikuläre Festlegungen des Phänomens mathematischer Rationalität, das sich nur in der zeitlichen Ordnung eines Handlungsgeflechts angemessen fassen läßt.

[6] Vgl. dazu z.B. (Pyenson 1982).

[7] Wissenschaftshistoriker haben mit der Aufarbeitung der Beziehungen zwischen Mathematik und Relativitätstheorie begonnen, vgl. z.B. (Pyenson 1985), (Galison 1979), (Corry 1997) und die Beiträge in (Gray 1999). Die nähere Untersuchung der entsprechenden Beziehungen zur Entstehung der Quantenmechanik steht dagegen noch aus.

[8] Eine erste Bestandsaufnahme dieser Entwicklung macht für die USA (Dahan-Dalmedico 1996).

[9] Vgl. (Dauben 1979), (Moore 1982), (Purkert und Ilgauds 1987).

metrische oder funktionentheoretische Transformationsgruppen, als Permutationsgruppen von
Wurzeln einer Gleichung –, so begann die neu entstehende Fraktion der „Gruppentheoretiker"
nach der Jahrhundertwende, sich der Struktur von Gruppen zuzuwenden, *ohne* sich weiter um
diese Kontexte zu kümmern.[10] Auf eine *Problemdifferenzierung* folgte hier wie in der Mengenlehre eine schrittweise *Elimination der zunächst motivierenden Kontexte*, und damit letzten
Endes auch eine Neukonstruktion der epistemischen Objekte. Nicht mehr unbedingt die studierten Gegenstände und Probleme selbst, sondern indirekte (und zuweilen fragile) Mechanismen
heteronomer Integration sicherten die innere Arbeitsteilung der Mathematiker. Auch die Entstehung der modernen Knotentheorie folgte diesem allgemeinen Muster, wie wir sehen werden.

§ 67. *Ontologie, Axiomatik, Imagination*

Den fortschreitenden, äußeren und inneren Differenzierungsprozeß der Mathematik begleitete
ein weitverzweigter Diskurs, in dem sich eine umfassende Selbstreflexion des mathematischen
Handelns vollzog.[11] Er wurde notwendig, nachdem sich in der Folge der Trennung der Mathematik von den exakten Naturwissenschaften die aristotelische Vorstellung, Mathematik sei abstrakte
Größenlehre, als überholt erwies. Noch Euler und Gauß hatten sich von der Vorstellung leiten
lassen, daß die Gegenstände mathematischer Erkenntnis die Eigenschaften wirklicher, sinnlich
wahrnehmbarer Gebilde waren, insofern – und nur insofern – sie sich durch Größenbegriffe beschreiben ließen.[12] Wir haben gesehen, daß auch Eulers und Gauß' Konzeption der *Geometria
situs* auf einer ähnlichen Denkfigur beruhte, in welcher der Begriff der Größe durch jenen der
Lage ersetzt war. Für die Mathematik des späten 19. Jahrhunderts griff eine solche Vorstellung
mehr und mehr zu kurz. Die mathematische Konstruktionsarbeit schuf immer mehr neue, komplexe epistemische Gegenstände, die nur mit großer Mühe als Abstraktionen von Eigenschaften
sinnlich wahrnehmbarer Dinge gedeutet werden konnten – wenn überhaupt.

Einige Beispiele mögen verdeutlichen, daß es sich dabei um eine sehr breite Entwicklung handelt.[13] So durchschnitt etwa die Folge der Erweiterungen der *Zahlbereiche* von den komplexen
Zahlen über die Quaternionen zu den verschiedenen „hyperkomplexen" Zahlsystemen das traditionelle Band zwischen kontinuierlichem Zahlbereich und Größenbegriff, während andererseits
die von Gauß eingeführten ganzen komplexen Zahlen, Kummers „ideale Zahlen" und schließlich
die aufblühende algebraische Zahlentheorie ein reiches Feld möglicher diskreter Rechenbereiche
mit eigenen Gesetzen eröffnete, das die gewohnte Arithmetik des Zählens physischer Objekte in
mathematischer Perspektive nur als eine unter vielen Alternativen zurückließ.[14] Auch am Begriff
der *Funktion* ließe sich das Ende der Größenlehre klar nachzeichnen. Dieser wurde im Verlauf des 19. Jahrhunderts mehr und mehr von der Vorstellung der Abhängigkeit einer konkreten
Größe von einer anderen gelöst und als beliebige Zuordnung zwischen Mengen neu gefaßt.[15]

---

[10] Vgl. (Wussing 1969), für die kombinatorische Gruppentheorie auch (Chandler und Magnus 1982).

[11] Mehrtens nennt dies den „reflexiven Diskurs" der Mathematik, vgl. (Mehrtens 1990, Kap. 6).

[12] Klassische Charakterisierungen finden sich z.B. in dem von d'Alembert verfaßten Artikel „Mathématiques" der französischen *Encyclopédie* und am Beginn von Eulers *Algebra* von 1770.

[13] (Mehrtens 1990, Kap. 1) gibt eine wesentlich ausführlichere Interpretation der in diesem Absatz nur
kurz angedeuteten Entwicklungen.

[14] Vgl. hierzu (Gray 1992).

[15] Vgl. (Volkert 1986). – Am deutlichsten ist diese Ablösung im Zusammenhang der Darstellung von

Schließlich erlebte auch die *Geometrie* eine Entwicklung, die zur Trennung des mathematischen Raumbegriffs von dem des Erfahrungsraums führte und damit einen Abschied von der Vorstellung unausweichlich machte, Geometrie sei die Wissenschaft von den Figuren im „wirklichen" Raum. In diesen Zusammenhang gehört nicht nur die Entstehung der nichteuklidischen Geometrien, die nach ihrer Verbreitung ab den 1870er Jahren traditionelle philosophische Festlegungen des Raumbegriffs aufzulösen begannen[16], sondern auch die Vielfalt gleichzeitiger Entwicklungen innerhalb der analytischen und projektiven Geometrie, von der Linien- und Kreisgeometrie über die Geometrie auf Flächen und in gekrümmten Räumen bis hin zur Geometrie algebraischer Varietäten.[17] Riemanns zunächst nur grob umrissener Begriff der Mannigfaltigkeit (bzw. der Varietät in den romanischen Sprachen) gab hier den Ansatzpunkt für eine einheitliche und radikale Neukonstruktion der epistemischen Gegenstände der emanzipierten, modernen Geometrie.[18]

Diese und ähnliche Entwicklungen verweisen stets auf denselben, für das ausgehende 19. Jahrhundert charakteristischen Aspekt mathematischer Erfahrung: Ein zuvor für unproblematisch gehaltener Bezug der mathematischen Begriffe auf die Gegenstände der „wirklichen Welt" ließ sich für die immer umfangreichere Welt der neu geschaffenen mathematischen Begriffe nicht mehr unmittelbar dartun. Jeremy Gray hat den dadurch angestoßenen Wandel treffend als eine Revolution der Ontologie der mathematischen Dinge bezeichnet (Gray 1992). Wenn die epistemische Basis der komplexen Gegenstandskonstruktionen der Mathematik der anbrechenden Moderne aber nicht mehr die Eigenschaften wirklicher Dinge waren, was dann? Was konnten Begriffe wie „Zahl", „geometrische Figur", „Funktion", was konnten mathematische Definitionen und Sätze nach dem ontologischen Bruch überhaupt noch bedeuten? Sowohl die Semantik der mathematischen Sprache als auch die bisherige Epistemologie des mathematischen Wissens war grundsätzlich in Frage gestellt. Es ist daher kein Zufall, daß seit den letzten Jahrzehnten des 19. Jahrhunderts die Intensität von Diskussionen über die Grundlagen der Mathematik außerordentlich stark zunahm. Diese Diskussionen begannen allerdings schnell, ein Eigenleben zu führen, ohne daß auf der philosophischen Ebene ein neuer Konsens sichtbar wurde. In vieler Hinsicht dauern die Kontroversen bis heute an. Die in der Einleitung kurz gestreiften Varianten einer Antwort auf die Frage, was mathematische Gegenstände eigentlich sind (§ 7), entwickelten sich fast alle aus schon damals vertretenen Positionen. Unabhängig von diesen *philosophischen* Auseinandersetzungen mußte jedoch *für das konkrete mathematische Handeln* ein Einverständnis darüber hergestellt werden, auf welcher Art von epistemischen Grundlagen eine moderne mathematische

---

Funktionen durch trigonometrische Reihen sichtbar. Während diese im 18. Jahrhundert im Zusammenhang des Problems der schwingenden Saite eingeführt und dann von Fourier im Rahmen des Problems der Wärmeleitung zur Darstellung „beliebiger" periodischer Funktionen eingesetzt wurden, traten im 19. Jahrhundert Fragen der Konvergenz und Eindeutigkeit solcher Darstellungen in den Vordergrund, die ohne Rücksicht auf physikalische Abhängigkeiten diskutiert wurden. Beispiele von „Monsterfunktionen" wurden konzipiert, welche die Ausbildung einer komplexen Hierarchie von Begriffen zur Beschreibung reeller Funktionen notwendig machten, und es ist eine oft erzählte Episode der Mathematikgeschichte, wie Cantor im Zusammenhang solcher Fragen auf die Theorie unendlicher Punktmengen geführt wurde.

[16] Vgl. z.B. (Jammer 1960), (Torretti 1978), (Richards 1988) und (Gray 1989).

[17] Vgl. hierzu z.B. (Scholz 1980) und (Rowe 1989b), ferner oben § 54..

[18] Angesichts der Bedeutung des Mannigfaltigkeitsbegriffs für die Differenzierung von empirischer und mathematischer Geometrie spricht Mehrtens treffend von einer „Riemannschen Trennung" (Mehrtens 1990, 67 ff.). Dabei darf freilich nicht vergessen werden, daß sich diese „Trennung" zunächst sehr langsam entwickelte und erst nach der Jahrhundertwende voll zum Tragen kam.

Theorie aufgebaut werden sollte. Das erfolgreichste Modell, auch *ohne* eine ontologische, semantische oder erkenntnistheoretische Klärung Mathematik zu treiben, entwickelte sich mit der axiomatischen Methode.

Mit Recht wird David Hilberts Festschrift über die *Grundlagen der Geometrie* von 1899 als paradigmatischer Text für den modernen axiomatischen Stil der Mathematik angesehen. Viele Zeitgenossen Hilberts teilten diese Wahrnehmung. Dennoch stellt Hilberts Text nur den Kulminationspunkt einer längeren Enwicklung dar, und sein unmittelbares Motiv bestand nicht darin, ein neues methodisches Paradigma zu schaffen, sondern in der Klärung einiger recht spezifischer Fragen in Bezug auf die innere Architektur der elementaren Geometrie.[19] Die axiomatische Methode selbst war in weniger ausgefeilter Form bereits in einer Reihe früherer Arbeiten allmählich umrissen worden, unter denen Dedekinds Schriften über die reellen und natürlichen Zahlen (Dedekind 1872, 1888), Moritz Paschs *Vorlesungen über neuere Geometrie* von 1882 sowie die verschiedenen Beiträge der Turiner Kollegen Giuseppe Peano und Mario Pieri vielleicht die wichtigsten sind. Auch wenn Hilberts *Grundlagen der Geometrie* daher möglicherweise kontrafinal zum methodischen Paradigma der mathematischen Moderne geworden sind, erlauben doch die oft zitierten ersten Sätze dieses Texts eine Charakterisierung des neuen epistemischen Stils.[20]

> „Wir denken drei verschiedene Systeme von Dingen: die Dinge des ersten Systems nennen wir *Punkte* und bezeichnen sie mit A, B, C, ...; die Dinge des zweiten Systems nennen wir *Geraden* und bezeichnen sie mit a, b, c, ...; die Dinge des dritten Systems nennen wir *Ebenen* und bezeichnen sie mit α, β, γ, ...; [...] Wir denken die Punkte, Geraden, Ebenen in gewissen gegenseitigen Beziehungen und bezeichnen diese Beziehungen durch Worte wie ‚liegen‘, ‚zwischen‘, ‚parallel‘, ‚congruent‘, ‚stetig‘; die genaue und vollständige Beschreibung dieser Beziehungen erfolgt durch die *Axiome der Geometrie*.“ (Hilbert 1899, § 1).

Es folgte eine Reihe von wohlbekannten Axiomen, in welchen ohne weitere Erklärung ihrer Natur von den soeben eingeführten „Dingen“ und „Beziehungen“ die Rede war.

Eine solche Definition war in doppelter Hinsicht *ontologisch neutral*: Sie sagte weder, *welche* der in der Welt existierenden Gegenstände Punkte, Geraden oder Ebenen waren (konnte z.B. ausgeschlossen werden, daß meine Taschenuhr einem System von Dingen mit den geforderten Eigenschaften angehört und also ein Punkt ist?[21]), noch *ob* es solche Systeme von Dingen überhaupt gab. Der erste Punkt war von Hilbert beabsichtigt. In einem Brief an den konservativen Logiker Frege, der heftige Bedenken gegen Hilberts axiomatische Definitionstechnik äußerte, erläuterte Hilbert diesen Aspekt mit einer berühmten Wendung: „Wenn ich unter meinen Punkten irgendwelche Systeme von Dingen, z.B. das System: Liebe, Gesetz, Schornsteinfeger ..., denke

---

[19] Es ging Hilbert um die Klärung der logischen Beziehungen zwischen den grundlegenden Sätzen der Geometrie, nachdem ein Resultat von F. Schur gezeigt hatte, daß der Satz von Pascal den Aufbau einer Streckenrechnung ohne Benützung von Stetigkeitseigenschaften ermöglichte. Vgl. dazu die detaillierte Studie von (Toepell 1986).

[20] Das Wesentliche hierüber ist schon von verschiedener Seite gesagt worden – vgl. z.B. (Freudenthal 1956) und (Mehrtens 1990, 114 ff.) –, so daß ich mich auf wenige Bemerkungen beschränken kann. Ausführlicher habe ich das Thema mit Bezug auf die Grundlagen der Analysis in (Epple 1996c) behandelt.

[21] Dieses Beispiel stammt von Frege: Frege an Hilbert, 6. 1. 1900, in (Frege 1980, 17).

und dann meine sämtlichen Axiome als Beziehungen zwischen diesen Dingen annehme, so gelten meine Sätze, z.B. der Pythagoras, auch von diesen Dingen."[22] Was den zweiten Punkt betrifft, waren Hilberts Ausführungen wesentlich unklarer. Ein Argument für die Existenz der definierten *Begriffe* sah Hilbert im Nachweis der Widerspruchslosigkeit der aufgestellten Axiome, den er zunächst anhand „einer geeigneten Modification bekannter Schlußmethoden" liefern zu können hoffte.[23] Andererseits ließ er offen, ob damit auch eine Aussage über die Existenz eines Systems von unter diese Begriffe fallenden *Dingen* mit den geforderten Eigenschaften verbunden war. Wäre dies nicht der Fall, so wäre die axiomatisch aufgebaute Mathematik mithin eine komplexe Theorie, die sich auf keinen einzigen realen Gegenstand bezieht: ein logisch kohärentes Netz von Fiktionen. Es verdient angemerkt zu werden, daß unabhängig von Hilberts persönlichen, entgegengesetzten Überzeugungen diese philosophische Möglichkeit bis heute nicht ausgeschlossen werden kann.[24] Die nach Hilberts ersten Schritten erfolgte Vereinheitlichung des axiomatischen Aufbaus der Mathematik auf mengentheoretischer Grundlage hat das Problem ihrer ontologischen Verankerung lediglich verschoben – durch die Erklärung, daß die „Systeme von Dingen" in Definitionen wie der Hilbertschen „Mengen" der axiomatischen Mengenlehre sein sollen –, aber nicht gelöst – denn was sind „Mengen"? Auch die heute gebräuchlichen Axiomatisierungen weisen an der entscheidenden Stelle dieselbe ontologische Neutralität auf wie Hilberts ursprüngliche Definition, und es bleibt Philosophen überlassen, hier ihre divergierenden Interpretationen anzuschließen.[25]

Erst durch die Ausbildung des axiomatischen Stils wurde die ontologische Revolution der mathematischen Moderne vollendet. Genaugenommen ging es dabei nicht um die Ausbildung einer neuen, anderen Ontologie mathematischer Gegenstände, sondern um eine die mathematische Theoriekonstruktion befreiende Neutralisierung ontologischer (und anderer philosophischer) Fragen. *Gerade wegen* dieser Neutralisierung war Hilberts Definitionstechnik geeignet, einen Konsens für die Konstruktion epistemischer Gegenstände in der Forschungspraxis der Mathematiker zu schaffen. Es war nicht mehr nötig, sich um die Referenz der mathematischen Begriffe zu kümmern, sobald ungefähr erkennbar war, daß und wie sich mit einem bestimmten System mathematischer Begriffe sinnvoll arbeiten ließ. Das für anspruchsvollere Theorien ohnehin nicht nachprüfbare Kriterium der Widerspruchsfreiheit, das anfangs von Hilbert und der wachsenden Zunft der Grundlagenforscher so große Aufmerksamkeit erhielt, war dabei für die mathematische Praxis weniger ausschlaggebend als der konkrete Erfolg beim Aufbau einer Theorie.

---

[22] Hilbert an Frege, 29. 12. 1899, in (Frege 1980, 13).

[23] So in Bezug auf die Widerspruchslosigkeit der Axiome der reellen Zahlen, auf welche Hilbert die Konsistenz der Axiome der Geometrie zurückgeführt hatte, in (Hilbert 1900, 184).

[24] Wie ein Netz von mathematischen Fiktionen gleichwohl wissenschaftlich nützlich sein könnte, versucht – übrigens auch mit ausdrücklichem Bezug auf Hilberts *Grundlagen der Geometrie* – Hartry Field in seiner interessanten Studie *Science Without Numbers* darzulegen (Field 1980).

[25] Ein mathematischer Ausweg aus dieser philosophischen Schwierigkeit wäre, den Begriff des Dings soweit abzuschwächen, daß auch rein formale Konstrukte ohne weiteres als "reale Dinge" gelten können. Dann helfen Sätze der mathematischen Modelltheorie – etwa der Satz von Löwenheim und Skolem – weiter: Sie garantieren unter recht allgemeinen Voraussetzungen die Existenz von "Modellen" einer axiomatischen Theorie, d.h. von "Systemen von Dingen", in welchen alle Beziehungen eines Axiomensystems erfüllt sind. Freilich sind die so gefaßten "Dinge" doch recht verschieden von jenen, auf die sich mathematische Begriffe dem traditionellen Verständnis nach bezogen. Der ontologische Bruch bleibt auch aus dieser Perspektive irreversibel.

Der neue mathematische Stil schloß ferner eine beträchtliche Aufwertung dessen ein, was wir die *produktive Imagination* im mathematischen Handeln nennen können. Auch dieser Aspekt ist in allen zu Beginn dieses Paragraphen genannten Beispielen deutlich erkennbar. Der mathematischen Vorstellungstätigkeit, die hyperkomplexe Zahlsysteme, monströse Funktionen oder hochdimensionale Mannigfaltigkeiten bildete, waren nicht mehr wie bis ins 19. Jahrhundert hinein Grenzen durch die sinnliche Anschauung, das Wissen über die physische Welt oder einen restriktiven Größenbegriff gesetzt.[26] Das axiomatische Definitionsverfahren gab schließlich die technische Rechtfertigung für die seit Riemanns Zeit immer deutlicher gewordene Erfahrung, daß mathematische Forschungsgegenstände frei imaginiert werden konnten, sofern epistemische Techniken zur Behandlung dieser Imaginationen vorlagen oder entworfen werden konnten, und solange in den kommunikativen Netzen der Wissenschaft überzeugend genug dargetan wurde, daß die so konstruierten Theorien eine gewisse Legitimität beanspruchen durften.[27]

Ich möchte die für die moderne mathematische Forschungspraxis charakteristische Verbindung von ontologischer Neutralisierung einerseits und Entfesselung der mathematischen Imagination andererseits die *epistemische Autonomie* des modernen mathematischen Handelns nennen. Obwohl diese Form der Autonomie sich nicht auf die Verwendung der axiomatischen Methode reduzieren läßt, kommt sie doch in ihr deutlich zum Ausdruck. Eine axiomatische Grundlegung *sicherte* die epistemische Autonomie eines Fragments moderner Mathematik, auch dann, wenn sie erst *nach* den entscheidenden Schritten in der Produktion dieses Wissens erfolgte. Die dadurch schrittweise erworbene Unabhängigkeit korrespondiert der vergrößerten sozialen Autonomie der Mathematik im professionellen Gefüge der Wissenschaften, aber sie fällt nicht unmittelbar mit ihr zusammen. Mathematiker in professionell autonomer Stellung mochten (besonders in der Übergangszeit) an der Idee der Größenlehre festhalten. Umgekehrt konnte eine moderne, *epistemisch* autonome mathematische Theorie durchaus auf der *sozialen* Ebene heteronom motiviert sein.[28]

Wir werden sehen, daß der hier skizzierte Umbruch der epistemischen Grundlagen auch in der Entstehung der modernen Knotentheorie genau verfolgt werden kann. Ja, erst in solchen Entwicklungen läßt sich präzise fassen, was er für die mathematische Forschungspraxis bedeutete.

§ 68. *Konflikte um die Gestalt der mathematischen Moderne: Mehrtens' Thesen*

In einem so tiefgreifenden Prozeß, der alle Ebenen des mathematischen Handelns und seiner Selbstreflexion umfaßte, konnten handfeste Konflikte und Auseinandersetzungen um die Ziele und Formen der Entwicklung der Mathematik, um die geltenden Rationalitätsstandards, um hegemoniale Einflußbereiche und die Formen der institutionellen Organisation der Disziplin nicht ausbleiben. Herbert Mehrtens hat einen eindrucksvollen Versuch gemacht, diese Konflikte

---

[26] Beispiele für solche Grenzüberschreitungen im Rahmen der hier erzählten Geschichte wurden bereits im vorigen Kapitel genannt.

[27] Viele Akteure haben diese moderne Freiheit der mathematischen Imagination stark empfunden – was auch immer ihre fachpolitischen Interessen in der rhetorischen Ausbeutung dieser Erfahrung gewesen sein mögen (dazu (Mehrtens 1990, Kap. 2)), oder was immer aus philosophischer Sicht kritisch dazu gesagt werden kann.

[28] Die interessantesten Beispiele hierfür finden sich vielleicht in John von Neumanns Arbeiten zu den mathematischen Grundlagen der Quantenmechanik und des wirtschaftlichen Handelns.

als Auseinandersetzungen zwischen zwei Hauptströmungen zu beschreiben, die er die „Moderne" (nun nicht im Sinn einer *Epochen*bezeichnung, sondern in dem engeren und radikaleren Sinn der Benennung einer modernistischen *Bewegung* verstanden) und die „Gegenmoderne" nennt (Mehrtens 1990).

Die Leitfiguren der Moderne in diesem Sinn sind für Mehrtens der Mengentheoretiker Cantor, der Vorkämpfer des axiomatischen Stils Hilbert, und, als vielleicht radikalster Vertreter, der nietzscheanische Schriftsteller, Mengentheoretiker und Topologe Felix Hausdorff. Hilberts Versuch der Verteidigung der klassischen Mathematik mit den Mitteln der Formalisierung wird bei Mehrtens zum Paradigma einer Art des mathematischen Handelns, das in nur durch logische Konsistenzbedingungen eingeschränkter *Freiheit* Symbolsprachen konstruiert, welche sich „auf nichts außer sich selbst, das heißt nur auf die eigenen Regeln" beziehen (ebd., 123). Alle Versuche, demgegenüber eine *Bindung* des mathematischen Handelns an nichtmathematische Kontexte einzuklagen, ordnet Mehrtens dagegen in das heterogene, komplex strukturierte Gebiet der Gegenmoderne ein. Diese Bindung konnte in der Forderung bestehen, die ontologische Referenz der mathematischen Sprache klarzulegen (Frege), in der Betonung der Fundierung mathematischen Wissens im Anschauungsvermögen oder anderen natürlichen Fähigkeiten des menschlichen Geistes (je unterschiedlich bei Felix Klein, Henri Poincaré und dem Intuitionisten Luitzen Brouwer), oder schließlich in der Forderung einer Orientierung der Mathematik an humanistischer Bildung einerseits und technischer Anwendung andererseits (wie im fachpolitischem Engagement des älteren Klein). Dabei ist die „gegenmoderne" Linie von Mehrtens nicht als notwendigerweise rückständig oder „vormodern" konstruiert, sondern sozusagen als antagonistischer Zwilling der „modernen" Linie. Beide Linien *zusammen* bildeten laut Mehrtens ein bipolares Feld, in dem sich die Mathematiker der *Epoche* der mathematischen Moderne positionieren konnten; in den dadurch strukturierten Auseinandersetzungen formte sich das Selbstbild und die öffentliche Präsentation der Disziplin. Am erfolgreichsten war dabei für eine gewisse Zeit nach der Jahrhundertwende das Netzwerk um den „Generaldirektor" der Moderne, David Hilbert. Damit bildete sich um das neue mathematische Zentrum Göttingen und die Person Hilberts ein hegemonialer Bereich, dessen Einfluß auch für die hier erzählte Geschichte eine maßgebliche Rolle spielte.

Als entscheidenden Punkt für die Einordnung eines Mathematikers in das Feld der Auseinandersetzungen um die Gestalt der Disziplin führt Mehrtens die *Einstellung zur Sprache Mathematik* an. An die Stelle der „Beschreibung von etwas", so greift Mehrtens das Thema des ontologischen Bruches auf, trat in der Epoche der mathematischen Moderne ein Mathematikverständnis, welches den *Gegenstand* mathematischen Handelns in die symbolische Sprache der Arithmetik, Geometrie, Analysis usw. verlegt: Mathematik wird zur Arbeit an dieser Sprache, zur „Er-schreibung der Möglichkeiten regelgerechter Beschreibung" (ebd., 93). Die epistemischen Gegenstände der Mathematik, so könnte Mehrtens' These ausgedrückt werden, wurden „Bezeichnungssysteme", und ihre epistemischen Techniken waren die der Sprachkonstruktion. Mathematik wurde, wie Mehrtens zuspitzt, zur „technischen Konstruktion strikt geregelter Bezeichnungssysteme" – was auch immer deren möglicher oder tatsächlicher Sinn sei.[29] Während

---

[29] Die zuletzt zitierte Formulierung stammt aus (Mehrtens 1995). Mehrtens vertritt bisweilen sogar die wesentlich weitergehende (und mithin schwieriger zu verteidigende) These, daß diese Charakterisierung nicht nur die moderne Mathematik, sondern *alle* historischen Formen der Mathematik trifft, vgl. z.B. (Mehrtens 1990, 461 ff.). In der mathematischen Moderne wurde nach dieser Auffassung der sprachkonstruierende Charakter der Mathematik nicht neu geschaffen, sondern lediglich reflexiv erfaßt.

die Bewegung der „Modernen" diese Wendung akzeptierte und im Rahmen der neuerworbenen professionellen Autonomie ausnützte, waren die „Gegenmodernen", so Mehrtens, um eine Festlegung des *Sinns* der Sprache Mathematik bemüht, sei es auf der Ebene der technischen Sprache der Mathematik, sei es im Hinblick auf den kulturellen Sinn der „Sprache Mathematik", der sich gleichzeitig mit den sozialen Funktionen der Mathematik bildet.

★

Ich habe Mehrtens' Thesen hier beschrieben, um einen Ausgangspunkt für die Interpretation der Modernität der Knotentheorie des frühen 20. Jahrhunderts zu gewinnen. Dabei werde ich allerdings zu zeigen versuchen, daß die theoretische Konzentration auf die „Sprache Mathematik" genaugenommen in der Gefahr einer historiographischen Reduktion schwebt und zentrale Aspekte des modernen mathematischen Handelns ausblendet. Zweifellos *können* die Konflikte um die mathematische Moderne entlang der Dimension der Bedeutung der mathematischen Sprache analysiert werden. Aber die Charakterisierung des mathematischen Handelns dieser Epoche kann und sollte auch auf anderen Ebenen genauer verfolgt werden. Dazu gehören zunächst die auffallenden Veränderungen der *Kontextbeziehungen* mathematischen Handelns. Wir werden sehen, daß schon auf dieser Ebene im Fall der mathematischen Behandlung von Knoten um die Jahrhundertwende ein drastischer Wandel eintrat. Des weiteren wird sich Mehrtens' oben wiedergegebene Bestimmung der *epistemischen Gegenstände* der Mathematik als unzureichend erweisen. Das konkrete mathematische Handeln, das zur Entstehung der Knotentheorie führte, kann nur sehr oberflächlich als „Konstruktion von strikt geregelten Bezeichnungssystemen" gedeutet werden, und tatsächlich waren die epistemischen Objekte, deren Bearbeitung zu knotentheoretischen Ergebnissen führte, gehaltvoller, als diese Formel nahelegt. Trotzdem waren die betreffenden mathematischen Gegenstände, um dies vorwegzunehmen, in einer charakteristischen Weise *modern* – sie alle überstiegen die Imaginationskraft jener Wissenschaftler des 19. Jahrhunderts, die sich auf ihre Weise mit Knoten beschäftigten, in entscheidender und zugleich charakteristischer Weise. Schließlich veränderten sich, wie ich bereits bemerkt habe, auch die *Rationalitätsmuster* des mathematischen Handelns. Warum, und in welcher Form konnte es nach 1900 als vernünftig erscheinen, Knoten zum Gegenstand mathematischer Forschung zu machen? Und wie fügte sich ein solches Studium in die Wertvorstellungen eines „modernen Mathematikers"? Auch durch die Beantwortung solcher Fragen kann das Phänomen der mathematischen Moderne besser verstanden werden.

Eine Untersuchung der drei gerade genannten Ebenen erfordert, nicht nur das historisch in den Blick zu nehmen, was Mehrtens den „reflexiven Diskurs" der Mathematik nennt (die programmatischen Reden, die Einleitungsabschnitte mathematischer Texte, usw.). Erst wenn das *konkrete Forschungshandeln*, die Produktion (und Anwendung) mathematischen Wissens selbst analysiert wird, können die Veränderungen der Kontextbeziehungen, der epistemischen Konfigurationen und der Rationalitätsmuster am Beginn der mathematischen Moderne beurteilt werden. Die vorliegende Studie versucht das in ihrem begrenzten Rahmen zu tun.

Noch ein weiterer Aspekt, der mit dem von Mehrtens beobachteten bipolaren Muster zusammenhängt, muß hervorgehoben werden. Den von ihm beschriebenen Debatten um mathematische Sprache und Anschauung liegt zum Teil auch jene Spannung zugrunde, der wir im Zusammenhang der Unterscheidung eines direkten und eines indirekten Zugangs zur Topologie bereits mehrmals begegnet sind und wieder begegnen werden: Die Spannung zwischen anschaulicher geometrischer Vorstellung und symbolischem Kalkül. Ganz unabhängig davon, ob und wie diese Spannung in fachpolitischen Auseinandersetzungen um die Disziplin Mathematik mobilisiert wurde, eröffnete sie stets auch einen Spielraum für konkretes mathematisches Handeln: Sie bot Mathematikerinnen und Mathematikern an, sich in ihrer Forschung eher von der einen oder der anderen Seite leiten zu lassen, oder aber für ein Arrangement zu sorgen, das beide aufeinander bezog. Diese Dialektik begleitet nicht nur die Topologie, sondern die gesamte Mathematik seit der Verschmelzung von symbolischer Algebra und Geometrie in der frühen Neuzeit.[30] In der mathematischen Moderne, *nach* dem ontologischen Bruch – hierin folge ich Mehrtens – gewann die Spannung zwischen anschauungsorientierter Mathematik und symbolischem Kalkül eine andere, tiefere Bedeutung: Beide Seiten konnten zu alternativen Strategien für eine Ersetzung des zerbrochenen Konsenses, Mathematik sei abstrakte Größenlehre, ausgebaut werden. Im mathematischen Forschungshandeln dagegen, so werden wir sehen, blieb die Spannung bestehen und ließ sich höchstens lokal und kurzfristig einseitig auflösen. Das zeigt sich bereits an jenen höchst produktiven Beiträgen Poincarés, in welchen die erste epistemische Konfiguration der modernen Topologie aufgebaut wurde.

7.2 Poincaré und die Geburt der Topologie als Disziplin

Die allmähliche Formierung der Disziplin Topologie muß sowohl im Licht des innermathematischen Differenzierungsprozesses als auch der Trennung der Mathematik von den Naturwissenschaften betrachtet werden. Im zweiten und dritten Kapitel habe ich angedeutet, wie diese Disziplin im 18. Jahrhundert im Zuge einer allgemeinen Tendenz zur Mathematisierung konzipiert wurde und – zwar begrifflich selbständig, aber eng auf Probleme der exakten Wissenschaften bezogen – ein Stück weit entwickelt wurde. Für die mathematische Behandlung der Knoten bestand dieser enge Bezug praktisch durch das gesamte 19. Jahrhundert, während er sich für das zweite paradigmatische Problem der frühen Topologie, die Klassifikation der Flächen, in der zweiten Hälfte des 19. Jahrhunderts zunehmend auflöste. So wurde im dritten Kapitel bereits angedeutet, daß Riemanns funktionentheoretisch motivierte Diskussion von Flächen die Gaußsche Hegemonie in Bezug auf die intellektuelle Gestalt der *Analysis situs* durchbrach. Der weitere Ausbau von Riemanns topologischen Ideen in den Kontexten der Funktionentheorie sowie der analytischen und algebraischen Geometrie machte immer deutlicher, daß Begriffen wie „Dimension", „Zusammenhang" und Relationen zwischen geometrischen Figuren wie „Berandung" und „stetige Deformierbarkeit" auch jenseits der Geometrie des gewöhnlichen dreidimensionalen Raums eine Bedeutung gegeben werden konnte, und daß sie so als Werkzeuge mathematischer Forschung nützlich eingesetzt werden konnten. Insbesondere in der Weiterentwicklung der Riemannschen Ideen im Kontext der algebraischen Funktionen, Kurven, Flächen und Differentialgleichungen durch Mathematiker wie Betti, Klein, Jordan, Picard und den jungen Poincaré kündigte sich schließlich an, daß die neue Disziplin sich zu einem der grundlegenden Gebiete der reinen Mathematik entwickeln würde und entsprechende Aufmerksamkeit verlangte.

---

[30] Sie wird auch von Philosophen seit der frühen Neuzeit diskutiert. Als paradigmatisch können die Positionen von Leibniz – Ziel der Mathematik ist ein universeller symbolischer Kalkül für alle Zwecke der Wissenschaft – und Kant – Gegenstand der Mathematik sind die Formen unserer Anschauung – gelten.

Die entscheidende Schwelle in diesem Prozeß markierten Poincarés Arbeiten zur *Analysis situs* aus den Jahren nach 1892. Zunächst Resultat der Reflexion und Systematisierung seiner eigenen früheren Begegnungen mit topologischen Fragen in anderen mathematischen Gebieten, entwickelte die Serie von Poincarés Arbeiten bald eine eigene Dynamik, die in vielen Hinsichten das Feld topologischer Begriffe, Probleme und Methoden entscheidend erweiterte und auf eigene Füße stellte. In jüngerer Zeit Jahren sind etliche historische Untersuchungen zu Poincarés Texten angestellt worden, sodaß ich mich hier auf diejenigen Aspekte konzentrieren kann, die sich für die Geschichte der Knotentheorie als wesentlich erwiesen.[31] Das war zum einen ein enormer Schritt in der Konstruktion der Gegenstände der Topologie – durch die Präzisierung des Begriffs der „variétés", Mannigfaltigkeiten – und zum anderen die Bereitstellung neuer Techniken, die bald auch auf das Knotenproblem Anwendung fanden. Es geht auf den folgenden Seiten nicht darum, Poincarés entsprechende Schritte mikrohistorisch zu verfolgen.[32] Stattdessen geht es um die Beschreibung der Möglichkeiten für die weitere Bearbeitung des Knotenproblems, die durch Poincarés Beiträge eröffnet wurden. Für Leserinnen und Leser, die – wie ursprünglich auch viele Zeitgenossen Poincarés – mit den betreffenden Begriffen und Techniken noch nicht vertraut sind, geben die folgenden Seiten deshalb auch eine mathematische Einführung in jene epistemischen Werkzeuge Poincarés, die später zum Aufbau der Knotentheorie benützt wurden.

§ 69.   *Der Status der Topologie und der Mannigfaltigkeitsbegriff*

„La Géometrie à n dimensions a un objet réel; personne n'en doute aujour-d'hui. Les êtres de l'hyperespace sont susceptibles de définitions précises comme ceux de l'espace ordinaire, et si nous ne pouvons nous les représenter, nous pouvons les concevoir et étudier", begann Poincaré 1895 seinen bahnbrechenden Aufsatz über die *Analysis situs*. Als ein Werkzeug für diese „Hypergeometrie" war die *Analysis situs* zunächst konzipiert. Poincaré machte die Zwecke, zu denen dieses Werkzeug eingesetzt werden sollte, durch einen aufschlußreichen Vergleich anschaulich. In der Geometrie des gewöhnlichen Raumes, so schrieb er, wurden oft *gezeichnete Figuren* zur Unterstützung einer Argumentation benützt:

> „Cherchons à nous rendre compte de la nature de ce concours; les figures suppléent d'abord à l'infirmité de notre esprit en appelant nos sens à son secours; mais ce n'est pas seulement cela. On a bien souvent répété que la Géométrie est l'art de bien raisonner sur des figures mal faites; encore ces figures, pour ne pas nous tromper, doivent-elles satisfaire à certaines conditions; les proportions peuvent être grossièrement altérées, mais les positions relatives des diverses parties ne doivent pas être bouleversées.
>
> L'emploi des figures a donc avant tout pour but de nous faire connaître certaines relations entre les objets de nos études, et ces relations sont celles dont s'occupe une branche de la Géométrie que l'on a appelée *Analysis situs*, et qui décrit la situation relative des points des lignes et des surfaces, sans aucune considération de leur grandeur." (Poincaré 1895, 194.)

---

[31] Vgl. vor allem (Scholz 1980, Kap. VII), eine Studie, die jedenfalls zuerst konsultiert werden sollte. Ferner (Bollinger 1972), (Dieudonné 1989, Kap. 1), (vanden Eynde 1992), (Volkert 1994), (Sarkaria 1996), (Nowak 1996) und (Herreman 1997).

[32] Dies zu tun, wäre allerdings eine lohnende und bislang nur teilweise erledigte Aufgabe.

Diese Bemerkung kann noch ganz im Kontext des 19. Jahrhunderts gelesen werden. Die Aufgabe der *Analysis situs* wurde ähnlich wie bei Euler und Gauß gefaßt, und Poincarés Beschreibung des Gebrauchs von Figuren traf beispielsweise Taits mathematische Argumentationsweise bei der Aufstellung der Knotentafeln recht genau. Aber Poincaré wollte darüber hinausgehen: „Il y a des relations de même nature entre les êtres de l'hyperespace; il y a donc une *Analysis situs* à plus de trois dimensions, comme l'ont montré Riemann et Betti. Cette science nous fera connaître ce genre de relations, bien que cette connaissance ne puisse plus être intuitive, puisque nos sens nous font défaut." (Ebd.) Zwei miteinander verbundene Schritte wurden also angestrebt: jener von der Geometrie des gewöhnlichen Raums zur Geometrie des „hyperespace", sowie der (anthropologisch erzwungene) Schritt von intuitiven zu begrifflichen Argumenten. Im Vergleich zur Topologie Listings und Taits stellten *beide* Schritte klare Grenzüberschreitungen dar.

Wie die gezeichneten Figuren, so sollte nach Poincarés Vorstellung auch die *Analysis situs* höherer Dimensionen weniger eine epistemisch autonome Teildisziplin der Mathematik abgeben als „Dienste leisten" für andere mathematische Fragen. Poincaré nannte drei Beispiele: Die Klassifikation der algebraischen Kurven nach ihrem „Geschlecht" und entsprechende Fragen für algebraische Flächen sowie für algebraische Funktionen einer und zweier komplexer Veränderlicher, das Studium der Lösungskurven von gewöhnlichen Differentialgleichungen, und die von Felix Klein, Camille Jordan und anderen verfolgte Aufgabe, alle endlichen Untergruppen einer gegebenen „kontinuierlichen Gruppe" aufzustellen (ebd., 194 f.). Diese Beispiele weisen auf die Gebiete hin, in welchen Poincaré in seinen eigenen früheren Arbeiten auf topologische Probleme gestoßen war.[33] Poincarés Beschreibung der Zielsetzung der *Analysis situs* sollte ernstgenommen werden. Es ging in der Tat um neue *Werkzeuge*, um neue epistemische Techniken für den Bereich der „êtres de l'hyperespace". Der zentrale Begriff, der zur Beschreibung dieser „Wesen" diente und zugleich ihre Vielfalt einschränkte, war der der „variété", der ungefähr dem heutigen Begriff einer in einen n-dimensionalen reellen Vektorraum eingebetteten, differenzierbaren Mannigfaltigkeit entspricht.[34] Poincaré gab zwei „Definitionen" für diesen Begriff an, die zugleich zwei technische Perspektiven auf die ins Auge gefaßten Gegenstände darstellten. Zum einen beschrieb er Mannigfaltigkeiten als Nullstellengebilde eines Systems von geeigneten Gleichungen in einem n-dimensionalen Raum, welche durch eine Reihe von Ungleichungen eingeschränkt waren (Poincaré 1895, §§ 1,2); zum anderen spezifizierte er Mannigfaltigkeiten durch „kontinuierliche Netze" lokaler Koordinatisierungen (Parametrisierungen) von geeigneten Punktmengen des $\mathbb{R}^n$ (ebd., § 3). Eine auf diese Weise bestimmte Mannigfaltigkeit war jedoch genaugenommen nur ein *Repräsentant* einer Klasse von im Sinne der *Analysis situs* äquivalenten Mannigfaltigkeiten, nämlich solchen, die durch in beiden Richtungen differenzierbare Bijektionen (heute: Diffeomorphismen) zwischen offenen Umgebungen der Mannigfaltigkeiten im n-dimensionalen Raum auseinander hervorgingen. Solche Abbildungen nannte Poincaré abweichend vom heutigen Sprachgebrauch „homéomorphismes"; allerdings zeigt der Gebrauch, den er selbst von diesem Begriff machte, daß er auf die Differenzierbarkeitsforderungen nicht konsequent insistierte. Ich werde daher Poincaré folgend von Homöomorphismen sprechen; dabei muß jedoch die Ambivalenz dieses Begriffs in seinen Texten im Auge behalten werden.

---

[33] Vgl. (Scholz 1980, 270-287), (Volkert 1994, Kap. 3.2).

[34] (Scholz 1980, 287) weist darauf hin, daß Poincaré hier einen Wechsel der Terminologie vollzog, der den innovativen Charakter seiner Erklärungen zusätzlich unterstrich.

Obwohl die zwei gegebenen Definition nicht umfangsgleich waren, hatten sie (in Übereinstimmung mit Poincarés allgemeiner Zielsetzung) gemeinsam, daß Mannigfaltigkeiten als Teilmengen des $\mathbb{R}^n$ beschrieben wurden.[35] Damit war zwar der durch Riemanns Einführung des allgemeinen Mannigfaltigkeitsbegriffs eröffnete Spielraum nicht ganz ausgeschöpft, aber Poincaré hatte doch einen wichtigen, über die Topologie Gauß', Listings und Taits hinausführenden Schritt in der Konstruktion der Gegenstände der *Analysis situs* gemacht. Auf dieser Basis führte Poincaré nun technische Präzisierungen anschaulicher Begriffe wie etwa des Randes, der Orientierbarkeit und der Schnittgebilde von Mannigfaltigkeiten ein. Diese Begriffe dienten vor allem dazu, die grundlegende Relation der „Homologie" von Systemen von q-dimensionalen Untermannigfaltigkeiten einer gegebenen p-dimensionalen Mannigfaltigkeit zu erklären. Nach Poincarés erster Erklärung sollten zwei Systeme von q-dimensionalen, orientierten Untermannigfaltigkeiten einer Mannigfaltigkeit V genau dann als homolog gelten, wenn sie gemeinsam den vollständigen Rand einer $q + 1$-dimensionalen, orientierten Untermannigfaltigkeit von V bildeten; dabei sollten mehrere nur „wenig verschiedene" Untermannigfaltigkeiten als Vielfache einer von ihnen betrachtet werden (ebd., § 5). Beispielsweise galten aufgrund dieser Erklärung zwei Systeme orientierter Kurven $a_1, ..., a_m$ und $b_1, ..., b_n$ in einer Mannigfaltigkeit dann als homolog zueinander, wenn sie zusammengenommen ein in die Mannigfaltigkeit eingebettetes, orientiertes Flächenstück F berandeten; dabei sollte der orientierte Rand von F die Kurven a_i in der gegebenen und die Kurven b_k in der entgegengesetzten Orientierung durchlaufen (dieser eindimensionale Fall ist der für die Knotentheorie wichtigste; vgl. das in Fig. 7.1 gezeichnete Beispiel).[36] Poincaré symbolisierte solche Berandungsbeziehungen durch eine Kongruenz

$$a_1 + ... + a_m \sim b_1 + ... + b_n \, ,$$

und er merkte lakonisch an, daß Homologien „wie gewöhnliche Gleichungen kombiniert werden können" (ebd.), wenn obige Konvention über Vielfache berücksichtigt und die Orientierungsumkehr durch das Vorzeichen „−" symbolisiert wurde.

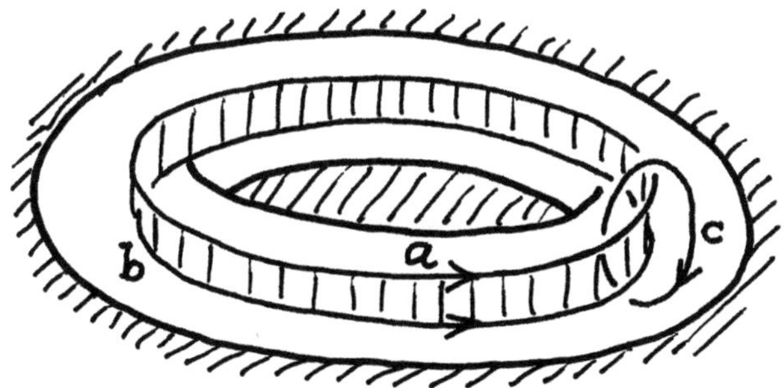

Fig. 7.1: Kurven in einem Volltorus. Es gilt $a \sim b$, da a und $-b$ zusammen den Rand einer Zylinderfläche bilden, beide sind jedoch nicht homolog zu $c \sim 0$.

---

[35] Obwohl diese Bezeichnung in der Form R_n damals schon gebräuchlich war, sprach Poincaré nur verbal vom „espace à n dimensions" mit reellen Koordinaten.

[36] Die genauen Forderungen an die Orientierung mußten aus dem Kontext der Poincaréschen Definition erschlossen werden; sie waren zunächst nicht vollständig expliziert. Vgl. dazu (Bollinger 1972, § 5).

Auf der Basis der Relation der Homologie skizzierte Poincaré eine erste Version der q-dimensionalen Zusammenhangszahlen einer Mannigfaltigkeit, die Poincaré zu Ehren von Enrico Betti, der ähnliche Zahlen definiert hatte, „nombres de Betti" nannte. Ein erstes wichtiges Resultat war der fundamentale Satz, daß die q-te und die $(p - q)$-te Bettische Zahl geschlossener p-dimensionaler Mannigfaltigkeiten stets übereinstimmten.[37] Ich verzichte hier auf genauere technische Erläuterungen, da für die Entwicklung der Knotentheorie ein unten näher beschriebener, zweiter Zugang zur Homologie ausschlaggebend war, den Poincaré einige Jahre später entwarf.

Um die geschlossenen Kurven in einer Mannigfaltigkeit zu charakterisieren, führte Poincaré noch eine weitere, mit der eindimensionalen Homologie verwandte, aber doch von ihr verschiedene Relation ein. Er nannte diese Relation schlicht „équivalence" von Wegen; mit etwas Nachsicht kann sie als Homotopie von geschlossenen Wegen mit festem Basispunkt interpretiert werden.[38] Man konnte sich offensichtlich eine Gruppe „vorstellen" (*imaginer*), schrieb Poincaré, so daß (*i*) jedem geschlossenen Weg durch einen gegebenen Punkt P ein Element der Gruppe entsprach; daß (*ii*) genau die Wege, die stetig in den Basispunkt P zusammengezogen werden konnten, dem Neutralelement der Gruppe entsprachen; und daß (*iii*) jedem Weg, der durch Aneinandersetzen zweier in P beginnender und endender Wege entstand (so daß also von P aus zuerst der erste und danach der zweite Weg durchlaufen wird), die Verknüpfung der beiden Gruppenelemente entsprach, welche diesen Wegen zugeordnet waren (Poincaré 1895, § 12). Die drei Bedingungen zusammen implizieren, daß diese Gruppe – von Poincaré die „Fundamentalgruppe" einer zusammenhängenden Mannigfaltigkeit genannt – auch als die Menge der Äquivalenzklassen von stetig ineinander deformierbaren Wegen mit festem Basispunkt, versehen mit der durch das Aneinandersetzen von Wegen induzierten Verknüpfung, erklärt werden kann. Diese Beschreibung findet sich jedoch noch nicht bei Poincaré.[39]

Die Einführung der Homologie und der Betti-Zahlen sowie der Fundamentalgruppe bedeuteten einen enormen Schritt in der Bereitstellung von Techniken zum Umgang mit den „êtres de l'hyperespace". Von einigen wenigen früheren Versuchen abgesehen, wurde hier zum ersten Mal ernsthaft *mit topologischen Objekten gerechnet*, d.h. ein algebraischer Kalkül entwickelt, mit dem sich topologische Eigenschaften „berechnen" ließen.[40] Poincarés erste Schritte standen dabei in auffallender Weise *zwischen* dem direkten Ansatz der *Analysis situs* und analytischen Methoden, die ihm erst eine Präzisierung seiner Begriffe erlaubten. Zumindest für den Begriff der Fundamentalgruppe ist aber auch klar, daß gerade eine analytische Tradition Poincaré zur Zuordnung dieses algebraischen Objekts zu einer Mannigfaltigkeit führte. Er schloß hier nämlich an die in § 61 beschriebene Technik der Monodromieuntersuchungen an. In der ersten Ankündigung seiner Arbeit zur *Analysis situs* (Poincaré 1892) hatte Poincaré die Fundamentalgruppe einer Mannigfaltigkeit noch schlicht als die Monodromiegruppe eines maximalen Systems von mehrdeutigen Funktionen auf der Mannigfaltigkeit beschrieben, und auch in seiner Arbeit von 1895

---

[37] Poincarés q-te Betti-Zahl entspricht nach heutiger Konvention der um eins vermehrten q-ten Betti-Zahl (ebd., §§ 6-9); vgl. dazu im Detail die in den vorigen Anmerkungen angegeben Literatur.

[38] Vgl. im Detail (Scholz 1980, 311 ff.), (vanden Eynde 1992, § 3.1).

[39] Definitionsverfahren durch explizite Äquivalenzklassenbildung kamen erst nach der Jahrhundertwende in allgemeinen Gebrauch. Mathematiker des 19. Jahrhunderts behalfen sich in der Regel wie Poincaré durch mehr oder weniger klare Umschreibungen.

[40] Vgl. (Scholz 1980, 325 ff.), (Dieudonné 1989, 17).

hob er hervor, daß *jede* Monodromiegruppe eines Gebiets ein homomorphes Bild von dessen Fundamentalgruppe war. Es ist hier nicht der Ort, diesen historisch interessanten Zusammenhang im Detail weiterzuverfolgen, aber wir werden sehen, daß eine ganz parallele und von Poincaré zunächst unabhängige Entwicklung auch im Fall der Knoten den Übergang vom 19. ins 20. Jahrhundert markierte.

Zusammen mit dem Begriff der (eindimensionalen) Homologie gab der Begriff der Fundamentalgruppe die Möglichkeit, jene Grenze zu überschreiten, an die Thomson und Maxwell in ihren Untersuchungen der Topologie von Raumteilen gestoßen waren, und die sie mit den ihnen zur Verfügung stehenden epistemischen Techniken nicht überschreiten konnten (§ 39). Die notwendige Unterscheidung verschiedener Arten der „reconcilability" von Wegen war nun getroffen und damit eine Möglichkeit eröffnet, auch das topologische Studium des einen Knoten umgebenden Raumgebiets weiterzutreiben. Poincaré selbst scheint diese Möglichkeit allerdings nie interessiert zu haben.

§ 70. Neue Techniken: „Polyeder", Fundamentalgruppe, Homologie

Der algebraische Charakter der von Poincaré eingeführten Begriffe stand in einer gewissen Spannung mit den allgemeinen, analytischen Beschreibungen der Mannigfaltigkeiten, mit denen Poincaré seine Arbeit von 1895 begonnen hatte. Diese erwiesen sich dann auch für die Konstruktion konkreter Beispiele von Mannigfaltigkeiten und für die tatsächliche Berechnung der Homologien und Betti-Zahlen sowie der Fundamentalgruppe als recht unpraktisch.[41] Daher sah sich Poincaré genötigt, noch eine *dritte* Beschreibungsweise von Mannigfaltigkeiten einzuführen, die für die Konstruktion von Beispielen und für konkrete Rechnungen besser geeignet war. Er tat dies vor allem für den Fall *dreidimensionaler* Mannigfaltigkeiten, jenen Fall also, zu dem auch die Außenräume von Knoten und Verkettungen gehören. Es war erst *diese* Beschreibungsweise, die die von Poincaré bereitgestellten Begriffe der Homologien und der Fundamentalgruppe zu effektiven Techniken für das Studium konkreter Mannigfaltigkeiten werden ließ und damit eine epistemische Konfiguration schuf, innerhalb derer auch das mathematische Studium von Knoten eine neue Stufe erreichen würde.

„Il y a une manière de se représenter les variétés à trois dimensions dans l'espace à quatre dimensions, manière qui en facilite singulièrement l'étude." Mit diesen treffenden Worten leitete Poincaré den neuen, „représentation géometrique" genannten Ansatz ein (Poincaré 1895, § 10). Der Zusatz „im Raum von vier Dimensionen" zeigt, daß Poincaré sich über die Einbettungsverhältnisse von Mannigfaltigkeiten noch nicht im klaren war; die Beschränkung ging in seine Beschreibungsweise jedoch nicht wesentlich ein, wie sich gleich zeigen wird. Poincaré betrachtete im gewöhnlichen dreidimensionalen Raum eine Reihe von „Polyedern" P_1, P_2, ..., P_n sowie im vierdimensionalen Raum eine zusammenhängende Mannigfaltigkeit V. (Der notorisch mißverständliche Begriff des Polyeders wurde von Poincaré nicht näher festgelegt. Seine Beispiele zeigen aber, daß man sich die P_i z.B. stets als konvexe Polyeder vorstellen kann.) Ferner stellte er sich V als aus homöomorphen[42] Bildern Q_1, Q_2, ..., Q_n der P_i zusammengesetzt vor,

---

[41] (Dieudonné 1989, 30) spricht drastisch und etwas übertrieben von „unsupported guesswork" in Poincarés ersten konkreten Bestimmungen von Betti-Zahlen.

[42] Genaugenommen verwandte Poincaré schon an dieser Stelle den Begriff der Homöomorphie in einer von seinen früheren Erklärungen abweichenden Bedeutung (wegen des involvierten Dimensionswechsels

wobei die Bedingung erfüllt sein sollte, daß das Bild ϕ_1 einer Seitenfläche eines Polyeders P_i entweder zum Rand der Mannigfaltigkeit V gehörte oder mit dem Bild ϕ_2 einer anderen Seitenfläche von P_i oder eines anderen Polyeders P_j koinzidierte, wobei die Bilder der angrenzenden Polyeder stets auf verschiedenen Seiten von $\phi_1 = \phi_2$ liegen sollten. Solche Seitenflächen nannte Poincaré „konjugiert". Es folgte dann, daß auch die Bilder der Ecken und Kanten der P_i entweder im Rand von V lagen oder mit den Bildern von Ecken und Kanten angrenzender konjugierter Seitenflächen koinzidierten.[43] Zur vollständigen Kenntnis der Konjugationsweise gehörte daher nicht nur das Wissen, welche Seitenflächen einander zugeordnet waren, sondern auch die Information über die zugehörige Konjugation (d.h. Koinzidenz der Bilder) der Kanten und Ecken der Polyeder; diese konnten dabei auch in größeren Gruppen (die Poincaré in Abweichung vom heutigen Sprachgebrauch „Zykeln" nannte) konjugiert sein.

Eines der Poincaréschen Beispiele mag das Verfahren illustrieren. Sei ein reguläres Oktaeder mit den Ecken $ABCDEF$ gegeben, wobei A und F zwei gegenüberliegende Spitzen und $BCED$ das Quadrat der dazwischenliegenden Ecken bezeichne (vgl. Fig. 7.2). Dann kann man sich eine homöomorphe Abbildung des Oktaeders in einen höherdimensionalen Raum vorstellen („imaginieren"), bei der die diametral gegenüberliegenden Dreiecke folgendermaßen konjugiert werden (wobei die Zuordnungen gleichzeitig Zuordnungen der Ecken und Kanten beschreiben):

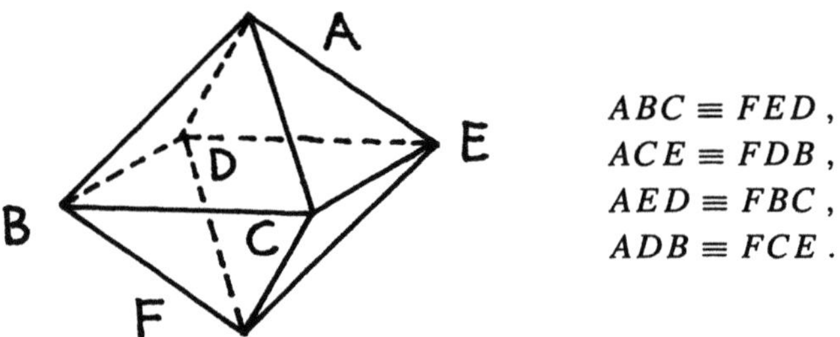

Fig. 7.2: Konjugationsschema eines Oktaeders

Es gibt dann sechs Paare von konjugierten Kanten und drei Paare konjugierter Ecken, wobei jeweils die diametral einander gegenüberliegenden Elemente einander zugeordnet sind. Die so beschriebene Mannigfaltigkeit ist homöomorph zum dreidimensionalen reell projektiven Raum.[44]

Dieses Beschreibungsverfahren verallgemeinerte, wie Poincaré selbst hervorhob, Konstruktionen von Flächen durch passende Randidentifikationen von Polygonen, wie sie in der Theorie automorpher Funktionen seit längerem verwendet wurden. Auch für dreidimensionale Mannigfaltigkeiten war ein solches Verfahren bereits ab und zu benützt worden.[45] Die entscheidende Beobachtung Poincarés war nun, daß „la connaissance des polyèdres P_i et celle du mode de conjugaison de leurs faces nous fournissent, dans l'espace ordinaire, une image de la variété V et que

---

des umgebenden Raums).

[43] An dieser Stelle zeigt sich, daß Poincaré mindestens bisweilen seine frühere, von der heutigen abweichende differentialtopologische Definition von Homöomorphismen ernstnahm!

[44] (Poincaré 1895, § 10), „Cinquième exemple".

[45] Z.B. von Poincaré selbst im Zusammenhang seiner Untersuchung der von ihm so genannten „Kleinschen Funktionen", sowie von Wilhelm Killing in seinen Untersuchungen der Raumformen konstanter Krümmung. In beiden Fällen handelte es sich um die Beschreibung von Fundamentalbereichen diskontinuierlich operierender diskreter Gruppen im Euklidischen, hyperbolischen oder sphärischen Raum.

cette image suffise pour l'étude de ses propriétés au point de vue de l'*Analysis situs*" (ebd.). Die
Kenntnis der Polyeder und ihrer Konjugationsweise – und damit alle Elemente der Beschreibung
einer in dieser Weise gegebenen Mannigfaltigkeit – bezogen sich auf den gewöhnlichen Raum:
ein Wesen des Hyperraums war also durch Daten, die sich auf den gewöhnlichen Raum bezogen,
in topologischer Sicht vollständig beschrieben.

Natürlich stellte sich Poincaré zwei naheliegende Fragen. Zum einen: Welche Bedingungen mußte eine Konjugationsvorschrift erfüllen, damit auch tatsächlich eine Mannigfaltigkeit
definiert wurde? Zum andern: Welche dreidimensionalen Mannigfaltigkeiten im Sinne seiner
früheren Definitionen ließen sich auf diese Weise repräsentieren? Die erste Frage diskutierte
Poincaré noch im selben Paragraphen. Eine triviale Bedingung war natürlich, daß konjugierte
Seitenflächen dieselbe Kantenzahl besaßen, und daß die Zuordnungen der Kanten und Ecken mit
der der Seiten verträglich waren. Eine weitere notwendige Bedingung ergab sich aus der Forderung, daß die Zuordnungsvorschriften in der Umgebung einer Gruppe konjugierter Ecken in
V ein zu einer dreidimensionalen Vollkugel homöomorphes Gebiet darstellen mußten. Poincaré
übersetzte diese nicht direkt nachprüfbare Eigenschaft in eine andere, die aus den Konjugationsdaten selbst entscheidbar war: Wurde das System der Bilder der Polyederkanten, -seiten
und -räume, die an das betrachtete Bild einer Gruppe konjugierter Ecken angrenzten, mit einer
kleinen Kugelfläche um diesen Punkt zum Schnitt gebracht, so ergab sich auf dieser Sphäre ein
Polyedernetz, für das der Eulersche Polyedersatz gelten mußte. Die Anzahlen der Ecken, Kanten
und Flächen dieses polyedrischen Netzes konnten aber direkt aus den Konjugationsdaten abgelesen werden, so daß die Eulersche Bedingung überprüfbar war.[46] Ohne Beweis nahm Poincaré
an, daß dieses Kriterium auch *hinreichend* dafür war, daß ein gegebenes Konjugationsschema
eine Mannigfaltigkeit darstellte.

Auch bezüglich der zweiten Frage nahm Poincaré in Übertragung der bei geschlossenen
Flächen bekannten Verhältnisse ohne Weiteres an, daß *alle* drei- und sogar höherdimensionalen
Mannigfaltigkeiten im Sinn seiner früheren Definitionen sich durch das neue Beschreibungsverfahren erfassen ließen, indem sie passend in eine Reihe von Untermannigfaltigkeiten unterteilt
wurden, die jeweils homöomorphe Bilder von (konvexen[47]) Polyedern der richtigen Dimension
waren. In Ausdehnung des gewöhnlichen Polyederbegriffs nannte Poincaré auch jede solche
Unterteilung ein „Polyeder"; kurze Zeit später bürgerte sich der bildhaftere Ausdruck „Zellenzerlegung" ein (Poincaré 1895, § 16). War diese Annahme richtig[48], so ergab sich freilich gleich
ein neues Problem: Wie konnte entschieden werden, ob zwei durch ein Konjugationsschema
von (gewöhnlichen) Polyedern beschriebene Mannigfaltigkeiten in Poincarés Sinn homöomorph
waren? Auch hier antwortete Poincaré *ad hoc* mit einer Vermutung: Zwei Konjugationsschemata
stellen genau dann „dieselbe" Mannigfaltigkeit im Sinn der früheren Definition dar, wenn beide
durch weitere Unterteilung so verfeinert werden können, daß sich zweimal dasselbe Konjuga-

---

[46] Vgl. (Poincaré 1895, 233 ff.). Die Zahl der Ecken entsprach der Zahl der Gruppen koinzidierender
Kantenbilder, die der Kanten der Anzahl der Paare konjugierter Seitenbilder, und die der Flächen der Zahl
der angrenzenden Polyeder. Näheres bei (Scholz 1980, 295) und (Volkert 1994, 94 ff.).

[47] Die von Poincaré ausdrücklich verlangte Bedingung war „einfach zusammenhängend"; diesen Begriff
verwendete er abweichend vom heutigen Sprachgebrauch stets gleichbedeutend damit, daß die Polyeder
homöomorph zu Vollkugeln waren.

[48] In seiner zweiten Arbeit zur *Analysis situs* gab Poincaré immerhin einen (allerdings fragwürdigen)
Beweisversuch für diese Annahme (Poincaré 1899, § 16). Zu späteren Klärungen vgl. unten.

tionsschema ergibt (ebd.). Daß diese Bedingung hinreichend ist, war klar; daß sie notwendig sei, glaubte Poincaré daraus schließen zu können, daß die Zellen zweier gegebener Zerlegungen nur zum Schnitt gebracht werden müßten, um eine gemeinsame Verfeinerung zu erhalten. Dieudonné hat auf die Problematik dieses Arguments aufmerksam gemacht: Zum einen ist nicht garantiert, daß die Schnittgebilde wieder einfach zusammenhängend sind (das bemerkte Poincaré selbst); zum andern können selbst analytische Untermannigfaltigkeiten einer gegebenen Mannigfaltigkeit ein „wildes", unstetiges gegenseitiges Schnittverhalten aufweisen (Dieudonné 1989, 26 f.). Nachdem der Nachweis der Vermutung außer für den Fall von Flächen auch bis Mitte der 1920er Jahre noch nicht gelungen war, taufte H. Kneser sie die „Hauptvermutung" der kombinatorischen Topologie.[49]

Die Großzügigkeit, mit der Poincaré diese Fragen erledigte, ist typisch für seine Arbeiten zur *Analysis situs*. Obwohl sich später herausstellte, daß sämtliche genannten Annahmen Poincarés nach den notwendigen Präzisierungen *für dreidimensionale Mannigfaltigkeiten* gerechtfertigt waren[50], war den kritischen Lesern Poincarés doch klar, daß hier mehr behauptet als bewiesen worden war.[51] Vor allem die Beziehung zwischen der neuen Beschreibungsweise und den anfänglichen Definitionen Poincarés blieb unklar und entwickelte sich zu einem der grundlegenden offenen Problembereiche der aufblühenden Topologie. Dies bedeutete in der konkreten Situation der Zeit, daß das neue Beschreibungsverfahren den Bereich der epistemischen Gegenstände der dreidimensionalen Topologie noch einmal ganz neu absteckte, in einer Weise, die nun in der Tat *konkrete Berechnungen* gestattete, wie Poincaré zuerst am Begriff der Fundamentalgruppe demonstrierte (Poincaré 1895, § 13).

Hierbei schränkte sich Poincaré auf den Fall eines Konjugationsschemas mit einem einzigen dreidimensionalen Polyeder P ein. Poincaré wählte im Innern von P einen Basispunkt M_0 sowie im Innern jedes Paars F_i, F_i' konjugierter Seiten ein Paar konjugierter Punkte A_i, A_i'. Dann konnten bis auf Äquivalenz alle in M_0 beginnenden und endenden Wege durch Hintereinanderausführen der „fundamentalen Wege"

$$C_i := M_0 A_i A_i' M_0$$

aufgebaut werden. Wurde jedem fundamentalen Weg ein Element S_i der Fundamentalgruppe zugeordnet und die Aneinandersetzung von Wegen durch das Hintereinanderschreiben der zugeordneten Symbole ausgedrückt, so ließen sich alle Elemente der Fundamentalgruppe als Worte in den Symbolen S_i und S_i^{-1} (für die umgekehrt orientierten fundamentalen Wege) schreiben. Gewisse dieser Worte stellten jedoch das Neutralelement der Gruppe dar, wie offensichtlich alle Kombinationen $S_i S_i^{-1}$ und $S_i^{-1} S_i$. Dasselbe galt ferner für all jene Worte, welche Wege repräsentierten, die eine Gruppe konjugierter Polyederkanten (d.h. *eine* Kante der Zellenzerlegung

---

[49] (Kneser 1925). Vgl. auch die nächste Fußnote.

[50] Vgl. z.B. (Dieudonné 1989, Kap. 2 und 3). In höheren Dimensionen trifft dies allerdings nicht mehr vollständig zu. Zwar stellten sich bereits in den dreißiger Jahren alle *differenzierbaren* Mannigfaltigkeiten als triangulierbar heraus, aber *topologische* Mannigfaltigkeiten höherer Dimensionen besitzen möglicherweise keine Triangulierung im üblichen Sinn mehr (gemäß welchem der „Stern" einer 0-Zelle stets eine Vollkugel sein soll). Außerdem erwies sich die „Hauptvermutung" in Dimensionen größer als 3 als falsch; vgl. z.B. (Hirsch 1978, § 10.9.4) und (Ranicki et al. 1996).

[51] Das gilt in besonderem Maß von Heinrich Tietze, auf dessen Arbeit ich im nächsten Kapitel zu sprechen komme.

der definierten Mannigfaltigkeit V) einmal umkreisten: diese Wege waren in V nämlich stetig auf den Basispunkt zusammenziehbar. Es war nicht schwer, die entsprechenden Worte konkret anzugeben. War etwa K eine Kante der Zellenzerlegung von V, so grenzten daran m Flächen, d.h. m Paare von Bildern konjugierter Seiten

$$F_{i_1}, F'_{i_1}, F_{i_2}, F'_{i_2}, \ldots, F_{i_m}, F'_{i_m}$$

des Polyeders in zyklischer Ordnung an, wobei dasselbe Flächenpaar auch mehrfach auftreten konnte, falls mehrere seiner Kanten auf K abgebildet wurden.[52] Ein kleiner Kreis in V, der die Kante K umrundete, durchstieß nacheinander alle diese Flächen, war also äquivalent dem Weg

$$C_{i_1}^{\epsilon_1} C_{i_2}^{\epsilon_2} \ldots C_{i_m}^{\epsilon_{i_m}},$$

wobei die Vorzeichen $\epsilon_i = \pm 1$ danach bestimmt werden mußten, ob die Durchstoßung mit oder gegen den zuvor gewählten Durchlaufsinn der fundamentalen Wege C_i erfolgte. Die Aussage, daß ein solcher Weg auf den Basispunkt zusammenziehbar war, bezeichnete Poincaré als eine „fundamentale Äquivalenz". Dementsprechend stellte das Wort

$$R_K := S_{i_1}^{\epsilon_1} S_{i_2}^{\epsilon_2} \ldots S_{i_m}^{\epsilon_{i_m}},$$

das Neutralelement der Fundamentalgruppe dar. Die sogenannten „Relationen" $R_K = 1$ stellten mithin zusammen mit den Regeln $S_i S_i^{-1} = 1$ und $S_i^{-1} S_i = 1$ *Kürzungsregeln* in der Menge der die Gruppenelemente darstellenden Worte dar: wann immer eine Symbolfolge der angegebenen Art in einem Wort auftrat, konnte diese gestrichen oder eingefügt werden, ohne das dargestellte Gruppenelement zu verändern. Die Fundamentalgruppe war also vollständig beschrieben durch die Menge der Klassen aller endlichen Worte in den Symbolen S_i und S_i^{-1} (einschließlich des „leeren", durch ,1' symbolisierten Worts), wobei zwei Worte genau dann derselben Klasse angehörten, wenn sie gemäß den genannten Kürzungsregeln ineinander transformiert werden konnten. Die Gruppenverknüpfung war durch das Hintereinanderschreiben zweier Worte gegeben.

Im obigen Beispiel (Fig. 7.2) erhielt Poincaré vier erzeugende Elemente S_1, S_2, S_3, S_4, entsprechend den vier fundamentalen Wegen, die aus dem Mittelpunkt des Oktaeders je eine der obenliegenden Seiten durchstoßen und durch die konjugierte Seite zum Mittelpunkt zurückkehren. Zwischen diesen bestanden entsprechend den sechs Paaren konjugierter Kanten folgende sechs Relationen:

$$1 = S_1 S_2^{-1} = S_2 S_3^{-1} = S_3 S_4^{-1} = S_4 S_1^{-1}$$

für die an A grenzenden Kantenpaare; sowie

$$1 = S_1 S_3 = S_2 S_4$$

für die beiden mittleren Kantenpaare. Die ersten Relationen bedeuteten, daß alle vier Symbole gegeneinander ersetzbar waren, während die beiden anderen zeigten, daß das Quadrat eines Symbols ebenfalls das Neutralelement darstellte. Die Fundamentalgruppe der Mannigfaltigkeit war also die aus dem Neutralelement und lediglich *einem* weiteren Element bestehende Gruppe, d.h. die zyklische Gruppe der Ordnung 2 (Poincaré 1895, 245).

---

[52] Der Deutlichkeit halber wähle ich eine etwas genauere Notation als Poincaré.

Poincaré hatte so die Fundamentalgruppe in der Sprache der *kombinatorischen Gruppentheorie* beschrieben, die sich etwas früher zu entwickeln begonnen hatte. Seine Technik der Polyederzerlegung einer Mannigfaltigkeit führte zu einer „Berechnung" der Fundamentalgruppe durch das, was heute eine „endliche Präsentation" einer Gruppe genannt wird, gegeben durch die „Erzeugenden" S_i und die Relationen $R_K = 1$.[53] Alle notwendigen Daten konnten direkt aus dem Konjugationsschema des gegebenen Polyeders abgelesen werden. Das Wort „berechnen" ist freilich mit Vorsicht zu genießen. Im allgemeinen ergaben sich nicht so einfache Gruppen wie im obigen Beispiel, sondern abzählbar unendliche, nichtkommutative Gruppen, deren Struktur selbst schwierig zu verstehen war. Insbesondere war nicht unmittelbar klar, ob zwei nach dem obigen Verfahren bestimmte Gruppen isomorph waren oder nicht. Poincaré gelang es jedoch immerhin, anhand der Reihe seiner Beispiele zu zeigen, daß Mannigfaltigkeiten mit denselben Betti-Zahlen durchaus verschiedene Fundamentalgruppen besitzen und also nicht homöomorph sein konnten. Wiederum nannte Poincaré eine Reihe von Fragen, die durch die neue Technik nahegelegt wurden: Zu welchen Gruppen G existierte eine Mannigfaltigkeit, deren Fundamentalgruppe G war? Wie konnte eine solche Mannigfaltigkeit konstruiert werden? Und konnten nichthomöomorphe Mannigfaltigkeiten derselben Dimension isomorphe Fundamentalgruppen besitzen? „Ces questions exigeraient de difficiles études et de longs développements. Je n'en parlerai pas ici." (Ebd., 258.)[54]

Obwohl Poincaré bereits anläßlich der Einführung der fundamentalen Äquivalenzen bemerkte, daß auch die eindimensionalen Homologien sowie die erste Betti-Zahl aus diesen (und damit aus dem Konjugationsschema eines Polyeders) berechnet werden konnten, indem die Relationen R_K *kommutativ* gelesen wurden, führte er diesen Aspekt seiner neuen Technik vorläufig nicht weiter aus. Erst als der Kopenhagener Mathematiker Poul Heegaard, von dem in der Folge noch die Rede sein wird, in seiner 1898 in dänischer Sprache veröffentlichten Dissertation Poincarés Argumente über die Homologie von p-dimensionalen Mannigfaltigkeiten und insbesondere den Satz über die Übereinstimmung der q-ten und der $(p - q)$-ten Betti-Zahlen geschlossener Mannigfaltigkeiten kritisierte, sah sich Poincaré genötigt, seine früheren Argumente zu präzisieren.[55] Er fand, daß seine eigene Definition der Betti-Zahlen nicht mit der ursprünglichen Definition

---

[53] Die Anfänge der kombinatorischen Gruppentheorie sind beschrieben in (Wussing 1969) und (Chandler und Magnus 1982). Der Aufsatz (Dyck 1882), der oft als der erste Text bezeichnet wird, in welchem Gruppen abstrakt durch eine Präsentation definiert wurden, faßte eine Sprechweise zusammen, die bereits vorher im funktionentheoretischen Kontext gebräuchlich war.

[54] Nachdem Poincaré im Zusammenhang seiner Verallgemeinerung des Eulerschen Polyedersatzes den verallgemeinerten Polyederbegriff (im Sinn der Zellenzerlegungen einer Mannigfaltigkeit) eingeführt hatte (ebd., § 16), kam er nicht noch einmal auf die Berechnung der Fundamentalgruppe zurück. Mindestens im Fall von drei Dimensionen dürfte ihm aber klar gewesen sein, daß das angegebene Berechnungsverfahren auch auf in mehrere Polyeder zerlegte Mannigfaltigkeiten übertragbar war. Zu diesem Zweck konnten beispielsweise die verschiedenen Polyeder durch das Löschen von gewissen Seitenflächen zu einem einzigen vereinigt werden (diese Methode deutete er im Zusammenhang des Eulerschen Satzes selbst an). Eine Alternative war, die Aufstellung der fundamentalen Wege und Relationen durch die Einführung von Hilfswegen, die von einem Polyeder in ein anderes führten, entsprechend zu ergänzen. Beide Wege wurden von den ersten Lesern Poincarés beschritten; Beispiele werden uns in der Folge noch begegnen.

[55] Vgl. vor allem (Heegaard 1898, § 12.) Heegaard kritisierte nicht nur den Poincaréschen Dualitätssatz, sondern auch den naiven Umgang mit dem Begriff „Untermannigfaltigkeiten" in der Definition der Homologierelation, der über Probleme mit Singularitäten hinwegsah.

Bettis übereinstimmte, und daß sein Satz zwar korrekt war, wenn seine eigene Definition zugrunde gelegt wurde, nicht jedoch, wenn die ursprüngliche Definition Bettis verwendet wurde, wie dies bei Heegaard der Fall war. Da sein früherer Beweis sich jedoch auf beide Definitionen zu erstrecken schien, war eine Klärung nötig.

Poincaré erreichte diese durch zwei miteinander verbundene Schritte. Zum einen gründete er nun auch die Bestimmung der Homologierelationen und den Beweis darauf bezüglicher Sätze auf die Beschreibung einer Mannigfaltigkeit durch eine Zellenzerlegung bzw. das Konjugationsschema eines Systems von Polyedern. Zum anderen bemerkte er bei der Untersuchung der Differenz zwischen den beiden Definitionen der Bettischen Zahlen, daß sich aus den Homologierelationen in seinem Sinn noch weitere Zahlen gewinnen ließen, die Mannigfaltigkeiten topologisch charakterisierten; Poincaré nannte diese aufgrund ihrer geometrischen Bedeutung „Torsionszahlen". Diese Ausführungen erschienen in den Jahren 1899 und 1900 in zwei „Compléments à l'Analysis situs". Da es hier um die Werkzeuge geht, die Poincaré für das Studium konkreter Mannigfaltigkeiten zur Verfügung stellte, sei im folgenden das technische Verfahren zur Bestimmung der Homologie (einschließlich der Torsionszahlen) beschrieben, das Poincaré im Verlauf seiner Reaktion auf Heegaards Kritik entwickelte und im zweiten *Complément* in endgültiger Form vorführte.[56]

♠ Poincaré ging von einer Zerlegung einer Mannigfaltigkeit V (einem „Polyeder") der Dimension p aus, also einer Unterteilung von V in eine endliche Zahl von p-dimensionalen Mannigfaltigkeiten a_i^p, $1 \leq i \leq \alpha_p$, deren $(p-1)$-dimensionale Ränder wiederum aus Mannigfaltigkeiten a_i^{p-1}, $1 \leq i \leq \alpha_{p-1}$, aufgebaut waren; die a_i^{p-1} ihrerseits sollten durch $(p-2)$-dimensionale Mannigfaltigkeiten a_i^{p-2} berandet sein usw., bis zu den α_0 Ecken a_i^0 der Zerlegung. Alle Zellen a_i^q, $0 \leq q \leq p$, sollten homöomorph zu einer „hypersphère", d.h. hier der Vollkugel der Dimension q, sein (Poincaré 1900, § 1). Poincaré unterschied in der Folge zwei Arten solcher Zerlegungen, die „Polyeder 1. Art", in welchen jedes a_i^{q-1}, anschaulich gesprochen, höchstens einmal im Rand einer Zelle a_i^q auftritt, sowie „Polyeder 2. Art", in welchen eine Zelle a_i^q mehrfach an dieselbe Zelle a_i^{q-1} angrenzen konnte wie im Fall der durch einen Meridian und einen Längenkreis zerlegten Torusfläche.[57] Alle Zellen wurden außerdem mit einer Orientierung versehen. Diese konnte natürlich nur im Fall orientierbarer Mannigfaltigkeiten für die gesamte Zerlegung konsistent gewählt werden.[58]

Zur Beschreibung der Berandungsverhältnisse zwischen zwei Zellen a_i^q und a_j^{q-1} führte Poincaré nun eine ganze Zahl $\epsilon_{i,j}^q$ durch folgende Vorschrift ein:

$$
\epsilon_{i,j}^q = \begin{cases}
\ \ \ 0\,, & \text{falls } a_j^{q-1} \text{ nicht an } a_i^q \text{ grenzt;} \\
\ \ \ 1\,, & \text{falls } a_j^{q-1} \text{ mit gleicher Orientierung an } a_i^q \text{ grenzt;} \\
-1\,, & \text{falls } a_j^{q-1} \text{ mit entgegengesetzter Orientierung an } a_i^q \text{ grenzt.}
\end{cases}
$$

---

[56] Die Kritik Heegaards und die wichtigsten Aspekte von Poincarés Reaktion darauf sind wiederholt in der Literatur beschrieben worden, vgl. Anm. 31.

[57] (Ebd., § 4). Poincaré gab keine Präzisierung dieser anschaulichen Unterscheidung, die durch seine früheren Beispiele nahegelegt war (z.B. ist das oben beschriebene Beispiel offensichtlich eine Zerlegung 2. Art). Poincaré führte außerdem noch „Polyeder 3. Art" ein, in welchen die Zellen nicht mehr einfach zusammenhängend sein mußten.

[58] Vgl. (Scholz 1980, 291 f.) zu Poincarés Begriff der Orientierung.

Im Fall von Zellenzerlegungen der zweiten Art mußten für *mehrfach* im Rand von a_i^q auftretende Zellen a_j^{q-1} die entsprechenden Inzidenzzahlen addiert werden, wie Poincaré ergänzend erläuterte.[59] Die Berandungsbeziehungen zwischen den Zellen benachbarter Dimensionen faßte Poincaré in Kongruenzen

$$a_i^q \equiv \sum_{j=1}^{\alpha_{q-1}} \epsilon_{i,j}^q \, a_j^{q-1} \,, \quad 1 \le q \le p \,,$$

zusammen; das System aller dieser Kongruenzen nannte er im ersten *Complément* das „Schema" der Zerlegung (Poincaré 1899, § II).

Die zentrale neue Idee war nun, statt der Homologien *beliebiger* Systeme von Untermannigfaltigkeiten von *V* ausschließlich Homologien zwischen solchen „Mannigfaltigkeiten" zu betrachten, die durch ganzzahlige Linearkombinationen der Zellen der Zerlegung beschrieben werden konnten. Dem heutigen Sprachgebrauch folgend bezeichne ich solche Linearkombinationen als „Ketten." Die Homologien zwischen Ketten wurden ihrerseits durch ganzzahlige Linearkombinationen der den einzelnen Kongruenzen des Schemas zugeordneten „fundamentalen Homologien"

$$\sum_{j=1}^{\alpha_{q-1}} \epsilon_{i,j}^q \, a_j^{q-1} \sim 0 \,, \quad 1 \le q \le p \,, \quad 1 \le i \le \alpha_q \,,$$

vollständig erschöpft (und dadurch eigentlich definiert). In Analogie zur früheren Definition sollten dann auf der Basis der neuen Homologierelation wieder numerische Invarianten von *V* bestimmt werden.

Zweierlei war zur Durchführung dieses Vorhabens zu zeigen. Zum einen mußte nachgewiesen werden, daß die auf dem neuen Weg erklärten sogenannten „reduzierten" Invarianten mit der ursprünglichen Definition übereinstimmten. Die diesbezüglichen Argumente Poincarés sind zum Teil recht informell, so daß genaugenommen nicht ein neues Verfahren zur Berechnung eines bereits eingeführten Begriffs entwickelt, sondern der epistemische Gegenstand „Homologie" noch einmal neu konstruiert wurde. Erst nach etlichen Präzisierungen und z.T. mit ganz neuen Methoden wurde es späteren Mathematikern möglich, Poincarés unterschiedliche Strategien zu verbinden.[60] Zum andern war zu zeigen, daß und wie die „reduzierten" Invarianten aus dem Schema einer Zerlegung tatsächlich berechnet werden konnten. Hier konnte Poincaré auf eine bereits bekannte algebraische Technik zurückgreifen: die Elementarteilertheorie ganzzahliger Matrizen.[61] In der Tat konnte ja die in den Homologien zwischen den $(q-1)$-dimensionalen Ketten enthaltene Information aus der Matrix

---

[59] Vgl. (Poincaré 1899, § II; Poincaré 1900, §§ 1, 4).

[60] Bereits die Idee, daß einer Linearkombination der Homologien zwischen den Zellen generell wieder eine Homologie zwischen *Untermannigfaltigkeiten* von *V* entspricht, macht differentialtopologische Schwierigkeiten. Vgl. hierzu und zu späteren Entwicklungen (Dieudonné 1989, 20, 30 ff. und Part 1, Ch. II).

[61] In moderner Sprache: die Theorie endlich erzeugter Moduln über dem Ring der ganzen Zahlen, oder, wie Emmy Noether zuerst betont hat, die Theorie endlich erzeugter abelscher Gruppen; vgl. (Noether 1925). Die für den vorliegenden Zusammenhang nötigen Resultate wurden zuerst von (Smith 1861) und dann von (Frobenius 1879) angegeben. Poincaré entwickelte die nötigen Sätze allerdings noch einmal neu, ohne auf diese Arbeiten Bezug zu nehmen.

$$T_q := \left(\epsilon_{i,j}^{q} \right)_{1 \le i \le \alpha_q,\, 1 \le j \le \alpha_{q-1}}$$

abgelesen werden. Poincaré zeigte, daß dieselbe Information auch in jeder Matrix enthalten war, die aus T_q durch elementare Zeilen- und Spaltenumformungen (d.h. Addition einer Spalte zu einer anderen, Vertauschung zweier Spalten, Multiplikation einer Spalte mit -1 und entprechende Operationen mit den Zeilen) hervorging. Durch solche Umformungen konnte T_q aber auf eine Normalform gebracht werden, in der nur die ersten Elemente

$$\delta_{11}, \quad \delta_{22}, \quad \dots, \quad \delta_{\lambda_q \lambda_q}$$

der Hauptdiagonalen von Null verschieden waren, wobei jede nichtverschwindende Zahl δ_{kk} die nächstfolgende teilte (Poincaré 1900, § 2). Diese Zahlen sind die Elementarteiler der Matrix; λ_q stellt offensichtlich den Rang von T_q dar. Den Zeilen bzw. Spalten der Normalform entsprachen gewisse Ketten der Dimensionen q bzw. $q-1$, die ebenfalls eine lineare Basis aller Ketten dieser Dimension bildeten. Eine 1 auf der Hauptdiagonalen entsprach daher einer berandenden Kette der Dimension $q - 1$, während eine von 1 verschiedene positive Zahl m auf der Hauptdiagonalen hieß, daß eine Kette existierte, die zwar für sich genommen nicht berandete, die aber den Rand einer q-dimensionalen Kette bildete, wenn sie *m-fach* gezählt wurde. Folglich besaßen genau λ_q der α_q Basisketten der Dimension q einen Rand, waren also nicht geschlossen, während genau λ_q der α_{q-1} Basisketten der Dimension $q - 1$ entweder einfach oder nach ganzzahliger Vervielfachung berandeten (und folglich auch geschlossen waren). Die Betti-Zahl β_q, definiert als die um eins vermehrte maximale Anzahl linear unabhängiger, geschlossener, aber weder einfach noch nach Vervielfachung berandender Ketten der Dimension q, ergab sich daher als

$$\beta_q - 1 = \alpha_q - \lambda_q - \lambda_{q+1}\,.$$

Auf der Einbeziehung der Unterscheidung zwischen einfach bzw. erst nach Vervielfachung berandenden Ketten beruhte auch die Doppeldeutigkeit der Betti-Zahlen: Betti und Heegaard hatten Untermannigfaltigkeiten der letzten Art als nicht berandend aufgefaßt und daher im allgemeinen ein größeres Ergebnis als Poincaré erhalten. Dementsprechend legte Poincaré auf diese Unterscheidung großes Gewicht: Mannigfaltigkeiten, deren Matrizen T_q keine von 1 verschiedenen Elementarteiler besaßen, nannte er Mannigfaltigkeiten „ohne Torsion" (für diese stimmten beide Definitionen der Betti-Zahlen überein), solche, für die von 1 verschiedene Elementarteiler m auftraten, nannte er Mannigfaltigkeiten „mit Torsion" sowie die Zahlen m selbst deren „Torsionszahlen".[62]

Zur Illustration sei noch einmal das Beispiel der Oktaedermannigfaltigkeit herangezogen. Die Matrix T_2 dieser Mannigfaltigkeit besitzt 6 Spalten entsprechend den Kanten AB, AC, AE, AD, BC, ED (konjugierte Kanten müssen natürlich nur einmal berücksichtigt werden), sowie vier Zeilen für die Seiten ABC, ACE, AED, ADB. Mit den durch die Buchstabenreihenfolge gegebenen Orientierungen erhielt Poincaré, wie durch eine Inspektion von Fig. 7.1 leicht nachvollzogen werden kann, folgende Matrix:

---

[62] Aus heutiger Perspektive beschrieb Poincaré die Zerlegung der q-ten Homologiegruppe in einen freien Anteil, dessen Rang $\beta_q - 1$ ist (die heutige Betti-Zahl), und zyklische Anteile, deren Ordnung und Anzahl durch die Torsionszahlen der Dimension q gegeben sind. Diese gruppentheoretische Umdeutung geht vor allem auf (Noether 1925) zurück; eine ausführliche Beschreibung der Zusammenhänge zwischen beiden Bildern findet sich in (Seifert und Threlfall 1934, Kap. 3).

$$T_2 = \begin{pmatrix} 1 & -1 & 0 & 0 & 1 & 0 \\ 0 & 1 & -1 & 0 & 0 & 1 \\ 0 & 0 & 1 & -1 & 1 & 0 \\ -1 & 0 & 0 & 1 & 0 & 1 \end{pmatrix}$$

Die Elementarteiler dieser Matrix sind 1, 1, 1 und 2, also ist die erste Betti-Zahl gleich 1 (0 nach heutiger Konvention) und T_2 führt auf eine Torsionszahl, nämlich 2.[63]

Für die neue Definition der Homologie gelang es Poincaré auch, den Satz über die Gleichheit der q-ten und $(p-q)$-ten Betti-Zahlen neu zu beweisen, indem er das zu einem gegebenen „reziproke Polyeder" betrachtete, in welchem jeder Zelle a_i^q genau eine Zelle b_i^{p-q} entsprach, während die Berandungsbeziehungen genau umgekehrt wurden (d.h. war a_j^{q-1} Teil des Rands von a_i^q, so war b_i^{p-q} Teil des Rands von b_j^{p-q+1}; vgl. (Poincaré 1900, § 3)). Aus Poincarés Argument ergab sich dabei nicht nur die Übereinstimmung der q-ten mit der $(p-q)$-ten Betti-Zahl, sondern sogar die der Torsionszahlen der Dimensionen q und $p-q-1$.[64] ♠

Auf diese Weise hatte Poincaré nach der Aufstellung der Fundamentalgruppe eine weitere Technik bereitgestellt, aus einer Zellenzerlegung einer gegebenen Mannigfaltigkeit numerische topologische Invarianten konkret zu berechnen. Diese Technik hatte den großen Vorteil, daß im Gegensatz zur Fundamentalgruppe die neuen Invarianten selbst einfach waren – die Berechnung der Betti- und Torsionszahlen zweier zellenzerlegten Mannigfaltigkeiten mochte zwar umständlich sein, aber die Übereinstimmung bzw. Nichtübereinstimmung der Resultate sah man mit bloßem Auge. Eine Fülle von Informationen über Mannigfaltigkeiten schien damit greifbar. Gleichzeitig ließen diese Erfolge Zellenzerlegungen bzw. -aufbauten als äußerst vielversprechende Weise der Konstruktion der Erkenntnisgegenstände der Topologie erscheinen.

Poincaré scheint von den neugefundenen topologischen Invarianten so hingerissen gewesen zu sein, daß er zunächst große Hoffnungen in sie setzte. Das zweite *Complément* schloß mit der Behauptung, daß eine geschlossene, zellenzerlegte p-dimensionale Mannigfaltigkeit mit den Betti- und Torsionszahlen der p-dimensionalen „Hypersphäre" sogar mit dieser homöomorph sei. Erst 1904 zeigte er in einem „Cinquième complément à l'Analysis situs" durch ein für damalige Verhältnisse recht kompliziertes Gegenbeispiel, daß diese Behauptung falsch war. Poincaré schwächte sie daher zu jener Vermutung ab, die heute seinen Namen trägt: Besitzt eine geschlossene Mannigfaltigkeit die Homologie und die Fundamentalgruppe der dreidimensionalen Sphäre, so ist sie „einfach zusammenhängend", d.h. zu dieser homöomorph.[65] Heute ist ein Analogon zu

---

[63] (Ebd., § 4). In der Tat war es eine andere Beschreibung dieser Mannigfaltigkeit, die Heegaard veranlaßt hatte, Poincaré die Unzulänglichkeit seiner früheren Behandlung der Betti-Zahlen vorzuwerfen. Vgl. dazu auch § 77 und § 81.

[64] (Ebd., § 5); dabei muß eine irrtümliche Bezeichnung Poincarés korrigiert werden. – Durch die Betrachtung der reziproken Zerlegung erkennt man übrigens auch leicht, daß das frühere Berechnungsverfahren für die Fundamentalgruppe eines dreidimensionalen „Polyeders" das nichtkommutative Analogon der Berechnung der ersten Homologie darstellt. In der Tat entsprechen die den Flächen der Zerlegung zugeordneten fundamentalen Wege gerade den Kanten der reziproken Zerlegung, während die Kanten der gegebenen Zerlegung in die zweidimensionalen Zellen der reziproken Zerlegung übergehen. Die fundamentalen Äquivalenzen gehen dabei in die Berandungsrelationen für die Kanten der reziproken Zerlegung über. Eine Präsentation der reduzierten 1-Homologie der *reziproken* Zellenzerlegung ist daher die abelsch gemachte, zur Ausgangszerlegung gehörende Präsentation der Fundamentalgruppe.

[65] Die mäandrischen Schicksale von Poincarés diesbezüglichen Vermutungen und anschließende Bemühungen verfolgt insbesondere (Volkert 1994).

Poincarés Vermutung für topologische Mannigfaltigkeiten aller Dimensionen mit Ausnahme der kritischen Dimension 3 bewiesen. Ausgerechnet der Fall des gewöhnlichen Raumes hat jedoch merkwürdigerweise allen Attacken widerstanden. Aus Gründen, die im 9. Kapitel deutlich werden, hat dieses offen gebliebene Problem, das im Kontext der Poincaréschen Arbeiten zunächst weniger den Charakter einer tiefen und schwierigen Frage, sondern eher den einer künftig noch zu erledigenden, aber nicht allzu bedeutenden technischen Klärung der neuen Methoden hatte, immer wieder entscheidende Impulse für die Knotentheorie gegeben.

§ 71. *Die neue epistemische Konfiguration der Topologie*

Aus einem Vergleich der epistemischen Konfiguration, in der Tait und die Tabulatoren des 19. Jahrhunderts Knoten studierten, mit jener, die durch Poincarés Texte über die *Analysis situs* eröffnet wurde, kann die Größe des Schritts abgelesen werden, den der Beginn der mathematischen Moderne für die Topologie bedeutete. Nicht mehr die anschaulichen Lageeigenschaften von Figuren im gewöhnlichen Raum oder auch mit mehr oder weniger intuitiven Begriffen gefaßte Eigenschaften gewisser Gegenstände der reinen Mathematik bildeten jetzt den Problembereich der Poincaréschen *Analysis situs*, sondern die neuen topologischen Invarianten der durch Poincaré technisch präzisierten Gegenstandsklasse der „Mannigfaltigkeiten". Deutlich wie an wenigen anderen Episoden kann dabei an Poincarés Schriften zur *Analysis situs* die Dialektik zwischen der Neukonstruktion epistemischer Gegenstände und der Entwicklung entsprechender epistemischer Techniken nachvollzogen werden, die den Anbruch der mathematischen Moderne kennzeichnet. Zunächst als Systematisierung topologischer Argumente in anderen mathematischen Kontexten gedacht, erzeugten Poincarés Festlegung des Mannigfaltigkeitsbegriffs und seine Algebraisierung der Relationen der Homologie von Untermannigfaltigkeiten und der Homotopie geschlossener Wege bald ein ganzes Bündel neuer und zum Teil schwieriger Fragen über die neuen Gegenstände. Vor allem durch die Einführung der Zellenzerlegungen von Mannigfaltigkeiten – in der Reaktion auf Heegaards Kritik aus früheren Methoden weiterentwickelt – gelang es Poincaré, einen Komplex von Techniken bereitzustellen, der ein systematisches Studium dieser Fragen möglich machte. Dabei fand eine nochmalige Verschiebung der Konstruktionsweise topologischer Objekte statt, eine Verschiebung, durch die eine in der Geschichte der Topologie bislang nicht gekannte, produktive und relativ stabile epistemische Konfiguration entstand, an und mit der andere Mathematiker systematisch weiterarbeiten konnten.

Die Topologie war dadurch epistemisch autonom geworden. Andererseits blieb sie durch die importierten Techniken der kombinatorischen Gruppentheorie und linearen Algebra mit diesen Zweigen der modernen Mathematik, welche ebenfalls stürmische Entwicklungen erfuhren, vernetzt. Im Fall der Gruppentheorie lohnte sich die Ausnutzung dieser Beziehung bald in beiden Richtungen, wie wir noch sehen werden. Außerdem blieb durch die Verschiebung der Konstruktion der topologischen Objekte zu den „Polyedern" Poincarés eine irritierende, mathematisch nicht geklärte Kluft zu den analytischen (differentialtopologischen) Fassungen der topologischen Begriffe. Diese moderne Version der Alternative zwischen direkter und indirekter *Geometria situs* deutete verschiedene mögliche Entwicklungslinien der Topologie an.[66] Gleichzeitig markierte

---

[66] (Herreman 1997) betont zurecht, daß die Semantik der mathematischen Sprache Poincarés verbietet, seine Texte einer „rein kombinatorischen" Topologie zuzurechnen. Diese Diagnose (die zeitgenössische Leser Poincarés wie z.B. Heinrich Tietze zweifellos akzeptiert hätten) widerspricht jedoch nicht der Tatsa-

sie jedoch auch eine produktive, selbst mathematisch bearbeitbare Differenz, die im Lauf der folgenden Jahrzehnte Gegenstand einiger tiefreichender Forschungen auf der Grenze zwischen Topologie und den verschiedenen Zweigen der Analysis wurde.

Es muß betont werden, daß es historisch gesehen wenig sinnvoll ist, Poincaré die mangelnde Strenge seiner Argumente vorzuhalten.[67] Was an seinen Beiträgen wirksam war, war nicht die Menge des neuen, gesicherten *Wissens*, sondern die Bereitstellung von Werkzeugen zur Behandlung topologischer Fragen. Poincarés „Polyeder" und die auf Zellenschemata gegründeten Berechnungsverfahren gestatteten einerseits, eine große Zahl neuer topologischer Objekte zu imaginieren, und sie erlaubten andererseits, eine beachtliche Reihe von allgemeinen oder auf konkrete Objekte bezogenen Problemen zu bearbeiten, die zuvor aufgrund des Mangels an epistemischen Techniken als völlig unangreifbar, ja zum Teil noch nicht einmal formulierbar erschienen wären. Wir werden das an der Knotentheorie noch im Detail nachweisen können. Daß das Inventar der neuen epistemischen Konfiguration selbst provisorisch war, kann dabei kaum als Mangel betrachtet werden. Im Gegenteil gibt die Geschichte der späteren Modifikationen von Poincarés Definitionen und Verfahren ein weiteres Beispiel dafür, daß der technische Apparat einer Forschungsaktivität, die sich als produktiv erweist, weitergehende Forschungen provozieren und damit zur inneren Geschichte des betreffenden Gebiets beitragen kann.

Für den Fall *dreidimensionaler* Mannigfaltigkeiten (ab hier auch kurz 3-Mannigfaltigkeiten genannt), der uns in der Folge fast ausschließlich beschäftigen wird, muß noch auf ein Element der neuen epistemischen Konfiguration hingewiesen werden, das diese besonders fruchtbar machte. In diesem Fall blieben nämlich die auf einzelne Zellen und ihre *lokalen* Berandungsverhältnisse bezogenen Argumente weitgehend anschaulich nachvollziehbar, und nur das *globale* topologische Verhalten mußte durch die Kombinatorik des „Polyederschemas" gefaßt werden. Damit konnten für die dreidimensionale Topologie anschauliche Argumente nutzbar gemacht werden, auch wenn die Erkenntnisobjekte selbst der räumlichen Anschauung strenggenommen nicht mehr zugänglich waren. Diese Besonderheit blieb einerseits bis heute eine wichtige heuristische Stütze der dreidimensionalen Topologie. Andererseits führte sich aber auch zu einigen komplexen Irrtümern, deren Geschichte eine eigene Erzählung wert wäre.[68]

Trotz allem hatten auch Poincarés Beiträge den Schritt in die Moderne erst zur Hälfte vollzogen. Die Topologie war in seinen Augen immer noch als Werkzeug zur Bearbeitung klassischer Probleme der Mathematik des 19. Jahrhunderts konzipiert, Mannigfaltigkeiten waren (als Teilmengen eines $\mathbb{R}^n$) enger gefaßt als in Riemanns informellen Spekulationen, und Poincarés Beschreibung des mathematischen Inhalts der Topologie als einer Invariantentheorie der Gruppe der „Homöomorphismen" entsprach noch weitgehend dem ebenfalls zwischen traditionellen und modernen Elementen schwankenden „Erlanger Programm" Felix Kleins.[69] Erst die beiden auf Poincaré folgenden Generationen von Mathematikern, die sich der Topologie zuwandten, vollendeten den Schritt in die mathematische Moderne und zur Etablierung der Topologie als autonomer

---

che, daß die von Poincaré geschaffene epistemische Konfiguration eine wesentliche Voraussetzung für die Entwicklung dieser Richtung war. Vgl. dazu Abschnitt 3 dieses Kapitels.

[67] Wie es etwa die drastische Rhetorik der Anfangskapitel von (Dieudonné 1989) nahelegt.

[68] Ein Beispiel findet sich in § 85.

[69] Vgl. § 54. Es sollte freilich auf die von (Scholz 1980, 289) betonte Einschränkung hingewiesen werden, die Poincarés Position technisch von der Kleins doch absetzt: Gemäß Poincarés anfänglichen Definitionen bilden nämlich die Homöomorphismen von Mannigfaltigkeiten keine Gruppe, sondern nur ein Gruppoid.

Teildisziplin der Mathematik. Dies gilt sowohl auf der sozialen wie auch auf der intellektuellen Ebene. Bereits die ersten produktiven Leser der topologischen Arbeiten Poincarés – vor allem Poul Heegaard, Max Dehn, Heinrich Tietze, Luitzen Brouwer und Oswald Veblen – widmeten einen guten Teil ihrer Karriere dem Studium der Topologie. Einige Mitglieder der zweiten, vor allem nach dem ersten Weltkrieg aktiven Generation von an der Topologie interessierten Mathematikern – zu der James W. Alexander, Bela v. Kerékjártó, Hermann Weyl, Hellmuth Kneser, Kurt Reidemeister, Heinz Hopf, Pawel Alexandroff, William Threlfall und Herbert Seifert gehörten – konnten bereits als professionelle „Topologen" bezeichnet werden.[70] Aus ihrer Feder stammten auch die ersten Lehrbücher der sich allmählich konsolidierenden Disziplin.[71]

Auf der intellektuellen Ebene wurde der Schritt in die Moderne dadurch vollendet, daß Poincarés Begriffe und Techniken mit dem axiomatischen Theoriekonstruktionsideal verbunden wurden. Dies konnte auf verschiedene Weise geschehen, je nachdem, ob an Poincarés analytische Definitionen oder an die kombinatorischen Techniken der ersten beiden *Compléments* angeschlossen wurde. Da das Arsenal der kombinatorischen Techniken konkrete Ergebnisse direkter erreichbar zu machen versprach, schien der zweite Weg zunächst aussichtsreicher. Die ersten, die Poincarés Texte rezipierten und sich das neue Gebiet zu eigen machten, suchten die Topologie denn auch fast alle im Sinn einer mehr oder weniger explizit axiomatischen und jedenfalls kombinatorisch orientierten Theorie festzulegen.[72] Der andere, an Poincarés analytische Begriffe anschließende Weg, auf dem die Topologie zu einer modernen Theorie ausgebaut wurde, wurde erst später beschritten. Er stützte sich auf die Theorie der Punktmengen, die bekanntlich aus der Cantorschen Spielart einer „Mannigfaltigkeitslehre" hervorging und als eine der ersten mathematischen Theorien nach der Geometrie in axiomatischem Stil neuformuliert wurde. Hier standen zunächst nicht die algebraischen Methoden der Homologie und der Fundamentalgruppe im Zentrum, sondern eine sehr viel grundsätzlichere Klärung des Begriffs des topologischen Raums, die hauptsächlich Felix Hausdorff leistete (Hausdorff 1914). Erst ab den späten zwanziger Jahren wurde diese Linie der mengentheoretischen Topologie ernsthaft mit Poincarés algebraischen Techniken und dessen Theorie der Mannigfaltigkeiten verknüpft.[73]

7.3 Ein modernes Manifest der Topologie

§ 72. *Der Enzyklopädie-Artikel von Dehn und Heegaard*

Eine besondere Rolle für den Ausbau der Topologie in der unmittelbaren Nachfolge von Poincarés Arbeiten spielte ein Artikel, den Poul Heegaard und Max Dehn im Jahr 1907 in der *Enzyklopädie der mathematischen Wissenschaften* veröffentlichten. Er kann als ein in der historischen Situation

---

[70] Vgl. für Alexander § 104.

[71] Etwa (Veblen 1922), (Kerékjártó 1923), (Reidemeister 1932b), (Seifert und Threlfall 1934), (Alexandroff und Hopf 1935).

[72] Das gilt insbesondere für Dehn, Tietze, Ernst Steinitz und Veblen. Brouwer bildet zwar eine Ausnahme, was die Neigung zur Axiomatik betrifft, nicht aber, was die kombinatorischen Techniken betrifft.

[73] Erst dann wurde es auch möglich, die genauen Beziehungen zwischen den verschiedenen in Poincarés Schriften entworfenen Definitionsstrategien systematisch zu untersuchen. Weitere Informationen hierzu in (Scholz 1999) sowie verstreut in (Dieudonné 1989).

wichtiges und wirksames Manifest einer modernen, rein kombinatorischen Topologie gelten, auch wenn er praktisch keine neuen Resultate brachte und von der weiteren Entwicklung bald überholt wurde. Da Dehn auch zu den ersten gehörte, die Knoten mit den Mitteln der modernen Topologie behandelten, sei er hier kurz vorgestellt und das Grundkonzept dieses Manifests erläutert.

Max Dehn wurde am 19. November 1878 in Hamburg als Kind einer jüdischen Familie geboren. Er begann seine mathematische Karriere als einer der Musterschüler des Hilbert der *Grundlagen der Geometrie*. In seiner Dissertation behandelte er im Stil der Hilbertschen Festschrift ein System der Geometrie, das sich ergab, wenn das Archimedische Axiom fallengelassen wurde.[74] Kurze Zeit später löste er als erster eines der 23 Hilbertschen Probleme. Es handelte sich um das dritte Problem, in welchem es um die Möglichkeit einer elementargeometrischen Definition des Rauminhalts ging.[75] Hilberts Erwartung entsprechend wies Dehn die *Unmöglichkeit* einer solchen Definition nach. In den folgenden Jahren korrespondierte er dann regelmäßig mit Hilbert über die Neuauflagen der *Grundlagen der Geometrie* und referierte diesbezügliche Arbeiten für Hilbert.[76] Hilbert verfolgte auch Dehns berufliche Entwicklung aus großer Nähe. Aus Dehns Briefen an seinen Mentor geht hervor, daß dieser mindestens bis zum Beginn des ersten Weltkriegs seine schützende und empfehlende Hand über Dehns Werdegang hielt. Das gilt für eine kurze Anstellung Dehns in Karlsruhe (von 1900 bis 1901) und vermutlich auch für den Wechsel nach Münster, wo Dehn sich 1901 habilitierte und bis 1911 Privatdozent blieb.[77] Im April 1911 wurde Dehn dann auf Hilberts Fürsprache hin ein Extraordinariat in Kiel angeboten.[78] Trotz eines Empfehlungsschreibens von Hilbert scheiterte eine Beförderung Dehns in Kiel im Frühjahr 1913, aber stattdessen gelang noch im Sommer desselben Jahres eine Berufung auf ein Ordinariat in Breslau.[79]

Auch als Dehn nicht mehr an den Grundlagen der Geometrie arbeitete, bewegte sich sein mathematisches Denken zunächst ganz im Rahmen der intellektuellen Hegemonie Hilberts.[80] Das gilt insbesondere im Hinblick auf den gemeinsam mit Heegaard verfaßten Enzyklopädie-Artikel, für dessen systematischen Aufbau sich Dehn verantwortlich erklärte.[81] Bereits die erste mathematische Definition des Artikels folgte bis in die Wortwahl dem stilistischen Vorbild der *Grundlagen der Geometrie*:

---

[74] Vgl. (Magnus 1978). Wie sehr Hilbert Dehns Dissertation schätzte, zeigt sich an folgender Passage in einem Brief Hilberts an Hurwitz vom 5. November 1899: „Da Sie sich auch etwas für die Grundlagen der Geometrie interessieren, so möchte ich Sie auf eine wohl noch in diesem Semester erscheinende Dissertation von einem meiner besten Schüler Herrn Dehn aufmerksam machen, über deren Resultate ich ganz entzückt bin." (NSUB Göttingen, Cod. MS. Hilbert.)

[75] D.h. um eine Definition auf der Basis endlicher Zerlegungen von Polyedern und des Kongruenzbegriffs, aber ohne Benützung von Stetigkeitsaxiomen; vgl. Dehns Habilitationsschrift (Dehn 1901).

[76] Dehns Briefe an Hilbert befinden sich in der NSUB Göttingen, Cod. MS Hilbert. Im folgenden wird lediglich das Datum angegeben.

[77] Vgl. Dehn an Hilbert, 24. September 1900, sowie die folgenden, aus Karlsruhe gesandten Briefe.

[78] Dehn an Hilbert, 3. April 1911.

[79] Dehn an Hilbert, 9. März und 11. Juli 1913. Ob in den Kieler Schwierigkeiten die jüdische Herkunft Dehns eine Rolle spielte, muß dahingestellt bleiben. – Zur weiteren Biographie Dehns vgl. Abschnitt 9.3.

[80] Das hat auch Wilhelm Magnus, der 1929 bei Dehn promovierte, wiederholt betont, etwa in folgender Passage: „Hilbert's influence on Dehn extends well beyond Dehn's first unpublished paper. It was a most fortunate coincidence that Dehn met Hilbert during Hilbert's ‚geometric period.' " (Magnus 1978, 133.)

[81] Vgl. die Anmerkung in (Dehn und Heegaard 1907, 153).

„Seien P_0', P_0'', ..., $P_0^{\alpha_0}$ eine erste endliche Reihe von Elementen, die wir *Punkte* nennen und deren Gesamtheit $\{P_0', P_0'', ..., P_0^{\alpha_0}\}$ wir als *Punktkomplex* C_0 bezeichnen. Wir bestimmen nun, daß je zwei dieser Punkte, etwa P_0^i und P_0^k eine beliebige Anzahl von neuen Dingen $(P_0^i, P_0^k)^1$, $(P_0^i, P_0^k)^2$, ... erzeugen können, die wir als *Strecken* oder *Linienstücke* und mit dem Buchstaben S_1 bezeichnen. Es sei nun S_1', S_1'', ..., $S_1^{\alpha_1}$ ein solches von den Punkten P_0', P_0'', ..., $P_0^{\alpha_0}$ erzeugtes System von Strecken, daß zu ihrer Erzeugung alle Punkte nötig sind (anders ausgedrückt, daß jeder Punkt in diesen Strecken mindestens einmal vorkommt), dann nennen wir die Gesamtheit

$$\{\ P_0', P_0'', ..., P_0^{\alpha_0}\ ;\ S_1', S_1'', ..., S_1^{\alpha_1}\ \}$$

einen *Streckenkomplex*, ein *Liniensystem* oder einen *eindimensionalen Komplex* C_1."[82]

In ganz entsprechender Weise wurden auch höherdimensionale „Komplexe" eingeführt. Unter diesen waren die „Mannigfaltigkeiten" durch Bedingungen ausgezeichnet, die der früher von Poincaré beschriebenen Bedingung analog waren (d.h. an den Ecken eines Komplexes mußten gewisse Inzidenzverhältnisse vorliegen). Auch die Begriffe der Berandung, der Homologie und der Homöomorphie wurden (der Sache nach Poincaré folgend, aber in der neuen Deutung) rein kombinatorisch eingeführt. So wurden etwa zwei Komplexe als homöomorph bezeichnet, wenn sie (abgesehen von Bezeichnungsänderungen) durch eine endliche Kette „interner Transformationen" ineinander überführt werden konnten, d.h. durch solche Transformationen, bei denen eine p-dimensionale Zelle (um diesen bereits im vorigen Abschnitt eingeführten Begriff in modifiziertem Sinn zu verwenden) durch die Einführung einer neuen $(p-1)$-dimensionalen Zelle „unterteilt" wurde bzw. umgekehrt zwei „aneinandergrenzende" p-dimensionale Zellen miteinander durch die Streichung einer $(p-1)$-dimensionalen Zelle vereinigt wurden.

Neu war dagegen eine Unterscheidung zweier Arten der Deformation von in einer n-dimensionalen Mannigfaltigkeit M_n gelegenen p-dimensionalen Komplexen C_p: jener der „Homotopie" und des Spezialfalls der „Isotopie". Auch damit waren rein kombinatorische Beziehungen gemeint, bei denen C_p schrittweise durch „Elementartransformationen" abgeändert wurde. Im Fall von Streckenzügen (Kurven) C_1 in M_n bedeutete das, daß ein Abschnitt (AB) von C_1 durch einen Streckenzug $C_1' := (AP^1)$, (P^1P^2), ..., $(P^{n-1}P^n)$, (P^nB) ersetzt werden durfte, falls der *geschlossene*, aus C_1' und (BA) bestehende Streckenzug Rand eines zu M_n gehörenden „Elementarflächenstücks" E_2 (einer 2-Zelle, anschaulich: einer Scheibe) war. Zwei durch eine Kette solcher Abänderungen miteinander verbundene Kurven hießen homotop. Falls zusätzlich galt, daß die auftretenden Elementarflächenstücke keinen Punkt der zu deformierenden Kurve außer den jeweiligen Stücken (AB) enthielten, sprachen Dehn und Heegaard von Isotopie.[83] Anschaulich bedeutete das: Während es bei einer Homotopie von Kurven während der Abänderungen

---

[82] (Dehn und Heegaard 1907, 156). Diese Definition wurzelte übrigens direkt in den „topologischen" Teilen von Hilberts *Grundlagen der Geometrie*. Streckenkomplexe sind direkte Verallgemeinerungen der Hilbertschen „Streckenzüge" (Hilbert 1899, §§ 3-6). Der einzige Unterschied ist, daß bei Hilbert nur *Ketten* von Paaren (AB), (BC), (CD), ... anstelle beliebiger Paarungen wie oben zugelassen waren.

[83] ♠ Das deckt sich nicht unmittelbar mit dem heute üblichen Begriff der (stetigen, ambienten) Isotopie, in welchem eine stetig von der Identität ausgehende Familie von Homöomorphismen der *gesamten* Mannigfaltigkeit M gefordert wird, die eine Kurve stetig mitbewegt. ♠

auch zu Selbstkreuzungen der Kurve kommen durfte, war dies bei Isotopien verboten. Solche Deformationen waren aber gerade die für Knoten im gewöhnlichen Raum E_3 zulässigen. Dehn und Heegaard wiesen denn auch auf diese Fälle „verschieden geschlungener Kurven" zur Motivierung ihres neuen Begriffs hin (ebd., 166).

Im Rahmen dieser Definitionen skizzierten Dehn und Heegaard eine autonome (d.h. von etwa in anderen mathematischen oder wissenschaftlichen Gebieten auftretenden Fragestellungen ganz unabhängige, nur durch die topologischen Begriffe selbst erzeugte) Hierarchie topologischer Probleme. Neben den Problemen des „Complexus" (d.h. der Konstruktion von Komplexen) gab es Probleme des „Nexus" und solche des „Connexus". Unter die ersteren fielen alle Probleme der Klassifikation von Komplexen oder Mannigfaltigkeiten in Bezug auf *Homöomorphie*, geordnet nach der Zahl der Dimensionen der betreffenden Komplexe. Die letzteren betrafen die relative Lage von Mannigfaltigkeiten (oder von Komplexen) verschiedener Dimension ineinander, d.h. das allgemeine Analogon dessen, was bereits Klein als relative Eigenschaften topologischer Gebilde bezeichnet hatte. Je nachdem, ob die relative Lage im Hinblick auf die *Homotopie* oder die *Isotopie* der eingelagerten Objekte untersucht wurde, teilten sich die Probleme des „Connexus" noch einmal in zwei Klassen. Außerdem konnten auch sie gemäß der doppelten Reihe der betreffenden Dimensionen geordnet werden (ebd., 170). Die Poincarésche Fundamentalgruppe für Flächen (der einzige Fall, den Dehn und Heegaard überhaupt erwähnten!) stellte etwa das einfachste Problem der Homotopie, nämlich von eindimensionalen Mannigfaltigkeiten in zweidimensionalen, dar.

Wie Hilberts *Grundlagen der Geometrie* wurde damit auch die *Analysis situs* als eine Theorie präsentiert, welche es mit Aggregaten undefinierter Elemente zu tun hatte, deren Eigenschaften durch rein kombinatorische Regeln festgelegt waren.[84] (Ich werde im folgenden das Prädikat „rein kombinatorisch" verwenden, um auf einen solchen Ansatz zu verweisen; der Ausdruck „kombinatorisch" allein kann sich hingegen auch auf Verwendungen epistemischer Techniken wie der in § 70 beschriebenen beziehen, in welchen anschauliche bzw. punktmengentheoretische Denkweisen eine wesentliche Rolle spielen.) Dehn und Heegaard machten auch einen ersten Axiomatisierungsversuch zur Festlegung dieser Regeln, der eine etwas vage Brücke zur Theorie der Punktmengen schlug und sich später nicht durchsetzte. Aufgabe dieser Axiome sollte es sein, die Beziehung der rein kombinatorischen Definitionen zu den *anschaulichen* Lageverhältnissen im gewöhnlichen Raum zu sichern – die Axiome sollten ein „Anschauungssubstrat" liefern, das in den Augen der Autoren der aufgestellten „Theorie allein Wert verleihen" konnte (Dehn und Heegaard 1907, 168). Fragen der Konsistenz oder Abhängigkeit der Axiome wurden dagegen nicht diskutiert. Dehn und Heegaard faßten ihre Position prägnant in der These zusammen, daß die *Analysis situs* ein „durch seine anschauliche Bedeutung ausgezeichneter Teil der Kombinatorik" sei, „der primitivste Abschnitt der Geometrie, wo der Grenzbegriff noch nirgendwo von Bedeutung ist" (ebd., 170 f.). Konsequenterweise hatte auch der Begriff der Stetigkeit im beschriebenen Aufbau keinen Platz.[85]

---

[84] Vgl. zu den technischen Einzelheiten auch (Bollinger 1972, 144-147).

[85] Außer in einem der Axiome, in welchem schlicht verlangt wurde, daß zwei Komplexe in einer Mannigfaltigkeit *genau dann* homotop im Sinn Dehns und Heegaards waren, wenn sie im Sinn der Punktmengen stetig ineinander deformierbar waren. An dieser Formulierung, die das Problem der Hauptvermutung schlicht durch axiomatische Setzung zu erledigen suchte, zeigt sich die Naivität dieses verfrühten Axiomatisierungsversuchs der Topologie (ebd., 169).

Im Vergleich zu Poincarés Ideen über die Funktion topologischer Begriffe in der Mathematik
bedeutete Dehns und Heegaards Ansatz einen Neubeginn. Ihre Entscheidung, die Topologie als
einen Teil der (abstrakt und ontologisch neutral verstandenen) Kombinatorik darzustellen, drückt
die Übernahme eines neuen, in spezifischer Weise modernen und offensichtlich durch die intellektuelle Hegemonie Hilberts geprägten Rationalitätsmusters in der Behandlung topologischer
Fragen aus. Auf der einen Seite schloß dieses Muster eine Forderung nach perfekter mathematischer Strenge ein. Auch wenn topologische Argumente durch Anschauung angeleitet werden
konnten, sollten sie doch idealerweise auf die Manipulation rein kombinatorischer Daten auf einer
formalen, axiomatischen Basis reduzierbar sein. Wie im folgenden mannigfach illustriert wird,
war dies eine typische *Wertvorstellung* und nur zum Teil eine Beschreibung der tatsächlichen
Argumentationspraxis.[86] Auf der anderen Seite gehörte zu dem neuen Rationalitätsmuster viel
stärker als bei Poincaré die Befürwortung einer *Differenzierung* der Topologie von anderen Disziplinen. Die Topologie, die Dehn und Heegaard beschrieben, sollte eigene Begriffe, eine intern
charakterisierte Problemhierarchie und von anderen Gebieten weitgehend unabhängige Techniken besitzen. Weder der Hinweis auf einen Ursprung der Topologie in anderen Gebieten noch auf
ihre Anwendung dort spielte in Dehns und Heegaards Programm eine explizite Rolle, auch wenn
klar war, daß die Topologie in der konzeptuellen Architektur der Mathematik eine fundamentale
Rolle spielen sollte.[87] Auch diese Tendenz zur Differenzierung war ein handlungsorientieren-
der *Wert* und nicht unbedingt eine adäquate Beschreibung topologischen Handelns (das ja noch
immer selten anzutreffen war).

§ 73. *Der moderne Ort der Knotentheorie*

Seiner eigentlichen Aufgabe entsprechend gab der Enzyklopädie-Artikel von Dehn und Heegaard
auch recht umfassende Verweise auf die topologische Literatur des 19. Jahrhunderts. Er prägte
dadurch in starkem Maß das von späteren Mathematikern akzeptierte Bild der „Vorgeschichte"
dieses Gebiets. Bei der literarischen Arbeit, für die vor allem Heegaard verantwortlich zeichnete,
stießen die Autoren natürlich auch auf die im ersten Teil behandelten Publikationen über Knoten.
Bereits in der historischen Einleitung des Artikels erscheinen „die Arbeiten insbesondere der
englischen Schule" über Knoten und Graphen als eines der Hauptarbeitsgebiete der *Analysis
situs* des 19. Jahrhunderts nach der Zeit Riemanns, unmittelbar neben den Arbeiten Bettis und
Poincarés (Dehn und Heegaard 1907, 156). Daher ist es nicht überraschend, daß Dehn und
Heegaard auch dem Knotenproblem einen systematischen Ort innerhalb des von ihnen skizzierten
Rahmens zuwiesen und einige Bemerkungen zu seiner eventuellen Behandlung machten.

Das Problem der Klassifikation von Knoten wurde als das einfachste nichttriviale Problem
der Isotopie von Mannigfaltigkeiten vorgestellt – als Problem der Isotopie geschlossener Kurven
im „gewöhnlichen Raum", den Dehn und Heegaard hier als einen dreidimensionalen, aus identischen Würfeln zusammengesetzten (rein kombinatorischen!) Komplex beschrieben.[88] Dieser

---

[86] An anderen Texten zeigt dies auch (Herreman 1997).

[87] Von dem Bild der Topologie, das Listing 60 Jahre früher umrissen hatte, trennen Dehn und Heegaard
zwei Stufen der Differenzierung. Im Jahr 1847 war weder die äußere Differenzierung der Mathematik
von den exakten Wissenschaften noch die innere Differenzierung der Topologie von anderen Zweigen der
Mathematik ein etablierte Tatsache. Vgl. § 30.

[88] (Dehn und Heegaard 1907, 207 ff.) – Obwohl Dehn sich früher mit dem Beweis des Jordanschen

konnte auf die naheliegende Weise durch Tripel x, y, z ganzer Zahlen koordinatisiert werden. Geschlossene Kurven (Kantenzüge) des Komplexes ließen sich dann als zyklische Folgen solcher Tripel

$$
\begin{array}{ccccc}
x_1 & x_2 & \ldots & x_n & x_1 \\
y_1 & y_2 & \ldots & y_n & y_1 \\
z_1 & z_2 & \ldots & z_n & z_1
\end{array}
$$

beschreiben, welche die Bedingung erfüllten, daß zwei aufeinanderfolgende Spalten sich in genau einer Komponente um den Betrag 1 unterschieden und der so definierte geschlossene Zug von Kanten des Würfelgitters frei von Doppelpunkten war (ebd.). Wie im allgemeinen Fall führten Dehn und Heegaard auch die relevanten Deformationen solcher Kurven auf elementare Transformationen zurück, die der speziellen Situation angemessen waren. Offensichtlich konnte die Isotopie der betrachteten „Knoten" ja durch Ketten der folgenden elementaren Transformationen erzeugt werden (ebd., 208):

„1) Multiplikation aller Zahlen des Schemas mit einer von Null verschiedenen positiven Zahl. 2) Ersatz von aufeinander folgenden Kolonnen von der Art:

$$
\begin{array}{cc}
x & x+1 \\
y & y \\
z & z
\end{array}
$$

durch vier Kolonnen von der Art:

$$
\begin{array}{cccc}
x & x & x+1 & x+1 \\
y & y+1 & y+1 & y \\
z & z & z & z
\end{array}
$$

3) Umkehrung der Transformation von der Art 2), 4) Ersatz der drei aufeinanderfolgenden Kolonnen von der Art:

$$
\begin{array}{ccc}
x & x & x+1 \\
y+1 & y & y \\
z & z & z
\end{array}
$$

durch die Reihen

$$
\begin{array}{ccc}
x & x+1 & x+1 \\
y+1 & y+1 & y \\
z & z & z
\end{array}.\text{"}
$$

(Die entsprechenden Transformationen der anderen Koordinatenpaare wurden von Dehn und Heegaard nicht erwähnt.) Die Autoren kommentierten: „Damit sind alle Probleme der Isotopie von Kurven eines E_3 auf arithmetische Probleme zurückgeführt." (Ebd., 207 f.) Diese Bemerkung muß programmatisch verstanden werden, denn wie die folgende Übersicht über die Resultate Listings, Taits und anderer zeigte, hatte keiner der früheren Autoren das Problem in diesem Licht bearbeitet, und auch Dehn und Heegaard gingen nicht über ihre Andeutung hinaus, die das Knotenproblem ihrem modernen, kombinatorischen Ansatz einordnete.

Kurvensatzes in der Ebene beschäftigt hatte, wurde das Problem der Isotopie geschlossener Kurven auf Flächen nicht erwähnt.

Unter den erwähnten Bemühungen des 19. Jahrhunderts verdient ein Hinweis besondere Beachtung. Im Jahr 1900 war der achte Band der Gaußschen *Werke* mit Gauß' topologischen Skizzen erschienen, und nun war auch das Klima für deren Rezeption günstig. Dehn und Heegaard beschrieben daher neben dem Gaußschen Verschlingungsintegral auch (unter der Rubrik „Mannigfaltigkeiten mit Singularitäten" und ohne ausdrücklichen Bezug auf das Knotenproblem) Gauß' Versuche, das Traktproblem zu lösen (vgl. § 28), und sie stellten fest, daß die Lösung des Problems nicht gelungen war (Dehn und Heegaard 1907, 217).

Die vorgeschlagene Arithmetisierung des Knotenproblems stellt ein modernes Gegenstück zu Vandermondes erstem Mathematisierungsversuch dar (§ 20). Wie diesem war auch Dehns und Heegaards Ansatz wenig unmittelbarer Erfolg beschieden. Bereits in den Arbeiten der schottischen Physiker hatte sich gezeigt, daß *andere* Arten elementarer Deformationen bessere Techniken lieferten, sich dem Problem zu nähern; dies sollte später noch deutlicher werden. Überraschend ist auch, daß Dehn und Heegaard nicht auf die mögliche Anwendung der Poincaréschen Techniken auf das einen Knoten umgebende *Raumgebiet* hinwiesen – dies zeigt, daß sie sich selbst noch nicht ernsthaft mit dem Thema auseinandergesetzt hatten.[89] Auf der anderen Seite sollte sich die allgemeine, von Dehn und Heegaard umrissene Perspektive eines rein kombinatorischen und epistemisch autonomen Zugangs zur Knotentheorie in den zwanziger Jahren weitgehend durchsetzen. Die Entwicklung dorthin erfolgte aber – und das ist wichtig – auf einem verschlungenen Weg. Die vorgeschlagene Arithmetisierung und der zugewiesene systematische Ort des Knotenproblems alleine reichten nicht aus, um seine Bearbeitung in einem modernen Stil attraktiv zu machen. Wesentlich komplexere Gründe waren dafür verantwortlich, daß zu der Zeit, als Dehn und Heegaard ihr topologisches Manifest verfaßten, an anderem Ort bereits einige tiefe Einsichten über gewisse mit Knoten verknüpfte mathematische Objekte vorlagen; und auch Dehn selbst verfolgte ganz andere Zwecke, als er kurze Zeit später erneut, und wesentlich ernsthafter, auf das Thema der Knoten stieß.

---

[89] Dieses Urteil ergibt sich auch aus anderen Beobachtungen. So zweifeln Dehn und Heegaard an der von Weith behaupteten Möglichkeit, Knoten durch wendepunktfreie Diagramme darzustellen, obwohl sie andererseits auf die Brunnsche Arbeit (Brunn 1897) hinwiesen, aus der diese Behauptung sich direkt ergibt (vgl. § 60). Die Verbindung des Gaußschen Traktproblems mit den entsprechenden Überlegungen Taits wurde ebenfalls nicht verfolgt.

8 EIN ANDERER WEG IN DIE MATHEMATISCHE MODERNE: WILHELM WIRTINGER, POUL HEEGAARD UND HEINRICH TIETZE

> Über die Verzweigungen algebraischer Functionen mehrerer Variablen habe ich eine ganz elementare Untersuchung angestellt, welche nur den Zweck hat, klar zu stellen, wie es kommt u. wie man sich topologisch vorzustellen hat, dass längs der zusammenhängenden Discriminantenmannigfaltigkeit überall im allgemeinen nur zwei Zweige zusammenhängen, dagegen in deren singulären Punkten unter Umständen beliebig viele.
>
> *Wilhelm Wirtinger an Felix Klein, 1903*

Dieses Kapitel beleuchtet den Weg, auf dem das Thema der Knoten zuerst ins Zentrum der Aufmerksamkeit einiger Mathematiker des frühen 20. Jahrhunderts rückte. Dieser Weg nahm seinen Ausgang weder bei dem systematischen Programm, das Dehn und Heegaard in ihrem Artikel für die *Enzyklopädie der mathematischen Wissenschaften* skizzierten, noch bei der Tradition der Knotentabulation im Stile Taits, Kirkmans und Littles. Stattdessen zeigte sich bei der Arbeit an einer anspruchsvollen, in der reinen Mathematik des späten 19. Jahrhunderts entstandenen Fragestellung aus dem Gebiet der algebraischen Funktionen, daß gewisse Knoten und Verkettungen der Schlüssel zur gesuchten Antwort waren. Zugleich ergab sich eine neue Klasse epistemischer Objekte, die Knoten und Verkettungen zugeordnet werden konnten, bzw. im Kontext der studierten Fragestellung in der Tat zugeordnet waren: jene mathematischen Gegenstände, die heute verzweigte Überlagerungen der dreidimensionalen Sphäre genannt werden. In den Kapiteln 10 und 11 wird sich zeigen, daß eine im Sinn des letzten Kapitels *moderne* Knotentheorie genau in dem Augenblick entstand, in welchem klar wurde, wie Poincarés epistemische Techniken auf diese Klasse mathematischer Objekte effektiv angewandt werden konnten. In der Episode dieses Kapitels spielten dagegen die Vorstellungen einer „rein kombinatorischen" Topologie und der modernen Axiomatik noch keine handlungsleitende Rolle. Da in ihr trotzdem einige der wichtigsten epistemischen Objekte der modernen Knotentheorie konstruiert wurden, führt sie vor, daß der Übergang in die mathematische Moderne – wenigstens im Fall der Knotentheorie – nicht geradlinig oder eindeutig vorgezeichnet war.

Nachfolgend wird zunächst das erste publizierte und modernen Ansprüchen an mathematische Strenge genügende Ergebnis über Knoten und sein lokaler Kontext beschrieben: ein Beweis, daß die Kleeblattschlinge sich nicht stetig in einen Kreis deformieren läßt. Dieser von allen früheren Untersuchungen als anschaulich evident angesehene Sachverhalt war Gegenstand einer kurzen Bemerkung in der Wiener Habilitationsschrift Heinrich Tietzes (8.1). Tietze teilte nicht genau mit, woher die Idee seines Arguments stammte, aber es läßt sich zeigen, daß sie das Nebenprodukt einer langjährigen Forschungsbemühung des Betreuers von Tietzes Habilitation, des Funktionentheoretikers Wilhelm Wirtinger bildete. Gegenstand von Wirtingers Untersuchungen waren die Verzweigungen der algebraischen Funktionen zweier komplexer Veränderlicher. Ganz ähnliche Fragen studierte auch Heegaard in seiner bereits erwähnten Dissertation, einem Text, den Wirtinger und Tietze genau kannten. Bei der Untersuchung solcher Verzweigungen stießen sowohl Heegaard als auch Wirtinger auf bestimmte Knoten (8.2). Im dritten Abschnitt gehe ich noch einmal näher auf Tietzes Habilitationsschrift ein, in die Wirtingers und Heegaards Resultate eingearbeitet, ein Stück weit in Richtung einer modernen, kombinatorischen Topologie verschoben und zum Thema einer Reihe offener Fragen gemacht wurden. Einige Mathematiker der nächsten Generation, deren Arbeiten in späteren Kapiteln beschrieben werden, knüpften an genau diese Fragen an. Manche davon blieben sogar für sehr lange Zeit forschungsleitende Themen (8.3).

8.1 Das erste Ergebnis der modernen Knotentheorie

§ 74. Knoten in Wien

Die Stadt Wien spielt in der hier erzählten Geschichte eine besondere Rolle. Die Stadt Gustav Mahlers und Arnold Schönbergs, Otto Weiningers und Sigmund Freuds, Ludwig Wittgensteins und des „Wiener Kreises", die Stadt des Walzers und des Antisemitismus – sie war auch der Ort, der in den ersten drei Jahrzehnten des zwanzigsten Jahrhunderts mehrfach zum Forum für das mathematische Studium der Knoten wurde.[1] Auch die mathematische Wissensproduktion hat stets einen *Ort*, ein lokales Milieu, das immer dann besonders prägend wirkt, wenn direkte, mündliche Kommunikation zum wesentlichen Bestandteil mathematischen Handelns wird. Solche Kommunikation geschieht selten in einem Raum, der ausschließlich von mathematischen Ideen zu einem bestimmten Thema strukturiert ist. Fast immer ist sie verankert in einem breiteren Feld kommunikativen Handelns, das von dem konkret bearbeiteten Forschungsgegenstand über breitere wissenschaftliche und kulturelle Interessen nahtlos in die Alltagskommunikation der beteiligten Personen übergeht. Das galt für das Edinburgh Taits und der R.S.E. ebenso wie für das Wien jener Mathematiker, die sich dort mit Knoten beschäftigen sollten. Im zehnten Kapitel werden wir sehen, daß mindestens an einem Punkt unserer Geschichte eine Weichenstellung erfolgte, welche mit wichtigen Ereignissen im Milieu der Wiener Moderne verknüpft war. Deshalb sei schon hier die Aufmerksamkeit der Leserin oder des Lesers für die Lokalität dieser Ereignisse geweckt.[2]

---

[1] Aus der breiten Literatur zum Wien der Jahrzehnte vor und nach der Jahrhundertwende sei hier die Studie (Janik und Toulmin 1973/1984) herausgegriffen.

[2] Es würde sich zeifellos lohnen, das Thema der „Wiener Moderne" einmal für die Mathematik genauer durchzuspielen. Ich bin davon überzeugt, daß sich dabei zeigen würde, daß es nicht nur *eine* mathematische Moderne gab, sondern *mehrere*, in je spezifischer Weise lokal geprägte – die „Wiener Moderne" der Mathematik war sicher eine andere als etwa jene Göttingens, deren „Generaldirektor" Hilbert war.

Dabei muß als erstes daran erinnert werden, daß das Thema der Knoten im Wien der Jahrhundertwende nichts unbekanntes mehr war – in Folge der Vorführungen Slades und der sich anschließenden Aktivitäten Simonys und seiner Anhänger.[3] Wie verdrillte Bänder und Gummischläuche zerschnitten werden konnten, und wie solche Experimente im Umfeld Simonys zur empirischen Basis einer „konkreten Topologie" gemacht worden waren, wußten folglich wenn nicht die meisten Wiener, so doch sicher jene, die im Lauf ihrer eigenen mathematischen Arbeit auf topologische Fragen stießen. Noch anläßlich der Tagung der Gesellschaft deutscher Naturforscher und Ärzte, zugleich Jahrestagung der jungen *Deutschen Mathematiker-Vereinigung (DMV)*, die im Jahr 1894 in Wien stattfand, hatte Simony seine Objekte im Rahmen einer Ausstellung vorgeführt und in Abendvorträgen erläutert, die bei der Tagespresse einige Aufmerksamkeit fanden.[4] Als kurz nach der Jahrhundertwende das erste Resultat der modernen Knotentheorie in den *Sitzungsberichten* der Wiener Akademie der Wissenschaften veröffentlicht wurde, rückte es daher in einen Raum des Wissens, in welchem „Knoten" bereits bekannte Objekte mit einer spezifischen Geschichte waren. Ein Indiz dafür, daß die historischen Akteure, die für das genannte Resultat verantwortlich waren, diesen Hintergrund wahrnahmen, ist ihre konsequente Verwendung des Wortes „Topologie" zur Bezeichnung der betreffenden mathematischen Disziplin, die von Dehn und Poincaré ja vorwiegend noch als *Analysis situs* bezeichnet wurde.

§ 75. Die Unauflösbarkeit der Kleeblattschlinge

Das erwähnte Resultat war ein mathematischer Beweis der während des 19. Jahrhunderts nie als beweisbedürftig angesehenen „Erfahrungsthatsache" (wie Simony sich ausgedrückt hätte), daß eine geschlossene Raumkurve in Form einer Kleeblattschlinge sich nicht stetig (ohne Zerschneidung) in einen Kreis deformieren läßt.[5] Dieser Beweis wurde publiziert von Heinrich Tietze, einem im Jahr 1880 in der Nähe von Wien geborenen Mathematiker, der 1905 bei G. v. Escherich in Wien über ein Thema aus der Analysis promoviert und sich anschließend dem Studium der Poincaréschen Arbeiten zur *Analysis situs* zugewandt hatte.[6] Zuerst in einer kurzen Note in den Wiener *Sitzungsberichten* (Tietze 1906) und dann in seiner 1908 angenommenen und gedruckten Habilitationsschrift beschrieb Tietze in einem Abschnitt über „developpable", d.h. in den $\mathbb{R}^3$ einbettbare dreidimensionale Mannigfaltigkeiten folgendes Argument:

> „Greifen wir etwa· die von einer einzigen Fläche vom Geschlechte 1 berandeten developpablen Mannigfaltigkeiten heraus. Das einfachste Beispiel einer solchen Mannigfaltigkeit stellt der von einer Torusfläche berandete Teil des R_3 vor. Die Fundamentalgruppe dieser Mannigfaltigkeit ist die aus einer Operation, für die keine definierende Relation besteht, erzeugte zyklische Gruppe unendlich hoher Ordnung. Eine dieser Mannigfaltigkeit homöomorphe erhält man, wenn man aus einer Kugel einen zylindrischen Kanal ausbohrt. Würde man statt dessen einen verknoteten Kanal wie in Fig. 3 aus der Kugel ausbohren, so wäre die Fundamentalgruppe der so

---

[3] Vgl. die Paragraphen 56 und 59.

[4] Vgl. z.B. *Deutsche Zeitung*, Morgenblatt vom 3. November 1894. Danach kam es offenbar zu einer Kontroverse mit Felix Klein im Vorstand der DMV über die Aufnahme von Simonys Vorträgen in den Tagungsbericht.

[5] Auch Dehn und Heegaard wiesen dies in ihrem Enzyklopädie-Artikel übrigens nicht nach!

[6] Zu Tietzes Biographie vgl. das entsprechende Kapitel in (Einhorn 1983).

entstandenen Mannigfaltigkeit aus zwei erzeugenden Operationen mit der Relation $sts = tst$ aufgebaut, so daß diese Mannigfaltigkeit mit der erstgenannten nicht homöomorph sein kann."[7]

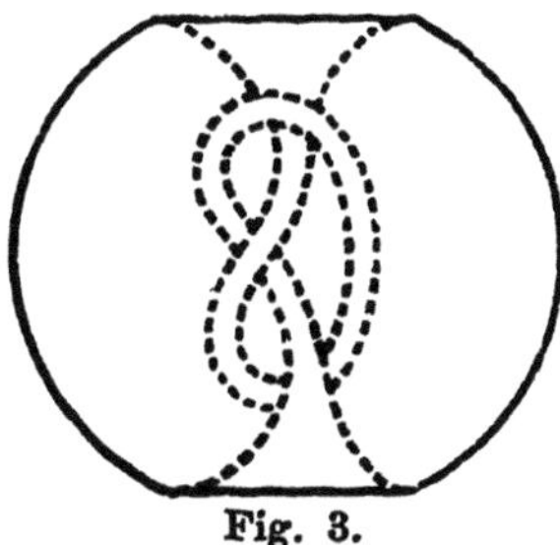

Fig. 8.1: Tietzes Fig. 3.

Waren aber die umgebenden Raumgebiete nicht homöomorph, so konnten Kleeblattschlinge und Kreis nicht ineinander deformierbar sein. Es kann kein Zweifel daran bestehen, daß Tietze, der sich zusammen mit Hans Hahn – einem der bedeutendsten Exponenten der modernen Mathematik in Wien[8] – um dieselbe Zeit an den intensiven Aktivitäten der Universität um eine breite „Volksbildung" beteiligte[9], sich bewußt war, daß ein solches, im epistemischen Rahmen der Poincaréschen *Analysis situs* formuliertes Argument einen Bruch mit einer empirischen Topologie im Stile Simonys darstellte. Tietzes Habilitationsschrift ist durchzogen von Hinweisen auf die Notwendigkeit formal-mathematischer Klärungen anschaulicher „Tatsachen" im Bereich der Topologie (und noch in Poincarés Texten); der Fall der Kleeblattschlinge gibt dafür lediglich ein paradigmatisches, die drastisch geänderte Orientierung anzeigendes Beispiel.[10]

Diese Änderung und auch der Text des Argumentes selbst wirft freilich Fragen auf. Was brachte Tietze dazu, die Fundamentalgruppe von Knotenkomplementen zu betrachten? Wie berechnete er die Fundamentalgruppe des Komplements der Kleeblattschlinge, d.h. woher wußte er, daß sie die angegebene Präsentation besaß? Und, um ein wenig pedantisch zu sein, woher wußte er, daß die so definierte Gruppe nicht die unendlich zyklische Gruppe war? An der zitierten Stelle schwieg Tietze sich zu diesen Fragen aus; er verwies lediglich auf seine frühere Ankündigung des Resultats. Eine genauere Lektüre der *ganzen* Habilitationsschrift Tietzes zeigt jedoch die Herkunft der Fragestellung und des technischen Kerns des genannten Arguments. Es war nicht Tietze selbst, der darauf gestoßen war, und nicht die *Analysis situs* oder Topologie bildete den motivierenden Kontext für die Aufstellung des zitierten Satzes, sondern die Theorie der algebraischen Funktionen. Tietze gab diese Information in einem ganz anderen Abschnitt seines umfangreichen Textes,

---

[7] (Tietze 1908, 82). Eine ganz ähnliche Passage findet sich bereits in (Tietze 1906, 844 f.).

[8] Mehr über Hahns Rolle in Wien folgt in Kapitel 10.

[9] Die beiden hielten z.B. zusammen einen Zyklus von Vorträgen zur „Einführung in die Elemente der höheren Mathematik", der zuerst 1911 und 1912 in einer Reihe fortlaufender Beiträge in der Zeitschrift *Wissen für alle* (Verlag H. Heller, Wien) und später als Buch (Hahn und Tietze 1925) gedruckt wurde.

[10] Weiteres hierzu in Abschnitt 3 dieses Kapitels. – Daß Tietze Simonys Ideen kannte, wird auch dadurch bestätigt, daß er sich später, als eine anschauliche „Gestaltlehre" wieder zu einem opportuneren Mathematikverständnis geworden war, doch noch einmal auf dessen Knoten besann. Vgl. dazu § 113.

und ohne die Verbindung zu der oben zitierten Passage ausdrücklich herzustellen (Tietze 1908, § 18). Dort war die Rede von dem, was Hurwitz, Heegaard und andere „Riemannsche Räume" genannt hatten, d.h. von den dreidimensionalen Analogien Riemannscher Flächen. Zusammen mit der Beschreibung eines Verfahrens, mit dem obige Gruppenpräsentation aufgestellt werden konnte, fiel der Name Wilhelm Wirtingers, Tietzes älterem Kollegen, der diesen in der Tat veranlaßt hatte, sich der Topologie zuzuwenden. In einer 1960 verfaßten Autobiographie schrieb Tietze über seine frühe Laufbahn:

> „[Nach meiner Dissertation] erhielt ich einen starken Eindruck von Wirtinger, der von Innsbruck nach Wien gekommen war und in Vorlesungen und Übungen, wenn er auf algebraische Funktionen und ihre Integrale zu sprechen kam, darauf hindeutete, daß es topologische Momente sind, die dem Aufbau zugrunde liegen."[11]

Eine Fußnote am Beginn der Tietzeschen Arbeit von 1908 bestätigt diese Aussage (Tietze 1908, Anm. 10). Auch in deren § 18 findet sich nicht nur Wirtingers Name, sondern auch der eigentliche Kontext der obigen Überlegung: die „Untersuchung der durch die Cardanische Formel repräsentierten Funktion von zwei komplexen Veränderlichen" (ebd., 105). Daß Tietze sich entschloß, das obige, auf Knoten bezügliche Argument aus diesem Kontext zu lösen und in den einer um Poincarés neue Begriffe und Techniken aufgebauten Topologie zu verschieben, unterstreicht die bewußte, im Wiener Umfeld auch von anderen deutlich wahrnehmbare Modernität seiner Mitteilung dieses ersten Resultats der Knotentheorie des 20. Jahrhunderts.

Bevor ich mich den *Folgen* dieser Verschiebung zuwende, muß die *Herkunft* des von Tietze mitgeteilten Resultats genauer untersucht werden. Dabei begebe ich mich in das historiographisch schwierige Gebiet einer Rekonstruktion mündlicher Kommunikationen und einer nur sehr spärlich durch textliche Spuren dokumentierten Episode mathematischen Handelns. Das „kausale Bedürfnis"[12] nach einem historischen Verständnis dieses ersten Schritts in die moderne Knotentheorie macht den Versuch einer solchen Rekonstruktion aber unvermeidlich.

8.2 Verzweigungen algebraischer Funktionen zweier Variablen

§ 76. *Ein Forschungsprojekt*

Das Fragment mathematischen Wissens, um das es hier geht, ist die Entdeckung eines Zusammenhangs zwischen den topologischen Eigenschaften der Verzweigungen algebraischer Funktionen in zwei komplexen Variablen einerseits, den topologischen Verhältnissen ebener, komplex algebraischer Kurven in der Nähe ihrer singulären Stellen andererseits, und schließlich der Topologie von Knoten bzw. Verkettungen in der dreidimensionalen Sphäre (im folgenden auch kurz als 3-Sphäre oder S^3 bezeichnet). Dieses Ergebnis wurde später oft einem weiteren Wiener Mathematiker, Karl Brauner, zugeschrieben, der 1928 als erster eine längere Arbeit über dieses Thema veröffentlichte.[13] Brauner war ein Student Wirtingers, und Brauners Arbeit von 1928 war

---

[11] Zitiert nach (Einhorn 1983, 78).

[12] Vgl. § 10 und § 89.

[13] Vgl. z.B. (Zariski 1935, ch. 1, sect. 4), (Reeve 1954), (Brieskorn und Knörrer 1986, 415) oder (de la Harpe 1988, 243). Auf Brauners Beitrag komme ich in § 106 zurück.

noch einmal eine von Wirtinger angeregte Habilitationsschrift. Aus dem Gutachten Wirtingers geht klar hervor, daß die zentrale Idee der Arbeit von ihm stammte und ein gutes Stück älter war: „Der Berichterstatter hat vor mehr als zwanzig Jahren den Weg angegeben, auf welchem diesen schwer zugänglichen, aber grundlegenden Problemen beizukommen ist."[14] Wirtingers Datierung verweist auf das einzige gedruckte Dokument, das seine frühere Aktivität direkt belegt – den Titel eines Vortrags Wirtingers auf der Jahrestagung der DMV im Jahr 1905:[15]

„Über die Verzweigungen bei Funktionen von zwei Veränderlichen."

Trotzdem ist es möglich, Wirtingers Arbeit zu rekonstruieren. Auf der einen Seite dokumentieren mehrere Texte späterer Autoren die Existenz einer auf Wirtingers Wiener Vorlesungen und Seminare zurückgehenden oralen Tradierung des in Frage stehenden Wissens.[16] Zum anderen ist es möglich, Spuren der Forschungsaktivität, deren Ergebnis dieses Wissen war, in den zehn Jahren *vor* dem Vortrag von 1905 in Wirtingers Korrespondenz mit einem mächtigen Mathematiker zu verfolgen, der Wirtingers Karriere von früh an unterstützte und zum Teil auch leitete, nämlich mit Felix Klein.[17] Auf der Basis dieser Korrespondenz, und unter Berücksichtigung der in den späteren Texten überlieferten technischen Bruchstücke kann ein ziemlich klares Bild von Wirtingers Untersuchungen gezeichnet werden. Es erklärt nicht nur, wie Tietze zu seinem Beweis der Nichtauflösbarkeit der Kleeblattschlinge kam, sondern auch, wie das systematische Verfolgen einer tief in den Forschungsprogrammen der reinen Mathematik des späten 19. Jahrhunderts verankerten Fragestellung allmählich eine Konstellation mathematischer Gegenstände aus diesem Kontext ablöste, welche nach dieser Ablösung zum zentralen Objekt der Bemühungen der Knotentheoretiker der zwanziger Jahre werden konnte.

Wirtinger, 1865 in der niederösterreichen Stadt Ybbs geboren und anscheinend schon als Schüler ein Leser Riemanns, hatte seinen Kontakt zu Klein schon früh etabliert.[18] Nachdem er 1887 in Wien über ein Thema der synthetischen Geometrie promoviert hatte, begab er sich auf Studienreise nach Berlin und Göttingen. Während er in Berlin keine engeren Beziehungen knüpfte, bildete sich in Kleins Seminar in Göttingen schnell eine thematische und später auch persönliche Bindung an Klein und die von diesem favorisierte Spielart der geometrischen Funktionentheorie, die für Wirtinger fortan im Zentrum seiner mathematischen Arbeit stand. Im Jahr 1890 habilitierte er sich in Wien, und 1895 erhielt er für eine Arbeit über die sog. Thetafunktionen (ein Werkzeug, dessen sich sowohl Riemann als auch Poincaré beim Studium der algebraischen Funktionen bedient hatten) einen Preis der Göttinger Gustav Beneke-Stiftung, auf dessen Vergabe Klein den entscheidenden Einfluß hatte. Der Preis verschaffte Wirtinger noch im selben Jahr seine erste Professur an der Technischen Hochschule in Innsbruck, und er entwickelte

---

[14] Zitiert nach (Einhorn 1983, 247).

[15] Der Eintrag (Wirtinger 1905) in der Bibliographie verweist nur auf diesen Titel.

[16] Neben (Tietze 1908) und (Brauner 1928) handelt es sich um die Texte (Schreier 1924), (Artin 1925a,b) und (Reidemeister 1926). Alle genannten Autoren hatten entweder irgendwann Vorlesungen bei Wirtinger gehört oder zu seinen Kollegen gezählt, vgl. (Einhorn 1983, 18). Ich komme auf diese Texte in Kapitel 10 zurück.

[17] Wirtingers Briefe an Klein finden sich im Klein-Nachlaß in Göttingen, Cod. Ms. Klein XII, 364-412. Die Korrespondenz umfaßt ca. 50 z.T. sehr ausführliche Briefe aus dem Zeitraum zwischen 1890 und 1924. Ob die zweite Hälfte der Korrespondenz noch existiert, konnte ich nicht in Erfahrung bringen.

[18] Zu Wirtingers Biographie vgl. (Einhorn 1983, 6-26).

sich immer mehr zum österreichischen Vertreter des Netzwerks, das Klein um das aufsteigende mathematische Zentrum Göttingen zu spinnen begonnen hatte.[19]

Der erste Brief an Klein, der für unsere Geschichte relevant ist, wurde zwei Tage vor Weihnachten 1894 geschrieben. Er enthielt eine Art Jahresbericht Wirtingers an seinen Mentor. Eine Passage dieses Berichts kündigte ein neues Forschungsvorhaben an:

> „Für die Functionen mehrerer Variablen habe ich noch ein Project, nämlich zu untersuchen, ob sich die bewusste bilineare Differentialform nicht so bestimmen lässt, dass der reelle u. imaginäre Theil einer solchen complexen Function auf beliebiger Mannigfaltigkeit auch Potentiale bleiben."[20]

Wirtingers Projekt bedeutete eine Übertragung des von Klein befürworteten Zugangs zu algebraischen Funktionen auf den Fall mehrerer Variablen. In seiner Monographie *Über Riemanns Theorie der algebraischen Funktionen und ihrer Integrale* (die bereits in § 39 als ein Dokument der mathematischen Rezeption der dynamischen Theorien der britischen Physiker erwähnt wurde) hatte Klein gezeigt, wie algebraische Funktionen mit Hilfe der Potentialtheorie auf Riemannschen Flächen studiert werden konnten: die Real- und Imaginärteile solcher Funktionen erfüllten (außerhalb ihrer Singularitäten) bezüglich der zu den komplexen Koordinaten der Fläche (modern gesprochen: zu ihrer komplexen Struktur) gehörenden Riemannschen Metrik ein von Beltrami eingeführtes Analogon der Laplace-Gleichung. Offenbar schlug Wirtinger vor, etwas ähnliches für die durch eine algebraische Funktion von n komplexen Variablen definierten, reell $2n$-dimensionalen „Mannigfaltigkeiten" zu versuchen, welche den Riemannschen Flächen algebraischer Funktionen *einer* Variablen entsprachen. Die „bilineare Differentialform", von der Wirtinger sprach, bezeichnete eine durch deren komplexe Struktur festgelegte Riemannsche Metrik; und wieder – so hoffte Wirtinger – könnte die Klasse der Realteile algebraischer Funktionen in der Klasse der Potentialfunktionen bezüglich dieser Metrik enthalten sein.[21]

Das Studium algebraischer Funktionen mehrerer Variablen stellte zu dieser Zeit noch immer ein sehr junges, aber im Aufblühen begriffenes und – nach den enormen Erfolgen der Theorie algebraischer Funktionen einer Variablen – für reine Mathematiker sehr attraktives Forschungsgebiet dar. Schon der einfachste Fall einer algebraischen Funktion z zweier komplexer Veränderlicher x und y – definiert durch das Nullstellengebilde

$$f(x, y, z) = 0, \qquad x, y, z \in \mathbb{C},$$

---

[19] In seinen *Vorlesungen über die Entwicklung der Mathematik im 19. Jahrhundert* würdigte Klein später Wirtingers Rolle mit den merkwürdigen Worten: „Mit Wirtinger tritt uns zum ersten Male ein österreichischer Mathematiker entgegen. [...] Als Mitherausgeber der Monatshefte für Mathematik und Physik steht er mit der reichsdeutschen Mathematik [lies: mit dem Netzwerk Kleins] in engster Verbindung." (Klein 1926, 275.)

[20] Wirtinger an Klein, 22. Dezember 1894.

[21] Für den „flachen" $\mathbb{C}^n$ hatte Poincaré bereits gezeigt, daß keine vollständige Analogie zur komplex eindimensionalen Situation bestand, da es bereits auf $\mathbb{C}^2$ Potentialfunktionen gab, welche *keine* Realteile komplex analytischer Funktionen waren (Poincaré 1883). Da jedoch die umgekehrte Inklusion auch in höheren Dimensionen galt, war Wirtingers Projekt trotzdem nicht von vorherein sinnlos. Auch Poincaré arbeitete sich in diese Richtung vor, vgl. etwa (Poincaré 1898).

eines Polynoms f mit komplexen Koeffizienten – bereitete jedoch erhebliche Schwierigkeiten. Als Wirtinger sein Projekt ins Auge faßte, hatten erst wenige Autoren ihr Interesse diesen Funktionen zugewandt. Ab etwa 1870 hatten Max Noether und Emile Picard die Auflösung von Singularitäten algebraischer Funktionen in zwei Variablen durch rationale Transformationen diskutiert. Clebsch und einige italienische Geometer hatten damit begonnen, gewisse Klassen solcher Funktionen unter dem geometrischen Gesichtspunkt der von ihnen definierten algebraischen Flächen zu untersuchen. Es wurde schnell klar, daß einer der größten Unterschiede zwischen algebraischen Funktionen einer und zweier Variablen in den wesentlich verwickelteren topologischen Verhältnissen bestand, die im letzten Fall auftraten. Das Nullstellengebilde eines Polynoms in drei komplexen Variablen war ein kompliziertes, reell vierdimensionales Objekt in einem reell sechsdimensionalen Raum. Das Gebilde der Verzweigungsstellen – also jener Punkte $(x, y) \in \mathbb{C}$, für welche zwei oder mehr Wurzeln $z(x, y)$ von $f(x, y, z) = 0$ zusammenfielen – bestand nicht aus isolierten Punkten wie bei Riemannschen Flächen (vgl. § 61), sondern selbst aus einer ebenen algebraischen Kurve, die durch das Diskriminantenpolynom D_f des definierenden Polynoms f gegeben war:[22]

$$D_f(x, y) = 0, \qquad x, y \in \mathbb{C}.$$

In seinem einflußreichen „Mémoire sur les fonctions algébriques de deux variables", in welchem Picard mit anspruchsvollen Methoden zeigte, daß „im allgemeinen" die 1. Betti-Zahl des durch eine algebraische Funktion zweier Variablen definierten Gebildes gleich Eins (bzw. Null nach der späteren Konvention) war, betonte er nachdrücklich die Notwendigkeit einer weiteren topologischen Untersuchung dieser Objekte. Als er dann 1897 zusammen mit Georges Simart die erste Monographie über solche Funktionen publizierte, war ein beträchtlicher Teil der *Analysis situs* und den neuen Techniken Poincarés gewidmet.[23]

All dies macht deutlich, daß Wirtingers Projekt einerseits auf der Agenda der Forschungsinteressen der reinen Mathematiker stand – hier gab es wirklich Anlaß und Motiv, höherdimensionale Topologie zu treiben –, andererseits aber auch, daß es ein Projekt formidablen Formats war. Schon bald überzeugte sich Wirtinger, daß er seine hochgesteckten Ziele etwas einschränken mußte. Auch er stieß dabei an die topologischen Schwierigkeiten, deren Klärung Voraussetzung für ein Verfolgen seines Projekts schien. Schon im oben zitierten Brief an Klein fuhr er deshalb fort:

> „Freilich muss hier das Vorstellungsvermögen wesentlich geschult u. erweitert werden. Ich erwähne nur beispielsweise, dass eine Integrationsfläche u. eine Singularitätenfläche im Raum von 4 Dimensionen so ineinander hängen können, wie zwei Ringe im dreidimensionalen Gebiet. Die Integrationsfläche kann dann beliebig verschoben u. verändert werden, aber nicht auf einen Punct reducirt werden. [...] Alles dieses typisch u. allgemein zu erfassen wird nicht leicht sein, aber doch schliesslich gemacht werden müssen, wenn man die Betrachtung complexer Functionen mehrerer Variablen nicht auf das allerelementarste beschränken will. [...]"

---

[22] D_f ist ein Polynom in zwei Variablen, dessen Nullstellen gerade die gemeinsamen Nullstellen von f und $\partial f / \partial z$ sind.

[23] Eine knappe Skizze der Picardschen Arbeiten findet sich in (Scholz 1980, 258-263).

Die für einen geometrischen Funktionentheoretiker des späten 19. Jahrhunderts ganz typische Bemerkung, daß die topologischen Schwierigkeiten des Themas eine Ausbildung des „Vorstellungsvermögens", der Fähigkeiten der *Imagination* und nicht nur der formalen Argumentation erforderten, war nicht nur eine beiläufige Bemerkung, wie sich bald zeigen sollte.

Genau ein Jahr später, in seinem nächsten „Jahresbericht", schrieb Wirtinger von ersten Erfolgen seines Projekts.[24] In diesem Brief finden sich auch die ersten Zeichen der Ablösung eines gewissen Problems aus dem Kontext des anfänglichen Vorhabens. Was Wirtinger nun den „Kern der ganzen Sache" nannte – die rein topologische Untersuchung der Verzweigungsstellen algebraischer Funktionen – würde 10 Jahre später der Hintergrund des Tietzeschen Beweises der Nichtauflösbarkeit der Kleeblattschlinge sein.

♦ Die entsprechenden Passagen des Wirtingerschen Briefes seien kurz näher kommentiert. Wie zu dieser Zeit üblich, faßte Wirtinger algebraische Funktionen zweier Variablen als über der komplexen Ebene $\mathbb{C}^2$ verzweigte Gebilde auf.[25] Wirtinger unterschied nun zwei Arten von Verzweigungspunkten $(x, y) \in \mathbb{C}^2$, je nachdem, ob in jeder Gruppe von lokal zusammenhängenden Blättern dieses Gebildes die Blätter bei einem kleinen Umlauf um den durch (x, y) verlaufenden Ast der Verzweigungskurve $D_f = 0$ zyklisch vertauscht wurden oder nicht. Das war nicht nur topologisch von Bedeutung. Wirtinger beobachtete, daß an *regulären* Punkten der Verzweigungskurve die Blätter das genannte „cyclische Verhalten" aufwiesen und daher lokal durch eine oder mehrere Potenzreihen mit gebrochenen Exponenten (analog zu Puiseux' Reihenentwicklungen für den Fall einer Variablen) dargestellt werden konnten. Für die Umgebungen solcher Verzweigungsstellen konnten folglich viele Elemente der Theorie algebraischer Funktionen einer Variablen in analoger Weise entwickelt werden. An *singulären* Punkten von $D_f = 0$ war die Lage dagegen unklar. Diese bedurften mithin weiterer Untersuchung.

In der Nähe einer singulären Stelle der Verzweigungskurve, etwa (x_0, y_0), faßte Wirtinger das definierende Polynom f als ein Polynom mit Koeffizienten in dem „Rationalitätsbereich" aller in einer Umgebung von (x_0, y_0) konvergenten Potenzreihen $a(x, y)$ auf (vermutlich meinte er den Quotientenkörper dieses Rings):

$$ f(x, y, z) = a_0(x, y) + a_1(x, y)z + \dots + a_n(x, y)z^n = 0 \, . $$

Wirtinger wußte, daß im analogen Fall *einer* Variablen die Galois-Gruppe der entsprechenden Gleichung über dem Körper der rationalen Funktionen mit der (globalen) Monodromiegruppe der zugehörigen, über der komplexen Zahlenkugel ausgebreiteten Riemannschen Fläche, aus welcher die Verzweigungspunkte entfernt waren, übereinstimmten (vgl. § 61). Wirtinger übertrug diese Einsicht auf seine höherdimensionale (lokale) Situation, indem er andeutete, daß die Galois-Gruppe der obigen Gleichung mit der lokalen Monodromiegruppe der zu f gehörenden Mannigfaltigkeit übereinstimmte (d.h. mit der Monodromiegruppe der Überlagerung einer Umge-

---

[24] Wirtinger an Klein, 22. Dezember 1895. Der vollständige Text, der auch ein interessantes Licht auf die Beziehung zwischen Klein und Wirtinger wirft, ist im Anhang von (Epple 1995a) abgedruckt.

[25] In heutiger Sicht: Als Überlagerungen

$$ p : \{ (x, y, z) \in \mathbb{C}^3 : f(x, y, z) = 0 \} \to \mathbb{C}^2 \, , \quad (x, y, z) \mapsto (x, y) \, . $$

Wirtinger formulierte seine Bemerkungen zum Teil sogar für den allgemeineren Fall von n Variablen, den ich außer Betracht lasse.

bung von (x_0, y_0), aus der das Verzweigungsgebilde entfernt ist).[26] „Und eben diese Gruppe",
so formulierte Wirtinger, „charakterisiert den Verzweigungspunkt." Er präzisierte, daß dies im
topologischen Sinn gemeint war: „Es ist im allgemeinen nicht möglich, die Umgebung einer
solchen Stelle stetig auf ein einfach zusammenhängendes Raumstück von n [hier 2 komplexen,
also 4 reellen] Dimensionen abzubilden, sondern die Umgebung einer solchen Stelle [aus welcher
das Verzweigungsgebilde entfernt ist] hat selbst einen gewissen Zusammenhang." Anstelle des
letzten Wortes hatte Wirtinger zunächst „Zusammenhangszahl" geschrieben, dann aber wieder
gestrichen – er war also in seinem Kontext auf ein ganz ähnliches Problem gestoßen wie früher
Thomson auf die Differenz zwischen „degree" und „quality of connectivity" (§ 39). Anders als
Thomson hatte Wirtinger aber ein Werkzeug zum Studium dieser Differenz gefunden – die durch
die Situation bestimmte Gruppe.

Wirtinger nannte ein konkretes Beispiel. Es behandelte die allgemeine Gleichung der Ordnung
3, d.h. die algebraische Funktion $z = z(x, y)$, die durch die Gleichung

$$f(x, y, z) = z^3 + 3xz + 2y = 0$$

definiert war. In diesem Fall ist die Verzweigungskurve durch die Gleichung

$$D_f(x, y) = x^3 + y^2 = 0$$

gegeben, sie ist also eine (seit Newtons Zeit wohlbekannte) kubische Kurve mit einer Spitze im
Punkt $(0, 0)$. Da die Galois-Gruppe einer allgemeinen Gleichung die volle symmetrische Gruppe
ist, wurde die lokale Monodromie der genannten Funktion in der Umgebung von $(0, 0)$ also
durch die symmetrische Gruppe auf drei Elementen charakterisiert, und es existierten folglich
geschlossene Wege um die Verzweigungskurve, die beliebige Vertauschungen der drei Blätter der
Funktion induzierten. Insbesondere war die Stelle $(0, 0)$ kein Verzweigungspunkt der zyklischen
Art.

Wirtinger schloß seine Ausführungen mit der Bemerkung: „Der Kern der ganzen Sache
liegt jetzt für mich in der Eruierung der Gruppe eines Verzweigungspunktes, also eigentlich
in einer Irreduzibilitätsfrage im Gebiete der Potenzreihen einerseits, andrerseits in der Frage:
Kann man diese Gruppe willkürlich vorgeben, oder ist sie an Bedingungen gebunden, damit
zugehörige Funktionen existieren?" Diese Frage nach den Bedingungen, die eine Permutationsgruppe erfüllen mußte, um als lokale Monodromiegruppe einer singulären Verzweigungsstelle

---

[26] Anachronistisch modernisiert: Ist $U(x_0, y_0)$ eine genügend kleine Umgebung von (x_0, y_0), D die
Verzweigungskurve und $U^*(x_0, y_0) := U(x_0, y_0) - (D \cap U(x_0, y_0))$, ist ferner (a, b) ein Punkt in $U^*(x_0, y_0)$
und n der Grad von f in z, so kann der zur Einschränkung von p (vgl. die vorige Anmerkung) auf $U^*(x_0, y_0)$
gehörende Monodromiehomomomorphismus

$$\varphi : \pi_1(U^*(x_0, y_0), (a, b)) \longrightarrow \Sigma_n$$

betrachtet werden. Wirtingers Andeutung wäre dann, daß das Bild von φ isomorph zur Galois-Gruppe der
obigen Gleichung über dem von ihm genannten Körper ist. Wirtinger gab keinen Beweis dieser Andeutung,
und mir ist auch kein späterer Beweis derselben bekannt geworden. Diese Lücke ist für das folgende
jedoch nicht wesentlich. Wie die Potentialtheorie, so fiel auch die Galois-Theorie im Verlauf der weiteren
Untersuchungen Wirtingers wieder weg.

einer algebraischen Funktion zweier (oder mehrerer) Variablen auftreten zu können – paradigmatisch illustriert durch das gerade beschriebene konkrete Beispiel – sollte im Zentrum aller weiteren Schritte von Wirtingers Projekt bleiben. ♠

In den folgenden Jahren schwieg Wirtinger gegenüber Klein über den weiteren Gang seines Vorhabens. Klein gab ihm andere Dinge zu tun. So übernahm Wirtinger zum Beispiel zusammen mit Max Noether die Edition eines mathematisch anspruchsvollen Supplements zu Riemanns gesammelten Werken (erschienen 1902), und den Auftrag, den zentralen Artikel über „Algebraische Funktionen und ihre Integrale" für die *Enzyklopädie der mathematischen Wissenschaften* zu verfassen (Wirtinger 1901). Dieser letzte Artikel ging auf den Fall mehrerer Variablen nur ganz beiläufig ein, mit dem verständlichen Hinweis,

> „dass die Theorie der Funktionen mehrerer Variablen überhaupt noch wenig ausgebildet ist. Es ist im besondern noch nicht gelungen, das einzelne algebraische Gebilde durch eine endliche Anzahl von Bestimmungsstücken in ähnlicher Weise festzulegen, wie dies bei den verschiedenen Formen der Riemannschen Fläche möglich ist. Die Untersuchungen selbst setzen eine eingehende Bearbeitung der Analysis situs für mehrere Dimensionen voraus." (Wirtinger 1901, 174.)

Mit Blick auf die letztgenannte Aufgabe verwies Wirtinger nun auf die Monographie (Picard und Simart 1897), Poincarés Schriften und auf die 1898 erschienene Dissertation Heegaards. Vor allem die letzte enthielt ein reiches Material an Ideen, wie die im Mittelteil des obigen Zitats genannte Aufgabe angegangen werden konnte. Diese war aber mit der von Wirtinger selbst aufgeworfenen innig verknüpft. „Das algebraische Gebilde durch eine endliche Anzahl von Bestimmungsstücken festzulegen", das konnte in Übertragung der Situation bei Riemannschen Flächen nur heißen: die möglichen topologischen Gestalten der Verzweigungsgebilde algebraischer Funktionen und ihre Monodromiegruppen zu bestimmen. Entsprechend genau muß Wirtinger Heegaards Schrift gelesen haben.[27] Ihr müssen wir uns daher als nächstes zuwenden, bevor wir den Gang von Wirtingers Überlegungen weiterverfolgen.

§ 77. *Riemannsche Räume und Knoten in Heegaards Dissertation*

Wie der Titel von Heegaards Dissertation – zu deutsch: *Vorstudien zu einer topologischen Theorie des Zusammenhangs der algebraischen Flächen* – zeigt, verfolgte Heegaard ganz ähnliche Interessen wie Wirtinger. Abgesehen von der Kritik an Poincarés erster Behandlung des Homologiebegriffs[28] beschrieb Heegaard als sein übergeordnetes Ziel die Bereitstellung topologischer Werkzeuge für das Studium algebraischen Flächen.[29] Die leitende Idee der Heegaardschen Dissertation war dabei die Reduktion vierdimensionaler topologischer Situationen auf dreidimensionale – eine Reduktion, durch die anschaulich-kombinatorische Techniken ähnlich den im 19. Jahrhundert für Riemannsche Flächen gebräuchlichen verfügbar bzw. konstruierbar wurden.

---

[27] Und wenn er nicht in ganz unwahrscheinlicher Parallelität dieselben Gedanken und Techniken wie Heegaard erfand, *hat* er das auch getan. Heinrich Tietze kannte, wie in 8.3 deutlich werden wird, Heegaards Dissertation ebenfalls genau.

[28] Vgl. Abschn. 7.2.

[29] (Heegaard 1898, Indledning). Zu Heegaard existieren kaum historische Studien. Am ausführlichsten ist bislang wohl (Volkert 1994, Kap. 4.1).

Heegaard benützte vor allem zwei solcher Reduktionsverfahren. Beide betrafen Gebilde, die verzweigt über der komplex zweidimensionalen Ebene $\mathbb{C}^2$ ausgebreitet waren (wie Riemannsche Flächen über $\mathbb{C}$). Zum einen repräsentierte Heegaard den reell vierdimensionalen Raum durch einen „quotierten" dreidimensionalen, d.h. durch den $\mathbb{R}^3$, dessen Punkte jeweils mit einer vierten Koordinate gewichtet werden. Indem das Verzweigungsgebilde einer über dem $\mathbb{C}^2$ ausgebreiteten 4-Mannigfaltigkeit so im $\mathbb{R}^3$ „anschaulich dargestellt" wurde, konnte auch die topologische Gestalt der fraglichen Mannigfaltigkeit selbst beschrieben werden (ebd., § 1). Die zweite, für das folgende wesentlich wichtigere Idee bestand darin, eine verzweigt über $\mathbb{C}^2$ liegende Mannigfaltigkeit mit einer dreidimensionalen Sphäre, die eine vierdimensionale Vollkugel in $\mathbb{C}^2$ berandet, zu schneiden, um so eine verzweigt über dem „sphärischen Raum Σ" – der S^3 – ausgebreitete Mannigfaltigkeit zu erhalten (ebd., § 5). Da dieser Raum durch stereographische Projektion in „unseren Raum", wie Heegaard sich ausdrückte, überführt werden konnte, wurden wieder anschauliche Darstellungsverfahren zugänglich. Die entscheidende Beobachtung dabei war, *daß der Schnitt des Verzweigungsgebildes einer algebraischen Funktion zweier Variablen – also einer ebenen komplexen Kurve – mit der betrachteten Sphäre ein reell eindimensionales Gebilde war: im generischen Fall also ein System geschlossener Kurven in der 3-Sphäre, mit anderen Worten: eine Verkettung.* Diese – nachdem die durch den Wunsch nach Veranschaulichung der vierdimensionalen Situation motivierte Frage erst einmal gestellt war – so simple Beobachtung markiert den Umschlagpunkt der hier betrachteten Episode mathematischen Handelns, die Ermöglichung des Übergangs vom Studium der algebraischen Funktionen zur Topologie der Knoten und Verkettungen.

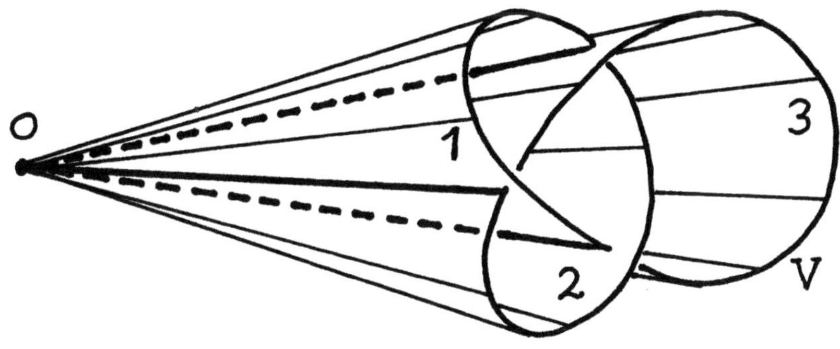

Fig. 8.2: Heegaards Schnittkegel eines „Riemannschen Raums"

Folglich stand im Zentrum der weiteren Überlegungen Heegaards über weite Strecken die *dreidimensionale* Topologie, genauer: die Topologie dreidimensionaler „Riemannscher Räume", d.h. verzweigt über der S^3 ausgebreiteter dreidimensionaler Mannigfaltigkeiten (ebd., § 13).[30] Die

---

[30] Bei der Einführung dieses Begriffs verwies Heegaard darauf, daß die mehrdeutigen Potentialfunktionen eines von einem Stromkreis induzierten Magnetfelds Beispiele von „Riemannschen Räumen" lieferten (als imaginierte Definitionsbereiche, auf welchen solche Potentiale eindeutig werden). Auch Heegaard kannte

3-Sphäre als um einen Punkt erweiterten gewöhnlichen Raum auffassend, entwickelte Heegaard ein sehr konkretes Bild solcher Räume, das dem Hurwitzschen Bild Riemannscher Flächen (§ 62) genau entsprach. War ein System geschlossener Kurven als Verzweigungsgebilde V gegeben, so konnten die Punkte von V durch gerade Strecken mit einem festen Punkt o verbunden werden. Lag o so, daß die Zentralprojektion von V auf eine kleine 2-Sphäre um o ein reguläres Verkettungsdiagramm lieferte, so ergab sich eine „Kegelfläche" wie in Fig. 8.2, mit endlich vielen „Doppelerzeugenden", die den Doppelpunkten des Verkettungsdiagramms entsprachen und sich von o bis zu dem o näherliegenden Punkt von V erstreckten (in der Figur dick ausgezogen).

Die Kegelfläche zerschnitt den gewöhnlichen Raum bzw. die S^3 in ein einfach zusammenhängendes Gebiet G; die Doppelachsen des Kegels zerlegten denselben in eine gewisse Zahl von Wandteilen (im Bild numeriert). Ein Riemannscher Raum entstand nun durch Verheftung endlich vieler Kopien (Blätter) eines solchen Gebiets G, wobei vorgeschrieben werden mußte, welche Blätter an den einander entsprechenden Wandteilen miteinander verheftet werden sollten (ebd.). Jedem Wandteil mußte also eine Permutation der n Blätter zugeordnet werden; alle diese Permutationen zusammen erzeugten dann offenbar die Monodromiegruppe des definierten Raumes (aus welchem das Verzweigungsgebilde entfernt war).

Heegaard erwähnte jedoch weder diese noch irgendeine andere mit seinen Objekten verknüpfte Gruppe, und er studierte lediglich den Fall *einfacher* Verzweigungslinien genauer. Darunter verstand er Riemannsche Räume, bei welchen längs jedes Wandteils des Schnittkegels nur genau *zwei* der n Blätter vertauscht wurden. Um die Monodromieverhältnisse solcher Räume zu untersuchen, repräsentierte er die Situation durch die Kreuzung eines ebenen Diagramms des Verzweigungsgebildes[31], dabei sollte die Doppelachse und die Spitze o des Schnittkegels *unter* der Kreuzung (d.h. unter dem ebenen Diagramm im Unendlichen) imaginiert werden, entsprechend unter jedem der drei an eine Kreuzung grenzenden Diagrammbögen ein Wandteil des Schnittkegels. Die diesen Wandteilen zugeordneten Transpositionen der Blätter, etwa des r-ten und s-ten Blatts, notierte Heegaard durch ein Symbol rs an den entsprechenden Bögen des Diagramms. An den Kreuzungen traten dabei Bedingungen auf: Ein kleiner Umlauf um eine Doppelachse war im Komplement des Verzweigungsgebildes auf einen Punkt zusammenziehbar und durfte deshalb keinen Blattwechsel zur Folge haben. Eines der Heegaardschen Beispiele verdeutliche dies (Fig. 8.3, Mitte): Wenn an der unter dem *linken* Bogen liegenden Wand die Blätter rt sowie an der Wand unter dem *überkreuzenden* Bogen die Blätter rs vertauscht werden, so muß ein Weg durch die unter dem *rechten* Bogen liegende Wand dieselben Blätter ineinander überführen wie ein Weg um die unter der Kreuzung liegende Doppelachse, der den Schnittkegel dreimal durchstößt. Entlang letzterem Weg gelangt man aber z.B. vom Blatt s über r nach t und bleibt dann dort, während man von r zunächst in s geführt wird, dann dort bleibt und im dritten Schritt wieder nach r kommt; schließlich wird Blatt t zuerst in sich überführt, dann gelangt man nach r und endet in s. Insgesamt ergibt sich also für die Wand unter dem rechten Zweig notwendig die Transposition st. Heegaard fand nur drei mögliche Fälle für derartige Monodromieverhältnisse, die er durch folgende drei Figuren darstellte.

---

also den dynamisch-physikalischen Hintergrund dieses Bereichs der geometrischen Funktionentheorie; er war kurz vorher z.B. auch von (Sommerfeld 1897) noch einmal betont worden.

[31] Im Sinn der Taitschen Diagramme. Heegaard verwendete den Ausdruck Diagramm noch in einer anderen, terminologisch fixierten Bedeutung, s.u.

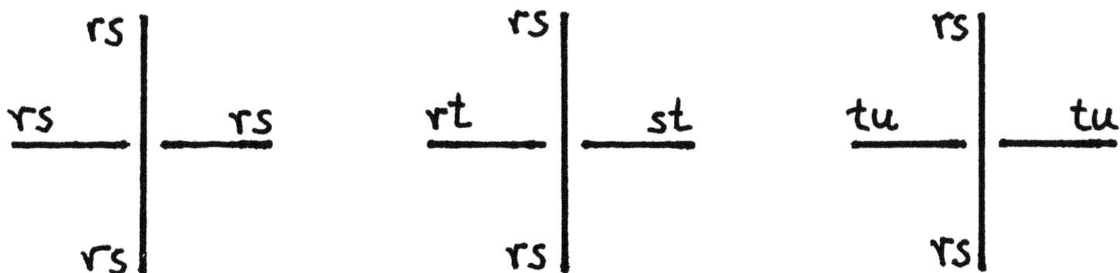

Fig. 8.3: Mögliche Monodromierelationen an einer Doppelachse eines
einfach verzweigten Riemannschen Raums

Ein n-blättriger, *einfach* verzweigter Riemannscher Raum war also durch folgende Daten
festgelegt: (*i*) Ein Verkettungsdiagramm; (*ii*) eine konsistente Zuordnung von Transpositionen
$\tau_1, \ldots, \tau_k \in \Sigma_n$ zu den k Diagrammbögen, d.h. an den Kreuzungen durften nur die obigen drei
Fälle auftreten. Der einfachste Fall war natürlich der eines *zweiblättrigen* Riemannschen Raums.
Dieser war offenbar bereits durch das Verkettungsdiagramm vollständig festgelegt, da es für die
Blattpermutationen an den Wandteilen des Schnittkegels nur eine Wahl gab.

Heegaard zeigte als nächstes, wie ausgehend von diesen Daten eine *andere* Beschreibung
derselben Mannigfaltigkeiten gewonnen werden konnte, nämlich durch das, was er selbst im
Anschluß an Listing (und im Unterschied zu obiger Sprechweise) ein „Diagramm" einer Mannigfaltigkeit nannte (ebd., § 9). Dabei handelte es sich um eine sehr „dünne" dreidimensionale
Mannigfaltigkeit, welche aus einer gegebenen dreidimensionalen Mannigfaltigkeit dadurch entstand, daß eine kleine (offene) Vollkugel entfernt und das resultierende „Loch" anschließend
stetig auf maximale Größe ausgedehnt wurde. Heegaard zeigte, daß dieser Prozeß zwar nicht
eindeutig war, aber stets zu einem Endresultat der folgenden Art führte: einem System kleiner
„Kugeln", die irgendwie durch „Drähte" (d.h. dünne zylindrische Stücke) miteinander verbunden
waren (dieser Teil des Diagramms, topologisch äquivalent zu einer Vollkugel mit einer gewissen
Zahl von Henkeln, konnte stets als im gewöhnlichen Raum liegend vorgestellt werden), und
einem System von „Platten", d.h. dünnen, einfach zusammenhängenden Scheiben, deren Ränder
längs gewisser geschlossener Kurven an das System der Kugeln und Drähte geheftet waren.[32]
Damit hatte Heegaard éine weitere Perspektive auf dreidimensionalen Mannigfaltigkeiten
entwickelt, die in einem wesentlichen Aspekt den Poincaréschen Zellenzerlegungen ähnlich war.
Wie diese (und auch wie Heegaards Repräsentation einfach verzweigter Riemannscher Räume)
beruhte sie auf *lokal* im gewöhnlichen Raum vorstellbaren Daten (dem System der Kugeln
und Drähte und den Anheftungskurven), während die *globale* Gestalt des Diagramms mit den
angehefteten Platten (und damit auch die der Mannigfaltigkeit selbst) nur in einer komplexeren,
den gewöhnlichen Raum überschreitenden Imagination faßbar war.[33] Für unsere Geschichte ist
lediglich ein Spezialfall des Heegaardschen Diagramms wichtig, und zwar jener, in welchem das

---

[32] ♠ Bildete die gesamte Oberfläche der Kugeln und Drähte eine geschlossene Fläche F vom Geschlecht
g, so war notwendig und hinreichend dafür, daß ein Kurvensystem auf F das Diagramm einer geschlossenen,
dreidimensionalen Mannigfaltigkeit lieferte, daß dieses gerade aus g sich gegenseitig nicht schneidenden
und die Fläche F nicht zerlegenden geschlossenen Kurven bestand (ebd., 44). ♠

[33] ♠ Aus Heegaards Diagramm konnte leicht auch eine Zellenzerlegung der Mannigfaltigkeit gewonnen
werden, deren 3-Zellen die Kugeln, Drähte und Platten des Diagramms sowie der anfänglich entfernte Ball

Diagramm lediglich aus *einer* Kugel, *einem* Draht und *einer* Platte bestand. Ein solches Diagramm war topologisch äquivalent zu einem Volltorus, auf dessen Oberfläche eine *p* mal in *transversaler* und *q* mal in *longitudinaler* Richtung umlaufende Kurve ausgezeichnet war, an welche die Platte angeheftet wurde. Eine solche Kurve zerlegte die Oberfläche des Torus genau dann nicht, wenn *p* und *q* relativ prim zueinander waren.[34] Wie Heegaard erläuterte, konnte die durch ein solches Diagramm beschriebene Mannigfaltigkeit (die ich der Kürze halber durch das heute gebräuchliche Symbol $L(p, q)$ bezeichne) auch als Verheftung zweier ringförmiger Körper (Volltori) durch die Identifikation ihrer Oberflächen beschrieben werden, wobei die Anheftungskurve des Typs (p, q) auf der Oberfläche des einen Torus mit einer „Breitenkurve" des anderen Torus zur Deckung kam; eine im zweiten Torus von dieser Kurve berandete Scheibe konnte dann als die Platte des Diagramms betrachtet werden (ebd., 60 f.).[35] In der nächsten Figur ist dies für das Beispiel $L(3, 1)$ angedeutet.

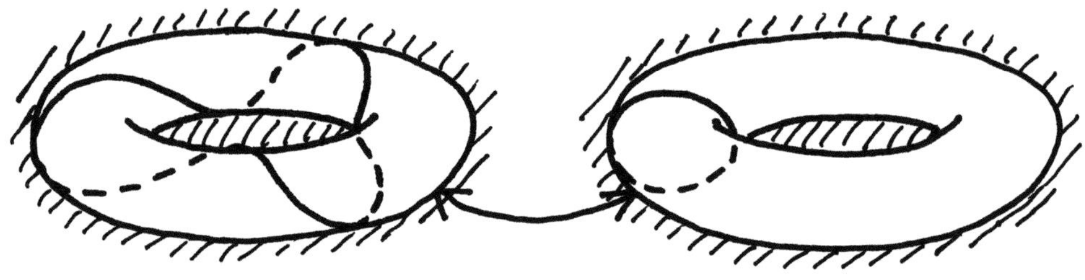

Fig. 8.4: Verheftung zweier Volltori mit Anheftungskurve vom Typ (3, 1).

Mit Hilfe des von ihm entwickelten Verfahrens zur Konstruktion des (Heegaardschen) „Diagramms" einfach verzweigter Riemannscher Räume (auf dessen Details ich nicht nicht weiter eingehen will) gelang es Heegaard, topologische Eigenschaften einfach verzweigter Riemannscher Räume abzulesen bzw. diese als bekannte Mannigfaltigkeiten zu identifizieren. Er illustrierte sein Verfahren anhand einer Reihe von Beispielen (ebd., § 14), von denen einige für Wirtinger und Tietze noch wichtig werden sollten. Das *erste* Beispiel war der zweiblättrig über einem Kreis verzweigte Riemannsche Raum, der sich als homöomorph zur 3-Sphäre herausstellte. Heegaards *viertes* Beispiel war der eindeutig bestimmte dreiblättrige, über der Kleeblattschlinge einfach verzweigte Riemannsche Raum, aus dessen Diagramm er entnahm, daß es sich ebenfalls um die S^3 handelte. Das *fünfte* Beispiel war der zweiblättrig über der Kleeblattschlinge verzweigte Riemannsche Raum, dessen „Diagramm" ihn als den Raum $L(3, 1)$ auswies. Heegaards *sechstes* Beispiel schließlich war der zweiblättrig über zwei einfach verketteten Kreisen verzweigte Riemannsche Raum. Dieser konnte auch als der Raum $L(2, 1)$ beschrieben werden.[36]

---

waren. ♠ – Zur historischen Rolle dieser Sichtweise auf 3-Mannigfaltigkeiten vgl. (Volkert 1994).

[34] Vgl. die entsprechende Überlegung Simonys, § 59.

[35] Weiter dazu in § 81 und im nächsten Kapitel. – ♠ Obwohl Heegaard darauf hinwies, daß so unendlich viele Mannigfaltigkeiten definiert werden konnten, betrachtete er nur die Fälle $L(0, 1)$, $L(1, 0)$, $L(2, 1)$ und $L(3, 1)$ näher. Der Fall $L(1, 1)$, der (wie mehr als zwanzig Jahre später endgültig klar wurde) die Poincaré-Sphäre liefert, wurde von Heegaard *nicht* diskutiert. ♠

[36] Und damit als jene Mannigfaltigkeit, die Heegaard zur Untermauerung seiner Kritik an Poincarés Behandlung der Betti-Zahlen heranzog, vgl. § 70.

Nach all diesen Ausführungen, die ein bemerkenswertes Instrumentarium zur Diskussion Riemannscher Räume bereitgestellt hatten, kehrte Heegaard dann zu seinem eigentlichen Thema, den algebraischen Flächen bzw. den algebraischen Funktionen zweier komplexer Veränderlicher zurück (ebd., 84 ff.). Wie vor ihm Wirtinger bemerkte Heegaard den Unterschied zwischen dem Verhalten dieser Objekte an regulären und an singulären Stellen der Verzweigungskurve einer solchen Fläche bzw. Funktion. Um diese topologisch zu charakterisieren – mithin in genau derselben Absicht, die Wirtinger in seiner Korrespondenz mit Klein formuliert hatte – setzte Heegaard nun seine oben beschriebene, zweite Reduktionstechnik zur „Veranschaulichung" vierdimensionaler Situationen ein. Er betrachtete also eine genügend kleine vierdimensionale Vollkugel um einen Punkt P der Verzweigungskurve. Ihr Rand war eine dreidimensionale Sphäre, deren Durchschnitt mit der Verzweigungskurve im allgemeinen eine Verkettung $V \subset S^3$ darstellte. Die Einschränkung des durch eine algebraische Funktion zweier Variablen definierten, verzweigt über $\mathbb{C}^2$ ausgebreiteten Gebildes auf diese 3-Sphäre war dann ein über V verzweigter Riemannscher Raum, der die Verzweigungsstelle P topologisch charakterisierte.

Heegaard bemerkte als erstes, daß sich bei dieser Überlegung an *regulären* Punkten der Verzweigungskurve stets der Fall seines ersten Beispiels (bzw. ein mehrblättriges Analogon dieses Falls mit zyklischer Monodromie) ergab (ebd., 84 f.). An *singulären* Punkten konnten sich dagegen ganz verschiedene Situationen ergeben. Ein solcher Fall, den Heegaard behandelte, war just der des bereits von Wirtinger in seinem Brief an Klein diskutierten Beispiels: ein Verzweigungspunkt, der gleichzeitig eine Spitze der Diskriminantenkurve war, die sich in geeigneten Koordinaten lokal durch eine Gleichung

$$y^2 = Ax^3, \qquad A > 0,$$

approximieren ließ. Für solche Punkte, so stellte Heegaard fest, lieferte seine Reduktion einen seinem vierten Beispiel äquivalenten Riemannschen Raum, d.h. den dreiblättrig über der Kleeblattschlinge verzweigten.[37]

Es war *diese* Kleeblattschlinge, deren Unauflösbarkeit Tietze später bewies, indem er das zunächst von Heegaard und dann von Wirtinger bearbeitete Wissensfragment in anderem Licht betrachtete. Heegaard selbst stellte dagegen *nicht* die Frage nach den topologischen Eigenschaften der Knoten, auf welche er gestoßen war – und dies obwohl eine Bemerkung seiner Dissertation deutlich macht, daß er von Taits und Simonys Arbeiten über Knoten wußte (ebd., § 6). Auch die Monodromiegruppe oder gar die von Poincaré eingeführten Begriffe der Homologie oder der Fundamentalgruppen der von ihm konstruierten Riemannschen Räume kamen nicht vor – wahrscheinlich weil er Poincaré gegenüber generell skeptisch eingestellt war, nachdem er dessen ungenauen Umgang mit den Betti-Zahlen festgestellt hatte. Hier anzuknüpfen blieb Wirtinger vorbehalten.

---

[37] Heegaard führte die einfache Rechnung nicht vor. Sie läßt sich aber leicht ergänzen. Dazu muß lediglich die obige Gleichung mit der weiteren Gleichung $|x|^2 + |y|^2 = c$ (für genügend kleines $c > 0$) kombiniert werden. Nach Einführung von Polarkoordinaten findet man, daß die gemeinsame Lösung beider Gleichungen eine Kurve auf einem in Standardlage in S^3 eingebetteten Torus ist, welche sich zweimal in der einen und dreimal in der anderen Richtung um den Torus windet.

§ 78. *Die Monodromie von Verzweigungen und die Knotengruppe*

Die Koinzidenz der Fragestellungen Wirtingers und Heegaards ist erstaunlich. Sie dokumentiert, daß beide an einem Punkt arbeiteten, der gleichsam auf der mathematischen Agenda stand. Heegaards Werkzeuge waren außerdem wie geschaffen für Wirtingers Projekt. Da dessen zentrales Element, die lokale Monodromiegruppe der Verzweigungsstellen, von Heegaard nicht thematisiert worden war, war Wirtingers Vorhaben durch Heegaard nicht erledigt, dafür aber konkret angreifbar geworden. Im August 1903 kam Wirtinger denn auch erneut gegenüber Klein auf sein Projekt zu sprechen. Endlich kündigte er ein Resultat an, das er öffentlich zu präsentieren gedachte:

> „Über die Verzweigungen algebraischer Functionen mehrerer Variablen habe ich eine ganz elementare Untersuchung angestellt, welche nur den Zweck hat, klar zu stellen, wie es kommt u. wie man sich topologisch vorzustellen hat, dass längs der zusammenhängenden Discriminantenmannigfaltigkeit überall im allgemeinen nur zwei Zweige zusammenhängen, dagegen in deren singulären Punkten unter Umständen beliebig viele. Über diese Dinge wollte ich in Cassel berichten, ob es mir aber möglich sein wird hinzukommen ist wieder zweifelhaft geworden."[38]

Es sollte noch nicht dazu kommen. Wegen eines Ohrenleidens (Wirtinger war früh schwerhörig geworden) reiste er nicht nach Kassel zur Jahrestagung der DMV im September 1903.[39] Zwei weitere Jahre vergingen, bevor Wirtinger seinen Vortrag (dessen Titel bereits in § 76 genannt wurde) hielt.

Auf der Basis des bisher beschriebenen und der späteren Bemerkungen über Wirtingers Wissen[40] ist es nicht allzu schwer, sich vorzustellen, was Wirtinger in seinem Vortrag ausführte. Nach einer Präsentation seines Themas wird er auf den grundlegenden Unterschied der beiden Arten von Verzweigungsstellen aufmerksam gemacht haben, um dann zur Behandlung der singulären Stellen der Verzweigungskurve einer algebraischen Funktion zweier Veränderlicher Heegaards Technik der Einschränkung auf den sphärischen Rand einer kleinen Umgebung solcher Stellen zu zitieren. Dann führte er mit großer Wahrscheinlichkeit das paradigmatische Beispiel vor, das er bereits 1895 gegenüber Klein erwähnt hatte, über Heegaard hinausgehend allerdings unter expliziter Betrachtung der zugehörigen Monodromiegruppe. Vermutlich machte er in dem intuitiven Stil seiner Zeit darauf aufmerksam, daß die lokale Monodromiegruppe der ursprünglichen Singularität mit der globalen Monodromiegruppe des mittels Heegaards Verfahren konstruierten Riemannschen Raums übereinstimmte. Die späteren Quellen sind sich darüber einig, daß Wirtinger dabei eine *allgemeine* Überlegung anstellte, nämlich die genaue Angabe der Bedingungen, welche die Blattpermutationen des eine singuläre Verzweigungsstelle charakterisierenden Riemannschen Raums erfüllen mußten. Kernstück dieser Überlegung war eine Variante der Heegaardschen Betrachtung der Blattvertauschungen entlang der einzelnen Wandteile des Schnittkegels eines Riemannschen Raums.

In (Artin 1925a) findet sich eine Zeichnung, die Wirtingers Argument illustrieren soll (Fig. 8.5). Dasselbe Bild wurde in Worten schon von (Tietze 1908) beschrieben und es findet sich noch

---

[38] Wirtinger an Klein, 26. August 1903.

[39] Wirtinger an Klein, undatiert (wahrscheinlich Herbst 1903); Cod. Ms. Klein XII, 409.

[40] Vgl. Anm. 16. Am präzisesten sind die Auskünfte bei (Tietze 1908, § 18) und in (Brauner 1928).

einmal bei (Brauner 1928). Schließlich wurde es in Reidemeisters *Knotentheorie* von 1932 wiederabgedruckt. Schon diese Weitergabe eines *Bildes* belegt die orale Tradition, die auf Wirtinger zurückging. Offensichtlich handelt es sich um Heegaards Schnittkegel, dessen Spitze aber in den unendlich fernen Punkt gewandert ist, für das paradigmatische Beispiel Wirtingers, d.h. den singulären Verzweigungspunkt der algebraischen Funktion $z^3 + 3xz + 2y = 0$.[41] Allen späteren Texten zufolge ordnete Wirtinger nun wie Heegaard den einzelnen Wandteilen *Permutationen* $\pi_1, \pi_2, ..., \pi_m$ (im gezeichneten Beispiel ist $m = 3$) zu, um die über dem gegebenen Knoten verzweigten Riemannschen Räume zu charakterisieren. Dazu mußte den Wandteilen eine Orientierung gegeben werden, etwa durch Wahl einer Orientierung auf der Verzweigungslinie V und Auszeichnung des damit konsistenden Drehsinns in den Flächen.

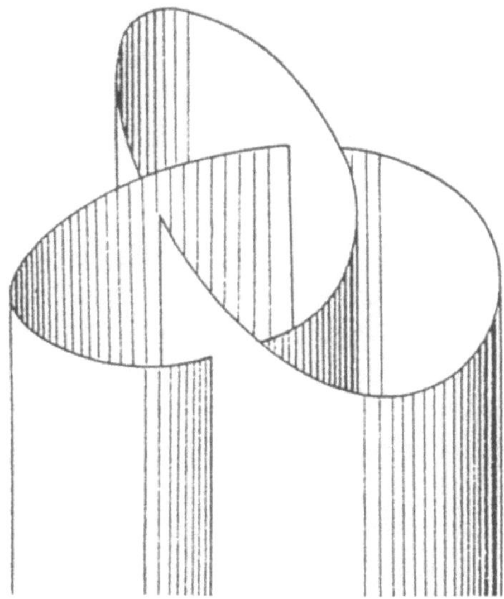

Fig. 8.5: Wirtingers Halbzylinder, aus (Artin 1925)

Eine Permutation π_i gab dann den Blattwechsel beim Durchqueren des i-ten Wandteils von der Vorderseite auf die Rückseite an. Anders als Heegaard, dafür genau wie (für Riemannsche Flächen) Hurwitz, ließ Wirtinger aber die Blattzahl und damit die genaue Bedeutung der Permutationssymbole offen. Um nun die Bedingungen zu finden, die ein solches Permutationensystem bei vorgegebenem Verzweigungsgebilde (im Bild die Kleeblattschlinge) notwendigerweise erfüllen mußte, betrachtete Wirtinger alle geschlossenen Wege, die im Komplement von V zusammenziehbar waren. Wie Heegaard fand er, daß sich nur bei kleinen Umläufen um die Doppelachsen des Halbzylinders (Kegels) nichttriviale Relationen ergaben. Stießen dort die Wandteile i, j, k zusammen (wobei der Wandteil i zweimal an die Doppelachse grenze), so mußte offenbar eine Relation der folgenden Form gelten (mit den durch die Orientierungen festgelegten Vorzeichen ϵ_i, ϵ_j, ϵ_k):

---

[41] Daß Heegaards Konstruktion in den späteren, Wirtingers Ideen dokumentierenden Texten außer bei Tietze *nicht* erwähnt wird, ist auffallend und zeigt, daß der Wiener Kontext den dänischen Text verdeckte.

$$\pi_i^{\epsilon_i}\,\pi_j^{\epsilon_j}\,\pi_i^{-\epsilon_i}\,\pi_k^{\epsilon_k} = 1$$

Fig. 8.6: Wirtingers Relationen

Jeder über einer Verkettung V verzweigte Riemannsche Raum mußte also Blattpermutationen besitzen, welche diese bald als „Wirtingersche Relationen" bekannten Beziehungen erfüllten.

Im Fall der zu Wirtingers paradigmatischem Beispiel gehörigen Figur ergaben sich wie erwähnt drei Permutationen, die wir auch durch die drei Symbole r, s und t bezeichnen können. Zwischen ihnen bestanden drei Relationen, nämlich bei geeigneter Orientierung:

$$1 = rsr^{-1}t^{-1} = st^{-1}s^{-1}r = tr^{-1}t^{-1}s \ .$$

Offenbar ist r durch s und t festgelegt, und nach Elimination von r bleibt zwischen s und t die einzige Relation $sts = tst$ übrig. Wie ein Vergleich mit § 75 zeigt, ist das genau jene Relation, welche laut Tietze die Fundamentalgruppe des Komplements der Kleeblattschlinge definierte. Jetzt kennen wir außerdem auch das von Tietze nicht genannte Argument dafür, daß diese Gruppe nicht die unendlich zyklische ist: Da die Symbole als Permutationen dreier Elemente gedeutet werden konnten, existierte ein Homomorphismus der abstrakten, von s und t erzeugten Gruppe mit der Relation $sts = tst$ in die symmetrische Gruppe mit drei Elementen, dessen Bild, wie Wirtinger schon früher gesehen hatte, aber auch leicht explizit nachrechnen konnte, die *ganze* symmetrische Gruppe Σ_3 war.[42] Für die unendlich zyklische Gruppe gibt es einen solchen Homomorphismus natürlich nicht.

Warum konnte Tietze Wirtingers Resultat – mit welchem dieser vielleicht seinen Vortrag von 1905 schloß – so einfach umdeuten? Es handelt sich noch einmal um den typischen Perspektivenwechsel von einer *Monodromieüberlegung* zur Betrachtung der *Fundamentalgruppe*, den Poincaré bei der Einführung dieses Begriffs vollzog und an dessen Schwelle Hurwitz bei seiner Untersuchung der Zopfbewegungen stieß. In der Tat charakterisierten Wirtingers Relationen nach der Umdeutung der *unspezifizierten* Permutationssymbole in Symbole der zu den einzelnen Wandteilen gehörenden Fundamentalwege des Verkettungskomplements eben die Fundamentalgruppe desselben, wie jedem genauen Leser Poincarés klar gewesen sein muß. Was Wirtinger gefunden hatte, *ohne danach zu suchen*, war also ein allgemeines Verfahren, die Fundamentalgruppe des Komplements eines Knotens oder einer Verkettung zu bestimmen. Die Daten, die dem Verfahren zugrundelagen, bestanden genaugenommen lediglich in dem gezeichneten Halbzylinder, oder noch einfacher: in einem ebenen, mit einer Orientierung versehenen Diagramm der Verkettung (unter welchem dann der Halbzylinder imaginiert werden konnte). Die Bögen des Diagramms entsprachen den Wandteilen, und aus den Diagrammkreuzungen konnten obige Relationen direkt abgelesen werden.

---

[42] Wiedergegeben in (Tietze 1908, 105).

Aus den Quellen läßt sich nicht vollständig klären, ob Wirtinger selbst diese Umdeutung vollzogen hat oder nicht. Einerseits ist es sehr unwahrscheinlich, daß Wirtinger mit Poincarés Überlegungen nur so oberflächlich vertraut war, daß er sich der Möglichkeit dieses Schritts nicht mindestens bewußt war. Andererseits überrascht es, daß selbst 1928 – als die Fundamentalgruppe eines Knotenkomplements längst als „Knotengruppe" schlechthin bekannt war – Wirtingers Schüler Brauner die zwei Aspekte noch zu verwechseln scheint.[43] Freilich ist es letzten Endes nicht wichtig, ob es Wirtinger oder Tietze war, der die Umdeutung vollzogen hat. Was bleibt, ist die bemerkenswerte Entstehung einer neuen Konstellation epistemischer Objekte. Ausgehend von einer wichtigen Fragestellung in dem hochbewerteten Gebiet der geometrischen Funktionentheorie und geleitet von dem (Wirtingers und Heegaards Handeln gleichermaßen bestimmenden) Wunsch nach einer *Veranschaulichung* einer komplizierten, vierdimensionalen topologischen Situation kristallisierte eine Klasse mathematischer Gegenstände *zwischen* der Funktionentheorie und der Topologie der Knoten und Verkettungen heraus, die bisher noch nie genauer betrachtet worden waren: Über Knoten bzw. Verkettungen verzweigte Riemannsche Räume, ihre Monodromiegruppen, und die Fundamentalgruppen der einen Knoten oder eine Verkettung umgebenden Gebiete des $\mathbb{R}^3$ oder der S^3. In der von Wirtinger und Heegaard verfolgten Perspektive dienten einige konkret faßbare Exemplare dieser Objektklasse als *Werkzeuge*, als *antwortgebende* Instrumente zur Charakterisierung der Verzweigungen algebraischer Funktionen. Auch in diesem Rahmen eröffneten Heegaards und Wirtingers Ergebnisse ein breites Spektrum von Möglichkeiten anschließender Untersuchungen. Was für Knoten und Verkettungen konnten als Schnitte der betrachteten Verzweigungsgebilde (bzw. ebener komplexer Kurven – denn auch davon, daß es sich um Verzweigungskurven algebraischer Funktionen zweier Variabler handelte, konnte ja ggf. abgesehen werden) mit dem sphärischen Rand der Umgebung einer singulären Stelle überhaupt auftreten? Alle? Nur wenige? Welche Monodromiegruppen kamen vor? Da sich Wirtinger nie entschloß, seine Überlegungen zu publizieren, wissen wir nicht, wie weit er in diese Richtung weiterging. Sein Schüler Brauner sollte jedenfalls später Antworten auf etliche der naheliegenden Fragen geben – oder weitergeben.

Nach der von Tietze angedeuteten Umkehr der Perspektive und der damit verbundenen Herauslösung der genannten Gegenstände aus dem Kontext ihrer ersten Untersuchung konnten sie aber auch ihrerseits zu *frageerzeugenden* Objekten werden, zu Objekten, welche einem Knoten oder einer Verkettung zugeordnet waren und – vielleicht – über *diese* etwas aussagten.

§ 79. Im Bann Felix Kleins: Die Rationalität des mathematischen Handelns Wilhelm Wirtingers

Bevor ich dazu übergehe, Tietzes Perspektivenwechsel weiterzuverfolgen, möchte ich deutlich machen, daß Wirtingers Projekt und die Art seines Vorgehens nicht nur eine simple Frage der Weiterentwicklung mathematischer Techniken war. Bereits an den wenigen Worten über seine Karriere, die ich oben eingefügt habe, ist erkennbar, daß er in einem ganz bestimmten Bereich intellektueller Hegemonie[44] arbeitete – im Netzwerk Felix Kleins. Dies zeigt sich auch an dem

---

[43] Für Brauner blieben die „Wirtingerschen Relationen" stets *Monodromierelationen*, vgl. (Brauner 1928, 4 ff.). Auch Reidemeister betonte, daß Wirtinger diese Relationen in dieser Weise verstand. Lediglich (Artin 1925a) beschreibt Wirtingers Verfahren als eines zur Bestimmung der Fundamentalgruppe eines Knotenaußenraums.

[44] Vgl. die Einführung dieses Begriffs in Abschn. 3.2.

Rationalitätsmuster, dem das mathematische Handeln Wirtingers folgte. Wirtingers Briefe an seinen Mentor – selbst ein Zeichen seiner Bereitschaft, sich in dessen Hegemonie zu stellen – zeigen eine starke Bindung an Werte, die auch Klein teilte und verteidigte. Dies betraf zunächst die Einschätzung der Bedeutung der geometrischen Anschauung – für die mathematische Forschung ebenso wie für die mathematische Bildung und damit für eine zentrale kulturelle Funktion der Mathematik. Wir haben gesehen, wie wichtig Wirtinger die „Schulung des Vorstellungsvermögens" im Rahmen seines Studiums der Verzweigungen algebraischer Funktionen war. Er war auch bereit, diese Bedeutung auf einer allgemeinen Ebene zu betonen. In einem Brief aus einer Serie, die sich mit Themen des Kleinschen Vortrags „Über die Arithmetisierung der Mathematik"[45] beschäftigten, brachte Wirtinger seine allgemeine Übereinstimmung mit Klein (die er übrigens gegen einige Innsbrucker Kollegen verteidigen zu müssen glaubte) durch eine in mehr als einer Hinsicht aufschlußreiche Metapher zum Ausdruck.

> „Ich stelle mir den Mathematiker des 20' Jahrhunderts so vor, dass er, wie der Maler, so oft er will, die Welt malerisch sieht u. denkt wie er sie malen würde (u. nicht blos an classische Galeriebilder), auch so oft er will das mathematische Problem sieht, wo u. in welcher Gestalt immer es entgegentritt. Als Resultat der allgemeinen mathematischen Bildung, denke ich mir nun die Fähigkeit dieses Sehens, wenigstens im Princip. Es scheint mir, dass Sie mit der Bemerkung auf pag. 8 über die zu grosse Abstraction, die nur hindert ein concretes Problem zu erfassen, die Wurzel des Übel's bezeichnet haben. Mir persönlich war die Verbaldefinition nichts anderes als das Resumée über eine Reihe concreter Fälle u. ohne Kenntnis derselben ganz ohne Interesse."[46]

Es ging um die Anschauung, aber auch um die produktive Imagination, nicht bloß um „classische Galeriebilder", sondern auch um neue, nie zuvor gesehene mathematische Dinge. Die Kritik der Abstraktion richtete sich gegen eine formale Mathematik ohne konkrete Objekte, aber nicht unbedingt gegen den Schritt in die neue Welt komplexer, der *sinnlichen* Anschauung nur noch indirekt und partiell zugängliche Bereiche mathematischer Konstruktionen.

Ein weiteres Element des leitenden Rationalitätsmusters Wirtingers ist seine Vorliebe für mathematische Fragestellungen, welche die verschiedenen Zweige der reinen Mathematik (Algebra, Analysis, Geometrie) miteinander verknüpften, verbunden mit einer deutlichen Zurückhaltung, die sich abzeichnende Differenzierung verschiedener mathematischer Gebiete zu akzeptieren oder gar zu befördern. Dieses Zögern bildete gleichfalls ein zentrales Element des von Klein befürworteten mathematischen Stils, wie etwa die folgende, sich just auf das Gebiet der algebraischen Funktionen beziehende Passage aus Kleins *Entwicklung der Mathematik im 19. Jahrhundert* belegt:

> „Diese Tendenz, die Wissenschaft nicht nur in immer zahlreichere Einzelkapitel zu zerlegen, sondern Schulunterschiede nach der Art der Behandlung zu schaffen, würde, wenn sie einseitig zur Geltung käme, den Tod der Wissenschaft herbeiführen. Wir selbst haben immer das Umgekehrte angestrebt. In unserer Generation haben

---

⁴⁵ (Klein 1895); eine Interpretation mit Blick auf die Werte, die Klein in dieser Rede zu avancieren suchte, bei (Mehrtens 1990, Kap. 3.2).
⁴⁶ Wirtinger an Klein, 22. Mai 1896.

wir 1. Invariantentheorie, 2. Gleichungstheorie, 3. Funktionentheorie, 4. Geometrie und 5. Zahlentheorie mehr oder weniger in Kontakt gehalten, und das war unser besonderer Stolz." (Klein 1926, 327.)

Kleins Haltung bedeutete nicht nur eine starke normative Vorgabe für die Organisation mathematischer Forschung, sondern sie war auch mit einem ganz bestimmten Argumentationsstil verknüpft, der sich massiv auf Verbindungen zwischen verschiedenen mathematischen Gebieten stützte und zu stützen *suchte*.[47] Auch dieses Rationalitätsmuster war mithin *integrativ*, wenn auch nur noch mit Bezug auf die Disziplin Mathematik und nicht mehr, wie bei Gauß, Riemann oder den britischen Natural Philosophers, mit Bezug auf eine Integration der Mathematik in eine Hierarchie exakter Wissenschaften. Klein – und mit ihm Wirtinger – betrachtete es als rational, die Kohärenz der Mathematik als eines Ganzen zu befördern, in seiner Fachpolitik ebenso wie in seinen verschiedene Gebiete verknüpfenden Forschungen. Es ist gut vorstellbar, daß dieses Element der von Wirtinger geteilten professionellen Wertvorstellungen diesen davon abhielten, die „rein topologischen" Teile seiner Resultate über die Verzweigungen algebraischer Funktionen zu veröffentlichen.[48]

*

Ein Vergleich der in diesem Kapitel beschriebenen Episode mathematischen Handelns mit dem „topologischen Manifest" von Dehn und Heegaard aus dem Jahr 1907 zeigt, daß hier ein ganz andersartiger Weg an und über die Schwelle der mathematischen Moderne vorliegt. Von der in Hilberts hegemonialem Bereich entstandenen abstrakten Kombinatorik uninterpretierter Elemente, die zur Basis des „rein kombinatorischen" Ansatzes der Topologie gemacht werden sollte, sind wir hier weit entfernt. Das integrative, auf die Entwicklung des „Vorstellungsvermögens" gerichtete Rationalitätsmuster, das Wirtingers Arbeit an der geometrischen Funktionentheorie leitete, war dem differenzierenden und auf formale Strenge gerichteten, welches Dehn in seiner durch Hilberts *Grundlagen der Geometrie* bestimmten Phase verteidigte, ebenfalls deutlich entgegengesetzt. War Wirtingers Handeln deshalb im Gegensatz zum Dehnschen *gegenmodern*, wie Mehrtens' Thesen es nahelegen würden? Und nahm Heegaard eine merkwürdige Zwischenstellung ein, in keinem der hegemonialen Bereiche verankert, anschauungsorientiert, aber doch auf Differenzierung gerichtet?

Die Perspektive auf die kausalen Beziehungen im historischen Ereignisgeflecht, die die vorliegende Studie befürwortet, zeigt jedoch trotz dieser verlockenden Zuschreibungen, daß auch Heegaards und Wirtingers mathematisches Handeln einen entscheidenden Schritt in die mathematische Moderne vollzog. Er bewegte sich genau auf der Ebene, die Wirtinger für sich reklamierte: auf der Ebene der produktiven Imagination komplexer, moderner epistemischer Objekte, gleichsam jenseits der „classischen Galeriebilder". In der hier erzählten Geschichte war dieser Schritt schlechthin entscheidend, wie sich noch mehrfach zeigen wird. Die Differenz zu Dehns Manifest wird dadurch nicht aufgehoben. Vielmehr finden wir hier alternative Pfade des Übergangs aus den Kontexten der Mathematik des 19. Jahrhunderts in die epistemische Welt der mathematischen Moderne. Dort ein radikaler ontologischer Bruch, hier eine kontinuierliche,

---

[47] Vgl. dazu auch meine kleine Fallstudie (Epple 1997).

[48] Wirtinger machte seine Befürwortung des Kleinschen Stils mathematischer Praxis noch einmal sehr deutlich in einem aus Anlaß des 70. Geburtstags Kleins verfaßten Artikel mit dem Titel „Klein und die Mathematik der letzten 50 Jahre" (Wirtinger 1919).

kleinschrittige Verschiebung der Aufmerksamkeit auf einen neuen Typus mathematischer Dinge, die zunächst in traditionellen Forschungsgebieten entstanden, dann durch Differenzierungsprozesse aus diesen gelöst und schließlich nach der Loslösung noch einmal neu konstruiert und mit neuen Techniken bearbeitet wurden.

Die beiden Wege von der Mathematik des neunzehnten Jahrhunderts zu jener des zwanzigsten waren nicht streng voneinander getrennt, wie Heegaards Beispiel zeigt, der in seiner Dissertation zunächst dem geometrisch-imaginativen, kontiniuerlichen Weg folgte und sich später zusammen mit Dehn für den radikaleren, „rein kombinatorischen" Neuansatz der modernen Topologie entschied. Ja, beide Wege konnten sich sogar *zur selben Zeit* im Handeln eines einzigen Mathematikers mischen, wie die nähere Beschreibung der Habilitationsschrift Heinrich Tietzes im nächsten Abschnitt zeigt.

8.3 Offene Fragen: Knoten in Heinrich Tietzes Habilitationsschrift

§ 80. Tietzes Ansatz

Heinrich Tietzes fast 120 Seiten umfassende Arbeit „Über die topologischen Invarianten mehrdimensionaler Mannigfaltigkeiten" von 1908 ist ein Schlüsseldokument der frühen Entwicklung der modernen Topologie. Es ist nicht nur dafür verantwortlich, daß sich der aus der Tradition Listings und, in Wien, Simonys übernommene Name „Topologie" schließlich im deutschsprachigen Raum allgemein durchsetzte, sondern es stellt auch eine erste umfassende und in vieler Hinsicht Klärungen bringende kritische Bestandsaufnahme der Poincaréschen Ideen dar, mit welcher der Enzyklopädie-Artikel von Dehn und Heegaard nicht konkurrieren konnte. Die meisten Topologen der nächsten Generation studierten Tietzes Text unmittelbar neben den Schriften Poincarés.[49]

In seiner Arbeit schwankte Tietze dabei in charakteristischer Weise zwischen einem strengen, kombinatorischen Standard topologischer Argumentation, wie ihn Dehn und Heegaard am radikalsten vorgeführt hatten, und einem traditionelleren Verständnis topologischen Denkens, wie er es von Wirtinger kannte. Ohne sich auf die Sprache der *rein* kombinatorischen Topologie einzulassen (vgl. § 72), suchte er doch soweit wie möglich seinen Aufbau so anzulegen, daß er als formal strenge, kombinatorische Grundlegung der Topologie gelten konnte. Auf der anderen Seite war er nicht bereit, Themen aus Gebieten wie dem der algebraischen Funktionen und die dort gebräuchlichen intuitiven Argumente fallenzulassen. Tietzes persönliche Lösung dieses Konflikts zwischen unterschiedlichen Rationalitätsmustern war diplomatisch: Er schlug vor, jene topologischen Themen, welche sich nicht ohne Weiteres in den formal-kombinatorischen Aufbau der Topologie integrieren ließen und die vorläufig in einer *nicht* formal geklärten Weise in der Sprache der Punktmengen gefaßt wurden – also unter anderem Heegaards Ideen über „Riemannsche Räume" und jene Wirtingers über deren Monodromiegruppen – als „noch in mancher Hinsicht der Erledigung bedürftige Fragen der Analysis situs" zu deuten (Tietze 1908, 80 f.).

---

[49] Auch für (Tietze 1908) gibt (Volkert 1994) einen knappen, derzeit wohl jedoch den umfassendsten historischen Überblick. Mein Ziel ist im folgenden nicht, Tietzes Text im Ganzen zu analysieren; vielmehr geht es um die Interpretation und Einordnung jener Passagen, die Knoten zu Themen der modernen Topologie machten.

Dieser Schachzug erwies sich als äußerst produktiv. Er machte aus Heegaards und Wirtingers Antworten *Fragen* und öffnete damit diesen Themen eine *Zukunft* in den Forschungen jener Mathematiker, die sich nach Tietze der jungen Topologie zuwandten.[50]

Dem genannten Konflikt und seiner Lösung entsprechend war Tietzes Schrift zweigeteilt. Die ersten zwei Drittel des Textes (§§ 1-14) bestanden in einer Sichtung und Systematisierung der Poincaréschen Techniken, das letzte Drittel (§§ 15-22) aus dem erst noch zu rekonstruierenden Material der anschaulich-geometrischen Topologie. Die mit einer solchen Doppelstrategie notwendigerweise verknüpfte Schärfung des Blicks für die *Differenz* kombinatorischer und anschaulicher bzw. punktmengentheoretischer Argumente führte Tietze dazu, auch im ersten Teil seiner Arbeit, d.h. mit Bezug auf Poincarés Methoden, auf einige der wichtigsten Punkte aufmerksam zu machen, an welchen die Differenz der beiden Ansätze weitere Forschungen nötig machte.[51]

Tietze begann seine Ausführungen daher mit einer terminologischen Unterscheidung zweier Arten topologischer Objekte: den *Mannigfaltigkeiten* – verstanden als *Punktmengen* – und den *Schemata* von Mannigfaltigkeiten. Letztere sollten *Zellenaufbauten* im Sinn der *Compléments* Poincarés bedeuten, d.h. Konjugationsschemata von Polyedern im euklidischen Raum der entsprechenden Dimension. Dieser Unterscheidung korrespondierte, wie Tietze betonte, eine Unterscheidung zweier Arten topologischer Invarianten: Invarianten der *Mannigfaltigkeiten* – das hieß: Invarianten gegenüber beidseitig stetigen Bijektionen der Punktmengen – und Invarianten

---

[50] Diese *Zeitstruktur* wissenschaftlicher Forschungsprozesse, die im Ineinander der jeweils bearbeiteten epistemischen Dinge und Techniken jeweils lokal entsteht und sich nicht einfach in eine lineare, globale Zeitordnung einfügen läßt, ist ein wichtiges Thema Rheinbergers, der dafür den Neologismus *Historialität* vorschlägt, vgl. (Rheinberger 1992, 47 ff.).

[51] Vgl. die diesbezügliche Diskussion in Abschn. 7.2. Es verdient angemerkt zu werden, daß auch die genannte Perspektive von Tietze seinem Betreuer Wirtinger zugeschrieben wurde. In der einschlägigen Anmerkung heißt es: „Die besprochene [kombinatorische] Darstellung erscheint bei Poincaré nicht als Grundlage, sondern als gewonnen durch Zerlegung von analytisch definierten Mannigfaltigkeiten. Eine Entwicklung der Analysis situs zweidimensionaler Mannigfaltigkeiten, die auf Zusammensetzung derselben durch Flächenstücke basiert ist, ist mir zuerst aus Vorlesungen von Professor Wirtinger (über algebraische Funktionen, Wien, Sommer 1904) bekannt geworden, der auch auf die kombinatorische Seite dieser Entwicklungen hingewiesen hat. Diesen Vorlesungen zusammen mit einer späteren persönlichen Mitteilung über die analoge Darstellung dreidimensionaler Mannigfaltigkeiten verdanke ich die Anregung zu den dem vorliegenden Aufsatz zugrunde liegenden Studien." (Tietze 1908, 7.) Die genaue Datierung war Tietze offenbar auch deshalb wichtig, weil sie seine Unabhängigkeit von den Überlegungen in (Dehn und Heegaard 1907) betonte. In seinem sehr anerkennenden Gutachten über die Habilitationsschrift Tietzes hob auch Wirtinger den kritischen Aspekt der Arbeit heraus, gleichzeitig seine eigene Sicht des Themas noch einmal klar unterstreichend: „Um nun auf die Habilitationsschrift näher einzugehen, so ist vor allem zu sagen, daß sie auf eines der sprödesten und schwierigsten Gebiete sich begibt, welches gleichmäßig an die Phantasie [!] und die kritischen Fähigkeiten des Bearbeiters hohe Anforderungen stellt und daher trotz seines großen Reizes, seiner Wichtigkeit für andere Zweige der Mathematik [!] eigentlich nur die beiden Bearbeiter Poincaré und Heegaard gefunden hat. Der Bearbeiter muß hier erst durch eindringende Beschäftigung mit dem Gegenstande die Erscheinungen desselben kennenlernen, bevor er an dessen begriffliche Erfassung gehen kann, wo die allgemeinen und überlieferten Begriffe bereits eine feste Grundlage abgeben, auf der weiter gebaut werden kann. Jeder Abschnitt der Habilitationsschrift zeigt nun, daß Tietze diesen Vorbedingungen in hohem Maße entspricht. Er gibt eine Revision und Weiterführung der Poincaréschen Untersuchungen [...]" (zitiert nach Einhorn 1983, 78 f.).

der *Schemata*, also relativ zu den zulässigen endlichen Ketten *kombinatorischer Modifikationen der Schemata* invariant zugeordnete mathematische Objekte (Tietze 1908, 14). Zur Einführung der letzteren schloß sich Tietze im Wesentlichen den Ausführungen Dehns und Heegaards über „interne und externe Transformationen" an (vgl. oben, § 72).

Es gab also *zwei* Begriffe der Homologie, *zwei* Begriffe der Fundamentalgruppe, usw. Invarianzargumente bezüglich des einen Begriffs konnten nicht mehr, wie noch bei Poincaré, einfach von einem auf den anderen Begriff übertragen werden. Und nur die Topologie der *Schemata* konnte vorerst beanspruchen, eine strenge, moderne Theorie zu sein. Für diese, und für den Fall von dreidimensionalen Mannigfaltigkeiten, zeigte Tietze dann, daß alle bekannten Invarianten (also die „reduzierten" Betti-Zahlen, die Torsionszahlen und die kombinatorisch eingeführte Fundamentalgruppe) sich aus der zuletzt genannten Invariante, d.h. der Fundamentalgruppe berechnen ließen.[52] Dazu mußte ein (von Poincaré ja nicht gegebener) *kombinatorischer* Beweis der Invarianz der Fundamentalgruppe nachgetragen werden. Dieser gab Tietze Anlaß, einen grundlegenden, heute nach ihm benannten Satz über die Äquivalenz zweier endlicher Präsentationen von Gruppen zu formulieren.[53] Der algorithmisch unüberschaubare Charakter dieses Satzes veranlaßte Tietze allerdings, den praktischen Nutzen der anscheinend so starken Invariante der Fundamentalgruppe skeptisch zu beurteilen. Die Frage, ob zwei durch verschiedene endliche Präsentationen gegebene Gruppen isomorph seien, so schloß Tietze seine diesbezüglichen Ausführungen, sei „nicht allgemein lösbar", und daher könne auch die Übereinstimmung der Fundamentalgruppen zweier Mannigfaltigkeiten „nicht auf alle Fälle entschieden werden".[54]

Da die so systematisierten Werkzeuge der Poincaréschen Topologie „zumindest formal gänzlich verschieden" definiert waren wie ihre punktmengentheoretischen Gegenstücke, war ihre Verwendbarkeit im Bereich der „Mannigfaltigkeiten" ein Problem. Es war Tietze wichtig, diese Kluft nicht nur zu *bemerken*, sondern sie durch die Beschreibung von Objekten, die sich einer kombinatorischen Behandlung entzogen, auch konkret zu illustrieren. Und wieder waren es sozusagen „Wiener Objekte", die er ins Spiel brachte: monströse, unendlich verknotete Kurven. Man betrachte, so schlug Tietze vor, einen unendlichen Kreiszylinder im gewöhnlichen Raum und darin eine unendliche Kette K von Kleeblattschlingen (Fig. 8.7, links). Durch Erweiterung des Raums zum reell projektiven Raum und eine anschließende projektive Transformation, die den unendlich fernen Punkt des Zylinders ins Endliche rückte, entstand eine Kurve L der in Fig. 8.7 rechts gezeichneten Art. Wurde der Abschnitt derselben zwischen R und S durch einen Bogen s geschlossen, so entstand eine Kurve, die im punktmengentheoretischen Sinn zweifellos stetig (unter Zulassung von Selbstdurchdringungen) auf einen Punkt zusammenziehbar war und also eigentlich auch nullhomolog sein sollte. Wie konnte dies aber im Rahmen der kombinatorischen

---

[52] (Ebd., § 14). ♠ Um diesen Nachweis mit den Techniken der Zeit zu führen, mußten lediglich statt der Elementarteiler der Poincaréschen Inzidenzmatrix jene der Exponentenmatrix einer abelsch gemachten Präsentation der Fundamentalgruppe betrachtet werden. Warum dies auf dasselbe hinauskommt, wurde bereits in Kap. 7, Anm. 64 angedeutet. ♠

[53] (Ebd., § 11). Näheres hierzu bei (Chandler und Magnus 1982, 15 ff.).

[54] (Tietze 1908, § 14). Es ist unwahrscheinlich, daß Tietze diese Bemerkungen in dem strengen Sinn der (erst einige Zeit später präzise formulierbaren) algorithmischen Unentscheidbarkeit des Isomorphieproblems endlich präsentierter Gruppen meinte. Viel eher ging es ihm darum, auf das pragmatische Problem aufmerksam zu machen, daß *mit den vorliegenden Methoden* die Isomorphie zweier endlich präsentierter Gruppen nicht in jedem Fall entschieden werden konnte.

Homologie der Schemata gefaßt werden? Es schien Tietze „kaum zweifelhaft" daß sich eine solche stetige Kurve – winziger Ausschnitt aus einer Welt von „in komplizierterer Weise geschlossene[n] Linien [...], die alle sozusagen unendlich verknotet sind, aber wohl immer wieder neue Typen liefern" – der kombinatorischen Behandlung der Homologie entzog (ebd., 34 f.).

Hier finden wir wieder ein charakteristisches Element der mathematischen Moderne: den Auftritt der „Monster" (der Ausdruck geht auf Poincaré zurück), „pathologischer" Phänomene, welche in der Regel durch die unendliche Iteration endlicher Konstruktionen erzeugt wurden. Es ist kein Zufall, daß es gerade der junge Tietze in Wien war, der diese Phänomene in die Topologie der Knoten brachte. Wie der Hinweis auf die Beweisbedürftigkeit der Unauflösbarkeit der Kleeblattschlinge bedeutete auch der Hinweis auf die später treffend „wilde Knoten" genannten Objekte[55] einen klaren Bruch mit einer Topologie à la Simony, und ähnliche Wildheiten von (ebenen) Kurven sollten schon bald nicht nur ein wichtiges Arbeitsgebiet von Tietzes ein Jahr älterem Freund und Kollegen Hans Hahn werden, sondern diesem auch Anlaß zu weitreichenden erkenntniskritischen Reflexionen geben.[56]

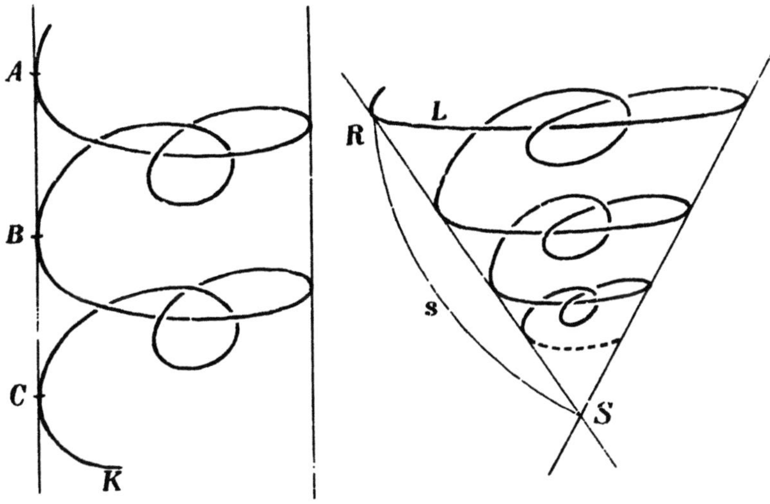

Fig. 8.7: Tietzes unendlich verknotete Kurve (Tietze 1908, 34)

§ 81. Tietzes Fragen

Die Imagination einer Welt wilder Knoten blieb bei Tietze eine Andeutung mit dem Zweck der Kennzeichnung der Grenzen der epistemischen Konfiguration der kombinatorischen Topologie. Konkrete, bearbeitbare Fragen formulierte er in bezug auf dieselben noch nicht.[57] Ebendies tat Tietze jedoch für jene andere Konstellation mathematischer Gegenstände, die in Heegaards und

---

[55] Der Ausdruck geht auf (Artin und Fox 1948) zurück.

[56] Zu den Monstern im allgemeinen und ihren Wiener Bearbeitungen im besonderen vgl. (Volkert 1986); zu Hahn weiteres in Abschn. 10.3.

[57] Das änderte sich nach dem ersten Weltkrieg; vgl. § 101.

Wirtingers Arbeiten aufgetreten waren. Es spricht für Tietzes kritisches Bewußtsein des Standes und der Möglichkeiten topologischer Forschung, daß *alle* auf Knoten, Knotenkomplemente und Riemannsche Räume bezogenen Fragen, die er im letzten Drittel seiner Schrift formulierte, spätere Untersuchungen anregten, zum Teil sogar für einen sehr langen Zeitraum. Zum Zweck späteren Rückgriffs numeriere ich die betreffenden Fragen im folgenden gemäß der Reihenfolge ihres Auftretens in Tietzes Text.

(I) Die erste Gruppe der gestellten Fragen bezog sich auf die im Anschluß an Poincaré „developpabel" genannten dreidimensionalen Mannigfaltigkeiten, d.h. die in den dreidimensionalen Euklidischen Raum bzw. die 3-Sphäre einbettbaren. In diesen Zusammenhang gehörte der am Beginn dieses Kapitels wiedergegebene Beweis der Unauflösbarkeit der Kleeblattschlinge aufgrund der Verschiedenheit ihres Komplements von dem einer unverknoteten geschlossenen Kurve. Anders als die Mathematiker des 19. Jahrhunderts sah Tietze jedoch, daß auch hier genaugenommen *zwei* Fragen gestellt werden konnten: die nach der Homöomorphie der *Komplemente* zweier Knoten (Tietze verstand diese als von einer entlang des Knotens verlaufenden Torusfläche berandete Mannigfaltigkeiten), und die nach der stetigen Deformierbarkeit (Isotopie) der beiden Knotenlinien selbst. Schon die Betrachtung der möglichen Orientierungen zeigte, daß sich diese beiden Fragen nicht deckten: Anschaulich war klar, daß die rechtshändige Kleeblattschlinge nicht in die linkshändige deformiert werden konnte (vgl. dazu unten, III), aber die beiden Komplemente waren offensichtlich durch eine Spiegelung zueinander homöomorph. Tietze glaubte zunächst, daß dies die einzige Ausnahme eines allgemeinen Satzes war: „Zwei dreidimensionale Mannigfaltigkeiten, die aus dem R_3 durch Ausscheiden der Punkte eines eindimensionalen Komplexes entstehen, sind dann und nur dann miteinander homöomorph, wenn der eine der beiden Komplexe mit dem anderen oder mit dessen Spiegelbild gleichartig verschlungen ist", d.h. wenn die beiden Komplexe ohne Selbstdurchdringungen ineinander deformiert werden können (Tietze 1906, 845). Aber Tietze bemerkte bald, daß das Problem schon für den Fall von Knotenkomplementen viel tiefer lag. Zwei Jahre später formulierte er vorsichtig:

> „Ob zwei derart [durch Ausbohren eines verknoteten Kanals entlang einer Linie *L* aus einer Kugel, vgl. Fig. 8.1] entstandene Mannigfaltigkeiten nur dann homöomorph sein können, wenn die Linie *L*, die bei der Herstellung der einen Mannigfaltigkeit verwendet wurde, mit der zur anderen Mannigfaltigkeit gehörenden Linie *L* oder mit deren Spiegelbild „gleichartig verknotet" ist [...], ist nicht untersucht worden." (Tietze 1908, 83.)

Diese früher nie gestellte Frage sollte über achtzig Jahre offen bleiben und sich im Lauf der Zeit zu einem der anspruchsvollsten und zugleich folgenreichsten Probleme der Knotentheorie entwickeln.[58]

(II) Unmittelbar im Anschluß an die erste Frage formulierte Tietze eine zweite: Waren alle von einem Torus berandeten, „developpablen" 3-Mannigfaltigkeiten eigentlich Knotenkomplemente? Anders formuliert: Berandet jeder in die dreidimensionale Sphäre eingebettete Torus auf wenigstens einer Seite einen (ggf. verknoteten) Vollring?[59] Oder gibt es vielleicht auch „wilde"

---

[58] Sie ist inzwischen durch (Gordon und Luecke 1989) positiv beantwortet. Zu Hintergrund und Bedeutung dieser Antwort vgl. (Epple 1999a, § 29). Für die entsprechende Problematik bei Verkettungen vgl. § 110.

[59] Auch diese Frage findet sich in Form einer Vermutung bereits in (Tietze 1906, 845 f.).

Tori in der S^3? Tietzes wilder Knoten (Fig. 8.7) entschied diese Frage nicht, da er in der Nähe des kritischen Punktes nicht mit einer nichtsingulären Torusfläche umgeben werden konnte.

(III) Ebenfalls durch die Kleeblattschlinge angeregt war Tietzes dritte, auf Knoten gerichtete Frage: War es eigentlich klar, daß die *rechtshändige* Kleeblattschlinge nicht in die *linkshändige* deformierbar war? Mit anderen Worten: Woher nahmen Tait und seine Nachfolger die Sicherheit, daß dieser oder irgendein anderer Knoten nicht *amphichiral* war (vgl. § 47)? „Auch dies", so bemerkte Tietze, „ist eine der Anschauung oder, wenn der Ausdruck gestattet ist, der topologischen Erfahrung entnommene Tatsache, für die mir ein strenger Beweis nicht bekannt ist" (ebd., 97.) Noch einmal ist der Schnitt sichtbar: die „topologische Erfahrung", das war das Stichwort Simonys, die Forderung eines „strengen Beweises" war (in diesem Fall) modern.

Tietze stellte die letztgenannte Frage im Kontext einer Reihe von Andeutungen über topologische Invarianten, die möglicherweise über die Fundamentalgruppe einer Mannigfaltigkeit (die die beiden Kleeblattschlingen ja nicht unterscheiden konnte) hinausgingen (ebd., § 16). Kern seiner Vorschläge war die Betrachtung der homöomorphen *Selbstabbildungen* von Mannigfaltigkeiten und verschiedener dadurch definierter Gruppen.[60] Die Inäquivalenz der beiden Kleeblattschlingen voraussetzend zeigte Tietze mit diesen Methoden, daß es nicht zueinander homöomorphe, berandete 3-Mannigfaltigkeiten mit derselben Fundamentalgruppe gab: das Komplement von zwei getrennt voneinander liegenden, *gleichgewundenen* Kleeblattschlingen und das Komplement zweier getrennt liegender, *verschieden* gewundener Kleeblattschlingen. Für *Verkettungskomplemente* war es also möglich, daß zu topologisch verschiedenen Verkettungen dieselbe Gruppe gehörte. Eine damit eng verwandte, weitere Frage formulierte Tietze dagegen *nicht* explizit: (IIIa) Konnte es auch zwei nicht ineinander oder in ihr Spiegelbild deformierbare *Knoten* geben, deren Komplement dieselbe Fundamentalgruppe besaß?

(IV) Die vierte Frage Tietzes war unmittelbar an Heegaards und Wirtingers Konstruktion Riemannscher Räume orientiert. Nachdem Tietze diese Konstruktion und das von Wirtinger übernommene (bzw. umgedeutete) Verfahren der Bestimmung der Fundamentalgruppe eines Verkettungskomplements vorgeführt hatte, stellte er die Frage, wie viele 3-Mannigfaltigkeiten sich eigentlich in dieser Weise darstellen ließen:

> „Ob analog, wie jede zweiseitige geschlossene Fläche einer durch eine Riemannsche Fläche repräsentierten zweidimensionalen Mannigfaltigkeit homöomorph ist, auch jede zweiseitige geschlossene dreidimensionale Mannigfaltigkeit einem „Riemannschen Raum" der beschriebenen Art homöomorph sei, ist nicht bekannt." (Ebd., § 18.)

Zur Erläuterung seiner Frage machte Tietze darauf aufmerksam, daß (ganz ähnlich wie im Fall der Flächen) zumindest einige dreidimensionale Mannigfaltigkeiten sogar *mehr als eine* Beschrei-

---

[60] Zum Beispiel: die Gesamtheit der Selbsthomöomorphismen, die Gesamtheit der „Deformationen" (d.h. der stetig in die identische Abbildung überführbaren Selbsthomöomorphismen), der Quotient beider Gruppen, die entsprechenden Gruppen für orientierungserhaltende Abbildungen im Fall orientierbarer Mannigfaltigkeiten, die durch Selbsthomöomorphismen und ihre Deformationsklassen induzierten Gruppen auf den einzelnen Randkomponenten berandeter Mannigfaltigkeiten, bei mehreren topologisch äquivalenten Randkomponenten auch die induzierten Permutationsgruppen dieser Komponenten. Als Dehn später Tietzes dritte Frage aufgriff und den geforderten „strengen Beweis" lieferte, bewegte sich sein Argument in genau diesem Feld möglicher neuer Invarianten, vgl. § 87.

bung als Riemannsche Räume gestatteten. Die Beispiele, die dies zeigten, waren einerseits Heegaards Dissertation, andererseits Wirtingers Überlegungen entnommen. So konnte etwa die S^3 als zweiblättriger, über einem Kreis verzweigter Riemannscher Raum oder auch als dreiblättriger, über der Kleeblattschlinge verzweigter Raum beschrieben werden; ebenso lieferte der dreifach zyklische, über zwei unverknoteten, aber verketteten Kreisen verzweigte Riemannsche Raum dieselbe Mannigfaltigkeit wie der über einer Kleeblattschlinge verzweigte zweiblättrige, nämlich $L(3, 1)$.[61]

(V) Am Ende seiner Abhandlung stellte Tietze schließlich noch eine weitere Frage, welche zwar nur indirekt Knoten betraf, aber doch später Überlegungen anregte, die Eingang in die Knotentheorie fanden. Tietze beschrieb konkrete Beispiele von geschlossenen, orientierbaren 3-Mannigfaltigkeiten, deren Fundamentalgruppen übereinstimmten, so daß also auch alle anderen bekannten Invarianten gleich waren. Waren diese Mannigfaltigkeiten aber stets selbst homöomorph?[62] Wieder handelte es sich um Objekte, deren Konstruktion Tietze von Heegaard und Wirtinger gelernt hatte. Tietze gab drei verschiedene Beschreibungen dieser heute als „Linsenräume" bekannten Mannigfaltigkeiten an. Davon stammte eine von Heegaard, während die zweite Tietze von Wirtinger mündlich mitgeteilt worden war (ebd., § 20). Heegaards Beschreibung ist wohl die älteste und einfachste: Es handelte sich um die bereits in § 77 beschriebenen Verheftungen zweier Volltori.[63] Tietze führte diese Mannigfaltigkeiten $L(p, q)$ dagegen durch eine Zellenzerlegung ein. Er betrachtete dazu eine Vollkugel, deren Äquator in p gleiche Teile geteilt wurde, so daß also die Oberfläche der Kugel in zwei (krummlinige) p-Ecke zerlegt wurde. Diese beiden „Polygone" konnten nun auf p verschiedene Weisen konjugiert werden, und zwar so, daß das obere Polygon vor der Identifikation mit dem unteren gerade um q Ecken weitergedreht wurde. Ohne Beschränkung der Allgemeinheit konnte vorausgesetzt werden, daß p und q teilerfremd waren; ferner brauchte q nur modulo p betrachtet werden.[64] Aus dieser Beschreibung konnte mittels der Poincaréschen Technik leicht die Fundamentalgruppe von $L(p, q)$ bestimmt werden. Es gab lediglich eine fundamentale Wegeklasse c (repräsentiert durch den Weg von der Kugelmitte durch den Nord- und Südpol und wieder zurück), und da alle p Kanten der Zerlegung einander konjugiert waren, gab es nur eine Relation der Form $c^p = 1$. Es ergab sich also *unabhängig von q* die zyklische Gruppe der Ordnung p.

Von Wirtinger stammte schließlich ein weiteres Bild, das sichtbar machte, daß die konstruierten Mannigfaltigkeiten etwas mit Verkettungen zu tun hatten. Wirtinger zeigte, daß $L(p, q)$ auch beschrieben werden konnte als ein p-blättriger Riemannscher Raum, der über zwei unverknoteten, aber ineinander verschlungenen Kreisen solchermaßen verzweigt war, daß ein Umlauf um

---

[61] (Tietze 1908, 105 f.), vgl. zu Heegaards Beispielen oben, § 77.

[62] Nur in diesem Zusammenhang, und zwar beiläufig in einer Fußnote, erwähnte Tietze auch die offene Frage Poincarés, „ob es außer der sphärischen noch andere geschlossene, dreidimensionale Mannigfaltigkeiten gibt, deren Fundamentalgruppe die identische Gruppe ist" (ebd., § 20, Anm. 2).

[63] Tietze bezeichnete diese Mannigfaltigkeiten durch ein Symbol $[p, q]$. Ich werde aber auch hier der heute üblichen Konvention folgend die Bezeichnung $L(p, q)$ verwenden.

[64] Diese Konstruktion ist dem in § 70 besprochenen Beispiel Poincarés sehr ähnlich. In der Tat ist das dort beschriebene Oktaeder-Beispiel gerade die in Tietzes Weise beschriebene Mannigfaltigkeit $L(4, 2) = L(2, 1)$. – Der Zusammenhang zu Heegaards Beschreibung wurde von Tietze nicht erläutert, ist aber nicht schwer zu finden: als zerlegender Torus kann ein Zylinder um die den Nord- und Südpol verbindende Achse (durch Konjugation der beiden Ränder geschlossen) betrachtet werden.

den ersten Kreis das k-te Blatt in das $(k+1)$-te überführte, während ein Umlauf um den zweiten Kreis aus dem k-ten Blatt in das $(k+q)$-te führte (jeweils modulo p).[65]

Alle diese Beschreibungen, deren Vielfalt deutlich die inzwischen erreichte Beweglichkeit in der Imagination topologischer Verhältnisse demonstriert, legten nahe, daß die verschiedenen, zu einer festen Zahl p gehörenden Mannigfaltigkeiten $L(p, q)$ *nicht* immer homöomorph waren. Ein Nachweis dieser im letzten Paragraphen seiner Arbeit für $L(5, 1)$ und $L(5, 2)$ ausgesprochenen Vermutung gelang Tietze jedoch nicht.

★

Durch Tietzes Fragen waren Knoten und die mit ihnen verknüpften Mannigfaltigkeiten definitiv zu Gegenständen der *modernen* Topologie geworden – zu Gegenständen, deren unverstandene Aspekte die Anhänger dieser jungen Disziplin herausforderten und ihnen Material zur Erprobung neuer Techniken lieferten. Die Bedeutung der in diesem Kapitel beschriebenen Episode für die Entstehung der Knotentheorie kann kaum überschätzt werden. Das, was wir die „Wiener Objekte" nennen können – die Umgebungen der singulären Stellen algebraischer Funktionen, die durch den Heegaard-Wirtingerschen Halbzylinder aufgeschnittenen Komplemente von Verkettungen und die daraus berechneten Fundamentalgruppen, die wilden Knoten, und, vor allem, die Riemannschen Räume und ihre Monodromie – bildeten jenen Bestand an epistemischen Objekten, dessen Bearbeitung später die Knotentheorie, die wir kennen, hervorbrachte. Daß und in welchem Sinn es sich dabei um *moderne* mathematische Imaginationen handelt, ist hoffentlich deutlich geworden. Das Schwanken Tietzes zwischen der traditionelleren Orientierung Wirtingers einerseits und dem modernen Wunsch nach einem strengen, kombinatorischen Aufbau der Topologie andererseits wirkte dabei als Geburtshilfe – es ermöglichte ihm, die Vorstellungen des Älteren wahrzunehmen und in den epistemischen Bereich der mathematischen Moderne zu überführen.

---

[65] ♠ Wirtingers Argument ging von der Betrachtung einer feineren Zellenzerlegung von $L(p, q)$ aus, die aus der obigen durch Einführen des Nord- und Südpols der Kugel sowie Verbinden dieser beiden Punkte mit den p auf dem Äquator liegenden entstand. Wurde dann der Basisraum der genannten Überlagerung durch ein Tetraeder mit paarweise konjugierten Seiten beschrieben (zwei nicht konjugierte Kanten repräsentierten damit die verschlungenen Kreise), so ergab sich für den überlagernden Raum eine Zellenzerlegung, welche kombinatorisch identisch mit der verfeinerten Zerlegung von $L(p, q)$ war. ♠ – Da der einfachste Fall des *zweiblättrigen* solchen Raums, d.h. die Mannigfaltigkeit $L(2, 1)$, eines der Heegaardschen Beispiele war (vgl. § 77), liegt nahe, daß auch Wirtingers Bild durch Heegaards Arbeit angeregt war.

9 POINCARÉSCHE RÄUME, KNOTEN, GRUPPEN: MAX DEHN

Sehr geehrter Herr Geheimrath, anbei schicke ich Ihnen eine topologische Arbeit. Ich glaube darin, das wie mir scheint auch an und für sich wichtige Problem gelöst zu haben: welches sind die topologischen Eigenschaften, die den gewöhnlichen Raum vor allen anderen charakterisieren?

Max Dehn an David Hilbert, 1908

Während Heinrich Tietze an seiner Habilitationsschrift arbeitete, dachte Max Dehn weiter über topologische Fragen nach. Wie Wirtinger und Tietze stieß auch er dabei auf Knoten. Allerdings kam es zwischen den Wiener Mathematikern und Dehn zunächst nur zu einem punktuellen Kontakt – beide arbeiteten in verschiedenen hegemonialen Bereichen, wie in den letzten beiden Kapiteln bereits deutlich geworden ist. Auch das Ziel von Dehns Arbeit war anfänglich ganz verschieden von dem Tietzes. Während dieser das durch Poincaré umrissene Feld der Topologie zu systematisieren suchte und dabei unter anderem das durch Wirtingers funktionentheoretische Arbeiten entstandene Wissen einarbeitete, hoffte Dehn ein ganz spezielles Problem zu lösen, das Poincarés Arbeiten offengelassen hatten: die topologische Charakterisierung des „gewöhnlichen Raumes" bzw. der dreidimensionalen Sphäre. Es sollte ihm nicht gelingen. Stattdessen wurde er auf eine neue Konstruktionstechnik für dreidimensionale Mannigfaltigkeiten geführt, in welcher Knoten die entscheidende Rolle spielten. Das Studium dieser Mannigfaltigkeiten führte Dehn sowohl auf eine Reihe von Aussagen über Knoten als auch auf einige sehr fundamentale Probleme der kombinatorischen Gruppentheorie. Während Dehns entsprechende Arbeiten nur einige recht spezielle Fragen definitiv lösten, warfen sie neue Fragenkomplexe auf, von denen sich in der Folge zeigte, daß sie zu den tiefsten sowohl der dreidimensionalen Topologie als auch der kombinatorischen Gruppentheorie des 20. Jahrhunderts gehörten. Insbesondere ist bis heute nicht geklärt, ob der von Dehn eröffnete Weg zur Bearbeitung der Poincaréschen Vermutung nicht doch zu ihrer Entscheidung führen könnte.

In diesem Kapitel beschreibe ich zunächst, wie Dehn von dem Poincaréschen Problem auf die Beschäftigung mit Knoten geführt wurde und damit die neben der Wiener Entwicklung zweite Episode, die das Thema der Knoten in die mathematische Moderne brachte (9.1). Es folgt eine kurze Diskussion der dabei von Dehn aufgeworfenen Grundprobleme der kombinatorischen Gruppentheorie und seines technisch anspruchsvollen Beweises der anschaulich so evidenten Tatsache, daß sich eine rechtshändige Kleeblattschlinge nicht stetig in eine linkshändige deformieren läßt (9.2). Schließlich füge ich eine Zusammenfassung von Dehns weiterem Lebensweg ein (9.3). An ihm wird deutlich, wie stark die Extreme des 20. Jahrhunderts in das Leben eines Mathematikers eingriffen – auch das ist Teil jenes komplexen Phänomens, das wir mathematische Moderne nennen.

9.1 „Über die Topologie des dreidimensionalen Raumes"

§ 82. Auf den Spuren Poincarés

Kurz nach der Beendigung des gemeinsam mit Heegaard verfaßten Enzyklopädie-Artikels sah sich Max Dehn gezwungen, eine Korrektur nachzutragen (Dehn 1907). Wie sich herausstellte, war eine in diesem Artikel gegebene Beschreibung des Poincaréschen Beispiels einer von der dreidimensionalen Sphäre verschiedenen, geschlossenen dreidimensionalen Mannigfaltigkeit mit trivialer Homologie fehlerhaft.[1] Zusammen mit der Richtigstellung dieses Irrtums gab Dehn eine alternative Konstruktionsmöglichkeit für geschlossene 3-Mannigfaltigkeiten mit trivialer Homologie an. Dabei bediente er sich ebenfalls der Poincaréschen Technik der Identifikation der Randflächen von im gewöhnlichen dreidimensionalen Raum gelegenen Körpern, ohne allerdings einen genauen Zellenaufbau entweder im Poincaréschen Sinn (§ 70) oder im Sinn seines eigenen rein kombinatorischen Ansatzes (§ 72) anzugeben. Daß dies im Prinzip möglich wäre, setzte Dehn einfach voraus; er stützte sich statt dessen auf eine anschauliche Beschreibung der Ausgangsobjekte und der entscheidenden Schritte der Konstruktion. Diese partielle Befreiung von den Erfordernissen einer rein kombinatorischen Topologie ist charakteristisch für den epistemischen Stil, dem Dehn auch weiterhin folgte.

Dehns alternative Konstruktion einer geschlossenen, homologisch trivialen Mannigfaltigkeit ging aus von zwei identischen Kopien des Komplements eines verknoteten Rings (Volltorus) im „gewöhnlichen Raum" (Fig. 9.1). Letzteren verstand er hier wie später stets als eine „Hyperkugel", d.h. als dreidimensionale Sphäre.[2] Beide Mannigfaltigkeiten waren durch eine Ringoberfläche (Torusfläche) berandet und konnten also zu einem neuen, randlosen Objekt vereinigt werden, indem die beiden Randflächen miteinander identifiziert wurden. Die Verheftung konnte dabei auf verschiedene Weise geschehen, je nachdem, wie die beiden Torusflächen aufeinander abgebildet wurden. Bei geschickter Wahl der verheftenden Abbildung ergab sich eine Mannigfaltigkeit der gewünschten Art.

Fig. 9.1: Zu Dehns erster Konstruktion „Poincaréscher Räume"

---

[1] ♠ Poincarés Beispiel war durch eine spezielle Identifikation der Oberflächen zweier Henkelkörper vom Geschlecht 2 konstruiert. Dehn und Heegaard hatten die diese Identifikation beschreibenden Kurven abweichend von Poincaré gewählt, so daß eine 3-Sphäre resultierte. ♠

[2] Ein späterer Beleg hierfür ist z.B. (Dehn 1910, 137).

Wie konnte Dehn erreichen, daß jede geschlossene Kurve in der resultierenden Mannigfaltigkeit nullhomolog war? Dehns knappe Notiz deutete folgendes Argument an: Jede geschlossene Kurve in einem Knotenkomplement A ist homolog zu dem Vielfachen einer geschlossenen Kurve β im berandenden Torus, welche diesen nicht zerlegt und im ausgebohrten Kanal eine Kreisscheibe berandet (etwas später nannte Dehn solche Kurven „Breitenkurven" eines Knotens).[3] Dehn mußte also dafür sorgen, daß bei der Verheftung von A mit einem zweiten Knotenkomplement A' eine Breitenkurve β des Randtorus von A mit einer Kurve im Randtorus von A' identifiziert wurde, die in A' ein Flächenstück berandete. Solche (später von Dehn als „Längskurven" eines Knotens bezeichnete) Kurven gibt es aber, behauptete Dehn (die in Fig. 9.1 gezeichnete Kurve λ ist eine von ihnen). Wurde also bei der Randidentifikation zweier Knotenkomplemente A und A' eine Breitenkurve $\beta \subset \partial A$ auf eine Längskurve $\lambda' \subset \partial A'$ und umgekehrt eine Breitenkurve $\beta' \subset \partial A'$ auf eine Längskurve $\lambda \subset \partial A$ abgebildet, so ergab sich eine geschlossene 3-Mannigfaltigkeit, in welcher *jede* geschlossene Kurve ein Flächenstück berandete. Um zu zeigen, daß diese Mannigfaltigkeit nicht zur 3-Sphäre homöomorph war, argumentierte Dehn folgendermaßen: In der Mannigfaltigkeit gibt es einen Torus (nämlich den gemeinsamen Rand der beiden Teile), der auf keiner Seite einen Volltorus berandet. Da es solche Tori in der S^3 nicht gibt, wie Dehn unterstellte, konnte die konstruierte Mannigfaltigkeit auch nicht zu S^3 homöomorph sein.

Dehns Konstruktion setzte eine ganze Reihe von topologischen Argumenten voraus, die noch nicht als gesichertes Wissen gelten konnten, wie die entsprechenden Fragen Tietzes zeigen, die im vorigen Kapitel besprochen wurden. Abgesehen von den offenen Fragen in der präzisen Fassung des Homologiebegriffs (Dehn argumentierte ja nicht in der technisch vergleichsweise präzisen Sprache der Zellenzerlegungen) und dem Nachweis der Behauptung, daß alle geschlossenen Kurven eines Knotenkomplements homolog zu dem Vielfachen einer Breitenkurve waren, konnte insbesondere das letzte Argument (das Tietzes zweite Frage betraf) noch nicht als bewiesener Satz betrachtet werden. Vermutlich wurde sich Dehn dieser Lücken bald bewußt, wie eine Modifikation seiner Konstruktion zeigt, die gleich ausführlich dargestellt wird.

In dieser Weise richtete sich Dehns Aufmerksamkeit zum ersten Mal auf jenen Zusammenhang von Knoten und dreidimensionalen Mannigfaltigkeiten, der ihn die nächsten Jahre immer wieder beschäftigten würde. Jedenfalls arbeitete er an dieser Fragestellung weiter und gelangte bald zu einem überraschenden Ergebnis. Im Februar 1908 sandte er einen Artikel zur Veröffentlichung in den *Göttinger Nachrichten* an David Hilbert, in welchem, wie er hoffte, eine der wichtigsten offengebliebenen Fragen in Poincaré's Arbeiten zur *Analysis situs* beantwortet wurde. In seinem Begleitbrief an Hilbert schrieb Dehn:

> „Sehr geehrter Herr Geheimrath,
>   anbei schicke ich Ihnen eine topologische Arbeit. Ich glaube darin, das wie
> mir scheint auch an und für sich wichtige Problem gelöst zu haben: welches sind
> die topologischen Eigenschaften, die den gewöhnlichen Raum vor allen anderen

---

[3] Diese Aussage ist eine Übersetzung der bereits von Thomson und Maxwell aufgestellten Behauptung, daß jedes Knotenkomplement zweifach zusammenhängend ist, in die Poincarésche Terminologie. Eine Maxwells allgemeiner Formel entsprechende Behauptung für die Zusammenhangszahl von durch ein System geschlossener Flächen berandeten Raumgebieten hatte auch Poincaré ohne weiteres Argument in seinen Aufsatz „Analysis situs" aufgenommen (Poincaré 1895, § 6). – Hier und im folgenden habe ich Dehns Bezeichnungen abgeändert, um innerhalb dieses Kapitels eine konsistente Notation zu erhalten.

charakterisieren? Poincaré hat sich des öfteren mit dem Problem in seinen compléments à l'analysis situs beschäftigt, ohne bis zur Lösung vordringen zu können. Dieselbe besteht darin, daß der gewöhnliche Raum die einzige 3dim. Mannigfaltigkeit ist, in der jeder „geschlossene Flächenkomplex" [...] zerstückelt. Die Methode, die zu dieser Lösung führt, ergab gleichzeitig noch eine Reihe anderer Resultate, die ganz interessant sind und die ich in der Einleitung aufgeführt habe. [...[4]] Ich habe nun aber etwas Angst, daß mir jemand, z. Bsp. Poincaré, zuvorkommen könnte, sofern die Publication länger dauern würde. Ich möchte Sie deshalb bitten, die Arbeit für die Göttinger Nachrichten zu bestimmen. Ich glaube, daß sie nicht zu lang dafür sein wird (etwas über einen Bogen). Wenn es Ihnen recht ist, so werde ich gerne eine ausführliche Darstellung, hoffentlich auch mit neuen Ergebnissen besonders in bezug auf das zuletzt behandelte Thema: Theorie der Knoten, für die Annalen liefern.

Ich verbleibe mit freundlichen Grüßen Ihr Ihnen ganz ergebener
M. Dehn."[5]

Aus dem Brief geht noch einmal hervor, daß die erhoffte topologische Charakterisierung des gewöhnlichen Raums (d.h. der S^3) Dehn Anlaß gab, das Studium von Knoten zu vertiefen. Allerdings stellte sich bald heraus, daß er sein Ziel doch nicht erreicht hatte. Bereits zwei Monate später wandte sich Dehn erneut an Hilbert, diesmal in einem ganz anderen Ton:

„Sehr geehrter Herr Geheimrath,

zu meinem großen Bedauern muß ich Ihnen mitteilen, daß meine Arbeit, die Sie in der Gesellschaft vorgelegt haben, unrichtig ist. Herr Tietze, dem ich die Correcturbogen gegeben hatte, hat mich in Rom darauf aufmerksam gemacht, daß mein für den gewöhnlichen Raum angenommenes Axiom „Zerstückelung durch jeden geschlossenen Flächencomplex" nicht richtig ist. Hierdurch fallen beinahe alle Resultate meiner Arbeit. Ich habe nicht viel Hoffnung, in kürzerer Zeit, das Problem wirklich zu bewältigen, und jedenfalls scheint es mir ausgeschlossen, daß ein größerer Teil der Arbeit, in der bisherigen Form bestehen kann. Ich muß deshalb die Arbeit zurückziehen. Gleichzeitig schreibe ich an die Kästner'sche Buchdruckerei betreffs Mitteilung der bisher erwachsenen Kosten, die ich selbstverständlich zu begleichen übernehme.

Gleichzeitig erfolgte die Mitteilung von Herrn Tietze früh genug, um mich zu verhindern, meinen Vortrag zu halten.

Ihr ganz ergebener
M. Dehn."[6]

---

[4] Die ausgelassene Passage lautet: „Ich will hier nur das überraschende, freilich nicht schwer zu beweisende Resultat anführen: ‚es gibt keine geschlossenen einseitigen dreifach ausgedehnten Mannigfaltigkeiten'. Das ist ein ganz merkwürdiger Gegensatz zu dem Verhalten von 2-fach und 4fach ausgedehnten Mannigfaltigkeiten."

[5] Dehn an Hilbert, 12. Februar 1908.

[6] Dehn an Hilbert, 16. April 1908.

♠ Da die zurückgezogene Arbeit nicht überliefert zu sein scheint, ist nicht ganz klar, worin genau Dehns Argument, seine Beziehung zu Poincarés Vermutung und der von Tietze auf dem Internationalen Mathematiker-Kongreß 1908 in Rom angesprochene Fehler bestanden hatte. Ein Vergleich mit der Terminologie des Enzyklopädie-Artikels wirft die Frage auf, ob Dehn unter einem „geschlossenen Flächenkomplex" einen zweidimensionalen Unterkomplex ohne Randelemente verstand. In diesem Fall wäre – modern gesprochen – Dehns Kriterium gleichbedeutend mit dem Verschwinden der zweiten Homologiegruppe einer 3-Mannigfaltigkeit gewesen. Tietze könnte Dehn in diesem Fall darauf hingewiesen haben, daß die geforderte Bedingung bereits in Poincarés Beispiel einer Homologiesphäre oder z.B. auch in einem Linsenraum erfüllt war. ♠

§ 83. Eine neue Konstruktion

Trotz dieses Rückschlags gab Dehn nicht auf. Im Lauf der folgenden beiden Jahre arbeitete er diejenigen Teile seiner Überlegungen aus, die ihm gesichert erschienen. Dabei traten die Konstruktion von „Poincaré'schen Räumen", wie Dehn nun homologisch triviale, dreidimensionale Mannigfaltigkeiten nannte, und Knoten mehr und mehr in den Vordergrund. Im Jahr 1910 veröffentlichte er seine Überlegungen in einer Arbeit mit dem Titel „Über die Topologie des dreidimensionalen Raumes" in den *Mathematischen Annalen*. Wie dieser Titel zeigt, suchte Dehn noch immer nach einer topologischen Charakterisierung der dreidimensionalen Sphäre, und vermutlich gingen wesentliche Teile der zurückgezogenen Arbeit von 1908 in den neuen Aufsatz ein. Allerdings deutete nur noch die Schlußpassage des Artikels ein Argument an, mit dessen Hilfe Dehn Poincarés Vermutung beweisen zu können glaubte. Im Zentrum des Artikels stand dagegen eine neue Konstruktion „Poincaré'scher Räume", welche die Bestimmung und Untersuchung der Fundamentalgruppe von Knotenkomplementen notwendig machte.[7]

Die Grundidee war, ausgehend von der Konstruktion der Notiz von 1907, sehr einfach (Fig. 9.2). Dehn betrachtete wieder einen Knotenaußenraum A – nun ausdrücklich erklärt als das durch einen Torus $T = \partial A$ berandete Gebiet der S^3, das durch Entfernung einer schlauchförmigen (offenen) Umgebung J einer Knotenlinie K entsteht. Auf dem Randtorus T zeichnete Dehn wie in der ersten Konstruktion eine Breitenkurve β und eine Längskurve λ aus (in Fig. 9.2 ist λ so gewählt, daß alle Umkreisungen der Knotenlinie im selben Bogen des Knotens liegen).[8] Statt nun A durch Anheftung eines weiteren Knotenkomplementes zu schließen, betrachtete Dehn diejenigen Mannigfaltigkeiten Φ, die aus A durch Anheftung einer dünnen Scheibe (wie rechts

---

[7] Andere Kommentierungen dieser Arbeit Dehns finden sich in Stillwells Einleitung zu (Dehn 1987) und bei (Volkert 1994). Beide arbeiten jedoch m.E. nicht deutlich genug heraus, wie Dehn von der Untersuchung des Poincaréschen Problems zum Studium der Knoten geführt wurde.

[8] ♠ Dehn wies nun auch die bereits 1907 verwendete Behauptung nach, daß auf T stets nichtzerlegende, geschlossene Kurven λ existieren, die β genau einmal schneiden und in A ein Flächenstück beranden. Dazu betrachtete Dehn das Gebiet, das entsteht, wenn zu A ein Abschnitt des entfernten Kanals J wieder hinzugefügt wird, etwa der zwischen einer von β berandeten Scheibe und einer nicht weit entfernten, dazu ungefähr parallelen Scheibe, die von einer Kurve β' berandet sein möge. Das so erweiterte Gebiet ist einfach zusammenhängend, also sind alle geschlossenen Kurven darin nullhomolog. Daraus schloß Dehn, daß in A alle geschlossenen Kurven homolog zu gewissen Kurvensystemen auf dem Abschnitt des Torus zwischen β und β' sein müssen. Unter diesen sind aber allein die Vielfachen von β nicht schon in A nullhomolog. Insbesondere ist also jede T nicht zerlegende, β genau einmal schneidende geschlossene Kurve $\lambda \subset T$ homolog zu einem Vielfachen $n\beta$, so daß $\lambda - n\beta$ eine Längskurve ist (Dehn 1910, 154). ♠

in Fig. 9.2 gezeichnet) längs einer weiteren geschlossenen Kurve ρ auf T entstehen, welche T nicht zerlegt und die Kurve λ genau einmal schneidet. Die Anheftung sollte dabei so geschehen, daß der zylindrische Rand der Scheibe auf einen schmalen Streifen längs ρ abgebildet wurde.[9]

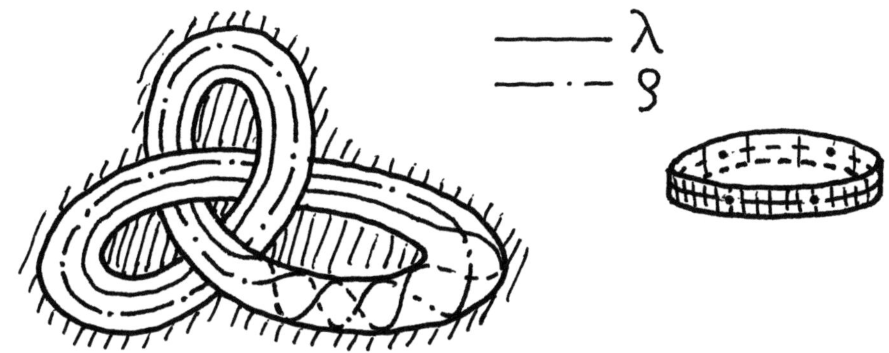

Fig. 9.2: Zu Dehns zweiter Konstruktion „Poincaréscher Räume"

Offensichtlich war jedes solche Φ eine durch eine Kugelfläche (nämlich die Vereinigung des Rests von T – eines ringförmigen Streifens – mit den beiden Deckeln der angehefteten Scheibe) berandete Mannigfaltigkeit, deren topologischer Typ sowohl von dem betrachteten Knoten K als auch von der Kurve ρ abhing. Außerdem war sie homologisch trivial, denn jede Kurve ρ der betrachteten Art ließ sich in T stetig in eine Kurve deformieren, die den Torus eine gewisse Anzahl von Malen ungefähr parallel zu λ und *ein* Mal parallel zu β umlief, ohne sich selbst zu schneiden. Da aber λ in A ein Flächenstück berandete, waren in A die Kurven ρ und β zueinander homolog. Folglich berandete in der neuen Mannigfaltigkeit Φ auch die Breitenkurve β – der einzige homologisch wesentliche Kurventyp in A – ein Flächenstück.

Dehns Konstruktion stellte in gewisser Hinsicht die einfachste Modifikation dar, durch die sich ein Knotenaußenraum zu einer Mannigfaltigkeit machen ließ, in welcher jede geschlossene Kurve nullhomolog war. Damit hatte Dehn den epistemischen Techniken Poincarés ein neues Werkzeug hinzugefügt: die gezielte Veränderung einer bekannten Mannigfaltigkeit durch Anheften eines neuen Stückes, um dadurch ein neues Objekt mit gewissen erwünschten topologischen Eigenschaften zu erzeugen.[10] Dehn baute diese Idee zunächst nicht weiter aus, aber sie wurde gegen Ende der fünfziger Jahre aufgegriffen und zu einer Technik von erstaunlicher Reichweite ausgebaut, mit deren Hilfe vielleicht sogar die Poincarésche Vermutung entschieden werden könnte.[11]

---

[9] Wie in § 77 beschrieben, hatte Heegaard in seiner Dissertation ähnliche Anheftungen einer Scheibe an einen *unverknoteten* Volltorus beschrieben. Heegaard betrachtete außerdem vor allem Verheftungskurven des Typs $p\beta + \lambda$ für $p \geq 2$, d.h. die „Diagramme" der homologisch natürlich *nicht* trivialen Linsenräume. Trotzdem könnte Dehn seine Konstruktion aus einer Variation der Heegaardschen Idee gewonnen haben.

[10] Dehns Idee unterschied sich von der allgemeinen Idee der Verheftung zweier Henkelkörper, wie sie Heegaard und Poincaré betrachtet hatten, und Dehns erster Konstruktion dadurch, daß das einer gegebenen Mannigfaltigkeit angefügte Stück bewußt topologisch einfach gewählt war. Dadurch war die Veränderung der topologischen Eigenschaften durch die Modifikation natürlich wesentlich besser zu überblicken. M.E. kann erst hier von einer *gezielten* Modifikationstechnik gesprochen werden.

[11] Vgl. dazu (Epple 1999a, § 29). ♠ Es sei darauf hingewiesen, daß Dehns Konstruktion „Poincaréscher

Freilich blieb zu zeigen, daß die so konstruierten Räume nicht homöomorph zur 3-Sphäre waren. Zu diesem Zweck brachte Dehn nicht wie in der Notiz von 1907 ein geometrisches Argument ins Spiel, sondern die Fundamentalgruppe der entstandenen Mannigfaltigkeiten. Wie er zeigte, ließ diese sich leicht aus der Fundamentalgruppe des zugrundegelegten Knotenkomplements bestimmen. Um letztere einzuführen, stützte Dehn sich dabei merkwürdigerweise nicht auf die in (Tietze 1908) beschriebene Methode Wirtingers zur Aufstellung einer Präsentation dieser Gruppe. Stattdessen definierte er die Gruppe eines Knotens noch einmal neu, was etliche seiner späteren Leser dazu führte, Dehn als denjenigen zu betrachten, der die Knotengruppe zuerst betrachtete.[12]

Dehn ging von einer (regulären) ebenen Projektion eines Knotens aus, die er sich gleichwohl im Raum gelegen dachte (Dehn 1910, 154 ff.). Diesen „Streckenkomplex" umgab er mit einem System von „Röhren", d.h. einer geschlossenen Fläche, die für Projektionen mit $n - 1$ Doppelpunkten und folglich n endlichen Gebieten das Geschlecht $p = n$ besaß. Die Fundamentalgruppe dieser Fläche konnte durch $2n$ Erzeugende $C_1, ..., C_{2n}$ und die einzige Relation

$$C_1 C_{n+1} C_1^{-1} C_{n+1}^{-1} ... C_n C_{2n} C_n^{-1} C_{2n}^{-1} = 1$$

präsentiert werden, wobei die Erzeugenden $C_{n+1}, ..., C_{2n}$ als Kurven interpretiert wurden, die je ein endliches Gebiet der Projektion umliefen; die $C_1, ..., C_n$ standen für Kurven, die je eine der ein solches Gebiet berandenden Röhren umliefen. Die so definierte Gruppe nannte Dehn die dem Streckenkomplex der Knotenprojektion zugeordnete Gruppe. Da die Erzeugenden $C_{n+1}, ..., C_{2n}$ im Außenraum auf einen Punkt zusammenziehbar waren, erhielt Dehn für das Komplement der Knotenprojektion (genauer: für das Äußere der sie umgebenden Fläche) als Fundamentalgruppe die freie Gruppe[13] in den n übrigbleibenden Erzeugenden $C_1, ..., C_n$ (anschaulich interpretiert als Kurven, welche je eines der n Gebiete der Projektion einmal von oben nach unten durchstießen).

Um daraus die Fundamentalgruppe des Komplements des Knotens selbst zu erhalten, betrachtete Dehn diejenigen Relationen, die entstanden, wenn an den Kreuzungen der Projektion die beiden Bögen voneinander abgehoben wurden. Grenzten an einer Kreuzung die zu C_i, C_j, C_k, C_l gehörenden Gebiete aneinander wie in der nächsten Figur, so ergab sich offenbar die in Fig. 9.3 genannte, anschaulich als Zusammenziehbarkeit eines kleinen Kreises zwischen den kreuzenden Bögen interpretierte Relation. Falls eines der beteiligten Gebiete das unendliche war, sollte das ensprechende Symbol einfach weggelassen werden. Ergebnis war also die Gruppe, die von n verschiedenen, den endlichen Gebieten eines Knotendiagramms mit $n - 1$ Kreuzungen zugeordneten

---

Räume" nicht ganz genau dem entspricht, was heute als Dehn-Chirurgie bezeichnet wird. Zum einen betrachtete Dehn *berandete* Mannigfaltigkeiten und nicht die geschlossene Verheftung zweier Volltori. Zum anderen beschränkte er sich auf den Fall von Verheftungskurven, die auf homologisch triviale Mannigfaltigkeiten führten. Die Idee, *beliebige* Verheftungskurven zu betrachten, lag ihm fern, und mehr noch die Frage, ob sich durch wiederholte „Dehn-Chirurgie" alle geschlossenen, orientierten 3-Mannigfaltigkeiten erzeugen lassen, wie (Volkert 1994, 189) nahelegt. Erst eine präzise angebbare Reihe von Ereignissen in einer stark veränderten historischen Situation hatte diese Verallgemeinerung der Dehnschen Technik zur Folge. ◆

[12] Vgl. den Beginn des nächsten Kapitels.

[13] Von einer „freien Gruppe" wurde gesprochen, wenn eine Gruppenpräsentation *gar keine* Relationen (außer der immer geltenden, trivialen Kürzungsregel $C_i C_i^{-1} = 1$) vorschrieb.

Fig. 9.3: Dehns Kreuzungsrelationen

Symbolen $C_1, ...C_n$ erzeugt wurde und für jede Kreuzung eine Relation der in Fig. 9.3 angegebenen Art erfüllte. „Diese Gruppe G_K", schrieb Dehn, „wollen wir die Fundamentalgruppe der geschlossenen Raumkurve K nennen." (Dehn 1910, 157.) Damit war klarer als in Tietzes früherer Arbeit eine allgemeine Vorschrift zur Aufstellung der Fundamentalgruppe eines Knotenkomplements angegeben. Während der unmittelbare Zweck dieser Einführung der einem Knoten zugeordneten Gruppe zweifellos war, eine Basis für die Bestimmung der Fundamentalgruppen der von Dehn konstruierten „Poincaréschen Räume" zu liefern, konnte die Knotengruppe doch auch als Instrument des Studiums von Knoten selbst benützt werden. Auf Dehns diesbezügliche Überlegungen komme ich im übernächsten Abschnitt zurück.

Im Fall des Kleeblattknotens, der im Zentrum der Aufmerksamkeit des Dehnschen Aufsatzes stand, ergab sich so die durch vier Elemente C_1, C_2, C_3, C_4 erzeugte Gruppe mit den Relationen:

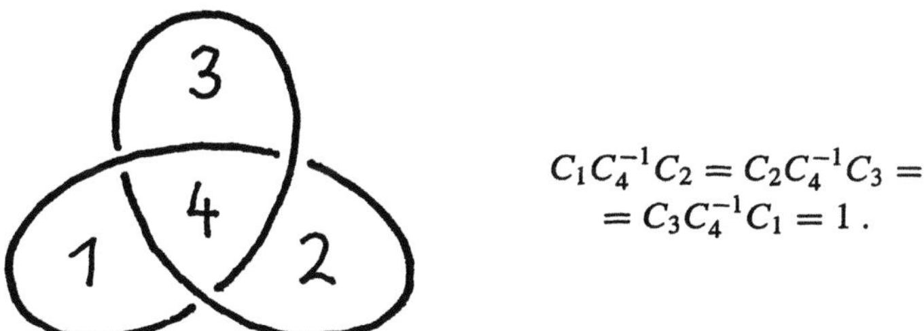

$$C_1 C_4^{-1} C_2 = C_2 C_4^{-1} C_3 =$$
$$= C_3 C_4^{-1} C_1 = 1 .$$

Fig. 9.4: Dehns Präsentation der Gruppe des Kleeblattknotens

Aus dieser Präsentation der Fundamentalgruppe eines Knotenkomplements ließ sich nun leicht auch eine Präsentation der Fundamentalgruppe der Mannigfaltigkeiten ϕ gewinnen. In der Tat brauchte Dehn nur eine weitere Relation hinzufügen, die die Zusammenziehbarkeit der in der Konstruktion verwendeten Kurve ρ ausdrückte. Diese Relation ließ sich aber leicht aus einem Diagramm ablesen. Z.B. zeigt Fig. 9.2, daß das Produkt $C_1 C_2 C_3 C_2^{-3}$ der gezeichneten Längskurve λ des Kleeblattknotens entspricht, also entspricht $C_1 C_2 C_3 C_2^{-2}$ der dort gezeichneten Kurve ρ. Die zugehörige Mannigfaltigkeit Φ besaß also eine durch C_1, C_2, C_3, C_4 erzeugte Fundamentalgruppe mit den Relationen

$$C_1 C_4^{-1} C_2 = C_2 C_4^{-1} C_3 = C_3 C_4^{-1} C_1 = C_1 C_2 C_3 C_2^{-2} = 1 .$$

Entsprechend gehörte zu den weiteren möglichen Verheftungskurven ρ stets eine zusätzliche Relation der Form

$$(C_1 C_2 C_3 C_2^{-3})^n C_2 = 1 \qquad (n \neq 0) .$$

Falls Dehn zeigen konnte, daß diese Gruppen nicht die nur aus dem neutralen Element bestehende Gruppe waren, waren diese speziellen Mannigfaltigkeiten Φ als homologisch triviale, von der dreidimensionalen Vollkugel verschiedene Mannigfaltigkeiten und damit als „Poincarésche Räume" nachgewiesen.

§ 84. Das „Gruppenbild" als epistemische Technik

Auch wenn Dehn die Gruppe eines Knotens nicht streng im abstrakten, rein kombinatorischen Stil des Enzyklopädieartikels einführte, war doch klar, daß sein Verfahren ohne Weiteres auf dem von Poincaré und Tietze beschriebenen Weg über eine Zellenzerlegung des Knotenkomplements rekonstruiert werden konnte. Auch die sonst in Dehns Artikel verwendete Terminologie zeigt, daß er seine Leser davon zu überzeugen suchte, daß die von ihm beschriebenen Begriffe und Argumente sich im systematischen Rahmen des früheren Aufsatzes bewegten. Tatsächlich war der epistemische Stil Dehns jedoch weniger abstrakt, als diese Hinweise nahelegten. Nicht nur der abkürzende Gebrauch anschaulicher Argumente, sondern auch die zentrale Konstruktion selbst war dicht an jener Mischung von auf lokale Verhältnisse bezogenen geometrischen Vorstellungen und kombinatorischer Beschreibungen globaler Eigenschaften, welche Poincarés Umgang mit Zellenzerlegungen ebenso auszeichnete wie etwa die anschaulichen Konstruktionen in Heegaards Dissertation.

Das galt auch für die Verfahren, mit deren Hilfe Dehn nun genauere Aussagen über die Gruppen von Knoten und „Poincaréschen Räumen" traf. Dehn stellte diese „gruppentheoretischen Hilfsmittel" an den Beginn seines Artikels. Sie betrafen vor allem das in obigem Argument noch offengebliebene Problem, nachzuweisen, daß die erhaltenen Gruppenpräsentationen nicht die triviale Gruppe darstellten. Dazu mußte in der betreffenden Gruppe G mindestens ein Element, d.h. ein Wort in den erzeugenden Symbolen (die Dehn in diesem Zusammenhang durch $a_1, ..., a_n$ bezeichnete) gefunden werden, das nicht aufgrund der Relationen das Neutralelement darstellte. Dehn wurde so auf eines der Grundprobleme der kombinatorischen Gruppentheorie geführt, das später als das „Wortproblem der kombinatorischen Gruppentheorie" bekannt wurde:

> „Es wird eine Methode gesucht, um in einer endlichen Anzahl von Schritten zu entscheiden, ob zwei durch ihre Zusammensetzung aus den a_i gegebene Operationen von G gleich sind oder nicht, speziell, ob eine solche Operation gleich der Identität ist."[14]

Um dieses Problem zu lösen, skizzierte Dehn ein Verfahren, mit dem einer Gruppenpräsentation ein Graph zugeordnet werden konnte, welchen Dehn das „Gruppenbild" von G nannte. Er stützte sich dabei auf eine Idee, die für *endliche* Gruppen bereits von Arthur Cayley im 19. Jahrhundert verwendet wurde und den Gruppentheoretikern der Jahrhundertwende vertraut war.[15] Sofern bekannt war, daß alle Elemente einer Gruppe G sich als Worte in einer endlichen Anzahl von erzeugenden Symbolen a_i schreiben ließen, konnte auf folgende Weise ein „gefärbter Graph" definiert werden: Jedem Element g der Gruppe würde eine Ecke des Graphen

---

[14] (Dehn 1910, 140.) Dehn selbst gab dem Problem zunächst keinen Namen. Er nannte außerdem noch das heute „Konjugationsproblem" genannte Problem. Weiteres hierzu in § 85.

[15] Dehn wies besonders auf den Artikel (Maschke 1896) hin; vgl. dazu (Chandler und Magnus 1982, 23 f.). Heute wird Dehns „Gruppenbild" auch als „Cayley-Graph" einer Gruppe bezeichnet.

zugeordnet, und je zwei Elementen g und h, für welche eine Gleichung der Form $h = a_i g$ für ein geeignetes a_i bestand, wurde eine von g nach h gerichtete und mit dem Symbol (der „Farbe") a_i bezeichnete Kante zugeordnet. Aufgrund dieser Definition entsprach jedem geschlossenen Kantenzug des Graphen ein Wort in den Symbolen a_i und a_i^{-1}, welches das Neutralelement der Gruppe ergab, und umgekehrt wurden alle Worte mit dieser Eigenschaft durch geschlossenene Wege des Graphen bzw. Gruppenbildes dargestellt.

Im Wesentlichen war das Gruppenbild also eine Methode, dem Wortproblem eine anschaulich greifbare Gestalt zu geben, d.h. sein Nutzen war vor allem heuristischer Natur. Der Sache nach war die tatsächliche Konstruktion des Gruppenbilds einer gegebenen Gruppe ebenso schwierig wie das ursprüngliche kombinatorische Problem. Dehn beschrieb hierfür ein iteratives Verfahren, das zunächst ausgehend von einer das Neutralelement repräsentierenden Ecke einen Komplex von geschlossenen Kantenzügen erzeugte, welche den Relationen und ihren zyklischen Permutationen zugeordnet waren. Das Verfahren mußte dann ausgehend von den Ecken dieses ersten Komplexes wiederholt und so möglicherweise unbegrenzt oft iteriert werden, um das gesamte Gruppenbild aufzubauen. Nur im Fall endlicher Gruppen war klar, daß Dehns Verfahren nach endlich vielen Schritten zum Ziel führen würde; im allgemeinen Fall unendlicher, endlich präsentierter Gruppen gab das Verfahren, wie er selbst betonte, „nicht die Möglichkeit, dieses Bild in einer endlichen Zahl von Schritten abzuleiten" (Dehn 1910, 144).[16]

Immerhin gelang es Dehn in den ihn eigentlich interessierenden Fällen der Gruppe des Kleeblattknotens und der zugehörigen „Poincaréschen Räume" den betreffenden Graphen tatsächlich zu konstruieren. Für die Kleeblattschlinge ergab sich ein Gruppenbild, das aus einer abzählbar unendlichen Anzahl von Kopien der in Fig. 9.5 auf der linken Seite gezeichneten Leiter entstand, wenn je drei von ihnen entlang der durch 4 bezeichneten Kanten so aneinandergefügt wurden, daß an jeder Ecke alle vier Kantenarten sowohl endeten als auch begannen. Ein Grundriß dieser Verheftung ist auf der rechten Seite von Fig. 9.5 gezeichnet; die Ziffern stehen für die vier Erzeugenden $C_1, ..., C_4$ der Gruppe.

Es ist bezeichnend, daß Dehn diesen Graphen nicht seinem Verfahren entsprechend schrittweise aufbaute, sondern ihn ohne Weiteres angab und dann bemerkte, daß sich leicht einsehen lasse, daß er das Gruppenbild der zuvor aufgestellten Präsentation der Gruppe des Kleeblattknotens liefere. Dies war eine typische Wendung für Dehns Argumentationsstil im vorliegenden Artikel: Obwohl er Wert darauf legte, daß die behandelten Objekte kombinatorischer Natur waren, beschrieb Dehn sie doch immer wieder in anschaulicher Sprache und appellierte zuweilen lieber an die Anschauung, als ein langwieriges kombinatorisches Argument durchzuführen.[17] Durch Inspektion des Graphen war außerdem klar, daß die dargestellte Gruppe weder die triviale Gruppe noch die Gruppe einer unverknoteten geschlossenen Kurve (d.h. die von einem Element erzeugte, unendlich zyklische Gruppe) war: „Wir erkennen nun sofort, daß die Gruppe nicht isomorph

---

[16] (Chandler und Magnus 1982, 54 f.) weisen darauf hin, daß Dehns Interesse für algorithmische Fragen ebenfalls als Zeichen seiner Nähe zu dem Hilbert der „Mathematischen Probleme" verstanden werden kann. Nach den ersten Beweisen der Unlösbarkeit mancher algorithmischer Probleme durch Gödel Anfang der dreißiger Jahre scheint Dehn vermutet zu haben, daß für bestimmte Gruppen das formulierte Problem in der Tat unlösbar war, d.h. daß kein endliches Verfahren der geforderten Art existiert. Erst nach Dehns Tod wurde dies durch aufsehenerregende Arbeiten von Novikov und Boone bestätigt, vgl. dazu (ebd., Abschn. II.11).

[17] Auch (Chandler und Magnus 1982, 26) machen auf diesen Punkt aufmerksam.

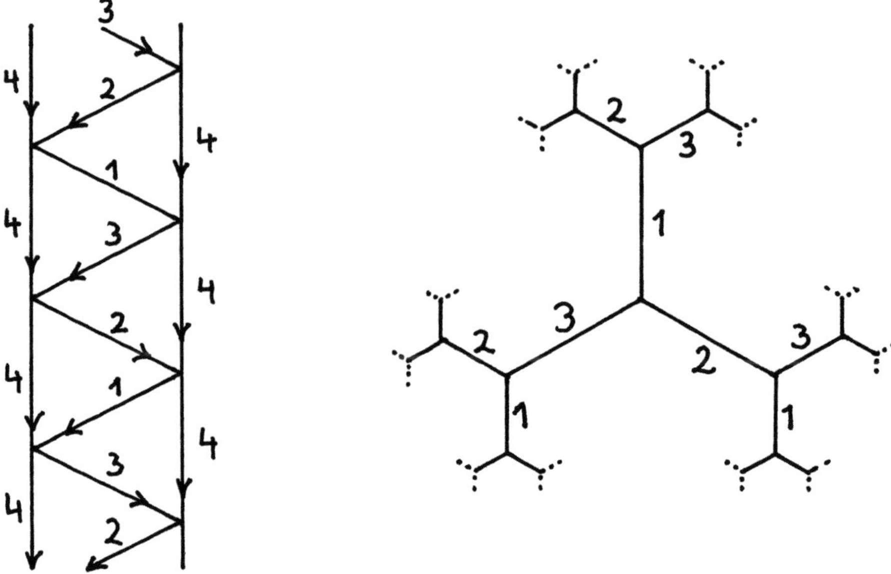

Fig. 9.5: Zum Gruppenbild der Kleeblattschlinge

mit der Gruppe $\{S^{\alpha}\}$, daß sie nicht abelsch ist. Zum Beispiel ist der Streckenzug $C_1 C_4 C_1^{-1} C_4^{-1}$ nicht geschlossen." (Dehn 1910, 160.) Dies bedeutete einen neuen Beweis der Nichtauflösbarkeit der Kleeblattschlinge. Auch bei dieser Gelegenheit wies Dehn nicht auf Tietzes entsprechende Bemerkungen hin.[18]

Die Graphen der Fundamentalgruppen der aus der Kleeblattschlinge konstruierten „Poincaréschen Räume" konnten aus dem Gruppenbild der Kleeblattschlinge dadurch erhalten werden, daß je zwei Punkte desselben, die durch einen der zusätzlichen Relation entsprechenden Streckenzug miteinander verbunden waren, miteinander identifiziert wurden. Dehn beschrieb das Resultat ausführlich für den einfachsten, der Zeichnung in Fig. 9.2 entsprechenden Fall (Dehn 1910, 160 ff.). Es ergab sich eine Gruppe, die Dehn wohlbekannt war: eine Gruppe der Ordnung 120, welche homomorph auf die 60-elementige Gruppe der Drehsymmetrien eines Ikosaeders abgebildet werden konnte.[19] Das war genau die Gruppe, die sich auch als Fundamentalgruppe des 1904 von Poincaré beschriebenen Beispiels einer homologisch trivialen, aber von der 3-Sphäre verschiedenen dreidimensionalen Mannigfaltigkeit ergeben hatte.(Poincaré 1904, 497 f.). Dehn bewahrte über diese überraschende Koinzidenz allerdings völliges Stillschweigen. Offenbar sah

---

[18] Vgl. oben, § 75.

[19] Dehn meinte zunächst irrtümlicherweise, es handele sich um die „durch die Spiegelung erweiterte Ikosaedergruppe" (Dehn 1910, 163). Diese Gruppe ist isomorph zur symmetrischen Gruppe der Ordnung 5 und verschieden von der Dehnschen (bzw. Poincaréschen, s.u.) Gruppe, einer damals als „Kongruenzgruppe" bekannten binären Erweiterung der Ikosaedergruppe (heute durch $SL_2(\mathbb{Z}_5)$ bezeichnet). Eine Abbildung der Dehnschen Gruppe auf die Rotationssymmetrien des Ikosaeders ergibt sich (abweichend von Dehns Text), indem C_2 einer Achsendrehung um eine Ecke des Ikosaeders und C_4 einer Achsendrehung um den Mittelpunkt eines an diese Ecke grenzenden Dreiecks zugeordnet wird. Dehn korrigierte seinen Irrtum später in einem Brief an H. Kneser vom 28. April 1929 (im Besitz von M. Kneser).

er keinen Weg, die Übereinstimmung zu erklären, die natürlich die Frage aufwarf, ob der von Dehn konstruierte Poincarésche Raum (nach Schließen durch Anheftung einer Vollkugel) nur eine andere Beschreibung des Poincaréschen Beispiels einer Homologiesphäre – welches Dehn immerhin zu seiner Namensgebung veranlaßt hatte! – gab.[20] Erst zwanzig Jahre später gab Herbert Seifert mit relativ anspruchsvollen Methoden einen Beweis dieser naheliegenden Vermutung.[21]

Für jene „Poincaréschen Räume", welche durch Wahl einer anderen Anheftungskurve ρ aus der Kleeblattschlinge entstanden, zeigte Dehn durch eine analoge Konstruktion des Gruppenbildes, daß sich in allen Fällen eine unendliche Fundamentalgruppe ergab. Dasselbe Resultat erhielt er auch für alle Mannigfaltigkeiten, die mit seinem Verfahren aus den in der folgenden Figur gezeichneten Knoten mit ungerader Kreuzungszahl konstruiert werden konnten. An allen diesen unendlichen Gruppenbildern bemerkte Dehn außerdem eine interessante Eigenschaft: sie ließen sich stets aus unendlich vielen Kopien leiterartiger Streifen ähnlich jenen des Gruppenbilds der Kleeblattschlinge erzeugen, die gemäß einem Grundriß aneinandergeheftet wurden, der als reguläres Polygonnetz in der hyperbolischen Ebene gedeutet werden konnte (Dehn 1910, 164 f.). Diese Beobachtung eröffnete eine Verbindung zwischen Knoten, den von Dehn konstruierten Mannigfaltigkeiten und der hyperbolischen Geometrie, die Dehn bald näher ins Auge faßte.

Fig. 9.6: Eine Familie von Knoten mit ungerader Kreuzungszahl

Damit war das Hauptargument des Aufsatzes abgeschlossen: die konstruierten, homologisch trivialen Mannigfaltigkeiten ϕ besaßen nichttriviale Fundamentalgruppen und waren also topologisch verschieden von der dreidimensionalen Vollkugel. Es verdient angemerkt zu werden, daß Dehn sich *nicht* die allgemeinere Frage stellte, ob vielleicht für andere Knoten K und gewisse Anheftungskurven ρ möglicherweise einmal sogar eine von der Vollkugel topologisch verschiedene Mannigfaltigkeit mit trivialer Fundamentalgruppe entstehen könnte, d.h ein *Gegenbeispiel* zu Poincarés Vermutung. Mit Blick auf die Dehn zur Verfügung stehenden Werkzeuge ist diese Frage nicht völlig anachronistisch – immerhin hätte das bereits 1907 erwähnte (wenn auch noch

---

[20] Klaus Volkert hat zur Erklärung des Dehnschen Schweigens bemerkt, daß Poincaré lediglich zeigte, daß die Fundamentalgruppe seiner Mannigfaltigkeit die Ikosaedergruppe der Ordnung 60 als homomorphes Bild besitzt (Volkert 1994, 145 u. 187). Die beiden fast bis in die Bezeichnungen identischen Präsentationen Poincarés und Dehns lassen sich allerdings *so* einfach ineinander umrechnen – es müssen lediglich die offensichtlich redundanten Generatoren C_1 und C_3 aus Dehns Präsentation eliminiert werden –, daß ich davon ausgehe, daß Dehn sich über die Übereinstimmung im klaren war.

[21] Seifert verwendete dazu seine Theorie gefaserter Räume (Seifert 1932, 204 ff.).

nicht bewiesene) Kriterium für das Nichtvorliegen einer Sphäre (die Existenz einer eingebetteten Torusfläche, die auf keiner Seite einen Volltorus berandet) die genannte Frage zumindest technisch angreifbar gemacht. Daß Dehn sich diese Frage trotzdem nie stellte, zeigt klar, daß er hoffte, die Poincarésche Vermutung zu *beweisen*, und nicht, sie zu *widerlegen*.

§ 85. Das „Lemma" und ein knotentheoretischer Satz

Dehns gruppentheoretische Ausführungen hatten nicht nur gezeigt, daß die von ihm betrachteten Gruppen nicht trivial waren, sondern sie hatten auch nachgewiesen, daß die Gruppen der betrachteten Familie von Knoten nichtkommutativ und folglich verschieden von der des trivialen Knotens waren. Dehn stellte sich nun auch die umgekehrte Frage: War eine Knotengruppe genau dann kommutativ, wenn es sich um den trivialen Knoten handelte? Dehns bejahende Antwort auf diese Frage muß als einer der ersten allgemeinen Sätze der modernen Theorie der Knoten betrachtet werden. Im Unterschied zu Methoden, eine Präsentation der Knotengruppe aufzustellen, oder zu auf einzelne Knoten bezüglichen Resultaten lieferte Dehns Satz „Dann und nur dann ist [ein Knoten] K unverknotet, wenn die Fundamentalgruppe von K abelsch ist" (Dehn 1910, 158) ein allgemeines und, wie Dehn hoffte, in vielen Fällen mit den oben geschilderten Methoden prüfbares Kriterium für die Nichttrivialität von Knoten.

Eine Richtung dieser Aussage war leicht einzusehen. Da die Gruppe eines Knotens eine topologische Invariante des Knotenkomplements war, konnte ein Knoten höchstens dann in den trivialen Knoten deformierbar sein, wenn seine Gruppe mit der unendlich zyklischen Gruppe des letzteren übereinstimmte. Dehn suchte jedoch auch umgekehrt zu zeigen, daß aus der Kommutativität der Knotengruppe (die, bei einem entsprechend komplizierten zugrundegelegten Diagramm, ja durch eine unüberschaubare Präsentation gegeben sein konnte) bereits die Auflösbarkeit des Knotens folgte. Hierfür brachte Dehn eine weitere, schwierige geometrische Überlegung ins Spiel, das von ihm so genannte „Lemma."

♠ Er argumentierte wie folgt (vgl. noch einmal Fig. 9.2): Für alle Knoten K existieren, wie bereits gezeigt, Längskurven λ auf dem einen Knoten umgebenden Torus T. Wenn nun die Knotengruppe kommutativ ist, so folgt aus der Nullhomologie von λ bereits, daß das der Kurve λ entsprechende Element der Knotengruppe trivial ist, mit anderen Worten: λ ist in A auf einen Punkt zusammenziehbar und berandet also ein einfach zusammenhängendes Flächenstück F_0, das allerdings möglicherweise Singularitäten besitzt. Indem zu F_0 noch ein (singularitätenfreier) ringförmiger Streifen zwischen λ und K hinzugefügt wird, ergibt sich ein einfach zusammenhängendes, von K berandetes Flächenstück F, das in einer Umgebung seines Randes außerdem frei von Singularitäten ist. Sofern es nun möglich ist, dieses Flächenstück durch ein *singularitätenfreies* Flächenstück mit denselben Eigenschaften zu ersetzen, so ist K offensichtlich ohne Selbstdurchdringungen in einen Kreis deformierbar, d.h. unverknotet. Genau diese Möglichkeit der Desingularisierung war Gegenstand des „Lemmas":

> „Ein Flächenkomplex C_2 möge ganz im Inneren einer Mannigfaltigkeit M_n ($n > 2$) liegen. Auf dem C_2 möge die Kurve k ein Elementarflächenstück E_2' begrenzen. Hat E_2' auf seinem Rande keine Singularitäten, dann begrenzt k in der M_n auch ein völlig singularitätenfreies Elementarflächenstück." (Dehn 1910, 147.) ♠

Zum Beweis seines Lemmas (das nur im dreidimensionalen Fall nicht offensichtlich war) gab Dehn ein verwickeltes, teils anschauliches, teils kombinatorisches Argument, das sich in den zwanziger Jahren als fehlerhaft herausstellte. Die problematische Stelle wurde 1929 von Hellmuth Kneser bemerkt, der zu dieser Zeit an einer Monographie über kombinatorische Topologie arbeitete und sich die weitreichenden Konsequenzen des Lemmas gerne zunutze gemacht hätte – immerhin erlaubte das Lemma, aus einer *algebraischen* Information (dem Verschwinden eines Elements der Fundamentalgruppe) eine *geometrische* Information (die Existenz eines singularitätenfreien, einfach zusammenhängenden Flächenstücks) zu gewinnen. Als Kneser das Problem Dehn brieflich mitteilte, antwortete dieser, die Lücke sei ihm bereits bekannt und er hoffe sie bald zu schließen. Die beiden wechselten noch eine Reihe von Briefen, aber zu einer Korrektur des Beweises kam es nicht.[22] Erst 1957 wurde Dehns Lemma von dem in Princeton arbeitenden Topologen Christos Papakyriakopoulos doch noch bewiesen.[23]

Der Fehler im Beweis des „Lemmas" ist eine Konsequenz und damit zugleich ein Zeichen des spezifischen Argumentationsstils der Dehnschen Arbeiten dieser Periode. Das Ideal, den streng formalen Rahmen des Enzyklopädie-Artikels von 1907 nicht zu verlassen, wurde durch die tatsächlich verwendete, zum Teil anschauliche Sprech- und Denkweise unterlaufen und nicht nur abgekürzt, wie Dehn implizit unterstellte. Wenn *trotz* der abkürzenden Verwendung einer anschaulichen Argumentationsweise die kombinatorische Situation eines Problems sehr komplex wurde, wie im Fall des Lemmas, konnten Fehler unterlaufen, die eine *tatsächlich* formale Argumentation vielleicht sichtbar gemacht hätte. Dadurch wird noch einmal unterstrichen, daß es sich bei den programmatischen Äußerungen von 1907 um *Normen* handelte, die in der konkreten Argumentationspraxis nur teilweise befolgt wurden.

Insgesamt läßt Dehns Arbeit von 1910 deutlich erkennen, daß das Thema der Knoten für Dehn erst vor dem Hintergrund der versuchten Charakterisierung der „Topologie des dreidimensionalen Raumes" Bedeutung gewann, die den roten Faden durch die Themen des Aufsatzes bildete. Eine eigenständige Theorie der Knoten suchte Dehn dagegen zunächst genausowenig zu entwickeln wie vor ihm Wirtinger oder Tietze. Die Einführung der Knotengruppe bildete ein Werkzeug für die Behandlung der „Poincaréschen Räume" und selbst das Dehnsche Lemma war vor allem als Baustein eines Beweises der Poincaréschen Vermutung konzipiert. Dies geht besonders aus dem Schlußabschnitt der Arbeit hervor, wo Dehn ein unvollständiges Argument skizzierte, mit dem er Poincarés Vermutung doch noch zu beweisen hoffte, und in welchem das Lemma eine Schlüsselrolle spielt. Auch die Anwendung des Lemmas im Beweis des oben genannten Satzes über die Nichtkommutativität der Gruppen nichttrivialer Knoten muß deshalb eher als ein Nebenprodukt der Dehnschen Überlegungen betrachtet werden.

Damit liegt in Dehns Arbeit ein Fall vor, der bei einem Vergleich mit Wirtingers und Tietzes Begegnung mit Knoten sowohl interessante Parallelen als auch Differenzen aufweist. Die wichtigste Parallele besteht darin, daß auch Dehn erst durch die Bearbeitung eines anderen, aus dem Kontext der zeitgenössischen Mathematik motivierten Problems auf das Thema der

---

[22] Die betreffenden Briefe sind in Stillwells Einleitung zu (Dehn 1987) näher besprochen. Erwähnenswert ist, daß neben Kneser auch E. R. van Kampen, F. Frankl und L. Pontrjagin die Lücke in Dehns Beweis ungefähr gleichzeitig bemerkten – die Zahl der kritischen Leser topologischer Arbeiten war inzwischen deutlich gestiegen. Van Kampen war kurze Zeit sogar von der Falschheit des Lemmas überzeugt, vgl. van Kampen an H. Kneser, 23. und 26. September 1929 (im Besitz von M. Kneser).

[23] Vgl. dazu und zu den Konsequenzen für die Knotentheorie (Epple 1999a, § 29).

Knoten geführt wurde. Zudem rückte wie im Fall der Wiener Mathematiker auch bei Dehn das schwierige epistemische Objekt der Knotengruppe ins Zentrum der Aufmerksamkeit, ein Objekt, welches erst nach Poincarés Arbeiten greifbar wurde und damit ein Element der *modernen* Behandlung von Knoten ausmacht. Hier enden allerdings die Parallelen. Während Wirtinger im Kontakt mit Felix Klein und im Kontext eines der Kerngebiete der Mathematik des 19. Jahrhunderts arbeitete, wetteiferte der junge, eben erst dem Hilbertschen Göttingen entwachsene und noch immer Hilberts Protektion genießende Dehn mit den wenigen anderen Mathematikern, die sich der Poincaréschen topologischen Arbeiten annahmen. In den ersten Jahren des zwanzigsten Jahrhunderts war dies zweifellos ein avantgardistisches Thema, zumal in dem abstrakten, kombinatorischen Stil, der Dehn vorschwebte. Auch die verwendeten bzw. neukonstruierten epistemischen Techniken waren weitgehend verschieden von denen der Wiener Mathematiker. Wo der eine Zweige einer algebraischen Funktion und Monodromiegruppen sah, sah der andere Mannigfaltigkeiten, Streckenkomplexe, Gruppenbilder und hyperbolische Geometrie. Gerade das für unsere Geschichte zentrale Objekt „Knoten" war dadurch ganz verschieden aufgefaßt. Bei Wirtinger: als Schnittgebilde einer algebraischen Kurve mit dem Rand einer vierdimensionalen Vollkugel in der komplex zweidimensionalen Ebene (und strenggenommen nicht von dieser Charakterisierung ablösbar); bei Dehn: als ein geschlossener, unverzweigter, eindimensionaler Streckenkomplex und damit in letzter Instanz als ein gewissen Vorschriften entsprechend strukturiertes Aggregat von undefinierten Elementen (das in der epistemischen *Praxis* freilich nicht als solches, sondern durchaus auch anschaulich behandelt wurde). Schließlich folgten Wirtingers und Dehns in unterschiedlichen Konstellationen disziplinärer Machtbeziehungen unternommene Untersuchungen auch unterschiedlichen Mustern mathematischer Rationalität, wie bereits angedeutet worden ist. Dehns Ziel war nicht die Integration verschiedener Themen und Gebiete im Kleinschen Stil, sondern die durchaus nicht ohne Ehrgeiz gesuchte Lösung anspruchsvoller Probleme, welche einige der modernsten Zweige der Mathematik wie die Grundlagen der Geometrie, die Topologie, oder die kombinatorische Gruppentheorie aufgeworfen hatten; außerdem sollten die benützten mathematischen Argumente dem in (Dehn und Heegaard 1907) skizzierten Ideal einer strengen, axiomatischen, und deshalb letzten Endes kombinatorischen Argumentation möglichst nahe kommen.

Durch diese Differenzen kann auch erklärt werden, warum Dehn nicht an Tietzes auf Knoten bezügliche Resultate anknüpfte, obwohl, wie wir im vorigen Kapitel sahen, Tietze in gewisser Hinsicht eine Zwischenstellung zwischen Wirtingers und Dehns Orientierungen einnahm. Dehn, in einem ganz anderen Horizont mathematischer Vorstellungen ausgebildet und einem anderen Rationalitätsmuster mathematischen Handelns folgend, verzichtete vermutlich ganz einfach auf eine genaue Lektüre von Passagen in Tietzes Habilitationsschrift, in denen von Dingen wie algebraischen Funktionen, Riemannschen Räumen und dergleichen die Rede war.[24] Schließlich hatte Tietze selbst betont, daß diese (noch?) nicht in einem streng kombinatorischen Rahmen behandelt waren, sondern stark auf intuitiven Überlegungen fußten, und darüber hinaus besaßen sie eine merkwürdige Zwischenstellung zwischen den beiden Gebieten der geometrischen Funktionentheorie und der Topologie. Selbst wenn Dehn diese Passagen las, hätte eine Übertragung in das Bild der kombinatorischen Topologie, dem er selbst anhing, eine nicht unwesentliche Mühe

---

[24] Daß Dehn mindestens die gruppentheoretischen Teile von (Tietze 1908) kannte, ist an seinen eigenen Arbeiten erkennbar, vgl. z.B. (Dehn 1911). Dazu auch (Chandler und Magnus 1982, 17 ff.).

erfordert.[25]

Die Folge dieser fehlenden Anknüpfung war der vorübergehende Wegfall des Kontexts der algebraischen Funktionen aus der mathematischen Behandlung der Knoten. Nicht die verstreuten Bemerkungen Tietzes über Wirtingers Ideen, sondern Dehns Arbeiten über die Knotengruppen prägten in den folgenden Jahren die Wahrnehmung der Mathematiker.[26] Diese Kontextelimination muß freilich nicht das Ergebnis einer bewußten Entscheidung gewesen sein. Vielmehr war es wahrscheinlich der unintendierte Effekt der früheren Entscheidung Dehns, den Hilbertschen Stil mathematischen Handelns mit seinem charakteristischen Rationalitätsmuster zu übernehmen. In Bezug auf diesen Standard war das Absehen von der Funktionentheorie selbst „rational": Der kombinatorische Zugang zu Knoten war einfacher und stromlinienförmiger, weil er keinen Ballast aus der Funktionentheorie mit sich trug. Er versprach (im Idealfall) ein neues Niveau der Strenge in Beweisen und eine klare begriffliche Trennung zwischen dem Knotenproblem und anderen damit verbundenen mathematischen Problemen. Schließlich machte die Befürwortung der Differenzierung, welche zu dem neuen Rationalitätsmuster gehörte, das Knotenproblem oder auch das Problem der Charakterisierung der 3-Sphäre besonders für junge Mathematiker wie Dehn attraktiv. Sie erlaubte, an solchen Problemen zu forschen, ohne erst lange Jahre der Ausbildung in einem ganzen Netz mathematischer Gebiete hinter sich zu bringen, wie es Klein gewünscht hatte. Dehn konnte sich den Knoten zuwenden auch *ohne* viel über Monodromie- und GaloisGruppen zu wissen, über analytische Fortsetzung, harmonische Funktionen oder singuläre Punkte algebraischer Kurven. Es war nicht mehr nötig, sich dafür umständlich die Klassiker der mathematischen Literatur des 19. Jahrhunderts anzueignen wie etwa die Texte von Puiseux, Riemann, Jordan oder Klein. Ein wenig Gruppentheorie und moderne Geometrie sowie eine (partielle) Kenntnis der Poincaréschen Texte zur *Analysis situs* reichten völlig aus – der Rest war scharfes Denken.

9.2 „Die beiden Kleeblattschlingen"

§ 86. Die Grundprobleme der kombinatorischen Gruppentheorie

In den Jahren nach 1910 wandte sich Dehns Interesse jenen Techniken und Themen zu, die sein Artikel zur Sprache gebracht hatte: der kombinatorischen Gruppentheorie, und bestimmten Knotengruppen. Diese Themen wurden nun mehr und mehr in ihrem eigenen Recht Gegenstand seiner mathematischen Arbeit und nicht mehr nur als Hilfsmittel auf dem Weg zur Erledigung des Poincaréschen Problems. Im Jahr 1911 erschien ein Aufsatz „Über unendliche diskontinuierliche Gruppen", in welchem Dehn zunächst „die drei Fundamentalprobleme" für durch eine endliche Präsentation gegebene unendliche Gruppen beschrieb, „deren Lösung," wie er schrieb, „sehr wichtig und wohl nicht ohne eindringendes Studium der Materie möglich ist." Er nannte sie nun wie folgt:

---

[25] Der selbst partiell anschauliche Argumentationsstil Dehns ist kein Gegenargument. Denn schließlich war er davon überzeugt, daß diese Praxis seinen programmatischen Vorstellungen keinen Abbruch tat. – Daß eine kombinatorisch-topologische Übernahme der Wiener Ideen dennoch *möglich* (und dann auch äußerst fruchtbar) war, zeigen die in Kapitel 10 und 11 behandelten Arbeiten Reidemeisters und Alexanders.

[26] Ein sprechender Beleg wird am Beginn des nächsten Kapitels zitiert.

„1. *Das Identitätsproblem:* Irgend ein Element der Gruppe ist durch seine Zusammensetzung aus den Erzeugenden gegeben. Man soll eine Methode angeben, um mit einer endlichen Anzahl von Schritten zu entscheiden, ob dies Element der Identität gleich ist oder nicht.

2. *Das Transformationsproblem:* Irgend zwei Elemente S und T der Gruppe sind gegeben. Gesucht wird eine Methode zur Entscheidung der Frage, ob S und T ineinander transformiert werden können, d.h ob es ein Element U der Gruppe gibt, welches die Relation befriedigt: $S = UTU^{-1}$.

3. *Das Isomorphieproblem:* Zwei Gruppen sind gegeben, man soll entscheiden, ob sie isomorph sind oder nicht (und, des weiteren, ob eine gegebene Zuordnung der Erzeugenden der einen Gruppe zu Elementen der andern Gruppe eine isomorphe Zuordnung ist oder nicht)." (Dehn 1911, 117.)

Mit dieser Problemstellung, die in der Tat Fragen nannte, welche die Entwicklung der kombinatorischen Gruppentheorie in den folgenden Jahrzehnten leiten sollten, bestätigt Dehn noch einmal, daß seine Spielart mathematischen Handelns auf das Lösen (und Stellen) anspruchsvoller Probleme und die Entwicklung diesbezüglicher Techniken orientiert war. Für eine nähere Beschreibung des Impulses, der von diesen später als Wort-, Konjugations- und Isomophieproblem bezeichneten Fragen für die Gruppentheorie ausging, sowie für eine Darstellung der von Dehn erzielten Ergebnisse kann ich auf die Monographie (Chandler und Magnus 1982) verweisen.[27] Worauf es hier ankommt, sind die disziplinären Überlegungen über den Zusammenhang von Topologie und kombinatorischer Gruppentheorie, die Dehn anstellte, sowie die speziell auf Knotengruppen bezogenen Bemerkungen.

Dehn machte bereits zu Beginn seines Aufsatzes deutlich, daß die Topologie (verstanden in dem abstrakten, kombinatorischen Sinn, den er früher skizziert hatte) „mit Notwendigkeit" auf die genannten Probleme führte. Das paradigmatische Beispiel wurde von Knoten geliefert:

„So erheischt eine jede verschlungene Raumkurve, sofern man sie topologisch vollständig verstehen will, die Lösung der drei obigen Probleme für einen speziellen Fall: Jeder Raumkurve K ist in der Tat eine auf die von uns gewählte Weise definierte unendliche Gruppe G_K zugeordnet. K ist dann und nur dann unverknotet, wenn G_K eine Abelsche Gruppe ist, was auf ein Identitätsproblem führt. Jeder anderen Kurve des Raumes entspricht in bezug auf K ein bestimmtes Element von G_K. Zwei Raumkurven sind dann und nur dann, ohne K zu durchdringen, ineinander stetig überführbar, wenn die entsprechenden Elemente von G_K ineinander transformierbar sind. Endlich erfordert die Lösung der Frage, ob eine gegebene Raumkurve K' in K stetig ohne Selbstdurchdringung übergeführt werden kann, die Lösung des dritten Problems für G_K und G'_K." (Dehn 1911, 117 f.)

---

[27] Das Hauptresultat des vorliegenden Aufsatzes war die Lösung der drei Probleme für die Fundamentalgruppen geschlossener Flächen (bzw. allgemeiner für Gruppen, in deren Relationen jede Erzeugende im Ganzen höchstens zweimal auftritt). Dehn stützte sich dabei stark auf die Darstellung solcher Flächen durch Randidentifikation von regulären Polygonen der euklidischen bzw. hyperbolischen Ebene. Ein Jahr später ergänzte Dehn diese Resultate durch eine Arbeit, in der er ein *rein kombinatorisches* Verfahren angab, mit dem das Wortproblem und das Konjugationsproblem für Fundamentalgruppen orientierbarer, geschlossener Flächen gelöst wurde (Dehn 1912); vgl. dazu (Chandler und Magnus 1982, 20 f.).

Die Interessen an topologischen und gruppentheoretischen Untersuchungen waren hier wechselseitig verschränkt. Dehn versuchte nicht nur zu belegen, daß die auf seine Probleme bezogene kombinatorische Gruppentheorie ein wichtiges Werkzeug lieferte, sondern er wies auch einen Weg, auf welchem seines Erachtens dem Problem der Klassifikation der Knoten beizukommen wäre: durch das Studium der Knotengruppe. Damit machte Dehn explizit, was in Tietzes Bemerkungen und Fragen eher angedeutet als ausgesprochen war. Dehn war allerdings klar, daß die gestellten gruppentheoretischen Probleme ihrerseits „sehr verschiedene Schwierigkeitsgrade" besaßen und daß schon das anscheinend einfachste, das Identitäts- oder Wortproblem, durchaus nicht trivial war (ebd.). Freilich war von der späteren Einsicht in die begrenzte Lösbarkeit der gestellten algorithmischen Probleme zunächst nichts zu spüren. Im Gegenteil glaubte Dehn – auch hierin ein guter Schüler des optimistischen Hilbert –, daß sich das Instrumentarium der kombinatorischen Gruppentheorie schnell ausbauen und zur Erledigung der grundlegenden Probleme einsetzen ließ. Deshalb schien ihm auch die Bearbeitung topologischer Fragen wie des Knotenproblems mit den epistemischen Techniken der kombinatorischen Gruppentheorie möglich und vielversprechend.

Bestätigt wurde dies in seinen Augen durch die Aussagen, die er bereits in seinem vorigen Artikel über Knoten gewonnen hatte. Der Aufsatz von 1911 fügte diesen nichts wesentlich Neues hinzu, aber er baute die dort gegebene Andeutung einer Verbindung zwischen der Gruppe der Kleeblattschlinge und der hyperbolischen Geometrie weiter aus, um damit eine weitere Technik zur Behandlung dieser und mit ihr verknüpfter Gruppen zur Verfügung zu stellen.

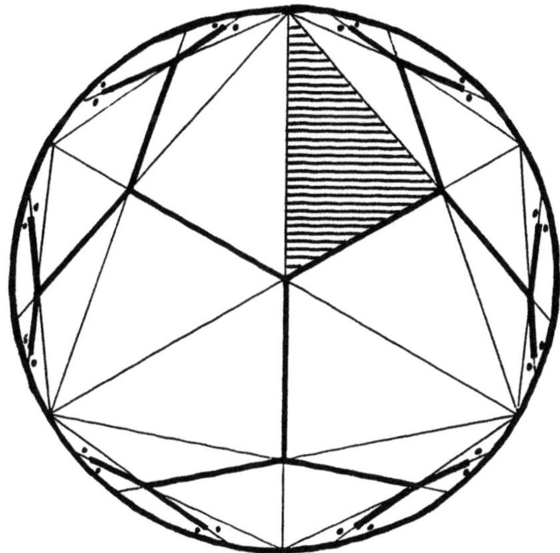

Fig. 9.7: Dehns regulärer Streckenkomplex in der hyperbolischen Ebene

♠ Die entscheidende Idee war, den in Fig. 9.5 gezeichneten Baum, welcher den Grundriß für die Verheftung der leiterartigen Streifen des Gruppenbildes angab, als einen Streckenkomplex in der hyperbolischen Ebene zu deuten. Dies gelang Dehn auf folgende Weise (ebd., 141 f.; vgl. Fig. 9.7): Zunächst wurde in der hyperbolischen Ebene (die sich Dehn im Beltrami-Kleinschen Kreisscheibenbild vorstellte) ein gleichschenkliges Dreieck mit Basiswinkeln $\frac{\pi}{3}$ und Spitze auf dem Grenzkreis (d.h. mit Spitzenwinkel 0) gewählt. Weiterhin wurde das Spiegelbild dieses Dreiecks konstruiert. An die Endpunkte der gemeinsamen Basis dieser beiden Dreiecke wurden dann je zwei ebenso lange Strecken unter dem Winkel $\frac{2\pi}{3}$ angelegt; diese lagen offenbar auf den Verlängerungen der Schenkel des Ausgangsdreiecks und seines Spiegelbilds. Durch Verbinden der Endpunkte der neuen Strecken mit den Spitzen des Ausgangsdreiecks bzw. seines Spiegelbilds entstanden vier neue, zum Ausgangsdreieck kongruente Dreiecke, deren Spitzen alle auf dem Grenzkreis lagen. Mit diesen konnte entsprechend fortgefahren werden, so daß sich eine reguläre Einteilung der hyperbolischen Ebene in unendlich viele, kongruente Dreiecke ergab (Fig. 9.7; das Ausgangsdreieck ist schraffiert). Die Menge der Basisseiten dieser Dreiecke ergab offensichtlich einen Baum wie in Fig. 9.5 (in Fig. 9.7 fett gezeichnet).

Das Gruppenbild als Ganzes deutete Dehn nun in der „nichteuklidischen Geometrie" eines geradlinigen Vollzylinders im dreidimensionalen Raum senkrecht zu dem betrachteten Modell der hyperbolischen Ebene. Darin sollte in jeder zur Grundebene parallelen Ebene die hyperbolische und auf den dazu senkrechten Geraden die euklidische Geometrie gelten. Dehn merkte an, daß diese Geometrie im Kleinschen Stil durch die Gruppe der die Randfläche des Zylinders invariant lassenden, projektiven Transformationen des dreidimensionalen Raums definiert werden konnte. Die der Erzeugenden C_4 entsprechenden Kanten des Gruppenbilds lagen auf Geraden senkrecht zu den Eckpunkten des obigen Baumes. Auf diesen Geraden waren jeweils unendlich viele äquidistante Punkte ausgezeichnet (die Ecken des Gruppenbildes), und zwar so, daß die Punkte auf einer Geraden sich „senkrecht über der Mitte des Abstandes zwischen zwei benachbarten Punkten" auf jeder der drei Nachbargeraden befanden. Die den Erzeugenden C_1, C_2, C_3 der Gruppe entsprechenden Kanten konnten dann dem Schema von Fig. 9.5 entsprechend eingefügt werden (man beachte, daß die Kanten des Grundriß-Baumes selbst nicht Kanten des Gruppenbildes sind).

Dehn hatte damit gezeigt, daß die Gruppe des Kleeblattknotens isomorph zu einer diskreten Untergruppe der Bewegungsgruppe der eingeführten Geometrie war. Insbesondere galt, daß jedem Element der Knotengruppe durch Projektion der ihm entsprechenden Bewegung auf die Grundebene auch eine wohlbestimmte Isometrie der hyperbolischen Ebene entsprach, welche den Baum von Fig. 9.7 invariant ließ. ♠

Dehn deutete an, wie mit Hilfe dieser geometrischen Beschreibung eine Lösung des Konjugationsproblems für die bereits 1910 behandelten Gruppen von Knoten und „Poincaréschen Räumen" gefunden werden konnte. Auf die Frage, wie speziell die gefundene geometrische Deutung der Knotengruppe war, d.h. für wie viele andere Knoten sich ähnliches erreichen ließ, ging er nicht ein; er wies lediglich darauf hin, daß die Lösung der „drei Fundamentalprobleme" für kompliziertere Gruppen „einstweilen noch sehr schwierig" zu sein schien (ebd., 143).

§ 87. Die Automorphismen der Gruppe der Kleeblattschlinge

Im Jahr 1913 reichte Dehn einen weiteren Artikel bei den *Mathematischen Annalen* ein, der zeigen sollte „daß die Untersuchung der zu den verschlungenen Raumkurven (*Knoten*) gehörenden Gruppen uns in den Stand setzt, grundlegende topologische Probleme einfach und streng zu behandeln" (Dehn 1914, 402). Dabei war es mehr die neue *Technik* und weniger eines der von ihm früher formulierten Probleme, an und mit der Dehn weiterarbeitete. Um die Kraft seiner Methoden zu demonstrieren, wählte Dehn eine jener Fragen, die Tietze 1908 gestellt hatte: Wie kann bewiesen werden, daß die rechtshändige und die linkshändige Kleeblattschlinge nicht isotop ineinander deformiert werden können? Bereits Tietze hatte angedeutet, daß dazu vielleicht die Betrachtung der Automorphismen der Gruppe des Kleeblattknotens hilfreich sein könnte (§ 81). Dehn machte sich nun daran, auf der Basis seiner geometrischen Interpretation dieser Gruppe Tietzes Andeutung zu verifizieren. Das von Dehn gegebene Argument stellte das bis dahin avancierteste Beispiel der Beantwortung einer wichtigen knotentheoretischen Frage mit den Techniken der kombinatorischen Gruppentheorie dar; entsprechend viel Wertschätzung genoß es unter Dehns Kollegen.[28]

♠ Ohne das Argument hier vollständig wiedergeben zu wollen, sei doch sein Gang kurz skizziert, um den Argumentationsstil Dehns deutlich zu machen. Der Ansatz des Arguments war einfach: Wenn es eine Isotopie des Raumes (d.h. der S^3) gab, welche die rechtshändige Kleeblattschlinge K_1 in die linkshändige K_2 überführte, so mußte diese Isotopie nicht nur einen Isomorphismus der Gruppen von K_1 und K_2 induzieren, sondern sogar die Eigenschaft besitzen, daß auch diejenigen Gruppenelemente aufeinander abgebildet wurden, die zu isotop ineinander übergeführten Kurven im Komplement von K_1 und K_2 gehörten. Durch Betrachtung eines genügend dünnen Torus entlang der beiden Knoten folgte insbesondere, daß ein zu einer Breitenkurve β_1 und einer Längskurve λ_1 von K_1 gehörendes Paar von Gruppenelementen in ein entsprechendes Paar β_2, λ_2 des gespiegelten Knotens K_2 übergehen mußte.[29] Durch die Richtungen eines Paares β_i, λ_i war aber zusammen mit K_i eine Orientierung des Gesamtraums festgelegt. Also folgerte Dehn die schärfere Bedingung, daß der von der Isotopie induzierte Automorphismus der Gruppe G_{Kl} der Kleeblattschlinge jedes zu einem Paar β_1, λ_1 gehörende Paar von Elementen in G_{Kl} auf ein Paar von Elementen abbilden mußte, welches zu einem Kurvenpaar β_2, λ_2 *derselben Orientierung wie* β_1, λ_1 gehörte.

Durch eine genaue Untersuchung der Wirkung der möglichen Automorphismen auf das Gruppenbild zeigte Dehn, daß diese Bedingung durch keinen Automorphismus von G_{Kl} erfüllt werden könnte. Dabei half ihm die ein Jahr zuvor entwickelte geometrische Beschreibung dieses Gruppenbilds sehr. Nacheinander wies er folgende vier Aussagen nach:[30]

„1. Bei einem Isomorphismus von G_{Kl} (d.i. einer isomorphen Abbildung auf sich selbst) geht C_4^3 in C_4^3 oder C_4^{-3} über. [...]

2. Bei einem Isomorphismus von G_{Kl} geht C_4 über in SC_4S^{-1} oder $SC_4^{-1}S^{-1}$. [...]

3. Geht bei einem Isomorphismus C_4 in C_4 über, so geht C_1 über in $C_4^\alpha C_1 C_4^{-\alpha}$. [...]

4. Geht C_4 in C_4^{-1} über, so geht C_1 in $C_4^\alpha C_1^{-1} C_4^{-\alpha}$ über."

Dabei bedeutete S ein beliebiges Gruppenelement und α eine ganze Zahl. Da G_{Kl} bereits durch die Elemente C_1 und C_4 erzeugt wird, folgte aus diesen Aussagen durch Komposition mit den durch

---

[28] Vor allem Dehns Schüler Magnus betonte wiederholt die „Berühmtheit" dieses Artikels, vgl. z.B. (Magnus 1978) und (Chandler und Magnus 1982, 19).

[29] Dehn bezeichnete hier eine Kurve λ_i bereits dann als Längskurve, wenn sie β_i genau einmal schnitt; daß sie außerdem nullhomolog sein sollte, war für das folgende Argument nicht notwendig und wurde deshalb nicht gefordert.

[30] (Dehn 1914, 406–409). Im folgenden benütze ich weiterhin Dehns frühere Bezeichnungen, d.h. G_{Kl} ist die von $C_1, \ldots, C_4$ erzeugte Gruppe mit den Relationen $C_1 C_4^{-1} C_2 = C_2 C_4^{-1} C_3 = C_3 C_4^{-1} C_1 = 1$. Dehn verwendete diesmal Symbole a_i.

Konjugation definierten, von Dehn „kogrediente Isomorphismen" genannten Automorphismen folgende Charakterisierung: Jeder Automorphismus von G_{Kl} ist entweder „kogredient" oder Komposition eines „kogredienten" Automorphismus mit der Inversion

$$C_1 \mapsto C_1^{-1}, \quad C_2 \mapsto C_2^{-1}, \quad C_3 \mapsto C_3^{-1}, \quad C_4 \mapsto C_4^{-1}.$$

Daraus ergab sich leicht (durch Inspektion geeigneter Zeichnungen!), daß beispielsweise die durch die Breitenkurve C_1 und die Längskurve C_4^3 festgelegte Orientierung durch *keinen* Automorphismus umgekehrt werden konnte. Damit war das gewünschte Resultat bewiesen.

Der Kern des Arguments war also der Nachweis der obigen vier Aussagen, und hier ging Dehns Auffassung des Gruppenbilds wesentlich ein. Ich möchte dies am Beispiel der ersten Aussage demonstrieren. Dazu zeigte Dehn, daß die Gruppe $\{C_4^{3n} \,|\, n \in \mathbb{Z}\}$ die Gruppe der „ausgezeichneten Elemente" (d.h. das Zentrum) von G_{Kl} war. In der Tat: War S ein Element, das mit allen anderen Elementen von G_{Kl} vertauschte, so galt insbesondere $SC_4S^{-1} = C_4$. Bei Interpretation der Gruppenelemente als Bewegungen der von Dehn eingeführten „nichteuklidischen Geometrie" gehörte dazu *nach Projektion in die Ebene des in Fig. 9.7 gezeichneten Baums* eine Drehung um $\frac{2\pi}{3}$ um den (dem Neutralelement entsprechenden) Mittelpunkt O des Baumes. Zu S gehörte seinerseits eine Bewegung, deren Projektion in die Ebene des Baumes dessen Mittelpunkt auf einen gewissen Punkt P des Baumes verschob. Mithin ging bei der Hintereinanderausführung von S und C_4 der Punkt O zuerst in P, dann in den bezüglich O um $\frac{2\pi}{3}$ gedrehten Punkt über. Dagegen ging bei der Hintereinanderausführung von C_4 und S der Punkt O zuerst in O selbst und dann in P über. Folglich konnten S und C_4 nur dann vertauschbar sein, wenn $P = O$ galt, d.h. die zu S gehörende Bewegung der hyperbolischen Ebene war ebenfalls eine Drehung um O. Die einzigen Gruppenelemente, denen solche Bewegungen entsprachen, waren aber diejenigen der Form C_4^n. Durch einfaches Prüfen der definierenden Relationen von G_{Kl} fand Dehn weiterhin, daß C_4 und C_4^2 keine ausgezeichneten Elemente waren, wohl aber C_4^3, welches damit als erzeugendes Element des Zentrums nachgewiesen war. Da Automorphismen das Zentrum invariant lassen mußten, folgte direkt die erste der vier Aussagen. – Mit ganz ähnlich aufgebauten Argumenten gelang Dehn der Nachweis der drei anderen Aussagen und damit der gewünschte Beweis der Verschiedenheit der beiden Kleeblattschlingen. ♠

Dehns Argument zeigt noch einmal deutlich die zentralen Elemente der epistemischen Konfiguration, in welcher er arbeitete. Geometrisch-topologische Überlegungen zeigten ihm gruppentheoretische (kombinatorische) Bedingungen, welche dann ohne weitere Rücksicht auf den topologischen Ausgangskontext nachgeprüft werden mußten. Allerdings bedurfte Dehn *trotzdem* auch weiterhin anschaulicher Argumente – indem er nämlich das kombinatorische Objekt „Gruppe des Kleeblattknotens" selbst durch das Gruppenbild gewissermaßen versinnlichte und mit Hilfe seiner geometrischen Interpretation der Gruppenelemente als Bewegungen der zugehörigen „nichteuklidischen Geometrie" studierte. Gerade daß diese letzte Umdeutung mathematisch *unnötig* war – schon die Interpretation der Gruppenelemente als auf dem *Gruppenbild* operierende Transformationen hätte nämlich genügt, um alle Dehnschen Argumente zu formulieren – zeigt, daß sie für Dehn vor allem *heuristischen*, argumentationsstrategischen Wert hatte.[31]

---

[31] Otto Schreier gab später ein sehr kurzes, rein kombinatorisches Argument für die zentrale Charakterisierung der Automorphismen von G_{Kl}, das selbst solche Überlegungen überflüssig machte; vgl. § 92.

Dem Modernismus der „rein kombinatorischen" Topologie und Gruppentheorie stand also wie in den früheren Arbeiten eine sehr geometrisch-anschauliche Denktechnik gegenüber.[32]

§ 88. Eine Zwischenbilanz

An Dehns Umgang mit dem Problem der beiden Kleeblattschlingen kann die Kluft, welche die mathematische Moderne von der Topologie des 19. Jahrhunderts trennt, noch einmal paradigmatisch abgelesen werden. Bereits der Umstand, daß Dehn die anschaulich und alltagspraktisch völlig überzeugende, von den „Knotentheoretikern" des 19. Jahrhunderts nie in Frage gestellte Tatsache, daß die Kleeblattschlinge nicht amphichiral war, für beweisbedürftig hielt, zeigt die Distanz. Mehr noch als dieser Umstand, der in etwas abgeschwächter Form auch schon auf Tietze zutrifft, wirft das komplexe, von Dehn angegebene Argument ein Schlaglicht auf die Differenz zwischen der epistemischen Konfiguration, in welcher er arbeitete und jener, die Tait zuerst aufgebaut hatte. Hatte dieser noch mit handgestrickten, teils empirischen Methoden vor allem gezeichnete Knoten untersucht, arbeitete Dehn gleichzeitig an drastisch komplexeren Erkenntnisgegenständen *und* am Ausbau eines schnell wachsenden technischen Apparats, dessen Einsatzmöglichkeiten noch kaum absehbar waren, und dessen Anwendung auf ein Problem wie das der beiden Kleeblattschlingen erst die Spitze eines Eisbergs bezeichnete. Genau dasselbe gilt für die frühere Konstruktion homologisch trivialer Mannigfaltigkeiten; hier ist ferner noch deutlicher, wie die mathematische Imaginationstätigkeit der Moderne die Grenzen der unmittelbaren Anschauung überschritt – ohne freilich ihren *Bezug* darauf aufzugeben, dessen epistemische Funktion in allen Arbeiten Dehns überdeutlich ist.

Um ein mathematisches Handeln wie das Dehnsche zu charakterisieren, benötigt die Mathematikgeschichte eine besondere und schwierig zu fassende Kategorie. Anders als die im 7. Kapitel besprochenen topologischen Arbeiten Poincarés, die mit einem Schlag eine epistemische Konfiguration, in der und an der andere weiterarbeiten konnten, umrissen, würden die Dehnschen Beiträge zu dreidimensionalen Mannigfaltigkeiten und Knoten in einer naiven retrospektiven Beurteilung als „weitsichtig", „tief" oder ähnliches bezeichnet, weil sie die ersten Schritte zur Behandlung von zum Teil sehr schwierigen Fragen gingen und dabei Techniken bereitstellten, deren volle Kraft erst wesentlich später erkannt wurde. Das gilt für die Grundprobleme der kombinatorischen Gruppentheorie, für die mit dem „Lemma" verknüpften Fragen und die Dehnsche Konstruktionstechnik für „Poincarésche Räume", und nicht zuletzt für die angedeutete Beziehung zwischen Knoten und hyperbolischer Geometrie. Tatsächlich sind alle solchen Beschreibungen jedoch problematisch in dem Maß, wie sie eine erst im Rückblick zuschreibbare Eigenschaft verwenden. Wie hätte Dehns Handeln aber aus der Perspektive seiner Zeitgenossen charakterisiert werden können?

Der wichtigste Aspekt ist zunächst wie im Fall Poincarés, daß Dehns Arbeiten die Möglichkeiten späteren mathematischen Handelns entscheidend veränderten – sie waren *zukunftsöffnend*, gerade indem neue Objekte konstruiert, leitende Fragen gestellt, und Techniken zu ihrer

---

[32] Magnus bestätigte (und begrüßte) dies auch an anderen Beispielen. So schrieb er Dehn das Wissen über den 1927 von Schreier bewiesenen Satz zu, daß alle Untergruppen freier Gruppen selbst frei sind, denn, wie Dehn angeblich sagte, „schließlich sind alle Untergraphen von Bäumen Bäume" (Chandler und Magnus 1982, 27).

Bearbeitung entwickelt wurden.[33] Im Unterschied zu Poincarés Einführung von Zellenzerlegungen, Fundamentalgruppe und (reduzierter) Homologie waren die Türen, die Dehn öffnete, jedoch wesentlich spezifischer auf konkrete Probleme hin orientiert, die bereits als schwierig erkannt waren oder durch Dehns Arbeiten erst wurden.[34] Zum andern war Dehn sozusagen ein epistemischer Ingenieur zweiter Ordnung: er baute die von Poincaré umrissene epistemische Konfiguration noch einmal auf bestimmte Probleme hin gezielt aus.

Trotzdem konnte von einer *Knotentheorie* vorläufig noch immer nicht gesprochen werden. Fast alle von Dehn erzielten Resultate über Knoten betrafen die Kleeblattschlinge oder eng mit ihr verwandte Knoten[35]; die einzige Ausnahme bildet die kurze Diskussion der Amphichiralität des Achterknotens in (Dehn 1914). Außerdem war auch Dehn bewußt, daß der von ihm verfolgte Weg, Knoten anhand ihrer Gruppe zu studieren, eine schwierige Frage in eine andere, nicht weniger schwierige verwandelte. *Effektive* Techniken, vergleichbar etwa der Berechnung homologischer Invarianten zellenzerlegter Mannigfaltigkeiten, hatte er ebensowenig bereitgestellt wie die Wiener Mathematiker Wirtinger und Tietze.

9.3 Im Zeitalter der Extreme: Zur Biographie Max Dehns

§ 89. *Zwischen den Kriegen*

Max Dehns fruchtbare Begegnung mit Knoten und Gruppen endete mit dem Beginn des ersten Weltkriegs, als er gerade im Begriff stand, erste Schüler an diese Themen heranzuführen. Dehn, erst kurz vorher nach Breslau berufen, wurde zum Militärdienst in die preußischen Armee eingezogen. Sein erster Doktorand, Hugo Gieseking, dessen gruppentheoretische Dissertation 1912 in Münster abgeschlossen wurde[36], und sein Kieler Schüler Fritz Klein, der Dehn zufolge das Gruppenbild der Gruppe des Achterknotens konstruiert hatte (Dehn 1914, 412), wurden ebenfalls eingezogen und verloren möglicherweise ihr Leben im Krieg.[37] Der Krieg verhinderte vorläufig auch, daß andere jene Möglichkeiten ergriffen, die Dehns Arbeiten eröffnet hatten.

Diese Ereignisse bezeichnen für unsere Geschichte den Eintritt in das, was der Historiker Eric Hobsbawm treffend das „Zeitalter der Extreme" genannt hat, jenes von einem Weltkrieg und Revolutionen eingeläutete, durch einen weiteren Weltkrieg und die millionenfache Ermordung von Juden gezeichnete „kurze zwanzigste Jahrhundert", das später von einem kalten Krieg zwischen zwei erbittert konkurrierenden ökonomisch-politischen Systemen begleitet wurde und inzwischen zuende gegangen ist (Hobsbawm 1994/1995). Keine Mathematikerin und kein Mathematiker, der sich während dieser Zeit mit Knoten beschäftigte, konnte sich den Wirren dieses

---

[33] Ich verweise noch einmal auf Rheinbergers Diskussion dieser in der Forschung erzeugten Struktur einer „eigenen, inneren Zeit" von Forschungsprozessen (Rheinberger 1992, 49 ff., hier 50).

[34] Ähnliches gilt natürlich auch für etliche Arbeiten von Poincaré selbst. Das am besten studierte Beispiel ist die „Entdeckung" homoklinischer Punkte von Lösungen gewöhnlicher Differentialgleichungen; vgl. (Barrow-Green 1997).

[35] In moderner Sprache: (2,n)-Torusknoten.

[36] Zu dieser Arbeit vgl. (Epple 1999a, § 31).

[37] Dies vermutet jedenfalls Wilhelm Magnus (Magnus 1978, 140).

Zeitalters entziehen; sie oder er mußte Stellung dazu beziehen und den eigenen Weg durch es suchen. An wenigen Biographien ist dieser Aspekt des mathematischen Handelns in der Moderne so deutlich wie an jener Max Dehns.

Nach dem Krieg erhielt Dehn einen Ruf an die 1914 mit vorwiegend privaten Mitteln gegründete Frankfurter Universität, ironischerweise als Nachfolger Ludwig Bieberbachs. Dieser, später ein erklärter Antisemit, hatte bei seinem Weggang aus Frankfurt nach Berlin die Empfehlung geäußert, Dehn zu berufen, weil Juden in Frankfurt bessere Chancen hätten.[38] Es ist nicht ausgeschlossen, daß bereits diese Empfehlung einen zynischen Unterton hatte. Frankfurt war jedenfalls die erste deutsche Universität, deren Satzung einen ausdrücklichen Passus enthielt, nach welchem Fragen religiösen Glaubens nicht zu Benachteiligungen bei Berufungen führen durften. An keiner anderen Universität trafen so viele jüdische Intellektuelle während der Weimarer Zeit zusammen – 1933 war ungefähr ein Drittel aller Lehrenden jüdischer Herkunft. Dies war ein Umstand, der nicht nur die Geisteswissenschaften und die bekannte „Frankfurter Schule" der Sozialwissenschaften betraf, sondern auch die Mathematik. Neben Dehn wirkten in Frankfurt auch die jüdischen Mathematiker Arthur Schoenflies, Ernst Hellinger, Paul Epstein und Otto Szasz als Professoren.[39]

Die Frankfurter Zeit war für Dehn und seine Kollegen eine Zeit intellektueller Blüte. Dehns damaliger Kollege Carl Ludwig Siegel berichtet von dem großen gemeinsamen Engagement Dehns und seiner Kollegen nicht nur für die mathematische Forschung und Lehre, sondern zum Beispiel auch für einen zwischen 1922 und 1935 regelmäßig zusammenkommenden Kreis, in dem sich auf Dehns Initiative hin die Frankfurter Kollegen und einige auswärtige Gäste sehr ernsthaft mit der Geschichte der Mathematik, insbesondere der Antike und der frühen Neuzeit, auseinandersetzten.[40] Ein erstes Ergebnis von Dehns historischen Bemühungen war ein umfangreicher historischer Aufsatz „Über die Grundlagen der Geometrie in geschichtlicher Entwicklung", der im Jahr 1926 als Anhang zu einer Neuauflage von Moritz Paschs *Vorlesungen über neuere Geometrie* von 1882 erschien. Im Mittelpunkt des Aufsatzes stand, wie nicht anders zu erwarten, die Entwicklung der axiomatischen Perspektive. Seit dieser Zeit gehörte die Auseinandersetzung mit der Geschichte der Mathematik zu Dehns wichtigsten Interessensgebieten. Einige Jahre später formulierte Dehn in einem Aufsatz über „Das Mathematische im Menschen" einige Gründe für diese Beschäftigung:

> „Durch die Betrachtung des Vergangenen sind wir imstande, uns aus der Strömung der Zeit zu befreien und neue Ziele ins Auge zu fassen, deren Erreichung vielleicht erst späteren Generationen beschieden sein wird. Durch solche allgemeine Betrachtungen werden wir uns aber auch stärker bewusst, wie die Mathematiker in das allgemein Menschliche eingeflochten sind. Und hauptsächlich, um dieses Bewusstsein zu stärken und vielleicht bei manchen erst zu wecken, ist das Vorstehende geschrieben." (Dehn 1932, 140).

---

[38] Vgl. (Mehrtens 1987, 200).

[39] Die letzten beiden waren allerdings nicht verbeamtete Extraordinarien. Hauptquelle für das folgende ist (Siegel 1964); vgl. auch (Scharlau 1989).

[40] Dies geht nicht nur aus Siegels Bericht und einer äußerst hochachtungsvollen Bemerkung André Weils hervor (Weil 1980), sondern auch aus den umfangreichen Akten des Zirkels (im Besitz von C. J. Scriba, dem ich für die Gelegenheit zur Einsicht herzlich danke).

Das wichtigste Element des „Mathematischen im Menschen" und zugleich das entscheidende Bindeglied zwischen der „mathematischen Betätigung" und „der Gesamtheit der menschlichen Betätigungen" war für Dehn jedoch nicht die Geschichte, sondern, auf einer elementaren anthropologischen Ebene, der „Rhythmus". Dehn erläuterte dieses Stichwort in einem sehr weitem Sinn als „Aufeinanderfolge und Accentuierung gleicher oder sich gesetzmäßig verändernder Dinge" (ebd., 125), von einem einfachen, in der Zeit zyklisch geordneten Rhythmus über die vieldimensionalen (sich in der Zeit überlagernden und eine Vielfalt weiterer Dimensionen von Ton, Klang, Ausdruck und Bewegung umfassenden) Polyrhythmen der Musik und des Tanzes[41] bis hin zu den visuellen Rhythmen der Ornamentik. Die anthropologische Verknüpfung zwischen den Rhythmen und der Mathematik sah Dehn dabei nicht etwa in der logischen Durchdringung der ersteren, sondern in den von Rhythmen hervorgerufenen *Emotionen*, in der „inneren Lust an Rhythmik im weitesten Sinne". Auch Mathematiker empfinden diese Lust, meinte Dehn, wenn sie die arithmetischen oder geometrischen Muster wahrnehmen, welche ihren Erkenntnissen zugrundeliegen. Die Ornamentik als Praxis und Theorie symmetrischer Muster, seien es natürliche (etwa botanische) oder die von Menschen gestalteten Muster gezeichneter Ornamente, lag Dehn offenbar besonders am Herzen. Magnus berichtete später, daß Dehn seine Schüler darauf gerne in seinem universitären Alltag, etwa bei Spaziergängen im Frankfurter botanischen Garten, hinwies (Magnus 1978, 140). Und selbst im logischen Bau einer modernen axiomatischen Theorie sah Dehn weniger den zwingenden Charakter strenger Beweise als vielmehr „eine Art innerer Ornamentik": „Die Mathematiker sind Ornamentiker im logischen Schliessen." (Ebd., 131 f.) Es kann kein Zweifel daran bestehen, daß dieses Selbstbild sich in Dehns mathematischem Handeln ausdrückte – am deutlichsten vielleicht in seiner Technik des hochsymmetrischen Gruppenbildes.

Die Wahl Hitlers und die Machtergreifung der Nazis brachte die Blütezeit des Frankfurter mathematischen Seminars und diesen ruhigen Abschnitt von Dehns Leben zu einem jähen Ende. Zwar entging Dehn ebenso wie seine Kollegen Hellinger und Epstein als „Altbeamter", der im ersten Weltkrieg gedient hatte, der ersten rassistisch motivierten Entlassungswelle, aber im Jahr 1935 wurde er dann doch seines Amtes enthoben.[42] Dehn blieb vorerst in Frankfurt, aber seine Publikationen erschienen fortan fast alle in ausländischen Zeitschriften. Vor allem in einem langen Aufsatz „Über kombinatorische Topologie", der 1936 in den schwedischen *Acta*

---

[41] Dehn hatte die Berichte von Ethnologen über die Polyrhythmik mancher außereuropäischer Kulturen zur Kenntnis genommen: „Wenn, wie die Ethnologen berichten, bei gewissen Volksstämmen mehrere verschiedene Rhythmen, Trommeltakte, gleichzeitig von verschiedenen Personen ausgeführt werden, so entsteht schon eine Situation, die einer mathematischen Betätigung nahe ist." (Ebd., 125 f.)

[42] (Siegel 1964) vermutet, daß Dehns Entlassung ein Racheakt des Mathematikers und hochrangigen NS-Ministerialbeamten Theodor Vahlen war. Dehn hatte eine von dessen frühen Arbeiten über die Grundlagen der Geometrie vernichtend kritisiert, vgl. Dehn an Hilbert, 22. Oktober und 29. November 1902, ferner die von Dehn verfaßte Rezension eines Buchs von Vahlen in den *Jahresberichten der DMV* von 1905. Diese Darstellung wird auch durch einen Nachruf auf Dehn von Willy Hartner in der *Frankfurter Allgemeinen Zeitung* vom 8. Juli 1952 gestützt. Dort heißt es: „Als [Vahlen] im Frühjahr 1935 ins Reichserziehungsministerium berufen wurde, wußte Dehn, daß seine Tage an der Frankfurter Universität gezählt waren. Was er vorausgesehen hatte, trat unverzüglich ein: Mit Wirkung vom 1. April 1935 wurde er, vor Inkrafttreten der Nürnberger Gesetze, unter dem fadenscheinigen Vorwand, daß sein Lehrstuhl aus Sparmaßnahmen einzuziehen sei, in den Ruhestand versetzt." Zu Vahlen vgl. (Siegmund-Schultze 1984). Das Zitat aus Hartners Nachruf findet sich in (Siegmund-Schultze 1998, 290). – Otto Szasz wurde bereits 1933 entlassen und emigrierte in die USA.

Mathematica erschien, beschrieb Dehn noch einmal sehr grundsätzlich seine Sichtweise jener Disziplin, zu deren Entwicklung seine früheren Arbeiten so viel beigetragen hatten. Wesentlich deutlicher als in den Arbeiten über Knoten, Gruppen und „Poincarésche Räume" trat nun wieder der streng abstrakte Zugang hervor, der bereits den Enzyklopädie-Artikel mit Heegaard gekennzeichnet hatte: Topologie war ein Kapitel der Kombinatorik von Symbolen ohne festgelegte Bedeutung. In diesem Aufsatz gab Dehn auch eine Antwort auf die vielleicht älteste Frage der Knotentheorie: das Gaußsche Problem der Traktfiguren. Dehns Lösung dieses Problems zeigte noch einmal (wie früher die gruppentheoretischen Fragen) die *algorithmische* Seite in Dehns Denken: Durch das angegebene Kriterium war die Aufzählung der Knotenprojektionen endgültig eine maschinell durchführbaren Aufgabe geworden.[43] Nicht zufällig wurde diese Lösung zu einer Zeit veröffentlicht, als Turing und andere gerade damit begannen, symbolisch operierende Maschinen ernsthaft zum Gegenstand mathematischer Überlegungen zu machen.

Nach seiner Entlassung vertiefte Dehn auch seine historischen Studien. Frucht dieser Arbeit waren zwei Aufsätze über Fragen der griechischen Mathematik. Der erste, in der italienischen Zeitschrift *Scientia* erschienen, untersuchte die antiken Varianten des Stetigkeitsbegriffs, insbesondere in der *Physik* des Aristoteles (Dehn 1936b). Im zweiten, der 1937 in den von Otto Neugebauer gegründeten *Quellen und Studien* zur Geschichte der exakten Wissenschaften erschien, stellte Dehn die Frage nach der Beziehung zwischen grundlegenden Umbrüchen in der Mathematik einerseits, in Philosophie und Kultur andererseits. Anders als jene akademischen Festredner, welche die Größe des griechischen Geistes oder der Philosophie Platons beschworen, um auf dem Umweg über die antiken „Ursprünge" der Mathematik höhere Weihen zu verleihen, meinte Dehn diese Frage als *Frage* ernst; eine Parallele zu seinen mathematischen Arbeiten.[44] Seine Antwort für die Periode der griechischen Antike war gründlich überlegt und genau dokumentiert. Er konstatierte nicht einfach einen unidirektionalen „Einfluß", sondern suchte minutiös den Anteil philosophischer Reflexion an der Klärung des systematischen Aufbaus der griechischen Mathematik zu bestimmen, um das „Kausalbedürfnis" des Historikers zu befriedigen.[45] Noch einmal spielten dabei, der Sache angemessen, die wissenschaftstheoretischen Ideen des Aristoteles eine zentrale Rolle. Dehn schloß seinen Artikel mit der Aufforderung, eine ähnliche Untersuchung für spätere Epochen durchzuführen. Er bemerkte mit Recht, daß diese Aufgabe freilich, „wie alle geschichtlichen Aufgaben, grenzenlos" war. Selbst diese Bemerkung machte Dehn jedoch *begründet* – und möglicherweise nicht ohne beabsichtigte Anspielung auf die Umstände seiner gegenwärtigen Situation:

---

[43] Die von Dehn angegebene Lösung wird in § 111 genauer dargestellt.

[44] Das Thema selbst bewegte durch die gesamte Weimarer Zeit und die Nazizeit viele Mathematiker in Deutschland, nachdem es durch einige Kapitel von Oswald Spenglers *Untergang des Abendlands* in die Diskussion gebracht worden war; diese Debatten verdienen eine nähere Studie. Vgl. auch § 98. – Es ist sicher kein Zufall, daß dieser Beitrag Dehns in den von Neugebauer mitherausgegebenen *Quellen und Studien* erschien. Neugebauers Arbeiten dieser Jahre formulierten auf anderer Ebene eine ähnliche Kritik an der unreflektierten Invokation griechischen Geistes in legitimatorischer Absicht.

[45] Der erste Satz des Aufsatzes lautete: „Die Betrachtung der unvermittelt auftretenden Änderungen in dem Zustand der Mathematik erweckt immer wieder den fast leidenschaftlichen Wunsch, die Einzelheiten dieser Ereignisse so genau zu erforschen, daß die Unstetigkeiten sich in stetiges Geschehen aufzulösen scheinen, daß an die Stelle des Sprungs die Entwicklung tritt und unser Kausalbedürfnis befriedigt wird." (Dehn 1937, 1.) Vgl. zum Stichwort des „Kausalbedürfnisses" auch Abschn. 1.3.

„Denn [nur] die Philosophie allein in dieser Hinsicht zu betrachten, bedeutet eine unmögliche Trennung von anderen [auf die Mathematik] einwirkenden Dingen, von sozialen Zuständen, größeren und kleineren politischen Begebnissen. Diese hätten wir vielleicht auch bei unseren Untersuchungen berücksichtigen müssen. Aber überall haben wir doch daran zu denken versucht, daß jede Entwicklung nur durch die Veränderung des Einzelnen möglich ist, daß der Einzelne, oft mit entscheidender Bedeutung seiner besonderen Eigenschaften, und die Gesamtheit in lebendiger Wirkung und Gegenwirkung die aufeinanderfolgenden Zustände schaffen." (Dehn 1937, 28.)

Der Zustand der selbständigen Arbeit außerhalb der Universität dauerte für Dehn nicht lange an. Immer stärker wurden die Kräfte, die den noch bestehenden Zirkel um Dehn und seine jüdischen Kollegen im akademischen Leben zu isolieren suchten. Als es beispielsweise Ende 1937 um die Nachfolge des nach Göttingen gewechselten Siegel ging, wurde hinter den Kulissen von Regierungsstellen geprüft, ob der vorgesehene Kandidat – William Threlfall, ebenfalls Topologe – sich von Dehns und Hellingers Kreis fernhalten würde.[46] Schließlich wurde die Situation in Deutschland lebensgefährlich. Nur mit großem Glück gelang Dehn eine abenteuerliche Flucht um den halben Erdball in die USA. Für die Beschreibung der Ereignisse, die Dehn zwangen, Frankfurt und Deutschland endgültig zu verlassen, gebe ich seinem Frankfurter Kollegen Siegel das Wort, dessen 1964 verfaßte Sätze viele Fragen aufwerfen, aber keines Kommentars bedürfen.

„Der eigentliche Terror in großem Maßstabe begann in Deutschland am 10. November 1938 mit der durch höchste Regierungsstellen veranlaßten Judenverfolgung [...]. Damals sind die Schergen Hitlers auch zu Dehn, Epstein und Hellinger gekommen, um sie wegzuschleppen. Nach anfänglicher Verhaftung wurde aber Dehn von der Polizei noch einmal in seine Wohnung zurückgeschickt, weil nirgendwo in Frankfurt noch Platz für die Verwahrung weiterer Gefangener vorhanden war. Um nicht am nächsten Tage erneut eingefangen zu werden, begab sich Dehn mit seiner Frau nach Bad Homburg, wo sie beide bei unserem Freunde und Kollegen Willy Hartner ein Asyl fanden. Man könnte jetzt wieder sagen, Herr Professor Hartner hätte mit der Aufnahme der Geflüchteten nur das für einen anständigen Menschen Selbstverständliche getan, aber damals waren die in diesem Sinne Anständigen in der Minorität, und so gehörte Mut dazu, sich eines von den nationalsozialistischen Machthabern Verfolgten anzunehmen.

[...] Während in Frankfurt die Verhaftungen und Verschleppungen sich über viele Tage hinzogen, so war an anderen Orten die Judenverfolgung schneller zum vorläufigen Abschluß gekommen und auch nicht überall mit der gleichen Brutalität

---

46 Der frischgebackene Vorsitzende der DMV, Wilhelm Süss, urteilte hierzu in einem Schreiben an das Reichserziehungsministerium, er sehe „keine Gefahr", daß Threlfall sich diesem Kreis anschließe; vgl. Süss an Regierungsrat Dames, 5. Oktober 1937, Universitätsarchiv Freiburg, Akten W. Süss, C 89/53. In einem entsprechenden Gutachten über die Eignung von Siegel für Göttingen hatte Süss bereits im August bemerkt: „Zudem wäre eine Entfernung aus der Frankfurter Athmosphäre gerade für Siegels persönliche Entwicklung vermutlich nur förderlich, wenn ich mir auch dessen bewußt bin, dass aus Siegel niemals mehr ein typischer, bekennender Nationalsozialist wird, wie wir ihn durchschnittlich überall wünschen." Süss an Dames, 4. August 1937, Universitätsarchiv Freiburg, Akten W. Süss, C 89/53.

durchgeführt worden. Aus diesem Grund beschloß Dehn, zunächst in Hamburg unterzutauchen. Mit Hilfe der Frau und des Sohnes von Professor Alfred Magnus gelang es ihm, nach dem Frankfurter Hauptbahnhof und weiter unbelästigt in den Hamburger Zug zu gelangen, obwohl dort alles scharf von Hitlers Kreaturen bewacht war. In Hamburg hielt er sich dann vorläufig versteckt in der Wohnung seiner Schwester und seines Schwagers, die damals wegen ihres hohen Alters noch in Freiheit geblieben waren, aber später im Konzentrationslager endeten. Es wurde vermittelt, daß ein dänischer Kollege und ehemaliger Schüler von Dehn nach Hamburg reiste, um mit ihm die Möglichkeit einer Auswanderung nach Skandinavien zu besprechen. Ich kam selber zu dieser Besprechung nach Hamburg [...]. Dehn ist dann mit seiner Frau im Januar 1939 nach Kopenhagen und später nach Trondheim in Norwegen gegangen, wo ihm an der Technischen Hochschule die Vertretung eines beurlaubten befreundeten Kollegen übertragen wurde. [...]

Als ich ihn Ende März 1940 in Trondheim besuchte, hatte er nach den traurigen Erfahrungen der vorhergehenden Jahre wieder Hoffnung gefaßt, und es freute ihn, daß er Vorlesungen halten konnte. Bei einem gemeinsamen Spaziergang bemerkten wir im Hafen mehrere große Handelsschiffe unter deutscher Flagge, auf denen aber kein Mensch zu sehen war. Dehn erzählte mir, diese Schiffe lägen dort schon seit längerer Zeit, angeblich mit beschädigten Maschinen, und würden von der Bevölkerung als Piratenschiffe bezeichnet, weil sie einen etwas unheimlichen Eindruck machten. Da ich einige Tage danach in das freiwillig gewählte amerikanische Exil abreiste, so erfuhr ich erst viel später, was es mit diesem geheimnisvollen Schiffen auf sich hatte. Sie waren nämlich gefüllt mit Kriegsmaterial für die deutschen Soldaten, die dann plötzlich am Tage der Invasion Norwegens auch in Trondheim auftauchten und die Stadt besetzten. [...]

So war nun Dehn wieder in Gefahr wie vor seinem Fortgang aus Frankfurt, ja noch in viel größerer Gefahr, denn es war Kriegszustand in Norwegen, und inzwischen war auch Hitlers Endlösung der Judenfrage nähergerückt. Dehn hielt sich in der ersten Zeit der deutschen Besetzung bei einem norwegischen Bauern versteckt auf, doch er kehrte bald wieder nach Trondheim zurück, da dort zunächst keine weiteren Gewalttaten und Verhaftungen stattgefunden hatten. In den nächsten Monaten wurde in Amerika durch Hellinger und andere Freunde Dehns zweite Emigration vorbereitet, und so konnte schließlich Dehn mit seiner Frau Anfang 1941 nach höchst unangenehmer Ausreise über die von deutscher Seite streng bewachte schwedische Grenze durch Finnland, Rußland, Sibirien, Japan und den stillen Ozean nach San Franzisko gelangen." (Siegel 1964, 468.)

Dehns Frankfurter Kollege Hellinger war nach dem 10. November 1938 für sechs Wochen in das Konzentrationslager Dachau verschleppt worden. Siegel zufolge gelang ihm dann Dank des finanziellen Eingreifens einer in den USA lebenden Schwester die Emigration. Paul Epstein dagegen hatte weniger Glück. Er wurde zunächst nicht verhaftet, weil er krank im Bett lag, aber er zögerte zu fliehen. Im August 1939 nahm er sich das Leben, nachdem er eine Vorladung von der Gestapo bekommen hatte, der Folge zu leisten in der einen oder anderen Weise den sicheren Tod bedeutet hätte (ebd., 470).

§ 90. Black Mountain College

Nach der Ankunft Dehns und seiner Frau in den USA erlebten die beiden zunächst das wechselnde Schicksal vieler Emigranten, eine Wanderung von Ort zu Ort und von einer vorübergehenden Anstellung zur nächsten, nicht ohne manche Anfeindung durch die örtlichen Akademiker zu erleben.[47] Schließlich fanden die Dehns aber freundliche Aufnahme in einem College in North Carolina, dem „Black Mountain College". Dieses von 1933 bis 1956 bestehende College war nach reformpädagogischen Prinzipien organisiert; ein Schwerpunkt seiner Arbeit lag auf den Künsten.[48] Studierende und Lehrende lebten gemeinsam auf dem Gelände des von staatlichen Behörden unabhängigen (und keine offizielle Anerkennung genießenden) College. Die Dozenten erhielten neben freier Kost und Wohnung lediglich ein Taschengeld, das aufgrund periodisch wiederkehrender finanzieller Krisen auch nicht sehr sicher war. Handwerkliche oder gärtnerische Arbeiten auf dem Gelände des zwischen bewaldeten Hügeln gelegenen College wurden ebenso von Lehrenden und Lernenden gemeinsam durchgeführt wie wichtige, das College betreffende Entscheidungen zusammen in demokratischer Abstimmung getroffen wurden. Der gemeinschaftliche Lebensstil wurde durch gemeinsame Mahlzeiten unterstrichen. Der Unterricht selbst war weniger auf bewertbare Leistungen hin ausgerichtet als auf die individuelle Entwicklung der einzelnen Schülerinnen und Schüler (anfänglich wurden gar keine Noten vergeben; später wurden um besserer Übergangschancen der Studierenden an höhere Bildungsinstitutionen willen zwar intern Noten verteilt, aber auch dann nicht den Lernenden mitgeteilt). Der pädagogische Erfolg dieses Konzepts blieb nicht aus. Vor allem auf künstlerischem Gebiet zog Black Mountain College Schüler und Dozenten von Rang an sich, zu denen unter anderen der Komponist John Cage, der Tänzer und Choreograph Merce Cunningham, die Maler Joseph und Anni Albers, Robert Rauschenberg und Joel Oppenheimer gehörten. Wie diese Namen belegen, waren es nicht traditionelle, sondern ausgesprochen avantgardistische Ideen über Kunst, die am College kultiviert wurden.

Max Dehn schloß sich dem College im Herbst 1944 an, nachdem er es im Frühjahr 1944 zum erstenmal besucht und er und die Belegschaft aneinander Gefallen gefunden hatten. Er war zwar nicht der einzige Emigrant, der in Black Mountain unterrichtete[49], aber doch der einzige Mathematiker. Dehns Interesse an der Ornamentik, das er während seiner Emigration vertieft hatte[50], und seine Frankfurter Beschäftigung mit der Geschichte und Philosophie der Mathematik, die er bald nach seiner Ankunft in den USA wieder aufnahm, machte ihn zu einem bedeutenden Gewinn für das College.[51] In der schönen landschaftlichen Umgebung, die Dehns botanischen Neigungen entgegenkam, und in der weltoffenen, künstlerischen Atmosphäre von Black Mountain lebten Dehn und seine Frau noch einmal auf. Eine kurze Bemerkung in einem

---

[47] (Siegel 1964) nennt die Etappen: State University of Idaho, Pocatello; Illinois Institute of Technology, Chicago; St. John's College, Annapolis, Maryland. Aufschlußreiche Informationen gibt ferner die umfassende Studie der Emigration von Mathematikern aus Deutschland (Siegmund-Schultze 1998).

[48] Die folgenden Informationen stützen sich auf (Siegel 1964), (Sher 1994).

[49] In der Tat berichtet Siegel, nahezu die Hälfte der Dozenten seien zur Zeit von Dehns Ankunft deutsche Emigranten gewesen.

[50] Vgl. den in Norwegen veröffentlichten Artikel (Dehn 1940).

[51] Dehns erste Veröffentlichungen in den USA waren Teile einer Serie über die Hauptetappen der Geschichte der Mathematik (Dehn 1943a,b,c, 1944a,b).

Brief, den Dehn während einer kurzen Abwesenheit im Jahr 1946 an die Sekretärin des College schrieb, mag dies belegen: „In little more than two weeks", schrieb Dehn, „I shall be back with you. I hope you will arrange some nice work to do for me, for instance Geometry for Artists or hoeing potatoes."[52]

Die Nachkriegsentwicklung in Deutschland betrachtete Dehn dagegen eher kritisch. Als der Vorsitzende der neugegründeten DMV, Erich Kamke, Dehn aufforderte, wieder in diese Vereinigung einzutreten, antwortete Dehn mit bitteren Worten: *„Der Deutschen Mathematiker Vereinigung kann ich nicht wieder beitreten. Ich habe das Vertrauen verloren, daß eine solche Vereinigung in Zukunft gegebenen Falles anders handeln wird als 1935. [...] Daß sie sich 1935 nicht aufgelöst hat, und nicht einmal eine große Reihe von Mathematikern austrat, bewirkt bei mir diese ablehnende Haltung. Ich habe keine Angst, daß die neue D.M.V. wieder Juden herauswerfen wird, aber vielleicht werden es demnächst sogenannte Kommunisten, Anarchisten oder ,Farbige' sein."*[53]

Im Sommer 1952 wurde Dehn im ehrwürdigen Alter von 73 Jahren emeritiert. Er blieb jedoch weiterhin Berater und Mitglied des College. Noch im selben Sommer starb er allerdings an einer Embolie, die von einer körperlichen Anstrengung hervorgerufen wurde. Das College hatte aufgrund finanzieller Schierigkeiten ein Waldstück verkaufen müssen, und Dehn, der die Arbeit der Holzfäller des Käufers beobachtete, war zu schnell einen steilen Pfad den Hang hinaufgeeilt, als er bemerkte, daß einige Bäume, die noch immer dem College gehörten, mit abgeholzt wurden (Siegel 1964, 473).

★

Ich habe im Gegensatz zum sonstigen Vorgehen dieser Studie Dehns Biographie etwas näher ausgeführt, um stellvertretend für viele andere deutlich zu machen, wie tief das Handeln der Mathematiker des 20. Jahrhunderts mit jenen Ereignissen verflochten war, die Hobsbawm dazu führten, dieses Jahrhundert das Zeitalter der Extreme zu nennen. Wenn andere nicht in derselben Weise betroffen waren wie Dehn und seine jüdischen Kollegen, so heißt das nicht, daß sie *nicht* betroffen oder beteiligt gewesen wären – jede und jeder war es auf ihre oder seine Weise.

Des weiteren kann Dehns Biographie dazu dienen, eine bislang noch nicht erwähnte, zentrale These der Mehrtensschen Darstellung der mathematischen Moderne und ihrer Beziehung zu den katastrophischen Ereignissen unseres Jahrhunderts zu diskutieren. Diese These bringt zwei Aspekte miteinander in Verbindung, die beide in Dehns Biographie eine wichtige Rolle spielten. In ihrer vollen Radikalität besagt sie, daß die strikten, keine Ausnahme gelten lassenden Regeln der Kombinatorik mathematischer Zeichensysteme und die ähnlich rigiden Regeln gehorchende Bürokratie der Massenvernichtung der europäischen Juden zwei Seiten derselben Medaille sind: der Logik strikt normierten und deshalb disziplinierten Verhaltens.[54] Diese schwierige These kann als Zuspitzung eines bereits seit längerem diskutierten Motivs in der Auseinandersetzung um die Verbrechen der Nazis angesehen werden. Wie zuletzt Zygmunt Baumans eindringliche Zusammenfassung der Thematik (Bauman 1992) in Erinnerung gerufen hat, gehört ein strikt an formalen, bürokratischen Regeln orientiertes Handeln – beginnend mit der NS-Abstammungsarithmetik –

---

[52] Zitiert nach (Sher 1994).

[53] Dehn an Kamke, 13. August 1948; zitiert nach (Siegmund-Schulze 1998, 318). – Dehn wurde wahrscheinlich Ende 1938 im Zuge der Erledigung der intern so genannten „Judenfrage" aus der von Wilhelm Süss geführten *DMV* ausgeschlossen.

[54] Vgl. insbesondere (Mehrtens 1990, Kap. 6). Dazu auch meine Rezension (Epple 1996a).

zu den wesentlichen Voraussetzungen der Tötungsmaschinerie der Nazis. Die Rationalitätsform, die einem solchen Handeln zugrundeliegt[55], so Mehrtens, ähnelt jener, die dem Operieren mit strikt geregelten Zeichensystemen innewohnt; letztere ist gleichsam das formale Modell der ersteren.

Dehns Laufbahn, so müßte man schließen, führte auf bizarre Weise vor, wie ein Individuum zur selben Zeit jene Form disziplinierter und disziplinierender Rationalität zu befördern suchte, deren Opfer es beinahe geworden wäre. Auch wenn die Janusköpfigkeit der Moderne ein allgegenwärtiges Phänomen ist, scheint mir diese Konsequenz doch gewagt und problematisch. Zeigt Dehns Biographie nicht vielmehr, daß eine Leitidee mathematischen Handelns wie die Kombinatorik von Symbolsystemen *gleichzeitig* ebenso zum Bestandteil disziplinierender und menschenverachtender (oder gar -vernichtender) Institutionen werden kann, wie sie auch Element einer anderen Seite der Moderne werden konnte: jener, die beispielsweise der Historiker Detlev Peukert mit Bezug auf die enormen sozialen und kulturellen Umbrüche der Weimarer Republik und ihre höchst widersprüchlichen Folgen als die emanzipatorische und kreative Seite der „klassischen Moderne" beschrieben hat?[56] So daß es schließlich doch nicht einfach die innere Logik des Umgangs mit „strikt geregelten Zeichensystemen" wäre, welche für die Katastrophen dieses Jahrhunderts mitverantwortlich war, sondern deren *Verknüpfung* mit dem Interesse an der Disziplinierung menschlichen Lebens und der atavistischen Grausamkeit der Nazis – eine Verknüpfung, zu deren Erklärung weitere historische Arbeit zu leisten bleibt.

Dehns mathematisches Handeln gehört jedenfalls *auch* auf die andere, kreative Seite der Moderne. Die produktive Imagination, die seine topologischen und selbst noch die am strengsten kombinatorisch argumentierenden Arbeiten kennzeichnet, sein *aufklärerisches* und nicht bloß *festrednerisches* Interesse an den Wechselwirkungen zwischen Mathematik, Philosophie, Gesellschaft und Kultur, seine Betonung der rhythmischen und ornamentalen Lust als Motiv mathematischen Handelns, und nicht zuletzt sein Engagement für ein reformpädagogisches College zeigen, daß es auch eine andere Verbindung zwischen Mathematik (ob sie nun Knoten betrifft oder nicht) und sozialem Leben gab und geben kann als die, welche Mehrtens' These in kritischer Absicht betont. Daß die Katastrophen des zwanzigsten Jahrhunderts – zu denen auch Mathematiker ihren Teil aktiv beitrugen – solche kreativen und sozialen Impulse massiv bedrohten und in vielen Fällen schließlich erstickten, gehört freilich unwiderruflich zu den *Schattenseiten* der Moderne.[57]

---

[55] Sie wurde bereits von Max Weber auch als eine „spezifisch moderne" Rationalitätsform beschrieben, vgl. z.B. (Weber 1921, 1. Teil, Kap. III).

[56] Vgl. (Peukert 1987).

[57] Dieser Ausdruck ist Geoffrey Eleys Antwort auf die umstrittene Frage der Modernität des Nationalsozialismus und allgemeiner der Katastrophen des Zeitalters der Extreme (Eley 1991).

10 BERECHENBARE INVARIANTEN UND ELEMENTARE BEGRÜNDUNG: KURT REIDEMEISTER

Was die Knoten angeht, so braust es hier in meinem Kopf gewaltig, eine gräßlich anstrengende Tätigkeit.

Kurt Reidemeister, 1925

Nach dem ersten Weltkrieg mußte der Faden der mathematischen Beschäftigung mit Knoten neu aufgenommen werden. Wie im letzten Kapitel bereits erwähnt, waren es dabei zunächst Dehns Arbeiten, die von den Mathematikern wahrgenommen wurden. Ein charakteristisches Zeugnis dafür, wie weitgehend unsichtbar die Wiener Beiträge zu geworden waren, gibt ein knapper Kommentar Oswald Veblens, der zu den ersten Mathematikern in den Vereinigten Staaten zählte, die sich ernsthaft für die Topologie zu interessieren begannen. In seinen 1922 als Buch erschienenen *Cambridge Colloquium Lectures on Analysis Situs* schrieb Oswald Veblen zum Thema der Knoten:

> „A large number of types of knots have been described by Tait and others and a list of references may be found in the Enzyklopädie article on Analysis situs. But a more important step towards developing a theory of knots was taken by M. Dehn, who introduced the notion of the group of the knot, which is essentially the group of the generalized three-dimensional complex obtained by leaving out the knot from the three-dimensional space. Dehn gave a method for obtaining the group of a knot explicitly and applied it to the construction of [...] Poincaré spaces [...]." (Veblen 1922, 150.)

Nicht nur der Kontext der algebraischen Funktionen schien aus dem Gedächtnis der mathematischen Gemeinschaft verschwunden, sondern auch mehr als zehn Jahre des mathematischen Handelns von Heegaard und Wirtinger. Trotzdem gab Veblens Geschichte nicht die ganze Wahrheit über das wieder, was die historische „Mikrodynamik" des Studiums von Knoten genannt werden könnte. Dies läßt schon Veblens nächste Bemerkung erkennen, wenn sie historisch aufgeschlüsselt wird:

> „It is obvious that if a three-dimensional Riemann space of k sheets be found which has a given knot as its only branch curve, the invariants (Betti numbers, etc.) of this space will be invariants of the given knot. This method of studying the invariants of knots has been developed by J. W. Alexander in a paper read before the National Academy of Sciences in November 1920, but not yet published."

Historisch betrachtet war an dieser Überlegung, welche ihren Ausgang von den epistemischen Objekten Heegaards und Wirtingers und nicht von Dehns Arbeiten nahm, nichts „offensichtlich".[1] Vielmehr bedurfte es einer komplexen Folge entsprechender Ereignisse, um das Wiener Wissen aufzugreifen und zu knotentheoretischen Einsichten umzubauen, und erst etliche Jahre nach Veblens Kommentar kam diese Entwicklung zu einem vorläufigen Endergebnis. Daran waren vor allem zwei junge Mathematiker der auf Dehn und Tietze folgenden Generation beteiligt, James W. Alexander und Kurt Reidemeister. Der eine arbeitete in Princeton, dem aufsteigenden Zentrum für reine Mathematik in den USA, der andere zunächst in Wien und dann in Königsberg (heute Kaliningrad). In vieler Hinsicht verliefen die zunächst ganz unabhängig voneinander durchgeführten Untersuchungen Reidemeisters und Alexanders in derselben Richtung. Beide wurden (auf dem von Veblen angedeuteten Weg, aber nicht durch seine Anregung) in der Mitte der zwanziger Jahre zu denselben und in der Tat den ersten effektiv berechenbaren topologischen Invarianten für Knoten geführt. Beide entschieden sich außerdem dafür, ihre Resultate in einem elementaren, kombinatorischen Stil der mathematischen Öffentlichkeit zu präsentieren, wodurch zum erstenmal eine eigenständige und ausbaufähige „Knotentheorie" im vollen Sinn des Wortes entstand. Diese Arbeiten Reidemeisters und Alexanders, ihre Parallelen und ihre Differenzen, sind Gegenstand dieses und des folgenden Kapitels, die sich chronologisch stark überschneiden. Im vorliegenden Kapitel bespreche ich zunächst Reidemeisters erste Beiträge. Es zeigt sich, daß Reidemeister der Mathematik der Knoten unter den sehr lokal geprägten Umständen Wiens zuerst begegnete. Dort, bei Wilhelm Wirtinger, lernte er jene Objekte kennen, die fortan im Zentrum seiner Untersuchungen standen. Die endgültige Präsentation seiner Resultate auf der Basis einer neuen, „elementaren Begründung" der Knotentheorie verwischte diese Spuren allerdings weitgehend (10.1). Fast gleichzeitig schlossen auch zwei andere, aus Wien stammende Mathematiker an Wirtingers Ideen an: Emil Artin und Otto Schreier brachten Knoten, Zöpfe und verknotete Flächen im vierdimensionalen Raum nach Hamburg und damit an einen Ort, der bald zu einem wichtigen Stützpunkt für knotentheoretische Arbeiten werden sollte (10.2). Im letzten Abschnitt dieses Kapitels soll die Frage diskutiert werden, was Reidemeister dazu bewegte, seine Resultate in der spezifischen und paradigmatischen Form weiterzugeben, die die Gestalt der Knotentheorie für die nächsten Jahre maßgeblich prägte. Dafür war ein weiteres Element des Wiener lokalen Kontexts zumindest mit verantwortlich: Reidemeisters Kontakte mit dem sogenannten „Wiener Kreis" um den Philosophen Moritz Schlick und den Mathematiker Hans Hahn. Aus diesem Kontakt und aus Reidemeisters damit zusammenhängenden Stellungnahmen in den Grundlagendiskussionen der zwanziger Jahre werden nicht nur einige Aspekte der charakteristischen Modernität der Knotentheorie Reidemeisterscher Prägung verständlicher, sondern auch das Rationalitätsmuster, das sein mathematisches Handeln bestimmte (10.3).

---

[1] Die Oberflächlichkeit der Veblenschen Bemerkung zeigt sich auch daran, daß er gerade jene konkreten Invarianten nannte (die Betti-Zahlen), die *keine* Rolle für die Knotentheorie spielten.

10.1 Die ersten berechenbaren Knoteninvarianten

§ 91. Von Hamburg nach Wien

Kurt Reidemeister wurde am 13. Oktober 1893 als Sohn des herzoglichen Regierungsrates Hans Reidemeister und seiner Frau Sophie, geb. Langerfeldt, in Braunschweig geboren.[2] Bereits als Gymnasiast begegnete er Richard Dedekind, dessen Rat ihn noch als Student begleitete. Im Jahr 1912 begann Reidemeister ein Studium der Philosophie und der Mathematik in Freiburg im Breisgau, wo unter anderen Edmund Husserl seine philosophischen Interessen weckte. Nach einem Wechsel nach Marburg, der Stadt der Neukantianer, dann ins mathematische Zentrum Göttingen wurde sein Studium vier Jahre lang durch Kriegsdienst unterbrochen. Nach Kriegsende kehrte er nach Göttingen zurück und legte dort im Jahr 1920 das Staatsexamen in den Fächern Mathematik, Philosophie, Physik, Chemie und Geologie ab. Edmund Landau war sein Prüfer in Mathematik. Im selben Jahr nahm er eine Assistentenstelle bei Erich Hecke in Hamburg an und promovierte ein Jahr später mit einer Arbeit aus der algebraischen Zahlentheorie. Gegen Ende der Promotion wandte er sich jedoch auch differentialgeometrischen Themen zu, wie sie Wilhelm Blaschke in Hamburg behandelte. Schon in Hamburg schränkte Reidemeister seine öffentliche Betätigung nicht nur auf die Mathematik ein. Er schrieb „regelmäßig im literarischen Teil einer in gutbürgerlichen Kreisen angesehenen Hamburger Zeitung" und war am Hamburger Mathematischen Seminar als „Meister der geselligen Veranstaltungen" bekannt.[3]

Im Herbst 1922 erhielt er dann seinen ersten Ruf auf eine außerordentliche Professur nach Wien, in eine Stadt, deren intellektuelles Leben ihn in mehr als einer Hinsicht stark prägte. Der Wechsel von Hamburg nach Wien kam nicht zufällig. Zwischen dem mathematischen Leben beider Städte bestand eine enge Verbindung. Erster Direktor des bei der Gründung der Hamburger Universität im Jahr 1919 eingerichteten Mathematischen Seminars war der bereits erwähnte, 1885 in Graz geborene Differentialgeometer Blaschke. Er hatte in Wien bei Wirtinger und Philipp Furtwängler promoviert, und war dann nach einer Wanderung über viele Stationen, auf welcher er eine Reihe nützlicher Kontakte etablierte, nach Hamburg gekommen.[4] Neben Blaschke und dem Hilbert-Schüler Erich Hecke hatte für kurze Zeit ein Wiener Studienfreund Blaschkes die

---

[2] Die folgenden biographischen Angaben stützen sich vor allem auf die Nachrufe (Artzy 1972) und (Bachmann et al. 1972) sowie auf Behnkes Erinnerungen (Behnke 1978). Unglücklicherweise sind kaum Nachlaßteile Reidemeisters bekannt, abgesehen von einiger Korrespondenz mit seinem Doktorvater Hecke (im Nachlaß Heckes am Mathematischen Seminar der Universität Hamburg), mit Hellmuth Kneser (im Besitz Martin Knesers), und wenigen Briefen an Mitglieder des Wiener Kreises (UB Konstanz).

[3] Vgl. fast wortgleich (Bachmann et al. 1972, 2) und (Behnke 1978, 54). Eine Kostprobe von Reidemeisters frühen literarischen Neigungen geben auch seine in den ersten Nummern der *Hamburger Abhandlungen* publizierten Rezensionen, etwa Reidemeisters humoristische Besprechung von Eddingtons *Space, Time and Gravitation* im ersten Band. Im selben Band auch eine treffende und Reidemeisters Distanz klarstellende Bemerkung über Bieberbachs anwendungsorientierte *Funktionentheorie*: „Aber auch der Theoretiker kommt auf seine Rechnung, nicht minder der Patriot und der Sprachforscher, und man wird sich über den Expressionismus in der Mathematik kaum verbreiten dürfen, ehe man den reichen Stilblütenflor dieses Leitfadens ausgewertet hat."

[4] Die Stationen waren Pisa, Göttingen, Bonn, Greifswald, Prag, Leipzig, Königsberg und Tübingen. Zu Blaschke vgl. (Burau 1963) und (Sperner 1963). Eine knappe Übersicht über Archivalien zu Blaschkes Leben gibt (Reich 1997).

dritte Hamburger Professur inne, Johann Karl Radon. In den Jahren 1922 und 1923 kamen zwei weitere Wiener Mathematiker nach Hamburg: der 1898 in Wien geborene Emil Artin, der 1925 die dritte Hamburger Professur übernahm und bald neben Blaschke und Hecke für die wachsende Anerkennung des Hamburger Mathematischen Seminars verantwortlich war, sowie der drei Jahre jüngere Otto Schreier. So ist es nicht allzu überraschend, daß Blaschke auch umgekehrt die Verbindung mit Wien nutzte, um Reidemeister den Weg dorthin zu ebnen.

An der Wiener Universität lehrten damals Wilhelm Wirtinger, Philipp Furtwängler und Hans Hahn; der junge Schreier arbeitete gerade bei Furtwängler an einer gruppentheoretischen Dissertation.[5] Während Wirtinger einen maßgeblichen Einfluß auf Reidemeisters weitere mathematische Entwicklung hatte, befreundete sich Reidemeister bald mit dem an mengentheoretischer Topologie und Analysis interessierten Hahn, einem der Initiatoren des „Wiener Kreises", in dem sich zu dieser Zeit neben Hahn und Schlick vor allem der Philosoph und Ökonom Otto Neurath, dessen erste Frau Olga – Hahns Schwester – und Victor Kraft zu regelmäßigen Diskussionen über Fragen der Logik und der Philosophie der Wissenschaften trafen. Auch etliche Studenten und Doktoranden standen dieser Gruppe nahe. Dazu zählten der bereits erwähnte Otto Schreier und der mit Schreier eng befreundete Karl Menger, der später selbst ein wichtiges Mitglied des Wiener Kreises wurde.[6] Hahn, der Reidemeisters philosophische Interessen offenbar schnell bemerkte, führte diesen ebenfalls in den Kreis ein; darauf komme ich im dritten Abschnitt dieses Kapitels zurück. In einem Nachruf wird angemerkt, daß Reidemeister seine Abende „häufig mit harten Diskussionen im Hause eines bekannten politischen Schriftstellers" verbrachte, was ihn „weit ab von der Haltung [führte], die er bisher im bürgerlichen Leben eingenommen hatte" (Bachmann u.a. 1972, 3). Bei dem nicht Genannten handelt es sich vermutlich um Otto Neurath, aber auch Hahn, Mitglied der Wiener Freidenkergemeinde und Obmann einer Vereinigung sozialistischer Hochschullehrer, machte aus seinen politischen Überzeugungen keinen Hehl.[7] – In Wien lernte Reidemeister auch die Fotografin Elisabeth Wagner aus Riga kennen; 1924 heiratete das Paar. Ein Jahr später kam der Ruf auf den ersten Lehrstuhl, nach Königsberg.

§ 92. Die „Gruppenkanone"

Nicht nur die persönliche, sondern auch die mathematische Entwicklung Reidemeisters erhielt in Wien entscheidende Impulse. Noch einmal wechselte er sein Interessengebiet, und zwar zur immer noch recht avantgardistischen Disziplin der Topologie. Es ist nicht ganz klar, was oder wer ihn dazu veranlaßte, aber es ist wahrscheinlich, daß Wirtinger, der früher schon Tietze an die Lektüre der Poincaréschen Texte zur *Analysis situs* herangeführt hatte und in seinen Vorlesungen wiederholt auf die Bedeutung der Topologie einging[8], eine Rolle dabei spielte. Auch Hahn mit seinem Interesse für mengentheoretische Topologie könnte Reidemeister in seiner Wahl

---

[5] Genauere Informationen über die in Wien lehrenden Mathematiker finden sich in (Einhorn 1983). Zu Schreier, der bereits 1929 starb, vgl. den kurzen Nachruf in Band 7 der *Hamburger Abhandlungen* sowie (Chandler und Magnus 1982, Abschn. II.3).

[6] Vgl. hierzu die Autobiographie Mengers (Menger 1994, 31 ff.).

[7] Eine enge persönliche Beziehung zwischen Reidemeister und Neurath liegt auch deshalb nahe, weil Reidemeisters Schwester Marie, mit der Neurath vor den Nazis nach England floh, 1941 dessen zweite Frau wurde, vgl. (Geier 1992, 22 f.); zu Hahn (ebd., 38 f.).

[8] Dies berichtete nicht nur Tietze (vgl. § 75), sondern es geht auch aus (Artin 1925, 58) hervor.

bestärkt haben. Zunächst faßte dieser sogar die Absicht, zusammen mit dem jungen Hellmuth Kneser, der eben Privatdozent in Göttingen geworden war, eine Monographie über Topologie zu verfassen.[9] Wäre dieser Plan realisiert worden, so wäre daraus eine der ersten Monographien über Topologie überhaupt entstanden.[10] Konkreter hatte Reidemeister vor, über „Graphen und Knoten" zu arbeiten und Poincarés Texte im Original zu lesen.[11] Diese „Graphen-Knotenpläne" betrafen ohne Zweifel die Dehnschen Arbeiten über die Knotengruppen. Von Kneser erhielt Reidemeister jedenfalls zwei hektographierte Manuskripte von jüngeren Vorträgen Dehns über gruppentheoretische Fragen und über Kurvensysteme auf Flächen.[12] Dehn kam auch selbst nach Wien und trug über diese Ideen vor, wie Reidemeister im Juni 1923 an Kneser berichtete, noch einmal seine eigenen Absichten deutlich bekundend:

> „Die Vorträge [Dehns] sind gut vom Stapel gegangen, wie denn hier überhaupt ziemlich gut vorgetragen wird. Die gruppentheoretischen Ansätze habe ich nicht zu würdigen gewußt. Hoffentlich denkt sich Dehn mehr dabei als ich und weiß bald mit diesem „mehr" an die Öffentlichkeit zu treten.
>
> Ich werde demnächst auch eine Gruppenkanone abfeuern um alle Invarianten damit abzuschießen, vorläufig wird noch die Batteriestellung ausgehoben, Munitionstransporte dirigiert etc; aber alles ist in fieberhafter Aufregung.
>
> Sehr viel besser hat mir die Kurvenarbeit gefallen, obzwar auch sie da abbricht wo die eigentlichen Schwierigkeiten beginnen, und die Hoffnungen bezüglich des Knotenproblems kann ich ebensowenig mit Dehn teilen wie Sie. Immerhin reizt mich diese Arbeit zum Weiterdenken in den von Dehn eingeschlagenen Bahnen an, und das ist ein angenehmes Gefühl."[13]

Was Reidemeister mit seinen militärischen Anspielungen (eine sprachliche Spur des Zeitalters der Extreme) meinte, ist nicht ganz klar. Möglicherweise dachte er an die gruppentheoretische Neuformulierung des Poincaréschen Homologiebegriffs, die Tietze zwar vorbereitet, aber nicht durchgeführt hatte, und die wenig später auch von Emmy Noether vorgeschlagen wurde (Noether 1925). Dies paßt jedenfalls zu den Informationen, die Reidemeister Kneser über seine Lehrtätigkeit in Wien gab. Auch diese war offensichtlich ganz dem Zusammenhang topologischer

---

[9] Dies geht aus einem Brief Reidemeisters an H. Kneser vom 6. Januar 1923 hervor. Dieser und die folgenden Briefe Reidemeisters an H. Kneser befinden sich im Besitz M. Knesers.

[10] Neben Oswald Veblens *Analysis Situs* von 1922 und den 1923 erschienenen, der Flächentopologie gewidmeten *Vorlesungen über Topologie* Bela v. Kerékjártós. – Reidemeister gab seine diesbezüglichen Pläne allerdings schnell wieder auf. Kneser hielt dagegen an dem Plan fest, in der veränderten Form eines längeren Abschnitts über kombinatorische Topologie für einen projektierten zweiten Band der Kerékjártóschen Vorlesungen. Als klar wurde, daß dieser nicht erscheinen würde, arbeitete Kneser sein Manuskript zu einem eigenständigen Buch aus, dem jedoch ebenfalls kein Glück beschieden war. Unter anderem wegen der Lücke in Dehns Beweis des wichtigen Lemmas über die Einbettung von Scheiben in dreidimensionale Mannigfaltigkeiten wurde Knesers Manuskript nicht fertiggestellt. In den dreißiger Jahren gab Kneser seinen Plan allmählich auf. Das umfangreiche Manuskript des Kneserschen Buches befindet sich mit einigen diesbezüglichen Briefen von und an Kerékjártó, van Kampen, Dehn und andere im Besitz von M. Kneser.

[11] Reidemeister an H. Kneser, 6. Januar 1923. Reidemeister hoffte auf schnelle Erfolge: „Ob aus meinen jetzigen Graphen-Knotenplänen etwas wird, kann ich wahrscheinlich bis Ostern entscheiden."

[12] Diese sind besprochen in Stillwells Einleitungen zu (Dehn 1987).

[13] Reidemeister an H. Kneser, 17. Juni 1923.

und gruppentheoretischer Fragen gewidmet: „Zur Zeit wird im Seminar über das Vierfarbenproblem vorgetragen. [...] Auf mein Hauptkolleg bin ich wegen seiner flotten Reichhaltigkeit stolz; ich beginne jetzt mit Elementarteilern."[14] Die Theorie der Elementarteiler sollte bald auch für Reidemeister zu einem entscheidenden Werkzeug werden.

Die erste Knoten betreffende Frucht von Reidemeisters Wiener Bemühungen war ein kurzer, auf Reidemeisters Seminar zurückgehender Artikel Otto Schreiers „Über die Gruppen $A^a B^b = 1$", in welchem Schreier mit einem einfachen, rein gruppentheoretischen Argument die Automorphismen dieser von zwei Elementen A und B erzeugten und die angegebene Relation erfüllenden Gruppen klassifizierte (Schreier 1924). Schreier hob hervor, daß die betrachteten Gruppen zu Knoten gehörten, welche sich auf einer in gewöhnlicher Weise in den Raum eingebetteten Torusfläche a mal in Längsrichtung und b mal in Breitenrichtung wanden (kurz darauf wurden sie von Reidemeister „Torusknoten" getauft). Die Klasse dieser Knoten war Schreier vermutlich aus Wirtingers Vorlesungen bzw. Seminaren über algebraische Funktionen bekannt; jedenfalls kannte er daher Wirtingers Verfahren zur Aufstellung ihrer Gruppe.[15] Der einfachste solche Knoten war natürlich die Kleeblattschlinge. Damit verallgemeinerte (und vereinfachte) Schreiers Resultat auch die Klassifikation der Automorphismen der Gruppe dieses Knotens, die Dehns Beweis für die Verschiedenheit der beiden Kleeblattschlingen zugrundelag (vgl. § 87).

Reidemeister selbst beschäftigte sich zu dieser Zeit offensichtlich vor allem mit den höheren Kommutatorgruppen einer endlich präsentierten Gruppe; darüber hielt er jedenfalls im Juli 1924 einen Vortrag im Hamburger mathematischen Seminar, an das Schreier inzwischen gewechselt war.[16] In Bezug auf das Thema der Knoten kam der Durchbruch allerdings erst ein Jahr später, kurz nach Reidemeisters Umzug nach Königsberg. Am 30. Juli schrieb Reidemeister an Kneser:

> „Ich beschäftige mich mit diskontinuierlichen Gruppen und Knoten u. es scheint fast so, als sollte ich etwas herauskriegen. Ich habe erstens eine Methode, die u. Umständen bei Gruppen mit ‚Elementarteilerinvarianten‘ [neue?] liefert. [...] Haben Sie nicht irgendwelche Gruppen, über die Sie etwas erfahren möchten? Knotengruppen sind ja leider nicht zu gebrauchen.
>
> Was die Knoten angeht, so braust es hier in meinem Kopf gewaltig, eine gräßlich anstrengende Tätigkeit. Ich will Sie nur etwas neugierig machen. Ich habe eine neue Knotengruppe entdeckt, eine Untergruppe der Dehnschen Gruppe. Sie liefert Invarianten, zB. bei der Kleeblattschlinge ‚3‘, beim 4-er Knoten ‚5‘, bei allen Torusknoten, die zugleich alternierende Knoten sind, die ‚Anzahl der Minimalüberkreuzungen‘. Mein Ziel ist die Klassifizierung der alternierenden Knoten. Ich komme mir ganz in die gute alte Zeit versetzt vor, weil ich lauter Beispiele durchrechne, während ein Mann der Neuzeit doch nur Kraft für allgemeine Sätze hat."[17]

Die erste Bemerkung bezieht sich wohl nochmals auf die Bestimmung höherer Kommutatorgruppen.[18] Im vorliegenden Zusammenhang ist vor allem interessant, was Reidemeister über

---

[14] Reidemeister an H. Kneser, 17. 6. 1923.

[15] Wiederum belegt durch (Artin 1925, 58).

[16] Vgl. die entsprechende Bemerkung am Beginn von (Reidemeister 1926c).

[17] Reidemeister an H. Kneser, 30. Juli 1925.

[18] Als Beispiel gab er an: „Wenn man z.B. die Gruppen einer Verkettung von 2 unverknoteten Kurven nimmt, so sind die Elementarteilerinvarianten 0 (nicht 1) u. meine neue Invariante ist gleich der Anzahl der

die Knoten mitteilte. Was war die „neue Knotengruppe", von der Reidemeister sprach? Die beiden mitgeteilten Zahlen 3 und 5 sowie die ein Jahr später erschienene Ausarbeitung der neuen Ideen machen klar, worum es sich handelte: Um diejenige Untergruppe der Knotengruppe, die der Fundamentalgruppe der zweifachen, unverzweigten Überlagerung des Knotenaußenraums entsprach. Freilich ist diese systematische Formulierung (die im folgenden Paragraphen näher erläutert wird) etwas anachronistisch. Reidemeisters eigene Worte von 1926, die gleich eine ganze Serie ähnlicher Untergruppen betrafen, zeigen die Herkunft und Form seiner neuen Idee genauer:

> „Die geometrische Bedeutung dieser Untergruppen ist die folgende: Es werde durch den Knoten ein Halbzylinder gelegt, dessen Rand also der Knoten sei, längs dieses Zylinders werde der Raum aufgeschnitten und n Exemplare eines so präparierten Raumes längs der Zylinderfläche zyklisch aneinandergeheftet. Die so entstehenden mehrfach überdeckten Außenräume sind Mannigfaltigkeiten, die offenbar invariant mit dem Knoten verknüpft sind. Ihre Fundamentalgruppen sind unsere charakteristischen Untergruppen der Knotengruppe." (Reidemeister 1926a, 8.)

Es war mithin das konkrete, Heegaard-Wirtingersche Bild der „Riemannschen Räume", das Reidemeister inspiriert hatte. Und diese Anregung erschloß ihm gleich ein ganzes Bündel neuer Ideen. Im Verlauf seiner Untersuchungen bemerkte er, daß er auch auf einen *allgemeinen* Zusammenhang zwischen den Überlagerungen einer (dreidimensionalen) Mannigfaltigkeit und den Untergruppen ihrer Fundamentalgruppe gestoßen war.[19] Und nicht nur das: Auch eine allgemeine, rein gruppentheoretische Methode, gewisse Untergruppen endlich präsentierter Gruppen zu bestimmen, hatte er gefunden. Das wichtigste aber war, daß das neue Verfahren – zum erstenmal in unserer Geschichte[20] – für beliebige Knoten effektiv *berechenbare numerische Knoteninvarianten* lieferte. Entsprechend beeindruckt klang die Mitteilung an Kneser.

Es gibt zwei mögliche Wege, auf welchen Reidemeister zu seinen Ideen gekommen sein könnte. *Entweder* fand er auf rein gruppentheoretischem Weg, ohne Rücksicht auf die damit verknüpfte topologische Situation, sein Verfahren zur Bestimmung von Untergruppen und bemerkte *danach* die Anwendung auf Knoten. *Oder* er sah am Beispiel der in Wirtingers Weise aufgefaßten, zweifach überdeckten Außenräume von Knoten den Zusammenhang zwischen Überlagerungen und Untergruppen der Knotengruppe und abstrahierte daraus sowohl das allgemeine topologische Resultat als auch das gruppentheoretische Verfahren zur Bestimmung von Untergruppen. Auch wenn eine definitive Entscheidung zwischen diesen Alternativen vielleicht nicht möglich ist, erscheint mir der zweite Weg bei weitem plausibler als der erste. Auf der Basis der vorhandenen Dokumente erscheinen etliche der auf dem ersten Weg notwendigen Schritte unmotiviert. Vor allem ist beachtenswert, daß Reidemeister im Brief an Kneser nur von *einer* „neuen Knotengruppe" sprach und nicht von allgemeinen Verfahren. Dagegen spricht alles dafür, daß Reidemeister sowohl die Voraussetzungen als auch die Motive für ein Beschreiten des zweiten Wegs besaß. Er kannte und verwendete Wirtingers Ideen, mit dem er in Wien ständigen Kontakt hatte, und er hatte sich Poincarés Verfahren zur Aufstellung der Fundamentalgruppe zellenzerlegter

---

gegenseitigen Umschlingungen der Kurven. – Das ist leider Gottes maßlos trivial, u. mehr ein Fortschritt des Calcüls als der Topologie selbst."

[19] Genauer ausgeführt in (Reidemeister 1928a), vgl. unten.

[20] Vgl. jedoch § 100 und § 102.

Mannigfaltigkeiten angeeignet. Beides zusammen genügte, um die „neue Knotengruppe" zu bestimmen. Praktisch alle Resultate seiner ersten knotentheoretischen Arbeit können damit in ein kohärentes Bild gefügt werden; insbesondere erscheint der Ansatz des schließlich entwickelten, rein gruppentheoretischen Verfahrens nicht mehr willkürlich, sondern als eine konsequente, abstrahierende Übersetzung des Verfahrens, mit Hilfe von Poincarés Technik Präsentationen der Fundamentalgruppen von Überlagerungsmannigfaltigkeiten aufzustellen. Aus diesen Gründen gebe ich im nächsten Paragraphen eine Rekonstruktion dieses zweiten Wegs zu Reidemeisters neuen, berechenbaren Knoteninvarianten.

§ 93. *Wirtingers Objekt + Poincarés Technik = Reidemeisters Invarianten*

Zunächst sei kurz an die von Wirtinger beschriebene Situation (§ 78, Fig. 8.5) erinnert. Genau betrachtet, ergab dieses Bild eine *Zellenzerlegung* des Komplements eines Knotens in Poincarés Sinn (sofern die Frage der Berandung großzügig gehandhabt wurde): Die Schnittpunkte der Knotenlinie mit dem Heegaard-Wirtingerschen Halbzylinder sowie der unendlich ferne Punkt bildeten deren Ecken, die Doppelachsen des Zylinders waren die Kanten, die einzelnen Wandteile die Flächen und der restliche Raum die (einzige) 3-Zelle der Zerlegung. Wirtingers Methode der Aufstellung einer Präsentation der Knotengruppe ließ sich damit ohne weiteres im Sinn der Poincaréschen Technik (§ 70) umdeuten. Die Generatoren entsprachen fundamentalen Wegen, welche die Flächen der Zellenzerlegung einmal durchsetzten; die Relationen entstanden wie bei Poincaré aus Umkreisungen der Kanten der Zerlegung. Im Fall des Kleeblattknotens hatte sich so beispielsweise eine Präsentation mit drei Erzeugenden C_1, C_2, C_3 ergeben, welche die folgenden Relationen erfüllten:

$$R_1 := C_1 C_3^{-1} C_1^{-1} C_2 = 1\,, \quad R_2 := C_2 C_1^{-1} C_2^{-1} C_3 = 1\,, \quad R_3 := C_3 C_2^{-1} C_3^{-1} C_1 = 1$$

Wurden nun zwei Kopien der so aufgeschnittenen 3-Sphäre durch Identifikation entsprechender Wandteile miteinander verheftet, so verdoppelte sich die Zahl der Zellen (vgl. Fig. 10.1). Damit ergab sich der zweiblättrige, über dem Knoten verzweigte „Riemannsche Raum"; die Entfernung der Knotenlinie lieferte dann die *unverzweigte*, zweiblättrige Überlagerung des Knotenaußenraums.

Um Poincarés Vorschrift für die Aufstellung der Fundamentalgruppe der so entstandenen Mannigfaltigkeit anwenden zu können, mußte (im betrachteten Beispiel) eine der 6 Wände gelöscht werden, z.B. jene, die dem Durchstoßen des ersten zu C_1 gehörigen Wandteils entsprach; C_1 repräsentierte dadurch einen Hilfsweg von der ersten in die zweite Kopie der aufgeschnittenen Sphäre. Als neue Erzeugende ergaben sich dann die den verbleibenden 5 Wandteilen entsprechenden Wegeklassen

$$A_1 := C_2 C_1^{-1}\,, \quad A_2 := C_3 C_1^{-1}\,, \quad A_3 := C_1^2\,, \quad A_4 := C_1 C_2\,, \quad A_5 := C_1 C_3\,.$$

Aus der Konstruktion war auch deutlich, daß die erhaltene Fundamentalgruppe stets eine *Untergruppe* der ursprünglichen war, nämlich die Menge all jener Elemente der Fundamentalgruppe, die zu Wegen gehörten, welche die gesamte Wand des Halbzylinders *eine gerade Zahl* von Malen durchsetzten. Die zwischen diesen Erzeugenden geltenden Relationen ergaben sich entsprechend

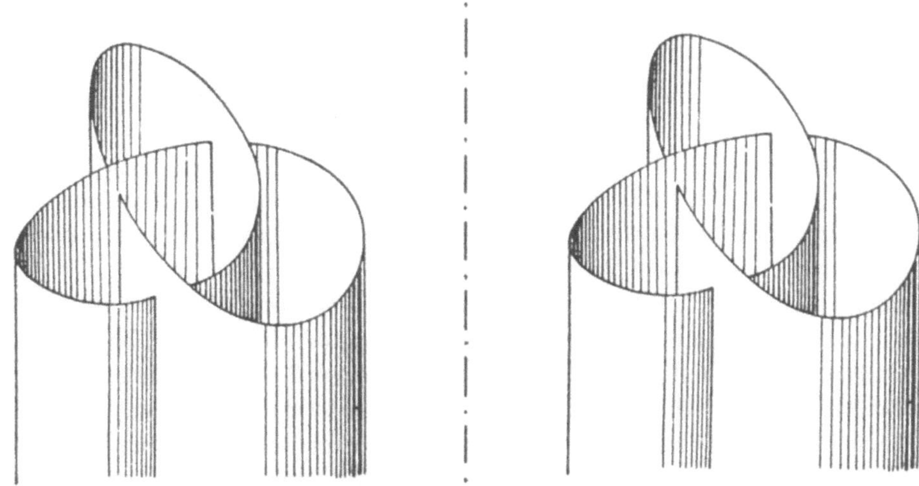

Fig. 10.1: Zur Konstruktion des zweiblättrig über einer Kleeblattschlinge
verzweigten „Riemannschen Raums"

aus Umkreisungen der 6 Kanten der neuen Zellenzerlegung. Als Worte in den C_i ließen sich diese
Relationen leicht angeben: Sie entsprachen den drei alten Relationen R_1, R_2, R_3 sowie den daraus
durch Konjugation mit dem Hilfsweg erhaltenen Relationen $C_1 R_1 C_1^{-1}$, $C_1 R_2 C_1^{-1}$, $C_1 R_3 C_1^{-1}$,
die zu den Kanten „im zweiten Blatt" gehörten. Der entscheidende Punkt war nun, daß diese
Relationen sich nach Konstruktion auch durch die *neuen* Erzeugenden A_1, ..., A_5 ausdrücken
lassen mußten. Im vorliegenden Beispiel rechnet man leicht nach, daß die genannten 6 Relationen
der Reihe nach folgenden Relationen zwischen den A_i entsprechen:

$$1 = A_2^{-1} A_3^{-1} A_4 = A_1 A_4^{-1} A_5 = A_2 A_1^{-1} A_5^{-1} A_3 =$$

$$= A_3 A_5^{-1} A_1 = A_4 A_3^{-1} A_1^{-1} A_2 = A_5 A_4^{-1} A_2^{-1} \,.$$

Welche Information war nun in den wie im angegebenen Beispiel aufgestellten Präsentationen
enthalten? Tietze hatte bereits 1908 betont, daß die nichttrivialen Elementarteiler der „Präsentationsmatrix" einer Gruppe (d.h. einer Matrix (α_{ij}), deren Spalten den Erzeugenden und deren Zeilen den Relationen der Präsentation entsprachen, und deren Einträge α_{ij} die Summe
der Exponenten der j-ten Erzeugenden in der i-ten Relation waren) einfach berechenbare numerische Invarianten der Gruppe lieferten. Im Fall von Fundamentalgruppen ergaben sich so
Poincarés Torsionszahlen der zugehörigen Mannigfaltigkeit, weshalb Tietze diese Invarianten
die „Poincaréschen Zahlen" einer Gruppe nannte – ein Sprachgebrauch, dem Reidemeister sich
anschloß.[21] In der Tat besaßen die gefundenen Gruppen solche Invarianten (mit anderen Worten:
die konstruierten Mannigfaltigkeiten besaßen Torsionszahlen). In obigem Beispiel ergibt sich die
Präsentationsmatrix:

---

[21] Vgl. z.B. (Reidemeister 1926a, 8).

$$\begin{pmatrix} 0 & -1 & -1 & 1 & 0 \\ 1 & 0 & 0 & -1 & 1 \\ -1 & 1 & 1 & 0 & -1 \\ 1 & 0 & 1 & 0 & -1 \\ -1 & 1 & -1 & 1 & 0 \\ 0 & -1 & 0 & -1 & 1 \end{pmatrix}.$$

Rechnung liefert eine 3 als einzigen nichttrivialen Elementarteiler – eben jene 3, von der Reidemeister in seinem Brief an Kneser sprach. Die Übertragung auf andere Knoten bereitete keine Schwierigkeiten. Damit war das Verfahren komplett.[22]

Sobald also Wirtingers Objekt aus der Perspektive der Poincaréschen Technik betrachtet und die Frage nach einer Präsentation der Fundamentalgruppe der zweifachen Überlagerung eines Knotenkomplements gestellt wurde, ergaben sich die weiteren Schritte praktisch – d.h. in zielgerichtetem Handeln – von selbst. Auch die Möglichkeit eines Ausbaus des angegebenen Verfahrens war unmittelbar klar: Statt zweier Kopien eines Knotenkomplements konnten selbstverständlich auch endlich viele in derselben Weise zyklisch miteinander verheftet und die entstehenden Fundamentalgruppen präsentiert werden. Bei Verheftungen von g Kopien eines Knotenkomplements ergaben sich für eine Knotengruppe mit den Erzeugenden $C_1, ..., C_n$ und den Relationen $1 = R_1 = ... = R_m$ insgesamt $g(n - 1) + 1$ Erzeugende der zur Überlagerung gehörigen Untergruppe, nämlich

$$C_1^g, \quad C_1^i C_j C_1^{-i-1} \quad \text{und} \quad C_1^{g-1} C_j, \quad \text{für } i = 0, ..., g - 2 \text{ und } j = 2, ..., n.$$

Dazu gehörten insgesamt gm Relationen, die durch Umrechnen der Gleichungen $1 = C_1^i R_j C_1^{-i}$ für $i = 0, ..., g - 1$ und $j = 1, ..., m$ in die neuen Erzeugenden gewonnen wurden (Reidemeister 1926a, 15 f.). Aus den entsprechenden Präsentationsmatrizen konnten dann wie oben die nichttrivialen Elementarteiler berechnet werden.

♠ Spätestens an diesem Punkt muß Reidemeister bemerkt haben, daß in dem entwickelten Verfahren noch wesentlich mehr steckte als nur die Berechnung numerischer Knoteninvarianten, und zwar zunächst in gruppentheoretischer Hinsicht. Die Untergruppen, die er betrachtete, waren diejenigen Normalteiler $\mathfrak{g}$ der Knotengruppe $\mathfrak{F}$, deren Faktorgruppen die zyklischen Gruppen $\mathfrak{G}$ der Ordnung g waren.[23] Das war *topologisch* klar: Durch die Monodromieabbildung, welche jeder Äquivalenzklasse von geschlossenen Wegen im Komplement des betrachteten Knotens die Permutation der Blätter der Überlagerung zuordnete, die sich entlang dieser Wege ergab (sie sei zur Abkürzung durch $\varphi : \mathfrak{F} \to \mathfrak{G}$ bezeichnet) wurde jedem Element der Knotengruppe eine zyklische Vertauschung der g Kopien des Knotenkomplements zugeordnet. Die gesuchte Untergruppe entsprach aber genau jenen Elementen der Knotengruppe, welche die Blätter *nicht* vertauschten, d.h. dem Kern von φ. Daß die Aufstellung einer Präsentation dieser Normalteiler gelang, lag in *gruppentheoretischer* Hinsicht daran, daß φ bekannt war, d.h. daß bekannt war, auf welche Permutationen die Erzeugenden der Knotengruppe abgebildet wurden. Reduziert auf

---

[22] *Im behandelten Beispiel* hätte das Endresultat bereits Heegaards und Tietzes Arbeiten entnommen werden können, da dort die zweiblättrige, über der Kleeblattschlinge verzweigte Überlagerung der S^3 als der Linsenraum $L(3, 1)$ bestimmt worden war; vgl. § 77 und § 81. Entscheidend ist aber, daß sich das neue Verfahren auf *beliebige*, durch Diagramme gegebene Knoten anwenden ließ.

[23] Ich folge Reidemeisters Bezeichnungen (Reidemeister 1926a, 11 f.).

das rein gruppentheoretische Vorgehen hatte Reidemeisters oben beschriebenes Verfahren dabei folgende Form: War $\mathfrak{G}$ von der Ordnung g und $\mathfrak{F}$ präsentiert durch Erzeugende $C_1, ..., C_n$ sowie Relationen $1 = R_1 = ... = R_m$, so wurde zunächst ein System von Repräsentanten T_i der Nebenklassen der zu bestimmenden Untergruppe $\mathfrak{g}$ angegeben (in obiger Situation die Elemente $1, C_1, ..., C_1^{g-1}$). Mit deren Hilfe ergaben sich Erzeugende von $\mathfrak{g}$ aus den Definitionen

$$C_{ij} := T_i C_j T_{i'}^{-1} \quad \text{für } i = 1, ..., g \text{ und } j = 1, ..., n \ ;$$

dabei wurde i' so gewählt, daß C_{ij} stets im Kern von φ lag (in obigem Beispiel ist $C_{11} = A_3$, $C_{12} = A_4$, $C_{13} = A_5$, $C_{21} = 1$, $C_{22} = A_1$ und $C_{23} = A_2$). Zwischen diesen neuen Erzeugenden bestanden die Relationen $T_i R_j T_i^{-1}$, $i = 1, ..., g$ und $j = 1, ..., m$, die mit Hilfe obiger Definitionen in die C_{ij} umgerechnet werden konnten.

Reidemeister überzeugte sich, daß diese Schritte (deren Gelingen zunächst aus *topologischen* Gründen gesichert war) alle auch mit rein gruppentheoretischen Argumenten, zum Teil allerdings recht umständlichen, gerechtfertigt werden konnten. Damit hatte er sein Verfahren auf ein rein gruppentheoretisches Resultat zurückgeführt, das er wie folgt beschrieb:

„Sei $\mathfrak{G}$ eine endliche zu [der endlich präsentierten Gruppe] $\mathfrak{F}$ homomorphe Gruppe, $s_1, ..., s_{g-1}, s_g = 1$ ihre Elemente. Es sei ferner bekannt, über welchen Elementen von $\mathfrak{G}$ die Erzeugenden S_i ($i = 1, ..., n$) von $\mathfrak{F}$ stehen. Alsdann läßt sich die ausgezeichnete Untergruppe $\mathfrak{g}$ von $\mathfrak{F}$ aufstellen, welche $\mathfrak{G}$ als Faktorgruppe besitzt." (Reidemeister 1926a, 10.)

In einer Fußnote wies Reidemeister gleich auf „die Bedeutung des Verfahrens", d.h. seine topologische Interpretation hin; ich werte dies als einen weiteren Beleg für die *Herkunft* des Verfahrens aus der Betrachtung der Knotenüberlagerungen.[24]

Dies war eine erste, gruppentheoretische Lehre, die Reidemeister aus seinem paradigmatischen Beispiel durch Abstraktion von der topologischen Situation zog. Aber auch auf der topologischen Ebene konnte aus dem Beispiel eine grundlegende Einsicht gewonnen werden. In ganz ähnlicher Weise wie dort konnten nämlich allgemein die Fundamentalgruppen jener Mannigfaltigkeiten bestimmt werden, die Reidemeister in einem zwei Jahre später publizierten Aufsatz „unverzweigte Überlagerungen" einer gegebenen dreidimensionalen Mannigfaltigkeit M nannte (Reidemeister 1928a). Vermutlich fand Reidemeister den Kern dieser Verallgemeinerung ebenfalls bereits 1926.[25]

In dieser Perspektive war die an Knoten ausgeführte Konstruktion nämlich (bis auf die hierfür unwesentliche Frage des Rands) ein Spezialfall der folgenden Situation. War M eine durch einen

---

[24] In einer durch Otto Schreier etwas vereinfachten Form ist Reidemeisters Verfahren zu einem wichtigen Werkzeug der kombinatorischen Gruppentheorie geworden; dazu ausführlich (Chandler und Magnus 1982, Abschn. II.3).

[25] Dies schließe ich aus einer Bemerkung am Beginn von (Reidemeister 1928a): „Wichtig erscheint die explizite Formulierung der im folgenden zusammengestellten Existenzsätze übrigens deswegen, weil sich aus ihr die kürzlich von mir angegebene Methode, die Erzeugenden und definierenden Relationen einer Untergruppe zu bestimmen, in natürlicher Weise ergibt." Offensichtlich betrachtete Reidemeister die nun mitgeteilten Resultate (m.E. völlig zu Recht) nicht als etwas ganz Neues, sondern eher als die Explizierung eines bereits in den Techniken Poincarés angelegten Sachverhalts, der ihm (in mehr oder weniger ausgefeilter Form) bereits für seine Arbeit von 1926 als Hilfsmittel gedient hatte.

Zellaufbau mit lediglich *einer* dreidimensionalen Zelle Z und einem System F_1, ..., F_n von Wandflächen gegebene, unberandete Mannigfaltigkeit, so konnte durch eine geeignete Verheftung von g Kopien von M längs der (doppelt gezählten) Wandflächen von Z eine neue Mannigfaltigkeit U definiert werden, für welche durch das Entsprechen der Kopien eines Punkts eine „stetige g-1-deutige Zuordnung zu den Punkten von M erklärt" war.[26] Dabei mußte vorgeschrieben werden, welche Paare von Wandflächen einander zugeordnet werden sollten. Dies geschah durch die Angabe einer Permutation π_k für jede Wandfläche F_k von Z, welche bestimmte, wie der Übergang der g Kopien von Z ineinander längs F_k geschehen sollte. Die Überlagerung U war genau dann zusammenhängend (was Reidemeister voraussetzte), wenn die von den π_1, ..., π_g erzeugte Permutationsgruppe $\mathfrak{P}$ transitiv war. Die Bedingung der „Unverzweigtheit" bedeutete, daß die über einem in M zusammenziehbaren, geschlossenen Weg liegenden Kurven selbst lauter in U zusammenziehbare, geschlossene Wege waren. In diesem Fall mußten die Permutationen π_k den definierenden Relationen der Fundamentalgruppe $\mathfrak{F}$ von M genügen, m.a.W., $\mathfrak{P}$ mußte homomorphes Bild von $\mathfrak{F}$ sein. Offensichtlich war also eine unverzweigte Überlagerung U durch die Zellenzerlegung von M und den Homomorphismus φ : $\mathfrak{F}$ $\to$ $\mathfrak{P}$ festgelegt. In dieser Beschreibung ist noch einmal deutlich Wirtingers Sichtweise (bzw. die Hurwitzsche Beschreibung Riemannscher Flächen) erkennbar: Wählt man für M ein Knotenkomplement und für Z das Komplement des von Heegaard und Wirtinger betrachteten Halbzylinders, ergibt sich gerade jene Beschreibung der Überlagerungen eines Knotenaußenraums zurück, die Reidemeisters Verfahren angeregt hatte. Reidemeister konnte damit auch die Fundamentalgruppen $\mathfrak{f}$ der Überlagerungsmannigfaltigkeiten U bestimmen, indem er ein System von Hilfswegen vom gewählten Basispunkt in die Kopien dieses Punktes in den verschiedenen Blättern von U auszeichnete (entsprechend den Nebenklassen von $\mathfrak{f}$) und dann dem Poincaréschen Verfahren folgend Fundamentalwege und Kanten-Umkreisungen der Zellenzerlegung von U betrachtete. Gruppentheoretisch entsprach das fast genau der Situation des 1926 angegebenen Verfahrens, abgesehen davon, daß $\mathfrak{f}$ nicht unbedingt Normalteiler von $\mathfrak{F}$ zu sein brauchte. Wie nicht schwer einzusehen, war letzteres genau dann der Fall, wenn die Überlagerung „regulär" war: So nannte Reidemeister unverzweigte Überlagerungen U, für welche alle Kurven, die über dem Bild in M einer geschlossenen Kurve in U lagen, ebenfalls geschlossene Kurven in U waren, mit anderen Worten, für welche jedes Element der Monodromiegruppe $\mathfrak{P}$, das *ein* Blatt in sich überführte, *alle* Blätter in sich überführte (wie es etwa bei den oben betrachteten zyklischen Überlagerungen der Fall war).

Diese Überlegungen ließen sich leicht zu einer vollständigen Klassifikation der unverzweigten Überlagerungen U einer Mannigfaltigkeit M der betrachteten Art vervollständigen, die das Hauptresultat der Arbeit von 1928 bildete: Zu jeder Untergruppe $\mathfrak{f}$ von $\mathfrak{F}$ gehörte eine durch die Permutationen der Nebenklassen von $\mathfrak{f}$ bei Rechtsmultiplikation mit Elementen von $\mathfrak{F}$ erzeugte Gruppe $\mathfrak{P}$, welche die Monodromiegruppe einer Überlagerung U von M war, und umgekehrt. Zwei dadurch definierte Überlagerungen U waren topologisch äquivalent, wenn ihre Fundamentalgruppen $\mathfrak{f}$ in $\mathfrak{F}$ konjugiert waren. *Reguläre* Überlagerungen entsprachen dabei genau den Normalteilern von $\mathfrak{F}$; in diesem Fall galt außerdem $\mathfrak{P} = \mathfrak{F}/\mathfrak{f}$. Reidemeister ergänzte die Konstruktion der universellen Überlagerung, beschrieb den Zusammenhang der Monodromiegruppe mit der Gruppe der Deckbewegungen einer regulären Überlagerung, und machte darauf aufmerk-

---

[26] (Ebd., 71); die Bezeichnung g wurde um der Konsistenz willen abgeändert.

sam, daß sich das Dehnsche Gruppenbild der Fundamentalgruppe $\mathfrak{F}$ einer Mannigfaltigkeit leicht als ein in ihre universelle Überlagerung eingebetteter Graph realisieren ließ. ♠

Mit diesen Überlegungen, aller Wahrscheinlichkeit nach gewonnen aus der Analyse der konkreten Beispiele zweiblättriger Überlagerungen von Knotenaußenräumen, war Reidemeister ein Durchbruch von vorläufig unabsehbarer Reichweite gelungen. Nicht nur der Knotentheorie, sondern auch der kombinatorischen Gruppentheorie und der Topologie dreidimensionaler Mannigfaltigkeiten hatte er neue und effektive epistemische Techniken zur Verfügung gestellt, mit denen sich nicht nur (wie in der „guten alten Zeit") einzelne Objekte bearbeiten ließen, sondern die auch (in der „Neuzeit") zur Gewinnung etlicher allgemeiner Sätze taugten. Entsprechenden Nachdruck legte Reidemeister in seiner ersten Veröffentlichung der erhaltenen Resultate auf diesen Punkt (Reidemeister 1926a, 5 f.). Er begann mit der Beschreibung des Standes der Behandlung des Knotenproblems, dessen Lösung ihm „noch in weiter Ferne zu liegen" schien. Er stellte heraus, daß unter allen bislang betrachteten Knoteninvarianten lediglich die Knotengruppe in gewisser Weise berechnet werden konnte. Diese „kennzeichnet den Knoten zweifellos weitgehend und birgt gewiß seine interessantesten Eigenschaften." „Aber", so fuhr er fort, „die unendlichen diskreten Gruppen bieten der Untersuchung ganz ähnliche Schwierigkeiten wie die Knoten selbst." Aus den definierenden Relationen einer solche Gruppe ließen sich lediglich die „Poincaréschen Zahlen" bzw. die Struktur der abelsch gemachten Gruppe wirklich berechnen; diese waren aber für alle Knotengruppen dieselben. Sein Verfahren, Untergruppen der Knotengruppe zu bestimmen, welche nichttriviale Torsionsinvarianten besaßen, änderte diese Situation dramatisch. Für zwei beliebig vorgelegte Knoten konnten jetzt ganze Serien von Zahlen berechnet werden, deren Übereinstimmung eine notwendige Voraussetzung für die Äquivalenz der Knoten war. So war zum erstenmal eine moderne Überprüfung der Knotentafeln des 19. Jahrhunderts – mit anderen Worten: die moderne Aneignung des darin aufgespeicherten Wissens – in Reichweite gerückt. Außerdem boten sich gleich eine ganze Reihe von Fortsetzungsmöglichkeiten der begonnenen Untersuchung an. Reidemeister fragte: „Welche Gruppeninvarianten vermag man – bei irgendeiner Gruppe – mit der Methode des § 1 aufzustellen? und andererseits: wieweit werden die Gruppen und Knoten durch diese Invarianten charakterisiert?" Und er betonte: „Beide Fragen bergen zum mindesten viele angreifbare Teilprobleme, deren Behandlung jedoch späteren Arbeiten überlassen bleibe."

Der Aufsatz von 1926 war allerdings in einer Weise geschrieben, die den vermutlichen Gang von Reidemeisters Überlegungen genau umkehrte. Er begann in § 1 der Arbeit mit dem oben beschriebenen, rein gruppentheoretisch formulierten Verfahren zur Aufstellung von Untergruppen, und erst danach entwickelte er die knotentheoretischen „Anwendungen", wobei er gleich die Bestimmung der Fundamentalgruppe $\mathfrak{K}_g$ der g-blättrigen Überlagerung beliebiger Knoten andeutete. Konkret führte er sie für $g = 2$ und alle „alternierenden Torusknoten" (das hieß: für Torusknoten vom Typ $(2, n)$, wie sie schon Dehn betrachtet hatte) durch, sowie für die „alternierenden Bretzelknoten", d.h. Knoten, die in Form der folgenden Figur auf eine Fläche vom Geschlecht 2 gelegt werden konnten und also durch die drei Kreuzungszahlen N, O, P festgelegt waren (Fig. 10.2). Aus seiner Bestimmung der Gruppe $\mathfrak{K}_2$ dieser Knoten leitete Reidemeister insbesondere ab, daß die (ungeordnete) Menge $\{N, O, P\}$ solche Knoten bis auf die Frage der Amphichiralität vollständig charakterisierte. „Auch diese Beispiele zeigen wohl," so schloß er diesen Artikel, „daß die Untersuchung der Gruppen $\mathfrak{K}_g$ einen natürlichen Zugang zu den Knoten bildet." (Ebd., 23.) Während also im Brief an H. Kneser vom Juli 1925 (vgl. den vorigen

Paragraphen) die konkreten Beispiele am Anfang standen und die „allgemeinen Sätze" noch nicht entwickelt waren, standen diese nun, wie es sich für „einen Mann der Neuzeit" gehörte, am Beginn der Arbeit, während die topologische Deutung und die konkreten Rechnungen den Abschluß der Darstellung bildeten.

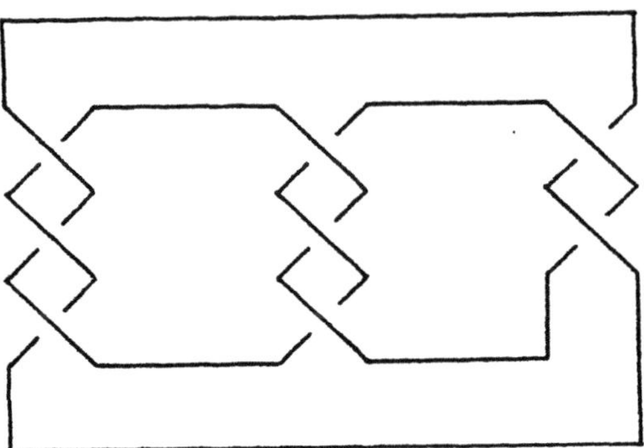

Fig. 10.2: Alternierender Bretzelknoten des Typs $\{N, O, P\} = \{3, 3, 2\}$.

Diese *Inversion der Reihenfolge der Schritte des mathematischen Handelns in der endgültigen Darstellung* ist typisch für viele moderne mathematische Publikationen; sie trägt nicht unwesentlich dazu bei, modernen mathematischen Theorien ein Gepräge der Zeitlosigkeit zu geben, das die Spuren ihrer Entstehung in Handlungsverläufen verwischt. Man kann aus ihr – mit entsprechender Vorsicht – ein methodisches Prinzip für die Rekonstruktion von Episoden mathematischen Handelns ablesen, das auch im folgenden mehrfach eingesetzt wird.

§ 94. „Elementare Begründung der Knotentheorie"

Reidemeister war allerdings die gruppentheoretische Umformulierung seiner Einsichten in die Struktur der Überlagerungen von Knotenaußenräumen noch nicht genug. Er trieb die Abstraktion noch einen Schritt weiter, in Richtung auf eine „elementarisierte" Einführung der neuen Invarianten, in der das epistemische Objekt der Überlagerungen nicht mehr erkennbar war. Ja, selbst die Einordnung des Knotenproblems in die Topologie dreidimensionaler Mannigfaltigkeiten wurde verwischt. Damit beschrieb er einen ganz neuen, abgesehen von elementargeometrischen und gruppentheoretischen Elementen völlig autonomen Aufbau der „Knotentheorie". Daß diese Umformulierung *nach* den eben beschriebenen Resultaten geschah, läßt sich durch einen weiteren Brief an H. Kneser vom April 1926 belegen; dieser gibt zugleich interessante Hinweise auf die Reaktionen der dem Thema an nächsten stehenden Kollegen. Reidemeister dankte Kneser für seine kritische Lektüre einer vorläufigen Fassung seiner Arbeit und kündigte dann eine Umarbeitung an, die auf Knesers Bemerkungen einging:

> „Ich habe [...] in diesen Tagen die Umarbeitung meines Knotenaufsatzes vollzogen und hoffe Ihnen nun bald die Fahnen der 3 Arbeiten, in welche ich die eine zerlegt habe, zugehen lassen zu können. So will ich mich denn für heute nur mit ein paar Andeutungen über die vorgenommenen Veränderungen begnügen: Die umfangreichste Arbeit ist der Theorie jener neugefundenen charakteristischen Unter-

gruppen der Knotengruppe gewidmet. [...] Die zweite Arbeit gibt eine Begründung
der Knotentheorie, in der von Ihnen vorgeschlagenen Weise abgeändert. (Knoten
als gewöhnliche Polygone etc.) Die dritte den Inhalt des letzten § der ersten Niederschrift wieder [...]. Keine Arbeit bringt abschließende Resultate, aber alle 3 eine
Menge angreifbarer Probleme, die nunmehr wirklich vernünftigen Eindruck machen.
[...] Inzwischen danke ich Ihnen bestens. Und versichere, daß Sie der verständigste,
wo nicht der einzige verständige Leser sind, den diese Arbeit gefunden hat. Tietze
hat nur mitgeteilt, daß er sie mit Ruhe und Genuß lesen wolle, Dehn aber vermutet,
daß die Gruppe der C_{ik} wohl sehr geschickt gewählt sei."[27]

Interessant war hier vor allem die Reaktion Dehns: Er, mit Wirtingers topologischen Ideen nicht
vertraut, sah nur die gruppentheoretische Seite von Reidemeisters Resultaten und empfand eben
jene Unmotiviertheit, die mich zu obiger Rekonstruktion veranlaßt.

Was war aber der neue Ansatz? Der Ausgangspunkt wurde bereits im einleitenden Kapitel
dieses Buches (in § 7 und § 8) angegeben: Knoten wurden als Äquivalenzklassen endlicher,
geschlossener Polygonzüge ohne Selbstschnitte im euklidischen Raum aufgefaßt, wobei die zugrundeliegende Äquivalenzrelation in kombinatorischer Weise durch die in § 7 eingeführten
Dreiecksdeformationen Δ charakterisiert wurde. Soweit war dies (auch wenn Reidemeister die
Klasse der betrachteten Objekte eingrenzte, z.B. durch Exklusion der „wilden" Knoten) eine
im Horizont der Topologie der zwanziger Jahre naheliegende Formulierung, welche die Knotentheorie in den Rahmen der kombinatorischen Topologie einbettete. Aber Reidemeister ging
weiter. Genaugenommen bestand sein ganzes Verfahren darin, einem Knoten*diagramm* gewisse
Gruppen bzw. Matrizen zuzuordnen, aus denen schließlich numerische Invarianten gewonnen
wurden. Also suchte er im Bestreben, eine möglichst elementare Formulierung sowohl des Knotenproblems als auch seiner Resultate zu geben, nach einer Übersetzung des Knotenproblems auf
die Ebene von Knotendiagrammen, von Reidemeister „normierte Knotenprojektionen" genannt.

Auch diese Objekte waren endliche Streckenzüge, nun allerdings in der *Ebene* und mit einer
endlichen Zahl transversaler Selbstschnitte zweier Strecken, an welchen jeweils eine „obere"
und eine „untere" Strecke ausgezeichnet waren (wie in den Beispielen von Fig. 10.3). Reidemeister merkte an, daß solche „regulären", von „Singularitäten" freien Projektionen (die also keine
Tripel- oder Mehrfachpunkte oder auf eine Strecke fallende Ecken besaß) aus orthogonalen Projektionen eines räumlichen, polygonalen Knotens entstanden, wenn nur die Projektionsrichtung
ein eindimensionales Gebilde singulärer Richtungen vermied (Reidemeister 1926b, 26).

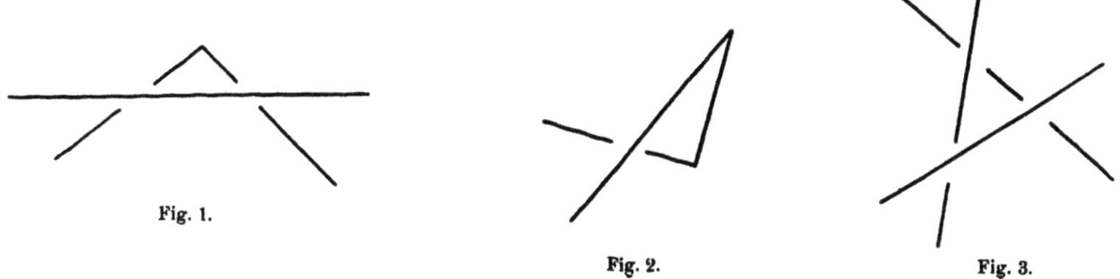

Fig. 10.3: Drei Ausschnitte aus „normierten Projektionen": Fig. 1-3 in (Reidemeister 1926b)

---

[27] Reidemeister an H. Kneser, 20. 4. 1926.

Reidemeister stellte sich nun die Frage, wie die Äquivalenz von Knoten auf der Ebene solcher „normierten Projektionen" zu beschreiben war – eine Frage, die bereits Maxwell, Tait und ihre Kollegen diskutiert, aber nicht erledigt hatten. Reidemeister fand folgendes Resultat, das Maxwells entsprechende, unveröffentlichte Überlegungen[28] vervollständigte: Zwei durch eine normierte Projektion gegebene Knoten waren genau dann zueinander äquivalent (isotop), wenn sie durch eine endliche Kette von Deformationen ineinander überführt werden konnten, welche entweder die Kreuzungen nicht betrafen[29] oder einer der drei folgenden Sorten von Operationen angehörten (Reidemeister 1926b, 26 f.):

> „1.a) Zwei Streckenzüge des Knotens, deren Projektionen keine gemeinsamen Punkte hatten, schieben sich so übereinander, daß in dem einen Zuge zwei benachbarte Überkreuzungsstellen, im anderen zwei Unterkreuzungsstellen auftreten. (Fig. 1.)
>
> b) Es findet das zu a) Inverse statt.
>
> 2.a) Ein Streckenzug, dessen Projektion doppelpunktfrei war, verwandelt sich in eine Schleife. [...] (Fig. 2.)
>
> b) Die zu a) inverse Operation.
>
> 3. Ausgangsfigur: drei Streckenzüge z_1, z_2, z_3 erzeugen in der Projektion drei Doppelpunkte, die zu je zweien benachbart sind. Und zwar überkreuze z_1 sowohl z_2 wie z_3, z_2 überkreuze z_3. Operation: z_i wird durch die Überkreuzungsstelle von z_k und z_l hindurchgeschoben. Die inverse Operation ist dieselbe. (Fig. 3.)"

(Reidemeister änderte später die Numerierung so ab, daß jede Operation ebensoviele Kreuzungen betraf wie ihre Nummer angab, d.h. die Operationen 1 und 2 wurden vertauscht (Reidemeister 1932, 7). Im folgenden verwende ich stets diese leichter zu erinnernde Numerierung. Reidemeister gab eine knappe Andeutung eines Arguments für die Korrektheit seiner anschaulich einleuchtenden Aussage, eine Andeutung, welche freilich die Standards eines strengen, abstrakten Beweises, wie er dem intendierten Rahmen dieser „Begründung" angemessen gewesen wäre, bei weitem verfehlte. Der wesentliche Gedanke war, die einer *räumlichen* Dreiecksdeformation Δ entsprechende Modifikation eines Knotendiagramms in so kleine Schritte zu unterteilen und die dabei auftretenden Streckenzüge ggf. etwas zu verschieben, daß die Modifikation schließlich als Kette von elementaren Modifikationen der beschriebenen Art erschien.[30] Damit ergab sich das alles entscheidende Resultat: „*Die Knoteneigenschaften fallen mit denjenigen Eigenschaften der regulären normierten Projektionen zusammen, die bei den Operationen 1, 2, 3 erhalten bleiben.*" (Ebd., 28.)

Auf dieser Basis konnte nun das ganze von Reidemeister errichtete theoretische Gebäude neu aufgebaut werden. Zunächst wurde jedem Diagramm „formal", wie Reidemeister schrieb, die Wirtingersche Gruppenpräsentation zugeordnet und in nahezu trivialer Weise nachgewiesen, daß durch die Operationen 1, 2, 3 zwar eine andere Präsentation, aber dieselbe Gruppe definiert wurde.[31] Damit war die Knotengruppe völlig ohne Bezug auf den Begriff der Fundamentalgruppe

---

[28] Vgl. § 38. Diese Überlegungen waren Reidemeister natürlich unbekannt.

[29] Hier argumentierte Reidemeister etwas vag; gemeint waren ebene Dreiecksdeformationen.

[30] Kritische Leserinnen und Leser können sich von der anschaulichen Triftigkeit bzw. von der Wahrscheinlichkeit der Existenz eines strengen Beweises von Reidemeisters Behauptung leicht selbst überzeugen...

[31] (Ebd., 30 f.) Auch dieses und das gleich folgende Invarianz-Argument werden Leserinnen und Leser, die der Darstellung bis hierhin gefolgt sind, ohne weiteres selbst finden können.

neu eingeführt. Des weiteren führte Reidemeister ohne weiteren Kommentar vor, wie einem Knotendiagramm, dessen Strecken wie in Fig. 10.4 bezeichnet sind, eine Matrix mit ganzzahligen Einträgen zugeordnet werden konnte: „Es werde eine Matrix $\mathfrak{M}$ mit n Zeilen und n Kolonnen gebildet, ihre Zeilen mögen den Doppelpunkten d_ν, ihre Kolonnen den Strecken z_λ zugeordnet sein, und zwar enthalte die Zeile von d_ν i. allg. lauter 0, nur in der Kolonne für z_λ und $z_{\lambda+1}$ je eine 1, in der Kolonne für z_μ eine -2." (Ebd., 31.)

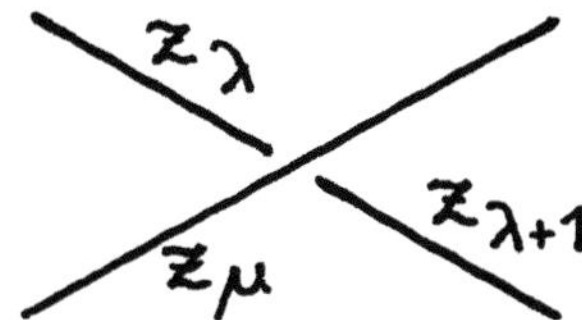

Fig. 10.4: Bezeichnung der Strecken an einer Kreuzung d_ν

Wieder zeigte er mit einem äußerst einfachen Argument, daß die drei grundlegenden Diagrammoperationen zu harmlosen Veränderungen der Matrix führten, welche die von 1 verschiedenen Elementarteiler von $\mathfrak{M}$ invariant ließen. Ganz beiläufig erwähnte Reidemeister im letzten Satz dieses Artikels, daß die so berechneten numerischen Invarianten die Poincaréschen Zahlen der früher definierten Untergruppe $\mathfrak{K}_2$ der Knotengruppe waren.

Diese Darstellung der neuen Knoteninvarianten, ja der ganzen Theorie war geradezu verblüffend einfach; weder die schwierigen gruppentheoretischen Überlegungen noch die Topologie von Knotenaußenräumen oder deren Überlagerungen spielte noch irgendeine Rolle. Die neue „elementare Begründung der Knotentheorie" skizzierte praktisch eine ganz neue epistemische Konfiguration, in der Knoten künftig studiert werden konnten und, wie sich in den folgenden Jahren zeigte, auch studiert wurden. Die Erkenntnisgegenstände waren als Äquivalenzklassen normierter Projektionen neu konstruiert, und die heute als „Reidemeister-Züge" bekannten Operationen boten eine neue epistemische Technik für Invarianzbeweise von glücklich konstruierten Invarianten wie jenen, welche Reidemeister beschrieben hatte.

Oberflächlich betrachtet ähnelt diese epistemische Konfiguration derjenigen Taits. Wir haben gesehen, daß Maxwell „fast schon" Reidemeisters elementare Operationen angab, und daß Tait und Little mit den ähnlichen Operationen der Twists und 2-Übergänge arbeiteten. Dieser Schein trügt jedoch. Weder die Konzepte der kombinatorischen Gruppentheorie noch die Elementarteilertheorie waren Tait oder Maxwell vertraut, und bereits die Objekte waren gänzlich andere – dort anschauliche Zeichnungen, hier (mindestens in der Vorstellung) streng definierte Objekte der kombinatorischen Topologie. Am wichtigsten ist aber, *daß die epistemische Konfiguration, in welcher Reidemeister selbst arbeitete, sich nicht mit der deckte, die er jetzt für den künftigen Aufbau der Knotentheorie vorschlug.* Ohne das epistemische Objekt Wirtingers und ohne die darauf anwendbaren Techniken Poincarés wäre ihm sein entscheidender Durchbruch nicht gelungen. Die Elimination dieser komplexen Konstruktionen aus dem Ansatz der Knotentheorie war daher ein kontingenter und mindestens ambivalenter Schritt. Er drohte der weiteren Behandlung von Knoten jene epistemischen Ressourcen zu rauben, die sie erst auf die neue Stufe geführt hatten. Wie viele wirklich neue Knoteninvarianten würden durch mehr oder weniger systematisches Probieren auf der Basis der „Reidemeister-Züge" gefunden werden?

Hier stellt sich eine wichtige Frage: Warum entschloß sich Reidemeister zu seiner nachträglichen Neubegründung der Knotentheorie? Die Antwort auf diese Frage führt noch einmal auf das Thema der mathematischen Moderne und, konkreter, auf den intellektuellen Horizont, in dem sich Reidemeisters mathematisches Handeln bewegte. Bevor ich darauf zurückkomme, möchte ich allerdings noch eine weitere Entwicklung beschreiben, in welcher auf Wirtinger und Hurwitz zurückgehende Ideen in die junge Theorie der Knoten eingebaut wurden, nämlich durch die in Hamburg wirkenden, aus Wien stammenden Mathematiker Artin und Schreier. Auch hier ist die Tendenz zu einer modernen, von anschaulichen Argumenten möglichst befreiten und rein gruppentheoretischen Argumentation deutlich, allerdings nicht so konsequent durchgeführt wie in Reidemeisters Arbeiten.

10.2 Ein Stützpunkt in Hamburg: Emil Artins Beiträge

§ 95. Die Zopfgruppe und ihr Wortproblem

Wie bereits erwähnt, wechselte der frisch promovierte Gruppentheoretiker Schreier um das Jahresende 1923 nach Hamburg, wo er vor allem mit Emil Artin zusammenzuarbeiten begann. Aus Wien brachte er auch die topologischen Ideen Wirtingers und Reidemeisters nach Hamburg mit, und noch bevor die grundlegenden Artikel von Reidemeister erschienen, arbeiteten Artin und Schreier zusammen einen anderen gruppentheoretischen Aspekt dieser Ideen aus: eine „Theorie der Zöpfe". Diese Arbeit, 1925 unter dem Namen Artins in den *Hamburger Abhandlungen* erschienen[32], schließt in geradezu verblüffend direkter Weise an die Hurwitzsche Untersuchung der (von ihm allerdings nicht so bezeichneten) Zopfbewegungen an, über die in 6.3 berichtet wurde. Trotzdem fällt der Name Hurwitz an keiner Stelle der Artinschen Arbeit; dagegen wird explizit auf Wirtingers Vorlesungen Bezug genommen. Ich halte es für sehr unwahrscheinlich, daß die tiefe technische Verwandtschaft der Artinschen Theorie der Zöpfe mit der Arbeit von Hurwitz ein Zufall ist und werde deshalb im folgenden davon ausgehen, daß Schreier und Artin die Hurwitzschen Ideen (entweder direkt oder durch Wirtingers Vermittlung) kannten. Ihr Beitrag muß dann als eine *gruppentheoretische Explikation* des früheren Wissens über Zopfbewegungen verstanden werden, und das wesentlich neue Element ihrer Arbeit ist neben einer Neukonstruktion der betreffenden epistemischen Gegenstände die Lösung eines Wortproblems. Beides paßt sehr gut zu dem, was Artin und Schreier selbst als die wichtigsten Punkte ihrer Arbeit hervorhoben.

Artin beschrieb zunächst die Klasse topologischer Objekte, die betrachtet werden sollten:

> „Im Raum sei ein Rechteck mit Gegenseiten g_1, g_2 bzw. h_1, h_2 (der „Rahmen" von Z) vorgelegt. Auf jeder der beiden Seiten g_1 und g_2 seien n Punkte $A_1 A_2 ... A_n$ bzw. $B_1 B_2 ... B_n$ gegeben, wobei der Sinn der Numerierung von h_1 nach h_2 laufe. Jedem Punkte A_i sei eindeutig ein Punkt B_{r_i} zugeordnet, mit dem er durch eine doppelpunktfreie Raumkurve μ_i verbunden ist, die keine andere Kurve μ_k schneidet." (Artin 1925, § 2.)

---

[32] Artin dankte in der Einleitung der Arbeit Schreier, der ihn „bei der Abfassung dieser Arbeit tatkräftig unterstützt" habe. Ich werde daher im folgenden auch Schreier als einen Autor dieser Arbeit behandeln.

Diese Beschreibung wurde durch die Forderung ergänzt, daß eine orthogonale Projektion des Kurvensystems μ_i auf die Ebene des Rahmens ein ganz im Inneren des Rahmens gelegenes Diagramm lieferte, welches nur einfache Doppelpunkte besaß und für welches jede zu $g_{1,2}$ parallele Gerade jede Projektion einer Kurve μ_i in genau einem Punkt schnitt (wie in Fig. 10.5). Ein diesen Bedingungen genügendes Objekt wurde ein „Zopf n-ter Ordnung" genannt. Offensichtlich gab diese Beschreibung ein alternatives Bild einer Zopfbewegung in einer Ebene senkrecht zu den Seiten $h_{1,2}$, wobei die verschiedenen Zeitpunkte der Bewegung durch eine Familie solcher Ebenen in variabler Höhe festgehalten wurden; die g_1 enthaltende Ebene gab die Anfangslage der Punkte und die g_2 enthaltende Ebene die Endlage der bewegten Punkte wieder.

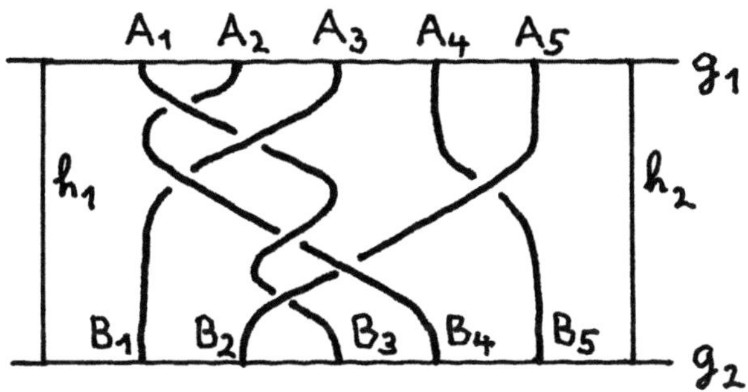

Fig. 10.5: Ein Artinscher Zopf

Zwei solche Zöpfe sollten als äquivalent betrachtet werden, wenn sie ineinander ohne Selbstdurchdringung und ohne Überschreitung der (verlängerten) Geraden $g_{1,2}$ deformiert werden konnten. Die Äquivalenzklassen der Zöpfe (die Artin ebenfalls kurz als Zöpfe bezeichnete) konnten „durch Aneinanderhängen" komponiert werden, und offenbar ergab sich jeder Zopf durch eine Komposition der $2n - 2$ in Fig. 10.6 gezeichneten Zöpfe $\sigma_1, \sigma_1^{-1}, ..., \sigma_{n-1}, \sigma_{n-1}^{-1}$, „da man ihn nach leichten Deformationen in solche Schichten zerlegen kann, so daß in jeder Schicht nur eine Überkreuzung liegt." (Ebd.)

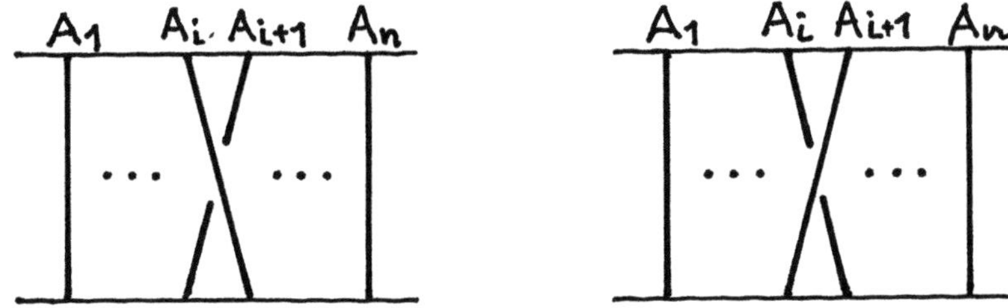

Fig. 10.6: Die Zöpfe σ_i und σ_i^{-1}

Eine ganz ähnliche Überlegung hatten ja bereits Gauß, Tait und Hurwitz durchgeführt.[33] Artin ging aber als erster soweit, den inzwischen unvermeidlich gewordenen Schluß zu ziehen, daß die

---

[33] Vgl. §§ 26, 44 und 62. Bei Hurwitz wurden die den Artinschen Zöpfen σ_i entsprechenden Zopfbewegungen durch die „Bahnen W_i" bezeichnet.

(Äquivalenzklassen der) Zöpfe „eine Gruppe $\mathfrak{Z}_n$ mit den $(n-1)$ Erzeugenden $\sigma_1, \sigma_2, ..., \sigma_{n-1}$" bildeten (ebd.).

Das hauptsächliche Ziel der Arbeit von Artin und Schreier war, das topologische Studium der Zöpfe möglichst weitgehend zu „arithmetisieren", wie sie schrieben, d.h. in rein gruppentheoretische Probleme zu übersetzen. Dazu mußte vor allem die Deformierbarkeit zweier Zöpfe ineinander symbolisch gefaßt werden, d.h. es mußten die definierenden Relationen der von den σ_i erzeugten Gruppe $\mathfrak{Z}_n$ bestimmt werden. Durch mehr oder weniger anschauliche Argumente zeigte Artin, daß dies durch die Relationen

$$\sigma_i \sigma_k = \sigma_k \sigma_i \text{ falls } |i - k| \geq 2 ; \quad \sigma_i \sigma_{i+1} \sigma_i = \sigma_{i+1} \sigma_i \sigma_{i+1} \text{ für } i = 1, ..., n-2 ,$$

vollständig geleistet wurde (ebd., § 3).[34] Damit war die Zopfgruppe n-ter Ordnung in der Sprache der kombinatorischen Gruppentheorie vollständig bestimmt. Die Frage der Klassifikation der Zöpfe n-ter Ordnung war gleichzeitig auf das *Wortproblem* in $\mathfrak{Z}_n$ zurückgeführt: Zwei Zöpfe ließen sich genau dann ineinander deformieren, wenn die sie darstellenden Worte in den Erzeugenden σ_i sich mittels der angegebenen Relationen ineinander transformieren ließen. Auch das *Konjugationsproblem* der Gruppe $\mathfrak{Z}_n$ hatte eine topologische Bedeutung. Dazu führten Artin und Schreier den Begriff des *geschlossenen Zopfs* ein: Wurde ein Zopf Z „ohne ihn zu tordieren" um eine räumliche Achse h gewickelt, so daß g_1 und g_2 sowie die Anfangs- und Endpunkte des Zopfs miteinander zur Deckung kamen, so ergab sich ein Objekt wie in der nächsten Figur, das (eine feste Achse h und einen Umlaufsinn vorausgesetzt) ebenfalls durch ein Wort der Zopfgruppe repräsentiert werden konnte. Wurden weiter solche Deformationen (Isotopien des Raums) betrachtet, welche die Achse h fest ließen, so ergab sich, daß zwei durch Zopfworte Z und Z' dargestellte *geschlossene* Zöpfe genau dann ineinander deformierbar waren, wenn Z und Z' in der Zopfgruppe $\mathfrak{Z}_n$ konjugiert waren.

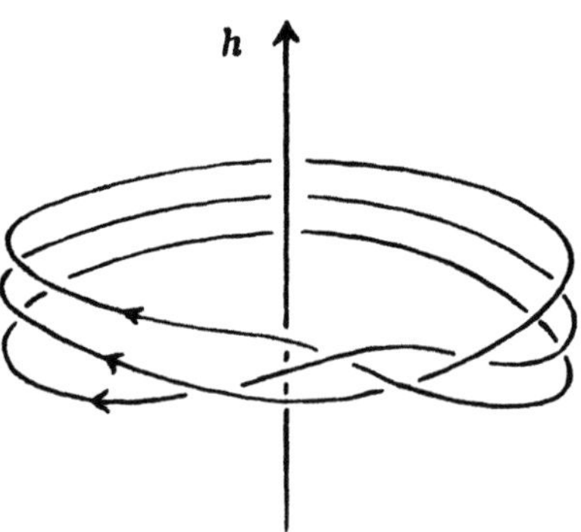

Fig. 10.7: Ein geschlossener Zopf

Angesichts der wenigen unendlichen, diskreten Gruppen, für welche diese Probleme bislang gelöst waren, ist Artins und Schreiers Interesse für die Zopfgruppen gut verständlich. Ihr mathematischer Hintergrund macht es wahrscheinlich, daß sie sogar durch gruppentheoretische

---

[34] Man beachte, daß die zweite Relation der von Tait für „clear coils" angegebenen äquivalent ist, wenn die Symbolik entsprechend übersetzt wird! Vgl. § 44, Fig. 5.10.

Interessen stärker motiviert waren als durch das Interesse an einer topologischen Klassifikation der (offenen oder geschlossenen) Zöpfe oder – wie sie bemerkten – der Knoten.[35] Letztere kamen durch die geschlossenen Zöpfe ins Spiel, denn, wie Artin sich überlegte und wie ihm H. Kneser bestätigte, jeder Knoten und jede Verkettung ließ sich in Form eines geschlossenen Zopfes legen.[36] Artin hoffte denn auch, daß die „Theorie der Zöpfe" einen Weg zum Studium der Verkettungen und Knoten anbot, insbesondere, falls es gelingen sollte, auch die Äquivalenz von Verkettungen in eine Äquivalenzrelation für Zopfworte zu übersetzen (ebd., § 5).

Trotz dieser nicht weiter ausgeführten Bemerkungen bildete die Lösung des Wortproblems der Zopfgruppen das zentrale Resultat des Artikels. Bereits in der Einleitung betonten Artin und Schreier: „Die Konstitution dieser Gruppe[n] ist einfach genug, um mit einem finiten Verfahren die Entscheidung zu ermöglichen, ob zwei vorgelegte Zöpfe sich ineinander deformieren lassen oder nicht." (Ebd., § 1.) Artin und Schreier hofften zunächst, daß sich dieses Problem auf rein gruppentheoretischem Weg lösen lasse[37], sahen sich aber dann doch genötigt, ein topologisches Argument zu verwenden. Der Kern dieses Arguments geht mit großer Wahrscheinlichkeit auf Hurwitz' frühere Untersuchung zurück. Artin und Schreier betrachteten nämlich die Wirkung eines Zopfes auf Kurven t_ν in einer Horizontalebene, welche den ν-ten Zopffaden einmal in geringem Abstand umliefen, wenn diese Ebene entlang dem Zopf nach unten bewegt wurde. In der nächsten Figur ist die entstehende Veränderung beim Passieren einer Kreuzung wiedergegeben.

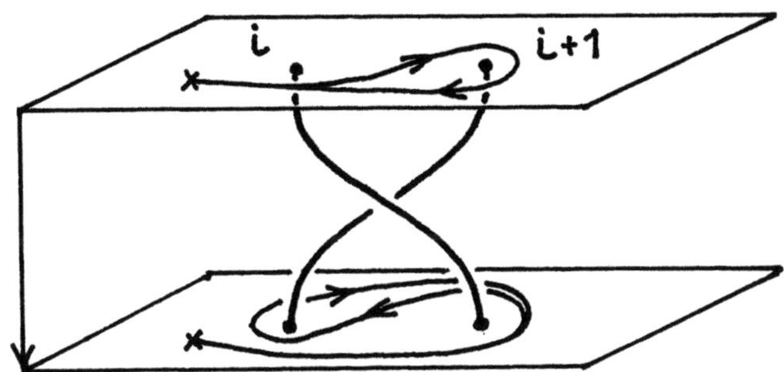

Fig. 10.8: Zwei Positionen einer beweglichen Ebene und Wirkung von σ_i auf t_{i+1}

Wie nicht anders zu erwarten, gewannen sie dadurch (abgesehen von anderen Bezeichnungsweisen) die Hurwitzsche Darstellung der Wirkung einer Zopfbewegung auf die fundamentalen Wege $t_1, \ldots, t_n$ in der n-fach punktierten Ebene zurück: Den elementaren Zöpfen $\sigma_i^{\pm 1}$ entsprachen die Substitutionen

$$\overline{\sigma_i} := \begin{pmatrix} t_\nu & t_i & t_{i+1} \\ t_\nu & t_{i+1} & t_{i+1}^{-1} t_i t_{i+1} \end{pmatrix} , \qquad \overline{\sigma_i}^{-1} := \begin{pmatrix} t_\nu & t_i & t_{i+1} \\ t_\nu & t_i t_{i+1} t_i^{-1} & t_i \end{pmatrix} ;$$

---

[35] Insbesodere der Begriff der geschlossenen Zöpfe scheint mir vor allem durch den Wunsch nach einer topologischen Interpretation des Konjugationsproblems motiviert.

[36] Kneser wies sowohl auf die Note Brunns von 1897 (vgl. § 60) als auch auf das Argument Alexanders von 1923 hin, das im nächsten Kapitel näher beschrieben wird (§ 100). Weiths Dissertation von 1876, in welcher das Lemma zuerst aufgestellt wurde, scheint Kneser nicht gekannt zu haben.

[37] Dies geht aus einer Bemerkung über „langwierige Rechnungen, mit denen wir zunächst durchzukommen hofften" hervor (ebd., § 1).

die erste Spalte sollte dabei symbolisieren, daß alle anderen Kurven t_ν ungeändert blieben. Zu jedem Zopfwort Z gehörte eine entsprechend aus den $\overline{\sigma_i}^{\pm 1}$ zusammengesetzte Substitution

$$(\star) \qquad \overline{Z} := \begin{pmatrix} t_1 & t_2 & ... & t_n \\ T_1 & T_2 & ... & T_n \end{pmatrix},$$

wobei jedes T_i ein Wort in den Symbolen t_ν war, und zwar stets ein zu t_{r_i} konjugiertes Wort, wenn der i-te Faden in den r_i-ten überging. Da die Substitutionen $\overline{\sigma_i}^{\pm 1}$ dieselben Relationen erfüllten wie die $\sigma_i^{\pm 1}$, lieferte die Zuordnung $Z \mapsto \overline{Z}$ in gruppentheoretischer Sprache einen Homomorphismus[38] von $\mathfrak{Z}_n$ in die Gruppe der Automorphismen der freien Gruppe in den Erzeugenden $t_1, ..., t_n$.

Artin und Schreier bezogen sich in ihrem Argument für dieses Resultat allerdings nicht auf Hurwitz, sondern auf Wirtingers Methode der Bestimmung der Fundamentalgruppe eines geschlossenen Zopfes; auch mit ihr konnte das Resultat ohne größere Schwierigkeiten gewonnen werden. Dabei erhielten Artin und Schreier gleich ein weiteres Resultat: Die Fundamentalgruppe des Komplementes einer durch einen *geschlossenen* Zopf Z n-ter Ordnung dargestellten Verkettung wurde erzeugt durch Elemente $t_1, ..., t_n$ und besaß die aus der zugehörigen Substitution $\overline{Z}$ abgelesenen definierenden Relationen $t_\nu = T_\nu$. Dieses Resultat war anschaulich naheliegend: Wenn für einen geschlossenen Zopf statt einer Familie paralleler Ebenen eine Familie von durch die Zopfachse h berandeten *Halbebenen* betrachtet wurde und die Kurven t_ν als in einem Punkt P der Achse beginnende und endende kleine Umläufe um die Zopffäden gedeutet wurden, ging t_ν beim Drehen der Halbebene um h in die Kurve T_ν über, so daß die Relation $t_\nu = T_\nu$ jedenfalls erfüllt sein mußte. Daß keine *weiteren* Relationen auftraten, folgte aus Wirtingers Methode.[39]

Diese geometrische Interpretation der Substitutionen $(\star)$ bildete den Kern von Artins Lösung des Wortproblems der Zopfgruppe. Aus ihr folgte nämlich durch ein weiteres anschauliches Argument, daß ein Zopfwort Z, dessen zugeordnete Substitution $\overline{Z}$ die Identität war, selbst den trivialen Zopf darstellen mußte, mit anderen Worten, daß die Abbildung $Z \mapsto \overline{Z}$ ein Isomorphismus auf ihr Bild war.[40] In der Tat zeigt ein wenig Meditation folgenden Sachverhalt: Geht durch $\overline{Z}$ jede Kurve t_ν in sich selbst über, so bedeutet das, daß die obiger Vorstellung gemäß stetig um den *geschlossenen*, durch Z beschriebenen Zopf verschobene Kurve t_ν bei geeigneter Führung in den Halbebenen eine geschlossene, lediglich im Punkt P singuläre Fläche F beschreibt, welche den ν-ten Faden in ihrem Inneren enthält und den außenliegenden Rest des Zopfes völlig vermeidet. Stellt man sich nun den Punkt P auf der Achse fast im Unendlichen liegend vor, so erkennt man, daß der ν-te Faden durch das Innere des von F begrenzten Raums in einen kleinen, vom Rest des Zopfes weit entfernten Kreis um die Achse h deformiert werden kann. Da dies für alle Fäden gilt, ist der durch Z beschriebene geschlossene Zopf ein System unverketteter Kreise, so daß Z konjugiert zum Neutralelement in $\mathfrak{Z}_n$, also mit diesem identisch sein muß (ebd., § 7).

Damit war aber auch das Wortproblem $\mathfrak{Z}_n$ gelöst, denn die Bedingung $\overline{Z} = 1$ ließ sich natürlich durch bloße Inspektion überprüfen. Artin und Schreier erhielten also ihr Hauptresultat:

---

[38] In der Terminologie der Zeit noch als Isomorphismus bezeichnet.

[39] Daß Artin diese Deutung gab und betonte, daß die Substitutionen $\overline{Z}$ auch auf diesem Weg (statt anhand der Wirtingerschen Methode) gefunden werden konnten, deute ich als Beleg für seine Kenntnis der Hurwitzschen Arbeit (ebd., § 6).

[40] Im Augenblick dieser Erkenntnis wurde auch klar, daß Hurwitz' Monodromiegruppe A mit der Zopfgruppe $\mathfrak{Z}_n$ selbst isomorph war; entsprechend lieferte dessen Gruppe B eine Untergruppe von $\mathfrak{Z}_n$.

„Um die Identität zweier Zöpfe Z_1 und Z_2 zu entscheiden, bilde man nach der Vorschrift [($\star$)] die zugehörigen Substitutionen $\overline{Z_1}$ und $\overline{Z_2}$. Man sehe nun nach, ob $\overline{Z_1} = \overline{Z_2}$ ist oder nicht." (Ebd., § 7, Satz 8.)[41]

Das Resultat ebenso wie das angegebene Argument sind bemerkenswert. Der Form nach eine vollständige Lösung eines topologischen Problems durch ein rein kombinatorisch-gruppentheoretisches Verfahren, konnte dieses Ergebnis trotz entsprechender Hoffnungen der Autoren nicht in diesem Stil *bewiesen* werden, und es wurde dementsprechend auch nicht auf diesem Weg *gefunden*. Stattdessen stützte Artin sich *massiv* auf bei weitem nicht triviale geometrische Überlegungen; Leserinnen und Leser, die sich die Mühe gemacht haben, das gegebene Argument nachzuvollziehen, werden das bestätigen können. Es liegt hier also ein weiterer Fall vor, in welchem die epistemische Konfiguration, in der ein Ergebnis der jungen Knotentheorie erzielt wurde, sich nicht mit jener deckte, die die Autoren eigentlich befürworteten und anstrebten. Dazu paßt, daß Artin selbst seinen Beiträg später sehr kritisch betrachtete. „Most of the proofs", schrieb er 1946 über seinen Artikel, „are entirely intuitive. That of the main theorem in § 7 is not even convincing." (Artin 1947, 101.) Auch wenn der letzte Satz vielleicht übertrieben ist – ich jedenfalls finde Artins Argument von 1925 durchaus überzeugend –, macht er doch deutlich, daß Artin in anderer Weise zu argumentieren suchte, als er es zunächst getan hatte. Freilich gelang es auch in der 1946 gegebenen Revision der Lösung des Wortproblems der Zopfgruppe nicht, ganz im Rahmen der Gruppentheorie zu bleiben. Auch jetzt machte Artin Gebrauch von *topologischen* Argumenten, freilich in einer präziseren und weniger anschaulichen Weise.

Fassen wir zusammen. Artins (und Schreiers) „Theorie der Zöpfe" übersetzte das im 19. Jahrhundert gesammelte Wissen über Zopfbewegungen, das einem funktionentheoretisch gebildeten Mathematiker zweifellos in der einen oder andern Weise vertraut war[42], in den neuen Rahmen der kombinatorischen Gruppentheorie. Die dabei angestrebte Neukonstruktion der als „Zöpfe" bezeichneten epistemischen Objekte blieb jedoch insofern partiell, als die zu ihrem Studium (und insbesondere zur Lösung des Wortproblems der Zopfgruppe) verwendeten *Techniken* noch sehr dicht an den anschaulichen Argumenten blieben, mit denen Hurwitz Zopfbewegungen untersucht hatte. Der Kontext der Riemannschen Flächen, d.h. der geometrischen Funktionentheorie, auf den sich die Motive der Hurwitzschen Arbeit bezogen hatten, war allerdings verschwunden. Auch in Artins und Schreiers Arbeit finden wir also eine charakteristische, moderne Elimination mathematischer Kontexte. Ebenso wie in Reidemeisters Elementarisierung der Knotentheorie verzweigte Überlagerungen und Wirtingers Ideen aus der endgültigen Präsentation gewissermaßen *verdrängt* wurden, so die Hurwitzschen Überlegungen über Riemannsche Flächen aus Artins und Schreiers „Arithmetisierung" der Zöpfe.[43] Weniger überraschend ist dagegen, daß

---

[41] ♠ Artin und Schreier gaben mit den bereitgestellten Methoden noch ein weiteres Resultat, das in gewisser Weise die Präsentationen der Gruppen geschlossener Zöpfe charakterisierte. Diese Charakterisierung ist genaugenommen nur die Umkehrung der oben beschriebenen Form der Aufstellung der Fundamentalgruppe eines geschlossenen Zopfes: Genau dann, wenn eine Gruppe eine Präsentation mit den Erzeugenden $t_1, ..., t_n$ und Relationen $t_i = T_i$ ($i = 1, ..., n$) besitzt, für welche jedes T_i durch Konjugation aus einem t_{r_i} hervorgeht und die Relation $T_1 T_2 ... T_n = t_1 t_2 ... t_n$ erfüllt ist, handelt es sich um eine Verkettungsgruppe (ebd., Satz 10). Der schwierige Schritt, den Artins einleitender Bemerkung zufolge wohl weitgehend Schreier erledigte, war der Nachweis, daß diese Bedingung hinreicht. ♠

[42] Ein weiteres Beispiel dafür folgt im nächsten Kapitel, in § 100.

[43] Wie erfolgreich diese Verdrängung war, belegt die naive Bemerkung in einem modernen Lehrbuch:

auch die teils unveröffentlichten, teils nur skizzenhaft ausgeführten Ideen von Gauß, Listing und Tait von Artin und Schreier nicht aufgegriffen wurden. Auch jene ersten tastenden Versuche eines Studiums der Zöpfe zeigen jedoch, daß Artins Arbeit sich in einem bereits vorstrukturierten Raum bewegte. Umso interessanter wird die Frage nach den Faktoren, welche die spezifische Gestalt eines solchen mathematischen Handelns prägten.

§ 96. *Verknotete Flächen im vierdimensionalen Raum*

Eine ganz ähnliche Haltung zeigte Artin in einer zweiten kurzen Note, die er im August 1925 bei den *Hamburger Abhandlungen* einreichte. Wieder war es eine Anregung aus der geometrischen Funktionentheorie, die er zum Gegenstand einiger topologisch und gruppentheoretisch orientierten Bemerkungen machte, und zwar die Beschreibung der *vierdimensionalen* Situation, auf welche Wirtinger und Heegaard beim Studium der Verzweigungen algebraischer Funktionen gestoßen waren. Artin nahm diese zunächst zum Anlaß, um allgemein die Frage nach verknoteten Flächen im vierdimensionalen reellen Raum $\mathbb{R}^4$ zu stellen, d.h. nach eingebetteten Sphären oder allgemeiner geschlossenen Flächen, die sich im $\mathbb{R}^4$ nicht isotop in eine Standardlage überführen ließen, also etwa in eine Kugel (ggf. mit Henkeln), welche in der gewöhnlichen Weise in einem dreidimensionalen Teilraum von $\mathbb{R}^4$ lag. Wie Artin schrieb, wurde „häufig die Existenz solcher Flächen bezweifelt" – ein deutliches Zeichen für die Schwierigkeiten, die selbst in dieser Zeit Mathematiker noch mit höherdimensionalen geometrisch-topologischen Vorstellungen hatten, vielleicht auch eine Nachwirkung der früheren Diskussion über die Nichtexistenz von verknoteter Kurven im $\mathbb{R}^4$.[44]

Um diese Zweifel auszuräumen, gab Artin *Beispiele* verknoteter Flächen an, genauer: ein Verfahren, um beliebig viele solcher Beispiele zu konstruieren. Dazu betrachtete er einen dreidimensionalen Halbraum in $\mathbb{R}^4$:

$$\overline{R}_3 := \{(x_1, x_2, x_3, x_4) \in \mathbb{R}^4 \mid x_3 \geq 0, \ x_4 = 0\}$$

Der Rand von $\overline{R}_3$ ist die durch $x_3 = x_4 = 0$ definierte Ebene E. Ebenso wie nun eine Familie von Halbebenen im $\mathbb{R}^3$ um eine Gerade rotieren kann, so im $\mathbb{R}_4$ der Halbraum $\overline{R}_3$ um die Ebene E. Es war nun nicht schwer zu zeigen, daß folgender Sachverhalt bestand: Ist $M \subset \overline{R}_3$ eine Punktmenge, welche $\overline{R}_3$ nicht in zwei Zusammenhangskomponenten zerlegt und nicht alle Punkte von E enthält, und ist $\mathfrak{M}$ die bei Rotation von $M \subset \overline{R}_3$ um E überstrichene Menge in $\mathbb{R}^4$, so ist die Fundamentalgruppe von $\overline{R}_3 - M$ isomorph zur Fundamentalgruppe von $\mathbb{R}^4 - \mathfrak{M}$.[45] Mit diesem Verfahren ließen sich leicht verknotete Flächen erzeugen: „Wählt man nun als Menge M einen im $\overline{R}_3$ gelegenen Knoten, der E nicht trifft, so erhält man als Menge $\mathfrak{M}$ eine Fläche, und zwar einen Torus. Die Fundamentalgruppe [des Komplements] dieses Torus ist dann einfach die Fundamentalgruppe [des Komplements] des Ausgangsknotens." (Artin 1925b, 175.) Ebenso

---

„There are few theories in mathematics the origin and author of which can be named so definitely as in the case of braids: Emil Artin invented them in his famous paper „Theorie der Zöpfe" in 1925." (Burde und Zieschang 1985, 161.) Wilhelm Magnus' wiederholte Hinweise auf die Arbeit von Hurwitz verhallten anscheinend ungehört, vgl. (Magnus 1974), (Chandler und Magnus 1982, 39 f.).

[44] Dargestellt in Abschnitt 6.1.

[45] Der Kern des Arguments war, Wege in $\mathbb{R}^4 - \mathfrak{M}$ durch Rotation ihrer Punkte um E stetig in den Raum $\overline{R}_3 - M$ zu deformieren.

ergaben sich aus Verkettungen in $\overline{R}_3$ verkettete Tori. Um verknotete 2-Sphären zu erhalten, konnte statt eines Knotens ein in $\overline{R}_3$ verknoteter Bogen mit festen Endpunkten auf der Ebene E rotiert werden (ebd.). Etwas unsicherer war sich Artin über die Möglichkeiten, auf die angegebene Weise (d.h. durch Rotation einer Verkettung bzw. verketteter, in E endender Bögen) Verkettungen von Flächen zu erhalten: „Eine Kugel und einen Torus kann man noch genau so verketten. [...] Eine Verkettung zweier unverknoteter Kugeln ist auf diese Weise überhaupt nicht zu erhalten." (Ebd., 176.)[46]

In all diesen Überlegungen hatte sich Artin auf in gewissem Sinne glatte Knoten und Flächen beschränkt, um „wilde" Knoten und Flächen auszuschließen. Wie in der Untersuchung der Zöpfe (und wie Reidemeister in seinen Untersuchungen von Knoten) schlug Artin vor, nur „kombinatorische Verknotungen" bzw. Verkettungen in $\mathbb{R}^4$ zu betrachten, d.h. Flächen, die „mit einer Polyederfläche isotop" waren. Anders als im ebenen oder dreidimensionalen Fall genügte diese Bedingung jedoch noch nicht, um alle „merkwürdigen" Phänomene auszuschließen. Deshalb forderte Artin für die betrachteten Flächen „die weitere Einschränkung [...], daß bei der [isotopen] Polyederfläche in jedem Eckpunkt genau drei Kanten zusammenstoßen." Was hatte Artin hier im Sinn? Am Ende seiner Note erläuterte er den Hintergrund seiner zusätzlichen Bedingung. Verzichtete man auf dieselbe, d.h. wurden Polyederflächen im $\mathbb{R}^4$ mit einem Eckpunkt betrachtet, an welchem mehr als drei Kanten zusammenstießen, so konnte es sein, „daß dieser Eckpunkt eine merkwürdige kombinatorische Singularität besitzt. Legt man nämlich um ihn eine kleine Hyperkugel, so schneidet diese aus unserer Fläche eine Kurve aus, die möglicherweise auf der Hyperkugel [einer 3-Sphäre] verknotet ist." (Ebd.) Natürlich – wie könnte es anders sein – hatte Artin auch diese Einsicht (ebenso wie vermutlich das Thema verknoteter Flächen überhaupt) am paradigmatischen Beispiel der Wiener Tradition abgelesen: „Die Möglichkeit einer solchen kombinatorischen Singularität hat wohl zum erstenmal Herr Wirtinger bemerkt, der nachwies, daß bei der Diskriminantenfläche $p^3 + q^2 = 0$ der kubischen Gleichung $x^3 + 3px + 2q$ im R_4 der Punkt $p = q = 0$ eine Singularität der betrachteten Art aufweist; der Knoten ist in diesem Fall die Kleeblattschlinge." Artin beschrieb ein sehr einfaches Verfahren, andere solche Flächensingularitäten zu erzeugen: Wurde jeder Punkt eines (polygonalen) Knotens K in einem dreidimensionalen Teilraum des $\mathbb{R}^4$ mit einem Punkt P außerhalb desselben durch eine gerade Strecke verbunden, so wurde die Spitze P eine Singularität der entstehenden „Kegelfläche". Artin schloß mit der Bemerkung, daß der bei dieser Konstruktion verwendete Knoten die zugehörige Singularität topologisch vollständig charakterisierte: Bei einer Deformation des $\mathbb{R}^4$ ging P in einen Punkt P' über, um den wieder eine kleine „Hyperkugel" gelegt werden konnte, und der Knoten K', der sich als Durchschnitt dieser 3-Sphäre mit der deformierten Fläche ergab, mußte äquivalent zu dem zunächst vorliegenden Knoten K sein (ebd., 177).

Artins kurze Note dokumentiert noch einmal eine Neubildung epistemischer Objekte durch Ablösung aus dem älteren Kontext der Theorie algebraischer Funktionen. Beide beschriebenen Konstruktionsverfahren lieferten dabei nicht nur neue Objekte, sondern auch Elemente von passenden Techniken, indem sie vorführten, wie die Invarianten jener Knoten, welche der Konstruktion zugrundelagen, übersetzt werden konnten in Invarianten der verknoteten oder verketteten, aber „im kleinen unverknoteten" Flächen, oder aber in Invarianten der von Artin aus Wirtingers funktionentheoretischen Arbeiten isolierten „kombinatorischen Singularitäten" von

---

[46] Hier urteilte Artin vorschnell; vgl. (van Kampen 1928).

Polyederflächen im $\mathbb{R}^4$. Artin hatte damit gezeigt, wie Felix Kleins frühere Bemerkung über die Auflösbarkeit aller Knoten im vierdimensionalen Raum in moderner Perspektive aufgehoben werden konnte: nämlich durch den Übergang von verknoteten *Linien* zu verknoteten *Flächen*. Es sollte freilich noch bis nach dem zweiten Weltkrieg dauern, bis die von Artin eröffneten Möglichkeiten von anderen ergriffen und zum Ausgangspunkt einer „höherdimensionalen Knotentheorie" gemacht wurden.[47]

10.3 Kombinatorische Topologie und exaktes Denken: Die Modernität Reidemeisters

§ 97. *Reidemeister und der Wiener Kreis*

Bislang ist noch nicht deutlich geworden, welche Gründe Reidemeister hatte, seine „elementare Begründung" der Knotentheorie in der Weise zu geben, wie er es tat. Der Hinweis auf die technischen Vorteile der rein kombinatorischen Topologie gegenüber eher analytisch orientierten Ansätzen, wie sie Wirtinger nahegelegen hatten, reicht dazu nicht aus. Vor allem die folgenreiche Entscheidung, die Objekte und die grundlegende Fragestellung der Knotentheorie abgesehen von ihrem Bezug auf Begriffe der elementaren Geometrie des dreidimensionalen Euklidischen Raums völlig selbständig und sogar unabhängig von ihrer Einbettung in eine Systematik der (dreidimensionalen) Topologie zu präsentieren, die Reidemeisters „elementare Begründung" etwa von der Perspektive Tietzes und Dehns unterscheidet, wird dadurch noch nicht erklärt. Hier hilft noch einmal ein Blick auf die intellektuelle Atmosphäre der mathematischen Kultur der zwanziger Jahre und insbesondere des damaligen Wien weiter, die Reidemeister nicht nur in knotentheoretischer Hinsicht prägte.

Kurz bevor Reidemeister seine Zelte in Hamburg abbrach, hatte Hilbert dort seine ersten Vorträge über die „Logische Neubegründung der Mathematik" gehalten, in denen er die Ideen seines entwickelten beweistheoretischen Programms erläuterte: die metamathematische Umdeutung mathematischer Theorien zu formalen Kalkülen, in welchen mit uninterpretierten Zeichenketten operiert wurde, und die Beschreibung einer auf dieser Umdeutung beruhenden Methode, Konsistenzbeweise für mathematische Theorien zu finden (Hilbert 1922). Im Publikum saß Reidemeister, der einen ausführlichen Bericht über Hilberts Hamburger Vorträge für die *Jahresberichte der DMV* verfaßte (Reidemeister 1921).

Als Reidemeister nach Wien kam, war er daher nicht nur durch sein früheres Studium bei Husserl und den Marburger Neukantianern für philosophische Ideen sensibilisiert, sondern er hatte auch seine erste Begegnung mit dem reifen Hilbertschen Formalismus bereits hinter sich. So nimmt es nicht Wunder, daß er sich im Umfeld des gerade im Entstehen begriffenen Wiener Kreises schnell zuhause fühlte. Auch dort wurde, wenn auch in einer anderen Nuancierung, eine rein formale Auffassung der Mathematik gepflegt, die Hilberts Metamathematik um eine

---

[47] ♠ Den Faden der Artinschen Überlegungen nahmen vor allem (Fox und Milnor 1957, 1966) wieder auf. Sie gaben dabei auch der dreidimensionalen Knotentheorie einen neuen Impuls, indem sie, zunächst auf dem Umweg über die von Artin betrachteten „kombinatorischen Singularitäten", die Äquivalenzrelation des Knotenkobordismus einführten; vgl. dazu (Epple 1999a, § 28). ♠

bestimmte Variante des Logizismus ergänzte. Prägnant brachte dies z.B. ein kurzer, wenige Jahre später verfaßter Aufsatz Hans Hahns zum Ausdruck (Hahn 1929). Dort stellte Hahn die Frage, ob und wie die Existenz des mathematischen Wissens mit der „Grundthese des Empirismus", nach welcher die konkrete, sinnliche Erfahrung einzige Quelle allen Wissens ist, in Einklang zu bringen war. Hahn beantwortete diese Frage zuerst für die Logik. Diese entstand ihm zufolge „dadurch, daß – vermöge einer Symbolik – *über die Welt gesprochen* wird, und zwar vermöge einer Symbolik, deren Zeichen keineswegs, wie man zunächst vermuten möchte, umkehrbar eindeutig und isomorph dem zu Bezeichnenden zugeordnet sind" (ebd.). Die Logik war ein Instrument, diese Kluft zwischen Zeichensprache und erfahrbarer Wirklichkeit dadurch geringer zu machen, daß sie jene *Transformationen* der symbolischen Repräsentationen erfahrbarer Sachverhalte untersuchte, die deren Beziehung zum Wirklichen nicht veränderte. Die Logik lieferte also kein neues (sachbezogenes) Wissen, sie erlaubte lediglich, das Wissen besser zu ordnen und dadurch transparenter zu machen. *Genau dasselbe* sollte nun auch für die Mathematik gelten. Sie war, nach Auffassung Hahns, ein spezieller Teil der Logik. In einer ganz ähnlichen und formal weitaus durchgebildeteren Form wurde dieser Standpunkt auch von der späteren Zentralfigur des Wiener Kreises, Rudolf Carnap vertreten.[48]

Die Brücke von einer solchen Auffassung zu Reidemeisters elementarer Begründung der Knotentheorie ist leicht zu schlagen: Auch die polygonalen Knotendiagramme waren *symbolische Zeichen* eines anschaulich-wirklichen Gegenstands, nämlich eines Knotens, und Reidemeisters elementare Operationen kodifizierten auf dieser symbolischen Ebene Tatsachen unserer Erfahrung. Die (elementarisierte) Knotentheorie, welche die Transformationen dieser Diagramme untersuchen sollte, suchte also (wie Logik und Mathematik überhaupt), die äquivalenten symbolischen Repräsentationen eines Knotens zu finden, um dadurch unser empirisches Wissen über Knoten besser zu ordnen. Ein solches Verständnis der Aufgabe der Knotentheorie stellt gewissermaßen die *moderne* Variante des Wiener Knoten-Empirismus dar.[49] In den folgenden Absätzen möchte ich begründen, daß Reidemeisters Elementarisierung der Knotentheorie tatsächlich mit solchen Gedanken zusammenhing.

Zunächst war Reidemeister viel zu eng in die Aktivitäten des Kreises verwickelt, um die genannte Brücke nicht zu sehen, wie einige Bemerkungen illustrieren mögen. Bereits 1924 trug er maßgeblich zu einer folgenreichen Neuorientierung des Kreises bei, indem er Hans Hahn auf Wittgensteins *Tractatus logico-philosophicus* aufmerksam machte. Der Mathematiker Karl Menger berichtete später, Hahn habe ihm im Jahr 1927 mitgeteilt, daß er „vor drei Jahren im Kreis Reidemeisters ein ausgezeichnetes Referat darüber hörte und dann selbst sorgfältig das ganze Werk las".[50] Daß der Wiener Kreis *später*, nach Reidemeisters Weggang aus Wien, in der Auseinandersetzung mit Wittgensteins „Tractatus" seine eigene Position formte, ist oft aus erster Hand berichtet worden.[51] Nach allem, was wir über Reidemeister wissen, schätzte und

---

[48] Vgl. besonders Carnaps *Logische Syntax der Sprache* (Carnap 1934).

[49] Für den „alten" Wiener Knoten-Empirismus vgl. § 59. – Daß hier nicht eine Buchstabensprache, sondern eine „Diagrammsprache" Gegenstand der Untersuchung war, macht keinen wesentlichen Unterschied, da diese Diagrammsprache ohne allzugroße Mühe in eine Buchstabensprache übersetzt werden könnte, wie Gauß' und Taits Schemata, Dehns Arithmetisierung der Knoten oder Artins Arithmetisierung der Zöpfe vorgeführt hatten.

[50] (Menger 1988, 12 f.); vgl. außerdem die Reidemeister betreffenden Bemerkungen in (Menger 1994).

[51] Z.B. von Hahn durch (Menger 1988) sowie von Menger und Carnap in ihren Autobiographien (Menger

genoß er die hochintellektuelle, vielseitige, freilich auch elitäre Atmosphäre des Kreises sehr, in dem Mathematiker, Ökonomen, Philosophen und Schriftsteller sich durch das Ideal einer streng „wissenschaftlichen Weltauffassung" gegen eine Welt der Unwissenschaftlichkeit und des sozialen Konservatismus vereint sahen. Die bereits erwähnten familiären Bindungen bestätigen das.

Als Reidemeister Wien im Sommer 1925 verließ, konnte er praktisch als auswärtiger Vertreter des Wiener Kreises betrachtet werden. Vor allem zwei Aktivitäten belegen dies deutlich. Im Jahr 1928 griff er mit einem ausführlichen philosophischen Aufsatz, der die Positionen Hilberts und des Wiener Kreises miteinander verknüpfte, in den Grundlagenstreit der Mathematik ein, und im Jahr 1930 war er maßgeblich für die Organisation einer später berühmt gewordenen Zusammenkunft des Kreises auf einem Kongress in Königsberg verantwortlich.

Reidemeisters Bekenntnis im Grundlagenstreit ließ schon im Titel für die Eingeweihten seine Herkunft erkennen: *Exaktes Denken* war eine Figur, welche alle Mitglieder des Wiener Kreises als Charakterisierung ihrer Position ohne weiteres akzeptiert hätten. Der Aufsatz kann als Reidemeisters philosophisches Manifest verstanden werden, und er wirft auch ein scharfes Licht auf sein Verständnis mathematischen Wissens.[52] Er nahm entschieden auf der Seite Hilberts Stellung, allerdings auf eine interessante und eigenwillige Weise. Er begann mit der These, daß das Programm einer Reduktion der Arithmetik (und der gesamten Mathematik) auf die Logik aus dem Grund unmöglich sei, weil Schließen und Zählen eigenständige, nicht aufeinander reduzierbare Formen „autonomen Handelns" seien (Reidemeister 1928c, 15). Diesen, wie Reidemeister mit Recht formulierte, „intuitionistischen" Gesichtspunkt habe Hilbert dann „zu der sogenannten Theorie des Formalismus" ausgebaut. Die Grundlage dieser Theorie waren aber die (das Zählen als Spezialfall umfassenden) „kombinatorischen Tatsachen" des Umgangs mit „konkreten Zeichen", die „im Aufbau der exakten Wissenschaft an den Anfang vor die Logik gerückt werden." Die „bedeutungsvollen exakten Begriffe sowie Urteile" waren dann „selbst bestimmte kombinatorische Gegenstände [...], die auf andere solche Gegenstände geeignet bezogen [sind] und aus denen nach gewissen kombinatorischen Regeln neue Begriffe und Sätze gebildet werden können" (ebd., 35). Jener Bereich von Erkenntnissen, der auf dieser Grundlage durch autonomes intellektuelles Handeln zugänglich war, bildete das Gebiet des exakten Denkens.

Reidemeisters *Zurückweisung* der logizistischen These war von der oben zitierten, späteren *Übernahme* dieser These durch Hahn gar nicht weit entfernt. Die „in bedeutungsvollen Zeichen festgehaltenen [metamathematischen] Erkenntnisse", so Reidemeister, „sind aber selbst nichts anderes als zwei aufeinander in einer gewissen Weise abgebildete Komplexe aus dieser Welt der Zeichen, die insofern Erkenntnis sind, als die beiden Komplexe durch dies Bezogenwerden in ihrer Struktur übersichtlicher werden." (Ebd.) Wurde diese Aussage nicht nur auf die Metamathematik, sondern auf die Logik im Ganzen bezogen, gab sie fast genau Hahns Standpunkt von 1929 wieder. In der Tat verschob sich nicht zuletzt durch die Diskussion um das Hilbertsche Programm in der Mitte der zwanziger Jahre das Bild der Logik, das der Position führender Mitglieder des Wiener Kreises zugrundelag. Während Reidemeister in seiner Kritik des Logizismus vermutlich noch

---

1994) und (Carnap 1963/1993). Beide hoben übrigens auch hervor, wie wichtig Hahn für ihre Verbindung zum Wiener Kreis war.

[52] Reidemeister wirkte übrigens als einziger Mathematiker im Redaktionsbeirat des *Philosophischen Anzeigers*, in welchem dieser Aufsatz erschien. Herausgeber der Zeitschrift war der philosophische Anthropologe Helmuth Plessner.

ein an Frege und Russell orientiertes *inhaltliches* Bild der Logik – als der Wissenschaft von den Gesetzen des Denkens – im Auge hatte, war das oben zitierte Bild Hahns wie auch das spätere Carnaps ein rein *formales* Bild, in welchem auch die Logik mit den Transformationsregeln formaler symbolischer Kalküle zu tun hatte.[53]

Diese Beschreibung der formalistischen Position harmoniert nicht nur ausgezeichnet mit der oben geschlagenen Brücke zu Reidemeisters nur zwei Jahre zuvor entworfenen „elementaren " der Knotentheorie, sondern ebenso mit seiner generellen Auffassung der kombinatorischen Topologie und der Gruppentheorie. Beide erfüllten in seinen Augen ganz offensichtlich die Kriterien exakten Denkens. In welchem Verhältnis stand solches Denken aber zur gewohnten, alltäglichen Welt, zur Welt der greifbaren Knoten ebenso wie zu jener der politischen Turbulenzen der Zwischenkriegsjahre? Reidemeisters Artikel wurde am originellsten, als er (ohne explizit Bezug auf ein konkretes Thema zu nehmen) auf diese Frage einging. „Die Insel exakter Tatsachen und exakter Methoden", so schrieb er, „ist durch mannigfache Fäden mit einer umfassenderen problematischen Welt verknüpft. Diese Beziehung ist selbst problematisch und das unmittelbare Erfassen dieser Beziehungen führt niemals zu exakten Erkenntnissen. Es bildet vielmehr nur den Anlaß zu bestimmten, exakten Konstruktionen." (Ebd., 37.) Wir könnten ergänzen: Auch von Konstruktionen wie jener der Knotentheorie. Die Stellung des exakten Denkens in der Realität war mithin *prekär*, es bestand eine Spannung, die im Grunde nicht auflösbar war. Reidemeister wandte diese Spannung in eine *Einstellung*, eine *Haltung* gegenüber dem alltäglichen, auch dem hergebrachten mathematischen Denken: „In der Tat ist es [...] nicht der Ehrgeiz des Formalismus, das uns wohlvertraute Denken formal widerzuspiegeln, sondern kritisch zu ihm Stellung zu nehmen und nötigenfalls auch neue exakte Erkenntnismittel zu konstruieren [...]. Und kritisch Stellung nehmen heißt: Die Widerspruchslosigkeit der Denkmethoden zu erkennen." (Ebd., 38.) Der Aufsatz schloß mit einer Zurückweisung verschiedener Einwände gegen den Formalismus und dem Wunsch: „Möchte sich bald der Erkenntnistheoretiker finden, der [ähnliche Bedenken] systematisch zergliedert und der den Formalismus zu einer wohldurchdachten Philosophie ausbaut." (Ebd., 47.)

Im September 1930 gelang es Reidemeister, seine ehemaligen Wiener Gesprächspartner in Königsberg zu einer erstaunlichen Tagung zu versammeln. Zu dieser Zeit fanden in Königsberg vier Kongresse gleichzeitig statt: Die Jahresversammlung der Gesellschaft Deutscher Naturforscher und Ärzte, die Jahrestagung der DMV, die 6. Deutsche Physiker- und Mathematikertagung und die sogenannte „2. Tagung für Erkenntnislehre der exakten Wissenschaften." Im Rahmen dieser Veranstaltungen hielt Hilbert jenen berühmten Radiovortrag, der mit den Worten endete: „Wir müssen wissen. Und wir werden wissen."[54] Reidemeister war an der Vorbereitung dieser Mammutveranstaltung beteiligt, und für die den Grundlagen der Mathematik gewidmete Sitzung der Tagung für Erkenntnislehre fungierte er als „Einführender", eine feste Institution des Wiener Kreises.[55] In Königsberg trafen sich die führenden Mitglieder des Kreises mit den wichtigsten Repräsentanten der unterschiedlichen Positionen im Grundlagenstreit. In drei ebenfalls berühmt

---

[53] Diese Differenz ist beispielsweise in Carnaps Beitrag zur Königsberger Tagung deutlich bezeichnet (Carnap 1931).

[54] Eine Schallplattenaufnahme wurde dem 1971 von Reidemeister herausgegebenen Hilbert-Gedenkband beigelegt.

[55] Vgl. Reidemeister an Schlick, 10. November 1929 und 4. März 1930; Philosophisches Archiv der Universitätsbibliothek Konstanz.

gewordenen Beiträgen sprachen Rudolf Carnap über die logizistische, Arend Heyting über die intuitionistische, und John von Neumann über die formalistische Grundlegung der Mathematik. Friedrich Waismann berichtete über die damals in raschem Umbruch befindlichen Ideen Wittgensteins zur Philosophie der Mathematik. An der Diskussion beteiligten sich neben den Referenten unter anderen Hans Hahn, Heinrich Scholz und Kurt Gödel, dessen Ankündigung seiner kurze Zeit später publizierten Resultate über unentscheidbare Sätze in formalen Systemen der ungeplante Höhepunkt der Tagung wurde. Das letzte Wort in der Diskussion behielt, als „Einführender", Reidemeister selbst.

Reidemeisters Engagement für die modernistische Philosophie des Wiener Kreises und Hilberts Metamathematik dürfte deutlich geworden sein. Sein philosophisches Manifest von 1928 macht ebenfalls klar, was wohl für viele Angehörige des Kreises galt: Das Ideal des „exakten Denkens", oder der „wissenschaftlichen Weltauffassung", war nicht nur ein *Gedanke*, sondern auch eine handlungsleitende Grundhaltung, ein *modernes Rationalitätsmuster*. Daß dieses Rationalitätsmuster auch für die spezifische Gestalt der Knotentheorie mitverantwortlich war, die Reidemeister vorschlug, scheint mir mehr als eine vage Vermutung.

Auch die elitäre Komponente dieses Rationalitätsmusters ist freilich unübersehbar. In der Abgrenzung des „exakten Denkens" von der „problematischen Welt" zeigte sich *auch* die Abgrenzung des erfolgreichen, modernen Mathematikprofessors gegenüber seinen traditioneller eingestellten Kollegen und dem „Mann auf der Straße." In Reidemeisters späterem Leben sollte dieser Aspekt seiner Einstellung noch mehrfach zum Tragen kommen.[56]

§ 98. *Marburg und Göttingen*

Wenige Wochen nach dem intellektuellen Höhepunkt des Königsberger Kongresses erlebte die Stadt einen Studententumult, der in der ganzen Republik publizistische Wellen schlug.[57] Am 21. November 1930 sollte eine studentische Langemarck-Feier in den Räumen der Albertina stattfinden.[58] Zu dieser Feier legte eine Gruppe von Studenten einen Kranz in der Universität nieder, der die Aufschrift „Die Deutsche Studenschaft" trug. Ein solcher Verband existierte jedoch zu dieser Zeit gar nicht. Die offizielle Bezeichnung der studentischen Organisation

---

[56] Zwei Enden einer Untersuchung der Modernität Reidemeisters muß ich hier offen lassen. Zum einen wäre näher zu fragen, ob und ggf. wie die im Umkreis der „Wiener mathematischen Moderne", d.h. im Umfeld Hahns und Mengers gepflegte Auseinandersetzung mit den unanschaulichen Monstern der deskriptiven Mengenlehre und mengentheoretischen Topologie; vgl. dazu (Menger 1994) und historisch (Volkert 1986). Reidemeisters „Monstersperre", d.h. sein Absehen vom Studium wilder Knoten, beeinflußt hat. Reidemeister ging auf diese Fragen in seinem Aufsatz von 1928 näher ein, ganz ähnlich wie Hahn und Menger mit anschauungskritischer Tendenz. Ein zweites offenes Ende ist die überraschende und merkwürdige Beziehung zwischen den Zeichnungen der polygonalen Phase der Knotentheorie und den ungefähr zur selben Zeit entstandenen konstruktivistischen Zeichnungen etwa eines Paul Klee; vgl. dazu auch Mehrtens' Bemerkungen zu Klee (Mehrtens 1990, 549-552).

[57] Der folgende Bericht beruht auf Artikeln der Königsberger Tageszeitungen vom 21. November bis zum 3. Dezember 1930. U. a. wurden benützt: *Königsberger Stadtspiegel, Königsberger Neueste Nachrichten, Königsberger Neuigkeiten, Königsberger Allgemeine Zeitung.*

[58] Der auf den ersten Weltkrieg zurückgehende Mythos der „Toten von Langemarck" wurde in jenen Jahren zunehmend von der faschistischen Studentenschaft als identitätsstiftendes Symbol gebraucht, bevor er zum festen Bestandteil der nationalsozialistischen Ideologie wurde. Vgl. dazu (Ketelsen 1985).

lautete „Freie Studentenschaft". Der Rektor der Universität, der Geologe Karl Erich Andrée, ließ die Aufschrift deshalb entfernen. Ein Aufruhr der Studenten war die Folge. Andrée ließ Polizei kommen, was die Studenten mit wütenden Attacken beantworteten. Das Deutschlandlied wurde gesungen, Eisstücke flogen gegen die Polizisten, „Rektor raus" hieß die Losung. Die Demonstrationen setzten sich an den folgenden Tagen fort, nun unterstützt durch die Mobilisierung nichtstudentischer Mitglieder und Anhänger der Nazis. Die Lage war offenbar so kritisch, daß Andrée sich am 24. November zum Rücktritt genötigt sah. Ein neuer Rektor, der Agrarwissenschaftler E. A. Mitscherlich, wurde eingesetzt. Nicht alle Professoren der Universität waren jedoch bereit, diesen Umsturz hinzunehmen. Der Philosophiehistoriker Heinz Heimsoeth sprach sich in Vorlesungen gegen die Studentenschaft aus, was zur Folge hatte, daß in seinen Veranstaltungen „Skandal gemacht" wurde. 1931 verließ Heimsoeth Königsberg und wechselte nach Köln. Auch Reidemeister wehrte sich. Artzy schrieb in seinem Nachruf, wohl aus erster Hand: „Reidemeister [benutzte] furchtlos eine ganze mathematische Vorlesungsstunde, um in allen logischen Einzelheiten darzulegen, warum diese Unruhen und das Benehmen der Studenten vollständig unvereinbar mit dem Denken vernünftiger Menschen wären." (Artzy 1972, 97.) Die Wortwahl ist sicher treffend: Es war die Haltung des exakten Denkens, die Reidemeister dazu brachte, in dieser Weise „zu einer problematischen Welt kritisch Stellung zu nehmen" (s.o.).[59] Die Nazi-Studenten vergaßen Reidemeister diese Beleidigung nicht. Zweieinhalb Jahre später, kurz nach dem Machtantritt Hitlers, wurde Reidemeister entlassen bzw. „beurlaubt", noch vor seinen Kollegen jüdischer Herkunft. Noch einmal war es Blaschke, der weiterhalf. Es gelang ihm – ein Zeichen seiner guten Beziehungen zu den Behörden des neuen Staates – Reidemeisters Wiedereinstellung an der Universität Marburg zu erreichen.[60]

Der Abschied von Königsberg bedeutete einen tiefen Einschnitt in Reidemeisters intellektuellem Leben. Bachmann, Behnke und Franz haben dies in ihrem Nachruf aus der Sicht des persönlichen Umgangs so berichtet: „Das Erlebnis von Königsberg hat bei ihm schwere Wunden hinterlassen, die nie ganz vernarbt sind. Auch die immer leicht zu moralischer Empörung neigende Haltung des alternden Reidemeister hat hier ihre Wurzeln." (Bachmann et al. 1972, 3.) Auch im öffentlichem Auftreten Reidemeisters läßt sich der Einschnitt deutlich erkennen. Zwar setzte Reidemeister in den ersten Marburger Jahren seine gruppentheoretischen Arbeiten zur kombinatorischen Topologie fort. 1935 erschien in den *Hamburger Abhandlungen* seine Arbeit über „Homotopieringe und Linsenräume", in der er das Homöomorphieproblem der 1908 von Tietze definierten Linsenräume löste.[61] Trotz diesen Forschungen, die den Themenkreis der

---

[59] Die Verbindung erkenntniskritischen Denkens mit politischer Kritik war für die Mitglieder des Wiener Kreises bekanntlich eher die Regel als die Ausnahme. Das gilt insbesondere auch für Reidemeisters Vertrauten Hans Hahn.

[60] Über das genaue Datum der Entlassung und das formale Verfahren besteht Uneinigkeit in der Literatur. C. J. Scriba, Art. „Reidemeister" im *Dictionary of Scientific Biography*, nennt April 33. Die Nachrufe legen sich nicht fest. (Schappacher und Kneser 1990, 38) nennen den 23.9.33 für die Versetzung „an eine andere Universität". Laut (Bachmann et al. 1972, 3) hat Reidemeister aber erst 1934 die Nachfolge Helmut Hasses in Marburg angetreten; er „nutzte das Jahr der zwangsweisen Passivität zu einem längeren Studienaufenthalt in Rom". Für weitere Details, u.a. eine Petition Blaschkes zugunsten Reidemeisters, die von Artin, Tietze, Wirtinger und Hasse, aber auch von anderen führenden Mathematikern wie Harald Bohr und Hermann Weyl mitunterzeichnet war, vgl. (Siegmund-Schultze 1998, 67 u. ö.).

[61] ♠ Der Richtigkeit der Hauptvermutung vertrauend, betrachtete Reidemeister die Wirkung des Gruppenrings der Fundamentalgruppe eines Zellkomplexes auf dem Kettenkomplex der universellen Überlagerung

früheren Arbeiten weiterführten, empfand Reidemeister aber die Einschränkungen des freien wissenschaftlichen Austauschs, die der Verlust vieler Kollegen und die fortschreitende Vergiftung des intellektuellen Klimas in Deutschland verursachten, deutlich. Auch für seine philosophischen Ideen war in diesem Klima kein Platz mehr. Die Anhänger des Wiener Kreises wurden des Bolschewismus verdächtigt, und praktisch alle seiner Mitglieder mußten emigrieren, sofern sie nicht - wie Schlick und Hahn - der frühzeitige Tod ereilte.[62] Reidemeister zog sich in eine Beschäftigung mit antiker Wissenschaft und Philosophie zurück. In den 40-er Jahren erschienen von ihm mehrere Schriften über griechische Mathematik und Philosophie. Aber nicht einmal in dieser historischen Distanz war er vor Angriffen sicher. Als Max Steck, ein philosophierender Anhänger der sogenannten „Deutschen Mathematik", 1945 eine Übersetzung des Kommentars des Neuplatonikers Proklos zum ersten Buch der Euklidschen Elemente herausgab, attackierte er in seinem Vorwort, das einen merkwürdigen Verschnitt platonischer Motive für einen „idealistischen Neuaufbau" der Mathematik mobilisierte, Reidemeisters „formalistische" Interpretation der antiken Mathematik.[63] Es war nicht die Zeit des exakten Denkens.[64]

Nach dem Ende des Krieges setzte sich Reidemeister wie wenige andere Mathematiker für einen kulturellen Neuanfang ein. Er publizierte wiederholt in der nur während eines kurzen Zeitraums erschienenen Monatsschrift *Die Wandlung*, welche Dolf Sternberger in Zusammenarbeit mit dem Philosophen Karl Jaspers, dem Soziologen Alfred Weber und anderen herausgab. Zu ihren Autoren zählte die Zeitschrift mit dem programmatischen Titel unter anderen Schriftsteller wie Günther Anders, Hannah Arendt, Max Frisch und Marie-Luise Kaschnitz. Aber auch die SS-Dokumente über die Vernichtung des Warschauer Ghettos und ähnliche Zeugnisse der Unmenschlichkeit fanden hier ihren ersten Publikationsort. Aus den kleinen Aufsätzen, die Reidemeister in der *Wandlung* veröffentlichte, kann man einiges über die Empfindungen eines Intellektuellen seines Schlages während der Jahre des „Überwinterns" lernen. Die Abwesenheit der Haltung selbständigen Denkens durchzieht dabei wie ein roter Faden seine Schilderungen der Zeit des Nationalsozialismus: „In diesem Raum hat die Dummheit eine schreckliche Macht." (Reidemeister 1947, 216). Die „Macht der Dummheit" fand Reidemeister selbst innerhalb der wissenschaftlichen Welt, in den mindestens anfänglich von der Regierung unterstützten Versuchen, eine „Deutsche" Physik und Mathematik zu etablieren. Aus solchen Erfahrungen leitete Reidemeister nun eine prinzipielle Forderung an einen demokratischen Staat ab, nämlich die, „die innere Öffentlichkeit der Wissenschaft als ein Grundrecht des Menschen durch Staatsautorität zu schützen" (Reidemeister 1946b, 1085). Aus dieser Forderung spricht persönliche Erfahrung. Die Entlassung in Königsberg, die intellektuelle Isolation in Marburg - beide beruhten auf der Verletzung dieses Grundrechts. Daß Reidemeister seine Forderung auf die *innere* Öffentlichkeit der Wissenschaft beschränkte, zeigt allerdings noch einmal die Distanz, die er zwischen der hohen Kultur wissenschaftlichen Denkens und der breiten, aus seiner Sicht weniger gebildeten

---

desselben, und leitete daraus eine notwendige und hinreichende Bedingung für die (kombinatorische) Homöomorphie zweier Linsenräume ab. Diese Idee wurde später von seinem Schüler W. Franz zur sogenannten „Reidemeister-Franz-Torsion" erweitert. Aber auch G. de Rham, H. Hopf und J. H. C. Whitehead haben Reidemeisters Ideen später aufgegriffen und verallgemeinert. ◆

[62] Für eine Übersicht vgl. z.B. (Geier 1992, 81 ff.).

[63] Vgl. die Einleitung Stecks zu (Proklos 1945).

[64] Ein weiteres Zeugnis des inneren Rückzugs während der Nazizeit sind vermutlich auch die belletristischen „Figuren" Reidemeisters, die kurz nach dem Krieg gedruckt wurden (Reidemeister 1946a).

Bevölkerung sah.[65]

Im Jahr 1955 fand Reidemeister in Göttingen noch einmal eine letzte neue Wirkungsstätte und eine letzte Generation von Schülern. Einige von diesen wandten sich wieder jenem Gebiet zu, das am Beginn von Reidemeisters topologischen Forschungen gestanden hatte: der Knotentheorie. In den Augen vieler seiner Kollegen war Reidemeister in seinen letzten Jahren jedoch ein Mensch, mit dem nicht leicht umzugehen war.[66] Seine Kraft, dem hohen, von elitären Zügen nicht freien Anspruch des „exakten Denkens" genügend die Entwicklung seiner Wissenschaft und seiner Zeit zu verfolgen, war wohl erschöpft. Reidemeister starb am 8. Juli 1971 in Göttingen. Im selben Jahr erschien seine letzte Publikation – ein Gedenkband für Hilbert, den Meister.

---

[65] Ein Schwerpunkt von Reidemeisters philosophischen Aktivitäten nach 1945 betraf ferner eine Kritik der Existenzphilosophie Heideggers (Reidemeister 1954). Soweit ich sehe, verhallte diese aber weitgehend ungehört.

[66] Eine Bemerkung Behnkes belegt, daß diese Schwierigkeiten aus den Erfahrungen der Nazizeit resultierten: „Seine Verbitterung gegen fast jedermann, die auch nach 1945 nicht geringer wurde – im Gegenteil hielt er damals ein gewaltiges Gericht ab – konnte ich nicht ertragen. So konnte ich ihm in seiner selbst gewählten Isolation nicht helfen." (Behnke 1978, 54.)

11 ÜBERLAGERUNGEN, HOMOLOGIE UND EIN KNOTENPOLYNOM: JAMES WADDELL ALEXANDER

> In conclusion, my main regret is that it has been so much easier to make up mathematical knots than to untie them.
>
> *James W. Alexander, 1932*

Als im Jahr 1926 Reidemeisters Artikel über die ersten berechenbaren Knoteninvarianten erschienen, sah sich ein anderer Mathematiker seiner Priorität beraubt: der in Princeton arbeitende Topologe James W. Alexander. In der Tat hatte er in einem Vortrag im Jahr 1920 beschrieben, wie die Torsionszahlen von Überlagerungen der Außenräume einiger einfacherer Knoten berechnet werden konnten, ohne diese Idee allerdings zu publizieren oder systematisch weiterzuverfolgen. Nun, nach dem Erscheinen von Reidemeisters Aufsätzen, arbeitete er zusammen mit seinem Studenten G. W. Briggs die alten Ideen systematisch aus. Auf diese Weise entstand ein zweiter Zugang zu berechenbaren Knoteninvarianten, der auf den ersten Blick jenem Reidemeisters eng verwandt ist, auf den zweiten aber interessante Unterschiede aufweist. Es zeigt sich, daß Alexander das epistemische Objekt der Überlagerungen von Knotenkomplementen, das er aus den Texten Heegaards und Tietzes kennengelernt hatte, nicht wie Reidemeister anhand der Fundamentalgruppe untersuchte, sondern mittels der zweiten von Poincaré entwickelten epistemischen Technik, der Homologie von Zellenzerlegungen.

In diesem Kapitel werden daher zunächst Alexanders erste Begegnungen mit dreidimensionalen Mannigfaltigkeiten und Knoten sowie die ihn leitende Perspektive auf diese Objekte beschrieben (11.1). Der zweite Abschnitt behandelt dann Alexanders und Briggs' Beitrag zur Klassifikation der Knoten, durch den auch die Knotentafeln des 19. Jahrhunderts endgültig in die moderne Knotentheorie integriert wurden. Obwohl Alexander und Briggs ihre Resultate auf fast dieselbe elementarisierte Weise präsentierten wie Reidemeister, führte doch die andere Perspektive zu anderen Resultaten. Vermutlich noch während der Arbeit an der Verifikation der Taitschen Tafeln stieß Alexander so auf eine einfach berechenbare Knoteninvariante ganz neuen Typs: auf das einem Knotendiagramm zugeordnete Polynom, welches bereits in der dritten Episode der Einleitung kurz vorgestellt wurde (11.2). Eine kurze Charakterisierung der Alexanderschen Forschungen mit Blick auf die Professionalisierung der Topologie und eine Gegenüberstellung mit Reidemeisters Arbeiten schließen das Kapitel (11.3).

11.1 Alexanders technische Perspektive

§ 99. Anregungen aus der alten Welt

James W. Alexander, am 19. September 1888 als Sohn eines Malers und einer Kunstliebhaberin geboren, erhielt seine mathematische Ausbildung an der Universität von Princeton.[1] Er studierte vor allem bei Oswald Veblen, einem Mathematiker, der sich massiv für die Rezeption sowohl des modernen, axiomatischen Stils der Mathematik als auch der Topologie Poincarés einsetzte und damit wesentlich zum Beginn des steilen Aufstiegs von Princeton zu einem mathematischen Zentrum von weltweiter Geltung beitrug.[2] Bereits als Doktorand und Assistent Veblens publizierte Alexander gemeinsam mit letzterem eine Arbeit über Poincarés neue topologische Begriffe und Techniken[3], und in einer Arbeit von 1915 schloß Alexander dann eine wesentliche Lücke in Poincarés kombinatorischer Berechnung homologischer Invarianten, indem er durch einen strengeren Beweis die von Poincaré nur sehr schwach begründete Behauptung absicherte, daß zwei verschiedene Zellenzerlegungen derselben Mannigfaltigkeit übereinstimmende Betti- und Torsionszahlen lieferten. Kurze Zeit später wirkte er bei einer Übersetzung der Heegaardschen Dissertation ins Französische mit.[4] Im Jahr 1917 meldete sich Alexander dann zum Kriegsdienst in der Armee der Vereinigten Staaten, und kurz darauf wurde er im technischen Dienst des „Ordnance Department" in Frankreich (vermutlich in Paris) stationiert (Lefschetz 1973).

Bereits kurz nach dem Krieg, noch während seines Aufenthalts in Paris, setzte Alexander seine topologischen Studien fort. Dabei wandte sich seine Aufmerksamkeit mehr und mehr den unbeantworteten Fragen Tietzes über dreidimensionale Mannigfaltigkeiten zu. Wahrscheinlich kannte Alexander die umfangreiche Arbeit Tietzes von 1908 schon aus seiner früheren Zusammenarbeit mit Veblen[5], und zweifellos hatte auch die Beschäftigung mit Heegaards Dissertation (in der ja etliche der von Tietze aufgegriffenen Themen schon angedeutet waren) ihm noch einmal die offenen Fragen über 3-Mannigfaltigkeiten ins Bewußtsein gerufen. Jedenfalls liest sich die Reihe der Arbeiten, die Alexander in den folgenden Jahren publizierte, wie eine Fortsetzungsgeschichte zur Beantwortung der Tietzeschen Fragen.

Die erste Frage, die Alexander im Dezember 1918 noch während seines Aufenthalts in Paris beantwortete, war die nach der Verschiedenheit der beiden „Linsenräume" $L(5, 1)$ und $L(5, 2)$. Die Beschreibung, die er seiner Antwort zugrundelegte, war diejenige Heegaards (den er auch in

---

[1] Zu Alexander existiert bislang wenig biographische Literatur. Vgl. die Nachrufe (Lefschetz 1973) und (Cohen 1973). Beide gehen auf die Arbeiten, die sich mit Knoten beschäftigten, nur sehr am Rande ein. Dasselbe gilt für Herremans semiotische Analyse einiger Texte Alexanders zur Homologie (Herreman 1997).

[2] Über Veblens Rolle für Princeton vgl. z.B. (Aspray 1988) oder (Parshall und Rowe 1994, 438 ff.).

[3] ♠ Das Hauptergebnis dieser Arbeit war der Beweis eines dem Poincaréschen entsprechenden Dualitätssatzes für nichtorientierbare Mannigfaltigkeiten. Dazu betrachteten Veblen und Alexander die Homologie von Ketten mit Koeffizienten modulo 2, eine Technik, die bereits in (Tietze 1908) angedeutet und auf nichtorientierbare Mannigfaltigkeiten angewandt wurde (Alexander und Veblen 1913). ♠

[4] Vgl. (Heegaard 1916, 163).

[5] Darauf deutet nicht nur die Verwendung von Ketten modulo 2 und das Thema der nichtorientierbaren Mannigfaltigkeiten hin, sondern auch die Wahl der kombinatorischen Invarianz homologischer Invarianten als Arbeitsthema. Alexander, darin ein typischer Vertreter des modernen mathematischen Schreibstils, zitierte seine Quellen jedoch generell nur äußerst spärlich.

einer Fußnote ausdrücklich erwähnte), d.h. die betroffenen Mannigfaltigkeiten wurden durch die Verheftung zweier Volltori definiert. Alexanders Argument besaß die Form eines Widerspruchsbeweises: Wären $L(5, 1)$ und $L(5, 2)$ homöomorph, so müßten zwei unterschiedliche Zerlegungen dieser Mannigfaltigkeit durch zwei Torusflächen T und T' in je zwei Volltori möglich sein, die den beiden definierenden Verheftungen korrespondierten; dabei konnte angenommen werden, daß T und T' sich gegenseitig nicht schnitten. Durch Betrachtung der homologischen Eigenschaften der beiden die Verheftungen charakterisierenden Kurven auf T und T' gewann Alexander daraus eine unerfüllbare zahlentheoretische Bedingung, so daß die Annahme der Homöomorphie dieser beiden Räume mit übereinstimmender Fundamentalgruppe falsch sein mußte.[6]

§ 100. Dreidimensionale Mannigfaltigkeiten als verzweigte Überlagerungen der dreidimensionalen Sphäre

Wie im achten Kapitel erläutert, hatte Tietze bei der Diskussion der Linsenräume auch Wirtingers Beschreibung dieser Räume mitgeteilt, nämlich als über zwei verketteten Kreisen verzweigte Überlagerungen der dreidimensionalen Sphäre S^3. Damit verknüpft war die weitere Frage Tietzes, ob sich *jede* geschlossene, orientierte 3-Mannigfaltigkeit als verzweigte Überlagerung der S^3 darstellen lasse (§ 81, IV). Ein Jahr nach seiner Arbeit über die Linsenräume beantwortete Alexander, nun wieder in den Vereinigten Staaten, auch diese Frage in einer kurzen „Note on Riemann Spaces" positiv (Alexander 1920). Genau wie in dem von Tietze mitgeteilten Argument Wirtingers[7] gelang Alexander der wichtigste Schritt im Nachweis dieses allgemeinen Satzes durch eine überraschend einfache Betrachtung von geeigneten Zerlegungen einer Mannigfaltigkeit durch tetraedrische Zellen. Daß eine solche (heute Triangulierung genannte) Zerlegung stets möglich war, nahm Alexander ohne weiteres an. Er bewegte sich hier (wie auch in seinen anderen Texten) in der von Poincaré geschaffenen und von Tietze ausgebauten epistemischen Konfiguration der kombinatorischen Topologie, ohne diese allerdings so abstrakt zu fassen wie von (Dehn und Heegaard 1907) vorgeschlagen.[8]

Alexanders Argument ging aus von einer tetraedrischen Zerlegung mit den Ecken A_1, A_2, ..., A_k, wobei er voraussetzte, daß keine zwei Ecken desselben Tetraeders in denselben Punkt der Mannigfaltigkeit fielen. Den Tetraedern der Zerlegung sollte ferner eine konsistente Orientierung zugeschrieben sein. Dann stellte sich Alexander eine folgendermaßen konstruierte Abbildung auf die S^3 vor: In dem durch einen Punkt im Unendlichen geschlossenen dreidimensionalen Raum seien Punkte P_1, P_2, ..., P_k in allgemeiner Lage gewählt, d.h. so, daß je vier von ihnen durch Einführung aller Ebenen, welche drei der vier Punkte enthalten, den (geschlossenen) Raum in zwei tetraedrische Gebiete zerlegen. Indem jedem Punkt A_i der Punkt P_i zugeordnet wurde, konnte jedes Tetraeder $A_i A_j A_l A_m$ der Zerlegung der gegebenen Mannigfaltigkeit in der Weise auf eines der beiden durch die Ecken $P_i P_j P_l P_m$ definierten Tetraeder im gewöhnlichen

---

[6] (Alexander 1919). Das Argument Alexanders wird in (Volkert 1994, 192-196) näher beschrieben und kommentiert.

[7] Vgl. § 81. Diesmal erwähnte Alexander nicht nur Heegaards Dissertation, sondern auch ausdrücklich die Arbeit (Tietze 1908).

[8] „We know that a 3-dimensional manifold can always be built up out of the points and boundary points of a finite number of tetrahedral regions by suitably matching together in pairs the triangular faces of the bounding tetrahedra." (Alexander 1920, 370.)

Raum abgebildet werden, daß die Orientierung der Tetraeder der Mannigfaltigkeit mit der kanonischen Orientierung der Bildtetraeder im Raum übereinstimmte, mit anderen Worten, so daß Punkten, welche auf zwei verschiedenen Seiten der Randfläche eines Tetraeders der Mannigfaltigkeit lagen, stets Punkte auf unterschiedlichen Seiten der Bildfläche zugeordnet wurden. Eine solche Abbildung lieferte offensichtlich eine höchstens über dem System der Kanten zwischen den Punkten P_i verzweigte Überlagerung der S^3. Damit glaubte Alexander aber im Wesentlichen fertig zu sein: „It is easy to show," setzte er fort „that, without modifying the topology of the space, the branch system may be replaced by a set of simple, non-intersecting, closed curves such that only two sheets come together at a curve. These curves may, however, be knotted and linking." (Ebd., 372.)

Diese Abkürzung ist interessant, da sie vermutlich ein *anschauliches* Argument verbirgt, das kombinatorisch nicht leicht streng auszuführen war. Wie R. H. Fox später hervorhob, konnte die Lücke in Alexanders Beweis durch den Hinweis auf ein klassisches Argument von W. K. Clifford geschlossen werden, nach welchem jede geschlossene *Riemannsche Fläche* – als verzweigte Überlagerung der S^2 verstanden – in eine Überlagerung mit „einfachen" Verzweigungspunkten (an welchen lediglich zwei Blätter der Fläche transponiert werden) deformiert werden konnte.[9] Betrachtete man nun den „Riemannschen Raum", den Alexander gefunden hatte, als stetige Familie Riemannscher Flächen (etwa indem die gefundene Überlagerung auf durch den Basisraum gelegte, in einer parallelen Schar variierende Ebenen eingeschränkt wurde) und wandte auf jede dieser Flächen die Cliffordsche Deformation an, so ergab sich offenbar eine neue verzweigte Überlagerung der S^3, deren Verzweigungsgebilde ebenfalls „einfach" und infolgedessen auch selbst unverzweigt war. Daß ein solches Argument Alexander zugeschrieben werden kann, ist vor allem deshalb wahrscheinlich, weil er sich kurze Zeit später selbst explizit auf das Bild einer verzweigten Überlagerung der S^3 als einer stetigen Familie Riemannscher Flächen stützte, wie wir gleich sehen werden.

So knapp und unvollständig das Argument aus heutiger Sicht auch scheinen mag, zeigte es doch, daß das von Heegaard, Wirtinger und Tietze beschriebene Verfahren zur Konstruktion „Riemannscher Räume" als eine *universelle* Konstruktionstechnik für (geschlossene, orientierte) dreidimensionale Mannigfaltigkeiten eingesetzt werden konnte: Man wähle eine Verkettung in S^3 und verhefte mehrere Kopien der etwa längs des Wirtingerschen Halbzylinders aufgeschnittenen S^3 mit vorgeschriebener Monodromie. Vergleichbare Techniken zur Konstruktion von Mannigfaltigkeiten gab es immer noch wenige, und sie waren zudem schwierig zu handhaben. Die Poincarésche Technik der Zellenzerlegung (Triangulierung) war für manche Zwecke zu allgemein, während andererseits die Resultate der von Heegaard[10] beschriebenen Technik der Verheftung zweier Henkelkörper außer in einfachen Fällen schwer zu kontrollieren waren.[11]

Die Wiener epistemischen *Objekte* und mit ihnen Knoten und Verkettungen rückten damit noch einmal in neues Licht: sie wurden zumindest potentiell zu Elementen einer neuen epistemischen *Technik* der dreidimensionalen Topologie. Daher ist es nicht überraschend, daß Alexander ihr Studium in der folgenden Zeit in verschiedener Hinsicht vertiefte. Zu einem besseren Verständnis der neuen Darstellungsform dreidimensionaler Mannigfaltigkeiten war es aber auf jeden

---

[9] Vgl. (Fox 1962b, 213); Cliffords Argument findet sich in (Clifford 1877).

[10] Und etwas früher in unnötig allgemeiner Form schon von W. Dyck, vgl. (Pont 1974, 132 f.).

[11] Das machte z.B. die langwierige Diskussion der auf diesem Weg konstruierten Poincaré-Sphäre klar.

Fall erforderlich, die Ausgangsobjekte der Konstruktion besser zu verstehen, d.h. die Knoten und Verkettungen selbst. Sobald die Frage jedoch so herum gestellt war, nahmen gewisse Aussagen Heegaards und Tietzes eine andere Bedeutung an. So hatten ja beide z.B. die zweiblättrigen Überlagerungen der S^3, die einmal längs eines unverknoteten Kreises und einmal längs einer Kleeblattschlinge verzweigt waren, beschrieben. Diese eindeutig bestimmten Mannigfaltigkeiten (es blieb ja keine Wahl mehr für eine Variation der Monodromie) waren im ersten Fall wieder S^3, im zweiten der Linsenraum $L(3, 1)$ (vgl. § 77). Weder Heegaard noch Tietze hatten allerdings darauf aufmerksam gemacht, daß daraus ein Beweis für die Nichtauflösbarkeit der Kleeblattschlinge gemacht werden konnte: falls nämlich ein Selbst-Homöomorphismus φ der S^3 eine Kleeblattschlinge K auf einen Kreis abbilden würde, dann müßte auch ein Homöomorphismus der über K bzw. einem Kreis verzweigten Überlagerungen $L(3, 1)$ und S^3 existieren, nämlich der, welcher die beiden über $x \in S^3 - K$ liegenden Punkte in die beiden über $\varphi(x)$ liegenden Punkte abbildete und auf K mit φ übereinstimmte.

Eine Verallgemeinerung dieser Einsicht (die, wie gesagt, lediglich eine Neuinterpretation vorhandenen Wissens war) trug Alexander im November 1920 vor der National Academy of Sciences der USA vor, ohne daß je eine Ausarbeitung dieses Vortrags erschienen wäre; dies gab später den Grund für die Irritation um die Priorität bei der Konstruktion der Torsionsinvarianten von Knoten. Eine kurze diesbezügliche Bemerkung Veblens in seinem 1922 erschienenen Buch *Analysis situs* und Alexanders spätere Darstellung decken sich insofern, als sie angeben, daß Alexander in seinem Vortrag zeigte, daß die Invarianten einer n-blättrigen, zyklisch über einem Knoten verzweigten Überlagerung auch Invarianten des Knotens waren (dies ist eben die Verallgemeinerung des obigen Arguments).[12] Alexander beanspruchte ferner, die Betti-Zahlen und Torsionszahlen einiger Beispiele berechnet zu haben und damit einige Knoten voneinander unterschieden zu haben. Auch das war nach der Vorarbeit Heegaards und Tietzes nicht weiter schwierig. Es bleibt dagegen festzuhalten, daß Alexander nicht beanspruchte, ein *allgemeines* Berechnungsverfahren für eine dieser Invarianten angegeben zu haben. Wie gesagt, galt Alexanders Interesse vermutlich mehr dem Verständnis verzweigter Überlagerungen als der Klassifikation der Knoten oder Verkettungen.[13]

Etwas mehr als zwei Jahre später kam Alexander auf diese Fragestellung zurück.[14] Er zeigte nun, daß das System der Verzweigungskurven stets in jener topologisch übersichtlichen Gestalt gewählt werden konnte, die Emil Artin kurz darauf als geschlossenen Zopf bezeichnete. Auch wenn Alexander sein Resultat als „A lemma on systems of knotted curves" ankündigte, d.h. als den Satz, daß jede Verkettung S im dreidimensionalen euklidischen Raum isotop zu einem System S' von Kurven war, welche sich in einem bestimmten Drehsinn um eine feste Achse (und beliebig umeinander) wanden[15], ging es ihm doch, wie das schon im ersten Absatz angekündigte

---

[12] Vgl. (Veblen 1922, ch. V, § 44) und (Alexander und Briggs 1927, § 1, Anm. §).

[13] Wenn dieses Bild stimmt, ist auch erklärbar, warum es nicht zu einer Veröffentlichung kam. – Stillwells Bemerkung, daß Alexander bereits 1920 die meisten Resultate der Arbeit (Alexander und Briggs 1927) erhalten habe, scheint auf einem Mißverständnis der dort erhobenen Ansprüche Alexanders zu beruhen (Stillwell 1980, 229 f.).

[14] In der Zwischenzeit arbeitete er den heute nach ihm benannten Dualitätssatz aus.

[15] Das entsprechende Lemma, das zuerst Heinrich Weith 1876 in seiner Dissertation formulierte (§ 57) und das sich auch aus Brunns Vortrag auf dem Internationalen Kongreß von 1897 leicht ergab (§ 60), scheint Alexander nicht gekannt zu haben.

Endresultat der kurzen Note zeigt, wieder um dreidimensionale Mannigfaltigkeiten. Als Folgerung aus seinem Lemma erhielt er nämlich einen Satz, der seine frühere Konstruktionstechnik
für 3-Mannigfaltigkeiten verbesserte: *„Every 3-dimensional closed orientable manifold may be
generated by rotation about an axis of a Riemann surface with a fixed number of simple branch
points, such that no branch point ever crosses the axis or merges into another.“* (Alexander 1923,
94.) Alexanders späterer Kollege in Princeton, der algebraische Geometer und Topologe Solomon
Lefschetz, bestätigte in seinem Nachruf auf Alexander, daß dieser hoffte, anhand des erhaltenen Resultats eine systematische Technik zum Studium dreidimensionaler Mannigfaltigkeiten
entwickeln zu können.[16] Die Formulierung des Satzes zeigt auch, daß Alexander die Idee einer
stetigen Deformation Riemannscher Flächen durch Zopfbewegungen vertraut war. Dagegen legt
das völlige Fehlen einer gruppentheoretischen Untersuchung der erhaltenen Objekte nahe, daß
Alexander sich den diesbezüglichen Inhalt der Hurwitzschen Arbeit von 1891 *nicht* zu eigen
gemacht hatte.

Hier sei noch kurz das einfache Argument Alexanders für sein Lemma nachgetragen, weil
es zeigt, wie Alexander begann, mit denselben elementaren Deformationen von Raumkurven
und ebenen Diagrammen von Verkettungen zu arbeiten, die auch Reidemeister zum Kern seiner
„elementaren Begründung“ der Knotentheorie machte.[17]

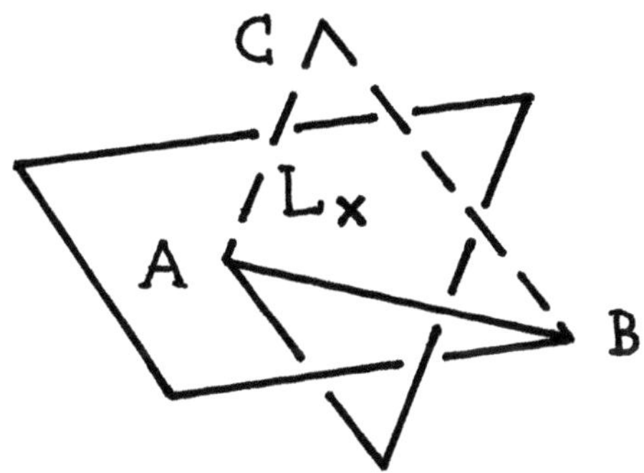

Fig. 11.1: Alexanders Argument durch Dreiecksersetzung

Alexander schlug zunächst vor, die Verkettung S durch eine ebene Projektion S_π mit einfachen
Doppelpunkten und passend markierten Kreuzungen zu „visualisieren“ (ebd., 93). Obwohl er es
nicht ausdrücklich forderte, ist davon auszugehen, daß er an stückweise lineare Diagramme, d.h.
Polygonzüge dachte. Das wird auch durch den nächsten Schritt nahegelegt, in dem Alexander
verlangte, einen Punkt L in der Ebene von S_π zu wählen, und zwar „so chosen as not to be
collinear with any segment of S_π“. Alexander verfolgte dann einen Vektor LP von L zu einem
in einer bestimmten Orientierung auf den Komponenten von S_π bewegten Punkt P. Dieser wird
sich auf manchen Abschnitten σ von S_π *mit* dem Uhrzeigersinn drehen, in anderen *dagegen*.

---

[16] Durch obigen Satz, so Lefschetz, „Alexander hoped to introduce a methodology into the study of
3-dimensional manifolds, but no one has yet succeeded in carrying out this interesting program“ (Lefschetz
1973, 112). Lefschetz, der kurz vor der Veröffentlichung des Nachrufs starb, hatte sich bei der Abfassung
von R. H. Fox helfen lassen. Da Fox ebenfalls die genannte Hoffnung hegte, ist diese Beurteilung der
Alexanderschen Zielsetzung allerdings nur mit etwas Zurückhaltung als Beleg zu werten.

[17] Der anschauliche Kern des Arguments ist übrigens derselbe wie bei Weith (vgl. § 57).

Die Grundidee war nun, alle Abschnitte, in welchen letzteres der Fall war, sozusagen über den Punkt L zu werfen und so die Drehrichtung umzukehren. Dies mußte natürlich so geschehen, daß die eventuell vorhandenen Kreuzungen nicht im Weg standen. Also zerlegte Alexander alle Abschnitte σ mit dem falschen Drehsinn so in kleine Teilsegmente σ_i, daß jedes solche σ_i höchstens *eine* Kreuzung passierte. Waren dann A und B die Endpunkte von σ_i und C ein Punkt mit der Eigenschaft, daß L im Innern des Dreiecks ABC lag, so konnte $\sigma_i = AB$ ersetzt werden durch die Strecken AC und CB, wobei alle eventuell mit andern Bögen von S_π auftretenden Kreuzungen entweder *oberhalb* oder *unterhalb* passiert wurden, je nachdem ob σ_i selbst einen andern Bogen *überkreuzte* oder *unterkreuzte* (Fig. 11.1 illustriert eine solche Ersetzung). Falls σ_i keinen andern Bogen kreuzte, war es gleichgültig, welche dieser beiden Möglichkeiten gewählt wurde. So konnten schrittweise alle Segmente mit dem falschen Drehsinn eliminiert werden. Es resultierte eine Projektion S_π', deren Urbilder S' im Raum die gewünschte Eigenschaft hatten.

Alexander schloß seine Notiz mit einer Bemerkung, die zeigte, daß er allmählich auch begann, sich für Knoten und Verkettungen selbst zu interessieren: „It is believed that other applications of the lemma will suggest themselves in connection with the classification of knotted and interlacing systems of curves." Auf Artins zwei Jahre später veröffentlichte „Theorie der Zöpfe" scheint Alexander allerdings nicht weiter reagiert zu haben.

§ 101. *Wildnis und Wohlverhalten*

Vier Jahre später griff Alexander das Thema der Zerlegungen einer dreidimensionalen Mannigfaltigkeit durch Tori noch einmal auf, das ihm bei seiner Unterscheidung der Linsenräume $L(5, 1)$ und $L(5, 2)$ als Hilfsmittel gedient hatte. Anlaß war vermutlich das Studium der Konstruktion einer „wilden" Punktmenge im $\mathbb{R}^3$ bzw. der 3-Sphäre, welche der französische Mathematiker Louis Antoine im Jahr 1921 angegeben hatte. In einer Serie von drei im November 1923 im Abstand von wenigen Tagen eingereichten Noten gab Alexander zunächst Bedingungen, unter denen solche wilden Konstruktionen ausgeschlossen wurden, beschrieb dann Antoines Beispiel neu und zog einige erstaunliche Folgerungen, und gab schließlich ein stark vereinfachtes Beispiel einer „wilden" in der S^3 liegenden 2-Sphäre, die heute als „Alexanders gehörnte Kugel" bekannt ist.[18] In allen diesen Fällen bildete wie bei Tietzes wildem Knoten eine Iteration von Verkettungen, die heute auch als „fraktal" beschrieben werden könnte, das Grundmotiv.

Antoines Punktmenge war durch eine Iteration der in Fig. 11.2 gezeichneten Figur konstruiert, welche eine geschlossene Kette von Tori zeigt, die in der angegebenen Weise in einem größeren Torus im Raum bzw. der S^3 liegen (Antoine 1921, § 78). Wurde innerhalb jedes kleinen Torus dieselbe Konfiguration imaginiert und so in einem festen Verkleinerungsmaßstab immer weiter fort, dann ergab sich ein System ineinanderliegender Tori mit unbegrenzt abnehmenden Radien. Die Menge Σ aller Punkte, die gleichzeitig in *allen* diesen Tori lagen, bildete die von Antoine betrachtete Menge. Sie hatte „offensichtlich" die Eigenschaft, daß jeder Torus des betrachteten Systems die Menge in zwei durch einen positiven Abstand getrennte Teilmengen zerlegte[19], während andererseits jede in den Raum eingebettete Fläche vom Geschlecht Null, die sowohl

---

[18] (Alexander 1924c). Für eine Beschreibung dieses Beispiels, das ich hier übergehe, vgl. etwa (Rolfsen 1976, 73–81). Dort finden sich auch schöne Zeichnungen der nachfolgend beschriebenen Gebilde.

[19] (Ebd., § 79.) In der Sprache Cantors, die Antoine benützte, war σ eine total unzusammenhängende, perfekte Menge.

einen Punkt von Σ im Innern als auch einen im Äußeren enthielt, mit Σ mindestens einen Schnittpunkt besitzen mußte (ebd., § 80).

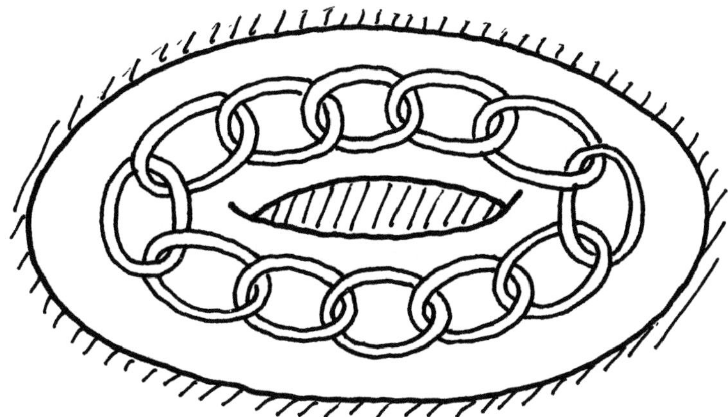

Fig. 11.2: Zur Konstruktion der Antoineschen Punktmenge

Alexander betrachtete nun eine Fläche Σ_0, die in folgender Weise iterativ konstruiert war: Im Äußeren des großen Torus der obigen Figur sei eine 3-Zelle gewählt, deren Rand mit der Torusfläche eine 2-Zelle (eine Scheibe) gemeinsam hat. In dieser Scheibe seien ebensoviele kleinere Scheiben ausgezeichnet, wie kleine Tori vorhanden sind. Jede dieser Scheiben sollte dann durch eine zwischen dem äußeren und den inneren Tori liegende 3-Zelle mit einer kleinen Scheibe auf je einer der kleinen Torusflächen verbunden werden; alle diese 3-Zellen sollten ferner disjunkt sein. Ergebnis dieser Erweiterung war eine von einer Fläche vom Geschlecht Null berandete 3-Zelle, die jeden der kleinen Tori in einer Scheibe berührte. Die sich bei Iteration dieser Erweiterung ergebende Grenzfläche war die gesuchte einfach zusammenhängende Fläche Σ_0. Auf ihrer Oberfläche lag die gesamte Menge Σ.

Diese Konstruktion hatte zwei merkwürdige Konsequenzen. Zum einen war die Fundamentalgruppe des Äußeren von Σ_0 (in S^3) eine unendlich erzeugte Gruppe, d.h. dieses Gebiet konnte nicht homöomorph zum Innern einer Vollkugel sein, wie eigentlich zu erwarten war. (Alexander 1924b, Theorem 1). Zum andern, und das betraf wieder eine Art wilder Knoten, existierte aufgrund eines punktmengentheoretischen Satzes von Denjoy eine Jordan-Kurve J auf Σ_0, die alle Punkte von Σ stetig miteinander verband. Obwohl diese Kurve die topologisch der S^2 äquivalente Fläche Σ_0 in zwei Gebiete zerlegte und also (mengentheoretisch) eine Scheibe berandete, war doch auch die Fundamentalgruppe von $S^3 - J$ eine unendlich erzeugte Gruppe (ebd., Theorem 2)! Dieses Beispiel zeigte noch einmal drastisch, daß die von Tietze und Dehn betrachtete Zuordnung von Knotenlinien und Gruppen nur für genügend glatte Kurven (und Flächen) die gewünschten Resultate lieferte.

Zur Umgrenzung eines Bereichs, innerhalb dessen solche modernen „Monster" aus der epistemischen Konfiguration der Topologie ausgesperrt blieben[20], gab Alexander in seiner ersten Note

---

[20] Es handelt sich in der Tat um einen typischen Fall einer „Monstersperre" im Sinne von (Lakatos 1976/1979).

zwei Sätze an. *Polyedrische*, d.h. aus ebenen, endlich vielen polygonalen Seiten zusammengesetzte Flächen in S^3 vom Geschlecht Null zerlegten, so zeigte Alexander, die 3-Sphäre in zwei 3-Zellen. Ebenso zerlegten polyedrische Flächen vom Geschlecht 1 die S^3 in einen Volltorus und ein Knotenkomplement.[21] Damit war nicht nur eine weitere Frage Tietzes beantwortet, sondern auch das 1907 von Dehn ohne Beweis herangezogene Kriterium im Nachhinein als richtig erwiesen, mit welchem Dehn begründet hatte, daß die Verheftung zweier Knotenkomplemente längs ihres Randtorus niemals eine 3-Sphäre sein konnte (vgl. § 82).

Wenige Wochen später richtete sich Alexanders Aufmerksamkeit wieder auf die Torsionsinvarianten dreidimensionaler Mannigfaltigkeiten. In einer kurzen, im Januar 1924 eingereichten Note gab Alexander noch eine weitere Möglichkeit an, wie zwischen 3-Mannigfaltigkeiten mit derselben Fundamentalgruppe unterschieden werden konnte, sofern dieselben Torsionselemente besaßen, d.h. geschlossene Kurven, welche selbst nicht nullhomolog waren, aber mehrfach genommen eine Fläche berandeten. Die möglichen Verschlingungen solcher Kurven miteinander, so zeigte Alexander, lieferten topologische Invarianten der betrachteten Mannigfaltigkeiten. ♠ Besaß eine Mannigfaltigkeit einen Torsionskoeffizienten τ und bildeten y_1, y_2, ..., y_k eine lineare Basis der τ-fach genommen nullhomologen orientierten Kurven (1-Zykeln) der Mannigfaltigkeit, so existierten also orientierte Flächen (2-Ketten) z_1, z_2, ..., z_k, so daß der Rand von z_i gerade aus τy_i bestand. Diese Flächen konnten stets so gewählt werden, daß der Durchschnitt des Innern von z_i mit y_i leer war, während mit den anderen Kurven y_j, $j \neq i$, nur einfache, transversale Schnittpunkte auftraten, denen entsprechend der Orientierung ein Vorzeichen $+$ oder $-$ gegeben werden konnte. Alexander ordnete nun jedem Paar (y_i, z_j) die entsprechende *Schnittzahl* π_{ij} zu, d.h. die modulo τ betrachtete Summe der durch die Orientierungen festgelegten Vorzeichen aller Schnittpunkte von y_i mit z_j (Alexander 1924d). Jede Schnittzahl π_{ij} konnte geometrisch auch als Verschlingungszahl der beiden Zykeln y_i und y_j gedeutet werden.[22] Zu jedem Torsionskoeffizienten τ konnte eine solche Matrix gebildet werden, und das System aller dieser „Tensoren", wie Alexander formulierte, bildete eine topologische Invariante der betrachteten Mannigfaltigkeit, sofern die verbleibende Freiheit in der Wahl der Flächen z_i angemessen berücksichtigt wurde. Es war nicht schwer, diese Invarianten für die Linsenräume $L(5, 1)$ und $L(5, 2)$ auszurechnen und so noch einmal zu zeigen, daß sie verschieden waren.[23] ♠

---

[21] (Alexander 1924a). ♠ Genaugenommen zeigte Alexander seine Sätze sogar für eine größere Klasse von Flächen, die er mit Hilfe der Möbiusschen Sichtweise durch eine stetige Familie paralleler Ebenenschnitte bestimmte (damit bestätigte er übrigens nochmals, daß ihm diese Argumentationsfigur vertraut war, vgl. § 100). Wie Möbius stellte Alexander an diese Schnitte gewisse, die auftretenden Singularitäten einschränkende Bedingungen. ♠

[22] Während *Schnittzahlen* schon für Poincaré ein wichtiges Werkzeug darstellten, war die Idee der *Verschlingungszahlen* von allem von Brouwer, zunächst für nullhomologe Kurven im gewöhnlichen Raum, in die kombinatorische Topologie eingeführt worden (Brouwer 1912); natürlich als moderne Aufnahme der zuerst von Gauß diskutierten Verschlingungszahl. Verschlingungszahlen bildeten auch das entscheidende Hilfsmittel in Alexanders Beweis seines Dualitätssatzes von 1922.

[23] In ganz ähnlicher Weise konstruierte Alexander um dieselbe Zeit noch weitere Schnittzahl-Invarianten von Mannigfaltigkeiten.

11.2 Knoteninvarianten und die Verifikation der Taitschen Tafeln

§ 102. Torsionszahlen

Alexanders Arbeiten zeigen deutlich, daß bis zu diesem Zeitpunkt sein vorwiegendes topologisches Interesse dreidimensionalen Mannigfaltigkeiten und dem Ausbau der zu ihrem Studium dienenden Techniken galt. Das Thema der Klassifikation der Knoten und Verkettungen hatte dagegen eher am Rande, und am ehesten ebenfalls im Rahmen der Untersuchung von 3-Mannigfaltigkeiten, eine Rolle gespielt. Nachdem im Jahr 1926 Reidemeisters Artikel über Knoten, Gruppen und die „elementare Begründung" der Knotentheorie erschienen, änderte sich Alexanders Einstellung. Natürlich konnte ihm nicht entgehen, daß trotz der teils gruppentheoretischen, teils diagramm-kombinatorischen Sprache, in welcher Reidemeister seine Resultate mitgeteilt hatte, das Studium der Alexander wohlvertrauten *Überlagerungen* von Knotenkomplementen zu diesen Resultaten geführt hatte. Dies gab Alexander den Anlaß, seine früheren Überlegungen über die homologischen Invarianten dieser Überlagerungen noch einmal vorzunehmen und auszuarbeiten, unterstützt von seinem Studenten G. W. Briggs. Ende April 1927 reichten sie ihre eigene Version der Berechnung der Torsionszahlen der zyklischen Überlagerungen von Knotenkomplementen bei den *Annals of Mathematics* ein.

Die einleitende Passage des Artikels zeigt, daß Alexander und Briggs bei ihren Lesern noch nicht voraussetzten, daß das Problem der Klassifikation der Knoten zum vertrauten Bestand topologischer Probleme gerechnet wurde. Wie Reidemeister betonten sie: „Very little progress seems to have been made [...] toward finding definite, calculable invariants which distinguish one type of knot from another, though classified tables of the more elementary knots have been arrived at by somewhat empirical methods." (Alexander und Briggs 1927, 562.) Mit der letzten Bemerkung waren die Tafeln Taits, Kirkmans und Littles gemeint, und ein wesentliches Resultat der nun vorgelegten Arbeit bestand in der partiellen Verifikation dieser Tafeln anhand der neuen Techniken. Reidemeisters Berechnung von Torsionsinvarianten dagegen war, wie Alexander und Briggs behaupteten, nur eine „Wiederentdeckung" der in Alexanders Vortrag von 1920 erläuterten Ideen (vgl. oben, § 100). Was auch immer der Hintergrund dieses Prioritätsanspruchs sein mag, lieferte der vorgelegte Artikel doch ein weiteres Berechnungsverfahren für die Torsionszahlen von Knoten. Dieses weicht zwar im Detail von dem Reidemeisterschen ab, sein Stil fußt jedoch deutlich (aber ohne dies klar zu sagen) auf Reidemeisters „elementarer Begründung". Wie dort wurden auch von Alexander und Briggs die epistemischen Objekte „Knoten" als räumliche Polygonzüge definiert, dann aber durch ebene, polygonale Diagramme technisch faßbar gemacht. Entsprechend wurde die Äquivalenz von Knoten zunächst durch räumliche Dreiecksdeformationen definiert und anschließend durch die von Reidemeister angegebenen elementaren Diagrammdeformationen technisch greifbar gemacht. Und genau wie Reidemeister die Überlagerungen von Knotenkomplementen nur noch am Rande, im Zug einer „Interpretation" der erhaltenen Ergebnisse erwähnte, so waren auch Alexander und Briggs stolz darauf, „to obtain the torsion numbers of a knot by direct, elementary considerations, without appealing to the idea of a Riemann covering spread." (Ebd.)

Trotzdem handelte es sich auch hier um die sekundäre Elementarisierung einer zunächst an dem komplexeren epistemischen Objekt der Überlagerungen ausgeführten Überlegung, wie nicht zuletzt Alexanders Prioritätsanspruch zeigt. Eine Gleichung „Wirtingers Objekt + Poincarés

Technik = Alexanders und Briggs' Invarianten" könnte auch hier aufgestellt werden, allerdings mit einem etwas anderen Sinn: Diesmal wurde nicht die *Fundamentalgruppe*, sondern mittels einer modifizierten Form der entsprechenden Poincaréschen Technik die *homologischen* Invarianten einer Zellenzerlegung berechnet. Da diese abweichende technische Perspektive eine entscheidende Rolle für Alexanders nur wenig später erfolgte Konstruktion einer polynomialen Knoteninvariante spielte, sei das Vorgehen auch diesmal knapp erläutert und am Fall der Kleeblattschlinge illustriert. Als methodische Hilfe zur Rekonstruktion der einzelnen Schritte der Überlegungen von Alexander und Briggs dient auch hier eine Inversion der Ordnung des Textes.[24]

Jene topologische Überlegung, deren Ansatz Alexander vermutlich schon mehrere Jahre früher beschrieben hatte, findet sich im vorletzten Paragraphen der Arbeit, unmittelbar vor der abschließenden Mitteilung der konkreten Ergebnisse über die Knoten der Taitschen Tafeln. Kurz zusammengefaßt bestimmten Alexander und Briggs ausgehend von einem Knotendiagramm eine Zellenzerlegung der über diesem Knoten verzweigten, n-fach zyklischen Überlagerung J_n der 3-Sphäre und vereinfachten dieselbe dann „in order to calculate the topological invariants of the covering space J_n with a minimum of effort" (ebd., § 10).

♠ Im ersten Schritt gaben die Autoren eine Zellenzerlegung der S^3 an, die einem von jetzt an fest gegebenen Knoten bzw. einem regulären Diagramm desselben angepaßt war. Dabei wählten sie nicht die durch den Heegaard-Wirtingerschen Halbzylinder gegebene Zerlegung, sondern die in Fig. 11.3 für den Fall des Kleeblattknotens angedeutete. Für einen Knoten, der auf ein Diagramm mit ν Kreuzungen $x_1, \ldots, x_\nu$ und $\nu+1$ endlichen Gebieten $R_0, \ldots, R_\nu$ projiziert werden konnte, besaß diese Zerlegung die 2ν Eckpunkte P_α und Q_α, welche auf dem überkreuzenden bzw. dem unterkreuzenden Bogen über der Kreuzung x_α lagen. Die 1-Zellen der Zerlegung waren die 2ν Bögen des Knotens zwischen den eben genannten Punkten, sowie die ν Strecken $P_\alpha Q_\alpha$. Als 2-Zellen wurden $\nu + 1$ über den Diagrammgebieten R_σ liegende, von den entsprechenden Bögen des Knotens und Strecken $P_\alpha Q_\alpha$ berandete Flächen S_σ gewählt. Das Komplement des Systems aller dieser Zellen lieferte die einzige 3-Zelle C der Zerlegung.

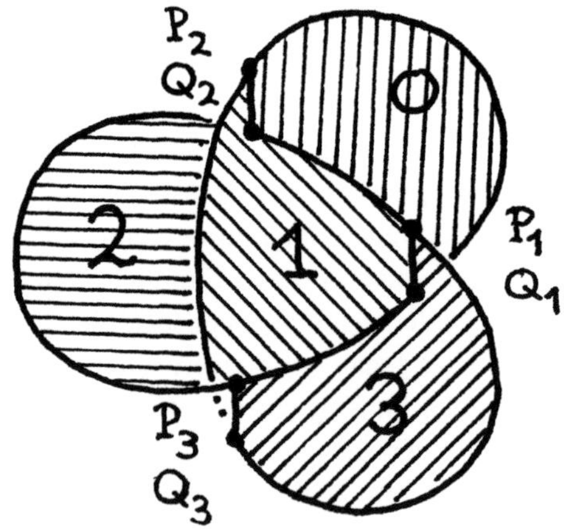

Fig. 11.3: Zu Alexanders und Briggs' Zellenzerlegung

---

[24] Wie in § 93 des letzten Kapitels beschrieben.

Eine Zellenzerlegung von J_n konnte dann wie folgt angegeben werden: Mit Ausnahme jener Zellen, die dem Knoten selbst angehörten (diese sollten gleichzeitig in allen Blättern liegen) entsprachen jeder Zelle der obigen Zerlegung n gleichartige Zellen von J_n. Es ergaben sich also insgesamt 2ν Punkte, $n\nu + 2\nu$ Kanten, $n(\nu + 1)$ Flächen und n 3-Zellen, aus welchen J_n aufgebaut war. Die Inzidenzbeziehungen konnten aus den Inzidenzbeziehungen der 3-Zellen an den über R_σ liegenden Flächen $S_{\sigma i}$ ($i = 1, ..., n$) bestimmt werden; zu ihrer Beschreibung wurde dem Knoten eine (im folgenden feste) Orientierung gegeben. Wurden dann die Zellen C_i über einem *Randgebiet*, etwa R_0, zyklisch aneinandergeheftet, so ergab sich dort und dann auch über allen anderen Gebieten die Situation, daß eine „unter" $S_{\sigma i}$ liegende 3-Zelle C_i durch $S_{\sigma i}$ an eine „darüber" liegende Zelle C_{i+k_σ} grenzte; dabei bedeutete die ganze Zahl k_σ gerade die Umlaufzahl der Diagrammkurve um einen Punkt im Innern des Gebiets R_σ und Indizes waren modulo n zu lesen. Daraus ergaben sich die Inzidenzbeziehungen an den über den Kreuzungen des Diagramms liegenden $n\nu$ Kanten, von Alexander und Briggs durch Symbole

$$x_{\alpha a}\,, \qquad \alpha = 1, ..., \nu\,, \quad a = 1, ..., n\,,$$

bezeichnet, mit Hilfe der folgenden, praktischen Codierung der Kreuzungen: Im Diagramm des Knotens wurden an jeder Kreuzung die Ecken der beiden, in der gewählten Orientierung *rechts* neben dem *überkreuzenden* Bogen liegenden Gebiete mit einer Marke („a dot") versehen, unabhängig von der Orientierung des unterkreuzenden Bogens (Fig. 11.4).[25]

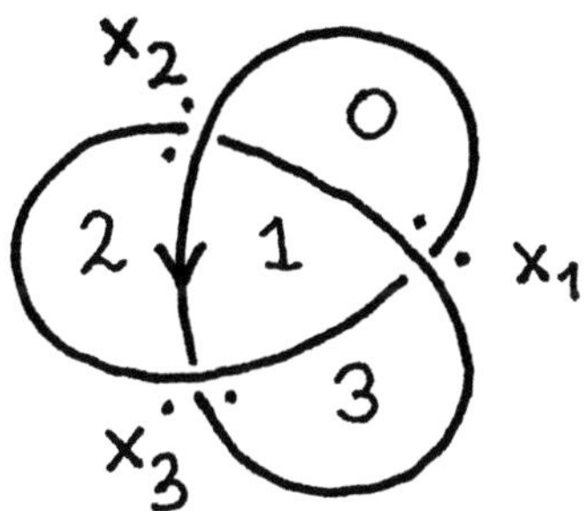

Fig. 11.4: Alexanders und Briggs' Kreuzungsmarkierung für eine Kleeblattschlinge

Dann galt: Eine Fläche $S_{\sigma s}$ über dem Gebiet R_σ inzidiert mit der Kante

$x_{\beta s}\,,$ falls R_σ *unmarkiert* an die Kreuzung x_β grenzt;

$x_{\gamma(s+1)}\,,$ falls R_σ *markiert* an die Kreuzung x_γ grenzt.

Diese Daten genügten, um die homologischen Invarianten von J_n zu berechnen. Dafür wurde die angegebene Zerlegung aber erst noch in zweierlei Hinsicht vereinfacht. Zum einen wurden von den n über R_0 liegenden Flächen alle bis auf die letzte gelöscht, so daß alle n 3-Zellen zu einer einzigen zusammengefaßt wurden. Außerdem sollten bis auf den (durch x bezeichneten) Außenbogen von R_0 alle den Bögen des Knotens entsprechenden 1-Zellen auf einen Punkt zusammengezogen werden; dadurch fielen alle Punkte (0-Zellen) der Zerlegung in einen einzigen zusammen. Von den 1-Zellen blieben dann noch die $n\nu$ Kanten $x_{\alpha a}$ sowie der Außenbogen x übrig, die alle zu geschlossenen Kurven (Zykeln) geworden waren. An 2-Zellen blieben die

---

[25] Dadurch waren die Diagrammkreuzungen natürlich eindeutig festgelegt.

Flächen $S_{\sigma i}$ ($\sigma = 1, ..., \nu$, $i = 1, ..., n$) sowie die Fläche S_{0n}. Für diese vereinfachte Zerlegung stellten Alexander und Briggs als nächstes gemäß den Poincaréschen Vorschriften (§ 70) die fundamentalen Homologien der Dimension 1 auf. Die Basisketten waren also gerade die $x_{\alpha a}$ sowie der Außenbogen x; die Homologien zwischen diesen Zyklen entsprachen den übriggebliebenen Flächen der Zerlegung. Bei Berücksichtigung obiger Inzidenzbeziehungen folgten daraus einerseits die $n\nu$ Relationen

$$(\star) \qquad y_{\sigma s} := \sum_\beta x_{\beta s} + \sum_\gamma x_{\gamma (s+1)} \sim 0 \,, \qquad \sigma = 1, ..., \nu \,, \quad s = 1, ..., n \,,$$

dabei waren die Summationen gemäß der oben erklärten Bedeutung der Symbole $x_{\beta s}$ und $x_{\gamma(s+1)}$ auszuführen. Andererseits gehörte eine letzte Relation zu S_{0n}, die ausdrückte, daß der Zyklus x einer Linearkombination der $x_{\alpha a}$ homolog war. Sie konnte also in der weiteren Rechnung zusammen mit dem Zyklus x beiseite gelassen werden. Die nichttrivialen Elementarteiler der Koeffizientenmatrix des Gleichungssystems ($\star$) waren die gesuchten Torsionsinvarianten. ♠

Insgesamt ergab sich durch dieses Verfahren eine *direkt aus einem Knotendiagramm ablesbare*, quadratische ($n\nu \times n\nu$)-Matrix, deren von 1 verschiedene Elementarteiler invariant mit dem Knoten verknüpft waren. Da diese Matrix im folgenden noch eine wichtige Rolle spielen wird, sei sie kurz durch $M(n, K)$ bezeichnet; dabei stehe K für den betrachteten Knoten (und n wie bisher für die Blattzahl der Überlagerung J_n). Der Deutlichkeit halber sei $M(3, K_3)$ – für die 3-fach zyklische, über der Kleeblattschlinge K_3 verzweigte Überlagerung – explizit angegeben. Die Spalten dieser Matrix entsprechen den 9 Flächen über den Diagrammgebieten R_1, R_2, R_3, d.h. den einzelnen Relationen ($\star$); die Zeilen entsprechen den 9 Kanten über den Kreuzungen x_1, x_2, x_3. Jede Dreiergruppe von Spalten gehört zu einem Diagrammgebiet, jede Dreiergruppe von Zeilen zu einer Diagrammkreuzung.

	S_{11}	S_{12}	S_{13}	S_{21}	S_{22}	S_{23}	S_{31}	S_{32}	S_{33}
x_{11}	1	0	0	0	0	0	1	0	0
x_{12}	0	1	0	0	0	0	0	1	0
x_{13}	0	0	1	0	0	0	0	0	1
x_{21}	1	0	0	0	0	1	0	0	0
x_{22}	0	1	0	1	0	0	0	0	0
x_{23}	0	0	1	0	1	0	0	0	0
x_{31}	1	0	0	1	0	0	0	0	1
x_{32}	0	1	0	0	1	0	1	0	0
x_{33}	0	0	1	0	0	1	0	1	0

Die nichttrivialen Elementarteiler dieser Matrix sind zwei Zweien. Die entsprechenden, zu $n = 2$ und $n = 3$ gehörenden Torsionszahlen wurden von Alexander und Briggs für alle 84 von Tait und Little aufgelisteten primen Knoten mit bis zu 9 Kreuzungen mitgeteilt. Lediglich drei Paare von Knoten konnten durch diese Invarianten nicht voneinander unterschieden werden. Bis auf diese vorläufig noch nicht entscheidbaren Fälle (und höhere Kreuzungszahlen) waren damit die Tafeln Taits und Littles in moderner Perspektive als korrekt nachgewiesen.

Alle diese Ergebnisse wurden in Alexanders und Briggs' Aufsatz zunächst völlig *ohne* topologische Deutung, d.h. ohne Bezugnahme auf J_n präsentiert. Das war möglich, weil eben $M(n, K)$ bzw. die Relationen ($\star$) direkt aus einem Diagramm abgelesen werden konnten. Um

diesen (zunächst vor allem rechenpraktisch relevanten) Sachverhalt theoretisch ausnützen zu
können, entwickelten Alexander und Briggs im Mittelteil ihres Texts einen allgemeinen Begriff
der Homologie „linearer Systeme", der von topologischen Begriffen frei war. Homologie wurde
definiert als eine Äquivalenzrelation in einem „linearen System" X aller Polynome mit ganzzahligen Koeffizienten in m undefinierten „Zeichen" $x_1, ..., x_m$[26], welche angibt, daß die Differenz
zweier Elemente $x, x' \in X$ in einem von gewissen $y_1, ..., y_k \in X$ linear erzeugten „Teilsystem"
$Y \subseteq X$ liegt. Das System Z der Äquivalenzklassen dieser Relation[27] konnte dann unter Rückgriff
auf die Elementarteilertheorie in kanonische Form gebracht und damit durch seine Betti- und
Torsionszahlen charakterisiert werden. In diesem Rahmen wurden dann die aus einem Knotendiagramm abgelesenen Gleichungen $(\star)$ als Definition eines Systems Y gedeutet; die Symbole
$x_{\alpha a}$ erschienen *jetzt* als völlig bedeutungslose Symbole, mit denen nach gewissen Regeln Berechnungen angestellt wurden, welche schließlich auf die „Torsionszahlen" eines Knotens führten.
Da die topologische Deutung weggefallen war, mußte die Invarianz der Torsionszahlen natürlich
auf *anderem* Wege nachgewiesen werden – eben durch die Betrachtung der zuerst von Reidemeister zu einem ähnlichen Zweck eingesetzten Diagrammdeformationen, die am Beginn des
Artikels von Alexander und Briggs beschrieben und erläutert wurden. Es war in der Tat nicht
schwer zu zeigen, daß diese Deformationen die Elementarteiler der Koeffizientenmatrix von $(\star)$
und damit das System Y nicht veränderten. Auf dieselbe Weise konnten auch leicht einige Eigenschaften der Invarianten nachgewiesen werden, etwa, daß Orientierungsumkehr und Spiegelung
eines Knotens die Torsionszahlen unverändert ließen.

$\star$

Der auffallend formalistische Zug dieser Darstellung legt es nahe, den Text von Alexander und
Briggs als ein typisches Dokument der mathematischen Moderne zu betrachten. In der Tat erscheint er auf den ersten Blick, in seiner endgültigen Anordnung gelesen, als eine nahezu perfekte
Bestätigung der These von Mehrtens, nach welcher die moderne Mathematik eine „technische
Konstruktion strikt geregelter Signifikationssysteme" zu beliebigen Zwecken ist (vgl. § 68). Denn
was lieferte der Text anderes als die Beschreibung eines solchen Zeichen- und Regelsystems, das
zwar mit anschaulichen Vorstellungen über Knoten in Beziehung gesetzt werden konnte, aber
in seinem inneren Funktionieren davon ganz unabhängig war? Es dürfte aber deutlich sein, daß
Mehrtens' Beschreibung nur einen *Teilaspekt* der Arbeit von Alexander und Briggs faßt, auch
und gerade dann, wenn versucht werden soll, die *Modernität ihres mathematischen Handelns*
zu fassen. Ganz wie Reidemeister beschrieben nämlich auch Alexander und Briggs in ihrem
Text eine epistemische Konfiguration (d.h. eine bestimmte Weise, Knoten zu repräsentieren, und
eine bestimmte Technik, gewisse Knoteninvarianten zu berechnen und andere vielleicht sogar zu
erfinden), die nicht mit jener übereinstimmte, welche ihr *Handeln* erst möglich gemacht hatte. Zu
dieser zweiten epistemischen Konfiguration gehörte ganz zentral die Imagination der verzweigten
Überlagerungen und ihrer topologischen Verhältnisse, d.h. die Imagination eines charakteristisch
modernen epistemischen Objekts. In *ihr* besaßen die Zeichen der Rechnungen Alexanders und
Briggs *doch* eine konkrete Bedeutung, und zwar eine Bedeutung, die nicht in einer Referenz
auf zeitlos reale Objekte bestand, sondern den Bezug zu Vorstellungen herstellte, welche das

---

[26] In heutiger Terminologie: dem freien Modul $\mathbb{Z}[x_1, ..., x_m]$.

[27] Also der heute durch $\mathbb{Z}[x_1, ..., x_m]/\langle y_1, ..., y_k \rangle$ bezeichnete Modul.

kognitive Handeln Alexanders und Briggs' anleiten konnten. Erst die Existenz dieser Anleitung läßt aber Alexanders und Briggs' Handeln verständlich werden – so, wie der Text die gefundenen Resultate beschreibt, ist dagegen unverständlich, wie sie gefunden werden konnten und warum gerade jene Textbausteine kombiniert wurden, die wir in dem Artikel finden.

Klarer als an der in diesem Abschnitt beschriebenen Episode kann kaum werden, daß mathematisches Handeln stets ein *Material* hat (nämlich gewisse epistemische Objekte), das dann mit bestimmten *Werkzeugen* (epistemischen Techniken) bearbeitet wird, wobei beide Komponenten möglicherweise in wesentlichen Aspekten umkonstruiert werden. Das erhaltene Wissen ist ein Produkt dieses Bearbeitungs- und Umkonstruktionsprozesses. Daß dasselbe dann in Texten *ohne oder nur mit partieller Angabe des dem konkreten Handeln zunächst gegebenen Materials und der verwendeten Techniken* als ein Definitions-, Satz- und Beweisgefüge kodifiziert wird, trägt maßgeblich zu der mythischen Starrheit bei, die mathematischem Wissen anhaftet. Zusätzliche Verwirrung über den „Sitz im Leben" eines Wissensfragments, d.h. über seine Situierung in einem Verlauf mathematischen Handelns, wird in Texten wie dem hier behandelten dadurch gestiftet, daß die schriftliche Präsentation des Wissens den zugrundeliegenden realen Handlungsverlauf durch einen „idealen" ersetzt, nämlich durch jenen, welchen die vielen Handlungsanweisungen suggerieren, die solche mathematischen Texte durchziehen.

§ 103. *Die Erfindung des ersten Knotenpolynoms*

Ein wesentlicher Aspekt des Artikels (Alexander und Briggs 1927) blieb bisher weitgehend außer Betracht: die darin gegebene partielle Verifikation der Knotentafeln des 19. Jahrhunderts. Dieselbe geschah nun wirklich anhand der neuen Technik, d.h. durch das Zeichnen von Diagrammen, das Aufstellen von Matrizen und die Berechnung von Elementarteilern, ohne weitere Rücksicht auf den topologischen Hintergrund dieser Rechnungen. Wenn man bedenkt, daß zur Berechnung der Torsionszahlen der Stufen 2 und 3 für die 84 betrachteten Knoten die Elementarteiler von 168 Matrizen eines Formats von bis zu 27 Zeilen und Spalten von Hand berechnet werden mußten, wird klar, daß ein beachtlicher Arbeitsaufwand dieser Verifikation zugrundelag.[28] Es liegt daher nahe, daß Alexander und Briggs während dieser Arbeit auch den Rechenvorgang selbst aufmerksam analysierten und, soweit es ging, zu vereinfachen suchten.

So jedenfalls würde verständlich, wie Alexander noch während oder kurz nach der Arbeit mit Briggs auf die erste polynomiale Knoteninvariante stieß, deren Konstruktion er in einem nur etwas mehr als eine Woche nach der Einreichung von (Alexander und Briggs 1927) der American Mathematical Society vorgelegten Beitrag beschrieb.[29] Die entscheidende Beobachtung findet sich auch hier wieder fast am Ende des Textes, wo die Beziehung zur vorangegangenen Arbeit durch eine erneute Beschreibung der obigen Zellenzerlegung der Überlagerungsräume J_n erläutert wird (Alexander 1928, § 13). Die durch die Relationen ($\star$) des vorigen Abschnitts definierte Matrix $M(n, K)$ wies nämlich eine offensichtliche Blockstruktur auf. Wurden die n über einer Diagrammkreuzung liegenden Zykeln und die n über einem Diagrammgebiet liegenden

---

[28] Eine entsprechende Erfahrung hatten unter anderen Umständen ja auch die Tabulatoren des 19. Jahrhunderts gemacht. Ich erinnere an Taits Bemerkungen über den Arbeitsaufwand bei der Knotenklassifikation, §§ 48 und 49.

[29] Der Text der in den *Transactions* der AMS erschienenen Arbeit (Alexander 1928) trug den Zusatz „Presented to the Society, May 7, 1927; received by the editors, October 13, 1927."

Flächen jeweils zusammengefaßt, so erschien $M(n, K)$ als eine aus $\nu \times \nu$ Blöcken des Formats $n \times n$ bestehende Matrix, in welcher lediglich drei Typen von Blöcken auftraten: der nur verschwindende Einträge aufweisende Block $0_{n \times n}$, die Einheitsmatrix $1_{n \times n}$ und die lediglich in der ersten unteren Nebendiagonalen und in der rechten oberen Ecke nichtverschwindende Einträge aufweisende Permutationsmatrix

$$
x := \begin{pmatrix}
0 & 0 & 0 & \cdots & 1 \\
1 & 0 & 0 & & \vdots \\
0 & 1 & 0 & & \vdots \\
\vdots & & \ddots & \ddots & 0 \\
0 & \cdots & \cdots & 1 & 0
\end{pmatrix} .
$$

Schon das Aufstellen der Matrizen $M(n, K)$ wurde durch diese Beobachtung vereinfacht – aber auch das Berechnen der Elementarteiler. Denn natürlich konnte $M(n, K)$ zunächst *als Blockmatrix* diagonalisiert werden, bevor dann die Elementarteiler der sich ergebenden Diagonalblöcke bestimmt wurden. Für die Diagonalisierung als Blockmatrix war aber der Aufbau der Blöcke unwesentlich, dazu konnte $M(n, K)$ bequemer als eine $(\nu \times \nu)$-Matrix $M(K)$ mit Einträgen 0, 1 oder einer Unbestimmten x angesehen werden. Zu den zulässigen Zeilen- und Spaltenoperationen gehörte dann neben den gewöhnlichen ganzzahligen Operationen auch die Multiplikation einer Zeile oder Spalte mit x oder x^{-1}, denn bei Ersetzung von x durch obige Permutationsmatrix bedeutete dies lediglich die Permutation gewisser Zeilen oder Spalten der ganzzahligen Matrix $M(n, K)$.[30]

Noch ein weiterer Sachverhalt kennzeichnete das Berechnungsverfahren der Torsionszahlen eines Knotens aus einem seiner Diagramme: Die Reidemeister-Deformationen des Diagramms wirkten offensichtlich nur auf die *Blöcke* der Matrix, nicht auf deren inneren Aufbau, da sie ja nur die Anlaß zur Blockeinteilung gebenden Diagrammkreuzungen und -gebiete betrafen. Mit anderen Worten: Die Wirkung von Reidemeister-Deformationen konnte schon auf der Ebene von $M(K)$ vollständig erfaßt werden. Alexander überprüfte die auftretenden Veränderungen und sah, daß neben den bereits genannten Zeilen- und Spaltenoperationen nur eine weitere zu berücksichtigen war (der ersten Reidemeister-Deformation entsprechend und von Alexander durch (ϵ) bezeichnet), nämlich das Hinzufügen oder Weglassen einer neuen Zeile und einer neuen Spalte, wobei nur an der dieser Zeile und Spalte gemeinsamen Stelle eine 1 auftrat und alle anderen neuen Elemente der Matrix verschwanden. Dementsprechend bezeichnete Alexander zwei Matrizen M_1 und M_2 mit Einträgen aus dem von Alexander zugrundegelegten, aber nur implizit beschriebenen Rechenbereich der abbrechenden Laurent-Polynome mit ganzzahligen Koeffizienten in einer Variabeln x als „ϵ-äquivalent", wenn sie durch eine Kette ganzzahliger Zeilen- und Spaltenoperationen, Multiplikationen von Zeilen oder Spalten mit x oder x^{-1}, oder Operationen (ϵ) ineinander überführt werden konnten.

Nach diesen Vorarbeiten war das zentrale Ergebnis der Arbeit unmittelbar klar:

---

[30] Heute würde man sagen: $M(K)$ besitzt Einträge aus $\mathbb{Z}[x, x^{-1}]$ und wird über *diesem* Ring diagonalisiert.

> *„If two diagrams represent knots of the same type their matrices M* [i.e., $M(K)$] *are*
> *ϵ-equivalent.*

As a corollary to this theorem it follows that

> *If two diagrams represent knots of the same type the elementary factors of their*
> *matrices M are ϵ-equivalent, barring factors of the form $\pm x^p$ (those ϵ-equivalent*
> *to unity).“* (Ebd., § 5.)

Das Korollar hatte ein weiteres offensichtliches Korollar: Das Produkt aller nichtverschwinden-
den Elementarteiler von $M(K)$, d.h. die Determinante $\Delta(x)$ der Matrix, war bis auf einen Faktor
$\pm x^p$ eine Knoteninvariante. Alexander machte diese Invariante durch die Forderung eindeutig,
daß $\Delta(x)$ stets eine positive Konstante als Term niedrigsten Grads besitzen sollte. Dann galt

> *„The polynomial $\Delta(x)$ is a knot invariant.“* (Ebd., § 4.)

In diesen Aussagen wurde unter einem Knoten stets ein *orientierter* (polygonaler) Knoten verstanden, wie es das Berechnungsverfahren der Invarianten ja voraussetzte. Alexander machte
sich nicht die Mühe, nachzuweisen, daß das gefundene Polynom ebenso wie früher die Torsionsinvarianten trotzdem *orientierungsunabhängig* war; er bemerkte jedoch ohne Beweis, daß
sich stets ein Polynom $\sum_{k=0}^{p} c_k x^k$ von geradem Grad p mit symmetrischen Koeffizienten (d.h.
$c_k = c_{p-k}$) ergab (ebd., § 14).

Alexanders Text von 1928 ist um diese aus einer Umdeutung der Berechnung der Torsionszahlen hervorgegangenen Einsichten herum neu aufgebaut. Nachdem Alexander ganz ähnlich
wie vor ihm Reidemeister betont hatte, daß die Gruppe eines Knotens zwar vermutlich eine
„extrem kräftige Invariante", aber kaum „effektiv zu analysieren" war[31], begann er noch einmal
mit einer Einführung der Knotendiagramme und ihrer elementaren Deformationen. Dabei verwendete er merkwürdigerweise eine der früheren entgegengesetzte Konvention zur Markierung
der Kreuzungen, nämlich die in der dritten Episode der Einleitung angegebene.[32] Dann wurde
die ebenfalls in § 3 angegebene Vorschrift, einem Knotendiagramm eine Matrix zuzuordnen,
eingeführt[33] und die zitierten Hauptresultate genannt; es folgte der Begriff der ϵ-Äquivalenz
und der darauf gegründete Beweis dieser Sätze (ebd., § 6). Daran schloß sich ein gruppentheoretischer Exkurs an, in welchem Alexander zeigte, wie die so aufgestellte lineare Algebra mit

---

[31] Die entsprechende Passage lautet vollständig: „The invariants in this paper are all intimately related to
the so-called *knot group*, as defined by Dehn [sic]. This is, of course, what one would expect; for many, if
not all, of the topological properties of a knot are reflected in its group. The knot group would undoubtedly
be an extremely powerful invariant if it could only be analyzed effectively; unfortunately, the problem of
determining when two such groups are isomorphic appears to involve most of the difficulties of the knot
problem itself." (Alexander 1928, 275.)

[32] Diese Änderung entspricht der Spiegelung und Orientierungsumkehr des betrachteten Knotens, die
auf die Invarianten keinen Einfluß hat.

[33] Tatsächlich betrachtete Alexander nicht nur diese Matrix, sondern auch eine in bezug auf das Diagramm
symmetrische Version, in welcher auch dem Randgebiet R_0 eine Spalte entsprach. Außerdem versah er
gewisse Spalten orientierungsabhängig mit Vorzeichen. Alle diese Varianten, die „for theoretical purposes"
gewisse Vorteile boten, lieferten ϵ-äquivalente Matrizen. Es ist bezeichnend, daß Alexander selbst an einer
Stelle darauf hinwies, daß für die *konkrete Berechnung* von Invarianten die oben im Text beschriebene
Version vorzuziehen war „as mistakes in sign are less likely to be made when it is used" (ebd., § 5).

der Dehnschen Präsentation der Knotengruppe zusammenhing.[34] Schließlich folgte eine knappe Andeutung, wie das erhaltene Verfahren modifiziert werden mußte, um orientierten *Verkettungen* eine Matrix mit polynomialen Einträgen in ebensovielen Variablen, wie die Verkettung Komponenten besaß, zuzuordnen; aus dieser konnten dann eine Reihe von Verkettungsinvarianten gewonnen werden (ebd., § 11). Die einfachste solche Invariante bestand natürlich darin, das bereits eingeführte Polynom $\Delta(x)$ für ein Verkettungsdiagramm aufzustellen.

Der letzte Paragraph vor der Herstellung des Rückbezugs auf die mit Briggs geschriebene Arbeit gab schließlich „miscellaneous theorems", von denen etliche Beobachtungen formulierten, die Alexander vermutlich zuerst im Zusammenhang mit konkreten Rechnungen machte (ebd., § 12). So zeigte er, daß das Polynom $\Delta(x)$ eines aus zwei Knoten K_1 und K_2 zusammengesetzten Knotens K gerade das Produkt der Polynome $\Delta_1(x)$ und $\Delta_2(x)$ von K_1 und K_2 war. Außerdem beschrieb er „a relation between the polynomial invariants $\Delta(x)$ of three closely related links" (ebd.). Wurde in der Nähe einer Kreuzung ein Diagramm wie in der folgenden Figur abgeändert, so ergaben sich drei orientierte Diagramme (die ich der heutigen Konvention folgend durch L_+, L_-, und L_0 bezeichne), für deren Polynome die Beziehung galt:

$$(\star\star) \qquad \Delta_{L_-}(x) - \Delta_{L_+}(x) = (1 - x)\Delta_{L_0}(x) .$$

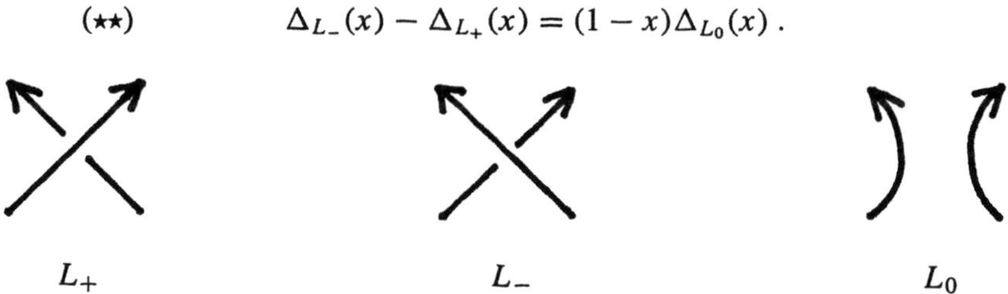

Fig. 11.5: Modifikationen an einer Diagrammkreuzung

Auch diese Beziehung stellte für Alexander wohl hauptsächlich eine Rechenhilfe dar; er verlieh ihr keine *theoretische* Bedeutung, wie dies später geschehen sollte.[35] Angesichts dessen, daß der theoretische Kern der Alexanderschen Arbeit trotz ihrer „elementaren" Ausrichtung nach wie vor der Analyse der verzweigten Überlagerungen entstammte, ist dies jedoch nicht weiter verwunderlich.

Wieder wurden Taits Tafeln zur Prüfung der Kraft der neuen Invariante $\Delta(x)$ herangezogen. Es stellte sich heraus, daß das wesentlich leichter zu berechnende Polynom nur wenig schwächer als die Torsionsinvarianten war. Von den 84 betrachteten Knoten besaßen nur sechs Paare dasselbe Polynom (davon konnten drei durch die Torsionszahlen unterschieden werden, s.o.).

★

Falls die in diesem Abschnitt gegebene Rekonstruktion der Erfindung des ersten Knotenpolynoms in etwa korrekt ist, so zeigt sie, daß die „elementare Begründung" der Knotentheorie,

---

[34] (Ebd., §§ 7-10.) ♠ Kern dieser Beziehung war die Betrachtung von „indexed groups", d.h. Gruppen, die einen Homomorphismus auf $\mathbb{Z}$ zuließen; solchen Gruppen konnten ebenfalls Matrizen mit Einträgen aus $\mathbb{Z}[x, x^{-1}]$ zugeordnet werden, deren ϵ-Äquivalenzklassen Invarianten der Gruppe relativ zum Indexhomomorphismus waren. Knotengruppen bildeten natürlich einen Spezialfall dieser Struktur. ♠

[35] Zur Geschichte solcher „skein relations" vgl. (Epple 1999a, sect. II). Vor allem seit der Entdeckung des Jones-Polynoms spielen sie eine Schlüsselrolle in der Theorie der Knoteninvarianten.

die Alexander von Reidemeister übernommen hatte, nicht nur auf dem Papier, sondern auch in der Praxis als epistemische Konfiguration tauglich war. Zum ersten Mal war eine berechenbare Knoteninvariante nur indirekt durch eine Untersuchung der Homologie oder der Fundamentalgruppe der zyklischen Überlagerungen von Knotenaußenräumen gewonnen worden. Die Analyse des früheren Berechnungsverfahrens der Torsionsinvarianten war selbst lediglich eine Analyse symbolischer Operationen auf der Basis von Knotendiagrammen und ihren Deformationen. Daß Alexander auch in diesem Aufsatz beschrieb, wie die gefundene polynomiale Invariante mit den *endlich zyklischen* Überlagerungen zusammenhing (nämlich durch die Rückdeutung der Variablen x in eine Blockmatrix) ist ein Hinweis auf die Herkunft seiner Überlegungen, aber es zeigt nicht, daß der entscheidende Schritt in Alexanders neuer Konstruktion selbst durch geometrisch-topologische Vorstellungen geleitet war. Im Gegenteil zeigt die Abwesenheit der Idee der *unendlich zyklischen* Überlagerung, daß die aus späterer Sicht so naheliegende topologische Deutung des Alexanderschen Polynoms in seiner Erfindung wahrscheinlich *keine* Rolle spielte. Die Unbestimmte x war nun *wirklich*, d.h. in Alexanders mathematischer Praxis, ein Symbol ohne geometrische Bedeutung.

Auch unabhängig von dieser subtilen Überlegung bedeutete die Publikation des Alexanderschen Textes eine überraschende und bedeutende Stärkung des diagramm-kombinatorischen Ansatzes der Knotentheorie. Bald folgten weitere Versuche, aus Matrizen, welche Knoten- oder Verkettungsdiagrammen zugeordnet wurden, Invarianten von Knoten und Verkettungen zu gewinnen. Gleichzeitig wurden die bereits gefundenen Invarianten verwendet, um einzelne Knotenklassen genauer zu studieren. Die neue, „elementare" epistemische Konfiguration schien fruchtbar, und die junge „Knotentheorie" begann zu wachsen. Bevor ich jedoch den Faden der Erzählung wieder aufnehme, möchte ich auch das mathematische Handeln Alexanders kurz in den Kontext der mathematischen Moderne einordnen und mit dem Reidemeisters vergleichen.

11.3 Alexanders Ort in der mathematischen Moderne

§ 104. *Topologie als Beruf*

Was an Alexanders Beiträgen zur Topologie vor allem auffällt, ist die nicht abreißende Kette von Resultaten, die er über den hier betrachteten Zeitraum vorlegte. Im Abstand von jeweils wenigen Monaten (manchmal Wochen) produzierte er ein Ergebnis nach dem anderen, manchmal kleinere Beobachtungen, manchmal bedeutende topologische Sätze, die der noch jungen Disziplin neue Werkzeuge lieferten und so den Stand des Gebietes maßgeblich veränderten. Das mag als Zeugnis von Alexanders mathematischen Fähigkeiten interpretiert werden. Es zeigt aber auch den überaus professionellen Charakter, den Alexanders topologische Forschung hatte. In dem gesicherten institutionellen Rahmen Princetons[36] war er ein produktiver *Spezialist*, am *Fortschritt* seiner Spezialdisziplin Topologie orientiert und in allen Beiträgen streng auf die *Sache* orientiert. Damit erfüllte er die wichtigsten jener „inneren" Kriterien, die Max Weber in einem berühmt

---

[36] Seit Kriegsende als Dozent, ab 1928 dann als „full professor" an der Princeton University. 1933 wurde Alexander zu einem der ersten Professoren des neugegründeten Institute for Advanced Study ernannt, vgl. (Borel 1988) und (Aspray 1988).

gewordenen, 1917 gehaltenen und 1919 publizierten Vortrag über *Wissenschaft als Beruf* als Kennzeichen eines modernen Wissenschaftlers genannt hatte.[37]

Dieser professionelle Status als Topologe unterscheidet Alexander deutlich von allen Mathematikern, deren Beiträge in früheren Kapiteln beschrieben wurde. Daß Wirtingers oder Poincarés berufliche Tätigkeit nicht als die eines „Topologen" beschrieben werden kann, ist offensichtlich. Aber auch Tietze, Dehn, Artin und noch Reidemeister waren alle für einen kürzeren oder längeren Teil ihrer Laufbahn auf anderen Gebieten tätig. Es ist vielleicht kein Zufall, daß gerade in jenem akademischen System, das Weber als moderne Kontrastfolie zu den neuhumanistisch geprägten Traditionen der deutschsprachigen Universitäten diente, auch die Topologie zuerst zur anerkannten Beschäftigung eines professionellen Spezialisten wurde.[38]

Zu dieser modernen Form der Professionalität gehörte auch das systematische Bemühen Alexanders um den Auf- und Ausbau der epistemischen Konfiguration, in welcher topologische Forschung betrieben werden konnte. In der Tat können nicht nur Alexanders knotentheoretische, sondern die allermeisten seiner Beiträge in diesem Sinn verstanden werden. Sein Ausbau der Techniken der Zellenzerlegung von Mannigfaltigkeiten durch die Benützung singulärer Ketten, das Abgrenzen „wilder" von „zahmen" Objekten, das die Reichweite der kombinatorischen Topologie näher bestimmte, die Suche nach grundlegenden Sätzen, die selbst zum Werkzeug topologischer Argumente werden konnten (wie etwa Alexanders neuer Dualitätssatz oder die Sätze über eingebettete Sphären und Tori), und nicht zuletzt die Suche nach neuen, feineren topologischen Invarianten – *alle* diese Beiträge Alexanders fügen sich in das Bild eines Wissenschaftlers, der sein „Labor" perfektioniert. (Wie schon in § 8 der Einleitung betont, trug Alexander *als Mathematiker* damit gleichzeitig zur Verbesserung der mathematischen Werkstätten vieler anderer Topologen bei.) Anders als etwa Max Dehn, der ebenfalls neue mathematische Objekte konstruierte und passende Techniken entwickelte, um an ganz bestimmten *Problemen* (wie der Poincaré-Vermutung) zu arbeiten, hatte Alexander wieder die epistemische Konfiguration der damaligen Topologie *als Ganzes* im Blick und nicht nur ein oder zwei besonders widerspenstige epistemische Objekte.[39] Dieser Befund deckt sich noch einmal mit Webers Analyse. Wenn dieser davon spricht, daß ein Wissenschaftler (wie eine gute Gemüsefrau) die Gegenstände seiner Spezialität mit rationalen Techniken, „durch Berechnung" beherrscht, so können wir dies unmittelbar auf den Topologen Alexander übertragen (Weber 1919/1995, 37). Und die (wie Weber behauptet, von einer Gemüsefrau nicht mehr geleistete) Klärung der „Methoden des Denkens, das Handwerkszeug und die Schulung dazu" (ebd.) finden wir ebenfalls in Alexanders Bemühungen um den Ausbau der epistemischen Konfiguration der Topologie.

Schließlich war auch Alexanders Umgang mit der Frage der *Legitimität* topologischer Forschung ein anderer als der früherer Generationen von Mathematikern. Der Status der Topologie als eines wichtigen Gebietes der Mathematik stand für ihn nicht mehr, wie im 19. Jahrhundert und etwa noch für Poincaré, in Zweifel. Daß topologische Forschung sinnvoll war, bedurfte keiner umständlichen Legitimationsversuche mehr. Die Disziplin Topologie war damit gewissermaßen

---

[37] Vgl. (Weber 1919/1995), hier besonders S. 11, 15 und 16.

[38] (Parshall und Rowe 1994, 449) nennen Alexander den „Begründer der Forschungstradition Princetons in Topologie", den etwas später dazugekommenen Lefschetz ihren „moving spirit".

[39] Damit soll nicht gesagt sein, daß Alexanders Breite mathematisch höherzubewerten wäre als Dehns Konzentration auf schwierige Probleme. Eine solche Bewertung liegt mir fern. Es geht um die Differenz der Orientierungen.

wertfrei geworden: Ihr Wert im Gefüge wissenschaftlicher Praxis war nun vorausgesetzt, und sie konnte in einer – wie Weber gesagt hätte – rein *zweckrationalen* Orientierung durch ein dem geltenden Zweck „Ausbau der Topologie" angemessenes Handeln verfolgt werden.[40] Ein interessantes Dokument dieser geänderten Haltung zur Frage der Legitimität topologischer Forschung ist Alexanders Vortrag auf dem Internationalen Mathematiker-Kongress 1932 in Zürich. Alexander, der dort eine Übersicht über „Some problems of topology" gab, verlor kein Wort darüber, ob und wofür die Topologie wichtig wäre. Stattdessen verglich er verschiedene Weisen topologischer Theoriebildung *miteinander* und suchte ihren jeweiligen Nutzen für die Disziplin zu bestimmen.

Alexander begann seinen Vortrag mit der Feststellung: „Broadly speaking, we may say that *analysis situs,* or *topology,* deals with the properties of geometrical figures that remain invariant when the figures are subjected to continuous transformations. There are [...] several distinct kinds of analysis situs, because there are several distinct ways of interpreting the physical notion of continuity in mathematical language." (Alexander 1932, 249). Diese lakonische Bemerkung ist modern. Eine eindeutige Beziehung zwischen der mathematischen Sprache und der physischen Wirklichkeit – in deren Bereich Alexander, hierin in völliger Übereinstimmung mit einem Physiker des 19. Jahrhunderts wie Maxwell, den vortheoretischen Schlüsselbegriff seiner Disziplin ansiedelt – gibt es nicht mehr. Stattdessen gibt es ein ganzes Spektrum *verschiedener,* möglicherweise nicht einmal ineinander übersetzbarer Mathematisierungen des Phänomens der Stetigkeit. Am einen Ende dieses Spektrums sah Alexander die *punktmengentheoretische,* am anderen die *rein kombinatorische* Topologie:

> „At one end, there will be *point-theoretical* analysis situs, in which a space is regarded as a set of points, in which the structure of the space is expressed in terms of the notion of limit point, and in which a continuous transformation is merely a transformation preserving limit points. [...] At the other extreme, there will be *combinatorial* analysis situs, in which a space is not regarded as a set of points at all, but as something which may be cut up into a mosaic, or *complex,* of blocks called cells. These cells are not sets of points but primitive undefined entities. [...] The notion of a continuous transformation between two complexes is arrived at in some such way as the following. Certain operations are defined which allow us, according to specified rules, of course, to replace a cell of a complex by a cluster of inter-related cells or a cluster of inter-related cells by a single cell." (Ebd., 251.)

Anders als zur Zeit Tietzes waren inzwischen *beide* Extreme im axiomatischen Stil der mathematischen Moderne behandelbar geworden, so daß für die Entscheidung, welche der beiden Varianten ggf. zur Grundlage der Disziplin gemacht werden sollte, das Argument der „Strenge" allein nicht mehr ausschlaggebend sein konnte. Alexander ließ seine Skepsis gegenüber einer punktmengentheoretischen Rekonstruktion des physischen Stetigkeitsbegriffs trotzdem deutlich zum Ausdruck kommen. Er sah darin eine „Mode", die von der Vorherrschaft analytischer Methoden in der Mathematik herrühre, aber die Klärung topologischer Phänomene eher erschwere als erleichtere:

---

[40] Damit erfüllte Alexanders Praxis ein weiteres der Kriterien akademischer Professionalität, die Weber in der Umbruchzeit von 1917 am wichtigsten waren: den Verzicht auf die akademische Vermittlung von Werten (ebd., 34 ff.).

„Whenever we attack a topological problem by analytic methods it almost invariably happens that to the intrinsic difficulties of the problem, which we can hardly hope to avoid, there are added certain extraneous difficulties in no way connected with the problem itself, but apparently associated with the particular type of machinery used in dealing with it. Consider, for example, our old friend, the problem of the knotted string." (Ebd., 249.)

Es folgte die Beschreibung von Knoten durch reguläre Diagramme und, zur Illustration der „extraneous difficulties", der Hinweis auf die Antoineschen Monster (vgl. § 101). In dieser Kritik zeigt sich wieder der professionelle (kombinatorische) Topologe, der den Bestand der von ihm bearbeiteten Gegenstände bzw. der von ihm benützten Techniken scharf umgrenzen möchte, das (aus seiner Perspektive) *zur Sache* gehörige trennend von den diese Sache nur verstellenden Behinderungen durch schlechtes Werkzeug (um eine dem Zeitalter der maschinellen Massenproduktion weniger angepaßte Metapher zu verwenden). Im Kontext der topologischen Forschung der dreißiger Jahre focht Alexander hier keine erbitterte Kontroverse mit den Punktmengentopologen aus, sondern er bereitete eine – noch einmal für die Moderne typische – professionelle Differenzierung vor, zwischen jenen Gruppen von „Topologen", die verschiedene Auffassungen von der „eigentlichen Sache" der Topologie hatten – denn warum sollten etwa die wilden Knoten oder Punktmengen nicht ebenfalls legitime und interessante epistemische Objekte sein?

Alexander suchte jedoch den Bereich seiner Wissenschaft nicht einfach dadurch zu bestimmen, daß er sich auf eines der beiden möglichen Enden des Spektrums möglicher Mathematisierungen des Stetigkeitsbegriffs schlug. Das wäre gleichsam das Verhalten der radikalen Jugend (etwa des jungen Dehn) gewesen, nicht aber das eines bedächtigen Wissenschaftlers. Deshalb schlug Alexander vor, auch die *Zwischenvarianten* der Konzeption der Topologie ins Auge zu fassen, sowie – und das scheint mir der entscheidende Punkt – die Frage nach den *gegenseitigen Beziehungen* der verschiedenen Mathematisierungen zu stellen, um so eine möglichst breite epistemische Grundlage für die Disziplin zu schaffen. Die von Alexander favorisierte Variante der Topologie ergab sich denn auch als eine der moderaten Möglichkeiten zwischen rein kombinatorischer und, wenn man so will, rein analytischer Topologie:

„Finally, there is a third type of analysis situs, which I shall call *flat* analysis situs, and which will serve as á sort of connecting link between the other two types. Here again, we shall be dealing with complexes of cells, but the cells, instead of being undefined abstractions, will be ordinary simplexes in the sense of analytic geometry. [...] The significance of flat homeomorphism in terms of general continuous transformations is obvious." (Ebd., 251.)

Wir kennen diese Variante der Konzeptualisierung der Topologie schon – nämlich aus Reidemeisters und Alexanders Zugang zur Knotentheorie. Auch dort hatten ja beide trotz ihren Neigungen zu einer formalen Mathematik darauf verzichtet, sich in die Zwänge eines *rein* kombinatorischen Ansatzes der Topologie zu begeben.[41] Alexander rechtfertigte diese Kompromißvariante nun durch den Nachweis, daß eine vollständige Übersetzung der rein kombinatorischen Topologie in die nun vorgeschlagene möglich war. Nicht nur die Objekte konnten einander eindeutig zugeordnet werden, sondern auch ihre Invarianten: „A necessary and sufficient condition that

---

[41] Obwohl Reidemeisters *metamathematische* Position dies letzten Endes doch forderte, vgl. § 97.

two complexes of simplexes be flat homeomorphic is that their symbols be equivalent in the sense of combinatorial analysis situs." (Ebd., 252.) Die Wahl zwischen dem Modernismus der rein kombinatorischen Topologie und dem moderateren Ansatz, den Alexander vorschlug, war damit zu einer Stilfrage geworden, zu einer Frage des leitenden Verständnisses von Mathematik, nicht ihres „sachlichen Gehalts". Die Übersetzbarkeit in die andere Richtung, zur Topologie der Punktmengen, war freilich noch ein offenes Problem. Auch hier hoffte Alexander, daß wenigstens der Bereich der topologischen Mannigfaltigkeiten sich durch die Methoden der „flat analysis situs" erfassen ließ – die Klärung dieser Frage wurde damit gleichzeitig zu einer der wichtigsten Aufgaben für die weitere Enwicklung der Topologie.[42]

Im so umgrenzten Gebiet seiner Profession beschrieb Alexander abschließend einige Probleme, die er für Schlüsselfragen hielt. Auch dabei konzentrierte er sich auf ein gleichsam „vernünftiges", nämlich einigermaßen aussichtsreiches und zugleich anspruchsvolles Teilgebiet: auf die Theorie dreidimensionaler Mannigfaltigkeiten. Offene Fragen (und damit die Zukunft der Disziplin) betonend, faßte er einige seiner eigenen, allgemeinen Resultate über diesen Bereich zusammen, unter anderem die universelle Konstruktionstechnik für 3-Mannigfaltigkeiten durch über einer Verkettung verzweigte Überlagerungen der 3-Sphäre sowie die partiellen Resultate über berechenbare Verkettungsinvarianten.

Alexanders Züricher Vortrag ist das Dokument einer nüchternen, die verschiedenen Entwicklungsmöglichkeiten der ausdifferenzierten Disziplin Topologie abwägenden Professionalität. Die „stückweise lineare" Topologie[43], die er vorschlug, vermied einerseits das Dilemma der rein kombinatorischen Topologie, in der faktischen Argumentationspraxis fast nie den Standards des eigenen Ansatzes genügen zu können, wenigstens zum Teil, ohne dabei etwas von deren technischen Resultaten aufgeben zu müssen. Andererseits suchte Alexander sich der Techniken der Topologie der Punktmengen zu versichern, solange die unübersichtliche Wildnis „beliebiger" Figuren und Transformationen durch geeignete Vorsichtsmaßnahmen vermieden wurde. Die meisten späteren Topologen sind Alexander nicht nur in seiner Charakterisierung der möglichen Alternativen einer Mathematisierung des Stetigkeitsbegriffs gefolgt, sondern auch in seinem Vorschlag, die Beziehungen zwischen diesen Alternativen selbst zum Thema mathematischer Forschung zu machen. Wo dennoch verschiedene Interessen und Orientierungen miteinander in Konflikt kamen, wurden diese meist nicht durch einen „Grundlagenstreit", sondern durch weitere professionelle Differenzierung entschärft.

§ 105. Alexander und Reidemeister: Ein kurzer Vergleich

Die Episoden mathematischen Handelns, die Gegenstand dieses und des vorigen Kapitels waren, verliefen in vieler Hinsicht erstaunlich parallel. Sowohl Reidemeister als auch Alexander, und in geringerem Maß auch Artin, Schreier und (mit Alexander) Briggs, begannen, jenes Bündel mathematischer Gegenstände mit den topologischen Techniken Poincarés zu bearbeiten, das im

---

[42] Alexander gab in seinem Vortrag eine halbformale Beschreibung topologischer Mannigfaltigkeiten der Dimension n durch Überdeckungen mit Bildern offener Teilmengen des $\mathbb{R}^n$ mit beidseitig stetigen Übergangsfunktionen. Seine Hoffnung hat sich bekanntlich nur für den Fall höchstens dreidimensionaler Mannigfaltigkeiten erfüllt.

[43] Auch dies ist ein Stichwort des Vortrags, vgl. (ebd., 251).

Wien der Jahrhundertwende in Wirtingers Forschungsprojekt, gestützt auf Heegaards Dissertation und weitergegeben in Tietzes Habilitationsschrift, entstanden war. Und sowohl Reidemeister wie auch Alexander stießen dabei zum erstenmal in der Geschichte der mathematischen Behandlung von Knoten auf allgemein und effektiv berechenbare Knoteninvarianten. Beide fanden, daß die Konstruktion dieser Invarianten bereits aus einer Analyse der möglichen Modifikationen ebener, polygonaler Diagramme von Verkettungen und Knoten gewonnen und gerechtfertigt werden konnte, und beide entschlossen sich, ihren Lesern die neuen Ideen in genau dieser Weise zu präsentieren. Die Spuren ihrer Arbeit an den „Riemannschen Räumen" bzw. den unverzweigten Überlagerungen der Komplemente von Knoten und Verkettungen wurden dadurch mindestens teilweise verwischt, und ein schneller Leser mochte leicht den Eindruck gewinnen, die Knotentheorie Reidemeisters und Alexanders bestehe vor allem in der Analyse der Kombinatorik ebener Diagramme mit den Mitteln der Gruppentheorie bzw. den ersten Ansätzen einer „homologischen Algebra".[44]

Angesichts dieser Parallelen verblaßt die Frage der Priorität. Reidemeisters und Alexanders Untersuchungen stellen, so ist zu vermuten, zwei typische Exemplare eines Handlungsmusters dar, das in der Mathematik der Zwischenkriegszeit verbreitet war: Die intensive Arbeit an einem komplexen, in charakteristischer Weise modernen epistemischen Objekt (wie eben den „Riemannschen Räumen") mit gleichfalls modernen, selbst erst im Prozeß ihrer Konstruktion befindlichen Techniken (wie der kombinatorischen Bestimmung der Fundamentalgruppe einerseits, der Berechnung der Homologie einer Zellenzerlegung andererseits), und die anschließende Präsentation der Resultate in möglichst elementar und formal argumentierenden Texten.

Die Parallelen und die technischen Differenzen der Arbeiten Reidemeisters und Alexanders wären so jedenfalls bereits weitgehend erklärbar. Dem eben beschriebenen Handlungsmuster folgend, bearbeiteten beide *dasselbe* epistemische Objekt, jeweils mit einer der beiden von Poincaré für solche Objekte entwickelten Techniken. Daß sowohl Reidemeister als auch Alexander dabei zunächst auf die Torsionsinvarianten von Knoten stießen, lag daran, daß, wie Tietze 1908 vorgeführt hatte, die Charakterisierung der Fundamentalgruppe einer Mannigfaltigkeit durch numerische Invarianten wieder in den Bereich der Homologie führte. Alexander, der die homologische Technik vorgezogen hatte, wurde durch eine systematische Analyse der dabei auftretenden Matrizen auf seine polynomiale Invariante geführt. Reidemeister, der sich für die Bestimmung der Fundamentalgruppen der Wiener Objekte entschieden hatte, las allgemeine Sätze der Gruppentheorie und der Topologie von Überlagerungen aus seinen Resultaten ab.

Sieht man genauer hin, so zeigen sich unter der Oberfläche eines weitgehend geteilten Musters mathematischen Handelns aber doch wieder unterschiedliche Nuancierungen, die sich verschiedenen Kontexten und verschiedenen Bündeln handlungsleitender Normen verdanken. Sowohl Reidemeister als auch Alexander mußten das Objekt und die Techniken ihrer knotentheoretischen Forschungen überhaupt erst *kennenlernen*, und sie taten das in einer ganz unterschiedlichen, stark durch die jeweiligen lokalen Umgebungen geprägten Weise, die Spuren in ihrer mathematischen Arbeit hinterlassen hat.

Der eine begegnete Knoten in Wien, in mündlichem Kontakt mit einem der Akteure, welcher die entscheidenden mathematischen Gegenstände überhaupt erst ins Licht gerückt hatte. Im Wiener Milieu war klar, daß *Gruppen* der Schlüssel zu topologischen Invarianten waren – eben dies war

---

[44] Im Sinn der Alexanderschen Theorie „linearer Systeme", vgl. Abschnitt 11.2.

die Botschaft der Tietzeschen Habilitation gewesen, und auch Dehn, dessen gruppentheoretische Arbeiten in Wien rezipiert wurden, hatte entsprechendes für das Studium der Knoten nahegelegt. Außerdem war das mathematische Milieu des Wien der zwanziger Jahre keine isolierte Insel in jenem Meer künstlerischer, philosophischer, wissenschaftlicher und politischer Impulse, die sich in der Stadt kreuzten. Reidemeister, philosophisch und literarisch sensibilisiert, nahm diese Impulse zusammen mit seinen mathematischen Ideen auf und engagierte sich mit entsprechendem Nachdruck dafür, die Knotentheorie zu einem bewußt modernen Kapitel des „exakten Denkens" zu machen. Ich zweifle nicht daran, daß viel mehr als Alexander *er* für jenen elementarisierenden Neuentwurf der epistemischen Konfiguration der modernen Knotentheorie verantwortlich war, der in den beiden letzten Kapiteln ausführlich diskutiert wurde. Reidemeister und nicht Alexander war es auch, der sich in den folgenden Jahren die „Knotentheorie" zur eigenen Sache machte.

Alexander, auf der anderen Seite, lernte in seiner Kooperation mit Veblen die Poincaréschen Methoden zur Bestimmung der Homologie von zellenzerlegten Mannigfaltigkeiten, *bevor* er – wahrscheinlich angeregt durch die Vorbereitung der französischen Übersetzung von Heegaards Dissertation – aus Tietzes Texten die Wiener Objekte kennenlernte (für ihn mochten sie deshalb wenigstens zum Teil auch „Heegaardsche Objekte" sein). Im ruhigen, den wissenschaftlichen „take-off" erwartenden institutionellen Milieu Princetons arbeitete Alexander systematisch am Ausbau des „Labors" der dreidimensionalen Topologie. Knoten und Verkettungen nahm er dann wahr, wenn sie in diesem Labor eine Funktion erfüllten. Bis zum Zeitpunkt der ersten Reidemeisterschen Veröffentlichungen über Knoten genügte ihm dabei das prinzipielle Wissen, *daß* Poincarés homologische Techniken auf „Riemannsche Räume" angewandt werden konnten. Erst nachdem Reidemeister klargemacht hatte, daß hier ein echter Durchbruch zu einer Theorie der Knoten und Verkettungen möglich war, machte sich auch Alexander daran, sein Wissen von der *Möglichkeit* einer mathematischen Aktivität in diese Aktivität selbst umzuwandeln. Das Rationalitätsmuster seines Handelns war dabei nicht das eines leidenschaftlichen, philosophisch und ästhetisch engagierten Modernisten, sondern das nicht weniger moderne eines der professionellsten Topologen seiner Zeit. Daß Alexander sich dennoch Reidemeisters „elementarer Begründung" anschloß, geschah nicht aus formalistischer Überzeugung – der Vortrag von 1932 zeigt deutlich, daß Alexander zumindest als Topologe dazu eine kritische Distanz behielt –, sondern weil Alexander sie in einem Bereich, in welchem es um die möglichst einfache Berechnung von Invarianten konkreter Objekte ging, vermutlich für „sachgerecht" hielt.

12 EIN ERSTES PARADIGMA? KNOTENTHEORIE NACH 1930

> For a connected account of modern knot theory the
> reader is referred to Reidemeister's genial monograph.
>
> *James W. Alexander, 1932*

Nachdem Reidemeisters, Artins und Schreiers gruppentheoretische Beiträge einerseits und die homologischen Methoden von Alexander und Briggs andererseits gezeigt hatten, wie berechenbare und erstaunlich aussagekräftige Invarianten von Knoten und Verkettungen konstruiert werden konnten, schienen die Aussichten für den Aufbau einer selbständigen Knotentheorie vielversprechend. Dies galt umso mehr, als Reidemeisters und Alexanders Untersuchungen beide nahelegten, Knoten in jener elementaren, kombinatorisch orientierten epistemischen Konfiguration zu studieren, deren Entstehung in den letzten beiden Kapiteln beschrieben wurde. Das neue Gebiet war dadurch für junge Mathematiker leicht zugänglich, viele einfach zu formulierende Probleme schienen mit modernen, strengen Methoden angreifbar, ohne daß umständlich Vorkenntnisse in anderen Gebieten erworben werden mußten. Andererseits boten für die tiefer Eingeweihten die Untersuchungen Dehns und Alexanders über den Zusammenhang von Knoten und dreidimensionalen Mannigfaltigkeiten sowie die auf Wirtinger zurückgehende Verknüpfung der Knotentheorie mit der Untersuchung der Singularitäten algebraischer Funktionen attraktive Zusammenhänge, welche die Knotentheorie auch in einer umfassenderen mathematischen Perspektive zu einem interessanten Gebiet machten.

In diesem letzten Kapitel soll das Aufblühen einer autonomen Knotentheorie in den dreißiger Jahren dieses Jahrhunderts näher beschrieben werden. Eine Schlüsselrolle spielt dabei die erste, von Reidemeister verfaßte monographische Darstellung, die *Knotentheorie* von 1932. Für eine gewisse Zeit diente diese Monographie durchaus als ein paradigmatischer Text für das neue Gebiet und die Gruppe der Schüler, welche Reidemeister in Königsberg anzog (12.1). Eine weniger kombinatorische und wieder mehr auf die Topologie der dreidimensionalen Mannigfaltigkeiten gerichtete Orientierung zeigten dagegen die Beiträge des jungen Topologen Herbert Seifert, der Anfang der dreißiger Jahre seine Karriere begann und bald auch über Knoten arbeitete. Diese Umorientierung gibt Anlaß, den nicht unumstrittenen „rein kombinatorischen" Stil der Topologie und Knotentheorie noch einmal in anderem Licht zu diskutieren (12.2). Auch wenn in den USA und vereinzelt in Großbritannien knotentheoretische Studien entstanden, so lag doch der Schwerpunkt der Entwicklung in Deutschland. Deshalb zog die Machtübernahme der Nazis drastische Konsequenzen für das junge Gebiet nach sich; kaum einer der beteiligten Mathematiker konnte seine Arbeit unbeeinflußt fortsetzen. Dadurch und durch den schließlich einsetzenden Krieg, der auch die Mathematiker anderer Länder für militärische Aufgaben beanspruchte, brachte das

Zeitalter der Extreme einen tiefen Einschnitt in der Entwicklung der Knotentheorie hervor, der die erste Phase ihres Aufbaus beendete (12.3). Der letzte Abschnitt dieses Kapitels gibt eine Zusammenfassung und Auswertung der Entstehung der modernen Knotentheorie, die Gegenstand des zweiten Teils dieser Studie war (12.4).

12.1 Reidemeisters „Knotentheorie"

§ 106. Neue Beiträge zu einer jungen Theorie

Die geänderte Situation für die mathematische Behandlung der Knoten und Verkettungen läßt sich leicht an einer Tabelle der 74 Publikationen zu Knoten ablesen, die zwischen den ersten Andeutungen Wirtingers, Tietzes und Dehns nach 1905 und dem Ende des zweiten Weltkriegs veröffentlicht wurden. Nachfolgend sind einerseits die Gesamtzahlen der in dreijährigen Zeiträumen veröffentlichten Publikationen aufgelistet, *einschließlich* der Publikationen, die Knoten im Kontext des Studiums von 3-Mannigfaltigkeiten am Rand mitbehandeln. Daneben ist die Zahl der in den *Hamburger Abhandlungen* erschienenen Aufsätze genannt, und schließlich sind die produktivsten Autoren (nach Zahl oder Umfang der Arbeiten) aufgeführt.

Zeitraum	gesamt	*H A*	Autoren
1905-1907	4		(hauptsächlich Andeutungen)
1908-1910	2		Tietze, Dehn
1911-1913	1		Dehn
1914-1916	1		Dehn
1917-1919	1		Haseman
1920-1922	2		Alexander (1)
1923-1925	7	3	Alexander (4), Artin (2)
1926-1928	8	6	Reidemeister (4), Alexander (2)
1929-1931	6		Bankwitz (3), Reidemeister (1)
1932-1934	17	6	Reidemeister (*Knotentheorie*), Burau (3), Goeritz (3), Seifert (3)
1935-1937	15	3	Whitehead (3), Burau (2), Seifert (2)
1938-1940	3		Whitehead (1)
1941-1945	7		Tietze (5)

Berücksichtigt man die thematische Orientierung der frühen Alexanderschen Arbeiten, so ist klar, daß der entscheidende Einschnitt um 1926 erfolgte, und daß in den Jahren unmittelbar darauf die von Artin mitherausgegebenen *Hamburger Abhandlungen* das wichtigste Publikationsforum darstellten. Der Schwerpunkt der Publikationen liegt nach 1932, dem Jahr des Erscheinens der Reidemeisterschen Monographie; der Krieg beendete im wesentlichen die knotentheoretischen Aktivitäten dieser Phase (der Ausnahmefall Heinrich Tietzes wird in § 113 besprochen). Ein ganz ähnliches Bild ergibt sich, wenn die Autoren, die sich der jungen Knotentheorie zuwandten, nach ihren (zunächst unabhängig voneinander arbeitenden) Mentoren gruppiert werden. Zunächst sammelte sich vor allem um Reidemeister in Königsberg eine Gruppe von Studenten. Zu ihr gehörten

Carl Bankwitz (ab 1929), Lebrecht Goeritz (ab 1930), Werner Burau (seit etwa 1931) und Hans Georg Schumann (ab 1933). Die zweite Gruppe von zwar nicht in direkter Kommunikation entstandenen, aber thematisch aufeinander bezogenen Arbeiten, die vor 1932 erschien, drehte sich um Wilhelm Wirtingers 25 Jahre ältere Ideen über die Verzweigungen algebraischer Funktionen, die 1928 durch Karl Brauners Habilitationsschrift einem breiteren Publikum bekannt wurden. Da es sich hier um ein nach wie vor recht hoch bewertetes mathematisches Thema handelte, ist es nicht überraschend, daß andere an der geometrischen Funktionentheorie oder algebraischen Geometrie interessierte Mathematiker es aufgriffen und sich aneigneten (Kähler, Zariski). Auch außerhalb solcher lokal oder thematisch aufeinander bezogenen Gruppen von Beiträgen begannen Knoten nach 1926 eine Rolle in einzelnen mathematischen Forschungen zu spielen. Im Moskauer Umkreis Pawel Alexandroffs, wo sich eine ganze Reihe junger Mathematiker des jungen Sowjetstaates der Topologie zuwandten[1], bedienten sich F. Frankl und Lew S. Pontrjagin der Knoten in einer gemeinsamen Arbeit. In Berlin stellte im Jahr 1931 Erika Pannwitz eine Dissertation über Knoten fertig. Nach dem Erscheinen der Reidemeisterschen Monographie verbreiterte sich die Autorengruppe noch einmal und weitere Autoren, die nicht im unmittelbaren Umkreis von Reidemeister arbeiteten, stießen dazu. Die wichtigsten unter ihnen waren Herbert Seifert in Dresden und James H. C. Whitehead in Oxford. Seifert zog in Verbindung mit seinem Dresdner Mentor und Kollegen William Threlfall selbst Schüler zum Thema der Knoten; im Jahr 1937 erschien eine von diesen angeregte und „im Gedankenaustausch mit Herrn W. Hantzsche in Dresden" entstandene Dissertation von Hilmar Wendt über „Die gordische Auflösung von Knoten", d.h. die Entknotungszahl.[2] Auch in Moskau wandten sich weitere Mathematiker verschlungenen Kurven zu, und zwar den Zöpfen und der Zopfgruppe (der jüngere Andrej A. Markoff und N. Weinberg). In Italien schrieb L. Brusotti eine der Zopfgruppe gewidmete Arbeit. Auf die Entwicklungen außerhalb des kleinen Netzwerks um Reidemeister, Artin und Wirtinger gehe ich in Abschnitt 12.3 näher ein. Zunächst sollen jedoch jene Beiträge etwas genauer beschrieben werden, die innerhalb desselben bzw. noch vor dem Erscheinen der Reidemeisterschen *Knotentheorie* entstanden.

Reidemeisters erster Schüler, Carl Bankwitz, knüpfte unmittelbar an Reidemeisters Bestimmung der Torsionszahlen der zweifachen Überlagerung eines Knotenkomplements an. Dabei bewegte er sich völlig im Rahmen der „elementaren Begründung" der Knotentheorie, d.h. er arbeitete mit Diagrammen und zugeordneten Gruppen bzw. Matrizen. Hauptresultat seiner ersten, im Mai 1929 eingereichten Arbeit war eine bereits von Reidemeister formulierte Vermutung: „Die Minimalzahl der Überkreuzungen der Projektion eines alternierenden Knotens ist höchstens so groß wie das Produkt seiner Torsionszahlen [der zweifachen Überlagerung]." (Bankwitz 1930a, 145.) Bankwitz suchte auch den Kontakt zwischen dem Kreis Reidemeisters und den Topologen in Princeton herzustellen, indem er gleichzeitig zwei kurze Noten an die in Princeton herausgegebenen *Annals of Mathematics* schickte, in welchen er Reidemeisters Verfahren zur Berechnung der Torsionszahlen und die Aufstellung der dafür benützten Matrizen etwas detaillierter als in Reidemeisters Artikeln beschrieb.

---

[1] Dazu gehörten unter anderem noch Pawel Urysohn, Lasar A. Ljusternik und der jüngere Andrej A. Markoff, von dem in § 108 noch die Rede sein wird. Etliche der Genannten waren Schüler des Analytikers Nikolaj N. Lusin.

[2] Die Dissertation wurde in Halle eingereicht und angenommen, wo Threlfall sich zwischen 1935 und 1938 aufhielt.

In einem Seminar im Sommersemester 1930 regte Reidemeister einen weiteren Studenten, Lebrecht Goeritz, an, sich den Torsionszahlen der zweifachen Überlagerungen von Knoten zuzuwenden und ihre Invarianz durch die Betrachtung einer möglichst einfachen, einem Diagramm zugeordneten Matrix nachzuweisen, aus welcher dieselben berechnet werden konnten. Goeritz gelang es nicht nur, diese Aufgabe unter Rückgriff auf eine Idee zu lösen, derer sich bereits Tait extensiv bedient hatte, sondern er fand dabei auch neue Knoteninvarianten, die sich als unabhängig von den Torsionszahlen und dem Alexanderschen Polynom eines Knotens erwiesen. Seine 1933 veröffentlichten Überlegungen seien hier als Musterbeispiel eines in der von Reidemeister geschaffenen epistemischen Konfiguration entstandenen Wissensfragments näher beschrieben.[3]

Die Pointe der Goeritzschen Arbeit bestand darin, nicht eine den Doppelpunkten bzw. Gebieten eines Knotendiagramms zugeordnete Matrix zu betrachten, wie es in fast allen früheren Arbeiten geschehen war[4], sondern eine ungefähr halb so große quadratische Matrix $A = (a_{ik})$, deren Zeilen den *schwarzen Gebieten* $G_1, ..., G_n$ *der Schachbrettfärbung eines gegebenen Diagramms* zugeordnet waren; die Färbung war dabei dadurch festgelegt, daß das unendliche Gebiet schwarz gewählt wurde. Nach Festlegung einer Orientierung auf dem Diagramm konnte den Diagrammkreuzungen gemäß Fig. 12.1 eine „Inzidenzzahl" zugeordnet werden. Die Matrix A sollte dann nach folgender Vorschrift aufgestellt werden: „In der i-ten Zeile ($i = 1, 2, ..., n$) soll a_{ii} die Summe aller Inzidenzzahlen des Gebietes G_i und a_{ik} (für $k \neq i$ von 1 bis n) die negative Summe aller Inzidenzzahlen, die gleichzeitig zu G_i und G_k gehören, sein." (Goeritz 1933, 648.)

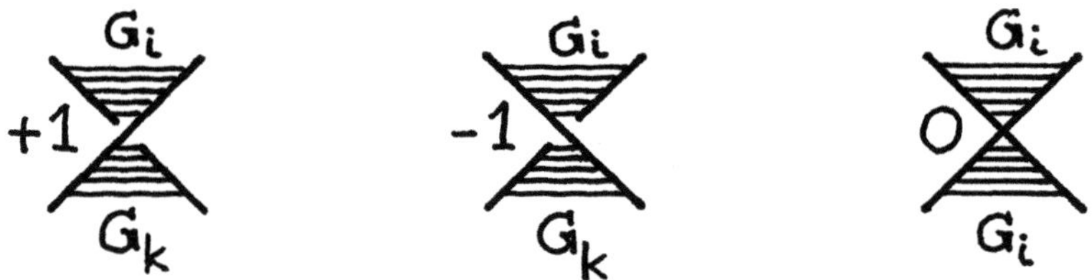

Fig. 12.1: Goeritz' Inzidenzzahlen an Diagrammkreuzungen
(im dritten Fall grenzt ein schwarzes Gebiet an sich selbst)

Wie es sich gehörte, bestimmte Goeritz als nächstes die „Änderungen der Matrix (a_{ik}) bei Knotendeformationen", d.h. bei den elementaren Reidemeisterschen Diagrammdeformationen (ebd.). Dabei mußte zusätzlich unterschieden werden, ob die schwarzen oder die weißen Gebiete von der Deformation betroffen waren. Drei Fälle ließen sich besonders leicht überblicken, nämlich jene, in welchen ein Bogen eine Schleife erhielt bzw. verlor oder in welchen sich ein Bogen so über einen anderen schob, daß ein neues weißes Gebiet entstand (Fig. 12.2).

---

[3] Wieviel der im folgenden beschriebenen Einsichten Goeritz und wieviel Reidemeister selbst zuzuschreiben ist, muß offenbleiben und ist für unsere Zwecke auch nicht relevant.

[4] In (Bankwitz 1930a) hatte auch dieser darauf hingewiesen, daß die Torsionszahlen der zweifachen Überlagerung aus der nachfolgend beschriebenen Matrix gewonnen werden können, ohne allerdings das unten angedeutete Invarianzargument zu geben.

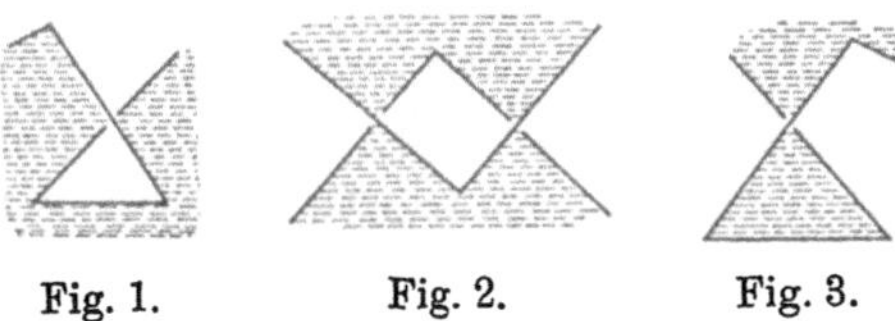

Fig. 1.   Fig. 2.   Fig. 3.

Fig. 12.2: Fig. 1-3 in (Goeritz 1933)

In den ersten beiden Fällen änderte sich, wie leicht nachgeprüft werden kann, die Matrix A überhaupt nicht. Im dritten Fall erhielt die Matrix eine neue Zeile und Spalte, wobei nur das neue Diagonalelement je nach der Orientierung der neuen Kreuzung ± 1 war und alle weiteren neuen Elemente verschwanden. Die anderen drei Fälle (ein Bogen schiebt sich so über einen anderen, daß ein neues schwarzes Gebiet entsteht; drei Bögen schieben sich so übereinander, daß entweder ein neues weißes oder ein neues schwarzes Gebiet entsteht, vgl. Fig. 12.3) waren nur wenig schwieriger zu behandeln, wobei jedesmal der Fall, daß eines der beteiligten Gebiete das unendliche war, gesondert betrachtet werden mußte.

Fig. 4.

Fig. 5.

Fig. 12.3: Fig. 4 und 5 in (Goeritz 1933)

Wie konnten aus diesen Matrizen Invarianten gewonnen werden? Zum einen las Goeritz aus den erhaltenen Transformationen unmittelbar ab, daß der Betrag der Determinante von A eine Knoteninvariante war.[5] Zum anderen brachte er eine neue Idee ins Spiel, indem er die erhaltene Matrix als quadratische Form $f(x_1, \ldots, x_n) = \sum a_{ik} x_i x_k$ über den ganzen Zahlen deutete. Die von ihm beschriebenen Matrixmodifikationen gingen dadurch in die erzeugenden Transformationen einer Äquivalenzrelation im Bereich der quadratischen Formen über. Neben unimodularen Substitutionen der Koeffizienten gehörten dazu die beiden folgenden Transformationen (entstanden aus Goeritz' Fig. 3 und 5 einerseits, 4 andererseits):

$$f(x_1, \ldots, x_n) \quad \text{geht über in} \quad f(x_1, \ldots, x_n) + x_{n+1}^2 \; ;$$
$$f(x_1, \ldots, x_n) \quad \text{geht über in} \quad f(x_1, \ldots, x_n) + ax_{n+1}^2 - 2x_{n+1}x_{n+2} \quad (a \in \mathbb{N}) \, .$$

Goeritz machte sich nun eine Technik Hermann Minkowskis zunutze, die es gestattete, quadratischen Formen mit ganzzahligen Koeffizienten für jede Primzahl p eine konkret berechenbare

---

[5] Das war bereits seit (Bankwitz 1930a) klar, da die Determinante von A ja das Produkt aller Torsionszahlen der zweiblättrigen Überlagerung des Knotenkomplements war.

und unter unimodularen Substitutionen invariante „Einheit" $C_p = \pm 1$ zuzuordnen. Goeritz wies nach, daß sich diese Einheiten außer für $p = 2$ auch bei den neu dazugekommenen Transformationen quadratischer Formen nicht änderten und erhielt damit sein Hauptresultat: *„In der zu einer Knotenmatrix (a_{ik}) gehörigen quadratischen Form sind die Minkowskischen Einheiten C_p für ungerade Primzahlen p Knoteninvarianten.* "[6] Konkrete Berechnungen zeigten, daß diese Invarianten für einen Knoten und sein Spiegelbild nicht immer übereinstimmten, so daß sie unabhängig von den Torsionszahlen und auch von Alexanders Polynom sein mußten. Damit konnten zum erstenmal auch jene Knoten der Taitschen Tafeln untersucht werden, deren homologische Invarianten übereinstimmten. Außerdem gaben die „Minkowskischen Einheiten von Knoten" ein neues (allerdings nicht hinreichendes) Werkzeug zur Untersuchung der Amphichiralität von Knoten.[7]

Goeritz' kurze, aber einfallsreiche Arbeit zeigt, daß die neue epistemische Konfiguration der Knotentheorie produktiv sein konnte. Einem Knotendiagramm wurde eine Matrix zugeordnet und als quadratische Form umgedeutet; dann wurden die Transformationen dieser algebraischen Objekte unter Diagrammdeformationen bestimmt, und schließlich (mit etwas Glück, weil vorbereitet durch die zahlentheoretischen Arbeiten Minkowskis) passende Invarianten gefunden.

Noch in einer weiteren Hinsicht konnten Reidemeisters Schüler die Reichweite ihrer Methoden demonstrieren. Wie bereits erwähnt, erschien 1928 Brauners Wiener Arbeit über die Verzweigungen algebraischer Funktionen in den *Hamburger Abhandlungen*. Brauner erläuterte darin zum erstenmal ausführlich Wirtingers grundlegende Idee, die Singularitäten einer algebraischen Funktion zweier Variablen durch den Schnitt ihrer Diskriminantenkurve mit dem sphärischen Rand einer kleinen Umgebung eines singulären Punktes und die zugehörige verzweigte Überlagerung zu beschreiben (vgl. Abschnitt 8.2). Brauner gab nun auch eine Antwort auf die Frage, welche Knoten in dieser Weise überhaupt auftreten konnten. Für den Fall, daß die Diskriminantenkurve in der Nähe einer untersuchten singulären Stelle irreduzibel war, fand er folgendes Ergebnis. In einem geeigneten Koordinatensystem mit Ursprung in der betrachteten Singularität ließ sich mit auf Puiseux zurückgehenden Techniken stets eine lokale Darstellung der Diskriminantenkurve in der Form

$$ y = \sum_{k=1}^{K} a_k \, x^{\dfrac{n_k}{m_1 m_2 \cdots m_k}} $$

für gewisse natürliche Zahlen K, n_k und m_k angeben, welche die Ungleichungen $m_1 < n_1$ und $n_{k-1} m_k < n_k$ für $1 < k \leq K$ sowie die Bedingung, daß jedes Paar (m_k, n_k) teilerfremd war, erfüllten. Umgekehrt definierte jedes solche System von Zahlenpaaren (etwa durch die Wahl $a_k \equiv 1$) durch obige Gleichung eine Kurve mit einer Singularität in $(x, y) = (0, 0)$. Der Schnitt der so dargestellten Kurve[8] mit einer kleinen 2-Sphäre um den Punkt $(0, 0)$ war dann eine – wie Brauner mit Anklang an Simony formulierte – „Schlauchkurve", die am einfachsten durch ein in mehreren Schritten aufgebautes, ebenes Diagramm beschrieben werden kann. Zunächst

---

[6] (Ebd., 652); Hervorhebung im Original.

[7] Goeritz zeigte allgemein, daß ein Knoten nicht amphichiral sein kann, wenn in seiner Determinante eine Primzahl von der Form $4l + 3$ in ungerader höchster Potenz aufgeht (ebd., 654).

[8] Daß es sich dabei um die Diskriminantenkurve einer algebraischen Funktion zweier Variabeln handelte, war genaugenommen unwesentlich. Brauners Argument charakterisierte daher ebenso die Singularitäten ebener komplexer Kurven.

bestimmt das Paar (m_1, n_1) einen Torusknoten, dessen Diagramm als ein geschlossener, n_1 mal tordierter Zopf mit m_1 parallelen Strängen gezeichnet werden kann (Fig. 12.4 zeigt einen einfach tordierten *offenen* m-Zopf).

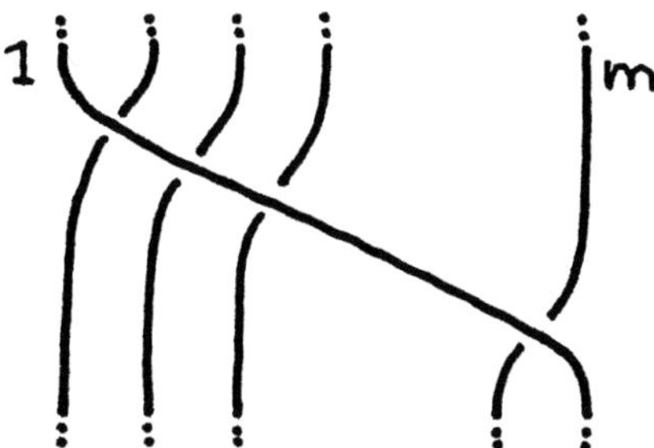

Fig. 12.4: Einfache Torsion eines Zopfes mit m Fäden
(die n-te Potenz dieses Zopfes liefert nach Schließung eine (m, n)-Torusverkettung)

Als nächstes werde in eine dünne schlauchförmige Umgebung dieses Knotens ein m_2 mal in Längsrichtung und n_2 mal quer um diesen Schlauch verlaufender Knoten gelegt. Im Diagramm bedeutet das, die Diagrammkurve durch m_2 nahe beieinanderliegende parallele Kurven zu ersetzen, die vor dem Schließen n_2 mal tordiert werden; an den Kreuzungen muß dabei in der naheliegenden Weise wie in Fig. 12.5 verfahren werden.[9]

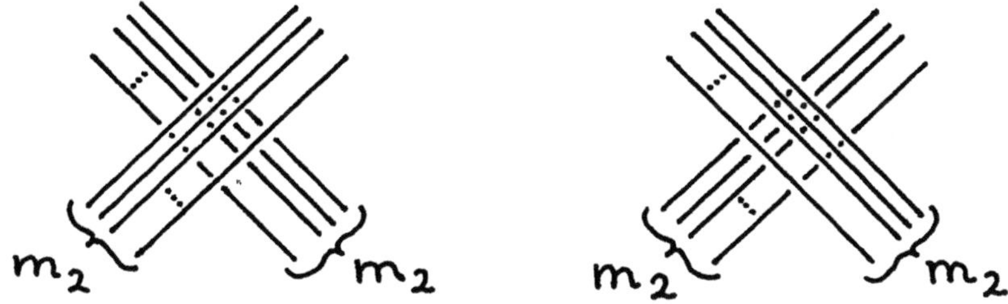

Fig. 12.5: Verlauf der parallelen Fäden an Kreuzungen

Dieselbe Konstruktion kann mit den weiteren Zahlenpaaren (m_k, n_k) wiederholt werden. Ergebnis ist (wegen der Teilbarkeitsbedingung) stets ein Knoten, der bereits durch jene Paare topologisch bestimmt ist, für die $m_k \neq 1$ gilt (im Fall $m_k = 1$ ergibt sich im k-ten Schritt offenbar kein topologisch vom vorangehenden verschiedener Knoten). Da die so erhaltenen Knoten die untersuchte Singularität in topologischer Sicht charakterisierten, waren durch die Zahlenpaare (m_k, n_k) mit $m_k \neq 1$ (heute Puiseux-Paare genannt) auch die Zusammenhangsverhältnisse einer Umgebung des Punktes $(0, 0)$, aus welcher die betrachtete Kurve entfernt war, festgelegt.

Brauner schloß seinen Beitrag mit einigen Überlegungen zum ganz analogen Fall reduzibler Kurvenzweige in der singulären Stelle. Hier ergaben sich statt iterierter Torus*knoten* iterierte

---

[9] Durch den Bezug auf das Diagramm ist eine Konvention über die Art der Zählung der transversalen Windungen getroffen, von der das Ergebnis dieser Konstruktion wesentlich abhängt.

Torus*verkettungen*. Schließlich stellte er die Gruppe der konstruierten Knoten bzw. Verkettungen auf. Die sich aufdrängende *knotentheoretische* Frage ließ er jedoch offen: Waren die konstruierten Knoten und Verkettungen genau dann äquivalent, wenn ihre definierenden Zahlenpaare (m_k, n_k) (mit $m_k \neq 1$) übereinstimmten? Mit anderen Worten: Konnte es sein, daß zwei Singularitäten ebener algebraischer Kurven, die unterschiedliche Puiseux-Paare besaßen, trotzdem topologisch äquivalente Umgebungen hatten?[10]

Diesmal war es Werner Burau, der bei Reidemeister in Königsberg die Lücke schloß. (Auf ihn geht auch die gerade gegebene Beschreibung der auftretenden Knoten durch ebene Diagramme zurück; Brauner hatte diese Knoten lediglich in Worten beschrieben.) Burau leitete zunächst für den Fall der iterierten Torusknoten das Alexander-Polynom aus deren Gruppe ab und wies dadurch nach, daß zwei solche Knoten in der Tat genau dann äquivalent waren, wenn sie zu denselben Zahlenpaaren gehörten (Burau 1932b). Etwa ein Jahr später erledigte er auch den Fall der iterierten Torusverkettungen, wobei sich unter den im Fall der Singularitäten algebraischer Funktionen geltenden Einschränkungen wieder das Resultat ergab, daß zu verschiedenen, die iterierten Torusverkettungen auf analoge Weise wie oben definierenden Zahlenpaaren auch verschiedene Verkettungen gehörten (Burau 1934). Fast gleichzeitig und unabhängig von Burau füllte auch Oskar Zariski in den USA die Lücke in Brauners Arbeit durch die Berechnung des Alexander-Polynoms (Zariski 1932).[11] Damit war dieser Fragenkomplex zu einem vorläufigen Abschluß gebracht worden: Es bestand eine eineindeutige Korrespondenz zwischen den topologischen Typen der Singularitäten ebener, komplex algebraischer Kurven und den ihnen zugeordneten Typen von Knoten bzw. Verkettungen, die man vollständig übersehen konnte.[12]

Zwei Arbeiten, die um 1930 außerhalb des Umfelds Reidemeisters entstanden, verdienen Erwähnung als Dokumente des wachsenden Interesses für das Thema der Knoten. Dies ist zum einen die 1931 fertiggestellte Berliner Dissertation von Erika Pannwitz. Pannwitz hatte in Berlin, Freiburg und Göttingen studiert und in Göttingen u.a. Kontakt zu den aufstrebenden Topologen Pawel Alexandroff und Heinz Hopf sowie zu Emmy Noether gefunden. Hopf, schon in Zürich, schrieb 1931 auch das sehr anerkennende Hauptgutachten über Pannwitz' Dissertation.[13] Die Anregung zu ihrem Thema hatte sie dagegen nach eigener Auskunft von Otto Toeplitz in Bonn erhalten (Pannwitz 1933, Anm. 1). Toeplitz, der selbst zu Knoten meines Wissens nie etwas publizierte, könnte entweder durch seinen während der Weimarer Zeit recht engen Kontakt mit dem Frankfurter Zirkel um Dehn oder auch durch seine Verbindung zum Hamburger Mathematischen

---

[10] Auch der Funktionentheoretiker Erich Kähler (1929 in Königsberg Assistent geworden und auf dem Sprung nach Hamburg, wo er sich 1930 habilitierte), der Brauners Resultate überarbeitete und auf einem etwas anderen Weg noch einmal bewies (Kähler 1929), beantwortete diese Frage nicht.

[11] Als Zariski sein Resultat auf einem Treffen der American Mathematical Society im März 1932 ankündigte, teilte ihm Lefschetz mit, daß Burau diese Resultate ebenfalls erhalten hatte und eine entsprechende Publikation vorbereitete (Zariski 1932, 453, Anm. §). Lefschetz' Kenntnis der Burauschen Ergebnisse bereits vor ihrer Publikation ist ein Zeichen der Anerkennung, die Reidemeisters Kreis inzwischen genoß.

[12] Eine ausführliche moderne Darstellung findet der Leser in (Brieskorn und Knörrer 1981/1986).

[13] Zur Biographie von Erika Pannwitz, die später bei der Preußischen Akademie der Wissenschaften angestellt war, um für das „Jahrbuch über die Fortschritte der Mathematik" Referate über topologische Arbeiten zu schreiben, und nach dem Krieg schließlich Leiterin der Abteilung „Zentralblatt für Mathematik" bei der Deutschen Akademie der Wissenschaften in Berlin wurde, vgl. (Vogt 1999). Dort finden sich auch Auszüge aus Hopfs Gutachten.

Seminar Interesse an diesem Thema gefunden haben.[14] Auf seinen Vorschlag untersuchte Pannwitz die folgenden beiden geometrischen Fragen. Zum einen: Was ist die kleinste Zahl von Randsingularitäten, die eine in einen gegebenen Knoten eingespannte, *einfach zusammenhängende* Fläche mindestens aufweisen muß? Pannwitz nannte diese Zahl die „Verknotungszahl" eines Knotens; die Aussage, daß ein Knoten mit Verknotungszahl Null äquivalent zu einem Kreis ist, war gerade das noch immer unbewiesene Dehnsche „Lemma" (§ 85). Zum andern: Sei eine Gerade im Raum, welche einen gegebenen Knoten in genau m Punkten trifft, als m-fache Sehne bezeichnet. Für welche m gibt es auf jeden Fall m-fache Sehnen? Bei beiden Fragen handelte es sich wieder um leicht zu definierende, aber schwierig zu berechnende Knoteninvarianten. Pannwitz' Hauptresultat zeigte wenigstens, daß die Fragen zusammenhingen: „Ein einfach geschlossenes Polygon K im $\mathbb{R}^3$ mit der Verknotungszahl k besitzt wenigstens $k^2/2$ vierfache Sehnen." (Pannwitz 1933, 637.) Ein ähnliches Resultat erhielt Pannwitz auch für Verkettungen, falls eine geeignete „unsymmetrische Homotopieverschlingungszahl $_A v_B$" für zwei verkettete Kurven A und B definiert wurde, nämlich die minimale „zur Befreiung durch Deformationen unter Festhaltung von B notwendige Durchdringungszahl von A und B" (ebd., 633 und 635). Aus ihm folgte, daß zwei geschlossene Raumkurven mit der Gaußschen Verschlingungszahl u wenigstens u^2 vierfache Sehnen besitzen mußten. Über die Pannwitzschen Invarianten scheint bis heute sehr wenig bekannt zu sein.

Auch der Aufsatz (Frankl und Pontrjagin 1930) zeigt, daß sich die Gruppe der Mathematiker, welche Knoten als interessante mathematische Objekte wahrnahmen, verbreiterte. Die beiden jungen Moskauer Topologen interessierten sich dabei mehr für die Topologie der Punktmengen als für die Theorie der Knoten. Sie benützten eine weitere geometrische Eigenschaft von Knoten als Werkzeug zum Beweis der Äquivalenz zweier Definitionen eines mengentheoretischen Dimensionsbegriffs, welche Alexandroff einerseits und Brouwer (sowie ihm folgend Menger und Urysohn) andererseits vorgeschlagen hatten. Die Knoteneigenschaft, die Frankl und Pontrjagin benützten, war die Konstruierbarkeit eines in einen beliebig gegebenen Knoten eingespannten, *singularitätenfreien und orientierbaren* Flächenstücks. Schon kurze Zeit später sollte diese Eigenschaft zum Ausgangspunkt weiterer knotentheoretischer Überlegungen werden (vgl. § 109). Die kurze Arbeit von Frankl und Pontrjagin ist auch deshalb interessant, weil sie vorführt, daß die Techniken der kombinatorischen Topologie allmählich auch im Rahmen der punktmengentheoretischen Topologie Aufmerksamkeit und Verwendung fanden.

§ 107. *Die erste Monographie*

Im Jahr 1932 sammelte und vereinheitlichte schließlich Reidemeisters *Knotentheorie* das inzwischen entstandene mathematische Wissen über Knoten. Der knapp über 70 Seiten umfassende, äußerst prägnant geschriebene Text schilderte die junge Theorie so, wie Reidemeister sie sah und ausgebaut zu sehen wünschte, zentriert um die Äquivalenzen ebener polygonaler Diagramme und ihre Auswertung durch lineare Algebra und kombinatorische Gruppentheorie, genauer: durch das von Reidemeister gefundene und von Schreier vereinfachte Verfahren zur Bestimmung von Untergruppen endlich präsentierter Gruppen, insbesondere der Knotengruppe (vgl. § 93).

---

[14] Zu Frankfurt vgl. (Weil 1980, 460), zu Hamburg (Behnke 1978, 48).

Ein kurzer Vergleich des Aufbaus des Reidemeisterschen Büchleins mit der historischen Entwicklung zeigt deutlich den von ihm gesetzten Akzent. Bereits in der Einleitung grenzte er sich durch die „Aussperrung" wilder Knoten und Deformationen, wie sie Tietze betrachtet hatte, von einer möglichen punktmengentheoretischen Behandlung des Knotenproblems ab. Aber auch den *rein* kombinatorischen Ansatz Dehns wies er zurück: obwohl eine „tiefere Fundierung" der Knotentheorie erst in diesem Rahmen geleistet werden könne, sei es aufgrund der dabei auftretenden Schwierigkeiten (die sich etwa an Dehns Lemma gezeigt hätten), vorläufig sinnvoller, Knoten als Äquivalenzklassen endlicher Polygone des Euklidischen Raums aufzufassen (wodurch sich ein an Hilberts *Grundlagen* orientierter Geometer in metamathematischer Hinsicht ja nichts vergab).

Als Grundlage der Theorie führte Reidemeister konsequenterweise die räumlichen Dreiecksdeformationen von Knoten und ihr Gegenstück, die elementaren Deformationen ebener Diagramme ein. Nach der Erläuterung einiger Knotentypen (geschlossene Zöpfe, Schlauchknoten usw.) wurde im zweiten Kapitel vorgeführt, wie diesen Diagrammen Matrizen zugeordnet werden konnten (Varianten der Matrizen zur Bestimmung der Torsionszahlen, der Matrix Alexanders mit polynomialen Einträgen, der Goeritzschen Matrix). Es folgten auf die elementaren Deformationen gestützte Beweise der Invarianz der daraus abgeleiteten Torsionszahlen, der Minkowskischen Einheiten, der Determinante und des Alexanderschen Polynoms eines Knotens (das Reidemeister „L-Polynom" nannte). Reidemeister berechnete die Invarianten aller Knoten mit bis zu 9 Kreuzungen, und es stellte sich heraus, daß immerhin eines der drei bisher nicht unterscheidbaren Paare durch die Minkowskischen Einheiten unterschieden wurde. Das dritte Kapitel führte – wiederum aus einem ebenen Diagramm und zunächst völlig ohne Hinweis auf den Begriff der Fundamentalgruppe – die Knotengruppe ein und wies deren Invarianz unter elementaren Deformationen nach. In ähnlicher Weise wurde auch die Zopfgruppe vorgestellt. Es folgte eine Erläuterung der gruppentheoretischen Bedeutung der zuvor definierten Invarianten.

♠ Am interessantesten war Reidemeisters Aneignung des Alexanderschen Polynoms. Entsprechende Überlegungen Alexanders aufgreifend zeigte er mit Hilfe seines gruppentheoretischen Verfahrens zur Aufstellung von Untergruppen, daß die polynomiale Matrix, als deren normierte Determinante er das „L-Polynom" eingeführt hatte, nach Streichung einer beliebigen Zeile die Präsentationsmatrix einer aus der Knotengruppe abgeleiteten „Abelschen Gruppe $\Re(x)$ mit Operator x" war. In heutige Terminologie übersetzt besagten Reidemeisters Ausführungen, daß die abelsch gemachte Kommutatorgruppe $\Re$ einer Knotengruppe stets ein Modul über dem Ring $\mathbb{Z}[x, x^{-1}]$ war, wobei die Operation eines Polynoms $f(x) = \sum a_i x^i \in \mathbb{Z}[x, x^{-1}]$ auf Elementen K der additiv geschriebenen Gruppe $\Re$ durch die Definitionen

$$K^x := SKS^{-1} \quad \text{und} \quad K^{f(x)} := \sum (a_i K)^{x^i}$$

festgelegt war. Die fragliche quadratische Matrix mit polynomialen Einträgen lieferte definierende Relationen dieses Moduls, ihre Äquivalenzklasse über $\mathbb{Z}[x, x^{-1}]$ (mithin insbesondere ihre normierte Determinante) war folglich eine direkt aus der Knotengruppe ableitbare Invariante. Eine *geometrische* Deutung dieser algebraischen Struktur lieferte Reidemeister nicht. ♠

Erst *nach* diesen Ausführungen, die alle bekannten Invarianten dem skizzierten Rahmen einordneten, zeigte Reidemeister anhand des Wirtingerschen Verfahrens, daß „die Gruppe des Knotens [...] isomorph zur Fundamentalgruppe oder Wegegruppe des Knotenaußenraums" war. Fast nebenbei erwähnte er dann Überlagerungen von Knotenkomplementen und ihre Monodromiegruppen sowie die Tatsache, daß die Torsionszahlen von Knoten auch Torsionszahlen der endlich zyklischen Überlagerungen der Knotenaußenräume waren. Sogar neue Objekte, die *unendlich-blättrigen* Überlagerungen, tauchten in einer Bemerkung auf, ohne jedoch in irgendeiner Hinsicht näher untersucht zu werden.[15] Das Buch endete mit der Beschreibung weiterer Invarianten einiger konkreter Knotenklassen, die zum Teil gerade in Königsberg studiert wurden, und mit welchen sich schließlich auch die noch nicht behandelten zwei Paare der Tafeln primer Knoten mit bis zu neun Kreuzungen unterscheiden ließen, so daß nun die Verifikation dieses Teils der Tafeln des 19. Jahrhunderts abgeschlossen war.

Reidemeisters Monographie war konsequent. Sie beschrieb jene Gegenstände und Techniken, die er selbst im Rahmen seiner „elementaren Begründung der Knotentheorie" konstruiert bzw. rekonstruiert hatte. Die Wiener geometrischen Ideen, die Reidemeister ursprünglich zu seinen knotentheoretischen Einsichten geführt hatten – sowohl das Thema der Überlagerungen als auch die Verbindung zur geometrischen Funktionentheorie –, tauchten nur am Rande auf. Auch die dreidimensionale Topologie, etwa Dehns Konstruktion „Poincaréscher Räume" aus Knoten oder Alexanders auf „Riemannsche Räume" gegründetes Konstruktionsverfahren für 3-Mannigfaltigkeiten blieben bis auf knappe Literaturhinweise unberührt. Gerade diese bewußte und *differenzierende* Zurichtung des knotentheoretischen Wissens machte Reidemeisters Monographie für kurze Zeit jedoch überaus wirksam.

§ 108. *Der Ausbau der Theorie*

Der paradigmatische Status, welchen Reidemeisters Büchlein vorübergehend erwarb, läßt sich nicht nur am Motto dieses Kapitels (geäußert in Alexanders Übersichtsvortrag über topologische Probleme auf dem Internationalen Mathematiker-Kongreß von 1932) ablesen, sondern auch an der Zahl der Arbeiten, die in den Jahren nach 1932 auf diesen Text Bezug nahmen. Das gilt natürlich vor allem von den weiteren Arbeiten der unmittelbaren Schüler Reidemeisters. In ihnen wurden hauptsächlich spezielle Klassen von Knoten bzw. Verkettungen mit den Methoden

Fig. 12.6: Ein Viergeflecht

---

[15] (Reidemeister 1932, 55). ♠ Entweder *kannte* Reidemeister die Beziehung der unendlich zyklischen Überlagerung zu der gerade erwähnten algebraischen Beschreibung des Alexander-Polynoms und *wollte* sie nicht erwähnen, oder er kannte sie nicht. Beide Möglichkeiten wären gleichermaßen aufschlußreiche Zeichen für die Orientierung des Autors der *Knotentheorie*. ♠

der *Knotentheorie* näher behandelt und dabei die Reichweite der eingeführten Invarianten geprüft. Eine dieser Verkettungsklassen waren die (vor allem von Hans Georg Schumann und Carl Bankwitz studierten) „Viergeflechte", die aus beliebigen Zöpfen mit vier Fäden durch die in Fig. 12.6 angedeutete Art der Schließung entstanden.[16] Durch Überführung solcher Diagramme in eine Normalform zeigten (Bankwitz und Schumann 1934), daß Viergeflechte stets alternierend sind. In einer gemeinsamen Arbeit zeigten Reidemeister und Schumann des weiteren, daß es Viergeflechte gab, bei welchen sowohl die Gaußschen Verschlingungszahlen der Komponenten als auch die Pannwitzschen „unsymmetrischen Homotopieverschlingungszahlen" (§ 106) verschwanden und die trotzdem nicht trivial waren (Reidemeister und Schumann 1934).

Sowohl in diesen Arbeiten als auch in denen Buraus über die iterierten Torusknoten, über die bereits berichtet wurde, konnten die betrachteten Knoten als in spezieller Weise geschlossene *Zöpfe* betrachtet werden.[17] Es war Burau, der die naheliegende Aufgabe übernahm, die Verbindung zwischen Artins Zopfgruppe und den bekannten Invarianten der Knotentheorie etwas genauer zu studieren (Burau 1932a, 1935b). Auf Anregung Reidemeisters oder Artins[18] bediente er sich zu diesem Zweck folgender Darstellung der Zopfgruppe durch Matrizen mit polynomialen Einträgen. Jeder Erzeugenden σ_i der Zopfgruppe (§ 95) wurde die Matrix

$$
M_i := \begin{pmatrix} 1 & & & & & & 0 \\ & \ddots & & & & & \\ & & 1-x & x & & & \\ & & 1 & 0 & & & \\ & & & & 1 & & \\ & & & & & \ddots & \\ 0 & & & & & & 1 \end{pmatrix} \begin{matrix} \\ \\ \leftarrow i \\ \leftarrow i{+}1 \\ \\ \\ \end{matrix} ,
$$

und entsprechend M_i^{-1} dem Inversen σ_i^{-1} zugeordnet. Es ließ sich leicht nachrechnen, daß die den Zopfrelationen entsprechenden Relationen zwischen den M_i galten und mithin eine Darstellung der Zopfgruppe definiert war, wenn jedem Wort Z in den Zopferzeugenden σ_i das entsprechende Wort $M(Z)$ in den Matrizen M_i zugeordnet wurde (Burau 1935b, § 1).[19] Burau zeigte nun durch einen Vergleich der einem Zopf Z zugeordneten Matrix $M(Z)$ mit der nach Artins Methode aufgestellten Fundamentalgruppe des zugeordneten *geschlossenen* Zopfes, daß (wenn E die Einheitsmatrix bezeichnet) $M(Z) - E$ stets eine Präsentationsmatrix jener „Abelschen Gruppe mit Operator $\Re(x)$" war, aus welcher Reidemeister das Alexandersche Polynom des geschlossenen Zopfes bestimmt hatte (vgl. § 107). Dieses konnte also auch so berechnet werden, daß eine gegebene Verkettung V zunächst als geschlossener Zopf dargestellt wurde, dann ein zugehöriges Zopfwort Z_V bestimmt und schließlich die Determinante

---

[16] Diese Verkettungsklasse war zuerst von Reidemeister selbst unter dem Namen „2-Geflechte" eingeführt worden (Reidemeister 1929).

[17] ♠ Noch eine weitere, 1934 erschienene Arbeit zog Interesse auf die Zopfgruppe: Wilhelm Magnus' Beschreibung des Zusammenhangs zwischen derselben und der Gruppe der Abbildungsklassen der mehrfach punktierten Ebene bzw. 2-Sphäre. ♠

[18] So berichtete Burau später Joan Birman, die mir diese Information freundlicherweise mitgeteilt hat.

[19] ♠ In heutiger Terminologie also eine Darstellung $M : \mathfrak{Z}_n \to GL(n, \mathbb{Z}[x, x^{-1}])$, die Burau-Darstellung genannt wird. ♠

$$\det(M(Z_V) - E)$$

berechnet und gemäß Alexanders Vorschrift normiert wurde (ebd., § 2).

Buraus Resultat, ganz im Rahmen der epistemischen Konfiguration Reidemeisters (und Artins) gewonnen, wurde von ihm zur Gewinnung einer Invariante für „gleichsinnig verdrillte Verkettungen" eingesetzt, d.h. von Verkettungen, die sich so als geschlossener Zopf legen ließen, daß in dem zugehörigen Zopfwort lediglich *positive* Potenzen der Zopferzeugenden auftraten. Zerfiel eine solche Verkettung nicht in mehrere Komponenten, und besaß der zugeordnete Zopf n Fäden und m Überkreuzungen, so erwies sich die Zahl $m - n + 1$ auf obigem Weg als Grad des Alexanderschen Polynoms und damit als Invariante dieser Klasse von Verkettungen.[20]

Weiteres Licht auf die Beziehung zwischen Knoten und Zöpfen wurde von Andrej A. Markoff in einem Vortrag auf dem Kongreß über Topologie, der 1935 in Moskau stattfand, geworfen. Mit der knappen Skizze eines Arguments deutete er an, daß zwei geschlossene Zöpfe mit n bzw. m Fäden genau dann *als Verkettungen* isotop waren, wenn ihre zugeordneten Zopfworte $v \in \mathfrak{Z}_n$ und $w \in \mathfrak{Z}_m$ sich durch eine endliche Kette der folgenden Operationen ineinander überführen ließen:

(1) Ein Wort $x \in \mathfrak{Z}_k$ wird durch ein Element $y \in \mathfrak{Z}_k$ konjugiert;
(2) Ein Wort $x \in \mathfrak{Z}_k$ wird durch ein Wort $x\sigma_k^{\pm 1} \in \mathfrak{Z}_{k+1}$ ersetzt oder umgekehrt.

An Zeichnungen läßt sich leicht ablesen, daß diese Bedingung hinreichend ist. Der schwierigere und von Markoff nicht ausgeführte Teil des Arguments betraf die Notwendigkeit des angegebenen Kriteriums. Damit war ein wichtiges Element in Artins Plan, Knoten auf dem Umweg über die geschlossenen Zöpfe zu studieren, ergänzt. Markoffs Resultat wurde jedoch vor dem zweiten Weltkrieg nicht mehr weiterverfolgt oder etwa mit Buraus Ergebnissen verknüpft.[21]

Reidemeisters eigene knotentheoretische Bemühungen beschränkten sich nach 1932 weitgehend auf die Anleitung seiner Schüler. Seine Forschungsinteressen richteten sich dagegen wieder mehr auf andere Fragen der dreidimensionalen Topologie, z.B. die Klassifikation der Linsenräume (Reidemeister 1935) und die Grundlagen der stückweise linearen Topologie von Mannigfaltigkeiten, die er zum Gegenstand eines weiteren Buches machte (Reidemeister 1938).

12.2 Die *méthode mixte*

§ 109. *Knoten und Flächen: Die Beiträge Herbert Seiferts*

Auch wenn die Knotentheorie im Stil der „elementaren Begründung" und der gruppentheoretischen Techniken Reidemeisters produktiv weitergeführt wurde, ging doch die Attraktivität des Themas der Knoten über diesen kombinatorischen Zugang hinaus. Mathematiker, die sich für

---

[20] (Ebd., § 3). Das hatte bereits Bankwitz vermutet, vgl. (Bankwitz 1935).

[21] Auch ein vollständiger Beweis wurde erst 1954 in einem Seminar von R. H. Fox in Princeton ausgearbeitet und noch einmal zwanzig Jahre später in Joan Birmans Buch (Birman 1974) in überarbeiteter Form mitgeteilt, vgl. (ebd., 49). Mittlerweile war das Konjugationsproblem der Zopfgruppe durch Garside gelöst worden und es schien Birman sinnvoll, Artins Plan in Verbindung mit dem Markoffschen Resultat wieder aufzugreifen.

Knoten zu interessieren begannen, *ohne* im direkten Kontakt mit dem kleinen Netzwerk zu stehen, für das die *Knotentheorie* von 1932 als paradigmatischer Text diente, konnten ihre eigenen, anders geprägten epistemischen Perspektiven ins Spiel bringen und dadurch zur Entwicklung der jungen Theorie in neue Richtungen beitragen.

Diese Beschreibung trifft vor allem auf Karl Johann Herbert Seifert zu, der um 1933 ernsthaft begann, sich für knotentheoretische Probleme zu interessieren. Seifert, der 1907 geboren wurde und ein Alter von 90 Jahren erreichte, begann sein Studium an der Technischen Hochschule Dresden und lernte dort den 1888 geborenen William Threlfall kennen, der 1927 in Dresden habilitierte und – in diesem Gebiet ein völliger Autodidakt – 1928 eine der ersten deutschsprachigen Universitätsvorlesungen über Topologie hielt.[22] Seifert wandte sich daraufhin der Topologie zu und ihn verband bald mit Threlfall eine enge wissenschaftliche und persönliche Freundschaft, die bis zu Threlfalls Tod im Jahr 1949 reichte.[23] Im Jahr 1930 promovierte Seifert bei Threlfall zum Dr. rer. tech., wechselte dann aber auf dessen Veranlassung an die Universität Leipzig, wo er zwei Jahre später bei B. L. van der Waerden noch einmal zum Dr. phil. promovierte. Aus der Topologie-Vorlesung Threlfalls entstand später auch das gemeinsam verfaßte *Lehrbuch der Topologie*, das lange Zeit eine maßgebende Einführung in das Gebiet blieb (Seifert und Threlfall 1934). Aus ihm geht klar hervor, daß Seifert und Threlfall die Topologie anders betrachteten als etwa Dehn oder Reidemeister. Von einer rein kombinatorischen Behandlung topologischer Objekte grenzten sich beide deutlich ab. Stattdessen befürworteten sie einen ähnlichen Stil wie Alexander mit seiner „flat analysis situs" (§ 104): Mannigfaltigkeiten und „Komplexe" sollten zwar durch (simpliziale) Zellenzerlegungen bzw. -aufbauten *charakterisiert*, aber nicht als Aggregate undefinierter Elemente *interpretiert* werden, sondern als gleichsam mit „kontinuierlicher Raumsauce" ausgegossene Punktmengen (ebd., 46). Die mengentheoretische Sprache, die Seifert und Threlfall dabei verwendeten, war allerdings nicht axiomatisch präzisiert, etwa im Stil der Hausdorffschen Theorie topologischer Räume, sondern sie wurde weitgehend *anschaulich-geometrisch* verwendet. Das Lehrbuch ebenso wie die Forschungsarbeiten Seiferts bewegten sich damit in einer epistemischen Konfiguration, deren Charakter dem der Poincaréschen recht ähnlich war, und die zuerst Hellmuth Kneser mit dem „historischen Namen méthode mixte" belegt hatte: Lokal anschaulich-geometrisch und global kombinatorisch beschriebene Objekte wurden mit den ebenso eingesetzten Techniken der Homologie und der Fundamentalgruppe bearbeitet.[24] Auf beiden Ebenen wurden natürlich die inzwischen – z.B. durch Alexander – erreichten Erweiterungen dieser Konfiguration ebenfalls aufgegriffen.

---

[22] Biographische Angaben über Seifert stützen sich hier und im folgenden auf ein Interview mit Seifert am 14. Oktober 1994 in Heidelberg.

[23] Die beiden arbeiteten zeitweise so eng zusammen, daß die Frage der Autorschaft ihrer Texte behutsam beurteilt werden muß. Wenn im folgenden von „Seiferts" Texten die Rede ist, schließt das, wie Seifert betont wissen wollte, einen Anteil Threlfalls an den mitgeteilten Ideen nicht aus.

[24] Vgl. (Kneser 1925, 12). Knesers Charakterisierung ist treffend: „Man arbeitet nicht rein kombinatorisch, sondern hat immer die topologisch [d.h. punktmengentheoretisch] definierte Mannigfaltigkeit im Auge [...]. Das kombinatorische Schema dient wesentlich nur dazu, die topologisch definierten Invarianten auszuwerten. Man kann dieser Behandlungsweise höchstens den ästhetischen Vorwurf der Methodenunreinheit machen; aber das will wenig sagen gegenüber der schwerwiegenden Tatsache, daß für vier und mehr Dimensionen bis jetzt nur auf diesem Wege gesicherte topologische Ergebnisse zu gewinnen sind." Auch Seiferts Betreuer in Leipzig, van der Waerden, hatte sich zum Befürworter der „méthode mixte" erklärt. In ihrem Vorwort bestätigten Seifert und Threlfall ausdrücklich seinen Einfluß auf „die Anlage des Buches".

Dabei war es vor allem der Einsatz geometrischer Ideen, der Seifert neue Einsichten gewinnen ließ. So behandelte seine Leipziger Dissertation eine neue Konstruktionsweise „gefaserter" 3-Mannigfaltigkeiten, „deren Punkte auf ∞^2 geschlossene Kurven, sog. Fasern, verteilt" waren, wobei durch jeden Punkt genau eine Faser laufen und jede Faser eine torusförmige Umgebung aus Fasern besitzen sollte.[25] Es gelang Seifert unter Ausnützung der in dieser Definition enthaltenen geometrischen Information, die in diesem Sinn „gefaserten" 3-Mannigfaltigkeiten bis auf fasertreue Homöomorphismen vollständig zu klassifizieren (Seifert 1932).[26]

Auch Seiferts knotentheoretischen Beiträgen, zuerst in seinem 1934 zur Habilitation in Dresden vorgelegten Artikel „Über das Geschlecht von Knoten", lag eine zentrale geometrische Idee zugrunde, die er systematisch ausbaute. Es handelte sich um eine neue Konstruktionsweise der zyklischen Überlagerungen von Knotenkomplementen, d.h. der zentralen epistemischen Objekte der Knotentheorie Alexanders und Reidemeisters. Anstatt diese durch Verheftung einer Reihe von einfach zusammenhängenden Zellen zu erzeugen, wie es seit Heegaard bis zu Alexander und Reidemeister üblich gewesen war, konstruierte Seifert diese Mannigfaltigkeiten durch die Verheftung mehrerer Kopien des im allgemeinen *mehrfach* zusammenhängenden Raumgebiets, das durch eine in einen gegebenen Knoten eingespannte, orientierbare und singularitätenfreie Fläche (doppelt gezählt) berandet wurde. Es gelang ihm, die homologischen Invarianten von Knoten durch eine Betrachtung von Kurven auf dieser in die 3-Sphäre eingebetteten Fläche zu bestimmen, eine Technik, die sich zu verschiedenen Zwecken als sehr nützlich erwies.

Fig. 12.7: Ein Knotendiagramm, Zerlegung in Kreise, und Seiferts Fläche $\mathfrak{F}$

♠ Dazu stellte Seifert zunächst ein neues Verfahren vor, mit dessen Hilfe für einen durch ein Diagramm gegebenen Knoten eine orientierbare, durch den Knoten berandete Fläche gefunden werden konnte.[27] Wohl ohne dies zu wissen, stützte er sich dabei auf eine Idee, die Gauß früher

---

[25] ♠ Genauer: Diese Umgebung sollte fasertreu homöomorph sein zu einem Kreiszylinder, dessen Boden- und Deckelfläche nach Drehung um einen rationalen Teil von 2π miteinander identifiziert wurden, und dessen Fasern aus achsenparallelen Strecken zusammengesetzt waren, d.h. die wie lauter Torusknoten in dem entstandenen Volltorus verliefen. Die betrachtete Faser selbst sollte in die Achse des Torus übergehen. Dieser Begriff, heute meist als sog. „Seifert-Faserung" bezeichnet, unterscheidet sich von dem inzwischen üblichen, allgemeineren Begriff der Faserung. ♠

[26] Ältestes historisches Modell dieser Idee war Cliffords Schar von „Parallelen" im dreidimensionalen elliptischen Raum und analoge Faserungen, die im Kontext des Clifford-Kleinschen Raumformenproblems entstanden, das Threlfall und Seifert ebenfalls beschäftigte. Vgl. hierzu (Volkert 1994, Kap. 5.2).

[27] Ein anderes solches Verfahren hatten ja schon (Frankl und Pontrjagin 1930) angegeben, vgl. § 106.

schon einmal verwendet hatte, die Zerlegung einer mit einem Durchlaufsinn versehenen Knoten-projektion in eine endliche Zahl von „Kreisen" durch der Orientierung gemäß vorgenommene Umschaltung an den Kreuzungen (Fig. 12.7 Mitte, vgl. § 28). Wenn dann in jeden der entste-henden Kreise ein einfach zusammenhängendes Flächenstück (eine Scheibe) eingespannt wurde und an den Stellen, wo ursprünglich die Kreuzungen lagen, jeweils ein um 180° verdrilltes Band eingesetzt wurde, entstand offenbar eine Fläche $\mathfrak{F}$ der gewünschten Art (Fig. 12.7 rechts). Diese Konstruktion gab Seifert Anlaß zur Einführung einer neuen Knoteninvariante: des minimalen Geschlechts aller orientierten, in den Raum eingebetteten und von einem gegebenen Knoten berandeten Flächen. Seifert nannte diese Invariante schlicht das „Geschlecht des Knotens".

Indem nun der gewöhnliche Raum (d.h. die 3-Sphäre) entlang einer solchen Fläche $\mathfrak{F}$ vom Geschlecht g (das nicht unbedingt minimal sein mußte) aufgeschnitten, d.h. als von zwei nahe aneinanderliegenden Kopien von $\mathfrak{F}$ berandet aufgefaßt wurde, konnte die n-fach zyklische, über dem gegebenen Knoten verzweigte Überlagerung offensichtlich so imaginiert werden, daß n Kopien der aufgeschnittenen Sphäre entlang der n Kopien von $\mathfrak{F}$, von Seifert bezeichnet als

$$\mathfrak{F}, \quad x\mathfrak{F}, \quad x^2\mathfrak{F}, \quad ..., \quad x^{n-1}\mathfrak{F},$$

miteinander verheftet wurden, genauer: daß jeweils die Rückseite von $x^k\mathfrak{F}$ mit der Vorderseite von $x^{k+1}\mathfrak{F}$ identifiziert wurde (modulo n). Die Verwendung des Symbols x^k zur Kennzeichnung der Flächen deutet schon an, daß Seifert dabei nicht nur an die *endlich* zyklischen, sondern auch – und, wie sich zeigen wird, *vor allem* – an die *unendlich* zyklische Überlagerung dachte, bei der entsprechend abzählbar unendlich viele Kopien der aufgeschnittenen Sphäre aneinandergeheftet wurden – ein neues epistemisches Objekt, das bisher bestenfalls gestreift worden war (vgl. z.B. § 107).

Die Pointe der Konstruktion Seiferts war, daß ein System von geschlossenen, orientierten Kurven

$$a_1, \quad a_2, \quad ..., \quad a_{2g-1}, \quad a_{2g},$$

das eine Homologiebasis für $\mathfrak{F}$ lieferte, leicht auch als ein Erzeugendensystem der ersten Homo-logiegruppe der n-fach zyklischen, über dem Knoten verzweigten Überlagerung nachgewiesen werden konnte (Seifert 1934, § 1). Auch die zugehörigen Relationen konnten aufgestellt wer-den, und es gelang Seifert, sie in besonders einfacher Weise durch eine stetige Deformation der zugrundeliegenden Fläche $\mathfrak{F}$ in S^3 in eine Normalform zu bestimmen. Diese Normalform einer berandeten Fläche vom Geschlecht g, deren Grundidee bereits im 19. Jahrhundert bekannt war[28], hatte eine Gestalt wie in Fig. 12.8, links. An eine zentrale Scheibe wurden $2g$ Bänder so angesetzt, daß sich die Ansatzsegmente von je zwei derselben wie in Fig. 12.8 abwechselten (dadurch entstanden g Paare von sogenannten „Kreuzbändern"). Diese Bänder konnten zunächst irgendwie miteinander verschlungen und verdrillt im Raum liegen, aber Seifert machte darauf aufmerksam, daß man durch weitere isotope Deformation im Raum stets erreichen konnte, daß in einer ebenen Projektion der Fläche (*i*) die angesetzten Bänder mit der zentralen Scheibe stets nur die Ansatzsegmente gemein hatten, und daß (*ii*) jedes einzelne Band als unverdrilltes projiziert wurde (dazu bedurfte es lediglich der seit Möbius und Tait geläufigen Überlegung, daß Verdril-lungen wie in der rechten Hälte von Fig. 12.8 in unverdrillte Schleifen eines Bandes verwandelt

---

[28] Vgl. z.B. (Dehn und Heegaard 1907, 196 ff.).

werden konnten). Die Mittellinien der angesetzten Bänder (geschlossen über die Zentralscheibe) entsprachen den Kurven $a_1, a_2, ..., a_{2g}$, und auch nach der Überführung von $\mathfrak{F}$ in eine solche Normalform stellte natürlich der Rand von $\mathfrak{F}$ noch den zu Beginn gegebenen Knoten dar.

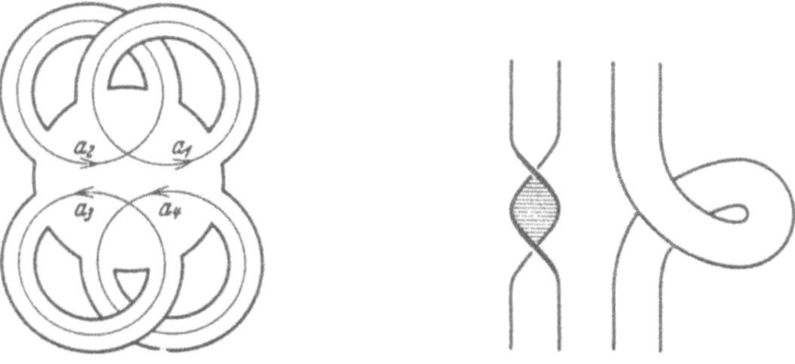

Fig. 12.8: Zur Normalform einer Seifertschen Fläche

Die gesuchten Relationen zwischen den Kurven a_i waren nun durch die Überkreuzungen der Bänder in der Normalform festgelegt. Wurde die Orientierung dieser Kurven so festgesetzt, daß in der Zentralscheibe stets a_{2r+1} von der linken auf die rechte Seite der Kurve a_{2r+2} wechselte, dann konnte jedem Paar von Kurven bzw. Bändern a_i, a_k ihre Gaußsche Verschlingungszahl v_{ik} zugeordnet werden, berechnet als „Anzahl der Überkreuzungen, bei denen a_k von links nach rechts über a_i geht, vermindert um die Anzahl der Überkreuzungen, bei denen a_k von rechts nach links über a_i geht" (ebd., 585). Der eventuell auftretende Schnittpunkt von a_i und a_k auf der Zentralscheibe sollte dabei *nicht* berücksichtigt werden. Daraus konnte eine Matrix $V = (v_{ik})$ gebildet werden. Wurde dann die Matrix

$$\Gamma := V \begin{pmatrix} 0 & -1 & & & & & 0 \\ 1 & 0 & & & & & \\ & & 0 & -1 & & & \\ & & 1 & 0 & & & \\ & & & & \ddots & & \\ & & & & & 0 & -1 \\ 0 & & & & & 1 & 0 \end{pmatrix}$$

aufgestellt, so lieferte die quadratische $(2g \times 2g)$-Matrix

$$\Gamma^n - (\Gamma - E)^n$$

(wo E wieder für die Einheitsmatrix steht) eine Präsentationsmatrix der ersten Homologiegruppe der n-fach zyklischen, über dem gegebenen Knoten verzweigten Überlagerung.[29]

---

[29] (Ebd., 577 f.) In dieser Arbeit wird der Zusammenhang zwischen V und Γ noch elementweise beschrieben (ebd., 586 f.). Die obige Matrixgleichung findet sich erst in (Seifert 1935) und (Seifert 1936). ♠ Heute

Aber auch für das neue Objekt der unendlich zyklischen Überlagerung konnte die erste Homologiegruppe aus V bzw. Γ bestimmt werden, und zwar unter Verwendung einer algebraischen Struktur, die wir bereits kennen: „Faßt man die Homologiegruppe als Gruppe mit Operatoren auf, wobei der Operatorenbereich der Integritätsbereich der Polynome in x und x^{-1} mit ganzzahligen Koeffizienten ist", so waren $a_1, ..., a_{2g}$ Erzeugende und die Zeilen der Matrix

$$E - \Gamma + x\Gamma$$

Relationen dieser „Gruppe mit Operatoren". Insbesondere war Alexanders Polynom durch

$$\Delta(x) = \pm x^{\pm m} \det (E - \Gamma + x\Gamma)$$

gegeben, wenn m so gewählt wurde, daß ein Polynom mit positivem konstantem Glied entstand (Seifert 1934, 578). Ganz ebenso wie Reidemeister mit keinem Wort erkennen ließ, daß seine *gruppentheoretische* Berechnung des Alexanderschen Polynoms (§ 107) etwas mit der ersten Homologiegruppe der unendlich zyklischen Überlagerung zu tun hatte, so ließ Seifert nicht erkennen, daß seine *geometrische* Berechnung dieser Gruppe zugleich eine Präsentation der abelsch gemachten Kommutatorgruppe der Gruppe des gegebenen Knotens lieferte. In der Tat handelte es sich offensichtlich um zwei Beschreibungen, die ineinander übersetzt bzw. als verschiedene Beschreibungen „desselben" mathematischen Gegenstands gedeutet werden konnten (in heutiger Sprache: „desselben" $\mathbb{Z}[x, x^{-1}]$-Moduls). Obwohl es sehr unwahrscheinlich ist, daß Reidemeister und Seifert diese Beziehung nicht sahen, spielt dies für unsere Geschichte im Grunde keine Rolle. Viel wichtiger und aufschlußreicher ist, daß beide an ihren unterschiedlichen Beschreibungen festhielten. In Reidemeisters und Seiferts *mathematischem Handeln* handelte es sich eben doch um verschiedene Imaginationen und damit genaugenommen um verschiedene epistemische Objekte, um Objekte, die zu verschiedenen Fragen Anlaß gaben und daher auch zu verschiedenen Anworten führten.

Das zeigt sich deutlich an Seiferts weiteren Überlegungen über das Alexander-Polynom eines Knotens. Zunächst folgte aus der Konstruktion unmittelbar eine Abschätzung des Geschlechts $g(K)$ eines Knotens K: Aufgrund obiger Überlegung galt offensichtlich (nämlich indem eine Fläche minimalen Geschlechts zur Berechnung verwendet wurde):

$$\text{Grad } \Delta_K(x) \leq 2g(K) .$$

Es zeigte sich, daß mit Hilfe dieser Abschätzung nach unten und der durch Seiferts Konstruktionsvorschrift für jedes Diagramm gelieferten Abschätzung nach oben das Geschlecht aller Knoten der Tafeln von Alexander und Briggs bestimmt werden konnte. In allen Fällen war die untere Schranke sogar selbst die gesuchte Zahl (ebd., 579). Auch das Geschlecht der (p, q)-Torusknoten $K_{p,q}$ konnte berechnet werden, es ergab sich $g(K_{p,q}) = \frac{1}{2}(p - 1)(q - 1)$ (ebd., 580). Seifert

---

wird aus systematischen Gründen statt V meist eine etwas anders definierte Matrix als „Seifert-Matrix" bezeichnet, nämlich jene, die entsteht, wenn zwei Kopien der Seifertschen Fläche ein Stückchen voneinander abgehoben werden und v_{ik} als Gaußsche Verschlingungszahl der „obenliegenden" Kurve a_i^+ mit der „untenliegenden" Kurve a_k^- definiert wird. Da dabei die Kreuzungen auf der Zentralscheibe mitberücksichtigt werden, ändern sich die nachfolgenden Formeln in heutigen Darstellungen, vgl. z.B. (Lickorish 1997, ch. 6). ♠

konnte jedoch auch weitere allgemeine Aussagen über das Alexander-Polynom und seine Beziehung zu Knotendiagrammen machen. Er wies mit Hilfe seiner Bändertechnik nicht nur die bereits von Alexander festgestellte Symmetrie der Koeffizienten des Polynoms nach, sondern charakterisierte gleichzeitig alle Polynome, die auftreten konnten: „Ein ganzzahliges Polynom $c_0 + c_1 x_1 + ... + c_{2h} x^{2h}$ ist dann und nur dann die Polynominvariante eines Knotens, wenn die Bedingungen $c_0 > 0$, $c_0 + c_1 + ... c_{2h} = \pm 1$, $c_i = c_{2h-i}$ ($i = 0, 1, ..., h - 1$) erfüllt sind." (Ebd., 589). Und schließlich gelang ihm durch gezieltes Anpassen der Bänder die Angabe einer Fläche bzw. eines Knotens, *dessen sämtliche zyklische Überlagerungen, einschließlich der unendlichen, verschwindende Homologiegruppen besaßen* (mit anderen Worten: die entweder die 3-Sphäre oder Poincarésche Räume waren), so daß insbesondere das Alexander-Polynom des Knotens gleich 1 war (Fig. 12.9).

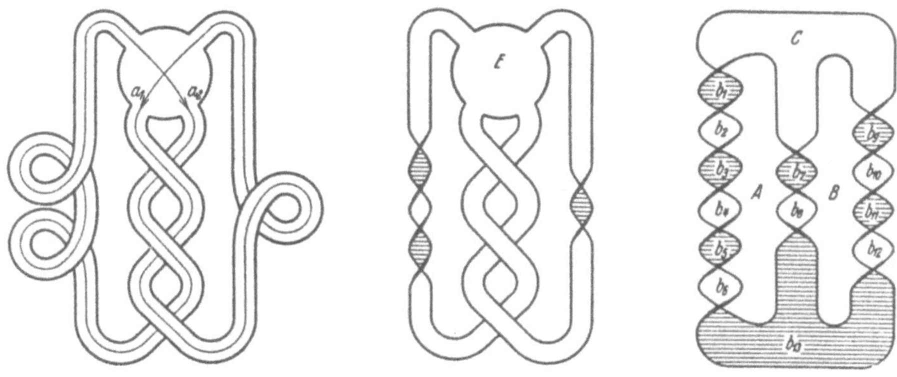

Fig. 12.9: Seifertsche Fläche eines Knotens mit trivialem Alexander-Polynom

Daß die *Gruppe* dieses Knotens nichttrivial war, zeigte Seifert mit einem Argument, wie es früher Dehn zur Untersuchung „Poincaréscher Räume" eingesetzt hatte (§ 84, § 87), nämlich indem er eine nichttriviale Operation der Gruppe auf der hyperbolischen Ebene angab (ebd., 591 f.). ♠
Obwohl auch Seiferts Überlegungen ihren Ausgang bei einem Knotendiagramm nahmen, hatten sie doch einen ganz anderen Charakter als jene Reidemeisters und seiner Schüler. Statt der elementaren Deformationen der Diagramme studierte Seifert Bilder von im Raum liegenden Flächen und mit ihnen verknüpfte *dreidimensionale* Objekte, statt formal-kombinatorischen Argumenten lagen seinen Sätzen geometrische zugrunde. Aus dieser anderen epistemischen Perspektive gelang es ihm mit dem zuletzt beschriebenen Resultat freilich, eine *Grenze* seiner ebenso wie der Reidemeisterschen Techniken der Knotentheorie anzugeben. Bis auf die quadratische Form und deren Minkowskische Einheiten, die Goeritz untersucht hatte, hingen *alle* bekannten, effektiv berechenbaren Knoteninvarianten ja offensichtlich von der Homologie der zyklischen Überlagerungen des Knotenaußenraums ab. Knoten wie der, den Seifert angegeben hatte (Fig. 12.9), konnten deshalb durch sie nicht von einem Kreis oder voneinander unterschieden werden. Seifert stellte sich daher die naheliegende Frage, ob auch die Äquivalenzklasse der quadratischen Form des Knotens von der Homologie der (in diesem Fall zweifachen) Überlagerung bereits eindeutig festgelegt war oder nicht. In einer Arbeit, die er bezeichnenderweise in den *Hamburger*

Abhandlungen veröffentlichte, gelang Seifert unter nochmaliger Verwendung seiner Technik (die er bei dieser Gelegenheit für das andere Publikum noch einmal neu vorstellte) der Nachweis, daß wenigstens ein enger Zusammenhang bestand: Die Goeritzsche quadratische Form legte die sogenannte „Verschlingungsmatrix" der zweifachen Überlagerung eines Knotens fest, die nur dann nichttrivial sein konnte, wenn die Überlagerung nichttriviale Torsionszahlen besaß (Seifert 1935).[30] Die eigentlich interessante, umgekehrte Frage, nämlich ob durch die Verschlingungsmatrix auch die Klasse der Goeritzschen Form festgelegt war, mußte Seifert offenlassen, obwohl er seine Überzeugung, daß dies in der Tat der Fall sei, deutlich erkennen ließ. Sollte er recht haben, so wäre damit die oben genannte Grenze noch von keiner bekannten und berechenbaren Invariante überschritten worden.[31]

Wie Reidemeister, so gelang es auch Seifert und Threlfall, Schüler und Kollegen für das Thema der Knoten zu interessieren: Hilmar Wendt, der in seiner Hallenser Dissertation die Beziehung zwischen der Entknotungszahl und den Seifert-Flächen eines Knotens untersuchte, ohne allerdings zu prägnanten Ergebnissen zu kommen (Wendt 1937), Walter Hantzsche, sowie Threlfalls Kollegen an der Technischen Hochschule in Dresden, Constantin Weber.[32] Auch die Dresdner Gruppe wurde jedoch bald zerstreut (vgl. unten, Abschnitt 12.3).

§ 110. Die Topologie von Verkettungskomplementen

Wenn nicht durch die zyklischen Überlagerungen bzw. die nach dem Reidemeisterschen Verfahren bestimmten Untergruppen der Knotengruppe, wie konnten Knoten dann näher analysiert werden? Zweifellos durch die schwierige Invariante „Knotengruppe" selbst und, womöglich noch schwieriger, durch die Topologie des Knotenaußenraums. Um die Mitte der dreißiger Jahre richtete sich auch auf diese, früher von Tietze und Dehn studierten Objekte erneute Aufmerksamkeit, allerdings mit zunächst weitgehend negativen Resultaten.

 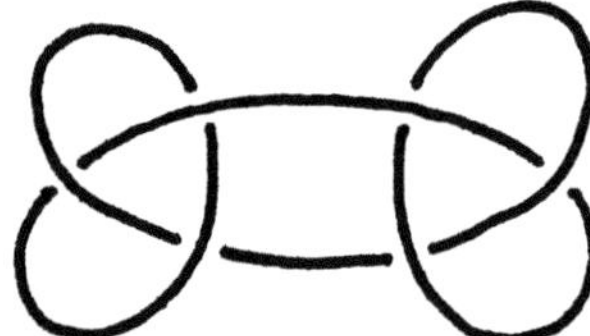

Fig. 12.10: Knoten mit derselben Gruppe

---

[30] ♠ Die „Verschlingungsmatrix" einer dreidimensionalen Mannigfaltigkeit M erweiterte eine Idee Alexanders, die am Ende von § 101 beschrieben wurde. Je zwei Repräsentanten a und b von Torsionselementen in der ersten Homologiegruppe von M wurde auf folgende Weise eine rationale Zahl zugeordnet: Da ein ganzzahliges Vielfaches αa von a eine 2-Kette A berandete, konnte eine Schnittzahl β von A mit b berechnet werden. Der Quotient α/β (mod 1) war dann die gesuchte „Verschlingungszahl". Es zeigte sich, daß dadurch eine symmetrische Form auf der Torsions-Untergruppe der ersten Homologiegruppe von M definiert war, deren Auswertung auf einer Basis die genannte Matrix lieferte (Seifert 1933). ♠

[31] Seiferts Vermutung wurde später von Martin Kneser und dem Schüler Seiferts, Dieter Puppe, bestätigt (Kneser und Puppe 1953).

[32] Vgl. (Seifert 1934, 579, Anm. 5) und (Wendt 1937, 690, Anm. 8).

Bereits vor seiner Arbeit über das Geschlecht von Knoten hatte Seifert anhand der Verschlingungsinvarianten der zweiblättrigen Überlagerungen gezeigt, daß die beiden in Fig. 12.10 gezeichneten Knoten nicht zueinander oder ihren Spiegelbildern äquivalent sind, obwohl sie, wie aus den Diagrammen leicht ablesbar ist, dieselben Gruppen besitzen (Seifert 1933, 826). Folglich war auch die Gruppe – wenigstens für *zusammengesetzte* Knoten – keine vollständige Invariante.

Wie stand es aber mit dem Knotenkomplement selbst? Waren zwei Knotenkomplemente genau dann homöomorph, wenn die beiden Knoten ineinander oder in ihr Spiegelbild deformiert werden konnten? Diese grundlegende Frage Tietzes (§ 81, I) erhielt neue Nahrung, als es J. H. C. Whitehead in Oxford gelang, durch ein verblüffend einfaches Beispiel zu zeigen, daß die Antwort für *Verkettungen* „nein" lautete (Whitehead 1937; Fig. 12.11). Wurde für die linke Verkettung das Komplement der ringförmigen Komponente – homöomorph zu einem offenen Volltorus – ein oder mehrere Male in sich verdrillt, so ergab sich offenbar eine Verkettung des rechts gezeichneten Typs, die leicht als verschieden von der links nachgewiesen werden konnte. Nach Konstruktion waren aber die Komplemente dieser Verkettungen homöomorph.

Fig. 12.11: Whiteheads Verkettungen mit homöomorphen Komplementen

Angesichts dieses Beispiels war es alles andere als klar, ob ein ähnlicher Fall nicht auch für Knoten auftreten konnte, und Tietzes Frage entwickelte sich beinahe zu einem ähnlichen Mysterium wie die Poincaré-Vermutung.[33]

Der 1904 geborene Whitehead, der 1929 bis 1932 in Princeton studiert und dort von Alexander und Lefschetz die Techniken der dreidimensionalen Topologie gelernt hatte, wurde selbst, so scheint es, wie 30 Jahre vor ihm schon Max Dehn, durch einen mißglückten Beweisversuch der Poincaréschen Vermutung auf das Thema der Knoten geführt. Kurz nachdem er den Irrtum in seinem bereits gedruckten Artikel (Whitehead 1934) bemerkte, gelang es ihm zu zeigen, daß ein Analogon zu Poincarés Vermutung für *offene* Mannigfaltigkeiten falsch war: Es gab offene Gebiete der 3-Sphäre mit trivialer Fundamentalgruppe und verschwindender zweiter Homologiegruppe, die doch nicht zu einer offenen 3-Zelle bzw. zu $\mathbb{R}^3$ homöomorph waren. Ein Beispiel erhielt Whitehead durch eine Modifikation der Antoineschen Menge (vgl. § 101).

Wurde in einen in der 3-Sphäre in gewöhnlicher Lage liegenden Volltorus T_0 ein weiterer, wie in Fig. 12.12 mit sich selbst verketteter Torus T_1 gelegt, in diesen wiederum ein in T_1 mit sich ebenso verketteter Torus T_2 usw., und schließlich der unendliche Durchschnitt $X := \bigcap_{n=0}^{\infty} T_n$

---

[33] Aus heutiger Sicht aber doch nicht ganz, denn immerhin ist Tietzes Frage inzwischen für *Knoten* positiv beantwortet, vgl. Anm. 58 in Kapitel 8.

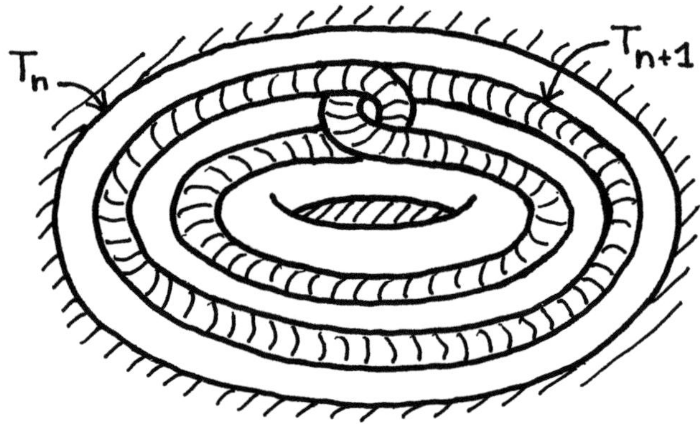

Fig. 12.12: Zur Konstruktion von Whiteheads Mannigfaltigkeit

gebildet, so besaß $M := S^3 - X$ die verlangten Eigenschaften. Daß die Fundamentalgruppe von M trivial war, folgte aus einem einfachen Argument über das Komplement der folgenden, bereits von Maxwell betrachteten Verkettung:

Fig. 12.13: Drei Gestalten von Maxwells und Whiteheads Verkettung

An der linken Zeichnung sah Whitehead sofort, daß die Kurve s eine (singuläre) Scheibe im Komplement von m berandete, und daß folglich jede geschlossene Kurve in einer dünnen schlauchförmigen Umgebung von s im Komplement von m nullhomotop war. Aus der Überführbarkeit in die mittlere Gestalt war die Symmetrie der beiden Komponenten ersichtlich, deshalb stellte auch die rechte Figur wieder dieselbe Verkettung dar. Daher war auch jede geschlossene Kurve in einer dünnen schlauchförmigen Umgebung von m im Komplement von s nullhomotop (was im linken Bild nicht gerade offensichtlich ist). War nun eine Kurve k in M geschlossen, so lag sie als abgeschlossene Menge bereits im Komplement eines der Tori T_n. Aus dem obigen Argument über m und s schloß Whitehead dann, daß k im Komplement von T_{n+1} nullhomotop sein mußte (Whitehead 1935a, 1935b).

Wie früher in Tietzes und Dehns Arbeiten stellten sich in diesem Fall Knoten bzw. verschlungene Kurven gleichzeitig als potentielle Werkzeuge und als Hindernisse auf dem Weg zum Beweis „einfacher" Sätze über dreidimensionale Mannigfaltigkeiten heraus. Im Umkreis der Poincaré-Vermutung hat sich daran bis heute nichts geändert.

§ 111. Ist das Knotenproblem algorithmisch lösbar?

Nachdem Seiferts Beitrag über das Geschlecht von Knoten eine klare Grenze für die Reichweite der berechenbaren Invarianten von Knoten gezogen hatte und Arbeiten wie die Whiteheads die Tücken der Topologie von Knotenkomplementen ahnen ließen, nachdem sich ferner die Grundprobleme der kombinatorischen Gruppentheorie für unendliche, nichtkommutative Gruppen als sehr schwierig erwiesen hatten, und nachdem schließlich Gödels Sätze und die ersten Resultate der Beweistheorie (etwa von Turing und Church) denkbar gemacht hatten, daß gewisse algorithmische Probleme unlösbar sein konnten, war es durchaus vernünftig, die Frage aufzuwerfen, ob das Problem der Klassifikation der Knoten überhaupt lösbar war. Daß noch nicht einmal sicher war, ob das Komplement eines Knotens den Knoten selbst bestimmte, und daß sich die Gruppe im allgemeinen als unangreifbar erwies – waren das vielleicht Anzeichen der algorithmischen Unlösbarkeit des Problems? War das der mathematische Kern der Legende vom Gordischen Knoten?

Für diejenigen, die sich in der zweiten Hälfte der dreißiger Jahre diese Frage stellten, lag es nahe, sich noch einmal die „elementare", diagrammkombinatorische Formulierung des Klassifikationsproblems auf ihre algorithmische Bearbeitbarkeit hin anzusehen. Wie in seinem Rahmen schon Tait klar gewesen war, zerfiel auf dieser Ebene das Problem genaugenommen in zwei Probleme, die zur Zeit des Erscheinens der Reidemeisterschen *Knotentheorie* beide noch offen waren: das der *Aufzählung* aller Knotendiagramme, und das der *Äquivalenz* zweier beliebig vorgelegten Diagramme. Das erste Problem stand seit Gauß' Behandlung der Traktfiguren im Raum, und es war Dehn, der auf dieses ungelöste Problem in dem 1907 mit Heegaard verfaßten Enzyklopädie-Artikel hingewiesen hatte, der schließlich doch eine positive Lösung mitteilte (Dehn 1936a). Diese Antwort ging auf eine etwa 25 Jahre ältere Lösung von Poul Heegaard zurück, wie Dehn andeutete (ebd., 158). Dehns Lösung sei im folgenden als letztes der in dieser Geschichte auftretenden mathematischen Wissensfragmente näher beschrieben.

★

Die Lösung des Traktproblems. Wie Gauß und später Tait gefordert hatten, gab Dehn ein ausschließlich auf symbolische Manipulationen beschränktes Kriterium dafür an, daß eine Symbolfolge der Länge $2n$, in welcher n Symbole jeweils genau einmal an gerader und einmal an ungerader Stelle auftraten, das Symbolschema einer Traktfigur (d.h. die beim Durchlaufen einer Knotenprojektion erhaltene Folge von Kreuzungssymbolen) war. Die Prüfung des Kriteriums lieferte im positiven Fall gleichzeitig eine Vorschrift, wie eine Knotenprojektion zu der vorgelegten Symbolfolge zu zeichnen war, und damit das Kernstück eines Algorithmus zur Aufzählung aller möglichen Knotenprojektionen.

Um sein (oder Heegaards) Kriterium zu formulieren, führte Dehn zwei Operationen an Symbolreihen der von Gauß und Tait betrachteten Art ein. Zur Erinnerung sei angemerkt, daß solche Reihen stets nur bis auf zyklische Permutationen und Umkehrung der Symbolreihenfolge betrachtet werden müssen (je nach Wahl der Orientierung und des Anfangspunkts beim Durchlaufen einer Knotenprojektion). Die erste Operation war das „Umschalten": Sei eine Symbolreihe (bis auf eben erwähnte Äquivalenz) von der Form $s R_1 s R_2$; dabei bedeute s ein beliebiges Kreuzungssymbol und $R_{1,2}$ zwei Teilreihen. Dann sollte $s R_1^{-1} s R_2$ die „an s umgeschaltete" Reihe bedeuten, wobei R_1^{-1} für die *rückwärts* gelesene Reihe R_1 stand. Eine vollständige „Umschaltung" einer

Symbolreihe war eine Reihe, die durch Umschalten an *allen* Symbolen (in beliebiger Reihenfolge) entstand (ebd., 158). Eine in gewissem Sinn inverse Operation war die folgende: Man gehe „von einem Symbol, etwa s_1 [...] in einer bestimmten Richtung zu dem nächsten Symbol, etwa s_2, dann vom anderen Symbol s_2 in der *umgekehrten* Richtung zum nächsten Symbol, etwa s_3, weiter vom andern Symbol s_3 in der ersten Richtung zum nächsten Symbol etwa s_4 usw., bis man wieder zum Symbol s_1 der Ausgangsstellung zurückgekehrt ist." Dann gibt $s_1 s_2 s_3 ... s_1$ das Resultat der zweiten Operation, die ich der Kürze halber „Verknotung" nennen möchte (ebd., 153). Das Dehn-Heegaardsche Kriterium lautete nun:[34]

> Eine aus n Symbolen bestehende Symbolreihe S der Länge $2n$, die der Gaußschen Paritätsbedingung (s.o.) genügt, ist genau dann das Kreuzungsschema einer Knotenprojektion, wenn gilt: (1) Die n Symbole einer vollständigen Umschaltung von S können so in zwei Gruppen eingeteilt werden, daß die Paare von zur selben Gruppe gehörigen Symbolen sich gegenseitig nicht trennen; (2) die Verknotung der in (1) durchgeführten Umschaltung von S liefert wieder (bis auf zyklische Permutation und Inversion) die Reihe S zurück.

Ein Beispiel zur Illustration: Sei *abcdbadc* das gegebene Schema. Umschaltung aller Symbole in alphabetischer Reihenfolge liefert der Reihe nach:

$$abdcbadc, \quad abcdbadc, \quad abcdabdc, \quad abcdbadc,$$

also (zufällig) die Ausgangsreihe. Die beiden Paare *ab...ba..* trennen sich nicht gegenseitig, ebenso die beiden Paare *...cd...dc*, also ist das erste Kriterium erfüllt. Verknotung liefert aber die Reihe *abdcbacd*, das ist eine zyklische Permutation der invertierten Ausgangsreihe, also ist auch das zweite Kriterium erfüllt. Und in der Tat stellt das Schema des Beispiels ja die Kreuzungsfolge des geeignet gelegten Achterknotens dar.

Wie Dehns Argument für die Notwendigkeit und das Hinreichen dieses Kriteriums zeigt, lag allerdings auch diesmal aller Kombinatorik zum Trotz eine einfache geometrisch-topologische Idee zugrunde, die bereits Gauß in Ansätzen und noch viel mehr Tait vertraut war: Das Umschalten entsprach einer bestimmten Auflösung der Doppelpunkte einer Knotenprojektion, und

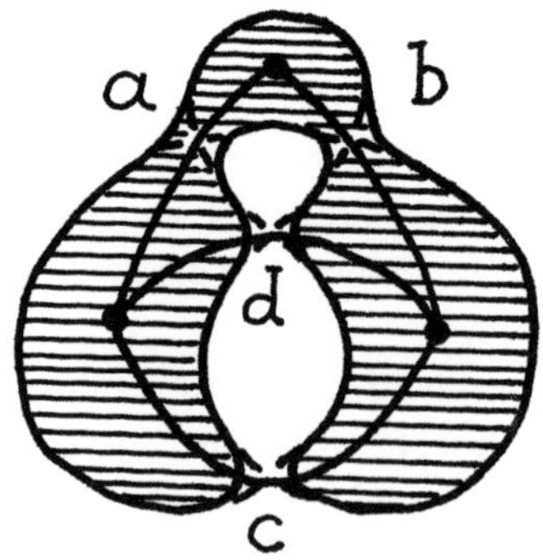

Fig. 12.14: Auflösung der Traktfigur *abcdbadc* und zugehöriger Graph

---

[34] (Ebd., 159); dabei habe ich, auf den Fall von Knotenprojektionen eingeschränkt, die abgekürzte Dehnsche Terminologie expliziert.

die Verteilung der Kreuzungssymbole in zwei Gruppen, in denen jeweils eine Nichttrennungseigenschaft erfüllt war, ergab sich aus einer näheren Betrachtung jenes aus den schwarzen Feldern einer Schachbrett-Färbung der Projektion abgeleiteten Graphen, der Taits graphischen Formeln zugrundelag (§ 47). In Fig. 12.14 ist der zu obigen Beispiel gehörige Graph und eine entsprechende Auflösung der Projektion gezeichnet.

♠ Der Kern des Beweisgangs war die Beobachtung, daß jede durch Umschalten aller Kreuzungssymbole erreichte Auflösung einer Knotenprojektion zu einem Streckenzug gehörte, der das gesamte, an den Kreuzungen entsprechend desingularisierte, schwarz gefärbte Gebiet einmal vollständig umlief und deshalb die Kanten des Knotengraphen (mithin auch die diesen entsprechenden Kreuzungssymbole) in zwei Gruppen einteilte: jene Kanten, die nach der Auflösung ganz innerhalb des schwarzen Gebiets verliefen, und solche, die das weiße kreuzten (Fig. 12.15).

Fig. 12.15: Baumkanten und Zwiebelkanten eines Knotengraphen

Da durch die aufgelöste Knotenprojektion die Ebene (bzw. die 2-Sphäre) in genau zwei Gebiete zerlegt wurde, folgte, daß die Kanten der ersten Art einen *maximalen Baum* von Kanten des Knotengraphen bildeten, während der Rest die Eigenschaft besaß, daß nach Kontraktion des gefundenen Baums auf einen einzigen Punkt die übrigbleibenden Kanten ein System von in der Ebene gelegenen Kreisen bildete, die alle in einem einzigen Punkt zusammentrafen. Dementsprechend nannte Dehn die einen in suggestiver Sprache die (zu einer gegebenen Auflösung gehörenden) „Baumkanten", die anderen die „Zwiebelkanten" des Knotengraphen. Wurden die Kreuzungssymbole der Knotenprojektion entsprechend in zwei Gruppen eingeteilt, so folgte die Nichttrennungseigenschaft jeder Gruppe leicht aus dem Jordanschen Kurvensatz. In der Tat kann an der linken Seite von Fig. 12.16 (in welcher die Zwiebelkanten ignoriert sind) abgelesen

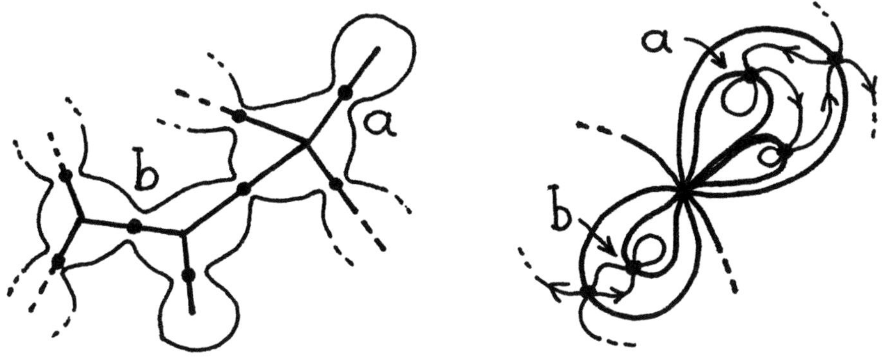

Fig. 12.16: Typischer Baum und Zwiebel einer aufgelösten Knotenprojektion

werden, daß zwei sich trennende Baumsymbole nicht vorkommen können, während die rechte Seite der Figur (in welcher die Baumkanten ignoriert sind) illustriert, daß auch das System der Zwiebelsymbole keine sich trennenden Paare besitzen kann.

Die *Notwendigkeit* der beiden Dehnschen Bedingungen war damit klar. Daß sie *hinreichten*, war leicht einzusehen. Dazu mußte nur gezeigt werden, daß eine durch vollständige Umschaltung einer gegebenen Symbolreihe S erhaltene Reihe, welche der ersten Bedingung genügt, ausreicht, um zunächst (aus der einen Symbolgruppe) den Kantenbaum und dann (aus der anderen Gruppe) das System der Zwiebelkanten eines ebenen Graphen zu konstruieren; die zweite Bedingung sichert, daß durch die S entsprechende Verbindung der Kantenmitten eine Knotenprojektion entsteht, deren Graph der konstruierte ebene Graph ist. Beim Probieren an einigen Beispielen zeigt sich schnell, daß sich so in der Tat eine eindeutige Konstruktionsvorschrift für eine Knotenprojektion ergibt, deren Symbolreihe S ist. – Natürlich suchte Dehn das ganze Argument möglichst exakt kombinatorisch und anschauungsfrei zu formulieren, was einige Umstände erforderte. Die entscheidenden Schritte erforderten induktive Beweise nach der Zahl der Symbole bzw. Kanten der betrachteten Graphen. Dehn führte das Argument gleich für die (aus mehreren Symbolreihen bestehenden) Symbolschemata von *Verkettungsprojektionen* aus, eine Verallgemeinerung, die keine großen zusätzlichen Schwierigkeiten beinhaltete. ♠

Wie der skizzierte Beweis zeigt, stützte sich Dehn an keiner Stelle auf epistemische Techniken, die nicht auch schon Tait zugänglich gewesen wären. Die Tatsache, daß es erst Heegaard und Dehn gelang, die lang gesuchte Antwort auf Gauß' unschuldige Frage zu finden, muß daher anders erklärt werden – vermutlich eben durch die in der mathematischen Moderne stark gewachsene Bedeutung der strikt kombinatorischen Aspekte der Topologie einerseits, algorithmischer Fragen andererseits.

★

Die Schwierigkeiten des Klassifikationsproblems der Knoten lagen also nicht in der Aufzählung von Knoten, sondern in ihrer *Unterscheidung*. Reidemeisters „elementare Begründung" gab hier, so schien es, wenigstens den Schlüssel zu einer präzisen Formulierung des algorithmischen Problems. In diesem Rahmen lautete dieses ja: Wie kann entschieden werden, ob zwei beliebig vorgelegte polygonale Diagramme sich durch eine endliche Kette von elementaren Deformationen (Reidemeister-Zügen) ineinander überführen lassen? Eine naheliegende Idee war, sich zu überlegen, ob es in jedem solchen Testfall eine angebbare obere Schranke für die während der Deformation auftretenden Kreuzungszahlen gab. Wäre dies der Fall, so gäbe es ein endliches Entscheidungsverfahren. Eine Alternative wäre, nach weiteren „elementaren Deformationen" zu suchen (wie den Twists alternierender Diagramme), für welche die während der Deformation auftretenden Kreuzungszahlen gar nicht oder nur kontrolliert anwachsen würden. Daß im Umkreis Reidemeisters an solche Überlegungen gedacht wurde, zeigt eine Bemerkung von Goeritz, der ein Diagramm des trivialen Knotens angab, das sich nur unter Erhöhung der Kreuzungszahl durch Reidemeisters Operationen und Twists in ein kreuzungsfreies Diagramm überführen ließ (Goeritz 1934a).

Im Anschluß an seine Lösung des Traktproblems schlug Dehn vor, Situationen wie die des Problems der Äquivalenz von Knotendiagrammen, in welchen eine endliche Zahl von Operationen auf gewisse Konfigurationen (von denen es auch unendlich viele geben durfte) angewandt werden konnten, als „Spiele" zu bezeichnen. Er verglich das Problem der Überführbarkeit zweier

„Stellungen" eines solchen „Spiels" ineinander durch die erlaubten „Spielzüge" mit den ganz ähnlichen Problemen der kombinatorischen Gruppentheorie (Dehn 1936a, 162). Einem Logiker wie Alonzo Church wiederum mußte die Verwandtschaft solcher Probleme mit dem Problem der Entscheidbarkeit von Formeln eines symbolischen Kalküls auffallen. In einer kurzen Bemerkung anläßlich einer Rezension drückte Church denn auch 1938 seine Skepsis über die Lösbarkeit der schwierigeren Probleme dieser Art aus – oder vielleicht eher die Hoffnung eines an Anwendungen der aufsehenerregenden Unlösbarkeitsresultate der Zeit interessierten Logikers:

> „Indeed, [...] many special mathematical problems, e.g. the knot problem of topology or the word problem of group theory, can be formulated as special cases of the decision problem of the functional calculus of first order, and a suitably conceived reduction process upon the general decision problem of the functional calculus of first order might thus provide a proof of the unsolvability of a particular mathematical problem of this kind." (Church 1938.)

Was das Wortproblem der Gruppentheorie betrifft, sollte Church auf lange Sicht recht behalten. In der Mitte der fünfziger Jahre zeigten P. S. Novikoff und W. W. Boone, daß es endlich präsentierte Gruppen mit unlösbarem Wortproblem gab. Einen Knotentheoretiker wie Reidemeister konnten jedoch selbst diese Ergebnisse nicht entmutigen. In einem Brief aus dem Jahr 1959 schrieb er: „Wenn ich eine Wette abschließen müßte, würde ich wetten, daß die Klassifikation der Knoten algorithmisch durchführbar ist."[35] In diesem Fall ging in der Tat schließlich nicht die Hoffnung des Logikers, sondern die des Topologen in Erfüllung: Auch die Unterscheidung zweier Knoten *ist* algorithmisch durchführbar – allerdings bis heute nicht im Rahmen der Reidemeisterschen „elementaren Begründung", sondern auf der Basis schwieriger Techniken der Topologie *dreidimensionaler* Mannigfaltigkeiten. Als Reidemeister seine Wette anbot, war ein entscheidender Schritt bereits getan. Wolfgang Haken, damals noch ein Außenseiter im mathematischen Geschäft, hatte bereits 1954 einen komplizierten Algorithmus gefunden, mit dessen Hilfe der triviale Knoten von anderen unterschieden werden konnte. Erst 1961 erschien jedoch eine detaillierte Ausarbeitung dieses Algorithmus im Druck (Haken 1961).[36] In einer über einen Zeitraum von mehr als zwanzig Jahren verstreuten Serie von Arbeiten von Haken, Friedhelm Waldhausen und Geoffrey Hemion gelang es dann schließlich um 1978, mit verbesserten Methoden auch die Existenz eines Algorithmus zur vollständigen Klassifikation der Knoten nachzuweisen.[37]

Angesichts der bis heute unüberschaubaren Komplexität dieser „Lösung" des Klassifikationsproblems ging und geht die Suche nach einfacheren Verfahren zur Unterscheidung von Knoten jedoch weiter. Wie bereits im fünften Kapitel erläutert, wissen wir heute, daß es ein äußerst einfaches Verfahren zur Klassifikation der *alternierenden Knoten* gibt, nämlich jenes auf die Betrachtung der Twists gestützte Verfahren, welches Tait erlaubte, vollständige und korrekte

---

[35] Reidemeister an H. Naumann, zitiert nach (Artzy 1972, 97).

[36] Hakens Algorithmus fand naheliegenderweise besonderes Interesse unter Logikern. Schon kurze Zeit später erhielt Haken eine Professur in Urbana, Illinois, wo auch Boone arbeitete. Zu Hakens späterer Laufbahn, in welcher sein Beitrag zu einem computergestützten Beweis des Vierfarbensatzes einen Höhepunkt darstellte, vgl. (MacKenzie 1999).

[37] Ausgangspunkt dieser Arbeiten war wiederum eine Untersuchung bestimmter *Flächen* im Knotenkomplement, mit Techniken, die zuerst H. Kneser angedeutet hatte (Kneser 1929). Historische Informationen hierzu in (Epple 1999a, § 30); eine Einführung in die Methoden des Beweises gibt (Hemion 1992).

Tafeln solcher Knoten anzufertigen – ohne daß er dies „beweisen" konnte und wahrscheinlich sogar ohne daß er sich dessen bewußt war. Aber wieviele alternierende Knoten gibt es im Universum aller möglichen Knotenformen? Eine kurzer Blick auf den Zusammenhang von Knoten und Zöpfen zeigt, daß der alternierende Fall für kompliziertere Knoten ein immer unwahrscheinlicherer Spezialfall wird. Schließlich sollte es gerade dieser von Artin und Markoff hergestellte, vor dem Krieg nicht mehr ausgebaute Zusammenhang zwischen Knoten und Zöpfen sein, der auf hochinteressanten Umwegen zur Konstruktion einer ganz neuen und bis heute erst halbwegs verstandenen, berechenbaren Knoteninvariante führte – zu Vaughan Jones' Knotenpolynom.[38]

12.3 Nationalsozialismus, Emigration, Krieg

Die letzten Bemerkungen haben der hier erzählten Geschichte weit vorgegriffen. In der tatsächlichen Folge der historischen Ereignisse mußte die mathematische Faszination an so anschaulichen und zugleich schwierigen Problemen wie der Klassifikation der Knoten bald drängenderen, für das Leben der Betroffenen ungleich wichtigeren Schwierigkeiten weichen. Wie konnte man in dem braunen Sturm, der ohne nachzulassen bereits seit mehreren Jahren über Deutschland fegte, noch Knotentheorie treiben? *Wer* konnte das, und wer nicht? Eine Geschichte des mathematischen Handelns kann solchen Fragen nicht aus dem Weg gehen. Deshalb möchte ich den historischen Teil dieser Studie mit einem knappen Bericht über die Schicksale der Akteure der hier erzählten Geschichte in den Jahren zwischen 1933 und 1945 schließen, soweit sie mir bekannt sind.

§ 112. Vertreibungen

Die Vertreibung Max Dehns und seiner jüdischen Kollegen aus Frankfurt habe ich bereits in Abschnitt 9.3 beschrieben. Nachzutragen bleibt die Entlassung Emil Artins in Hamburg. Artin, mit Natalie Jasny verheiratet, verlor sein Ordinariat infolge der unsäglichen Konstruktion des sogenannten „Flaggenerlasses" vom 19. April 1937, das einem in „deutsch-jüdischer Mischehe" lebenden „deutschblütigen" Beamten verbot, in seiner Wohnung die „Reichs- und Nationalflagge" zu hissen. „Da der Zustand, daß ein Beamter nicht flaggen darf, auf die Dauer nicht tragbar" sei, sei der Beamte „in der Regel" ohne Danksagung für seine Dienste zu entlassen.[39] Artin und seine Frau emigrierten in die USA, zunächst für ein Jahr an die University of Notre Dame, dann an die Indiana University in Bloomington, und schließlich im Jahr 1946 nach Princeton. Dort dachte er zusammen mit Ralph H. Fox nach dem Krieg noch einmal über wilde und zahme Knoten, Zöpfe und 3-Mannigfaltigkeiten nach und trug so dazu bei, daß die Mathematik der Knoten und Zöpfe ihren Weg in die Vereinigten Staaten der Nachkriegsjahre fand.[40]

---

[38] Vgl. § 4. Eine knappe Skizze dieser Umwege gibt (Epple 1999a, § 32).

[39] Die Zitate aus dem Flaggenerlaß nach (Schappacher und Kneser 1990, 48). Eines der auf dem Nürnberger Parteitag von 1935 beschlossenen Rassengesetze, das „Reichsflaggengesetz", hatte das Hissen der Flagge an privaten Gebäuden an nationalen Feiertagen für „Deutsche" verpflichtend vorgeschrieben, den „Juden" dagegen verboten.

[40] Für eine umfassende Dokumentation der Emigration von Mathematikern aus Deutschland sei nochmals auf (Siegmund-Schultze 1998) verwiesen.

§ 113. *Arrangements*

Auch über Reidemeisters Entlassung in Königsberg ist bereits berichtet worden. Anders als seine Königsberger jüdischen Kollegen Gabor Szegö, Richard Brauer und Werner Rogosinski, die alle binnen weniger Jahre emigrieren mußten, gelang es dem geborenen Deutschen Reidemeister jedoch mit Wilhelm Blaschkes Unterstützung, eine neue Professur in Marburg zu finden. Dieser simple Vergleich zeigt die Differenz in der Tiefe des Einschnitts, den die Machtergreifung der Nazis für das Leben eines von denselben als „deutsch" oder „jüdisch" angesehenen Mathematikers bedeutete. Wo für die einen fast nur die Flucht oder der Tod blieb, gab es für die anderen die Möglichkeit eines Arrangements – selbst dann, wenn sie als (freilich nicht zu) kritische Intellektuelle aneckten. Aber auch diese Arrangements waren von sehr unterschiedlicher Qualität. Manche gestatteten denen, für die sie getroffen wurden, ein halbwegs würdiges Leben auch unter den verbrecherischen Verhältnissen. Andere waren doch eher Arrangements *mit* den neuen Mächtigen als Arrangements *für* einzelne Mathematiker in prekärer Stellung, wie sie ja auch für die aus Deutschland Vertriebenen an ihren neuen Aufenthaltsorten getroffen werden mußten.[41]

Reidemeister, wie wir gesehen haben, zog sich in eine innere Emigration zurück. Seine Briefe blieben mit den üblichen Grüßen unterschrieben, ein „Heil Hitler" aus seiner Hand ist mir nicht bekannt geworden, noch nicht einmal ein „deutscher Gruß". Reidemeisters Schüler Werner Burau wechselte 1934 an die Deutsche Seewarte in Hamburg und blieb dort die nächsten zehn Jahre. Wie seine Veröffentlichungen zeigen, blieb ihm auch weiterhin Zeit für knotentheoretische Arbeiten, zunächst noch im Kontakt mit Artin. Im Jahr 1943 habilitierte er sich am Mathematischen Seminar der Hamburger Universität, an der er nach dem Krieg auch eine Professur erhielt.[42] Über das Schicksal der anderen Mitglieder der Königsberger Gruppe – Goeritz, Bankwitz und Schumann – konnte ich nichts in Erfahrung bringen. Ihre Spur verliert sich mit dem Abreißen ihrer Publikationstätigkeit in den Jahren 1934 und 1935.

Auch Threlfall, Seifert und ihre Studenten in Dresden kamen in Schwierigkeiten. Sie hatten enge Verbindungen zu einer Gruppe um den angewandten Mathematiker Erich Trefftz, die sich zu wöchentlichen Kolloquien traf und als regierungsfeindlich eingestuft wurde. Seifert wurde im Herbst 1935 von Reichserziehungsminister Bernhard Rust in das mathematisch völlig verwaiste Heidelberg abgeordnet, wo Arthur Rosenthal und Otto Liebmann, beide jüdischer Herkunft, aus ihren Ordinarien vertrieben worden waren. Seiferts produktive Zusammenarbeit mit Threlfall wurde dadurch unterbrochen, obwohl er bis Ende 1936 in Dresden wohnen blieb. Auch in Heidelberg blieben Reibereien zwischen Seifert und seinen nationalistischer eingestellten Kollegen nicht aus. Threlfall wiederum wurde 1935 von Rust nach Halle berufen, und auch Hantzsche und Wendt, die zunächst in Kontakt mit Threlfall in Halle blieben, verließen schließlich die Stadt (vgl. § 114). Im Jahr 1937 gelang es Seifert und Threlfall nach längeren Bemühungen, wieder näher zusammenzukommen. Threlfall erhielt die Professur C. L. Siegels in Frankfurt, nachdem dieser nach Göttingen gewechselt war.[43]

---

[41] Zu einer grundsätzlicheren Analyse der politischen und moralischen Beziehungen zwischen der Profession Mathematik und dem NS-Staat vgl. (Mehrtens 1994a); zu Natur- und Technikwissenschaften allgemein (Mehrtens 1994b).

[42] Diese Informationen sind (Toepell 1991) entnommen.

[43] Die Informationen dieses Absatzes sind dem Interview mit H. Seifert entnommen, vgl. Anm. 22. – Trefftz war Schriftleiter der *Zeitschrift für angewandte Mathematik und Mechanik (ZAMM)* und nahm

Was war aus den Wiener Mathematikern geworden? Wilhelm Wirtinger erreichte 1935 die Altersgrenze von 70 Jahren, schied aus dem Lehramt aus und zog sich in seine Geburtsstadt Ybbs zurück, ohne seine mathematische Tätigkeit ganz aufzugeben. Er starb nach längerer Krankheit im Januar 1945. Anders dagegen sein Schüler Brauner. Schon vor dem sogenannten „Anschluß" Österreichs im März 1938 war er Führer eines den Nazis nachgeahmten österreichischen „Dozentenbunds" geworden. Nach dem Anschluß entwickelte er sich zu einem überzeugten Unterstützer der NS-Herrschaft in Österreich. Er hatte bereits 1929 ein Extraordinariat in Graz erhalten und rückte dort 1940 zum Ordinarius auf, obwohl er nach seiner Habilitationsschrift fast nichts mehr publiziert hatte. Nach Kriegsende wurde Brauner in Graz zwangspensioniert.[44]

Wirtingers früherer Habilitand Heinrich Tietze schließlich war seit 1925 ordentlicher Professor in München. Er blieb es durch die ganze Nazizeit und bis zu seiner Emeritierung im Jahr 1950. Auch wenn er keine Schlüsselfunktionen im neuen politischen System übernahm, so übte er doch auch keine besondere Zurückhaltung im Kontakt mit den NS-Institutionen aus. Ja, das Thema der Knoten schien ihm besonders geeignet, seine Vorliebe für populäre Darstellungen mathematischer Probleme auch unter den neuen Umständen zur Geltung zu bringen. Am 13. April 1938 hielt er „auf Grund einer ehrenvollen Aufforderung", wie er meinte, einen Vortrag auf der ersten Tagung des „Reichssachgebiets Mathematik und Naturwissenschaften im NS.-Lehrerbund", dem er den Titel „Aus einem neueren Gebiet geometrischer Forschung" gab. In etwas überarbeiteter Form wurde der Vortrag auf Initiative von Blaschke dann 1942 als *Ein Kapitel Topologie: Zur Einführung in die Lehre von den verknoteten Linien* gedruckt.[45] Anhand der verknoteten Schnürsenkel eines Stiefels erläuterte Tietze das Knotenproblem, beschrieb dann anschaulich und ohne Hinweis auf ihre kombinatorische Grundlage Reidemeisters elementare Deformationen. Es folgte ein kurzer Abriß der Geschichte der „Knotenlehre" – Listing, Tait, und zum erstenmal wieder der experimentelle Topologe Oskar Simony traten als Pioniere auf. Die eigentlich mathematische Behandlung schränkte Tietze auf die zahlentheoretischen Invarianten von Goeritz (dessen Name allerdings erst in den später hinzugefügten Anmerkungen fiel) bzw. Reidemeister ein. Die gruppentheoretischen Resultate des entlassenen Max Dehn traten im Vortrag nicht auf[46], und selbst den Terminus technicus „Minkowskis Einheiten" (vgl. § 106) machte Tietze überflüssig, indem er für einen gegebenen Knoten jene Primzahlen „singulär" nannte, deren Minkowskische Einheit $C_p = -1$ war, und *diese* als Knoteninvarianten betrachtete.[47] Damit hatte Tietze einen Traum Simonys ein Stück weit wahrgemacht, nämlich Knoten durch zugeordnete Primzahlen zu charakterisieren: „gestaltliche" und arithmetische Eigenschaften wurden „innig miteinander verflochten".[48] Tietze schloß seinen Vortrag mit einer

---

dort (z.B. in Rezensionen) bisweilen kritisch Stellung gegen „deutsche Wissenschaftler". – Zu Threlfalls Berufung nach Frankfurt vgl. auch Kap. 9, Anm. 46.

[44] Diese Informationen sind (Einhorn 1983, 249) entnommen.

[45] Vgl. (Tietze 1942a), Vorwort und S. 1.

[46] Erst in die für den Druck hinzugefügten Anmerkungen nahm Tietze zwei Literaturverweise auf Dehns Arbeiten auf.

[47] Bei der Einführung dieser zahlentheoretischen Hilfsmittel zog es Tietze außerdem vor, statt auf Minkowskis Originalarbeiten – den Namen nannte er immerhin – auf einen Enzyklopädie-Artikel des inzwischen als Nazi wohlbekannten Vahlen zu verweisen (ebd., 20).

[48] (Ebd., 30 f.). Vgl. Müllers spätere Rhetorik der „tiefsten Geheimnisse" etc., § 59. Tietze war die Betonung eines integrativen Rationalitätsmusters mathematischer Forschung so wichtig, daß er sie mehrfach

Verneigung vor deutschem Geist: „Wenn wir sehen, daß die Wissenschaft, bei gegenseitiger Befruchtung ihrer Disziplinen und Zweige, in gemeinsamer Arbeit der an der Kultur beteiligten Völker fortschreitet, so sehen wir auch, daß heute, wie in früheren Zeiten, *deutsche* Mathematiker wesentlich an diesem Fortschreiten beteiligt sind."[49] Wie auch immer Tietze solche Äußerungen vor sich selbst rechtfertigte – sie stellten ein bewußtes Zugeständnis an den „Geist" der Zeit dar. Die vorsichtige Vermeidung der Namen jüdischer Mathematiker – gehörten sie überhaupt zu jenen Völkern, die „an der Kultur beteiligt" waren? –, die bewußte Hebung des Status von Simony als eines zwar nicht wirklich mathematischen, aber doch genialen Kopfes – das war „Knotenlehre" in der Nazizeit. Wie die chronologische Bibliographie zeigt, war Tietze auch der einzige Mathematiker, der während der Kriegsjahre eine größere Zahl mathematischer Arbeiten über „Simony-Knoten" und ihre „singulären Primzahlen" verfaßte. „Simony-Knoten" – das war der inzwischen opportun gewordene, andere Name für Torusknoten. In der vor 1933 etablierten Terminologie hätten Tietzes Artikel wohl eher Titel wie „Torusknoten mit vorgeschriebenen Minkowskischen Einheiten" getragen.

§ 114. *Im Krieg*

Die Drohung und der Ausbruch des Krieges brachte sowohl für die in Deutschland als auch für die in anderen Staaten tätigen Mathematiker eine weitere Veränderung der Situation. Nun mußte nicht nur ein Arrangement in den jeweiligen politischen Umständen getroffen werden, sondern auch eines mit Blick auf den möglichen militärischen Einsatz.[50]

Während Reidemeister in Marburg anscheinend unbehelligt blieb, entschlossen sich Seifert, Threlfall, Hantzsche und Wendt, eine Gelegenheit zu ergreifen, sich wieder als Gruppe an einem Ort zu versammeln und so gleichzeitig dem Einsatz an der Front zu entgehen. Dieser Ort war die 1936 eröffnete *Deutsche Forschungsanstalt für Luftfahrt* in Braunschweig (DFL), die führende Forschungsinstitution der deutschen Luftwaffe. Bereits 1937 war Wendt dort Assistent geworden, 1938 folgte Hantzsche als „Gruppenleiter".[51] Die beiden arbeiteten in dem von Adolf Busemann, einem Pionier der Überschall-Aerodynamik, der bald nach dem Krieg zur NASA wechselte, geleiteten „Institut für Gasdynamik" an entsprechenden mathematischen Problemen. Bei Kriegsbeginn erkundigte sich auch Seifert nach einer Möglichkeit, an die DFL nach Braunschweig zu wechseln. Ab dem Wintersemester 1939/1940 wurde er in Heidelberg beurlaubt und verbrachte dann fast die ganze Kriegszeit in Braunschweig, ebenfalls in der mathematischen Arbeitsgruppe des Busemannschen Instituts. Seifert, Hantzsche und Wendt hielten während dieser Zeit sehr engen Kontakt mit Threlfall. Hantzsche und Wendt habilitierten sich (gegen den Widerstand lokaler Nazigrößen) während des Krieges in Frankfurt. Seifert erhielt einen als „kriegswichtig" eingestuften Forschungsauftrag, zusammen mit Threlfall eine Monographie über hypergeometrische Differentialgleichungen zu schreiben, ein Thema, das für die Aerodynamik wichtig war. Im März 1944 wurde die DFL dann von den Alliierten bombardiert. Hantzsche wurde mit

---

wiederholte und im Vorwort der gedruckten Broschüre noch einmal eine „deutliche Warnung vor jeder einseitigen Vernachlässigung einzelner Gebiete" aussprach.

[49] (Ebd., 33). Hervorhebung im Original.

[50] Eine allgemeine Übersicht über die Beziehungen zwischen mathematischer Forschung und Kriegführung in Deutschland gibt (Mehrtens 1996).

[51] Vgl. (Toepell 1991), Einträge zu Hantzsche, Willy Walter und Wendt, Hilmar.

seiner Frau verschüttet. Threlfall und Seifert wechselten ins badische Rust und wichen schließlich vor der vorrückenden Front ans neugegründete Mathematische Reichsinstitut in Oberwolfach zurück, wo sie das Kriegsende abwarteten.[52]

Auch außerhalb Deutschlands übernahmen die Topologen, denen wir im Verlauf dieser Geschichte begegneten, militärische Aufgaben, freilich unter anderen Vorzeichen. Alexander schloß sich einer Operations Analysis Group der US Air Force an, Whitehead fand einen Platz im Bletchley Park-Projekt, wo er zusammen mit einer Gruppe um Alan Turing an der Entzifferung der deutschen Geheimcodes arbeitete.[53]

Erst nach dem Krieg wurde der Faden der Knotentheorie wieder aufgenommen. In Heidelberg sammelten Seifert und Threlfall, der nun ebenfalls dort eine Professur erhielt, neue Schüler. Vor allem war es aber Princeton, wo sich um R. H. Fox bald eine neue Gruppe von knotentheoretisch interessierten Topologen sammelte. Nicht nur Artin lehrte inzwischen dort, sondern auch Reidemeister und Seifert erhielten 1948 Einladungen für längere Forschungsaufenthalte in Princeton und hatten so Gelegenheit, ihre topologischen Ideen in die neue Welt zu tragen.[54]

12.4 Zusammenfassung des zweiten Teils

§ 115. Eine Theorie hat sich etabliert

Daß am Vorabend des zweiten Weltkriegs von der Existenz einer mathematischen Theorie der Knoten und Verkettungen im vollen Sinn des Wortes gesprochen werden konnte, ist klar. Sowohl auf der sozialen Ebene als auch auf der des mathematischen Wissens hatte die mathematische Behandlung verschlungener Kurven eine Gestalt erreicht, welcher der Status einer entwickelten Theorie nicht mehr abgesprochen werden konnte. Wie am Beginn dieses Kapitels beschrieben, ließ sich schon an der Anzahl der den Knoten und ihren Invarianten gewidmeten *Publikationen* ablesen, daß mit dem Erscheinen der Artikel Reidemeisters und Alexanders in den Jahren 1926 und 1927, und endgültig nach der Veröffentlichung der Reidemeisterschen Monographie, eine beachtliche Zahl weiterer Autoren begann, sich des Themas anzunehmen. Erst die Folgen der Machtübernahme der Nazis und der drohende Krieg brachten die Kette der Publikationen zur Knotentheorie wieder zum Abreißen. Auch an den *Biographien* der Autoren dieser Beiträge zeigt sich der veränderte Status des Knotenproblems in der mathematischen Forschung. Die Gruppe der Schüler Reidemeisters *begann* ihre Karriere mit knotentheoretischen Untersuchungen, und auch die Hinwendung eines in anderem Zusammenhang ausgebildeten Topologen wie Herbert Seifert zur Knotentheorie belegt die Attraktivität, die das junge Gebiet Anfang der dreißiger Jahre besaß. „Our old friend, the knot problem", wie es Alexander auf dem Internationalen Mathematikerkongreß von 1932 ausdrückte, war gleichsam zu einer festen Größe im Spektrum der Forschungsmöglichkeiten geworden, welche jungen Mathematikerinnen und Mathematikern, die

---

[52] Informationen dieses Absatzes wiederum aus dem Interview mit H. Seifert, vgl. Anm. 22.

[53] Vgl. zur Operations Analysis in der amerikanischen Luftwaffe (McArthur 1990), zum Bletchley Park-Projekt (Hodges 1983/1989).

[54] Vgl. (Epple 1999a, §§ 27-28).

sich für die Topologie interessierten, offenstand.[55] Dies wiederum war nur möglich, weil der Wissenskorpus, dessen Entstehung im zweiten Teil dieser Studie nachgezeichnet wurde, *Anerkennung* in der professionellen Welt der Mathematiker fand. Die Mischung aus Topologie, kombinatorischer Gruppentheorie und linearer Algebra, welche das knotentheoretische Wissen darstellte, konnte geradezu als überschaubares und deshalb hübsches Musterexemplar einer modernen mathematischen Theorie gelten. Es sind vor allem einige *Orte*, die dies belegen können. So zunächst der Publikationsort der Reidemeisterschen *Knotentheorie* – nämlich als erster Band der im Verlag von Julius Springer erscheinenden Reihe „Ergebnisse der Mathematik und ihrer Grenzgebiete", deren Ziel es sein sollte, „in absehbarer Zeit Berichte über fast alle modernen Gebiete wenigstens der reinen Mathematik" vorzulegen.[56] Dazu kam das Interesse an Übersichtsvorträgen zur Knotentheorie auf größeren Tagungen. Alexanders Vortrag von 1932 war einer der von den Veranstaltern als „Grosse Vorträge" gekennzeichneten Beiträge des Kongresses, und auch Seiferts Übersichtsvortrag „La théorie des nœuds" wurde 1935 im Rahmen einer hochkarätigen Vortragsreihe in Genf gehalten, auf welcher neben Seifert auch Georges de Rham und andere *Quelques questions de géométrie et topologie* behandelten. Seiferts zusammen mit den anderen Beiträgen ein Jahr später in der Zeitschrift *Enseignement mathématique* erschienene Vortragsausarbeitung dokumentiert, daß das Interesse für die Knotentheorie nun auch auf französischsprachige Länder übergriff. Die wachsende internationale Anerkennung wurde schließlich auch an den Orten Moskau und Oxford deutlich, wohin Frankl, Pontrjagin und Markoff bzw. Whitehead das Thema der Knoten und Zöpfe brachten.

Solche Entwicklungen wären nicht möglich gewesen, wenn nicht auch auf der Ebene der Produktion mathematischen Wissens eine „moderne Knotentheorie" sich konsolidiert hätte. In der Einleitung habe ich zu erläutern versucht, daß eine Theorie nicht einfach als ein Gefüge von Definitionen, Sätzen und Beweisen betrachtet werden sollte, sondern auch als ein Rahmen, in welchem die Resultate mehrerer produktiver epistemischer Konfigurationen, in denen ein genügend kohärentes Bündel von Objekten mit geeigneten Techniken bearbeitet wird, über einen gewissen Zeitraum gesammelt und weitergegeben werden (§ 8). Nachzutragen wäre: Im Rahmen einer Theorie findet meist auch eine *Vernetzung* des gesammelten Wissens mit der breiteren mathematischen bzw. wissenschaftlichen Praxis der jeweiligen Zeit statt, eine Vernetzung, die im erfolgreichen Fall auch die Möglichkeit von *Anwendungen* sichert, welche die Legitimität der fraglichen Theorie praktisch bestätigen. Alle diese Kriterien werden von der Knotentheorie der dreißiger Jahre erfüllt. Der Erkenntnisgegenstand „Knoten" bzw. „Verkettung" war relativ klar umrissen und mit einer Hierarchie weiterer Objekte verknüpft (Gruppen, Matrizen, Polynome, Flächen, dreidimensionale Mannigfaltigkeiten). Diese Gegenstände wurden durch ein Gefüge klassifizierender Begriffe (z.B.: einzelne Knotengattungen wie Torusknoten, amphichirale Knoten, alternierende Knoten etc., ferner alle berechenbaren Knoteninvarianten), verknüpft und sortiert, ohne daß die mittels dieser Begriffe erschlossenen Probleme – allen voran natürlich das fundamentale Problem der (algorithmischen) Klassifikation der Knoten und Verkettungen bis auf Isotopie – bereits beantwortet gewesen wären. Trotzdem gab es (anders als noch vor dem ersten

---

[55] Ein Teil der Attraktivität der Knotentheorie resultierte zweifellos auch daraus, daß das Gebiet der Topologie *insgesamt* für jüngere Mathematikerinnen und Mathematiker immer attraktiver geworden war.

[56] Vorwort der Schriftleitung des *Zentralblattes für Mathematik* zu (Reidemeister 1932). Das Stichwort der „modernen" Gebiete wurde in diesem Vorwort zu einer Reihe, die das alte Projekt der *Enzyklopädie der mathematischen Wissenschaften* ersetzen sollte, übrigens mehrfach betont.

Weltkrieg) ein Spektrum von Verfahren, welche die Bearbeitung dieses Problembündels möglich erscheinen ließen. Diese Verfahren ließen im Umkreis Reidemeisters eine andere epistemische Konfiguration entstehen als im Umfeld etwa Seiferts, aber sie waren einander doch genügend ähnlich, um die Integration des jeweils produzierten Wissens über Knoten in einen einheitlichen theoretischen Rahmen zu gestatten. Die von Wirtinger bis Zariski aufgestellten Sätze über den Zusammenhang von Knoten und Singularitäten algebraischer Kurven, das Alexandersche Konstruktionsverfahren für dreidimensionale Mannigfaltigkeiten als über geschlossenen Zöpfen verzweigte Überlagerungen der 3-Sphäre, Artins Lösung des Wortproblems der Zopfgruppe, seine Andeutungen über eine Theorie verknoteter Flächen in vier Dimensionen und ähnliche Resultate deuteten an, daß und wie die Theorie verknoteter Kurven im dreidimensionalen Raum Werkzeuge für die Bearbeitung mathematischer Fragen aus anderen Gebieten liefern konnte und so mit diesen Gebieten vernetzt war. Sowohl in Bezug auf die offenen Probleme innerhalb der Knotentheorie als auch in Bezug auf die eben angedeuteten Vernetzungen war schließlich eine *kontinuierliche Wissensproduktion* erkennbar, mit einer wachsenden Zahl von beteiligten Mathematikern in verschiedenen Ländern – der *Zukunftshorizont* der Theorie erschien den Akteuren zugleich nah und offen. Wie in einer bergigen Landschaft erweiterte er sich im selben Maß, wie die Forschung den von einer bestimmten Stelle aus erreichbaren Punkten näher kam.

Der Kontrast, den diese Bestandsaufnahme mit jener am Ende des fünften Kapitels bildet, wo ich das Vermächtnis der Knotentabulatoren des 19. Jahrhunderts zu charakterisieren versuchte, zeigt, wie tief die Veränderungen in der mathematischen Behandlung von Knoten waren, welche sich zwischen dem späten neunzehnten und dem frühen zwanzigsten Jahrhundert abspielten. Das Studium von Knoten mußte nicht mehr durch seine Funktion in wissenschaftlichen Kontexten außerhalb der disziplinären Grenzen der Mathematik gerechtfertigt werden. Neue Arten epistemischer Objekte überschritten definitiv die Grenzen, die durch die Auffassung von Knoten bzw. Knotenkomplementen als physischen Figuren gesetzt waren, und lieferten gleichzeitig den Schlüssel zur Erkundung eines beeindruckenden Bereichs mathematischer Probleme. Der Stil, in welchem diese Objekte konstruiert und die über sie formulierten Probleme bearbeitet wurden, war eng am Ideal der formalen Axiomatik orientiert. Alle diese Aspekte verweisen auf die Modernität, die das junge Gebiet mit anderen zeitgenössischen Gebieten teilte.

§ 116. *Kontexte der Entstehung der modernen Knotentheorie*

Um diese von den Akteuren selbst wahrgenommene und betonte Modernität der jungen Knotentheorie[57] zu verstehen, können zunächst die Veränderungen in den Kontexten der mathematischen Behandlung der Knoten ins Auge gefaßt werden. Lassen wir die Ereignisse, über welche im zweiten Teil dieser Studie berichtet wurde, noch einmal Revue passieren, so finden wir (der Reihenfolge ihres Auftretens in unserer Geschichte, nicht ihrer komplexen und kaum linear zu ordnenden Chronologie nach) folgende Felder mathematischen bzw. intellektuellen und sozialen Handelns, die mit der modernen Behandlung von Knoten verflochten waren: das Überschreiten der disziplinären Schwelle der Topologie durch Poincarés Aufbau einer für das Studium von (zellenzerlegten) Mannigfaltigkeiten tauglichen epistemischen Konfiguration (Abschnitt 7.2 und 8.3); die Vorführung des modernen axiomatischen Stils in Hilberts *Grundlagen der Geometrie*

---

[57] Das zeigt z.B. das Motto dieses Kapitels, oder auch die vorige Anmerkung.

(§ 67 und 7.3); die Untersuchung der Singularitäten algebraischer Funktionen zweier Variablen bzw. komplexer algebraischer Flächen (und dann auch Kurven) im Stil der geometrischen Funktionentheorie des späten 19. Jahrhunderts (8.2); die metamathematischen Auseinandersetzungen um Hilberts Axiomatik und die philosophischen Aktivitäten des Wiener Kreises (10.3); die Professionalisierung der Topologie (11.3); und schließlich der Einbruch des „Zeitalters der Extreme" – die Verwerfungen mathematischer Biographien durch zwei Weltkriege, die Vertreibungen durch und Arrangements mit dem Nazi-Regime in Deutschland (9.3, § 98, 12.3).

Das sind nicht mehr die Kontextbeziehungen des Studiums der Knoten im 19. Jahrhundert. Statt einer dichten Interaktion aufeinander bezogener exakter Naturwissenschaften, die von der Chemie über die Physik bis zur Mathematik und Metaphysik reichte, sehen wir jetzt Knoten im Horizont einer professionell autonom gewordenen, reinen Mathematik, die um die gleichfalls von anderen Wissenschaften unabhängige Klärung ihrer epistemischen Grundlagen bemüht ist. Oder sogar im Horizont einer innerhalb dieses Rahmens ausdifferenzierten Teildisziplin, für welche im Hinblick auf die Auseinandersetzung um die richtigen epistemischen Grundlagen dasselbe gilt und welche im hier betrachteten Zeitraum die ersten Züge ihrer Professionalisierung erlebte. Was wir angesichts dieser Differenz die *Reinheit der Moderne* nennen könnten, ließ sich im technischen Umgang mit Knoten bis ins einzelne verfolgen: in der schrittweisen und bewußten Elimination des zunächst motivierenden Kontexts der geometrischen Funktionentheorie, die an Dehns ausbleibender Rezeption der Wiener Ideen (§ 85) und dann paradigmatisch an Reidemeisters „Elementarer Begründung der Knotentheorie" (§ 93 und § 94), in jeweils etwas anderer Weise aber auch in Artins (§ 95, § 96) und Alexanders Beiträgen (§ 100, § 102) verfolgt werden konnte. Die Reinheit der Moderne findet sich aber auch ausgedrückt in Reidemeisters Ideal des „exakten Denkens", dem Versuch der Auszeichnung einer sicheren Insel mathematischer Theoriekonstruktion inmitten einer „problematischen Welt" (§ 97).

Diese „problematische Welt" verbot es den Mathematikern, deren Handeln zur Entstehung der Knotentheorie beitrug, allerdings auch, sich in die Autonomie moderner mathematischer Theoriekonstruktion einfach zurückzuziehen. Die traditionelle Rolle des weltfremden Universitätsprofessors ist (wenn es sie je gegeben hat) im Zeitalter der Extreme obsolet geworden. Dehn, Reidemeister, Artin, Tietze, Seifert und ihre Studenten – aber ebenso Alexander und Whitehead an anderen Orten – waren gezwungen, ihr mathematisches Handeln in den Umbrüchen der ersten Hälfte des zwanzigsten Jahrhunderts zu *positionieren*, sowohl im praktischen Leben als auch in intellektueller Hinsicht. Die Reinheit mathematischen Handelns, die sich an den Veränderungen der *wissenschaftlichen* Kontexte der Knotentheorie ablesen läßt, ist daher nur eine Seite der Medaille, die sich bei der Analyse der Kontexte der Entstehung der modernen Knotentheorie zeigt. Auf der anderen, nämlich *sozialen* Seite waren auch die Kontexte des mathematischen Handelns im zwanzigsten Jahrhundert dicht, eine Dichtheit, zu deren historischer Analyse noch viel zu tun bleibt.

§ 117. Epistemische Konfigurationen der mathematischen Moderne

Um die Gegenstände und Techniken der jungen Theorie der Knoten zusammenfassend charakterisieren und mit jenen des Studiums verschlungener Kurven im 19. Jahrhundert vergleichen zu können, muß zunächst eine wichtige Unterscheidung getroffen werden. Wie wir sahen, war nämlich jene epistemische Konfiguration, welche nach dem im zehnten und elften Kapitel beschriebenen Durchbruch Reidemeisters und Alexanders entstand, und die ihren prägnanten Niederschlag in Reidemeisters *Knotentheorie* fand, *verschieden* von jener, die zu diesem Durchbruch erst geführt hatte.

In der erstgenannten waren die Gegenstände der Theorie endliche Polygonzüge im (geeignet axiomatisch gefaßten) dreidimensionalen euklidischen Raum, repräsentiert bzw. ersetzt in der Regel durch ebene Diagramme. Eine kombinatorische Äquivalenzrelation (erzeugt durch Reidemeisters elementare Deformationen) teilte diese Polygone bzw. ihre ebenen Repräsentanten in Klassen, und die Aufgabe der Knotentheorie bestand im wesentlichen in der Konstruktion und Auswertung von Invarianten bezüglich dieser Relation. Die epistemischen Techniken, mit welchen dieses Ziel erreicht werden konnte bzw. sollte, bestanden in Verfahren der Zuordnung von symbolisch-algebraischen Objekten zu den Diagrammen – Matrizen, Polynomen, endlich präsentierten Gruppen. Die Konstruktion von Invarianten geschah dadurch, daß die Wirkung der kombinatorischen Äquivalenz von Knotendiagrammen auf die zugeordneten Objekte untersucht und dann die Zuordnung so angepaßt wurde, daß sich invariante Objekte, und zwar nach Möglichkeit mindestens für gewisse Klassen von Knoten effektiv berechenbare, ableiten ließen.

Am Ende von § 94 habe ich bereits darauf hingewiesen, daß diese epistemische Konfiguration sich, oberflächlich betrachtet, nur durch ihre moderne Strenge und die wesentlich weiter entwickelten algebraischen Techniken, die eingesetzt werden konnten, von jener Taits und seiner Nachfolger unterschied. Auch dort war es die Manipulation von Diagrammen, welche die Konstruktion der beeindruckenden Knotentafeln des 19. Jahrhunderts erlaubt hatte; mittels der neuen Invarianten konnte diese Leistung zum größten Teil bestätigt und in den modernen theoretischen Rahmen übernommen werden. Für diejenigen Mathematiker, welche tatsächlich in dieser „elementaren" Konfiguration der modernen Knotentheorie arbeiteten, wie z.B. Goeritz, mochte diese Verwandtschaft mehr als nur eine oberflächliche Parallele sein. Signifikanterweise bediente sich etwa Goeritz in seiner Untersuchung der einem Knoten zugeordneten quadratischen Form wieder einer Idee, die auch etliche Schritte von Taits Untersuchungen maßgeblich geleitet hatte, nämlich der Schachbrettfärbung eines Diagramms (§ 106).

Angesichts der modernen, *formalen* Deutung des geometrischen Rahmens, in welchem diese epistemische Konfiguration von Reidemeister und denen, die ihm darin folgten, angesiedelt wurde (§ 97), liefert die „elementar begründete" Knotentheorie ein Beispiel dessen, was Mehrtens im Sinn hat, wenn er davon spricht, daß (moderne) Mathematik in der „technischen Konstruktion strikt geregelter Bezeichnungssysteme" besteht (§ 68, § 102). Daß die ebenen Diagramme Zeichen eines wirklichen Knotens sein konnten, spielte für ihre mathematische Bearbeitung genaugenommen keine konstitutive Rolle mehr[58], und es war in der Tat die Striktheit der Regeln der an diesen Zeichen und den ihnen zugeordneten symbolischen Konstrukten ausführbaren Operationen, die den Kern des *Mathematischen* an der „elementar begründeten" Knotentheorie ausmachte. *Auf dieser Ebene* trifft Mehrtens' Beschreibung mithin ein historisches Phänomen.

Aber welches Phänomen ist das genau? Ich habe in der Regel Anführungszeichen für die „elementare Begründung" der Knotentheorie verwendet, um daran zu erinnern, daß diese Form der schriftlichen Präsentation knotentheoretischen Wissens historisch *sekundär* war, das bewußt

---

[58] Schließlich hat ja niemand je die sinnlose Probe durchgeführt, ob an einem Faden beliebig lange Ketten der Reidemeisterschen Deformationen ausgeführt werden können – im Gegenteil sind wir alle sicher, daß dies *nicht* möglich ist, selbst wenn es sich um ein verknotetes Gummi handelt.

formal zugerichtete *Endprodukt* einer oder mehrerer Episoden mathematischen Handelns. Sobald aber die Frage nach den epistemischen Konfigurationen gestellt wird, in welchen sich diese Episoden abspielten, ergibt sich ein anderes, komplexeres und, wie ich glaube, aufschlußreicheres Bild von der Modernität der modernen Knotentheorie.

An Reidemeisters und Alexanders parallelen Untersuchungen habe ich gezeigt, daß es präzise angebbare epistemische Objekte waren, deren Bearbeitung mit den zuerst von Poincaré zur Verfügung gestellten Techniken der Fundamentalgruppe bzw. der (reduzierten) Homologie auf die ersten berechenbaren Knoteninvarianten und damit auf den Kern der neuen Theorie führte, nämlich die „Wiener Objekte" – in der Sprache der Zeit: die (dreidimensionalen) Riemannschen Räume, in heutiger Sprache: über einem Knoten oder einer Verkettung verzweigte Überlagerungen der 3-Sphäre. Die Mikrohistorie dieser Gegenstände, ihre Wanderung aus dem Wiener Zusammenhang des Wirtingerschen (und Heegaardschen) Forschungsprojekts über die Singularitäten algebraischer Funktionen bis ins mathematische Handeln Alexanders und Reidemeisters in Princeton, Wien und Königsberg, liefert nicht nur den Schlüssel zum historischen Verständnis der Orte und Zeiten, an welchen die moderne Knotentheorie entstand. Sie macht auch verständlich, warum diese Theorie erst in der mathematischen Moderne enstehen konnte. Die Riemannschen Räume, das waren, um diese Wendung Poincarés noch einmal aufzugreifen, typische „Wesen des Hyperraums" – jenseits des Horizonts einer als abstrakte Größenlehre verstandenen Mathematik liegende, produktive Imaginationen der mathematischen Einbildungskraft[59], Imaginationen, welche erst nach den großen Umbrüchen des späten 19. Jahrhunderts zu Forschungsgegenständen werden konnten. Als Poincaré für dreidimensionale „Mannigfaltigkeiten" im allgemeinen und Heegaard für Riemannsche Räume im besonderen begannen, solche „Wesen des Hyperraums" dadurch zu zähmen, daß sie „anschauliche Repräsentationen" derselben entwickelten, in welchen die lokalen Zusammenhangsverhältnisse im gewöhnlichen Raum faßbar gemacht wurden, während die globale Situation nur jenseits derselben imaginiert und mit kombinatorischen Techniken greifbar gemacht werden konnte (paradigmatisch illustriert etwa in Fig. 7.2 und Fig. 8.2), eröffneten sie dem mathematischen Handeln ein Spektrum von Handlungsmöglichkeiten, das bis heute noch nicht erschöpft ist.

Sobald die historischen Ereignisse aus dieser Perspektive betrachtet werden, kann die Entstehung der modernen Knotentheorie in einer bzw. mehreren ineinander verflochtenen Serien von motivierten Schritten nachvollzogen werden. Die geometrisch-topologische Untersuchung der Singularitäten algebraischer Funktionen, mit der eine dieser Serien gleichzeitig an mindestens zwei Orten begann, war eine wichtige Frage in einem der am höchsten bewerteten Zweige der rein mathematischen Forschung des ausgehenden 19. Jahrhunderts, eine Frage zudem, deren Erledigung eine wachsende Zahl von Mathematikern für unumgänglich hielt. Als dann die junge Disziplin Topologie schrittweise ihre Autonomie erwarb, schien es vernünftig, die in diese Fragestellung verwickelten topologischen Objekte aus ihrem funktionentheoretischen Kontext abzulösen und zum Bestand der in Poincarés mathematischer Werkstatt bearbeitbaren Dinge zu schlagen (für diesen Schritt war, wie in Abschnitt 8.3 beschrieben, Tietze verantwortlich). Alexander und Reidemeister waren die ersten, die die Wiener Objekte nach dem ersten Weltkrieg wieder vornahmen. Wie es der Zufall oder die Vorsehung wollte, entstanden dabei in ihren

---

[59] Den traditionellen Größenbegriff vorausgesetzt, nicht jenen der „mehrfach ausgedehnten Größen" Riemanns, der solche Imaginationen gerade möglich machte.

Händen auf der mathematischen Werkbank die ersten berechenbaren Knoteninvarianten (§§ 93, 100, 102).

Eine weitere Serie zielgerichteter Schritte hatte statt der Riemannschen Räume die Komplemente von Knoten bzw. Verkettungen selbst zum Gegenstand. Tietzes diesbezügliche Fragen machten deutlich, daß es sich dabei um schwierige epistemische Gegenstände handelte. Dehns Konstruktionen zeigten, daß sie mit jener technischen Lücke der Poincaréschen Überlegungen verknüpfbar waren, die sich schließlich zum Enigma der Poincaré-Vermutung auswuchs, als weitere Versuche einer Schließung – z.B. der Whiteheadsche (§ 110) – scheiterten. Die Techniken, die hier zur Anwendung kamen – bei Dehn: die Fundamentalgruppe und ihr durch das Gruppenbild anschaulich gemachtes Wortproblem, die gezielte, „chirurgische" Modifikation des Knotenkomplements zur Erzwingung bestimmter homologischer Eigenschaften, die Suche nach Operationen der entstandenen Gruppen auf die hyperbolische Ebene oder einen anderen Raum mit geometrischer Struktur, bei Whitehead: genaue Analysen von Triangulierungen und punktmengentheoretische Konstruktionen „wilder" Gegenbeispiele – hatten einen anderen Charakter als jene, mit welchen Alexander, Reidemeister und Seifert Riemannsche Räume bearbeiteten. Hier waren die technischen Werkzeuge selbst komplizierter, ständig auf der Schwelle zum Übergang vom Werkzeug zum selbst frageerzeugenden Erkenntnisgegenstand, zur neuen, produktiven Imagination moderner epistemischer Dinge. Es lag daher an einer Tatsache der mathematischen Erfahrung – *hier*, und nicht für die empirisch-anschauliche Beobachtung mathematischer Sachverhalte à la Simony, halte ich diesen Ausdruck für passend –, daß es schließlich nicht diese Serie von Ereignissen war, die zum Aufbau einer modernen Knotentheorie führte, sondern die zuerst genannte. In ihrem mathematischen Handeln nämlich machten die Akteure die Erfahrung, daß die Riemannschen Räume (und ihre Invarianten) wesentlich einfacher zu bearbeitende Objekte waren als die Knotenaußenräume selbst (und deren Invarianten). Eben dieselbe „Erfahrungstatsache" gab jedoch auch den technischen Ansätzen etwa Dehns eine andere und langfristigere Zukunft. Fast alle wurden später noch einmal aufgegriffen, modifiziert und erweitert, und die damit bearbeitbaren Fragen der Topologie der Knotenkomplemente gehören bis heute zu den anspruchsvollsten Themen der Knotentheorie, ja der dreidimensionalen Topologie im Ganzen.

Auf der Ebene der epistemischen Konfigurationen liegt die Modernität jener Episoden mathematischen Handelns, die hier untersucht wurden, daher nicht einfach in der Konstruktion von „strikt geregelten Bezeichnungssystemen", sondern in dem, was ich in § 67 die *epistemische Autonomie* moderner mathematischer Forschung zu nennen vorschlug: also in einem von der Bindung an die *sinnliche* Anschauung oder physikalische Größenbegriffe befreiten, nur in einem Rahmen professioneller Autonomie möglichen Wechselspiel zwischen der produktiven Imagination neuartiger epistemischer Dinge und der Konstruktion von partiell erfolgreichen Bearbeitungstechniken für dieselben. Die zentralen, immer wieder umgearbeiteten Schlüsselobjekte und -techniken waren dabei in dieser wie wahrscheinlich auch in vielen anderen Geschichten nur *wenige*, mathematisch besonders gehaltvolle, könnte man sagen, oder, historischer gedacht, solche, die ein besonders reichhaltiges Handlungsspektrum eröffneten. Solche Schlüsselobjekte und -Techniken hatten, wie wir sahen, stets einen oder mehrere sehr präzise angebbare *Orte*, sie wanderten nie aus einem lokalen Kontext in den nächsten, ohne ihre Gestalt wenigstens in einigen Aspekten zu ändern. Das Bild der mathematischen Moderne, das entstehen würde, wenn nicht nur für die Knotentheorie, sondern für alle wichtigeren Gebiete solche Schlüsselobjekte und -techniken historisch identifiziert, auf ihren raumzeitlichen Wanderungen verfolgt und die durch deren Interaktion entstehenden Netze mathematischer Wissensproduktion analysiert würden, gäbe einen neuen und substanzvollen Ansatzpunkt für die Einordnung der mathematischen Moderne in die Kultur- und Sozialgeschichte des 20. Jahrhunderts.

Ein Resultat dieser Bemühung, so ziehe ich einen abduktiven Schluß[60] aus der hier erzählten Geschichte, wäre zweifellos die Feststellung, daß den von Mehrtens ins Zentrum gerückten Konstruktionen symbolischer Kalküle im modernen mathematischen Handeln *fast immer* die produktive Imagination und Bearbeitung komplexer epistemischer Dinge vorausging bzw. jene von dieser begleitet wurden, und daß der Zeichenformalismus mancher Beiträge zur modernen Mathematik eher ein Artefakt der geschriebenen *Texte* war als ein kennzeichnendes Merkmal des produktiven *Handelns*.[61]

§ 118. Die Rationalität der modernen Theoriekonstruktion

Im Verlauf des zweiten Teils dieser Studie ist auch deutlich geworden, daß die Rationalitätsmuster, welche die historischen Akteure in ihren Beiträgen zur Theorie der Knoten leiteten, andere waren als vor der Jahrhundertwende. Ja, selbst innerhalb des Zeitraums von etwa 1900 bis 1930 verschoben sich diese Muster noch einmal deutlich. Die Jahre um die Jahrhundertwende waren noch durch deutliche Auseinandersetzungen zwischen *integrativen* und *differenzierenden* Normen mathematischen Handelns gekennzeichnet – durch Auseinandersetzungen, die zugleich auch Konflikte zwischen verschiedenen Bereichen intellektueller Hegemonie bedeuteten. Ich erinnere an die unterschiedlichen Orientierungen und Bindungen Wirtingers (§ 79) und Dehns (§ 72) sowie an das interessante Schwanken Tietzes (§ 80). In den Jahren nach 1910 und betont nach dem ersten Weltkrieg setzten sich dagegen differenzierende, die Mathematik, die Topologie und schließlich sogar die Knotentheorie zu selbständig legitimierten Wissensgebieten machende Rationalitätsmuster mehr oder weniger durch. Am deutlichsten zeigte sich dies in Reidemeisters Ideal des „exakten Denkens", das auch seine knotentheoretischen Beiträge und schließlich seinen paradigmatischen Text begrenzter Reichweite, die *Knotentheorie*, deutlich prägte (§ 97). Die „Exaktheit" dieses Denkens war nicht mehr jene der exakten Wissenschaften, wie sie Gauß und seine Zeitgenossen kannten, es war das Ideal (wenn auch nicht unbedingt die Praxis) einer ontologisch neutralisierten, formalen mathematischen Theoriekonstruktion.

So scheint es auf den ersten Blick, als habe in der modernen Konstellation der Knotentheorie die *autonome* Orientierung und Legitimation des mathematischen Handelns klar den Sieg über die *heteronome* davongetragen, welche die wichtigsten Episoden der Behandlung von Knoten im 19. Jahrhundert kennzeichnete. Aber auch hier zeigt ein zweiter Blick, daß das Bild feiner gezeichnet werden muß. Zunächst innerhalb der Disziplin Mathematik: Trotz der „elementaren

---

[60] Dieser Peircesche Ausdruck bezeichnet durch deduktive und selbst induktive Logik nicht gedeckte Schlüsse vom Einzelnen aufs Allgemeine, wie den Schluß von der gerade noch erblickten schwarzen Schwanzspitze auf die daran hängende Katze um die Mauerecke.

[61] Damit soll nicht gesagt sein, daß die historische Analyse dieses Artefakts belanglos wäre. Im Gegenteil folge ich Mehrtens in vielen seiner Ausführungen über die fachpolitische Funktion der jeweiligen Textgestalten. Auch am Beispiel Reidemeisters habe ich ja zu zeigen versucht, welche *Zwecke* seine Texte zur „elementaren Begründung" der Knotentheorie verfolgten. Worum es mir geht, ist die Zurückweisung der reduktionistischen These, Mathematik *sei X*, hier eben mit $X =$ „Konstruktion strikt geregelter Signifikationssysteme". Vgl. § 9.

Begründung" Reidemeisters schien es vielen vor allem deshalb vernünftig, sich mit Knoten zu beschäftigen, weil dadurch *anderen*, freilich mathematischen, nicht mehr physikalischen Gebieten zugearbeitet werden konnte. Wirtinger war nicht der letzte Mathematiker, der so dachte. Auch für Dehn, Alexander oder Artin galt, mit je verschiedenen Interessen, ähnliches. Diese *relative*, innermathematische Heteronomie der Beschäftigung mit Knoten hatte, wie wir sahen, eine wichtige kausale Funktion. In den ersten drei Jahrzehnten des 20. Jahrhunderts ließ sie das Thema der Knoten *wichtig* erscheinen, und darüber hinaus gestattete sie die allmähliche Übernahme der Ideen der geometrischen Funktionentheorie in den modernen Rahmen der Topologie. Und schließlich dürfen auch die *sozialen Heteronomien* im Zeitalter der Extreme nicht übersehen werden, die normativen Bindungen an eine bestimmte Konstellation professioneller Macht, an ein lokales intellektuelles Milieu, oder auch an jene merkwürdigen sozialen Imaginationen der „Nation" oder „Rasse", die unser Jahrhundert in so verheerender Weise bestimmt haben.

§ 119. *Verflechtungen im mathematischen Handeln: Ein Schlußwort*

Die vorliegende Studie hat zu zeigen versucht, daß die kausalen Beziehungen, die einem mathematischen Theorieentstehungsprozeß wie dem der Knotentheorie zugrundeliegen, sich auf der Ebene der mathematischen Resultate allein nicht fassen lassen. Erst der Blick auf ein wesentlich dichteres Ereignis- und Handlungsgeflecht macht sichtbar, *warum* eine mathematische Theorie der Knoten entstand, und wie es zu jenen *spezifischen Gestalten* der Knotentheorie kam, die uns in Texten wie Taits Artikelserie „On knots" oder Reidemeisters *Knotentheorie* überliefert sind. Weder im neunzehnten noch im zwanzigsten Jahrhundert gab es nur eine, durch eine (relativ zum in dieser Geschichte betrachteten Bereich mathematischen Wissens) „interne" oder „externe" Kausalität ausgezeichnete Weise, sich mit der Mathematik der Knoten zu beschäftigen. Wissenschaftler in verschiedenen wissenschaftlichen und lokalen Umgebungen arbeiteten in verschiedenen mathematischen „Werkstätten" und ließen sich von differierenden Mustern professioneller Werte leiten. Und mathematische „Knoten" selbst waren nichts ontologisch festes, sondern erst durch das konkrete mathematische Handeln bestimmte, variable Erkenntnisgegenstände.[62] Eine *realistische* und *detaillierte* Historiographie von Theorieentstehungsprozessen muß sich diesen Variationen der Determinanten und Spielräume mathematischen Handelns stellen.

Dabei greifen zwei Skalen der historischen Perspektive ineinander. Auf der einen, gleichsam makroskopischen Skala habe ich in der zeitlichen Folge der einzelnen Episoden nicht nur die Herausbildung einer mathematischen Theorie der Knoten, sondern auch ein weiteres, *komplexes* historisches Ereignis zu beschreiben und verfolgen versucht, den Anbruch der mathematischen Moderne. Dieses komplexe Ereignis, so könnte gesagt werden, spielte eine zentrale kausale Rolle für die Entstehung der Knotentheorie. Erst mit der Überschreitung der epistemischen Grenzen, die der Behandlung von Knoten im 19. Jahrhundert gesetzt waren, wurde es möglich, das Klassifikationsproblem der Knoten jenem Ideal der Strenge gemäß zu bearbeiten, das die Entwicklung der Mathematik in vielen Varianten seit ihrer Entstehung begleitet. Dies allein scheint mir ein bemerkenswerter Befund, der sich freilich sehr spezifisch auf *Knoten* bezieht. Obwohl das Knüpfen und Unterscheiden von Knoten eine elementare Kulturtechnik ist, gelang ein effektives, mit

---

[62] Schon die offensichtlich notwendige Einschränkung auf „mathematische" Knoten zeigt den Spielraum, der hier besteht.

Beweisen verknüpftes Unterscheiden dieser anschaulich-geometrischen Formen, die nicht umsonst dem Mythos vom unentwirrbaren Zauberknoten Anlaß gaben, erst, als *moderne*, jenseits des Taitschen „let it be constructed in cord" angesiedelte mathematische Imaginationen mit denselben verknüpft wurden. Auch wenn das Alexandersche oder das Jonessche Polynom eines Knotens (vor allem letzteres) heute mit extrem einfachen Algorithmen von jedem Jugendlichen berechnet und zur Unterscheidung von Knoten benützt werden *könnte*, so wären doch diese Verfahren nie entwickelt worden, hätten nicht Heegaard, Wirtinger oder andere Mathematikerinnen und Mathematiker damit begonnen, sich jene merkwürdigen Gegenstände vorzustellen, die sie „Riemannsche Räume" tauften.

Auf der zweiten, sozusagen „mikroskopischen" Skala freilich löst sich die in der letzten, kontrafaktischen Aussage bezeichnete kausale Beziehung wieder in ein komplexes, sich nicht in eine lineare Zeitordnung fügendes Geflecht von kontingenten Handlungsepisoden auf. Unsere Geschichte hat nicht nur gezeigt, daß ganz verschiedene Interessen die Beschäftigung mit Knoten motivierten, sondern auch, daß der Weg des Übergangs in die mathematische Moderne nicht determiniert war. Auch hier konnten Spielräume in einem Kontinuum von Wegen ausgeschöpft werden, das von einem gewollten, radikalen Schnitt bis zur behutsamen Isolierung neuer Erkenntnisgegenstände aus tradierten Forschungsgebieten reichte. Welche dieser Varianten ein Knotentheoretiker wählte, hing von vielen Ereignissen und Faktoren ab, die nicht nur das Wissensgebiet „Knotentheorie", sondern auch die disziplinären Grenzen der Mathematik überschritten. Eine bestimmte Gestalt der „Knotentheorie" war deshalb stets etwas ziemlich kurzlebiges und fragiles. Schon Seifert verließ die epistemische Konfiguration wieder, welche Reidemeisters Knotentheorie vorschlug. Und bereits kurz nach dem zweiten Weltkrieg war auch jene von den Akteuren selbst als „elementar" und „modern" bezeichnete Knotentheorie für andere zur „classical knot theory" geworden und damit überholt. An ihre Stelle trat noch einmal der explizit geäußerte Wunsch, der Mathematik der Knoten wieder eine neue Gestalt mit anderen kontextuellen Bindungen, anderen technischen Werkzeugen und neuen Absichten zu geben.[63]

⋆

Daß jene merkwürdige Hierarchie geometrischer Komplexität, welche durch die Verschlingungen eines oder mehrerer Fäden repräsentiert wird, auch in Zukunft mannigfaltige Rollen in den unterschiedlichsten Bereichen menschlichen Handelns spielen wird, steht außer Frage. Weder in der technisch-praktischen, noch in der symbolisch-normativen oder in der ästhetischen Dimension wird die Menschheit auf das Binden und Lösen von Knoten verzichten. Auch Mathematikerinnen und Mathematiker werden sich aller Wahrscheinlichkeit nach weiter mit ihr beschäftigen – in ihren jeweils spezifischen Handlungskontexten, ihre eigenen epistemischen Objekte und Techniken konstruierend und ihren besonderen Rationalitätsmustern folgend. Wie unterschiedlich diese sein können, sollte die hier erzählte Geschichte exemplarisch vorführen. Welche es in Zukunft sein werden, steht in der Verfügung künftigen mathematischen Handelns.

---

[63] Vgl. den Bericht von Fox auf dem Internationalen Mathematiker-Kongreß von 1950 über die ersten Resultate der Gruppe in Princeton (Fox 1950); näheres dazu in (Epple 1999a, § 27 ff.).

Anhang

A TAITS TAFELN ALTERNIERENDER KNOTEN

Auf der nächsten Seite ist die Tafel aller alternierenden Knoten von bis zu neun Kreuzungen aus (Tait 1884) reproduziert. Auf den beiden anschließenden Seiten sind die entsprechenden Tafeln für zehn Kreuzungen aus (Tait 1885) wiedergegeben. Die verschiedenen Knotentypen wurden von Tait oben links über den Diagrammen numeriert. Gegebenenfalls stellen mehrere durch Twists auseinander hervorgehende Diagramme denselben Typ dar; in diesem Fall gab Tait auch die Zahl der aufgefundenen „knot forms" an. So gehören z.B. die ersten beiden Diagramme mit sieben Kreuzungen zum selben Knotentyp. Außerdem ist auf der ersten Tafel die Amphichïralität der Knoten notiert. (Unter den Diagrammen befinden sich Notationen, die sich auf das Aufzählungsverfahren beziehen).

THE FIRST SEVEN ORDERS OF KNOTTINESS.
P. G. Tait del.

TENFOLD KNOTTINESS.

TENFOLD KNOTTINESS.

B VERZEICHNISSE

B 1 Chronik

Die folgende Chronik liefert das Skelett dessen, was in § 11 als „Basischronik" dieser Studie bezeichnet wurde: Die hauptsächlichen, *zu erklärenden* Ereignisse in einer Geschichte der Entstehung der Knotentheorie.

1771	Vandermonde schlägt vor, einen symbolischen Kalkül zur Beschreibung von symmetrischen Webmustern, Knoten, Zöpfen usw. zu entwickeln, der den Textilhandwerken nützlich sein kann.
1794 (?)	Gauß macht sich Skizzen von Knoten nach einem englischen Lexikon.
1804	Gauß begegnet bei Überlegungen zum „Zodiacus" der „kleinen Planeten" einer verschlingungszählenden Differentialform.
1825	Gauß studiert ebene Traktfiguren und Windungszahlen anhand symbolischer Schemata.
um 1825	Gauß studiert einen Zopf.
1833	Gauß hält den Satz über das verschlingungszählende Integral in einem Handbuch fest.
1844	Gauß kehrt zum Problem der Traktfiguren zurück und erledigt es für fünf Kreuzungen.
1847	Listings *Vorstudien zur Topologie* versuchen Wissenschaftler von der Bedeutung der Topologie zu überzeugen. Die Phänomene der Orientierung und der Verknotung spielen eine Schlüsselrolle; Ansätze zu einem Kalkül mit „Complexionssymbolen" von Knoten.
1848	Gauß kehrt kurz zum Zodiacus-Problem zurück.
1851, 1857	Riemann führt in seinen funktionentheoretischen Arbeiten den Begriff der Zusammenhangszahl ein.
1858	Helmholtz studiert Wirbelbewegungen in idealen Flüssigkeiten und findet, daß geschlossene Wirbelfäden während der Bewegung stets geschlossen bleiben. Tait liest Helmholtz und beginnt, über Quaternionenanalysis nachzudenken.
1861	Listing veröffentlicht den *Census der räumlichen Complexe*.
1867	Gauß' Fragmente über Elektrodynamik werden veröffentlicht, einschließlich des Fragments über das Verschlingungsintegral. Tait führt in Edinburgh in Anwesenheit W. Thomsons Experimente mit Rauchringen zur Illustration der Helmholtzschen Sätze durch; Thomson wird zu seiner Theorie der Wirbelatome angeregt. Maxwell korrespondiert mit Thomson und Tait über topologische Fragen.
1868-1869	Thomson dehnt die Wirbelatomtheorie aus. Maxwell formuliert in Manuskripten das Problem der Knotenklassifikation. Er liest Listing und trägt darüber vor.

1876	Tait beginnt, an der Knotenklassifikation zu arbeiten. Klein deutet an, daß es im vierdimenionalen Raum keine Knoten gibt.
1877	Tait arbeitet intensiv an der Klassifikation der Knoten mit wenigen Kreuzungen. Grundlage ist die symbolische Codierung von Diagrammen. „On Knots" faßt die ersten Resultate zusammen.
ab 1877	Zöllner läßt in Leipzig spiritistische Experimente über Knoten anstellen, um die reale Existenz der vierten Dimension zu beweisen.
ab 1880	Simony zerschneidet in Wien Gummischläuche und macht „Experimente" mit Torusknoten.
1883	Tait beschreibt in einem Vortrag über „Listing's Topologie" nochmals das Problem der Knotenklassifikation und fordert zur Weiterarbeit an den Knotentafeln auf.
1884	Reverend Kirkman tabuliert Knotenprojektionen mit 8 und 9 Kreuzungen. Tait publiziert daraufhin seine ersten Knotentafeln in „On knots, II".
1885	Gestützt auf neue Vorarbeiten Kirkmans produziert Tait Knotentafeln für 10 Kreuzungen. In Nebraska beginnt Little, Knotentafeln zu erstellen.
um 1885	Thomson gibt allmählich die Wirbelatomtheorie auf.
1889	Little tabuliert nichtalternierende Knoten der Kreuzungszahlen 8 und 9.
1890	Little tabuliert alternierende Knoten der Ordnung 11.
1891	Hurwitz studiert simultane Bewegungen der Verzweigungspunkte Riemannscher Flächen.
1894	Wirtinger beginnt in Wien, Verzweigungen algebraischer Funktionen zweier Variablen zu studieren.
1895	Poincaré teilt in „Analysis situs" Techniken zum topologischen Studium von Mannigfaltigkeiten mit. Wirtinger beschreibt die Verzweigungen algebraischer Funktionen zweier Variabler durch lokale Monodromiegruppen.
1898	Heegaard studiert in seiner Dissertation „Riemannsche Räume", die zweiblättrig über Knoten und Verkettungen verzweigt sind (modern: verzweigte, zweifache Überlagerungen der 3-Sphäre), um damit die lokalen topologischen Verhältnisse algebraischer Flächen zu beschreiben.
1899	Little tabuliert nichtalternierende Knoten mit 10 Kreuzungen.
1905	Wirtinger hält einen Vortrag über Verzweigungen algebraischer Funktionen, in dem Heegaards Ideen verwendet werden. Zur Charakterisierung der lokalen Monodromieverhältnisse entwickelt Wirtinger eine Technik zur Präsentation der Fundamentalgruppe eines Knotenkomplements. Der Vortrag bleibt unpubliziert.
1906	Tietze, der bei Wirtinger in Wien habilitiert, veröffentlicht den ersten strengen Beweis, daß die Kleeblattschlinge nicht auflösbar ist.
1907	Dehn und Heegaard skizzieren das Programm einer abstrakten, „rein kombinatorischen" *Analysis situs*; u.a. soll das Problem der Knotenklassifikation „arithmetisiert" werden. Dehn konstruiert aus zwei Knotenkomplementen ein Beispiel eines „Poincaréschen Raums" (d.h. einer Homologiesphäre).

1908	Tietze teilt in seiner Habilitationsschrift – welche Poincarés Techniken systematisiert – auch die grundlegenden Ideen Wirtingers mit und wirft dabei etliche Fragen über Knoten und Knotenkomplemente auf.
1910	Dehn studiert systematisch Poincarésche Räume durch Modifikation von Knotenkomplementen. Dazu gibt er eine neue Präsentation der Knotengruppe.
1914	Dehn gibt den ersten Beweis der Verschiedenheit der beiden Kleeblattschlingen. Er stützt sich dabei auf eine Operation der Gruppe dieser Knoten auf der hyperbolischen Ebene.
1917	Mary Haseman listet einige amphichirale Knoten mit 12 Kreuzungen auf.
1920	Alexander hält in Princeton einen Vortrag über die zyklischen, über Knoten verzweigten Riemannschen Räume und unterscheidet durch die Berechnung von deren Torsionszahlen einige Knoten. Der Vortrag bleibt unveröffentlicht.
ab 1923	Reidemeister wendet sich in Wien dem Thema der Knoten und Gruppen zu.
1924	Artin und Schreier lösen das Wortproblem der Zopfgruppe. Hurwitz' frühere Arbeit bleibt unerwähnt.
1925	Reidemeister findet einen allgemeinen Weg zur Präsentation der Fundamentalgruppen der zyklischen Überlagerungen von Knotenkomplementen. Diese Gruppen besitzen nichttriviale Torsionszahlen. Damit sind die ersten allgemein berechenbaren Knoteninvarianten gefunden.
1926	Reidemeister publiziert seine Resultate und gibt ihnen eine bewußt moderne, „elementare Begründung".
1927	Alexander und Briggs beschreiben einen zweiten Weg, diese Invarianten durch die Auswertung der Inzidenzmatrizen einer Zellenzerlegung der zyklischen Überlagerungen zu berechnen. Sie berechnen die Torsionszahlen der zwei- und dreifachen Überlagerungen aller Knoten mit bis zu 9 Kreuzungen. Alexander bemerkt, daß sich auf analoge Weise eine polynomiale Knoteninvariante definieren läßt.
1928	Alexander publiziert seine Resultate über das Knotenpolynom, wobei er dieses ebenfalls im „elementaren" Stil Reidemeisters beschreibt. Wirtingers Schüler Brauner publiziert dessen Ideen über Singularitäten algebraischer Funktionen und führt sie fort.
1932	Goeritz findet in den Minkowskischen Einheiten der „quadratischen Form" eines Knotens neue Invarianten. Reidemeister publiziert seine *Knotentheorie* und gibt damit der jungen Theorie ein erstes Paradigma (von begrenzter Reichweite). Burau und Zariski schließen eine Lücke in Brauners Arbeit und geben damit eine vollständige topologische Klassifikation der Singularitäten ebener algebraischer Kurven durch iterierte Torusverkettungen.
1934	Seifert gibt eine neue Darstellung der zyklischen Überlagerungen von Knotenkomplementen, inklusive der unendlich zyklischen, und der daraus berechneten Invarianten (Torsionszahlen, Alexander-Polynom). Er konstruiert spezielle Knoten, deren sämtliche zyklischen Überlagerungen Poincarésche Räume sind, und zeigt damit eine Grenze der bekannten berechenbaren Invarianten auf.

1935	Burau findet eine Darstellung der Zopfgruppe, aus der sich das Alexandersche Polynom auf neue Weise berechnen läßt. In Moskau beschreibt Markoff die Äquivalenzrelation zwischen Zöpfen, die der Äquivalenz der zugehörigen Verkettungen entspricht.
1936	Dehn, in Frankfurt entlassen, publiziert eine Lösung des Gaußschen Problems der Traktfiguren.
1937	In Oxford beobachtet Whitehead, daß verschiedene Verkettungen homöomorphe Komplemente haben können.
um 1938	Zweifel an der Lösbarkeit des Problems der Knotenklassifikation treten auf.
1939-1945	Nur wenigen Mathematikerinnen und Mathematikern bleibt Muße für den weiteren Ausbau der Knotentheorie.

B 2 Chronologische Bibliographie bis 1945

Die folgende Bibliographie nennt vor 1945 gedruckte Beiträge zur Mathematik der verknoteten und verketteten Kurven. Ausgangspunkt waren die Bibliographien in (Crowell und Fox 1963) sowie (Burde und Zieschang 1985). Beide sind für das 19. Jahrhundert unvollständig. Hier dienten das *Jahrbuch für Fortschritte der Mathematik* und Querverweise der untersuchten Publikationen als Hilfen zur Vervollständigung der Bibliographie. Manche kleinere und nicht in anderen Texten zitierte Arbeiten in wenig verbreiteten Zeitschriften sind mir zweifellos trotzdem entgangen. Es wurde auch nicht versucht, alle bloßen Anzeigen von anderweitig oder gar nicht publizierten Resultaten aufzunehmen. Dagegen wurden einige thematisch wichtige Manuskriptbestände in chronologischer Ordnung, außerhalb der Numerierung und durch „MS" markiert, mit aufgelistet.

Das *Jahr*, welches in Literaturverweisen des Textes angegeben wird, ist dem Namen des Autors in Klammern nachgestellt, ggf. ergänzt durch a, b, c usw. Es handelt sich in der Regel um das Erstveröffentlichungsjahr eines Texts. Die Anordnung der Texte *verschiedener* Autoren innerhalb eines Jahres ist alphabetisch; Texte *desselben* Autors wurden nach Möglichkeit chronologisch geordnet, wobei auch die unter „Weitere Literatur" (Abschnitt 3) aufgeführten Texte mit einbezogen sind. *Seitenverweise* im Text beziehen sich stets auf die in den nachfolgenden Einträgen *zuletzt* genannten Ausgaben.

Verwendete Abkürzungen

AHES	*Archive for History of Exact Sciences*
A.M.S.	American Mathematical Society
Ann. Math.	*Annals of Mathematics*
DMV	Deutsche Mathematiker-Vereinigung
Göttinger Nachrichten	*Nachrichten der [Königlichen] Gesellschaft der Wissenschaften Göttingen*
HA	*Abhandlungen aus dem Mathematischen Seminar der Hamburgischen Universität (= Hamburger Abhandlungen)*
L.M.S.	London Mathematical Society
Math. Ann.	*Mathematische Annalen*
Math. Z.	*Mathematische Zeitschrift*
N.A.S.	National Academy of Sciences (USA)
NTM	*Schriftenreihe für Geschichte der Naturwissenschaften, Technik, Medizin*
R.S.E.	Royal Society of Edinburgh
Sitzungsberichte Wien	*Sitzungsberichte der Akademie der Wissenschaften Wien, Mathematisch-Naturwissenschaftliche Klasse*

1. Vandermonde, A. T. (1771): „Remarques sur les problèmes de situation." *Mémoires de l'Académie Royale des Sciences (Paris)* (1771), 566-574.

2. Gauß, C. F. (1804): „Über die Grenzen der geocentrischen Örter der Planeten." *Monatliche Correspondenz zur Beförderung der Erd- und Himmels-Kunde*, August 1804; auch in: ders., *Werke*, Bd. 6, Göttingen: Königliche Gesellschaft der Wissenschaften, 1873, S. 106-118.

MS Gauß, C. F. (1825-1844): [„Nachlass zur Geometria Situs."] In: ders., *Werke*, Bd. 8, Leipzig: Teubner, 1900, S. 271-286.

MS Gauß, C. F. (vor 1830): [„Ein Zopf."] Dieses Buch, S. 69. [Zuerst veröffentlicht in (Epple 1998a).]

MS Gauß, C. F. (1833): [„Notiz zur Geometria Situs, 22. Januar 1833."] In: ders., *Werke*, Bd. 5, Göttingen: Königliche Gesellschaft der Wissenschaften, 1867, S. 605.

3. Listing, J. B. (1847): „Vorstudien zur Topologie." *Göttinger Studien* 2 (1847), 811-875; auch als Separatdruck, Göttingen: Vandenhoeck und Ruprecht, 1848.

4. Gauß, C. F. (1848): [„Über die Zodiaken der Himmelskörper."] *Astronomische Nachrichten* 27, Nr. 625, 1-4; auch in: ders., *Werke*, Bd. 7, 2. erweiterte Aufl., Göttingen: Teubner, 1906, S. 313-316.

5. v. Helmholtz, H. v. (1858): „Ueber Integrale der hydrodynamischen Gleichungen, welche den Wirbelbewegungen entsprechen." *Journal für die reine und angewandte Mathematik* 55 (1858), 25-55; auch in: ders., *Wissenschaftliche Abhandlungen*, Bd. 1, Leipzig: J. A. Barth, 1882, S. 101-134.

6. Thomson, W. (1867): „On vortex atoms." *Proceedings of the R.S.E.* 6 (1866-1869), 94-105; auch in: ders., *Mathematical and Physical Papers*, Bd. 6, Cambridge: Cambridge University Press, 1910, S. 1-12.

7. v. Helmholtz, H. v. (1867): „On the integrals of the hydrodynamical equations, which express vortex-motion." [Von P. G. Tait angefertigte englische Übersetzung von (Helmholtz 1858).] *Philosophical Magazine (4)* 33 (1867), 485-512.

MS Maxwell, J. C. (1868): [„Geometry of position."] In: ders., *Scientific Letters and Papers*, hg. von P. M. Harman, Cambridge: Cambridge University Press, 1995, S. 433-438.

8. Thomson, W. (1869): „On vortex motion." *Transactions of the R.S.E.* 25 (1869), 217-260; auch in: ders., *Mathematical and Physical Papers*, Bd. 6, Cambridge: Cambridge University Press, 1910, S. 13-66.

9. Maxwell, J. C. (1873): *A Treatise on Electricity and Magnetism.* 2 Bde., Oxford: Clarendon Press, 1873; Nachdruck der 3. Aufl., 1891, New York: Dover, 1954.

10. Thomson, W. (1875): „Vortex statics." *Proceedings of the R.S.E.* 6 (1875-78), 59-73; auch in: ders., *Mathematical and Physical Papers*, Bd. 6, Cambridge: Cambridge University Press, 1910, S. 115-128.

11. Boeddicker, O. (1876): *Beitrag zur Theorie des Winkels.* Inaugural-Dissertation, Göttingen, 1876.

12. Klein, F. (1876): „Ueber den Zusammenhang der Flächen." *Math. Ann.* 9 (1876), 476-482.

13. Weith, H.: *Topologische Untersuchung der Kurven-Verschlingung.* Zürich: Orell Füssli & Co., 1876.

14. Tait, P. G. (1876b): „General theorems relating to closed curves." *Reports of the British Association for the Advancement of Science* (1876); nachgedruckt als: „Some elementary properties of closed plane curves." *Messenger of Mathematics* 69 (1877), 132-133; auch in:

ders., *Collected Scientific Papers*, Bd. 1, Cambridge: Cambridge University Press, 1898, S. 270-272.

15. Tait, P. G. (1876c): „Applications of the theorem that two closed plane curves intersect an even number of times." *Proceedings of the R.S.E.* **9** (1875-1878), 237-246.

16. Tait, P. G. (1877a): „Note on the measure of beknottedness." *Proceedings of the R.S.E.* **9** (1875-1878), 289-298.

17. Tait, P. G. (1877b): „On knots: With remarks by Listing." *Proceedings of the R.S.E.* **9** (1875-1878), 306-317.

18. Tait, P. G. (1877c): „On links." *Proceedings of the R.S.E.* **9** (1875-1878), 321-332.

19. Tait, P. G. (1877d): „Sevenfold knottiness." *Proceedings of the R.S.E.* **9** (1875-1878), 363-366.

20. Tait, P. G. (1877e): „On amphicheiral forms and their relations." *Proceedings of the R.S.E.* **9** (1875-1878), 391-392.

21. Tait, P. G. (1877f): „Preliminary note on a new method of investigating the properties of knots." *Proceedings of the R.S.E.* **9** (1875-1878), 403.

22. Tait, P. G. (1877g): „On knots." *Transactions of the R.S.E.* **28** (1877), 145-190; auch in: ders., *Collected Scientific Papers*, Bd. 1, Cambridge: Cambridge University Press, 1898, S. 273-317.

23. Hoppe, R.: „Gleichung der Curve eines Bandes mit unauflösbarem Knoten nebst Auflösung in vierter Dimension." *Archiv für Mathematik und Physik (Grunert)* **64** (1879), 224 ff.

24. Meyer, F. (1879): *Anwendungen der Topologie auf die Gestalten der algebraischen Curven, speciell der rationalen Curven vierter und fuenfter Ordnung.* Inauguraldissertation München, Magdeburg: Pansa'sche Buchdruckerei C. Otto, 1879.

25. Tait, P. G. (1879): „On the measurement of beknottedness." *Proceedings of the R.S.E.* **10** (1879/1880), 48-49.

26. Durège, H. (1880): „Ueber die Hoppe'sche Knotencurve." *Sitzungsberichte Wien* **82** (1880).

27. Hoppe, R. (1880): „Bemerkung betreffend die Auflösung eines Knotens in vierter Dimension." *Archiv für Mathematik und Physik (Grunert)* **65** (1880), 423-426.

28. Simony, O. (1880a): *Gemeinfassliche, leicht kontrollierbare Lösung der Aufgabe: ,In ein ringförmig geschlossenes Band einen Knoten zu machen' und verwandter merkwürdiger Probleme.* Wien: Gerold, 1. Aufl. 1880; 3. erweiterte Aufl. 1881.

29. Simony, O. (1880b): „Ueber jene Flächen, welche aus ringförmig geschlossenen, knotenfreien Bändern durch in sich selbst zurückkehrende Längsschnitte erzeugt werden." *Sitzungsberichte Wien* **82** (1880), 691-697.

30. Brill, A. (1881): „Ueber algebraische Raumcurven, welche die Gestalt einer Schlinge haben." *Math. Ann.* **18** (1881), 95-98.

31. Simony, O. (1881): „Ueber jene Gebilde, welche aus kreuzförmigen Flächen durch paarweise Vereinigung ihrer Enden und gewisse in sich selbst zurückkehrende Schnitte entstehen." *Sitzungsberichte Wien* **84** (1881), 237-257.

32. Simony, O. (1882a): „Ueber eine Reihe neuer mathematischer Erfahrungssätze." *Sitzungsberichte Wien* **85** (1882), 907-928.

33. Simony, O. (1882b): „Ueber eine Reihe neuer mathematischer Erfahrungssätze." *Sitzungsberichte Wien* **87** (1882), 556-587.

34. Simony, O. (1882c): „Ueber eine Reihe neuer Thatsachen aus dem Gebiete der Topologie." *Math. Ann.* **19** (1882), 110-120.

35. Schlegel, V. (1883): „Ueber die Auflösung des Doppelpunktes einer ebenen Curve im dreidimensionalen Raume, und ein mit dieser Curve zusammenhängendes Problem der Mechanik." *Zeitschrift für Mathematik und Physik (Schlömilch)* **28** (1883), 105-115.

36. Simony, O. (1883): „Ueber eine Reihe neuer mathematischer Erfahrungssätze." *Sitzungsberichte Wien* **88** (1883), 939-974.

37. Thomson, J. J. (1883): *A Treatise on the Motion of Vortex Rings.* London: Macmillan, 1883.

38. Koller, L. (1884): „Ueber einige allgemeine auf Knotenverbindungen bezügliche Gesetze." *Sitzungsberichte Wien* **89** (1884), 250-265.

39. Simony, O. (1884): „Ueber eine Reihe neuer Thatsachen aus dem Gebiete der Topologie, II." *Math. Ann.* **24** (1884), 253-280.

40. Tait, P. G. (1884c): „On knots: Part II." *Transactions of the R.S.E.* **32** (1884/1885), 327-339; auch in: ders., *Collected Scientific Papers,* Bd. 1, Cambridge: Cambridge University Press, 1898, S. 318-333.

41. Tait, P. G. (1885): „On knots: Part III." *Transactions of the R.S.E.* **32** (1884/1885), 493-506; auch in: ders., *Collected Scientific Papers,* Bd. 1, Cambridge: Cambridge University Press, 1898, S. 335-347.

42. Kirkman, T. P. (1884): „The enumeration, description, and construction of knots with fewer than 10 crossings." *Transactions of the R.S.E.* **32** (1884/1885), 281-309.

43. Kirkman, T. P. (1885a): „The 364 unifilar knots of ten crossings, enumerated and described." *Transactions of the R.S.E.* **32** (1884/1885), 483-506.

44. Little, C. N. (1885): „On knots, with a census for order 10." *Transactions of the Connecticut Academy of Science* **18** (1885), 374-378.

45. Meyer, F. (1885): „Über algebraische Knoten." *Proceedings of the R.S.E* **13** (1885/1886), 931-946.

46. Kirkman, T. P. (1885b): „Demonstrations of theorems ABC." *Proceedings of the R.S.E.* **13** (1885/1886), 359-363.

47. Kirkman, T. P. (1885c): „On the twists of Listing and Tait." *Proceedings of the R.S.E.* **13** (1885/1886), 363-367.

48. Kirkman, T. P. (1885d): „On the linear section PR of a knot M ..." *Proceedings of the R.S.E* **13** (1885/1886), 514-522.

49. Kirkman, T. P. (1885e): „Examples upon the reading of the circle, or circles, of a knot." *Proceedings of the R.S.E.* **13** (1885/1886), 693-698.

50. Simony, O. (1887): „Ueber den Zusammenhang gewisser topologischer Tatsachen mit neuen Sätzen der höheren Arithmetik und dessen theoretische Bedeutung." *Sitzungsberichte Wien* **96** (1887), 191-286.

51. Dyck, W. (1888): „Beiträge zur Analysis Situs, I. Aufsatz. Ein- und zweidimensionale Mannigfaltigkeiten." *Math. Ann.* **32** (1888), 457-512.

52. Schuster, J. L. (1888): „Ueber jene Gebilde, welche geschlossenen, aus drei tordierten Streifen hergestellten Flächen durch gewisse Schnitte entspringen." *Sitzungsberichte Wien* **97** (1888), 217-246.

53. Little, C. N. (1889): „Non-alternate ± knots of orders eight and nine." *Transactions of the R.S.E.* **35** (1889), 663-664.

54. Dingeldey, F. (1890a): „Ueber einen neuen topologischen Prozess, die Entstehungsbedingungen einfacher Verbindungen und Knoten in gewissen geschlossenen Flächen betreffend." *Sitzungsberichte Wien* **98** (1890), 79-106.

55. Dingeldey, F. (1890b): *Topologische Studien über die aus ringförmig geschlossenen Bändern durch gewisse Schnitte erzeugbaren Gebilde.* Leipzig: Teubner, 1890.

56. Little, C. N. (1890): „Alternate ± knots of order 11." *Transactions of the R.S.E.* **36** (1890), 253-255.

57. Hurwitz, A. (1891): „Über Riemannsche Flächen mit gegebenen Verzweigungspunkten." *Math. Ann.* **39** (1891), 1-61.

58. Brunn, H. (1892a): „Topologische Betrachtungen." *Zeitschrift für Mathematik und Physik (Schlömilch)* **37** (1892), 106-116.

59. Brunn, H. (1892b): „Über Verkettung." *Sitzungsberichte der bayerischen Akademie der Wissenschaften, math.- phys. Klasse* **22** (1892), 77-99.

60. Brunn, H. (1893): „Ueber scheinbare Doppelpunkte von Raumcurven. Ein Beitrag zur Analysis situs." *Jahresbericht der DMV* **3** (1893), 84-85.

MS Wirtinger, W. (1895): [„Verzweigungsstellen algebraischer Funktionen zweier Variablen und ihre Monodromiegruppe."] Brief an F. Klein, 22. Dezember 1895, abgedruckt in: (Epple 1995a, 397-399).

61. Brunn, H. (1897): „Über verknotete Kurven." In: F. Rudio (Hg.), *Verhandlungen des Ersten Internationalen Mathematikerkongresses*, Zürich 1897, Leipzig: Teubner, 1898, S. 256-259.

62. Heegaard, P. (1898): *Forstudier til en topologisk teori for de algebraiske fladers sammenhæng.* København: Det Nordiske Forlag, 1898.

63. Little, C. N. (1900): „Non-alternate ± knots." *Transactions of the R.S.E.* **39** (1900), 771-778.

64. Wirtinger, W. (1905): „Über die Verzweigungen bei Funktionen von zwei Veränderlichen." *Jahresbericht der DMV* **14** (1905), 517. [Nur Titel].

65. Tietze, H. (1906): „Zur Analysis situs mehrdimensionaler Mannigfaltigkeiten." *Sitzungsberichte Wien* **115** (1906), 841-846.

66. Dehn, M. und Heegaard, P. (1907): „Analysis situs." In: *Encyklopädie der mathematischen Wissenschaften*, Bd. III AB, Leipzig: Teubner, 1907-1910, S. 153-220.

67. Dehn, M. (1907): „Sprechsaal für die Enzyklopädie der mathematischen Wissenschaften. Berichtigender Zusatz zu III AB 3, Analysis situs." *Jahresbericht der DMV* **16** (1907), 573.

68. Sommerville, D. M. Y. (1907): „On links and knots in Euclidean space of *n* dimensions." *Messenger of Mathematics (2)* **36** (1907), 139 ff.

69. Tietze, H. (1908): „Über die topologischen Invarianten mehrdimensionaler Mannigfaltigkeiten." *Monatshefte für Mathematik und Physik* **19** (1908), 1-118.

70. Dehn, M. (1910): „Über die Topologie des dreidimensionalen Raumes." *Math. Ann.* **69** (1910), 137-168.

71. Dehn, M. (1911): „Über unendliche diskontinuierliche Gruppen." *Math. Ann.* **71** (1911), 116-144.

72. Dehn, M. (1914): „Die beiden Kleeblattschlingen." *Math. Ann.* **75** (1914), 402-413.

73. Heegaard, P. (1916): „Sur l'Analysis situs." *Bulletin de la Société Mathématique de France* **44** (1916), 161-242. [Französische Übersetzung von (Heegaard 1898).]

74. Haseman, M. G. (1918): „On knots, with a census of the amphicheirals with twelve crossings." *Transactions of the R.S.E.* **52** (1918), 235-255.

75. Alexander, J. W. (1920): „Note on Riemann Spaces." *Bulletin of the A.M.S.* **26** (1920), 370-372.

76. Antoine, L. (1921): „Sur l'homéomorphie de deux figures et de leurs voisinages." *Journal des Mathématiques pures et appliquées* **4** (1921), 221-325.

77. Alexander, J. W. (1923): „A lemma on systems of knotted curves." *Proceedings of the N.A.S.* **9** (1923), 93-95.

78. Alexander, J. W. (1924a): „On the subdivision of 3-space by a polyhedron." *Proceedings of the N.A.S.* **10** (1924), 6-8.

79. Alexander, J. W. (1924b): „Remarks on a point set constructed by Antoine." *Proceedings of the N.A.S.* **10** (1924), 10-12.

80. Alexander, J. W. (1924c): „An example of a simply connected surface bounding a region which is not simply connected." *Proc. Nat. Acad. Sci. USA* **10** (1924), 8-10.

81. Schreier, O. (1924): „Über die Gruppen $A^a B^b = 1$." *HA* **3** (1924), 167-169.

82. Artin, E. (1925a): „Theorie der Zöpfe." *HA* **4** (1925), 47-72.

83. Artin, E. (1925b): „Zur Isotopie zweidimensionaler Flächen im R4." *HA* **4** (1925), 174-177.

84. Reidemeister, K. (1926a): „Knoten und Gruppen." *HA* **5** (1926), 7-23.

85. Reidemeister, K. (1926b): „Elementare Begründung der Knotentheorie." *HA* **5** (1926), 24-32.

86. Reidemeister, K. (1926c): „Über unendliche diskrete Gruppen." *HA* **5** (1926), 33-39.

87. Alexander, J. W. and Briggs, G. B. (1927): „On types of knotted curves." *Ann. Math.* **28** (1927), 562-586.

88. Sz. Nagy, J. (1927): „Über ein topologisches Problem von Gauß." *Math. Z.* **26** (1927), 579-592.

89. Alexander, J. W. (1928): „Topological invariants of knots and links." *Transactions of the A.M.S.* **30** (1928), 275-306.

90. Alexandroff, P. und Hopf, H. (1935): *Topologie.* Berlin: Springer, 1935.

91. Brauner, K. (1928): „Zur Geometrie der Funktionen zweier komplexer Veränderlichen, II. Das Verhalten der Funktionen in der Umgebung ihrer Verzweigungsstellen." *HA* **6** (1928), 1-55.

92. van Kampen, E. R. (1928): „Zur Isotopie zweidimensionaler Flächen im R_4." *HA* **6** (1928), 216.

93. Reidemeister, K. (1928b): „Über Knotengruppen." *HA* **6** (1928), 56-64.

94. Kähler, E. (1929): „Über die Verzweigung einer algebraischen Funktion zweier Veränderlichen in der Umgebung einer singulären Stelle." *Math. Z.* **30** (1929), 188-204.

95. Reidemeister, K. (1929): „Knoten und Verkettungen." *Math. Z.* **29** (1929), 713-729.

96. Bankwitz, C. (1930a): „Über die Torsionszahlen der alternierenden Knoten." *Math. Ann.* **103** (1930), 145-161.

97. Bankwitz, C. (1930b): „Über die Fundamentalgruppe des inversen Knotens und des gerichteten Knotens." *Ann. Math.* **31** (1930), 129-130.

98. Bankwitz, C. (1930c): „Über die Torsionszahlen der zyklischen Überlagerungsräume des Knotenaußenraumes." *Ann. Math.* **31** (1930), 131-133.

99. Frankl, F. und Pontrjagin, L. (1930): „Ein Knotensatz mit Anwendung auf die Dimensionstheorie." *Math. Ann.* **102** (1930), 785-789.

100. Alexander, J. W. (1932): „Some problems in topology." In: W. Saxer (Hg.), *Verhandlungen des Internationalen Mathematiker-Kongresses*, Zürich 1932, Bd. 1, Zürich und Leipzig: Orell Füssli, 1932, S. 249-257.

101. Burau, W. (1932a): „Über Zopfinvarianten." *HA* **9** (1932/1933), 117-124.

102. Burau, W. (1932b): „Kennzeichnung der Schlauchknoten." *HA* **9** (1932/1933), 125-133.

103. Reidemeister, K. (1932): *Knotentheorie*. Ergebnisse der Mathematik und ihrer Grenzgebiete **1**, Berlin: Springer, 1932.

104. Zariski, O. (1932): „On the topology of algebroid singularities." *American Journal of Mathematics* **54** (1932), 453-465.

105. Seifert, H. (1932): „Topologie dreidimensionaler gefaserter Räume." *Acta Mathematica* **60** (1932), 147-238.

106. Alexander, J. W. (1933): „A matrix knot invariant." *Proceedings of the N.A.S.* **19** (1933) 272-275.

107. Goeritz, L. (1933): „Knoten und quadratische Formen." *Math. Z.* **36** (1933), 647-654.

108. Pannwitz, E. (1933): „Eine elementargeometrische Eigenschaft von Verschlingungen und Knoten." *Math. Ann.* **108** (1933), 629- 672. [Zuerst als Dissertation, Bonn 1931.]

109. Seifert, H. (1933): „Verschlingungsinvarianten." *Sitzungsberichte der Preußischen Akademie der Wissenschaften* **26** (1933), 811-828.

110. Bankwitz, C. und Schumann, H. G. (1934): „Über Viergeflechte." *HA* **10** (1934), 263-284.

111. Burau, W. (1934): „Kennzeichnung der Schlauchverkettungen." *HA* **10** (1934), 285-297.

112. Goeritz, L. (1934a): „Bemerkungen zur Knotentheorie." *HA* **10** (1934), 201-210.

113. Goeritz, L. (1934b): „Die Betti'schen Zahlen der zyklischen Überlagerungsräume der Knotenaußenräume." *American Journal of Mathematics* **56** (1934), 194-198.

114. Magnus, W. (1934): „Über Automorphismen von Fundamentalgruppen berandeter Flächen." *Math. Ann.* **109** (1934), 617-646.

115. Reidemeister, K. und Schumann, H. G. (1934): „L-Polynome von Verkettungen." *HA* **10** (1934), 256- 262.

116. Seifert, H. (1934): „Über das Geschlecht von Knoten." *Math. Ann.* **110** (1934/1935), 571-592.

117. Seifert, H. und Threlfall, W. (1934): *Lehrbuch der Topologie*. Leipzig und Berlin: Teubner, 1934.

118. Bankwitz, C. (1935): „Über Knoten und Zöpfe in gleichsinniger Verdrillung." *Math. Z.* **40** (1935/1936), 588-591.

119. Burau, W. (1935a): „Über Verkettungsgruppen." *HA* **11** (1935/1936), 171-178.

120. Burau, W. (1935b): „Über Zopfgruppen und gleichsinnig verdrillte Verkettungen." *HA* **11** (1935/1936), 179-186.

121. Seifert, H. (1935): „Die Verschlingungsinvarianten der zyklischen Knotenüberlagerungen." *HA* **11** (1935/1936), 84-101.

122. Whitehead, J. H. C. (1935a): „A certain region in Euclidean 3-space." *Proceedings of the N.A.S.* **21** (1935), 364-366.

123. Whitehead, J. H. C. (1935b): „A certain open manifold whose group is unity." *Quarterly Journal of Mathematics (2)* **6** (1935), 268-279.

124. Zariski, O. (1935): *Algebraic Surfaces.* Ergebnisse der Mathematik **3**, Berlin: Springer, 1935.

125. Brusotti, L. (1936): „Le trecce di Artin nella topologia proiettiva ad affine." *Scritti Mat. Off. a Luigi Berzolari* (1936), 101-118.

126. Dehn, M. (1936a): „Über kombinatorische Topologie." *Acta Mathematica* **67** (1936), 123-168.

127. Eilenberg, S. (1936): „Sur les courbes sans nœuds." *Fundamenta Mathematica* **28** (1936), 233-242.

128. Fröhlich, K. W. (1936): „Über ein spezielles Transformationsproblem bei einer besonderen Klasse von Zöpfen." *Monatshefte für Mathematik und Physik* **44** (1936), 225-237.

129. Markoff, A. A. (1936): „Über die freie Äquivalenz der geschlossenen Zöpfe." *Receuil Mathématique de Moscou, Nouvelle Série (= Matematičeskij Sbornik)* **1** (1936), 73-78.

130. Seifert, H. (1936): „La théorie des nœuds." *Enseignement Mathématique* **35** (1936), 201-212.

131. Newman, M. H. A. und Whitehead, J. H. C. (1937): „On the group of a certain linkage." *Quarterly Journal of Mathematics (2)* **41** (1937), 14-21.

132. Wendt, H. (1937): „Über die gordische Auflösung von Knoten." *Math. Z.* **42** (1937), 680-696.

133. Whitehead, J. H. C. (1937): „On doubled knots." *Journal of the LMS* **12** (1937), 63-71.

134. Church, A. (1938): „Review of Th. Skolem, ‚Forklaring...'" *Journal of Symbolic Logic* **3** (1938), 46.

135. Vietoris, L. (1939): „Über m-gliedrige Verschlingungen." *Jahresbericht der DMV* **49** (1939), 1-9.

136. Weinberg, N. (1939): [„Sur l'équivalence libre des tresses fermées."] (Russisch.) *Comptes Rendus (Doklady) de l'Académie des Sciences de l'URSS* **23** (1939), 215-216.

137. Whitehead, J. H. C. (1939): „On the asphericity of regions in a 3-sphere." *Fundamenta Mathematica* **32** (1939), 149-166.

138. Newman, M. H. A. (1942): „On a string problem of Dirac." *Journal of the LMS* **17** (1942), 173-177.

139. Tietze, H. (1942a): *Ein Kapitel Topologie: Einführung in die Lehre von den verknoteten Linien.* Hamburger Mathematische Einzelschriften **36**, Leipzig und Berlin: Teubner, 1942.

140. Tietze, H. (1942b): „Über die speziellen Simony-Knoten und Simony-Ketten." *Sitzungsberichte der bayerischen Akademie der Wissenschaften, math.-phys. Klasse* (1942), 53-62.

141. Tietze, H.: „Vorgeschriebene singuläre Primzahlen für eine Simony-Figur und für ihr Spiegelbild." *Sitzungsberichte der bayerischen Akademie der Wissenschaften, math.-phys. Klasse* (1943), 265-268.

142. Tietze, H. (1944a), „Über spezielle Simony-Knoten und Simony-Ketten mit vorgeschriebenen singulären Primzahlen I, II", *Monatshefte für Mathematik und Physik* **51** (1943/1944), 1-14 und 85-100.

143. Tietze, H. (1944b): „Über Simony-Knoten und Simony-Ketten mit vorgeschriebenen singulären Primzahlen für die Figur und ihr Spiegelbild", *Math. Z.* **49** (1943/1944), 351-369.

144. Markoff, A. A. (1945): [„Grundlagen der algebraischen Theorie der Zöpfe."] (Russisch.)
Travaux de l'Institut Mathématique Stekloff **16** (1945), 1-54.

B 3 Weitere Literatur

Unveröffentlichte Materialien

Ungedruckte Quellen sind im Text einzeln ausgewiesen. Hier sind die mehrfach und abgekürzt
zitierten Bestände nochmals nach Orten zusammengestellt.

Cambridge University Library: Kelvin Papers, Add. 7342; Maxwell Papers, Add. 7655; Stokes
Papers, Add. 7656.

Edinburgh University Library: Verschiedenes Material über Tait, W. Thomson, Crum Brown,
u.a.

National Library of Scotland, Edinburgh: Verschiedenes Material über Tait und W. Thomson;
Unterlagen der Royal Society of Edinburgh.

Glasgow University Library: Kelvin Papers.

Niedersächsische Staats- und Universitätsbibliothek (NSUB) Göttingen: Korrespondenz M.
Dehn - D. Hilbert, Cod. MS. Hilbert; Korrespondenz W. Wirtinger - F. Klein, Cod. MS. Klein;
Gauß-Nachlaß.

Universitätsbibliothek Konstanz: Korrespondenz von Mitgliedern des Wiener Kreises, u. a.
mit H. Hahn und K. Reidemeister.

Im Besitz von M. Kneser, Göttingen: Korrespondenzen H. Knesers mit M. Dehn, K. Reidemeister und anderen.

Gedruckte Literatur

Die folgende Bibliographie nennt in alphabetischer Reihenfolge die nicht bereits in B 1 genannten Quellen und Sekundärtexte. Informationen aus verbreiteten Referenzwerken (insbesondere:
dem *Dictionary of Scientific Biography*, der von Pauly und Wissowa herausgegebenen *Realen-
cyclopädie der classischen Altertumswissenschaft* und der von Diderot und d'Alembert herausgegebenen *Encyclopédie, ou dictionnaire raisonné des sciences, des arts, et des métiers*) wurden
in der Regel nicht ausdrücklich nachgewiesen. Hinsichtlich der Zitierweise und der verwendeten
Abkürzungen sei auf die Vorbemerkung zu B 1 verwiesen.

Adams, C. C. (1994): *The Knot Book: An Elementary Introduction to the Mathematical Theory of Knots.* New York: Freeman and Co., 1994.

Alexander, J. (1919): „Note on two three-dimensional manifolds with the same group." *Transactions of the A.M.S.* **20** (1919), 330-342.

——— (1924d): „New topological invariants expressible as tensors." *Proceedings of the N.A.S.* **10** (1924), 99-101

Alexander, J. W. und Veblen, O. (1913): „Manifolds of *N* dimensions." *Ann. Math.* **14** (1913), 163-178.

Archibald, T. (1989): „Connectivity and smoke rings: Green's second identity in its first fifty years." *Mathematics Magazine* **62** (1989), 219-232.

Artin, E. (1947): „Theory of braids." *Ann. Math.* **48** (1947), 101-126.

Artin, E. und Fox, R. H. (1948): „Some wild cells and spheres in three-dimensional space." *Ann. Math.* **49** (1948), 979-990.

Artzy, R. (1972): „Kurt Reidemeister." *Jahresbericht der DMV* **74** (1972), 96-104.

Asher, M. und Asher, R. (1981): *Code of the Quipu: A Study in Media, Mathematics, and Culture.* Ann Arbor, Mich.: Michigan University Press, 1981.

Asher, M. (1988): „Graphs in cultures (II): A study in ethnomathematics." *AHES* **39** (1988/1989), 75-95.

Ashley, C. W. (1944/1982): *Das Ashley-Buch der Knoten.* Hamburg: Edition Maritim, 1982. [Englisches Original: *The Ashley Book of Knots.* New York: Doubleday & Co., 1944.]

Aspray, W. (1988): „The emergence of Princeton as a world center for mathematical research." In: W. Aspray und Ph. Kitcher (Hg.), *History and Philosophy of Modern Mathematics*, Minneapolis, University of Minneapolis Press, 1988, S. 346-366.

Bachmann, F., Behnke, H. und Franz, W. (1972): „In memoriam Kurt Reidemeister." *Math. Ann.* **199** (1972), 1-11.

Barrow-Green, J. (1997): *Poincaré and the Three Body Problem.* A.M.S./ L.M.S. Series on History of Mathematics 11, Providence: A.M.S., 1997.

Bauman, Z. (1992): *Dialektik der Ordnung: Die Moderne und der Holocaust.* Hamburg: Hamburger Edition, 1992.

Behnke, H. (1978): *Semesterberichte: Ein Leben an deutschen Universitäten im Wandel der Zeit.* Göttingen: Vandenhoeck & Ruprecht, 1978.

Beltrami, E. (1868): „Saggio di interpretatione della geometria non-Euclidea." *Giornale di Matematiche* **6** (1868), 248-312.

Biggs, N. L., Lloyd, E. K., und Wilson, R. J. (1976): *Graph Theory, 1736-1936.* Oxford: Clarendon Press, 1976.

Birman, J. (1974): *Braids, Links, and Mapping Class Groups.* Annals of Mathematics Studies 82, Princeton: Princeton University Press, 1974.

Blaschke, W. (1940): „Hermann Brunn." *Jahresbericht der DMV* **50** (1940), 163-166.

Bloor, D. (1983): *Wittgenstein: A Social Theory of Knowledge.* Basingstoke und London: Macmillan, 1983.

——— (1991): *Knowledge and Social Imagery.* 2. erweiterte Auflage, Chicago: University of Chicago Press, 1991.

Bollinger, M. (1972): „Geschichtliche Entwicklung des Homologiebegriffs." *AHES* **9** (1972), 94-170.

Bonnet, H. (1952): *Reallexikon der ägyptischen Religionsgeschichte.* Berlin: de Gruyter, 1952.

Borel, A. (1988): „The school of mathematics at the Institute for Advanced Study." In: P. Duren et al. (Hg.), *A Century of Mathematics in America,* Bd. 3, Providence: A.M.S., 1988, S. 119-148.

Breitenberger, E. (1993): „Gauß und Listing: Topologie und Freundschaft." *Mitteilungen der Gauss-Gesellschaft Göttingen* **30** (1993), 2-56.

Brian, E. (1994): *La mésure de l'état: Administrateurs et géomètres au XVIIIe siècle.* Paris: Albin Michel, 1994.

Brieskorn, E. und Knörrer, H. (1981/1986): *Plane Algebraic Curves.* Basel: Birkhäuser Verlag, 1986. [Deutsches Original: *Ebene algebraische Kurven.* Basel: Birkhäuser, 1981.]

Brouwer, L. E. J. (1912): „On looping coefficients." *Akademie van Wetenschapen te Amsterdam, Proceedings of the Section of Sciences* **15** (1912), 113-122.

Brown, A. Crum (1864): „On the theory of isomeric compounds." *Transactions of the R.S.E.* **23** (1864), 707-719.

—— (1867): „On an application of mathematics to chemistry." *Transactions of the R.S.E.* **24** (1867), 691-699.

—— (1885): „On a case of interlacing surfaces." *Proceedings of the R.S.E.* **13** (1884-1886), 382-386.

Brush, S. G. (1976): *The Kind of Motion we Call Heat: A History of the Kinetic Theory of Gases in the 19th Century.* 2 Bde., Amsterdam: North Holland, 1976.

—— (1983): *Statistical Physics and the Atomic Theory of Matter from Boyle and Newton to Landau and Onsager.* Princeton: Princeton University Press, 1983.

Buchwald, J. Z. (1977): „William Thomson and the mathematization of Faraday's electrostatics." *Historical Studies in the Physical Sciences* **8** (1977), 109-132.

—— (1985): *From Maxwell to Microphysics.* Chicago: University of Chicago Press, 1985.

—— (Hg.) (1995): *Scientific Practice.* Chicago and London: University of Chicago Press, 1995.

Bühler, W. K. (1981): *Gauss: A Biographical Study.* Heidelberg: Springer, 1981.

Burau, W. (1963): „Wilhelm Blaschkes Leben und Werk." *Mitteilungen der Mathematischen Gesellschaft in Hamburg* **9** (1963), 24-40.

Burde, G. und Zieschang, H. (1985): *Knots.* Berlin: de Gruyter, 1985.

Campbell, L. und Garnett, W. (1882): *The Life of James Clerk Maxwell: With Selections from His Correspondence and Occasional Writings.* London: Macmillan, 1882.

Cantor, G. N. und Hodge, M. J. S. (Hg.) (1981): *Conceptions of Ether.* Cambridge: Cambridge University Press, 1981.

Carnap, R. (1931): „Die logizistische Grundlegung der Mathematik." *Erkenntnis* **2** (1931), 91-105.

—— (1934): *Logische Syntax der Sprache.* Wien: Springer, 1934.

—— (1963/1993): *Mein Weg in die Philosophie.* Stuttgart: Reclam jun., 1993. [Englisches Original: *Intellectual Autobiography.* La Salle, Ill.: Open Court, 1963.]

Cayley, A. (1861): „On the partitions of a close." *Philosophical Magazine (4)* **21** (1861), 424-428; auch in: (Cayley 1889-1898, Bd. 5, 62-65).

—— (1874): „On the mathematical theory of isomers." *Philosophical Magazine (4)* **47** (1874), 444-446; auch in: (Cayley 1889-1898, Bd. 9, 202-204).

—— (1875): „On the analytical forms called trees, with application to the theory of chemical combination." *Reports of the British Association for the Advancement of Science* **45** (1875),

257-305; auch in: (Cayley 1889-1898, Bd. 9, 427-460).

‗‗‗‗ (1877a): „On a problem of arrangements." *Proceedings of the R.S.E.* **9** (1875-1878), 388-391.

‗‗‗‗ (1877b): „On the number of univalent radicals C_nH_{2n+1}." *Philosophical Magazine (5)* **3** (1877), 34-35; auch in: (Cayley 1889-1898, Bd. 9, 544-545).

‗‗‗‗ (1889-1898): *Collected Mathematical Papers.* 14 Bde., Cambridge: Cambridge University Press, 1889-1898.

Chandler, B. und Magnus, W. (1982): *The History of Combinatorial Group Theory.* Heidelberg: Springer, 1982.

Chaves, N. und Weber, C. (1994): „Plombages de rubans et problème des mots de Gauss." *Expositiones Mathematicae* **12** (1994), 53-77.

Chorin, A. J. und Marsden, J. E. (1992): *A Mathematical Introduction to Fluid Mechanics.* 3. Aufl., Heidelberg: Springer, 1992.

Clifford, W. K. (1875/1901): Review of „The Unseen Universe". *Fortnightly Review*, June 1875; auch in: ders., *Lectures and Essays*, hg. von L. Stephen und F. Pollock, 2 Bde., London: Macmillan, 3. Aufl. 1901, S. 268-300.

‗‗‗‗ (1877): „On the canonical form and dissection of a Riemann's surface." *Proceedings of the L.M.S.* **8** (1877), 292-304; auch in: ders., *Mathematical Papers*, London: Macmillan, 1882, S. 241-254.

‗‗‗‗ (1878): „Remarks on the chemico-algebraical theory." *American Journal of Mathematics* **1** (1878), 126-128; auch in: ders., *Mathematical Papers*, London: Macmillan, 1882, S. 255-257.

Cohen, L. W. (1973): „James Waddell Alexander." *Bulletin of the A.M.S.* **9** (1973), 900-903. [Mit Bibliographie.]

Conway, J. (1970): „An enumeration of knots and links and some of their related properties." In: J. Leech (Hg.), *Computational Problems in Abstract Algebra*, Proceedings Oxford 1967, New York: Pergamon, 1970, S. 329-358.

Corry, L. (1996): *Modern Algebra and the Rise of Mathematical Structures.* Basel: Birkhäuser, 1996.

‗‗‗‗ (1997): „Hermann Minkowski and the postulate of relativity." *AHES* **51** (1997), 273-314.

Crowe, M. (1967/1985): *A History of Vector Analysis.* New York: Dover Publications, 1985. [Erstausgabe: Notre Dame: Notre Dame University Press, 1967.]

Crowell, R. H. und Fox, R. H. (1963): *Introduction to Knot Theory.* Boston: Ginn and Co., 1963.

Dahan-Dalmedico, A. (1993): *Mathématisations: Augustin-Louis Cauchy et l'Ecole française.* Argenteuil: Editions du Choix und Paris: Albert Blanchard, 1993.

‗‗‗‗ (1996): „L'essor des mathématiques appliquées aux Etats-Unis: L'impact de la seconde guerre mondiale." *Revue d'histoire des mathématiques* **2** (1996), 149-213.

Daston, L. (1988): *Classical Probability in the Enlightenment.* Princeton: Princeton University Press, 1988.

Dauben, J. W. (1979): *Georg Cantor: His Mathematics and Philosophy of the Infinite.* Cambridge: Cambridge University Press, 1979.

Davidson, D. (1980/1990): *Handlung und Ereignis.* Frankfurt/Main: Suhrkamp: 1990. [Englisches Original: *Essays on Actions and Events.* Oxford: Oxford University Press, 1980.]

Day, C. L. (1967): *Quipus and Witches' Knots: With a translation and Analysis of Oribasius' „De Laqueis."* Lawrence: The University of Kansas Press, 1967.

Dedekind, R. (1872): *Stetigkeit und Irrationalzahlen.* Braunschweig: Vieweg, 1872.

—— (1888): *Was sind und was sollen die Zahlen?* Braunschweig: Vieweg, 1888.

Dehn, M. (1901): „Über den Rauminhalt." *Math. Ann.* **55** (1901), 465-478.

—— (1912): „Transformation der Kurven auf zweiseitigen Flächen." *Math. Ann.* **72** (1912), 413-421.

—— (1932): „Das Mathematische im Menschen." *Scientia (Bologna)* **52** (1932), 125-140.

—— (1936b): „Raum, Zeit und Zahl bei Aristoteles, vom mathematischen Standpunkt aus." *Scientia (Bologna)* **60** (1936), 12-21 und 69-74.

—— (1937): „Beziehungen zwischen der Philosophie und der Grundlegung der Mathematik im Altertum." *Quellen und Studien zur Geschichte der Mathematik, Astronomie und Physik* **B, 4** (1937), 1-28.

—— (1940): „Über Ornamentik." *Norsk Matematisk Tidskrift* **21** (1940), 121-153.

—— und Hellinger, E. (1943a): „Certain mathematical achievements of James Gregory." *American Mathematical Monthly* **50** (1943), 149-163.

—— (1943b): „Mathematics 600 BC - 400 BC." *American Mathematical Monthly* **50** (1943), 357-360.

—— (1943c): „Mathematics 400 BC - 300 BC." *American Mathematical Monthly* **50** (1943), 411-414.

—— (1944a): „Mathematics 300 BC - 200 BC." *American Mathematical Monthly* **51** (1944), 25-31.

—— (1944b): „Mathematics 200 BC - 600 AD." *American Mathematical Monthly* **51** (1944), 149-157.

—— (1987): *Papers on Group Theory and Topology.* Hg. und eingeleitet von J. Stillwell, Heidelberg: Springer, 1987.

Dhombres, J. und Dhombres, N. (1989): *Naissance d'un pouvoir: Sciences et savants en France, 1793-1824.* Paris: Payot, 1989.

tom Dieck, T. (1991): *Topologie.* Berlin: de Gruyter, 1991.

Dieudonné, J. (1989): *A History of Algebraic and Differential Topology.* Basel: Birkhäuser, 1989.

—— (1994): „Une brève histoire de la topologie." In: J.-P. Pier (Hg.), *Development of Mathematics, 1900-1950,* Basel: Birkhäuser, 1994, S. 35-153.

Dunnington, G. W. (1955): *Carl Friedrich Gauss: Titan of Science.* New York, Exposition Press, 1955.

Dyck, W. (1882): „Gruppentheoretische Studien." *Math. Ann.* **20**, 1-44.

Einhorn, R. (1983): *Vertreter der Mathematik und Geometrie an den Wiener Hochschulen, 1900-1940.* Dissertation, Technische Universität Wien, 1983.

Eley, G. (1991): „Die deutsche Geschichte und die Widersprüche der Moderne: Das Beispiel des Kaiserreiches." In: F. Bajohr et al. (Hg.), *Zivilisation und Barbarei: Die widersprüchlichen Potentiale der Moderne,* Detlev Peukert zum Gedenken, Hamburg: Christians, 1991, S. 17-65.

Engels, F. (1898/1973): „Die Naturforschung in der Geisterwelt [1878]." In: *Illustrirter Neuer Welt-Kalender für das Jahr 1898,* Hamburg: 1898; auch in: ders., *Dialektik der Natur,* Berlin: Dietz, 1973, S. 39-50.

Epple, M. (1994): „Das bunte Geflecht der mathematischen Spiele: Ein Diskurs über die Natur der Mathematik." *Mathematische Semesterberichte* **41** (1994), 113-133.

——— (1995a): „Branch points of algebraic functions and the beginnings of modern knot theory." *Historia Mathematica* **22** (1995), 371-401.

——— (1995b): „Kurt Reidemeister: Kombinatorische Topologie und exaktes Denken." In: D. Rauschning und D. v. Nerée (Hg.), *Die Albertus-Universität zu Königsberg und ihre Professoren*, Berlin: Duncker & Humblot, 1995, S. 567-575.

——— (1996a): „Die mathematische Moderne und die Herrschaft der Zeichen: Über Herbert Mehrtens, *Moderne – Sprache – Mathematik.*" *NTM* (Neue Serie) **4** (1996), 173-180.

——— (1996b): „Mathematical inventions: Poincaré on a ‚Wittgensteinian' topic." In: (Greffe et al. 1996, 559-576).

——— (1996c): *Das Ende der Größenlehre: Eine Einführung in die Geschichte der Grundlagen der Analysis, 1860-1930.* Preprint-Reihe des Fachbereichs Mathematik der Universität Mainz 8/1996, 79 S. [Eine gekürzte Fassung ist erschienen in: N. Jahnke (Hg.), *Geschichte der Analysis*, Heidelberg: Spektrum Verlag, 1999.]

——— (1997): „Styles of argumentation in late 19th-century geometry and the structure of mathematical modernity." In: M. Otte und M. Panza (Hg.), *Analysis and Synthesis in Mathematics: History and Philosophy*, Dordrecht: Kluwer, 1997, S. 177-198.

——— (1998a): „Orbits of asteroids, a braid, and the first link invariant." *Mathematical Intelligencer*, **20/1** (1998), 45-52.

——— (1998b): „Topology, matter, and space, I: Topological notions in 19th-century natural philosophy." *AHES* **52** (1998), 297-392.

——— (1999a): „Geometric aspects in the development of knot theory." In: I. M. James (Hg.), *History of Topology.* Amsterdam: Elsevier Science. [Erscheint 1999.]

——— (1999b): „Topology, matter, and space, II: Topological notions in 19th-century natural philosophy." [Erscheint in: *AHES.*]

Euler, L. (1736): „Solutio problematis ad geometriam situs pertinentis." *Commentarii Academiae Scientiarum Imperialis Petropolitanae* **8** (1736) [gedruckt 1741], 128-140; auch in: ders., *Opera Omnia*, Bd. I.7, Leipzig: Teubner, 1923, S. 3-10. [Englische Übersetzung in (Biggs et al. 1976, 3-21).]

——— (1759): „Solution d'une question curieuse qui ne paroit soumise a aucune analyse." *Mémoires de l'académie des sciences de Berlin* **15** (1759) [gedruckt 1766], 310-337; auch in: ders., *Opera Omnia*, Bd. I.7, Leipzig: Teubner, 1923, S. 26-56.

Ewertz, G. (1995): *Peter Guthrie Tait und die Entwicklung der Quaternionenanalysis.* Staatsexamensarbeit, Universität Mainz: 1995.

vanden Eynde, R. (1992): „Historical evolution of the concept of homotopic paths." *AHES* **45** (1992), 127-188.

Field, H. (1980): *Science Without Numbers: A Defense of Nominalism.* Oxford: Blackwell und Princeton: Princeton University Press, 1980.

Forman, P. (1971): „Weimar culture, causality, and quantum theory, 1918-1927: Adaptation by German physicists and mathematicians to a hostile intellectual environment." *Historical Studies in the Physical Sciences* **3** (1971), 1-115.

Fox, R. H. (1950): „Recent development of knot theory at Princeton." In: L. M. Graves et al. (Hg.), *Proceedings of the International Congress of Mathematicians 1950*, Bd. 2, Wiesbaden: A.M.S., 1952, S. 453-457.

——— (1962a): „A quick trip through knot theory." In: M. K. Fort Jr. (Hg.), *Topology of 3-Manifolds and Related Topics*, Proceedings of the University of Georgia Institute 1961, Englewood Cliffs: Prentice-Hall, 1962, S. 120-167.

—— (1962b): „Construction of simply connected 3-manifolds." In: M. K. Fort Jr. (Hg.), *Topology of 3-Manifolds and Related Topics*, Proceedings of the University of Georgia Institute 1961, Englewood Cliffs: Prentice-Hall, 1962, S. 213-217.

Fox, R. H. und Milnor, J. W. (1957): „Singularities of 2-spheres in 4-space and equivalence of knots." *Bulletin of the A.M.S.* **63** (1957), 406.

—— (1966): „Singularities of 2-spheres in 4-space and cobordism of knots." *Osaka Mathematical Journal* **3** (1966), 257-267.

Frankland, E. (1866): *Lecture Notes for Chemical Students*. London, 1866.

Frege, G. (1980): *Briefwechsel*. Hg. von G. Gabriel et al., Hamburg: Meiner, 1980.

Freudenthal, H. (1956): „Die Grundlagen der Geometrie um die Wende des 19. Jahrhunderts." *Mathematisch-Physikalische Semesterberichte* **5/12** (1956), 2-25.

—— (1972): „Leibniz und die Analysis Situs." *Studia Leibnitiana* **4** (1972), 61-69.

Fricke, R. und Klein, F. (1897): *Vorlesungen über die Theorie der automorphen Functionen*. Bd. 1, Leipzig: Teubner, 1897.

Frobenius, G. (1879): „Theorie der linearen Formen mit ganzen Coeffizienten." *Journal für die reine und angewandte Mathematik* **86** (1879), 146-208.

Fuller, F. B. (1971): „The writhing number of a space curve." *Proceedings of the N.A.S.* **68** (1971), 815-819.

—— (1978): „Decomposition of the linking number of a closed ribbon: A problem from molecular biology." *Proceedings of the N.A.S.* **75** (1978), 3557-3561.

Galison, P. (1979): „Minkowski's space-time: From visual thinking to the absolute world." *Historical Studies in the Physical Sciences* **10** (1979), 85-121.

Gandz, S. (1931): „The knot in Hebrew literature, or from the knot to the alphabet." *Isis* **14/43** (1931), 189-214.

Garber, E. (1978): „Molecular science in late 19th-century Britain." *Historical Studies in the Physical Sciences* **9** (1978), 265-297.

Gauss, C. F. (1799): „Neuer Beweis des Satzes, dass jede algebraische rationale ganze Function einer Veränderlichen in reelle Factoren des ersten oder zweiten Grades zerlegt werden kann." Inaugural-Dissertation, Helmstedt 1799; auch in: ders., *Die vier Gauss'schen Beweise für die Zerlegung ganzer algebraischer Functionen*, Ostwalds Klassiker 14, hg. von E. Netto, 3. Aufl., Leipzig: W. Engelmann, 1913, S. 3-36.

—— (1827): *Disquisitiones generales circa superficies curvas. Commentationes societatis regiae scientiarum Gottingensis recentiores* **6** (1823-1827); deutsch in: ders., *Allgemeine Flächentheorie*, hg. von A. Wangerin, 5. Aufl., Leipzig: Akademische Verlagsgesellschaft, 1921.

—— (1831): Selbstanzeige der „Theoria residuorum biquadraticorum, commentatio secunda". *Göttingische Gelehrte Anzeigen*, 23. April 1831; auch in: ders., *Werke*, Bd. 2, 2. Abdruck, Göttingen: Königliche Gesellschaft der Wissenschaften, 1876.

—— (1838): *Allgemeine Theorie des Erdmagnetismus. Resultate aus den Beobachtungen des Erdmagnetischen Vereins im Jahre 1838*, Leipzig: 1839; auch in: ders., *Werke*, Bd. 5, Göttingen: Königliche Gesellschaft der Wissenschaften, 1867, S. 119-193.

Gerdes, P. (1994): *Sona Geometry: Reflections on the Tradition of Sand Drawings in Africa South of the Equator.* Maputo: Instituto Superior Pedagógico, 1994.

C. Geertz (1973/1987): „Dichte Beschreibung: Bemerkungen zu einer deutenden Theorie von Kultur." In: ders., *Dichte Beschreibung: Beiträge zum Verstehen kultureller Systeme.* Frankfurt/Main: Suhrkamp, 1987, S. 7-43. [Englisches Original: „Thick description: Toward an interpretive theory of culture." In: ders., *The Interpretation of Cultures: Selected Essays.* New York: Basic Books, 1973, S. 3-30.]

Geier, M. (1992): *Der Wiener Kreis.* Reinbek: Rowohlt Taschenbuch, 1992.

Gispert, H. (1991): „La France mathématique: La Societé mathématique de France." *Cahiers d'histoire et de philosophie des sciences (Nouvelle Série)* **34** (1991), 13-180.

Goldstein, C. (1995): *Un théorème de Fermat et ses lecteurs.* Saint-Denis: Presses Universitaires de Vincennes, 1995.

Gooding, D., Pinch, T. J. und Schaffer, S. (Hg.) (1989): *The Uses of Experiment: Studies of Experimentation in the Natural Sciences.* Cambridge: Cambridge University Press, 1989.

Gordon, C. McA. und Luecke, J. (1989): „Knots are determined by their complements." *Journal of the A.M.S.* **2** (1989), 371-415.

Grassmann, H. (1846): *Geometrische Analyse, geknüpft an die von Leibniz erfundene geometrische Characteristik.* Leipzig: Wiedemann, 1847. [Als Preisschrift eingereicht 1846.]

Gray, J. J. (1986): *Linear Differential Equations and Group Theory from Riemann to Poincaré.* Basel: Birkhäuser, 1986.

—— (1989): *Ideas of Space: Euclidean, Non-Euclidean, and Relativistic.* 2. erweiterte Aufl., Oxford: Clarendon Press, 1989.

—— (1992): „The 19th-century revolution in mathematical ontology." In: D. Gillies (Hg.), *Revolutions in Mathematics*, Oxford: Clarendon Press, 1992, S. 226-248.

—— (Hg.) (1999): *The Symbolic Universe: Geometry and Physics, 1890-1930.* Oxford: Oxford University Press, 1999.

Greenberg, J. L. (1995): *The Problem of the Earth's Shape from Newton to Clairaut.* Cambridge: Cambridge University Press, 1995.

Greffe, J.-L. et al. (Hg.) (1996): *Henri Poincaré: Science et philosophie.* Actes du Congrès International Nancy 1994, Paris: Albert Blanchard and Berlin: Akademie Verlag, 1996.

Grünbaum, B. und Shephard, G. C. (1989): *Tilings and Patterns: An Introduction.* New York: Freeman and Co., 1989.

Habermas, J. (1981): *Theorie des kommunikativen Handelns.* 2 Bde., Frankfurt/Main: Suhrkamp, 1981.

Hahn, H. (1929): „Empirismus, Mathematik, Logik." *Forschungen und Fortschritte* **5** (1929); auch in: (Hahn 1988, 55-58).

—— (1988): *Empirismus, Logik, Mathematik.* Mit einer Einleitung von K. Menger, Frankfurt/Main: Suhrkamp, 1988.

Hahn, H. und Tietze, H. (1925): *Einführung in die Elemente der höheren Mathematik.* Leipzig: Hirzel, 1925.

Haken, W. (1960): „Theorie der Normalflächen: Ein Isotopiekriterium für den Kreisknoten." *Acta Mathematica* **105** (1961), 245-375.

Hankins, T. L. (1970): *Jean d'Alembert: Science and the Enlightenment.* Oxford: Oxford University Press, 1970.

_____ (1980): *Sir William Rowan Hamilton*. Baltimore: Johns Hopkins University Press, 1980.

_____ (1985): *Science and the Enlightenment*. Cambridge: Cambridge University Press, 1985.

Harman, P. M. (Hg.) (1985): *Wranglers and Physicists: Studies on Cambridge Mathematical Physics in the Nineteenth Century*. Manchester: Manchester University Press, 1985.

_____ (1987): „Mathematics and reality in Maxwell's dynamical physics." In: R. Kargon und P. Achinstein (Hg.), *Kelvin's Baltimore Lectures and Modern Theoretical Physics*, Cambridge, Mass.: MIT Press, 1987, S. 267-297.

de la Harpe, P. (1988): „Introduction to knot and link polynomials." In: A. Amann et al. (Hg.), *Fractals, Quasicrystals, Chaos, Knots and Algebraic Quantum Mechanics*. Proceedings Acquafredda di Maratea 1987, Dordrecht: Kluwer, 1988, S. 233-263.

de la Harpe, P., Kervaire, M. und Weber, C. (1986): „On the Jones polynomial." *Enseignement Mathématique (II) 32* (1986), 271-335.

Hastings, J. (Hg.) (1908-1926): *Encyclopedia of Religion and Ethics*. 13 Bde., Edinburgh: T. & T. Clark, 1908-1926.

Hausdorff, F. (1914): *Grundzüge der Mengenlehre*. Leipzig: Veit und Co., 1914.

Hawkins, T. (1984): „The *Erlanger Programm* of Felix Klein: Reflections on its place in the history of mathematics." *Historia Mathematica* **11** (1984), 442-470.

Heidelberger, M. (1993): *Die innere Seite der Natur: Gustav Theodor Fechners wissenschaftlich-philosophische Weltauffassung*. Frankfurt/Main: Klostermann, 1993.

Heimann, P. M. [= Harman, P. M.] (1972): „*The Unseen Universe:* Physics and the philosophy of nature in Victorian Britain." *British Journal for the History of Science* **6** (1972), 73-79.

Heintz, B. (1993): „Wissenschaft im Kontext: Neuere Entwicklungstendenzen der Wissenschaftssoziologie." *Kölner Zeitschrift für Soziologie und Sozialpsychologie* **45** (1993), 528-552.

Helck, W. und Otto, E. (Hg.) (1976-1992): *Lexikon der Ägyptologie*. 5 Bde., Wiesbaden: Harrassowitz, 1976-1992.

Helmholtz, H. v. (1868): „Ueber die Thatsachen, welche der Geometrie zum Grunde liegen." *Göttinger Nachrichten* (1868), 193-221; auch in: ders., *Über Geometrie*, Darmstadt: Wissenschaftliche Buchgesellschaft, 1968, S. 32-60.

_____ (1870): „Ueber den Ursprung und die Bedeutung der geometrischen Axiome." Vortrag, gehalten im Docentenverein zu Heidelberg 1870. In: ders., *Vorträge und Reden*, Bd. 2, Vieweg: Braunschweig, 1884, S. 1-31; auch in: ders., *Über Geometrie*, Darmstadt: Wissenschaftliche Buchgesellschaft, 1968, S. 1-31.

Hemion, G. (1992): *The Classification of Knots and 3-Dimensional Spaces*. Oxford: Oxford University Press, 1992. [Vgl. dazu die Rezension von A. Thompson, *Bulletin of the A.M.S.* **31** (1994), 252-254.]

Hempel, C. G. (1942): „The function of general laws in history." *Journal of Philosophy* **39** (1942).

Henderson, L. D. (1983): *The Fourth Dimension and Non-Euclidean Geometry in Modern Art*. Princeton: Princeton University Press, 1983.

Hensel, S. (1989): „Die Auseinandersetzungen um die mathematische Ausbildung der Ingenieure an den Technischen Hochschulen in Deutschland Ende des 19. Jahrhunderts." In: S. Hensel et al. (Hg.), *Mathematik und Technik im 19. Jahrhundert in Deutschland*, Studien zur Wissenschafts-, Sozial- und Bildungsgeschichte der Mathematik 6, Göttingen: Vandenhoeck & Ruprecht, 1989, S. 1-111.

Hermite, C. (1851): „Sur les fonctions algébriques." *Comptes Rendus* **32** (1851), 458-461.

Herreman, A. (1997): „Le statut de la géométrie dans quelques textes sur l'homologie, de Poincaré aux années 1930." *Revue d'Histoire des Mathématiques* 3 (1997), 241-293.

Herrmann, D. B. (1982): *Karl Friedrich Zöllner.* Leipzig: Teubner, 1982.

Hilbert, D. (1899): *Grundlagen der Geometrie.* Leipzig: Teubner, 1899.

—— (1900): „Über den Zahlbegriff." *Jahresbericht der DMV* 8 (1900), 180-184.

—— (1922): „Neubegründung der Mathematik: Erste Mitteilung." *HA* 1 (1922), 157-177.

Hirsch, G. (1978): „Topologie." In: J. Dieudonné (Hg.), *Abrégé d'histoire des mathématiques, 1700-1900*, 2 Bde., Paris: Hermann 1978, Kapitel 10.

Hobsbawm, E. (1969): *Industry and Empire.* London: Pelican Books, 1969.

—— (1994/1995): *Das Zeitalter der Extreme: Weltgeschichte des 20. Jahrhunderts.* München: Hanser, 1995. [Englisches Original: *Age of Extremes: The Short 20th Century 1914-1991.* London: Michael Joseph, 1994.]

Hodge, W. V. D. (1941): *The Theory and Applications of Harmonic Integrals.* Cambridge: Cambridge University Press, 1941.

Hodges, A. (1983/1989): *Alan Turing, Enigma.* Berlin: Kammerer & Unverzagt, 1989. [Englisches Original: *Alan Turing: The Enigma.* London: Burnett Books, 1983.]

Hopf, H. (1935): „Über die Drehung der Tangenten und Sehnen ebener Kurven." *Compositio Mathematica* 2 (1935), 50-62.

Hurwitz, A. (1902): „Ueber die Anzahl der Riemann'schen Flächen mit gegebenen Verzweigungspunkten." *Math. Ann.* 55 (1902), 53-66.

Hutton, C. (1795): *A Mathematical and Philosophical Dictionary...* 2 Bde., London: Johnson and Robinson, 1795.

Jammer, M. (1960): *Das Problem des Raumes: Die Entwicklung der Raumtheorien.* Darmstadt: Wissenschaftliche Buchgesellschaft, 1960.

Janik, A. und Toulmin, S. (1973/1984): *Wittgensteins Wien.* München: Piper, 1984. [Englisches Original: *Wittgenstein's Vienna.* London: Weidenfeld & Nicolson, 1973.]

Johnson, D. M. (1979): „The problem of the invariance of dimension in the growth of modern topology, Part I." *AHES* 20 (1979), 97-188.

—— (1981): „The problem of the invariance of dimension in the growth of modern topology, Part II." *AHES* 25 (1981), 85-267.

Jordan, C. (1870): *Traité des substitutions et des équations algébriques.* Paris: Gauthier-Villars, 1870.

Kemter, D. (1992): *Die Knotenexperimente O. Simonys in moderner mathematischer Beleuchtung.* Staatsexamensarbeit, Universität Stuttgart, 1992.

Kerékjártó, B. v. (1923): *Vorlesungen über Topologie.* Berlin: Springer, 1923.

Ketelsen, U.-K. (1985): „ ‚Die Jugend von Langemarck' – ein poetisch-politisches Motiv der Zwischenkriegszeit." In: Th. Koebner, R.-P. Janz und F. Trommler (Hg.), *„Mit uns zieht die neue Zeit" – Der Mythos Jugend.* Frankfurt/Main: Suhrkamp, 1985, S. 68-96.

Kirchhoff, G. (1876): *Vorlesungen über Mathematische Physik: Mechanik.* Leipzig: Teubner, 1876.

Klein, F. (1872): *Vergleichende Betrachtungen über neuere geometrische Forschungen.* Erlangen, 1872. Kommentierte Neuausgabe: ders., *Das Erlanger Programm*, hg. von H. Wussing, Leipzig: Akademische Verlagsgesellschaft, 1974.

_____ (1882): *Über Riemann's Theorie der algebraischen Functionen und ihrer Integrale.* Leipzig: Teubner, 1882.

_____ (1895): „Über Arithmetisierung der Mathematik." *Göttinger Nachrichten* (1895); auch in: (Klein 1921-1923, Bd. 2, 232-240).

_____ (1921-1923): *Gesammelte mathematische Abhandlungen.* 3 Bde., Berlin: Springer, 1921-1923.

_____ (1926): *Vorlesungen über die Entwicklung der Mathematik im 19. Jahrhundert.* Teil I, Berlin: Springer, 1926.

Klein, F. und Mayer, A. (1990): *Korrespondenz: Auswahl aus den Jahren 1871-1907.* Hg. von R. Tobies und D. E. Rowe, Leipzig: Teubner, 1990.

Kneser, H. (1925): „Die Topologie der Mannigfaltigkeiten." *Jahresbericht der DMV* **34** (1925), 1-14.

_____ (1929): „Geschlossene Flächen in dreidimensionalen Mannigfaltigkeiten." *Jahresbericht der DMV* **38** (1929), 248-260.

Kneser, M. und Puppe, D. (1953): „Quadratische Formen und Verschlingungsinvarianten von Knoten." *Math. Z.* **58** (1953), 376-384.

Knott, C. G. (1911): *Life and Scientific Work of Peter Guthrie Tait.* Cambridge: Cambridge University Press, 1911.

Knudsen, O. (1976): „The Faraday effect and physical theory, 1845-1873." *AHES* **15** (1976), 235-281.

_____ (1985): „Mathematics and physical reality in William Thomson's electromagnetic theory." In: (Harman 1985, 149-179).

Krämer, S. (1988): *Symbolische Maschinen: Die Idee der Formalisierung in geschichtlichem Abriß.* Darmstadt: Wissenschaftliche Buchgesellschaft, 1988.

Kuhn, T. (1970/1976): *Die Struktur wissenschaftlicher Revolutionen.* 2. revidierte Auflage, Frankfurt/Main 1976. [Englisches Original: *The Structure of Scientific Revolutions.* 2. revidierte Auflage, Chicago: Chicago University Press, 1970.]

_____ (1976/1978): „Mathematische versus experimentelle Traditionen in der Entwicklung der physikalischen Wissenschaften." In: ders., *Die Entstehung des Neuen,* Frankfurt/Main: Suhrkamp, 1978, S. 84-124. [Englisches Original: „Mathematical vs. Experimental Traditions in the Development of Physical Science." *Journal of Interdisciplinary History* **7** (1976), 1-31.]

Lakatos, I. (1976): „History of science and its rational reconstructions." In: C. Howson (Hg.), *Method and Appraisal in the Physical Sciences,* Cambridge: Cambridge University Press, 1976, S. 1-40.

_____ (1976/1979): *Beweise und Widerlegungen.* Braunschweig: Vieweg, 1979. [Englisches Original: *Proofs and Refutations.* Cambridge: Cambridge University Press, 1976.]

Lamb, H. (1879): *A Treatise on the Motion of Fluids.* Cambridge: Cambridge University Press, 1879.

Latour, B. (1987): *Science in Action.* Cambridge, Mass.: Harvard University Press, 1987.

Lebesgue, H. (1955): „L'œuvre mathématique de Vandermonde." *Enseignement Mathématique (II)* **1** (1955), 203-223.

Lefschetz, S. (1973): „James Waddell Alexander (1888-1971)." In: *Yearbook of the American Philosophical Society (1973),* Philadelphia: American Philosophical Society, 1974, S. 110-114.

Leibniz, G. W. (1995): *La caractéristique géométrique.* Hg. von J. Echeverria, Paris: J. Vrin, 1995.

Leihkauf, H. (1983): „K. F. Zöllner und der physikalische Raum." *NTM* **20** (1983), 29-33.

Leroi-Gourhan, A. (1964/1980): *Hand und Wort: Die Evolution von Technik, Sprache und Kunst.* Frankfurt/Main: Suhrkamp, 1980. [Französisches Original: *La geste et la parole.* 2 Bde., Paris: Albin Michel, 1964/1965.]

Lewis, P. und Darley, G. (1986): *Dictionary of Ornament.* London: Macmillan, 1986.

Lickorish, W. B. R. (1997): *An Introduction to Knot Theory.* Heidelberg: Springer, 1997.

zur Lippe, R. (1979): *Naturbeherrschung am Menschen.* 2 Bde., Frankfurt/ Main: Syndikat: 1979.

Listing, J. B. (1845): *Beitrag zur physiologischen Optik.* Göttingen: Vandenhoeck & Ruprecht, 1845.

_____ (1861): „Der Census räumlicher Complexe." *Abhandlungen der Königlichen Gesellschaft der Wissenschaften zu Göttingen, math. Classe* **10** (1861), 97-182; Separatdruck, Göttingen: Diederichsche Buchhandlung, 1862.

Livingston, C. (1993/1995): *Knotentheorie für Einsteiger.* Braunschweig: Vieweg, 1995. [Englisches Original: *Knot Theory.* Washington: Mathematical Association of America, 1993.]

Lorey, W. (1916): *Das Studium der Mathematik an den deutschen Universitäten seit Anfang des 19. Jahrhunderts.* Abhandlungen über den mathematischen Unterricht in Deutschland 3/9, Leipzig: Teubner, 1916.

Love, A. E. H. (1887): „On recent English researches in vortex-motion." *Math. Ann.* **69** (1887), 326-344.

MacGucken, W. (1969): *19th-Century Spectroscopy: Development of the Understanding of Spectra.* Baltimore: Johns Hopkins University Press, 1969.

MacKenzie, D. (1981): *Statistics in Britain, 1865-1930: The Social Construction of Scientific Knowledge.* Edinburgh: Edinburgh University Press, 1981.

_____ (1999): „Slaying the kraken: The sociohistory of a mathematical proof." *Social Studies of Science* **29** (1999), 7-60.

Maddy, P. (1990): *Realism in Mathematics.* Oxford: Clarendon Press, 1990.

Magnus, W. (1974): „Braid groups: A survey." In: M. F. Newman (Hg.), *Proceedings of the Second International Conference on the Theory of Groups, 1973,* Lecture Notes in Mathematics 372, Heidelberg: Springer, 1974, S. 463-487.

_____ (1978): „Max Dehn." *Mathematical Intelligencer* **1** (1978), 32-42.

Marquis, J.-P. (1997): „Abstract mathematical tools and machines for mathematics." *Philosophia Mathematica (III)* **5** (1997), 250-272.

Maschke, H. (1896): „The representation of finite groups, especially of the rotation groups of the regular bodies in three- and four-dimensional space by Cayley's color diagrams." *American Journal of Mathematics* **18** (1896), 156-194.

Maxwell, J. C. (1861-1862): „On physical lines of force, I-IV." Gesammelt in: (Maxwell 1890, Bd. 1, 451-513).

_____ (1864): „On reciprocal figures and diagrams of forces." *Philosophical Magazine (4)* **27** (1864), 250-261; auch in: (Maxwell 1890, Bd. 1, 514-525).

_____ (1865): „A dynamical theory of the electromagnetical field." *Philosophical Transactions* **155** (1865), 459-512; auch in: (Maxwell 1890, Bd. 1, 526-597).

______ (1870a): „On reciprocal figures, frames and diagrams of forces." *Transactions of the R.S.E.* **26** (1870-1872), 1-40; auch in: (Maxwell 1890, Bd. 2, 161-207).

______ (1870b): „On hills and dales." *Philosophical Magazine (4)* **40** (1870), 421-427; auch in: (Maxwell 1890, Bd. 2, 233-240).

______ (1875): Art. „Atom". In: *Encyclopedia Britannica*, 9. Aufl., Bd. 3 (1875); auch in: (Maxwell 1890, Bd. 2, 445-484).

______ (1890): *Scientific Papers.* 2 Bde., Cambridge: Cambridge University Press, 1890.

______ (1990/1995): *Scientific Letters and Papers.* Hg. von P. M. Harman, 2 Bde., Cambridge: Cambridge University Press, 1990/1995. [Ein dritter Band ist in Vorbereitung.]

McArthur, C. W. (1990): *Operations Analysis in the U.S. Army Eighth Air Force in World War II.* A.M.S./L.M.S. Series on History of Mathematics 4, Providence: A.M.S., 1990.

Mehrtens, H. (1987): „Ludwig Bieberbach and ‚Deutsche Mathematik'." In: E. R. Phillips (Hg.), *Studies in the History of Mathematics*, Mathematical Association of America Studies in Mathematics 26, Washington: Mathematical Association of America, 1987, S. 195-241.

______ (1990): *Moderne – Sprache – Mathematik.* Frankfurt/Main: Suhrkamp, 1990.

______ (1994a): „Irresponsible purity: On the political and moral structure of the mathematical sciences in National Socialist Germany." In: M. Renneberg und M. Walker (Hg.), *Science, Technology, and National Socialism*, Cambridge: Cambridge University Press, 1994, S. 324-338.

______ (1994b): „Kollaborationsverhältnisse: Natur- und Technikwissenschaften im NS-Staat und ihre Historie." In: C. Meinel und P. Voswinkel (Hg.), *Medizin, Naturwissenschaft, Technik und Nationalsozialismus: Kontinuitäten und Diskontinuitäten*, Stuttgart: GNT-Verlag, 1994, S. 13-32.

______ (1995): „Mathematik: Funktion – Sprache – Diskurs." Vortragsmanuskript, Braunschweig, 1995.

______ (1996): „Mathematics and war: Germany, 1900-1945." In: P. Forman und M. Sánchez-Ron (Hg.), *National Military Establishments and the Advancement of Science and Technology*, Dordrecht: Kluwer, 1996, S. 87-134.

Meinel, C. (1991): *Karl Friedrich Zöllner und die Wissenschaftskultur der Gründerzeit: Eine Fallstudie zur Genese konservativer Wissenschaftskritik.* Berlin: ERS-Verlag, 1991.

Menasco, W. und Thistlethwaite, M. B. (1993): „The classification of alternating links." *Ann. Math.* **138** (1993), 113-171.

Menger, K. (1988): „Einleitung." In: (Hahn 1988, 9-18).

______ (1994): *Reminiscences of the Vienna Circle and the Mathematical Colloquium.* Hg. von L. Golland et al., Kluwer: Dordrecht, 1994.

Meyers, E. M. et al. (1997): *The Oxford Encyclopedia of Archeology in the Near East.* 5 Bde., Oxford: Oxford University Press, 1997.

Möbius, A. F. (1863): „Theorie der elementaren Verwandtschaft." *Berichte über die Verhandlungen der Königlich-Sächsischen Gesellschaft der Wissenschaften (Leipzig)* **15** (1863), 18-57.

______ (1865): „Ueber die Bestimmung des Inhalts eines Polyeders." *Berichte über die Verhandlungen der Königlich-Sächsischen Gesellschaft der Wissenschaften (Leipzig)* **17** (1865), 31-68.

Moore, G. (1982): *Zermelo's Axiom of Choice: Its Origins, Development, and Philosophy.* Heidelberg: Springer, 1982.

Müller, E. (1951): „Erinnerungen an Oskar Simony." *Blätter für Anthroposophie* **3/8** (1951).

Muir, T. (1877): „On Professor Tait's problem of arrangement." *Proceedings of the R.S.E.* **9** (1875-1878); 382-387.

Murasugi, K. (1987): „Jones polynomials and classical conjectures in knot theory." *Topology* **26** (1987), 187-194.

Myers, G. (1985): „19th-century popularizations of thermodynamics and the rhethoric of social prophecy." *Victorian Studies* **29** (1985), 35-65.

Noether, E. (1925): „Ableitung der Elementarteilertheorie aus der Gruppentheorie." *Jahresbericht der DMV* **34** (1925), *104*. [Vortragszusammenfassung.]

North, J. (1994/1997): *Viewegs Geschichte der Astronomie und Kosmologie.* Braunschweig: Vieweg, 1997. [Englisches Original: *The Fontana History of Astronomy and Cosmology.* London: Fontana Press, 1994.]

Nowak, G. (1996): „The concepts of space and the continuum in Poincarés *Analysis situs."* In: (Greffe et al. 1996, 365-377).

Oppenheim, J. (1988): *The Other World: Spiritualism and Psychical Research in England, 1850-1914.* Cambridge: Cambridge University Press, 1988.

Parshall, K. H. und Rowe, D. E. (1994): *The Emergence of the American Mathematical Research Community, 1876-1900.* A.M.S./L.M.S. Series on History of Mathematics 8, Providence: A.M.S., 1994.

Peppenauer, H. (1953): *Geschichte des Studienfaches Mathematik an der Universität Wien 1848-1900.* Dissertation, Universität Wien, 1953.

Perko, K. (1974): „On the classification of knots." *Proceedings of the A.M.S.* **45** (1974), 262-266.

Peukert, D. (1987): *Die Weimarer Republik: Krisenjahre der Klassischen Moderne.* Frankfurt/Main: Suhrkamp, 1987.

Picard, E. und Simart, G. (1897): *Théorie des fonctions algébriques de deux variables indépendantes.* Bd. 1, Paris: Gauthier-Villars, 1897.

Pickering, A. (Hg.) (1992): *Science as Practice and Culture.* Chicago: University of Chicago Press, 1992.

―――― (1995): *The Mangle of Practice: Time, Agency, and Science.* Chicago: Chicago University Press.

Pohl, W. (1968): „The self-linking number of a closed space curve." *Journal of Mathematics and Mechanics* **17** (1968), 975-985.

Poincaré, H. (1883): „Sur les fonctions de deux variables." *Acta Mathematica* **2** (1883), 97-113.

―――― (1892): „Sur l'Analysis situs." *Comptes Rendus* **115** (1892), 633-636; auch in: (Poincaré 1953, 188-192).

―――― (1895): „Analysis situs." *Journal de l'Ecole Polytechnique* **1** (1895), 1-121; auch in: (Poincaré 1953, 193-288).

―――― (1898): „Sur les propriétés du potentiel et sur les fonctions Abéliennes." *Acta Mathematica* **22** (1898), 89-178.

―――― (1899): „Complément à l'Analysis situs." *Rendiconti del Circolo Matematico di Palermo* **13** (1899), 285-343; auch in: (Poincaré 1953, 290-337).

―――― (1900): „Second complément à l'Analysis situs." *Proceedings of the L.M.S.* **32** (1900), 277-308; auch in: (Poincaré 1953, 338-370).

―――― (1904): „Cinquième complément à l'Analysis situs." *Rendiconti del Circolo Matematico di Palermo* **18** (1904); auch in: (Poincaré 1953, 435-498).

_____ (1953): *Œuvres*. Bd. VI, Paris: Gauthier-Villars, 1953.

Pont, J.-C. (1974): *La topologie algébrique des origines à Poincaré*. Paris: Presses Universitaires de France, 1974.

Proklos Diadochus (1945): *Kommentar zum ersten Buch von Euklids „Elementen"*. Hg. von M. Steck, Halle/Saale: Deutsche Akademie der Naturforscher, 1945.

Przytycki, J. (1992): „History of the knot theory from Vandermonde to Jones." *Aportaciones Matemáticas Comunicaciones* **11** (1992), 173-185.

Puiseux, V. (1850): „Recherches sur les fonctions algébriques." *Journal des Mathématiques pures et appliquées (I)* **15** (1850), 365-480.

Purkert, W. und Ilgauds, H. J. (1987): *Georg Cantor.* Basel: Birkhäuser, 1987.

Pyenson, L. (1982): „Relativity in late Wilhelmian Germany: The appeal to a preestablished harmony between mathematics and physics." *AHES* **27** (1982), 138-155; auch in: (Pyenson 1985, 137-157).

_____ (1983): *Neohumanism and the Persistence of Pure Mathematics in Wilhelmian Germany.* Philadelphia: American Philosophical Society, 1983.

_____ (1985): *The Young Einstein: The Advent of Relativity.* Bristol: Agam Hilger, 1985.

[Racinet, A. C. A. (1873/1978):] *Ornamente aus drei Jahrtausenden.* 3 Bde., Fribourg: Office du Livre, und Tübingen: Wasmuth 1978. [Gekürzte Neuausgabe von: *L'ornement polychrome.* 2 Bde., Paris: Firmin-Didot, 1873/1876.]

Ranicki, A. et al. (Hg.) (1996): *The Hauptvermutung Book: A Collection of Papers on the Topology of Manifolds.* Dordrecht: Kluwer, 1996.

Reeve, J. E. (1954): „A Summary of results in the topological classification of plane algebroid singularities." *Rendiconti del Seminaro Matematico de Torino* (1954), 159-187.

Reich, K. (1997): *Materialien zu Mathematikern, die in Hamburg gewirkt haben, (I): Wilhelm Blaschke.Mitteilungen der Mathematischen Gesellschaft Hamburg* **16** (1997), 137-154.

Reidemeister, K. (1921): „Bericht über die Hamburger Vorträge von D. Hilbert." *Jahresbericht der DMV* **30** (1921), 99.

_____ (1928a): „Fundamentalgruppen und Überlagerungsräume." *Göttinger Nachrichten* (1928), 69-76.

_____ (1928c): „Exaktes Denken." *Philosophischer Anzeiger* **3** (1928), 15-47.

_____ (1932b): *Einführung in die kombinatorische Topologie.* Braunschweig: Vieweg, 1932.

_____ (1935): „Homotopieringe und Linsenräume." *HA* **11** (1935/1936), 102-109.

_____ (1938): *Topologie der Polyeder und kombinatorische Topologie der Komplexe.* Leipzig: Akademische Verlagsgesellschaft, 1938.

_____ (1946a): *Figuren.* Frankfurt/Main: Klostermann, 1946.

_____ (1946b): „Das Grundrecht der Wissenschaft." *Die Wandlung* 1/12 (1945/ 1946), 1079-1085.

_____ (1947): „Der Totale Staat im Spiegel der Selbsterfahrung." *Die Wandlung* 2/3 (1947), 214-220.

_____ (1954): *Die Unsachlichkeit der Existenzphilosophie.* Heidelberg: Springer, 1954.

_____ (Hg.) (1971): *Hilbert-Gedenkband.* Heidelberg: Springer, 1971.

Rheinberger, H.-J. (1992): *Experiment · Differenz · Schrift: Zur Geschichte epistemischer Dinge.* Marburg/Lahn: Basilisken-Presse, 1992.

_____ (1997): *Toward a History of Epistemic Things: Synthesizing Proteins in the Test Tube.* Stanford: Stanford University Press, 1997.

Richards, J. (1988): *Mathematical Visions: The Pursuit of Geometry in Victorian England.* Boston: Academic Press, 1988.

Riemann, B. (1851): *Grundlagen für eine allgemeine Theorie der Functionen einer veränderlichen complexen Grösse.* Inauguraldissertation, Göttingen: 1851; auch in: (Riemann 1892, 3-48).

______ (1857): „Theorie der Abel'schen Functionen." *Journal für die reine und angewandte Mathematik* **54** (1857), 101-155; auch in: (Riemann 1892, 88-144).

______ (1868): „Ueber die Hypothesen, welche der Geometrie zu Grunde liegen." *Abhandlungen der Königlichen Gesellschaft der Wissenschaften zu Göttingen* **13** (1868), 132-152; auch in: (Riemann 1892, 272-287). [Habilitationsvortrag 1854.]

______ (1892): *Gesammelte mathematische Werke.* 2. erweiterte Aufl., hg. von H. Weber und R. Dedekind, Leipzig: Teubner, 1892.

______ (1902): *Gesammelte mathematische Werke: Nachträge.* Hg. von M. Noether und W. Wirtinger, Leipzig: Teubner, 1902.

Rolfsen, D. (1976): *Knots and Links.* Berkeley: Publish or Perish, Inc., 1976.

Rossi, P. (Hg.) (1987): *Theorien der modernen Geschichtsschreibung.* Frankfurt/Main: Suhrkamp, 1987.

Rowe, D. E. (1983): „A forgotten chapter in the history of Felix Klein's *Erlanger programm.*" *Historia Mathematica* **10** (1983, 448-454.

______ (1989a): „Klein, Hilbert, and the Göttingen mathematical tradition." *Osiris* **5** (1989), 189-213.

______ (1989b): „The early geometrical works of Sophus Lie and Felix Klein." In: D. E. Rowe und J. McCleary (Hg.), *The History of Modern Mathematics*, Bd. 1, Boston: Academic Press, 1989. S. 209-273.

______ (1992): „Klein, Lie, and the *Erlanger Programm.*" In: L. Boi et al., *1830-1930: A Century of Geometry*, Heidelberg: Springer, 1992, S. 45-54.

______ (1997): „Schools, centers, and networks in mathematics." Preprint, Mainz, 1997. [Erscheint in: M. J. Nye (Hg.), *Cambridge History of Science*, Bd. 5: *Modern Physical and Mathematical Sciences*, Cambridge: Cambridge University Press.]

______ (1998): „I 23 problemi di Hilbert: la matematica agli albori di un nuovo secolo." In: T. Gregory (Hg.), *Storia del XX Secolo*, Bd. 12: *Matematica–Logica–Informatica*, Rom: Istituto della Enciclopedia Italiana, 1998.

Russell, C. A. (1971): *A History of Valency.* Leicester: Leicester University Press, 1971.

Sachs, H., Stiebitz, M. und Wilson, R. (1988): „An historical note: Euler's Königsberg Letters." *Journal of Graph Theory* **12** (1988), 133-139.

Sarkaria, K. (1996): „A look back on Poincaré's *Analysis situs.*" In: (Greffe et al. 1996, 251-258).

Schaanning, E. (1997): *Vitenskap som skapt viten.* Oslo: Spartacus, 1997.

Schappacher, N. und Kneser, M. (1990): „Fachverband – Institut – Staat." In: G. Fischer et al. (Hg.), *Ein Jahrhundert Mathematik 1890-1990*, Festschrift zum Jubiläum der DMV, Braunschweig: Vieweg, 1990, S. 1-82.

Scharlau, W. (1989): *Mathematische Institute in Deutschland 1800-1945.* Braunschweig: Vieweg, 1989.

Schilling, C. und Kramer, I. (1900/1909): *Briefwechsel zwischen Gauß und Olbers.* 2 Bde., Berlin: Springer, 1900/1909.

Scholz, E. (1980): *Geschichte des Mannigfaltigkeitsbegriffs von Riemann bis Poincaré*, Basel: Birkhäuser, 1980.

_____ (1989): *Symmetrie – Gruppe – Dualität*, Basel: Birkhäuser, 1989.

_____ (1999): „The concept of manifold, 1850-1940." In: I. M. James (Hg.), *History of Topology*. Amsterdam: Elsevier Science. [Erscheint 1999.]

Schubring, G. (1983a): *Die Entstehung des Mathematiklehrerberufs im 19. Jahrhundert: Studien und Materialien zum Prozeß der Professionalisierung in Preußen (1810-1870)*. Weinheim: Beltz, 1983.

_____ (1983b): „Seminar – Institut – Fakultät: Die Entwicklung der Ausbildungsformen und ihrer Institutionen in der Mathematik." In: Diskussionsbeiträge zur Ausbildungsforschung und Studienreform 1, Bielefeld: Interdisziplinäres Zentrum für Hochschuldidaktik, 1983, S. 1-44.

Schwarz, G. (1995): *Hodge Decomposition: A Method for Solving Boundary Value Problems*. Heidelberg: Springer, 1995.

Shanker, S. G. (1987): *Wittgenstein and the Turning-Point in the Philosophy of Mathematics*. London und Sydney: Croom Helm, 1987.

Shapin, S. und Schaffer, S. (1985): *Leviathan and the Air Pump: Hobbes, Boyle, and the Experimental Life*. Princeton: Princeton University Press, 1985.

Sher, R. B. (1994): „Max Dehn and Black Mountain College." *Mathematical Intelligencer* **16** (1994), 54-55.

Sibum, O. (1995): „Reworking the mechanical value of heat: Instruments of precision and gestures of accuracy in early Victorian England." *Studies in History and Philosophy of Science* **26** (1995), 73-106.

Siegel, C. L. (1964): „Zur Geschichte des Frankfurter Mathematischen Seminars." *Frankfurter Universitätsreden* **36** (1964); auch in: ders., *Gesammelte Abhandlungen*, Bd. 3, Berlin: de .Gruyter, 1966, S. 462-474.

Siegel, D. M. (1981): „Thomson, Maxwell, and the universal ether in Victorian physics." In: (Cantor and Hodge 1981, 239-268).

_____ (1985): „Mechanical image and reality in Maxwell's electromagnetic theory." In: (Harman 1985, 180-201).

Siegmund-Schultze, R. (1984): „Theodor Vahlen – zum Schuldanteil eines deutschen Mathematikers am faschistischen Mißbrauch der Wissenschaft." *NTM* **21** (1984), 17-32.

_____ (1998): *Mathematiker auf der Flucht vor Hitler: Quellen und Studien zur Emigration einer Wissenschaft*. Braunschweig: Vieweg, 1998.

Silliman, R. H. (1963): „William Thomson: Smoke rings and 19th-century atomism." *Isis* **54** (1963), 461-474.

Smith, C. und Wise, M. N. (1989): *Energy and Empire: A Biographical Study of Lord Kelvin*. Cambridge: Cambridge University Press, 1989.

Smith, H. J. (1861): „On systems of linear indeterminate equations and congruences." *Philosophical Transactions* **151** (1861), 293-326; auch in: ders., *Collected Mathematical Papers*, Bd. 1, Oxford: Oxford University Press, 1894, S. 367-409.

Sommerfeld, A. (1897): „Ueber verzweigte Potentiale im Raum." *Proceedings of the L.M.S.* **28** (1897), 395-429.

Speiser, A. (1923): *Die Theorie der Gruppen von endlicher Ordnung*. Berlin: Springer, 1923.

Sperner, E. (1963): „Zum Gedenken an Wilhelm Blaschke." *HA* **26** (1963), 111-128.

Stäckel, P. (1918): „Gauß als Geometer." In: F. Klein et al., *Materialien für eine wissenschaftliche Biographie von Gauß*, Bd. 5, Leipzig: Teubner, 1918, S. 26-142.

Staubermann, K. (1999): *Controlling Vision: The Photometry of K. F. Zöllner.* Erscheint 1999 auf CD-ROM.

[Stewart, B. und Tait, P. G.] (1875): *The Unseen Universe or Physical Speculations on a Future State.* London: Macmillan, 1875.

Stichweh, R. (1984): *Zur Entstehung des modernen Systems wissenschaftlicher Disziplinen: Physik in Deutschland 1740-1890.* Frankfurt/Main: Suhrkamp, 1984.

Stillwell, J. (1980): *Classical Topology and Combinatorial Group Theory.* Heidelberg: Springer, 1980.

Struik, D. (1987): *A Concise History of Mathematics.* 4. Auflage, New York: Dover Publications, 1987.

Sullivan, C. R. (1997): „The first chair of political economy in France: Alexandre Vandermonde and the principles of Sir James Steuart at the Ecole Normale of the year III." *French Historical Studies* **20** (1997), 635-664.

Sylvester, J. J. (1878a): „Chemistry and algebra." *Nature* **17** (1878), 284.

____ (1878b): „On an application of the new atomic theory to the graphical representation of the invariants and covariants of binary quantics." *American Journal of Mathematics* **1** (1878), 64-125.

Tait, P. G. (1860): „Quaternion investigations connected with electro-dynamics and magnetism." *Quarterly Journal of Mathematics* **3** (1860); auch in: (Tait 1898/1900, Bd. 1, 22-32).

____ (1863): „Note on a quaternion transformation." *Proceedings of the R.S.E.* **5** (1862-1866), 115-119.

____ (1868/1877): *A Sketch of Thermodynamics.* Edinburgh: Douglas, 1. Aufl. 1868, 2. revidierte Aufl. 1877.

____ (1870a): „On the most general motion of an incompressible perfect fluid." *Proceedings of the R.S.E.* **7** (1869-1872), 143-144.

____ (1870b): „On Green's and other allied theorems." *Transactions of the R.S.E* **26** (1870-1872), 69-84.

____ (1871): „Mathematics and physics." *Reports of the British Association for the Advancement of Science* **41** (1871), 1-8.

____ (1876a): *Lectures on Some Recent Advances in Physical Science.* London: Macmillan, 1876.

____ (1878a): „On the teaching of natural philosophy." *The Contemporary Review* (1878); auch in: (Tait 1898/1900, Bd. 2, 486-500.)

____ (1878b): *Paradoxical Philosophy: Being a Sequel to The Unseen Universe.* London: Macmillan, 1878. [Anonym erschienen.]

____ (1880): „Note on a theorem in the geometry of position." *Transactions of the R.S.E.* **29** (1880), 657-660; auch in: (Tait 1898/1900, Bd. 1, 408-411).

____ (1882): Art. „Knots", erster Teil. In: *Encyclopedia Britannica*, 9. Aufl., Bd. 14 (1882).

____ (1883): „Obituary notice of J. B. Listing." *Nature* **27** (1883), 316-317.

____ (1884a): „Listing's Topologie." *Philosophical Magazine (5)* **17** (1884), 30-46; auch in: (Tait 1898/1900, Bd. 2, 85-98).

____ (1884b): „On vortex motion." *Proceedings of the R.S.E.* **12** (1882-1884), 562.

―――― (1890): „On the importance of quaternions in physics." *Philosophical Magazine (5)* **29** (1890), 84-97; auch in: (Tait 1898/1900, Bd. 2, 297-308).

―――― (1898/1900), *Collected Scientific Papers.* 2 Bde., Cambridge: Cambridge University Press, 1898/1900.

Thistlethwaite, M. B. (1985): „Knot tabulations and related topics." In: I. M. James und E. H. Kronheimer (Hg.), *Aspects of Topology: In Memory of Hugh Dowker 1912-1982*, Cambridge: Cambridge University Press, 1985, S. 1-76.

Thompson, S. P. (1910): *The Life of Lord William Thomson, Baron Kelvin of Largs.* 2 Bde., London: Macmillan, 1910.

Thomson, J. J. (1883): *A Treatise on the Motion of Vortex Rings.* London: Macmillan, 1883.

Thomson, W. (1843): „On the uniform motion of heat in homogeneous solid bodies, and its connexion with the mathematical theory of electricity." *Cambridge Mathematical Journal* **3** (1843), 71-84; auch in: ders., *Reprint of Papers on Electrostatics and Magnetism*, London: Macmillan, 1872, S. 1-14.

―――― (1856): „Dynamical illustrations of the magnetic and the helicoidal rotatory effects of transparent bodies on polarized light." *Proceedings of the Royal Society* **8** (1856), 150-158; auch in: *Philosophical Magazine (4)* **13** (1857), 198-204.

―――― (1880): „Vibrations of a columnar vortex." *Proceedings of the R.S.E.* **10** (1878-1880), 443-456; auch in: (Thomson 1882-1911, Bd. 4, 152-165).

―――― (1887): „On the propagation of laminar motion through a turbulently moving inviscid fluid." *Philosophical Magazine (5)* **24** (1887), 342-353; auch in: (Thomson 1882-1911, Bd. 4, 308-320).

―――― (1882-1911): *Mathematical and Physical Papers.* 6 Bde., Cambridge: Cambridge University Press, 1882-1911.

Thomson, W. und Tait, P. G. (1874): *Handbuch der theoretischen Physik.* Übersetzt von H. v. Helmholtz und G. Wertheim, 2 Bde., Braunschweig: Vieweg, 1874.

Thorndyke, L. (1923): *History of Magic and Experimental Science.* Bd. 1, New York: Columbia University Press, 1923.

Toepell, M.-M. (1986): *Über die Entstehung von David Hilberts „Grundlagen der Geometrie".* Göttingen: Vandenhoeck & Ruprecht, 1986.

―――― (Hg.) (1991): *Mitgliedergesamtverzeichnis der DMV.* München: Institut für Geschichte der Naturwissenschaften, 1991.

Torretti, R. (1978): *Philosophy of Geometry from Riemann to Poincaré.* Dordrecht: Reidel, 1978.

Turner, J. et al. (Hg.) (1996): *The Dictionary of Art.* 34 Bde., New York: Grove and London: Macmillan, 1996.

Turner, J. C. und van de Griend, P. (1996): *History and Science of Knots.* World Scientific: Singapore, 1996.

Tyndall, J. (1874): *Fragmente aus den Naturwissenschaften: Vorlesungen und Aufsätze.* Mit Vorwort und Zusätzen von H. v. Helmholtz, Braunschweig: Vieweg, 1874.

Uylenbroek, P. J. (Hg.) (1833): *Christiani Hugenii aliorumque seculi XVII virorum celebrium exercitationes mathematicae et philosophicae.* 2 Bde., Hagae Comitum 1833.

Veblen, O. (1922): *Analysis Situs.* A.M.S. Colloquium Publications 5/2, New York: A.M.S., 1. Aufl. 1922, 2. Aufl. 1931.

Vogt, A. (1999): „Von der Hilfskraft zur Leiterin: Die Mathematikerin Erika Pannwitz." *Berlinische Monatsschrift* **8** (5/1999), 18-24.

Volkert, K. T. (1986): *Die Krise der Anschauung: Eine Studie zu formalen und heuristischen Verfahren in der Mathematik seit 1850.* Göttingen: Vandenhoeck & Ruprecht, 1986.

—— (1994): *Das Homöomorphieproblem insbesondere der 3-Mannigfaligkeiten in der Topologie.* Habilitationsschrift, Heidelberg: 1994.

Waltershausen, W. S. v. (1862): *Gauss zum Gedächtnis.* Leipzig: Hirzel, 1862. [Neudruck: Vaduz: Sändig Reprint Verlag, 1988.]

Weber, M. (1919/1995): *Wissenschaft als Beruf.* München und Leipzig: Duncker & Humblot, 1919; Neuausgabe: Stuttgart: Reclam jun., 1995.

—— (1920/21): *Gesammelte Aufsätze zur Religionssoziologie.* 3 Bde., Tübingen: J. C. B. Mohr (Paul Siebeck), 1. Aufl. 1920/1921, 5. Aufl., 1963.

—— (1921): *Wirtschaft und Gesellschaft.* 5. Auflage, Tübingen: J. C. B. Mohr, 1972. [1. Auflage 1921.]

Weil, A. (1978): „History of mathematics: Why and how?" In: O. Lehto (Hg.), *Proceedings of the International Congress of Mathematicians, Helsinki 1978*, Helsinki: 1980, S. 227-236.

—— (1979): „Riemann, Betti and the birth of topology." *AHES* **20** (1979), 91-96.

—— (1980): Kommentar zu „Two lectures on number theory, past and present". In: ders., *Œuvres scientifiques*, Bd. 3, korrigierte 2. Aufl., Heidelberg: Springer, 1980, S. 460 f.

Weyl, H. (1913): *Die Idee der Riemannschen Fläche.* Leipzig: Teubner, 1913.

White, H. (1973/1994): *Metahistory: Die historische Einbildungskraft im 19. Jahrhundert in Europa.* Frankfurt/Main: Fischer Taschenbuch, 1994. [Englisches Original: *Metahistory: The Historical Imagination in 19th-Century Europe.* Baltimore: Johns Hopkins University Press, 1973.]

—— (1987/1990): *Die Bedeutung der Form: Erzählstrukturen in der Geschichtsschreibung.* Frankfurt/Main: Fischer Taschenbuch, 1990. [Englisches Original: *The Content of the Form.* Baltimore: Johns Hopkins University Press, 1987.]

Whitehead, J. H. C. (1934): „Certain theorems about three-dimensional manifolds." *Quarterly Journal of Mathematics (2)* **5** (1934), 308-320. [Vgl. ders., „Three-dimensional manifolds (Corrigendum)", *Quarterly Journal of Mathematics (2)* **6** (1935), 80.]

Whitney, H. (1937): „On regular closed curves in the plane." *Compositio Mathematica* **4** (1937), 276-284.

Whittaker, E. T. (1951): *A History of the Theories of Aether and Electricity: The Classical Theories.* London: Nelson and Sons, 1951.

Wilson, D. B. (1987): *Kelvin and Stokes: A Comparative Study in Victorian Physics.* Bristol: Adam Hilger, 1987.

—— (Hg.) (1990): *The Correspondence Between George Gabriel Stokes and William Thomson.* 2 Bde., Cambridge: Cambridge University Press, 1990.

—— (1991): „P. G. Tait and Edinburgh natural philosophy, 1860-1901." *Annals of Science* **48** (1991), 267-287.

Wilson, E. (1996): *Ornamente: Das Handbuch einer 8000-jährigen Geschichte.* Bern: Haupt, 1996. [Englisches Original: *8000 Years of Ornament: An Illustrated Handbook of Motifs.* London: British Museum Press, 1994.]

Wirtinger, W. (1901): „Algebraische Funktionen und ihre Integrale." In: *Encyklopädie der mathematischen Wissenschaften*, Bd. II B 2, Leipzig: Teubner, 1901-1902, S. 115-175.

_____ (1919): „Klein und die Mathematik der letzten 50 Jahre." *Die Naturwissenschaften* 7 (1919), 287-288.

Wise, M. N. (1981): „The flow analogy to electricity and magnetism, Part I: William Thomson's reformulation of action at a distance." *AHES* 25 (1981), 19-70.

_____ (Hg.) (1995): *The Values of Precision.* Princeton: Princeton University Press, 1995.

Wittgenstein, L. (1953/1984): *Philosophische Untersuchungen.* Frankfurt/ Main: Suhrkamp, 1984. [Englische Ausgabe: *Philosophical Investigations.* Oxford: Basil Blackwell, 1953.]

_____ (1969/1984): *Philosophische Grammatik.* Frankfurt/Main: Suhrkamp, 1984. [Englische Ausgabe: *Philosophical Grammar.* Oxford: Basil Blackwell, 1969.]

Wussing, H. (1969): *Die Genesis des abstrakten Gruppenbegriffes.* Berlin: VEB Deutscher Verlag der Wissenschaften, 1969.

_____ (1989): *Carl Friedrich Gauß.* 5. Aufl., Leipzig: Teubner, 1989.

Zilsel, E. (1976): *Die sozialen Ursprünge der neuzeitlichen Wissenschaft.* Hg. von W. Krohn, Frankfurt/Main, Suhrkamp, 1976.

Zöllner, J. K. F. (1872): *Über die Natur der Cometen: Beiträge zur Geschichte und Theorie der Erkenntnis.* Leipzig: Staackmann, 1872.

_____ (1878a,b,c, 1879, 1881): *Wissenschaftliche Abhandlungen.* 4 Bde., Leipzig: Staackmann, 1878 (a: Bd. 1, b: Bd. 2/1, c: Bd. 2/2), 1879 (Bd. 3), 1881 (Bd. 4).

_____ (1880): *Zur Aufklärung des deutschen Volkes über Inhalt und Aufgabe der Wissenschaftlichen Abhandlungen. Mit notariellen und wissenschaftlichen Attesten zur Rechtfertigung der öffentlich verletzten Ehre der Herren Slade und Hansen.* Leipzig: Staackmann, 1880.

_____ (1894): *Beiträge zur deutschen Judenfrage mit akademischen Arabesken als Unterlage zu einer Reform der deutschen Universitäten.* Leipzig: Mutze, 1894.

INDEX

Knotentheorie

Knotentheorie

von Charles Livingston

1995. X, 214 S. Broschur.
DM 29,80
ISBN 3-528-06660-1

Aus dem Inhalt:
Ein Jahrhundert Knotentheorie - Was ist ein Knoten - Kombinatorische Techniken - Geometrische Techniken - Algebraische Techniken - Geometrie, Algebra und das Alexander Polynom - Numerische Invarianten - Symmetrien von Knoten - Höherdimensionale Knotentheorie - Neue kombinatorische Techniken - Anhang 1: Knotentabelle - Anhang 2: Alexander Polynome.

Knotentheorie (als Teilgebiet der Topologie) ist zurzeit sehr populär, vor allem wegen der vielen Anwendungen, nicht nur in der Mathematik, sondern auch in der Physik. Das Buch eignet sich als Grundlage für ein Seminar im Grundstudium Mathematik. Es richtet sich aber auch an Mathematiker und Naturwissenschaftler allgemein, die etwas über Knotentheorie lernen möchten, ohne auf Fachartikel und spezielle Monographien zurückgreifen zu müssen.

Vieweg Mathematik Lexikon

**Vieweg Mathematik
Lexikon**

Begriffe, Definitionen, Sätze,
Beispiele für das Grundstudium

von Otto Kerner, Joseph
Maurer und Jutta Steffens

3., durchges. Aufl. 1995.
XII, 378 S. Broschur
DM 39,80
ISBN 3-528-26308-3

Dieses Buch ist ein handliches
Nachschlagewerk, in dem der
Student wichtige Begriffe, Definitionen, Sätze und Beispiele aus der
Mathematik rasch auffinden kann.
Die Auswahl der Stichworte erfolgte
entsprechend dem Stoff der Vorlesungen im Grundstudium: Analysis, Lineare Algebra, Algebra und
elementare Zahlentheorie, Funktionentheorie, Numerik, Stochastik
und Grundlagen der Differentialgeometrie, mengentheoretische
Topologie und Funktionalanalysis.

Abraham-Lincoln-Straße 46
65189 Wiesbaden
Fax 0180.57878-80
www.vieweg.de

Stand August 1999
Änderungen vorbehalten.
Erhältlich beim Buchhandel oder beim Verlag.

FSC
www.fsc.org
MIX
Papier aus verantwortungsvollen Quellen
Paper from responsible sources
FSC® C105338